表 1.2.14　一种能够累加数据的抽象数据类型（可视版本）

API	public class VisualAccumulator	
	VisualAccumulator(int trials, double max)	
void	addDataValue(double val)	添加一个新的数据值
double	mean()	所有数据的平均值
String	toString()	对象的字符串表示

典型的用例

```
public class TestVisualAccumulator
{
   public static void main(String[] args)
   {
      int T = Integer.parseInt(args[0]);
      VisualAccumulator a = new VisualAccumulator(T, 1.0);
      for (int t = 0; t < T; t++)
         a.addDataValue(StdRandom.random());
      StdOut.println(a);
   }
}
```

数据类型的实现

```
public class VisualAccumulator
{
   private double total;
   private int N;
   public VisualAccumulator(int trials, double max)
   {
      StdDraw.setXscale(0, trials);
      StdDraw.setYscale(0, max);
      StdDraw.setPenRadius(.005);
   }
   public void addDataValue(double val)
   {
      N++;
      total += val;
      StdDraw.setPenColor(StdDraw.DARK_GRAY);
      StdDraw.point(N, val);
      StdDraw.setPenColor(StdDraw.RED);
      StdDraw.point(N, total/N);
   }
   public double mean()
   public String toString()
   // 和 Accumulator 相同
}
```

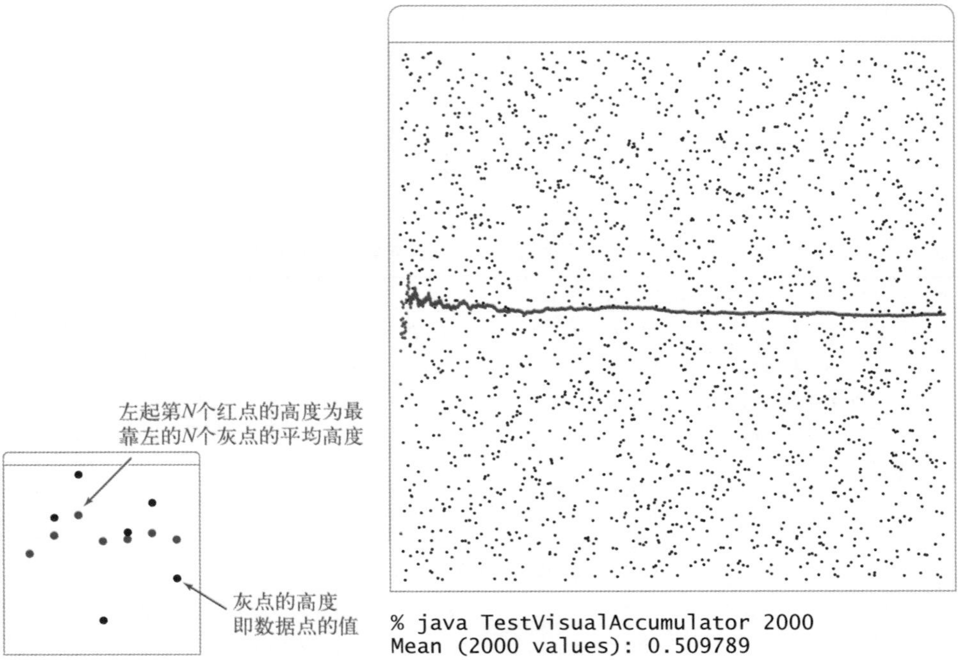

图 1.2.8　可视化累加器图像

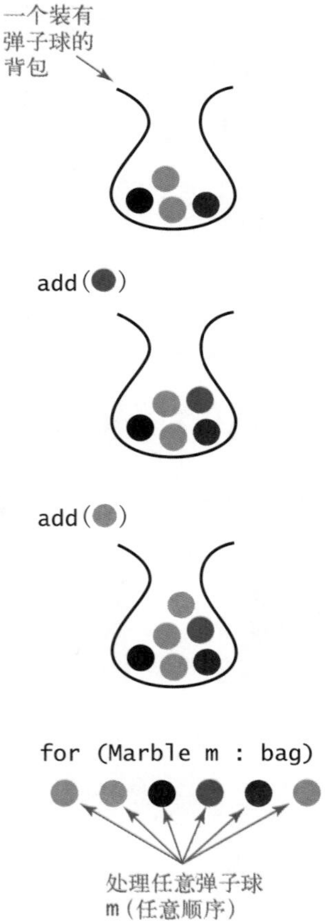

图 1.3.1　背包的操作

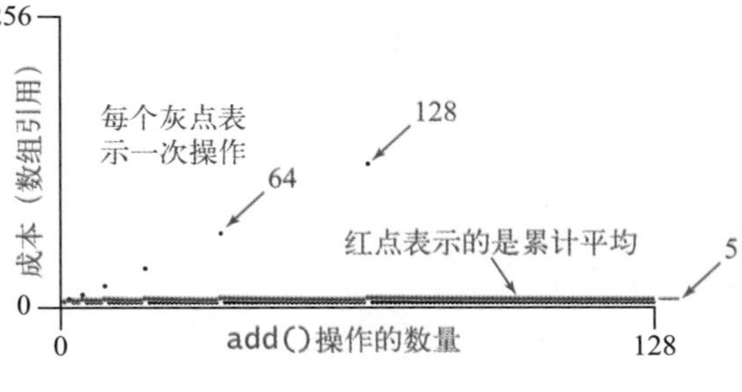

图 1.4.7　向一个 RandomBag 对象中添加元素时的均摊成本

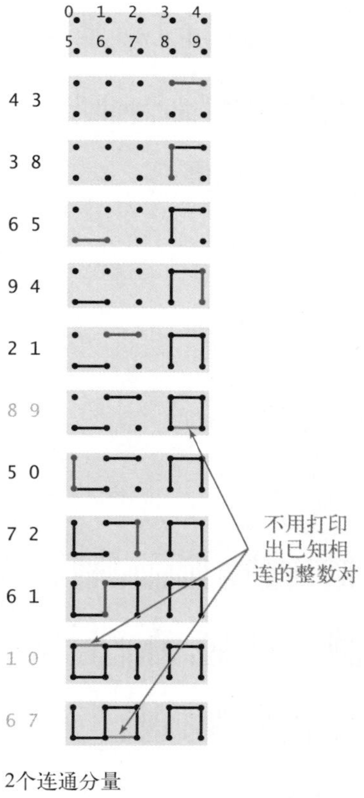

图 1.5.1　动态连通性问题

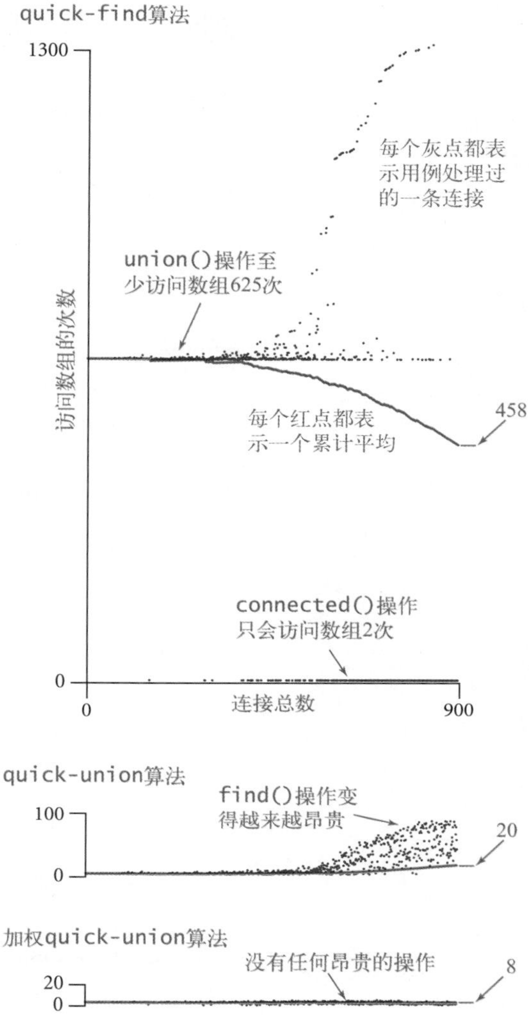

图 1.5.10　所有操作的总成本

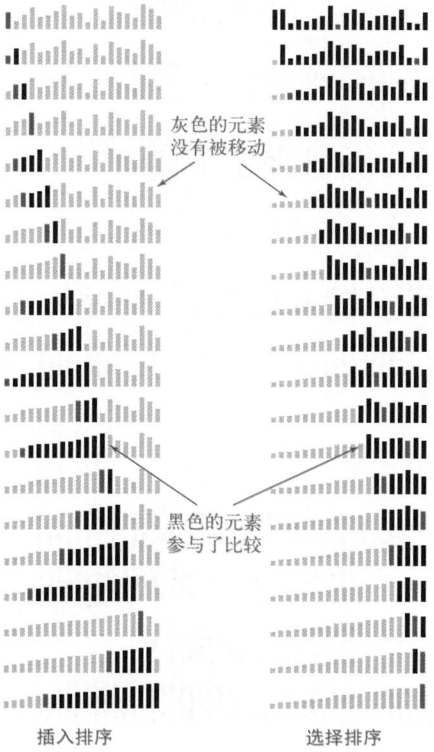

图 2.1.1　初级排序算法的可视轨迹图

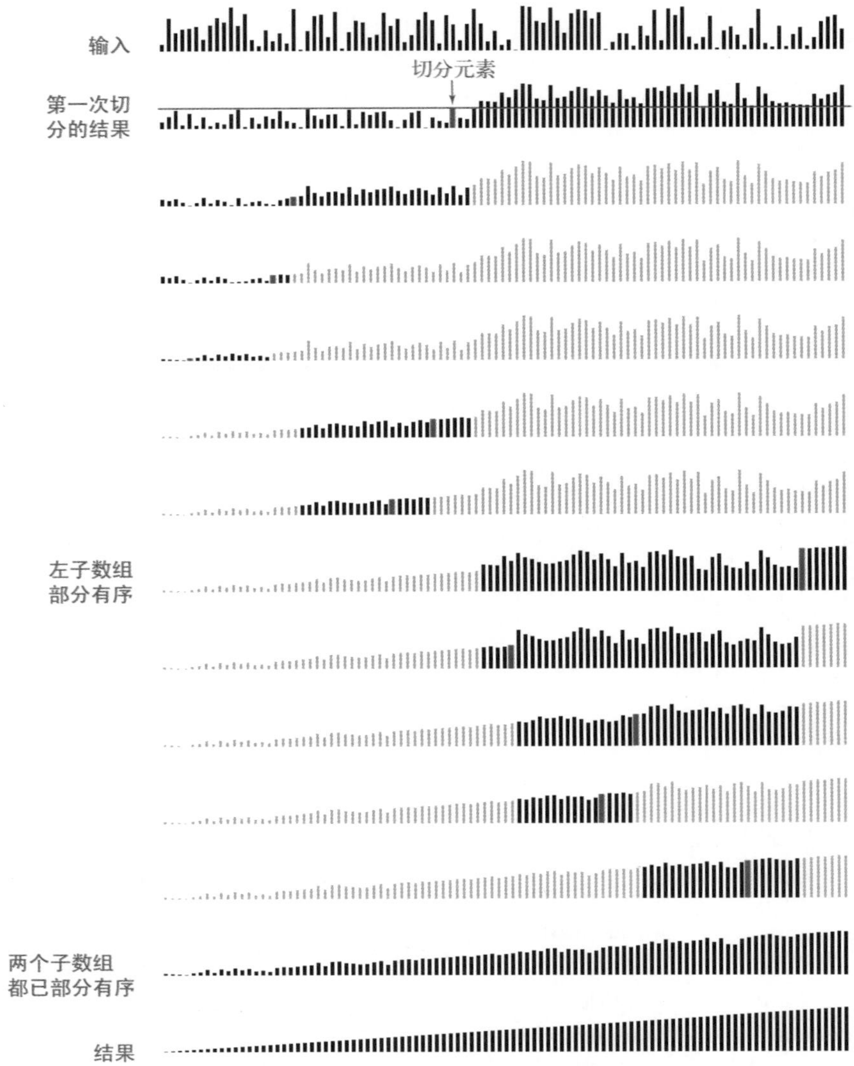

图 2.3.3　使用了三取样切分和插入排序转换的快速排序

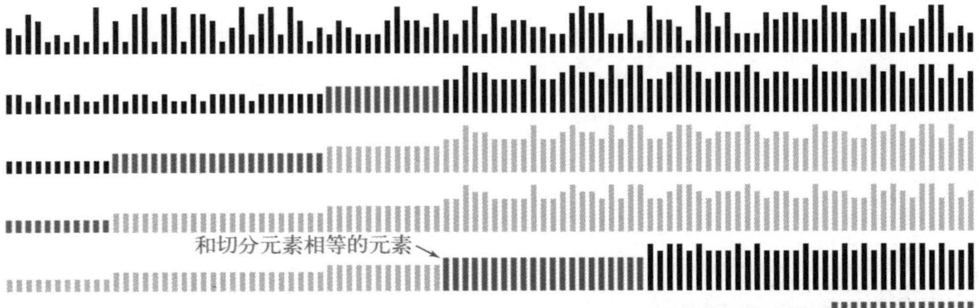

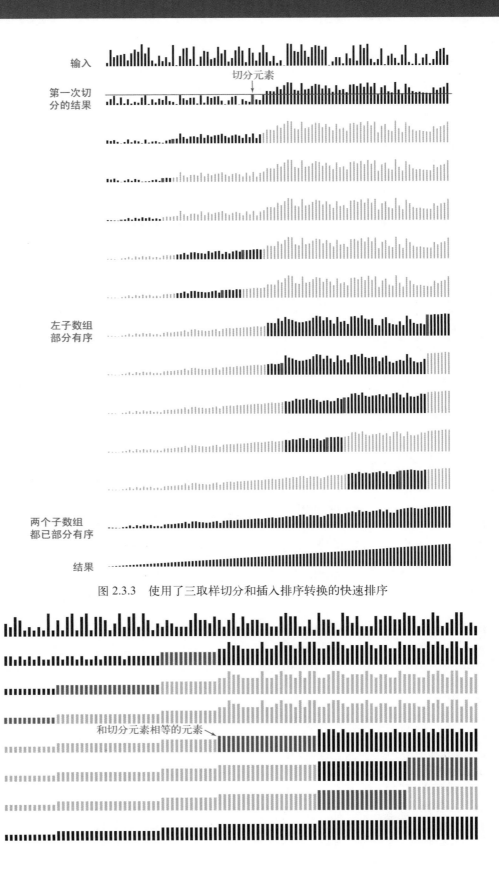

图 2.3.5　三向切分的快速排序的可视轨迹

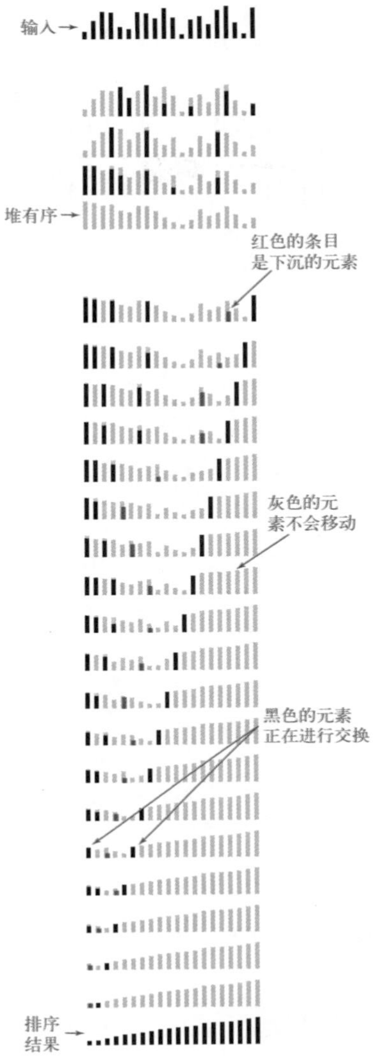

图 2.4.8　堆排序的可视轨迹

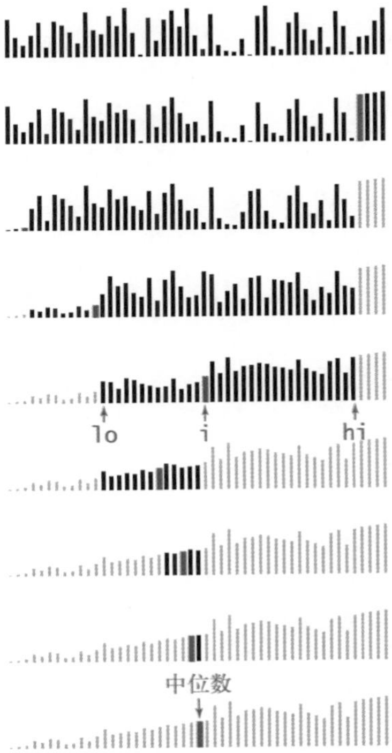

图 2.5.2　用切分找出中位数

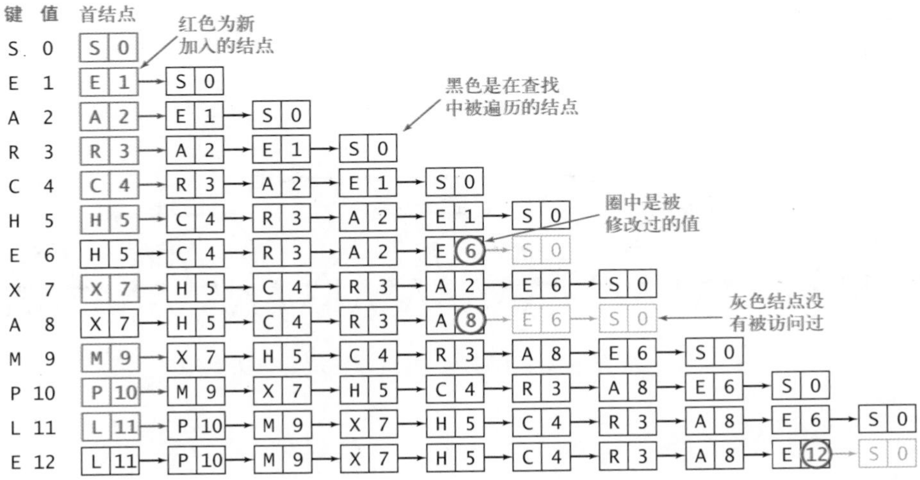

图 3.1.2　使用基于链表的符号表的索引用例的轨迹

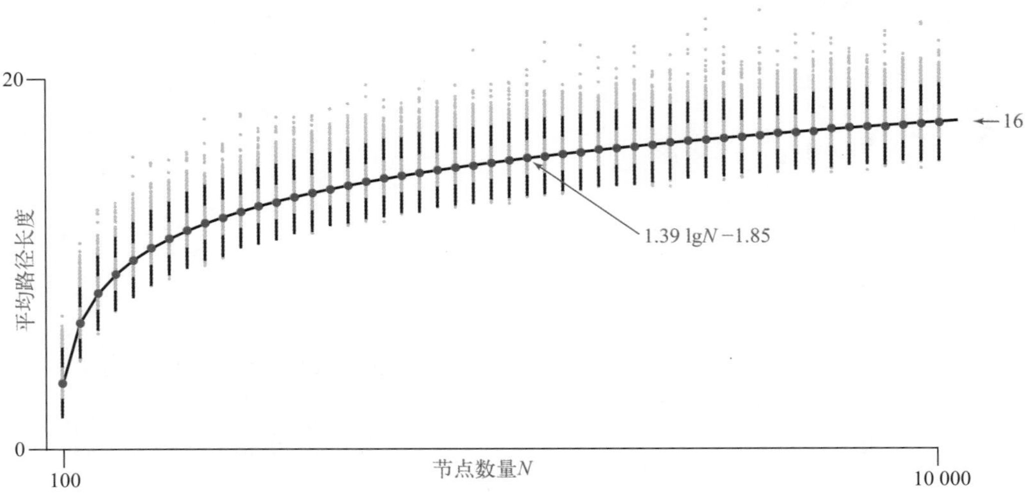

图 3.2.14　一棵随机构造的二叉查找树中由根到达任意结点的平均路径长度

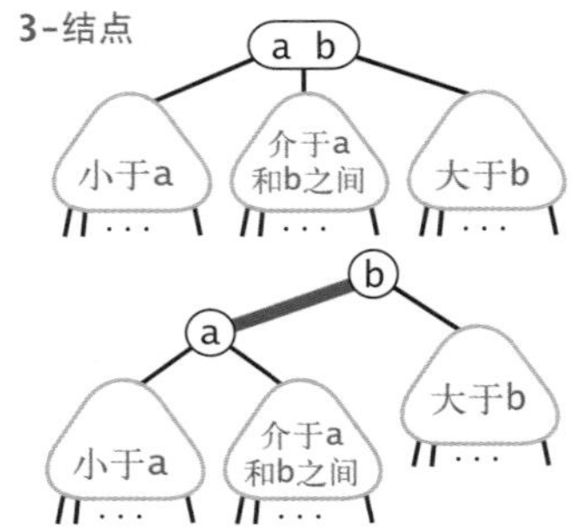

图 3.3.12　由一条红色左链接相连的两个 2- 结点表示一个 3- 结点

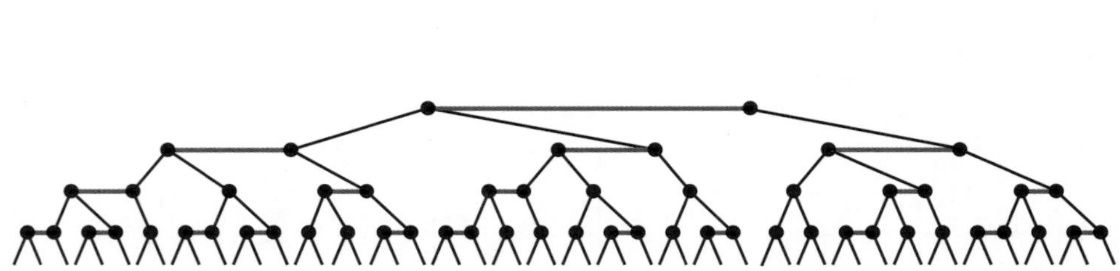

图 3.3.13　将红链接画平时，一棵红黑树就是一棵 2-3 树

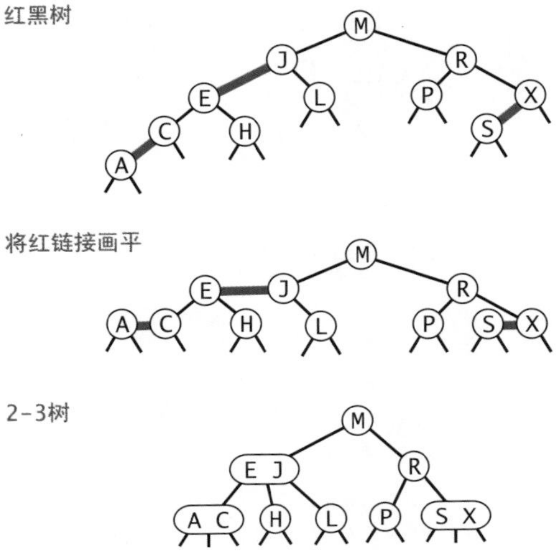

图 3.3.14　红黑树和 2-3 树的一一对应关系

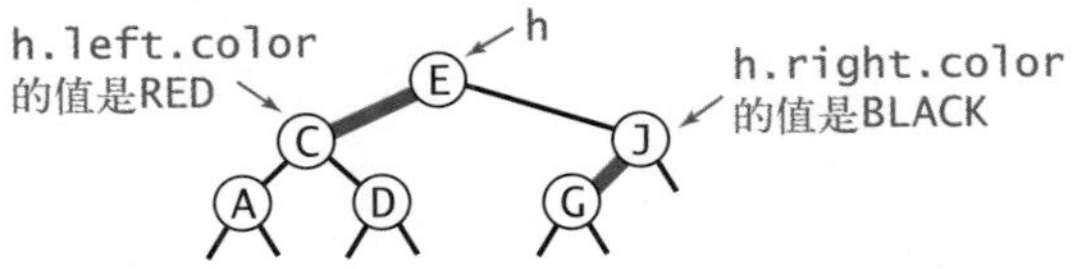


```
private static final boolean RED   = true;
private static final boolean BLACK = false;

private class Node
{
   Key key;              // 键
   Value val;            // 相关联的值
   Node left, right;  // 左右子树
   int N;                // 这棵子树中的结点总数
   boolean color;       // 由其父结点指向它的链接的颜色

   Node(Key key, Value val, int N, boolean color)
   {
      this.key   = key;
      this.val   = val;
      this.N     = N;
      this.color = color;
   }
}

private boolean isRed(Node x)
{
   if (x == null) return false;
   return x.color == RED;
}
```

图 3.3.15　红黑树的结点表示

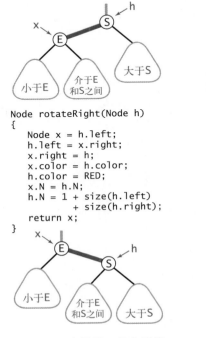

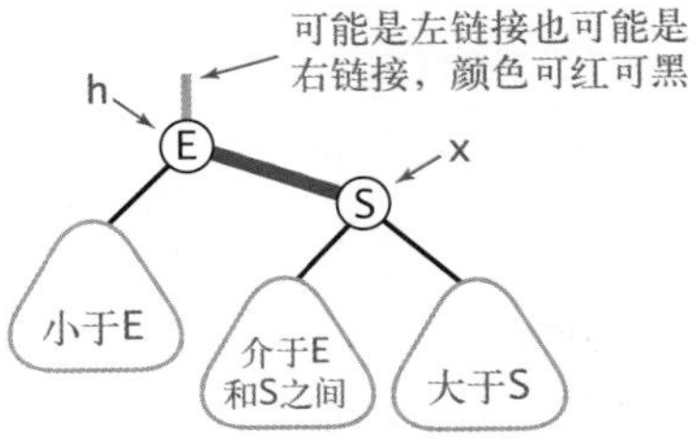


```
Node rotateLeft(Node h)
{
   Node x = h.right;
   h.right = x.left;
   x.left = h;
   x.color = h.color;
   h.color = RED;
   x.N = h.N;
   h.N = 1 + size(h.left)
           + size(h.right);
   return x;
}
```

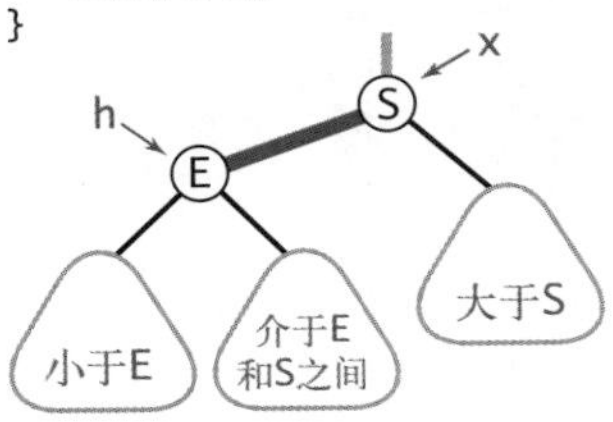

图 3.3.16　左旋转 h 的右链接

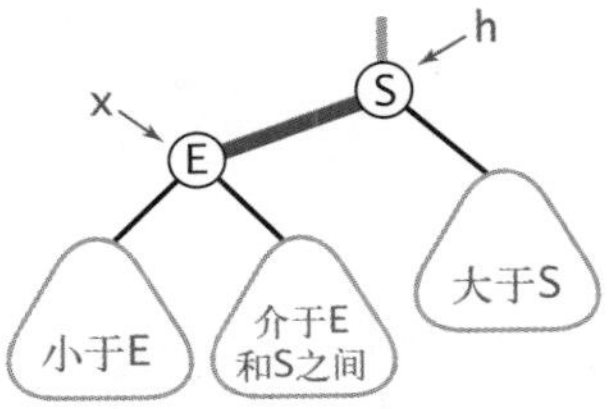


```
Node rotateRight(Node h)
{
   Node x = h.left;
   h.left = x.right;
   x.right = h;
   x.color = h.color;
   h.color = RED;
   x.N = h.N;
   h.N = 1 + size(h.left)
           + size(h.right);
   return x;
}
```

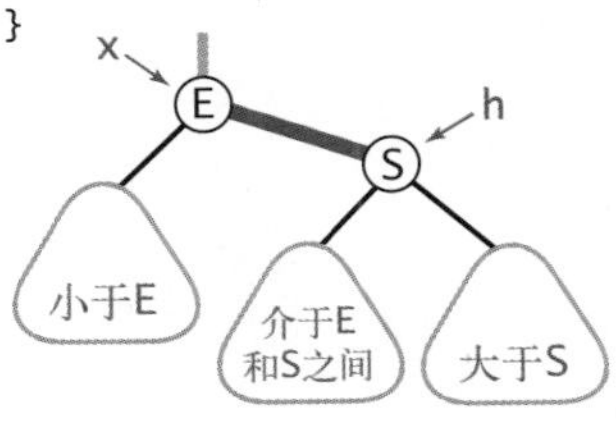

图 3.3.17　右旋转 h 的左链接

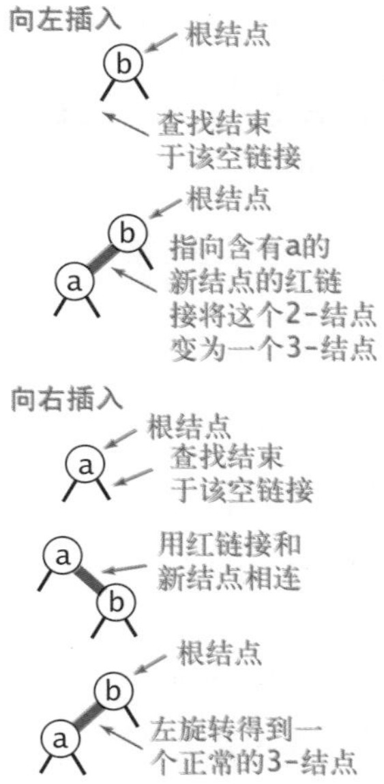

图 3.3.18　向单个 2- 结点中插入一个新键

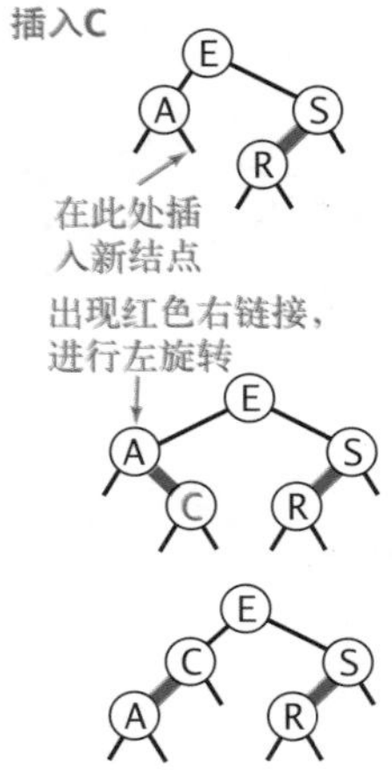

图 3.3.19　向树底部的 2- 结点插入一个新键

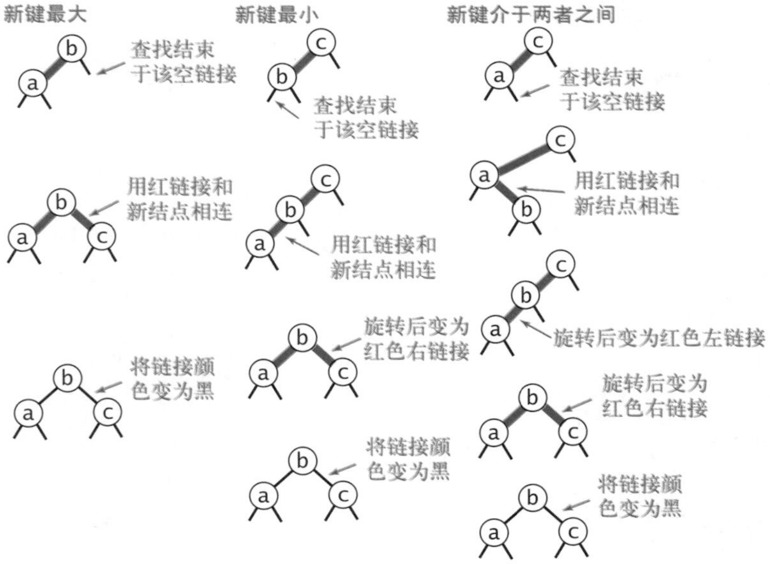

图 3.3.20　向一棵双键树（即一个 3- 结点）中插入一个新键的三种情况

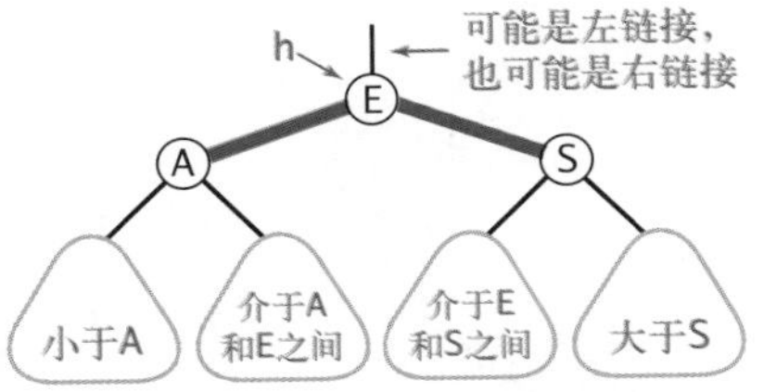

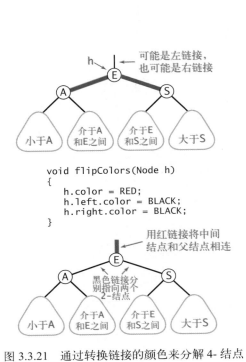

```
void flipColors(Node h)
{
   h.color = RED;
   h.left.color = BLACK;
   h.right.color = BLACK;
}
```

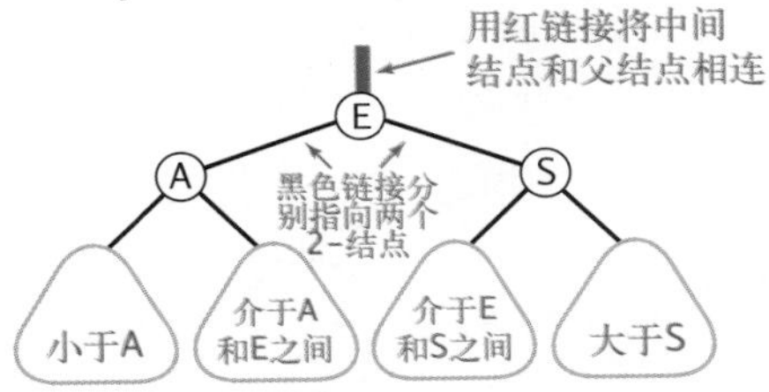

图 3.3.21　通过转换链接的颜色来分解 4- 结点

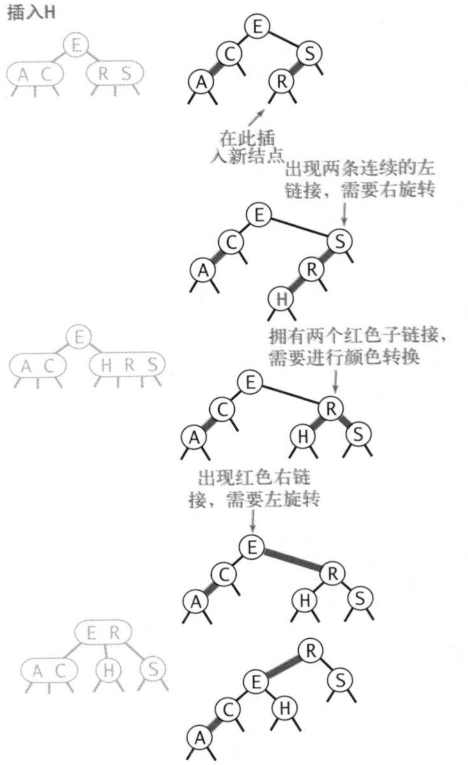

图 3.3.22　向树底部的 3- 结点插入一个新键

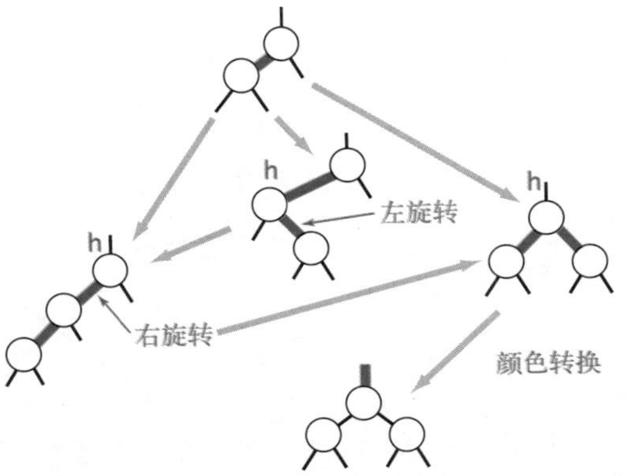

图 3.3.23　红黑树中红链接向上传递

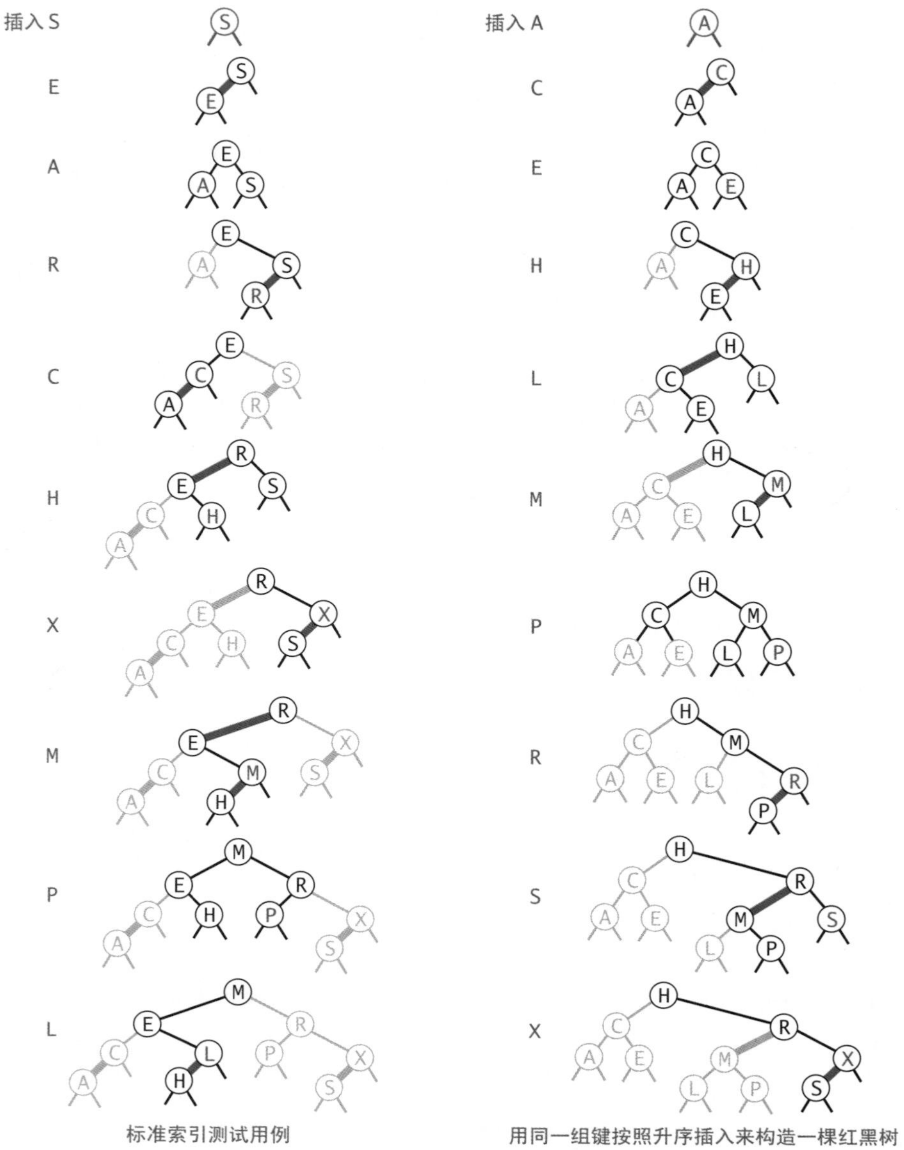

图 3.3.24　红黑树的构造轨迹

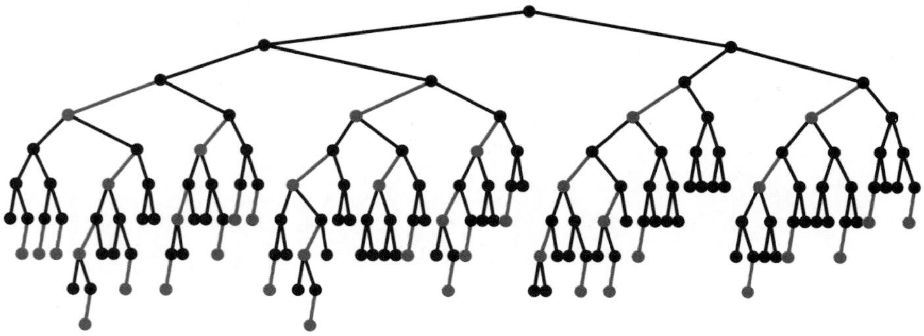

图 3.3.27　使用随机键构造的典型红黑树，没有画出空链接

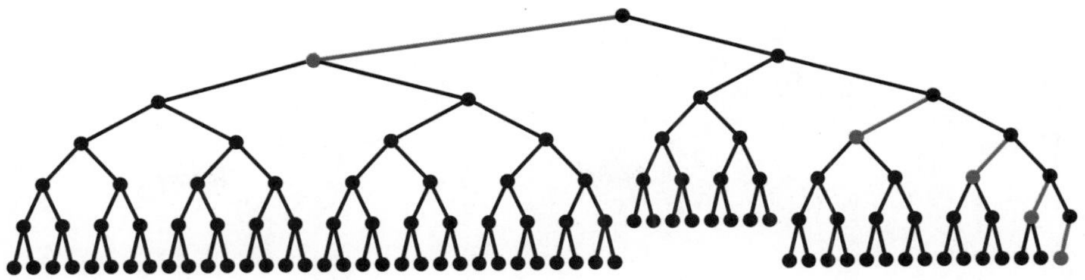

图 3.3.28　使用升序键列构造的一棵红黑树，没有画出空链接

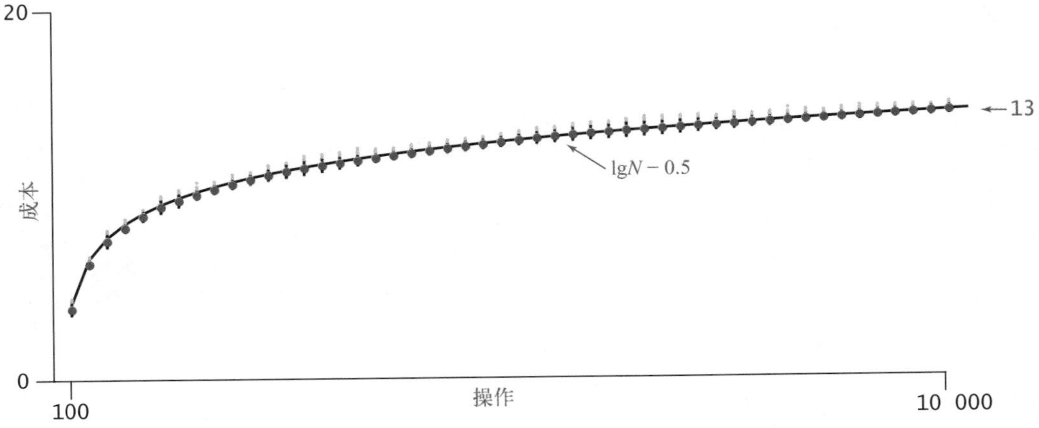

图 3.3.30　随机构造的红黑树中到达一个随机结点的平均路径长度

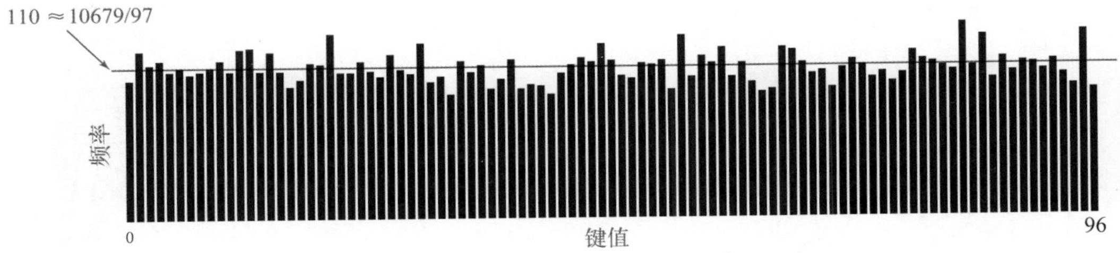

图 3.4.2　《双城记》中每个单词的散列值的出现频率（10 679 个键，即单词，M=97）

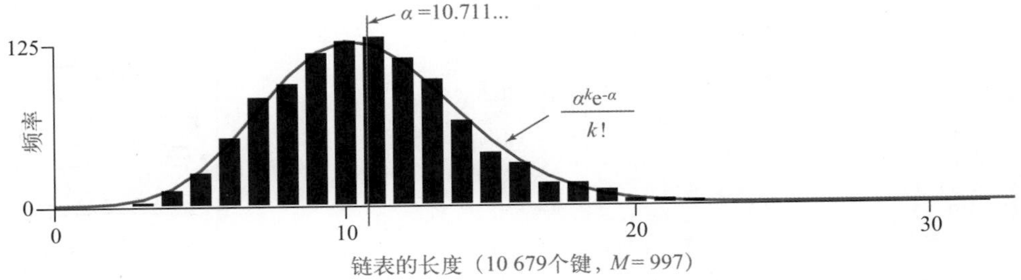

图 3.4.4　使用 `SeparateChainingHashST`，运行 `java FrequencyCounter 8 < tale.txt` 时所有链表的长度

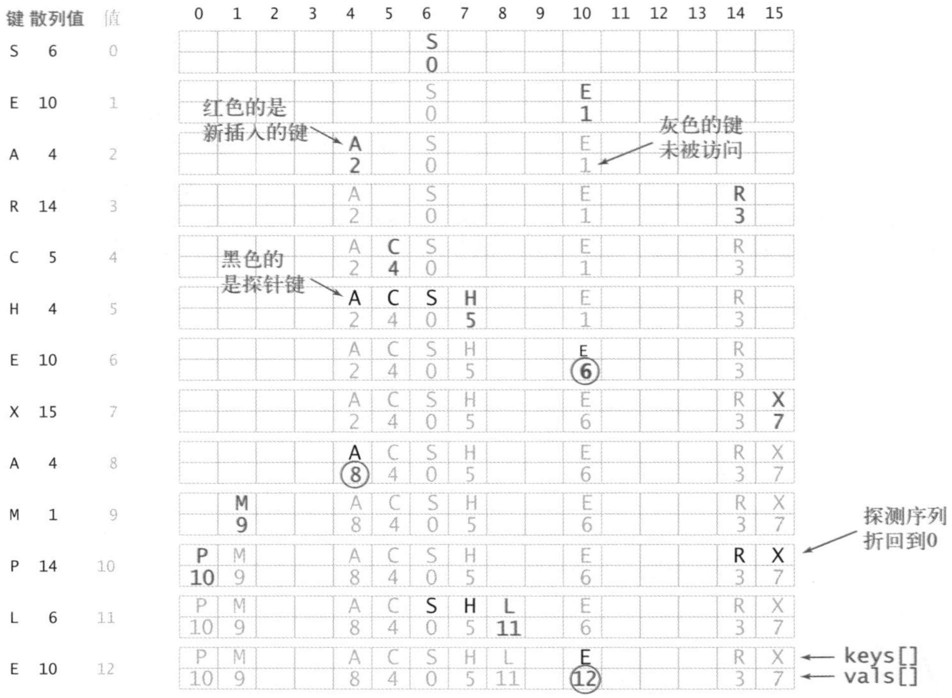

图 3.4.6 标准索引用例使用的基于线性探测的符号表的轨迹

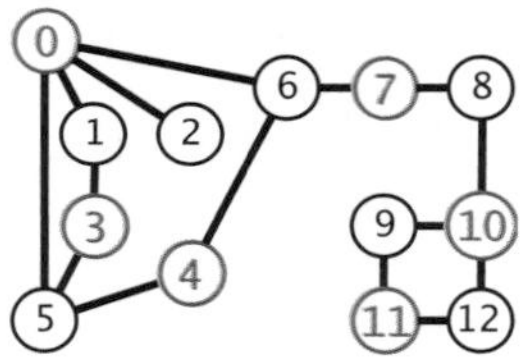

图 4.1.7 二分图

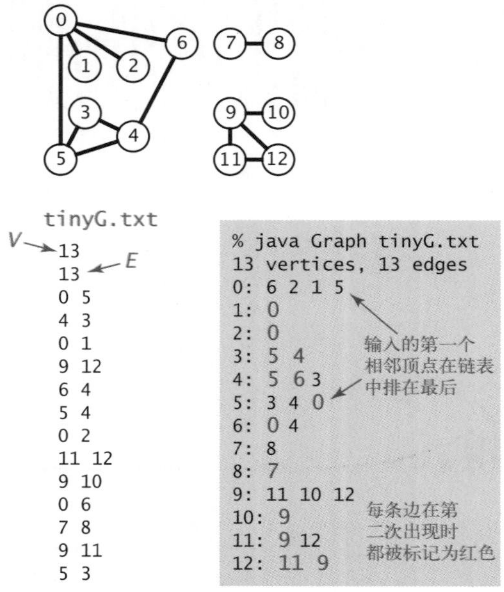

图 4.1.10 由边得到的邻接表

图 4.1.12 Tremaux 搜索

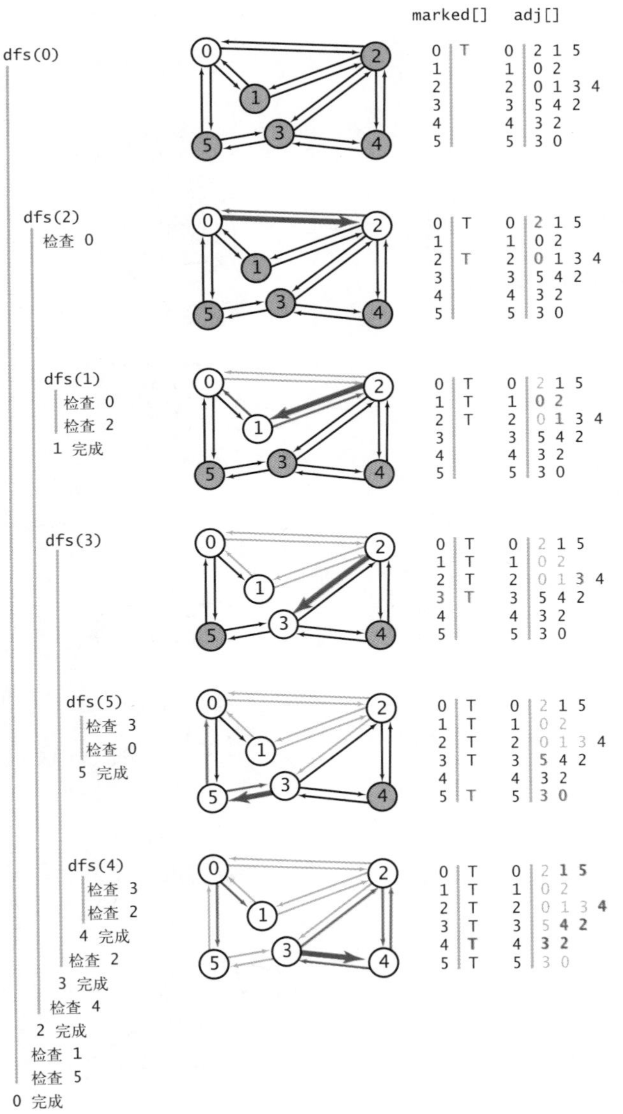

图 4.1.14　使用深度优先搜索的轨迹，寻找所有和顶点 0 连通的顶点

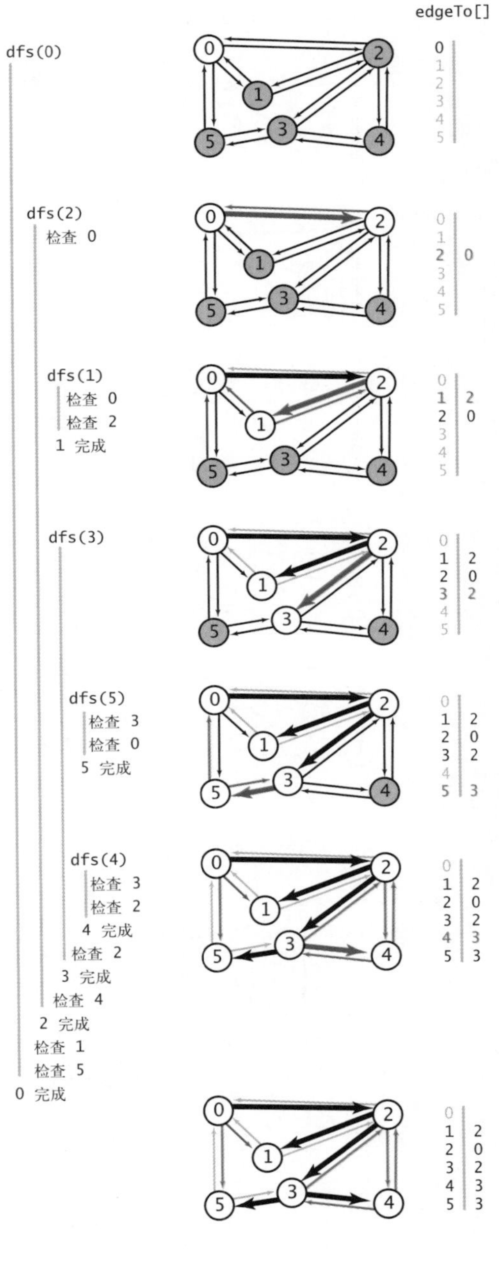

图 4.1.15　使用深度优先搜索的轨迹，寻找所有起点为 0 的路径

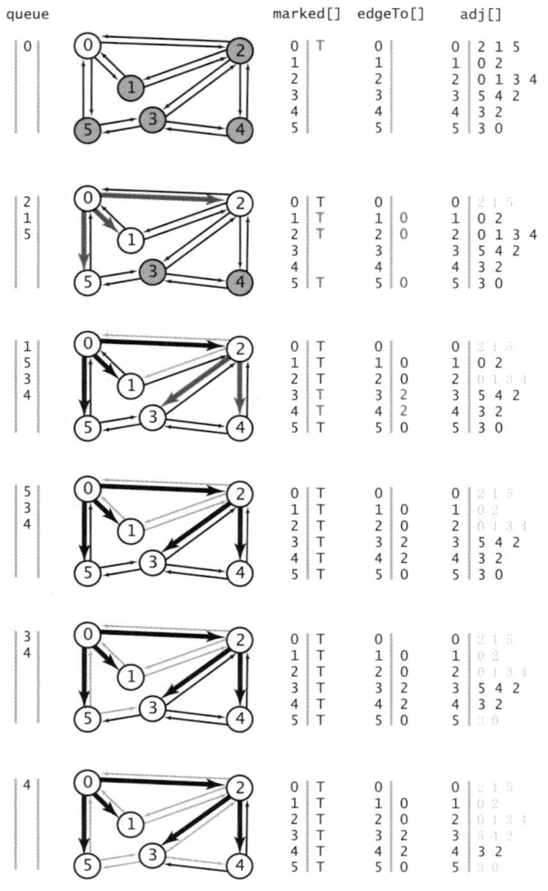

图 4.1.18　使用广度优先搜索的轨迹，寻找所有起点为 0 的路径

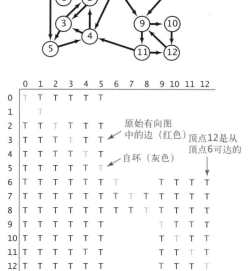

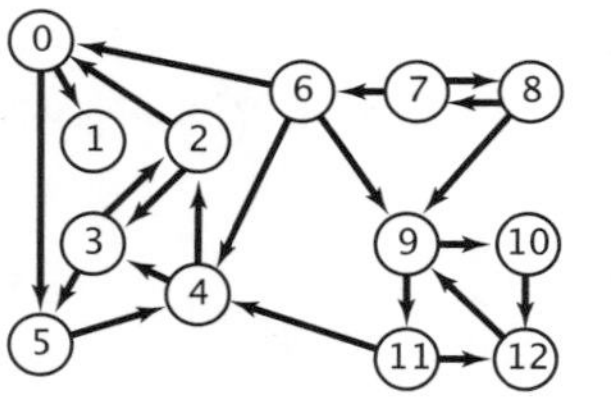

	0	1	2	3	4	5	6	7	8	9	10	11	12
0	T	T	T	T	T	T							
1		T											
2	T	T	T	T	T	T							
3	T	T	T	T	T	T							
4	T	T	T	T	T	T							
5	T	T	T	T	T	T							
6	T	T	T	T	T	T	T			T	T	T	T
7	T	T	T	T	T	T	T	T	T	T	T	T	T
8	T	T	T	T	T	T	T	T	T	T	T	T	T
9	T	T	T	T	T	T				T	T	T	T
10	T	T	T	T	T	T				T	T	T	T
11	T	T	T	T	T	T				T	T	T	T
12	T	T	T	T	T	T				T	T	T	T

图 4.2.18　传递闭包

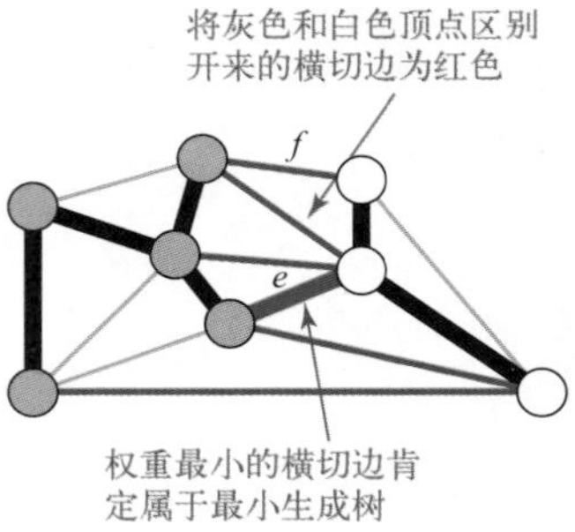

图 4.3.4　切分定理

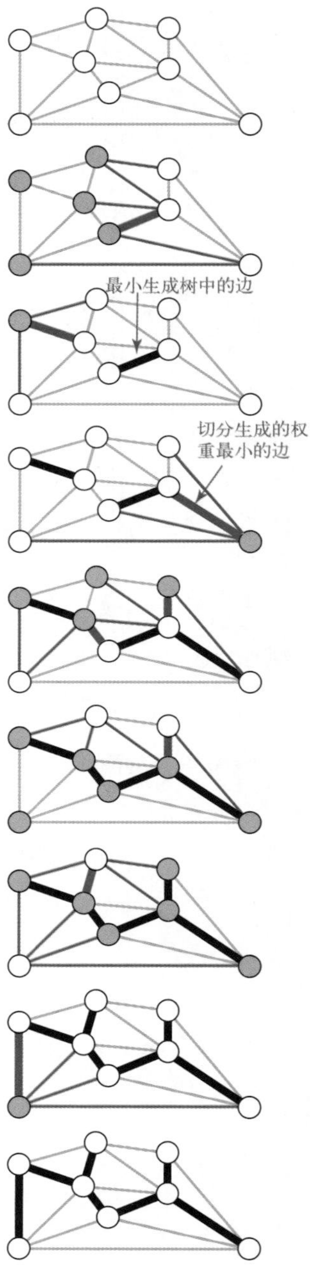

图 4.3.6　贪心最小生成树算法

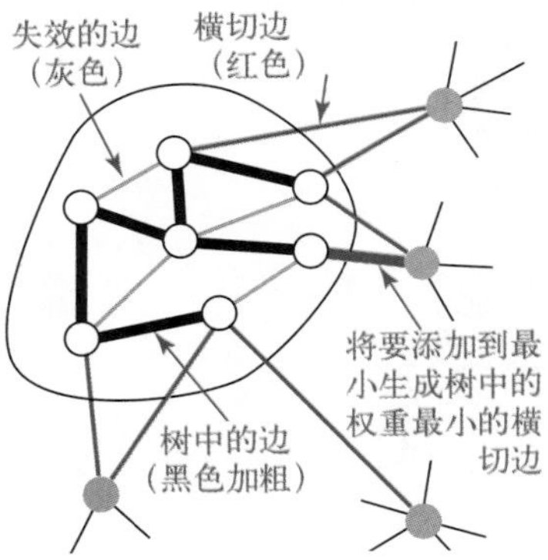

图 4.3.9　最小生成树的 Prim 算法

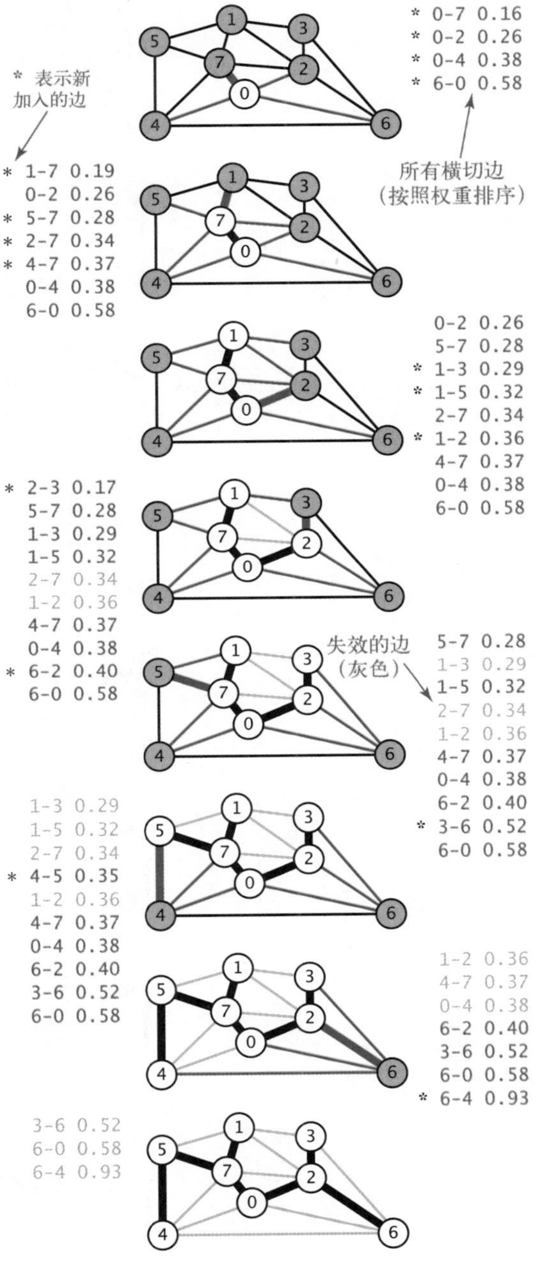

图 4.3.10　Prim 算法的轨迹

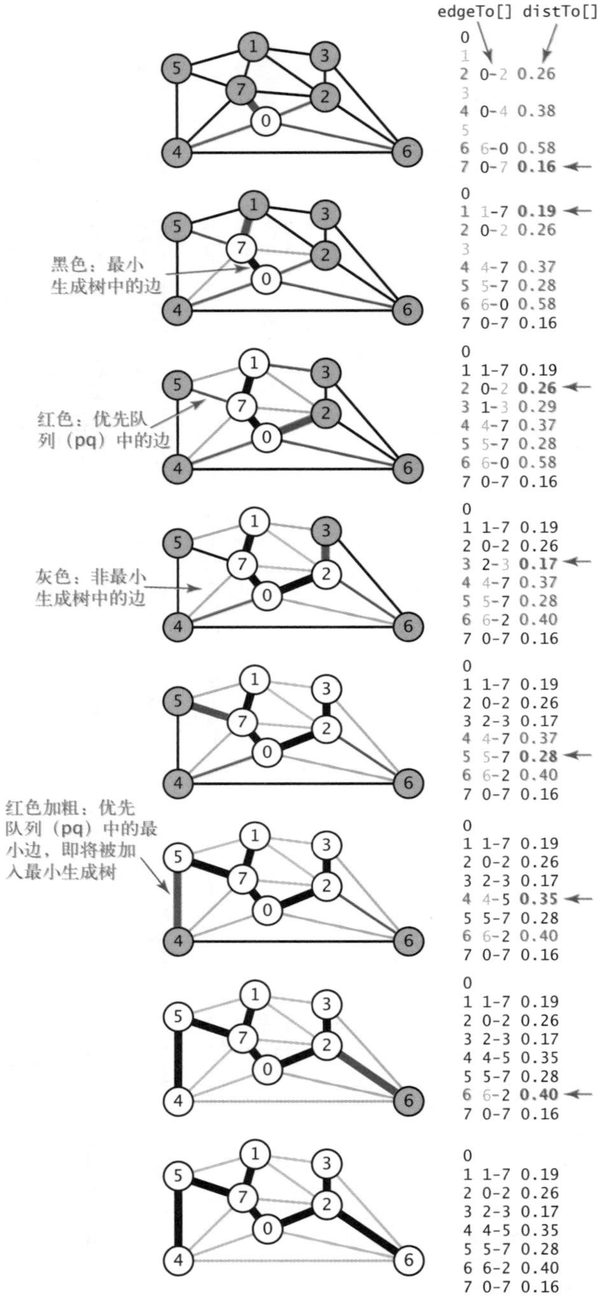

4.3.12　Prim 算法的轨迹图

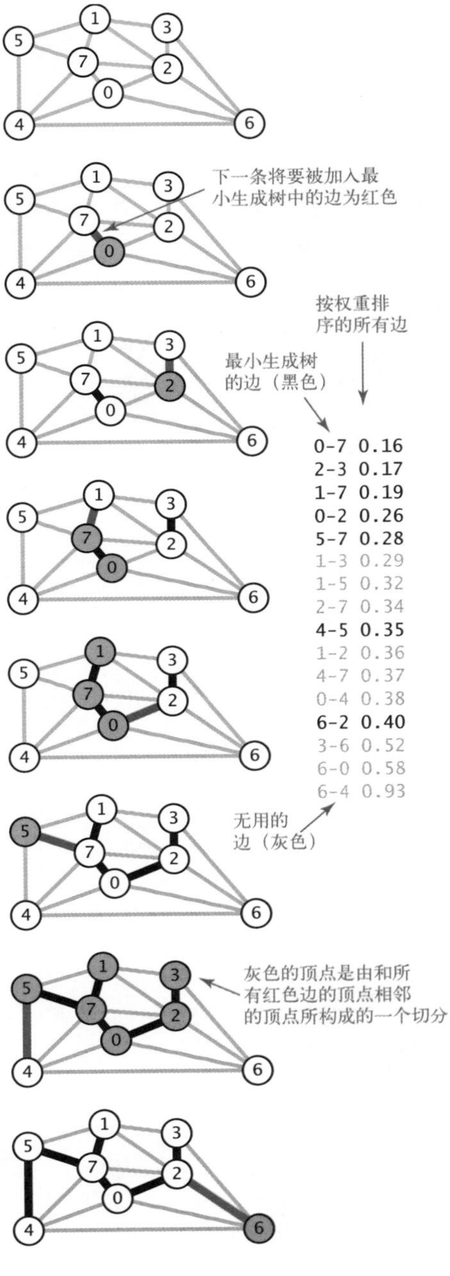

图 4.3.14　Kruskal 算法的轨迹

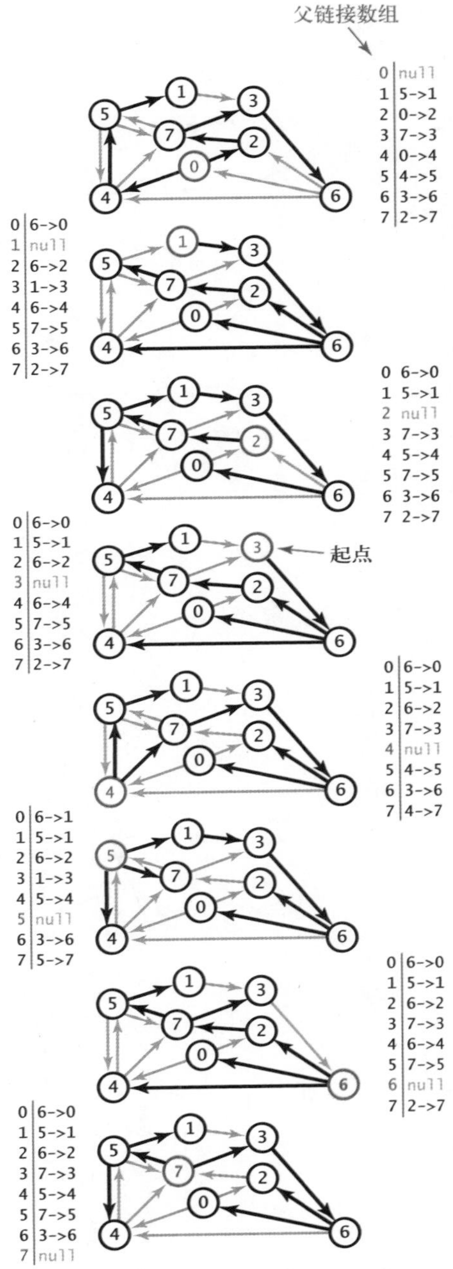

图 4.4.2　最短路径树

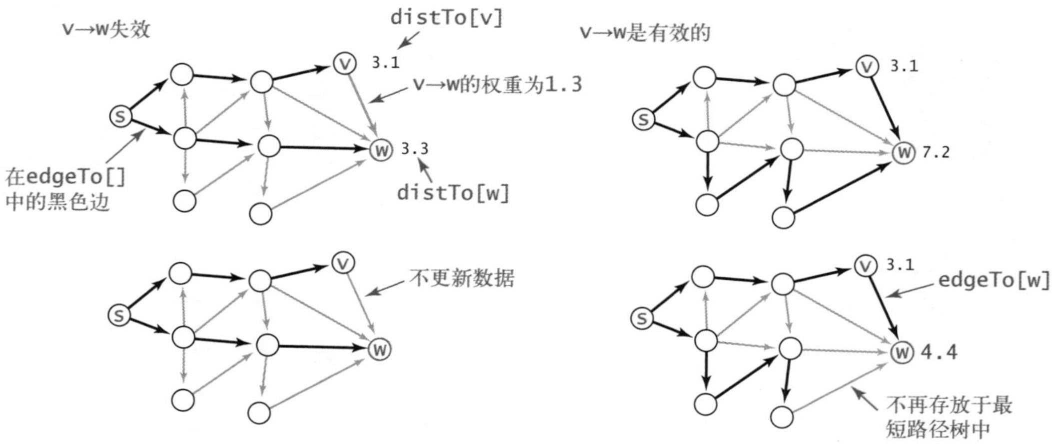

图 4.4.6　边的松弛的两种情况

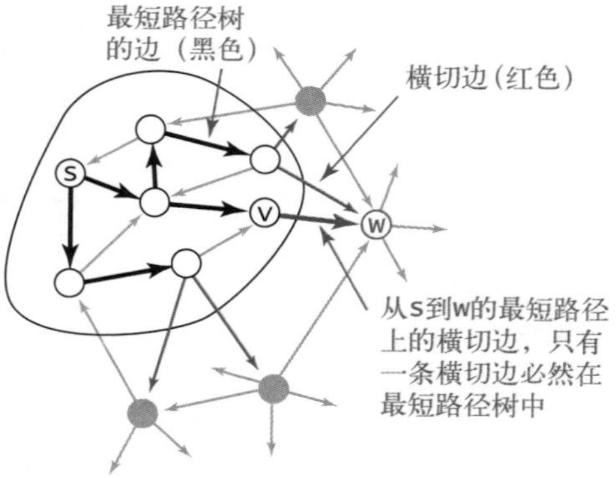

图 4.4.9　Dijkstra 的最短路径算法

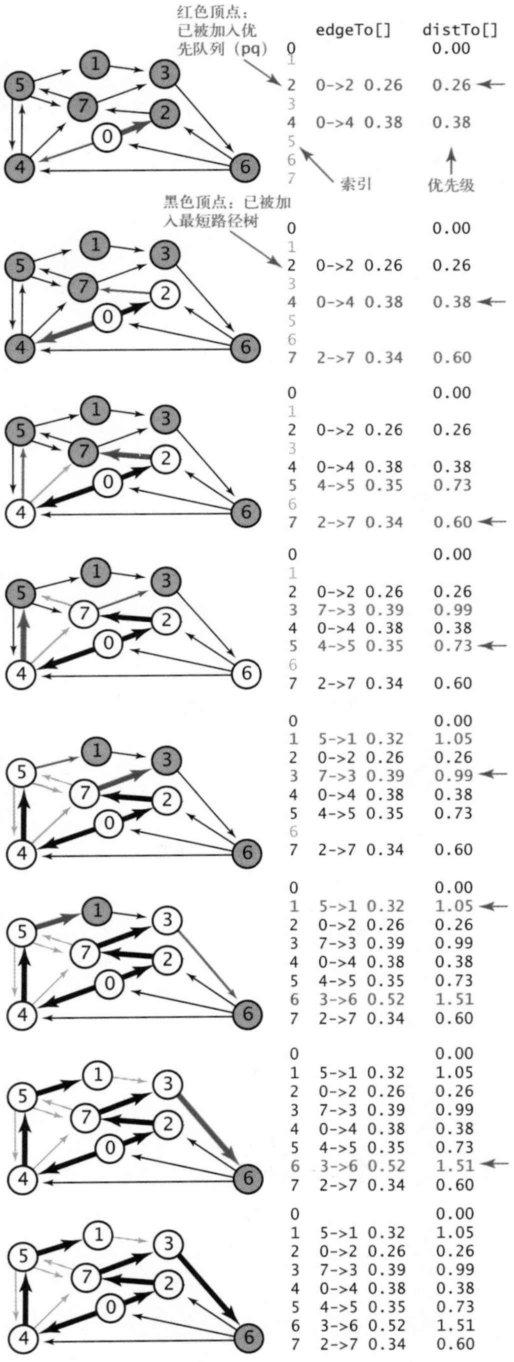

图 4.4.10 Dijkstra 算法的轨迹

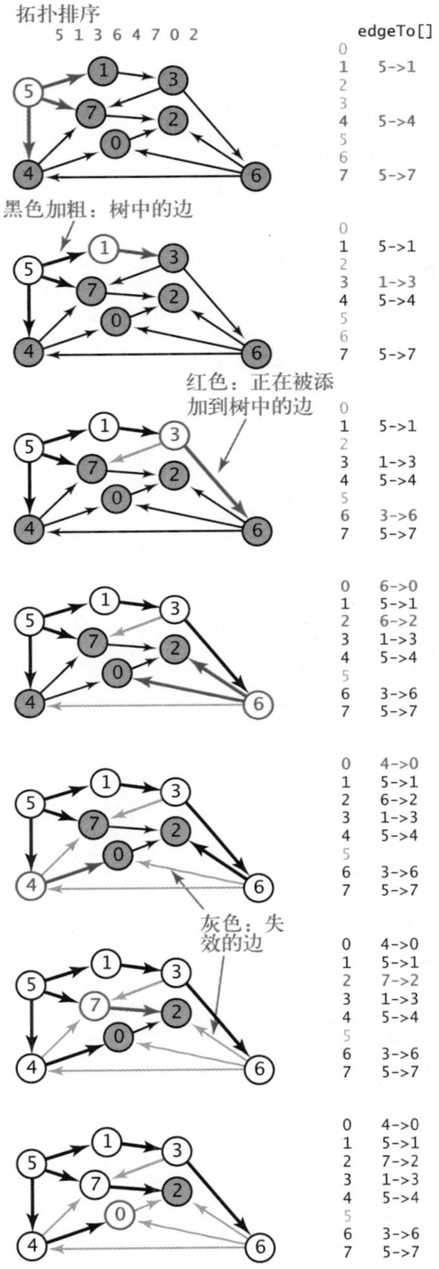

图 4.4.13 寻找无环加权有向图中的最短路径的算法轨迹

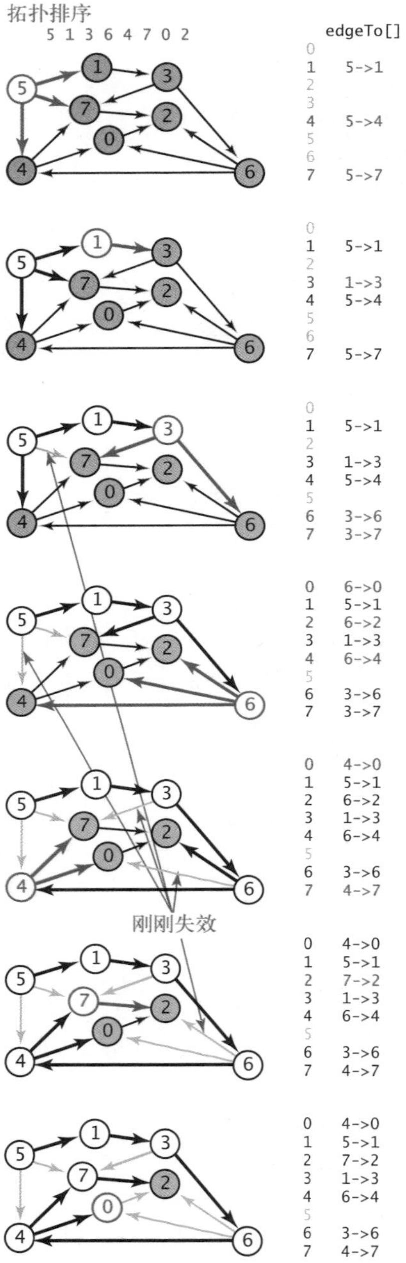

图 4.4.14　无环图中的最长路径算法

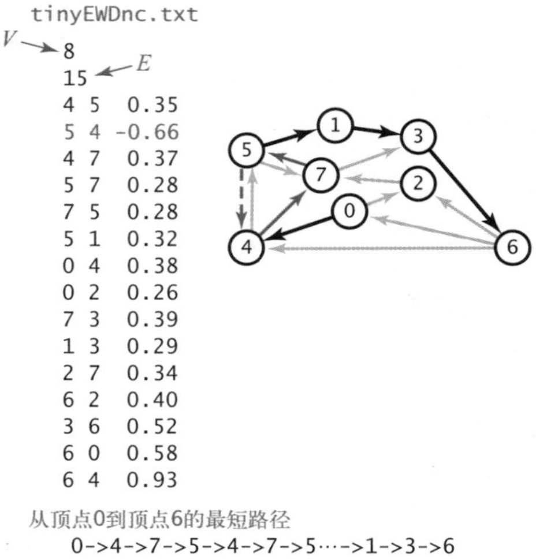

图 4.4.20　含有负权重环的加权有向图

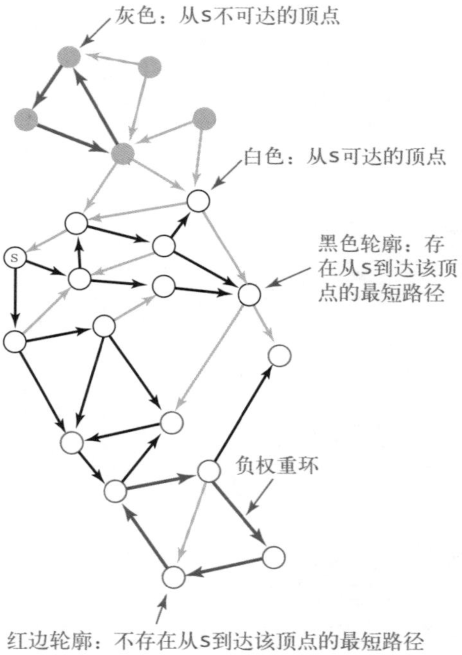

图 4.4.21　最短路径问题的各种可能性

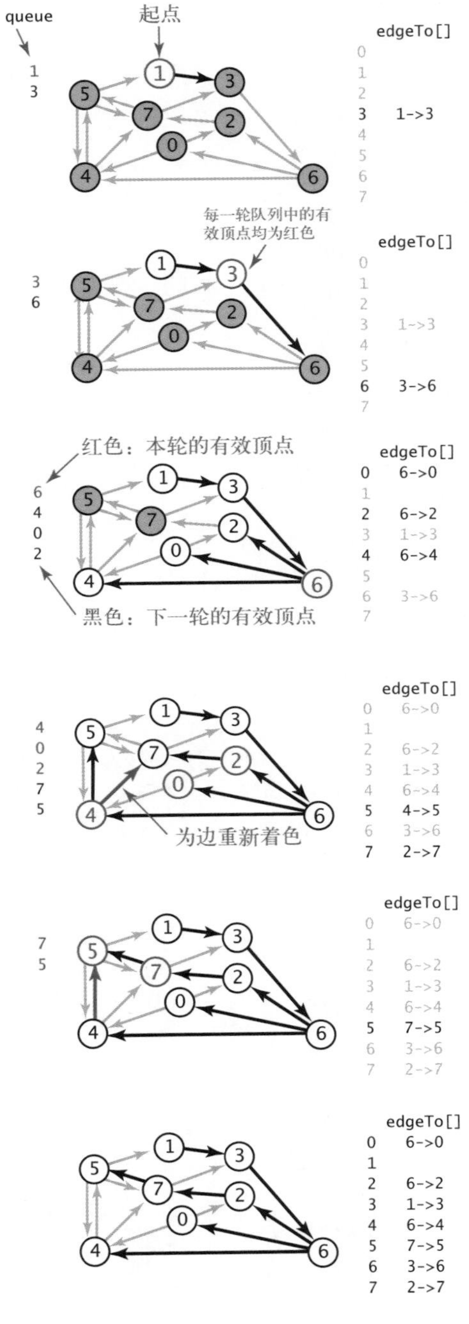

图 4.4.22　Bellman-Ford 算法的轨迹

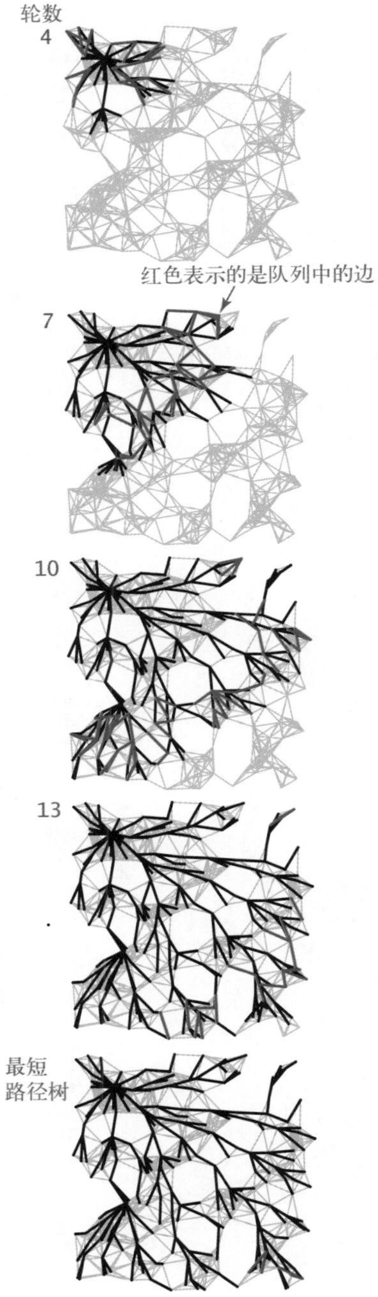

图 4.4.23　Bellman-Ford 算法（250 个顶点）

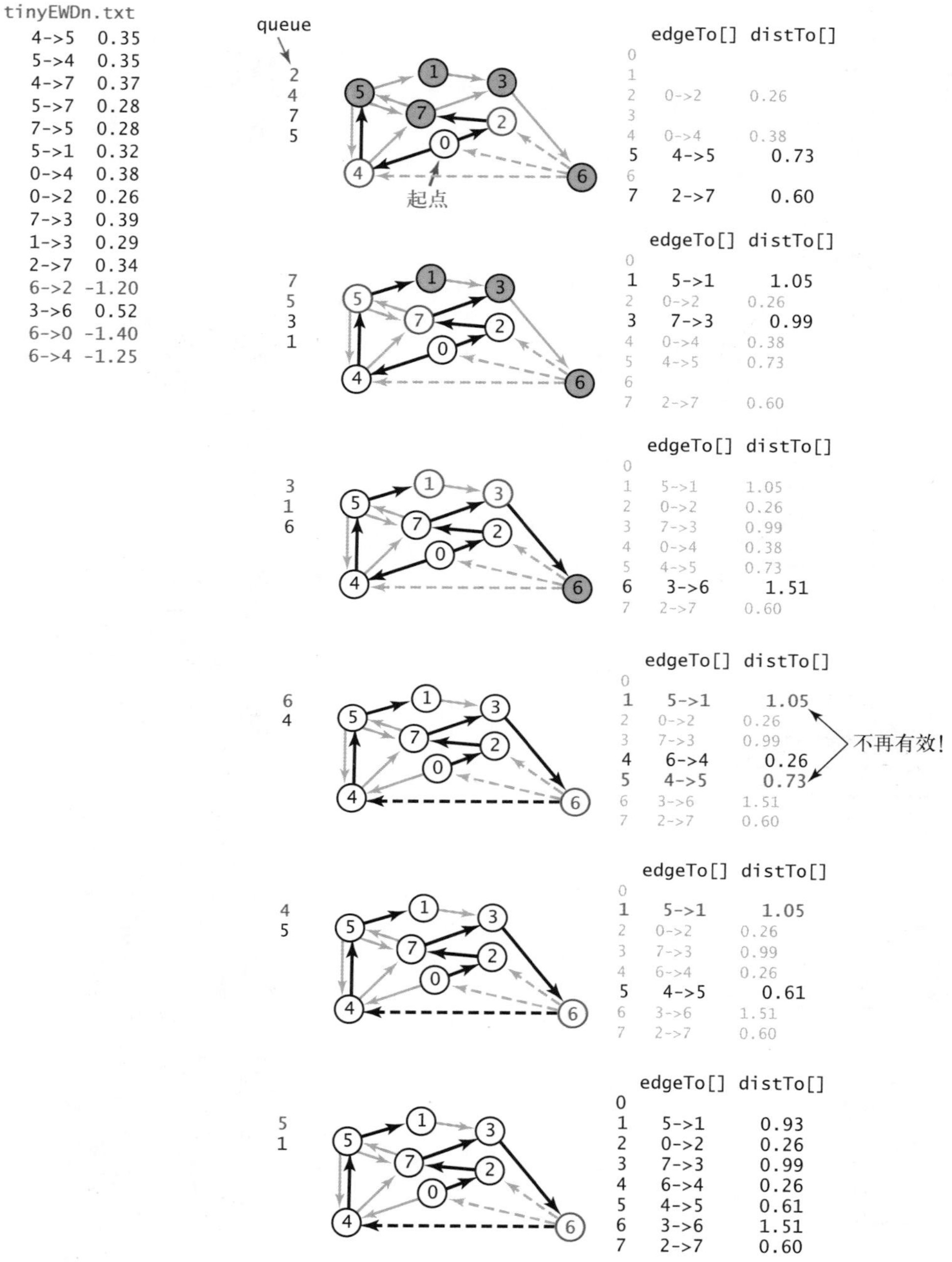

图 4.4.24 Bellman-Ford 算法的轨迹（图中含有负权重边）

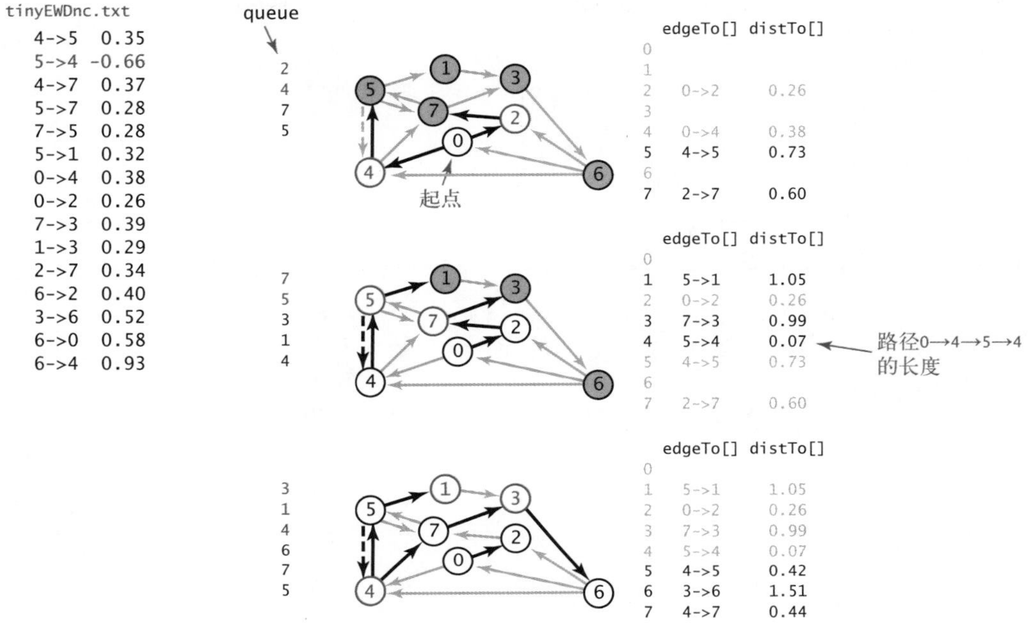
tinyEWDnc.txt
4->5 0.35
5->4 -0.66
4->7 0.37
5->7 0.28
7->5 0.28
5->1 0.32
0->4 0.38
0->2 0.26
7->3 0.39
1->3 0.29
2->7 0.34
6->2 0.40
3->6 0.52
6->0 0.58
6->4 0.93
queue
2
4
7
5
起点
edgeTo[] distTo[]
0
1
2 0->2 0.26
3
4 0->4 0.38
5 4->5 0.73
6
7 2->7 0.60
7
5
3
1
4
edgeTo[] distTo[]
0
1 5->1 1.05
2 0->2 0.26
3 7->3 0.99
4 5->4 0.07
5 4->5 0.73
6
7 2->7 0.60
路径0→4→5→4
的长度
3
1
4
6
7
5
edgeTo[] distTo[]
0
1 5->1 1.05
2 0->2 0.26
3 7->3 0.99
4 5->4 0.07
5 4->5 0.42
6 3->6 1.51
7 4->7 0.44

图 4.4.25 Bellman-Ford 算法的轨迹

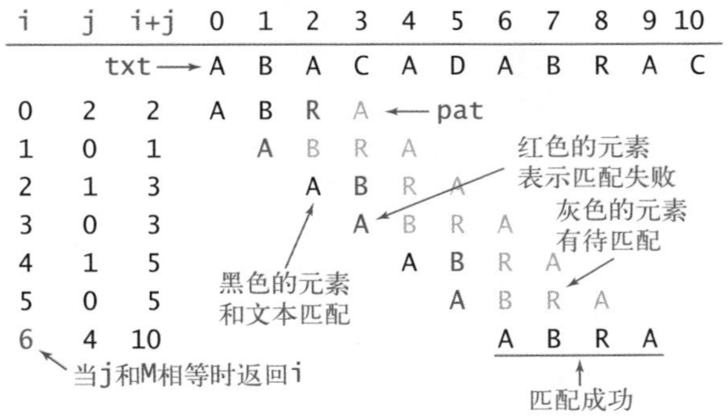
i j i+j 0 1 2 3 4 5 6 7 8 9 10
txt A B A C A D A B R A C
0 2 2 A B R A pat
1 0 1 A B R A
2 1 3 A B R A
3 0 3 A B R A
4 1 5 A B R A
5 0 5 A B R A
6 4 10 A B R A
红色的元素
表示匹配失败
灰色的元素
有待匹配
黑色的元素
和文本匹配
当j和M相等时返回i
匹配成功

图 5.3.2 暴力子字符串查找

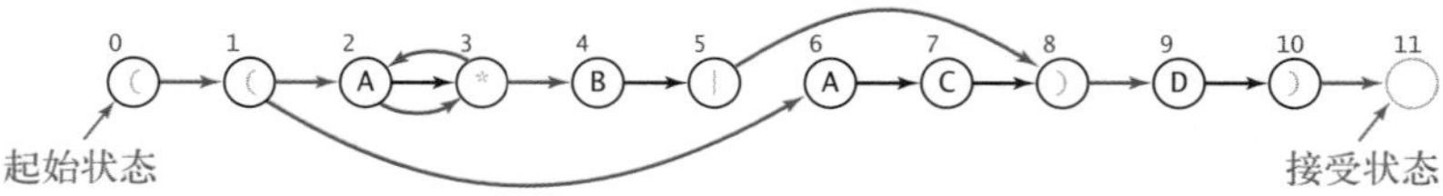

图 5.4.1　模式 ((A*B|AC)D) 所对应的 NFA

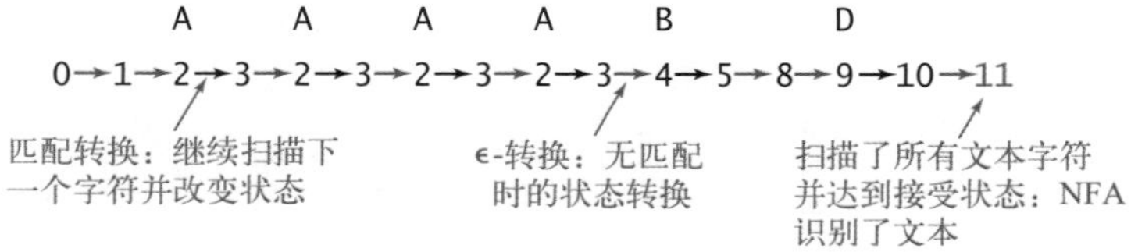

图 5.4.2　找到与 ((A*B | AC)D)NFA 相匹配的模式

TURING 图灵程序设计丛书

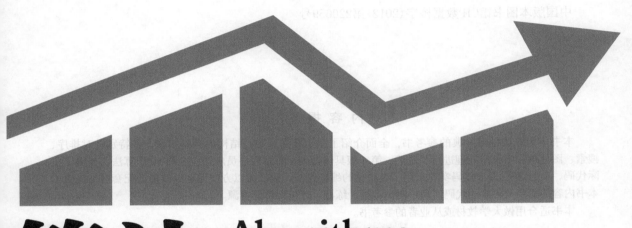

算法 Algorithms Fourth Edition

（第4版）

[美] Robert Sedgewick
Kevin Wayne 著

谢路云 译

人民邮电出版社
北京

图书在版编目（CIP）数据

算法 ：第4版 / （美）塞奇威克（Sedgewick,R.），（美）韦恩（Wayne,K.）著 ；谢路云译. -- 北京 ：人民邮电出版社，2012.10
（图灵程序设计丛书）
书名原文：Algorithms, Fourth Edition
ISBN 978-7-115-29380-0

Ⅰ. ①算… Ⅱ. ①塞… ②韦… ③谢… Ⅲ. ①电子计算机—算法理论 Ⅳ. ①TP301.6

中国版本图书馆CIP数据核字(2012)第220659号

内 容 提 要

本书作为算法领域经典的参考书，全面介绍了关于算法和数据结构的必备知识，并特别针对排序、搜索、图处理和字符串处理进行了论述。第 4 版具体给出了每位程序员应知应会的 50 个算法，提供了实际代码，而且这些 Java 代码实现采用了模块化的编程风格，读者可以方便地加以改造。配套网站提供了本书内容的摘要及更多的代码实现、测试数据、练习、教学课件等资源。

本书适合用做大学教材或从业者的参考书。

◆ 著　　[美] Robert Sedgewick　Kevin Wayne
译　　谢路云
责任编辑　朱　巍
执行编辑　丁晓昀　刘美英

◆ 人民邮电出版社出版发行　　北京市丰台区成寿寺路 11 号
邮编 100164　　电子邮件 315@ptpress.com.cn
网址 http://www.ptpress.com.cn
固安县铭成印刷有限公司印刷

◆ 开本：787 × 1092　1/16　　彩插：12
印张：40.5　　2012 年 10 月第 1 版
字数：1115 千字　　2025 年 3 月河北第 61 次印刷
著作权合同登记号　图字：01-2011-5236 号

定价：129.80元

读者服务热线：(010)84084456-6009　印装质量热线：(010)81055316
反盗版热线：(010)81055315

版权声明

谨以此书献给Adam、Andrew、Brett、Robbie，并特别感谢Linda。

——Robert Sedgewick

献给Jackie和Alex。

——Kevin Wayne

译 者 序

在计算机领域，算法是一个永恒的主题。即使仅把算法入门方面的书都摆出来，国内外的加起来怕是能铺满整个天安门广场。在这些书中，有几本尤其与众不同，本书就是其中之一。

本书是学生的良师。在翻译的过程中我曾无数次感叹："要是当年我能拥有这本书那该多好！"应该说本书是为在校学生量身打造的。没有数学基础？没关系，只要你在高中学过了数学归纳法，那么书中95%以上的数学内容你都可以看得懂，更何况书中还辅以大量图例。没学过编程？没关系，第1章会给大家介绍足够多的Java知识，即使你不是计算机专业的学生，也不会遇到困难。整本书的内容编排循序渐进，由易到难，前后呼应，足见作者的良苦用心。没有比本书更专业的算法教科书了。

本书是老师的好帮手。如果老师们还只能照本宣科，只能停留在算法本身一二三四的阶段，那就已经大大落后于这个时代了。算法并不仅仅是计算的方法，探究算法的过程反映出的是我们对这个世界的认知方法：是唯唯诺诺地将课本当做圣经，还是通过"实验—失败—再实验"循环的锤炼？数学是保证，数据是验证。本书通过各种算法，从各个角度，多次说明了这个道理，这也正是第1章是全书内容最多的一章的原因。希望每一位读者都不要错过第1章。无论你有没有编程基础，都会从中得到有益的启示。

本书是程序员的益友。在工作了多年之后，快速排序、霍夫曼编码、KMP等曾经熟悉的概念在你脑中是不是已经凋零成了一个个没有内涵的名词？是时候重新拾起它们了。无论是为手头的工作寻找线索，还是为下一份工作努力准备，这些算法基础知识都是你不能跳过的。本书强调软件工程中的最佳实践，特别适合已有工作经验的程序员朋友。所有的算法都是先有API，再有实现，之后是证明，最后是数据。这种先接口后实现、强调测试的做法，无疑是在工作中摸爬滚打多年的程序员最熟悉的。

本书也有一些遗憾，比如没有介绍动态规划这样重要的思想。但是瑕不掩瑜，它仍然是最好的入门级算法书。我强烈地希望能够把本书翻译成中文，但同时也诚惶诚恐，如履薄冰，担心自己的水平不足以准确传达原文的意思。翻译的过程虽然辛苦，但我觉得非常值得。感谢人民邮电出版社图灵公司给了我这个机会，感谢编辑和审稿专家的细心检查。同时感谢我的妻子朱天的全力支持。译者水平有限，bug在所难免，还请读者批评指正。

谢路云
2012.9.17

前言

本书力图研究当今最重要的计算机算法并将一些最基础的技能传授给广大求知者。它适合用做计算机科学进阶教材，面向已经熟悉了计算机系统并掌握了基本编程技能的学生。本书也可用于自学，或是作为开发人员的参考手册，因为书中实现了许多实用算法并详尽分析了它们的性能特点和用途。这本书取材广泛，很适合作为该领域的入门教材。

算法和数据结构的学习是所有计算机科学教学计划的基础，但它并不只是对程序员和计算机系的学生有用。任何计算机使用者都希望计算机能运行得更快一些或是能解决更大规模的问题。本书中的算法代表了近50年来的大量优秀研究成果，是人们工作中必备的知识。从物理中的*N*体模拟问题到分子生物学中的基因序列问题，我们描述的基本方法对科学研究而言已经必不可少；从建筑建模系统到模拟飞行器，这些算法已经成为工程领域极其重要的工具；从数据库系统到互联网搜索引擎，算法已成为现代软件系统中不可或缺的一部分。这仅是几个例子而已，随着计算机应用领域的不断扩张，这些基础方法的影响也会不断扩大。

在开始学习这些基础算法之前，我们先要熟悉全书中都将会用到的栈、队列等低级抽象的数据类型。然后依次研究排序、搜索、图和字符串方面的基础算法。最后一章将会从宏观角度总结全书的内容。

独特之处

本书致力于研究有实用价值的算法。书中讲解了多种算法和数据结构，并提供了大量相关的信息，读者应该能有信心在各种计算环境下实现、调试并应用它们。本书的特点涉及以下几个方面。

算法 书中均有算法的完整实现，并讨论了程序在多个样例上的运行状况。书中的代码都是可以运行的程序而非伪代码，因此非常便于投入使用。书中程序是用Java语言编写的，但其编程风格方便读者使用其他现代编程语言重用其中的大部分代码来实现相同算法。

数据类型 我们在数据抽象上采用了现代编程风格，将数据结构和算法封装在了一起。

应用 每一章都会给出所述算法起到关键作用的应用场景。这些场景多种多样，包括物理模拟与分子生物学、计算机与系统工程学，以及我们熟悉的数据压缩和网络搜索等。

学术性 我们非常重视使用数学模型来描述算法的性能。我们用模型预测算法的性能，然后在真实的环境中运行程序来验证预测。

广度 本书讨论了基本的抽象数据类型、排序算法、搜索算法、图及字符串处理。我们在算法的讨论中研究数据结构、算法设计范式、归纳法和解题模型。这将涵盖20世纪60年代以来的经典方法以及近年来产生的新方法。

我们的主要目标是将今天最重要的实用算法介绍给尽可能广泛的群体。这些算法一般都十分巧妙奇特，20行左右的代码就足以表达。它们展现出的问题解决能力令人叹为观止。没有它们，创造计算智能、解决科学问题、开发商业软件都是不可能的。

本书网站

本书的一个亮点是它的配套网站algs4.cs.princeton.edu。这一网站面向教师、学生和专业人士，免费提供关于算法和数据结构的丰富资料。

一份在线大纲　包含了本书内容的结构并提供了链接，浏览起来十分方便。

全部实现代码　书中所有的代码均可以在这里找到，且其形式适合用于程序开发。此外，还包括算法的其他实现，例如高级的实现、书中提及的改进的实现、部分习题的答案以及多个应用场景的客户端代码。我们的重点是用真实的应用环境来测试算法。

习题与答案　网站还提供了一些附加的选择题（只需要一次单击便可获取答案）、很多算法应用的例子、编程练习和答案以及一些有挑战性的难题。

动态可视化　书是死的，但网站是活的，在这里我们充分利用图形类演示了算法的应用效果。

课程资料　网站包含和本书及网上内容对应的一整套幻灯片，以及一系列编程作业、核对表、测试数据和备课手册。

相关资料链接　网站包含大量的链接，提供算法应用的更多背景知识以及学习算法的其他资源。

我们希望这个站点和本书互为补充。一般来说，建议读者在第一次学习某种算法或是希望获得整体概念时看书，并把网站作为编程时的参考或是在线查找更多信息的起点。

作为教材

本书为计算机科学专业进阶的教材，涵盖了这门学科的核心内容，并能让学生充分锻炼编程、定量推理和解决问题等方面的能力。一般来说，此前学过一门计算机方面的先导课程就足矣，只要熟悉一门现代编程语言并熟知现代计算机系统，就都能够阅读本书。

虽然本书使用Java实现算法和数据结构，但其代码风格使得熟悉其他现代编程语言的人也能看懂。我们充分利用了Java的抽象性（包括泛型），但不会依赖这门语言的独门特性。

书中涉及的多数数学知识都有完整的讲解（少数会有延伸阅读），因此阅读本书并不需要准备太多数学知识，不过有一定的数学基础当然更好。应用场景都来自其他学科的基础内容，同样也在书中有完整介绍。

本书涉及的内容是任何准备主修计算机科学、电气工程、运筹学等专业的学生应了解的基础知识，并且对所有对科学、数学或工程学感兴趣的学生也十分有价值。

背景介绍

这本书意在接续我们的一本基础教材《Java程序设计：一种跨学科的方法》，那本书对计算机领域做了概括性介绍。这两本书合起来可用做两到三个学期的计算机科学入门课程教材，为所有学生在自然科学、工程学和社会科学中解决计算问题提供必备的基础知识。

本书大部分内容来自Sedgewick的算法系列图书。本质上，本书和该系列的第1版和第2版最接近，但还包含了作者多年教学和学习的经验。Sedgewick的《C算法（第3版）》、《C++算法（第3版）》、《Java算法（第3版）》更适合用做参考书或是高级课程的教材，而本书则是专门为大学一、二年级学生设计的一学期教材，也是最新的基础入门书或从业者的参考书。

致谢

本书的编写花了近40年时间，因此想要一一列出所有参与人是不可能的。本书的前几版一共列出了好几十人，其中包括（按字母顺序）Andrew Appel、Trina Avery、Marc Brown、Lyn Dupré、Philippe Flajolet、Tom Freeman、Dave Hanson、Janet Incerpi、Mike Schidlowsky、Steve Summit和Chris Van Wyk。我要感谢他们所有人，尽管其中有些人的贡献要追溯到几十年前。至于第4版，我们要感谢试用了本书样稿的普林斯顿及其他院校的数百名学生，以及通过本书网站发表意见和指出错误的世界各地的读者。

我们还要感谢普林斯顿大学对于高质量教学的坚定支持，这是本书得以面世的基础。

Peter Gordon几乎从本书写作之初就提出了很多有用的建议，这一版奉行的“归本溯源”的指导思想也是他最早提出的。关于第4版，我们要感谢Barbara Wood认真又专业的编辑工作，Julie Nahil对生产过程的管理，以及Pearson出版公司中为本书的付梓和营销辛勤工作的朋友。所有人都在积极地追赶进度，而本书的质量并没有受到丝毫影响。

目 录

第1章 基 础

本书的目的是研究多种重要而实用的算法，即适合用计算机实现的解决问题的方法。和算法关系最紧密的是*数据结构*，即便于算法操作的组织数据的方法。本章介绍的就是学习算法和数据结构所需要的基本工具。

首先要介绍的是我们的*基础编程模型*。本书中的程序只用到了 Java 语言的一小部分，以及我们自己编写的用于封装输入输出以及统计的一些库。1.1 节总结了相关的语法、语言特性和书中将会用到的库。

接下来我们的重点是*数据抽象并定义抽象数据类型*（ADT）以进行模块化编程。在 1.2 节中我们介绍了用 Java 实现抽象数据类型的过程，包括定义它的*应用程序编程接口*（API）然后通过 Java 的类机制来实现它以供各种用例使用。

之后，作为重要而实用的例子，我们将学习三种基础的抽象数据类型：*背包*、*队列*和*栈*。1.3 节用数组、变长数组和链表实现了背包、队列和栈的 API，它们是全书算法实现的起点和样板。

性能是算法研究的一个核心问题。1.4 节描述了分析算法性能的方法。我们的基本做法是*科学式的*，即先对性能提出假设，建立数学模型，然后用多种实验验证它们，必要时重复这个过程。

我们用一个*连通性问题*作为例子结束本章，它的解法所用到的算法和数据结构可以实现经典的 union-find 抽象数据结构。 1~3

算法

编写一段计算机程序一般都是实现一种已有的*方法*来解决某个问题。这种方法大多和使用的编程语言无关——它适用于各种计算机以及编程语言。是这种方法而非计算机程序本身描述了解决问题的步骤。在计算机科学领域，我们用*算法*这个词来描述一种有限、确定、有效的并适合用计算机程序来实现的解决问题的方法。算法是计算机科学的基础，是这个领域研究的核心。

要定义一个算法，我们可以用自然语言描述解决某个问题的过程或是编写一段程序来实现这个过程。如发明于 2300 多年前的*欧几里得算法*所示，其目的是找到两个数的最大公约数：

自然语言描述

计算两个非负整数 p 和 q 的最大公约数：若 q 是 0，则最大公约数为 p。否则，将 p 除以 q 得到余数 r，p 和 q 的最大公约数即为 q 和 r 的最大公约数。

Java 语言描述

```
public static int gcd(int p, int q)
{
   if (q == 0) return p;
   int r = p % q;
   return gcd(q, r);
}
```

欧几里得算法

如果你不熟悉欧几里得算法，那么你应该在学习了 1.1 节之后完成练习 1.1.24 和练习 1.1.25。在本书中，我们将用计算机程序来描述算法。这样做的重要原因之一是可以更容易地验证它们是否如所要求的那样有限、确定和有效。但你还应该意识到用某种特定语言写出一段程序只是表达一个算法的一种方法。数十年来本书中许多算法都曾被表达为多种编程语言的程序，这正说明每种算法都是适合于在任何计算机上用任何编程语言实现的方法。

我们关注的大多数算法都需要适当地组织数据，而为了组织数据就产生了*数据结构*，数据结构也是计算机科学研究的核心对象，它和算法的关系非常密切。在本书中，我们的观点是数据结构是算法的副产品或是结果，因此要理解算法必须学习数据结构。简单的算法也会产生复杂的数据结构，相应地，复杂的算法也许只需要简单的数据结构。本书中我们将会研讨许多数据结构的性质，也许
4 本书就应该叫《*算法与数据结构*》。

当用计算机解决一个问题时，一般都存在多种不同的方法。对于小型问题，只要管用，方法的不同并没有什么关系。但是对于大型问题（或者是需要解决大量小型问题的应用），我们就需要设计能够有效利用时间和空间的方法了。

学习算法的主要原因是它们能节约非常多的资源，甚至能够让我们完成一些本不可能完成的任务。在某些需要处理上百万个对象的应用程序中，设计优良的算法甚至可以将程序运行的速度提高数百万倍。在本书中我们将在多个场景中看到这样的例子。与此相反，花费金钱和时间去购置新的硬件可能只能将速度提高十倍或是百倍。无论在任何应用领域，精心设计的算法都是解决大型问题最有效的方法。

在编写庞大或者复杂的程序时，理解和定义问题、控制问题的复杂度和将其分解为更容易解决的子问题需要大量的工作。很多时候，分解后的子问题所需的算法实现起来都比较简单。但是在大多数情况下，某些算法的选择是非常关键的，因为大多数系统资源都会消耗在它们身上。本书的焦点就是这类算法。我们所研究的基础算法在许多应用领域都是解决困难问题的有效方法。

计算机程序的共享已经变得越来越广泛，尽管书中涉及了许多算法，我们也只实现了其中的一小部分。例如，Java 库包含了许多重要算法的实现。但是，实现这些基础算法的简化版本有助于我们更好地理解、使用和优化它们在库中的高级版本。更重要的是，我们经常需要重新实现这些基础算法，因为在全新的环境中（无论是硬件的还是软件的），原有的实现无法将新环境的优势完全发挥出来。在本书中，我们的重点是用最简洁的方式实现优秀的算法。我们会仔细地实现算法的关键部分，并尽最大努力揭示如何进行有效的底层优化工作。

5 为一项任务选择最合适的算法是困难的，这可能会需要复杂的数学分析。计算机科学中研究这种问题的分支叫做*算法分析*。通过分析，我们将要学习的许多算法都有着优秀的理论性能；而另一些我们则只是根据经验知道它们是可用的。我们的主要目标是学习典型问题的各种有效算法，但也会注意比较不同算法之间的性能差异。不应该使用资源消耗情况未知的算法，因此我们会时刻关注算法的期望性能。

本书框架

接下来概述一下全书的主要内容，给出涉及的主题以及本书大致的组织结构。这组主题触及了尽可能多的基础算法，其中的某些领域是计算机科学的核心内容，通过对这些领域的深入研究，我们找出了应用广泛的基本算法，而另一些算法则来自计算机科学和相关领域比较前沿的研究成果。总之，本书讨论的算法都是数十年来研发的重要成果，它们将继续在快速发展的计算机应用中扮演重要角色。

第 1 章 基础

它讲解了在随后的章节中用来实现、分析和比较算法的基本原则和方法，包括 Java 编程模型、数据抽象、基本数据结构、集合类的抽象数据类型、算法性能分析的方法和一个案例分析。

第 2 章 排序

有序地重新排列数组中的元素是非常重要的基础算法。我们会深入研究各种排序算法，包括插入排序、选择排序、希尔排序、快速排序、归并排序和堆排序。同时我们还会讨论另外一些算法，它们用于解决几个与排序相关的问题，例如优先队列、选举以及归并。其中许多算法会成为后续章节中其他算法的基础。

第 3 章 查找

从庞大的数据集中找到指定的条目也是非常重要的。我们将会讨论基本的和高级的查找算法，包括二叉查找树、平衡查找树和散列表。我们会梳理这些方法之间的关系并比较它们的性能。

第 4 章 图

图的主要内容是对象和它们的连接，连接可能有权重和方向。利用图可以为大量重要而困难的问题建模，因此图算法的设计也是本书的一个主要研究领域。我们会研究深度优先搜索、广度优先搜索、连通性问题以及若干其他算法和应用，包括 Kruskal 和 Prim 的最小生成树算法、Dijkstra 和 6
Bellman-Ford 的最短路径算法。

第 5 章 字符串

字符串是现代应用程序中的重要数据类型。我们将会研究一系列处理字符串的算法，首先是对字符串键的排序和查找的快速算法，然后是子字符串查找、正则表达式模式匹配和数据压缩算法。此外，在分析一些本身就十分重要的基础问题之后，这一章对相关领域的前沿话题也作了介绍。

第 6 章 背景

这一章将讨论与本书内容有关的若干其他前沿研究领域，包括科学计算、运筹学和计算理论。我们会介绍性地讲一下基于事件的模拟、B 树、后缀数组、最大流量问题以及其他高级主题，以帮助读者理解算法在许多有趣的前沿研究领域中所起到的巨大作用。最后，我们会讲一讲搜索问题、问题转化和 NP 完全性等算法研究的支柱理论，以及它们和本书内容的联系。

学习算法是非常有趣和令人激动的，因为这是一个历久弥新的领域（我们学习的绝大多数算法都还不到“五十岁”，有些还是最近才发明的，但也有一些算法已经有数百年的历史）。这个领域不断有新的发现，但研究透彻的算法仍然是少数。本书中既有精巧、复杂和高难度的算法，也有优雅、朴素和简单的算法。在科学和商业应用中，我们的目标是理解前者并熟悉后者，这样才能掌握这些有用的工具并学会算法式思考，以迎接未来计算任务的挑战。 7

1.1 基础编程模型

我们学习算法的方法是用 Java 编程语言编写的程序来实现算法。这样做是出于以下原因：

- 程序是对算法精确、优雅和完全的描述；
- 可以通过运行程序来学习算法的各种性质；
- 可以在应用程序中直接使用这些算法。

相比用自然语言描述算法，这些是重要而巨大的优势。

这样做的一个缺点是我们要使用特定的编程语言，这会使分离算法的思想和实现细节变得困难。我们在实现算法时考虑到了这一点，只使用了大多数现代编程语言都具有且能够充分描述算法所必需的语法。

我们仅使用了 Java 的一个子集。尽管我们没有明确地说明这个子集的范围，但你也会看到我们只使用了很少的 Java 特性，而且会优先使用大多数现代编程语言所共有的语法。我们的代码是完整的，因此希望你能下载这些代码并用我们的测试数据或是你自己的来运行它们。

我们把描述和实现算法所用到的语言特性、软件库和操作系统特性总称为*基础编程模型*。本节以及 1.2 节会详细说明这个模型，相关内容自成一体，主要是作为文档供读者查阅，以便理解本书的代码。我们的另一本入门级的书籍 *An Introduction to Programming in Java: An Interdisciplinary Approach* 也使用了这个模型。

作为参考，图 1.1.1 所示的是一个完整的 Java 程序。它说明了我们的基础编程模型的许多基本特点。在讨论语言特性时我们会用这段代码作为例子，但可以先不用考虑代码的实际意义（它实现了经典的*二分查找*算法，并在*白名单过滤*应用中对算法进行了检验，请见 1.1.10 节）。我们假设你具备某种主流语言编程的经验，因此你应该知道这段代码中的大多数要点。图中的注释应该能够解答你的任何疑问。因为图中的代码某种程度上反映了本书代码的风格，而且对各种 Java 编程惯例和
8 语言构造，在用法上我们都力求一致，所以即使是经验丰富的 Java 程序员也应该看一看。

1.1.1 Java 程序的基本结构

一段 Java 程序（类）或者是一个*静态方法*（函数）库，或者定义了一个*数据类型*。要创建静态方法库和定义数据类型，会用到下面七种语法，它们是 Java 语言的基础，也是大多数现代语言所共有的。

- *原始数据类型*：它们在计算机程序中精确地定义整数、浮点数和布尔值等。它们的定义包括取值范围和能够对相应的值进行的操作，它们能够被组合为类似于数学公式定义的表达式。
- *语句*：语句通过创建变量并对其赋值、控制运行流程或者引发副作用来进行计算。我们会使用六种语句：*声明*、*赋值*、*条件*、*循环*、*调用*和*返回*。
- *数组*：数组是多个同种数据类型的值的集合。
- *静态方法*：静态方法可以封装并重用代码，使我们可以用独立的模块开发程序。
- *字符串*：字符串是一连串的字符，Java 内置了对它们的一些操作。
- *标准输入 / 输出*：标准输入输出是程序与外界联系的桥梁。
- *数据抽象*：数据抽象封装和重用代码，使我们可以定义非原始数据类型，进而支持面向对象编程。

我们将在本节学习前六种语法，数据抽象是下一节的主题。

运行 Java 程序需要和操作系统或开发环境打交道。为了清晰和简洁，我们把这种输入命令执行程序的环境称为*虚拟终端*。请登录本书的网站去了解如何使用虚拟终端，或是现代系统中许多其他高级的编程开发环境的使用方法。

在例子中，BinarySearch 类有两个静态方法 `rank()` 和 `main()`。第一个方法 `rank()` 含有四条语句：两条声明语句，一条循环语句（该语句中又有一条赋值语句和两条条件语句）和一条返回语句。

第二个方法 main() 包含三条语句：一条声明语句、一条调用语句和一个循环语句（该语句中又包含一条赋值语句和一条条件语句）。

要执行一个 Java 程序，首先需要用 javac 命令编译它，然后再用 java 命令运行它。例如，要运行 BinarySearch，首先要输入 javac BinarySearch.java（这将生成一个叫 BinarySearch.class 的文件，其中含有这个程序的 Java 字节码）；然后再输入 java BinarySearch（接着是一个白名单文件名）把控制权移交给这段字节码程序。为了理解这段程序，我们接下来要详细介绍原始数据类型和表达式，各种 Java 语句、数组、静态方法、字符串和输入输出。

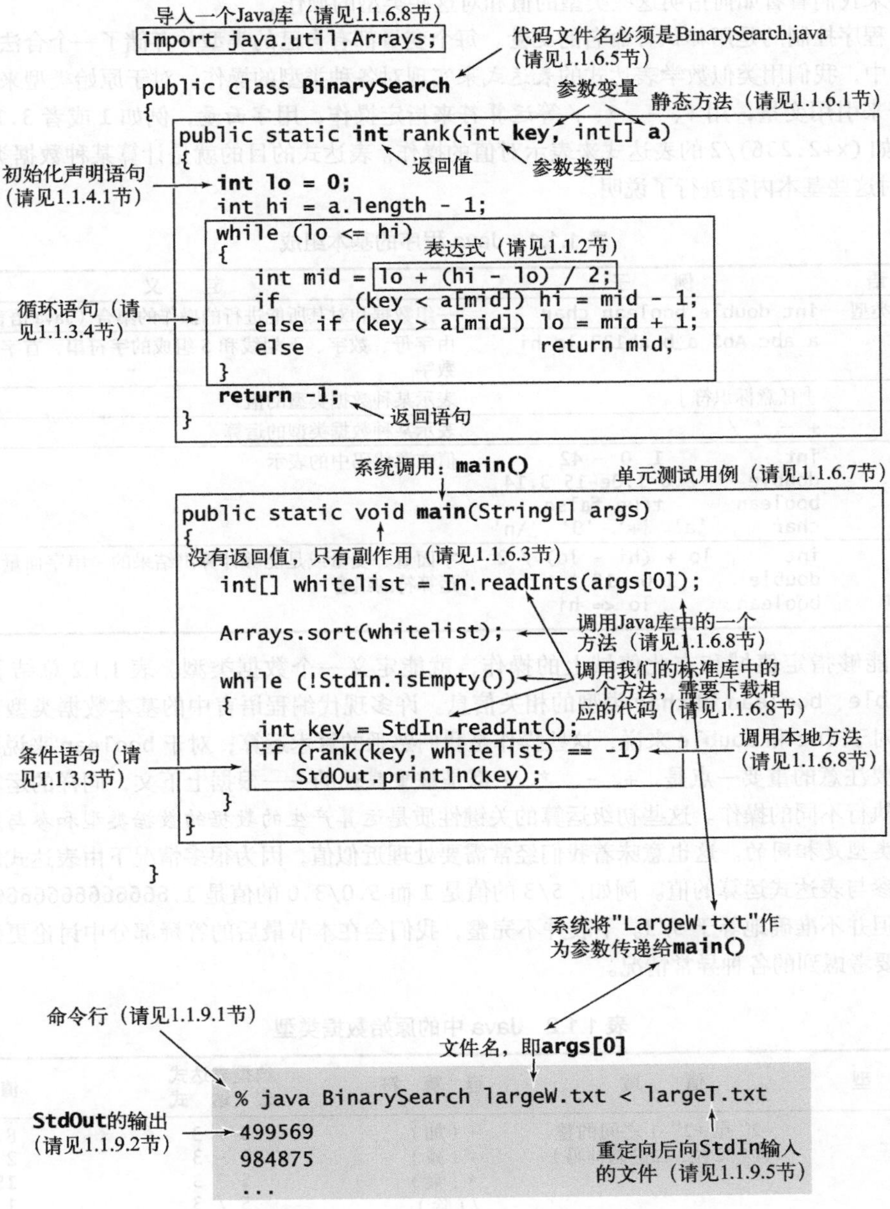

图 1.1.1 Java 程序及其命令行的调用

9
~
10

1.1.2 原始数据类型与表达式

数据类型就是一组数据和对其所能进行的操作的集合。首先考虑以下 4 种 Java 语言最基本的原始数据类型：

- 整型，及其算术运算符（int）；
- 双精度实数类型，及其算术运算符（double）；
- 布尔型，它的值 {true, false} 及其逻辑操作（boolean）；
- 字符型，它的值是你能够输入的英文字母数字字符和符号（char）。

接下来我们看看如何指明这些类型的值和对这些类型的操作。

Java 程序控制的是用标识符命名的变量。每个变量都有自己的类型并存储了一个合法的值。在 Java 代码中，我们用类似数学表达式的表达式来实现对各种类型的操作。对于原始类型来说，我们用标识符来引用变量，用 +、-、*、/ 等运算符来指定操作，用字面量，例如 1 或者 3.14 来表示值，用形如 (x+2.236)/2 的表达式来表示对值的操作。表达式的目的就是计算某种数据类型的值。表 1.1.1 对这些基本内容进行了说明。

表 1.1.1 Java 程序的基本组成

术 语	例 子	定 义
原始数据类型	int double boolean char	一组数据和对其所能进行的操作的集合（Java 语言内置）
标识符	a abc Ab$ a_b ab123 lo hi	由字母、数字、下划线和 $ 组成的字符串，首字符不能是数字
变量	［任意标识符］	表示某种数据类型的值
运算符	+ - * /	表示某种数据类型的运算
字面量	int 1 0 -42 double 2.0 1.0e-15 3.14 boolean true false char 'a' '+' '9' '\n'	值在源代码中的表示
表达式	int lo + (hi - lo) / 2 double 1.0e-15 * t boolean lo <= hi	字面量、变量或是能够计算出结果的一串字面量、变量和运算符的组合

11

只要能够指定值域和在此值域上的操作，就能定义一个数据类型。表 1.1.2 总结了 Java 的 int、double、boolean 和 char 类型的相关信息。许多现代编程语言中的基本数据类型和它们都很相似。对于 int 和 double 来说，这些操作是我们熟悉的算术运算；对于 boolean 来说则是逻辑运算。需要注意的重要一点是，+、-、*、/ 都是被重载过的——根据上下文，同样的运算符对不同类型会执行不同的操作。这些初级运算的关键性质是运算产生的数据的数据类型和参与运算的数据的数据类型是相同的。这也意味着我们经常需要处理近似值，因为很多情况下由表达式定义的准确值并非参与表达式运算的值。例如，5/3 的值是 1 而 5.0/3.0 的值是 1.6666666666667，两者都很接近但并不准确地等于 5/3。下表并不完整，我们会在本节最后的答疑部分中讨论更多运算符和偶尔需要考虑到的各种异常情况。

表 1.1.2 Java 中的原始数据类型

类 型	值 域	运 算 符	典型表达式 表 达 式	值
int	-2^{31} 至 $+2^{31}-1$ 之间的整数（32 位，二进制补码）	+（加）	5 + 3	8
		-（减）	5 - 3	2
		*（乘）	5 * 3	15
		/（除）	5 / 3	1
		%（求余）	5 % 3	2

（续）

类　型	值　域	运 算 符	典型表达式 表 达 式	值
double	双精度实数（64 位，IEEE 754 标准）	+（加） -（减） *（乘） /（除）	3.141 + 0.03 2.0 - 2.0e-7 100 * 0.015 6.02e23 / 2.0	3.171 1.9999998 1.5 3.01e23
boolean	true 或 false	&&（与） ||（或） !（非） ^（异或）	true && false false || true !false true ^ true	false true true false
char	字符（16 位）	（算术运算符，但很少使用）		

12

1.1.2.1 表达式

如表 1.1.2 所示，Java 使用的是中缀表达式：一个字面量（或是一个表达式），紧接着是一个运算符，再接着是另一个字面量（或者另一个表达式）。当一个表达式包含一个以上的运算符时，运算符的作用顺序非常重要，因此 Java 语言规范约定了如下的运算符优先级：运算符 * 和 /（以及 %）的优先级高于 + 和 -（优先级越高，越早运算）；在逻辑运算符中，! 拥有最高优先级，之后是 &&，接下来是 ||。一般来说，相同优先级的运算符的运算顺序是从左至右。与在正常的算数表达式中一样，使用括号能够改变这些规则。因为不同语言中的优先级规则会有些许不同，我们在代码中会使用括号并用各种方法努力消除对优先级规则的依赖。

1.1.2.2 类型转换

如果不会损失信息，数值会被自动提升为高级的数据类型。例如，在表达式 1+2.5 中，1 会被转换为浮点数 1.0，表达式的值也为 double 值 3.5。转换指的是在表达式中把类型名放在括号里将其后的值转换为括号中的类型。例如，(int)3.7 的值是 3 而 (double)3 的值是 3.0。需要注意的是将浮点型转换为整型将会截断小数部分而非四舍五入，在复杂的表达式中的类型转换可能会很复杂，应该小心并尽量少使用类型转换，最好是在表达式中只使用同一类型的字面量和变量。

1.1.2.3 比较

下列运算符能够比较相同数据类型的两个值并产生一个布尔值：相等（==）、不等（!=）、小于（<）、小于等于（<=）、大于（>）和大于等于（>=）。这些运算符被称为混合类型运算符，因为它们的结果是布尔型，而不是参与比较的数据类型。结果是布尔型的表达式被称为布尔表达式。我们将会看到这种表达式是条件语句和循环语句的重要组成部分。

1.1.2.4 其他原始类型

Java 的 int 型能够表示 2^{32} 个不同的值，用一个字长 32 位的机器字即可表示（虽然现在的许多计算机有字长 64 位的机器字，但 int 型仍然是 32 位）。与此相似，double 型的标准规定为 64 位。这些大小对于一般应用程序中使用的整数和实数已经足够了。为了提供更大的灵活性，Java 还提供了其他五种原始数据类型：

- 64 位整数，及其算术运算符 (long)；
- 16 位整数，及其算术运算符 (short)；
- 16 位字符，及其算术运算符 (char)；
- 8 位整数，及其算术运算符 (byte)；
- 32 位单精度实数，及其算术运算符 (float)。

13 在本书中我们大多使用 `int` 和 `double` 进行算术运算，因此我们在此不会再详细讨论其他类似的数据类型。

1.1.3 语句

Java 程序是由语句组成的。语句能够通过创建和操作变量、对变量赋值并控制这些操作的执行流程来描述运算。语句通常会被组织成代码段，即花括号中的一系列语句。

- *声明语句*：创建某种类型的变量并用标识符为其命名。
- *赋值语句*：将（由表达式产生的）某种类型的数值赋予一个变量。Java 还有一些*隐式赋值*的语法可以使某个变量的值相对于当前值发生变化，例如将一个整型值加 1。
- *条件语句*：能够简单地改变执行流程——根据指定的条件执行两个代码段之一。
- *循环语句*：更彻底地改变执行流程——只要条件为真就不断地反复执行代码段中的语句。
- *调用和返回语句*：和静态方法有关（见 1.1.6 节），是改变执行流程和代码组织的另一种方式。

程序就是由一系列声明、赋值、条件、循环、调用和返回语句组成的。一般来说代码的结构都是*嵌套*的：一个条件语句或循环语句的代码段中也能包含条件语句或是循环语句。例如，`rank()` 中的 `while` 循环就包含一个 `if` 语句。接下来，我们逐个说明各种类型的语句。

1.1.3.1 声明语句

*声明语句*将一个变量名和一个类型在编译时关联起来。Java 需要我们用声明语句指定变量的名称和类型。这样，我们就清楚地指明了能够对其进行的操作。Java 是一种*强类型*的语言，因为 Java 编译器会检查类型的一致性（例如，它不会允许将布尔类型和浮点类型的变量相乘）。变量可以声明在第一次使用之前的任何地方——一般我们都在*首次使用*该变量的时候声明它。变量的*作用域*就是定义它的地方，一般由相同代码段中声明之后的所有语句组成。

1.1.3.2 赋值语句

*赋值语句*将（由一个表达式定义的）某个数据类型的值和一个变量关联起来。在 Java 中，当我们写下 `c=a+b` 时，我们表达的不是数学等式，而是一个操作，即令变量 `c` 的值等于变量 `a` 的值与变量 `b` 的值之和。当然，在赋值语句执行后，从数学上来说 `c` 的值必然会等于 `a+b`，但语句的目的是改变 `c` 的值（如果需要的话）。赋值语句的左侧必须是单个变量，右侧可以是能够得到相应类型的

14 值的任意表达式。

1.1.3.3 条件语句

大多数运算都需要用不同的操作来处理不同的输入。在 Java 中表达这种差异的一种方法是 `if` 语句：

```
if (<boolean expression>) { <block statements> }
```

这种描述方式是一种叫做*模板*的形式记法，我们偶尔会使用这种格式来表示 Java 的语法。尖括号（<>）中的是我们已经定义过的语法，这表示我们可以在指定的位置使用该语法的任意实例。在这里，`<boolean expression>` 表示一个布尔表达式，例如一个比较操作。`<block statements>` 表示一段 Java 语句。我们也可以给出 `<boolean expression>` 和 `<block statements>` 的形式定义，不过我们不想深入这些细节。`if` 语句的意义不言自明：当且仅当布尔表达式的值为真（`true`）时代码段中的语句才会被执行。以下 `if-else` 语句能够在两个代码段之间作出选择：

```
if (<boolean expression>) { <block statements> }
else                      { <block statements> }
```

1.1.3.4 循环语句

许多运算都需要重复。Java 语言中处理这种计算的基本语句的格式是：

```
while (<boolean expression>) { <block statements> }
```

`while` 语句和 `if` 语句的形式相似（只是用 `while` 代替了 `if`），但意义大有不同。当布尔表达式的值为假（`false`）时，代码什么也不做；当布尔表达式的值为真（`true`）时，执行代码段（和 `if` 一样），然后再次检查布尔表达式的值，如果仍然为真，再次执行代码段。如此这般，只要布尔表达式的值为真，就继续执行代码段。我们将循环语句中的代码段称为*循环体*。

1.1.3.5 break 与 continue 语句

有些情况下我们也会需要比基本的 `if` 和 `while` 语句更加复杂的流程控制。相应地，Java 支持在 `while` 循环中使用另外两条语句：

- `break` 语句，立即从循环中退出；
- `continue` 语句，立即开始下一轮循环。

本书很少在代码中使用它们（许多程序员从来都不用），但在某些情况下它们的确能够大大简化代码。 15

1.1.4 简便记法

程序有很多种写法，我们追求清晰、优雅和高效的代码。这样的代码经常会使用以下这些广为流传的简便写法（不仅仅是 Java，许多语言都支持它们）。

1.1.4.1 声明并初始化

可以将声明语句和赋值语句结合起来，在声明（创建）一个变量的同时将它初始化。例如，`int i = 1;` 创建了名为 `i` 的变量并赋予其初始值 1。最好在接近首次使用变量的地方声明它并将其初始化（为了限制它的作用域）。

1.1.4.2 隐式赋值

当希望一个变量的值相对于其当前值变化时，可以使用一些简便的写法。

- 递增 / 递减运算符，`++i;` 等价于 `i=i+1;` 且表达式为 `i+1;`。类似地，`--i;` 等价于 `i=i-1;`。`i++;` 和 `i--;` 的意思分别与上述的 `++i;` 和 `--i;` 相同。
- 其他复合运算符，在赋值语句中将一个二元运算符写在等号之前，等价于将左边的变量放在等号右边并作为第一个操作数。例如，`i/=2;` 等价于 `i=i/2;`。注意，`i += 1;` 等价于 `i = i + 1;`（以及 `++i;`）。

1.1.4.3 单语句代码段

如果条件或循环语句的代码段只有一条语句，代码段的花括号可以省略。

1.1.4.4 for 语句

很多循环的模式都是这样的：初始化一个索引变量，然后使用 `while` 循环并将包含索引变量的表达式作为循环的条件，`while` 循环的最后一条语句会将索引变量加 1。使用 Java 的 `for` 语句可以更紧凑地表达这种循环：

```
for (<initialize>; <boolean expression>; <increment>)
{
   <block statements>
}
```

除了几种特殊情况之外，这段代码都等价于：

```
<initialize>;
while (<boolean expression>)
{
   <block statements>
   <increment>;
}
```

16 我们将使用 for 语句来表示对这种初始化—递增循环用法的支持。

表 1.1.3 总结了各种 Java 语句及其示例与定义。

表 1.1.3 Java 语句

语 句	示 例	定 义
声明语句	`int i;` `double c;`	创建一个指定类型的变量并用标识符命名
赋值语句	`a = b + 3;` `discriminant = b * b - 4.0 * c;`	将某一数据类型的值赋予一个变量
声明并初始化	`int i = 1;` `double c = 3.14159265;`	在声明时赋予变量初始值
隐式赋值	`++i;` `i += 1;`	`i = i + 1;`
条件语句（if）	`if (x < 0) x = -x;`	根据布尔表达式的值执行一条语句
条件语句（if-else）	`if (x > y) max = x;` `else max = y;`	根据布尔表达式的值执行两条语句中的一条

循环语句（while）	`int v = 0;`
	`while(v <= N)`
	`  v = 2 * v;`
	`double t = c;`
	`while (Math.abs(t - c/t) > 1e-15*t)`
	`  t = (c/t + t) / 2.0;`
		执行语句，直至布尔表达式的值变为假（false）

循环语句（for）	`for (int i = 1; i <= N; i++)`
	`  sum += 1.0/i;`
	`for (int i = 0; i <= N; i++)`
	`  StdOut.println(2*Math.PI*i/N);`
		while 语句的简化版

调用语句	`int key = StdIn.readInt();`	调用另一方法（请见 1.1.6.2 节）
17 返回语句	`return false;`	从方法中返回（请见 1.1.6.3 节）

1.1.5 数组

数组能够顺序存储相同类型的多个数据。除了存储数据，我们也希望能够访问数据。访问数组中的某个元素的方法是将其编号然后索引。如果我们有 N 个值，它们的编号则为 0 至 $N-1$。这样对于 0 到 $N-1$ 之间任意的 i，我们就能够在 Java 代码中用 a[i] 唯一地表示第 i+1 个元素的值。在 Java 中这种数组被称为一维数组。

1.1.5.1 创建并初始化数组

在 Java 程序中创建一个数组需要三步：

- ❑ 声明数组的名字和类型；
- ❑ 创建数组；
- ❑ 初始化数组元素。

在声明数组时，需要指定数组的名称和它含有的数据的类型。在创建数组时，需要指定数组的长度（元素的个数）。例如，在以下代码中，“完整模式”部分创建了一个有 N 个元素的 double 数组，所有的元素的初始值都是 0.0。第一条语句是数组的声明，它和声明一个相应类型的原始数据类型变量十分相似，只有类型名之后的方括号说明我们声明的是一个数组。第二条语句中的关键字 new 使 Java 创建了这个数组。我们需要在运行时明确地创建数组的原因是 Java 编译器在编译时无法知道应该为数组预留多少空间（对于原始类型则可以）。for 语句初始化了数组的 N 个元素，将它们的值置为 0.0。在代码中使用数组时，一定要依次声明、创建并初始化数组。忽略了其中的任何一步都是很常见的编程错误。

完整模式

```
double[] a;                      ← 声明数组
a = new double[N];               ← 创建数组
for (int i = 0; i < N; i++)
    a[i] = 0.0;                  ← 初始化数组
```

简化写法

```
double[] a = new double[N];
```

声明初始化

```
int[] a = { 1, 1, 2, 3, 5, 8 };
```

声明、创建并初始化一个数组

1.1.5.2 简化写法

为了精简代码，我们常常会利用 Java 对数组默认的初始化来将三个步骤合为一条语句，即上例中的简化写法。等号的左侧声明了数组，等号的右侧创建了数组。这种写法不需要 for 循环，因为在一个 Java 数组中 double 类型的变量的默认初始值都是 0.0，但如果你想使用不同的初始值，那 18
么就需要使用 for 循环了。数值类型的默认初始值是 0，布尔型的默认初始值是 false。例子中的第三种方式用花括号将一列由逗号分隔的值在编译时将数组初始化。

1.1.5.3 使用数组

典型的数组处理代码请见表 1.1.4。在声明并创建数组之后，在代码的任何地方都能通过数组名之后的方括号中的索引来访问其中的元素。数组一经创建，它的大小就是固定的。程序能够通过 a.length 获取数组 a[] 的长度，而它的最后一个元素总是 a[a.length - 1]。Java 会自动进行边界检查——如果你创建了一个大小为 N 的数组，但使用了一个小于 0 或者大于 N-1 的索引访问它，程序会因为运行时抛出 ArrayIndexOutOfBoundsException 异常而终止。

表 1.1.4 典型的数组处理代码

任　务	实现（代码片段）

找出数组中最大的元素	`double max = a[0];`
	`for (int i = 1; i < a.length; i++)`
	`    if (a[i] > max) max = a[i];`

计算数组元素的平均值	`int N = a.length;`
	`double sum = 0.0;`
	`for (int i = 0; i < N; i++)`
	`    sum += a[i];`
	`double average = sum / N;`

复制数组	`int N = a.length;`
	`double[] b = new double[N];`
	`for (int i = 0; i < N; i++)`
	`    b[i] = a[i];`

颠倒数组元素的顺序	`int N = a.length;`
	`for (int i = 0; i < N/2; i++)`
	`{`
	`    double temp = a[i];`
	`    a[i] = a[N-1-i];`
	`    a[N-i-1] = temp;`
	`}`

（续）

任 务	实现（代码片段）

矩阵相乘（方阵）
a[][] * b[][] = c[][]
	int N = a.length;
	double[][] c = new double[N][N];
	for (int i = 0; i < N; i++)
	   for (int j = 0; j < N; j++)
	   { //计算行i和列j的点乘
	      for (int k = 0; k < N; k++)
	         c[i][j] += a[i][k]*b[k][j];
	   }

1.1.5.4 起别名

请注意，*数组名表示的是整个数组*——如果我们将一个数组变量赋予另一个变量，那么两个变量将会指向同一个数组。例如以下这段代码：

```
int[] a = new int[N];
...
a[i] = 1234;
...
int[] b = a;
...
b[i] = 5678;  // a[i] 的值也会变成5678
```

18

这种情况叫做*起别名*，有时可能会导致难以察觉的问题。如果你是想将数组复制一份，那么应该声明、创建并初始化一个新的数组，然后将原数组中的元素值挨个复制到新数组，如表 1.1.4 的第三个例子所示。

1.1.5.5 二维数组

在 Java 中*二维数组*就是一维数组的数组。二维数组可以是参差不齐的（元素数组的长度可以不一致），但大多数情况下（根据合适的参数 M 和 N）我们都会使用 $M\times N$，即 M 行长度为 N 的数组的二维数组（也可以称数组含有 N 列）。在 Java 中访问二维数组也很简单。二维数组 a[][] 的第 i 行第 j 列的元素可以写作 a[i][j]。声明二维数组需要两对方括号。创建二维数组时要在类型名之后分别在方括号中指定行数以及列数，例如：

```
double[][] a = new double[M][N];
```

我们将这样的数组称为 $M\times N$ 的数组。我们约定，第一维是行数，第二维是列数。和一维数组一样，Java 会将数值类型的数组元素初始化为 0，将布尔型的数组元素初始化为 false。默认的初始化对二维数组更有用，因为可以节约更多的代码。下面这段代码和刚才只用一行就完成创建和初始化的语句是等价的：

```
double[][] a;
a = new double[M][N];
for (int i = 0; i < M; i++)
   for (int j = 0; j < N; j++)
      a[i][j] = 0.0;
```

19~21 在将二维数组初始化为 0 时这段代码是多余的，但是如果想要初始化为其他值，我们就需要嵌套的 for 循环了。

1.1.6 静态方法

本书中的所有 Java 程序要么是*数据类型的定义*（详见 1.2 节），要么是一个*静态方法库*。在许多语言中，静态方法被称为*函数*，因为它们和数学函数的性质类似。静态方法是一组在被调用时会被顺序执行的语句。修饰符 static 将这类方法和 1.2 节的实例方法区别开来。当讨论两类方法共有的属性时我们会使用不加定语的方法一词。

1.1.6.1　静态方法

方法封装了由一系列语句所描述的运算。方法需要参数（某种数据类型的值）并根据参数计算出某种数据类型的返回值（例如数学函数的结果）或者产生某种副作用（例如打印一个值）。BinarySearch 中的静态函数 rank() 是前者的一个例子；main() 则是后者的一个例子。每个静态方法都是由签名（关键字 public static 以及函数的返回值，方法名以及一串各种类型的参数）和函数体（即包含在花括号中的代码）组成的，如图 1.1.2 所示。静态函数的例子请见表 1.1.5。

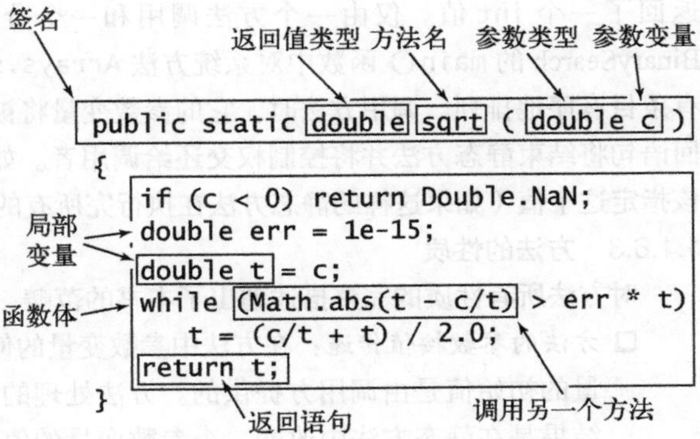

图 1.1.2　静态方法解析

表 1.1.5　典型静态方法的实现

任　务	实　现

计算一个整数的绝对值	`public static int abs(int x)`
	`{`
	`   if (x < 0) return -x;`
	`   else       return x;`
	`}`

计算一个浮点数的绝对值	`public static double abs(double x)`
	`{`
	`   if (x < 0.0) return -x;`
	`   else         return x;`
	`}`

判定一个数是否是素数	`public static boolean isPrime(int N)`
	`{`
	`   if (N < 2) return false;`
	`   for (int i = 2; i*i <= N; i++)`
	`      if (N % i == 0) return false;`
	`   return true;`
	`}`

计算平方根（牛顿迭代法）	`public static double sqrt(double c)`
	`{`
	`   if (c < 0) return Double.NaN;`
	`   double err = 1e-15;`
	`   double t = c;`
	`   while (Math.abs(t - c/t) > err * t)`
	`      t = (c/t + t) / 2.0;`
	`   return t;`
	`}`

计算直角三角形的斜边	`public static double hypotenuse(double a, double b)` `{ return Math.sqrt(a*a + b*b); }`

计算调和级数（请见表 1.4.5）	`public static double H(int N)`
	`{`
	`   double sum = 0.0;`
	`   for (int i = 1; i <= N; i++)`
	`      sum += 1.0 / i;`
	`   return sum;`
	`}`

1.1.6.2 调用静态方法

调用静态方法的方法是写出方法名并在后面的括号中列出参数值，用逗号分隔。当调用是表达式的一部分时，方法的返回值将会替代表达式中的方法调用。例如，BinarySearch 中调用 `rank()` 返回了一个 `int` 值。仅由一个方法调用和一个分号组成的语句一般用于产生副作用。例如，BinarySearch 的 `main()` 函数中对系统方法 `Arrays.sort()` 的调用产生的副作用，是将数组中的所有条目有序地排列。调用方法时，它的参数变量将被初始化为调用时所给出的相应表达式的值。返
22~23 回语句将结束静态方法并将控制权交还给调用者。如果静态方法的目的是计算某个值，返回语句应该指定这个值（如果这样的静态方法在执行完所有的语句之后都没有返回语句，编译器会报错）。

1.1.6.3 方法的性质

对方法所有性质的完整描述超出了本书的范畴，但以下几点值得一提。

- **方法的参数按值传递**：在方法中参数变量的使用方法和局部变量相同，唯一不同的是参数变量的初始值是由调用方提供的。方法处理的是参数的值，而非参数本身。这种方式产生的结果是在静态方法中改变一个参数变量的值对调用者没有影响。本书中我们一般不会修改参数变量。值传递也意味着数组参数将会是原数组的别名（见 1.1.5.4 节）——方法中使用的参数变量能够引用调用者的数组并改变其内容（只是不能改变原数组变量本身）。例如，`Arrays.sort()` 将能够改变通过参数传递的数组的内容，将其排序。
- **方法名可以被重载**：例如，Java 的 Math 包使用这种方法为所有的原始数值类型实现了 `Math.abs()`、`Math.min()` 和 `Math.max()` 函数。重载的另一种常见用法是为函数定义两个版本，其中一个需要一个参数而另一个则为该参数提供一个默认值。
- **方法只能返回一个值，但可以包含多个返回语句**：一个 Java 方法只能返回一个值，它的类型是方法签名中声明的类型。静态方法第一次执行到一条返回语句时控制权将会回到调用代码中。尽管可能存在多条返回语句，任何静态方法每次都只会返回一个值，即被执行的第一条返回语句的参数。
- **方法可以产生副作用**：方法的返回值可以是 `void`，这表示该方法没有返回值。返回值为 `void` 的静态函数不需要明确的返回语句，方法的最后一条语句执行完毕后控制权将会返回给调用方。我们称 `void` 类型的静态方法会产生副作用（接受输入、产生输出、修改数组或者改变系统状态）。例如，我们的程序中的静态方法 `main()` 的返回值就是 `void`，因为它
24 的作用是向外输出。技术上来说，数学方法的返回值都不会是 `void`（`Math.random()` 虽然不接受参数但也有返回值）。

2.1 节所述的实例方法也拥有这些性质，尽管两者在副作用方面大为不同。

1.1.6.4 递归

方法可以调用自己（如果你对递归概念感到奇怪，请完成练习 1.1.16 到练习 1.1.22）。例如，下面给出了 BinarySearch 的 `rank()` 方法的另一种实现。我们会经常使用递归，因为递归代码比相应的非递归代码更加简洁优雅、易懂。下面这种实现中的注释就言简意赅地说明了代码的作用。我们可以用数学归纳法证明这段注释所解释的算法的正确性。我们会在 3.1 节中展开这个话题并为二分查找提供一个这样的证明。

编写递归代码时最重要的有以下三点。

- 递归总有一个最简单的情况——方法的第一条语句总是一个包含 `return` 的条件语句。
- 递归调用总是去尝试解决一个规模更小的子问题，这样递归才能收敛到最简单的情况。在下面的代码中，第四个参数和第三个参数的差值一直在缩小。

❑ 递归调用的父问题和尝试解决的子问题之间不应该有交集。在下面的代码中，两个子问题各自操作的数组部分是不同的。

```
public static int rank(int key, int[] a)
{  return rank(key, a, 0, a.length - 1);  }

public static int rank(int key, int[] a, int lo, int hi)
{  //如果key存在于a[]中，它的索引不会小于lo且不会大于hi

   if (lo > hi) return -1;
   int mid = lo + (hi - lo) / 2;
   if      (key < a[mid]) return rank(key, a, lo, mid - 1);
   else if (key > a[mid]) return rank(key, a, mid + 1, hi);
   else                   return mid;
}
```

二分查找的递归实现

25

违背其中任意一条都可能得到错误的结果或是低效的代码（见练习 1.1.19 和练习 1.1.27），而坚持这些原则能写出清晰、正确且容易评估性能的程序。使用递归的另一个原因是我们可以使用数学模型来估计程序的性能。我们会在 3.2 节的二分查找以及其他几个地方分析这个问题。

1.1.6.5 基础编程模型

*静态方法库*是定义在一个 Java 类中的一组静态方法。类的声明是 `public class` 加上类名，以及用花括号包含的静态方法。存放类的文件的文件名和类名相同，扩展名是 .java。Java 开发的基本模式是编写一个静态方法库（包含一个 `main()` 方法）来完成一个任务。输入 java 和类名以及一系列字符串就能调用类中的 `main()` 方法，其参数为由输入的字符串组成的一个数组。`main()` 的最后一条语句执行完毕之后程序终止。在本书中，当我们提到用于执行一项任务的 *Java 程序*时，我们指的是用这种模式开发的代码（可能还包括对数据类型的定义，如 1.2 节所示）。例如，BinarySearch 就是一个由两个静态方法 `rank()` 和 `main()` 组成的 Java 程序，它的作用是将输入中所有不在通过命令行指定的白名单中的数字打印出来。

1.1.6.6 模块化编程

这个模型的最重要之处在于通过静态方法库实现了模块化编程。我们可以构造许多个静态方法库（模块），一个库中的静态方法也能够调用另一个库中定义的静态方法。这能够带来许多好处：

❑ 程序整体的代码量很大时，每次处理的模块大小仍然适中；
❑ 可以共享和重用代码而无需重新实现；
❑ 很容易用改进的实现替换老的实现；
❑ 可以为解决编程问题建立合适的抽象模型；
❑ 缩小调试范围（请见 1.1.6.7 节关于单元测试的讨论）。

例如，BinarySearch 用到了三个独立的库，即我们的 StdOut 和 StdIn 以及 Java 的 Arrays，而这三个库又分别用到了其他的库。

1.1.6.7 单元测试

Java 编程的最佳实践之一就是每个静态方法库中都包含一个 `main()` 函数来测试库中的所有方法（有些编程语言不支持多个 `main()` 方法，因此不支持这种方式）。恰当的单元测试本身也是很有挑战性的编程任务。每个模块的 `main()` 方法至少应该调用模块中的其他代码并在某种程度上保证它的正确性。随着模块的成熟，我们可以将 main() 方法作为一个*开发用例*，在开发过程中用它来测试更多的细节；也可以把它编成一个*测试用例*来对所有代码进行全面的测试。当用例越来越复杂时，我们可能会将它独立成一个模块。在本书中，我们用 main() 来说明模块的功能并将测试用
26 例留做练习。

1.1.6.8　外部库

我们会使用来自 4 个不同类型的库中的静态方法，重用每种库代码的方式都稍有不同。它们大多都是静态方法库，但也有部分是数据类型的定义并包含了一些静态方法。

- 系统标准库 java.lang.*：这其中包括 Math 库，实现了常用的数学函数；Integer 和 Double 库，能够将字符串转化为 int 和 double 值；String 和 StringBuilder 库，我们稍后会在本节和第 5 章中详细讨论；以及其他一些我们没有用到的库。
- 导入的系统库，例如 java.util.Arrays：每个标准的 Java 版本中都含有上千个这种类型的库，不过本书中我们用到的并不多。要在程序的开头使用 import 语句导入才能使用这些库（我们也是这样做的）。
- 本书中的其他库：例如，其他程序也可以使用 BinarySearch 的 rank() 方法。要使用这些库，请在本书的网站上下载它们的源代码并放入你的工作目录中。
- 我们为本书（以及我们的另一本入门教材 *An Introduction to Programming in Java: An Interdisciplinary Approach*）开发的标准库 Std*：我们会在下面简要地介绍这些库，它们的源代码和使用方法都能够在本书的网站上找到。

要调用另一个库中的方法（存放在相同或者指定的目录中，或是一个系统标准库，或是在类定义前用 import 语句导入的库），我们需要在方法前指定库的名称。例如，BinarySearch 的 main() 方法调用了系统库 java.util.Arrays 的 sort() 方法，我们的库 In 中的 readInts() 方法和 StdOut 库中的 println() 方法。

我们自己及他人使用模块化方式编写的方法库能够极大地扩展我们的编程模型。除了在 Java 的标准版本中可用的所有库之外，网上还有成千上万各种用途的代码库。为了将我们的编程模型限
27 制在一个可控范围之内，以将精力集中在算法上，我们只会使用以下所示的方法库，并在 1.1.7 节中列出了其中的部分方法。

系统标准库
```
Math
Integer†
Double†
String†
StringBuilder
System
```
导入的系统库
```
java.util.Arrays
```
我们的标准库
```
StdIn
StdOut
StdDraw
StdRandom
StdStats
In†
Out†
```
† 含有静态方法的数据类型的定义

本书使用的含有静态方法的库

1.1.7　API

模块化编程的一个重要组成部分就是记录库方法的用法并供其他人参考的文档。我们会统一使用*应用程序编程接口*（API）的方式列出本书中使用的每个库方法名称、签名和简短的描述。我们用用例来指代调用另一个库中的方法的程序，用实现描述实现了某个 API 方法的 Java 代码。

1.1.7.1　举例

在表 1.1.6 的例子中，我们用 java.lang 中 Math 库常用的静态方法说明 API 的文档格式。

这些方法实现了各种数学函数——它们通过参数计算得到某种类型的值（random() 除外，它没有对应的数学函数，因为它不接受参数）。它们的参数都是 double 类型且返回值也都是 double 类型，因此可以将它们看做 double 数据类型的扩展——这种扩展的能力正是现代编程语言的特性

之一。API 中的每一行描述了一个方法，提供了使用该方法所需要知道的所有信息。Math 库也定义了常数 PI（圆周率 π）和 E（自然对数 e），你可以在自己的程序中通过这些变量名引用它们。例如，Math.sin(Math.PI/2) 的结果是 1.0，Math.log(Math.E) 的结果也是 1.0（因为 Math.sin() 的参数是弧度而 Math.log() 使用的是自然对数函数）。

表 1.1.6　Java 的数学函数库的 API（节选）

public class **Math**	
static double abs(double a)	a 的绝对值
static double max(double a, double b)	a 和 b 中的较大者
static double min(double a, double b)	a 和 b 中的较小者
注 1：abs()、max() 和 min() 也定义了 int、long 和 float 的版本。	
static double sin(double theta)	正弦函数
static double cos(double theta)	余弦函数
static double tan(double theta)	正切函数
注 2：角用弧度表示，可以使用 toDegrees() 和 toRadians() 转换角度和弧度。 注 3：它们的反函数分别为 asin()、acos() 和 atan()。	
static double exp(double a)	指数函数（e^a）
static double log(double a)	自然对数函数（$\log_e a$，即 $\ln a$）
static double pow(double a, double b)	求 a 的 b 次方（a^b）
static double random()	[0, 1) 之间的随机数
static double sqrt(double a)	a 的平方根
static double E	常数 e（常数）
static double PI	常数 π（常数）	28

其他函数请见本书的网站。

1.1.7.2　Java 库

成千上万个库的在线文档是 Java 发布版本的一部分。为了更好地描述我们的编程模型，我们只是从中节选了本书所用到的若干方法。例如，BinarySearch 中用到了 Java 的 Arrays 库中的 sort() 方法，我们对它的记录如表 1.1.7 所示。

表 1.1.7　Java 的 Arrays 库节选（java.util.Arrays）

public class **Arrays**	
static void sort(int[] a)	将数组按升序排序

注：其他原始类型和 Object 对象也有对应版本的方法。

Arrays 库不在 java.lang 中，因此我们需要用 import 语句导入后才能使用它，与 BinarySearch 中一样。事实上，本书的第 2 章讲的正是数组的各种 sort() 方法的实现，包括 Arrays.sort() 中实现的归并排序和快速排序算法。Java 和很多其他编程语言都实现了本书讲解的许多基础算法。例如，Arrays 库还包含了二分查找的实现。为避免混淆，我们一般会使用自己的实现，但对于你已经掌握的算法使用高度优化的库实现当然也没有任何问题。 29

1.1.7.3　我们的标准库

为了介绍 Java 编程、为了科学计算以及算法的开发、学习和应用，我们也开发了若干库来提供一些实用的功能。这些库大多用于处理输入输出。我们也会使用以下两个库来测试和分析我们的实现。第一个库扩展了 Math.random() 方法（见表 1.1.8），以根据不同的概率密度函数得到随机值；第二个库则支持各种统计计算（见表 1.1.9）。

表 1.1.8 我们的随机数静态方法库的 API

public class **StdRandom**	
static void setSeed(long seed)	设置随机生成器的种子
static double random()	0 到 1 之间的实数
static int uniform(int N)	0 到 N-1 之间的整数
static int uniform(int lo, int hi)	lo 到 hi-1 之间的整数
static double uniform(double lo, double hi)	lo 到 hi 之间的实数
static boolean bernoulli(double p)	返回真的概率为 p
static double gaussian()	正态分布，期望值为 0，标准差为 1
static double gaussian(double m, double s)	正态分布，期望值为 m，标准差为 s
static int discrete(double[] a)	返回 i 的概率为 a[i]
static void shuffle(double[] a)	将数组 a 随机排序

注：库中也包含为其他原始类型和 Object 对象重载的 shuffle() 函数。

表 1.1.9 我们的数据分析静态方法库的 API

public class **StdStats**	
static double max(double[] a)	最大值
static double min(double[] a)	最小值
static double mean(double[] a)	平均值
static double var(double[] a)	采样方差
static double stddev(double[] a)	采样标准差
30 static double median(double[] a)	中位数

StdRandom 的 setSeed() 方法为随机数生成器提供种子，这样我们就可以重复和随机数有关的实验。以上一些方法的实现请参考表 1.1.10。有些方法的实现非常简单，为什么还要在方法库中实现它们？设计良好的方法库对这个问题的标准回答如下。

- 这些方法所实现的抽象层有助于我们将精力集中在实现和测试本书中的算法，而非生成随机数或是统计计算。每次都自己写完成相同计算的代码，不如直接在用例中调用它们要更简洁易懂。
- 方法库会经过大量测试，覆盖极端和罕见的情况，是我们可以信任的。这样的实现需要大量的代码。例如，我们经常需要使用的各种数据类型的实现，又比如 Java 的 Arrays 库针对不同数据类型对 sort() 进行了多次重载。

这些是 Java 模块化编程的基础，不过在这里可能有些夸张。但这些方法库的方法名称简单、实现容易，其中一些仍然能作为有趣的算法练习。因此，我们建议你到本书的网站上去学习一下 StdRandom.java 和 StdStats.java 的源代码并好好利用这些经过验证了的实现。使用这些库（以及检验它们）最简单的方法就是从网站上下载它们的源代码并放入你的工作目录。网站上讲解了在各种系统上使用它们的配置目录的方法。

表 1.1.10 StdRandom 库中的静态方法的实现

期望的结果	实 现
随机返回 [a,b) 之间的一个 double 值	`public static double uniform(double a, double b)` `{ return a + StdRandom.random() * (b-a); }`
随机返回 [0..N) 之间的一个 int 值	`public static int uniform(int N)` `{ return (int) (StdRandom.random() * N); }`
随机返回 [lo,hi) 之间的一个 int 值	`public static int uniform(int lo, int hi)` `{ return lo + StdRandom.uniform(hi - lo); }`

根据离散概率随机返回的 int 值（出现 i 的概率为 a[i]）	`public static int discrete(double[] a)`
	`{ // a[] 中各元素之和必须等于 1`
	`double r = StdRandom.random();`
	`double sum = 0.0;`
	`for (int i = 0; i < a.length; i++)`
	`{`
	`sum = sum + a[i];`
	`if (sum >= r) return i;`
	`}`
	`return -1;`
	`}`

随机将 double 数组中的元素排序（请见练习 1.1.36）	`public static void shuffle(double[] a)`
	`{`
	`int N = a.length;`
	`for (int i = 0; i < N; i++)`
	`{ // 将 a[i] 和 a[i..N-1] 中任意一个元素交换`
	`int r = i + StdRandom.uniform(N-i);`
	`double temp = a[i];`
	`a[i] = a[r];`
	`a[r] = temp;`
	`}`
	`}`

1.1.7.4 你自己编写的库

你应该将自己编写的每一个程序都当做一个日后可以重用的库。

- 编写用例，在实现中将计算过程分解成可控的部分。
- 明确静态方法库和与之对应的 API（或者多个库的多个 API）。
- 实现 API 和一个能够对方法进行独立测试的 main() 函数。

这种方法不仅能帮助你实现可重用的代码，而且能够教会你如何运用模块化编程来解决一个复杂的问题。 31~32

API 的目的是将调用和实现分离：除了 API 中给出的信息，调用者不需要知道实现的其他细节，而实现也不应考虑特殊的应用场景。API 使我们能够广泛地重用那些为各种目的独立开发的代码。没有任何一个 Java 库能够包含我们在程序中可能用到的所有方法，因此这种能力对于编写复杂的应用程序特别重要。相应地，程序员也可以将 API 看做调用和实现之间的一份契约，它详细说明了每个方法的作用。实现的目标就是能够遵守这份契约。一般来说，做到这一点有很多种方法，而且将调用者的代码和实现的代码分离使我们可以将老算法替换为更新更好的实现。在学习算法的过程中，这也使我们能够感受到算法的改进所带来的影响。 33

1.1.8 字符串

字符串是由一串字符（char 类型的值）组成的。一个 String 类型的字面量包括一对双引号和其中的字符，比如 "Hello, World"。String 类型是 Java 的一个数据类型，但并不是原始数据类型。我们现在就讨论 String 类型是因为它非常基础，几乎所有 Java 程序都会用到它。

1.1.8.1 字符串拼接

和各种原始数据类型一样，Java 内置了一个串联 String 类型字符串的运算符（+）。表 1.1.11 是对表 1.1.2 的补充。拼接两个 String 类型的字符串将得到一个新的 String 值，其中第一个字符串在前，第二个字符串在后。

表 1.1.11 Java 的 String 数据类型

类型	值域	举例	运算符	表达式举例	
				表达式	值
String	一串字符	"AB" "Hello" "2.5"	+（拼接）	"Hi, " + "Bob" "12" + "34" "1" + "+" + "2"	"Hi, Bob" "1234" "1+2"

1.1.8.2 类型转换

字符串的两个主要用途分别是将用户从键盘输入的内容转换成相应数据类型的值以及将各种数据类型的值转化成能够在屏幕上显示的内容。Java 的 String 类型为这些操作内置了相应的方法，而且 Integer 和 Double 库还包含了分别和 String 类型相互转化的静态方法（见表 1.1.12）。

表 1.1.12 String 值和数字之间相互转换的 API

public class **Integer**	
static int parseInt(String s)	将字符串 s 转换为整数
static String toString(int i)	将整数 i 转换为字符串
public class **Double**	
static double parseDouble(String s)	将字符串 s 转换为浮点数
static String toString(double x)	将浮点数 x 转换为字符串

34

1.1.8.3 自动转换

我们很少明确使用刚才提到的 toString() 方法，因为 Java 在连接字符串的时候会自动将任意数据类型的值转换为字符串：如果加号（+）的一个参数是字符串，那么 Java 会自动将其他参数都转换为字符串（如果它们不是的话）。除了像 "The square root of 2.0 is " + Math.sqrt(2.0) 这样的使用方式之外，这种机制也使我们能够通过一个空字符串 "" 将任意数据类型的值转换为字符串值。

1.1.8.4 命令行参数

在 Java 中字符串的一个重要的用途就是使程序能够接收到从命令行传递来的信息。这种机制很简单。当你输入命令 java 和一个库名以及一系列字符串之后，Java 系统会调用库的 main() 方法并将那一系列字符串变成一个数组作为参数传递给它。例如，BinarySearch 的 main() 方法需要一个命令行参数，因此系统会创建一个大小为 1 的数组。程序用这个值，也就是 args[0]，来获取白名单文件的文件名并将其作为 `StdIn.readInts()` 的参数。另一种在我们的代码中常见的用法是当命令行参数表示的是数字时，我们会用 `parseInt()` 和 `parseDouble()` 方法将其分别转换为整数和浮点数。

字符串的用法是现代程序中的重要部分。现在我们还只是用 `String` 在外部表示为字符串的数字和内部表示为数字类数据类型的值进行转换。在 1.2 节中我们会看到 Java 为我们提供了非常丰富的字符串操作；在 1.4 节中我们会分析 `String` 类型在 Java 内部的表示方法；在第 5 章我们会深入学习处理字符串的各种算法。这些算法是本书中最有趣、最复杂也是影响力最大的一部分算法。 35

1.1.9 输入输出

我们的标准输入、输出和绘图库的作用是建立一个 Java 程序和外界交流的简易模型。这些库的基础是强大的 Java 标准库，但它们一般更加复杂，学习和使用起来都更加困难。我们先来简单地了解一下这个模型。

在我们的模型中，Java 程序可以从命令行参数或者一个名为*标准输入流*的抽象字符流中获得输入，并将输出写入另一个名为*标准输出流*的字符流中。

我们需要考虑 Java 和操作系统之间的接口，因此我们要简要地讨论一下大多数操作系统和程序开发环境所提供的相应机制。本书网站上列出了关于你所使用的系统的更多信息。默认情况下，命令行参数、标准输入和标准输出是和应用程序绑定的，而应用程序是由能够接受命令输入的操作系统或是开发环境所支持。我们笼统地用*终端*来指代这个应用程序提供的供输入和显示的窗口。20 世纪 70 年代早期的 Unix 系统已经证明我们可以用这个模型方便直接地和程序以及数据进行交互。我们在经典的模型中加入了一个标准绘图模块用来可视化表示对数据的分析，如图 1.1.3 所示。

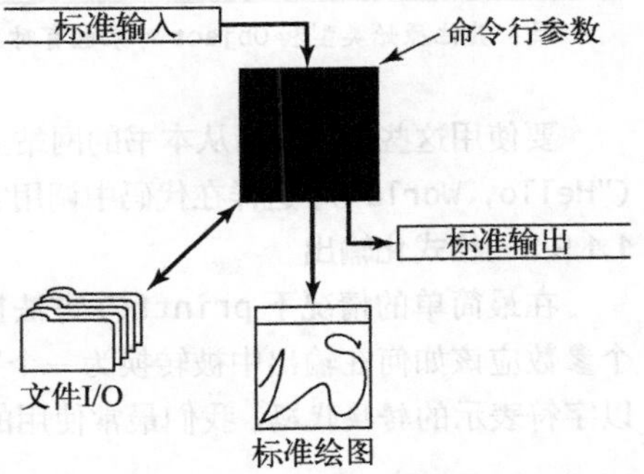

图 1.1.3 Java 程序整体结构

1.1.9.1 命令和参数

终端窗口包含一个提示符，通过它我们能够向操作系统输入命令和参数。本书中我们只会用到几个命令，如表 1.1.13 所示。我们会经常使用java命令来运行我们的程序。我们在 1.1.8.4 节中提到过，Java 类都会包含一个静态方法 `main()`，它有一个 `String` 数组类型的参数 `args[]`。这个数组的内容就是我们输入的命令行参数，操作系统会将它传递给 Java。Java 和操作系统都默认参数为字符串。如果我们需要的某个参数是数字，我们会使用类似 `Integer.parseInt()` 的方法将其转换为适当的数据类型的值。图 1.1.4 是对命令的分析。

表 1.1.13 操作系统常用命令

命令	参数	作用
`javac`	.java 文件名	编译 Java 程序
`java`	.class 文件名（不需要扩展名）和命令行参数	运行 Java 程序
`more`	任意文本文件名	打印文件内容

36

1.1.9.2 标准输出

我们的 StdOut 库的作用是支持标准输出。一般来说，系统会将标准输出打印到终端窗口。print() 方法会将它的参数放到标准输出中；println() 方法会附加一个换行符；printf() 方法能够格式化输出（见 1.1.9.3 节）。Java 在其 System.out 库中提供了类似的方法，但我们会用 StdOut 库来统一处理标准输入和输出（并进行了一些技术上的改进），见表 1.1.14。

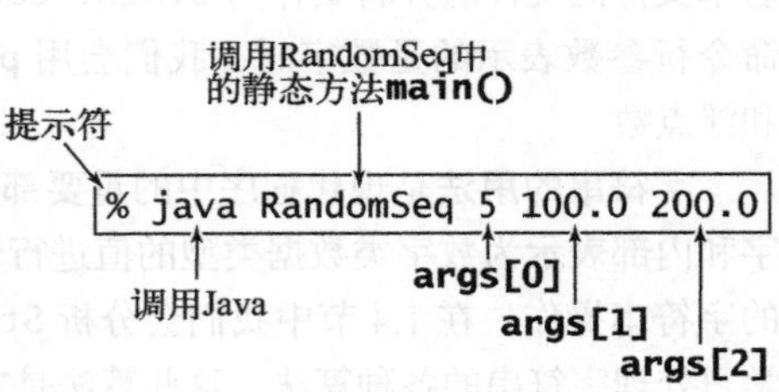

图 1.1.4 命令详解

表 1.1.14 我们的标准输出库的静态方法的 API

public class **StdOut**	
static void print(String s)	打印 s
static void println(String s)	打印 s 并接一个换行符
static void println()	打印一个换行符
static void printf(String f, ...)	格式化输出

注：其他原始类型和 Object 对象也有对应版本的方法。

要使用这些方法，请从本书的网站上将 StdOut.java 下载到你的工作目录，并像 StdOut.println("Hello, World"); 这样在代码中调用它们。左下方的程序就是一个例子。

1.1.9.3 格式化输出

在最简单的情况下 printf() 方法接受两个参数。第一个参数是一个格式字符串，描述了第二个参数应该如何在输出中被转换为一个字符串。最简单的格式字符串的第一个字符是 % 并紧跟一个以字符表示的转换代码。我们最常使用的转换代码包括 d（用于 Java 整型的十进制数）、f（浮点型）和 s（字符串）。在 % 和转换代码之间可以插入一个整数来表示转换之后的值的宽度，即输出字符串的长度。默认情况下，转换后会在字符串的左边添加空格以达到需要的宽度，如果我们想在右边加入空格则应该使用负宽度（如果转换得到的字符串比设定宽度要长，宽度会被忽略）。在宽度之后我们还可以插入一个小数点以及一个数值来指定转换后的 double 值保留的小数位数（精度）或是 String 字符串所截取的长度。使用 printf() 方法时需要记住的最重要的一点就是，格式字符串中的转换代码和对应参数的数据类型必须匹配。也就是说，Java 要求参数的数据类型和转换代码表示的数据类型必须相同。printf() 的第一个 String 字符串参数也可以包含其他字符。所有非格式字符串的

```
public class RandomSeq
{
   public static void main(String[] args)
   {  // 打印N个(lo, hi)之间的随机值
      int N = Integer.parseInt(args[0]);
      double lo = Double.parseDouble(args[1]);
      double hi = Double.parseDouble(args[2]);
      for (int i = 0; i < N; i++)
      {
         double x = StdRandom.uniform(lo, hi);
         StdOut.printf("%.2f\n", x);
      }
   }
}
```

StdOut 的用例示例

```
% java RandomSeq 5 100.0 200.0
123.43
153.13
144.38
155.18
104.02
```

37

字符都会被传递到输出之中，而格式字符串则会被参数的值所替代（按照指定的方式转换为字符串）。例如，这条语句：

```
StdOut.printf("PI is approximately %.2f\n", Math.PI);
```

会打印出：

```
PI is approximately 3.14
```

可以看到，在 printf() 中我们需要明确地在第一个参数的末尾加上 \n 来换行。printf() 函数能够接受两个或者更多的参数。在这种情况下，在格式化字符串中每个参数都会有对应的转换代码，这些代码之间可能隔着其他会被直接传递到输出中的字符。也可以直接使用静态方法 String.format() 来用和 printf() 相同的参数得到一个格式化字符串而无需打印它。我们可以用格式化打印方便地将实验数据输出为表格形式（这是它们在本书中的主要用途），如表 1.1.15 所示。

表 1.1.15　printf() 的格式化方式（更多选项请见本书网站）

数据类型	转换代码	举　例	格式化字符串举例	转换后输出的字符串
int	d	512	"%14d"	" 512"
			"%-14d"	"512 "
double	f	1595.1680010754388	"%14.2f"	" 1595.17"
			"%.7f"	"1595.1680011"
	e		"%14.4e"	" 1.5952e+03"
String	s	"Hello, World"	"%14s"	" Hello, World"
			"%-14s"	"Hello, World "
			"%-14.5s"	"Hello "

38

1.1.9.4　标准输入

我们的 StdIn 库从标准输入流中获取数据，这些数据可能为空也可能是一系列由空白字符分隔的值（空格、制表符、换行符等）。默认状态下系统会将标准输出定向到终端窗口——你输入的内容就是输入流（由 <ctrl-d> 或 <ctrl-z> 结束，取决于你使用的终端应用程序）。这些值可能是 String 或是 Java 的某种原始类型的数据。标准输入流最重要的特点是这些值会在你的程序读取它们之后消失。只要程序读取了一个值，它就不能回退并再次读取它。这个特点产生了一些限制，但它反映了一些输入设备的物理特性并简化了对这些设备的抽象。有了输入流模型，这个库中的静态方法大都是自文档化的（它们的签名即说明了它们的用途）。右侧列出了 StdIn 的一个用例。

```
public class Average
{
   public static void main(String[] args)
   {  // 取StdIn中所有数的平均值
      double sum = 0.0;
      int cnt = 0;
      while (!StdIn.isEmpty())
      {  // 读取一个数并计算累计之和
         sum += StdIn.readDouble();
         cnt++;
      }
      double avg = sum / cnt;
      StdOut.printf("Average is %.5f\n", avg);
   }
}
```

StdIn 的用例举例

```
% java Average
1.23456
2.34567
3.45678
4.56789
<ctrl-d>
Average is 2.90123
```

表 1.1.16 详细说明了标准输入库中的静态方法的 API。

表 1.1.16 标准输入库中的静态方法的 API

Public class **StdIn**		
static boolean	isEmpty()	如果输入流中没有剩余的值则返回 true，否则返回 false
static int	readInt()	读取一个 int 类型的值
static double	readDouble()	读取一个 double 类型的值
static float	readFloat()	读取一个 float 类型的值
static long	readLong()	读取一个 long 类型的值
static boolean	readBoolean()	读取一个 boolean 类型的值
static char	readChar()	读取一个 char 类型的值
static byte	readByte()	读取一个 byte 类型的值
static String	readString()	读取一个 String 类型的值
static boolean	hasNextLine()	输入流中是否还有下一行
static String	readLine()	读取该行的其余内容
39 static String	readAll()	读取输入流中的其余内容

1.1.9.5 重定向与管道

标准输入输出使我们能够利用许多操作系统都支持的命令行的扩展功能。只需要向启动程序的命令中加入一个简单的提示符，就可以将它的标准输出重定向至一个文件。文件的内容既可以永久保存也可以在之后作为另一个程序的输入：

```
% java RandomSeq 1000 100.0 200.0 > data.txt
```

这条命令指明标准输出流不是被打印至终端窗口，而是被写入一个叫做 data.txt 的文件。每次调用 StdOut.print() 或是 StdOut.println() 都会向该文件追加一段文本。在这个例子中，我们最后会得到一个含有 1000 个随机数的文件。终端窗口中不会出现任何输出：它们都被直接写入了“>”号之后的文件中。这样我们就能将信息存储以备下次使用。请注意不需要改变 RandomSeq 的任何内容——它使用的是标准输出的抽象，因此它不会因为我们使用了该抽象的另一种不同的实现而受到影响。类似，我们可以重定向标准输入以使 StdIn 从文件而不是终端应用程序中读取数据：

```
% java Average < data.txt
```

这条命令会从文件 data.txt 中读取一系列数值并计算它们的平均值。具体来说，“<”号是一个提示符，它告诉操作系统读取文本文件 data.txt 作为输入流而不是在终端窗口中等待用户的输入。当程序调用 StdIn.readDouble() 时，操作系统读取的是文件中的值。将这些结合起来，将一个程序的输出重定向为另一个程序的输入叫做管道：

40
```
% java RandomSeq 1000 100.0 200.0 | java Average
```

这条命令将 RandomSeq 的标准输出和 Average 的标准输入指定为同一个流。它的效果是好像在 Average 运行时 RandomSeq 将它生成的数字输入了终端窗口。这种差别影响非常深远，因为它突破了我们能够处理的输入输出流的长度限制。例如，即使计算机没有足够的空间来存储十亿个数，我们仍然可以将例子中的 1000 换成 1 000 000 000（当然我们还是需要一些时间来处理它们）。当 RandomSeq 调用 StdOut.println() 时，它就向输出流的末尾添加了一个字符串；当 Average 调用 StdIn.readInt() 时，它就从输入流的开头删除了一个字符串。这些动作发生的实际顺序取决于操作系统：它可能会先运行 RandomSeq 并产生一些输出，然后再运行 Average，来消耗这些输出，或者它也可以先运行 Average，直到它需要一些输入然后再运行 RandomSeq 来产生一些输出。虽然最后的结果都一样，但我们的程序就不再需要担心这些细节，因为它们只会和标准输入和标准输出的抽象打交道。

图 1.1.5 总结了重定向与管道的过程。

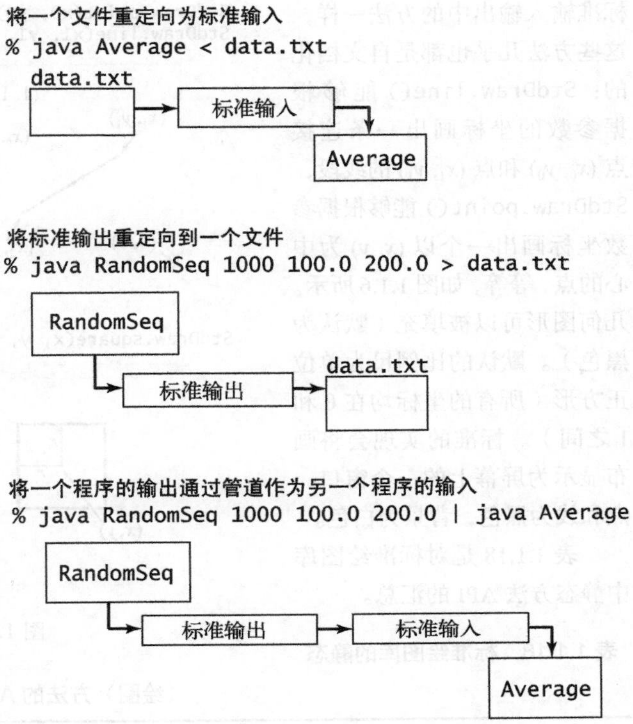
将一个文件重定向为标准输入
% java Average < data.txt
data.txt
标准输入
Average
将标准输出重定向到一个文件
% java RandomSeq 1000 100.0 200.0 > data.txt
RandomSeq
标准输出
data.txt
将一个程序的输出通过管道作为另一个程序的输入
% java RandomSeq 1000 100.0 200.0 | java Average
RandomSeq
标准输出
标准输入
Average

图 1.1.5 命令行的重定向与管道

1.1.9.6 基于文件的输入输出

我们的 In 和 Out 库提供了一些静态方法，来实现向文件中写入或从文件中读取一个原始数据类型（或 String 类型）的数组的抽象。我们会使用 In 库中的 readInts()、readDoubles() 和 readStrings() 以及 Out 库中重载的多个 write() 方法，name 参数可以是文件或网页，如表 1.1.17 所示。例如，借此我们可以在同一个程序中分别使用文件和标准输入达到两种不同的目的，例如 BinarySearch。In 和 Out 两个库也实现了一些数据类型和它们的实例方法，这使我们能够将多个文件作为输入输出流并将网页作为输入流，我们还会在 1.2 节中再次考察它们。

表 1.1.17 我们用于读取和写入数组的静态方法的 API

public class In		
static int[]	readInts(String name)	读取多个 int 值
static double[]	readDoubles(String name)	读取多个 double 值
static String[]	readStrings(String name)	读取多个 String 值
public class Out		
static void	write(int[] a, String name)	写入多个 int 值
static void	write(doule[] a, String name)	写入多个 double 值
static void	write(String[] a, String name)	写入多个 String 值

注 1：库也支持其他原始数据类型。
注 2：库也支持 StdIn 和 StdOut（忽略 name 参数）。 41

1.1.9.7 标准绘图库（基本方法）

目前为止，我们的输入输出抽象层的重点只有文本字符串。现在我们要介绍一个产生图像输出的抽象层。这个库的使用非常简单并且允许我们利用可视化的方式处理比文字丰富得多的信息。和我们的标准输入输出一样，标准绘图抽象层实现在库 StdDraw 中，可以从本书的网站上下载 StdDraw.java 到你的工作目录来使用它。标准绘图库很简单：我们可以将它想象为一个抽象的能够在二维画布上画出点和直线的绘图设备。这个设备能够根据程序调用的 StdDraw 中的静态方法画出一些基本的几何图形，这些方法包括画出点、直线、文本字符串、圆、长方形和多边形等。和标准输入输出中的方法一样，这些方法几乎也都是自文档化的：StdDraw.line() 能够根据参数的坐标画出一条连接点 (x_0, y_0) 和点 (x_1, y_1) 的线段，StdDraw.point() 能够根据参数坐标画出一个以 (x, y) 为中心的点，等等，如图 1.1.6 所示。几何图形可以被填充（默认为黑色）。默认的比例尺为单位正方形（所有的坐标均在 0 和 1 之间）。标准的实现会将画布显示为屏幕上的一个窗口，点和线为黑色，背景为白色。

表 1.1.18 是对标准绘图库中静态方法 API 的汇总。

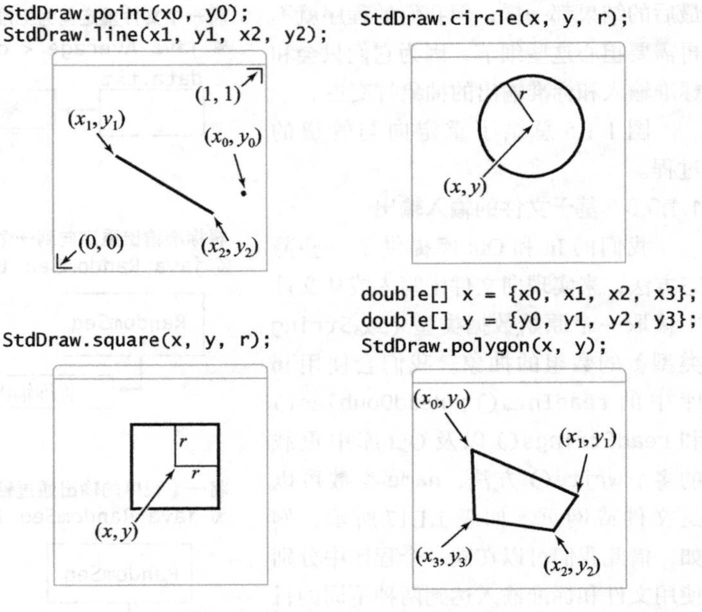

图 1.1.6 StdDraw 的用法举例

42 **表 1.1.18 标准绘图库的静态（绘图）方法的 API**

public class **StdDraw**	
static void	line(double x0, double y0, double x1, double y1)
static void	point(double x, double y)
static void	text(double x, double y, String s)
static void	circle(double x, double y, double r)
static void	filledCircle(double x, double y, double r)
static void	ellipse(double x, double y, double rw, double rh)
static void	filledEllipse(double x, double y, double rw, double rh)
static void	square(double x, double y, double r)
static void	filledSquare(double x, double y, double r)
static void	rectangle(double x, double y, double rw, double rh)
static void	filledRectangle(double x, double y, double rw, double rh)
static void	polygon(double[] x, double[] y)
static void	filledPolygon(double[] x, double[] y)

1.1.9.8 标准绘图库（控制方法）

标准绘图库中还包含一些方法来改变画布的大小和比例、直线的颜色和宽度、文本字体、绘图时间（用于动画）等。可以使用在 StdDraw 中预定义的 BLACK、BLUE、CYAN、DARK_GRAY、GRAY、GREEN、LIGHT_GRAY、MAGENTA、ORANGE、PINK、RED、BOOK_RED、WHITE 和 YELLOW 等颜色常数作为 setPenColor() 方法的参数（可以用 StdDraw.RED 这样的方式调用它们）。画布窗口的菜单还包含一个选项用于将图像保存为适于在网上传播的文件格式。表 1.1.19 总结了 StdDraw 中静态控制方法的 API。

表 1.1.19 标准绘图库的静态（控制）方法的 API

public class **StdDraw**	
static void setXscale(double x0, double x1)	将 x 的范围设为 (x_0, x_1)
static void setYscale(double y0, double y1)	将 y 的范围设为 (y_0, y_1)
static void setPenRadius(double r)	将画笔的粗细半径设为 r
static void setPenColor(Color c)	将画笔的颜色设为 c
static void setFont(Font f)	将文本字体设为 f
static void setCanvasSize(int w, int h)	将画布窗口的宽和高分别设为 w 和 h
static void clear(Color c)	清空画布并用颜色 c 将其填充
static void show(int dt)	显示所有图像并暂停 dt 毫秒

43

在本书中，我们会在数据分析和算法的可视化中使用 StdDraw。表 1.1.20 是一些例子，我们在本书的其他章节和练习中还会遇到更多的例子。绘图库也支持*动画*——当然，这个话题只能在本书的网站上展开了。 44

表 1.1.20 StdDraw 绘图举例

数 据	绘图的实现（代码片段）	结 果

函数值	int N = 100;
	StdDraw.setXscale(0, N);
	StdDraw.setYscale(0, N*N);
	StdDraw.setPenRadius(.01);
	for (int i = 1; i <= N; i++)
	{
	    StdDraw.point(i, i);
	    StdDraw.point(i, i*i);
	    StdDraw.point(i, i*Math.log(i));
	}
		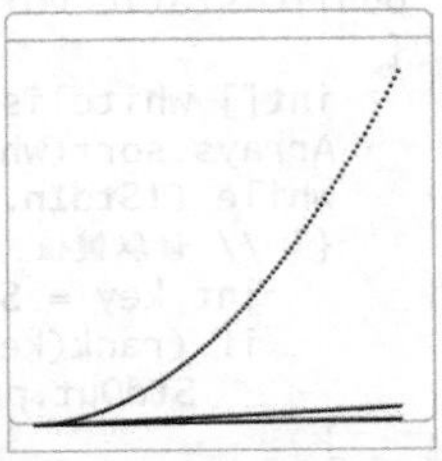

随机数组	int N = 50;
	double[] a = new double[N];
	for (int i = 0; i < N; i++)
	    a[i] = StdRandom.random();
	for (int i = 0; i < N; i++)
	{
	    double x = 1.0*i/N;
	    double y = a[i]/2.0;
	    double rw = 0.5/N;
	    double rh = a[i]/2.0;
	    StdDraw.filledRectangle(x, y, rw, rh);
	}
		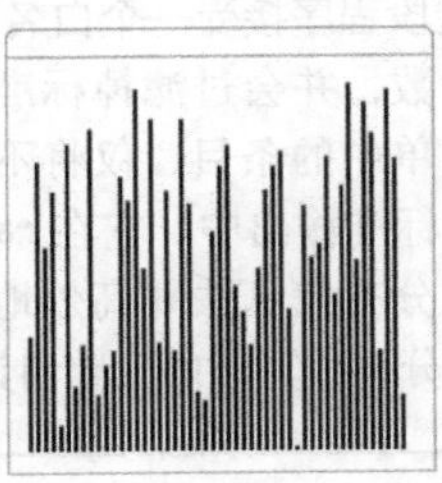

已排序的随机数组	int N = 50;
	double[] a = new double[N];
	for (int i = 0; i < N; i++)
	    a[i] = StdRandom.random();
	Arrays.sort(a);
	for (int i = 0; i < N; i++)
	{
	    double x = 1.0*i/N;
	    double y = a[i]/2.0;
	    double rw = 0.5/N;
	    double rh = a[i]/2.0;
	    StdDraw.filledRectangle(x, y, rw, rh);
	}
		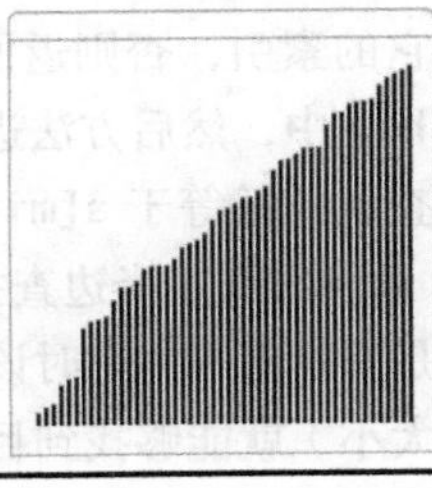

45

1.1.10 二分查找

我们要学习的第一个 Java 程序的示例程序就是著名、高效并且应用广泛的二分查找算法，如下所示。这个例子将会展示本书中学习新算法的基本方法。和我们将要学习的所有程序一样，它既是算法的准确定义，又是算法的一个完整的 Java 实现，而且你还能够从本书的网站上下载它。

二分查找

```
import java.util.Arrays;
public class BinarySearch
{
   public static int rank(int key, int[] a)
   {  // 数组必须是有序的
      int lo  = 0;
      int hi = a.length - 1;
      while (lo <= hi)
      {  // 被查找的键要么不存在，要么必然存在于a[lo..hi]之中
         int mid = lo + (hi - lo) / 2;
         if      (key < a[mid]) hi = mid - 1;
         else if (key > a[mid]) lo = mid + 1;
         else                   return mid;
      }
      return -1;
   }
   public static void main(String[] args)
   {
      int[] whitelist = In.readInts(args[0]);
      Arrays.sort(whitelist);
      while (!StdIn.isEmpty())
      {  // 读取键值，如果不存在于白名单中则将其打印
         int key = StdIn.readInt();
         if (rank(key, whitelist) < 0)
            StdOut.println(key);
      }
   }
}
```

```
% java BinarySearch tinyW.txt < tinyT.txt
50
99
13
```

这段程序接受一个白名单文件（一列整数）作为参数，并会过滤掉标准输入中的所有存在于白名单中的条目，仅将不在白名单上的整数打印到标准输出中。它在 rank() 静态方法中实现了二分查找算法并高效地完成了这个任务。关于二分查找算法的完整讨论，包括它的正确性、性能分析及其应用，请见 3.1 节。

1.1.10.1 二分查找

我们会在 3.2 节中详细学习二分查找算法，但此处先简单地描述一下。算法是由静态方法 rank() 实现的，它接受一个整数键和一个已经有序的 int 数组作为参数。如果该键存在于数组中则返回它的索引，否则返回 -1。算法使用两个变量 lo 和 hi，并保证如果键在数组中则它一定在 a[lo..hi] 中，然后方法进入一个循环，不断将数组的中间键（索引为 mid）和被查找的键比较。如果被查找的键等于 a[mid]，返回 mid；否则算法就将查找范围缩小一半，如果被查找的键小于 a[mid] 就继续在左半边查找，如果被查找的键大于 a[mid] 就继续在右半边查找。算法找到被查找的键或是查找范围为空时该过程结束。二分查找之所以快是因为它只需检查很少几个条目（相对于数组的大小）就能够找到目标元素（或者确认目标元素不存在）。在有序数组中进行二分查找的示

例如图 1.1.7 所示。

1.1.10.2 开发用例

对于每个算法的实现，我们都会开发一个用例 main() 函数，并在书中或是本书的网站上提供一个示例输入文件来帮助读者学习该算法并检测它的性能。在这个例子中，这个用例会从命令行指定的文件中读取多个整数，并会打印出标准输入中所有不存在于该文件中的整数。我们使用了图 1.1.8 所示的几个较小的测试文件来展示它的行为，这些文件也是图 1.1.7 中的跟踪和例子的基础。我们会使用较大的测试文件来模拟真实应用并测试算法的性能（请见 1.1.10.3 节）。

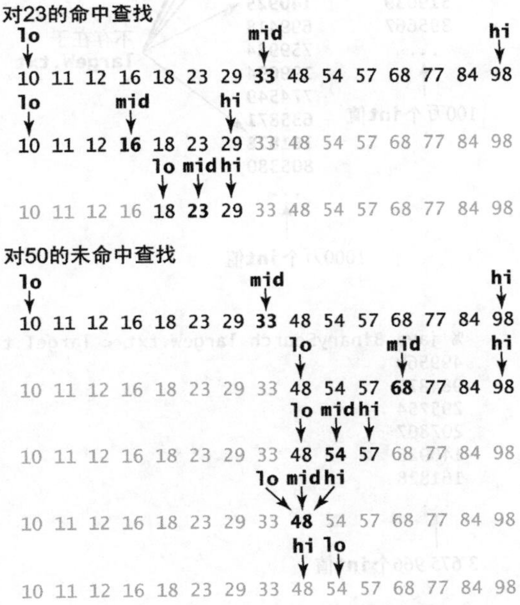

图 1.1.7 有序数组中的二分查找

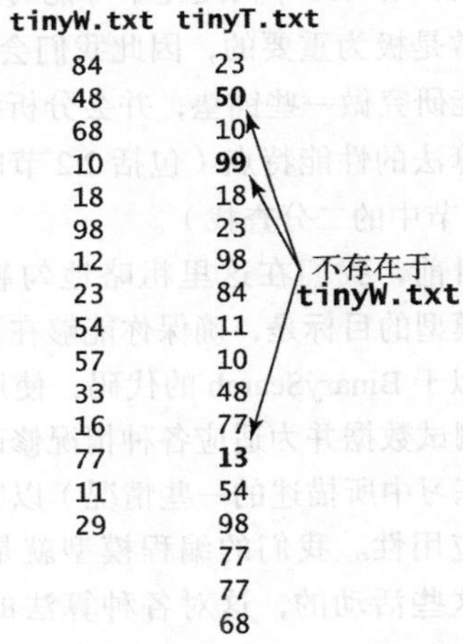

图 1.1.8 为 BinarySearch 的测试用例准备的小型测试文件

46 ~ 47

1.1.10.3 白名单过滤

如果可能，我们的测试用例都会通过模拟实际情况来展示当前算法的必要性。这里该过程被称为*白名单过滤*。具体来说，可以想象一家信用卡公司，它需要检查客户的交易账号是否有效。为此，它需要：

- 将客户的账号保存在一个文件中，我们称它为*白名单*；
- 从标准输入中得到每笔交易的账号；
- 使用这个测试用例在标准输出中打印所有与任何客户无关的账号，公司很可能拒绝此类交易。

在一家有上百万客户的大公司中，需要处理数百万甚至更多的交易都是很正常的。为了模拟这种情况，我们在本书的网站上提供了文件 largeW.txt（100 万个整数）和 largeT.txt（1000 万个整数）其基本情况如图 1.1.9 所示。

1.1.10.4 性能

一个程序只是可用往往是不够的。例如，以下 rank() 的实现也可以很简单，它会检查数组的每个元素，甚至都不需要数组是有序的：

```
public static int rank(int key, int[] a)
{
   for (int i = 0; i < a.length; i++)
      if (a[i] == key) return i;
   return -1;
}
```

有了这个简单易懂的解决方案，我们为什么还需要归并排序和二分查找呢？你在完成练习 1.1.38 时会看到，计算机用 rank() 方法的暴力实现处理大量输入（比如含有 100 万个条目的白名单和 1000 万条交易）非常慢。*没有如二分查找或者归并排序这样的高效算法，解决大规模的白名单问题是不可能的。*良好的性能常常是极为重要的，因此我们会在 1.4 节中为性能研究做一些铺垫，并会分析我们学习的所有算法的性能特点（包括 2.2 节的归并排序和 3.1 节中的二分查找）。

目前，我们在这里粗略地勾勒出我们的编程模型的目标是，确保你能够在计算机上运行类似于 BinarySearch 的代码，使用它处理我们的测试数据并为适应各种情况修改它（比如本节练习中所描述的一些情况）以完全理解它的可应用性。我们的编程模型就是设计用来
48~49 简化这些活动的，这对各种算法的学习至关重要。

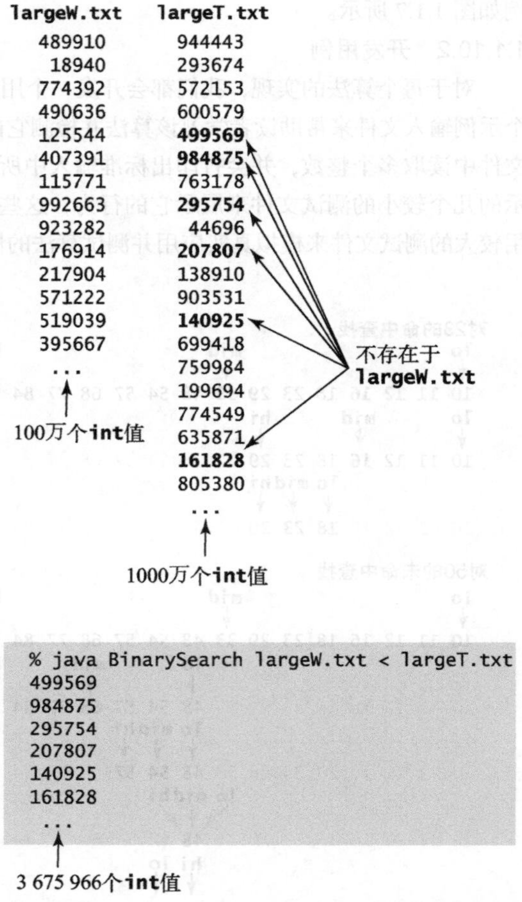

图 1.1.9 为 BinarySearch 测试用例准备的大型文件

1.1.11 展望

在本节中，我们描述了一个精巧而完整的编程模型，数十年来它一直在（并且现在仍在）为广大程序员服务。但现代编程技术已经更进一步。前进的这一步被称为*数据抽象*，有时也被称为*面向对象编程*，它是我们下一节的主题。简单地说，数据抽象的主要思想是鼓励程序定义自己的*数据类型*（一系列值和对这些值的操作），而不仅仅是那些操作预定义的数据类型的静态方法。

面向对象编程在最近几十年得到了广泛的应用，数据抽象已经成为现代程序开发的核心。我们在本书中“拥抱”数据抽象的原因主要有三。

- 它允许我们通过模块化编程复用代码。例如，第 2 章中的排序算法和第 3 章中的二分查找以及其他算法，都允许调用者用同一段代码处理任意类型的数据（而不仅限于整数），包括调用者自定义的数据类型。
- 它使我们可以轻易构造多种所谓的*链式数据结构*，它们比数组更灵活，在许多情况下都是高效算法的基础。
- 借助它我们可以准确地定义所面对的算法问题。比如 1.5 节中的 union-find 算法、2.4 节中的优先队列算法和第 3 章中的符号表算法，它们解决问题的方式都是定义数据结构并高效地实现它们的一组操作。这些问题都能够用数据抽象很好地解决。

尽管如此，但我们的重点仍然是对算法的研究。在了解了这些知识以后，我们将学习面向对象编程中和我们的使命相关的另一个重要特性。 50

答疑

问 什么是 Java 的字节码？

答 它是程序的一种低级表示，可以运行于 Java 的虚拟机。将程序抽象为字节码可以保证 Java 程序员的代码能够运行在各种设备之上。

问 Java 允许整型溢出并返回错误值的做法是错误的。难道 Java 不应该自动检查溢出吗？

答 这个问题在程序员中一直是有争议的。简单的回答是它们之所以被称为*原始*数据类型就是因为缺乏此类检查。避免此类问题并不需要很高深的知识。我们会使用 `int` 类型表示较小的数（小于 10 个十进制位）而使用 `long` 表示 10 亿以上的数。

问 `Math.abs(-2147483648)` 的返回值是什么？

答 -2147483648。这个奇怪的结果（但的确是真的）就是整数溢出的典型例子。

问 如何才能将一个 `double` 变量初始化为无穷大？

答 可以使用 Java 的内置常数：`Double.POSITIVE_INFINITY` 和 `Double.NEGATIVE_INFINITY`。

问 能够将 `double` 类型的值和 `int` 类型的值相互比较吗？

答 不通过类型转换是不行的，但请记住 Java 一般会自动进行所需的类型转换。例如，如果 `x` 的类型是 `int` 且值为 3，那么表达式 `(x<3.1)` 的值为 `true`——Java 会在比较前将 `x` 转换为 `double` 类型（因为 3.1 是一个 `double` 类型的字面量）。

问 如果使用一个变量前没有将它初始化，会发生什么？

答 如果代码中存在任何可能导致使用未经初始化的变量的执行路径，Java 都会抛出一个编译异常。

问 Java 表达式 1/0 和 1.0/0.0 的值是什么？

答 第一个表达式会产生一个运行时除以零异常（它会终止程序，因为这个值是未定义的）；第二个表达式的值是 `Infinity`（无穷大）。 51

问 能够使用 < 和 > 比较 `String` 变量吗？

答 不行，只有原始数据类型定义了这些运算符。请见 1.1.2.3 节。

问 负数的除法和余数的结果是什么？

答 表达式 `a/b` 的商会向 0 取整；`a % b` 的余数的定义是 `(a/b)*b + a % b` 恒等于 `a`。例如 `-14/3` 和 `14/-3` 的商都是 `-4`，但 `-14 % 3` 是 `-2`，而 `14 % -3` 是 `2`。

问 为什么使用 `(a && b)` 而非 `(a & b)`？

答 运算符 `&`、`|` 和 `^` 分别表示整数的位逻辑操作与、或和异或。因此，`10|6` 的值为 14，`10^6` 的值为 12。在本书中我们很少（偶尔）会用到这些运算符。`&&` 和 `||` 运算符仅在独立的布尔表达式中有效，原因是*短路求值法则*：表达式从左向右求值，一旦整个表达式的值已知则停止求值。

问 嵌套 `if` 语句中的二义性有问题吗？

答 是的。在 Java 中，以下语句：

```
if <expr1> if <expr2> <stmntA> else <stmntB>
```

等价于：

```
if <expr1> { if <expr2> <stmntA> else <stmntB> }
```

即使你想表达的是：

```
if <expr1> { if <expr2> <stmntA> } else <stmntB>
```

避免这种“无主的”else 陷阱的最好办法是显式地写明所有大括号。

问 一个 for 循环和它的 while 形式有什么区别？

答 for 循环头部的代码和 for 循环的主体代码在同一个代码段之中。在一个典型的 for 循环中，递增变量一般在循环结束之后都是不可用的；但在和它等价的 while 循环中，递增变量在循环结束
52 之后仍然是可用的。这个区别常常是使用 while 而非 for 循环的主要原因。

问 有些 Java 程序员用 int a[] 而不是 int[] a 来声明一个数组。这两者有什么不同？

答 在 Java 中，两者等价且都是合法的。前一种是 C 语言中数组的声明方式。后者是 Java 提倡的方式，因为变量的类型 int[] 能更清楚地说明这是一个整型的数组。

问 为什么数组的起始索引是 0 而不是 1？

答 这个习惯来源于机器语言，那时要计算一个数组元素的地址需要将数组的起始地址加上该元素的索引。将起始索引设为 1 要么会浪费数组的第一个元素的空间，要么会花费额外的时间来将索引减 1。

问 如果 a[] 是一个数组，为什么 StdOut.println(a) 打印出的是一个十六进制的整数，比如 @f62373，而不是数组中的元素呢？

答 问得好。该方法打印出的是这个数组的地址，不幸的是你一般都不需要它。

问 我们为什么不使用标准的 Java 库来处理输入和图形？

答 我们的确用到了它们，但我们希望使用更简单的抽象模型。StdIn 和 StdDraw 背后的 Java 标准库是为实际生产设计的，这些库和它们的 API 都有些笨重。要想知道它们真正的模样，请查看 StdIn.java 和 StdDraw.java 的代码。

问 我的程序能够重新读取标准输入中的值吗？

答 不行，你只有一次机会，就好像你不能撤销 println() 的结果一样。

问 如果我的程序在标准输入为空之后仍然尝试读取，会发生什么？

答 会得到一个错误。StdIn.isEmpty() 能够帮助你检查是否还有可用的输入以避免这种错误。

问 这条出错信息是什么意思？

```
Exception in thread "main" java.lang.NoClassDefFoundError: StdIn
```

答 你可能忘记把 StdIn.java 文件放到工作目录中去了。

问 在 Java 中，一个静态方法能够将另一个静态方法作为参数吗？

53 答 不行，但问得好，因为有很多语言都能够这么做。

练习

1.1.1 给出以下表达式的值：

a. `( 0 + 15 ) / 2`

b. `2.0e-6 * 100000000.1`

c. `true && false || true && true`

1.1.2 给出以下表达式的类型和值：

a. `(1 + 2.236)/2`

b. `1 + 2 + 3 + 4.0`

c. 4.1 >= 4

d. 1 + 2 + "3"

1.1.3 编写一个程序，从命令行得到三个整数参数。如果它们都相等则打印 equal，否则打印 not equal。

1.1.4 下列语句各有什么问题（如果有的话）？

a. if (a > b) then c = 0;

b. if a > b { c = 0; }

c. if (a > b) c = 0;

d. if (a > b) c = 0 else b = 0;

1.1.5 编写一段程序，如果 double 类型的变量 x 和 y 都严格位于 0 和 1 之间则打印 true，否则打印 false。

1.1.6 下面这段程序会打印出什么？

```
int f = 0;
int g = 1;
for (int i = 0; i <= 15; i++)
{
  StdOut.println(f);
  f = f + g;
  g = f - g;
}
```

54

1.1.7 分别给出以下代码段打印出的值：

a.
```
double t = 9.0;
while (Math.abs(t - 9.0/t) > .001)
   t = (9.0/t + t) / 2.0;
StdOut.printf("%.5f\n", t);
```

b.
```
int sum = 0;
for (int i = 1; i < 1000; i++)
   for (int j = 0; j < i; j++)
      sum++;
StdOut.println(sum);
```

c.
```
int sum = 0;
for (int i = 1; i < 1000; i *= 2)
   for (int j = 0; j < 1000; j++)
      sum++;
StdOut.println(sum);
```

1.1.8 下列语句会打印出什么结果？给出解释。

a. System.out.println('b');

b. System.out.println('b' + 'c');

c. System.out.println((char) ('a' + 4));

1.1.9 编写一段代码，将一个正整数 N 用二进制表示并转换为一个 String 类型的值 s。

解答：Java 有一个内置方法 Integer.toBinaryString(N) 专门完成这个任务，但该题的目的就是给出这个方法的其他实现方法。下面就是一个特别简洁的答案：

```
String s = "";
for (int n = N; n > 0; n /= 2)
   s = (n % 2) + s;
```

55

1.1.10 下面这段代码有什么问题？

```
int[] a;
for (int i = 0; i < 10; i++)
   a[i] = i * i;
```

解答：它没有用 new 为 a[] 分配内存。这段代码会产生一个 variable a might not have been initialized 的编译错误。

1.1.11 编写一段代码，打印出一个二维布尔数组的内容。其中，使用 * 表示真，空格表示假。打印出行号和列号。

1.1.12 以下代码段会打印出什么结果？

```
int[] a = new int[10];
for (int i = 0; i < 10; i++)
   a[i] = 9 - i;
for (int i = 0; i < 10; i++)
   a[i] = a[a[i]];
for (int i = 0; i < 10; i++)
   System.out.println(a[i]);
```

1.1.13 编写一段代码，打印出一个 M 行 N 列的二维数组的转置（交换行和列）。

1.1.14 编写一个静态方法 lg()，接受一个整型参数 N，返回不大于 $\log_2 N$ 的最大整数。不要使用 Math 库。

1.1.15 编写一个静态方法 histogram()，接受一个整型数组 a[] 和一个整数 M 为参数并返回一个大小为 M 的数组，其中第 i 个元素的值为整数 i 在参数数组中出现的次数。如果 a[] 中的值均在 0 到 M-1 之间，返回数组中所有元素之和应该和 a.length 相等。

1.1.16 给出 exR1(6) 的返回值：

56

```
public static String exR1(int n)
{
   if (n <= 0) return "";
   return exR1(n-3) + n + exR1(n-2) + n;
}
```

1.1.17 找出以下递归函数的问题：

```
public static String exR2(int n)
{
   String s = exR2(n-3) + n + exR2(n-2) + n;
   if (n <= 0) return "";
   return s;
}
```

答：这段代码中的基础情况永远不会被访问。调用 exR2(3) 会产生调用 exR2(0)、exR2(-3) 和 exR2(-6)，循环往复直到发生 StackOverflowError。

1.1.18 请看以下递归函数：

```
public static int mystery(int a, int b)
{
   if (b == 0)     return 0;
   if (b % 2 == 0) return mystery(a+a, b/2);
   return mystery(a+a, b/2) + a;
}
```

mystery(2, 25) 和 mystery(3, 11) 的返回值是多少？给定正整数 a 和 b，mystery(a,b) 计算的结果是什么？将代码中的 + 替换为 * 并将 return 0 改为 return 1，然后回答相同的问题。

1.1.19 在计算机上运行以下程序：

```
public class Fibonacci
{
   public static long F(int N)
   {
      if (N == 0) return 0;
      if (N == 1) return 1;
      return F(N-1) + F(N-2);
   }
   public static void main(String[] args)
   {
      for (int N = 0; N < 100; N++)
         StdOut.println(N + " " + F(N));
   }
}
```
57

计算机用这段程序在一个小时之内能够得到 F(N) 结果的最大 N 值是多少？开发 F(N) 的一个更好的实现，用数组保存已经计算过的值。

1.1.20 编写一个递归的静态方法计算 ln(*N*!) 的值。

1.1.21 编写一段程序，从标准输入按行读取数据，其中每行都包含一个名字和两个整数。然后用 printf() 打印一张表格，每行的若干列数据包括名字、两个整数和第一个整数除以第二个整数的结果，精确到小数点后三位。可以用这种程序将棒球球手的击球命中率或者学生的考试分数制成表格。

1.1.22 使用 1.1.6.4 节中的 rank() 递归方法重新实现 BinarySearch 并跟踪该方法的调用。每当该方法被调用时，打印出它的参数 lo 和 hi 并按照递归的深度缩进。提示：为递归方法添加一个参数来保存递归的深度。

1.1.23 为 BinarySearch 的测试用例添加一个参数：+ 打印出标准输入中不在白名单上的值；-，则打印出标准输入中在白名单上的值。

1.1.24 给出使用欧几里得算法计算 105 和 24 的最大公约数的过程中得到的一系列 *p* 和 *q* 的值。扩展该算法中的代码得到一个程序 Euclid，从命令行接受两个参数，计算它们的最大公约数并打印出每次调用递归方法时的两个参数。使用你的程序计算 1 111 111 和 1 234 567 的最大公约数。

1.1.25 使用数学归纳法证明欧几里得算法能够计算任意一对非负整数 *p* 和 *q* 的最大公约数。 58

提高题

1.1.26 将三个数字排序。假设 a、b、c 和 t 都是同一种原始数字类型的变量。证明以下代码能够将 a、b、c 按照升序排列：

```
if (a > b) { t = a; a = b; b = t; }
if (a > c) { t = a; a = c; c = t; }
if (b > c) { t = b; b = c; c = t; }
```

1.1.27 二项分布。估计用以下代码计算 binomial(100, 50, 0.25) 将会产生的递归调用次数：

```
public static double binomial(int N, int k, double p)
{
   if (N == 0 && k == 0) return 1.0;
   if (N < 0 || k < 0) return 0.0;
   return (1.0 - p)*binomial(N-1, k, p) + p*binomial(N-1, k-1, p);
}
```

将已经计算过的值保存在数组中并给出一个更好的实现。

1.1.28 删除重复元素。修改 BinarySearch 类中的测试用例来删去排序之后白名单中的所有重复元素。

1.1.29 等值键。为 BinarySearch 类添加一个静态方法 rank()，它接受一个键和一个整型有序数组（可能存在重复键）作为参数并返回数组中小于该键的元素数量，以及一个类似的方法 count() 来返回数组中等于该键的元素的数量。注意：如果 i 和 j 分别是 rank(key,a) 和 count(key,a) 的返回值，那么 a[i..i+j-1] 就是数组中所有和 key 相等的元素。

1.1.30 数组练习。编写一段程序，创建一个 $N \times N$ 的布尔数组 a[][]。其中当 i 和 j 互质时（没有相同因子），a[i][j] 为 true，否则为 false。

1.1.31 随机连接。编写一段程序，从命令行接受一个整数 N 和 double 值 p（0 到 1 之间）作为参数，
59 在一个圆上画出大小为 0.05 且间距相等的 N 个点，然后将每对点按照概率 p 用灰线连接。

1.1.32 直方图。假设标准输入流中含有一系列 double 值。编写一段程序，从命令行接受一个整数 N 和两个 double 值 l 和 r。将 (l, r) 分为 N 段并使用 StdDraw 画出输入流中的值落入每段的数量的直方图。

1.1.33 矩阵库。编写一个 Matrix 库并实现以下 API：

```
public class Matrix
    static      double     dot(double[] x, double[] y)          向量点乘
    static double[][]      mult(double[][] a, double[][] b)     矩阵和矩阵之积
    static double[][]      transpose(double[][] a)              转置矩阵
    static      double[]   mult(double[][] a, double[] x)       矩阵和向量之积
    static      double[]   mult(double[] y, double[][] a)       向量和矩阵之积
```

编写一个测试用例，从标准输入读取矩阵并测试所有方法。

1.1.34 过滤。以下哪些任务需要（在数组中，比如）保存标准输入中的所有值？哪些可以被实现为一个过滤器且仅使用固定数量的变量和固定大小的数组（和 N 无关）？在每个问题中，输入都来自于标准输入且含有 N 个 0 到 1 的实数。

- ❑ 打印出最大和最小的数
- ❑ 打印出所有数的中位数
- ❑ 打印出第 k 小的数，k 小于 100
- ❑ 打印出所有数的平方和
- ❑ 打印出 N 个数的平均值
- ❑ 打印出大于平均值的数的百分比
- ❑ 将 N 个数按照升序打印
- 60 ❑ 将 N 个数按照随机顺序打印

实验题

1.1.35 模拟掷骰子。以下代码能够计算每种两个骰子之和的准确概率分布：

```
int SIDES = 6;
double[] dist = new double[2*SIDES+1];
for (int i = 1; i <= SIDES; i++)
    for (int j = 1; j <= SIDES; j++)
        dist[i+j] += 1.0;

for (int k = 2; k <= 2*SIDES; k++)
    dist[k] /= 36.0;
```

dist[i] 的值就是两个骰子之和为 i 的概率。用实验模拟 N 次掷骰子，并在计算两个 1 到 6 之间的随机整数之和时记录每个值的出现频率以验证它们的概率。N 要多大才能够保证你的经验数据和准确数据的吻合程度达到小数点后三位？

1.1.36 乱序检查。通过实验检查表 1.1.10 中的乱序代码是否能够产生预期的效果。编写一个程序 ShuffleTest，接受命令行参数 M 和 N，将大小为 M 的数组打乱 N 次且在每次打乱之前都将数组重新初始化为 a[i] = i。打印一个 $M \times M$ 的表格，对于所有的列 j，行 i 表示的是 i 在打乱后落到 j 的位置的次数。数组中的所有元素的值都应该接近于 N/M。

1.1.37 糟糕的打乱。假设在我们的乱序代码中你选择的是一个 0 到 N-1 而非 i 到 N-1 之间的随机整数。证明得到的结果并非均匀地分布在 $N!$ 种可能性之间。用上一题中的测试检验这个版本。

1.1.38 二分查找与暴力查找。根据 1.1.10.4 节给出的暴力查找法编写一个程序 BruteForceSearch，在你的计算机上比较它和 BinarySearch 处理 largeW.txt 和 largeT.txt 所需的时间。 61

1.1.39 随机匹配。编写一个使用 BinarySearch 的程序，它从命令行接受一个整型参数 T，并会分别针对 $N=10^3$、10^4、10^5 和 10^6 将以下实验运行 T 遍：生成两个大小为 N 的随机 6 位正整数数组并找出同时存在于两个数组中的整数的数量。打印一个表格，对于每个 N，给出 T 次实验中该数量的平均值。 62

1.2 数据抽象

数据类型指的是一组值和一组对这些值的操作的集合。目前，我们已经详细讨论过 Java 的*原始数据类型*：例如，原始数据类型 `int` 的取值范围是 -2^{31} 到 $2^{31}-1$ 之间的整数，`int` 的操作包括 +、*、-、/、%、< 和 >。原则上所有程序都只需要使用原始数据类型即可，但在更高层次的抽象上编写程序会更加方便。在本节中，我们将重点学习定义和使用数据类型，这个过程也被称为*数据抽象*（它是对 1.1 节所述的*函数抽象*风格的补充）。

Java 编程的基础主要是使用 `class` 关键字构造被称为*引用类型*的数据类型。这种编程风格也称为*面向对象编程*，因为它的核心概念是*对象*，即保存了某个数据类型的值的实体。如果只有 Java 的原始数据类型，我们的程序会在很大程度上被限制在算术计算上，但有了引用类型，我们就能编写操作字符串、图像、声音以及 Java 的标准库中或者本书的网站上的数百种抽象类型的程序。比各种库中预定义的数据类型更重要的是 Java 编程中的数据类型的种类是无限的，因为*你能够定义自己的数据类型来抽象任意对象*。

抽象数据类型（ADT）是一种能够对使用者隐藏数据表示的数据类型。用 Java 类来实现抽象数据类型和用一组静态方法实现一个函数库并没有什么不同。抽象数据类型的主要不同之处在于它将*数据*和函数的实现关联，并将数据的表示方式隐藏起来。在*使用*抽象数据类型时，我们的注意力集中在 API 描述的*操作*上而不会去关心数据的表示；在*实现*抽象数据类型时，我们的注意力集中在*数据*本身并将实现对该数据的各种操作。

抽象数据类型之所以重要是因为在程序设计上它们支持封装。在本书中，我们将通过它们：

- ❑ 以适用于各种用途的 API 形式准确地定义问题；
- ❑ 用 API 的实现描述算法和数据结构。

我们研究同一个问题的不同算法的主要原因在于它们的性能特点不同。抽象数据类型正适合于
63~64 对算法的这种研究，因为它确保我们可以随时将算法性能的知识应用于实践中：可以在不修改任何用例代码的情况下用一种算法替换另一种算法并改进所有用例的性能。

1.2.1 使用抽象数据类型

要使用一种*数据类型并不一定非得知道它是如何实现的*，所以我们首先来编写一个使用一种名为 `Counter`（计数器）的简单数据类型的程序。它的值是一个名称和一个非负整数，它的操作有*创建对象并初始化为* 0、*当前值加* 1 和*获取当前值*。这个抽象对象在许多场景中都会用到。例如，这样一个数据类型可以用于电子记票软件，它能够保证投票者所能进行的唯一操作就是将他选择的候选人的计数器加一。我们也可以在分析算法性能时使用 `Counter` 来记录基本操作的调用次数。要使用 `Counter` 对象，首先需要了解应该如何定义数据类型的操作，以及在 Java 语言中应该如何创建和使用某个数据类型的对象。这些机制在现代编程中都非常重要，我们在全书中都会用到它们，因此请仔细学习我们的第一个例子。

1.2.1.1 抽象数据类型的 API

我们使用应用程序编程接口（API）来说明抽象数据类型的行为。它将列出所有*构造函数*和*实例方法*（即操作）并简要描述它们的功用，如表 1.2.1 中 `Counter` 的 API 所示。

尽管数据类型定义的基础是一组值的集合，但在 API 可见的仅是对它们的操作，而非它们的意义。因此，抽象数据类型的定义和静态方法库（请见 1.1.6.3 节）之间有许多共同之处：

- ❑ 两者的实现均为 Java 类；

- ❑ 实例方法可能接受 0 个或多个指定类型的参数，由括号括起并由逗号分隔；
- ❑ 它们可能会返回一个指定类型的值，也可能不会（用 void 表示）。

当然，它们也有三个显著的不同。

- ❑ API 中可能会出现若干个名称和类名相同且没有返回值的函数。这些特殊的函数被称为**构造函数**。在本例中，Counter 对象有一个接受一个 String 参数的构造函数。 65
- ❑ 实例方法不需要 static 关键字。它们**不是**静态方法——它们的目的就是操作该数据类型中的值。
- ❑ 某些实例方法的存在是为了尊重 Java 的习惯——我们将此类方法称为**继承的方法**并在 API 中将它们显示为灰色。

表 1.2.1　计数器的 API

public class **Counter**		
	Counter(String id)	创建一个名为 id 的计数器
void	increment()	将计数器的值加 1
int	tally()	该对象创建之后计数器被加 1 的次数
String	toString()	对象的字符串表示

和静态方法库的 API 一样，抽象数据类型的 API 也是和用例之间的一份契约，因此它是开发任何用例代码以及实现任意数据类型的起点。在本例中，这份 API 告诉我们可以通过构造函数 Counter()、实例方法 increment() 和 tally()，以及继承的 toString() 方法使用 Counter 类型的对象。

1.2.1.2　继承的方法

根据 Java 的约定，任意数据类型都能通过在 API 中包含特定的方法从 Java 的内在机制中获益。例如，Java 中的所有数据类型都会继承 toString() 方法来返回用 String 表示的该类型的值。Java 会在用 + 运算符将任意数据类型的值和 String 值连接时调用该方法。该方法的默认实现并不实用（它会返回用字符串表示的该数据类型值的内存地址），因此我们常常会提供实现来重载默认实现，并在此时在 API 中加上 toString() 方法。此类方法的例子还包括 equals()、compareTo() 和 hashCode()（请见 1.2.5.5 节）。

1.2.1.3　用例代码

和基于静态方法的模块化编程一样，API 允许我们在不知道实现细节的情况下编写调用它的代码（以及在不知道任何用例代码的情况下编写实现代码）。1.1.7 节介绍的将程序组织为独立模块的机制可以应用于所有的 Java 类，因此它对基于抽象数据类型的模块化编程与对静态函数库一样有效。这样，只要抽象数据类型的源代码 .java 文件和我们的程序文件在同一个目录下，或是在标准 Java 库中，或是可以通过 import 语句访问，或是可以通过本书网站上介绍的 classpath 机制之一访问，该程序就能够使用这个抽象数据类型，模块化编程的所有优势就都能够继续发挥。通过将实现某种数据类型的全部代码封装在一个 Java 类中，我们可以将用例代码推向更高的抽象层次。在用例代码中，你需要**声明变量**、**创建对象**来保存数据类型的值并允许通过实例方法来操作它们。尽管你也会注意到它们的一些相似之处，但这种方式和原始数据类型的使用方式非常不同。 66

1.2.1.4　对象

一般来说，可以声明一个变量 heads 并将它通过以下代码和 Counter 类型的数据关联起来：

```
Counter heads;
```

但如何为它赋值或是对它进行操作呢？这个问题的答案涉及数据抽象中的一个基础概念：对象是能够承载数据类型的值的实体。所有对象都有三大重要特性：状态、标识和行为。对象的状态即数据类型中的值。对象的标识能够将一个对象区别于另一个对象。可以认为对象的标识就是它在内存中的位置。对象的行为就是数据类型的操作。数据类型的实现的唯一职责就是维护一个对象的身份，这样用例代码在使用数据类型时只需遵守描述对象行为的API即可，而无需关注对象状态的表示方法。对象的状态可以为用例代码提供信息，或是产生某种副作用，或是被数据类型的操作所改变。但数据类型的值的表示细节和用例代码是无关的。引用是访问对象的一种方式。Java使用术语引用类型以示和原始数据类型（变量和值相关联）的区别。不同的Java实现中引用的实现细节也各不相同，但可以认为引用就是内存地址，如图1.2.1所示（简洁起见，图中的内存地址为三位数）。

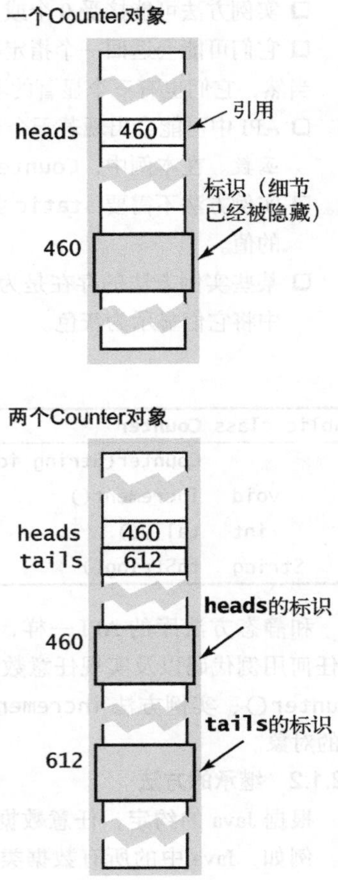

图1.2.1 对象的表示

1.2.1.5 创建对象

每种数据类型中的值都存储于一个对象中。要创建（或实例化）一个对象，我们用关键字 new 并紧跟类名以及 ()（或在括号中指定一系列的参数，如果构造函数需要的话）来触发它的构造函数。构造函数没有返回值，因为它总是返回它的数据类型的对象的引用。每当用例调用了 new()，系统都会：

- 为新的对象分配内存空间；
- 调用构造函数初始化对象中的值；
- 返回该对象的一个引用。

在用例代码中，我们一般都会在一条声明语句中创建一个对象并通过将它和一个变量关联来初始化该变量，和使用原始数据类型时一样。和原始数据类型不同的是，变量关联的是指向对象的
67 引用而并非数据类型的值本身。我们可以用同一个类创建无数对象——每个对象都有自己的标识，且所存储的值和另一个相同类型的对象可以相同也可以不同。例如，以下代码创建了两个不同的 Counter 对象：

```
Counter heads = new Counter("heads");
Counter tails = new Counter("tails");
```

抽象数据类型向用例隐藏了值的表示细节。可以假定每个 Counter 对象中的值是一个 String 类型的名称和一个 int 计数器，但不能编写依赖于任何特定表示方法的代码（即使知道假定是否正确——也许计数器是一个 long 值呢）。对象的创建过程如图1.2.2所示。

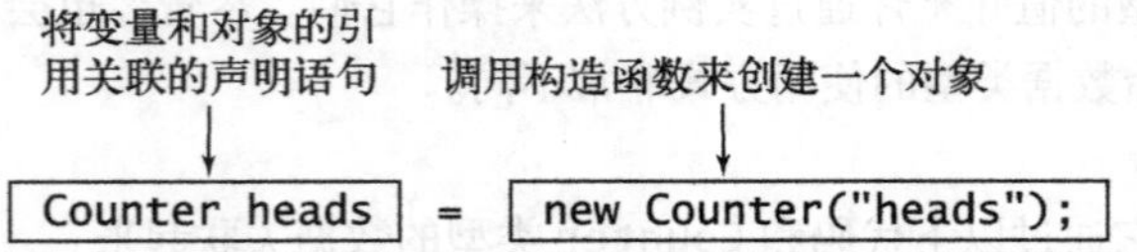

图1.2.2 创建对象

1.2.1.6 调用实例方法

实例方法的意义在于操作数据类型中的值，因此Java语言提供了一种特别的机制来

触发实例方法，它突出了实例方法和对象之间的联系。具体来说，我们调用一个实例方法的方式是先写出对象的变量名，紧接着是一个句点，然后是实例方法的名称，之后是0个或多个在括号中并由逗号分隔的参数。实例方法可能会改变数据类型中的值，也可能只是访问数据类型中的值。实例方法拥有我们在1.1.6.3节讨论过的静态方法的所有性质——参数按值传递，方法名可以被重载，方法可以有返回值，它们也许还会产生一些副作用。但它们还有一个特别的性质：*方法的每次触发都是和一个对象相关的*。例如，以下代码调用了实例方法 increment() 来操作 Counter 对象 heads（在这里该操作会将计数器的值加1）：

```
heads.increment();
```

而以下代码会调用实例方法 tally() 两次，第一次操作的是 Counter 对象 heads，第二次是 Counter 对象 tails（这里该操作会返回计数器的 int 值）：

```
heads.tally() - tails.tally();
```

以上示例的调用过程见图 1.2.3。

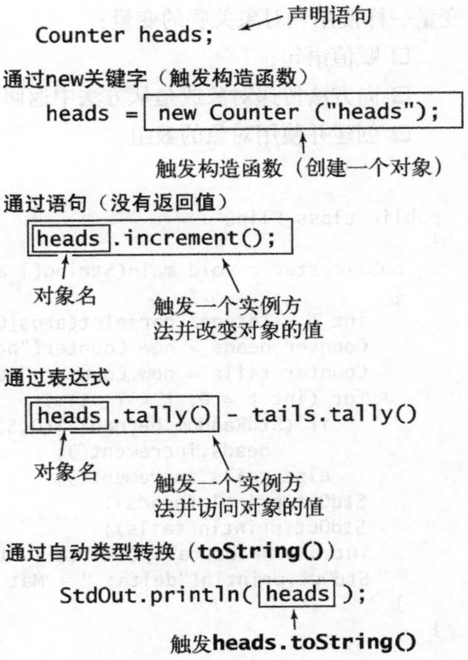
Counter heads;
声明语句
通过new关键字（触发构造函数）
heads = new Counter ("heads");
触发构造函数（创建一个对象）
通过语句（没有返回值）
heads.increment();
对象名
触发一个实例方法并改变对象的值
通过表达式
heads.tally() - tails.tally()
对象名
触发一个实例方法并访问对象的值
通过自动类型转换（toString()）
StdOut.println(heads);
触发heads.toString()

图 1.2.3 触发实例方法的各种方式

正如这些例子所示，在用例中实例方法和静态方法的调用方式完全相同——可以通过语句（void 方法）也可以通过表达式（有返回值的方法）。静态方法的主要作用是实现函数；非静态（实例）方法的主要作用是实现数据类型的操作。两者都可能出现在用例代码中，但很容易就可以区分它们，因为静态方法调用的开头是类名（按习惯为大写），而非静态方法调用的开头总是对象名（按习惯为小写）。表 1.2.2 总结了这些不同之处。 68

表 1.2.2 实例方法与静态方法

	实例方法	静态方法
举例	heads.increment()	Math.sqrt(2.0)
调用方式	对象名	类名
参量	对象的引用和方法的参数	方法的参数
主要作用	访问或改变对象的值	计算返回值

1.2.1.7 使用对象

通过声明语句可以将变量名赋给对象，在代码中，我们不仅可以用该变量创建对象和调用实例方法，也可以像使用整数、浮点数和其他原始数据类型的变量一样使用它。要开发某种给定数据类型的用例，我们需要：

- ❑ 声明该类型的变量，以用来引用对象；
- ❑ 使用关键字 new 触发能够创建该类型的对象的一个构造函数；
- ❑ 使用变量名在语句或表达式中调用实例方法。

例如，下面用例代码中的 Flips 类就使用了 Counter 类。它接受一个命令行参数 T 并模拟 T 次掷硬币（它还调用了 StdRandom 类）。除了这些直接用法外，我们可以和使用原始数据类型的变量一样使用和对象关联的变量：

- ❑ 赋值语句；
- ❑ 向方法传递对象或是从方法中返回对象；
- ❑ 创建并使用对象的数组。

```
public class Flips
{
   public static void main(String[] args)
   {
      int T = Integer.parseInt(args[0]);
      Counter heads = new Counter("heads");
      Counter tails = new Counter("tails");
      for (int t = 0; t < T; t++)
         if (StdRandom.bernoulli(0.5))
              heads.increment();
         else tails.increment();
      StdOut.println(heads);
      StdOut.println(tails);
      int d = heads.tally() - tails.tally();
      StdOut.println("delta: " + Math.abs(d));
   }
}
```

```
% java Flips 10
5 heads
5 tails
delta: 0

% java Flips 10
8 heads
2 tails
delta: 6

% java Flips 1000000
499710 heads
500290 tails
delta: 580
```

Counter 类的用例，模拟 T 次掷硬币

接下来将逐个分析它们。你会发现，你需要从引用而非值的角度去考虑问题才能理解这些用法的行为。

1.2.1.8 赋值语句

使用引用类型的赋值语句将会创建该引用的一个副本。赋值语句不会创建新的对象，而只是创建另一个指向某个已经存在的对象的引用。这种情况被称为别名：两个变量同时指向同一个对象。别名的效果可能会出乎你的意料，因为对于原始数据类型的变量，情况不同，你必须理解其中的差异。如果 x 和 y 是原始数据类型的变量，那么赋值语句 x = y 会将 y 的值复制到 x 中。对于引用类型，复制的是引用（而非实际的值）。在 Java 中，别名是 bug 的常见原因，如下例所示（图 1.2.4）：

```
Counter c1 = new Counter("ones");
c1.increment();
Counter c2 = c1;
c2.increment();
StdOut.println(c1);
```

对于一般的 toString() 实现，这段代码将会打印出 "2 ones"。这可能并不是我们想要的，而且乍一看有些奇怪。这种问题经常出现在使用对象经验不足的人所编写的程序之中（可能就是你，所以请集中注意力！）。改变一个对象的状态将会影响到所有和该对象的别名有关的代码。我们习惯于认为两个不同的

```
Counter c1;
c1 = new Counter("ones");
c1.increment();
Counter c2 = c1;
c2.increment();
```

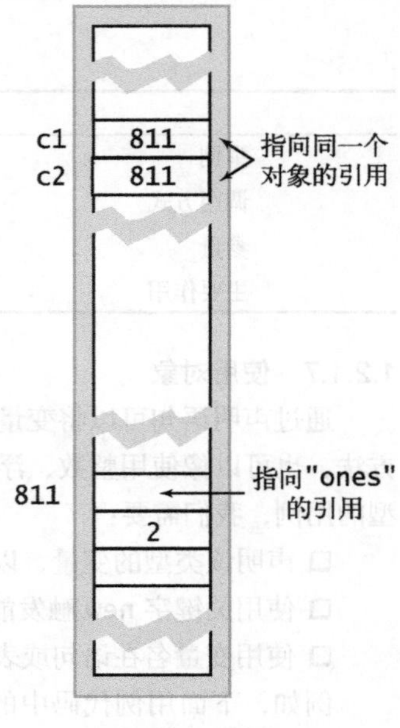

图 1.2.4 别名

原始数据类型的变量是相互独立的，但这种感觉对于引用类型的变量并不适用。 69~70

1.2.1.9 将对象作为参数

可以将对象作为参数传递给方法，这一般都能简化用例代码。例如，当我们使用Counter对象作为参数时，本质上我们传递的是一个名称和一个计数器，但我们只需要指定一个变量。当我们调用一个需要参数的方法时，该动作在Java中的效果相当于每个参数值都出现在了一个赋值语句的右侧，而参数名则在该赋值语句的左侧。也就是说，Java将参数值的一个副本从调用端传递给了方法，这种方式称为*按值传递*（请见1.1.6.3节）。这种方式的一个重要后果是方法无法改变调用端变量的值。对于原始数据类型来说，这种策略正是我们所期望的（两个变量互相独立），但每当使用引用类型作为参数时我们创建的都是别名，所以就必须小心。换句话说，这种约定将会传递引用的值（复制引用），也就是传递对象的引用。例如，如果我们传递了一个指向Counter类型的对象的引用，那么方法虽然无法改变原始的引用（比如将它指向另一个Counter对象），但它能够改变该对象的值，比如通过该引用调用increment()方法。

1.2.1.10 将对象作为返回值

当然也能够将对象作为方法的*返回值*。方法可以将它的参数对象返回，如下面的例子所示，也可以创建一个对象并返回它的引用。这种能力非常重要，因为Java中的方法只能有一个返回值——有了对象我们的代码实际上就能返回多个值。

```
public class FlipsMax
{
   public static Counter max(Counter x, Counter y)
   {
      if (x.tally() > y.tally()) return x;
      else                       return y;
   }

   public static void main(String[] args)
   {
      int T = Integer.parseInt(args[0]);
      Counter heads = new Counter("heads");
      Counter tails = new Counter("tails");
      for (int t = 0; t < T; t++)
         if (StdRandom.bernoulli(0.5))
            heads.increment();
         else tails.increment();

      if (heads.tally() == tails.tally())
         StdOut.println("Tie");
      else StdOut.println(max(heads, tails) + " wins");
   }
}
```

```
% java FlipsMax 1000000
500281 tails wins
```

一个接受对象作为参数并将对象作为返回值的静态方法的例子 71

1.2.1.11 数组也是对象

在Java中，所有非原始数据类型的值都是对象。也就是说，数组也是对象。和字符串一样，Java语言对于数组的某些操作有特殊的支持：声明、初始化和索引。和其他对象一样，当我们将数组传递给一个方法或是将一个数组变量放在赋值语句的右侧时，我们都是在创建该数组引用的一个副本，而非数组的副本。对于一般情况，这种效果正合适，因为我们期望方法能够重新安排数组的条目并修改数组的内容，如 java.util.Array.sort() 或表 1.1.10 讨论的 shuffle() 方法。

1.2.1.12 对象的数组

我们已经看到，数组元素可以是任意类型的数据：我们实现的 main() 方法的 args[] 参数就是一个 String 对象的数组。创建一个对象的数组需要以下两个步骤：

- ❑ 使用方括号语法调用数组的构造函数创建数组；
- ❑ 对于每个数组元素调用它的构造函数创建相应的对象。

例如，下面这段代码模拟的是掷骰子。它使用了一个 Counter 对象的数组来记录每种可能的值的出现次数。在 Java 中，对象数组即是一个由对象的引用组成的数组，而非所有对象本身组成的数组。如果对象非常大，那么在移动它们时由于只需要操作引用而非对象本身，这就会大大提高效率；如果对象很小，每次获取信息时都需要通过引用反而会降低效率。

```
public class Rolls
{
   public static void main(String[] args)
   {
      int T = Integer.parseInt(args[0]);
      int SIDES = 6;
      Counter[] rolls = new Counter[SIDES+1];
      for (int i = 1; i <= SIDES; i++)
         rolls[i] = new Counter(i + "'s");

      for (int t = 0; t < T; t++)
      {
         int result = StdRandom.uniform(1, SIDES+1);
         rolls[result].increment();
      }
      for (int i = 1; i <= SIDES; i++)
         StdOut.println(rolls[i]);
   }
}
```

```
% java Rolls 1000000
167308 1's
166540 2's
166087 3's
167051 4's
166422 5's
166592 6's
```

72 模拟 T 次掷骰子的 Counter 对象的用例

有了这些对象的知识，运用数据抽象的思想编写代码（定义和使用数据类型，将数据类型的值封装在对象中）的方式称为*面向对象编程*。刚才学习的基本概念是我们面向对象编程的起点，因此有必要对它们进行简单的总结。*数据类型*指的是一组值和一组对值的操作的集合。我们会将数据类型实现在独立的 Java 类模块中并编写它们的用例。*对象*是能够存储任意该数据类型的值的实体，或数据类型的*实例*。对象有三大关键性质：*状态*、*标识*和*行为*。一个数据类型的实现所支持的操作如下。

- ❑ *创建对象*（创造它的标识）：使用 new 关键字触发构造函数并创建对象，初始化对象中的值并返回对它的引用。
- ❑ *操作对象中的值*（控制对象的行为，可能会改变对象的状态）：使用和对象关联的变量调用实例方法来对对象中的值进行操作。
- ❑ *操作多个对象*：创建对象的数组，像原始数据类型的值一样将它们传递给方法或是从方法中返回，只是变量关联的是对象的引用而非对象本身。

73 这些能力是这种灵活且应用广泛的现代编程方式的基础，也是我们在本书中对算法研究的基础。

1.2.2 抽象数据类型举例

Java 语言内置了上千种抽象数据类型，我们也会为了辅助算法研究创建许多其他抽象数据类型。实际上，我们编写的每一个 Java 程序实现的都是某种数据类型（或是一个静态方法库）。为了控制复杂度，我们会明确地说明在本书中用到的所有抽象数据类型的 API（实际上并不多）。

在本节中，我们会举一些抽象数据类型的例子，以及它们的一些用例。在某些情况下，我们会节选一些含有数十个方法的 API 的一部分。我们将会用这些 API 展示一些实例以及在本书中会用到的一些方法，并用它们说明要使用一个抽象数据类型并不需要了解其实现细节。

作为参考，下页显示了我们在本书中将会用到或开发的所有数据类型。它们可以被分为以下几类。

- `java.lang.*` 中的标准系统抽象数据类型，可以被任意 Java 程序调用。
- Java 标准库中的抽象数据类型，如 java.swt、java.net 和 java.io，它们也可以被任意 Java 程序调用，但需要 `import` 语句。
- I/O 处理类抽象数据类型，和 StdIn 和 StdOut 类似，允许我们处理多个输入输出流。
- 面向数据类抽象数据类型，它们的主要作用是通过封装数据的表示简化数据的组织和处理。稍后在本节中我们将介绍在计算几何和信息处理中的几个实际应用的例子，并会在以后将它们作为抽象数据类型用例的范例 。
- 集合类抽象数据类型，它们的主要用途是简化对同一类型的一组数据的操作。我们将会在 1.3 节中介绍基本的 `Bag`、`Stack` 和 `Queue` 类，在第 2 章中介绍优先队列（PQ）及其相关的类，在第 3 章和第 5 章中分别介绍符号表（ST）和集合（SET）以及相关的类。
- 面向操作的抽象数据类型，我们用它们分析各种算法，如 1.4 节和 1.5 节所述。
- 图算法相关的抽象数据类型，它们包括一些用来封装各种图的表示的面向数据的抽象数据类型，和一些提供图的处理算法的面向操作的抽象数据类型。

这个列表中并没有包含我们将在练习中遇到的某些抽象数据类型，读者可以在本书的索引中找到它们。另外，如 1.2.4.1 节所述，我们常常通过描述性的前缀来区分各种抽象数据类型的多种实现。从整体上来说，我们使用的抽象数据类型说明组织并理解你所使用的数据结构是现代编程中的重要因素。

一般的应用程序可能只会使用这些抽象数据类型中的 5 ～ 10 个。在本书中，开发和组织抽象数据类型的主要目标是使程序员们在编写用例时能够轻易地利用它们的一小部分。 74

1.2.2.1 几何对象

面向对象编程的一个典型例子是为几何对象设计数据类型。例如，表 1.2.3 至表 1.2.5 中的 API 为三种常见的几何对象定义了相应的抽象数据类型：`Point2D`（平面上的点）、`Interval1D`（直线上的间隔）、`Interval2D`（平面上的二维间隔，即和数轴对齐的长方形）。和以前一样，这些 API 都是自文档化的，它们的用例十分容易理解，列在了表 1.2.5 的后面。这段代码从命令行读取一个 `Interval2D` 的边界和一个整数 T，在单位正方形内随机生成 T 个点并统计落在间隔之内的点数（用来估计该长方形的面积）。为了表现效果，用例还画出了间隔和落在间隔之外的所有点。这种计算方法是一个模型，它将计算几何图形的面积和体积的问题转化为了判定一个点是否落在该图形中（稍稍简单，但仍然不那么容易）。我们当然也能为其他几何对象定义 API，比如线段、三角形、多边形、圆等，不过实现它们的相关操作可能十分有挑战性。本节末尾的练习会考察其中几个例子。

java.lang 中的标准 Java 系统类型

`Integer`	`int` 的封装类
`Double`	`double` 的封装类
`String`	可由索引访问的 `char` 值序列
`StringBuilder`	字符串构造类

其他 Java 数据类型

`java.awt.Color`	颜色
`java.awt.Font`	字体
`java.net.URL`	URL
`java.io.File`	文件

我们的标准 I/O 类型

`In`	输入流
`Out`	输出流
`Draw`	绘图类

用于用例的面向数据的数据类型

`Point2D`	平面上的点
`Interval1D`	一维间隔
`Interval2D`	二维间隔
`Date`	日期
`Transaction`	交易

用于算法分析的数据类型

`Counter`	计数器
`Accumulator`	累加器
`VisualAccumulator`	可视累加器
`Stopwatch`	计时器

集合类数据类型

`Stack`	下压栈
`Queue`	先进先出（FIFO）队列
`Bag`	包
`MinPQ, MaxPQ`	优先队列
`IndexMinPQ IndexMaxPQ`	索引优先队列
`ST`	符号表
`SET`	集合
`StringST`	符号表（字符串键）

面向数据的图数据类型

`Graph`	无向图
`Digraph`	有向图
`Edge`	边（加权）
`EdgeWeightedGraph`	无向图（加权）
`DirectedEdge`	边（有向，加权）
`EdgeWeightedDigraph`	图（有向，加权）

面向操作的图数据类型

`UF`	动态连通性
`DepthFirstPaths`	路径的深度优先搜索
`CC`	连通分量
`BreadthFirstPaths`	路径的广度优先搜索
`DirectedDFS`	有向图路径的深度优先搜索
`DirectedBFS`	有向图路径的广度优先搜索
`TransitiveClosure`	所有路径
`Topological`	拓扑排序
`DepthFirstOrder`	深度优先搜索顶点被访问的顺序
`DirectedCycle`	环的搜索
`SCC`	强连通分量
`MST`	最小生成树
`SP`	最短路径

75

本书中使用的部分抽象数据类型

表 1.2.3 平面上的点的 API

public class **Point2D**		
	`Point2D(double x, double y)`	创建一个点
`double`	`x()`	x 坐标
`double`	`y()`	y 坐标
`double`	`r()`	极径（极坐标）
`double`	`theta()`	极角（极坐标）
`double`	`distTo(Point2D that)`	从该点到 `that` 的欧几里得距离
`void`	`draw()`	用 `StdDraw` 绘出该点

表 1.2.4 直线上间隔的 API

public class **Interval1D**		
	Interval1D(double lo, double hi)	创建一个间隔
double	length()	间隔长度
boolean	contains(double x)	x 是否在间隔中
boolean	intersect(Interval1D that)	该间隔是否和间隔 that 相交
void	draw()	用 StdDraw 绘出该间隔

表 1.2.5 平面上的二维间隔的 API

public class **Interval2D**		
	Interval2D(Interval1D x, Interval1D y)	创建一个二维间隔
double	area()	二维间隔的面积
boolean	contains(Point2D p)	p 是否在二维间隔中
boolean	intersect(Interval2D that)	该间隔是否和二维间隔 that 相交
void	draw()	用 StdDraw 绘出该二维间隔

```
public static void main(String[] args)
{
   double xlo = Double.parseDouble(args[0]);
   double xhi = Double.parseDouble(args[1]);
   double ylo = Double.parseDouble(args[2]);
   double yhi = Double.parseDouble(args[3]);
   int T = Integer.parseInt(args[4]);

   Interval1D xinterval = new Interval1D(xlo, xhi);
   Interval1D yinterval = new Interval1D(ylo, yhi);
   Interval2D box = new Interval2D(xinterval, yinterval);
   box.draw();

   Counter c = new Counter("hits");
   for (int t = 0; t < T; t++)
   {
      double x = Math.random();
      double y = Math.random();
      Point2D p = new Point2D(x, y);
      if (box.contains(p)) c.increment();
      else                 p.draw();
   }

   StdOut.println(c);
   StdOut.println(box.area());
}
```

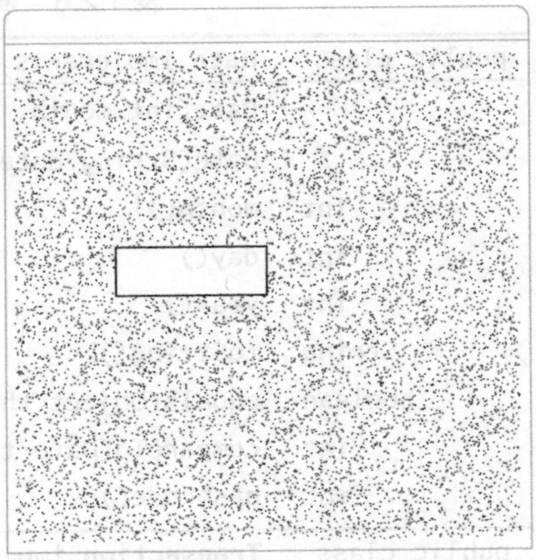

```
% java Interval2D .2 .5 .5 .6 10000
297 hits
.03
```

Interval2D 的测试用例

处理几何对象的程序在自然世界模型、科学计算、电子游戏、电影等许多应用的计算中有着广泛的应用。此类程序的研发已经发展成了计算几何学这门影响深远的研究学科。在贯穿全书的众多例子中你会看到，我们在本书中学习的许多算法在这个领域都有应用。在这里我们要说明的是直接表示几何对象的抽象数据类型的定义并不困难且在用例中的应用也十分简洁。本书网站和本节末尾的若干练习都证明了这一点。 76~77

1.2.2.2 信息处理

无论是需要处理数百万信用卡交易的银行，还是需要处理数十亿点击的网络分析公司，或是需要处理数百万实验观察结果的科学研究小组，无数应用的核心都是组织和处理信息。抽象数据类型是组织信息的一种自然方式。虽然没有给出细节，表 1.2.6 中的两份 API 也展示了商业应用程序中的一种典型做法。这里的主要思想是定义和真实世界中的物体相对应的对象。一个日期就是一个日、月和年的集合，一笔交易就是一个客户、日期和金额的集合。这只是两个例子，我们也可以为客户、时间、地点、商品、服务和其他任何东西定义对象以保存相关的信息。每种数据类型都包含能够创建对象的构造函数和用于访问其中数据的方法。为了简化用例的代码，我们为每个类型都提供了两个构造函数，一个接受适当类型的数据，另一个则能够解析字符串中的数据（细节请见练习 1.2.19）。和以前一样，用例并不需要知道数据的表示方法。用这种方式组织数据最常见的理由是将一个对象和它相关的数据变成一个整体：我们可以维护一个 `Transaction` 对象的数组，将 `Date` 值作为参数或是某个方法的返回值等。这些数据类型的重点在于封装数据，同时它们也可以确保用例的代码不依赖于数据的表示方法。我们不会深究这种组织信息的方式，需要注意的只是这种做法，以及实现继承的方法 `toString()`、`compareTo()`、`equals()` 和 `hashCode()` 可以使我们的算法处理任意类型的数据。我们会在 1.2.5.4 节中详细讨论继承的方法。例如，我们已经注意到，根据 Java 的习惯，在数据结构中包含一个 `toString()` 的实现可以帮助用例打印出由对象中的值组成的一个字符串。我们会在 1.3 节、2.5 节、3.4 节和 3.5 节中用 `Date` 类和 `Transaction` 类作为例子考察其他继承的方法所对应的习惯用法。1.3 节给出了有关数据类型和 Java 语言的类型参数（泛型）机制的几个经典例子，它们都遵循了这些习惯用法。第 2 章和第 3 章也都利用了泛型和继承的方法来实现可以处理任意数据类型的高效排序和查找算法。

表 1.2.6 商业应用程序中的示例 API（日期和交易）

public class	**Date** implements Comparable<Date>	
	Date(int month, int day, int year)	创建一个日期
	Date(String date)	创建一个日期（解析字符串的构造函数）
int	month()	月
int	day()	日
int	year()	年
String	toString()	对象的字符串表示
boolean	equals(Object that)	该日期和 that 是否相同
int	compareTo(Date that)	将该日期和 that 比较
int	hashCode()	散列值
public class	**Transaction** implements Comparable<Transaction>	
	Transaction(String who, Date when, double amount)	
	Transaction(String transaction)	创建一笔交易（解析字符串的构造函数）
String	who()	客户名
Date	when()	交易日期
double	amount()	交易金额
String	toString()	对象的字符串表示
boolean	equals(Object that)	该笔交易和 that 是否相同
int	compareTo(Transaction that)	将该笔交易和 that 比较
int	hashCode()	散列值

76
77

每当遇到逻辑上相关的不同类型的数据时，你都应该考虑像刚才的例子那样定义一个抽象数据类型。这么做能够帮助我们组织数据并在一般应用程序中极大地简化使用者的代码。它是我们在通向数据抽象之路上迈出的重要一步。 78~79

1.2.2.3 字符串

Java 的 String 是一种重要而实用的抽象数据类型。一个 String 值是一串可以由索引访问的 char 值。String 对象拥有许多实例方法，如表 1.2.7 所示。

表 1.2.7 Java 的字符串 API（部分）

Public class **String**		
	String()	创建一个空字符串
int	length()	字符串长度
int	charAt(int i)	第 i 个字符
int	indexOf(String p)	p 第一次出现的位置（如果没有则返回 -1）
int	indexOf(String p, int i)	p 在 i 个字符后第一次出现的位置（如果没有则返回 -1）
String	concat(String t)	将 t 附在该字符串末尾
String	substring(int i, int j)	该字符串的子字符串（第 i 个字符到第 j-1 个字符）
String[]	split(String delim)	使用 delim 分隔符切分字符串
int	compareTo(String t)	比较字符串
boolean	equals(String t)	该字符串的值和 t 的值是否相同
int	hashCode()	散列值

String 值和字符数组类似，但两者是不同的。数组能够通过 Java 语言的内置语法访问每个字符，String 则为索引访问、字符串长度以及其他许多操作准备了实例方法。另一方面，Java 语言为 String 的初始化和连接提供了特别的支持：我们可以直接使用字符串字面量而非构造函数来创建并初始化一个字符串，还可以直接使用 + 运算符代替 concat() 方法。我们不需要了解实现的细节，但是在第 5 章中你会看到，了解某些方法的性能特点在开发字符串处理算法时是非常重要的。为什么不直接使用字符数组代替 String 值？对于任何抽象数据类型，这个问题的答案都是一样的：*为了使代码更加简洁清晰*。有了 String 类型，我们可以写出清晰干净的用例代码而无需关心字符串的表示方式。先看一下右侧这段短小的列表，其中甚至含有一些需要我们在第 5 章才会学到的高级算法才能实现的强大操作。例如，split() 方法的参数可以是*正则表达式*（请见 5.4 节），“典型的字符串处理代码”（显示在下页）中 split() 的参数是 "\\s+"，它表示“一个或多个制表符、空格、换行符或回车”。

```
String a = "now is ";
String b = "the time ";
String c = "to"
```

方法	返回值
a.length()	7
a.charAt(4)	i
a.concat(c)	"now is to"
a.indexOf("is")	4
a.substring(2, 5)	"w i"
a.split(" ")[0]	"now"
a.split(" ")[1]	"is"
b.equals(c)	false

字符串操作举例

80

任务	实现

判断字符串是否是一条回文

```
public static boolean isPalindrome(String s)
{
    int N = s.length();
    for (int i = 0; i < N/2; i++)
        if (s.charAt(i) != s.charAt(N-1-i))
            return false;
    return true;
}
```

从一个命令行参数中提取文件名和扩展名

```
String s = args[0];
int dot = s.indexOf(".");
String base = s.substring(0, dot);
String extension = s.substring(dot + 1, s.length());
```

打印出标准输入中所有含有通过命令行指定的字符串的行

```
String query = args[0];
while (!StdIn.isEmpty())
{
    String s = StdIn.readLine();
    if (s.contains(query)) StdOut.println(s);
}
```

以空白字符为分隔符从 StdIn 中创建一个字符串数组

```
String input = StdIn.readAll();
String[] words = input.split("\\s+");
```

检查一个字符串数组中的元素是否已按照字母表顺序排列

```
public boolean isSorted(String[] a)
{
    for (int i = 1; i < a.length; i++)
    {
        if (a[i-1].compareTo(a[i]) > 0)
            return false;
    }
    return true;
}
```

81 **典型的字符串处理代码**

1.2.2.4 再谈输入输出

1.1 节中的 StdIn、StdOut 和 StdDraw 标准库的一个缺点是对于任意程序，我们只能接受一个输入文件、向一个文件输出或是产生一幅图像。有了面向对象编程，我们就能定义类似的机制来在一个程序中同时处理多个输入流、输出流和图像。具体来说，我们的标准库定义了数据类型 In、Out 和 Draw，它们的 API 如表 1.2.8 至表 1.2.10 所示。当使用一个 String 类型的参数调用它们的构造函数时，In 和 Out 会首先尝试在当前目录下查找指定的文件。如果找不到，它会假设该参数是一个网站的名称并尝试连接到那个网站（如果该网站不存在，它会抛出一个运行时异常）。无论哪种情况，指定的文件或网站都会成为被创建的输入或输出流对象的来源或目标，所有 read*() 和 print*() 方法都会指向那个文件或网站（如果你使用的是无参数的构造函数，对象将会使用标准的输入输出流）。这种机制使得单个程序能够处理多个文件和图像；你也能将这些对象赋给变量，将它们当做方法的参数、作为方法的返回值或是创建它们的数组，可以像操作任何类型的对象那样操作它们。下页所示的程序 Cat 就是一个 In 和 Out 的用例，它使用了多个输入流来将多个输入文件归并到同一个输出文件中。In 和 Out 类也包括将仅含 int、double 或 String 类型值的文件读取为一个数组的静态方法（请见 1.3.1.5 节和练习 1.2.15）。

```
public class Cat
{
   public static void main(String[] args)
   {  // 将所有输入文件复制到输出流（最后一个参数）中
      Out out = new Out(args[args.length-1]);
      for (int i = 0; i < args.length - 1; i++)
      {  // 将第i个输入文件复制到输出流中
         In in = new In(args[i]);
         String s = in.readAll();
         out.println(s);
         in.close();
      }
      out.close();
   }
}
```

```
% more in1.txt
This is

% more in2.txt
a tiny
test.

% java Cat in1.txt in2.txt out.txt

% more out.txt
This is
a tiny
test.
```

82

In和Out的用例示例

表 1.2.8 我们的输入流数据类型的 API

public class **In**		
	In()	从标准输入创建输入流
	In(String name)	从文件或网站创建输入流
boolean	isEmpty()	如果输入流为空则返回 true，否则返回 false
int	readInt()	读取一个 int 类型的值
double	readDouble()	读取一个 double 类型的值
	...	
void	close()	关闭输入流

注：In 对象也支持 StdIn 所支持的所有操作。

表 1.2.9 我们的输出流数据类型的 API

public class **Out**		
	Out()	从标准输出创建输出流
	Out(String name)	从文件创建输出流
void	print(String s)	将 s 添加到输出流中
void	println(String s)	将 s 和一个换行符添加到输出流中
void	println()	将一个换行符添加到输出流中
void	printf(String f, ...)	格式化并打印到输出流中
void	close()	关闭输出流

注：Out 对象也支持 StdOut 所支持的所有操作。

表 1.2.10 我们的绘图数据类型的 API

public class **Draw**	
	Draw()
void	line(double x0, double y0, double x1, double y1)
void	point(double x, double y)
	...

83

注：Draw 对象也支持 StdDraw 所支持的所有操作。

1.2.3 抽象数据类型的实现

和静态方法库一样，我们也需要使用 Java 的类（class）实现抽象数据类型并将所有代码放入一个和类名相同并带有 .java 扩展名的文件中。文件的第一部分语句会定义表示数据类型的值的实例变量。它们之后是实现对数据类型的值的操作的构造函数和实例方法。实例方法可以是公共的（在 API 中说明）或是私有的（用于辅助计算，用例无法使用）。一个数据类型的定义中可能含有多个构造函数，而且也可能含有静态方法，特别是单元测试用例 main()，它通常在调试和测试中很实用。作为第一个例子，我们来学习 1.2.1.1 节定义的 Counter 抽象数据类型的实现。它的完整实现（带有注释）如图 1.2.5 所示，在对它的各个部分的讨论中，我们还将该图作为参考。本书后面开发的每个抽象数据类型的实现都会含有和这个简单例子相同的元素。

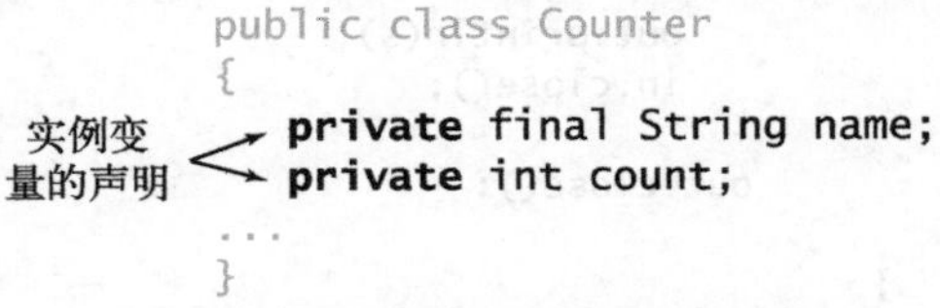
public class Counter
{
实例变量的声明
private final String name;
private int count;
...
}

抽象数据类型中的实例变量是私有的

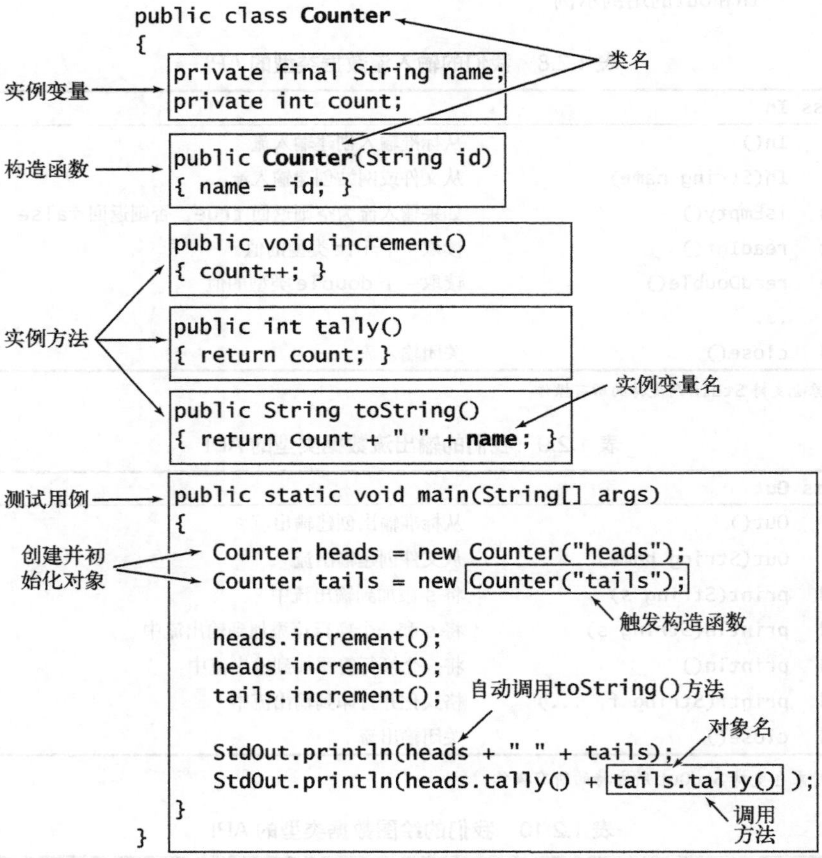
public class Counter
{
private final String name;
private int count;
public Counter(String id)
{ name = id; }
public void increment()
{ count++; }
public int tally()
{ return count; }
public String toString()
{ return count + " " + name; }
public static void main(String[] args)
{
Counter heads = new Counter("heads");
Counter tails = new Counter("tails");
heads.increment();
heads.increment();
tails.increment();
StdOut.println(heads + " " + tails);
StdOut.println(heads.tally() + tails.tally());
}
}
类名
实例变量
构造函数
实例方法
实例变量名
测试用例
创建并初始化对象
触发构造函数
自动调用toString()方法
对象名
调用方法

图 1.2.5 详解数据类型的定义类

1.2.3.1 实例变量

要定义数据类型的值（即每个对象的状态），我们需要声明实例变量，声明的方式和局部变量差不多。实例变量和你所熟悉的静态方法或是某个代码段中的局部变量最关键的区别在于：每一时刻每个局部变量只会有一个值，但每个实例变量则对应着无数值（数据类型的每个实例对象都会有一个）。

这并不会产生二义性，因为我们在访问实例变量时都需要通过一个对象——我们访问的是这个对象的值。同样，每个实例变量的声明都需要一个可见性修饰符。在抽象数据类型的实现中，我们会使用 private，也就是使用 Java 语言的机制来保证向使用者隐藏抽象数据类型中的数据表示，如下面的示例所示。如果该值在初始化之后不应该再被改变，我们也会使用 final。Counter 类型含有两个实例变量，一个 String 类型的值 name 和一个 int 类型的值 count。如果我们使用 public 修饰这些实例变量（在 Java 中是允许的），那么根据定义，这种数据类型就不再是抽象的了，因此我们不会这么做。

1.2.3.2 构造函数

每个 Java 类都至少含有一个*构造函数*以创建一个对象的*标识*。构造函数类似于一个静态方法，但它能够直接访问实例变量且没有返回值。一般来说，构造函数的作用是初始化实例变量。每个构造函 84~85
数都将创建一个对象并向调用者返回一个该对象的引用。构造函数的名称总是和类名相同。我们可以和重载方法一样重载这个名称并定义签名不同的多个构造函数。如果没有定义构造函数，类将会隐式定义一个默认情况下不接受任何参数的构造函数并将所有实例变量初始化为默认值。原始数字类型的实例变量默认值为 0，布尔类型变量为 false，引用类型变量为 null。我们可以在声明语句中初始化这些实例变量并改变这些默认值。当用例使用关键字 new 时，Java 会自动触发一个构造函数。重载构造函数一般用于将实例变量由默认值初始化为用例提供的值。例如，Counter 类型有个接受一个参数的构造函数，它将实例变量 name 初始化为由参数给定的值（实例变量 count 仍将被初始化为默认值 0）。构造函数解析如图 1.2.6 所示。

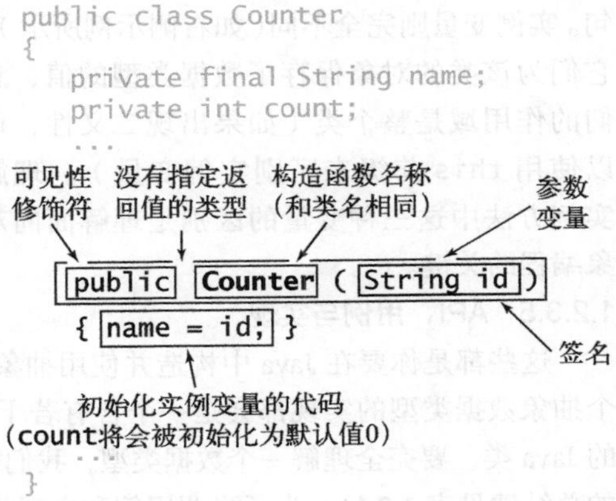

图 1.2.6 详解构造函数

1.2.3.3 实例方法

实现数据类型的实例方法（即每个对象的行为）的代码和 1.1 节中实现静态方法（函数）的代码完全相同。每个实例方法都有一个返回值类型、一个签名（它指定了方法名、所有参数变量的类型和名称）和一个*主体*（它由一系列语句组成，包括一个*返回语句*来将一个返回类型的值传递给调用者）。当调用者触发了一个方法时，方法的参数（如果有）均会被初始化为调用者所提供的值，方法的语句会被执行，直到得到一个返回值并且将该值返回给调用者。它的效果就好像调用者代码中的函数调用被替换为了这个返回值。实例方法的所有这些行为都和静态方法相同，只有一点关键的不同：*它们可以访问并操作实例变量*。如何指定我们希望使用的对象的实例变量？只要稍加思考，就能够得到合理的答案：在一个实例方法中对变量的引用指的是*调用该方法的对象中的值*。当我们调用 heads.increment() 时，increment() 方法中的代码访问的是 heads 中的实例变量。换句话说，面向对象编 86
程为 Java 程序增加了另一种使用变量的重要方式。

- 通过触发一个实例方法来操作该对象的值。

这与调用静态方法仅仅是语法上的区别（请见答疑），但在许多情况下它颠覆了现代程序员对程序开发的思维方式。你会看到，这种方式与算法和数据结构的研究非常契合。实例方法解析如图 1.2.7 所示。

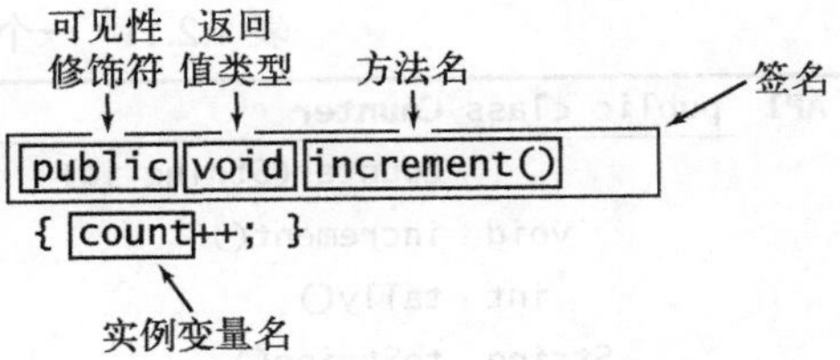

图 1.2.7 详解实例方法

1.2.3.4 作用域

总的来说，我们在实现实例方法的 Java 代码中使用了三种变量：

- ❑ 参数变量；
- ❑ 局部变量；
- ❑ 实例变量。

前两者的用法和静态方法中一样：方法的签名定义了参数变量，在方法被调用时参数变量会被初始化为调用者提供的值；局部变量的声明和初始化都在方法的主体中。参数变量的作用域是整个方法；局部变量的作用域是当前代码段中它的定义之后的所有语句。实例变量则完全不同（如右侧示例所示）：它们为该类的对象保存了数据类型的值，它们的作用域是整个类（如果出现二义性，可以使用 this 前缀来区别实例变量）。理解实例方法中这三种变量的区别是理解面向对
87 象编程的关键。

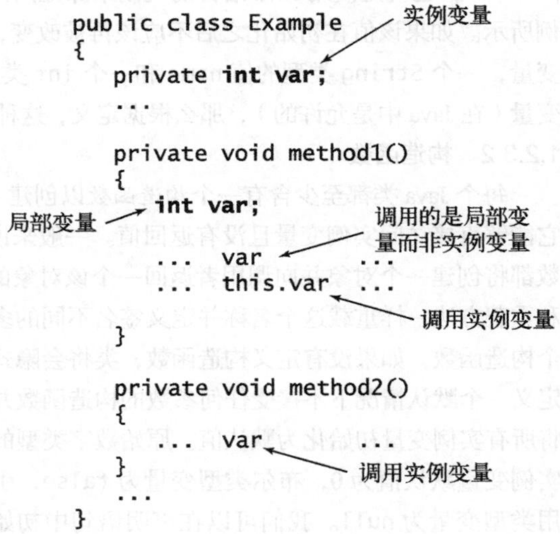

实例方法中的实例变量和局部变量的作用范围

1.2.3.5 API、用例与实现

这些都是你要在 Java 中构造并使用抽象数据类型所需要理解的基本组件。我们将要学习的每个抽象数据类型的实现都会是一个含有若干私有实例变量、构造函数、实例方法和一个测试用例的 Java 类。要完全理解一个数据类型，我们需要它的 API、典型的用例和它的实现。Counter 类型的总结请见表 1.2.11。为了强调用例和实现的分离，我们一般会将用例独立成为含有一个静态方法 main() 的类，并将数据类型定义中的 main() 方法预留为一个用于开发和最小单元测试的测试用例（至少调用每个实例方法一次）。我们开发的每种数据类型都会遵循相同的步骤。我们思考的不是应该采取什么行动来达成某个计算性的目的（如同我们第一次学习编程时那样），而是用例的需求。我们会按照下面三步走的方式用抽象数据类型满足它们。

- ❑ 定义一份 API：API 的作用是将*使用和实现分离*，以实现模块化编程。我们制定一份 API 的目标有二：第一，我们希望用例的代码清晰而正确，事实上，在最终确定 API 之前就编写一些用例代码来确保所设计的数据类型操作正是用例所需要的是很好的主意；第二，我们希望能够实现这些操作，定义一些无法实现的操作是没有意义的。
- ❑ 用一个 Java 类实现 API 的定义：首先我们选择适当的实例变量，然后再编写构造函数和实例方法。
- ❑ 实现多个测试用例来验证前两步做出的设计决定。

表 1.2.11 一个简单计数器的抽象数据类型

API	public class **Counter**		
		Counter(String id)	创建一个名为 id 的计数器
	void	increment()	将计数器的值加 1
	int	tally()	计数器的值
	String	toString()	对象的字符串表示

（续）

典型的用例

```
public class Flips
{
   public static void main(String[] args)
   {
      int T = Integer.parseInt(args[0]);
      Counter heads = new Counter("heads");
      Counter tails = new Counter("tails");
      for (int t = 0; t < T; t++)
         if (StdRandom.bernoulli(0.5))
              heads.increment();
         else tails.increment();
      StdOut.println(heads);
      StdOut.println(tails);
      int d = heads.tally() - tails.tally();
      StdOut.println("delta: " + Math.abs(d));
   }
}
```

数据类型的实现

```
public class Counter
{
   private final String name;
   private int count;
   public Counter(String id)
   { name = id; }
   public void increment()
   { count++; }
   public int tally()
   { return count; }
   public String toString()
   { return count + " " + name; }
}
```

使用方法

```
% java Flips 1000000
500172 heads
499828 tails
delta: 344
```

用例一般需要什么操作？数据类型的值应该是什么才能最好地支持这些操作？这些基本的判断是我们开发的每种实现的核心内容。 88~89

1.2.4 更多抽象数据类型的实现

和任何编程概念一样，理解抽象数据类型的威力和用法的最好办法就是仔细研究更多的例子和实现。本书中大量代码是通过抽象数据类型实现的，因此你的机会很多，但是一些更简单的例子能够帮助我们为研究抽象数据类型打好基础。

1.2.4.1 日期

表 1.2.12 是我们在表 1.2.6 中定义的 Date 抽象数据类型的两种实现。简单起见，我们省略了解析字符串的构造函数（请见练习 1.2.19）和继承的方法 equals()（请见 1.2.5.8 节）、compareTo()（请见 2.1.1.4 节）和 hashCode()（请见练习 3.4.22）。表 1.2.12 中左侧的简单实现将日、月和年设为实例变量，这样实例方法就可以直接返回适当的值；右侧的实现更加节省空间，仅使用了一个 int 变量来表示一个日期。它将 d 日、m 月和 y 年的一个日期表示为一个混合进制的整数 512y+32m+d。用例分辨这两种实现的区别的一种方法可能是打破我们对日期的隐式假设：第

二种实现的正确性基于日的值在 0 到 31 之间，月的值在 0 到 15 之间，年的值为正（在实际应用中，两种实现都应该检查月份的值是否在 1 到 12 之间，日的值是否在 1 到 31 之间，以及例如 2009 年 6 月 31 日和 2 月 29 日这样的非法日期，尽管这么做要费些工夫）。这个例子的主要意思是说明我们在 API 中极少完整地指定对实现的要求（一般来说我们都会尽力而为，这里还可以做得更好）。用例要分辨出这两种实现的区别的另一种方法是性能：右侧的实现中保存数据类型的值所需的空间较少，代价是在向用例按照约定的格式提供这些值时花费的时间更多（需要进行一两次算术运算）。这种交换是很常见的：某些用例可能偏爱其中一种实现，而另一些用例可能更喜欢另一种，因此我们两者都要满足。事实上，本书中反复出现的一个主题就是我们需要理解各种实现对空间和时间的需求以及它们对各种用例的适用性。在实现中使用数据抽象的一个关键优势是我们可以将一种实现替换为另一种而无需改变用例的任何代码。

表 1.2.12 一种封装日期的抽象数据类型以及它的两种实现

API	public class **Date**	
	Date(int month, int day, int year)	创建一个日期
int	day()	日
int	month()	月
int	year()	年
String	toString()	对象的字符串表示

测试用例

```
public static void main(String[] args)
{
   int m = Integer.parseInt(args[0]);
   int d = Integer.parseInt(args[1]);
   int y = Integer.parseInt(args[2]);
   Date date = new Date(m, d, y);
   StdOut.println(date);
}
```

使用方法

```
% java Date 12 31 1999
12/31/1999
```

数据类型的实现

```
public class Date
{
   private final int month;
   private final int day;
   private final int year;
   public Date(int m, int d, int y)
   {  month = m; day = d; year = y; }
   public int month()
   {  return month;  }
   public int day()
   {  return day;  }
   public int year()
   {  return year;  }
   public String toString()
   {  return month() + "/" + day()
                     + "/" + year();  }
}
```

数据类型的另一种实现

```
public class Date
{
   private final int value;
   public Date(int m, int d, int y)
   { value = y*512 + m*32 + d; }
   public int month()
   { return (value / 32) % 16; }
   public int day()
   { return value % 32; }
   public int year()
   { return value / 512; }

   public String toString()
   {  return month() + "/" + day()
                     + "/" + year();  }
}
```

1.2.4.2 维护多个实现

同一份 API 的多个实现可能会产生维护和命名问题。在某些情况下，我们可能只是想将较老的实现替换为改进的实现。而在另一些情况下，我们可能需要维护两种实现，一种适用于某些用例，另一种适用于另一些用例。实际上，本书的一个主要目标就是深入讨论若干种基本抽象数据结构的实现并衡量它们的性能的不同。在本书中，我们经常会比较同一份 API 的两种不同实现在同一个用例中的性能表现。为此，我们通常采用一种非正式的命名约定。 90~91

- 通过前缀的描述性修饰符区别同一份 API 的不同实现。例如，我们可以将表 1.2.12 中的 Date 实现命名为 BasicDate 和 SmallDate，我们可能还希望实现一种能够验证日期是否合法的 SmartDate。
- 维护一个没有前缀的参考实现，它应该适合于大多数用例的需求。在这里，大多数用例应该直接会使用 Date。

在一个庞大的系统中，这种解决方案并不理想，因为它可能会需要修改用例的代码。例如，如果需要开发一个新的实现 ExtraSmallDate，那么我们只能修改用例的代码或是让它成为所有用例的参考实现。Java 有许多高级语言特性来保证在无需修改用例代码的情况下维护多个实现，但我们很少会使用它们，因为即使 Java 专家使用起它们来也十分困难（有时甚至是有争议的），尤其是同我们极为需要的其他高级语言特性（泛型和迭代器）一起使用时。这些问题很重要（例如，忽略它们会导致千禧年著名的 Y2K 问题，因为许多程序使用的都是它们自己对日期的抽象实现，且并没有考虑到年份的头两位数字），但是深究它们会使我们大大偏离对算法的研究。

1.2.4.3 累加器

表 1.2.13 中的*累加器* API 定义了一种能够为用例计算一组数据的实时平均值的抽象数据类型。例如，本书中经常会使用该数据类型来处理实验结果（请见 1.4 节）。它的实现很简单：它维护一个 int 类型的实例变量来记录已经处理过的数据值的数量，以及一个 double 类型的实例变量来记录所有数据值之和，将和除以数据数量即可得到平均值。请注意该实现并没有保存数据的值——它可以用于处理大规模的数据（甚至是在一个无法全部保存它们的设备上），而一个大型系统也可以大量使用

表 1.2.13　一种能够累加数据的抽象数据类型

API	public class **Accumulator**		
		Accumulator()	创建一个累加器
	void	addDataValue(double val)	添加一个新的数据值
	double	mean()	所有数据值的平均值
	String	toString()	对象的字符串表示

典型的用例

```
public class TestAccumulator
{
   public static void main(String[] args)
   {
      int T = Integer.parseInt(args[0]);
      Accumulator a = new Accumulator();
      for (int t = 0; t < T; t++)
         a.addDataValue(StdRandom.random());
      StdOut.println(a);
   }
}
```

使用方法

```
% java TestAccumulator 1000
Mean (1000 values): 0.51829

% java TestAccumulator 1000000
Mean (1000000 values): 0.49948

% java TestAccumulator 1000000
Mean (1000000 values): 0.50014
```

（续）

数据类型的实现

```
public class Accumulator
{
   private double total;
   private int N;
   public void addDataValue(double val)
   {
      N++;
      total += val;
   }
   public double mean()
   {  return total/N;  }
   public String toString()
   {  return "Mean (" + N + " values): "
                + String.format("%7.5f", mean()); }
}
```

92 ~ 93 累加器。这种性能特点很容易被忽视，所以也许应该在 API 中注明，因为一种存储所有数据值的实现可能会使调用它的应用程序用光所有内存。

1.2.4.4 可视化的累加器

表 1.2.14 所示的可视化累加器的实现继承了 Accumulator 类并展示了一种实用的副作用：它用 StdDraw 画出了所有数据（灰色）和实时的平均值（红色），见图 1.2.8。完成这项任务最简单的办法是添加一个构造函数来指定需要绘出的点数和它们的最大值（用于调整图像的比例）。严格说来，VisualAccumulator 并不是 Accumulator 的 API 的实现（它的构造函数的签名不同且产生

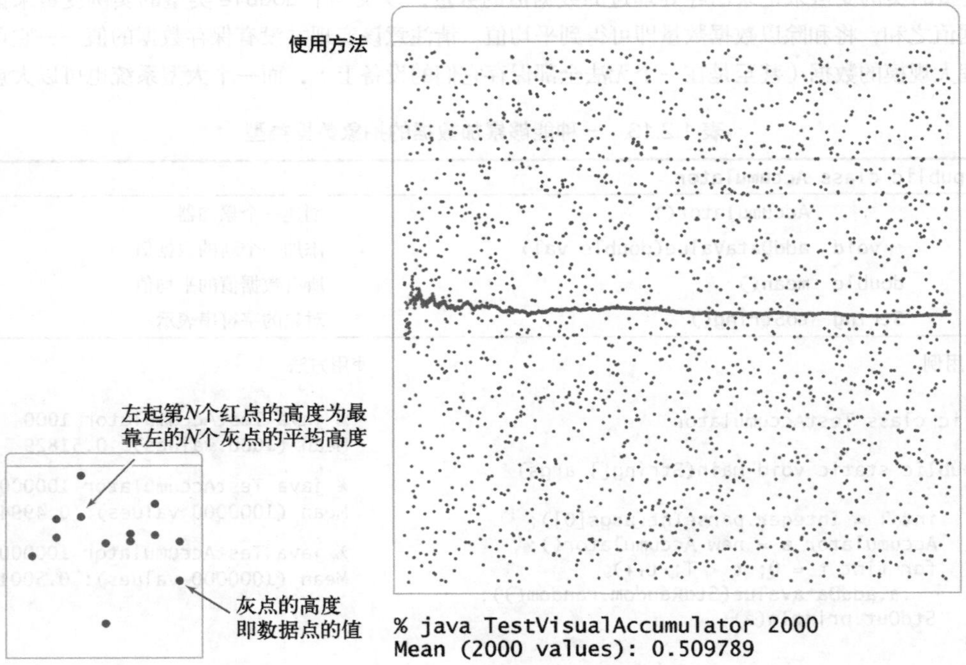
使用方法
左起第N个红点的高度为最靠左的N个灰点的平均高度
灰点的高度即数据点的值
% java TestVisualAccumulator 2000
Mean (2000 values): 0.509789

94 图 1.2.8 可视化累加器图像（另见彩插）

了一种不同的副作用）。一般来说，我们会仔细而完整地设计 API，并且一旦定型就不愿再对它做任何改动，因为这有可能会涉及修改无数用例（和实现）的代码。但添加一个构造函数来取得某些功能有时能够获得通过，因为它对用例的影响和改变类名所产生的变化相同。在本例中，如果已经开发了一个使用 Accumulator 的用例并大量调用了 addDataValue() 和 mean()，只需改变用例的一行代码就能享受到 VisualAccumulator 的优势。

表 1.2.14　一种能够累加数据的抽象数据类型（可视版本，另见彩插）

API	public class **VisualAccumulator**		
		VisualAccumulator(int trials, double max)	
	void	addDataValue(double val)	添加一个新的数据值
	double	mean()	所有数据的平均值
	String	toString()	对象的字符串表示

典型的用例

```
public class TestVisualAccumulator
{
   public static void main(String[] args)
   {
      int T = Integer.parseInt(args[0]);
      VisualAccumulator a = new VisualAccumulator(T, 1.0);
      for (int t = 0; t < T; t++)
         a.addDataValue(StdRandom.random());
      StdOut.println(a);
   }
}
```

数据类型的实现

```
public class VisualAccumulator
{
   private double total;
   private int N;
   public VisualAccumulator(int trials, double max)
   {
      StdDraw.setXscale(0, trials);
      StdDraw.setYscale(0, max);
      StdDraw.setPenRadius(.005);
   }
   public void addDataValue(double val)
   {
      N++;
      total += val;
      StdDraw.setPenColor(StdDraw.DARK_GRAY);
      StdDraw.point(N, val);
      StdDraw.setPenColor(StdDraw.RED);
      StdDraw.point(N, total/N);
   }
   public double mean()
   public String toString()
   // 和 Accumulator 相同
}
```

95

1.2.5 数据类型的设计

抽象数据类型是一种向用例隐藏内部表示的数据类型。这种思想强有力地影响了现代编程。我们遇到过的众多例子为我们研究抽象数据类型的高级特性和它们的Java实现打下了基础。简单看来，下面的许多话题和算法的学习关系不大，因此你可以跳过本节，在今后实现抽象数据类型中遇到特定问题时再回过头来参考它。我们的目的是将关于设计数据类型的重要知识集中起来以供参考，并为本书中的所有抽象数据类型的实现做铺垫。

1.2.5.1 封装

面向对象编程的特征之一就是使用数据类型的实现封装数据，以简化实现和隔离用例开发。封装实现了模块化编程，它允许我们：

- 独立开发用例和实现的代码；
- 切换至改进的实现而不会影响用例的代码；
- 支持尚未编写的程序（对于后续用例，API能够起到指南的作用）。

封装同时也隔离了数据类型的操作，这使我们可以：

- 限制潜在的错误；
- 在实现中添加一致性检查等调试工具；
- 确保用例代码更明晰。

一个封装的数据类型可以被任意用例使用，因此它扩展了Java语言。我们所提倡的编程风格是将大型程序分解为能够独立开发和调试的小型模块。这种方式将修改代码的影响限制在局部区域，改进了我们的软件质量。它也促进了代码复用，因为我们可以用某种数据类型的新实现代替老的实现来改进它的性能、准确度或是内存消耗。同样的思想也适用于许多其他领域。我们在使用系统库时常常从封装中受益。Java系统的新实现往往更新了多种数据类型或静态方法库的实现，但它们的API并没有变化。在算法和数据结构的学习中，我们总是希望开发出更好的算法，因为只需用抽象数据类型的改进实现替换老的实现即可在不改变任何用例代码的情况下改进所有用例的性能。模块化编程成功的关键在于保持模块之间的独立性。我们坚持将API作为用例和实现之间唯一的依赖点来做到这一点。并不需要知道一个数据类型是如何实现的才能使用它，实现数据类型时也应该假设
96 使用者除了API什么也不知道。封装是获得所有这些优势的关键。

1.2.5.2 设计API

构建现代软件最重要也最有挑战的一项任务就是设计API。它需要经验、思考和反复的修改，但设计一份优秀的API所付出的所有时间都能从调试和代码复用所节省的时间中获得回报。为一个小程序给出一份API似乎有些多余，但你应该按照能够复用的方式编写每个程序。理想情况下，一份API应该能够清楚地说明所有可能的输入和副作用，然后我们应该先写出检查实现是否与API相符的程序。但不幸的是，计算机科学理论中一个叫做说明书问题（specification problem）的基础结论说明这个目标是不可能实现的。简单地说，这样一份说明书应该用一种类似于编程语言的形式语言编写。而从数学上可以证明，判定这样两个程序进行的计算是否相同是不可能的。因此，我们的API将是与抽象数据类型相关联的值以及一系列构造函数和实例方法的目的和副作用的自然语言描述。为了验证我们的设计，我们会在API附近的正文中给出一些用例代码。但是，这些宏观概述之中也隐藏着每一份API设计都可能落入的无数陷阱。

- API可能会难以实现：实现的开发非常困难，甚至不可能。

- ❑ API 可能会难以使用：用例代码甚至比没有 API 时更复杂。
- ❑ API 的范围可能太窄：缺少用例所需的方法。
- ❑ API 的范围可能太宽：包含许多不会被任何用例调用的方法。这种缺陷可能是最常见的，并且也是最难以避免的。API 的大小一般会随着时间而增长，因为向已有的 API 中添加新方法很简单，但在不破坏已有用例程序的前提下从中删除方法却很困难。
- ❑ API 可能会太粗略：无法提供有效的抽象。
- ❑ API 可能会太详细：抽象过于细致或是发散而无法使用。
- ❑ API 可能会过于依赖某种特定的数据表示：用例代码可能会因此无法从数据表示的细节中解脱出来。要避免这种缺陷也是很困难的，因为数据表示显然是抽象数据类型实现的核心。 97

这些考虑有时又被总结为另一句格言：只为用例提供它们所需要的，仅此而已。

1.2.5.3 算法与抽象数据类型

数据抽象天生适合算法研究，因为它能够为我们提供一个框架，在其中能够准确地说明一个算法的目的以及其他程序应该如何使用该算法。在本书中，算法一般都是某个抽象数据类型的一个实例方法的实现。例如，本章开头的白名单例子就很自然地被实现为一个抽象数据类型的用例。它进行了以下操作：

- ❑ 由一组给定的值构造了一个 SET（集合）对象；
- ❑ 判定一个给定的值是否存在于该集合中。

这些操作封装在 `StaticSETofInts` 抽象数据类型中，和 Whitelist 用例一起显示在表 1.2.15 中。`StaticSETofInts` 是更一般也更有用的符号表抽象数据类型的一种特殊情况，符号表抽象数据类型将是第 3 章的重点。在我们研究过的所有算法中，二分查找是较为适合用于实现这些抽象数据类型的一种。和 1.1.10 节中的 BinarySearch 实现比较起来，这里的实现所产生的用例代码更加清晰和高效。例如，`StaticSETofInts` 强制要求数组在 `rank()` 方法被调用之前排序。有了抽象数据类型，我们可以将抽象数据类型的调用和实现区分开来，并确保任意遵守 API 的用例程序都能受益于二分查找算法（使用 BinarySearch 的程序在调用 `rank()` 之前必须能够将数组排序）。白名单应用是众多二分查找算法的用例之一。

每个 Java 程序都是一组静态方法和（或）一种数据类型的实现的集合。在本书中我们主要关注的是抽象数据类型的实现中的操作和向用例隐藏其中的数据表示，例如 `StaticSETofInts`。正如这个例子所示，数据抽象使我们能够：

- ❑ 准确定义算法能为用例提供什么；
- ❑ 隔离算法的实现和用例的代码；
- ❑ 实现多层抽象，用已知算法实现其他算法。

应用

```
% java Whitelist largeW.txt <
largeT.txt
499569
984875
295754
207807
140925
161828
...
```

表 1.2.15 将二分查找重写为一段面向对象的程序（用于在整数集合中进行查找的一种抽象数据类型）

API	public class **StaticSETofInts**	
	StaticSETofInts(int[] a)	根据 a[] 中的所有值创建一个集合
boolean	contains(int key)	key 是否存在于集合中

（续）

典型的用例

```
public class Whitelist
{
   public static void main(String[] args)
   {
      int[] w = In.readInts(args[0]);
      StaticSETofInts set = new StaticSETofInts(w);
      while (!StdIn.isEmpty())
      {  // 读取键，如果不在白名单中则打印它
         int key = StdIn.readInt();
         if (!set.contains(key))
            StdOut.println(key);
      }
   }
}
```

数据类型的实现

```
import java.util.Arrays;
public class StaticSETofInts
{
   private int[] a;
   public StaticSETofInts(int[] keys)
   {
      a = new int[keys.length];
      for (int i = 0; i < keys.length; i++)
         a[i] = keys[i]; // 保护性复制
      Arrays.sort(a);
   }
   public boolean contains(int key)
   {  return rank(key) != -1;  }
   private int rank(int key)
   {  // 二分查找
      int lo  = 0;
      int hi = a.length - 1;
      while (lo <= hi)
      {  // 键要么存在于 a[lo..hi] 中，要么不存在
         int mid = lo + (hi - lo) / 2;
         if      (key < a[mid]) hi = mid - 1;
         else if (key > a[mid]) lo = mid + 1;
         else                   return mid;
      }
      return -1;
   }
}
```

98 ~ 99 无论是使用自然语言还是伪代码描述算法，这些都是我们所希望拥有的性质。使用 Java 的类机制来支持数据的抽象将使我们收获良多：我们编写的代码将能够测试算法并比较各种用例程序的性能。

1.2.5.4 接口继承

Java 语言为定义对象之间的关系提供了支持，称为*接口*。程序员广泛使用这些机制，如果上过软件工程的课程那么你可以详细地研究一下它们。我们学习的第一种继承机制叫做*子类型*。它允许我们通过指定一个含有一组公共方法的*接口*为两个本来并没有关系的类建立一种联系，这两个类都必须实现这些方法。例如，如果不使用我们的非正式 API，也可以为 Date 声明一个接口：

```
public interface Datable
{
   int month();
   int day();
   int year();
}
```

并在我们的实现中引用该接口：

```
public class Date implements Datable
{
   // 实现代码（和以前一样）
}
```

这样，Java 编译器就会检查该实现是否和接口相符。为任意实现了 month()、day() 和 year() 的类添加 implements Datable 保证了所有用例都能用该类的对象调用这些方法。这种方式称为**接口继承**——实现类继承的是接口。接口继承使得我们的程序能够通过调用接口中的方法操作实现该接口的任意类型的对象（甚至是还未被创建的类型）。我们可以在更多非正式的 API 中使用接口继承，但为了避免代码依赖于和理解算法无关的高级语言特性以及额外的接口文件，我们并 100
没有这么做。在某些情况下 Java 的习惯用法鼓励我们使用接口：我们用它们进行比较和迭代，如表 1.2.16 所示。我们会在接触那些概念时再详细研究它们。

表 1.2.16 本书中所用到的 Java 接口

	接口	方法	章节
比较	java.lang.Comparable	compareTo()	2.1
	java.util.Comparator	compare()	2.5
迭代	java.lang.Iterable	iterator()	1.3
	java.util.Iterator	hasNext() next() remove()	1.3

1.2.5.5 实现继承

Java 还支持另一种继承机制，被称为**子类**。这种非常强大的技术使程序员不需要重写整个类就能改变它的行为或者为它添加新的功能。它的主要思想是定义一个新类（子类，或称为派生类）来继承另一个类（父类，或称为基类）的所有实例方法和实例变量。子类包含的方法比父类更多。另外，子类可以重新定义或者重写父类的方法。子类继承被系统程序员广泛用于编写所谓可扩展的库——任何一个程序员（包括你）都能为另一个程序员（或者也许是一个系统程序员团队）创建的库添加方法。这种方法能够有效地重用潜在的十分庞大的库中的代码。例如，这种方法被广泛用于图形用户界面的开发，因此实现用户所需要的各种控件（下拉菜单，剪切—粘贴，文件访问等）的大量代码都能够被重用。子类继承的使用在系统程序员和应用程序员之间是有争议的（它和接口继承之间的优劣还没有定论）。在本书中我们会避免使用它，因为它会破坏封装。但这种机制是 Java 的一部分，因此它的残余是无法避免的：具体来说，每个类都是 Java 的 Object 类的子类。这种结构意味着每个类都含有 getClass()、toString()、equals()、hashCode()（见表 1.2.17）和另外几个我们不会在本书中用到的方法的实现。实际上，每个类都通过子类继承从 Object 类中继承了这些方法，因此任何用例都可以在任意对象中调用这些方法。我们通常会重写新类的 toString()、equals() 和 hashCode() 方法，因为 Object 类的默认实现一般无法提供所需的行为。接下来我们将讨论 toString() 和 equals()，在 3.4 节中讨论 hashCode()。

表 1.2.17 本书中所使用的由 Object 类继承得到的方法

	方 法	作 用	章 节
	Class getClass()	该对象的类是什么	1.2
	String toString()	该对象的字符串表示	1.1
	boolean equals(Object that)	该对象是否和 that 相等	1.2
101	int hashCode()	该对象的散列值	3.4

1.2.5.6 字符串表示的习惯

按照习惯，每个 Java 类型都会从 Object 继承 toString() 方法，因此任何用例都能够调用任意对象的 toString() 方法。当连接运算符的一个操作数是字符串时，Java 会自动将另一个操作数也转换为字符串，这个约定是这种自动转换的基础。如果一个对象的数据类型没有实现 toString() 方法，那么转换会调用 Obejct 的默认实现。默认实现一般都没有多大实用价值，因为它只会返回一个含有该对象内存地址的字符串。因此我们通常会为我们的每个类实现并重写默认的 toString() 方法，如下面代码框的 Date 类中加粗的部分所示。由代码可以看到，toString() 方法的实现通常很简单，只需隐式调用（通过 +）每个实例变量的 toString() 方法即可。

1.2.5.7 封装类型

Java 提供了一些内置的引用类型，称为封装类型。每种原始数据类型都有一个对应的封装类型：Boolean、Byte、Character、Double、Float、Integer、Long 和 Short 分别对应着 boolean、byte、char、double、float、int、long 和 short。这些类主要由类似于 parseInt() 这样的静态方法组成，但它们也含有继承得到的实例方法 toString()、compareTo()、equals() 和 hashCode()。在需要的时候 Java 会自动将原始数据类型转换为封装类型，如 1.3.1.1 节所述。例如，当一个 int 值需要和一个 String 连接时，它的类型会被转换为 Integer 并触发 toString() 方法。

1.2.5.8 等价性

两个对象相等意味着什么？如果我们用相同类型的两个引用变量 a 和 b 进行等价性测试（a == b），我们检测的是它们的标识是否相同，即引用是否相同。一般用例希望能够检查数据类型的值（对象的状态）是否相同或者实现某种针对该类型的规则。Java 为我们开了个头，为 Integer、Double 和 String 等标准数据类型以及一些如 File 和 URL 的复杂数据类型提供了实现。在处理这些类型的数据时，可以直接使用内置的实现。例如，如果 x 和 y 均为 String 类型的值，那么当且仅当 x 和 y 的长度相同且每个位置的字符均相同时 x.equals(y) 的返回值为 true。当我们在定义自己的数据类型时，比如 Date 或 Transaction，需要重载 equals() 方法。Java 约定 equals() 必须是一种等价性关系。它必须具有：

- ❑ 自反性，x.equals(x) 为 true；
- ❑ 对称性，当且仅当 y.equals(x) 为 true 时，x.equals(y) 返回 true；
- ❑ 传递性，如果 x.equals(y) 和 y.equals(z) 均为 true，x.equals(z) 也将为 true。

另外，它必须接受一个 Object 为参数并满足以下性质：

- ❑ 一致性，当两个对象均未被修改时，反复调用 x.equals(y) 总是会返回相同的值；
- ❑ 非空性，x.equals(null) 总是返回 false。

102 这些定义都是自然合理的，但确保这些性质成立并遵守 Java 的约定，同时又避免在实现时做无用功却并不容易，如 Date 所示。它通过以下步骤做到了这一点。

- 如果该对象的引用和参数对象的引用相同，返回 true。这项测试在成立时能够免去其他所有测试工作。
- 如果参数为空（null），根据约定返回 false（还可以避免在下面的代码中使用空引用）。
- 如果两个对象的类不同，返回 false。要得到一个对象的类，可以使用 getClass() 方法。请注意我们会使用 == 来判断 Class 类型的对象是否相等，因为同一种类型的所有对象的 getClass() 方法一定能够返回相同的引用。
- 将参数对象的类型从 Object 转换到 Date（因为前一项测试已经通过，这种转换必然成功）。
- 如果任意实例变量的值不相同，返回 false。对于其他类，等价性测试方法的定义可能不同。例如，我们只有在两个 Counter 对象的 count 变量相等时才会认为它们相等。

```
public class Date
{
   private final int month;
   private final int day;
   private final int year;

   public Date(int m, int d, int y)
   {  month = m; day = d; year = y; }

   public int month()
   {  return month;  }

   public int day()
   {  return day;  }

   public int year()
   {  return year;  }

   public String toString()
   {  return month() + "/" + day() + "/" + year();  }

   public boolean equals(Object x)
   {
      if (this == x) return true;
      if (x == null) return false;
      if (this.getClass() != x.getClass()) return false;
      Date that = (Date) x;
      if (this.day != that.day)           return false;
      if (this.month != that.month)       return false;
      if (this.year != that.year)         return false;
      return true;
   }
}
```

在数据类型的定义中重写toString()和equals()方法

你可以使用上面的实现作为实现任意数据类型的 equals() 方法的模板。只要实现一次 equals() 方法，下一次就不会那么困难了。 103

1.2.5.9 内存管理

我们可以为一个引用变量赋予一个新的值，因此一段程序可能会产生一个无法被引用的对象。例如，请看图 1.2.9 中所示的三行赋值语句。在第三行赋值语句之后，不仅 a 和 b 会指向同一个 Date 对象（1/1/2011），而且不存在能够引用初始化变量 a 的那个 Date 对象的引用了。本来该对象的唯一引用就是变量a，但是该引用被赋值语句覆盖了，这样的对象被称为孤儿。对象在离开作用域之后也会变成孤儿。Java程序经常会创建大量对象（以及许多保存原始数据类型值的变量），但在某个时刻程序只会需要它们之中的一小部分。因此，编程语言和系统需要某种机制来在必要时为数据类型的值分配内存，而在不需要时释放它们的内存（对于一个对象来说，有时是在它变成孤儿之后）。内存管理对于原始数据类型更容易，因为内存分配所需要的所有信息在编译阶段就能够获取。Java（以及大多数其他系统）会在声明变量时为它们预留内存空间，并会在它们离开作用域后释放这些空间。对象的内存管理更加复杂：系统会在创建一个对象时为它分配内存，但是程序在执行时的动态性决定了一个对象何时才会变为孤儿，系统并不能准确地知道应该何时释放一个对象的内存。在许多语言中（例如C和C++），分配和释放内存是程序员的责任。众所周知，这种操作既繁琐又容易出错。Java最重要的一个特性就是自动内存管理。它通过记录孤儿对象并将它们的内存释放到内存池中将程序员从管理内存的责任中解放出来。这种回收内存的方式叫做垃圾回收。Java的一个特点就是它不允许修改引用的策略。这种策略使Java能够高效自动地回收垃圾。程序员们至今仍在争论，为获得无需为内存管理操心的方便而付出的使用自动垃圾回收的代价是否值得。

```
Date a = new Date(12, 31, 1999);
Date b = new Date(1, 1, 2011);
a = b;
```

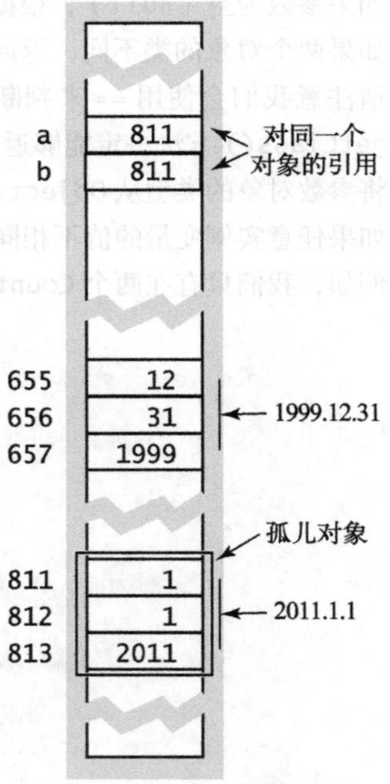

图 1.2.9 孤儿对象

104

1.2.5.10 不可变性

不可变数据类型，例如Date，指的是该类型的对象中的值在创建之后就无法再被改变。与此相反，可变数据类型，例如Counter或Accumulator，能够操作并改变对象中的值。Java语言通过final修饰符来强制保证不可变性。当你将一个变量声明为final时，也就保证了只会对它赋值一次，可以用赋值语句，也可以用构造函数。试图改变final变量的值的代码将会产生一个编译时错误。在我们的代码中，我们用final修饰值不会改变的实例变量。这种策略就像文档一样，说明了这个变量的值不会再发生改变，它能够预防意外修改，也能使程序的调试更加简单。像Date这样实例变量均为原始数据类型且被final修饰的数据类型（按照约定，在不使用子类继承的代码中）是不可变的。数据类型是否可变是一个重要的设计决策，它取决于当前的应用场景。对于类似于Date的数据类型，抽象的目的是封装不变的值，以便将其和原始数据类型一样用于赋值语句、作为函数的参数或返回值（而不必担心它们的值会被改变）。程序员在使用Date时可能会写出操作两个Date类型的变量的代码d = d0，就像操作double或者int值一样。但如果Date类型是可变的且d的值在d = d0之后可以被改变，那么d0的值也会被改变（它们都是指向同一个对象的引用）！从另一方面来说，对于类似于Counter和Accumulator的数据类型，抽象的目的是封装变化中的值。作为用例程序员，你在使用Java数组（可变）和Java的String类型（不可变）时就已经遇到了这种区别。将一个String传递给一个方法时，你不会担心该方法会改变字符串中的字符顺序，但当你把一个数组传递给一个方法时，方法可以自由改变数组的内容。String对象是不可变的，因为我们一般都不希望String的值改变，而Java数组是可变的，因为我们一般的确希望改变数组中的值。但也存在我们希望使用可变字符串（这就是Java的StringBuilder类存在的目的）和不可变数组（这就是稍后讨论的Vector类存在的目的）的情况。一般来说，不可变的数据类型比可变的数据类型使用更容易，误用更困难，因为能够改变它们的值的方式要少得多。调试使用不可变类型的代码更简单，因为我们更容易确保用例代码中使用它们的变量的状态前后一致。在使用可变数据类型时，必须时刻关注它们的值会在何时何地发生变化。而不可变性的缺点在于我们需要为每个值创建一个新对象。这种开销一般是可以接受的，因为Java的垃圾回收器通常都为此进行了优化。不可变性的另一个缺点在于，final非常不幸地只能用来保证原始数据类型的实例变量的不可变性，而无法用于引用类型的变量。如果一个引用类型的实例变量含有修饰符final，该实例变量的值（某个对象的引用）就永远无法改变了——它将永远指向同一个对象，但对象的值本身仍然是可变的。例如，这段代码并没有实现一个不可变的数据类型：

```
public class Vector
{
   private final double[] coords;

   public Vector(double[] a)
   {  coords = a; }
   ...
}
```

用例程序可以通过给定的数组创建一个Vector对象，并在构造函数执行之后（绕过API）改变Vector中的元素的值：

```
double[] a = { 3.0, 4.0 };
Vector vector = new Vector(a);
a[0] = 0.0;  // 绕过了公有API
```

实例变量coords[]是private和final的，但Vector是可变的，因为用例拥有指向数据的一个引用。任何数据类型的设计都需要考虑到不可变性，而且数据类型是否是不可变的则应该在API中说明，这样使用者才能知道该对象中的值是无法改变的。在本书中，我们对不可变性的主要兴趣在于用它保证我们的算法的正确性。例如，如果一个二分查找算法所使用的数据的类型是可变的，那么算法的用例就可能破坏我们对二分查找中的数组已经有序的假设。可变数据与不可变数据的示例见表1.2.18。

表 1.2.18 可变与不可变数据类型举例

可变数据类型	不可变数据类型
Counter	Date
Java 数组	String

105~106

1.2.5.11 契约式设计

在最后，我们将简要讨论Java语言中能够在程序运行时检验程序状态的一些机制。为此我们将使用两种Java的语言特性：

- 异常（Exception），一般用于处理不受我们控制的不可预见的错误；
- 断言（Assertion），验证我们在代码中做出的一些假设。

大量使用异常和断言是很好的编程实践。为了节约版面我们在本书中极少使用它们，但你在本书网站上的所有代码中都会找到它们。这些代码中的每个和异常条件以及断言恒等式有关的算法周围都有大量的注释。

1.2.5.12 异常与错误

异常和错误都是在程序运行中出现的破坏性事件。Java采取的行动称为抛出异常或是抛出错误。我们已经在学习Java的基本特性的过程中遇到过Java系统方法抛出的异常：

StackOverflowError、ArithmeticException、ArrayIndexOutOfBoundsException、OutOfMemoryError 和 NullPointerException 都是典型的例子。你也可以创建自己的异常，最简单的一种是 RuntimeException，它会中断程序的执行并打印出一条出错信息：

```
throw new RuntimeException("Error message here.");
```

一种叫做快速出错的常规编程实践提倡，一旦出错就立刻抛出异常，使定位出错位置更容易（这和忽略错误并将异常推迟到以后处理的方式相反）。

1.2.5.13 断言

断言是一条需要在程序的某处确认为 true 的布尔表达式。如果表达式的值为 false，程序将会终止并报告一条出错信息。我们使用断言来确定程序的正确性并记录我们的意图。例如，假设你计算得到一个值并可以将它作为索引访问一个数组。如果该值为负数，稍后它将会产生一条 ArrayIndexOutOfBoundsException 异常。但如果代码中有一句 assert index >= 0;，你就能找到出错的位置。还可以选择性地加上一条详细的消息来辅助定位 bug，例如：

```
assert index >= 0 : "Negative index in method X";
```

默认设置没有启用断言，可以在命令行下使用 -enableassertions 标志（简写为 -ea）启用断言。断言的作用是调试：程序在正常操作中不应该依赖断言，因为它们可能会被禁用。系统编程课程会
107 学习使用断言来保证代码永远不会被系统错误终止或是进入死循环。一种叫做契约式设计的编程模型采用的就是这种思想。数据类型的设计者需要说明前提条件（用例在调用某个方法前必须满足的条件）、后置条件（实现在方法返回时必须达到的要求）和副作用（方法可能对对象状态产生的任何其他变更）。在开发过程中，这些条件可以用断言进行测试。

1.2.5.14 小结

本节所讨论的语言机制说明实用数据类型的设计中所遇到的问题并不容易解决。专家们仍然在讨论支持某些我们已经学习过的设计理念的最佳方法。为什么 Java 不允许将函数作为参数？为什么 Matlab 会复制作为参数传递给函数的数组？正如本章前文所述，如果你总是抱怨编程语言的特性，那么你只能自己设计编程语言了。如果你不希望这样，最好的策略就是使用应用最广泛的编程语言。大多数系统都含有大量的库，在适当的时候你应该能用到它们，但通常你都能够通过构造易于移植到其他编程语言的抽象层来简化用例代码并进行自我保护。设计数据类型是你的主要目标，从而使
108 大多数工作都能在抽象层次完成，且和手头的问题匹配。

表 1.2.19 总结了我们讨论过的各种 Java 类。

表 1.2.19 Java 类（数据类型的实现）

类的类别	举 例	特 点
静态方法	Math StdIn StdOut	没有实例变量
不可变的抽象数据类型	Date Transaction String Integer	实例变量均为 private 实例变量均为 final 保护性复制引用类型数据 注意：这些都是必要但不充分条件
可变的抽象数据类型	Counter Accumulator	实例变量均为 private 并非所有实例变量均为 final
109 具有 I/O 副作用的抽象数据类型	VisualAccumulator In Out Draw	实例变量均为 private 实例方法会处理 I/O

答疑

问 为什么要使用数据抽象？

答 它能够帮助我们编写可靠而正确的代码。例如，在 2000 年的美国总统竞选中，Al Gore 在弗罗里达州的 Volusia 县的一个电子计票机上得到了 -16022 张选票——显然电子计票机软件中的选票计数器的封装不正确！

问 为什么要区别原始数据类型和引用类型？为什么不只用引用类型？

答 因为性能。Java 提供了 `Integer`、`Double` 等和原始数据类型对应的引用类型，以供希望忽略这些类型的区别的程序员使用。原始数据类型更接近计算机硬件所支持的数据类型，因此使用它们的程序比使用引用类型的程序运行得更快。

问 数据类型必须是抽象的吗？

答 不。Java 也支持 `public` 和 `protected` 来帮助用例直接访问实例变量。如正文所述，允许用例代码直接访问数据所带来的好处比不上对数据的特定表示方式的依赖所带来的坏处，因此我们代码中所有的实例变量都是私有的（`private`），有时也会使用私有实例方法在公有方法之间共享代码。

问 如果我在创建一个对象时忘记使用 `new` 关键字会发生什么？

答 对于 Java，这种代码看起来就好像你希望调用一个静态方法，却得到一个对象类型的返回值。因为并没有定义这样一个方法，你得到的错误信息和引用一个未定义的符号是一样的。如果编译这段代码：

```
Counter c = Counter("test");
```

会得到这条错误信息：

```
cannot find symbol
symbol  : method Counter(String)
```

如果你提供给构造函数的参数数量不对，也会得到相同的出错信息。 110

问 如果我在创建一个对象数组时忘记使用 `new` 关键字会发生什么？

答 创建每个对象都需要使用 `new`，所以要创建一个含有 N 个对象的数组，需要使用 $N+1$ 次 `new` 关键字：创建数组需要一次，创建每个对象各需要一次。如果忘了创建数组：

```
Counter[] a;
a[0] = new Counter("test");
```

你得到的错误信息和尝试为一个未初始化的变量赋值是一样的：

```
variable a might not have been initialized
      a[0] = new Counter("test");
      ^
```

但如果在创建数组中的一个对象时忘了使用 `new`，然后又尝试调用它的方法，会得到一个 `NullPointerException`：

```
Counter[] a = new Counter[2];
a[0].increment();
```

问 为什么不用 `StdOut.println(x.toString())` 来打印对象？

答 这条语句也可以，但 Java 能够自动调用任意对象的 `toString()` 方法来帮我们省去这些麻烦，因为 `println()` 接受的参数是一个 `Object` 对象。

问 指针是什么？

答 问得好。或许上面那个异常应该叫做 `NullReferenceException`。和 Java 的引用一样，可以把指针看做机器地址。在许多编程语言中，指针是一种原始数据类型，程序员可以用各种方法操作它。

但众所周知，指针的编程非常容易出错，因此需要精心设计指针类的操作以帮助程序员避免错误。Java 将这种观点发挥到了极致（许多主流编程语言的设计者也赞同这种做法）。在 Java 中，创建引
111 用的方法只有一种（new），且改变引用的方法也只有一种（赋值语句）。也就是说，程序员能对引用进行的操作只有创建和复制。在编程语言的行话里，Java 的引用被称为*安全指针*，因为 Java 能够保证每个引用都会指向某种类型的对象（而且它能找出无用的对象并将其回收）。习惯于编写直接操作指针的程序员认为 Java 完全没有指针，但人们仍在为是否真的需要不安全的指针而争论。

问 我在哪里能够找到 Java 如何实现引用和进行垃圾收集的细节？

答 Java 系统的实现各有不同。例如，实现引用的一种自然方式是使用指针（机器地址）；而另一种使用的则可能是*句柄*（指针的指针）。前者访问数据的速度更快，而后者则能够更好地实现垃圾回收。

问 导入（import）一个对象名意味着什么？

答 没什么，只是可以少打一些字。如果不想使用 import 语句，你也可以在代码中用 java.util.Arrays 代替所有的 Arrays。

问 实现继承有什么问题？

答 子类继承阻碍模块化编程的原因有两点。第一，父类的任何改动都会影响它的所有子类。子类的开发不可能和父类无关。事实上，子类是完全依赖于父类的。这种问题被称为*脆弱的基类问题*。第二，子类代码可以访问所有实例变量，因此它们可能会扭曲父类代码的意图。例如，用于选票统计系统的 Counter 类的设计者可能会尽最大努力保证 Counter 每次只能将计数器加一（还记得 Al Gore 的问题吗）。但它的子类可以完全访问这个实例变量，因此可以将它改变为任意值。

问 怎样才能使一个类不可变？

答 要保证含有一个可变类型的实例变量的数据类型的不可变性，需要得到一个本地副本，这被称为*保护性复制*，但这也不一定能够达到目的。得到副本是一个方面，保证没有任何实例方法能够改变数据的值是另一方面。

112 问 什么是空（null）？

答 它是一个不指向任何对象的字面量。引用 null 调用一个方法是没有意义的，并且会产生 NullPointerException。如果你得到了这条错误信息，请检查并确认构造函数是否正确地初始化了类的所有实例变量。

问 实现某种数据类型的类中能否存在静态方法？

答 当然可以。例如，我们实现的所有类中都含有一个 main() 方法。另外，对于涉及多个对象的操作，如果它们都不是触发该方法的合适对象，那么就应该考虑添加一个静态方法。例如，我们可以在 Point 类中定义如下静态方法：

```
public static double distance(Point a, Point b)
{
   return a.distTo(b);
}
```

这种方法常常能够简化用例代码。

问 除了参数变量、局部变量和实例变量外还有其他种类的变量吗？

答 如果你在类的声明中包含了关键字 static（在其他类型之前），就创建了一种称为*静态变量*的完全不同的变量。和实例变量一样，类中的所有方法都可以访问静态变量，但静态变量却并不和任何具体的对象相关联。在较老的编程语言中，这种变量被称为*全局变量*，因为它们的作用域是全局的。在现代编程中，我们希望限制变量的作用域，因此很少使用这种变量。在使用它们时会非常小心。

问 什么是弃用（deprecated）的方法？

答 不再被支持但为了保持兼容性而留在 API 中的方法叫做弃用的方法。例如，Java 曾经包含了一个 Character.isSpace() 的方法，程序员也使用这个方法编写了一些程序。当 Java 的设计者们后来希望支持 Unicode 空白字符时，他们无法既改变 isSpace() 的行为又不损害用例程序。因此他们添加了一个新方法 Character.isWhiteSpace() 并放弃了老的方法。随着时间的推移，这种方式显然会使 API 更复杂。有时候甚至整个类都会被弃用。例如，Java 为了更好地支持国际化就将它的 java.util.Date 标记为弃用。 113

练习

1.2.1 编写一个 Point2D 的用例，从命令行接受一个整数 N。在单位正方形中生成 N 个随机点，然后计算两点之间的最近距离。

1.2.2 编写一个 Interval1D 的用例，从命令行接受一个整数 N。从标准输入中读取 N 个间隔（每个间隔由一对 double 值定义）并打印出所有相交的间隔对。

1.2.3 编写一个 Interval2D 的用例，从命令行接受参数 N、min 和 max。生成 N 个随机的 2D 间隔，其宽和高均匀地分布在单位正方形中的 min 和 max 之间。用 StdDraw 画出它们并打印出相交的间隔对的数量以及有包含关系的间隔对数量。

1.2.4 以下这段代码会打印出什么？

```
String string1 = "hello";
String string2 = string1;
string1 = "world";
StdOut.println(string1);
StdOut.println(string2);
```

1.2.5 以下这段代码会打印出什么？

```
String s = "Hello World";
s.toUpperCase();
s.substring(6, 11);
StdOut.println(s);
```

答："Hello World"。String 对象是不可变的——所有字符串方法都会返回一个新的 String 对象（但它们不会改变参数对象的值）。这段代码忽略了返回的对象并直接打印了原字符串。要打印出 "WORLD"，请用 s = s.toUpperCase() 和 s = s.substring(6, 11)。

1.2.6 如果字符串 s 中的字符循环移动任意位置之后能够得到另一个字符串 t，那么 s 就被称为 t 的回环变位（circular rotation）。例如，ACTGACG 就是 TGACGAC 的一个回环变位，反之亦然。判定这个条件在基因组序列的研究中是很重要的。编写一个程序检查两个给定的字符串 s 和 t 是否互为回环变位。提示：答案只需要一行用到 indexOf()、length() 和字符串连接的代码。 114

1.2.7 以下递归函数的返回值是什么？

```
public static String mystery(String s)
{
   int N = s.length();
   if (N <= 1) return s;
   String a = s.substring(0, N/2);
   String b = s.substring(N/2, N);
   return mystery(b) + mystery(a);
}
```

1.2.8 设 a[] 和 b[] 均为长数百万的整形数组。以下代码的作用是什么？有效吗？

```
int[] t = a; a = b; b = t;
```

答：这段代码会将它们交换。它的效率不可能再高了，因为它复制的是引用而不需要复制数百万个元素。

1.2.9 修改 BinarySearch（请见 1.1.10.1 节中的二分查找代码），使用 Counter 统计在有查找中被检查的键的总数并在查找全部结束后打印该值。**提示**：在 main() 中创建一个 Counter 对象并将它作为参数传递给 rank()。

1.2.10 编写一个类 VisualCounter，支持加一和减一操作。它的构造函数接受两个参数 N 和 max，其中 N 指定了操作的最大次数，max 指定了计数器的最大绝对值。作为副作用，用图像显示每次计数器变化后的值。

1.2.11 根据 Date 的 API 实现一个 SmartDate 类型，在日期非法时抛出一个异常。

1.2.12 为 SmartDate 添加一个方法 dayOfTheWeek()，为日期中每周的日返回 Monday、Tuesday、Wednesday、Thursday、Friday、Saturday 或 Sunday 中的适当值。你可以假定时间是 21 世纪。

1.2.13 用我们对 Date 的实现（请见表 1.2.12）作为模板实现 Transaction 类型。

115~116 1.2.14 用我们对 Date 中的 equals() 方法的实现（请见 1.2.5.8 节中的 Date 类代码框）作为模板，实现 Transaction 中的 equals() 方法。

提高题

1.2.15 **文件输入**。基于 String 的 split() 方法实现 In 中的静态方法 readInts()。

解答：

```
public static int[] readInts(String name)
{
   In in = new In(name);
   String input = in.readAll();
    String[] words = input.split("\\s+");
   int[] ints = new int[words.length];
   for(int i = 0; i < word.length; i++)
      ints[i] = Integer.parseInt(words[i]);
   return ints;
}
```

我们会在 1.3 节中学习另一个不同的实现（请见 1.3.1.5 节）。

1.2.16 **有理数**。为有理数实现一个不可变数据类型 Rational，支持加减乘除操作。

public class **Rational**		
	Rational(int numerator, int denominator)	
Rational	plus(Rational b)	该数与 *b* 之和
Rational	minus(Rational b)	该数与 *b* 之差
Rational	times(Rational b)	该数与 *b* 之积
Rational	divides(Rational b)	该数与 *b* 之商
boolean	equals(Rational that)	该数与 that 相等吗
String	toString()	对象的字符串表示

无需测试溢出（请见练习 1.2.17），只需使用两个 long 型实例变量表示分子和分母来控制溢出

的可能性。使用欧几里得算法来保证分子和分母没有公因子。编写一个测试用例检测你实现的所有方法。 117

1.2.17 *有理数实现的健壮性*。在 Rational（请见练习 1.2.16）的开发中使用断言来防止溢出。

1.2.18 *累加器的方差*。以下代码为 Accumulator 类添加了 var() 和 stddev() 方法，它们计算了 addDataValue() 方法的参数的方差和标准差，验证这段代码。

```
public class Accumulator
{
   private double m;
   private double s;
   private int N;
   public void addDataValue(double x)
   {
      N++;
      s = s + 1.0 * (N-1) / N * (x - m) * (x - m);
      m = m + (x - m) / N;
   }
   public double mean()
   {  return m;  }
   public double var()
   {  return s/(N - 1);  }
   public double stddev()
   {  return Math.sqrt(this.var());  }
}
```

与直接对所有数据的平方求和的方法相比较，这种实现能够更好地避免四舍五入产生的误差。 118

1.2.19 *字符串解析*。为你在练习 1.2.13 中实现的 Date 和 Transaction 类型编写能够解析字符串数据的构造函数。它接受一个 String 参数指定的初始值，格式如表 1.2.20 所示：

表 1.2.20 被解析的字符串的格式

类　型	格　式	举　例
Date	由斜杠分隔的整数	5/22/1939
Transaction	客户、日期和金额，由空白字符分隔	Turing 5/22/1939 11.99

部分解答：

```
public Date(String date)
{
   String[] fields = date.split("/");
   month = Integer.parseInt(fields[0]);
   day   = Integer.parseInt(fields[1]);
   year  = Integer.parseInt(fields[2]);
}
```

119

1.3 背包、队列和栈

许多基础数据类型都和对象的集合有关。具体来说，数据类型的值就是一组对象的集合，所有操作都是关于添加、删除或是访问集合中的对象。在本节中，我们将学习三种这样的数据类型，分别是背包（Bag）、队列（Queue）和栈（Stack）。它们的不同之处在于删除或者访问对象的顺序不同。

背包、队列和栈数据类型都非常基础并且应用广泛。我们在本书的各种实现中也会不断用到它们。除了这些应用以外，本节中的实现和用例代码也展示了我们开发数据结构和算法的一般方式。

本节的第一个目标是说明我们对集合中的对象的表示方式将直接影响各种操作的效率。对于集合来说，我们将会设计适于表示一组对象的数据结构并高效地实现所需的方法。

本节的第二个目标是介绍*泛型*和*迭代*。它们都是简单的 Java 概念，但能极大地简化用例代码。它们是高级的编程语言机制，虽然对于算法的理解并不是必需的，但有了它们我们能够写出更加清晰、简洁和优美的用例（以及算法的实现）代码。

本节的第三个目标是介绍并说明*链式*数据结构的重要性，特别是经典数据结构*链表*，有了它我们才能高效地实现背包、队列和栈。理解链表是学习各种算法和数据结构中最关键的第一步。

对于这三种数据结构，我们都会学习其 API 和用例，然后再讨论数据类型的值的所有可能的表示方法以及各种操作的实现。这种模式会在全书中反复出现（且数据结构会越来越复杂）。这里的
120 实现是下文所有实现的模板，值得仔细研究。

1.3.1 API

照例，我们对集合型的抽象数据类型的讨论从定义它们的 API 开始，如表 1.3.1 所示。每份 API 都含有一个无参数的构造函数、一个向集合中添加单个元素的方法、一个测试集合是否为空的方法和一个返回集合大小的方法。`Stack` 和 `Queue` 都含有一个能够删除集合中的特定元素的方法。除了这些基本内容之外，我们将在以下几节中解释这几份 API 反映出的两种 Java 特性：*泛型*与*迭代*。

表 1.3.1 泛型可迭代的基础集合数据类型的 API

背包		
public class **Bag<Item>** implements Iterable<Item>		
	Bag()	创建一个空背包
void	add(Item item)	添加一个元素
boolean	isEmpty()	背包是否为空
int	size()	背包中的元素数量
先进先出（FIFO）队列		
public class **Queue<Item>** implements Iterable<Item>		
	Queue()	创建空队列
void	enqueue(Item item)	添加一个元素
Item	dequeue()	删除最早添加的元素
boolean	isEmpty()	队列是否为空
int	size()	队列中的元素数量

（续）

下压（后进先出，LIFO）栈		
public class	Stack<Item> implements Iterable<Item>	
	Stack()	创建一个空栈
void	push(Item item)	添加一个元素
Item	pop()	删除最近添加的元素
boolean	isEmpty()	栈是否为空
int	size()	栈中的元素数量

121

1.3.1.1 泛型

集合类的抽象数据类型的一个关键特性是我们应该可以用它们存储任意类型的数据。一种特别的 Java 机制能够做到这一点，它被称为*泛型*，也叫做*参数化类型*。泛型对编程语言的影响非常深刻，许多语言并没有这种机制（包括早期版本的 Java）。在这里我们对泛型的使用仅限于一点额外的 Java 语法，非常容易理解。在每份 API 中，类名后的 <Item> 记号将 Item 定义为一个*类型参数*，它是一个象征性的占位符，表示的是用例将会使用的某种具体数据类型。可以将 Stack<Item> 理解为*某种元素的栈*。在实现 Stack 时，我们并不知道 Item 的具体类型，但用例可以用我们的栈处理任意类型的数据，甚至是在我们的实现之后才出现的数据类型。在创建栈时，用例会提供一种具体的数据类型：我们可以将 Item 替换为*任意引用数据类型*（Item 出现的每个地方都是如此）。这种能力正是我们所需要的。例如，可以编写如下代码来用栈处理 String 对象：

```
Stack<String> stack = new Stack<String>();
stack.push("Test");
...
String next = stack.pop();
```

并在以下代码中使用队列处理 Date 对象：

```
Queue<Date> queue = new Queue<Date>();
queue.enqueue(new Date(12, 31, 1999));
...
Date next = queue.dequeue();
```

如果你尝试向 stack 变量中添加一个 Date 对象（或是任何其他非 String 类型的数据）或者向 queue 变量中添加一个 String 对象（或是任何其他非 Date 类型的数据），你会得到一个编译时错误。如果没有泛型，我们必须为需要收集的每种数据类型定义（并实现）不同的 API。有了泛型，我们只需要一份 API（和一次实现）就能够处理所有类型的数据，甚至是在未来定义的数据类型。你很快将会看到，使用泛型的用例代码很容易理解和调试，因此全书中我们都会用到它。

1.3.1.2 自动装箱

类型参数必须被实例化为*引用*类型，因此 Java 有一种特殊机制来使泛型代码能够处理原始数据类型。我们还记得 Java 的封装类型都是原始数据类型所对应的引用类型：Boolean、Byte、Character、Double、Float、Integer、Long 和 Short 分别对应着 boolean、byte、char、double、float、int、long 和 short。在处理赋值语句、方法的参数和算术或逻辑表达式时，Java 会自动在引用类型和对应的原始数据类型之间进行转换。在这里，这种转换有助于我们同时使 122
用泛型和原始数据类型。例如：

```
Stack<Integer> stack = new Stack<Integer>();
stack.push(17);        // 自动装箱 (int -> Integer)
int i = stack.pop(); // 自动拆箱 (Integer -> int)
```

自动将一个原始数据类型转换为一个封装类型被称为自动装箱，自动将一个封装类型转换为一个原始数据类型被称为自动拆箱。在这个例子中，当我们将一个原始类型的值 17 传递给 push() 方法时，Java 将它的类型自动转换（自动装箱）为 Integer。pop() 方法返回了一个 Integer 类型的值，Java 在将它赋予变量 i 之前将它的类型自动转换（自动拆箱）为了 int。

1.3.1.3 可迭代的集合类型

对于许多应用场景，用例的要求只是用某种方式处理集合中的每个元素，或者叫做迭代访问集合中的所有元素。这种模式非常重要，在 Java 和其他许多语言中它都是一级语言特性（不只是库，编程语言本身就含有特殊的机制来支持它）。有了它，我们能够写出清晰简洁的代码且不依赖于集合类型的具体实现。例如，假设用例在 Queue 中维护一个交易集合，如下：

```
Queue<Transaction> collection = new Queue<Transaction>();
```

如果集合是可迭代的，用例用一行语句即可打印出交易的列表：

```
for (Transaction t : collection)
{  StdOut.println(t);  }
```

这种语法叫做 foreach 语句：可以将 for 语句看做对于集合中的每个交易 t(foreach)，执行以下代码段。这段用例代码不需要知道集合的表示或实现的任何细节，它只想逐个处理集合中的元素。相同的 for 语句也可以处理交易的 Bag 对象或是任何可迭代的集合。很难想象还有比这更加清晰和简洁的代码。你将会看到，支持这种迭代需要在实现中添加额外的代码，但这些工作是值得的。

有趣的是，Stack 和 Queue 的 API 的唯一不同之处只是它们的名称和方法名。这让我们认识到无法简单地通过一列方法的签名说明一个数据类型的所有特点。在这里，只有自然语言的描述才能说明选择被删除元素（或是在 foreach 语句中下一个被处理的元素）的规则。这些规则的差异是 API 的重要组成
123 部分，而且显然对用例代码的开发十分重要。

1.3.1.4 背包

背包是一种不支持从中删除元素的集合数据类型——它的目的就是帮助用例收集元素并迭代遍历所有收集到的元素（用例也可以检查背包是否为空或者获取背包中元素的数量）。迭代的顺序不确定且与用例无关。要理解背包的概念，可以想象一个非常喜欢收集弹子球的人。他将所有的弹子球都放在一个背包里，一次一个，并且会不时在所有的弹子球中寻找某一颗拥有某种特点的弹子球。使用 Bag 的 API，用例可以将元素添加进背包并根据需要随时使用 foreach 语句访问所有的元素。用例也可以使用栈或是队列，但使用 Bag 可以说明元素的处理顺序不重要。下面代码框所示的 Stats 类是 Bag 的一个典型用例。

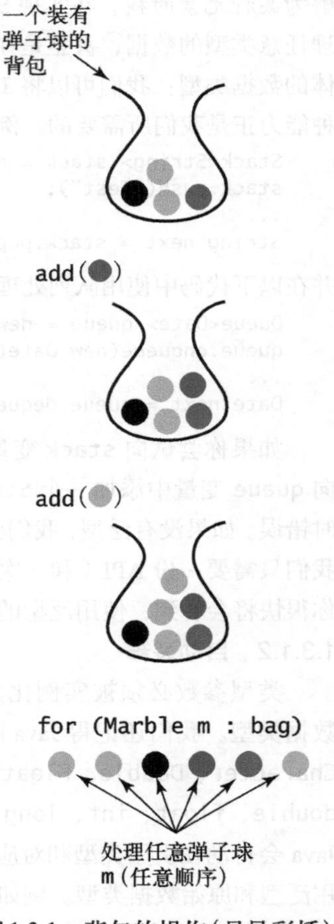

图 1.3.1 背包的操作(另见彩插)

它的任务是简单地计算标准输入中的所有 double 值的平均值和样本标准差。如果标准输入中有 N 个数字，那么平均值为它们的和除以 N，样本标准差为每个值和平均值之差的平方之和除以 N–1 之后的平方根。在这些计算中，数的计算顺序和结果无关，因此我们将它们保存在一个 Bag 对象中并使用 foreach 语法来计算每个和。注意：不需要保存所有的数也可以计算标准差（就像我们在 Accumulator 中计算平均值那样——请见练习 1.2.18）。用 Bag 对象保存所有数字是更复杂的统计计算所必需的。 124

以下代码框列出的是常用的背包用例。

背包的典型用例

```
public class Stats
{
   public static void main(String[] args)
   {
      Bag<Double> numbers = new Bag<Double>();

      while (!StdIn.isEmpty())
         numbers.add(StdIn.readDouble());
      int N = numbers.size();

      double sum = 0.0;
      for (double x : numbers)
         sum += x;
      double mean = sum/N;

      sum = 0.0;
      for (double x : numbers)
         sum += (x - mean)*(x - mean);
      double std = Math.sqrt(sum/(N-1));

      StdOut.printf("Mean: %.2f\n", mean);
      StdOut.printf("Std dev: %.2f\n", std);

   }
}
```

使用方法

```
% java Stats
100
99
101
120
98
107
109
81
101
90

Mean: 100.60
Std dev: 10.51
```

125

1.3.1.5 先进先出队列

先进先出队列（或简称队列）是一种基于先进先出（FIFO）策略的集合类型，如图 1.3.2 所示。按照任务产生的顺序完成它们的策略我们每天都会遇到：在剧院门前排队的人们、在收费站前排队的汽车或是计算机上某种软件中等待处理的任务。任何服务性策略的基本原则都是公平。在提到公平时大多数人的第一个想法就是应该优先服务等待最久的人，这正是先进先出策略的准则。队列是许多日常现象的自然模型，它也是无数应用程序的核心。当用例使用 foreach 语句迭代访问队列中的元素时，元素的处理顺序就是它们被添加到队列中的顺序。在应用程序中使用队列的主要原因是在用集合保存元素的同时保存它们的相对顺序：使它们入列顺序和出列顺序相同。例如，下页的用例是我们的 In 类的静态方法 readInts() 的一种实现。这个方法为用例解决的问题是用例无需预先知道文件的大小即可将文件中的所有整数读入一个数组中。我们首先将所有的整数读入队列中，然后使用 Queue 的 size() 方法得到所需数组的大小，创建数组并将队列中的所有整数移动到数组中。队列之所以合适是因为它能够将整数按照文件中的顺序放入数组中（如果该顺序并不重要，也可以使用 Bag 对象）。这段代码使用了自动装箱和拆箱来转换用例中的 int 原始数据类型和队列的 Integer 封装类型。

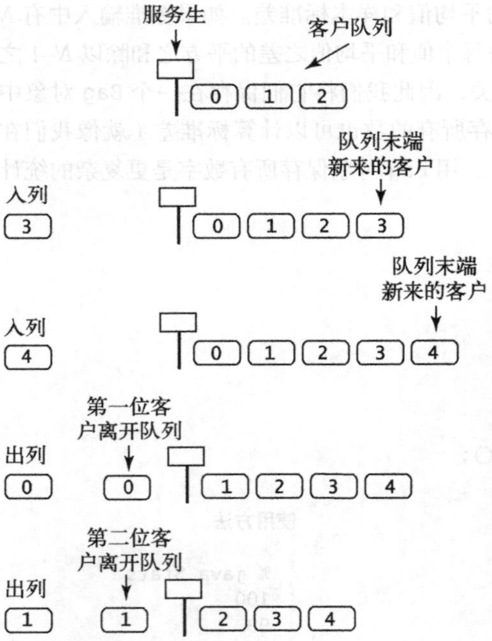

126 图 1.3.2 一个典型的先进先出队列

```
public static int[] readInts(String
name)
{
   In in = new In(name);
   Queue<Integer> q = new
Queue<Integer>();
   while (!in.isEmpty())
      q.enqueue(in.readInt());

   int N = q.size();
   int[] a = new int[N];
   for (int i = 0; i < N; i++)
      a[i] = q.dequeue();
   return a;
}
```

Queue 的用例

1.3.1.6 下压栈

下压栈（或简称栈）是一种基于后进先出（LIFO）策略的集合类型，如图 1.3.3 所示。当你的邮件在桌上放成一叠时，使用的就是栈。新邮件来到时你将它们放在最上面，当你有空时你会一封一封地从上到下阅读它们。现在人们应付的纸质品比以前少得多，但计算机上的许多常用程序遵循相同的组织原则。例如，许多人仍然用栈的方式存放电子邮件——在收信时将邮件压入（push）最顶端，在取信时从最顶端将它们弹出（pop），且第一封一定是最新的邮件（后进，先出）。这种策略的好处是我们能够及时看到感兴趣的邮件，坏处是如果你不把栈清空，某些较早的邮件可能永远也不会被阅读。你在网上冲浪时很可能会遇到栈的另一个例子。点击一个超链接，浏览器会显示一个新的页面（并将它压入一个栈）。你可以不断点击超链接并访问新页面，但总是可以通过点击“回退”按钮重新访问以前的页面（从栈中弹出）。栈的后进先出策略正好能够提供你所需要的行为。当用例使用 foreach 语句迭代遍历栈中的元素时，元素的处理顺序和它们被压入

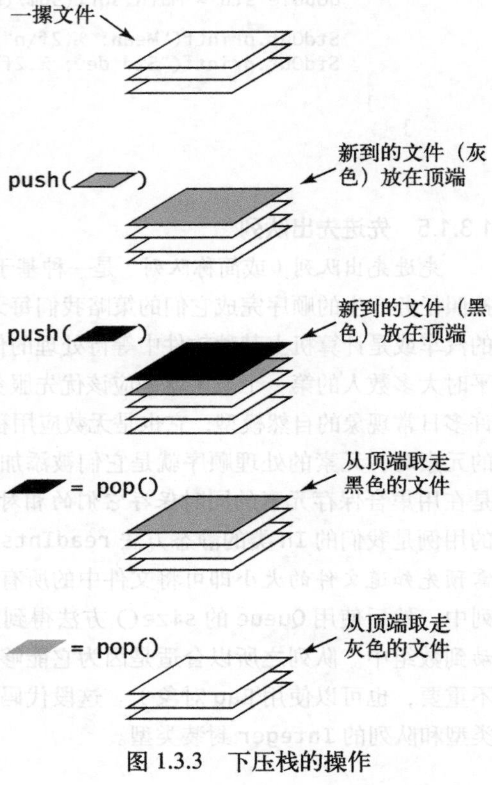

图 1.3.3 下压栈的操作

的顺序正好相反。在应用程序中使用栈迭代器的一个典型原因是在用集合保存元素的同时颠倒它们的相对顺序。例如，右侧的用例 Reverse 将会把标准输入中的所有整数逆序排列，同样它也无需预先知道整数的多少。在计算机领域，栈具有基础而深远的影响，下一节我们会仔细研究一个例子，以说明栈的重要性。 127

```
public class Reverse
{
   public static void main(String[] args)
   {
      Stack<Integer> stack;
      stack = new Stack<Integer>();
      while (!StdIn.isEmpty())
         stack.push(StdIn.readInt());

      for (int i : stack)
         StdOut.println(i);
   }
}
```

Stack 的用例

1.3.1.7 算术表达式求值

我们要学习的另一个栈用例同时也是展示泛型的应用的一个经典例子。我们在 1.1 节中最初学习的几个程序之一就是用来计算算术表达式的值的，例如：

```
( 1 + ( ( 2 + 3 ) * ( 4 * 5 ) ) )
```

如果将 4 乘以 5，把 3 加上 2，取它们的积然后加 1，就得到了 101。但 Java 系统是如何完成这些运算的呢？不需要研究 Java 系统的构造细节，我们也可以编写一个 Java 程序来解决这个问题。它接受一个输入字符串（表达式）并输出表达式的值。为了简化问题，首先来看一下这份明确的递归定义：*算术表达式*可能是一个数，或者是由一个左括号、一个算术表达式、一个运算符、另一个算术表达式和一个右括号组成的表达式。简单起见，这里定义的是*未省略括号*的算术表达式，它明确地说明了所有运算符的操作数——你可能更熟悉形如 `1 + 2 * 3` 的表达式，省略了括号，而采用优先级规则。我们将要学习的简单机制也能处理优先级规则，但在这里我们不想把问题复杂化。为了突出重点，我们支持最常见的二元运算符 *、+、- 和 /，以及只接受一个参数的平方根运算符 sqrt。我们也可以轻易支持更多数量和种类的运算符来计算多种大家熟悉的数学表达式，包括三角函数、指数和对数函数。我们的重点在于如何解析由括号、运算符和数字组成的字符串，并按照正确的顺序完成各种初级算术运算操作。如何才能够得到一个（由字符串表示的）算术表达式的值呢？E.W.Dijkstra 在 20 世纪 60 年代发明了一个非常简单的算法，用两个栈（一个用于保存运算符，一个用于保存操作数）完成了这个任务，其实现过程见下页，求值算法的轨迹如图 1.3.4 所示。

表达式由括号、运算符和操作数（数字）组成。我们根据以下 4 种情况从左到右逐个将这些实体送入栈处理：

- 将操作数压入操作数栈；
- 将运算符压入运算符栈；
- 忽略左括号；
- 在遇到右括号时，弹出一个运算符，弹出所需数量的操作数，并将运算符和操作数的运算结果压入操作数栈。

在处理完最后一个右括号之后，操作数栈上只会有一个值，它就是表达式的值。这种方法乍一看有些难以理解，但要证明它能够计算得到正确的值很简单：每当算法遇到一个被括号包围并由一个运算符和两个操作数组成的子表达式时，它都将运算符和操作数的计算结果压入操作数栈。这样的结果就好像在输入中用这个值代替了该子表达式，因此用这个值代替子表达式得到的结果和原表达式相同。我们可以反复应用这个规律并得到一个最终值。例如，用该算法计算以下表达式得到的结果都是相同的： 128

```
( 1 + ( ( 2 + 3 ) * ( 4 * 5 ) ) )
( 1 + ( 5 * ( 4 * 5 ) ) )
( 1 + ( 5 * 20 ) )
( 1 + 100 )
101
```

本页中的 Evaluate 类是该算法的一个实现。这段代码是一个简单的“解释器”：一个能够解释给定字符串所表达的运算并计算得到结果的程序。

Dijkstra 的双栈算术表达式求值算法

```
public class Evaluate
{
   public static void main(String[] args)
   {
      Stack<String> ops  = new Stack<String>();
      Stack<Double> vals = new Stack<Double>();
      while (!StdIn.isEmpty())
      {  // 读取字符，如果是运算符则压入栈
         String s = StdIn.readString();
         if      (s.equals("("))               ;
         else if (s.equals("+"))    ops.push(s);
         else if (s.equals("-"))    ops.push(s);
         else if (s.equals("*"))    ops.push(s);
         else if (s.equals("/"))    ops.push(s);
         else if (s.equals("sqrt")) ops.push(s);
         else if (s.equals(")"))
         {  // 如果字符为")"，弹出运算符和操作数，计算结果并压入栈
            String op = ops.pop();
            double v = vals.pop();
            if      (op.equals("+"))    v = vals.pop() + v;
            else if (op.equals("-"))    v = vals.pop() - v;
            else if (op.equals("*"))    v = vals.pop() * v;
            else if (op.equals("/"))    v = vals.pop() / v;
            else if (op.equals("sqrt")) v = Math.sqrt(v);
            vals.push(v);
         }  // 如果字符既非运算符也不是括号，将它作为 double 值压入栈
         else vals.push(Double.parseDouble(s));
      }
      StdOut.println(vals.pop());
   }
}
```

这段 Stack 的用例使用了两个栈来计算表达式的值。它展示了一种重要的计算模型：将一个字符串解释为一段程序并执行该程序得到结果。有了泛型，我们只需实现 Stack 一次即可使用 String 值的栈和 Double 值的栈。简单起见，这段代码假设表达式没有省略任何括号，数字和字符均以空白字符相隔。

```
% java Evaluate
( 1 + ( ( 2 + 3 ) * ( 4 * 5 ) ) )
101.0

% java Evaluate
( ( 1 + sqrt ( 5.0 ) ) / 2.0 )
1.618033988749895
```

129
~
130

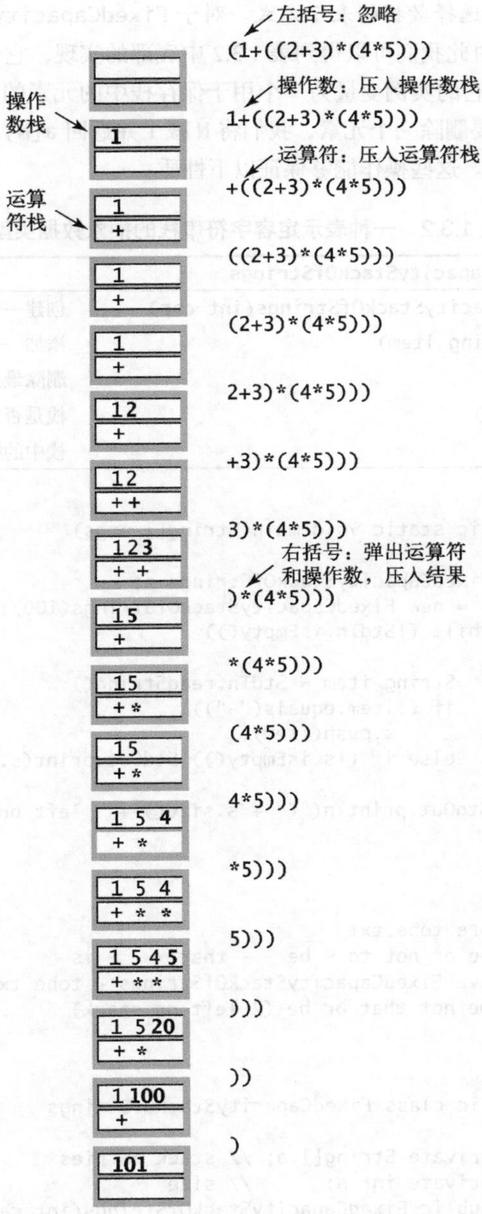

图 1.3.4　Dijkstra 的双栈算术表达式求值算法的轨迹　131

1.3.2　集合类数据类型的实现

在讨论 Bag、Stack 和 Queue 的实现之前，我们会先给出一个简单而经典的实现，然后讨论它的改进并得到表 1.3.1 中的 API 的所有实现。

1.3.2.1　定容栈

作为热身，我们先来看一种表示容量固定的字符串栈的抽象数据类型，如表 1.3.2 所示。它的 API 和 Stack 的 API 有所不同：它只能处理 String 值，它要求用例指定一个容量且不支持迭代。

实现一份API的第一步就是选择数据的表示方式。对于 FixedCapacityStackOfStrings，我们显然可以选择 String 数组。由此我们可以得到表1.3.2中底部的实现，它已经是简单得不能再简单了（每个方法都只有一行）。它的实例变量为一个用于保存栈中的元素的数组 a[]，和一个用于保存栈中的元素数量的整数 N。要删除一个元素，我们将 N 减 1 并返回 a[N]。要添加一个元素，我们将 a[N] 设为新元素并将 N 加 1。这些操作能够保证以下性质：

表 1.3.2　一种表示定容字符串栈的抽象数据类型

API	public class **FixedCapacityStackOfStrings**	
	FixedCapacityStackOfStrings(int cap)	创建一个容量为 cap 的空栈
void	push(String item)	添加一个字符串
String	pop()	删除最近添加的字符串
boolean	isEmpty()	栈是否为空
int	size()	栈中的字符串数量

测试用例

```
public static void main(String[] args)
{
   FixedCapacityStackOfStrings s;
   s = new FixedCapacityStackOfStrings(100);
   while (!StdIn.isEmpty())
   {
      String item = StdIn.readString();
      if (!item.equals("-"))
           s.push(item);
      else if (!s.isEmpty()) StdOut.print(s.pop() + " ");
   }
   StdOut.println("(" + s.size() + " left on stack)");
}
```

使用方法

```
% more tobe.txt
to be or not to - be - - that - - - is
% java FixedCapacityStackOfStrings < tobe.txt
to be not that or be (2 left on stack)
```

数据类型的实现

```
public class FixedCapacityStackOfStrings
{
   private String[] a; // stack entries
   private int N;      // size
   public FixedCapacityStackOfStrings(int cap)
   {  a = new String[cap]; }
   public boolean isEmpty() {  return N == 0; }
   public int size()        {  return N; }
   public void push(String item)
   {  a[N++] = item; }
   public String pop()
   {  return a[--N]; }
}
```

表 1.3.3 FixedCapacityStackOfStrings 的测试用例的轨迹

StdIn (*push*)	StdOut (*pop*)	N	a[] 0	1	2	3	4
		0					
to		1	to				
be		2	to	be			
or		3	to	be	or		
not		4	to	be	or	not	
to		5	to	be	or	not	to
-	to	4	to	be	or	not	to
be		5	to	be	or	not	be
-	be	4	to	be	or	not	be
-	not	3	to	be	or	not	be
that		4	to	be	or	that	be
-	that	3	to	be	or	that	be
-	or	2	to	be	or	that	be
-	be	1	to	be	or	that	be
is		2	to	is	or	not	to

- ❑ 数组中的元素顺序和它们被插入的顺序相同；
- ❑ 当 N 为 0 时栈为空；
- ❑ 栈的顶部位于 a[N-1]（如果栈非空）。

和以前一样，用恒等式的方式思考这些条件是检验实现正常工作的最简单的方式。请你务必完全理解这个实现。做到这一点的最好方法是检验一系列操作中栈内容的轨迹，如表 1.3.3 所示。测试用例会从标准输入读取多个字符串并将它们压入一个栈，当遇到 - 时它会将栈的内容弹出并打印结果。这种实现的主要性能特点是 push 和 pop 操作所需的时间独立于栈的长度。许多应用会因为这种简洁性而选择它。但几个缺点限制了它作为通用工具的潜力，我们要改进的也是这一点。经过一些修改（以及 Java 语言机制的一些帮助），我们就能给出一个适用性更加广泛的实现。这些努力是值得的，因为 132~133
这个实现是本书中其他许多更强大的抽象数据类型的模板。

1.3.2.2 泛型

FixedCapacityStackOfStrings 的第一个缺点是它只能处理 String 对象。如果需要一个 double 值的栈，你就需要用类似的代码实现另一个类，也就是把所有的 String 都替换为 double。这还算简单，但如果我们需要 Transaction 类型的栈或者 Date 类型的队列等，情况就很棘手了。如 1.3.1.1 节的讨论所示，Java 的参数类型（泛型）就是专门用来解决这个问题的，而且我们也看过了几个用例的代码（请见 1.3.1.4 节、1.3.1.5 节、1.3.1.6 节和 1.3.1.7 节）。但如何才能实现一个泛型的栈呢？表 1.3.4 中的代码展示了实现的细节。它实现了一个 FixedCapacityStack 类，该类和 FixedCapacityStackOfStrings 类的区别仅在于加粗部分的代码——我们把所有的 String 都替换为 Item（一个地方除外，会在稍后讨论）并用下面这行代码声明了该类：

```
public class FixedCapacityStack<Item>
```

Item 是一个类型参数，用于表示用例将会使用的某种具体类型的象征性的占位符。可以将 FixedCapacityStack<Item> 理解为某种元素的栈，这正是我们想要的。在实现 FixedCapacityStack 时，我们并不知道 Item 的实际类型，但用例只要能在创建栈时提供具体的数据类型，它就能用栈处理任意数据类型。实际的类型必须是引用类型，但用例可以依靠自动装箱将原始数据类型转换为相应的封装类型。Java 会使用类型参数 Item 来检查类型不匹配的错误——尽管具体的数据类型还不知道，赋予 Item 类型变量的值也必须是 Item 类型的，等等。在这里有一个细节非常重要：我们希望用以下代码在 FixedCapacityStack 的构造函数的实现中创建一个泛型的数组：

```
a = new Item[cap];
```

由于某些历史和技术原因（不在本书讲解范围之内），创建泛型数组在 Java 中是不允许的。我们需要使用类型转换：

```
a = (Item[]) new Object[cap];
```

这段代码才能够达到我们所期望的效果（但 Java 编译器会给出一条警告，不过可以忽略它），

134 我们在本书中会一直使用这种方式（Java 系统库中类似抽象数据类型的实现中也使用了相同的方式）。

表 1.3.4 一种表示泛型定容栈的抽象数据类型

API	public class **FixedCapacityStack<Item>**	
	FixedCapacityStack(int cap)	创建一个容量为 cap 的空栈
void	push(**Item** item)	添加一个元素
Item	pop()	删除最近添加的元素
boolean	isEmpty()	栈是否为空
int	size()	栈中的元素数量

测试用例

```
public static void main(String[] args)
{
   FixedCapacityStack<String> s;
   s = new FixedCapacityStack<String>(100);
   while (!StdIn.isEmpty())
   {
      String item = StdIn.readString();
      if (!item.equals("-"))
           s.push(item);
      else if (!s.isEmpty()) StdOut.print(s.pop() + " ");
   }
   StdOut.println("(" + s.size() + " left on stack)");
}
```

使用方法

```
% more tobe.txt
to be or not to - be - - that - - - is
% java FixedCapacityStack < tobe.txt
to be not that or be (2 left on stack)
```

数据类型的实现

```
public class FixedCapacityStack<Item>
{
   private Item[] a;    // stack entries
   private int N;       // size
   public FixedCapacityStack(int cap)
   {  a = (Item[]) new Object[cap];  }
   public boolean isEmpty() {  return N == 0; }
   public int size()        {  return N; }
   public void push(Item item)
   {  a[N++] = item; }
   public Item pop()
   {  return a[--N]; }
}
```

135

1.3.2.3 调整数组大小

选择用数组表示栈内容意味着用例必须预先估计栈的最大容量。在 Java 中，数组一旦创建，其大小是无法改变的，因此栈使用的空间只能是这个最大容量的一部分。选择大容量的用例在栈为空或几乎为空时会浪费大量的内存。例如，一个交易系统可能会涉及数十亿笔交易和数千个交易的集合。即使这种系统一般都会限制每笔交易只能出现在一个集合中，但用例必须保证所有集合都有能力保存所有的交易。另一方面，如果集合变得比数组更大那么用例有可能溢出。为此，push() 方法需要在代码中检测栈是否已满，我们的 API 中也应该含有一个 isFull() 方法来允许用例检测栈是否已满。我们在此省略了它的实现代码，因为我们希望用例从处理栈已满的问题中解脱出来，如我们的原始 Stack API 所示。因此，我们修改了数组的实现，动态调整数组 a[] 的大小，使得它既足以保存所有元素，又不至于浪费过多的空间。实际上，完成这些目标非常简单。首先，实现一个方法将栈移动到另一个大小不同的数组中：

```
private void resize(int max)
{  // 将大小为 N < = max 的栈移动到一个新的大小为 max 的数组中
   Item[] temp = (Item[]) new Object[max];
   for (int i = 0; i < N; i++)
      temp[i] = a[i];
   a = temp;
}
```

现在，在 push() 中，检查数组是否太小。具体来说，我们会通过检查栈大小 N 和数组大小 a.length 是否相等来检查数组是否能够容纳新的元素。如果没有多余的空间，我们会将数组的长度加倍。然后就可以和从前一样用 a[N++] = item 插入新元素了：

```
public void push(Item item)
{  // 将元素压入栈顶
   if (N == a.length) resize(2*a.length);
   a[N++] = item;
}
```

类似，在 pop() 中，首先删除栈顶的元素，然后如果数组太大我们就将它的长度减半。只要稍加思考，你就明白正确的检测条件是栈大小是否小于数组的四分之一。在数组长度被减半之后，它的状态约为半满，在下次需要改变数组大小之前仍然能够进行多次 push() 和 pop() 操作。 136

```
public Item pop()
{  // 从栈顶删除元素
   Item item = a[--N];
   a[N] = null;  // 避免对象游离（请见下节）
   if (N > 0 && N == a.length/4) resize(a.length/2);
   return item;
}
```

在这个实现中，栈永远不会溢出，使用率也永远不会低于四分之一（除非栈为空，那种情况下数组的大小为 1）。我们会在 1.4 节中详细分析这种实现方法的性能特点。

push() 和 pop() 操作中数组大小调整的轨迹见表 1.3.5。

1.3.2.4 对象游离

Java 的垃圾收集策略是回收所有无法被访问的对象的内存。在我们对 pop() 的实现中，被弹出的元素的引用仍然存在于数组中。这个元素实际上已经是一个孤儿了——它永远也不会再被访问了，但 Java 的垃圾收集器没法知道这一点，除非该引用被覆盖。即使用例已经不再需要这个元素了，数组中的引用仍然可以让它继续存在。这种情况（保存一个不需要的对象的引用）

称为游离。在这里，避免对象游离很容易，只需将被弹出的数组元素的值设为 null 即可，这将覆盖无用的引用并使系统可以在用例使用完被弹出的元素后回收它的内存。

表 1.3.5 一系列 push() 和 pop() 操作中数组大小调整的轨迹

push()	pop()	N	a.length	a[] 0	1	2	3	4	5	6	7
		0	1	null							
to		1	1	to							
be		2	2	to	be						
or		3	4	to	be	or	null				
not		4	4	to	be	or	not				
to		5	8	to	be	or	not	to	null	null	null
-	to	4	8	to	be	or	not	null	null	null	null
be		5	8	to	be	or	not	be	null	null	null
-	be	4	8	to	be	or	not	null	null	null	null
-	not	3	8	to	be	or	null	null	null	null	null
that		4	8	to	be	or	that	null	null	null	null
-	that	3	8	to	be	or	null	null	null	null	null
-	or	2	4	to	be	null	null				
-	be	1	2	to	null						
is		2	2	to	is						

137

1.3.2.5 迭代

本节开头已经提过，集合类数据类型的基本操作之一就是，能够使用 Java 的 foreach 语句通过迭代遍历并处理集合中的每个元素。这种方式的代码既清晰又简洁，且不依赖于集合数据类型的具体实现。在讨论迭代的实现之前，我们先看一段能够打印出一个字符串集合中的所有元素的用例代码：

```
Stack<String> collection = new Stack<String>();
...
for (String s : collection)
   StdOut.println(s);
...
```

这里，foreach 语句只是 while 语句的一种简写方式（就好像 for 语句一样）。它本质上和以下 while 语句是等价的：

```
Iterator<String> i = collection.iterator();
while (i.hasNext())
{
   String s = i.next();
   StdOut.println(s);
}
```

这段代码展示了一些在任意可迭代的集合数据类型中我们都需要实现的东西：

- ❑ 集合数据类型必须实现一个 iterator() 方法并返回一个 Iterator 对象；
- ❑ Iterator 类必须包含两个方法：hasNext()（返回一个布尔值）和 next()（返回集合中的一个泛型元素）。

在 Java 中，我们使用接口机制来指定一个类所必须实现的方法（请见 1.2.5.4 节）。对于可迭代的集合数据类型，Java 已经为我们定义了所需的接口。要使一个类可迭代，第一步就是在它的声明中加入 implements Iterable<Item>，对应的接口（即 java.lang.Iterable）为：

```
public interface Iterable<Item>
{
   Iterator<Item> iterator();
}
```

然后在类中添加一个方法 iterator() 并返回一个迭代器 Iterator<Item>。迭代器都是泛型的，因此我们可以使用参数类型 Item 来帮助用例遍历它们指定的任意类型的对象。对于一直使用的数组表示法，我们需要逆序迭代遍历这个数组，因此我们将迭代器命名为 ReverseArrayIterator，并添加了以下方法： 138

```
public Iterator<Item> iterator()
{  return new ReverseArrayIterator();  }
```

迭代器是什么？它是一个实现了 hasNext() 和 next() 方法的类的对象，由以下接口所定义（即 java.util.Iterator）：

```
public interface Iterator<Item>
{
    boolean hasNext();
    Item next();
    void remove();
}
```

尽管接口指定了一个 remove() 方法，但在本书中 remove() 方法总为空，因为我们希望避免在迭代中穿插能够修改数据结构的操作。对于 ReverseArrayIterator，这些方法都只需要一行代码，它们实现在栈类的一个嵌套类中：

```
private class ReverseArrayIterator implements Iterator<Item>
{
   private int i = N;
   public boolean hasNext() {  return i > 0;   }
   public Item next()       {  return a[--i];  }
   public void remove()     {                  }
}
```

请注意，嵌套类可以访问包含它的类的实例变量，在这里就是 a[] 和 N（这也是我们使用嵌套类实现迭代器的主要原因）。从技术角度来说，为了和 Iterator 的结构保持一致，我们应该在两种情况下抛出异常：如果用例调用了 remove() 则抛出 UnsupportedOperationException，如果用例在调用 next() 时 i 为 0 则抛出 NoSuchElementException 。因为我们只会在 foreach 语法中使用迭代器，这些情况都不会出现，所以我们省略了这部分代码。还剩下一个非常重要的细节，我们需要在程序的开头加上下面这条语句：

```
import java.util.Iterator;
```

因为（某些历史原因）Iterator 不在 java.lang 中（尽管 Iterable 是 java.lang 的一部分）。现在，使用 foreach 处理该类的用例能够得到的行为和使用普通的 for 循环访问数组一样，但它无须知道数据的表示方法是数组（即实现细节）。对于我们在本书中学习的和 Java 库中所包含的所有类似于集合的基础数据类型的实现，这一点非常重要。例如，我们无需改变任何用例代码就可以随意切换不同的表示方法。更重要的是，从用例的角度来来说，无需知晓类的实现细节用例也能使用迭代。 139

算法 1.1 是 Stack API 的一种能够动态改变数组大小的实现。用例能够创建任意类型数据的栈，并支持用例用 foreach 语句按照后进先出的顺序迭代访问所有栈元素。这个实现的基础是 Java 的语言特性，包括 Iterable 和 Iterator，但我们没有必要深究这些特性的细节，因为代码本身并不复杂，并且可以用做其他集合数据类型的实现的模板。

例如，我们在实现 Queue 的 API 时，可以使用两个实例变量作为索引，一个变量 head 指向队列的开头，一个变量 tail 指向队列的结尾，如表 1.3.6 所示。在删除一个元素时，使用 head 访问它并将 head 加 1；在插入一个元素时，使用 tail 保存它并将 tail 加 1。如果某个索引在增加之后越过了数组的边界则将它重置为 0。实现检查队列是否为空、是否充满并需要调整数组大小的细节是一项有趣而又实用的编程练习（请见练习 1.3.14）。

表 1.3.6 ResizingArrayQueue 的测试用例的轨迹

StdIn	StdOut	N	head	tail	a[]							
(入列)	(出列)				0	1	2	3	4	5	6	7
		5	0	5	to	be	or	not	to			
-	to	4	1	5	to	be	or	not	to			
be		5	1	6	to	be	or	not	to	be		
-	be	4	2	6	to	be	or	not	to	be		
-	or	3	3	6	to	be	or	not	to	be		

在算法的学习中，算法 1.1 十分重要，因为它几乎（但还没有）达到了任意集合类数据类型的实现的最佳性能：

- 每项操作的用时都与集合大小无关；
- 空间需求总是不超过集合大小乘以一个常数。

ResizingArrayStack 的缺点在于某些 push() 和 pop() 操作会调整数组的大小：这项操作的耗时和栈大小成正比。下面，我们将学习一种克服该缺陷的方法，使用一种完全不同的方式来组织
140 数据。

算法 1.1 下压（LIFO）栈（能够动态调整数组大小的实现）

```
import java.util.Iterator;
public class ResizingArrayStack<Item> implements Iterable<Item>
{
   private Item[] a = (Item[]) new Object[1];  // 栈元素
   private int N = 0;                          // 元素数量
   public boolean isEmpty()  {  return N == 0; }
   public int size()         {  return N;      }
   private void resize(int max)
   {  // 将栈移动到一个大小为max的新数组
      Item[] temp = (Item[]) new Object[max];
      for (int i = 0; i < N; i++)
         temp[i] = a[i];
      a = temp;
   }
   public void push(Item item)
   {  // 将元素添加到栈顶
      if (N == a.length) resize(2*a.length);
      a[N++] = item;
   }
   public Item pop()
   {  // 从栈顶删除元素
      Item item = a[--N];
```

```
      a[N] = null;  // 避免对象游离（请见 1.3.2.4 节）
      if (N > 0 && N == a.length/4) resize(a.length/2);
      return item;
   }
   public Iterator<Item> iterator()
   {  return new ReverseArrayIterator();  }
   private class ReverseArrayIterator implements Iterator<Item>
   {  // 支持后进先出的迭代
      private int i = N;
      public boolean hasNext() {  return i > 0;    }
      public     Item next()   {  return a[--i];  }
      public     void remove() {                   }
   }
}
```

这份泛型的可迭代的 Stack API 的实现是所有集合类抽象数据类型实现的模板。它将所有元素保存在数组中，并动态调整数组的大小以保持数组大小和栈大小之比小于一个常数。 141

1.3.3 链表

现在我们来学习一种基础数据结构的使用，它是在集合类的抽象数据类型实现中表示数据的合适选择。这是我们构造非 Java 直接支持的数据结构的第一个例子。我们的实现将成为本书中其他更加复杂的数据结构的构造代码的模板。所以请仔细阅读本节，即使你已经使用过链表。

> **定义**。链表是一种递归的数据结构，它或者为空（null），或者是含有泛型元素的结点和指向另一条链表的引用。

在这个定义中，*结点*是一个可能含有任意类型数据的抽象实体，它所包含的指向结点的应用显示了它在构造链表之中的作用。和递归程序一样，递归数据结构的概念一开始也令人费解，但其实它的简洁性赋予了它巨大的价值。

1.3.3.1 结点记录

在面向对象编程中，实现链表并不困难。我们首先用一个*嵌套类*来定义结点的抽象数据类型：

```
private class Node
{
   Item item;
   Node next;
}
```

一个 Node 对象含有两个实例变量，类型分别为 Item（参数类型）和 Node。我们会在需要使用 Node 类的类中定义它并将它标记为 private，因为它不是为用例准备的。和任意数据类型一样，我们通过 new Node() 触发（无参数的）构造函数来创建一个 Node 类型的对象。调用的结果是一个指向 Node 对象的引用，它的实例变量均被初始化为 null。Item 是一个占位符，表示我们希望用链表处理的任意数据类型（我们将会使用 Java 的泛型使之表示任意引用类型）；Node 类型的实例变量显示了这种数据结构的链式本质。为了强调我们在组织数据时只使用了 Node 类，我们没有定义任何方法且会在代码中直接引用实例变量：如果 first 是一个指向某个 Node 对象的变量，我们可以使用 first.item 和 first.next 访问它的实例变量。这种类型的类有时也被称为*记录*。它们实现的不是抽象数据类型，因为我们会直接使用其实例变量。但是在我们的实现中，Node 和它的用例代码都会被封装在相同的类中且无法被该类的用例访问，所

142 以我们仍然能够享受数据抽象的好处。

1.3.3.2 构造链表

现在，根据递归定义，我们只需要一个 Node 类型的变量就能表示一条链表，只要保证它的值是 null 或者指向另一个 Node 对象且该对象的 next 域指向了另一条链表即可。例如，要构造一条含有元素 to、be 和 or 的链表，我们首先为每个元素创造一个结点：

```
Node first  = new Node();
Node second = new Node();
Node third  = new Node();
```

并将每个结点的 item 域设为所需的值（简单起见，我们假设在这些例子中 Item 为 String）：

```
first.item  = "to";
second.item = "be";
third.item  = "or";
```

然后设置 next 域来构造链表：

```
first.next  = second;
second.next = third;
```

（注意：third.next 仍然是 null，即对象创建时它被初始化的值。）结果是，third 是一条链表（它是一个结点的引用，该结点指向 null，即一个空链表），second 也是一条链表（它是一个结点的引用，且该结点含有一个指向 third 的引用，而 third 是一条链表），first 也是一条链表（它是一个结点的引用，且该结点含有一个指向 second 的引用，而 second 是一条链表）。图 1.3.5 所示的代码以不同的顺序完成了这些赋值语句。

链表表示的是一列元素。在我们刚刚考察过的例子中，first 表示的序列是 to、be、or。我们也可以用一个数组来表示一列元素。例如，可以用以下数组表示同一列字符串：

```
String[] s = { "to", "be", "or" };
```

不同之处在于，在链表中向序列插入元素或是从序列中删除元素都更方便。下面，我们来学习完

143 成这些任务的代码。

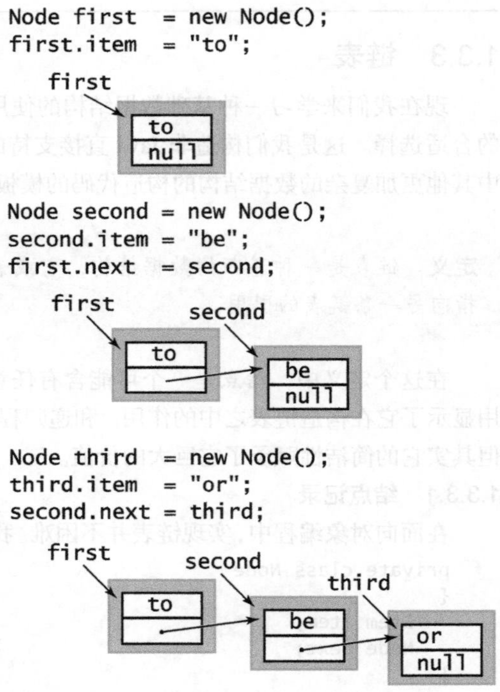
Node first = new Node();
first.item = "to";
first
to
null
Node second = new Node();
second.item = "be";
first.next = second;
first
second
to
be
null
Node third = new Node();
third.item = "or";
second.next = third;
first
second
third
to
be
or
null

图 1.3.5 用链接构造一条链表

在追踪使用链表和其他链式结构的代码时，我们会使用可视化表示方法：

- 用长方形表示对象；
- 将实例变量的值写在长方形中；
- 用指向被引用对象的箭头表示引用关系。

这种表示方式抓住了链表的关键特性。方便起见，我们用术语链接表示对结点的引用。简单起见，当元素的值为字符串时（如我们的例子所示），我们会将字符串写在长方形之内，而非使用 1.2 节中所讨论的更准确的方式表示字符串对象和字符数组。这种可视化的表示方式使我们能够将注意力集中在链表上。

1.3.3.3 在表头插入结点

首先，假设你希望向一条链表中插入一个新的结点。最容易做到这一点的地方就是链表的开头。例如，要在首结点为 first 的给定链表开头插入字符串 not，我们先将 first 保存在 oldfirst 中，然后将一个新结点赋予 first，并将它的 item 域设为 not，next 域设为 oldfirst。以上过程如图 1.3.6 所示。这段在链表开头插入一个结点的代码只需要几行赋值语句，所以它所需的时间和链表的长度无关。

1.3.3.4 从表头删除结点

接下来，假设你希望删除一条链表的首结点。这个操作更简单：只需将 first 指向 first.next 即可。一般来说你可能会希望在赋值之前得到该元素的值，因为一旦改变了 first 的值，就再也无法访问它曾经指向的结点了。曾经的结点对象变成了一个孤儿，Java 的内存管理系统最终将回收它所占用的内存。和以前一样，这个操作只含有一条赋值语句，因此它的运行时间和链表的长度无关。此过程如图 1.3.7 所示。

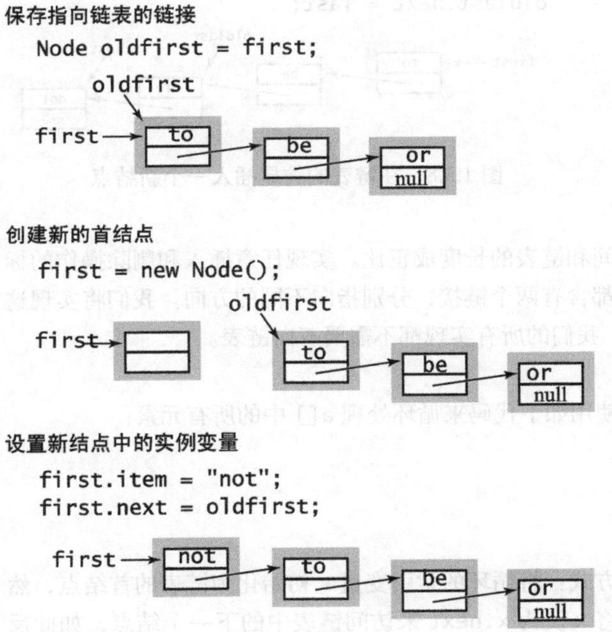

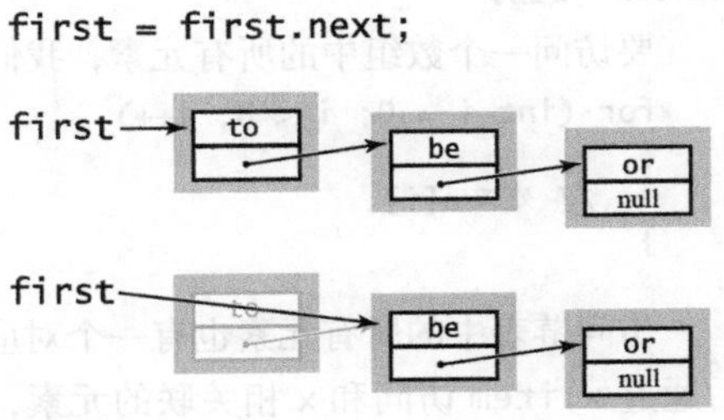

图 1.3.6 在链表的开头插入一个新结点　　图 1.3.7 删除链表的首结点 144

1.3.3.5 在表尾插入结点

如何才能在链表的尾部添加一个新结点？要完成这个任务，我们需要一个指向链表最后一个结点的链接，因为该结点的链接必须被修改并指向一个含有新元素的新结点。我们不能在链表代码中草率地决定维护一个额外的链接，因为每个修改链表的操作都需要添加检查是否要修改该变量（以及作出相应修改）的代码。例如，我们刚刚讨论过的删除链表首结点的代码就可能改变指向链表的尾结点的引用，因为当链表中只有一个结点时，它既是首结点又是尾结点！另外，这段代码也无法处理链表为空的情况（它会使用空链接）。类似这些情况的细节使链表代码特别难以调试。在链表结尾插入新结点的过程如图 1.3.8 所示。

1.3.3.6 其他位置的插入和删除操作

总的来说，我们已经展示了在链表中如何通过若干指令实现以下操作，其中我们可以通过 `first` 链接访问链表的首结点并通过 `last` 链接访问链表的尾结点：

- ❑ 在表头插入结点；
- ❑ 从表头删除结点；
- ❑ 在表尾插入结点。

其他操作，例如以下几种，就不那么容易实现了：

- ❑ 删除指定的结点；
- ❑ 在指定结点前插入一个新结点。

例如，我们怎样才能删除链表的尾结点呢？`last` 链接帮不上忙，因为我们需要将链表尾结点的前一个结点中的链接（它指向的正是 `last`）值改为 `null`。在缺少其他信息的情况下，唯一的解决办法
145 就是遍历整条链表并找出指向 `last` 的结点（请见下文以及练习 1.3.19）。这种解决方案并不是我们想要的，因为它所需的时间和链表的长度成正比。实现任意插入和删除操作的标准解决方案是使用*双向链表*，其中每个结点都含有两个链接，分别指向不同的方向。我们将实现这些操作的代码留做练习（请见练习 1.3.31）。我们的所有实现都不需要双向链表。

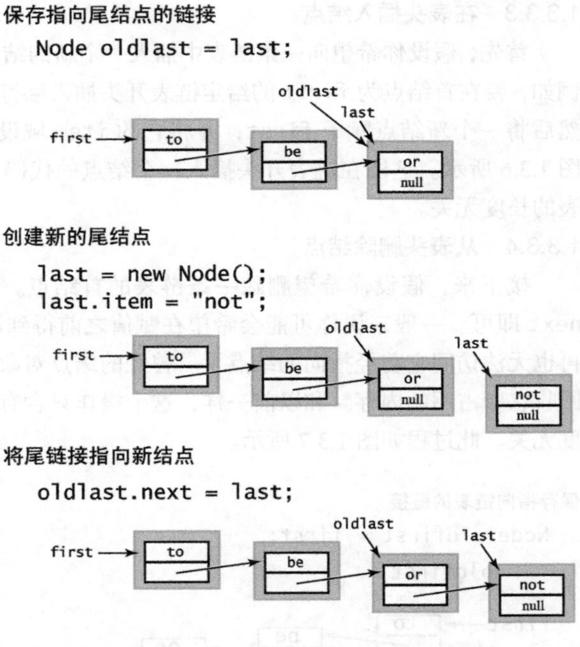

图 1.3.8 在链表的结尾插入一个新结点

1.3.3.7 遍历

要访问一个数组中的所有元素，我们会使用如下代码来循环处理 a[] 中的所有元素：

```
for (int i = 0; i < N; i++)
{
   // 处理 a[i]
}
```

访问链表中的所有元素也有一个对应的方式：将循环的索引变量 `x` 初始化为链表的首结点，然后通过 `x.item` 访问和 `x` 相关联的元素，并将 `x` 设为 `x.next` 来访问链表中的下一个结点，如此反复直到 `x` 为 `null` 为止（这说明我们已经到达了链表的结尾）。这个过程被称为链表的*遍历*，可以用以下循环处理链表的每个结点的代码简洁表达，其中 `first` 指向链表的首结点：

```
for (Node x = first; x != null; x = x.next)
{
   // 处理 x.item
}
```

这种方式和迭代遍历一个数组中的所有元素的标准方式一样自然。在我们的实现中，它是迭代
146 器使用的基本方式，它使用例能够迭代访问链表的所有元素而无需知道链表的实现细节。

1.3.3.8 栈的实现

有了这些预备知识，给出我们的 Stack API 的实现就很简单了，如 94 页的算法 1.2 所示。它将栈保存为一条链表，栈的顶部即为表头，实例变量 `first` 指向栈顶。这样，当使用 push() 压入一

个元素时，我们会按照 1.3.3.3 节所讨论的代码将该元素添加在表头；当使用 pop() 删除一个元素时，我们会按照 1.3.3.4 节讨论的代码将该元素从表头删除。要实现 size() 方法，我们用实例变量 N 保存元素的个数，在压入元素时将 N 加 1，在弹出元素时将 N 减 1。要实现 isEmpty() 方法，只需检查 first 是否为 null（或者可以检查 N 是否为 0）。该实现使用了泛型的 Item——你可以认为类名后的 <Item> 表示的是实现中所出现的所有 Item 都会替换为用例所提供的任意数据类型的名称（请见 1.3.2.2 节）。我们暂时省略了关于迭代的代码并将它们留到算法 1.4 中继续讨论。图 1.3.9 显示了我们所常用的测试用例的轨迹（测试用例代码放在了图后面）。链表的使用达到了我们的最优设计目标：

- 它可以处理任意类型的数据；
- 所需的空间总是和集合的大小成正比；
- 操作所需的时间总是和集合的大小无关。

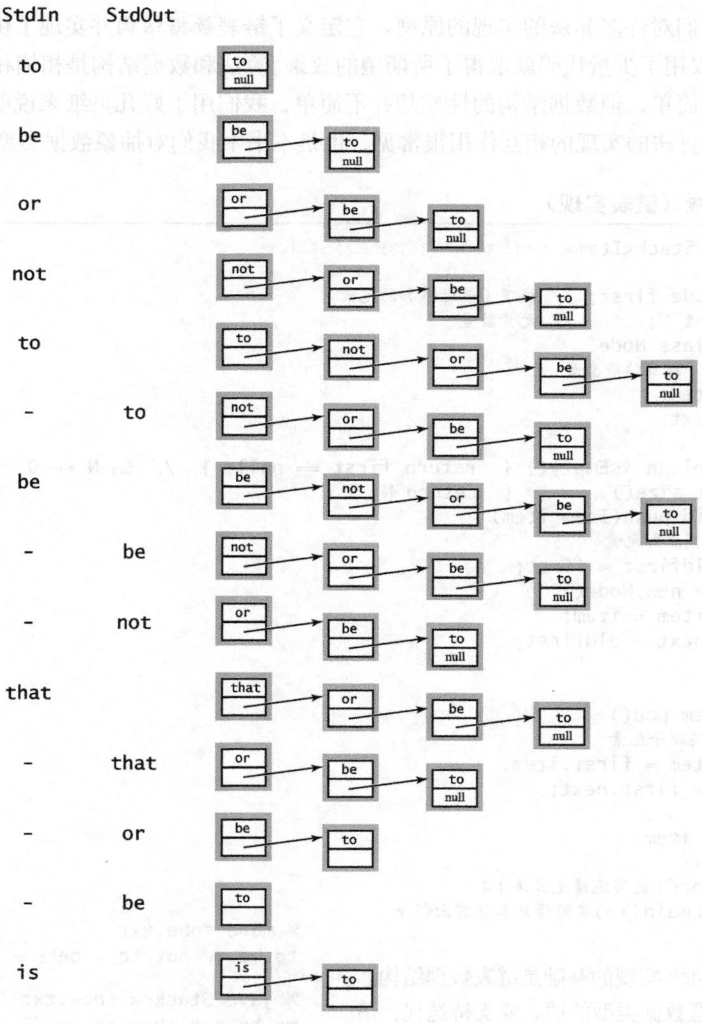

图 1.3.9 stack 的开发用例的轨迹

```
public static void main(String[] args)
{  // 创建一个栈并根据StdIn中的指示压入或弹出字符串
   Stack<String> s = new Stack<String>();
   while (!StdIn.isEmpty())
   {
      String item = StdIn.readString();
      if (!item.equals("-"))
         s.push(item);
      else if (!s.isEmpty()) StdOut.print(s.pop() + " ");
   }
   StdOut.println("(" + s.size() + " left on stack)");
}
```

Stack的测试用例

这份实现是我们对许多算法的实现的原型。它定义了链表数据结构并实现了供用例使用的方法push()和pop()，仅用了少量代码就取得了所期望的效果。算法和数据结构是相辅相成的。在本例中，

147~148 算法的实现代码很简单，但数据结构的性质却并不简单，我们用了好几页纸来说明这些性质。这种数据结构的定义和算法的实现的相互作用很常见，也是本书中我们对抽象数据类型的实现重点。

算法 1.2 下压堆栈（链表实现）

```
public class Stack<Item> implements Iterable<Item>
{
   private Node first; // 栈顶（最近添加的元素）
   private int N;      // 元素数量
   private class Node
   {  // 定义了结点的嵌套类
      Item item;
      Node next;
   }
   public boolean isEmpty() {  return first == null; }  // 或：N == 0
   public int size()        {  return N; }
   public void push(Item item)
   {  // 向栈顶添加元素
      Node oldfirst = first;
      first = new Node();
      first.item = item;
      first.next = oldfirst;
      N++;
   }
   public Item pop()
   {  //从栈顶删除元素
      Item item = first.item;
      first = first.next;
      N--;
      return item;
   }
   // iterator() 的实现请见算法 1.4
   // 测试用例 main() 的实现请见本节前面部分
}
```

```
% more tobe.txt
to be or not to - be - - that - - - is

% java Stack < tobe.txt
to be not that or be (2 left on stack)
```

这份泛型的Stack实现的基础是链表数据结构。它可以用于创建任意数据类型的栈。要支持迭代，请添加算法1.4中为Bag数据类型给出的加粗部分的代码。

149

1.3.3.9 队列的实现

基于链表数据结构实现 Queue API 也很简单，如算法 1.3 所示。它将队列表示为一条从最早插入的元素到最近插入的元素的链表，实例变量 first 指向队列的开头，实例变量 last 指向队列的结尾。这样，要将一个元素入列（enqueue()），我们就将它添加到表尾（请见图 1.3.8 中讨论的代码，但是在链表为空时需要将 first 和 last 都指向新结点）；要将一个元素出列（dequeue()），我们就删除表头的结点（代码和 Stack 的 pop() 方法相同，只是当链表为空时需要更新 last 的值）。size() 和 isEmpty() 方法的实现和 Stack 相同。和 Stack 一样，Queue 的实现也使用了泛型参数 Item。这里我们省略了支持迭代的代码并将它们留到算法 1.4 中继续讨论。下面所示的是一个开发用例，它和我们在 Stack 中使用的用例很相似，它的轨迹如算法 1.3 所示。Queue 的实现使用的数据结构和 Stack 相同——链表，但它实现了不同的添加和删除元素的算法，这也是用例所看到的后进先出和先进后出的区别所在。和刚才一样，我们用链表达到了最优设计目标：它可以处理任意类型的数据，所需的空间总是和集合的大小成正比，操作所需的时间总是和集合的大小无关。①

```
public static void main(String[] args)
{  // 创建一个队列并操作字符串入列或出列
   Queue<String> q = new Queue<String>();
   while (!StdIn.isEmpty())
   {
      String item = StdIn.readString();
      if (!item.equals("-"))
         q.enqueue(item);
      else if (!q.isEmpty()) StdOut.print(q.dequeue() + " ");
   }
   StdOut.println("(" + q.size() + " left on queue)");
}
```

Queue 的测试用例

```
% more tobe.txt
to be or not to - be - - that - - - is

% java Queue < tobe.txt
to be or not to be (2 left on queue)
```

150

算法 1.3　先进先出队列

```
public class Queue<Item> implements Iterable<Item>
{
   private Node first; // 指向最早添加的结点的链接
   private Node last;  // 指向最近添加的结点的链接
   private int N;      // 队列中的元素数量
   private class Node
   {  // 定义了结点的嵌套类
```

① 这里原书应该是因为版面原因没有使用列表，如果版面允许可以使用和 Stack 部分相同的列表显示这三个目标。——译者注

```
      Item item;
      Node next;
   }
   public boolean isEmpty() {  return first == null;  } // 或: N == 0.
   public int size()        {  return N;  }
   public void enqueue(Item item)
   {  // 向表尾添加元素
      Node oldlast = last;
      last = new Node();
      last.item = item;
      last.next = null;
      if (isEmpty()) first = last;
      else           oldlast.next = last;
      N++;
   }
   public Item dequeue()
   {  // 从表头删除元素
      Item item = first.item;
      first = first.next;
      if (isEmpty()) last = null;
      N--;
      return item;
   }
   // iterator() 的实现请见算法 1.4
   // 测试用例 main() 的实现请见前面
}
```

这份泛型的 Queue 实现的基础是链表数据结构。它可以用于创建任意数据类型的队列。要支持迭代，
151 请添加算法 1.4 中为 Bag 数据类型给出的加粗部分的代码。

Queue 的开发用例的轨迹如图 1.3.10 所示。

在结构化存储数据集时，**链表是数组的一种重要的替代方式**。这种替代方案已经有数十年的历史。事实上，编程语言历史上的一块里程碑就是 McCathy 在 20 世纪 50 年代发明的 LISP 语言，而链表则是这种语言组织程序和数据的主要结构。在练习中你会发现，链表编程也会遇到各种问题，且调试十分困难。在现代编程语言中，安全指针、自动垃圾回收（请见 1.2 节答疑部分）和抽象数据类型的使用使我们能够将链表处理的代码封装在若干个类中，正如本文所述。

1.3.3.10 背包的实现

用链表数据结构实现我们的 Bag API 只需要将 Stack 中的 push() 改名为 add()，并去掉 pop() 的实现即可，如算法 1.4 所示（也可以用相同的方法实现 Queue，但需要的代码更多）。在这份实现中，加粗部分的代码可以通过遍历链表使 Stack、Queue 和 Bag 变为可迭代的。对于 Stack，链表的访问顺序是后进先出；对于 Queue，链表的访问顺序是先进先出；对于 Bag，它正好也是后进先出的顺序，但顺序在这里并不重要。如算法 1.4 中加粗部分的代码所示，要在集合数据类型中实现迭代，第一步就是要添加下面这行代码，这样我们的代码才能引用 Java 的 Iterator 接口：

```
import java.util.Iterator;
```

第二步是在类的声明中添加这行代码，它保证了类必然会提供一个 iterator() 方法：

```
implements Iterable<Item>
```

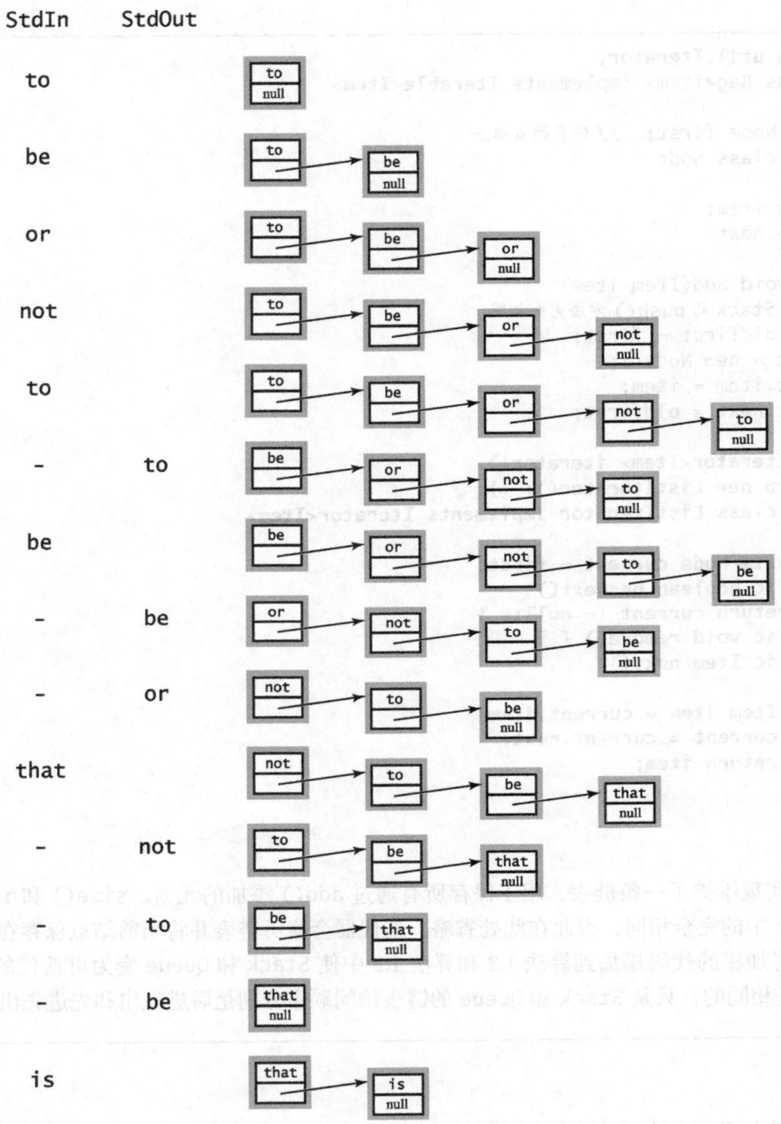

图 1.3.10 Queue 的开发用例的轨迹

iterator() 方法本身只是简单地从实现了 Iterator 接口的类中返回一个对象：

```
public Iterator<Item> iterator()
{  return new ListIterator(); }
```

这段代码保证了类必然会实现方法 hasNext()、next() 和 remove() 供用例的 foreach 语法使用。要实现这些方法，算法 1.4 中的嵌套类 ListIterator 维护了一个实例变量 current 来记录链表的当前结点。hasNext() 方法会检测 current 是否为 null，next() 方法会保存当前元素的引用，将 current 变量指向链表中的下个结点并返回所保存的引用。 152~154

算法 1.4 背包

```
import java.util.Iterator;
public class Bag<Item> implements Iterable<Item>
{
   private Node first;  //链表的首结点
   private class Node
   {
      Item item;
      Node next;
   }
   public void add(Item item)
   {  // 和Stack的push()方法完全相同
      Node oldfirst = first;
      first = new Node();
      first.item = item;
      first.next = oldfirst;
   }
   public Iterator<Item> iterator()
   {  return new ListIterator();  }
   private class ListIterator implements Iterator<Item>
   {
      private Node current = first;
      public boolean hasNext()
      {  return current != null;  }
      public void remove() { }
      public Item next()
      {
         Item item = current.item;
         current = current.next;
         return item;
      }
   }
}
```

这份 Bag 的实现维护了一条链表，用于保存所有通过 add() 添加的元素。size() 和 isEmpty() 方法的代码和 Stack 中的完全相同，因此在此处省略。迭代器会遍历链表并将当前结点保存在 current 变量中。我们可以将加粗的代码添加到算法 1.2 和算法 1.3 中使 Stack 和 Queue 变为可迭代的，因为它们
155 背后的数据结构是相同的，只是 Stack 和 Queue 的链表访问顺序分别是后进先出和先进先出而已。

1.3.4 综述

在本节中，我们所学习的支持泛型和迭代的背包、队列和栈的实现所提供的抽象使我们能够编写简洁的用例程序来操作对象的集合。深入理解这些抽象数据类型非常重要，这是我们研究算法和数据结构的开始。原因有三：第一，我们将以这些数据类型为基石构造本书中的其他更高级的数据结构；第二，它们展示了数据结构和算法的关系以及同时满足多个有可能相互冲突的性能目标时所要面对的挑战；第三，我们将要学习的若干算法的实现重点就是需要其中的抽象数据类型能够支持对对象集合的强大操作，这些实现正是我们的起点。

数据结构

我们现在拥有两种表示对象集合的方式，即数组和链表（如表 1.3.7 所示）。Java 内置了数组，链表也很容易使用 Java 的标准方法实现。两者都非常基础，常常被称为*顺序存储*和*链式存储*。在本书后面部分，我们会在各种抽象数据类型的实现中将多种方式结归并扩展这些基本的数据结构。其中一种重要的扩展就是各种含有多个链接的数据结构。例如，3.2 节和 3.3 节的重点就是被称为二叉

树的数据结构，它由含有两个链接的结点组成。另一个重要的扩展是复合型的数据结构：我们可以使用背包存储栈，用队列存储数组，等等。例如，第4章的主题是图，我们可以用数组的背包表示它。用这种方式很容易定义任意复杂的数据结构，而我们重点研究抽象数据类型的一个重要原因就是试图控制这种复杂度。

表 1.3.7 基础数据结构

数据结构	优 点	缺 点
数组	通过索引可以直接访问任意元素	在初始化时就需要知道元素的数量
链表	使用的空间大小和元素数量成正比	需要通过引用访问任意元素

156

我们在本节中研究背包、队列和栈时描述数据结构和算法的方式是全书的原型（本书中的数据结构示例见表 1.3.8）。在研究一个新的应用领域时，我们将会按照以下步骤识别目标并使用数据抽象解决问题：

- 定义 API；
- 根据特定的应用场景开发用例代码；
- 描述一种数据结构（一组值的表示），并在 API 所对应的抽象数据类型的实现中根据它定义类的实例变量；
- 描述算法（实现一组操作的方式），并根据它实现类中的实例方法；
- 分析算法的性能特点。

在下一节中，我们会详细研究最后一步，因为它常常能够决定哪种算法和实现才是解决现实应用问题的最佳选择。

表 1.3.8 本书所给出的数据结构举例

数据结构	章 节	抽象数据类型	数据表示
父链接树	1.5	UnionFind	整型数组
二分查找树	3.2、3.3	BST	含有两个链接的结点
字符串	5.1	String	数组、偏移量和长度
二叉堆	2.4	PQ	对象数组
散列表（拉链法）	3.4	SeparateChainingHashST	链表数组
散列表（线性探测法）	3.4	LinearProbingHashST	两个对象数组
图的邻接链表	4.1、4.2	Graph	Bag 对象的数组
单词查找树	5.2	TrieST	含有链接数组的结点
三向单词查找树	5.3	TST	含有三个链接的结点

157

答疑

问 并不是所有编程语言都支持泛型，甚至 Java 的早期版本也不支持。有其他替代方案吗？

答 如正文所述，一种替代方法是为每种类型的数据都实现一个不同的集合数据类型。另一种方法是构造一个 Object 对象的栈，并在用例中使用 pop() 时将得到的对象转换为所需的数据类型。这种方式的问题在于类型不匹配错误只能在运行时发现。而在泛型中，如果你的代码将错误类型的对象压入栈中，比如这样：

```
Stack<Apple> stack = new Stack<Apple>();
Apple  a = new Apple();
...
Orange b = new Orange();
...
stack.push(a);
...
stack.push(b);     // 编译时错误
```

会得到一个编译时错误：

```
push(Apple) in Stack<Apple> cannot be applied to (Orange)
```

能够在编译时发现错误足以说服我们使用泛型。

问 为什么 Java 不允许泛型数组？

答 专家们仍然在争论这一点。你可能也需要成为专家才能理解它！对于初学者，请先了解**共变数组**（covariant array）和**类型擦除**（type erasure）。

问 如何才能创建一个字符串栈的数组？

答 使用类型转换，比如：

```
Stack<String>[] a = (Stack<String>[]) new Stack[N];
```

警告：这段类型转换的用例代码和 1.3.2.2 节所示的有所不同。你可能会以为需要使用 `Object` 而非 `Stack`。在使用泛型时，Java 会在编译时检查类型的安全性，但会在运行时抛弃所有这些信息。因此在运行时语句右侧就变成了 `Stack<Object>[]` 或者只剩下了 `Stack[]`，因此我们必须将它们转化为 `Stack<String>[]`。

158 问 在栈为空时调用 pop() 会发生什么？

答 这取决于实现。对于我们在算法 1.2 中给出的实现，你会得到一个 `NullPointerException` 异常。对于我们在本书的网站上给出的实现，我们会抛出一个运行时异常以帮助用户定位错误。一般来说，在应用广泛的代码中这类检查越多越好。

问 既然有了链表，为什么还要学习如何调整数组的大小？

答 我们还将会学习若干抽象数据类型的示例实现，它们需要使用数组来实现一些链表难以实现的操作。`ResizingArrayStack` 是控制它们的内存使用的样板。

问 为什么将 `Node` 声明为嵌套类？为什么使用 `private`？

答 将 `Node` 声明为私有的嵌套类之后，我们可以将 `Node` 的方法和实例变量的访问范围限制在包含它的类中。私有嵌套类的一个特点是只有包含它的类能够直接访问它的实例变量，因此无需将它的实例变量声明为 `public` 或是 `private`。专业背景较强的读者**注意**：非静态的嵌套类也被称为**内部类**，因此从技术上来说我们的 `Node` 类也是内部类，尽管非泛型的类也可以是静态的。

问 当我输入 `javac Stack.java` 编译算法 1.2 和其他程序时，我发现了 Stack.class 和 Stack$Node.class 两个文件。第二个文件是做什么用的？

答 第二个文件是为内部类 `Node` 创建的。Java 的命名规则会使用 $ 分隔外部类和内部类。

问 Java 标准库中有栈和队列吗？

答 有，也没有。Java 有一个内置的库，叫做 java.util.Stack，但你需要栈的时候请不要使用它。它新增了几个一般不属于栈的方法，例如获取第 `i` 个元素。它还允许从栈底添加元素（而非栈顶），所以它可以被当做队列使用！尽管拥有这些额外的操作看起来可能很有用，但它们其实是累赘。我们使

159 用某种数据类型不仅仅是为了获得我们能够想象的各种操作，也是为了准确地指定我们所需要的操

作。这么做的主要好处在于系统能够防止我们执行一些意外的操作。java.util.Stack 的 API 是宽接口的一个典型例子，我们通常会极力避免出现这种情况。

问 是否允许用例向栈或队列中添加空（null）元素？

答 在 Java 中实现集合类数据类型时这个问题是很常见的。我们的实现（以及 Java 的栈和队列库）允许插入 null 值。

问 如果用例在迭代中调用 push() 或者 pop()，Stack 的迭代器应该怎么办？

答 作为一个快速出错的迭代器，它应该立即抛出一个 java.util.ConcurrentModificationException 异常。请见练习 1.3.50。

问 我们能够用 foreach 循环访问数组吗？

答 可以（尽管数组没有实现 Iterable 接口）。以下代码将会打印所有命令行参数：

```
public static void main(String[] args)
{  for (String s : args) StdOut.println(s);  }
```

问 我们能够用 foreach 循环访问字符串吗？

答 不行，String 没有实现 Iterable 接口。

问 为什么不实现一个单独的 Collection 数据类型并实现添加元素、删除最近插入的元素、删除最早插入的元素、删除随机元素、迭代、返回集合元素数量和其他我们可能需要的方法？这样我们就能在一个类中实现所有这些方法并可以应用于各种用例。

答 再次强调一遍，这又是一个宽接口的例子。Java 在 java.util.ArrayList 和 java.util.LinkedList 类中实现了类似的设计。避免使用它们的一个原因是这样无法保证高效实现所有这些方法。在本书中，我们总是以 API 作为设计高效算法和数据结构的起点，而设计只含有几个操作的接口显然比设计含有许多操作的接口更简单。我们坚持窄接口的另一个原因是它们能够限制用例的行为，这将使用例代码更加易懂。如果一段用例代码使用 Stack<String>，而另一段用例代码使用 Queue<Transaction>，我们就可以知道后进先出的访问顺序对于前者很重要，而先进先出的访问顺序对于后者很重要。 160

练习

1.3.1 为 FixedCapacityStackOfStrings 添加一个方法 isFull()。

1.3.2 给定以下输入，java Stack 的输出是什么？

```
it was - the best - of times - - - it was - the - -
```

1.3.3 假设某个用例程序会进行一系列入栈和出栈的混合栈操作。入栈操作会将整数 0 到 9 按顺序压入栈；出栈操作会打印出返回值。下面哪种序列是不可能产生的？

a. 4 3 2 1 0 9 8 7 6 5

b. 4 6 8 7 5 3 2 9 0 1

c. 2 5 6 7 4 8 9 3 1 0

d. 4 3 2 1 0 5 6 7 8 9

e. 1 2 3 4 5 6 9 8 7 0

f. 0 4 6 5 3 8 1 7 2 9

g. 1 4 7 9 8 6 5 3 0 2

h. 2 1 4 3 6 5 8 7 9 0

1.3.4 编写一个 Stack 的用例 Parentheses，从标准输入中读取一个文本流并使用栈判定其中的括号是否配对完整。例如，对于 [()]{}{[()()]()} 程序应该打印 true，对于 [(]) 则打印 false。

1.3.5 当 N 为 50 时下面这段代码会打印什么？从较高的抽象层次描述给定正整数 N 时这段代码的行为。

```
Stack<Integer> stack = new Stack<Integer>();
while (N > 0)
{
   stack.push(N % 2);
   N = N / 2;
}
for (int d : stack) StdOut.print(d);
StdOut.println();
```

161

答：打印 N 的二进制表示（当 N 为 50 时打印 110010）。

1.3.6 下面这段代码对队列 q 进行了什么操作？

```
Stack<String> stack = new Stack<String>();
while (!q.isEmpty())
   stack.push(q.dequeue());
while (!stack.isEmpty())
   q.enqueue(stack.pop());
```

1.3.7 为 Stack 添加一个方法 peek()，返回栈中最近添加的元素（而不弹出它）。

1.3.8 给定以下输入，给出 DoublingStackOfStrings 的数组的内容和大小。

it was - the best - of times - - - it was - the - -

1.3.9 编写一段程序，从标准输入得到一个缺少左括号的表达式并打印出补全括号之后的中序表达式。例如，给定输入：

1 + 2) * 3 - 4) * 5 - 6)))

你的程序应该输出：

((1 + 2) * ((3 - 4) * (5 - 6)))

1.3.10 编写一个过滤器 InfixToPostfix，将算术表达式由中序表达式转为后序表达式。

1.3.11 编写一段程序 EvaluatePostfix，从标准输入中得到一个后序表达式，求值并打印结果（将上一题的程序中得到的输出用管道传递给这一段程序可以得到和 Evaluate 相同的行为）。

1.3.12 编写一个可迭代的 Stack 用例，它含有一个静态的 copy() 方法，接受一个字符串的栈作为参数并返回该栈的一个副本。注意：这种能力是迭代器价值的一个重要体现，因为有了它我们无需改变基本 API 就能够实现这种功能。

162 1.3.13 假设某个用例程序会进行一系列入列和出列的混合队列操作。入列操作会将整数 0 到 9 按顺序插入队列；出列操作会打印出返回值。下面哪种序列是不可能产生的？

a. 0 1 2 3 4 5 6 7 8 9

b. 4 6 8 7 5 3 2 9 0 1

c. 2 5 6 7 4 8 9 3 1 0

d. 4 3 2 1 0 5 6 7 8 9

1.3.14 编写一个类 ResizingArrayQueueOfStrings，使用定长数组实现队列的抽象，然后扩展实现，使用调整数组的方法突破大小的限制。

1.3.15 编写一个 Queue 的用例，接受一个命令行参数 k 并打印出标准输入中的倒数第 k 个字符串（假设标准输入中至少有 k 个字符串）。

1.3.16 使用 1.3.1.5 节中的 readInts() 作为模板为 Date 编写一个静态方法 readDates()，从标准输入中读取由练习 1.2.19 的表格所指定的格式的多个日期并返回一个它们的数组。

1.3.17 为 Transaction 类完成练习 1.3.16。 163

链表练习

这部分练习是专门针对链表的。建议：使用正文中所述的可视化表达方式画图。

1.3.18 假设 x 是一条链表的某个结点且不是尾结点。下面这条语句的效果是什么？

```
x.next = x.next.next;
```

答：删除 x 的后续结点。

1.3.19 给出一段代码，删除链表的尾结点，其中链表的首结点为 first。

1.3.20 编写一个方法 delete()，接受一个 int 参数 k，删除链表的第 k 个元素（如果它存在的话）。

1.3.21 编写一个方法 find()，接受一条链表和一个字符串 key 作为参数。如果链表中的某个结点的 item 域的值为 key，则方法返回 true，否则返回 false。

1.3.22 假设 x 是一条链表中的某个结点，下面这段代码做了什么？

```
t.next = x.next;
x.next = t;
```

答：插入结点 t 并使它成为 x 的后续结点。

1.3.23 为什么下面这段代码和上一道题中的代码效果不同？

```
x.next = t;
t.next = x.next;
```

答：在更新 t.next 时，x.next 已经不再指向 x 的后续结点，而是指向 t 本身！

1.3.24 编写一个方法 removeAfter()，接受一个链表结点作为参数并删除该结点的后续结点（如果参数结点或参数结点的后续结点为空则什么也不做）。

1.3.25 编写一个方法 insertAfter()，接受两个链表结点作为参数，将第二个结点插入链表并使之成为第一个结点的后续结点（如果两个参数为空则什么也不做）。 164

1.3.26 编写一个方法 remove()，接受一条链表和一个字符串 key 作为参数，删除链表中所有 item 域为 key 的结点。

1.3.27 编写一个方法 max()，接受一条链表的首结点作为参数，返回链表中键最大的节点的值。假设所有键均为正整数，如果链表为空则返回 0。

1.3.28 用递归的方法解答上一道练习。

1.3.29 用环形链表实现 Queue。环形链表也是一条链表，只是没有任何结点的链接为空，且只要链表非空则 last.next 的值为 first。只能使用一个 Node 类型的实例变量（last）。

1.3.30 编写一个函数，接受一条链表的首结点作为参数，（破坏性地）将链表反转并返回结果链表的首结点。

迭代方式的解答：为了完成这个任务，我们需要记录链表中三个连续的结点：reverse、first 和 second。在每轮迭代中，我们从原链表中提取结点 first 并将它插入到逆链表的开头。我们需要一直保持 first 指向原链表中所有剩余结点的首结点，second 指向原链表中所有剩余结点的第二个结点，reverse 指向结果链表中的首结点。

```
public Node reverse(Node x)
{
   Node first   = x;
   Node reverse = null;
   while (first != null)
   {
      Node second = first.next;
      first.next  = reverse;
      reverse     = first;
      first       = second;
   }
   return reverse;
}
```

165 在编写和链表相关的代码时，我们必须小心处理异常情况（链表为空或是只有一个或两个结点）和边界情况（处理首尾结点）。它们通常比处理正常情况要困难得多。

递归解答：假设链表含有 N 个结点，我们先递归颠倒最后 N–1 个结点，然后小心地将原链表中的首结点插入到结果链表的末端。

```
public Node reverse(Node first)
{
   if (first == null) return null;
   if (first.next == null) return first;
   Node second = first.next;
   Node rest = reverse(second);
   second.next = first;
   first.next  = null;
   return rest;
}
```

1.3.31 实现一个嵌套类 DoubleNode 用来构造双向链表，其中每个结点都含有一个指向前驱元素的引用和一项指向后续元素的引用（如果不存在则为 null）。为以下任务实现若干静态方法：在表头插入结点、在表尾插入结点、从表头删除结点、从表尾删除结点、在指定结点之前插入新结点、
166 在指定结点之后插入新结点、删除指定结点。

提高题

1.3.32 Steque。一个以栈为目标的队列（或称 steque），是一种支持 push、pop 和 enqueue 操作的数据类型。为这种抽象数据类型定义一份 API 并给出一份基于链表的实现。①

1.3.33 Deque。一个双向队列（或者称为 deque）和栈或队列类似，但它同时支持在两端添加或删除元素。Deque 能够存储一组元素并支持表 1.3.9 中的 API：

表 1.3.9 泛型双向队列的 API

public class **Deque<Item>** implements Iterable<Item>		
	Deque()	创建空双向队列
boolean	isEmpty()	双向队列是否为空

① push、pop 都是对队列同一端的操作，enqueue 和 push 对应，但操作的是队列的另一端。——译者注

（续）

public class **Deque**<Item> implements Iterable<Item>		
int	size()	双向队列中的元素数量
void	pushLeft(Item item)	向左端添加一个新元素
void	pushRight(Item item)	向右端添加一个新元素
Item	popLeft()	从左端删除一个元素
Item	popRight()	从右端删除一个元素

编写一个使用双向链表实现这份 API 的 Deque 类，以及一个使用动态数组调整实现这份 API 的 ResizingArrayDeque 类。

1.3.34 随机背包。随机背包能够存储一组元素并支持表 1.3.10 中的 API：

表 1.3.10　泛型随机背包的 API

public class **RandomBag**<Item> implements Iterable<Item>		
	RandomBag()	创建一个空随机背包
boolean	isEmpty()	背包是否为空
int	size()	背包中的元素数量
void	add(Item item)	添加一个元素

编写一个 RandomBag 类来实现这份 API。请注意，除了形容词随机之外，这份 API 和 Bag 的 API 是相同的，这意味着迭代应该随机访问背包中的所有元素（对于每次迭代，所有的 $N!$ 种排列出现的可能性均相同）。提示：用数组保存所有元素并在迭代器的构造函数中随机打乱它们的顺序。 167

1.3.35 随机队列。随机队列能够存储一组元素并支持表 1.3.11 中的 API：

表 1.3.11　泛型随机队列的 API

public class **RandomQueue**<Item>		
	RandomQueue()	创建一条空的随机队列
boolean	isEmpty()	队列是否为空
void	enqueue(Item item)	添加一个元素
Item	dequeue()	删除并随机返回一个元素（取样且不放回）
Item	sample()	随机返回一个元素但不删除它（取样且放回）

编写一个 RandomQueue 类来实现这份 API。提示：使用（能够动态调整大小的）数组表示数据。删除一个元素时，随机交换某个元素（索引在 0 和 N-1 之间）和末位元素（索引为 N-1）的位置，然后像 ResizingArrayStack 一样删除并返回末位元素。编写一个用例，使用 RandomQueue<Card> 在桥牌中发牌（每人 13 张）。

1.3.36 随机迭代器。为上一题中的 RandomQueue<Item> 编写一个迭代器，随机返回队列中的所有元素。

1.3.37 Josephus 问题。在这个古老的问题中，N 个身陷绝境的人一致同意通过以下方式减少生存人数。他们围坐成一圈（位置记为 0 到 $N-1$）并从第一个人开始报数，报到 M 的人会被杀死，直到最后一个人留下来。传说中 Josephus 找到了不会被杀死的位置。编写一个 Queue 的用例 Josephus，从命令行接受 N 和 M 并打印出人们被杀死的顺序（这也将显示 Josephus 在圈中的位置）。

```
% java Josephus 7 2
1 3 5 0 4 2 6
```

168

1.3.38 删除第 k 个元素。实现一个类并支持表 1.3.12 中的 API：

表 1.3.12 泛型一般队列的 API

public class **GeneralizedQueue<Item>**		
	GeneralizedQueue()	创建一条空队列
boolean	isEmpty()	队列是否为空
void	insert(Item x)	添加一个元素
Item	delete(int k)	删除并返回最早插入的第 k 个元素

首先用数组实现该数据类型，然后用链表实现该数据类型。注意：我们在第 3 章中介绍的算法和数据结构可以保证 insert() 和 delete() 的实现所需的运行时间和和队列中的元素数量成对数关系——请见练习 3.5.27。

1.3.39 环形缓冲区。环形缓冲区，又称为环形队列，是一种定长为 N 的先进先出的数据结构。它在进程间的异步数据传输或记录日志文件时十分有用。当缓冲区为空时，消费者会在数据存入缓冲区前等待；当缓冲区满时，生产者会等待将数据存入缓冲区。为 RingBuffer 设计一份 API 并用（回环）数组将其实现。

1.3.40 前移编码。从标准输入读取一串字符，使用链表保存这些字符并清除重复字符。当你读取了一个从未见过的字符时，将它插入表头。当你读取了一个重复的字符时，将它从链表中删去并再次插入表头。将你的程序命名为 MoveToFront：它实现了著名的前移编码策略，这种策略假设最近访问过的元素很可能会再次访问，因此可以用于缓存、数据压缩等许多场景。

1.3.41 复制队列。编写一个新的构造函数，使以下代码

```
Queue<Item> r = new Queue<Item>(q);
```

169 得到的 r 指向队列 q 的一个新的独立的副本。可以对 q 或 r 进行任意入列或出列操作但它们不会相互影响。提示：从 q 中取出所有元素再将它们插入 q 和 r。

1.3.42 复制栈。为基于链表实现的栈编写一个新的构造函数，使以下代码

```
Stack<Item> t = new Stack<Item>(s);
```

得到的 t 指向栈 s 的一个新的独立的副本。

1.3.43 文件列表。文件夹就是一列文件和文件夹的列表。编写一个程序，从命令行接受一个文件夹名作为参数，打印出该文件夹下的所有文件并用递归的方式在所有子文件夹的名下（缩进）列出其下的所有文件。提示：使用队列，并参考 java.io.File。

1.3.44 文本编辑器的缓冲区。为文本编辑器的缓冲区设计一种数据类型并实现表 1.3.13 中的 API。

表 1.3.13 文本缓冲区的 API

Public class **Buffer**		
	Buffer()	创建一块空缓冲区
void	insert(char c)	在光标位置插入字符 c
char	delete()	删除并返回光标位置的字符
void	left(int k)	将光标向左移动 k 个位置
void	right(int k)	将光标向右移动 k 个位置
int	size()	缓冲区中的字符数量

提示：使用两个栈。

1.3.45 栈的可生成性。假设我们的栈测试用例将会进行一系列混合的入栈和出栈操作，序列中的整数 `0,1,···,N-1`（按此先后顺序排列）表示入栈操作，N个减号表示出栈操作。设计一个算法，判定给定的混合序列是否会使数组向下溢出（你所使用的空间量与N无关，即不能用某种数据结构存储所有整数）。设计一个线性时间的算法判定我们的测试用例能否产生某个给定的排列（这取决于出栈操作指令的出现位置）。 170

解答：除非对于某个整数 k，前 k 次出栈操作会在前 k 次入栈操作前完成，否则栈不会向下溢出。如果某个排列可以产生，那么它产生的方式一定是唯一的：如果输出排列中的下一个整数在栈顶，则将它弹出，否则将它压入栈之中。

1.3.46 栈可生成性问题中禁止出现的排列。若三元组 (a,b,c) 中 a<b<c 且 c 最先被弹出，a 第二，b 第三（c 和 a 以及 a 和 b 之间可以间隔其他整数），那么当且仅当排列中不含这样的三元组时（如上题所述的）栈才可能生成它。

部分解答：设有一个这样的三元组 (a,b,c)。c 会在 a 和 b 之前被弹出，但 a 和 b 会在 c 之前被压入。因此，当 c 被压入时，a 和 b 都已经在栈之中了。所以，a 不可能在 b 之前被弹出。

1.3.47 可连接的队列、栈或 steque。为队列、栈或 steque（请见练习 1.3.32）添加一个能够（破坏性地）连接两个同类对象的额外操作 `catenation`。

1.3.48 双向队列与栈。用一个双向队列实现两个栈，保证每个栈操作只需要常数次的双向队列操作（请见练习 1.3.33）。

1.3.49 栈与队列。用有限个栈实现一个队列，保证每个队列操作（在最坏情况下）都只需要常数次的栈操作。警告：非常难！

1.3.50 快速出错的迭代器。修改 `Stack` 的迭代器代码，确保一旦用例在迭代器中（通过 `push()` 或 `pop()` 操作）修改集合数据就抛出一个 `java.util.ConcurrentModificationException` 异常。

解答：用一个计数器记录 `push()` 和 `pop()` 操作的次数。在创建迭代器时，将该值记录到 `Iterator` 的一个实例变量中。在每次调用 `hasNext()` 和 `next()` 之前，检查该值是否发生了变化，如果变化则抛出异常。 171

1.4 算法分析

随着使用计算机的经验的增长，人们在使用计算机解决困难问题或是处理大量数据时不可避免的将会产生这样的疑问：

我的程序会运行多长时间？

为什么我的程序耗尽了所有内存？

在重建某个音乐或照片库、安装某个新应用程序、编辑某个大型文档或是处理一大批实验数据时，你肯定也问过自己这些问题。这些问题太模糊了，我们无法准确回答——答案取决于许多因素，比如你所使用的计算机的性能、被处理的数据的性质和完成任务所使用的程序（实现了某种算法）。这些因素都会产生大量需要分析的信息。

尽管有这些困难，你在本节中将会看到，为这些基础问题给出实质性的答案有时其实非常简单。这个过程的基础是科学方法，它是科学家们为获取自然界知识所使用的一系列为大家所认同的方法。我们将会使用数学分析为算法成本建立简洁的模型并使用实验数据验证这些模型。

1.4.1 科学方法

科学家用来理解自然世界的方法对于研究计算机程序的运行时间同样有效：

- 细致地观察真实世界的特点，通常还要有精确的测量；
- 根据观察结果提出假设模型；
- 根据模型预测未来的事件；
- 继续观察并核实预测的准确性；
- 如此反复直到确认预测和观察一致。

科学方法的一条关键原则是我们所设计的实验必须是可重现的，这样他人也可以自己验证假设的真实性。所有的假设也必须是可证伪的，这样我们才能确认某个假设是错误的（并需要修正）。正如爱因斯坦的一句名言所说："再多的实验也不一定能够证明我是对的，但只需要一个实验就能证明我是错的。"我们永远也没法知道某个假设是否绝对正确，我们只能验证它和我们的观察的一
172 致性。

1.4.2 观察

我们的第一个挑战是决定如何定量测量程序的运行时间。在这里这个任务比自然科学中的要简单得多。我们不需要向火星发射火箭或者牺牲一些实验室的小动物或是分裂某个原子——只需要运行程序即可。事实上，每次运行程序都是在进行一次科学实验，将这个程序和自然世界联系起来并回答我们的一个核心问题：我的程序会运行多长时间？

我们对大多数程序的第一个定量观察就是计算性任务的困难程度可以用问题的规模来衡量。一般来说，问题的规模可以是输入的大小或是某个命令行参数的值。根据直觉，程序的运行时间应该随着问题规模的增长而变长，但我们每次在开发和运行一个程序时想问的问题都是运行时间的增长有多快。

从许多程序中得到的另一个定量观察是运行时间和输入本身相对无关，它主要取决于问题规模。如果这个关系不成立，我们就需要进行一些实验来更好地理解并更好地控制运行时间对输入的敏感度。但这个关系常常是成立的，因此我们现在来重点研究如何更好地将问题规模和运行时间的关系量化。

1.4.2.1 举例

右侧的 ThreeSum 程序是一个可运行的示例。它会统计一个文件中所有和为 0 的三整数元组的数量(假设整数不会溢出)。这种计算可能看起来有些不自然，但其实它和许多基础计算性任务都有着深刻的联系（例如，请见练习 1.4.26）。作为测试输入，我们使用的是本书网站上的 1Mints.txt 文件。它含有 100 万个随机生成的 int 值。1Mints.txt 中的第二个、第八个和第十个元组的和均为 0。文件中还有多少组这样的数据？ThreeSum 能够告诉我们答案，但它所需的时间可以接受吗？问题的规模 N 和 ThreeSum 的运行时间有什么关系？我们的第一个实验就是在计算机上运行 ThreeSum 并处理本书网站上的 1Kints.txt、2Kints.txt、4Kints.txt 和 8Kints.txt 文件，它们分别含有 1Mints.txt 中的 1000、2000、4000 和 8000 个整数。你可以很快得到这样的整数元组在 1Kints.txt 中共有 70 组，在 2Kints.txt 中共有 528 组，如图 1.4.1 所示。这个程序需要用比之前长得多的时间得到在 4Kints.txt 中共有 4039 组和为 0 的整数。在等待它处理 8Kints.txt 的时候，你会发现你在问自己：“我的程序还要运行多久？”你会看到，对于这个程序，回答这个问题很简单。实际上，你常常能在程序运行的时候就给出一个较为准确的预测。

1.4.2.2 计时器

准确测量给定程序的确切运行时间是很困难的。不过幸运的是我们一般只需要近似值就可以了。我们希望能够把需要几秒钟或者几分钟就能完成的程序和需要几天、几个月甚至更长时间才能完成的程序区别开来，而且我们希望知道对

```
public class ThreeSum
{
   public static int count(int[] a)
   {  // 统计和为0的元组的数量
      int N = a.length;
      int cnt = 0;
      for (int i = 0; i < N; i++)
         for (int j = i+1; j < N; j++)
            for (int k = j+1; k < N; k++)
               if (a[i] + a[j] + a[k] == 0)
                  cnt++;
      return cnt;
   }

   public static void main(String[] args)
   {
      int[] a = In.readInts(args[0]);
      StdOut.println(count(a));
   }
}
```

对于给定的 N，这段程序需要运行多长时间 173

```
% more 1Mints.txt
  324110
 -442472
  626686
 -157678
  508681
  123414
  -77867
  155091
  129801
  287381
  604242
  686904
 -247109
   77867
  982455
 -210707
 -922943
 -738817
   85168
  855430
  ...
```

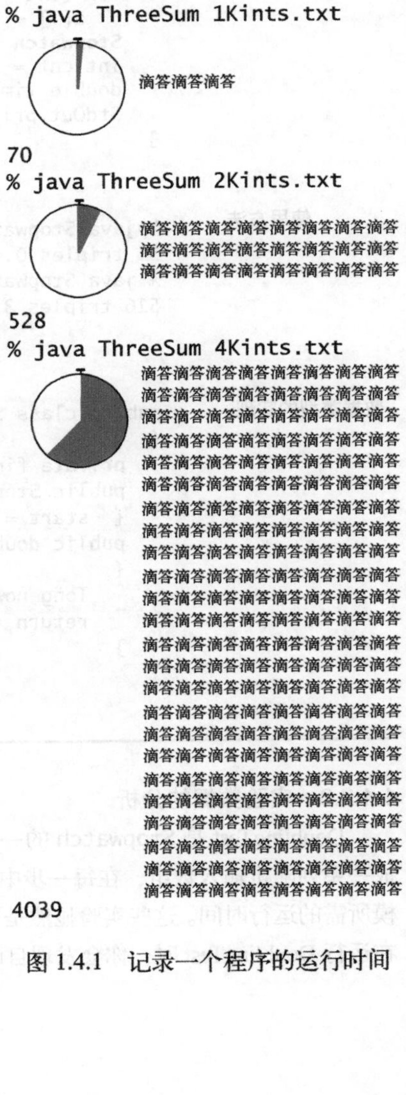
% java ThreeSum 1Kints.txt
滴答滴答滴答
70
% java ThreeSum 2Kints.txt
528
% java ThreeSum 4Kints.txt
4039

图 1.4.1 记录一个程序的运行时间

于同一个任务某个程序是不是比另一个程序快一倍。因此，我们仍然需要准确的测量手段来生成实验数据，并根据它们得出并验证关于程序的运行时间和问题规模的假设。为此，我们使用了如表 1.4.1 所示的 Stopwatch 数据类型。它的 elapsedTime() 方法能够返回自它创建以来所经过的时间，以秒为单位。它的实现基于 Java 系统的 currentTimeMillis() 方法，该方法能够返回以毫秒记数的当前时间。它在构造函数中保存了当前时间，并在 elapsedTime() 方法被调用时再次调用该方法
174 来计算得到对象创建以来经过的时间。

表 1.4.1　一种表示计时器的抽象数据类型

API	public class **Stopwatch**	
	Stopwatch()	创建一个计时器
double	elapseTime()	返回对象创建以来所经过的时间

典型用例

```
public static void main(String[] args)
{
   int N = Integer.parseInt(args[0]);
   int[] a = new int[N];
   for (int i = 0; i < N; i++)
      a[i] = StdRandom.uniform(-1000000, 1000000);
   Stopwatch timer = new Stopwatch();
   int cnt = ThreeSum.count(a);
   double time = timer.elapsedTime();
   StdOut.println(cnt + " triples " + time + " seconds");
}
```

使用方法

```
% java Stopwatch 1000
51 triples 0.488 seconds
% java Stopwatch 2000
516 triples 3.855 seconds
```

数据类型的实现

```
public class Stopwatch
{
   private final long start;
   public Stopwatch()
   {  start = System.currentTimeMillis();  }
   public double elapsedTime()
   {
      long now = System.currentTimeMillis();
      return (now - start) / 1000.0;
   }
}
```

175

1.4.2.3　实验数据的分析

DoublingTest 是 Stopwatch 的一个更加复杂的用例，并能够为 ThreeSum 产生实验数据。它会生成一系列随机输入数组，在每一步中将数组长度加倍，并打印出 ThreeSum.count() 处理每种输入规模所需的运行时间。这些实验显然是可重现的——你也可以在自己的计算机上运行它们，多少次都行。在运行 DoublingTest 时，你会发现自己进入了一个“预测—验证”的循环：它会快速打印出几行数据，

但随即慢了下来。每当它打印出一行结果时，你都会开始琢磨它还需要多久才能打出下一行。当然，因为大家使用的计算机不同，你得到的实际运行时间很可能和我们的计算机得到的不一样。事实上，如果你的计算机比我们的快一倍，你所得到的运行时间应该大致是我们所得到的一半。由此我们马上可以得出一条有说服力的猜想：程序在不同的计算机上的运行时间之比通常是一个常数。尽管如此，你还是会提出更详细的问题：作为问题规模的一个函数，我的程序的运行时间是多久？为了帮助你回答这个问题，我们来将数据绘制成图表。图 1.4.2 就是产生结果，使用的分别是标准比例尺和对数比例尺。其中 x 轴表示 N，y 轴表示程序的运行时间 $T(N)$。由对数的图像我们立即可以得到一个关于运行时间的猜想——因为数据和斜率为 3 的直线完全吻合。该直线的公式为（其中 a 为常数）：

$$\lg(T(N)) = 3\lg N + \lg a$$

它等价于：

$$T(N) = aN^3$$

这就是我们想要的运行时间关于输入规模 N 的函数。我们可以用其中一个数据点来解出 a 的值——例如，$T(8000) = a8000^3$，可得 $a = 9.98 \times 10^{-11}$——因此我们就可以用以下公式预测 N 值较大时程序的运行时间：

$$T(N) = 9.98 \times 10^{-11} N^3$$

我们可以根据对数图像中的数据点距离这条直线的远近来不严格地检验这条假设。一些统计学方法可以帮助我们更加仔细地分析出 a 和指数 b 的近似值，但我们的快速计算已经足以在大多数情况下估计出程序的运行时间。例如，我们预计，在我们的计算机上，当 N=16000 时程序的运行时间约为 $9.98 \times 10^{-11} \times 16000^3$=408.8 秒，也就是约 6.8 分钟（实际时间为 409.3 秒）。在等待计算机得出 DoublingTest 在 N=16000 的实验数据时，也可以用这个方法来预测它何时将会结束，然后等待并验证你的结果是否正确。 176

实验程序

```
public class DoublingTest
{
   public static double timeTrial(int N)
   {  // 为处理 N 个随机的六位整数的 ThreeSum.count() 计时
      int MAX = 1000000;
      int[] a = new int[N];
      for (int i = 0; i < N; i++)
         a[i] = StdRandom.uniform(-MAX, MAX);
      Stopwatch timer = new Stopwatch();
      int cnt = ThreeSum.count(a);
      return timer.elapsedTime();
   }
   public static void main(String[] args)
   {  // 打印运行时间的表格
      for (int N = 250; true; N += N)
      {  // 打印问题规模为 N 时程序的用时
         double time = timeTrial(N);
         StdOut.printf("%7d %5.1f\n", N, time);
      }
   }
}
```

实验结果

```
% java DoublingTest
    250    0.0
    500    0.0
   1000    0.1
   2000    0.8
   4000    6.4
   8000   51.1
   ...
```

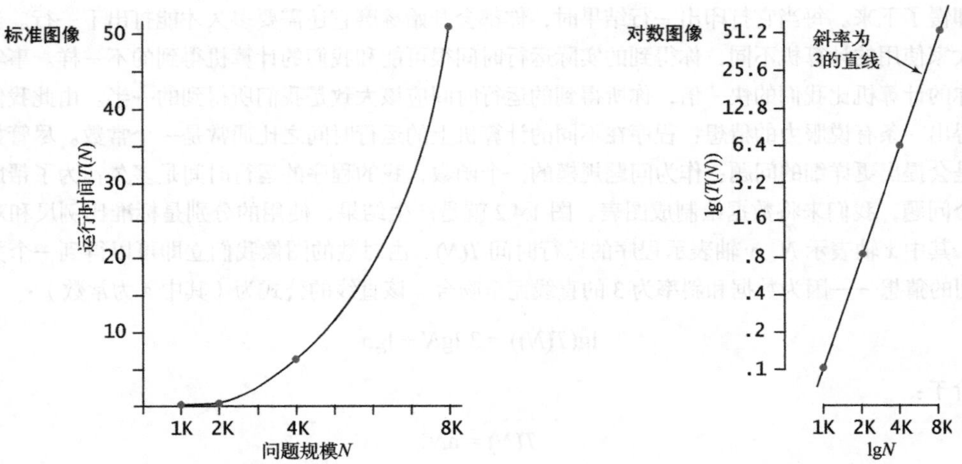

177 图 1.4.2 实验数据（ThreeSum.count() 的运行时间）的分析

到现在为止，这个过程和科学家们在尝试理解真实世界的奥秘时进行的过程完全相同。对数图像中的直线等价于我们对数据符合公式 $T(N)=aN^b$ 的猜想。这种公式被称为*幂次法则*。许多自然和人工的现象都符合幂次法则，因此假设程序的运行时间符合幂次法则也是合情合理的。事实上，对于算法的分析，我们有许多数学模型强烈支持这种函数和其他类似的假设，我们现在就来学习它们。

1.4.3 数学模型

在计算机科学的早期，D. E. Knuth 认为，尽管有许多复杂的因素影响着我们对程序的运行时间的理解，原则上我们仍然可能构造出一个数学模型来描述任意程序的运行时间。Knuth 的基本见地很简单——一个程序运行的总时间主要和两点有关：

- 执行每条语句的耗时；
- 执行每条语句的频率。

前者取决于计算机、Java 编译器和操作系统，后者取决于程序本身和输入。如果对于程序的所有部分我们都知道了这些性质，可以将它们相乘并将程序中所有指令的成本相加得到总运行时间。

第一个挑战是判定语句的执行频率。有些语句的分析很容易：例如，ThreeSum.count() 中将 cnt 的值设为 0 的语句只会执行一次。有些则需要深入分析：例如，ThreeSum.count() 中的 if 语句会执行 $N(N-1)(N-2)/6$ 次（从输入数组中能够取得的三个不同整数的数量——请见练习 1.4.1）。其他则取决于输入数据，例如，ThreeSum.count() 中的指令 cnt++ 执行的次数为输入中和为 0 的整数三元组的数量，这可能是 0 也可能是任意值。对于 DoublingTest 的情况，输入值是随机产生的，我们可以用概率分析得到该值的期望（请见练习 1.4.40）。

1.4.3.1 近似

这种频率分析可能会产生复杂冗长的数学表达式。例如，刚才我们所讨论的 ThreeSum 中的 if 语句的执行次数为：

178

$$N(N-1)(N-2)/6=N^3/6-N^2/2+N/3$$

一般在这种表达式中，首项之后的其他项都相对较小（例如，当 N=1000 时，$-N^2/2+N/3\approx 499\ 667$，相对于 $N^3/6\approx 166\ 666\ 667$ 就小得多了），如图 1.4.3 所示。我们常常使用约等于号（~）来忽略较小的项，从而大大简化我们所处理的数学公式。该符号使我们能够用近似的方式忽略公式中那些非常复杂但幂次较低，且对最终结果的贡献无关紧要的项：

定义。我们用 $\sim f(N)$ 表示所有随着 N 的增大除以 $f(N)$ 的结果趋近于 1 的函数。我们用 $g(N) \sim f(N)$ 表示 $g(N)/f(N)$ 随着 N 的增大趋近于 1。

例如，我们用 $\sim N^3/6$ 表示 ThreeSum 中的 `if` 语句的执行次数，因为 $N^3/6-N^2/2+N/3$ 除以 $N^3/6$ 的结果随着 N 的增大趋向于 1。一般我们用到的近似方式都是 $g(N) \sim af(N)$，其中 $f(N)=N^b(\log N)^c$，其中 a、b 和 c 均为常数。我们将 $f(N)$ 称为 $g(N)$ 的*增长的数量级*（如表 1.4.2 所示）。我们一般不会指定底数，因为常数 a 能够弥补这些细节。这种形式的函数覆盖了我们在对程序运行时间的研究中经常遇到的几种函数，如表 1.4.3 所示（指数级别是一个例外，我们会在第 6 章中讲到）。我们会详细说明这几种函数并在处理完 ThreeSum 之后简要讨论为什么它们会出现在算法分析领域之中。

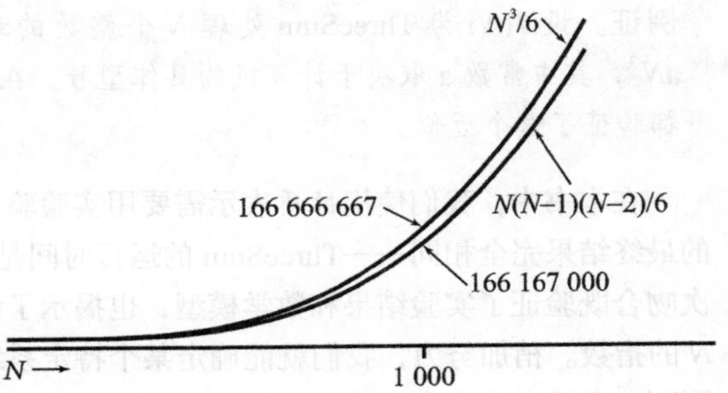

图 1.4.3　首项近似

表 1.4.2　典型的近似

函　数	近　似	增长的数量级
$N^3/6-N^2/2+N/3$	$\sim N^3/6$	N^3
$N^2/2-N/2$	$\sim N^2/2$	N^2
$\lg N+1$	$\sim \lg N$	$\lg N$
3	~ 3	1

表 1.4.3　常见的增长数量级函数

增长的数量级	
描　述	函　数
常数级别	1
对数级别	$\log N$
线性级别	N
线性对数级别	$N\log N$
平方级别	N^2
立方级别	N^3
指数级别	2^N

179

1.4.3.2　近似运行时间

按照 Knuth 的方法，要得到一个 Java 程序的总运行时间的数学表达式，（原则上）我们需要研究我们的 Java 编译器来找出每条 Java 指令所对应的机器指令数，并根据我们的计算机的指令规范得到每条机器指令的运行时间，然后才能得到一个总运行时间。对于 ThreeSum，这个时间的大致总结如表 1.4.4 所示。我们根据执行的频率将 Java 的语句分块，计算出每种频率的首项近似，判定每条指令的执行成本并计算出总和。请注意，某些执行频率可能会依赖于输入。在本例中，`cnt++` 的执行次数显然就是依赖于输入的——它就是和为 0 的整数三元组的数量，范围在 0 到 $\sim N^3/6$ 之间。通过用常数 t_0、t_1、t_2…表示各个代码块的执行时间，我们假设每个 Java 代码块所对应的机器指令集所需的执行时间都是固定的。除此之外，我们基本不会涉及任何特定系统的细节（这些常数的值）。从这里我们观察到的一个关键现象是执行最频繁的指令决定了程序执行的总时间——我们将这些指令称为程序的*内循环*。对于 ThreeSum 来说，它的内循环是将 `k` 加 1、判断它是否小于 `N` 以及判断给定的三个整数之和是否为 0 的语句（也许还包括记数的语句，不过这取决于输入）。这种情况是很典型的：许多程序的运行时间都只取决于其中的一小部分指令。

1.4.3.3 对增长数量级的猜想

总之，1.4.2.3 节中的实验和表 1.4.4 中的数学模型都支持以下猜想：

性质 A。 ThreeSum（在 N 个数中找出三个和为 0 的整数元组的数量）的运行时间的增长数量级为 N^3。

例证。 设 $T(N)$ 为 ThreeSum 处理 N 个整数的运行时间。根据前文所述的数学模型有 $T(N) \sim aN^3$，其中常数 a 取决于计算机的具体型号。在许多计算机上完成的实验（包括你我的计算机）都验证了这个近似。

在本书中，我们使用*性质*表示需要用实验验证的猜想。数学分析的最终结果和我们的实验分析的最终结果完全相同——ThreeSum 的运行时间是 $\sim aN^3$，其中常数 a 取决于计算机的具体型号。这
180 次吻合既验证了实验结果和数学模型，也揭示了该程序的更多性质，因为我们不需要实验就能确定 N 的指数。稍加努力，我们就能确定某个特定系统上的 a 的值，不过这一般都只在有性能压力的情形下才需要由专家来完成。

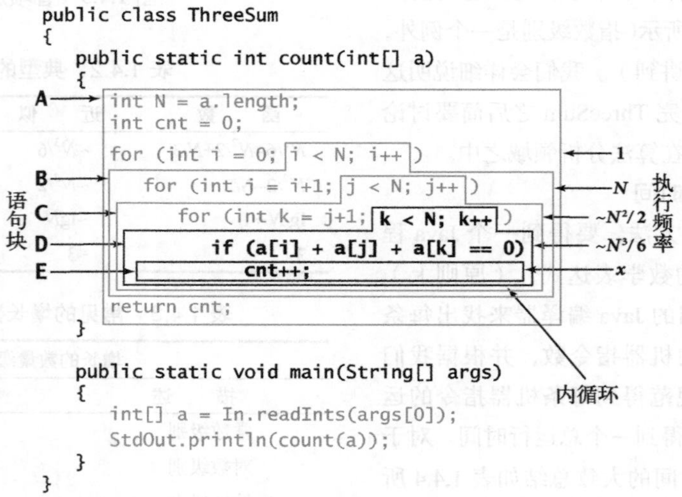

图 1.4.4 程序语句执行频率的分析

表 1.4.4 程序运行时间的分析（示例）

语句块	运行时间（以秒记）	频率	总时间
E	t_0	x（取决于输入）	$t_0 x$
D	t_1	$N^3/6 - N^2/2 + N/3$	$t_1 (N^3/6 - N^2/2 + N/3)$
C	t_2	$N^2/2 - N/2$	$t_2 (N^2/2 - N/2)$
B	t_3	N	$t_3 N$
A	t_4	1	t_4
		总时间	$(t_1/6) N^3 + (t_2/2 - t_1/2) N^2 + (t_1/3 - t_2/2 + t_3) N + t_4 + t_0 x$
		近似	$\sim (t_1/6) N^3$（假设 x 很小）
181		增长的数量级	N^3

1.4.3.4 算法的分析

类似于性质 A 的猜想的意义很重要，因为它们将抽象世界中的一个 Java 程序和真实世界中运行它的一台计算机联系了起来。增长数量级概念的应用使我们能够继续向前迈进一步：将程序和它实现的算法隔离开来。ThreeSum 的运行时间的增长数量级是 N^3，这与它是由 Java 实现或是它运行在你的笔记本电脑上或是某人的手机上或是一台超级计算机上无关。决定这一点的主要因素是它需要检查输入中任意三个整数的所有可能组合。你所使用的算法（有时还要算上输入模型）决定了增长的数量级。将算法和某台计算机上的具体实现分离开来是一个强大的概念，因为这使我们对算法性能的知识可以应用于任何计算机。例如，我们可以说 ThreeSum 是暴力算法“计算所有不同的整数三元组的和，统计和为 0 的组数”的一种实现，可以预料的是在任何计算机上使用任何语言对该算法的实现所需的运行时间都是和 N^3 成正比的。实际上，经典算法的性能理论大部分都发表于数十年前，但它们仍然适用于今天的计算机。

1.4.3.5 成本模型

我们使用了一个成本模型来评估算法的性质。这个模型定义了我们所研究的算法中的基本操作。例如，适合于右侧所示的 3-sum 问题的成本模型是我们访问数组元素的次数。

> **3-sum 的成本模型**。在研究解决 3-sum 问题的算法时，我们记录的是数组的访问次数（访问数组元素的次数，无论读写）。

在这个成本模型之下，我们可以用精确的数学语言说明算法而非某个特定实现的性质，如下：

> **命题 B**。3-sum 的暴力算法使用了 $\sim N^3/2$ 次数组访问来计算 N 个整数中和为 0 的整数三元组的数量。
>
> **证明**。该算法访问了 $\sim N^3/6$ 个整数三元组中的所有 3 个整数。

我们使用术语命题来表示在某个成本模型下算法的数学性质。在全书中我们都会使用某个确定的成本模型研究所讨论的算法。我们希望通过明确成本模型使给定实现所需的运行时间的增长数量级和它背后的算法的成本的增长数量级相同（换句话说，成本模型应该和内循环中的操作相关）。我们会研究算法准确的数学性质（命题）并对实现的性能作出猜想（性质），可以通过实验验证这些猜想。在本例中，命题 B 的数学结论支持了性质 A 中由科学方法得到并由实验验证过的猜想。 182~183

1.4.3.6 总结

对于大多数程序，得到其运行时间的数学模型所需的步骤如下：

- 确定输入模型，定义问题的规模；
- 识别内循环；
- 根据内循环中的操作确定成本模型；
- 对于给定的输入，判断这些操作的执行频率。这可能需要进行数学分析——我们在本书中会在学习具体的算法时给出一些例子。

如果一个程序含有多个方法，我们一般会分别讨论它们，例如我们在 1.1 节中见过的示例程序 BinarySearch。

二分查找。它的输入模型是大小为 N 的数组 `a[]`，内循环是一个 `while` 循环中的所有语句，成本模型是比较操作（比较两个数组元素的值）。3.1 节中的命题 B 详细完整地给出了 1.1 节中讨论的内容，该命题说明它所需的比较次数最多为 lg*N*+1。

白名单。它的输入模型是白名单的大小 *N* 和由标准输入得到的 *M* 个整数，且我们假设 *M*>>*N*，内循环是一个 `while` 循环中的所有语句，成本模型是比较操作（承自二分查找）。由二分查找的分析我们可以立即得到对白名单问题的分析——比较次数最多为 *M*(lg*N*+1)。

根据以下因素我们可以知道，白名单问题计算所需时间的增长数量级最多为 *M*lg*N*：

- 如果 *N* 很小，输入—输出可能会成为主要成本。
- 比较的次数取决于输入——在 ~ *M* 和 ~ *M*lg*N* 之间，取决于标准输入中有多少个整数在白名单中以及二分查找需要多久才能找出它们（一般来说为 ~ *M*lg*N*）。
- 我们假设 `Arrays.sort()` 的成本远小于 *M*lg*N*。`Arrays.sort()` 使用的是 2.2 节中的归并排序算法。我们会看到归并排序的运行时间的增长数量级为 *N*log*N*（请见第 2 章的命题 G），因此这个假设是合理的。

因此，该模型支持了我们在 1.1 节中作出的假设，即当 *M* 和 *N* 很大时二分查找算法也能够完成计算。如果我们将标准输入流的长度加倍，可以预计的是运行时间也将加倍；如果我们将白名单的大小加倍，可以预计的是运行时间只会稍有增加。

在算法分析中进行数学建模是一个多产的研究领域，但它多少超出了本书的范畴。通过二分查
184 找、归并排序和其他许多算法你仍会看到，理解特定的数学模型对于理解基础算法的运行效率是很关键的，因此我们常常会详细地证明它们或是引用经典研究中的结论。在其中，我们会遇到各种数学分析中广泛使用的函数和近似函数。作为参考，我们分别在表 1.4.5 和表 1.4.6 中对它们的部分信息进行了总结。

表 1.4.5 算法分析中的常见函数

描 述	记 号	定 义
向下取整（floor）	$\lfloor x \rfloor$	不大于 x 的最大整数
向上取整（ceiling）	$\lceil x \rceil$	不小于 x 的最小整数
自然对数	$\ln N$	$\log_e N(e^x=N)$
以 2 为底的对数	$\lg N$	$\log_2 N(2^x=N)$
以 2 为底的整型对数	$\lfloor \lg N \rfloor$	不大于 lg*N* 的最大整数 （*N* 的二进制表示的位数）− 1
调和级数	H_N	$1+1/2+1/3+1/4+\cdots+1/N$
阶乘	$N!$	$1\times2\times3\times4\times\cdots\times N$

表 1.4.6 算法分析中常用的近似函数

描 述	近似函数
调和级数求和	$H_N=1+1/2+1/3+1/4+\cdots+1/N \sim \ln N$
等差数列求和	$1+2+3+4+\cdots+N \sim N^2/2$
等比数列求和	$1+2+4+8+\cdots+N=2N-1 \sim 2N$，其中 $N=2^n$
斯特灵公式	$\lg N!=\lg1+\lg2+\lg3+\lg4+\cdots+\lg N \sim N\lg N$
二项式系数	$\binom{N}{k} \sim N^k/k!$，其中 k 为小常数
185 指数函数	$(1-1/x)^x \sim 1/e$

1.4.4 增长数量级的分类

我们在实现算法时使用了几种结构性的原语（普通语句、条件语句、循环、嵌套语句和方法调用），所以成本增长的数量级一般都是问题规模 N 的若干函数之一。表 1.4.7 总结了这些函数以及它们的称谓、与之对应的典型代码以及一些例子。

表 1.4.7 对增长数量级的常见假设的总结

描　述	增长的数量级	典型的代码	说　明	举　例
常数级别	1	`a = b + c;`	普通语句	将两个数相加
对数级别	$\log N$	（请见 1.1.10.2 节，二分查找）	二分策略	二分查找

线性级别	N	`double max = a[0];`
		`for (int i = 1; i < N; i++)`
		`   if (a[i] > max) max = a[i];`
			循环	找出最大元素

线性对数级别	$N\log N$	[请见算法 2.4]	分治	归并排序

平方级别	N^2	`for (int i = 0; i < N; i++)`
		`   for (int j = i+1; j < N; j++)`
		`      if (a[i] + a[j] == 0)`
		`         cnt++;`
			双层循环	检查所有元素对

立方级别	N^3	`for (int i = 0; i < N; i++)`
		`   for (int j = i+1; j < N; j++)`
		`      for (int k = j+1; k < N; k++)`
		`         if (a[i] + a[j] + a[k] == 0)`
		`            cnt++;`
			三层循环	检查所有三元组

指数级别	2^N	（请见第 6 章）	穷举查找	检查所有子集

1.4.4.1 常数级别

运行时间的增长数量级为常数的程序完成它的任务所需的操作次数一定，因此它的运行时间不依赖于 N。大多数的 Java 操作所需的时间均为常数。

1.4.4.2 对数级别

运行时间的增长数量级为对数的程序仅比常数时间的程序稍慢。运行时间和问题规模成对数关系的程序的经典例子就是二分查找（请见 1.1.10.2 节的 BinarySearch）。对数的底数和增长的数量级无关（因为不同的底数仅相当于一个常数因子），所以我们在说明对数级别时一般使用 $\log N$。

1.4.4.3 线性级别

使用常数时间处理输入数据中的所有元素或是基于单个 `for` 循环的程序是十分常见的。此类程序的增长数量级是线性的——它的运行时间和 N 成正比。

1.4.4.4 线性对数级别

我们用线性对数描述运行时间和问题规模 N 的关系为 $N\log N$ 的程序。和之前一样，对数的底数和增长的数量级无关。线性对数算法的典型例子是 `Merge.sort`（请见算法 2.4）和 `Quick.sort()`（请见算法 2.5）。

1.4.4.5 平方级别

一个运行时间的增长数量级为 N^2 的程序一般都含有两个嵌套的 `for` 循环，对由 N 个元素得到的所有元素对进行计算。初级排序算法 `Selection.sort()`（请见算法 2.1）和 `Insertion.sort()`（请见算法 2.2）都是这种类型的典型程序。

1.4.4.6 立方级别

一个运行时间的增长数量级为 N^3 的程序一般都含有三个嵌套的 for 循环，对由 N 个元素得到的所有三元组进行计算。本节中的 ThreeSum 就是一个典型的例子。

1.4.4.7 指数级别

在第 6 章中（也只会在第 6 章）我们将会遇到运行时间和 2^N 或者更高级别的函数成正比的

186~187 程序。一般我们会使用指数级别来描述增长数量级为 b^N 的算法，其中 b>1 且为常数，尽管不同的 b 值得到的运行时间可能完全不同。指数级别的算法非常慢——不可能用它们解决大规模的问题。但指数级别的算法仍然在算法理论中有着重要的地位，因为它们看起来仍然是解决许多问题的最佳方案。

以上是最常见分类，但肯定不是最全面的。算法的增长数量级可能是 $N^2\log N$ 或者 $N^{3/2}$ 或者是其他类似的函数。实际上，详细的算法分析可能会用到若干个世纪以来发明的各种数学工具。

我们所学习的一大部分算法的性能特点都很简单，可以使用我们所讨论过的某种增长数量级函数精确地描述。因此，我们可以在某个成本模型下提出十分准确的命题。例如，归并排序所需的比较次数在 $1/2N\lg N$ 到 $N\lg N$ 之间，由此我们立即可知归并排序所需的运行时间的增长数量级是线性对数的。简单起见，我们将这句话简写为归并排序是线性对数的。

图 1.4.5 显示了增长数量级函数在实际应用中的重要性。其中 x 轴为问题规模，y 轴为运行时间。这些图表清晰的说明了平方级别和立方级别的算法对于大规模的问题是不可用的。许多重要的问题的直观解法是平方级别的，但我们也发现了它们的线性对数级别的算法。此类算法（包括归并排序）在实践中非常重要，因为它们能够解决的问题规模远大于平方级别的解法能够处理的规模。因此，在本书中我们

188 自然希望为各种基础问题找到对数级别、线性级别或是线性对数级别的算法。

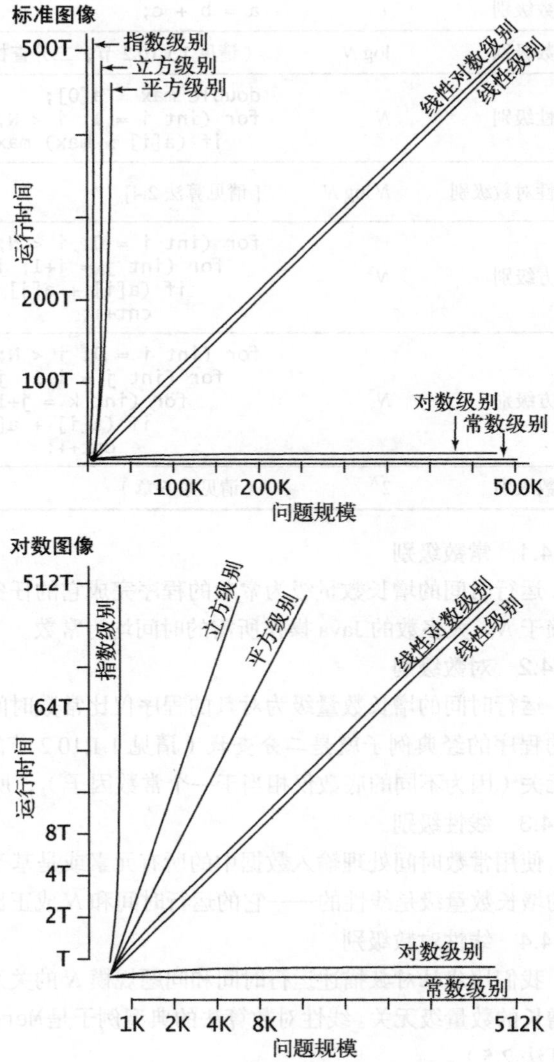

图 1.4.5 典型的增长数量级函数

1.4.5 设计更快的算法

学习程序的增长数量级的一个重要动力是为了帮助我们为同一个问题设计更快的算法。为了说明这一点，我们下面来讨论一个解决 3-sum 问题的更快的算法。我们甚至还没有开始学习

算法，怎么知道如何设计一个更快的算法呢？这个问题的答案是，我们已经讨论并使用过两个经典的算法，即归并排序和二分查找。也知道归并排序是线性对数级别的，二分查找是对数级别的。如何利用它们解决 3-sum 问题呢？

1.4.5.1 热身运动 2-sum

我们先来考虑这个问题的简化版本，即找出一个输入文件中所有和为 0 的整数对的数量。简单起见，我们还假设所有整数均各不相同。这个问题很容易在平方级别解决，只需将 `ThreeSum.count()` 中关于 `k` 的循环和 `a[k]` 去掉即可得到一个双层循环来检查所有的整数对，如表 1.4.7 中的平方级别条目所示（我们将这个实现称为 TwoSum）。下面这个实现显示了归并排序和二分查找是如何在线性对数级别解决 2-sum 问题的。改进后的算法的思想是当且仅当 `-a[i]` 存在于数组中（且 `a[i]` 非零）时，`a[i]` 存在于某个和为 0 的整数对之中。要解决这个问题，我们首先将数组排序（为二分查找做准备），然后对于数组中的每个 `a[i]`，使用 BinarySearch 的 `rank()` 方法对 `-a[i]` 进行二分查找。如果结果为 `j` 且 `j>i`，我们就将计数器加 1。这个简单的条件测试覆盖了三种情况：

- 如果二分查找不成功则会返回 -1，因此我们不会增加计数器的值；
- 如果二分查找返回的 `j>i`，我们就有 `a[i] + a[j] = 0`，增加计数器的值；
- 如果二分查找返回的 `j` 在 0 和 `i` 之间，我们也有 `a[i] + a[j] = 0`，但不能增加计数器的值，以避免重复计数。

这样得到的结果和平方级别的算法得到的结果完全相同，但它所需的时间要少得多。归并排序所需的时间和 $N\log N$ 成正比，二分查找所需的时间和 $\log N$ 成正比，因此整个算法的运行时间和 $N\log N$ 成正比。像这样设计一个更快的算法并不仅仅是一种学院派的练习——更快的算法使我们能够解决更庞大的问题。例如，你现在可以在可接受的时间范围内在计算机上解决 100 万个整数（1Mints.txt）的 2-sum 问题了，但如果用平方级别的算法你肯定需要等上很长很长的时间（请见练习 1.4.41）。

```java
import java.util.Arrays;

public class TwoSumFast
{
   public static int count(int[] a)
   {  // 计算和为0的整数对的数目
      Arrays.sort(a);
      int N = a.length;
      int cnt = 0;
      for (int i = 0; i < N; i++)
         if (BinarySearch.rank(-a[i], a) > i)
            cnt++;
      return cnt;
   }

   public static void main(String[] args)
   {
      int[] a = In.readInts(args[0]);
      StdOut.println(count(a));
   }
}
```

2-sum 问题的线性对数级别的解法

189

1.4.5.2 3-sum 问题的快速算法

这种方式对 3-sum 问题同样有效。和刚才一样，我们假设所有整数均各不相同。当且仅当 `-(a[i] + a[j])` 在数组中（不是 `a[i]` 也不是 `a[j]`）时，整数对 `(a[i]` 和 `a[j])` 为某个和为 0 的三元组的一部分。下面代码框中的代码会将数组排序并进行 $N(N-1)/2$ 次二分查找，每次查找所需的时间都和 $\log N$ 成正比。因此总运行时间和 $N^2\log N$ 成正比。可以注意到，在这种情况下排序的成本是次要因素。这个解法也使我们能够解决更大规模的问题（请见练习 1.4.42）。图 1.4.6 显示了用这 4 种算法解决我们提到过的几种问题规模时的成本的悬殊差距。这样的差距显然是我们追求更快的算法的动力。

1.4.5.3 下界

表 1.4.8 总结了本节所讨论的内容。我们立即产生了一个有趣的疑问：我们还能找到比 2-sum 问题的 TwoSumFast 和 3-sum 问题的 ThreeSumFast 快得多的算法吗？是否存在解决 2-sum 问题的线性级别的算法，3-sum 问题的线性对数级别的算法？对于 2-sum，这个问题的回答是没有（成本模型仅允许使用并计算这些整数的线性或是平方级别的函数中的比较操作）；对于 3-sum，回答是不知道，不过专家们相信 3-sum 可能的最优算法是平方级别的。为算法在最坏情况下的运行时间给出一个下界的思想是非常有意义的，我们会在 2.2 节中学习排序时再次讨论它。复杂的下界是很难找到的，但它非常有助于指引我们追求更加有效的算法。

190

```
import java.util.Arrays;

public class ThreeSumFast
{
   public static int count(int[] a)
   {  // 计算和为 0 的三元组的数目
      Arrays.sort(a);
      int N = a.length;
      int cnt = 0;
      for (int i = 0; i < N; i++)
         for (int j = i+1; j < N; j++)
            if (BinarySearch.rank(-a[i]-a[j], a) > j)
               cnt++;
      return cnt;
   }

   public static void main(String[] args)
   {
      int[] a = In.readInts(args[0]);
      StdOut.println(count(a));
   }
}
```

3-sum问题的 $N^2 \lg N$ 解法

表 1.4.8 运行时间的总结

算 法	运行时间的增长数量级
TwoSum	N^2
TwoSumFast	$N\log N$
ThreeSum	N^3
ThreeSumFast	$N^2\log N$

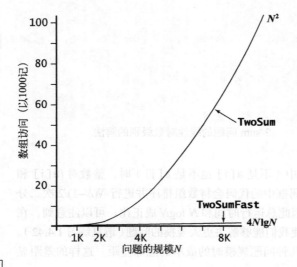

本节中所讨论的例子为我们学习本书中的其他算法打下了基础。在本书中，我们会按照以下方式解决各种新的问题。

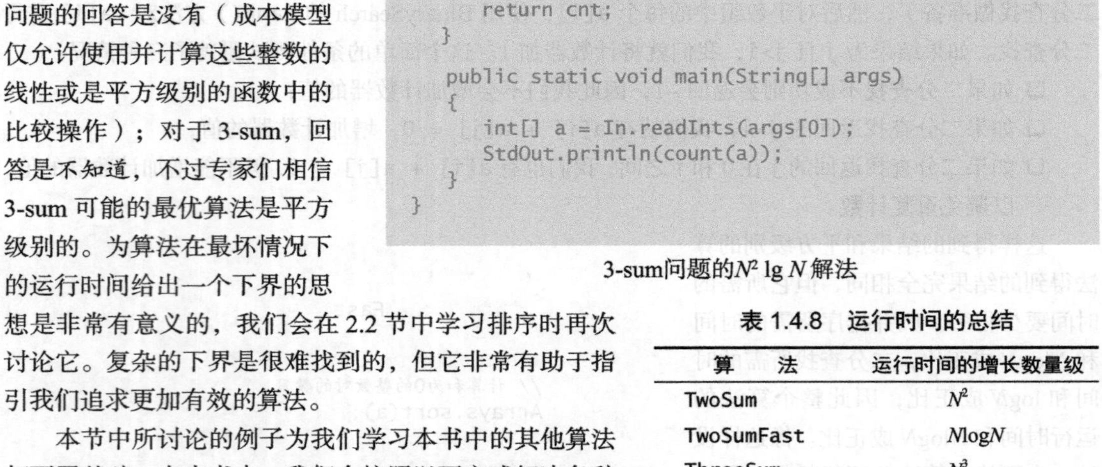

191

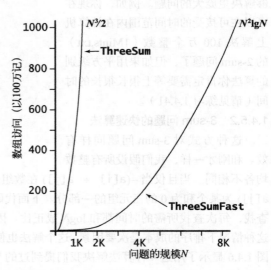

图 1.4.6 解决 2-sum 和 3-sum 问题的各种算法的成本

- 实现并分析该问题的一种简单的解法。我们通常将它们称为暴力算法，例如 ThreeSum 和 TwoSum。
- 考查算法的各种改进，它们通常都能降低算法所需的运行时间的增长数量级，例如 TwoSumFast 和 ThreeSumFast。
- 用实验证明新的算法更快。

在许多情况下，我们会学习解决同一个问题的多种算法，因为对于实际问题来说运行时间只是选择算法时所要考虑的各种因素之一。在本书中我们会在解决各种基础问题时逐渐理解这一点。

1.4.6 倍率实验

下面这种方法可以简单有效地预测任意程序的性能并判断它们的运行时间大致的增长数量级。

- 开发一个输入生成器来产生实际情况下的各种可能的输入（例如 DoublingTest 中的 `timeTrial()` 方法能够生成随机整数）。
- 运行下方的 DoublingRatio 程序，它是 DoublingTest 的修改版本，能够计算每次实验和上一次的运行时间的比值。
- 反复运行直到该比值趋近于极限 2^b。

这个实验对于比值没有极限的算法无效，但它仍然适用于许多程序，我们可以得出以下结论。

- 它们的运行时间的增长数量级约为 N^b。
- 要预测一个程序的运行时间，将上次观察得到的运行时间乘以 2^b 并将 N 加倍，如此反复。如果你希望预测的输入规模不是 N 乘以 2 的幂，可以相应地调整这个比例（请见练习 1.4.9）。

如下所示，ThreeSum 的比例约为 8，因此我们可以预测程序对于 N=16 000、32 000 和 64 000 的运行时间将分别为 408.8、3270.4 和 26 163.2 秒，也就是处理 8000 个整数所需的时间（51.1 秒）连续乘以 8 即可。

实验程序

```
public class DoublingRatio
{
   public static double timeTrial(int N)
   // 参见 DoublingTest（请见 1.4.2.3 节实验程序）
   public static void main(String[] args)
   {
      double prev = timeTrial(125);
      for (int N = 250; true; N += N)
      {
         double time = timeTrial(N);
         StdOut.printf("%6d %7.1f ", N, time);
         StdOut.printf("%5.1f\n", time/prev);
         prev = time;
      }
   }
}
```

试验结果

```
% java DoublingRatio
  250    0.0   2.7
  500    0.0   4.8
 1000    0.1   6.9
 2000    0.8   7.7
 4000    6.4   8.0
 8000   51.1   8.0
```

预测

```
16000    408.8   8.0
32000   3270.4   8.0
64000  26163.2   8.0
```

192

该测试基本类似于 1.4.2.3 节所描述的过程（运行实验，绘出对数图像得到运行时间为 aN^b 的猜想，从直线的斜率得到 b 的值，然后算出 a），但它更容易使用。事实上，可以手工通过 DoublingRatio 准确地预测程序的性能。在比例趋近于极限时，只需要不断乘以该比例即可得到更大规模的问题的运行时间。这里，增长数量级的近似模型是一个幂次法则，指数为该比例的以 2 为底的对数。

为什么这个比例会趋向于一个常数？简单的数学计算显示我们讨论过的所有常见的增长数量级函数（指数级别除外）均会出现这种情况：

命题 C。（倍率定理） 如果 $T(N) \sim aN^b\lg N$，那么 $T(2N)/T(N) \sim 2^b$。

证明。
$$\begin{aligned} T(2N)/T(N) &= a(2N)^b\lg(2N)/aN^b\lg N \\ &= 2^b(1+\lg 2/\lg N) \\ &\sim 2^b \end{aligned}$$

一般来说，数学模型中的对数项是不能忽略的，但在倍率假设中它在预测性能的公式中的作用并不那么重要。

在有性能压力的情况下应该考虑对编写过的所有程序进行倍率实验——这是一种估计运行时间的增长数量级的简单方法，或许它能够发现一些性能问题，比如你的程序并没有想象的那样高效。一般来说，我们可以用以下方式对程序的运行时间的增长数量级作出假设并预测它的性能。

1.4.6.1 评估它解决大型问题的可行性

对于编写的每个程序，你都需要能够回答这个基本问题：“该程序能在可接受的时间内处理这些数据吗？”对于大量数据，要回答这个问题我们需要一个比乘以 2 更大的系数（比如 10）来进行推断，如表 1.4.9 所示。无论是投资银行家处理每日的金融数据还是工程师对设计进行模拟测试，
193 定期运行需要若干个小时才能完成的程序是很常见的，表 1.4.9 的重点也就是这些情况。了解程序的运行时间的增长数量级能够为你提供精确的信息，从而理解你能够解决的问题规模的上限。理解诸如此类的问题，是研究性能的首要原因。没有这些知识，你将对一个程序所需的时间一无所知；而如果你有了它们，一张信封的背面就足够你计算出运行所需的时间并采取相应的行动。

1.4.6.2 评估使用更快的计算机所产生的价值

你可能会面对的另一个基本问题是：“如果我能够得到一台更快的计算机，解决问题的速度能够加快多少？”一般来说，如果新计算机比老的快 x 倍，运行时间也将变为原来的 x 分之一。但你一般都会用新计算机来处理更大规模的问题，这将会如何影响所需的运行时间呢？同样，增长的数量级信息也正是你回答这个问题所需要的。

著名的摩尔定律告诉我们，18 个月后计算机的速度和内存容量都会翻一番，5 年后计算机的速度和内存容量都会变为现在的 10 倍。表 1.4.9 说明如果你使用的是平方或者立方级别的算法，摩尔定律就不适用了。进行倍率测试并检查随着输入规模的倍增前后运行时间之比是趋向于 2 而非 4 或者 8 即可验证这种情况。

表 1.4.9 根据增长的数量级函数作出的预测

运行时间的增长数量级		系数为 2	系数为 10	处理输入规模为 N 的数据需要若干小时的某个程序	
描述	函数			处理 $10N$ 的预计时间	在快 10 倍的计算机上处理 $10N$ 的预计时间
线性级别	N	2	10	一天	几个小时
线性对数级别	$N\log N$	2	10	一天	几个小时
平方级别	N^2	4	100	几个星期	一天
立方级别	N^3	8	1000	几个月	几个星期
194 指数级别	2^N	2^N	2^{9N}	永远	永远

1.4.7 注意事项

在对程序的性能进行仔细分析时，得到不一致或是有误导性的结果的原因可能有许多种。它们都是由于我们的猜想基于的一个或多个假设并不完全正确所造成的。我们可以根据新的假设得出新的猜想，但我们考虑的细节越多，在分析中需要注意的方面也就越多。

1.4.7.1 大常数

在首项近似中，我们一般会忽略低级项中的常数系数，但这可能是错的。例如，当我们取函数 $2N^2+cN$ 的近似为 $\sim 2N^2$ 时，我们的假设是 c 很小。如果事实不是这样（比如 c 可能是 10^3 或是 10^6），该近似就是错误的。因此，我们要对可能的大常数保持敏感。

1.4.7.2 非决定性的内循环

内循环是决定性因素的假设并不总是正确的。错误的成本模型可能无法得到真正的内循环，问题的规模 N 也许没有大到对指令的执行频率的数学描述中的首项大大超过其他低级项并可以忽略它们的程度。有些程序在内循环之外也有大量指令需要考虑。换句话说，成本模型可能还需要改进。

1.4.7.3 指令时间

每条指令执行所需的时间总是相同的假设并不总是正确的。例如，大多数现代计算机系统都会使用缓存技术来组织内存，在这种情况下访问大数组中的若干个并不相邻的元素所需的时间可能很长。如果让 DoublingRatio 运行的时间长一些，你可能可以观察到缓存对 ThreeSum 所产生的效果。在运行时间的比例看似收敛到 8 以后，由于缓存，对于大数组该比例也可能突然变为很大的值。

1.4.7.4 系统因素

一般来说，你的计算机总是同时运行着许多程序。Java 只是争夺资源的众多应用程序之一，而且 Java 本身也有许多能够大大影响程序性能的选项和设置。某种垃圾收集器或是 JIT 编译器或是正在从因特网中进行的下载都可能极大地影响实验的结果。这些因素可能会干扰到实验必须是可重现的这条科学研究的基本原则，因为此时此刻计算机中所发生的一切是无法再次重现的。原则上来说此时系统中运行的其他程序应该是可以忽略或可以控制的。

1.4.7.5 不分伯仲

在我们比较执行相同任务的两个程序时，常常出现的情况是其中一个在某些场景中更快而在另一些场景中更慢。我们已经提到过的一些因素可能会造成这种差异。有些程序员（以及一些学生）特别喜欢投入大量精力进行比赛并找出“最佳”的实现，但此类工作最好还是留给专家。 195

1.4.7.6 对输入的强烈依赖

在研究程序的运行时间的增长数量级时，我们首先作出的几个假设之一就是运行时间应该和输入相对无关。当这个条件无法满足时，我们很可能无法得到一致的结果或是验证我们的猜想。例如，假设我们为回答：“输入中是否存在和为 0 的三个整数？”而修改 ThreeSum 并返回 `boolean` 值，将 `cnt++` 替换为 `return true` 并在最后加上 `return false` 作为结尾，那么如果输入中的头三个整数的和为 0，该程序的运行时间的增长数量级为常数级别；如果输入不含有这样的三个整数，程序的运行时间的增长数量级则为立方级别。

1.4.7.7 多个问题参量

我们过去的重点一直是使用仅需要一个参量的函数来衡量程序的性能，参量一般是命令行参数或是输入的规模。但是，多个参量也是可能的。典型的例子是需要构造一个数据结构并使用该数据结构进行一系列操作的算法。在这种应用程序中数据结构的大小和操作的次数都是问题的参量。我们已经见过一个这样的例子，即对使用二分查找的白名单问题的分析，其中白名单中有 N 个整数而输入中有 M 个整数，运行时间一般和 $M\log N$ 成正比。

尽管需要注意的问题很多，对于每个程序员来说，对程序的运行时间的增长数量级的理解都是非常有价值的，而且我们这里所描述的方法也都十分强大并且应用范围广泛。Knuth 证明了原则上我们只要正确并完整地使用了这些方法就能够对程序作出详细准确的预测。计算机系统一般都非常复杂，完整精确的分析最好留给专家们，但相同的方法也可以有效地近似估计出任何程序所需的运行时间。火箭科学家需要大致知道一枚试验火箭的着陆地点是在大海里还是在城市中；医学研究者需要知道一次药物测试是会杀死还是治愈实验对象；任何使用计算机程序的科学家或是工程师也应
196 该能够预计它是会运行一秒钟还是一年。

1.4.8 处理对于输入的依赖

对于许多问题，刚才所提到的注意事项中最突出的一个就是对于输入的依赖，因为在这种情况下程序的运行时间的变化范围可能非常大。1.4.7.6 节中 ThreeSum 的修改版本的运行时间的范围根据输入的不同可能在常数级别到立方级别之间，因此如果我们想要预测它的性能，就需要对它进行更加细致的分析。在这里我们会简略讨论一些有效的方法，我们会在学习本书中的其他算法时用到它们。

1.4.8.1 输入模型

一种方法是更加小心地对我们所要解决的问题所处理的输入建模。例如，我们可能会假设 ThreeSum 的所有输入均为随机 `int` 值。使用这种方法的困难主要有两点：

- 输入模型可能是不切实际的；
- 对输入的分析可能极端困难，所需的数学技巧远非一般的学生或者程序员所能掌握。

其中前者更为重要，因为计算的目的就是发现输入的性质。例如，如果我们编写了一个程序来处理基因组，我们怎样才能估计出它在处理不同的基因组时的性能呢？描述自然界中的基因组的优秀模型正是科学家们所寻找的，因此预计我们的程序在处理自然界中得到的数据时所需的运行时间实际上也是在为寻找这个模型做出贡献！第二个困难只和最重要的几个算法的数学结果有关，我们将会看到几个用简单可靠的输入模型加上经典的数学分析帮助我们预测程序性能的例子。

1.4.8.2 对最坏情况下的性能的保证

有些应用程序要求程序对于任意输入的运行时间均小于某个指定的上限。为了提供这种性能保证，理论研究者们要从极度悲观的角度来估计算法的性能：在最坏情况下程序的运行时间是多少？例如，这种保守的做法对于运行在核反应堆、心脏起搏器或者刹车控制器之中的软件可能是十分必要的。我们希望保证此类软件能够在某个指定的时间范围内完成任务，否则结果会非常糟糕。科学家们在研究自然界时一般不会去考虑最坏的情况：在生物学中，最坏的情况也许是人类的灭绝；在物理学中，最坏的情况也许是宇宙的结束。但是在计算机系统中最坏情况是非常现实的忧虑，因为程序的输入可能来自另外一个（可能是恶意的）用户而非自然界。例如，没有使用提供性能保证算
197 法的网站无法抵御拒绝服务攻击，这是一种黑客用大量请求淹没服务器的攻击，会使网站的运行速度相比正常状态大幅下降。因此，我们的许多算法的设计已经考虑了为性能提供保证，例如：

命题 D。在 Bag（请见算法 1.4）、Stack（请见算法 1.2）和 Queue（请见算法 1.3）的链表实现中所有的操作在最坏情况下所需的时间都是常数级别的。

证明。由代码可知，每个操作所执行的指令数量均小于一个很小的常数。注意：该论证依赖于一个（合理的）假设，即 Java 系统能够在常数时间内创建一个新的 Node 对象。

1.4.8.3 随机化算法

为性能提供保证的一种重要方法是引入随机性。例如，我们将在 2.3 节中学习的快速排序算法（可能是使用最广泛的排序算法）在最坏情况下的性能是平方级别的，但通过随机打乱输入，根据概率我们能够保证它的性能是线性对数的。每次运行该算法，它所需的时间均不相同，但它的运行时间超过线性对数级别的可能性小到可以忽略。与此类似，我们将在 3.4 节中学习的用于符号表的散列算法（同样也可能是使用最广泛的同类算法）在最坏情况下的性能是线性级别的，但根据概率我们可以保证它的运行时间是常数级别的。这些保证并不是绝对的，但它们失效的可能性甚至小于你的电脑被闪电击中的可能性。因此，这种保证在实际中也可以用来作为最坏情况下的性能保证。

1.4.8.4 操作序列

对于许多应用来说，算法的“输入”可能并不只是数据，还包括用例所进行的一系列操作的顺序。例如，对于一个下压栈来说，用例先压入 N 个值然后再将它们全部弹出的所得到的性能，和 N 次压入弹出的混合操作序列所得到的性能可能大不相同。我们的分析要将这些情况都考虑进去（或者包含一个操作序列的合理模型）。

1.4.8.5 均摊分析

相应地，提供性能保证的另一种方法是通过记录所有操作的总成本并除以操作总数来将成本均摊。在这里，我们可以允许执行一些昂贵的操作，但保持所有操作的平均成本较低。这种类型分析的典型例子是我们在 1.3 节中对基于动态调整数组大小的 Stack 数据结构（请见 1.3.2.5 节的算法 1.1）的研究。简单起见，假设 N 是 2 的幂。如果数据结构初始为空，N 次连续的 push() 调用需要访问数组元素多少次？计算这个答案很简单，数组访问的次数为 198

$$N+4+8+16+\cdots+2N=5N-4$$

其中，首项表示 N 次 push() 调用，其余的项表示每次数组长度加倍时初始化数据结构所访问数组的次数。因此，每次操作访问数组的平均次数为常数，但最后一次操作所需的时间是线性的。这种计算被称为均摊分析，因为我们将少量昂贵操作的成本通过各种大量廉价的操作摊平了。VisualAccumulator 能够很容易地展示这个过程，如图 1.4.7 所示。

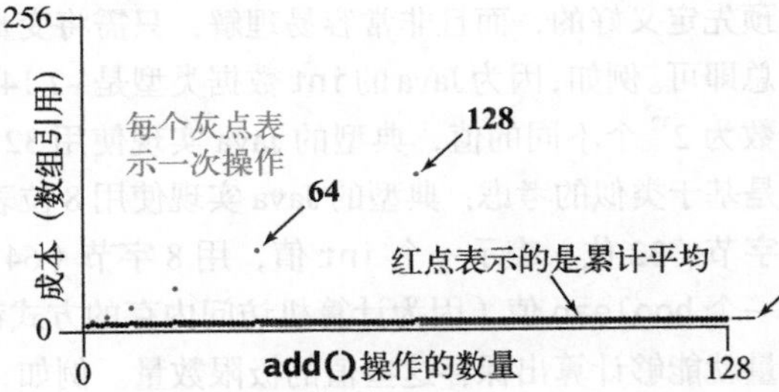

图 1.4.7 向一个 RandomBag 对象中添加元素时的均摊成本（另见彩插）

命题 E。在基于可调整大小的数组实现的 Stack 数据结构中（请见算法 1.1），对空数据结构所进行的任意操作序列对数组的平均访问次数在最坏情况下均为常数。

简略证明。对于每次使数组大小增加（假设大小从 N 变为 $2N$）的 push() 操作，对于 $N/2+2$ 到 N 之间的任意 k，考虑使栈大小增长到 k 的最近 $N/2-1$ 次 push() 操作。将使数组长度加倍所需的 $4N$ 次访问和所有 push() 操作所需的 $N/2$ 次数组访问（每次 push() 操作均需访问一次数组）取平均，我们可以得到每次操作的平均成本为 9 次数组访问。要证明长度为 M 的任意操作序列所需的数组访问次数和 M 成正比则更加复杂（请见练习 1.4.32）。

这种分析应用范围很广，我们会使用可动态调整大小的数组作为数据结构实现本书中的若干算法。

算法分析者的任务就是尽可能地揭示关于某个算法的更多信息，而程序员的任务则是利用这些信息开发有效解决现实问题的程序。在理想状态下，我们希望根据算法能够得到清晰简洁的代码并能够为我们感兴趣的输入提供良好的保证和性能。我们在本章中讨论的许多经典算法之所以对众多应用都十分重要就是因为它们具备这些性质。以它们作为样板，在编程中遇到典型问题时你也能独
199 立给出很好的解决方法。

1.4.9 内存

和运行时间一样，一个程序对内存的使用也和物理世界直接相关：计算机中的电路很大一部分的作用就是帮助程序保存一些值并在稍后取出它们。在任意时刻需要保存的值越多，需要的电路也就越多。你可能知道计算机能够使用的内存上限（知道这一点的人应该比知道运行时间限制的人要多）因为你很可能已经在内存上花了不少额外的支出。

计算机上的 Java 对内存的使用经过了精心的设计（程序的每个值在每次运行时所需的内存量都是一样的），但实现了 Java 的设备非常多，而内存的使用是和实现相关的。简单起见，我们用典型这个词暗示和机器相关的值。

Java 最重要的特性之一就是它的内存分配系统。它的任务是把你从对内存的操作之中解脱出来。显然，你肯定已经知道应该在适当的时候利用这个功能，但是你也应该（至少是大概）知道程序对内存的需求在何时会成为解决问题的障碍。

分析内存的使用比分析程序所需的运行时间要简单得多，主要原因是它所涉及的程序语句较少（只有声明语句）且在分析中我们会将复杂的对象简化为原始数据类型，而原始数据类型的内存使用是预先定义好的，而且非常容易理解：只需将变量的数量和它们的类型所对应的字节数分别相乘并汇总即可。例如，因为 Java 的 `int` 数据类型是 –2 147 483 648 到 2 147 483 647 之间的整数值的集合，即总数为 2^{32} 个不同的值，典型的 Java 实现使用 32 位来表示 `int` 值。其他原始数据类型的内存使用也是基于类似的考虑：典型的 Java 实现使用 8 位表示字节，用 2 字节（16 位）表示一个 `char` 值，用 4 字节（32 位）表示一个 `int` 值，用 8 字节（64 位）表示一个 `double` 或者 `long` 值，用 1 字节表示一个 `boolean` 值（因为计算机访问内存的方式都是一次 1 字节），见表 1.4.10。根据可用内存的总量就能够计算出保存这些值的极限数量。例如，如果计算机有 1 GB 内存（10 亿字节），那么同一时间最多能在内存中保存 2.56 亿万个 `int` 值或是 1.28 亿万个 `double` 值。

从另一方面来说，对内存使用的分析和硬件以及 Java 的不同实现中的各种差异有关，因此我们举出的这个特定的例子并不是一成不变的，你应该以它为参考来学习在条件允许的情况下如何分析内存的使用。例如，许多数据结果都涉及对机器地址的表示，而在
200 各种计算机中一个机器地址所需的内存又各有不同。为了保持一致，我们假设表示机器地址需要 8 字节，这是现在广泛使用的 64 位构架中的典型表示方式，许多老式的 32 位构架只使用 4 字节表示机器地址。

表 1.4.10 原始数据类型的常见内存、需求

类　型	字　节
`boolean`	1
`byte`	1
`char`	2
`int`	4
`float`	4
`long`	8
`double`	8

1.4.9.1 对象

要知道一个对象所使用的内存量，需要将所有实例变量使用的内存与对象本身的开销（一般是

16 字节）相加。这些开销包括一个指向对象的类的引用、垃圾收集信息以及同步信息。另外，一般内存的使用都会被填充为 8 字节（64 位计算机中的机器字）的倍数。例如，一个 Integer 对象会使用 24 字节（16 字节的对象开销，4 字节用于保存它的 int 值以及 4 个填充字节）。类似地，一个 Date 对象（请见表 1.2.12）需要使用 32 字节：16 字节的对象开销，3 个 int 实例变量各需 4 字节，以及 4 个填充字节。对象的引用一般都是一个内存地址，因此会使用 8 字节。例如，一个 Counter 对象（请见表 1.2.11）需要使用 32 字节：16 字节的对象开销，8 字节用于它的 String 型实例变量（一个引用），4 字节用于 int 实例变量，以及 4 个填充字节。当我们说明一个引用所占的内存时，我们会单独说明它所指向的对象所占用的内存，因此这个内存使用总量并没有包含 String 值所使用的内存。常见对象的内存需求列在了图 1.4.8 中。

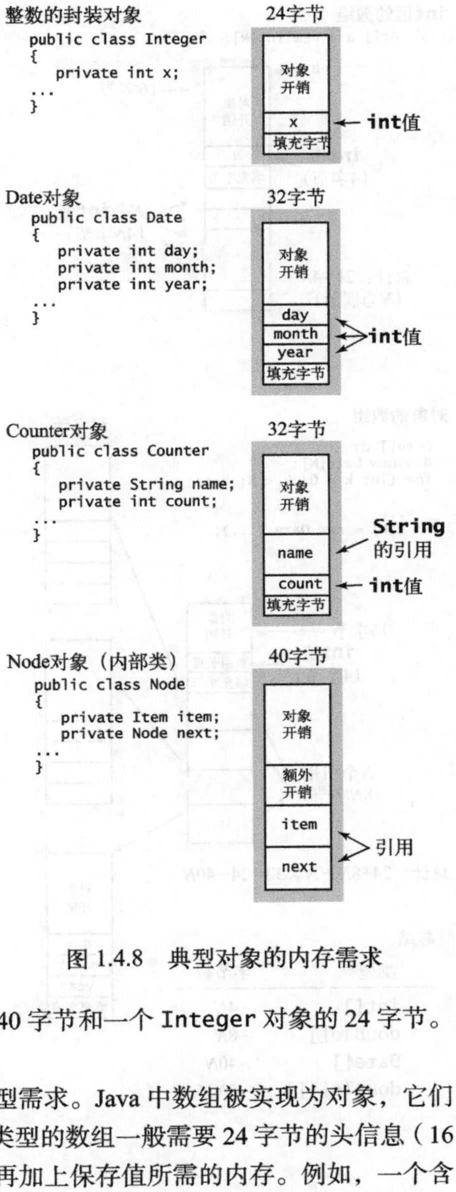

图 1.4.8 典型对象的内存需求

1.4.9.2 链表

嵌套的非静态（内部）类，例如我们的 Node 类（请见 1.3.3.1 节），还需要额外的 8 字节（用于一个指向外部类的引用）。因此，一个 Node 对象需要使用 40 字节（16 字节的对象开销，指向 Item 和 Node 对象的引用各需 8 字节，另外还有 8 字节的额外开销）。因为 Integer 对象需要使用 24 字节，一个含有 N 个整数的基于链表的栈（请见算法 1.2）需要使用（$32+64N$）字节，包括 Stack 对象的 16 字节的开销，引用类型实例变量 8 字节，int 型实例变量 4 字节，4 个填充字节，每个元素需要 64 字节，一个 Node 对象的 40 字节和一个 Integer 对象的 24 字节。 201

1.4.9.3 数组

图 1.4.9 总结了 Java 中的各种类型的数组对内存的典型需求。Java 中数组被实现为对象，它们一般都会因为记录长度而需要额外的内存。一个原始数据类型的数组一般需要 24 字节的头信息（16 字节的对象开销，4 字节用于保存长度以及 4 填充字节）再加上保存值所需的内存。例如，一个含有 N 个 int 值的数组需要使用（$24 + 4N$）字节（会被填充为 8 的倍数），一个含有 N 个 double 值的数组需要使用（$24 + 8N$）字节。一个对象的数组就是一个对象的引用的数组，所以我们应该在对象所需的内存之外加上引用所需的内存。例如，一个含有 N 个 Date 对象（请见表 1.2.12）的数组需要使用 24 字节（数组开销）加上 $8N$ 字节（所有引用）加上每个对象的 32 字节，总共（$24 + 40N$）字节。二维数组是一个数组的数组（每个数组都是一个对象）。例如，一个 $M \times N$ 的 double 类型的二维数组需要使用 24 字节（数组的数组的开销）加上 $8M$ 字节（所有元素数组的引用）加上 $24M$ 字节（所有元素数组的开销）加上 $8MN$ 字节（M 个长度为 N 的 double 类型的数组），总共（$8MN+32M+24$）~ $8MN$ 字节；当数组元素是对象时计算方法类似，结果相同，用来保存充满指向数组对象的引用的数组以及所有这些对象本身。

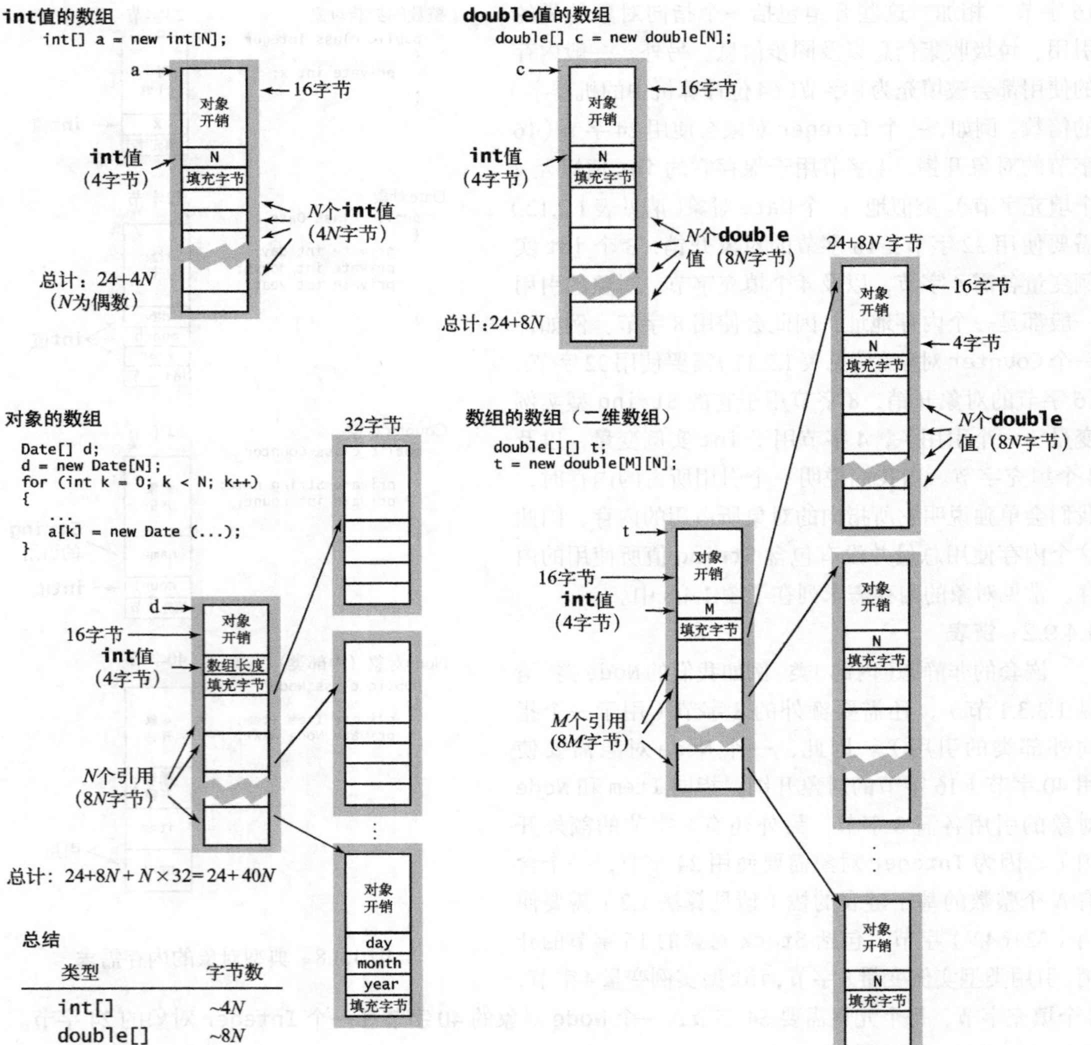

图 1.4.9 int 值、double 值、对象和数组的数组对内存的典型需求

1.4.9.4 字符串对象

我们可以用相同的方式说明 Java 的 String 类型对象所需的内存，只是对于字符串来说别名是非常常见的。String 的标准实现含有 4 个实例变量：一个指向字符数组的引用（8 字节）和三个 int 值（各 4 字节）。第一个 int 值描述的是字符数组中的偏移量，第二个 int 值是一个计数器（字符串的长度）。按照图 1.4.10 中所示的实例变量名，对象所表示的字符串由 value[offset] 到 value[offset + count - 1] 中的字符组成。String 对象中的第三个 int 值是一个散列值，它在某些情况下可以节省一些计算，我们现在可以忽略它。因此，每个 String 对象总共会使用 40

字节（16 字节表示对象，三个 int 实例变量各需 4 字节，加上数组引用的 8 字节和 4 个填充字节）。这是除字符数组之外字符串所需的内存空间，所有字符所需的内存需要另记，因为 String 的 char 数组常常是在多个字符串之间共享的。因为 String 对象是不可变的，这种设计使 String 的实现在能够在多个对象都含有相同的 value[] 数组时节省内存。

1.4.9.5 字符串的值和子字符串

一个长度为 N 的 String 对象一般需要使用 40 字节（String 对象本身）加上（$24+2N$）字节（字符数组），总共（$64+2N$）字节。但字符串处理经常会和子字符串打交道，所以 Java 对字符串的表示希望能够避免复制字符串中的字符。当你调用 substring() 方法时，就创建了一个新的 String 202~203
对象（40 字节），但它仍然重用了相同的 value[] 数组，因此该字符串的子字符串只会使用 40 字节的内存。含有原始字符串的字符数组的别名存在于子字符串中，子字符串对象的偏移量和长度域标记了子字符串的位置。换句话说，*一个子字符串所需的额外内存是一个常数，构造一个子字符串所需的时间也是常数*，即使字符串和子字符串的长度极大也是这样。某些简陋的字符串表示方法在创建子字符串时需要复制其中的字符，这将需要线性的时间和空间。确保子字符串的创建所需的空间（以及时间）和其长度无关是许多基础字符串处理算法的效率的关键所在。字符串的值与子字符串示例如图 1.4.10 所示。

这些基础机制能够有效帮助我们估计大量程序对内存的使用情况，但许多复杂的因素仍然会使这个任务变得更加困难。我们已经提到了别名可能产生的潜在影响。另外，当涉及函数调用时，内存的消耗就变成了一个复杂的动态过程，因为 Java 系统的内存分配机制扮演一个重要的角色，而这套机制又和 Java 的实现有关。例如，当你的程序调用一个方法时，系统会从内存中的一个特定区域为方法分配所需要的内存（用于保存局部变量），这个区域叫做栈（Java 系统的下压栈）。当方法返回时，它所占用的内存也被返回给了系统栈。因此，在递归程序中创建数组或是其他大型对象是很危险的，因为这意味着每一次递归调用都会使用大量的内存。当通过 new 创建对象时，系统会从堆内存的另一块特定区域为该对象分配所需的内存（这里的堆和我们将在 2.4 节学习的二叉堆数据结构不同）。而且，你要记住所有对象都会一直存在，直到对它的引用消失为止。此时系统的垃圾回收进程会将它所占用的内存收回到堆中。这种动态过程使准确估计一个程序的内存使用变得极为困难。

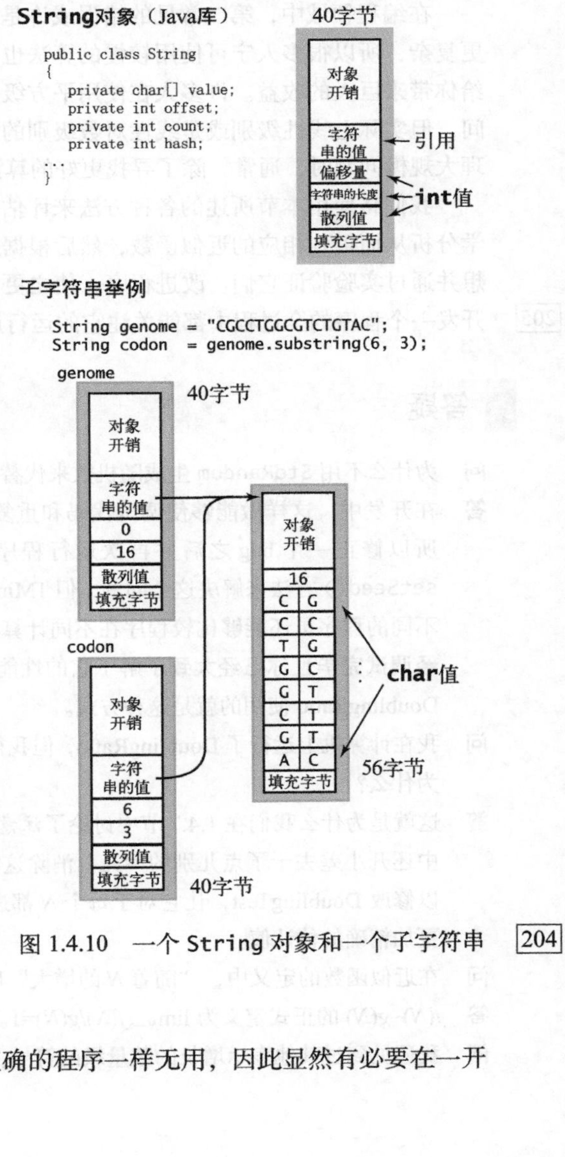

图 1.4.10 一个 String 对象和一个子字符串 204

1.4.10 展望

良好的性能是非常重要的。速度极慢的程序和不正确的程序一样无用，因此显然有必要在一开始就关注程序的运行成本，这能够让你大致估计出所要解决的问题的规模，而聪明的做法是时刻关注程序中的内循环代码的组成。

但在编程领域中，最常见的错误或许就是过于关注程序的性能。你的首要任务应该是写出清晰正确的代码。仅仅为了提高运行速度而修改程序的事最好留给专家们来做。事实上，这么做常常会降低生产效率，因为它会产生复杂而难以理解的代码。C.A.R. Hoare（快速排序的发明人，也是一位推动编写清晰而正确的代码的领军人物）曾将这种想法总结为：“*不成熟的优化是所有罪恶之源*。”Knuth 为这句话加上了一个定语“*在编程领域中（或者至少是大部分罪恶）*”。另外，如果降低成本带来的效益并不明显，那么对运行时间的改进就不值得了。例如，如果一个程序所需的运行时间只是一瞬间而已，那么即使是将它的速度提高十倍也是无关紧要的。即使程序的运行需要好几分钟，实现并调试一个新算法所需要的时间也可能会大大超过直接运行一个稍微慢一点的算法——这种时候就应该让计算机代劳。更糟糕的情况是你可能花了大量的时间和心血去实现一个理论上能够改进程序的想法，但实际上什么也没发生。

在编程领域中，第二常见的错误或许是完全忽略了程序的性能。较快的算法一般都比暴力算法更复杂，所以很多人宁可使用较慢的算法也不愿应付复杂的代码。但是，几行优秀的代码有时能够给你带来巨大的收益。许多人在使用平方级别的暴力算法去解决问题的盲目等待中浪费了大量的时间，但实际上线性级别或是线性对数级别的算法能够在几分之一的时间内完成任务。当我们需要处理大规模问题时，通常，除了寻找更好的算法之外我们别无选择。

我们将使用本节所述的各种方法来评估算法对内存的使用，并在多个成本模型下对算法进行数学分析从而得到相应的近似函数，然后根据近似函数提出对算法所需的运行时间的增长数量级的猜想并通过实验验证它们。改进程序，使之更加清晰、高效和优雅应该是我们一贯的目标。如果你在
205 开发一个程序的全过程中都能关注它的运行成本，那么你都会从该程序的每次执行中受益。

答疑

问 为什么不用 StdRandom 生成随机数来代替 1Mints.txt？

答 在开发中，这样做能够使调试代码和重复实验更简单。每次调用 StdRandom 都会产生不同的值，所以修正一个 bug 之后并再次运行程序可能并不能测试这次修正！可以使用 StdRandom 中的 setSeed() 方法来解决这个问题，但 1Mints.txt 类参考文件能够使添加测试用例变得更容易。另外，不同的程序员还能够比较程序在不同计算机上的性能而不必担心输入模型的不同。只要你的程序已经调试完毕且你已经大致了解了它的性能，当然有必要用随机数据测试它。例如，DoublingTest 和 DoublingRatio 使用的就是这种方式。

问 我在计算机上运行了 DoublingRatio，但我得到的结果和书上的不一致。有些比例的收敛值并不是 8，为什么？

答 这就是为什么我们在 1.4.7 节中讨论了*注意事项*。最可能的情况是你计算机上的操作系统在实验进行中还开小差去干了点儿别的活儿。消除这种问题的一种方式是花更多时间做更多次实验。比如，可以修改 DoublingTest，让它对于每个 N 都进行 1000 次实验，这样对于每个 N 它都能给出对运行时间更加精确的估计值。

问 在近似函数的定义中，“随着 N 的增大”确切的意思是什么？

答 $f(N) \sim g(N)$ 的正式定义为 $\lim_{N\to\infty} f(N)/g(N)=1$。

问 我还见到过其他表示增长的数量级的符号，它们都表示什么意思？

答 使用最广泛的记法是"大 O"：对于 $f(N)$ 和 $g(N)$，如果存在常数 c 和 N_0 使得对于所有 $N>N_0$ 都有 $|f(N)|<cg(N)$，则我们称 $f(N)$ 为 $O(g(N))$。这种记法在描述算法性能的渐进上限时十分有用，这在算法理论领域是十分重要的，但它在预测算法性能或是比较算法时并没有什么作用。

问 上题中，为什么说没有作用呢？

答 主要原因是它描述的仅仅是运行时间的上限，而算法的实际性能可能要好得多。一个算法的运行时间可能既是 $O(N^2)$ 也是 $\sim aN\log N$ 的。因此，它不能解释类似倍率实验等测试（请见 1.4.6 节命题 C）。 206

问 那为什么"大 O"符号的应用非常广泛呢？

答 因为它简化了对增长数量级的上限的研究，甚至也适用于一些无法进行精确分析的复杂算法。另外，它还可以和计算理论中用于将算法按照它们在最坏情况下的性能分类的"大 Omega"和"大 Theta"符号一起使用。如果存在常数 c 和 N_0 使得对于 $N>N_0$ 都有 $|f(N)|>cg(N)$，则我们称 $f(N)$ 为 $\Omega(g(N))$。如果 $f(N)$ 既是 $O(g(N))$ 也是 $\Omega(g(N))$，则我们称 $f(N)$ 为 $\Theta(g(N))$。"大 Omega"记法通常用来表示最坏情况下的性能下限，而"大 Theta"记法则通常用于描述算法的最优性能，即不存在有更好的最坏情况下的渐进增长数量级的算法。算法的最优性显然是实际应用中值得考虑的一点，但你会看到，还有其他许多因素需要考虑。

问 渐进性能的上限难道不重要吗？

答 重要，但我们希望讨论的是给定成本模型下所有语句执行的准确频率，因为它们能够提供更多关于算法性能的信息，而且从我们所讨论的算法中获取这些频率是可能的。例如，我们可以说"ThreeSum 访问数组的次数为 $\sim N^3/2$"，以及"在最坏情况下 `cnt++` 执行的次数为 $\sim N^3/6$"，它们虽然有些冗长但给出的信息比"ThreeSum 的运行时间为 $O(N^3)$"要多得多。

问 当一个算法的运行时间的增长数量级为 $N\log N$ 时，根据双倍测试会得到它的运行时间为 $\sim aN$ 的猜想（其中 a 为常数）。这有问题吗？

答 需要注意的是，我们不能根据实验数据推测它们所符合的某个特定的数学模型。但如果我们只是在预测性能，这并不是什么问题。例如，当 N 在 16 000 到 32 000 之间时，$14N$ 和 $N\lg N$ 的图像非常接近。这些数据同时与两条曲线吻合。随着 N 的增大，两条曲线更为接近。想要用实验来检验一个算法的运行时间是线性对数级别而非线性级别是要费一番工夫的。

问 `int[] a = new int[N]` 表示 N 次数组访问吗（所有数组元素均会被初始化为 0）？

答 大多数情况下是的，我们在本书中也是这样假设的，不过复杂编译器的实现会在遇到大型稀疏数组时尽力避免这种开销。 207

练习

1.4.1 证明从 N 个数中取三个整数的不同组合的总数为 $N(N-1)(N-2)/6$。提示：使用数学归纳法。

1.4.2 修改 ThreeSum，正确处理两个较大的 `int` 值相加可能溢出的情况。

1.4.3 修改 DoublingTest，使用 `StdDraw` 产生类似于正文中的标准图像和对数图像，根据需要调整比例使图像总能够充满窗口的大部分区域。

1.4.4 参照表 1.4.4 为 TwoSum 建立一张类似的表格。

1.4.5 给出下面这些量的近似：

a. $N+1$

b. $1+1/N$

c. $(1+1/N)(1+2/N)$

d. $2N^3-15N^2+N$

e. $\lg(2N)/\lg N$

f. $\lg(N^2+1)/\lg N$

g. $N^{100}/2^N$

1.4.6 给出以下代码段的运行时间的增长数量级（作为 N 的函数）：

a.
```
int sum = 0;
 for (int n = N; n > 0; n /= 2)
   for(int i = 0; i < n; i++)
      sum++;
```
b.
```
int sum = 0;
 for (int i = 1; i < N; i *= 2)
    for (int j = 0; j < i; j++)
```
208
```
       sum++;
```
c.
```
int sum = 0;
 for (int i = 1; i < N; i *= 2)
    for (int j = 0; j < N; j++)
       sum++;
```

1.4.7 以统计涉及输入数字的算术操作（和比较）的成本模型分析 ThreeSum。

1.4.8 编写一个程序，计算输入文件中相等的整数对的数量。如果你的第一个程序是平方级别的，请继续思考并用 `Array.sort()` 给出一个线性对数级别的解答。

1.4.9 已知由倍率实验可得某个程序的时间倍率为 2^b 且问题规模为 N_0 时程序的运行时间为 T，给出一个公式预测该程序在处理规模为 N 的问题时所需的运行时间。

1.4.10 修改二分查找算法，使之总是返回和被查找的键匹配的索引最小的元素（且仍然能够保证对数级别的运行时间）。

1.4.11 为 `StaticSETofInts`（请见表 1.2.15）添加一个实例方法 howMany()，找出给定键的出现次数且在最坏情况下所需的运行时间和 $\log N$ 成正比。

1.4.12 编写一个程序，有序打印给定的两个有序数组（含有 N 个 `int` 值）中的所有公共元素，程序在最坏情况下所需的运行时间应该和 N 成正比。

1.4.13 根据正文中的假设分别给出表示以下数据类型的一个对象所需的内存量：

a. `Accumulator`

b. `Transaction`

c. `FixedCapacityStackOfStrings`，其容量为 C 且含有 N 个元素

d. `Point2D`

e. `Interval1D`

f. `Interval2D`

209 g. `Double`

提高题

1.4.14 4-sum。为 4-sum 设计一个算法。

1.4.15 快速 3-sum。作为热身，使用一个线性级别的算法（而非基于二分查找的线性对数级别的算法）实现 TwoSumFaster 来计算已排序的数组中和为 0 的整数对的数量。用相同的思想为 3-sum 问题给出一个平方级别的算法。

1.4.16 最接近的一对（一维）。编写一个程序，给定一个含有 N 个 `double` 值的数组 `a[]`，在其中找到一对最接近的值：两者之差（绝对值）最小的两个数。程序在最坏情况下所需的运行时间应该是线性对数级别的。

1.4.17 最遥远的一对（一维）。编写一个程序，给定一个含有 N 个 `double` 值的数组 `a[]`，在其中找到一对最遥远的值：两者之差（绝对值）最大的两个数。程序在最坏情况下所需的运行时间应该是线性级别的。

1.4.18 数组的局部最小元素。编写一个程序，给定一个含有 N 个不同整数的数组，找到一个局部最小元素：满足 `a[i]<a[i - 1]`，且 `a[i]<a[i+1]` 的索引 `i`。程序在最坏情况下所需的比较次数为 ~ $2\lg N$。

答：检查数组的中间值 `a[N/2]` 以及和它相邻的元素 `a[N/2–1]` 和 `a[N/2+1]`。如果 `a[N/2]` 是一个局部最小值则算法终止；否则则在较小的相邻元素的半边中继续查找。

1.4.19 矩阵的局部最小元素。给定一个含有 N^2 个不同整数的 $N \times N$ 数组 `a[]`。设计一个运行时间和 N 成正比的算法来找出一个局部最小元素：满足 `a[i][j]<a[i+1][j]`、`a[i][j]<a[i][j+1]`、`a[i][j]<a[i-1][j]` 以及 `a[i][j]<a[i][j–1]` 的索引 `i` 和 `j`。程序的运行时间在最坏情况下应该和 N 成正比。

1.4.20 双调查找。如果一个数组中的所有元素是先递增后递减的，则称这个数组为双调的。编写一个程序，给定一个含有 N 个不同 `int` 值的双调数组，判断它是否含有给定的整数。程序在最坏情况下所需的比较次数为 ~ $3\lg N$。

1.4.21 无重复值之中的二分查找。用二分查找实现 `StaticSETofInts`（请见表 1.2.15），保证 `contains()` 210
的运行时间为 ~ $\lg R$，其中 R 为参数数组中不同整数的数量。

1.4.22 仅用加减实现的二分查找（Mihai Patrascu）。编写一个程序，给定一个含有 N 个不同 `int` 值的按照升序排列的数组，判断它是否含有给定的整数。只能使用加法和减法以及常数的额外内存空间。程序的运行时间在最坏情况下应该和 $\log N$ 成正比。

答：用斐波纳契数代替 2 的幂（二分法）进行查找。用两个变量保存 F_k 和 F_{k-1} 并在 $[i, i+F_k]$ 之间查找。在每一步中，使用减法计算 F_{k-2}，检查 $i+F_{k-2}$ 处的元素，并根据结果将搜索范围变为 $[i, i+F_{k-2}]$ 或是 $[i+F_{k-2}, i+F_{k-2}+F_{k-1}]$。

1.4.23 分数的二分查找。设计一个算法，使用对数级别的比较次数找出有理数 p/q，其中 $0<p<q<N$，比较形式为给定的数是否小于 x？提示：两个分母均小于 N 的有理数之差不小于 $1/N^2$。

1.4.24 扔鸡蛋。假设你面前有一栋 N 层的大楼和许多鸡蛋，假设将鸡蛋从 F 层或者更高的地方扔下鸡蛋才会摔碎，否则则不会。首先，设计一种策略来确定 F 的值，其中扔 ~$\lg N$ 次鸡蛋后摔碎的鸡蛋数量为 ~$\lg N$，然后想办法将成本降低到 ~$2\lg F$。

1.4.25 扔两个鸡蛋。和上一题相同的问题，但现在假设你只有两个鸡蛋，而你的成本模型则是扔鸡蛋的次数。设计一种策略，最多扔 $2\sqrt{N}$ 次鸡蛋即可判断出 F 的值，然后想办法把这个成本降低到 ~ $c\sqrt{F}$ 次。这和查找命中（鸡蛋完好无损）比未命中（鸡蛋被摔碎）的成本小得多的情形类似。

1.4.26 三点共线。假设有一个算法，接受平面上的 N 个点并能够返回在同一条直线上的三个点的组数。证明你能够用这个算法解决 3-sum 问题。强烈提示：使用代数证明当且仅当 $a+b+c=0$ 时 (a, a^3)、
(b, b^3) 和 (c, c^3) 在同一条直线上。 211

1.4.27 两个栈实现的队列。用两个栈实现一个队列，使得每个队列操作所需的堆栈操作均摊后为一个常数。提示：如果将所有元素压入栈再弹出，它们的顺序就被颠倒了。如果再次重复这个过程，它们的顺序则会复原。

1.4.28 一个队列实现的栈。使用一个队列实现一个栈，使得每个栈操作所需的队列操作数量为线性级别。提示：要删除一个元素，将队列中的所有元素一一出列再入列，除了最后一个元素，应该将它删除并返回（这种方法的确非常低效）。

1.4.29 两个栈实现的 steque。用两个栈实现一个 steque（请见练习 1.3.32），使得每个 steque 操作所需的栈操作均摊后为一个常数。

1.4.30 一个栈和一个 steque 实现的双向队列。使用一个栈和 steque 实现一个双向队列（请见练习 1.3.32），使得双向队列的每个操作所需的栈和 steque 操作均摊后为一个常数。

1.4.31 三个栈实现的双向队列。使用三个栈实现一个双向队列，使得双向队列的每个操作所需的栈操作均摊后为一个常数。

1.4.32 均摊分析。请证明，对一个基于大小可变的数组实现的空栈的 M 次操作访问数组的次数和 M 成正比。

1.4.33 32 位计算机中的内存需求。给出 32 位计算机中 `Integer`、`Date`、`Counter`、`int[]`、`double[]`、`double[][]`、`String`、`Node` 和 `Stack`（链表表示）对象所需的内存，设引用需要 4 字节，表示对象开销为 8 字节，所需内存均会被填充为 4 字节的倍数。

1.4.34 热还是冷。你的目标是猜出 1 到 N 之间的一个秘密的整数。每次猜完一个整数后，你会知道你的猜测和这个秘密整数是否相等（如果是则游戏结束）。如果不相等，你会知道你的猜测相比上一次猜测距离该秘密整数是比较热（接近）还是比较冷（远离）。设计一个算法在 $\sim 2\lg N$ 之内找到
212 这个秘密整数，然后再设计一个算法在 $\sim 1\lg N$ 之内找到这个秘密整数。

1.4.35 下压栈的时间成本。解释下表中的数据，它显示了各种下压栈的实现的一般时间成本，其中成本模型会同时记录数据引用的数量（指向被压入栈之中的数据的引用，指向的可能是数组，也可能是某个对象的实例变量）和被创建的对象数量。

下压栈（的各种实现）的时间成本

数据结构	元素类型	压入 N 个 `int` 值的成本	
		数据的引用	创建的对象
基于链表	`int`	$2N$	N
	`Integer`	$3N$	$2N$
基于大小可变的数组	`int`	$\sim 5N$	$\lg N$
	`Integer`	$\sim 5N$	$\sim N$

1.4.36 下压栈的空间成本。解释下表中的数据，它显示了各种下压栈的实现的一般空间成本，其中链表的节点为一个静态的嵌套类，从而避免非静态嵌套类的开销。

下压栈（的各种实现）的空间成本

数据结构	元素类型	N 个 `int` 值所需的空间（字节）
基于链表	`int`	$\sim 32N$
	`Integer`	$\sim 56N$
基于大小可变的数组	`int`	$\sim 4N$ 到 $\sim 16N$ 之间
	`Integer`	$\sim 32N$ 到 $\sim 56N$ 之间

213

实验题

1.4.37 自动装箱的性能代价。通过实验在你的计算机上计算使用自动装箱和自动拆箱所付出的性能代价。实现一个 FixedCapacityStackOfInts，并使用类似 DoublingRatio 的用例比较它和泛型 FixedCapacityStack<Integer> 在进行大量 push() 和 pop() 操作时的性能。

1.4.38 3-sum 的初级算法的实现。通过实验评估以下 ThreeSum 内循环的实现性能：

```
for (int i = 0; i < N; i++)
    for (int j = 0; j < N; j++)
        for (int k = 0; k < N; k++)
            if (i < j && j < k)
                if (a[i] + a[j] + a[k] == 0)
                    cnt++;
```

为此实现另一个版本的 DoublingTest，计算该程序和 ThreeSum 的运行时间的比例。

1.4.39 改进倍率测试的精度。修改 DoublingRatio，使它接受另一个命令行参数来指定对于每个 N 值调用 timeTrial() 方法的次数。用程序对每个 N 执行 10、100 和 1000 遍实验并评估结果的准确程度。

1.4.40 随机输入下的 3-sum 问题。猜测找出 N 个随机 int 值中和为 0 的整数三元组的数量所需的时间并验证你的猜想。如果你擅长数学分析，请为此问题给出一个合适的数学模型，其中所有值均匀地分布在 $-M$ 到 M 之间，且 M 不能是一个小整数。

1.4.41 运行时间。使用 DoublingRatio 估计在你的计算机上用 TwoSumFast、TwoSum、ThreeSumFast 以及 ThreeSum 处理一个含有 100 万个整数的文件所需的时间。

1.4.42 问题规模。设在你的计算机上用 TwoSumFast、TwoSum、ThreeSumFast 以及 ThreeSum 能够处理的问题的规模为 $2^P\text{x}10^3$ 个整数。使用 Doub lingRatio 估计 P 的最大值。

1.4.43 大小可变的数组与链表。通过实验验证对于栈来说基于大小可变的数组的实现快于基于链表的实现的猜想（请见练习 1.4.35 和练习 1.4.36）。为此实现另一个版本的 DoublingRatio，计算两 214
个程序的运行时间的比例。

1.4.44 生日问题。编写一个程序，从命令行接受一个整数 N 作为参数并使用 StdRandom.uniform() 生成一系列 0 到 N–1 之间的随机整数。通过实验验证产生第一个重复的随机数之前生成的整数数量为 $\sim\sqrt{\pi N/2}$。

1.4.45 优惠券收集问题。用和上一题相同的方式生成随机整数。通过实验验证生成所有可能的整数值所需生成的随机数总量为 $\sim NH_N$。 215

1.5 案例研究：union-find 算法

为了说明我们设计和分析算法的基本方法，我们现在来学习一个具体的例子。我们的目的是强调以下几点：

- ❑ 优秀的算法因为能够解决实际问题而变得更为重要；
- ❑ 高效算法的代码也可以很简单；
- ❑ 理解某个实现的性能特点是一项有趣而令人满足的挑战；
- ❑ 在解决同一个问题的多种算法之间进行选择时，科学方法是一种重要的工具；
- ❑ 迭代式改进能够让算法的效率越来越高。

我们会在本书中不断巩固这些主题思想。本节中的例子是一个原型，它将会为我们用相同的方法解决许多其他问题打下坚实的基础。

我们将要讨论的问题并非无足轻重，它是一个非常基础的计算性问题，而我们开发的解决方案将会用于多种实际应用之中，从物理化学中的渗流到通信网络中的连通性等。我们首先会给出一个简单的方案，然后对它的性能进行研究并由此得出应该如何继续改进我们的算法。

1.5.1 动态连通性

首先我们详细地说明一下问题：问题的输入是一列整数对，其中每个整数都表示一个某种类型的对象，一对整数 p q 可以被理解为“p 和 q 是相连的”。我们假设“相连”是一种等价关系，这也就意味着它具有：

- ❑ 自反性：p 和 p 是相连的；
- ❑ 对称性：如果 p 和 q 是相连的，那么 q 和 p 也是相连的；
- ❑ 传递性：如果 p 和 q 是相连的且 q 和 r 是相连的，那么 p 和 r 也是相连的。

等价关系能够将对象分为多个等价类。在这里，当且仅当两个对象相连时它们才属于同一个等价类。我们的目标是编写一个程序来过滤掉序列中所有无意义的整数对（两个整数均来自于同一个等价类中）。换句话说，当程序从输入中读取了整数对 p q 时，如果已知的所有整数对都不能说明 p 和 q 是相连的，那么则将这一对整数写入到输出中。如果已知的数据可以说明 p 和 q 是相连的，那么程序应该忽略 p q 这对整数并继续处理输入中的下一对整数。图 1.5.1 用一个
216 例子说明了这个过程。为了达到所期望的效果，我们需要设计一个数据结构来保存程序已知的所有整数对的足够多的信息，并用它们来判断一对新对象是否是相连的。我们将这个问题通俗地叫做动态连通性问题。这个问题可能有以下应用。

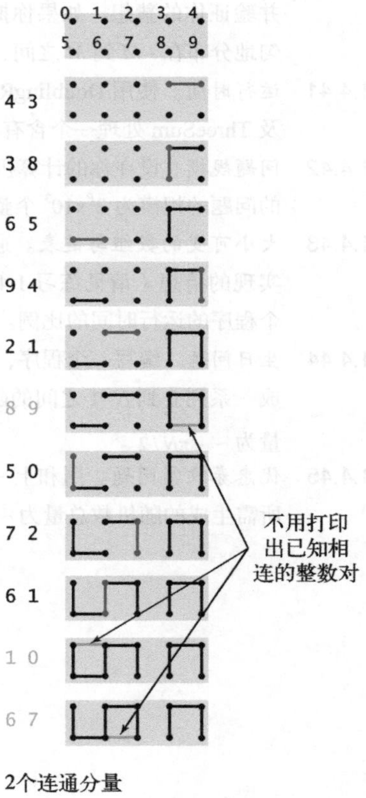

图 1.5.1 动态连通性问题（另见彩插）

1.5.1.1 网络

输入中的整数表示的可能是一个大型计算机网络中的计算机，而整数对则表示网络中的连接。这个程序能够判定我们是否需要在 p 和 q 之间架设一条新的连接才能进行通信，或是我们可以通过已有的连接在两者之间建立通信线路；或者这些整数表示的可能是电子电路中的触点，而整数对表

示的是连接触点之间的电路；或者这些整数表示的可能是社交网络中的人，而整数对表示的是朋友关系。在此类应用中，我们可能需要处理数百万的对象和数十亿的连接。

1.5.1.2 变量名等价性

某些编程环境允许声明两个等价的变量名（指向同一个对象的多个引用）。在一系列这样的声明之后，系统需要能够判别两个给定的变量名是否等价。这种较早出现的应用（如 FORTRAN 语言）推动了我们即将讨论的算法的发展。

1.5.1.3 数学集合

在更高的抽象层次上，可以将输入的所有整数看做属于不同的数学集合。在处理一个整数对 p q 时，我们是在判断它们是否属于相同的集合。如果不是，我们会将 p 所属的集合和 q 所属的集合归并到同一个集合。

为了进一步限定话题，我们会在本节以下内容中使用网络方面的术语，将对象称为*触点*，将整数对称为*连接*，将等价类称为*连通分量*或是简称*分量*。简单起见，假设我们有用 0 到 $N-1$ 的整数所表示的 N 个触点。这样做并不会降低算法的通用性，因为我们在第 3 章中将会学习一组高效的算法，将整数标识符和任意名称关联起来。

图 1.5.2 是一个较大的例子，意在说明连通性问题的难度。你很快就可以找到图左侧中部一个只含有一个触点的分量，以及左下方一个含有 5 个触点的分量，但让你验证其他所有触点是否都是相互连通的可能就有些困难了。对于程序来说，这个任务更加困难，因为它所处理的只有触点的名字和连接而并不知道触点在图像中的几何位置。我们如何才能快速知道这种网络中任意给定的两个触点是否相连呢？ 217

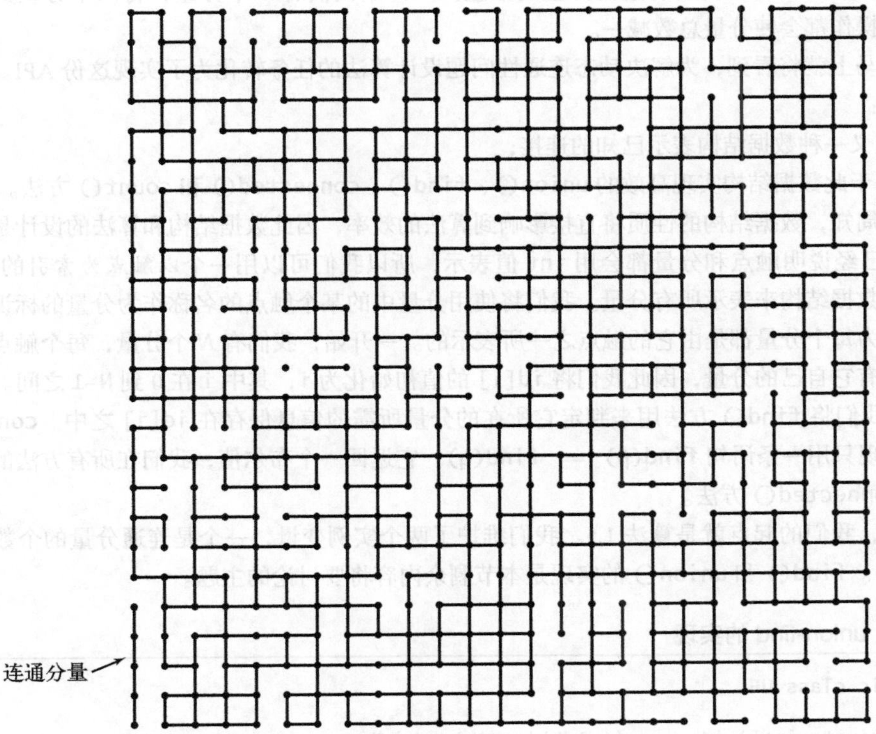

图 1.5.2 中等规模的连通性问题举例（625 个触点，900 条边，3 个连通分量）

我们在设计算法时面对的第一个任务就是精确地定义问题。我们希望算法解决的问题越大，它完成任务所需的时间和空间可能就越多。我们不可能预先知道这其间的量化关系，而且我们通
218 常只会在发现解决问题很困难，或是代价巨大，或是在幸运地发现算法所提供的信息比原问题所需要的更加有用时修改问题。例如，连通性问题只要求我们的程序能够判别给定的整数对 p q 是否相连，但并没有要求给出两者之间的通路上的所有连接。这样的要求会使问题更加困难，并得到另一组不同的算法，我们会在 4.1 节中学习它们。

为了说明问题，我们设计了一份 API 来封装所需的基本操作：初始化、连接两个触点、判断包含某个触点的分量、判断两个触点是否存在于同一个分量之中以及返回所有分量的数量。详细的 API 如表 1.5.1 所示。

表 1.5.1 union-find 算法的 API

public class **UF**		
	UF(int N)	以整数标识（0 到 $N-1$）初始化 N 个触点
void	union(int p, int q)	在 p 和 q 之间添加一条连接
int	find(int p)	p（0 到 $N-1$）所在的分量的标识符
boolean	connected(int p, int q)	如果 p 和 q 存在于同一个分量中则返回 true
int	count()	连通分量的数量

如果两个触点在不同的分量中，union() 操作会将两个分量归并。find() 操作会返回给定触点所在的连通分量的标识符。connected() 操作能够判断两个触点是否存在于同一个分量之中。count() 方法会返回所有连通分量的数量。一开始我们有 N 个分量，将两个分量归并的每次 union() 操作都会使分量总数减一。

我们马上就将看到，为解决动态连通性问题设计算法的任务转化为了实现这份 API。所有的实现都应该：

- 定义一种数据结构表示已知的连接；
- 基于此数据结构实现高效的 union()、find()、connected() 和 count() 方法。

众所周知，数据结构的性质将直接影响到算法的效率，因此数据结构和算法的设计是紧密相关的。API 已经说明触点和分量都会用 int 值表示，所以我们可以用一个*以触点为索引*的数组 id[]
219 作为基本数据结构来表示所有分量。我们将使用分量中的某个触点的名称作为分量的标识符，因此你可以认为每个分量都是由它的触点之一所表示的。一开始，我们有 N 个分量，每个触点都构成了一个只含有它自己的分量，因此我们将 id[i] 的值初始化为 i，其中 i 在 0 到 N-1 之间。对于每个触点 i，我们将 find() 方法用来判定它所在的分量所需的信息保存在 id[i] 之中。connected() 方法的实现只用一条语句 find(p) == find(q)，它返回一个布尔值，我们在所有方法的实现中都会用到 connected() 方法。

总之，我们的起点就是算法 1.5。我们维护了两个实例变量，一个是连通分量的个数，一个是数组 id[]。find() 和 union() 的实现是本节剩余内容将要讨论的主题。

算法 1.5 union-find 的实现

```
public class UF
{
   private int[] id;     // 分量id（以触点作为索引）
   private int count;    // 分量数量
```

```
public UF(int N)
{  // 初始化分量id数组
   count = N;
   id = new int[N];
   for (int i = 0; i < N; i++)
      id[i] = i;
}
public int count()
{  return count;  }
public boolean connected(int p, int q)
{  return find(p) == find(q);  }
public int  find(int p)
public void union(int p, int q)
// 请见1.5.2.1节用例（quick-find）、1.5.2.3节用例（quick-union）和算法1.5（加权quick-union）
public static void main(String[] args)
{  // 解决由StdIn得到的动态连通性问题
   int N = StdIn.readInt();                    // 读取触点数量
   UF uf = new UF(N);                          // 初始化N个分量
   while (!StdIn.isEmpty())
   {
      int p = StdIn.readInt();
      int q = StdIn.readInt();                 // 读取整数对
      if (uf.connected(p, q)) continue;        // 如果已经连通则忽略
      uf.union(p, q);                          // 归并分量
      StdOut.println(p + " " + q);             // 打印连接
   }
   StdOut.println(uf.count() + "components");
}
}
```

```
% java UF < tinyUF.txt
4 3
3 8
6 5
9 4
2 1
5 0
7 2
6 1
2 components
```

这份代码是我们对 UF 的实现。它维护了一个整型数组 id[]，使得 find() 对于处在同一个连通分量中的触点均返回相同的整数值。union() 方法必须保证这一点。

为了测试 API 的可用性并方便开发，我们在 main() 方法中包含了一个用例用于解决动态连通性问题。它会从输入中读取 N 值以及一系列整数对，并对每一对整数调用 connected() 方法：如果某一对整数中的两个触点已经连通，程序会继续处理下一对数据；如果不连通，程序会调用 union() 方法并打印这对整数。在讨论实现之前，我们也准备了一些测试数据（如右侧的代码框所示）：文件 tinyUF.txt 含有 10 个触点和 11 条连接，图 1.5.1 使用的就是它；文件 mediumUF.txt 含有 625 个触点和 900 条连接，如图 1.5.2 所示；例子文件 largeUF.txt 含有 100 万个触点和 200 万条连接。我们的目标是在可以接受的时间范围内处理和 largeUF.txt 规模类似的输入。

为了分析算法，我们将重点放在不同算法访问任意数组元素的总次数上。我们这样做相当于隐式地猜测各种算法在一台特定的计算机上的运行时间在这个量乘以某个常数的范围之内。这个猜想基于代码，用实验验证它并不困难。我们将会看到，这个猜想是算法比较的一个很好的开始。

```
% more tinyUF.txt
10
4 3
3 8
6 5
9 4
2 1
8 9
5 0
7 2
6 1
1 0
6 7

% more mediumUF.txt
625
528 503
548 523
...
900条连接

% more largeUF.txt
1000000
786321 134521
696834 98245
...
200万条连接
```

220
~
221

union-find 的成本模型。在研究实现 union-find 的 API 的各种算法时，我们统计的是数组的访问次数（访问任意数组元素的次数，无论读写）。

1.5.2 实现

我们将讨论三种不同的实现，它们均根据以触点为索引的 id[] 数组来确定两个触点是否存在于相同的连通分量中。

1.5.2.1 quick-find 算法

一种方法是保证当且仅当 id[p] 等于 id[q] 时 p 和 q 是连通的。换句话说，在同一个连通分量中的所有触点在 id[] 中的值必须全部相同。这意味着 connected(p, q) 只需要判断 id[p] == id[q]，当且仅当 p 和 q 在同一连通分量中该语句才会返回 true。为了调用 union(p, q) 确保这一点，我们首先要检查它们是否已经存在于同一个连通分量之中。如果是我们就不需要采取任何行动，否则我们面对的情况就是 p 所在的连通分量中的所有触点的 id[] 值均为同一个值，而 q 所在的连通分量中的所有触点的 id[] 值均为另一个值。要将两个分量合二为一，我们必须将两个集合中所有触点所对应的 id[] 元素变为同一个值，如表 1.5.2 所示。为此，我们需要遍历整个数组，将所有和 id[p] 相等的元素的值变为 id[q] 的值。我们也可以将所有和 id[q] 相等的元素的值变为 id[p] 的值——两者皆可。根据上述文字得到的 find() 和 union() 的代码简单明了，如下面的代码框所示。图 1.5.3 显示的是我们的开发用例在处理测试数据 tinyUF.txt 时的完整轨迹。

```
public int find(int p)
{  return id[p];  }

public void union(int p, int q)
{  // 将p和q归并到相同的分量中
   int pID = find(p);
   int qID = find(q);

   // 如果p和q已经在相同的分量之中则不需要采取任何行动
   if (pID == qID) return;

   // 将p的分量重命名为q的名称
   for (int i = 0; i < id.length; i++)
      if (id[i] == pID) id[i] = qID;
   count--;
}
```

quick-find

表 1.5.2 quick-find 概览

find()方法正在检查id[5]和id[9]

p q	0	1	2	3	4	5	6	7	8	9
5 9	1	1	1	8	8	1	1	1	8	8

union()方法需要要将所有的1修改为8

p q	0	1	2	3	4	5	6	7	8	9
5 9	1	1	1	8	8	1	1	1	8	8
	8	8	8	8	8	8	8	8	8	8

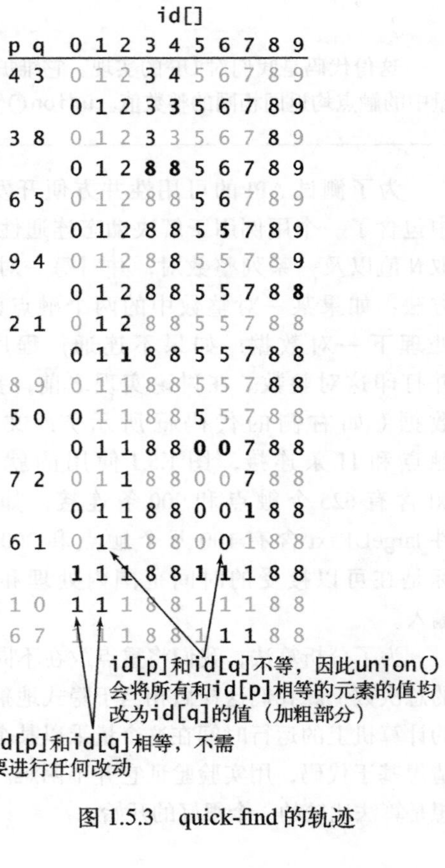

id[]
p q 0 1 2 3 4 5 6 7 8 9
4 3 0 1 2 3 4 5 6 7 8 9
0 1 2 3 3 5 6 7 8 9
3 8 0 1 2 3 3 5 6 7 8 9
0 1 2 8 8 5 6 7 8 9
6 5 0 1 2 8 8 5 6 7 8 9
0 1 2 8 8 5 5 7 8 9
9 4 0 1 2 8 8 5 5 7 8 9
0 1 2 8 8 5 5 7 8 8
2 1 0 1 2 8 8 5 5 7 8 8
0 1 1 8 8 5 5 7 8 8
8 9 0 1 1 8 8 5 5 7 8 8
5 0 0 1 1 8 8 5 5 7 8 8
0 1 1 8 8 0 0 7 8 8
7 2 0 1 1 8 8 0 0 7 8 8
0 1 1 8 8 0 0 1 8 8
6 1 0 1 1 8 8 0 0 1 8 8
1 1 1 8 8 1 1 1 8 8
1 0 1 1 1 8 8 1 1 1 8 8
6 7 1 1 1 8 8 1 1 1 8 8
id[p]和id[q]不等，因此union()会将所有和id[p]相等的元素的值均改为id[q]的值（加粗部分）
id[p]和id[q]相等，不需要进行任何改动

图 1.5.3 quick-find 的轨迹

1.5.2.2 quick-find 算法的分析

find() 操作的速度显然是很快的，因为它只需要访问 id[] 数组一次。但 quick-find 算法一般无法处理大型问题，因为对于每一对输入 union() 都需要扫描整个 id[] 数组。

命题 F。 在 quick-find 算法中，每次 find() 调用只需要访问数组一次，而归并两个分量的 union() 操作访问数组的次数在 $(N+3)$ 到 $(2N+1)$ 之间。

证明。 由代码马上可以知道，每次 connected() 调用都会检查 id[] 数组中的两个元素是否相等，即会调用两次 find() 方法。归并两个分量的 union() 操作会调用两次 find()，检查 id[] 数组中的全部 N 个元素并改变它们中 1 到 $N-1$ 个元素的值。

假设我们使用 quick-find 算法来解决动态连通性问题并且最后只得到了一个连通分量，那么这至少需要调用 $N-1$ 次 union()，即至少 $(N+3)(N-1) \sim N^2$ 次数组访问——我们马上可以猜想动态连通性的 quick-find 算法是平方级别的。将这种分析推广我们可以得到，quick-find 算法的运行时间对于最终只能得到少数连通分量的一般应用是平方级别的。在计算机上用倍率测试可以很容易验证这个猜想（指导性的例子请见练习 1.5.23）。现代计算机每秒钟能够执行数亿甚至数十亿条指令，因此如果 N 较小的话这个成本并不是很明显。但是在现代应用中我们也很可能需要处理几百万甚至数十亿的触点和连接，例如我们的测试文件 largeUF.txt。如果你还不相信并且觉得自己的计算机足够快，请使用 quick-find 算法找出 largeUF.txt 中所有整数对所表示的连通分量的数量。结论无可争议，使用 quick-find 算法解决这种问题是不可行的，我们需要寻找更好的算法。 222 ~ 223

1.5.2.3 quick-union 算法

我们要讨论的下一个算法的重点是提高 union() 方法的速度，它和 quick-find 算法是互补的。它也基于相同的数据结构——以触点作为索引的 id[] 数组，但我们赋予这些值的意义不同，我们需要用它们来定义更加复杂的结构。确切地说，每个触点所对应的 id[] 元素都是同一个分量中的另一个触点的名称（也可能是它自己）——我们将这种联系称为*链接*。在实现 find() 方法时，我们从给定的触点开始，由它的链接得到另一个触点，再由这个触点的链接到达第三个触点，如此继续跟随着链接直到到达一个*根触点*，即链接指向自己的触点（你将会看到，这样一个触点必然存在）。当且仅当分别由两个触点开始的这个过程到达了同一个根触点时它们存在于同一个连通分量之中。为了保证这个过程的有效性，我们需要 union(p, q) 来保证这一点。它的实现很简单：我们由 p 和 q 的链接分别找到它们的根触点，然后只需将一个根触点链接到另一个即可将一个分量重命名为另一个分量，因此这个算法叫做 quick-union。和刚才一样，无论是重命名含有 p 的分量还是重命名含有 q 的分量都可以，右侧的这段实现重命名了 p 所在的分量。图 1.5.5 显示了 quick-union 算法在处理 tinyUF.txt 时的轨迹。图 1.5.4 能够很好地说明图 1.5.5（见 1.5.2.4 节）中的轨迹，我们接下来要讨论的就是它。

```
private int find(int p)
{  // 找出分量的名称
   while (p != id[p]) p = id[p];
   return p;
}

public void union(int p, int q)
{  // 将p和q的根节点统一
   int pRoot = find(p);
   int qRoot = find(q);
   if (pRoot == qRoot) return;

   id[pRoot] = qRoot;

   count--;
}
```

quick-union

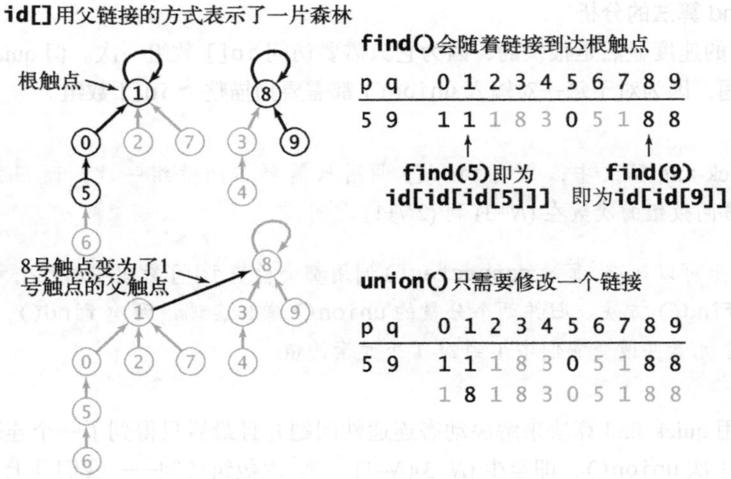

224

图 1.5.4 quick-union 算法概述

1.5.2.4 森林的表示

quick-union 算法的代码很简洁，但有些难以理解。用节点（带标签的圆圈）表示触点，用从一个节点到另一个节点的箭头表示链接，由此得到数据结构的图像表示使我们理解算法的操作变得相对容易。我们的得到的结构是树——从技术上来说，id[] 数组用父链接的形式表示了一片森林。为了简化图表，我们常常会省略链接的箭头（因为它们的指向全部朝上）和树的根节点中指向自己的链接。tinyUF.txt 的 id[] 数组所对应的森林如图 1.5.5 所示。无论我们从任何触点所对应的节点开始跟随链接，最终都将达到含有该节点的树的根节点。可以用归纳法证明这个性质的正确性：在数组被初始化之后，每个节点的链接都指向它自己；如果在某次 union() 操作之前这条性质成立，那么操作之后它必然也成立。因此，quick-union 中的 find() 方法能够返回根节点所对应的触点的名称（这样 connected() 才能够判定两个触点是否在同一棵树中）。这种表示方法对于这个问题很实用，因为当且仅当两个触点存在于相同的分量之中时它们对应的节点才会在同一棵树中。另外，构造树并不困难：quick-union 中 union() 的实现只用了一条语句就将一个根节点变为另一个根节点的父节点，从而归并了两棵树。

1.5.2.5 quick-union 算法的分析

quick-union 算法看起来比 quick-find 算法更快，因为它不需要为每对输入遍历整个数组。但它能够快多少呢？分析 quick-union 算法的成本比分析 quick-find 算法的成本更困难，因为这依赖于输入的特点。在最好的情况下，find() 只需要访问数组一次就能够得到一个触点所在的分量的标识符；而在最坏情况下，这需要 $2N-1$ 次数组访问，如图 1.5.6 中的 0 触点（这个估计是较为保守的，因为 while 循环中经过编译的代码对 id[p] 的第二次引用一般都不会访问数组）。由此我们不难构造一个最佳情况的输入使得解决动态连通性问题的用例的运行时间是线性级别的；另一方面，我们也可以构造一个最坏情况的输入，此时它的运行时间是平方级别的（请见图 1.5.6 和下面的命题 G）。幸好我们不需要面对分析 quick-union 算法的问题，我们也不会仔细对比 quick-union 算法和 quick-find 算法的性能，因为我们下面将会学习一种比两者的效率都高得多的算法。目前，我们可以将 quick-union 算法看做是 quick-find 算法的一种改良，因为它解决了 quick-find 算法中最主要的问题（union() 操作总是线性级别的）。对于一般的输入数据这个变化显然是一次改进，但 quick-union 算法仍然存在问题，我们不能保证在所有情况下它都能比 quick-find 算法快得多（对于某些输入，quick-union 算法并不比 quick-find 算法快）。

p q	id[0]	id[1]	id[2]	id[3]	id[4]	id[5]	id[6]	id[7]	id[8]	id[9]
	0	1	2	3	4	5	6	7	8	9
4 3	0	1	2	3	4	5	6	7	8	9
	0	1	2	3	3	5	6	7	8	9
3 8	0	1	2	3	3	5	6	7	8	9
	0	1	2	8	3	5	6	7	8	9
6 5	0	1	2	8	3	5	6	7	8	9
	0	1	2	8	3	5	5	7	8	9
9 4	0	1	2	8	3	5	5	7	8	9
	0	1	2	8	3	5	5	7	8	8
2 1	0	1	2	8	3	5	5	7	8	8
	0	1	1	8	3	5	5	7	8	8
8 9	0	1	1	8	3	5	5	7	8	8
5 0	0	1	1	8	3	5	5	7	8	8
	0	1	1	8	3	0	5	7	8	8
7 2	0	1	1	8	3	0	5	7	8	8
	0	1	1	8	3	0	5	1	8	8
6 1	0	1	1	8	3	0	5	1	8	8
	1	1	1	8	3	0	5	1	8	8
1 0	1	1	1	8	3	0	5	1	8	8
6 7	1	1	1	8	3	0	5	1	8	8

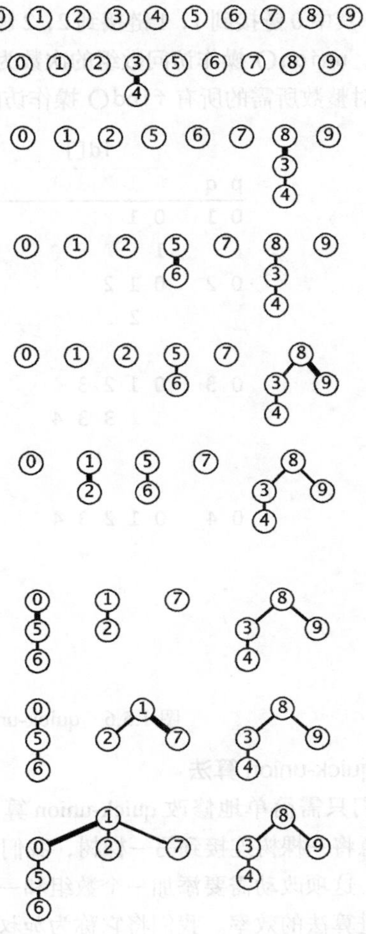

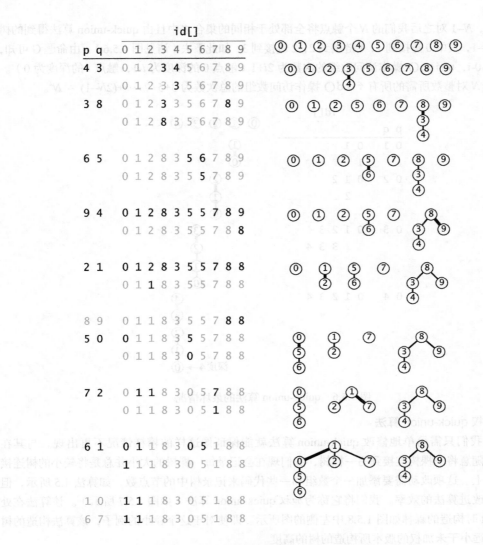

图 1.5.5 quick-union 算法的轨迹（以及相应的森林）

定义。一棵树的大小是它的节点的数量。树中的一个节点的深度是它到根节点的路径上的链接数。树的高度是它的所有节点中的最大深度。

命题 G。quick-union 算法中的 `find()` 方法访问数组的次数为 1 加上给定触点所对应的节点的深度的两倍。`union()` 和 `connected()` 访问数组的次数为两次 `find()` 操作（如果 `union()` 中给定的两个触点分别存在于不同的树中则还需要加 1）。

证明。请见代码。

225~226

同样，假设我们使用 quick-union 算法解决了动态连通性问题并最终只得到了一个分量，由命题 G 我们马上可以知道算法的运行时间在最坏情况下是平方级别的。假设输入的整数对是有序的 0-1、

0-2、0-3 等，N–1 对之后我们的 N 个触点将全部处于相同的集合之中且由 quick-union 算法得到的树的高度为 N–1，其中 0 链接到 1，1 链接到 2，2 链接到 3，如此下去（请见图 1.5.6）。由命题 G 可知，对于整数对 0-i，`union()` 操作访问数组的次数为 $2i+1$（触点 0 的深度为 i-1，触点 i 的深度为 0）。因此，处理 N 对整数所需的所有 `find()` 操作访问数组的总次数为 $3+5+7+\cdots+(2N-1) \sim N^2$。

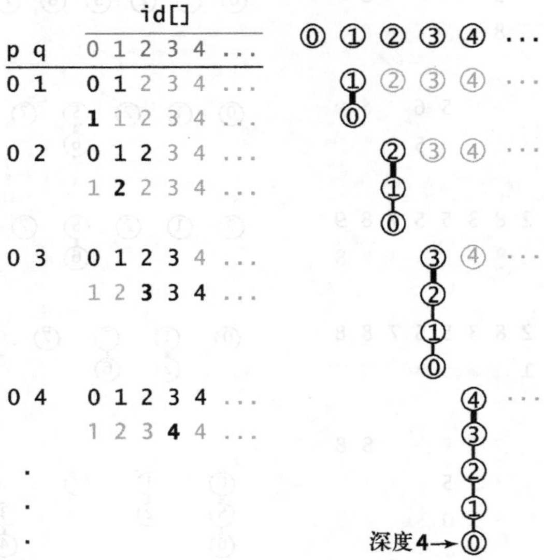

图 1.5.6　quick-union 算法的最坏情况

1.5.2.6　加权 quick-union 算法

幸好，我们只需简单地修改 quick-union 算法就能保证像这样的糟糕情况不再出现。与其在 `union()` 中随意将一棵树连接到另一棵树，我们现在会记录每一棵树的大小并总是将较小的树连接到较大的树上。这项改动需要添加一个数组和一些代码来记录树中的节点数，如算法 1.5 所示，但它能够大大改进算法的效率。我们将它称为*加权* quick-union 算法（如图 1.5.7 所示）。该算法在处理 tinyUF.txt 时构造的森林如图 1.5.8 中左侧的图所示。即使对于这个较小的例子，该算法构造的树的高度也远远小于未加权的版本所构造的树的高度。

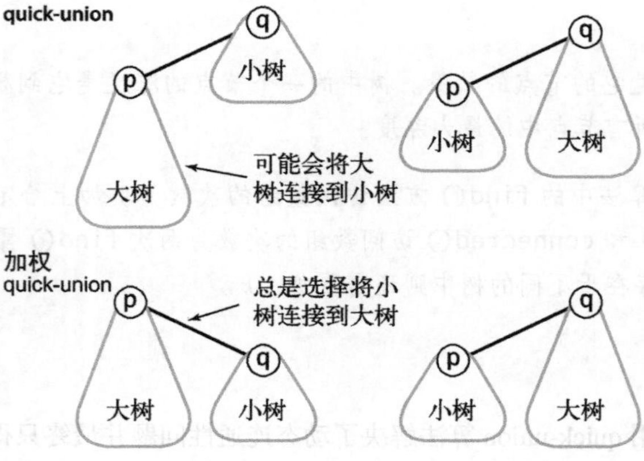

图 1.5.7　加权 quick-union

1.5.2.7 加权 quick-union 算法的分析

图 1.5.8 显示了加权 quick-union 算法的最坏情况。其中将要被归并的树的大小总是相等的（且总是 2 的幂）。这些树的结构看起来很复杂，但它们均含有 2^n 个节点，因此高度都正好是 n。另外，当我们归并两个含有 2^n 个节点的树时，我们得到的树含有 2^{n+1} 个节点，由此将树的高度增加到了 $n+1$。由此推广我们可以证明加权 quick-union 算法能够保证对数级别的性能。加权 quick-union 算法的实现如算法 1.5 所示。

```
% java WeightedQuickUnionUF < mediumUF.txt
528 503
548 523
...
3 components

% java WeightedQuickUnionUF < largeUF.txt
786321 134521
696834 98245
...
6 components
```

227

算法 1.5（续） union-find 算法的实现（加权 quick-union 算法）

```
public class WeightedQuickUnionUF
{
   private int[] id;       // 父链接数组（由触点索引）
   private int[] sz;       // （由触点索引的）各个根节点所对应的分量的大小
   private int count;      // 连通分量的数量
   public WeightedQuickUnionUF(int N)
   {
      count = N;
      id = new int[N];
      for (int i = 0; i < N; i++) id[i] = i;
      sz = new int[N];
      for (int i = 0; i < N; i++) sz[i] = 1;
   }
   public int count()
   {  return count;  }
   public boolean connected(int p, int q)
   {  return find(p) == find(q);  }
   public int find(int p)
   {  // 跟随链接找到根节点
      while (p != id[p]) p = id[p];
      return p;
   }
   public void union(int p, int q)
   {
      int i = find(p);
      int j = find(q);
      if (i == j) return;
      // 将小树的根节点连接到大树的根节点
      if   (sz[i] < sz[j]) { id[i] = j; sz[j] += sz[i]; }
      else                 { id[j] = i; sz[i] += sz[j]; }
      count--;
   }
}
```

根据正文所述的森林表示方法这段代码很容易理解。我们加入了一个由触点索引的实例变量数组 sz[]，这样 union() 就可以将小树的根节点连接到大树的根节点。这使得算法能够处理规模较大的问题。 228

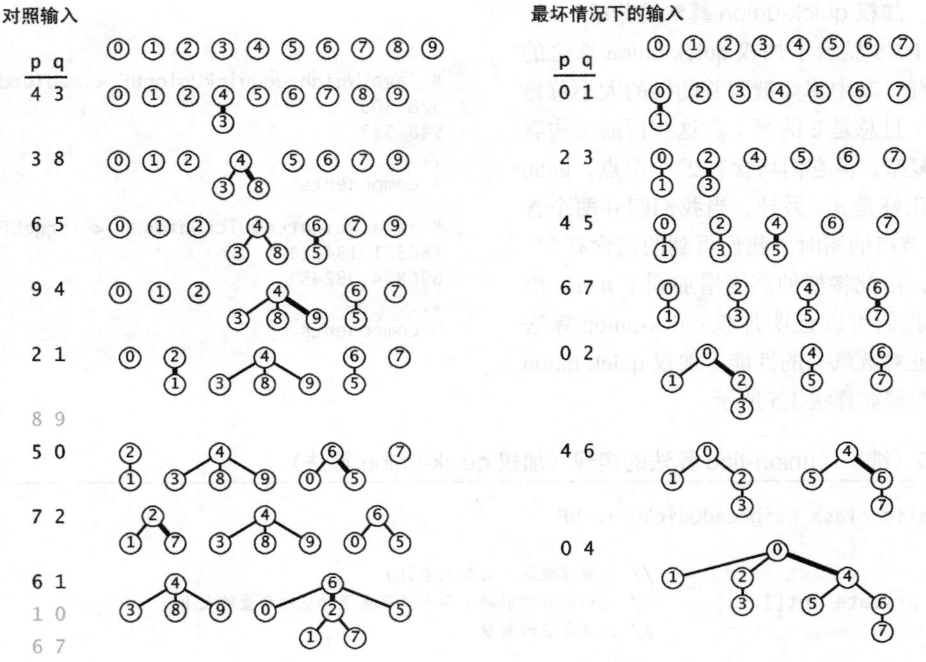

图 1.5.8 加权 quick-union 算法的轨迹（森林）

命题 H。对于 N 个触点，加权 quick-union 算法构造的森林中的任意节点的深度最多为 $\lg N$。

证明。我们可以用归纳法证明一个更强的命题，即森林中大小为 k 的树的高度最多为 $\lg k$。在原始情况下，当 k 等于 1 时树的高度为 0。根据归纳法，我们假设大小为 i 的树的高度最多为 $\lg i$，其中 $i<k$。设 $i \leqslant j$ 且 $i+j=k$，当我们将大小为 i 和大小为 j 的树归并时，quick-union 算法和加权 quick-union 算法中触点与深度示例如图 1.5.9 所示。小树中的所有节点的深度增加了 1，
229 但它们现在所在的树的大小为 $i+j=k$，而 $1+\lg i=\lg(i+i) \leqslant \lg(i+j)=\lg k$，性质成立。

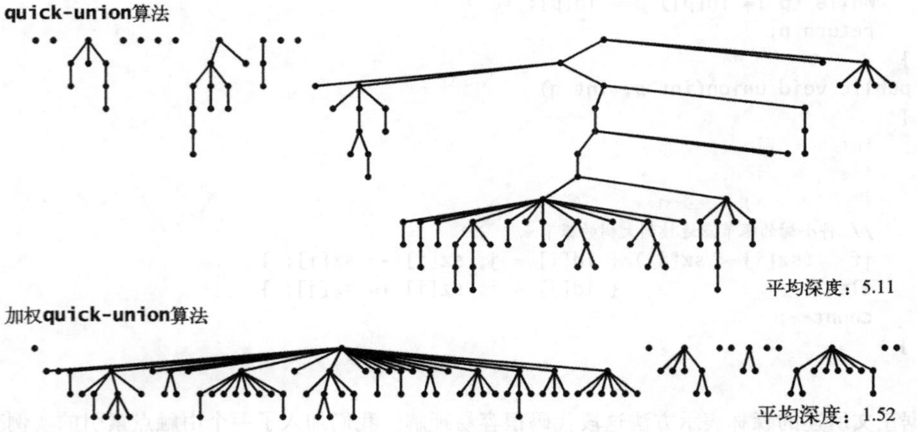

图 1.5.9 quick-union 算法与加权 quick-union 算法的对比（100 个触点，88 次 union() 操作）

推论。对于加权 quick-union 算法和 N 个触点，在最坏情况下 find()、connected() 和 union() 的成本的增长数量级为 $\log N$。

证明。在森林中，对于从一个节点到它的根节点的路径上的每个节点，每种操作最多都只会访问数组常数次。

对于动态连通性问题，命题 H 和它的推论的实际意义在于加权 quick-union 算法是三种算法中唯一可以用于解决大型实际问题的算法。加权 quick-union 算法处理 N 个触点和 M 条连接时最多访问数组 $cM\lg N$ 次，其中 c 为常数。这个结果和 quick-find 算法（以及某些情况下的 quick-union 算法）需要访问数组至少 MN 次形成了鲜明的对比。因此，有了加权 quick-union 算法我们就能保证能够在合理的时间范围内解决实际中的大规模动态连通性问题。只需要多写几行代码，我们所得到的程序在处理实际应用中的大型动态连通性问题时就会比简单的算法快数百万倍。

图 1.5.9 显示的是一个含有 100 个触点的例子。从图中我们可以很明显地看到，加权 quick-union 算法中远离根节点的节点相对较少。事实上，只含有一个节点的树被归并到更大的树中的情况很常见，这样该节点到根节点的距离也只有一条链接而已。针对大规模问题的经验性研究告诉我们，加权 quick-union 算法在解决实际问题时一般都能在常数时间内完成每个操作（如表 1.5.3 所示）。我们可能很难找到比它效率更高的算法了。 230

表 1.5.3 各种 union-find 算法的性能特点

算　法	存在 N 个触点时成本的增长数量级（最坏情况下）		
	构造函数	union()	find()
quick-find 算法	N	N	1
quick-union 算法	N	树的高度	树的高度
加权 quick-union 算法	N	$\lg N$	$\lg N$
使用路径压缩的加权 quick-union 算法	N	非常非常地接近但仍没有达到 1（均摊成本）（请见练习 1.5.13）	
理想情况	N	1	1

1.5.2.8 最优算法

我们可以找到一种能够保证在常数时间内完成各种操作的算法吗？这个问题非常困难并且困扰了研究者们许多年。在寻找答案的过程中，大家研究了 quick-union 算法和加权 quick-union 算法的各种变体。例如，下面这种*路径压缩*方法很容易实现。理想情况下，我们希望每个节点都直接链接到它的根节点上，但我们又不想像 quick-find 算法那样通过修改大量链接做到这一点。我们接近这种理想状态的方式很简单，就是在检查节点的同时将它们直接链接到根节点。这种方法乍一看很激进，但它的实现非常容易，而且这些树并没有阻止我们进行这种修改的特殊结构：如果这么做能够改进算法的效率，我们就应该实现它。要实现路径压缩，只需要为 find() 添加一个循环，将在路径上遇到的所有节点都直接链接到根节点。我们所得到的结果是几乎完全扁平化的树，它和 quick-find 算法理想情况下所得到的树非常接近。这种方法即简单又有效，但在实际情况下已经不太可能对加权 quick-union 算法继续进行任何改进了（请见练习 1.5.24）。对该情况的理论研究结果非常复杂也值得我们注意：*路径压缩的加权 quick-union 算法是最优的算法，但并非所有操作都能在常数时间内完成*。也就是说，使用路径压缩的加权 quick-union 算法的每个操作在在最坏情况下（即均摊后）都不是常数级别的，而且不存在其他算法能够保证 union-find 算法的所有操作在均摊后都是常数级别的（在非常一般的 cell probe 模型之下）。使用路径压缩的加权 quick-union 算法已经是我
231 们对于这个问题能够给出的最优解了。

1.5.2.9 均摊成本的图像

与对其他任何数据结构实现的讨论一样，我们应该按照 1.4 节中的讨论在实验中用典型的用例验证我们对算法性能的猜想。图 1.5.10 详细显示了我们的动态连通性问题的开发用例在使用各种算法处理一份含有 625 个触点的样例数据（mediumUF.txt）时的性能。绘制这种图像很简单（请见练习 1.5.16）：在处理第 i 个连接时，用一个变量 `cost` 记录其间访问数组（`id[]` 或 `sz[]`）的次数，并用一个变量 `total` 记录到目前为止数组访问的总次数。我们在 `(i, cost)` 处画一个灰点，在 `(i, total/i)` 处画一个红点，红点表示的是每个操作的平均成本，即均摊成本。图像能够帮助我们更好地理解算法的行为。对于 quick-find 算法，每次 `union()` 操作都至少访问数组 625 次（每归并一个分量还要加 1，最多再加 625），每次 `connected()` 操作都访问数组 2 次。一开始，大多数连接都会产生一个 `union()` 调用，因此累计平均值徘徊在 625 左右；后来，大多数连接产生的 `connected()` 调用会跳过 `union()`，因此累计平均值开始下降，但仍保持了相对较高的水平（能够产生大量 `connected()` 调用并跳过 `union()` 的输入性能要好得多，例子请见练习 1.5.23）。对于 quick-union 算法，所有的操作在初始阶段访问数组的次数都不多；到了后期，树的高度成为一个重要因素，均摊成本的增长很明显。对于加权 quick-union 算法，树的高度一直很小，没有任何昂贵的操作，均摊成本也很低。这些实验验证了我们的结论，显然非常有必要实现加权 quick-union 算法，在解决实际问题时已经没有多少进一步改
232 进的空间了。

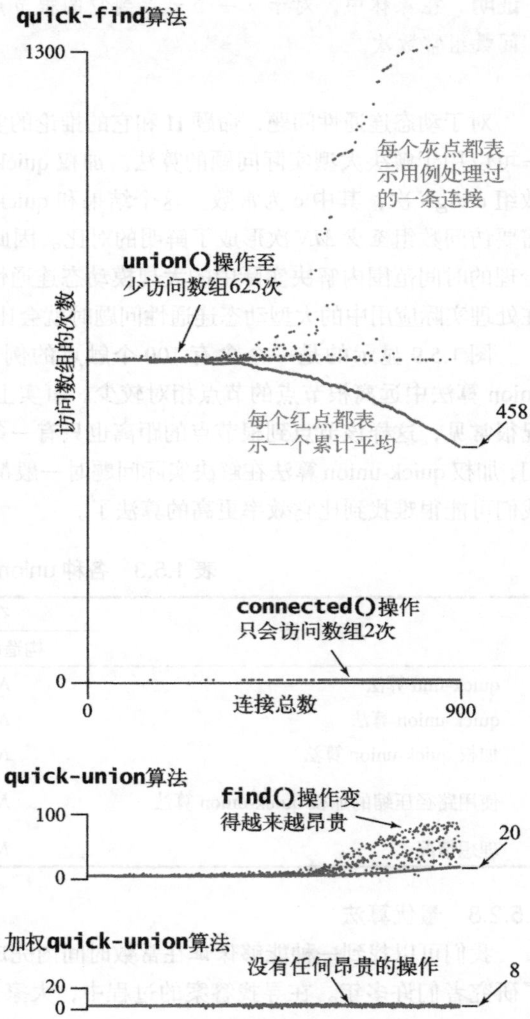

图 1.5.10 所有操作的总成本
（625 个触点，另见彩插）

1.5.3 展望

直观感觉上，我们学习的每种 UF 的实现都改进了上一个版本的实现，但这个过程并不突兀，因为我们可以总结学者们对这些算法多年的研究。我们很明确地说明了问题，解决方法的实现也很

简单，因此可以用经验性的数据评估各个算法的优劣。另外，还可以通过这些研究验证将算法的性能量化的数学结论。只要可能，我们在本书中研究各种基础问题时都会遵循类似于本节中讨论 union-find 问题时的基本步骤，在这里我们要再次强调它们。

- ❑ 完整而详细地定义问题，找出解决问题所必需的基本抽象操作并定义一份 API。
- ❑ 简洁地实现一种初级算法，给出一个精心组织的开发用例并使用实际数据作为输入。
- ❑ 当实现所能解决的问题的最大规模达不到期望时决定改进还是放弃。
- ❑ 逐步改进实现，通过经验性分析或（和）数学分析验证改进后的效果。
- ❑ 用更高层次的抽象表示数据结构或算法来设计更高级的改进版本。
- ❑ 如果可能尽量为最坏情况下的性能提供保证，但在处理普通数据时也要有良好的性能。
- ❑ 在适当的时候将更细致的深入研究留给有经验的研究者并继续解决下一个问题。

我们从 union-find 问题中可以看到，算法设计在解决实际问题时能够为程序的性能带来惊人的提高，这种潜力使它成为热门研究领域。还有什么其他类型的设计行为可能将成本降为原来的数百万甚至数十亿分之一呢？

设计高效的算法是一种很有成就感的智力活动，同时也能够产生直接的实际效益。正如动态连通性问题所示，为解决一个简单的问题我们学习了许多算法，它们不但有用有趣，也精巧而引人入胜。我们还将遇到许多新颖独特的算法，它们都是人们在数十年以来为解决许多实际问题而发明的。随着计算机算法在科学和商业领域的应用范围越来越广，能够使用高效的算法来解决老问题并为新问题开发有效的解决方案也越来越重要了。 233

答疑

问 我希望为 API 添加一个 `delete()` 方法来允许用例删除连接。能够给我一些建议吗？

答 目前还没有人能够发明既能处理删除操作而又和本节中所介绍的算法同样简单而高效的算法。这个主题在本书中会反复出现。在我们讨论的一些数据结构中删除比添加要困难得多。

问 cell-probe 模型是什么？

答 它是一种计算模型，其中我们只会记录对随机内存的访问，内存大小足以保存所有输入且假设其他操作均没有成本。 234

练习

1.5.1 使用 quick-find 算法处理序列 9-0 3-4 5-8 7-2 2-1 5-7 0-3 4-2 。对于输入的每一对整数，给出 `id[]` 数组的内容和访问数组的次数。

1.5.2 使用 quick-union 算法（请见 1.5.2.3 节代码框）完成练习 1.5.1。另外，在处理完输入的每对整数之后画出 `id[]` 数组表示的森林。

1.5.3 使用加权 quick-union 算法（请见算法 1.5）完成练习 1.5.1。

1.5.4 在正文的加权 quick-union 算法示例中，对于输入的每一对整数（包括对照输入和最坏情况下的输入），给出 `id[]` 和 `sz[]` 数组的内容以及访问数组的次数。

1.5.5 在一台每秒能够处理 10^9 条指令的计算机上，估计 quick-find 算法解决含有 10^9 个触点和 10^6 条连接的动态连通性问题所需的最短时间（以天记）。假设内循环 `for` 的每一次迭代需要执行 10 条机器指令。

1.5.6 使用加权 quick-union 算法完成练习 1.5.5。

1.5.7 分别为 quick-find 算法和 quick-union 算法实现 QuickFindUF 类和 QuickUnionUF 类。

1.5.8 用一个反例证明 quick-find 算法中的 union() 方法的以下直观实现是错误的：

```
public void union(int p, int q)
{
    if (connected(p, q)) return;
    // 将p的分量重命名为q的分量
    for (int i = 0; i < id.length; i++)
        if (id[i] == id[p]) id[i] = id[q];
    count--;
}
```

1.5.9 画出下面的 id[] 数组所对应的树。这可能是加权 quick-union 算法得到的结果吗？解释为什么不可能，或者给出能够得到该数组的一系列操作。

i	0	1	2	3	4	5	6	7	8	9
id[i]	1	1	3	1	5	6	1	3	4	5

235

1.5.10 在加权 quick-union 算法中，假设我们将 id[find(p)] 的值设为 q 而非 id[find(q)]，所得的算法是正确的吗？

答：是，但这会增加树的高度，因此无法保证同样的性能。

1.5.11 实现加权 quick-find 算法，其中我们总是将较小的分量重命名为较大的分量的标识符。这种改变

236 会对性能产生怎样的影响？

提高题

1.5.12 **使用路径压缩的 quick-union 算法**。根据路径压缩修改 quick-union 算法（请见 1.5.2.3 节），在 find() 方法中添加一个循环来将从 p 到根节点的路径上的每个触点都连接到根节点。给出一列输入，使该方法能够产生一条长度为 4 的路径。注意：该算法的所有操作的均摊成本已知为对数级别。

1.5.13 **使用路径压缩的加权 quick-union 算法**。修改加权 quick-union 算法（算法 1.5），实现如练习 1.5.12 所述的路径压缩。给出一列输入，使该方法能够产生一棵高度为 4 的树。注意：该算法的所有操作的均摊成本已知被限制在反 Ackermann 函数的范围之内，且对于实际应用中可能出现的所有 N 值均小于 5。

1.5.14 **根据高度加权的 quick-union 算法**。给出 UF 的一个实现，使用和加权 quick-union 算法相同的策略，但记录的是树的高度并总是将较矮的树连接到较高的树上。用算法证明 N 个触点的树的高度不会超过其大小的对数级别。

1.5.15 **二项树**。请证明，对于加权 quick-union 算法，在最坏情况下树中每一层的节点数均为二项式系数。在这种情况下，计算含有 $N=2^n$ 个节点的树中节点的平均深度。

1.5.16 **均摊成本的图像**。修改你为练习 1.5.7 给出的实现，绘出如正文所示的均摊成本的图像。

1.5.17 **随机连接**。设计 UF 的一个用例 ErdosRenyi，从命令行接受一个整数 N，在 0 到 N-1 之间产生随机整数对，调用 connected() 判断它们是否相连，如果不是则调用 union() 方法（和我们的开发用例一样）。不断循环直到所有触点均相互连通并打印出生成的连接总数。将你的程序打包成一个接受参数 N 并返回连接总数的静态方法 count()，添加一个 main() 方法从命令行接受 N，调用 count() 并打印它的返回值。

1.5.18 随机网格生成器。编写一个程序 RandomGrid，从命令行接受一个 `int` 值 N，生成一个 $N \times N$ 的网格中的所有连接。它们的排列随机且方向随机（即 (p q) 和 (q p) 出现的可能性是相等的），将这个结果打印到标准输出中。可以使用 RandomBag 将所有连接随机排列（请见练习 1.3.34），并使用如右下所示的 `Connection` 嵌套类来将 p 和 q 封装到一个对象中。将程序打包成两个静态方法：`generate()`，接受参数 N 并返回一个连接的数组；`main()`，从命令行接受参数 N，调用 `generate()`，遍历返回的数组并打印出所有连接。 237

1.5.19 动画。编写一个 RandomGrid（请见练习 1.5.18）的用例，和我们的开发用例一样使用 `UnionFind` 来检查触点的连通性并在处理的同时用 `StdDraw` 将它们绘出。

1.5.20 动态生长。使用链表或大小可变的数组实现加权 quick-union 算法，去掉需要预先知道对象数量的限制。为 API 添加一个新方法 `newSite()`，它应该返回一个类型为 `int` 的标识符。

```
private class Connection
{
   int p;
   int q;

   public Connection(int p, int q)
   {  this.p = p; this.q = q;  }
}
```

封装连接的嵌套类 238

实验题

1.5.21 Erdös-Renyi 模型。使用练习 1.5.17 的用例验证这个猜想：得到单个连通分量所需生成的整数对数量为 $\sim 1/2N\ln N$。

1.5.22 Erdös-Renyi 模型的倍率实验。开发一个性能测试用例，从命令行接受一个 `int` 值 T 并进行 T 次以下实验：使用练习 1.5.17 的用例生成随机连接，和我们的开发用例一样使用 UnionFind 来检查触点的连通性，不断循环直到所有触点均相互连通。对于每个 N，打印出 N 值和平均所需的连接数以及前后两次运行时间的比值。使用你的程序验证正文中的猜想：quick-find 算法和 quick-union 算法的运行时间是平方级别的，加权 quick-union 算法则接近线性级别。

1.5.23 在 Erdös-Renyi 模型下比较 quick-find 算法和 quick-union 算法。开发一个性能测试用例，从命令行接受一个 `int` 值 T 并进行 T 次以下实验：使用练习 1.5.17 的用例生成随机连接。保存这些连接并和我们的开发用例一样分别用 quick-find 算法和 quick-union 算法检查触点的连通性，不断循环直到所有触点均相互连通。对于每个 N，打印出 N 值和两种算法的运行时间的比值。

1.5.24 适用于 Erdös-Renyi 模型的快速算法。在练习 1.5.23 的测试中增加加权 quick-union 算法和使用路径压缩的加权 quick-union 算法。你能分辨出这两种算法的区别吗？

1.5.25 随机网格的倍率测试。开发一个性能测试用例，从命令行接受一个 `int` 值 T 并进行 T 次以下实验：使用练习 1.5.18 的用例生成一个 N×N 的随机网格，所有连接的方向随机且排列随机。和我们的开发用例一样使用 UnionFind 来检查触点的连通性，不断循环直到所有触点均相互连通。对于每个 N，打印出 N 值和平均所需的连接数以及前后两次运行时间的比值。使用你的程序验证正文中的猜想：quick-find 算法和 quick-union 算法的运行时间是平方级别的，加权 quick-union 算法则接近线性级别。注意：随着 N 值加倍，网格中触点的数量会乘 4，因此平方级别的算法的运行时间会变为原来的 16 倍，线性级别的算法的运行时间则变为原来的 4 倍。 239

1.5.26 Erdös-Renyi 模型的均摊成本图像。开发一个用例，从命令行接受一个 `int` 值 N，在 0 到 N-1 之间产生随机整数对，调用 `connected()` 判断它们是否相连，如果不是则调用 `union()` 方法（和我们的开发用例一样）。不断循环直到所有触点均相互连通。按照正文的样式将所有操作的均摊成本绘制成图像。 240

第2章 排 序

排序就是将一组对象按照某种逻辑顺序重新排列的过程。比如，信用卡账单中的交易是按照日期排序的——这种排序很可能使用了某种排序算法。在计算时代早期，大家普遍认为 30% 的计算周期都用在了排序上。如果今天这个比例降低了，可能的原因之一是如今的排序算法更加高效，而并非排序的重要性降低了。现在计算机的广泛使用使得数据无处不在，而整理数据的第一步通常就是进行排序。所有的计算机系统都实现了各种排序算法以供系统和用户使用。

即使你只是使用标准库中的排序函数，学习排序算法仍然有三大实际意义：

- 对排序算法的分析将有助于你全面理解本书中比较算法性能的方法；
- 类似的技术也能有效解决其他类型的问题；
- 排序算法常常是我们解决其他问题的第一步。

更重要的是这些算法都很经典、优雅和高效。

排序在商业数据处理和现代科学计算中有着重要的地位，它能够应用于事物处理、组合优化、天体物理学、分子动力学、语言学、基因组学、天气预报和很多其他领域。其中一种排序算法（快速排序，见 2.3 节）甚至被誉为 20 世纪科学和工程领域的十大算法之一。

241~243 在本章中我们将学习几种经典的排序算法，并高效地实现了“优先队列”这种基础数据类型。我们将讨论比较排序算法的理论基础并在本章结尾总结若干排序算法和优先队列的应用。

2.1 初级排序算法

作为对排序算法领域的第一次探索，我们将学习两种初级的排序算法以及其中一种的一个变体。深入学习这些相对简单的算法的原因在于：第一，我们将通过它们熟悉一些术语和简单的技巧；第二，这些简单的算法在某些情况下比我们之后将会讨论的复杂算法更有效；第三，以后你会发现，它们有助于我们改进复杂算法的效率。

2.1.1 游戏规则

我们关注的主要对象是重新排列数组元素的算法，其中每个元素都有一个主键。排序算法的目标就是将所有元素的主键按照某种方式排列（通常是按照大小或是字母顺序）。排序后索引较大的主键大于等于索引较小的主键。元素和主键的具体性质在不同的应用中千差万别。在 Java 中，元素通常都是对象，对主键的抽象描述则是通过一种内置的机制（请见 2.1.1.4 节中的 Comparable 接口）来完成的。

“排序算法类模版”中的 Example 类展示了我们的习惯约定：我们会将排序代码放在类的 sort() 方法中，该类还将包含辅助函数 less() 和 exch()（可能还有其他辅助函数）以及一个示例用例 main()。Example 类还包含了一些早期调试使用的代码：测试用例 main() 将标准输入得到的字符串排序，并用私有方法 show() 打印字符数组的内容。我们还会在本章中遇到各种用于比较不同算法并研究它们的性能的测试用例。为了区别不同的排序算法，我们为相应的类取了不同的名字，用例可以根据名字调用不同的实现，例如 Insertion.sort()、Merge.sort()、Quick.sort() 等。

大多数情况下，我们的排序代码只会通过两个方法操作数据：less() 方法对元素进行比较，exch() 方法将元素交换位置。exch() 方法的实现很简单，通过 Comparable 接口实现 less() 方法也不困难。将数据操作限制在这两个方法中使得代码的可读性和可移植性更好，更容易验证代码的正确性、分析性能以及排序算法之间的比较。在学习具体的排序算法实现之前，我们先讨论几个对于所有排序算法都很重要的问题。 244

排序算法类的模板

```
public class Example
{
   public static void sort(Comparable[] a)
   {  /* 请见算法2.1、算法2.2、算法2.3、算法2.4、算法2.5或算法2.7*/  }

   private static boolean less(Comparable v, Comparable w)
   {  return v.compareTo(w) < 0;  }

   private static void exch(Comparable[] a, int i, int j)
   {  Comparable t = a[i]; a[i] = a[j]; a[j] = t;  }

   private static void show(Comparable[] a)
   {  // 在单行中打印数组
      for (int i = 0; i < a.length; i++)
         StdOut.print(a[i] + " ");
      StdOut.println();
   }
   public static boolean isSorted(Comparable[] a)
   {  // 测试数组元素是否有序
      for (int i = 1; i < a.length; i++)
         if (less(a[i], a[i-1]))  return false;
```

```
% more tiny.txt
S O R T E X A M P L E

% java Example < tiny.txt
A E E L M O P R S T X
```

```
        return true;
    }

    public static void main(String[] args)
    {  // 从标准输入读取字符串，将它们排序并输出
        String[] a = In.readStrings();
        sort(a);
        assert isSorted(a);
        show(a);
    }
}
```

```
% more words3.txt
bed bug dad yes zoo ... all bad yet

% java Example < words.txt
all bad bed bug dad ... yes yet zoo
```

这个类展示的是数组排序实现的框架。对于我们学习的每种排序算法，我们都会为这样一个类实现一个 sort() 方法并将 Example 改为算法的名称。测试用例会将标准输入得到的字符串排序，但是这段
245 代码使我们的排序方法适用于任意实现了 Comparable 接口的数据类型。

2.1.1.1 验证

无论数组的初始状态是什么，排序算法都能成功吗？谨慎起见，我们会在测试代码中添加一条语句 assert isSorted(a); 来确认排序后数组元素都是有序的。尽管一般都会测试代码并从数学上证明算法的正确性，但在实现每个排序算法时加上这条语句仍然是必要的。需要注意的是，如果我们只使用 exch() 来交换数组的元素，这个测试就足够了。当我们直接将值存入数组中时，这条语句无法提供足够的保证（例如，把初始输入数组的元素全部置为相同的值也能通过这个测试）。

2.1.1.2 运行时间

我们还要评估算法的性能。首先，要计算各个排序算法在不同的随机输入下的基本操作的次数（包括比较和交换，或者是读写数组的次数）。然后，我们用这些数据来估计算法的相对性能并介绍在实验中验证这些猜想所使用的工具。对于大多数实现，代码风格一致会使我们更容易作出对性能的合理猜想。

排序成本模型。在研究排序算法时，我们需要计算比较和交换的数量。对于不交换元素的算法，我们会计算访问数组的次数。

2.1.1.3 额外的内存使用

排序算法的额外内存开销和运行时间是同等重要的。排序算法可以分为两类：除了函数调用所需的栈和固定数目的实例变量之外无需额外内存的原地排序算法，以及需要额外内存空间来存储另一份数组副本的其他排序算法。

2.1.1.4 数据类型

我们的排序算法模板适用于任何实现了 Comparable 接口的数据类型。遵守 Java 惯例的好处是很多你希望排序的数据都实现了 Comparable 接口。例如，Java 中封装数字的类型 Integer 和 Double，以及 String 和其他许多高级数据类型（如 File 和 URL）都实现了 Comparable 接口。因此你可以直接用这些类型的数组作为参数调用我们的排序方法。例如，右上方的代码使用了快速排序（请见 2.3 节）来对 N 个随机的 Double 数据进
246 行排序。

```
Double a[] = new Double[N];
for (int i = 0; i < N; i++)
   a[i] = StdRandom.uniform();
Quick.sort(a);
```

将N个随机值的数组排序

在创建自己的数据类型时，我们只要实现 Comparable 接口就能够保证用例代码可以将其排序。要做到这一点，只需要实现一个 compareTo() 方法来定义目标类型对象的自然次序，如右侧的 Date 数据类型所示（参见表 1.2.12）。

```
public class Date implements Comparable<Date>
{
   private final int day;
   private final int month;
   private final int year;

   public Date(int d, int m, int y)
   {  day = d; month = m; year = y; }

   public int day()   {  return day;   }
   public int month() {  return month;  }
   public int year()  {  return year;    }

   public int compareTo(Date that)
   {
      if (this.year  > that.year ) return +1;
      if (this.year  < that.year ) return -1;
      if (this.month > that.month) return +1;
      if (this.month < that.month) return -1;
      if (this.day   > that.day  ) return +1;
      if (this.day   < that.day  ) return -1;
      return 0;
   }

   public String toString()
   { return month + "/" + day + "/" + year; }
}
```

定义一个可比较的数据类型

对于 v<w、v=w 和 v>w 三种情况，Java 的习惯是在 v.compareTo(w) 被调用时分别返回一个负整数、零和一个正整数（一般是 -1、0 和 1）。为了节约篇幅，我们接下来用 v>w 来表示 v.compareTo(w)>0 这样的代码。一般来说，如果 v 和 w 无法比较或者两者之一是 null，v.compareTo(w) 将会抛出一个异常。此外，compareTo() 必须实现一个全序关系，即：

- 自反性，对于所有的 v，v=v；
- 反对称性，对于所有的 v<w 都有 v>w，且 v=w 时 w=v；
- 传递性，对于所有的 v、w 和 x，如果 v<=w 且 w<=x，则 v<=x。

从数学上来说这些规则都很标准和自然，遵守它们应该不难。总之，compareTo() 实现了我们的**主键抽象**——它给出了实现了 Comparable 接口的任意数据类型的对象的大小顺序的定义。需要注意的是 compareTo() 方法不一定会用到进行比较的实例的所有实例变量，毕竟数组元素的主键很可能只是每个元素的一小部分。

本章剩余篇幅将会讨论对一组自然次序的对象进行排序的各种算法。为了比较和对照各种算法，我们会检查它们的许多性质，包括在各种输入下它们比较和交换数组元素的次数以及额外内存的使用量。通过这些我们能够对它们的性能作出猜想，而这些猜想在过去的数十年间已经在无数的计算机上被验证过了。所有的实现都是需要通过检验的，所以我们也会讨论相关的工具。在研究经典的选择排序、插入排序、希尔排序、归并排序、快速排序和堆排序之后，我们将在 2.5 节讨论一些实际的应用和问题。 247

2.1.2 选择排序

一种最简单的排序算法是这样的：首先，找到数组中最小的那个元素，其次，将它和数组的第一个元素交换位置（如果第一个元素就是最小元素那么它就和自己交换）。再次，在剩下的元素中找到最小的元素，将它与数组的第二个元素交换位置。如此往复，直到将整个数组排序。这种方法叫做**选择排序**，因为它在不断地选择剩余元素之中的最小者。

如算法 2.1 所示，选择排序的内循环只是在比较当前元素与目前已知的最小元素（以及将当前索引加 1 和检查是否代码越界），这已经简单到了极点。交换元素的代码写在内循环之外，每次交换都能排定一个元素，因此交换的总次数是 N。所以算法的时间效率取决于比较的次数。

命题 A。对于长度为 N 的数组，选择排序需要大约 $N^2/2$ 次比较和 N 次交换。

证明。可以通过算法的排序轨迹来证明这一点。我们用一张 $N \times N$ 的表格来表示排序的轨迹（见算法 2.1 下部的表格），其中每个非灰色字符都表示一次比较。表格中大约一半的元素不是灰色的——即对角线和其上部分的元素。对角线上的每个元素都对应着一次交换。通过查看代码我们可以更精确地得到，0 到 $N-1$ 的任意 i 都会进行一次交换和 $N-1-i$ 次比较，因此总共有 N 次交换以及 $(N-1)+(N-2)+\cdots+2+1=N(N-1)/2 \sim N^2/2$ 次比较。

总的来说，选择排序是一种很容易理解和实现的简单排序算法，它有两个很鲜明的特点。

运行时间和输入无关。为了找出最小的元素而扫描一遍数组并不能为下一遍扫描提供什么信息。这种性质在某些情况下是缺点，因为使用选择排序的人可能会惊讶地发现，一个已经有序的数组或是主键全部相等的数组和一个元素随机排列的数组所用的排序时间竟然一样长！我们将会看到，其他算法会更善于利用输入的初始状态。

数据移动是最少的。每次交换都会改变两个数组元素的值，因此选择排序用了 N 次交换——交换次数和数组的大小是线性关系。我们将研究的其他任何算法都不具备这个特征（大部分的增长数
248 量级都是线性对数或是平方级别）。

算法 2.1　选择排序

```
public class Selection
{
   public static void sort(Comparable[] a)
   {  // 将a[]按升序排列
      int N = a.length;               // 数组长度
      for (int i = 0; i < N; i++)
      {  // 将a[i]和a[i+1..N]中最小的元素交换
         int min = i;                 // 最小元素的索引
         for (int j = i+1; j < N; j++)
            if (less(a[j], a[min])) min = j;
         exch(a, i, min);
      }
   }
   // less()、exch()、isSorted()和main()方法见"排序算法类模板"
}
```

该算法将第 i 小的元素放到 a[i] 之中。数组的第 i 个位置的左边是 i 个最小的元素且它们不会再被访问。

		a[]										
i	min	0	1	2	3	4	5	6	7	8	9	10
		S	O	R	T	E	X	A	M	P	L	E
0	6	S	O	R	T	E	X	**A**	M	P	L	E
1	4	A	O	R	T	**E**	X	S	M	P	L	E
2	10	A	E	R	T	O	X	S	M	P	L	**E**
3	9	A	E	E	T	O	X	S	M	P	**L**	R
4	7	A	E	E	L	O	X	S	**M**	P	T	R
5	7	A	E	E	L	M	X	S	**O**	P	T	R
6	8	A	E	E	L	M	O	S	X	**P**	T	R
7	10	A	E	E	L	M	O	P	X	S	T	**R**

算法在黑色的元素中查找最小值

加粗的元素都是a[min]

8	8	A	E	E	L	M	O	P	R	**S**	**T**	X
9	9	A	E	E	L	M	O	P	R	S	**T**	X
10	10	A	E	E	L	M	O	P	R	S	T	**X**
		A	**E**	**E**	**L**	**M**	**O**	**P**	**R**	**S**	**T**	**X**

灰色的元素都已经排定

选择排序的轨迹（每次交换后的数组内容） 249

2.1.3 插入排序

通常人们整理桥牌的方法是一张一张的来，将每一张牌插入到其他已经有序的牌中的适当位置。在计算机的实现中，为了给要插入的元素腾出空间，我们需要将其余所有元素在插入之前都向右移动一位。这种算法叫做插入排序，实现请见算法 2.2。

与选择排序一样，当前索引左边的所有元素都是有序的，但它们的最终位置还不确定，为了给更小的元素腾出空间，它们可能会被移动。但是当索引到达数组的右端时，数组排序就完成了。

和选择排序不同的是，插入排序所需的时间取决于输入中元素的初始顺序。例如，对一个很大且其中的元素已经有序（或接近有序）的数组进行排序将会比对随机顺序的数组或是逆序数组进行排序要快得多。

命题 B。对于随机排列的长度为 N 且主键不重复的数组，平均情况下插入排序需要 ~ $N^2/4$ 次比较以及 ~ $N^2/4$ 次交换。最坏情况下需要 ~ $N^2/2$ 次比较和 ~ $N^2/2$ 次交换，最好情况下需要 $N-1$ 次比较和 0 次交换。

证明。和命题 A 一样，通过一个 $N \times N$ 的轨迹表可以很容易就得到交换和比较的次数。最坏情况下对角线之下所有的元素都需要移动位置，最好情况下都不需要。对于随机排列的数组，在平均情况下每个元素都可能向后移动半个数组的长度，因此交换总数是对角线之下的元素总数的二分之一。

比较的总次数是交换的次数加上一个额外的项，该项为 N 减去被插入的元素正好是已知的最小元素的次数。在最坏情况下（逆序数组），这一项相对于总数可以忽略不计；在最好情况下（数组已经有序），这一项等于 $N-1$。

插入排序对于实际应用中常见的某些类型的非随机数组很有效。例如，正如刚才所提到的，想想当你用插入排序对一个有序数组进行排序时会发生什么。插入排序能够立即发现每个元素都已经在合适的位置之上，它的运行时间也是线性的（对于这种数组，选择排序的运行时间是平方级别的）。对于所有主键都相同的数组也会出现相同的情况（因此命题 B 的条件之一就是主键不重复）。 250

算法 2.2 插入排序

```
public class Insertion
{
   public static void sort(Comparable[] a)
   {  // 将a[]按升序排列
      int N = a.length;
      for (int i = 1; i < N; i++)
      {  // 将 a[i] 插入到 a[i-1]、a[i-2]、a[i-3]...之中
         for (int j = i; j > 0 && less(a[j], a[j-1]); j--)
```

```
            exch(a, j, j-1);
      }
   }
   // less()、exch()、isSorted()和main()方法见“排序算法类模板”
}
```

对于 1 到 N-1 之间的每一个 i，将 a[i] 与 a[0] 到 a[i-1] 中比它小的所有元素依次有序地交换。在索引 i 由左向右变化的过程中，它左侧的元素总是有序的，所以当 i 到达数组的右端时排序就完成了。

		a[]										
i	j	0	1	2	3	4	5	6	7	8	9	10
		S	O	R	T	E	X	A	M	P	L	E
1	0	**O**	S	R	T	E	X	A	M	P	L	E
2	1	O	**R**	S	T	E	X	A	M	P	L	E
3	3	O	R	S	**T**	E	X	A	M	P	L	E
4	0	**E**	O	R	S	T	X	A	M	P	L	E
5	5	E	O	R	S	T	**X**	A	M	P	L	E
6	0	**A**	E	O	R	S	T	X	M	P	L	E
7	2	A	E	**M**	O	R	S	T	X	P	L	E
8	4	A	E	M	O	**P**	R	S	T	X	L	E
9	2	A	E	**L**	M	O	P	R	S	T	X	E
10	2	A	E	**E**	L	M	O	P	R	S	T	X
		A	E	E	L	M	O	P	R	S	T	X

灰色的元素不会移动

加粗的元素就是a[j]

为了插入新的元素，黑色的元素都向右移动了一格

插入排序的轨迹（每次插入后的数组内容）

251

我们要考虑的更一般的情况是部分有序的数组。倒置指的是数组中的两个顺序颠倒的元素。比如 E X A M P L E 中有 11 对倒置：E-A、X-A、X-M、X-P、X-L、X-E、M-L、M-E、P-L、P-E 以及 L-E。如果数组中倒置的数量小于数组大小的某个倍数，那么我们说这个数组是部分有序的。下面是几种典型的部分有序的数组：

- 数组中每个元素距离它的最终位置都不远；
- 一个有序的大数组接一个小数组；
- 数组中只有几个元素的位置不正确。

插入排序对这样的数组很有效，而选择排序则不然。事实上，当倒置的数量很少时，插入排序很可能比本章中的其他任何算法都要快。

命题 C。 插入排序需要的交换操作和数组中倒置的数量相同，需要的比较次数大于等于倒置的数量，小于等于倒置的数量加上数组的大小再减一。

证明。 每次交换都改变了两个顺序颠倒的元素的位置，相当于减少了一对倒置，当倒置数量为 0 时，排序就完成了。每次交换都对应着一次比较，且 1 到 N-1 之间的每个 i 都可能需要一次额外的比较（在 a[i] 没有达到数组的左端时）。

要大幅提高插入排序的速度并不难，只需要在内循环中将较大的元素都向右移动而不总是交换两个元素（这样访问数组的次数就能减半）。我们把这项改进留做一个练习（请见练习 2.1.25）。

总的来说，插入排序对于部分有序的数组十分高效，也很适合小规模数组。这很重要，因为这些类型的数组在实际应用中经常出现，而且它们也是高级排序算法的中间过程。我们会在学习高级排序算法时再次接触到插入排序。

2.1.4 排序算法的可视化

在本章中我们会使用一种简单的图示来帮助我们说明排序算法的性质。我们没有使用字母、数字或是单词这样的键值来跟踪排序的进程，而使用了棒状图，并以它们的高矮来排序。这种表示方法的好处是能够使排序过程一目了然。

如图 2.1.1 所示，插入排序不会访问索引右侧的元素，而选择排序不会访问索引左侧的元素。另外，在这种可视化的轨迹图中可以看到，因为插入排序不会移动比被插入的元素更小的元素，它所需的比较次数平均只有选择排序的一半。

用我们的 StdDraw 库画出一张可视轨迹图并不比追踪一次算法的运行轨迹难多少。将 `Double` 值排序，并在适当的时候指示算法调用 `show()` 方法（和追踪算法的轨迹时一样），然后开发一个使用 StdDraw 来绘制棒状图而不是打印结果的 `show()` 方法。最复杂的部分是设置 y 轴的比例以使轨迹的线条符合预期的顺序。请通过练习 2.1.18 来更好地理解可视轨迹图的价值和使用。

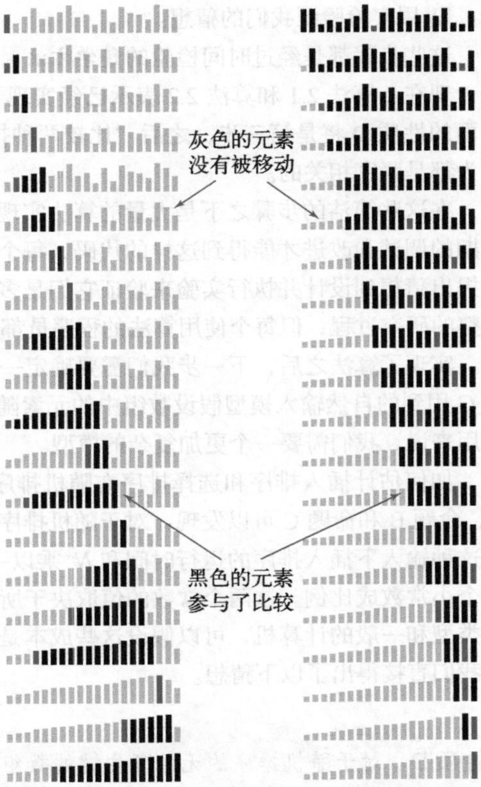

图 2.1.1 初级排序算法的可视轨迹图（另见彩插）

将轨迹变成动画，理解起来就更加简单，这样可以看到动态演化到有序状态的过程。产生轨迹动画的过程本质上和上一段所描述的相同，但不需要担心 y 轴的问题（只需每次擦除窗口中的内容并重绘棒状图即可）。尽管我们无法在书中展现这些动画，它们对于理解算法的工作原理也很有帮助，你能通过练习 2.1.17 体会这一点。 252~253

2.1.5 比较两种排序算法

现在我们已经实现了两种排序算法，我们很自然地想知道选择排序（算法 2.1）和插入排序（算法 2.2）哪种更快。这个问题在学习算法的过程中会反复出现，也是本书的重点之一。我们已经在第 1 章中讨论过一些基本的概念，这里我们第一次用实践说明我们解决这个问题的办法。一般来说，根据 1.4 节所介绍的方法，我们将通过以下步骤比较两个算法：

- ❑ 实现并调试它们；
- ❑ 分析它们的基本性质；
- ❑ 对它们的相对性能作出猜想；

❑ 用实验验证我们的猜想。

这些步骤都是经过时间检验的科学方法，只是现在是运用在算法研究之上。

现在，算法 2.1 和算法 2.2 表示已经实现了第一步，命题 A、命题 B 和命题 C 组成了第二步，下面的性质 D 将是第三步，之后"比较两种排序算法"的 SortCompare 类将会完成第四步。这些行为都是紧密相关的。

在这些简洁的步骤之下是大量的算法实现、调试分析和测试工作。每个程序员都知道只有经过长期的调试和改进才能得到这样的代码，每个数学家都知道正确分析的难度，每个科学家也都知道从提出猜想到设计并执行实验来验证它们是多么费心。只有研究那些最重要的算法的专家才会经历完整的研究过程，但每个使用算法的程序员都应该了解算法的性能特性背后的科学过程。

实现了算法之后，下一步我们需要确定一个适当的输入模型。对于排序，命题 A、命题 B 和命题 C 用到的自然输入模型假设数组中的元素随机排序，且主键值不会重复。对于有很多重复主键的应用来说，我们需要一个更加复杂的模型。

如何估计插入排序和选择排序在随机排序数组下的性能呢？通过算法 2.1 和算法 2.2 以及命题 A、命题 B 和命题 C 可以发现，对于随机排序数组，两者的运行时间都是平方级别的。也就是说，在这种输入下插入排序的运行时间和 N^2 乘以一个小常数成正比，选择排序的运行时间和 N^2 乘以另
254 一个小常数成比例。这两个常数的值取决于所使用的计算机中比较和交换元素的成本。对于许多数据类型和一般的计算机，可以假设这些成本是相近的（但我们也会看到一些大不相同的例外）。因此我们直接得出了以下猜想。

性质 D。对于随机排序的无重复主键的数组，插入排序和选择排序的运行时间是平方级别的，两者之比应该是一个较小的常数。

例证。这个结论在过去的半个世纪中已经在许多不同类型的计算机上经过了验证。在 1980 年本书第 1 版完成之时插入排序就比选择排序快一倍，现在仍然是这样，尽管那时这些算法将 10 万条数据排序需要几个小时而现在只需要几秒钟。在你的计算机上插入排序也比选择排序快一些吗？可以通过 SortCompare 类来检测。它会使用由命令行参数指定的排序算法名称所对应的 sort() 方法进行指定次数的实验（将指定大小的数组排序），并打印出所观察到的各种算法的运行时间的比例。

为了证明这一点，我们用 SortCompare（见"比较两种排序算法"）来做几次实验。我们使用 Stopwatch 来计时，右侧的 time() 函数的任务是调用本章中的几种简单排序算法。

```
public static double time(String alg, Comparable[] a)
{
   Stopwatch timer = new Stopwatch();
   if (alg.equals("Insertion")) Insertion.sort(a);
   if (alg.equals("Selection")) Selection.sort(a);
   if (alg.equals("Shell"))     Shell.sort(a);
   if (alg.equals("Merge"))     Merge.sort(a);
   if (alg.equals("Quick"))     Quick.sort(a);
   if (alg.equals("Heap"))      Heap.sort(a);
   return timer.elapsedTime();
}
```

针对给定输入，为本章中的一种排序算法计时

随机数组的输入模型由 SortCompare 类中的 timeRandomInput() 方法实现。这个方法会生成随机的 Double 值，将它们排

序，并返回指定次测试的总时间。使用 0.0 至 1.0 之间的随机 Double 值比使用类似于 StdRandom.shuffle() 的库函数更简单有效，因为这样几乎不可能产生相等的主键值（请见练习 2.5.31）。如第 1 章中所讨论的，用命令行参数指定重复次数的好处是能够运行大量的测试（测试次数越多，每遍测试所需的平均时间就越接近于真实的平均数据）并且能够减小系统本身的影响。你应该在自己的计算机上用 SortCompare 进行实验，来了解关于插入排序和选择排序的结论是否成立。

比较两种排序算法

```
public class SortCompare
{
   public static double time(String alg, Double[] a)
   {  /* 请见前面的正文 */  }

   public static double timeRandomInput(String alg, int N, int T)
   {  // 使用算法alg将T个长度为N的数组排序
      double total = 0.0;
      Double[] a = new Double[N];
      for (int t = 0; t < T; t++)
      {  // 进行一次测试（生成一个数组并排序）
         for (int i = 0; i < N; i++)
            a[i] = StdRandom.uniform();
         total += time(alg, a);
      }
      return total;
   }
   public static void main(String[] args)
   {
      String alg1 = args[0];
      String alg2 = args[1];
      int N = Integer.parseInt(args[2]);
      int T = Integer.parseInt(args[3]);
      double t1 = timeRandomInput(alg1, N, T); // 算法1的总时间
      double t2 = timeRandomInput(alg2, N, T); // 算法2的总时间
      StdOut.printf("For %d random Doubles\n    %s is", N, alg1);
      StdOut.printf(" %.1f times faster than %s\n", t2/t1, alg2);
   }
}
```

这个用例会运行由前两个命令行参数指定的排序算法，对长度为 N（由第三个参数指定）的 Double 型随机数组进行排序，元素值均在 0.0 到 1.0 之间，重复 T 次（由第四个参数指定），然后输出总运行时间的比例。

```
% java SortCompare Insertion Selection 1000 100
For 1000 random Doubles
  Insertion is 1.7 times faster than Selection
```

255~256

我们故意将性质 D 描述得不够明确——没有说明那个小常量的值，以及对比较和交换的成本相近的假设，这样性质 D 才能广泛适用于各种情况。可能的话，我们会尽量用这样的语言来抓住我们所研究的每个算法的性能的本质。如第 1 章中讨论的那样，我们提出的每个性质都需要在特定的场景中进行科学测试，也许还需要用一个基于相关命题（数学定理）的猜想进行补充。

对于实际应用，还有一个很重要的步骤，那就是用实际数据在实验中验证我们的猜想。我们会在 2.5 节和练习中再考虑这一点。在这种情况下，当主键有重复或是排列不随机，性质 D 就可能会不成立。可以使用 `StdRandom.shuffle()` 来将一个数组打乱，但有大量重复主键的情况则需要更加细致的分析。

我们对算法分析的讨论是抛砖引玉，而非盖棺定论。如果你想到了关于算法性能的其他问题，可以用 `SortCompare` 等工具来研究它，后面的练习为你提供了许多机会。

插入排序和选择排序的性能比较就讨论到这里，还存在许多比它们快成千上万倍的算法，我们对此会更感兴趣。当然，仍然有必要学习这些初级算法，因为：

- ❑ 它们帮助我们建立了一些基本的规则；
- ❑ 它们展示了一些性能基准；
- ❑ 在某些特殊情况下它们也是很好的选择；
- ❑ 它们是开发更强大的排序算法的基石。

因此，不止是排序，对于本书中的每个问题我们都会沿用这种方式，首先学习的就是最初级的相关算法。`SortCompare` 这样的程序对于这种渐进式的算法研究十分重要。每一步，我们都能用这
257 类程序来了解新的或是改进后的算法的性能是否产生了预期的进步。

2.1.6 希尔排序

为了展示初级排序算法性质的价值，接下来我们将学习一种基于插入排序的快速的排序算法。对于大规模乱序数组插入排序很慢，因为它只会交换相邻的元素，因此元素只能一点一点地从数组的一端移动到另一端。例如，如果主键最小的元素正好在数组的尽头，要将它挪到正确的位置就需要 N–1 次移动。希尔排序为了加快速度简单地改进了插入排序，交换不相邻的元素以对数组的局部进行排序，并最终用插入排序将局部有序的数组排序。

希尔排序的思想是使数组中任意间隔为 h 的元素都是有序的。这样的数组被称为 *h 有序数组*。换句话说，一个 h 有序数组就是 h 个互相独立的有序数组编织在一起组成的一个数组（见图 2.1.2）。在进行排序时，如果 h 很大，我们就能将元素移动到很远的地方，为实现更小的 h 有序创造方便。用这种方式，对于任意以 1 结尾的 h 序列，我们都能够将数组排序。这就是希尔排序。算法 2.3 的实现使用了序列 1/2（3^k–1），从 N/3 开始递减至 1。我们把这个序列称为*递增序列*。算法 2.3 实时计算了它的*递增序列*，另一种方式是将递增序列存储在一个数组中。

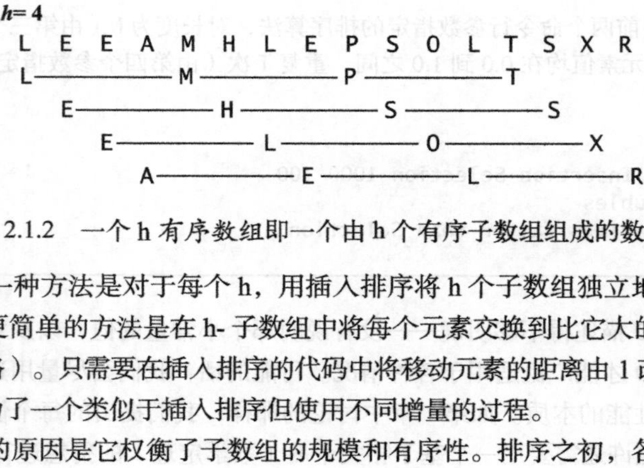

图 2.1.2 一个 h 有序数组即一个由 h 个有序子数组组成的数组

实现希尔排序的一种方法是对于每个 h，用插入排序将 h 个子数组独立地排序。但因为子数组是相互独立的，一个更简单的方法是在 h- 子数组中将每个元素交换到比它大的元素之前去（将比它大的元素向右移动一格）。只需要在插入排序的代码中将移动元素的距离由 1 改为 h 即可。这样，希尔排序的实现就转化为了一个类似于插入排序但使用不同增量的过程。

希尔排序更高效的原因是它权衡了子数组的规模和有序性。排序之初，各个子数组都很短，排

序之后子数组都是部分有序的，这两种情况都很适合插入排序。子数组部分有序的程度取决于递增序列的选择。透彻理解希尔排序的性能至今仍然是一项挑战。实际上，算法 2.3 是我们唯一无法准确描述其对于乱序的数组的性能特征的排序方法。

算法 2.3　希尔排序

```
public class Shell
{
   public static void sort(Comparable[] a)
   {  // 将a[]按升序排列
      int N = a.length;
      int h = 1;
      while (h < N/3) h = 3*h + 1; // 1, 4, 13, 40, 121, 364, 1093, ...
      while (h >= 1)
      {  // 将数组变为h有序
         for (int i = h; i < N; i++)
         {  // 将a[i]插入到a[i-h], a[i-2*h], a[i-3*h]... 之中
            for (int j = i; j >= h && less(a[j], a[j-h]); j -= h)
               exch(a, j, j-h);
         }
         h = h/3;
      }
   }

   // less()、exch()、isSorted()和main()方法见“排序算法类模板”
}
```

如果我们在插入排序（算法 2.2）中加入一个外循环来将 h 按照递增序列递减，我们就能得到这个简洁的希尔排序。增幅 h 的初始值是数组长度乘以一个常数因子，最小为 1。

```
% java SortCompare Shell Insertion 100000 100
For 100000 random Doubles
  Shell is 600 times faster than Insertion
```

输入	S	H	E	L	L	S	O	R	T	E	X	A	M	P	L	E
13-sort	P	H	E	L	L	S	O	R	T	E	X	A	M	S	L	E
4-sort	L	E	E	A	M	H	L	E	P	S	O	L	T	S	X	R
1-sort	A	E	E	E	H	L	L	L	M	O	P	R	S	S	T	X

希尔排序的轨迹（每遍排序后的数组内容） 258~259

如何选择递增序列呢？要回答这个问题并不简单。算法的性能不仅取决于 h，还取决于 h 之间的数学性质，比如它们的公因子等。有很多论文研究了各种不同的递增序列，但都无法证明某个序列是“最好的”。算法 2.3 中递增序列的计算和使用都很简单，和复杂递增序列的性能接近。但可以证明复杂的序列在最坏情况下的性能要好于我们所使用的递增序列。更加优秀的递增序列有待我们去发现。

和选择排序以及插入排序形成对比的是，希尔排序也可以用于大型数组。它对任意排序（不一定是随机的）的数组表现也很好。实际上，对于一个给定的递增序列，构造一个使希尔排序运行缓慢的

数组并不容易。希尔排序的轨迹如图 2.1.3 所示，可视轨迹如图 2.1.4 所示。

```
输入     S H E L L S O R T E X A M P L E
13-sort  P H E L L S O R T E X A M S L E
         P H E L L S O R T E X A M S L E
         P H E L L S O R T E X A M S L E
4-sort   L H E L P S O R T E X A M S L E
         L H E L P S O R T E X A M S L E
         L H E L P S O R T E X A M S L E
         L H E L P S O R T E X A M S L E
         L H E L P S O R T E X A M S L E
         L E E L P H O R T S X A M S L E
         L E E L P H O R T S X A M S L E
         L E E A P H O L T S X R M S L E
         L E E A M H O L P S X R T S L E
         L E E A M H O L P S X R T S L E
         L E E A M H L L P S O R T S X E
         L E E A M H L E P S O L T S X R
1-sort   E L E A M H L E P S O L T S X R
         E E L A M H L E P S O L T S X R
         A E E L M H L E P S O L T S X R
         A E E L M H L E P S O L T S X R
         A E E H L M L E P S O L T S X R
         A E E H L L M E P S O L T S X R
         A E E E H L L M P S O L T S X R
         A E E E H L L M P S O L T S X R
         A E E E H L L M P S O L T S X R
         A E E E H L L M O P S L T S X R
         A E E E H L L L M O P S T S X R
         A E E E H L L L M O P S T S X R
         A E E E H L L L M O P S S T X R
         A E E E H L L L M O P S S T X R
         A E E E H L L L M O P R S S T X
结果     A E E E H L L L M O P R S S T X
```

260

图 2.1.3　希尔排序的详细轨迹（各种插入）

通过 SortCompare 可以看到，希尔排序比插入排序和选择排序要快得多，并且数组越大，优势越大。在继续学习之前，请在你的计算机上用 SortCompare 比较一下希尔排序和插入排序以及选择排序的性能，数组的大小按照 2 的幂次递增（见练习 2.1.27）。你会看到希尔排序能够解决一些初级排序算法无能为力的问题。这个例子是我们第一次用实际应用说明一个贯穿本书的重要理念：*通过提升速度来解决其他方式无法解决的问题是研究算法的设计和性能的主要原因之一。*

研究希尔排序性能需要的数学论证超出了本书范围。如果你不相信，可以从证明下面这一点开始：*当一个"h 有序"的数组按照增幅 k 排序之后，它仍然是"h 有序"的。*至于算法 2.3 的性能，目前最重要的结论是*它的运行时间达不到平方级别*。例如，已知在最坏的情况下算法 2.3 的比较次数和 $N^{3/2}$ 成正比。有意思的是，由插入排序到希尔排序，一个小小的改变就突破了平方级别的运行时间的屏障。这正是许多算法设计问题想要达到的目标。

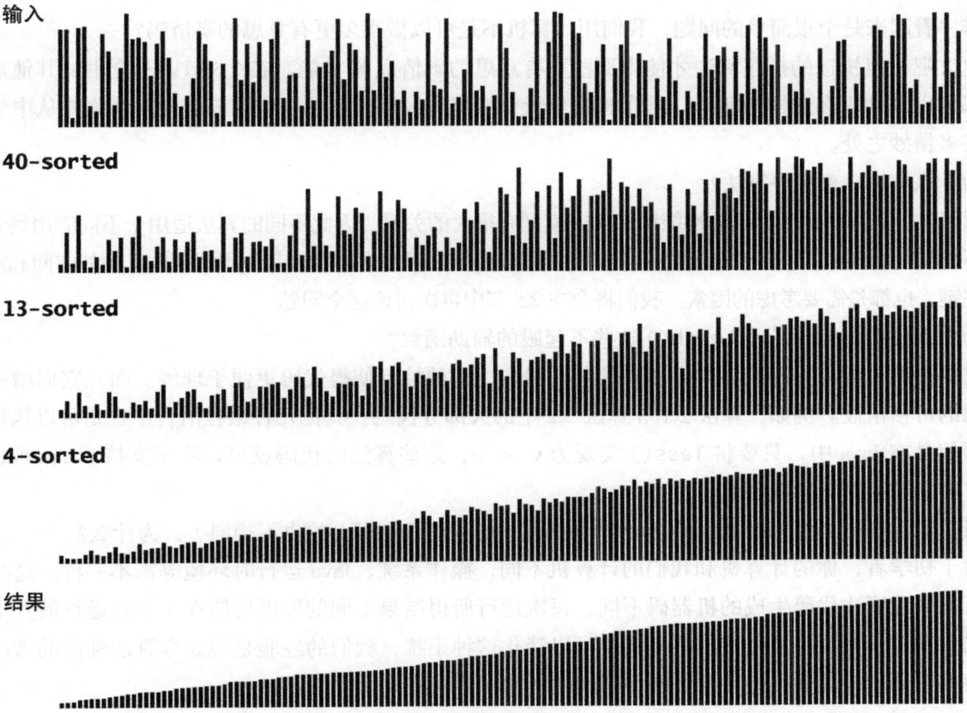

图 2.1.4 希尔排序的可视轨迹 261

在输入随机排序数组的情况下，我们在数学上还不知道希尔排序所需要的平均比较次数。人们发明了很多递增序列来渐进式地改进最坏情况下所需的比较次数（$N^{4/3}, N^{5/4}, N^{6/5}\cdots$），但这些结论大多只有学术意义，因为对于实际应用中的 N 来说它们的递增序列的生成函数（以及与 N 乘以一个常数因子）之间的区别并不明显。

在实际应用中，使用算法 2.3 中的递增序列基本就足够了（或者是本节最后的练习中提供的一个递增序列，它可能可以将性能改进 20% ~ 40%）。另外，很容易就能验证下面这个猜想。

性质 E。使用递增序列 1, 4, 13, 40, 121, 364…的希尔排序所需的比较次数不会超出 N 的若干倍乘以递增序列的长度。

例证。记录算法 2.3 中比较的数量并将其除以使用的序列长度是一道简单的练习（请见练习 2.1.12）。大量的实验证明平均每个增幅所带来的比较次数约为 $N^{1/5}$，但只有在 N 很大的时候这个增长幅度才会变得明显。这个性质似乎也和输入模型无关。

有经验的程序员有时会选择希尔排序，因为对于中等大小的数组它的运行时间是可以接受的。它的代码量很小，且不需要使用额外的内存空间。在下面的几节中我们会看到更加高效的算法，但除了对于很大的 N，它们可能只会比希尔排序快两倍（可能还达不到），而且更复杂。如果你需要解决一个排序问题而又没有系统排序函数可用（例如直接接触硬件或是运行于嵌入式系统中的代码），可以先用希尔排序，然后再考虑是否值得将它替换为更加复杂的排序算法。 262

答疑

问 排序看起来是个很简单的问题，我们用计算机不是可以做很多更有意思的事情吗？

答 也许吧，但快速的排序算法才使得那些更有意思的事情成为可能。在 2.5 节以及全书的其他章节你都可以找到很多这样的例子。排序算法今天仍然值得我们学习是因为它易于理解，你能从中领会到许多精妙之处。

问 为什么有这么多排序算法？

答 原因之一是许多排序算法的性能都和输入模型有很大的关系，因此不同的算法适用于不同应用场景中的不同输入。例如，对于部分有序和小规模的数组应该选择插入排序。其他限制条件，例如空间和重复的主键，也都是需要考虑的因素。我们将会在 2.5 节中再次讨论这个问题。

问 为什么要使用 less() 和 exch() 这些不起眼的辅助函数？

答 它们抽象了所有排序算法都会用到的共同操作，这种抽象使得代码更便于理解。而且它们增强了代码的可移植性。例如，算法 2.1 和算法 2.2 中的大部分代码在其他几种编程语言中也是可以执行的。即使是在 Java 中，只要将 less() 实现为 v < w，这些算法的代码就可以将不支持 Comparable 接口的基本数据类型排序了。

问 当我运行 SortCompare 时，每次的结果都不一样（而且和书上的也不相同），为什么？

答 对于初学者，你的计算机和我们的计算机不同，操作系统、Java 运行时环境等都不一样。这些不同可能导致算法代码生成的机器码不同。每次运行所得结果不同的原因可能在于当时运行的其他程序或是很多其他原因。大量的重复实验可以淡化这种干扰，我们的经验是现如今算法性能的微小差异

263 很难观察。这就是我们要关注较大差异的原因。

练习

2.1.1 按照算法 2.1 所示轨迹的格式给出选择排序是如何将数组 E A S Y Q U E S T I O N 排序的。

2.1.2 在选择排序中，一个元素最多可能会被交换多少次？平均可能会被交换多少次？

2.1.3 构造一个含有 N 个元素的数组，使选择排序（算法 2.1）运行过程中 a[j] < a[min]（由此 min 会不断更新）成功的次数最大。

2.1.4 按照算法 2.2 所示轨迹的格式给出插入排序是如何将数组 E A S Y Q U E S T I O N 排序的。

2.1.5 构造一个含有 N 个元素的数组，使插入排序（算法 2.2）运行过程中内循环（for）的两个判断结果总是假。

2.1.6 在所有的主键都相同时，选择排序和插入排序谁更快？

2.1.7 对于逆序数组，选择排序和插入排序谁更快？

2.1.8 假设元素只可能有三种值，使用插入排序处理这样一个随机数组的运行时间是线性的还是平方级别的？或是介于两者之间？

2.1.9 按照算法 2.3 所示轨迹的格式给出希尔排序是如何将数组 E A S Y S H E L L S O R T Q U E S T I O N 排序的。

2.1.10 在希尔排序中为什么在实现 h 有序时不使用选择排序？

2.1.11 将希尔排序中实时计算递增序列改为预先计算并存储在一个数组中。

2.1.12 令希尔排序打印出递增序列的每个元素所带来的比较次数和数组大小的比值。编写一个测试用例对随机 Double 数组进行希尔排序，验证该值是一个小常数，数组大小按照 10 的幂次递增，

不小于 100。 264

提高题

2.1.13 纸牌排序。说说你会如何将一副扑克牌按花色排序（花色顺序是黑桃、红桃、梅花和方片），限制条件是所有牌都是背面朝上排成一列，而你一次只能翻看两张牌或者交换两张牌（保持背面朝上）。

2.1.14 出列排序。说说你会如何将一副扑克牌排序，限制条件是只能查看最上面的两张牌，交换最上面的两张牌，或是将最上面的一张牌放到这摞牌的最下面。

2.1.15 昂贵的交换。一家货运公司的一位职员得到了一项任务，需要将若干大货箱按照发货时间摆放。比较发货时间很容易（对照标签即可），但将两个货箱交换位置则很困难（移动麻烦）。仓库已经快满了，只有一个空闲的仓位。这位职员应该使用哪种排序算法呢？

2.1.16 验证。编写一个 check() 方法，调用 sort() 对任意数组排序。如果排序成功而且数组中的所有对象均没有被修改则返回 true，否则返回 false。不要假设 sort() 只能通过 exch() 来移动数据，可以信任并使用 Arrays.sort()。

2.1.17 动画。修改插入排序和选择排序的代码，使之将数组内容绘制成正文中所示的棒状图。在每一轮排序后重绘图片来产生动画效果，并以一张“有序”的图片作为结束，即所有圆棒均已按照高度有序排列。提示：使用类似于正文中的用例来随机生成 Double 值，在排序代码的适当位置调用 show() 方法，并在 show() 方法中清理画布并绘制棒状图。

2.1.18 可视轨迹。修改你为上一题给出的解答，为插入排序和选择排序生成和正文中类似的可视轨迹。提示：使用 setYscale() 函数是一个明智的选择。附加题：添加必要的代码，与正文中的图片一样用红色和灰色强调不同角色的元素。

2.1.19 希尔排序的最坏情况。用 1 到 100 构造一个含有 100 个元素的数组并用希尔排序和递增序列 1 4 13 40 对其排序，使比较的次数尽可能多。

2.1.20 希尔排序的最好情况。最好情况是什么？证明你的结论。 265

2.1.21 可比较的交易。用我们的 Date 类（请见 2.1.1.4 节）作为模板扩展你的 Transaction 类（请见练习 1.2.13），实现 Comparable 接口，使交易能够按照金额排序。

解答：

```
public class Transaction implements Comparable<Transaction>
{
   ...
   private final double amount;
   ...
   public int compareTo(Transaction that)
   {
      if (this.amount > that.amount) return +1;
      if (this.amount < that.amount) return -1;
      return 0;
   }
   ...
}
```

2.1.22 交易排序测试用例。编写一个 SortTransaction 类，在静态方法 main() 中从标准输入读取一系列交易，将它们排序并在标准输出中打印结果（请见练习 1.3.17）。

解答：

```
public class SortTransactions
{
   public static Transaction[] readTransactions()
   {  // 请见练习 1.3.17  }
   public static void main(String[] args)
   {
      Transaction[] transactions = readTransactions();
      Shell.sort(transactions);
      for (Transaction t : transactions)
         StdOut.println(t);
   }
}
```

266

实验题

2.1.23 **纸牌排序。**请几位朋友分别将一副扑克牌排序（见练习 2.1.13）。仔细观察并记录他们所使用的方法。

2.1.24 **插入排序的哨兵。**在插入排序的实现中先找出最小的元素并将其置于数组的最左边，这样就能去掉内循环的判断条件 j>0。使用 SortCompare 来评估这种做法的效果。注意：这是一种常见的规避边界测试的方法，能够省略判断条件的元素通常被称为哨兵。

2.1.25 **不需要交换的插入排序。**在插入排序的实现中使较大元素右移一位只需要访问一次数组（而不用使用 exch()）。使用 SortCompare 来评估这种做法的效果。

2.1.26 **原始数据类型。**编写一个能够处理 int 值的插入排序的新版本，比较它和正文中所给出的实现（能够隐式地用自动装箱和拆箱转换 Integer 值并排序）的性能。

2.1.27 **希尔排序的用时是次平方级的。**在你的计算机上用 SortCompare 比较希尔排序和插入排序以及选择排序。测试数组的大小按照 2 的幂次递增，从 128 开始。

2.1.28 **相等的主键。**对于主键仅可能取两种值的数组，评估和验证插入排序和选择排序的性能，假设两种主键值出现的概率相同。

2.1.29 **希尔排序的递增序列。**通过实验比较算法 2.3 中所使用的递增序列和递增序列 1，5，19，41，109，209，505，929，2161，3905，8929，16 001，36 289，64 769，146 305，260 609（这是通过序列 $9\times4^k-9\times2^k+1$ 和 $4^k-3\times2^k+1$ 综合得到的）。可以参考练习 2.1.11。

2.1.30 **几何级数递增序列。**通过实验找到一个 t，使得对于大小为 $N=10^6$ 的任意随机数组，使用递增序列 1，$\lfloor t\rfloor$，$\lfloor t^2\rfloor$，$\lfloor t^3\rfloor$，$\lfloor t^4\rfloor$，…的希尔排序的运行时间最短。给出你能找到的三个最佳 t 值以及相应的递增序列。

267

以下练习描述的是各种用于评估排序算法的测试用例。它们的作用是用随机数据帮助你增进对性能特性的理解。随着命令行指定的实验次数的增大，可以和 SortCompare 一样在它们中使用 time() 函数来得到更精确的结果。在以后的几节中我们会使用这些练习来评估更加复杂的算法。

2.1.31 **双倍测试。**编写一个能够对排序算法进行双倍测试的用例。数组规模 N 的起始值为 1000，排序后打印 N、估计排序用时、实际排序用时以及在 N 增倍之后两次用时的比例。用这段程序验证在随机输入模型下插入排序和选择排序的运行时间都是平方级别的。对希尔排序的性能作出猜想并验证你的猜想。

2.1.32 **运行时间曲线图。**编写一个测试用例，使用 StdDraw 在各种不同规模的随机输入下将算法的平均运行时间绘制成一张曲线图。可能需要添加一两个命令行参数，请尽量设计一个实用的工具。

2.1.33 **分布图。**对于你为练习 2.1.33 给出的测试用例，在一个无穷循环中调用 sort() 方法将由第三个命令行参数指定大小的数组排序，记录每次排序的用时并使用 StdDraw 在图上画出所有平均运行时间，应该能够得到一张运行时间的分布图。

2.1.34 罕见情况。编写一个测试用例，调用 sort() 方法对实际应用中可能出现困难或极端情况的数组进行排序。比如，数组可能已经是有序的，或是逆序的，数组的所有主键相同，数组的主键只有两种值，大小为 0 或是 1 的数组。

2.1.35 不均匀的概率分布。编写一个测试用例，使用非均匀分布的概率来生成随机排列的数据，包括：

- ❑ 高斯分布；
- ❑ 泊松分布；
- ❑ 几何分布；
- ❑ 离散分布（一种特殊情况请见练习 2.1.28）。

评估并验证这些输入数据对本节讨论的算法的性能的影响。 268

2.1.36 不均匀的数据。编写一个测试用例，生成不均匀的测试数据，包括：

- ❑ 一半数据是 0，一半是 1；
- ❑ 一半数据是 0，1/4 是 1，1/4 是 2，以此类推；
- ❑ 一半数据是 0，一半是随机 int 值。

评估并验证这些输入数据对本节讨论的算法的性能的影响。

2.1.37 部分有序。编写一个测试用例，生成部分有序的数组，包括：

- ❑ 95% 有序，其余部分为随机值；
- ❑ 所有的元素和它们的正确位置的距离都不超过 10；
- ❑ 5% 的元素随机分布在整个数组中，剩下的数据都是有序的。

评估并验证这些输入数据对本节讨论的算法的性能的影响。

2.1.38 不同类型的元素。编写一个测试用例，生成由多种数据类型元素组成的数组，元素的主键值随机，包括：

- ❑ 每个元素的主键均为 String 类型（至少长 10 个字符），并含有一个 double 值；
- ❑ 每个元素的主键均为 double 类型，并含有 10 个 String 值（每个都至少长 10 个字符）；
- ❑ 每个元素的主键均为 int 类型，并含有一个 int[20] 值

评估并验证这些输入数据对本节讨论的算法的性能的影响。 269

2.2 归并排序

在本节中我们所讨论的算法都基于*归并*这个简单的操作，即将两个有序的数组归并成一个更大的有序数组。很快人们就根据这个操作发明了一种简单的递归排序算法：*归并排序*。要将一个数组排序，可以先（递归地）将它分成两半分别排序，然后将结果归并起来。你将会看到，归并排序最吸引人的性质是它能够保证将任意长度为 N 的数组排序所需时间和 $N\log N$ 成正比；它的主要缺点则是它所需的额外空间和 N 成正比。简单的归并排序如图 2.2.1 所示。

输入	M	E	R	G	E	S	O	R	T	E	X	A	M	P	L	E
将左半部分排序	E	E	G	M	O	R	R	S	T	E	X	A	M	P	L	E
将右半部分排序	E	E	G	M	O	R	R	S	A	E	E	L	M	P	T	X
归并结果	A	E	E	E	E	G	L	M	M	O	P	R	R	S	T	X

图 2.2.1 归并排序示意图

2.2.1 原地归并的抽象方法

实现归并的一种直截了当的办法是将两个不同的有序数组归并到第三个数组中，两个数组中的元素应该都实现了 Comparable 接口。实现的方法很简单，创建一个适当大小的数组然后将两个输入数组中的元素一个个从小到大放入这个数组中。

但是，当用归并将一个大数组排序时，我们需要进行很多次归并，因此在每次归并时都创建一个新数组来存储排序结果会带来问题。我们更希望有一种能够在原地归并的方法，这样就可以先将前半部分排序，再将后半部分排序，然后在数组中移动元素而不需要使用额外的空间。你可以先停下来想想应该如何实现这一点，乍一看很容易做到，但实际上已有的实现都非常复杂，尤其是和使用额外空间的方法相比。

尽管如此，将原地归并*抽象化*仍然是有帮助的。与之对应的是我们的方法签名 merge(a, lo, mid, hi)，它会将子数组 a[lo..mid] 和 a[mid+1..hi] 归并成一个有序的数组并将结果存放在 a[lo..hi] 中。下面的代码只用几行就实现了这种归并。它将涉及的所有元素复制到一个辅助数组
270 中，再把归并的结果放回原数组中。实现的另一种方法请见练习 2.2.10。

原地归并的抽象方法

```
public static void merge(Comparable[] a, int lo, int mid, int hi)
{  // 将a[lo..mid] 和 a[mid+1..hi] 归并
   int i = lo, j = mid+1;

   for (int k = lo; k <= hi; k++)  // 将a[lo..hi]复制到aux[lo..hi]
      aux[k] = a[k];

   for (int k = lo; k <= hi; k++)  // 归并回到a[lo..hi]
      if      (i > mid)              a[k] = aux[j++];
      else if (j > hi )              a[k] = aux[i++];
      else if (less(aux[j], aux[i])) a[k] = aux[j++];
      else                           a[k] = aux[i++];
}
```

该方法先将所有元素复制到 aux[] 中，然后再归并回 a[] 中。方法在归并时（第二个 for 循环）进行了 4 个条件判断：左半边用尽（取右半边的元素）、右半边用尽（取左半边的元素）、右半边

的当前元素小于左半边的当前元素（取右半边的元素）以及右半边的当前元素大于等于左半边的当前元素（取左半边的元素）。

k	a[0]	a[1]	a[2]	a[3]	a[4]	a[5]	a[6]	a[7]	a[8]	a[9]	i	j	aux[0]	aux[1]	aux[2]	aux[3]	aux[4]	aux[5]	aux[6]	aux[7]	aux[8]	aux[9]
输入	E	E	G	M	R	A	C	E	R	T												
复制	E	E	G	M	R	A	C	E	R	T			E	E	G	M	R	A	C	E	R	T
											0	5										
0	**A**										0	6	E	E	G	M	R	**A**	C	E	R	T
1	A	**C**									0	7	E	E	G	M	R		**C**	E	R	T
2	A	C	**E**								1	7	**E**	E	G	M	R			**E**	R	T
3	A	C	E	**E**							2	7		**E**	G	M	R			**E**	R	T
4	A	C	E	E	**E**						2	8			G	M	R			**E**	R	T
5	A	C	E	E	E	**G**					3	8			**G**	M	R				R	T
6	A	C	E	E	E	G	**M**				4	8				**M**	R				R	T
7	A	C	E	E	E	G	M	**R**			5	8					**R**				R	T
8	A	C	E	E	E	G	M	R	**R**		5	9									**R**	T
9	A	C	E	E	E	G	M	R	R	**T**	6	10										**T**
归并结果	A	C	E	E	E	G	M	R	R	T												

原地归并的抽象方法的轨迹

271

2.2.2 自顶向下的归并排序

算法 2.4 基于原地归并的抽象实现了另一种递归归并，这也是应用高效算法设计中分治思想的最典型的一个例子。这段递归代码是归纳证明算法能够正确地将数组排序的基础：如果它能将两个子数组排序，它就能够通过归并两个子数组来将整个数组排序。

算法 2.4　自顶向下的归并排序

```
public class Merge
{
   private static Comparable[] aux;        // 归并所需的辅助数组

   public static void sort(Comparable[] a)
   {
      aux = new Comparable[a.length];      // 一次性分配空间
      sort(a, 0, a.length - 1);
   }

   private static void sort(Comparable[] a, int lo, int hi)
   {  // 将数组a[lo..hi]排序
      if (hi <= lo) return;
      int mid = lo + (hi - lo)/2;
      sort(a, lo, mid);            // 将左半边排序
      sort(a, mid+1, hi);          // 将右半边排序
      merge(a, lo, mid, hi);  // 归并结果（代码见“原地归并的抽象方法”）
   }
}
```

要对子数组 a[lo..hi] 进行排序，先将它分为 a[lo..mid] 和 a[mid+1..hi] 两部分，分别通过递归调用将它们单独排序，最后将有序的子数组归并为最终的排序结果。

lo, mid, hi	0	1	2	3	4	5	6	7	8	9	10	11	12	13	14	15
	M	E	R	G	E	S	O	R	T	E	X	A	M	P	L	E
merge(a, 0, 0, 1)	E	M	R	G	E	S	O	R	T	E	X	A	M	P	L	E
merge(a, 2, 2, 3)	E	M	G	R	E	S	O	R	T	E	X	A	M	P	L	E
merge(a, 0, 1, 3)	E	G	M	R	E	S	O	R	T	E	X	A	M	P	L	E
merge(a, 4, 4, 5)	E	G	M	R	E	S	O	R	T	E	X	A	M	P	L	E
merge(a, 6, 6, 7)	E	G	M	R	E	S	O	R	T	E	X	A	M	P	L	E
merge(a, 4, 5, 7)	E	G	M	R	E	O	R	S	T	E	X	A	M	P	L	E
merge(a, 0, 3, 7)	E	E	G	M	O	R	R	S	T	E	X	A	M	P	L	E
merge(a, 8, 8, 9)	E	E	G	M	O	R	R	S	E	T	X	A	M	P	L	E
merge(a, 10, 10, 11)	E	E	G	M	O	R	R	S	E	T	A	X	M	P	L	E
merge(a, 8, 9, 11)	E	E	G	M	O	R	R	S	A	E	T	X	M	P	L	E
merge(a, 12, 12, 13)	E	E	G	M	O	R	R	S	A	E	T	X	M	P	L	E
merge(a, 14, 14, 15)	E	E	G	M	O	R	R	S	A	E	T	X	M	P	E	L
merge(a, 12, 13, 15)	E	E	G	M	O	R	R	S	A	E	T	X	E	L	M	P
merge(a, 8, 11, 15)	E	E	G	M	O	R	R	S	A	E	E	L	M	P	T	X
merge(a, 0, 7, 15)	A	E	E	E	E	G	L	M	M	O	P	R	R	S	T	X

自顶向下的归并排序中归并结果的轨迹

要理解归并排序就要仔细研究该方法调用的动态情况，如图 2.2.2 中的轨迹所示。要将 a[0..15] 排序，sort() 方法会调用自己将 a[0..7] 排序，再在其中调用自己将 a[0..3] 和 a[0..1] 排序。在将 a[0] 和 a[1] 分别排序之后，终于才会开始将 a[0] 和 a[1] 归并（简单起见，我们在轨迹中把对单个元素的数组进行排序的调用省略了）。第二次归并是 a[2] 和 a[3]，然后是 a[0..1] 和 a[2..3]，以此类推。从这段轨迹可以看到，sort() 方法的作用其实在于安排多次 merge() 方法调用的正确顺序。后面几节还会用到这个发现。

这段代码也是我们分析归并排序的运行时间的基础。因为归并排序是算法设计中分治思想的典型应用，我们会详细对它进行分析。

我们也可以通过图 2.2.3 所示的树状图来理解命题 F。每个结点都表示一个 sort() 方法通过 merge() 方法归并而成的子数组。这棵树正好有 n 层。对于 0 到 $n-1$ 之间的任意 k，自顶向下的第 k 层有 2^k 个子数组，每个数组的长度为 2^{n-k}，归并最多需要 2^{n-k} 次比较。因此每层的比较次数为 $2^k \times 2^{n-k}=2^n$，n 层总共为 $n2^n=N\lg N$。

```
          sort(a, 0, 15)
将左半      sort(a, 0, 7)
部分排序      sort(a, 0, 3)
                sort(a, 0, 1)
                  merge(a, 0, 0, 1)
                sort(a, 2, 3)
                  merge(a, 2, 2, 3)
                merge(a, 0, 1, 3)
              sort(a, 4, 7)
                sort(a, 4, 5)
                  merge(a, 4, 4, 5)
                sort(a, 6, 7)
                  merge(a, 6, 6, 7)
                merge(a, 4, 5, 7)
              merge(a, 0, 3, 7)
将右半      sort(a, 8, 15)
部分排序      sort(a, 8, 11)
                sort(a, 8, 9)
                  merge(a, 8, 8, 9)
                sort(a, 10, 11)
                  merge(a, 10, 10, 11)
                merge(a, 8, 9, 11)
              sort(a, 12, 15)
                sort(a, 12, 13)
                  merge(a, 12, 12, 13)
                sort(a, 14, 15)
                  merge(a, 14, 14,15)
                merge(a, 12, 13, 15)
              merge(a, 8, 11, 15)
归并结果    merge(a, 0, 7, 15)
```

图 2.2.2 自顶向下的归并排序的调用轨迹

命题 F。对于长度为 N 的任意数组，自顶向下的归并排序需要 $\frac{1}{2}N\lg N$ 至 $N\lg N$ 次比较。

证明。令 $C(N)$ 表示将一个长度为 N 的数组排序时所需要的比较次数。我们有 $C(0)=C(1)=0$，对于 $N>0$，通过递归的 sort() 方法我们可以由相应的归纳关系得到比较次数的上限：

$$C(N) \leqslant C(\lceil N/2 \rceil) + C(\lfloor N/2 \rfloor) + N$$

右边的第一项是将数组的左半部分排序所用的比较次数，第二项是将数组的右半部分排序所用的比较次数，第三项是归并所用的比较次数。因为归并所需的比较次数最少为 $\lfloor N/2 \rfloor$，比较次数的下限是：

$$C(N) \geqslant C(\lceil N/2 \rceil) + C(\lfloor N/2 \rfloor) + \lfloor N/2 \rfloor$$

当 N 为 2 的幂（即 $N=2^n$）且上限不等式的等号成立时我们能够得到一个解。首先，因为 $\lfloor N/2 \rfloor = \lceil N/2 \rceil = 2^{n-1}$，可以得到：

$$C(2^n) = 2C(2^{n-1}) + 2^n$$

将两边同时除以 2^n 可得：

$$C(2^n)/2^n = C(2^{n-1})/2^{n-1} + 1$$

用这个公式替换右边的第一项，可得：

$$C(2^n)/2^n = C(2^{n-2})/2^{n-2} + 1 + 1$$

将上一步重复 $n-1$ 遍可得：

$$C(2^n)/2^n = C(2^0)/2^0 + n$$

将两边同时乘以 2^n 就可以解得：

$$C(N) = C(2^n) = n2^n = N\lg N$$

对于一般的 N，得到的准确值要更复杂一些。但对比较次数的上下界不等式使用相同的方法不难证明前面所述的对于任意 N 的结论。这个结论对于任意输入值和顺序都成立。

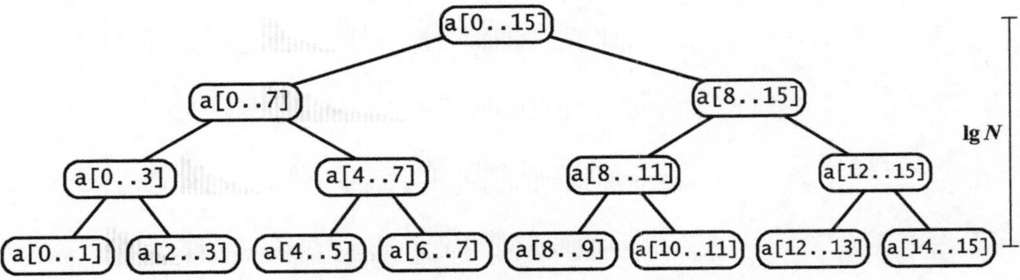

图 2.2.3 N=16 时归并排序中子数组的依赖树

272 ~ 274

命题 G。对于长度为 N 的任意数组，自顶向下的归并排序最多需要访问数组 $6N\lg N$ 次。

证明。每次归并最多需要访问数组 $6N$ 次（$2N$ 次用来复制，$2N$ 次用来将排好序的元素移动回去，另外最多比较 $2N$ 次），根据命题 F 即可得到这个命题的结果。

命题 F 和命题 G 告诉我们归并排序所需的时间和 $N\lg N$ 成正比。这和 2.1 节所述的初级排序方法不可同日而语，它表明我们只需要比遍历整个数组多个对数因子的时间就能将一个庞大的数组排序。可以用归并排序处理数百万甚至更大规模的数组，这是插入排序或者选择排序做不到的。归并排序的主要缺点是辅助数组所使用的额外空间和 N 的大小成正比。另一方面，通过一些细致的思考我们还能够大幅度缩短归并排序的运行时间。

2.2.2.1 对小规模子数组使用插入排序

用不同的方法处理小规模问题能改进大多数递归算法的性能，因为递归会使小规模问题中方法的调用过于频繁，所以改进对它们的处理方法就能改进整个算法。对排序来说，我们已经知道插入排序（或者选择排序）非常简单，因此很可能在小数组上比归并排序更快。和之前一样，一幅可视轨迹图能够很好地说明归并排序的行为方式。图 2.2.4 中的可视轨迹图显示的是改良后的归并排序的所有操作。使用插入排序处理小规模的子数组（比如长度小于 15）一般可以将归并排序的运行时间缩短 10% ～ 15%（请见练习 2.2.23）。

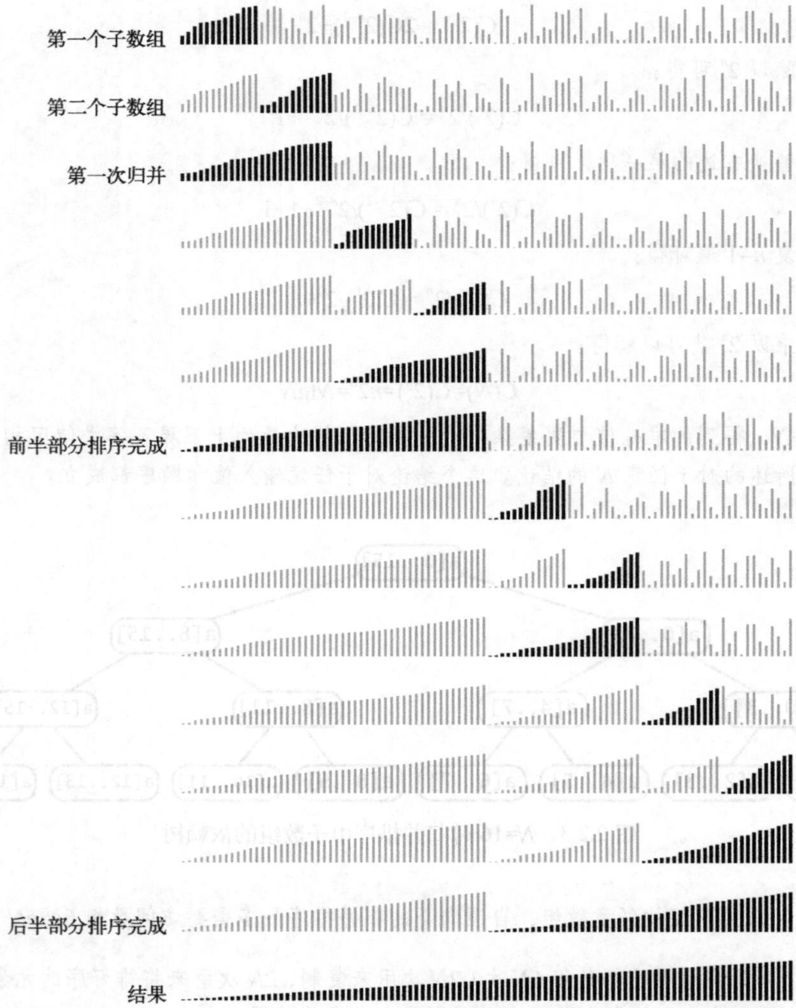

图 2.2.4 改进了小规模子数组排序方法后的自顶向下的归并排序的可视轨迹

2.2.2.2 测试数组是否已经有序

我们可以添加一个判断条件，如果 a[mid] 小于等于 a[mid+1]，我们就认为数组已经是有序的并跳过 merge() 方法。这个改动不影响排序的递归调用，但是任意有序的子数组算法的运行时间就变为线性的了（请见练习 2.2.8）。

2.2.2.3 不将元素复制到辅助数组

我们可以节省将数组元素复制到用于归并的辅助数组所用的时间（但空间不行）。要做到这一点我们要调用两种排序方法，一种将数据从输入数组排序到辅助数组，一种将数据从辅助数组排序到输入数组。这种方法需要一些技巧，我们要在递归调用的每个层次交换输入数组和辅助数组的角色（请见练习 2.2.11）。 275~276

这里我们要重新强调第 1 章中提出的一个很容易遗忘的要点。在每一节中，我们会将书中的每个算法都看做某种应用的关键。但在整体上，我们希望学习的是为每种应用找到最合适的算法。我们并不是在推荐读者一定要实现所提到的这些改进方法，而是提醒大家不要对算法初始实现的性能盖棺定论。研究一个新问题时，最好的方法是先实现一个你能想到的最简单的程序，当它成为瓶颈的时候再继续改进它。实现那些只能把运行时间缩短某个常数因子的改进措施可能并不值得。你需要用实验来检验一项改进，正如本书中所有练习所演示的那样。

对于归并排序，刚才列出的三个建议都很容易实现且在应用归并排序时是十分有吸引力的——比如本章最后讨论的情况。

2.2.3 自底向上的归并排序

递归实现的归并排序是算法设计中分治思想的典型应用。我们将一个大问题分割成小问题分别解决，然后用所有小问题的答案来解决整个大问题。尽管我们考虑的问题是归并两个大数组，实际上我们归并的数组大多数都非常小。实现归并排序的另一种方法是先归并那些微型数组，然后再成对归并得到的子数组，如此这般，直到我们将整个数组归并在一起。这种实现方法比标准递归方法所需要的代码量更少。首先我们进行的是两两归并（把每个元素想象成一个大小为 1 的数组），然后是四四归并（将两个大小为 2 的数组归并成一个有 4 个元素的数组），然后是八八的归并，一直下去。在每一轮归并中，最后一次归并的第二个子数组可能比第一个子数组要小（但这对 merge() 方法不是问题），如果不是的话所有的归并中两个数组大小都应该一样，而在下一轮中子数组的大小会翻倍。此过程的可视轨迹如图 2.2.5 所示。

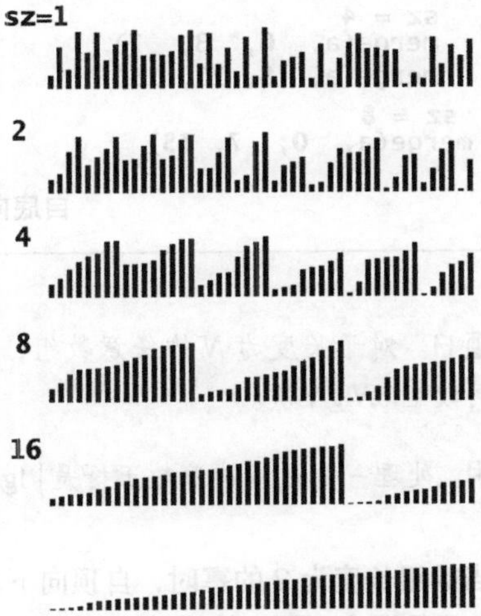

图 2.2.5 自底向上的归并排序的可视轨迹 277

自底向上的归并排序算法的实现如下。

自底向上的归并排序

```
public class MergeBU
{
   private static Comparable[] aux;     // 归并所需的辅助数组
```

```
// merge()方法的代码请见“原地归并的抽象方法”
public static void sort(Comparable[] a)
{  //  进行lgN次两两归并
   int N = a.length;
   aux = new Comparable[N];
   for (int sz = 1; sz < N; sz = sz+sz)          // sz子数组大小
      for (int lo = 0; lo < N-sz; lo += sz+sz) // lo:子数组索引
         merge(a, lo, lo+sz-1, Math.min(lo+sz+sz-1, N-1));
   }
}
```

自底向上的归并排序会多次遍历整个数组，根据子数组大小进行两两归并。子数组的大小 sz 的初始值为1，每次加倍。最后一个子数组的大小只有在数组大小是sz的偶数倍的时候才会等于sz（否则它会比sz小）。

	a[i] 0	1	2	3	4	5	6	7	8	9	10	11	12	13	14	15
sz = 1	M	E	R	G	E	S	O	R	T	E	X	A	M	P	L	E
merge(a, 0, 0, 1)	E	M	R	G	E	S	O	R	T	E	X	A	M	P	L	E
merge(a, 2, 2, 3)	E	M	G	R	E	S	O	R	T	E	X	A	M	P	L	E
merge(a, 4, 4, 5)	E	M	G	R	E	S	O	R	T	E	X	A	M	P	L	E
merge(a, 6, 6, 7)	E	M	G	R	E	S	O	R	T	E	X	A	M	P	L	E
merge(a, 8, 8, 9)	E	M	G	R	E	S	O	R	E	T	X	A	M	P	L	E
merge(a, 10, 10, 11)	E	M	G	R	E	S	O	R	E	T	A	X	M	P	L	E
merge(a, 12, 12, 13)	E	M	G	R	E	S	O	R	E	T	A	X	M	P	L	E
merge(a, 14, 14, 15)	E	M	G	R	E	S	O	R	E	T	A	X	M	P	E	L
sz = 2																
merge(a, 0, 1, 3)	E	G	M	R	E	S	O	R	E	T	A	X	M	P	E	L
merge(a, 4, 5, 7)	E	G	M	R	E	O	R	S	E	T	A	X	M	P	E	L
merge(a, 8, 9, 11)	E	G	M	R	E	O	R	S	A	E	T	X	M	P	E	L
merge(a, 12, 13, 15)	E	G	M	R	E	O	R	S	A	E	T	X	E	L	M	P
sz = 4																
merge(a, 0, 3, 7)	E	E	G	M	O	R	R	S	A	E	T	X	E	L	M	P
merge(a, 8, 11, 15)	E	E	G	M	O	R	R	S	A	E	E	L	M	P	T	X
sz = 8																
merge(a, 0, 7, 15)	A	E	E	E	E	G	L	M	M	O	P	R	R	S	T	X

278

自底向上的归并排序的归并结果

命题 H。对于长度为 N 的任意数组，自底向上的归并排序需要 $1/2N\lg N$ 至 $N\lg N$ 次比较，最多访问数组 $6N\lg N$ 次。

证明。处理一个数组的遍数正好是 $\lceil \lg N \rceil$。每一遍会访问数组 $6N$ 次，比较次数在 $N/2$ 和 N 之间。

当数组长度为2的幂时，自顶向下和自底向上的归并排序所用的比较次数和数组访问次数正好相同，只是顺序不同。其他时候，两种方法的比较和数组访问的次序会有所不同（请见练习2.2.5）。

自底向上的归并排序比较适合用链表组织的数据。想象一下将链表先按大小为1的子链表进行排序，然后是大小为2的子链表，然后是大小为4的子链表等。这种方法只需要重新组织链表链接就能将链表原地排序（不需要创建任何新的链表结点）。

用自顶向下或是自底向上的方式实现任何分治类的算法都很自然。归并排序告诉我们，当能够用其中一种方法解决一个问题时，你都应该试试另一种。你是希望像 Merge.sort() 中那样化整为零（然后递归地解决它们）的方式解决问题，还是希望像 MergeBU.sort() 中那样循序渐进地解决问题呢？

2.2.4 排序算法的复杂度

学习归并排序的一个重要原因是它是证明计算复杂性领域的一个重要结论的基础，而计算复杂性能够帮助我们理解排序自身固有的难易程度。计算复杂性在算法设计中扮演着非常重要的角色，而这个结论正是和排序算法的设计直接相关的，因此接下来我们就要详细地讨论它。

研究复杂度的第一步是建立一个计算模型。一般来说，研究者会尽量寻找一个和问题相关的最简单的模型。对排序来说，我们的研究对象是基于比较的算法，它们对数组元素的操作方式是由主键的比较决定的。一个基于比较的算法在两次比较之间可能会进行任意规模的计算，但它只能通过主键之间的比较得到关于某个主键的信息。因为我们局限于实现了 Comparable 接口的对象，本章中的所有算法都属于这一类（注意，我们忽略了访问数组的开销）。在第 5 章中，我们会讨论不局限于 Comparable 元素的算法。 279

命题 I。没有任何基于比较的算法能够保证使用少于 $\lg(N!) \sim N\lg N$ 次比较将长度为 N 的数组排序。

证明。首先，假设没有重复的主键，因为任何排序算法都必须能够处理这种情况。我们使用二叉树来表示所有的比较。树中的结点要么是一片叶子 ($i_0\ i_1\ i_2\ \ldots\ i_{N-1}$)，表示排序完成且原输入的排列顺序是 a[$i_0$], a[$i_1$], …, a[$i_{N-1}$]，要么是一个内部结点 (i:j)，表示 a[i] 和 a[j] 之间的一次比较操作，它的左子树表示 a[i] 小于 a[j] 时进行的其他比较，右子树表示 a[i] 大于 a[j] 时进行的其他比较。从根结点到叶子结点每一条路径都对应着算法在建立叶子结点所示的顺序时进行的所有比较。例如，这是一棵 N=3 时的比较树：

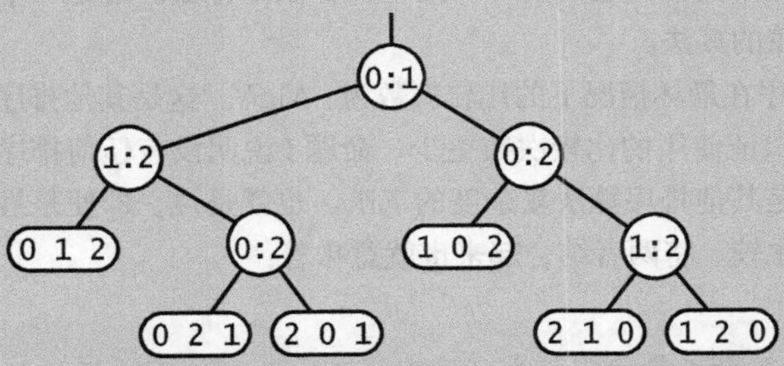

我们从来没有明确地构造这棵树——它只是用来描述算法中的比较的一个数学工具。

从比较树观察得到的第一个重要结论是这棵树应该至少有 $N!$ 个叶子结点，因为 N 个不同的主键会有 $N!$ 种不同的排列。如果叶子结点少于 $N!$，那肯定有一些排列顺序被遗漏了。算法对于那些被遗漏的输入肯定会失败。

从根结点到叶子结点的一条路径上的内部结点的数量即是某种输入下算法进行比较的次数。我们感兴趣的是这种路径能有多长（也就是树的高度），因为这也就是算法比较次数的最坏情况。二叉树的一个基本的组合学性质就是高度为 h 的树最多只可能有 2^h 个叶子结点，拥有 2^h 个结点的树是完美平衡的，或称为完全树。下图所示的就是一个 h=4 的例子。 280

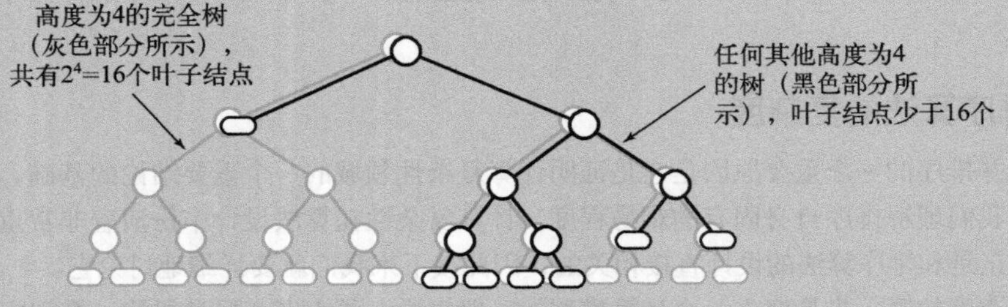

结合前两段的分析可知，任意基于比较的排序算法都对应着一棵高 h 的比较树（如下图所示），其中：

$$N! \leqslant \text{叶子结点的数量} \leqslant 2^h$$

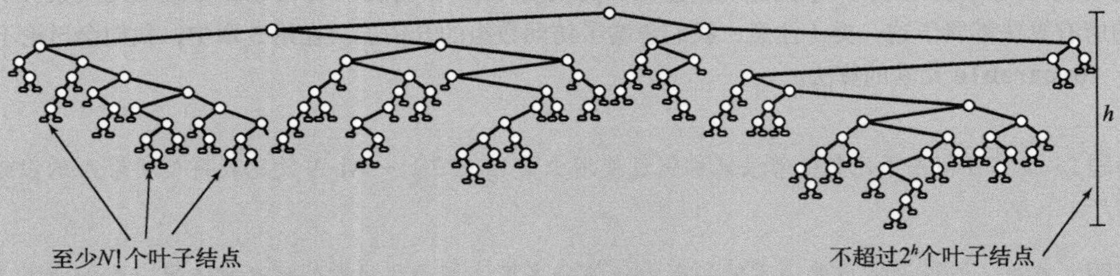

h 的值就是最坏情况下的比较次数，因此对不等式的两边取对数即可得到任意算法的比较次数至少是 $\lg N!$。根据斯特灵公式对阶乘函数的近似（见表 1.4.6）可得 $\lg N! \sim N\lg N$。

这个结论告诉了我们在设计排序算法的时候能够达到的最佳效果。例如，如果没有这个结论，我们可能会去尝试设计一个在最坏情况下比较次数只有归并排序的一半的基于比较的算法。命题 I 中的下限告诉我们这种努力是没有意义的——这样的算法不存在。这是一个重要结论，适用于任何我们能够想到的基于比较的算法。

命题 H 表明归并排序在最坏情况下的比较次数为 $\sim N\lg N$。这是其他排序算法复杂度的上限，也
281 就是说更好的算法需要保证使用的比较次数更少。命题 I 说明没有任何排序算法能够用少于 $\sim N\lg N$ 次比较将数组排序，这是其他排序算法复杂度的下限。也就是说，即使是最好的算法在最坏的情况下也至少需要这么多次比较。将两者结合起来也就意味着：

命题 J。 归并排序是一种渐进最优的基于比较排序的算法。

证明。 更准确地说，这句话的意思是，归并排序在最坏情况下的比较次数和任意基于比较的排序算法所需的最少比较次数都是 $\sim N\lg N$。命题 H 和命题 I 证明了这些结论。

需要强调的是，和计算模型一样，我们需要精确地定义最优算法。例如，我们可以严格地认为仅仅只需要 $\lg N!$ 次比较的算法才是最优的排序算法。我们不这么做的原因是，即使对于很大的 N，这种算法和（比如说）归并排序之间的差异也并不明显。或者我们也可以放宽最优的定义，使之包含任意在最坏情况下的比较次数都在 $N\lg N$ 的某个常数因子范围之内的排序算法。我们不这么做的原因是对于很大的 N，这种算法和归并排序之间的差距还是很明显的。

计算复杂度的概念可能会让人觉得很抽象，但解决可计算问题内在困难的基础性研究则不管怎

么说都是非常必要的。而且，在适用的情况下，关键在于计算复杂度会影响优秀软件的开发。首先，准确的上界为软件工程师保证性能提供了空间。很多例子表明，平方级别排序的性能低于线性排序。其次，准确的下界可以为我们节省很多时间，避免因不可能的性能改进而投入资源。

但归并排序的最优性并不是结束，也不代表在实际应用中我们不会考虑其他的方法了，因为本节中的理论还是有许多局限性的，例如：

- 归并排序的空间复杂度不是最优的；
- 在实践中不一定会遇到最坏情况；
- 除了比较，算法的其他操作（例如访问数组）也可能很重要；
- 不进行比较也能将某些数据排序。

因此在本书中我们还将继续学习其他一些排序算法。 282

答疑

问 归并排序比希尔排序快吗？

答 在实际应用中，它们的运行时间之间的差距在常数级别之内（希尔排序使用的是像算法 2.3 中那样的经过验证的递增序列），因此相对性能取决于具体的实现。

```
% java SortCompare Merge Shell 100000
For 100000 random Double values
    Merge is 1.2 times faster than Shell
```

理论上来说，还没有人能够证明希尔排序对于随机数据的运行时间是线性对数级别的，因此存在平均情况下希尔排序的性能的渐进增长率①更高的可能性。在最坏情况下，这种差距的存在已经被证实了，但这对实际应用没有影响。

问 为什么不把数组 aux[] 声明为 merge() 方法的局部变量？

答 这是为了避免每次归并时，即使是归并很小的数组，都创建一个新的数组。如果这么做，那么创建新数组将成为归并排序运行时间的主要部分（请见练习 2.2.26）。更好的解决方案是将 aux[] 变为 sort() 方法的局部变量，并将它作为参数传递给 merge() 方法（为了简化代码我们没有在例子中这么做，请见练习 2.2.9）。

问 当数组中存在重复的元素时归并排序的表现如何？

答 如果所有的元素都相同，那么归并排序的运行时间将是线性的（需要一个额外的测试来避免归并已经有序的数组）。但如果有多个不同的重复值，这样做的性能收益就不是很明显了。例如，假设输入数组的 N 个奇数位上的元素都是同一个值，另外 N 个偶数位上的元素都是另一个值，此时算法的运行时间是线性对数的（这样的数组和所有元素都不重复的数组满足了相同的循环条件），而非线性的。 283

练习

2.2.1 按照本节开头所示轨迹的格式给出原地归并的抽象 merge() 方法是如何将数组 A E Q S U Y E I N O S T 排序的。

① 即运行时间的近似函数。——译者注

2.2.2 按照算法 2.4 所示轨迹的格式给出自顶向下的归并排序是如何将数组 E A S Y Q U E S T I O N 排序的。

2.2.3 用自底向上的归并排序解答练习 2.2.2。

2.2.4 是否当且仅当两个输入的子数组都有序时原地归并的抽象方法才能得到正确的结果？证明你的结论，或者给出一个反例。

2.2.5 当输入数组的大小 N=39 时，给出自顶向下和自底向上的归并排序中各次归并子数组的大小及顺序。

2.2.6 编写一个程序来计算自顶向下和自底向上的归并排序访问数组的准确次数。使用这个程序将 N=1 至 512 的结果绘成曲线图，并将其和上限 $6N\lg N$ 比较。

2.2.7 证明归并排序的比较次数是单调递增的（即对于 $N>0$，$C(N+1)>C(N)$）。

2.2.8 假设将算法 2.4 修改为：只要 `a[mid] <= a[mid+1]` 就不调用 `merge()` 方法，请证明用归并排序处理一个已经有序的数组所需的比较次数是线性级别的。

284 2.2.9 在库函数中使用 `aux[]` 这样的静态数组是不妥当的，因为可能会有多个程序同时使用这个类。实现一个不用静态数组的 `Merge` 类，但也不要将 `aux[]` 变为 `merge()` 的局部变量（请见本节的答疑部分）。*提示*：可以将辅助数组作为参数传递给递归的 `sort()` 方法。

提高题

2.2.10 *快速归并*。实现一个 `merge()` 方法，按降序将 `a[]` 的后半部分复制到 `aux[]`，然后将其归并回 `a[]` 中。这样就可以去掉内循环中检测某半边是否用尽的代码。*注意*：这样的排序产生的结果是不稳定的（请见 2.5.1.8 节）。

2.2.11 *改进*。实现 2.2.2 节所述的对归并排序的三项改进：加快小数组的排序速度，检测数组是否已经有序以及通过在递归中交换参数来避免数组复制。

2.2.12 *次线性的额外空间*。用大小 M 将数组分为 N/M 块（简单起见，设 M 是 N 的约数）。实现一个归并方法，使之所需的额外空间减少到 $\max(M, N/M)$：(i) 可以先将一个块看做一个元素，将块的第一个元素作为块的主键，用选择排序将块排序；(ii) 遍历数组，将第一块和第二块归并，完成后将第二块和第三块归并，等等。

2.2.13 *平均情况的下限*。请证明任意基于比较的排序算法的预期比较次数至少为 $\sim N\lg N$（假设输入元素的所有排列的出现概率是均等的）。*提示*：比较次数至少是比较树的外部路径的长度（根结点到所有叶子结点的路径长度之和），当树平衡时该值最小。

2.2.14 *归并有序的队列*。编写一个静态方法，将两个有序的队列作为参数，返回一个归并后的有序队列。

2.2.15 *自底向上的有序队列归并排序*。用下面的方法编写一个自底向上的归并排序：给定 N 个元素，创建 N 个队列，每个队列包含其中一个元素。创建一个由这 N 个队列组成的队列，然后不断用练习 2.2.14 中的方法将队列的头两个元素归并，并将结果重新加入到队列结尾，直到队列的队列只剩下一个元素为止。

2.2.16 *自然的归并排序*。编写一个自底向上的归并排序，当需要将两个子数组排序时能够利用数组中已经有序的部分。首先找到一个有序的子数组（移动指针直到当前元素比上一个元素小为止），
285 然后再找出另一个并将它们归并。根据数组大小和数组中递增子数组的最大长度分析算法的运行时间。

2.2.17 *链表排序*。实现对链表的自然排序（这是将链表排序的最佳方法，因为它不需要额外的空间，且运行时间是线性对数级别的）。

2.2.18 打乱链表。实现一个分治算法，使用线性对数级别的时间和对数级别的额外空间随机打乱一条链表。

2.2.19 倒置。编写一个线性对数级别的算法统计给定数组中的“倒置”数量（即插入排序所需的交换次数，请见 2.1 节）。这个数量和 *Kendall tau* 距离有关，请见 2.5 节。

2.2.20 间接排序。编写一个不改变数组的归并排序，它返回一个 `int[]` 数组 `perm`，其中 `perm[i]` 的值是原数组中第 *i* 小的元素的位置。

2.2.21 一式三份。给定三个列表，每个列表中包含 *N* 个名字，编写一个线性对数级别的算法来判定三份列表中是否含有公共的名字，如果有，返回第一个被找到的这种名字。

2.2.22 三向归并排序。假设每次我们是把数组分成三个部分而不是两个部分并将它们分别排序，然后进行三向归并。这种算法的运行时间的增长数量级是多少？ 286

实验题

2.2.23 改进。用实验评估正文中所提到的归并排序的三项改进（请见练习 2.2.11）的效果，并比较正文中实现的归并和练习 2.2.10 所实现的归并之间的性能。根据经验给出应该在何时为子数组切换到插入排序。

2.2.24 改进的有序测试。在实验中用大型随机数组评估练习 2.2.8 所做的修改的效果。根据经验用 *N*（被排序的原始数组的大小）的函数描述条件语句（`a[mid] < =a[mid+1]`）成立（无论数组是否有序）的平均次数。

2.2.25 多向归并排序。实现一个 *k* 向（相对双向而言）归并排序程序。分析你的算法，估计最佳的 *k* 值并通过实验验证猜想。

2.2.26 创建数组。使用 `SortCompare` 粗略比较在你的计算机上在 `merge()` 中和在 `sort()` 中创建 `aux[]` 的性能差异。

2.2.27 子数组长度。用归并将大型随机数组排序，根据经验用 *N*（某次归并时两个子数组的长度之和）的函数估计当一个子数组用尽时另一个子数组的平均长度。

2.2.28 自顶向下与自底向上。对于 $N=10^3$、10^4、10^5 和 10^6，使用 `SortCompare` 比较自顶向下和自底向上的归并排序的性能。

2.2.29 自然的归并排序。对于 $N=10^3$、10^6 和 10^9，类型为 `Long` 的随机主键数组，根据经验给出自然的归并排序（请见练习 2.2.16）所需要的遍数。提示：不需要实现这个排序（甚至不需要生成所有完整的 64 位主键）也能完成这道练习。 287

2.3 快速排序

本节的主题是快速排序，它可能是应用最广泛的排序算法了。快速排序流行的原因是它实现简单、适用于各种不同的输入数据且在一般应用中比其他排序算法都要快得多。快速排序引人注目的特点包括它是原地排序（只需要一个很小的辅助栈），且将长度为 N 的数组排序所需的时间和 $N\lg N$ 成正比。我们已经学习过的排序算法都无法将这两个优点结合起来。另外，快速排序的内循环比大多数排序算法都要短小，这意味着它无论是在理论上还是在实际中都要更快。它的主要缺点是非常脆弱，在实现时要非常小心才能避免低劣的性能。已经有无数例子显示许多种错误都能致使它在实际中的性能只有平方级别。幸好我们将会看到，由这些错误中学到的教训也大大改进了快速排序算法，使它的应用更加广泛。

2.3.1 基本算法

快速排序是一种分治的排序算法。它将一个数组分成两个子数组，将两部分独立地排序。快速排序和归并排序是互补的：归并排序将数组分成两个子数组分别排序，并将有序的子数组归并以将整个数组排序；而快速排序将数组排序的方式则是当两个子数组都有序时整个数组也就自然有序了。在第一种情况中，递归调用发生在处理整个数组之前；在第二种情况中，递归调用发生在处理整个数组之后。在归并排序中，一个数组被等分为两半；在快速排序中，切分（partition）的位置取决于数组的内容。快速排序的大致过程如图 2.3.1 所示。

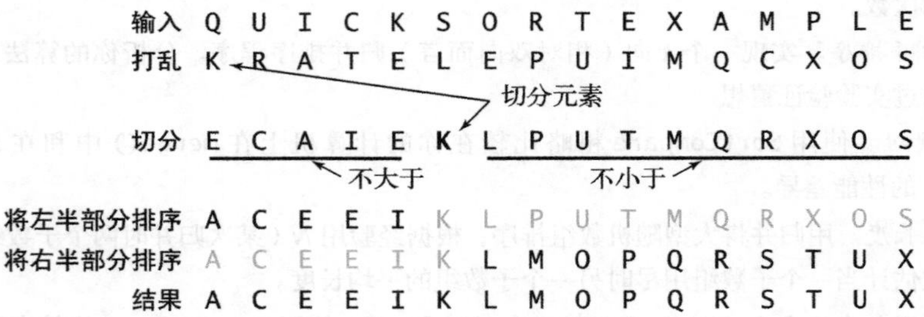

288 图 2.3.1 快速排序示意图

快速排序的实现过程如算法 2.5 所示。

算法 2.5 快速排序

```
public class Quick
{
   public static void sort(Comparable[] a)
   {
      StdRandom.shuffle(a);            // 消除对输入的依赖
      sort(a, 0, a.length - 1);
   }

   private static void sort(Comparable[] a, int lo, int hi)
   {
      if (hi <= lo) return;
      int j = partition(a, lo, hi);  // 切分（请见“快速排序的切分”）
      sort(a, lo, j-1);              // 将左半部分a[lo .. j-1]排序
      sort(a, j+1, hi);              // 将右半部分a[j+1 .. hi]排序
   }
}
```

快速排序递归地将子数组 a[lo..hi] 排序，先用 partition() 方法将 a[j] 放到一个合适位置，然后再用递归调用将其他位置的元素排序。

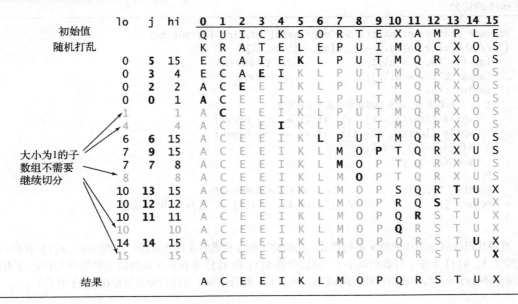

	lo	j	hi	0	1	2	3	4	5	6	7	8	9	10	11	12	13	14	15
初始值				Q	U	I	C	K	S	O	R	T	E	X	A	M	P	L	E
随机打乱				K	R	A	T	E	L	E	P	U	I	M	Q	C	X	O	S
	0	5	15	E	C	A	I	E	K	L	P	U	T	M	Q	R	X	O	S
	0	3	4	E	C	A	E	I	K	L	P	U	T	M	Q	R	X	O	S
	0	2	2	A	C	E	E	I	K	L	P	U	T	M	Q	R	X	O	S
	0	0	1	A	C	E	E	I	K	L	P	U	T	M	Q	R	X	O	S
	1		1	A	C	E	E	I	K	L	P	U	T	M	Q	R	X	O	S
	4		4	A	C	E	E	I	K	L	P	U	T	M	Q	R	X	O	S
	6	6	15	A	C	E	E	I	K	L	P	U	T	M	Q	R	X	O	S
	7	9	15	A	C	E	E	I	K	L	M	O	P	T	Q	R	X	U	S
	7	7	8	A	C	E	E	I	K	L	M	O	P	T	Q	R	X	U	S
	8		8	A	C	E	E	I	K	L	M	O	P	T	Q	R	X	U	S
	10	13	15	A	C	E	E	I	K	L	M	O	P	S	Q	R	T	U	X
	10	12	12	A	C	E	E	I	K	L	M	O	P	R	Q	S	T	U	X
	10	11	11	A	C	E	E	I	K	L	M	O	P	Q	R	S	T	U	X
	10		10	A	C	E	E	I	K	L	M	O	P	Q	R	S	T	U	X
	14	14	15	A	C	E	E	I	K	L	M	O	P	Q	R	S	T	U	X
	15		15	A	C	E	E	I	K	L	M	O	P	Q	R	S	T	U	X
结果				A	C	E	E	I	K	L	M	O	P	Q	R	S	T	U	X

大小为1的子数组不需要继续切分

289

该方法的关键在于切分，这个过程使得数组满足下面三个条件：

- 对于某个 j，a[j] 已经排定；
- a[lo] 到 a[j-1] 中的所有元素都不大于 a[j]；
- a[j+1] 到 a[hi] 中的所有元素都不小于 a[j]。

我们就是通过递归地调用切分来排序的。

因为切分过程总是能排定一个元素，用归纳法不难证明递归能够正确地将数组排序：如果左子数组和右子数组都是有序的，那么由左子数组（有序且没有任何元素大于切分元素）、切分元素和右子数组（有序且没有任何元素小于切分元素）组成的结果数组也一定是有序的。算法 2.5 就是实现了这个思路的一个递归程序。它是一个*随机化*的算法，因为它在将数组排序之前会将其随机打乱。我们这么做的原因是希望能够预测（并依赖）该算法的性能特性，之后我们会详细讨论。

要完成这个实现，需要实现切分方法。一般策略是先随意地取 a[lo] 作为*切分元素*，即那个将会被排定的元素，然后我们从数组的左端开始向右扫描直到找到一个大于等于它的元素，再从数组的右端开始向左扫描直到找到一个小于等于它的元素。这两个元素显然是没有排定的，因此我们交换它们的位置。如此继续，我们就可以保证左指针 i 的左侧元素都不大于切分元素，右指针 j 的右侧元素都不小于切分元素。当两个指针相遇时，我们只需要将切分元素 a[lo] 和左子数组最右侧的元素（a[j]）交换然后返回 j 即可。切分方法的大致过程如图 2.3.2 所示。

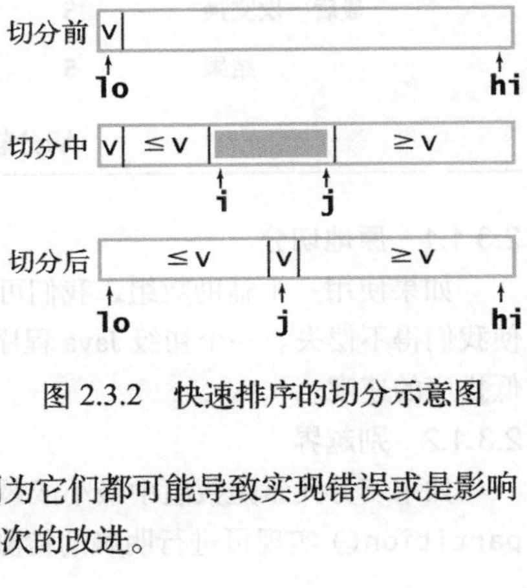

图 2.3.2 快速排序的切分示意图

这段快速排序的实现代码中还有几个细节问题值得一提，因为它们都可能导致实现错误或是影响性能，我们会在下面讨论。本节稍后我们会研究算法的三个高层次的改进。 290

快速排序的切分的实现如下所示。

快速排序的切分

```
private static int partition(Comparable[] a, int lo, int hi)
{ // 将数组切分为a[lo..i-1], a[i], a[i+1..hi]
  int i = lo, j = hi+1;               // 左右扫描指针
  Comparable v = a[lo];               // 切分元素
  while (true)
  { // 扫描左右，检查扫描是否结束并交换元素
    while (less(a[++i], v)) if (i == hi) break;
    while (less(v, a[--j])) if (j == lo) break;
    if (i >= j) break;
    exch(a, i, j);
  }
  exch(a, lo, j);          // 将v = a[j]放入正确的位置
  return j;                // a[lo..j-1] <= a[j] <= a[j+1..hi] 达成
}
```

这段代码按照 a[lo] 的值 v 进行切分。当指针 i 和 j 相遇时主循环退出。在循环中，a[i] 小于 v 时我们增大 i，a[j] 大于 v 时我们减小 j，然后交换 a[i] 和 a[j] 来保证 i 左侧的元素都不大于 v，j 右侧的元素都不小于 v。当指针相遇时交换 a[lo] 和 a[j]，切分结束（这样切分值就留在 a[j] 中了）。

	i	j	0 (v)	1	2	3	4	5	6	7	8	9	10	11	12	13	14	15
初始值	0	16	K	R	A	T	E	L	E	P	U	I	M	Q	C	X	O	S
扫描左、右部分	1	12	K	R	A	T	E	L	E	P	U	I	M	Q	C	X	O	S
交换	1	12	K	C	A	T	E	L	E	P	U	I	M	Q	R	X	O	S
扫描左、右部分	3	9	K	C	A	T	E	L	E	P	U	I	M	Q	R	X	O	S
交换	3	9	K	C	A	I	E	L	E	P	U	T	M	Q	R	X	O	S
扫描左、右部分	5	6	K	C	A	I	E	L	E	P	U	T	M	Q	R	X	O	S
交换	5	6	K	C	A	I	E	E	L	P	U	T	M	Q	R	X	O	S
扫描左、右部分	6	5	K	C	A	I	E	E	L	P	U	T	M	Q	R	X	O	S
最后一次交换	6	5	E	C	A	I	E	K	L	P	U	T	M	Q	R	X	O	S
结果		5	E	C	A	I	E	K	L	P	U	T	M	Q	R	X	O	S

291 **切分轨迹（每次交换前后的数组内容）**

2.3.1.1 原地切分

如果使用一个辅助数组，我们可以很容易实现切分，但将切分后的数组复制回去的开销也许会使我们得不偿失。一个初级 Java 程序员甚至可能会将空数组创建在递归的切分方法中，这会大大降低排序的速度。

2.3.1.2 别越界

如果切分元素是数组中最小或最大的那个元素，我们就要小心别让扫描指针跑出数组的边界。partition() 实现可进行明确的检测来预防这种情况。测试条件（j == lo）是冗余的，因为切分

元素就是 `a[lo]`，它不可能比自己小。数组右端也有相同的情况，它们都是可以去掉的（请见练习 2.3.17）。

2.3.1.3 保持随机性

数组元素的顺序是被打乱过的。因为算法 2.5 对所有的子数组都一视同仁，它的所有子数组也都是随机排序的。这对于预测算法的运行时间很重要。保持随机性的另一种方法是在 `partition()` 中随机选择一个切分元素。

2.3.1.4 终止循环

有经验的程序员都知道保证循环结束需要格外小心，快速排序的切分循环也不例外。正确地检测指针是否越界需要一点技巧，并不像看上去那么容易。一个最常见的错误是没有考虑到数组中可能包含和切分元素的值相同的其他元素。

2.3.1.5 处理切分元素值有重复的情况

如算法 2.5 所示，左侧扫描最好是在遇到大于等于切分元素值的元素时停下，右侧扫描则是遇到小于等于切分元素值的元素时停下。尽管这样可能会不必要地将一些等值的元素交换，但在某些典型应用中，它能够避免算法的运行时间变为平方级别（请见练习 2.3.11）。稍后我们会讨论另一种可以更好地处理含有大量重复值的数组的方法。

2.3.1.6 终止递归

有经验的程序员还知道保证递归总是能够结束也是需要小心的，快速排序也不例外。例如，实现快速排序时一个常见的错误就是不能保证将切分元素放入正确的位置，从而导致程序在切分元素正好是子数组的最大或是最小元素时陷入了无限的递归循环之中。 292

2.3.2 性能特点

数学上已经对快速排序进行了详尽的分析，因此我们能够精确地说明它的性能。大量经验也证明了这些分析，它们是算法调优时的重要工具。

快速排序切分方法的内循环会用一个递增的索引将数组元素和一个定值比较。这种简洁性也是快速排序的一个优点，很难想象排序算法中还能有比这更短小的内循环了。例如，归并排序和希尔排序一般都比快速排序慢，其原因就是它们还在内循环中移动数据。

快速排序另一个速度优势在于它的比较次数很少。排序效率最终还是依赖切分数组的效果，而这依赖于切分元素的值。切分将一个较大的随机数组分成两个随机子数组，而实际上这种分割可能发生在数组的任意位置（对于元素不重复的数组而言）。下面我们来分析这个算法，看看这种方法和理想方法之间的差距。

快速排序的最好情况是每次都正好能将数组对半分。在这种情况下快速排序所用的比较次数正好满足分治递归的 $C_N=2C_{N/2}+N$ 公式。$2C_{N/2}$ 表示将两个子数组排序的成本，N 表示用切分元素和所有数组元素进行比较的成本。由归并排序的命题 F 的证明可知，这个递归公式的解 $C_N\sim N\lg N$。尽管事情并不总会这么顺利，但平均而言切分元素都能落在数组的中间。将每个切分位置的概率都考虑进去只会使递归更加复杂、更难解决，但最终结果还是类似的。我们对快速排序的信心来自于这个结论的证明。如果你不喜欢数学公式，可以跳过这个证明，相信它即可；如果你喜欢，你会发现它很有趣。

命题 K。将长度为 N 的无重复数组排序，快速排序平均需要 $\sim 2N\ln N$ 次比较（以及 1/6 的交换）。

证明。令 C_N 为将 N 个不同元素排序平均所需的比较次数。显然 $C_0=C_1=0$，对于 $N>1$，由递归
293 程序可以得到以下归纳关系：

$$C_N=N+1+(C_0+C_1+\cdots+C_{N-2}+C_{N-1})/N+(C_{N-1}+C_{N-2}+\cdots+C_0)/N$$

第一项是切分的成本（总是 $N+1$），第二项是将左子数组（长度可能是 0 到 $N-1$）排序的平均成本，第三项是将右子数组（长度和左子数组相同）排序的平均成本。将等式左右两边乘以 N 并整理各项得到：

$$NC_N=N(N+1)+2(C_0+C_1+\cdots+C_{N-2}+C_{N-1})$$

将该等式减去 $N-1$ 时的相同等式可得：

$$NC_N-(N-1)C_{N-1}=2N+2C_{N-1}$$

整理等式并将两边除以 $N(N+1)$ 可得：

$$C_N/(N+1)=C_{N-1}/N+2/(N+1)$$

归纳法推导可得：

$$C_N\sim 2(N+1)(1/3+1/4+\cdots+1/(N+1))$$

括号内的量是曲线 $2/x$ 下从 3 到 N 的离散近似面积加一，积分得到 $C_N\sim 2N\ln N$。注意到 $2N\ln N\approx 1.39N\lg N$，也就是说平均比较次数只比最好情况多 39%。

要得到命题中的交换次数需要一个类似（但更加复杂的）分析。

在实际应用中，当数组元素可能重复时，精确的分析会相当复杂，但不难证明即使存在重复的元素，平均比较次数也不会大于 C_N（在 2.3.3.3 节中我们会改进快速排序在这种情况下的性能）。

尽管快速排序有很多优点，它的基本实现仍有一个潜在的缺点：在切分不平衡时这个程序可能会极为低效。例如，如果第一次从最小的元素切分，第二次从第二小的元素切分，如此这般，每次调用只会移除一个元素。这会导致一个大子数组需要切分很多次。我们要在快速排序前将数组随机排序的
294 主要原因就是要避免这种情况。它能够使产生糟糕的切分的可能性降到极低，我们就无需为此担心了。

命题 L。快速排序最多需要约 $N^2/2$ 次比较，但随机打乱数组能够预防这种情况。

证明。根据刚才的证明，在每次切分后两个子数组之一总是空的情况下，比较次数为：

$$N+(N-1)+(N-2)+\cdots+2+1=(N+1)N/2$$

这不仅说明算法所需的时间是平方级别的，也显示了算法所需的空间是线性的，而这对于大数组来说是不可接受的。但是（经过一些复杂的工作）通过扩展对一般情况的分析我们可以得到比较次数的标准差约为 $0.65N$。因此，随着 N 的增大，运行时间会趋近于平均数，且不可能与平均数偏差太大。例如，对于一个有 100 万个元素的数组，由 Chebyshev 不等式可以粗略地估计出运行时间是平均所需时间的 10 倍的概率小于 0.000 01（且真实的概率还要小得多）。对于大数组，运行时间是平方级别的概率小到可以忽略不计（请见练习 2.3.10）。例如，快速排序所用的比较次数和插入排序或者选择排序一样多的概率比你的电脑在排序时被闪电击中的概率都要小得多！

总的来说，可以肯定的是对于大小为 N 的数组，算法 2.5 的运行时间在 $1.39N\lg N$ 的某个常数因子的范围之内。归并排序也能做到这一点，但是快速排序一般会更快（尽管它的比较次数多 39%），因为它移动数据的次数更少。这些保证都来自于数学概率，你完全可以相信它。

2.3.3 算法改进

快速排序是由 C.A.R Hoare 在 1960 年发明的，从那时起就有很多人在研究并改进它。改进快速排序总是那么吸引人，发明更快的排序算法就好像是计算机科学界的“老鼠夹子”，而快速排序就是夹子里的那块奶酪。几乎从 Hoare 第一次发表这个算法开始，人们就不断地提出各种改进方法。并不是所有的想法都可行，因为快速排序的平衡性已经非常好，改进所带来的提高可能会被意外的副作用所抵消。但其中一些，也是我们现在要介绍的，非常有效。 295

如果你的排序代码会被执行很多次或者会被用在大型数组上（特别是如果它会被发布成一个库函数，排序的对象数组的特性是未知的），那么下面所讨论的这些改进意见值得你参考。需要注意的是，你需要通过实验来确定改进的效果并为实现选择最佳的参数。一般来说它们能将性能提升 20% ~ 30%。

2.3.3.1 切换到插入排序

和大多数递归排序算法一样，改进快速排序性能的一个简单办法基于以下两点：

- 对于小数组，快速排序比插入排序慢；
- 因为递归，快速排序的 `sort()` 方法在小数组中也会调用自己。

因此，在排序小数组时应该切换到插入排序。简单地改动算法 2.5 就可以做到这一点：将 `sort()` 中的语句

```
if (hi <= lo) return;
```

替换成下面这条语句来对小数组使用插入排序：

```
if (hi <= lo + M) { Insertion.sort(a, lo, hi); return; }
```

转换参数 M 的最佳值是和系统相关的，但是 5 ~ 15 之间的任意值在大多数情况下都能令人满意（请见练习 2.3.25）。

2.3.3.2 三取样切分

改进快速排序性能的第二个办法是使用子数组的一小部分元素的中位数来切分数组。这样做得到的切分更好，但代价是需要计算中位数。人们发现将取样大小设为 3 并用大小居中的元素切分的效果最好（请见练习 2.3.18 和练习 2.3.19）。我们还可以将取样元素放在数组末尾作为“哨兵”来去掉 `partition()` 中的数组边界测试。使用三取样切分的快速排序轨迹如图 2.3.3 所示。

2.3.3.3 熵最优的排序

实际应用中经常会出现含有大量重复元素的数组，例如我们可能需要将大量人员资料按照生日排序，或是按照性别区分开来。在这些情况下，我们实现的快速排序的性能尚可，但还有巨大的改进空间。例如，一个元素全部重复的子数组就不需要继续排序了，但我们的算法还会继续将它切分为更小的数组。在有大量重复元素的情况下，快速排序的递归性会使元素全部重复的子数组经常出现，这就有很大的改进潜力，将当前实现的线性对数级的性能提高到线性级别。 296

一个简单的想法是将数组切分为三部分，分别对应小于、等于和大于切分元素的数组元素。这种切分实现起来比我们目前使用的二分法更复杂，人们为解决它想出了许多不同的办法。这也是 E. W. Dijkstra 的荷兰国旗问题引发的一道经典的编程练习，因为这就好像用三种可能的主键值将数组排序一样，这三种主键值对应着荷兰国旗上的三种颜色。

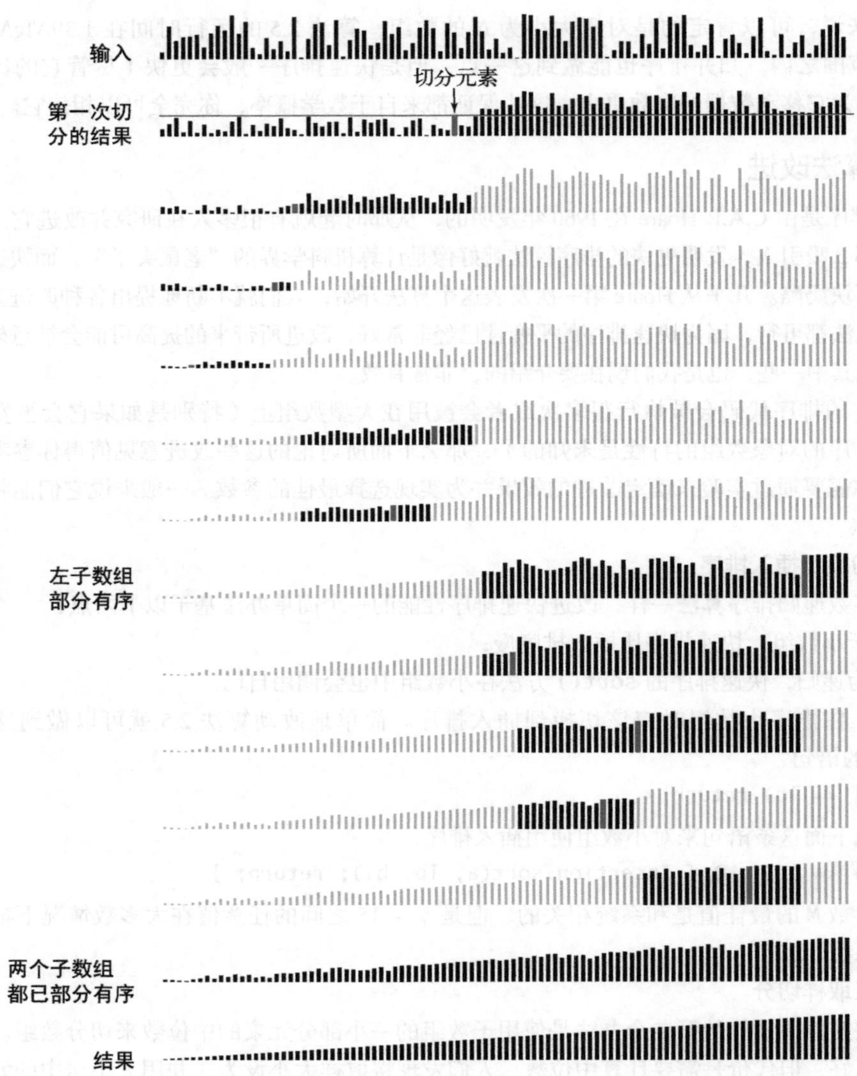

297 图 2.3.3 使用了三取样切分和插入排序转换的快速排序（另见彩插）

Dijkstra 的解法如“三向切分的快速排序”中极为简洁的切分代码所示。它从左到右遍历数组一次，维护一个指针 lt 使得 a[lo..lt-1] 中的元素都小于 v，一个指针 gt 使得 a[gt+1..hi] 中的元素都大于 v，一个指针 i 使得 a[lt..i-1] 中的元素都等于 v，a[i..gt] 中的元素都还未确定，如图 2.3.4 所示。一开始 i 和 lo 相等，我们使用 Comparable 接口（而非 less()）对 a[i] 进行三向比较来直接处理以下情况：

- ❑ a[i] 小于 v，将 a[lt] 和 a[i] 交换，将 lt 和 i 加一；
- ❑ a[i] 大于 v，将 a[gt] 和 a[i] 交换，将 gt 减一；
- ❑ a[i] 等于 v，将 i 加一。

这些操作都会保证数组元素不变且缩小 gt-i 的值（这样循环才会结束）。另外，除非和切分元素相等，其他元素都会被交换。

20 世纪 70 年代，快速排序发布不久后这段代码就出现了，但它并没有流行开来，因为在数组中重复元素不多的普通情况下它比标准的二分法多使用了很多次交换。90 年代，J. Bently 和 D. McIlroy 找到一个聪明的方法解决了这个问题（请见练习 2.3.22），使得三向切分的快速排序比归并排序和其他排序方法在包括重复元素很多的实际应用中更快。之后，J. Bently 和 R. Sedgewick 证明了这一点，我们会在下面讨论。

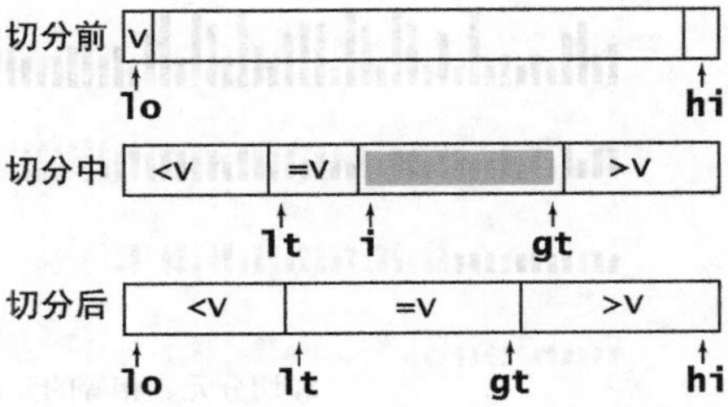

图 2.3.4　三向切分的示意图

但我们已经证明过归并排序是最优的。如何才能突破它的下界？这个问题的答案在于 2.2 节的命题 I 讨论的是对任意输入的最差性能，而我们目前在讨论时已经知道输入数组的一些信息了。对于含有以任意概率分布的重复元素的输入，归并排序无法保证最佳性能。 298

三向切分的快速排序的实现如下所示。

三向切分的快速排序

```
public class Quick3way
{
   private static void sort(Comparable[] a, int lo, int hi)
   {  // 调用此方法的公有方法sort()请见算法2.5
      if (hi <= lo) return;
      int lt = lo, i = lo+1, gt = hi;
      Comparable v = a[lo];
      while (i <= gt)
      {
         int cmp = a[i].compareTo(v);
         if      (cmp < 0) exch(a, lt++, i++);
         else if (cmp > 0) exch(a, i, gt--);
         else              i++;
      }  // 现在 a[lo..lt-1] < v = a[lt..gt] < a[gt+1..hi]成立
      sort(a, lo, lt - 1);
      sort(a, gt + 1, hi);
   }
}
```

这段排序代码的切分能够将和切分元素相等的元素归位，这样它们就不会被包含在递归调用处理的子数组之中了。对于存在大量重复元素的数组，这种方法比标准的快速排序的效率高得多（请见正文）。

三向分切的快速排序的可视轨迹如图 2.3.5 所示。

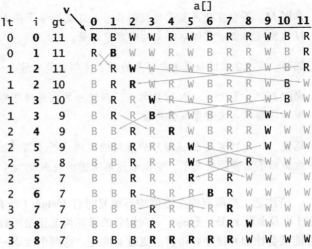

lt	i	gt	a[] 0	1	2	3	4	5	6	7	8	9	10	11
0	0	11	R	B	W	W	R	W	B	R	R	W	B	R
0	1	11	R	B	W	W	R	W	B	R	R	W	B	R
1	2	11	B	R	W	W	R	W	B	R	R	W	B	R
1	2	10	B	R	R	W	R	W	B	R	R	W	B	W
1	3	10	B	R	R	W	R	W	B	R	R	W	B	W
1	3	9	B	R	R	B	R	W	B	R	R	W	W	W
2	4	9	B	B	R	R	R	W	B	R	R	W	W	W
2	5	9	B	B	R	R	R	W	B	R	R	W	W	W
2	5	8	B	B	R	R	R	W	B	R	R	W	W	W
2	5	7	B	B	R	R	R	R	B	R	W	W	W	W
2	6	7	B	B	R	R	R	R	B	R	W	W	W	W
3	7	7	B	B	B	R	R	R	R	R	W	W	W	W
3	8	7	B	B	B	R	R	R	R	R	W	W	W	W
3	8	7	B	B	B	R	R	R	R	R	W	W	W	W

三向切分的轨迹（每次迭代循环之后的数组内容） 299

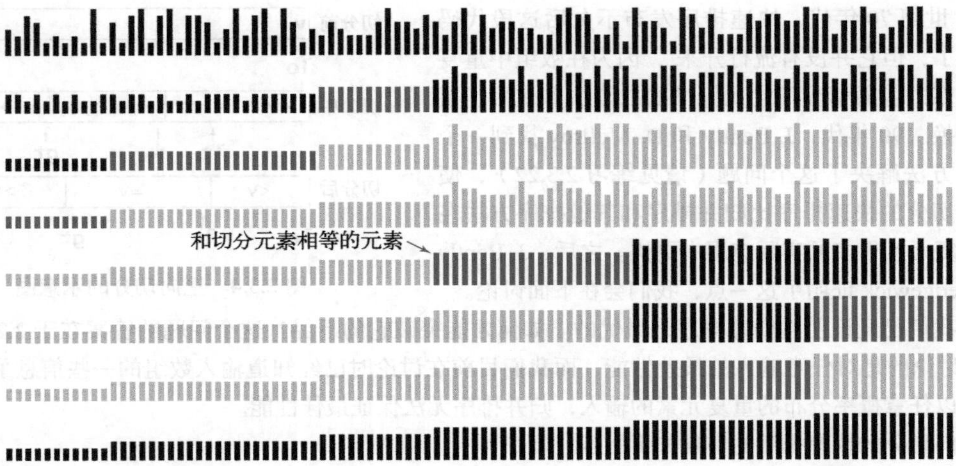

图 2.3.5 三向切分的快速排序的可视轨迹（另见彩插）

例如，对于只有若干不同主键的随机数组，归并排序的时间复杂度是线性对数的，而三向切分快速排序则是线性的。从上面的可视轨迹就可以看出，主键值数量的 N 倍是运行时间的一个保守的上界。

这些准确的结论来自于对主键概率分布的分析。给定包含 k 个不同值的 N 个主键，对于从 1 到 k 的每个 i，定义 f_i 为第 i 个主键值出现的次数，p_i 为 f_i/N，即为随机抽取一个数组元素时第 i 个主键值出现的概率。那么所有主键的香农信息量（对信息含量的一种标准的度量方法）可以定义为：

$$H=-(p_1\lg p_1+p_2\lg p_2+\cdots+p_k\lg p_k)$$

给定任意一个待排序的数组，通过统计每个主键值出现的频率就可以计算出它包含的信息量。值得一提的是，可以通过这个信息量得出三向切分的快速排序所需要的比较次数的上下界。

命题 M。不存在任何基于比较的排序算法能够保证在 $NH-N$ 次比较之内将 N 个元素排序，其中 H 为由主键值出现频率定义的香农信息量。

300 **略证**。将 2.2 节的命题 I 中下界的证明（相对简单地）一般化即可证明该结论。

命题 N。对于大小为 N 的数组，三向切分的快速排序需要 $\sim(2\ln 2)NH$ 次比较。其中 H 为由主键值出现频率定义的香农信息量。

略证。将命题 K 中快速排序的普通情况的分析（相对困难地）通用化即可证明该结论。在所有主键都不重复的情况下，它比最优解所需比较多 39%（但仍在常数因子的范围之内）。

请注意，当所有的主键值均不重复时有 $H=\lg N$（所有主键的概率均为 $1/N$），这和 2.2 节的命题 I 以及命题 K 是一致的。三向切分的最坏情况正是所有主键均不相同。当存在重复主键时，它的性能就会比归并排序好得多。更重要的是，这两个性质一起说明了三向切分是信息量最优的，即对于任意分布的输入，最优的基于比较的算法平均所需的比较次数和三向切分的快速排序平均所需的比较次数相互处于常数因子范围之内。

对于标准的快速排序，随着数组规模的增大其运行时间会趋于平均运行时间，大幅偏离的情况非常罕见，因此可以肯定三向切分的快速排序的运行时间和输入的信息量的 N 倍是成正比的。在实际应用中这个性质很重要，因为对于包含大量重复元素的数组，它将排序时间从线性对数级降低到了线性级别。这和元素的排列顺序没有关系，因为算法会在排序之前将其打乱以避免最坏情况。元素的概率分布决定了信息量的大小，没有基于比较的排序算法能够用少于信息量决定的比较次数完成排序。这种对重复元素的适应性使得三向切分的快速排序成为排序库函数的最佳算法选择——需要将包含大量重复元素的数组排序的用例很常见。

经过精心调优的快速排序在绝大多数计算机上的绝大多数应用中都会比其他基于比较的排序算法更快。快速排序在今天的计算机业界中的广泛应用正是因为我们讨论过的数学模型说明了它在实际应用中比其他方法的性能更好，而近几十年的大量实验和经验也证明了这个结论。

在第 5 章中我们会发现，这些并不是快速排序发展的终点，因为有人研究出了完全不需要比较的排序算法！但快速排序的另一个版本在那个环境下仍然是最棒的，和这里一样。 301

答疑

问 有没有将数组平分的办法，而不是根据切分元素的最后位置来切分数组？

答 这个问题困扰了专家们十多年。这和用数组的中位数切分的想法类似。我们在 2.5.3.4 节中讨论了寻找中位数的问题。在线性时间内找到是可能的，但用现有的算法（基于快速排序的切分），这么做的代价远远超过将数组平分而节省的 39%。

问 随机地将数组打乱似乎占了排序用时的一大部分，这么做值得吗？

答 值得。这能够防止出现最坏情况并使运行时间可以预计。Hoare 在 1960 年提出这个算法的时候就推荐了这种方法——它是一种（也是第一批）偏爱随机性的算法。

问 为什么都将注意力放在重复元素上？

答 这个问题直接影响到实际应用中的性能。它曾被忽略了数十年，结果是一些老的实现对含有大量重复元素的数组排序时用时超过平方级别，这在实际应用中肯定出现过。像算法 2.5 等较好的实现对于这种数组的复杂度是线性对数级别的，但在很多情况下，如本节最后将其改进为信息量最佳的线性级别是很值得的。 302

练习

2.3.1 按照`partition()`方法的轨迹的格式给出该方法是如何切分数组 `E A S Y Q U E S T I O N`的。

2.3.2 按照本节中快速排序所示轨迹的格式给出快速排序是如何将数组 `E A S Y Q U E S T I O N` 排序的（出于练习的目的，可以忽略开头打乱数组的部分）。

2.3.3 对于长度为 N 的数组，在 `Quick.sort()` 执行时，其最大的元素最多会被交换多少次？

2.3.4 假如跳过开头打乱数组的操作，给出六个含有 10 个元素的数组，使得 `Quick.sort()` 所需的比较次数达到最坏情况。

2.3.5 给出一段代码将已知只有两种主键值的数组排序。

2.3.6 编写一段代码来计算 C_N 的准确值，在 N=100、1000 和 10 000 的情况下比较准确值和估计值 $2N\ln N$ 的差距。

2.3.7 在使用快速排序将 N 个不重复的元素排序时，计算大小为 0、1 和 2 的子数组的数量。如果你喜欢数学，请推导；如果你不喜欢，请做一些实验并提出猜想。

2.3.8 `Quick.sort()` 在处理 N 个全部重复的元素时大约需要多少次比较？

2.3.9 请说明 `Quick.sort()` 在处理只有两种主键值的数组时的行为，以及在处理只有三种主键值的数组时的行为。

2.3.10 Chebyshev 不等式表明，一个随机变量的标准差距离均值大于 k 的概率小于 $1/k^2$。对于 N=100 万，用 Chebyshev 不等式计算快速排序所使用的比较次数大于 1000 亿次的概率（$0.1N^2$）。

2.3.11 假如在遇到和切分元素重复的元素时我们继续扫描数组而不是停下来，证明使用这种方法的快速
303 排序在处理只有若干种元素值的数组时的运行时间是平方级别的。

2.3.12 按照代码所示轨迹的格式给出信息量最佳的快速排序第一次是如何切分数组 `B A B A B A B A C A D A B R A` 的。

2.3.13 在最佳、平均和最坏情况下，快速排序的*递归深度*分别是多少？这决定了系统为了追踪递归调用所需的栈的大小。在最坏情况下保证递归深度为数组大小的对数级的方法请见练习 2.3.20。

2.3.14 证明在用快速排序处理大小为 N 的不重复数组时，比较第 i 大和第 j 大元素的概率为 $2/(j-i+1)$，
304 并用该结论证明命题 K。

提高题

2.3.15 *螺丝和螺帽*。(G. J. E. Rawlins) 假设有 N 个螺丝和 N 个螺帽混在一堆，你需要快速将它们配对。一个螺丝只会匹配一个螺帽，一个螺帽也只会匹配一个螺丝。你可以试着把一个螺丝和一个螺帽拧在一起看看谁大了，但不能直接比较两个螺丝或者两个螺帽。给出一个解决这个问题的有效方法。

2.3.16 *最佳情况* 编写一段程序来生成使算法 2.5 中的 `sort()` 方法表现最佳的数组（无重复元素）：数组大小为 N 且不包含重复元素，每次切分后两个子数组的大小最多差 1（子数组的大小与含有 N 个相同元素的数组的切分情况相同）。（对于这道练习，我们不需要在排序开始时打乱数组。）

以下练习描述了快速排序的几个变体。它们每个都需要分别实现，但你也很自然地希望使用 `SortCompare` *进行实验来评估每种改动的效果。*

2.3.17 *哨兵*。修改算法 2.5，去掉内循环 `while` 中的边界检查。由于切分元素本身就是一个哨兵（`v` 不可能小于 `a[lo]`），左侧边界的检查是多余的。要去掉另一个检查，可以在打乱数组后将数组的最大元素放在 `a[length-1]` 中。该元素永远不会移动（除非和相等的元素交换），可以在所有包含它的子数组中成为哨兵。*注意*：在处理内部子数组时，右子数组中最左侧的元素可以作为左子数组右边界的哨兵。

2.3.18 *三取样切分*。为快速排序实现正文所述的三取样切分（参见 2.3.3.2 节）。运行双倍测试来确认这项改动的效果。

2.3.19 *五取样切分*。实现一种基于随机抽取子数组中 5 个元素并取中位数进行切分的快速排序。将取样元素放在数组的一侧以保证只有中位数元素参与了切分。运行双倍测试来确定这项改动的效果，并和标准的快速排序以及三取样切分的快速排序（请见上一道练习）进行比较。*附加题*：
305 找到一种对于任意输入都只需要少于 7 次比较的五取样算法。

2.3.20 *非递归的快速排序*。实现一个非递归的快速排序，使用一个循环来将弹出栈的子数组切分并将结果子数组重新压入栈。*注意*：先将较小的子数组压入栈，这样就可以保证栈最多只会有 $\lg N$ 个元素。

2.3.21 将重复元素排序的比较次数的下界。完成命题 M 的证明的第一部分。参考命题 I 的证明并注意当有 k 个主键值时所有元素存在 $N!/f_1!f_2!\cdots f_k!$ 种不同的排列，其中第 i 个主键值出现的频率为 f_i（即 Np_i，按照命题 M 的记法），且 $f_1+\cdots+f_k=N$。

2.3.22 快速三向切分。（J. Bently，D. McIlroy）用将重复元素放置于子数组两端的方式实现一个信息量最优的排序算法。使用两个索引 `p` 和 `q`，使得 `a[lo..p-1]` 和 `a[q+1..hi]` 的元素都和 `a[lo]` 相等。使用另外两个索引 `i` 和 `j`，使得 `a[p..i-1]` 小于 `a[lo]`，`a[j+i..q]` 大于 `a[lo]`。在内循环中加入代码，在 `a[i]` 和 `v` 相当时将其与 `a[p]` 交换（并将 `p` 加 1），在 `a[j]` 和 `v` 相等且 `a[i]` 和 `a[j]` 尚未和 `v` 进行比较之前将其与 `a[q]` 交换。添加在切分循环结束后将和 `v` 相等的元素交换到正确位置的代码，如图 2.3.6 所示。请注意：这里实现的代码和正文中给出的代码是等价的，因为这里额外的交换用于和切分元素相等的元素，而正文中的代码将额外的交换用于和切分元素不等的元素。

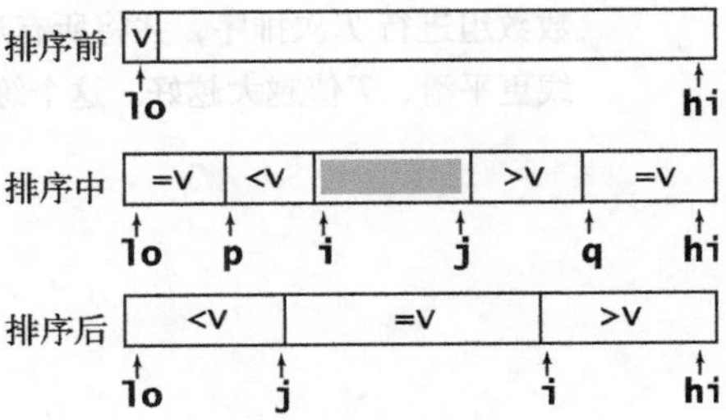

图 2.3.6 Bently-McIlroy 三向切分

2.3.23 Java 的排序库函数。在练习 2.3.22 的代码中使用 Tukey's ninther 方法来找出切分元素——选择三组，每组三个元素，分别取三组元素的中位数，然后取三个中位数的中位数作为切分元素，且在排序小数组时切换到插入排序。

2.3.24 取样排序。（W. Frazer，A. McKellar）实现一个快速排序，取样大小为 2^k-1。首先将取样得到的元素排序，然后在递归函数中使用样品的中位数切分。分为两部分的其余样品元素无需再次排序并可以分别应用于原数组的两个子数组。这种算法被称为取样排序。 306

实验题

2.3.25 切换到插入排序。实现一个快速排序，在子数组元素少于 M 时切换到插入排序。用快速排序处理大小 N 分别为 10^3、10^4、10^5 和 10^6 的随机数组，根据经验给出使其在你的计算环境中运行速度最快的 M 值。将 M 从 0 变化到 30 的每个值所得到的平均运行时间绘成曲线。注意：你需要为算法 2.2 添加一个需要三个参数的 `sort()` 方法以使 `Insertion.sort(a, lo, hi)` 将子数组 `a[lo..hi]` 排序。

2.3.26 子数组的大小。编写一个程序，在快速排序处理大小为 N 的数组的过程中，当子数组的大小小于 M 时，排序方法需要切换为插入排序。将子数组的大小绘制成直方图。用 $N=10^5$，$M=10$、20 和 50 测试你的程序。

2.3.27 忽略小数组。用实验对比以下处理小数组的方法和练习 2.3.25 的处理方法的效果：在快速排序中直接忽略小数组，仅在快速排序结束后运行一次插入排序。注意：可以通过这些实验估计出电脑的缓存大小，因为当数组大小超出缓存时这种方法的性能可能会下降。

2.3.28 递归深度。用经验性的研究估计切换阈值为 M 的快速排序在将大小为 N 的不重复数组排序时的平均递归深度，其中 $M=10$、20 和 50，$N=10^3$、10^4、10^5 和 10^6。

2.3.29 随机化。用经验性的研究对比随机选择切分元素和正文所述的一开始就将数组随机化这两种策略的效果。在子数组大小为 M 时进行切换，将大小为 N 的不重复数组排序，其中 $M=10$、20 和 50，$N=10^3$、10^4、10^5 和 10^6。

2.3.30 极端情况。用初始随机化和非初始随机化的快速排序测试练习 2.1.35 和练习 2.1.36 中描述的大型非随机数组。在将这些大数组排序时，乱序对快速排序的性能有何影响？

2.3.31 运行时间直方图。编写一个程序，接受命令行参数 N 和 T，用快速排序对大小为 N 的随机浮点数数组进行 T 次排序，并将所有运行时间绘制成直方图。令 $N=10^3$、10^4、10^5 和 106，为了使曲线更平滑，T 值越大越好。这个练习最关键的地方在于找到适当的比例绘制出实验结果。

307

2.4 优先队列

许多应用程序都需要处理有序的元素，但不一定要求它们全部有序，或是不一定要一次就将它们排序。很多情况下我们会收集一些元素，处理当前键值最大的元素，然后再收集更多的元素，再处理当前键值最大的元素，如此这般。例如，你可能有一台能够同时运行多个应用程序的电脑（或者手机）。这是通过为每个应用程序的事件分配一个优先级，并总是处理下一个优先级最高的事件来实现的。例如，绝大多数手机分配给来电的优先级都会比游戏程序的高。

在这种情况下，一个合适的数据结构应该支持两种操作：*删除最大元素*和*插入元素*。这种数据类型叫做*优先队列*。优先队列的使用和队列（删除最老的元素）以及栈（删除最新的元素）类似，但高效地实现它则更有挑战性。

在本节中，简单地讨论优先队列的基本表现形式（其一或者两种操作都能在线性时间内完成）之后，我们会学习基于*二叉堆*数据结构的一种优先队列的经典实现方法，用数组保存元素并按照一定条件排序，以实现高效地（对数级别的）*删除最大元素*和*插入元素*操作。

优先队列的一些重要的应用场景包括模拟系统，其中事件的键即为发生的时间，而系统需要按照时间顺序处理所有事件；任务调度，其中键值对应的优先级决定了应该首先执行哪些任务；数值计算，键值代表计算错误，而我们需要按照键值指定的顺序来修正它们。在第 6 章中我们会学习一个具体的例子，展示优先队列在粒子碰撞模拟中的应用。

通过插入一列元素然后一个个地删掉其中最小的元素，我们可以用优先队列实现排序算法。一种名为*堆排序*的重要排序算法也来自于基于堆的优先队列的实现。稍后在本书中我们会学习如何用优先队列构造其他算法。在第 4 章中我们会看到优先队列如何恰到好处地抽象若干重要的图搜索算法；在第 5 章中，我们将使用本节所示的方法开发出一种数据压缩算法。这些只是优先队列作为算法设计工具所起到的举足轻重的作用的一部分例子。 308

2.4.1 API

优先队列是一种*抽象数据类型*（请见 1.2 节），它表示了一组值和对这些值的操作，它的抽象层使我们能够方便地将应用程序（用例）和我们将在本节中学习的各种具体实现隔离开来。和 1.2 节一样，我们会详细定义一组应用程序编程接口（API）来为数据结构的用例提供足够的信息（参见表 2.4.1）。优先队列最重要的操作就是*删除最大元素*和*插入元素*，所以我们会把精力集中在它们身上。删除最大元素的方法名为 `delMax()`，插入元素的方法名为 `insert()`。按照惯例，我们只会通过辅助函数 `less()` 来比较两个元素，和排序算法一样。如果允许重复元素，*最大*表示的是所有最大元素之一。为了将 API 定义完整，我们还需要加入构造函数（和我们在栈以及队列中使用的类似）和一个*空队列测试方法*。为了保证灵活性，我们在实现中使用了泛型，将实现了 `Comparable` 接口的数据的类型作为参数 `Key`。这使得我们可以不必再区别元素和元素的键，对数据类型和算法的描述也将更加清晰和简洁。例如，我们将用“最大元素”代替“最大键值”或是“键值最大的元素”。

表 2.4.1 泛型优先队列的 API

public class	**MaxPQ**<Key extends Comparable<Key>>	
	MaxPQ()	创建一个优先队列
	MaxPQ(int max)	创建一个初始容量为 max 的优先队列

（续）

public class **MaxPQ<Key extends Comparable<Key>>**	
MaxPQ(Key[] a)	用 a[] 中的元素创建一个优先队列
void insert(Key v)	向优先队列中插入一个元素
Key max()	返回最大元素
Key delMax()	删除并返回最大元素
boolean isEmpty()	返回队列是否为空
309 int size()	返回优先队列中的元素个数

为了用例代码的方便，API 包含的三个构造函数使得用例可以构造指定大小的优先队列（还可以用给定的一个数组将其初始化）。为了使用例代码更加清晰，我们会在适当的地方使用另一个类 MinPQ。它和 MaxPQ 类似，只是含有一个 delMin() 方法来删除并返回队列中键值最小的那个元素。MaxPQ 的任意实现都能很容易地转化为 MinPQ 的实现，反之亦然，只需要改变一下 less() 比较的方向即可。

优先队列的调用示例

为了展示优先队列的抽象模型的价值，考虑以下问题：输入 N 个字符串，每个字符串都对应着一个整数，你的任务就是从中找出最大的（或是最小的）M 个整数（及其关联的字符串）。这些输入可能是金融事务，你需要从中找出最大的那些；或是农产品中的杀虫剂含量，这时你需要从中找出最小的那些；或是服务请求、科学实验的结果，或是其他应用。在某些应用场景中，输入量可能非常巨大，甚至可以认为输入是无限的。解决这个问题的一种方法是将输入排序然后从中找出 M 个最大的元素，但我们已经说明输入将会非常庞大。另一种方法是将每个新的输入和已知的 M 个最大元素比较，但除非 M 较小，否则这种比较的代价会非常高昂。只要我们能够高效地实现 insert() 和 delMin()，下面的优先队列用例中调用了 MinPQ 的 TopM 就能使用优先队列解决这个问题，这就是本节中我们的目标。在现代基础性计算环境中超大的输入 N 非常常见，这些实现使我们能够解决以前缺乏足够资源去解决的问题，如表 2.4.2 所示。

表 2.4.2　从 N 个输入中找到最大的 M 个元素所需成本

示　例	增长的数量级	
	时　间	空　间
排序算法的用例	$N\log N$	N
调用初级实现的优先队列	NM	M
调用基于堆实现的优先队列	$N\log M$	M

一个优先队列的用例

```
public class TopM
{
   public static void main(String[] args)
   {  // 打印输入流中最大的M行
      int M = Integer.parseInt(args[0]);
      MinPQ<Transaction> pq = new MinPQ<Transaction>(M+1);
      while (StdIn.hasNextLine())
      {  // 为下一行输入创建一个元素并放入优先队列中
         pq.insert(new Transaction(StdIn.readLine()));
         if (pq.size() > M)
```

```
            pq.delMin();       // 如果优先队列中存在M+1个元素则删除其中最小的元素
        }  // 最大的M个元素都在优先队列中
        Stack<Transaction> stack = new Stack<Transaction>();
        while (!pq.isEmpty()) stack.push(pq.delMin());
        for (Transaction t : stack) StdOut.println(t);
    }
}
```

从命令行输入一个整数 M，从输入流获得一系列字符串，输入流的每一行表示一个交易。这段代码调用了 MinPQ 并会打印数字最大的 M 行。它用到了 Transaction 类（请见表 1.2.6、练习 1.2.19 和练习 2.1.21），构造了一个用数字作为键的优先队列。当优先队列的大小超过 M 时就删掉其中最小的元素。处理完所有交易，优先队列中存放着以降序排列的最大的 M 个交易，然后这段代码将它们放入到一个栈中，遍历这个栈以颠倒它们的顺序，从而将它们按降序打印出来。

```
% more tinyBatch.txt
Turing       6/17/1990   644.08
vonNeumann   3/26/2002  4121.85
Dijkstra     8/22/2007  2678.40
vonNeumann   1/11/1999  4409.74
Dijkstra    11/18/1995   837.42
Hoare        5/10/1993  3229.27
vonNeumann   2/12/1994  4732.35
Hoare        8/18/1992  4381.21
Turing       1/11/2002    66.10
Thompson     2/27/2000  4747.08
Turing       2/11/1991  2156.86
Hoare        8/12/2003  1025.70
vonNeumann  10/13/1993  2520.97
Dijkstra     9/10/2000   708.95
Turing      10/12/1993  3532.36
Hoare        2/10/2005  4050.20
```

```
% java TopM 5 < tinyBatch.txt
Thompson     2/27/2000  4747.08
vonNeumann   2/12/1994  4732.35
vonNeumann   1/11/1999  4409.74
Hoare        8/18/1992  4381.21
vonNeumann   3/26/2002  4121.85
```

2.4.2 初级实现

我们在第 1 章中讨论过的 4 种基础数据结构是实现优先队列的起点。我们可以使用有序或无序的数组或链表。在队列较小时，大量使用两种主要操作之一时，或是所操作元素的顺序已知时，它们十分有用。因为这些实现相对简单，我们在这里只给出文字描述并将实现代码作为练习（请见练习 2.4.3）。

2.4.2.1 数组实现（无序）

或许实现优先队列的最简单方法就是基于 2.1 节中下压栈的代码。insert() 方法的代码和栈的 push() 方法完全一样。要实现删除最大元素，我们可以添加一段类似于选择排序的内循环的代码，将最大元素和边界元素交换然后删除它，和我们对栈的 pop() 方法的实现一样。和栈类似，我们也可以加入调整数组大小的代码来保证数据结构中至少含有四分之一的元素而又永远不会溢出。 310~311

2.4.2.2 数组实现（有序）

另一种方法就是在 insert() 方法中添加代码，将所有较大的元素向右边移动一格以使数组保持有序（和插入排序一样）。这样，最大的元素总会在数组的一边，优先队列的删除最大元素操作就和栈的 pop() 操作一样了。

2.4.2.3　链表表示法

和刚才类似，我们可以用基于链表的下压栈的代码作为基础，而后可以选择修改 pop() 来找到并返回最大元素，或是修改 push() 来保证所有元素为逆序并用 pop() 来删除并返回链表的首元素（也就是最大的元素）。

使用无序序列是解决这个问题的*惰性*方法，我们仅在必要的时候才会采取行动（找出最大元素）；使用有序序列则是解决问题的*积极*方法，因为我们会尽可能未雨绸缪（在插入元素时就保持列表有序），使后续操作更高效。

实现栈或是队列与实现优先队列的最大不同在于对性能的要求。对于栈和队列，我们的实现能够在常数时间内完成所有操作；而对于优先队列，我们刚刚讨论过的所有初级实现中，*插入元素*和*删除最大元素*这两个操作之一在最坏情况下需要线性时间来完成（如表 2.4.3 所示）。我们接下来要讨论的基于数据结构堆的实现能够保证这两种操作都能更快地执行。

表 2.4.3　优先队列的各种实现在最坏情况下运行时间的增长数量级

数据结构	插入元素	删除最大元素
有序数组	N	1
无序数组	1	N
堆	$\log N$	$\log N$
理想情况	1	1

在一个优先队列上执行的一系列操作如表 2.4.4 所示。

表 2.4.4　在一个优先队列上执行的一系列操作

操作	参数	返回值	大小	内容（无序）	内容（有序）
插入元素	P		1	P	P
插入元素	Q		2	P Q	P Q
插入元素	E		3	P Q E	E P Q
删除最大元素		Q	2	P E	E P
插入元素	X		3	P E X	E P X
插入元素	A		4	P E X A	A E P X
插入元素	M		5	P E X A M	A E M P X
删除最大元素		X	4	P E M A	A E M P
插入元素	P		5	P E M A P	A E M P P
插入元素	L		6	P E M A P L	A E L M P P
插入元素	E		7	P E M A P L E	A E E L M P P
删除最大元素		P	6	E E M A P L	A E E L M P

312

2.4.3　堆的定义

数据结构*二叉堆*能够很好地实现优先队列的基本操作。在二叉堆的数组中，每个元素都要保证大于等于另两个特定位置的元素。相应地，这些位置的元素又至少要大于等于数组中的另两个元素，以此类推。如果我们将所有元素画成一棵二叉树，将每个较大元素和两个较小的元素用边连接就可以很容易看出这种结构。

定义。当一棵二叉树的每个结点都大于等于它的两个子结点时，它被称为堆有序。

相应地，在堆有序的二叉树中，每个结点都小于等于它的父结点（如果有的话）。从任意结点向上，我们都能得到一列非递减的元素；从任意结点向下，我们都能得到一列非递增的元素。特别地：

命题 O。根结点是堆有序的二叉树中的最大结点。

证明。根据树的性质归纳可得。

二叉堆表示法

如果我们用指针来表示堆有序的二叉树，那么每个元素都需要三个指针来找到它的上下结点（父结点和两个子结点各需要一个）。但如图 2.4.1 所示，如果我们使用完全二叉树，表达就会变得特别方便。要画出这样一棵完全二叉树，可以先定下根结点，然后一层一层地由上向下、从左至右，在每个结点的下方连接两个更小的结点，直至将 N 个结点全部连接完毕。完全二叉树只用数组而不需要指针就可以表示。具体方法就是将二叉树的结点按照*层级顺序*放入数组中，根结点在位置 1，它的子结点在位置 2 和 3，而子结点的子结点则分别在位置 4、5、6 和 7，以此类推。 313

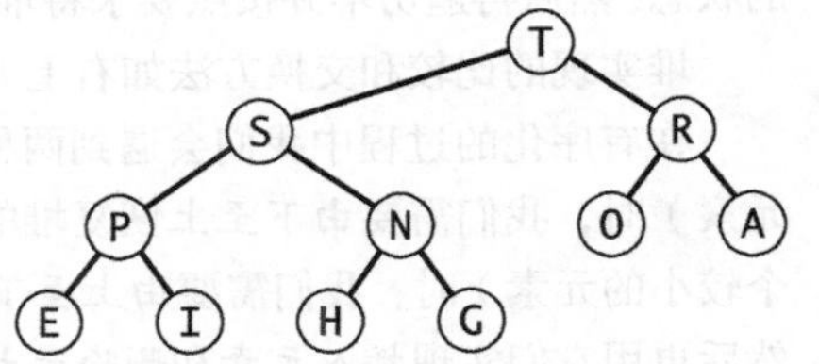

图 2.4.1 一棵堆有序的完全二叉树

定义。*二叉堆是一组能够用堆有序的完全二叉树排序的元素，并在数组中按照层级储存（不使用数组的第一个位置）。*

（简单起见，在下文中我们将*二叉堆*简称为*堆*）在一个堆中，位置 k 的结点的父结点的位置为 $\lfloor k/2 \rfloor$，而它的两个子结点的位置则分别为 $2k$ 和 $2k+1$。这样在不使用指针的情况下（我们在第 3 章中讨论二叉树时会用到它们）我们也可以通过计算数组的索引在树中上下移动：从 a[k] 向上一层就令 k 等于 k/2，向下一层则令 k 等于 2k 或 2k+1。

用数组（堆）实现的完全二叉树的结构是很严格的，但它的灵活性已经足以让我们高效地实现优先队列。用它们我们将能实现对数级别的*插入元素*和*删除最大元素*的操作。利用在数组中无需指针即可沿树上下移动的便利和以下性质，算法保证了对数复杂度的性能。

命题 P。一棵大小为 N 的完全二叉树的高度为 $\lfloor \lg N \rfloor$。

证明。通过归纳很容易可以证明这一点，且当 N 达到 2 的幂时树的高度会加 1。

堆的表示如图 2.4.2 所示。 314

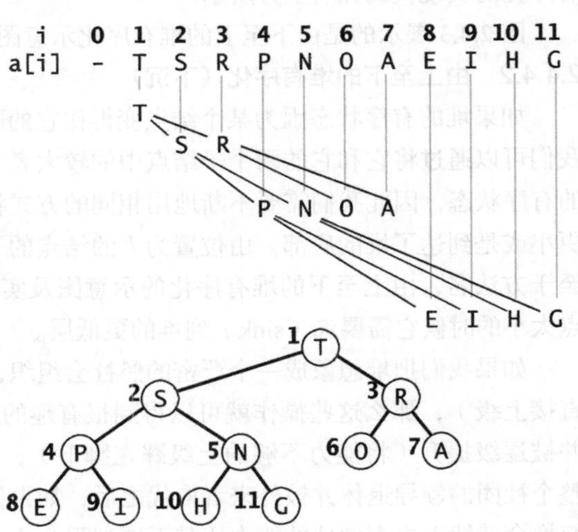

图 2.4.2 堆的表示

2.4.4 堆的算法

我们用长度为 $N+1$ 的私有数组 pq[] 来

表示一个大小为N的堆，我们不会使用pq[0]，堆元素放在pq[1]至pq[N]中。在排序算法中，我们只通过私有辅助函数less()和exch()来访问元素，但因为所有的元素都在数组pq[]中，我们在2.4.4.2节中会使用更加紧凑的实现方式，不再将数组作为参数传递。堆的操作会首先进行一些简单的改动，打破堆的状态，然后再遍历堆并按照要求将堆的状态恢复。我们称这个过程叫做**堆的有序化**（reheapifying）。

```
private boolean less(int i, int j)
{  return pq[i].compareTo(pq[j]) < 0;  }

private void exch(int i, int j)
{  Key t = pq[i]; pq[i] = pq[j]; pq[j] = t;  }
```

堆实现的比较和交换方法

堆实现的比较和交换方法如右上方的代码框所示。

在有序化的过程中我们会遇到两种情况。当某个结点的优先级上升（或是在堆底加入一个新的元素）时，我们需要**由下至上**恢复堆的顺序。当某个结点的优先级下降（例如，将根结点替换为一个较小的元素）时，我们需要**由上至下**恢复堆的顺序。首先，我们会学习如何实现这两种辅助操作，然后再用它们实现**插入元素**和**删除最大元素**的操作。

2.4.4.1 由下至上的堆有序化（上浮）

如果堆的有序状态因为某个结点变得比它的父结点更大而被打破，那么我们就需要通过交换它和它的父结点来修复堆。交换后，这个结点比它的两个子结点都大（一个是曾经的父结点，另一个比它更小，因为它是曾经父结点的子结点），但这个结点仍然可能比它现在的父结点更大。我们可以一遍遍地用同样的办法恢复秩序，将这个结点不断向上移动直到我们遇到了一个更大的父结点。只要记住位置k的结点的父结点的位置是$\lfloor k/2 \rfloor$，这个过程实现起来很简单。swim()方法中的循环可以保证只有位置k上的结点大于它的父结点时堆的有序状态才会被打破。因此只要该结点不再大于它的父结点，堆的有序状态就恢复了。至于方法名，当一个结点太大的时候它需要浮（swim）到堆的更高层。由下至上的堆有序化的实现代码如右上方所示。

```
private void swim(int k)
{
   while (k > 1 && less(k/2, k))
   {
      exch(k/2, k);
      k = k/2;
   }
}
```

由下至上的堆有序化（上浮）的实现

图2.4.3展示的是由下至上的堆有序化示意图。

2.4.4.2 由上至下的堆有序化（下沉）

如果堆的有序状态因为某个结点变得比它的两个子结点或是其中之一更小了而被打破了，那么我们可以通过将它和它的两个子结点中的较大者交换来恢复堆。交换可能会在子结点处继续打破堆的有序状态，因此我们需要不断地用相同的方式将其修复，将结点向下移动直到它的子结点都比它更小或是到达了堆的底部。由位置为k的结点的子结点位于$2k$和$2k+1$可以直接得到对应的代码。至于方法名，由上至下的堆有序化的示意图及实现代码分别见图2.4.4和下页的代码框。当一个结点太小的时候它需要沉（sink）到堆的更低层。

如果我们把堆想象成一个严密的黑社会组织，每个子结点都表示一个下属（父结点则表示它的直接上级），那么这些操作就可以得到很有趣的解释。swim()表示一个很有能力的新人加入组织并被逐级提升（将能力不够的上级踩在脚下），直到他遇到了一个更强的领导。sink()则类似于整个社团的领导退休并被外来者取代之后，如果他的下属比他更厉害，他们的角色就会交换，这种交换会持续下去直到他的能力比其下属都强为止。这些理想化的情景在现实生活中可能很罕见，但它们能够帮助你理解堆的这些基本行为。

sink() 和 swim() 方法是高效实现优先队列 API 的基础，原因如下（具体的实现请见算法 2.6）。

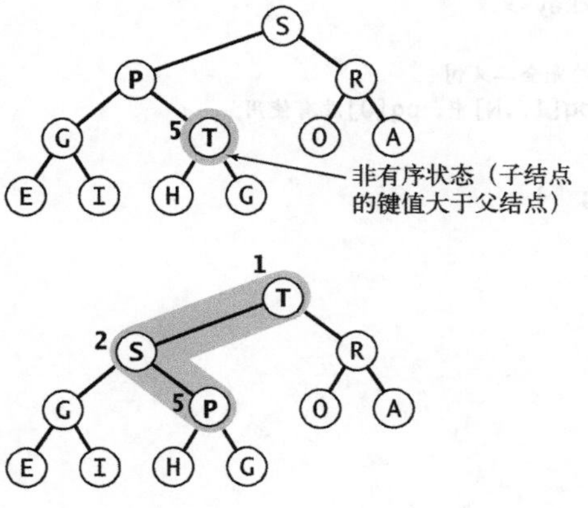

图 2.4.3 由下至上的堆有序化（上浮）

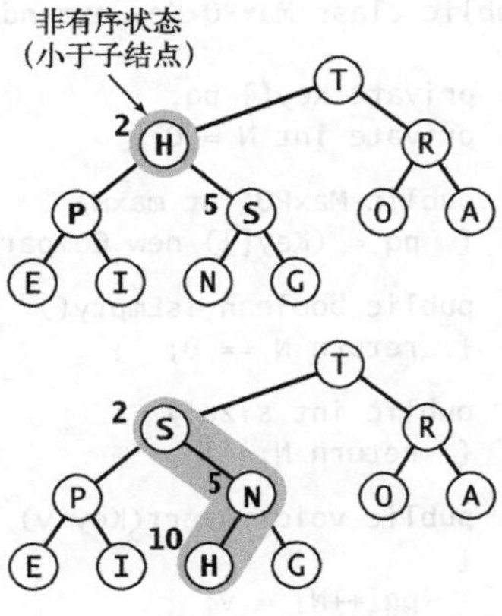

图 2.4.4 由上至下的堆有序化（下沉）

插入元素。我们将新元素加到数组末尾，增加堆的大小并让这个新元素上浮到合适的位置（如图 2.4.5 左半部分所示）。

删除最大元素。我们从数组顶端删去最大的元素并将数组的最后一个元素放到顶端，减小堆的大小并让这个元素下沉到合适的位置（如图 2.4.5 右半部分所示）。

算法 2.6 解决了我们在本节开始时提出的一个基本问题：它对优先队列 API 的实现能够保证插入元素和删除最大元素这两个操作的用时和队列的大小仅成对数关系。

```
private void sink(int k)
{
   while (2*k <= N)
   {
      int j = 2*k;
      if (j < N && less(j, j+1)) j++;
      if (!less(k, j)) break;
      exch(k, j);
      k = j;
   }
}
```

由上至下的堆有序化（下沉）的实现

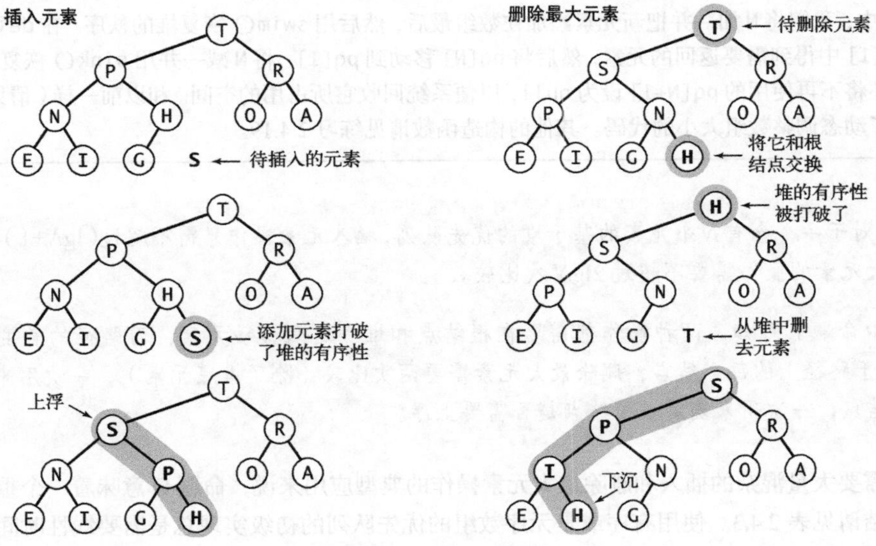

图 2.4.5 堆的操作

315
~
317

算法 2.6 基于堆的优先队列

```
public class MaxPQ<Key extends Comparable<Key>>
{
   private Key[] pq;                    // 基于堆的完全二叉树
   private int N = 0;                   // 存储于pq[1..N]中，pq[0]没有使用

   public MaxPQ(int maxN)
   {  pq = (Key[]) new Comparable[maxN+1];  }

   public boolean isEmpty()
   {  return N == 0;  }

   public int size()
   {  return N;  }

   public void insert(Key v)
   {
      pq[++N] = v;
      swim(N);
   }

   public Key delMax()
   {
      Key max = pq[1];                  // 从根结点得到最大元素
      exch(1, N--);                     // 将其和最后一个结点交换
      pq[N+1] = null;                   // 防止对象游离
      sink(1);                          // 恢复堆的有序性
      return max;
   }

   // 辅助方法的实现请见本节前面的代码框
   private boolean less(int i, int j)
   private void exch(int i, int j)
   private void swim(int k)
   private void sink(int k)
}
```

优先队列由一个基于堆的完全二叉树表示，存储于数组 pq[1..N] 中，pq[0] 没有使用。在 insert() 中，我们将 N 加一并把新元素添加在数组最后，然后用 swim() 恢复堆的秩序。在 delMax() 中，我们从 pq[1] 中得到需要返回的元素，然后将 pq[N] 移动到 pq[1]，将 N 减一并用 sink() 恢复堆的秩序。同时我们还将不再使用的 pq[N+1] 设为 null，以便系统回收它所占用的空间。和以前一样（请见 1.3 节），这里省略了动态调整数组大小的代码。其他的构造函数请见练习 2.4.19。

318

命题 Q。对于一个含有 N 个元素的基于堆的优先队列，插入元素操作只需不超过（$\lg N+1$）次比较，删除最大元素的操作需要不超过 $2\lg N$ 次比较。

证明。由命题 P 可知，两种操作都需要在根结点和堆底之间移动元素，而路径的长度不超过 $\lg N$。对于路径上的每个结点，删除最大元素需要两次比较（除了堆底元素），一次用来找出较大的子结点，一次用来确定该子结点是否需要上浮。

对于需要大量混杂的插入和删除最大元素操作的典型应用来说，命题 Q 意味着一个重要的性能突破，总结请见表 2.4.3。使用有序或是无序数组的优先队列的初级实现总是需要线性时间来完成其

中一种操作，但基于堆的实现则能够保证在对数时间内完成它们。这种差别使得我们能够解决以前无法解决的问题。

2.4.4.3 多叉堆

基于用数组表示的完全三叉树构造堆并修改相应的代码并不困难。对于数组中 1 至 N 的 N 个元素，位置 k 的结点大于等于位于 $3k-1$、$3k$ 和 $3k+1$ 的结点，小于等于位于 $\lfloor(k+1)/3\rfloor$ 的结点。甚至对于给定的 d，将其修改为任意的 d 叉树也并不困难。我们需要在树高（$\log_d N$）和在每个结点的 d 个子结点找到最大者的代价之间找到折中，这取决于实现的细节以及不同操作的预期相对频繁程度。

堆上的优先队列操作如图 2.4.6 所示。

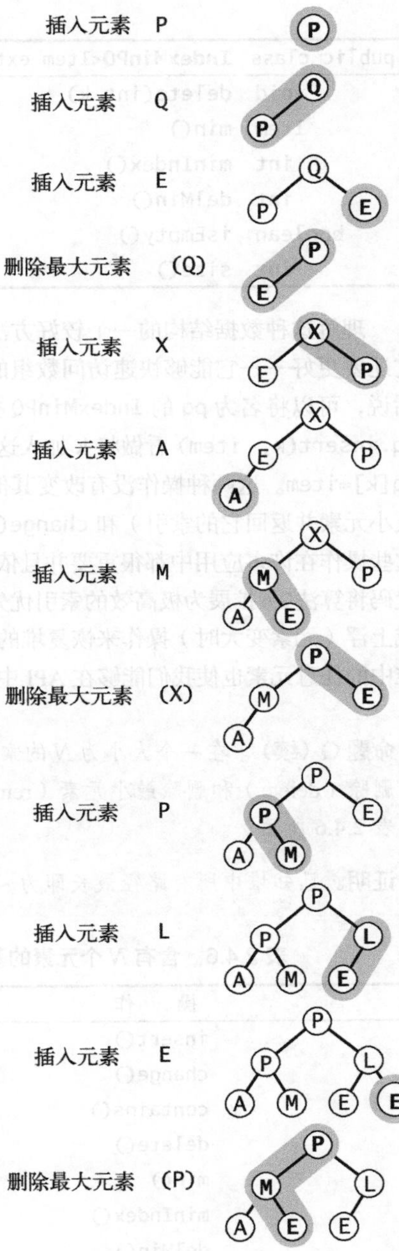

图 2.4.6 在堆上的优先队列操作

2.4.4.4 调整数组大小

我们可以添加一个没有参数的构造函数，在 `insert()` 中添加将数组长度加倍的代码，在 `delMax()` 中添加将数组长度减半的代码，就像在 1.3 节中的栈那样。这样，算法的用例就无需关注各种队列大小的限制。当优先队列的数组大小可以调整、队列长度可以是任意值时，命题 Q 指出的对数时间复杂度上限就只是针对一般性的队列长度 N 而言了（请见练习 2.4.22）。

2.4.4.5 元素的不可变性

优先队列存储了用例创建的对象，但同时假设用例代码不会改变它们（改变它们就可能打破堆的有序性）。我们可以将这个假设转化为强制条件，但程序员通常不会这么做，因为增加代码的复杂性会降低性能。

2.4.4.6 索引优先队列

在很多应用中，允许用例引用已经进入优先队列中的元素是有必要的。做到这一点的一种简单方法是给每个元素一个*索引*。另外，一种常见的情况是用例已经有了总量为 N 的多个元素，而且可能还同时使用了多个（平行）数组来存储这些元素的信息。此时，其他无关的用例代码可能已经在使用一个整数索引来引用这些元素了。这些考虑引导我们设计了表 2.4.5 中的 API。

表 2.4.5 关联索引的泛型优先队列的 API

`public class`	**`IndexMinPQ`**`<Item extends Comparable<Item>>`	
	`IndexMinPQ(int maxN)`	创建一个最大容量为 `maxN` 的优先队列，索引的取值范围为 0 至 `maxN-1`
`void`	`insert(int k, Item item)`	插入一个元素，将它和索引 `k` 相关联
`void`	`change(int k, Item item)`	将索引为 `k` 的元素设为 `item`
`boolean`	`contains(int k)`	是否存在索引为 `k` 的元素

（续）

public class **IndexMinPQ**<Item extends Comparable<Item>>	
void delete(int k)	删去索引 k 及其相关联的元素
Item min()	返回最小元素
int minIndex()	返回最小元素的索引
int delMin()	删除最小元素并返回它的索引
boolean isEmpty()	优先队列是否为空
int size()	优先队列中的元素数量

319~320

理解这种数据结构的一个较好方法是将它看成一个能够快速访问其中最小元素的数组。事实上它还要更好——它能够快速访问数组的一个特定子集中的最小元素（指所有被插入的元素）。换句话说，可以将名为 pq 的 IndexMinPQ 类优先队列看做数组 pq[0..N-1] 中的一部分元素的代表。将 pq.insert(k, item) 看做将 k 加入这个子集并使 pq[k] = item，pq.change(k, item) 则代表令 pq[k]=item。这两种操作没有改变其他操作所依赖的数据结构，其中最重要的就是 delMin()（删除最小元素并返回它的索引）和 change()（改变数据结构中的某个元素的索引——即 pq[i]=item）。这些操作在许多应用中都很重要并且依赖于对元素的引用（索引）。练习 2.4.33 说明了如何用较少的代码将算法 2.6 扩展为极高效的索引优先队列。一般来说，当堆发生变化时，我们会用下沉（元素减小时）或上浮（元素变大时）操作来恢复堆的有序性。在这些操作中，我们可以用索引查找元素。能够定位堆中的任意元素也使我们能够在 API 中加入一个 delete() 操作。

命题 Q（续）。在一个大小为 N 的索引优先队列中，插入元素（insert）、改变优先级（change）、删除（delete）和删除最小元素（remove the minimum）操作所需的比较次数和 $\log N$ 成正比（如表 2.4.6 所示）。

证明。已知堆中所有路径最长即为 $\sim\lg N$，从代码中很容易得到这个结论。

表 2.4.6　含有 N 个元素的基于堆的索引优先队列所有操作在最坏情况下的成本

操　作	比较次数的增长数量级
insert()	$\log N$
change()	$\log N$
contains()	1
delete()	$\log N$
min()	1
minIndex()	1
delMin()	$\log N$

这段讨论针对的是找出最小元素的队列；和以前一样，我们也在本书网站上实现了一个找出最大元素的版本 IndexMaxPQ。

2.4.4.7　索引优先队列用例

下面的用例调用了 IndexMinPQ 的代码 Multiway 解决了*多向归并问题*：它将多个有序的输入流归并成一个有序的输出流。许多应用中都会遇到这个问题。输入可能来自于多种科学仪器的输出（按时间排序），或是来自多个音乐或电影网站的信息列表（按名称或艺术家名字排序），或是商业交易（按账号或时间排序），或者其他。如果有足够的空间，你可以把它们简单地读入一个数组

并排序，但如果用了优先队列，无论输入有多长你都可以把它们全部读入并排序。 321

使用优先队列的多向归并

```
public class Multiway
{
   public static void merge(In[] streams)
   {
      int N = streams.length;
      IndexMinPQ<String> pq = new IndexMinPQ<String>(N);

      for (int i = 0; i < N; i++)
         if (!streams[i].isEmpty())
             pq.insert(i, streams[i].readString());

      while (!pq.isEmpty())
      {
         StdOut.println(pq.min());
         int i = pq.delMin();

         if (!streams[i].isEmpty())
             pq.insert(i, streams[i].readString());
      }
   }
   public static void main(String[] args)
   {
      int N = args.length;
      In[] streams = new In[N];
      for (int i = 0; i < N; i++)
         streams[i] = new In(args[i]);
      merge(streams);
   }
}
```

这段代码调用了 IndexMinPQ 来将作为命令行参数输入的多行有序字符串归并为一行有序的输出（请见正文）。每个输入流的索引都关联着一个元素（输入中的下个字符串）。初始化之后，代码进入一个循环，删除并打印出队列中最小的字符串，然后将该输入的下一个字符串添加为一个元素。为了节约，下面将所有的输出排在了一行——实际输出应该是一个字符串一行。

```
% more m1.txt
A B C F G I I Z
% more m2.txt
B D H P Q Q
% more m3.txt
A B E F J N
```

```
% java Multiway m1.txt m2.txt m3.txt
A A B B B C D E F F G H I I J N P Q Q Z
```

322

2.4.5 堆排序

我们可以把任意优先队列变成一种排序方法。将所有元素插入一个查找最小元素的优先队列，然后再重复调用*删除最小元素*的操作来将它们按顺序删去。用无序数组实现的优先队列这么做相当于进行一次选择排序。用基于堆的优先队列这样做等同于哪种排序？一种全新的排序方法！下面我们就用堆来实现一种经典而优雅的排序算法——*堆排序*。

堆排序可以分为两个阶段。在*堆的构造*阶段中，我们将原始数组重新组织安排进一个堆中；然后在*下沉排序*阶段，我们从堆中按递减顺序取出所有元素并得到排序结果。为了和我们已经学习过的代码保持一致，我们将使用一个面向最大元素的优先队列并重复删除最大元素。为了排序的需要，我们不再将优先队列的具体表示隐藏，并将直接使用 swim() 和 sink() 操作。这样我们在排序时就可以将需要排序的数组本身作为堆，因此无需任何额外空间。

2.4.5.1 堆的构造

由 N 个给定的元素构造一个堆有多难？我们当然可以在与 $N\log N$ 成正比的时间内完成这项任务，只需从左至右遍历数组，用 swim() 保证扫描指针左侧的所有元素已经是一棵堆有序的完全树即可，就像连续向优先队列中插入元素一样。一个更聪明更高效的办法是从右至左用 sink() 函数构造子堆。数组的每个位置都已经是一个子堆的根结点了，sink() 对于这些子堆也适用。如果一个结点的两个子结点都已经是堆了，那么在该结点上调用 sink() 可以将它们变成一个堆。这个过程会递归地建立起堆的秩序。开始时我们只需要扫描数组中的一半元素，因为我们可以跳过大小为 1 的子堆。最后我们在位置 1 上调用 sink() 方法，扫描结束。在排序的第一阶段，堆的构造方法和我们的想象有所不同，因为它的目标是产生一个堆有序的结果，其中最大元素位于数组的开头（次大的元素在附近），而非期望的把最大元素放到最后。

命题 R。用下沉操作由 N 个元素构造堆只需少于 $2N$ 次比较以及少于 N 次交换。

证明。观察可知，构造过程中处理的堆都较小。例如，要构造一个 127 个元素的堆，我们会处理 32 个大小为 3 的堆，16 个大小为 7 的堆，8 个大小为 15 的堆，4 个大小为 31 的堆，2 个大小为 63 的堆和 1 个大小为 127 的堆，因此（最坏情况下）需要 $32\times1+16\times2+8\times3+4\times4+$
323 $2\times5+1\times6=120$ 次交换（以及两倍的比较）。完整证明请见练习 2.4.20。

堆排序的实现过程如算法 2.7 所示。

算法 2.7 堆排序

```
public static void
sort(Comparable[] a)
{
   int N = a.length;
   for (int k = N/2; k >= 1;
k--)
      sink(a, k, N);
   while (N > 1)
   {
      exch(a, 1, N--);
      sink(a, 1, N);
   }
}
```

这段代码用 sink() 方法将 a[1] 到 a[N] 的元素排序（sink() 被修改过，以 a[] 和 N 作为参数）。for 循环构造了堆，然后 while 循环将最大的元素 a[1] 和 a[N] 交换并修复了堆，如此重复直到堆变空。将 exch() 和 less() 的实现中的索引减一即可得到和其他排序算法一致的实现（将 a[0] 至 a[N-1] 排序）。堆排序
324 具体流程示意图显示在图 2.4.7 中。

N	k	a[i] 0	1	2	3	4	5	6	7	8	9	10	11
初始值			S	O	R	T	E	X	A	M	P	L	E
11	5		S	O	R	T	L	X	A	M	P	E	E
11	4		S	O	R	T	L	X	A	M	P	E	E
11	3		S	O	X	T	L	R	A	M	P	E	E
11	2		S	T	X	P	L	R	A	M	O	E	E
11	1		X	T	S	P	L	R	A	M	O	E	E
堆有序			X	T	S	P	L	R	A	M	O	E	E
10	1		T	P	S	O	L	R	A	M	E	E	X
9	1		S	P	R	O	L	E	A	M	E	T	X
8	1		R	P	E	O	L	E	A	M	S	T	X
7	1		P	O	E	M	L	E	A	R	S	T	X
6	1		O	M	E	A	L	E	P	R	S	T	X
5	1		M	L	E	A	E	O	P	R	S	T	X
4	1		L	E	E	A	M	O	P	R	S	T	X
3	1		E	A	E	L	M	O	P	R	S	T	X
2	1		E	A	E	L	M	O	P	R	S	T	X
1	1		A	E	E	L	M	O	P	R	S	T	X
排序结果			A	E	E	L	M	O	P	R	S	T	X

堆排序的轨迹（每次下沉后的数组内容）

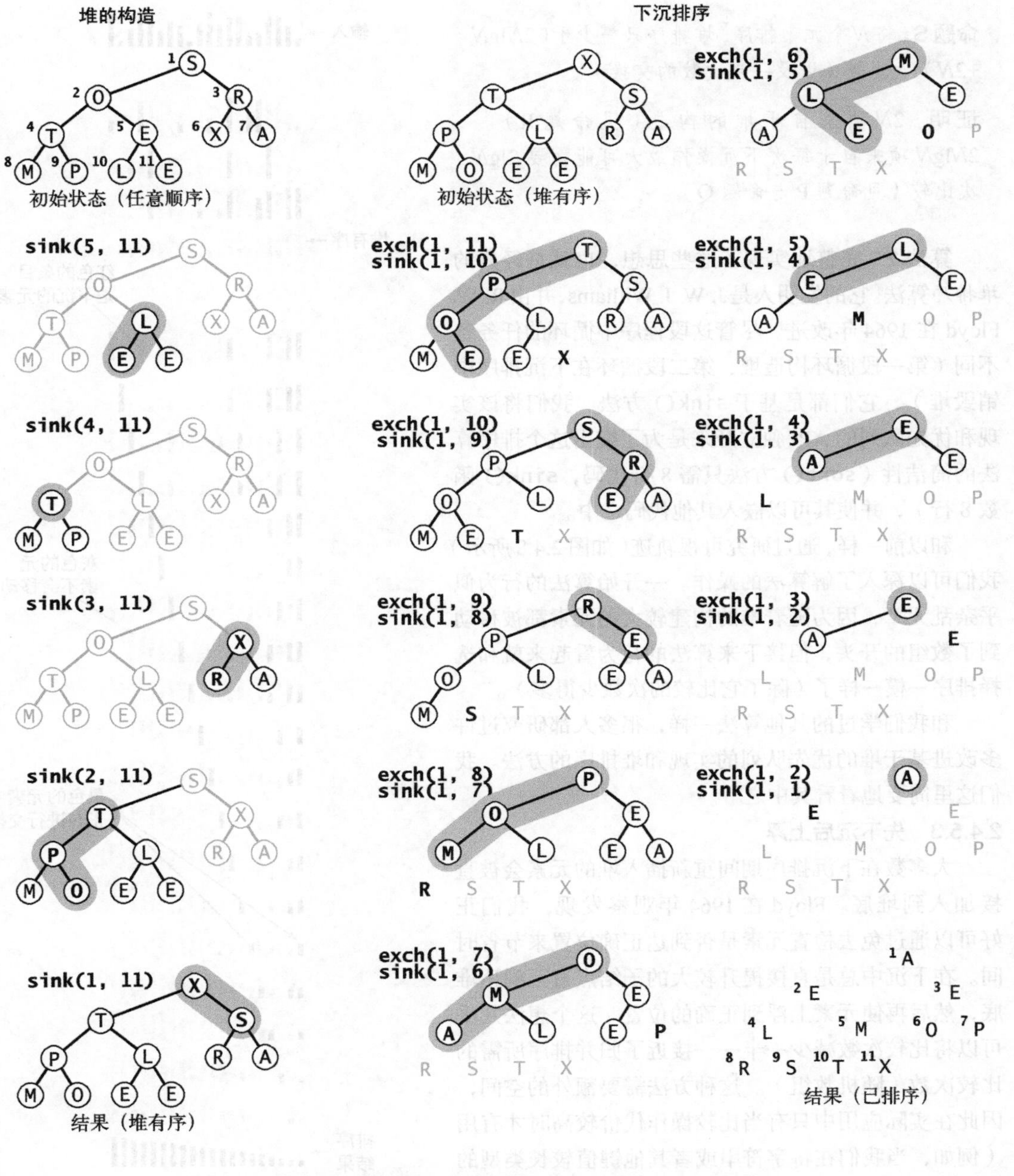

图 2.4.7 堆排序：堆的构造（左）和下沉排序（右）

325

2.4.5.2 下沉排序

堆排序的主要工作都是在第二阶段完成的。这里我们将堆中的最大元素删除，然后放入堆缩小后数组中空出的位置。这个过程和选择排序有些类似（按照降序而非升序取出所有元素），但所需的比较要少得多，因为堆提供了一种从未排序部分找到最大元素的有效方法。

命题S。将N个元素排序，堆排序只需少于（$2N\lg N+2N$）次比较（以及一半次数的交换）。

证明。$2N$项来自于堆的构造（见命题R）。$2N\lg N$项来自于每次下沉操作最大可能需要$2\lg N$次比较（见命题P与命题Q）。

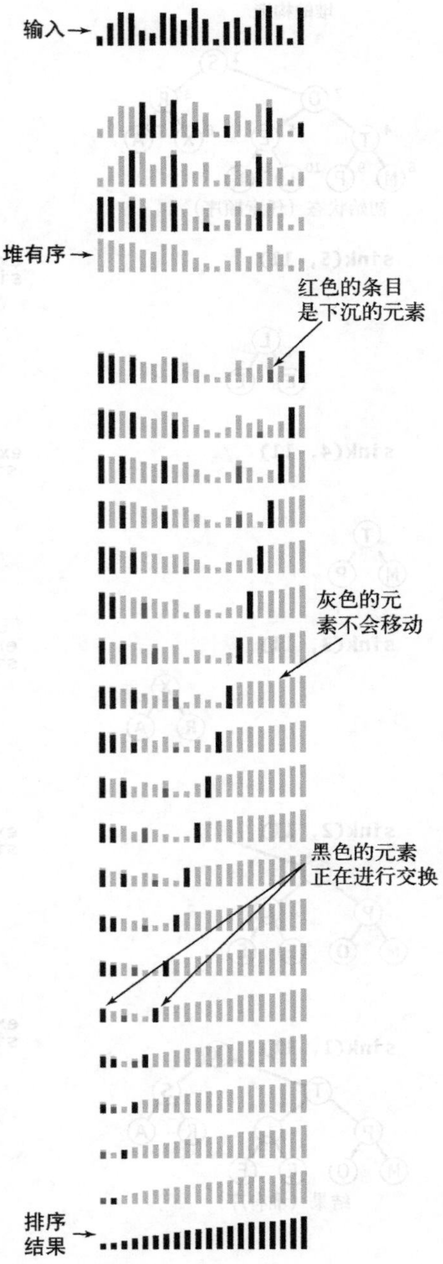

图 2.4.8 堆排序的可视轨迹（另见彩插）

算法 2.7 完整地实现了这些思想，也就是经典的堆排序算法。它的发明人是 J. W. J. Williams，并由 R. W. Floyd 在 1964 年改进。尽管这段程序中循环的任务各不同（第一段循环构造堆，第二段循环在下沉排序中销毁堆），它们都是基于 sink() 方法。我们将该实现和优先队列的 API 独立开来是为了突出这个排序算法的简洁性（sort() 方法只需 8 行代码，sink() 函数 8 行），并使其可以嵌入其他代码之中。

和以前一样，通过研究可视轨迹（如图 2.4.8 所示）我们可以深入了解算法的操作。一开始算法的行为似乎杂乱无章，因为随着堆的构建较大的元素都被移动到了数组的开头，但接下来算法的行为看起来就和选择排序一模一样了（除了它比较的次数少得多）。

和我们学过的其他算法一样，很多人都研究过许多改进基于堆的优先队列的实现和堆排序的方法。我们这里简要地看看其中之一。

2.4.5.3 先下沉后上浮

大多数在下沉排序期间重新插入堆的元素会被直接加入到堆底。Floyd 在 1964 年观察发现，我们正好可以通过免去检查元素是否到达正确位置来节省时间。在下沉中总是直接提升较大的子结点直至到达堆底，然后再使元素上浮到正确的位置。这个想法几乎可以将比较次数减少一半——接近了归并排序所需的比较次数（随机数组）。这种方法需要额外的空间，因此在实际应用中只有当比较操作代价较高时才有用（例如，当我们在将字符串或者其他键值较长类型的元素进行排序时）。

堆排序在排序复杂性的研究中有着重要的地位，因为它是我们所知的唯一能够同时最优地利用空间和时间的方法——在最坏的情况下它也能保证使用 ~ $2N\lg N$ 次比较和恒定的额外空间。当空间十分紧张的时候（例如在嵌入式系统或低成本的移动设备中）它很流行，因为它只用几行就能实现（甚至机器码也是）较好的性能。但现代系统的许多应用很少使用它，因为它无法利用缓存。数组元素很少和相邻的其他元素进行比较，因此缓存未命中的次数要远远高于大多数比较都在相邻元素间进行的算法，如快速排序、归并排序，甚至是希尔排序。

另一方面，用堆实现的优先队列在现代应用程序中越来越重要，因为它能在插入操作和删除最大元素操作混合的动态场景中保证对数级别的运行时间。我们会在本书后续章节见到更多的例子。 326~327

答疑

问　我还是不明白优先队列是做什么用的。为什么我们不直接把元素排序然后再一个个地引用有序数组中的元素？

答　在某些数据处理的例子里，比如 TopM 和 Multiway，总数据量太大，无法排序（甚至无法全部装进内存）。如果你需要从 10 亿个元素中选出最大的十个，你真的想把一个 10 亿规模的数组排序吗？但有了优先队列，你就只用一个能存储十个元素的队列即可。在其他的例子中，我们甚至无法同时获取所有的数据，因此只能先从优先队列中取出并处理一部分，然后再根据结果决定是否向优先队列中添加更多的数据。

问　为什么不像我们在其他排序算法中那样使用 Comparable 接口，而在 MaxPQ 中使用泛型的 Item 呢？

答　这么做的话 delMax() 的用例就需要将返回值转换为某种具体的类型，比如 String。一般来说，应该尽量避免在用例中进行类型转换。

问　为什么在堆的表示中不使用 a[0]？

答　这么做可以稍稍简化计算。实现从 0 开始的堆并不困难，a[0] 的子结点是 a[1] 和 a[2]，a[1] 的子结点是 a[3] 和 a[4]，a[2] 的子结点是 a[5] 和 a[6]，以此类推。但大多数程序员更喜欢我们的简单方法。另外，将 a[0] 的值用作哨兵（作为 a[1] 的父结点）在某些堆的应用中很有用。

问　在我看来，在堆排序中构造堆时，逐个向堆中添加元素比 2.4.5.1 节中描述的由底向上的复杂方法更简单。为什么要这么做？

答　对于一个排序算法来说，这么做能够快上 20%，而且所需的代码更少（不会用到 swim() 函数）。理解算法的难度并不一定与它的简洁性或者效率相关。

问　如果我去掉 MaxPQ 的实现中的 extends Comparable<Key> 这句话会怎样？

答　和以前一样，回答这类问题的最简单的办法就是你自己直接试试。如果这么做 MaxPQ 会报出一个编译错误：

```
MaxPQ.java:21: cannot find symbol
symbol   : method compareTo(Item)
```

Java 这样告诉你它不知道 Item 对象的 compareTo() 方法，因为你没有声明 Item extends Comparable<Item>。 328

练习

2.4.1　用序列 P R I O * R * * I * T * Y * * * Q U E * * * U * E（字母表示插入元素，星号表示删除最大元素）操作一个初始为空的优先队列。给出每次删除最大元素返回的字符。

2.4.2　分析以下说法：要实现在常数时间找到最大元素，为何不用一个栈或队列，然后记录已插入的最大元素并在找出最大元素时返回它的值？

2.4.3　用以下数据结构实现优先队列，支持插入元素和删除最大元素的操作：无序数组、有序数组、无序链表和链表。将你的 4 种实现中每种操作在最坏情况下的运行时间上下限制成一张表格。

2.4.4　一个按降序排列的数组也是一个面向最大元素的堆吗？

2.4.5 将 E A S Y Q U E S T I O N 顺序插入一个面向最大元素的堆中，给出结果。

2.4.6 按照练习 2.4.1 的规则，用序列 P R I O * R * * I * T * Y * * * Q U E * * * U * E 操作一个初始为空的面向最大元素的堆，给出每次操作后堆的内容。

2.4.7 在堆中，最大的元素一定在位置 1 上，第二大的元素一定在位置 2 或者 3 上。对于一个大小为 31 的堆，给出第 k 大的元素可能出现的位置和不可能出现的位置，其中 k=2、3、4（设元素值不重复）。

2.4.8 回答上一道练习中第 k 小元素的可能和不可能的位置。

2.4.9 给出 A B C D E 五个元素可能构造出来的所有堆，然后给出 A A A B B 这五个元素可能构造出来的所有堆。

2.4.10 假设我们不想浪费堆有序的数组 pq[] 中的那个位置，将最大的元素放在 pq[0]，它的子结点放在 pq[1] 和 pq[2]，以此类推。pq[k] 的父结点和子结点在哪里？

329 2.4.11 如果你的应用中有大量的插入元素的操作，但只有若干删除最大元素操作，哪种优先队列的实现方法更有效：堆、无序数组、有序数组？

2.4.12 如果你的应用场景中大量的找出最大元素的操作，但插入元素和删除最大元素操作相对较少，哪种优先队列的实现方法更有效：堆、无序数组、有序数组？

2.4.13 想办法在 sink() 中避免检查 j < N。

2.4.14 对于没有重复元素的大小为 N 的堆，一次删除最大元素的操作中最少要交换几个元素？构造一个能够达到这个交换次数的大小为 15 的堆。连续两次删除最大元素呢？三次呢？

2.4.15 设计一个程序，在线性时间内检测数组 pq[] 是否是一个面向最小元素的堆。

2.4.16 对于 N=32，构造数组使得堆排序使用的比较次数最多以及最少。

2.4.17 证明：构造大小为 k 的面向最小元素的优先队列，然后进行 N–k 次替换最小元素操作（删除最小元素后再插入元素）后，N 个元素中的前 k 大元素均会留在优先队列中。

2.4.18 在 MaxPQ 中，如果一个用例使用 insert() 插入了一个比队列中的所有元素都大的新元素，随后立即调用 delMax()。假设没有重复元素，此时的堆和进行这些操作之前的堆完全相同吗？进行两次 insert()（第一次插入一个比队列所有元素都大的元素，第二次插入一个更大的元素）操作接两次 delMax() 操作呢？

2.4.19 实现 MaxPQ 的一个构造函数，接受一个数组作为参数。使用正文 2.4.5.1 节中所述的自底向上的方法构造堆。

330 2.4.20 证明：基于下沉的堆构造方法使用的比较次数小于 $2N$，交换次数小于 N。

提高题

2.4.21 基础数据结构。说明如何使用优先队列实现第 1 章中的栈、队列和随机队列这几种数据结构。

2.4.22 调整数组大小。在 MaxPQ 中加入调整数组大小的代码，并和命题 Q 一样证明对于一般性长度为 N 的队列其数组访问的上限。

2.4.23 Multiway 的堆。只考虑比较的成本且假设找到 t 个元素中的最大者需要 t 次比较，在堆排序中使用 t 向堆的情况下找出使比较次数 $N\lg N$ 的系数最小的 t 值。首先，假设使用的是一个简单通用的 sink() 方法；其次，假设 Floyd 方法在内循环中每轮可以节省一次比较。

2.4.24 使用链接的优先队列。用堆有序的二叉树实现一个优先队列，但使用链表结构代替数组。每个结点都需要三个链接：两个向下，一个向上。你的实现即使在无法预知队列大小的情况下也能保证优先队列的基本操作所需的时间为对数级别。

2.4.25 计算数论。编写程序 CubeSum.java，在不使用额外空间的条件下，按大小顺序打印所有 a^3+b^3 的结果，其中 a 和 b 为 0 至 N 之间的整数。也就是说，不要全部计算 N^2 个和然后排序，而是创建一个最小优先队列，初始状态为 $(0^3, 0, 0),(1^3, 1, 0),(2^3, 2, 0),\cdots,(N^3, N, 0)$。这样只要优先队列非空，删除并打印最小的元素 (i^3+j^3, i, j)。然后如果 $j<N$，插入元素 $(i^3+(j+1)^3, i, j+1)$。用这段程序找出 0 到 10^6 之间所有满足 $a^3+b^3=c^3+d^3$ 的不同整数 a,b,c,d。

2.4.26 无需交换的堆。因为 sink() 和 swim() 中都用到了初级函数 exch()，所以所有元素都被多加载并存储了一次。回避这种低效方式，用插入排序给出新的实现（请见练习 2.1.25）。

2.4.27 找出最小元素。在 MaxPQ 中加入一个 min() 方法。你的实现所需的时间和空间都应该是常数。

2.4.28 选择过滤。编写一个 TopM 的用例，从标准输入读入坐标 (x, y, z)，从命令行得到值 M，然后打印出距离原点的欧几里得距离最小的 M 个点。在 $N=10^8$ 且 $M=10^4$ 时，预计程序的运行时间。 331

2.4.29 同时面向最大和最小元素的优先队列。设计一个数据类型，支持如下操作：插入元素、删除最大元素、删除最小元素（所需时间均为对数级别），以及找到最大元素、找到最小元素（所需时间均为常数级别）。提示：用两个堆。

2.4.30 动态中位数查找。设计一个数据类型，支持在对数时间内插入元素，常数时间内找到中位数并在对数时间内删除中位数。提示：用一个面向最大元素的堆再用一个面向最小元素的堆。

2.4.31 快速插入。用基于比较的方式实现 MinPQ 的 API，使得插入元素需要 $\sim \log\log N$ 次比较，删除最小元素需要 $\sim 2\log N$ 次比较。提示：在 swim() 方法中用二分查找来寻找祖先结点。

2.4.32 下界。请证明，不存在一个基于比较的对 MinPQ 的 API 的实现能够使得插入元素和删除最小元素的操作都保证只使用 $\sim N\log\log N$ 次比较。

2.4.33 索引优先队列的实现。按照 2.4.4.6 节的描述修改算法 2.6 来实现索引优先队列 API 中的基本操作：使用 pq[] 保存索引，添加一个数组 keys[] 来保存元素，再添加一个数组 qp[] 来保存 pq[] 的逆序——qp[i] 的值是 i 在 pq[] 中的位置（即索引 j，pq[j]=i）。修改算法 2.6 的代码来维护这些数据结构。若 i 不在队列之中，则总是令 qp[i] = -1 并添加一个方法 contains() 来检测这种情况。你需要修改辅助函数 exch() 和 less()，但不需要修改 sink() 和 swim()。 332

部分答案：

```
public class IndexMinPQ<Key extends Comparable<Key>>
{
   private int N;              // PQ中的元素数量
   private int[] pq;           // 索引二叉堆，由1开始
   private int[] qp;           // 逆序：qp[pq[i]] = pq[qp[i]] = i
   private Key[] keys;         // 有优先级之分的元素
   public IndexMinPQ(int maxN)
   {
      keys = (Key[]) new Comparable[maxN + 1];
      pq   = new int[maxN + 1];
      qp   = new int[maxN + 1];
      for (int i = 0; i <= maxN; i++) qp[i] = -1;
   }
   public boolean isEmpty()
   {  return N == 0;  }
   public boolean contains(int k)
   {  return qp[k] != -1;  }
```

```
public void insert(int k, Key key)
{
   N++;
   qp[k] = N;
   pq[N] = k;
   keys[k] = key;
   swim(N);
}

public Key min()
{  return keys[pq[1]];  }
public int delMin()
{
   int indexOfMin = pq[1];
   exch(1, N--);
   sink(1);
   keys[pq[N+1]] = null;
   qp[pq[N+1]] = -1;
   return indexOfMin;
}
}
```
333

2.4.34　索引优先队列的实现（附加操作）。向练习 2.4.33 的实现中添加 minIndex()、change() 和 delete() 方法。

解答：

```
public int minIndex()
{  return pq[1];  }
public void change(int k, Key Key)
{
   keys[k] = key;
   swim(qp[k]);
   sink(qp[k]);
}

public void delete(int k)
{
   int index = qp[k];
   exch(index, N--);
   swim(index);
   sink(index);
   keys[k] = null;
   qp[k] = -1;
}
```

2.4.35　离散概率分布的取样。编写一个 Sample 类，其构造函数接受一个 double 类型的数组 p[] 作为参数并支持以下操作：random()——返回任意索引 i 及其概率 p[i]/T（T 是 p[] 中所有元素之和）；change(i, v)——将 p[i] 的值修改为 v。提示：使用完全二叉树，每个结点对应一个权重 p[i]。在每个结点记录其下子树的权重之和。为了产生一个随机的索引，取 0 到 T 之间的
334 一个随机数并根据各个结点的权重之和来判断沿着哪条子树搜索下去。在更新 p[i] 时，同时更新从根结点到 i 的路径上的所有结点。不要像堆的实现那样显式使用指针。

实验题

2.4.36 **性能测试 I**。编写一个性能测试用例，用插入元素操作填满一个优先队列，然后用删除最大元素操作删去一半元素，再用插入元素操作填满优先队列，再用删除最大元素操作删去所有元素。用一列随机的长短不同的元素多次重复以上过程，测量每次运行的用时，打印平均用时或是将其绘制成图表。

2.4.37 **性能测试 II**。编写一个性能测试用例，用插入元素操作填满一个优先队列，然后在一秒钟之内尽可能多地连续反复调用删除最大元素和插入元素的操作。用一列随机的长短不同的元素多次重复以上过程，将程序能够完成的删除最大元素操作的平均次数打印出来或是绘成图表。

2.4.38 **练习测试**。编写一个练习用例，用算法 2.6 中实现的优先队列的接口方法处理实际应用中可能出现的高难度或是极端情况。例如，元素已经有序、元素全部逆序、元素全部相同或是所有元素只有两个值。

2.4.39 **构造函数的代价**。对于 $N=10^3$、10^6 和 10^9，根据经验判断堆排序时构造堆占总耗时的比例。

2.4.40 **Floyd 方法**。根据正文中 Floyd 的先沉后浮思想实现堆排序。对于 $N=10^3$、10^6 和 10^9 大小的随机不重复数组，记录你的程序所使用的比较次数和标准实现所使用的比较次数。

2.4.41 **Multiway 堆**。根据正文中的描述实现基于完全堆有序的三叉树和四叉树的堆排序。对于 $N=10^3$、10^6 和 10^9 大小的随机不重复数组，记录你的程序所使用的比较次数和标准实现所使用的比较次数。

2.4.42 **堆的前序表示**。用前序法而非级别表示一棵堆有序的树，并基于此实现堆排序。对于 $N=10^3$、10^6 和 10^9 大小的随机不重复数组，记录你的程序所使用的比较次数和标准实现所使用的比较次数。 335

2.5 应用

排序算法和优先队列在许多场景中有着广泛的应用。本节中我们将简要地浏览一遍这些应用，研究如何能让我们已经学习过的高效算法在这些应用中大展身手，然后讨论一下应该如何使用我们的排序和优先队列的代码。

排序如此有用的一个主要原因是，在一个有序的数组中查找一个元素要比在一个无序的数组中查找简单得多。人们用了一个多世纪发现在一本按姓氏排序的电话黄页中查找某个人的电话号码最容易。现在，数字音乐作家们将歌曲文件按照作家名或是歌曲名排序，搜索引擎按照搜索结果的重要性的高低显示结果，电子表格按照某一列的排序结果显示所有栏，矩阵处理工具将一个对称矩阵的真实特征值按照降序排列，等等。只要队列是有序的，很多其他任务也更容易完成，比如在本书最后的有序索引中查找某项，或是从一列长长的邮件列表或者投票人列表或者网站列表中删去重复项，或是在统计学计算中剔除异常值、查找中位数或者计算比例。

在许多看似无关的领域中，排序其实仍然是一个重要的子问题。数据压缩、计算机图形学、计算生物学、供应链管理、组合优化、社会选择和投票等，不一而足。我们在本章中学习的算法也在开发本书其他章节的强大算法的过程中起到了关键作用。

通用排序算法是最重要的，因此我们首先会考虑一些在构建适用于多种情况的排序算法时需要注意的实际问题。虽然部分话题只适用于 Java，但每个问题都仍然是所有系统需要解决的。

我们的主要目的是为了说明，尽管我们所学习的各种算法的思想相对简单，但它们的适用领域仍然广泛。经过验证的各种排序算法的应用列表很长，我们在这里只会涉及其中的一小部分，一些是科学领域的，一些是算法领域的，还有一些是商业领域的。在练习中你们还能找到更多例子，本书的网站上还有更多。另外，为了更好的说明问题，后续章节还会不时地引用本章的
336 内容！

2.5.1 将各种数据排序

我们的实现的排序对象是由实现了 Comparable 接口的对象组成的数组。Java 的约定使得我们能够利用 Java 的回调机制将任意实现了 Comparable 接口的数据类型排序。如 2.1 节所述，实现 Comparable 接口只需要定义一个 compareTo() 函数并在其中定义该数据类型中的大小关系。我们的代码直接能够将 String、Integer、Double 和一些其他例如 File 和 URL 类型的数组排序，因为它们都实现了 Comparable 接口。同一段代码能够适应所有这些类型的数据是非常方便的，但一般的应用程序中需要排序的数据类型都是应用程序自己定义的。相应，在自定义的数据类型中实现一个 compareTo() 方法也是很常见的，这样就实现了 Comparable 接口，也就使得这种数据类型可以被排序了（也可以用其构造优先队列）。

2.5.1.1 交易事务

排序算法的一种典型应用就是商业数据处理。例如，设想一家互联网商业公司为每笔交易记录都保存了所有的相关信息，包括客户名、日期、金额等。如今，一家成功的商业公司需要能够处理数百万的这种交易数据。如我们在练习 2.1.21 中看到的，一种合适的方法是将交易记录按金额大小排序，我们在类的定义中实现一个恰当的 compareTo() 方法就可以做到这一点。这样我们在处理 Transaction 类型的数组 a[] 时就可以先将其排序，比如这样 Quick.sort(a)。我们的排序算法对 Transaction 类型一无所知，但 Java 的 Comparable 接口使我们可以为该类型定义大小关系，

这样我们的任意排序算法都能够用于 Transaction 对象了。或者我们也可以令 Transaction 对象按照日期排序（如下面的代码所示），将 compareTo() 方法实现为比较 Date 字段。因为 Date 对象本身也实现了 Comparable 接口，我们可以直接调用它的 compareTo() 方法而不用自己实现了。将这种类型按照用户名排序也是合理的。使算法的用例能够灵活地用不同的字段排序则是我们在稍后将要面对的另一项有趣的挑战。

```
public int compareTo(Transaction that)
{  return this.when.compareTo(that.when);  }
```

将交易记录按照日期排序的compareTo()方法 337

2.5.1.2 指针排序

我们使用的方法在经典教材中被称为*指针排序*，因为我们只处理元素的引用而不移动数据本身。在其他编程语言例如 C 和 C++ 之中，程序员需要明确地指出操作的是数据还是指向数据的指针，而在 Java 中，指针操作是隐式的。除了原始数字类型之外，我们操作的总是数据的引用（指针），而非数据本身。指针排序增加了一层间接性，因为数组保存的是待排序的对象的引用，而非对象本身。我们会简要讨论一些相关的问题。对于多个引用数组，我们可以将同一组数据的不同部分按照多种方式排序（可能会用到下面提到的多键）。

2.5.1.3 不可变的键

如果在排序后用例还能够修改键值，那么数组就很可能不再是有序的了。类似，优先队列在用例能够修改键值的情况下也不太可能正常工作。在 Java 中，可以用不可变的数据类型作为键来避免这个问题。大多数你可能用作键的数据类型，例如 String、Integer、Double 和 File 都是不可变的。

2.5.1.4 廉价的交换

使用引用的另一个好处是我们不必移动整个元素。对于元素大而键小的数组来说这带来的节约是巨大的，因为比较只需要访问元素的一小部分，而排序过程中元素的大部分都不会被访问到。对于几乎任意大小的元素，使用引用使得在一般情况下交换的成本和比较的成本几乎相同（代价是需要额外的空间存储这些引用）。如果键值很长，那么交换的成本甚至会低于比较的成本。研究将数字排序的算法性能的一种方法就是观察其所需的比较和交换总数，因为这里隐式地假设了比较和交换的成本是相同的。由此得出的结论则适用于 Java 中的许多应用，因为我们都是在将引用排序。

2.5.1.5 多种排序方法

在很多应用中我们都希望根据情况将一组对象按照不同的方式排序。Java 的 Comparator 接口允许我们在一个类之中实现多种排序方法。它只有一个 compare() 方法来比较两个对象。如果一种数据类型实现了这个接口，我们可以像 2.5.1.6 节中的例子那样将另一个实现了 Comparator 接口的对象传递给 sort() 方法（sort() 再将其传递给 less()）。Comparator 接口允许我们为任意数据类型定义任意多种排序方法。用 Comparator 接口来代替 Comparable 接口能够更好地将数据类型的定义和两个该类型的对象应该如何比较的定义区分开来。事实上，比较两个对象的确可以有多种标准，Comparator 接口使得我们能够在其中进行选择。例如，想在忽略大小写的情况下将字符串数组 a[] 排序，可以使用 Java 的 String 类型中定义的 CASE_INSENSITVE_ 338

ORDER 比较器并调用 Insertion.sort(a, String.CASE_INSENSITIVE_ORDER)。你也知道，精确定义的字符串排序规则十分复杂，而各种自然语言又差异很大，所以 Java 的 String 类型含有很多比较器。

2.5.1.6 多键数组

一般在应用程序中，一个元素的多种属性都可能被用作排序的键。在交易的例子中，有时可能需要将交易按照客户排序（例如，找出每个客户进行的所有交易）；有时又可能需要按照金额排序（例如，需要找出交易金额较高的交易）；有时还可能用另一个属性来排序。要实现这种灵活性，Comparator 接口正合适。我们可以定义多种比较器，如 2.5.1.7 节展示的 Transaction 类的另一种实现那样。在这样定义之后，要将 Transaction 对象的数组按照时间排序可以调用：

```
Insertion.sort(a, new Transaction.WhenOrder())
```

或者这样来按照金额排序：

```
Insertion.sort(a, new Transaction.HowMuchOrder())
```

sort() 方法在每次比较中都会回调 Transaction 类中用例指定的 compare() 方法。为了避免每次排序都创建一个新的 Comparator 对象，我们使用了 public final 来定义这些比较器（代码如下，就像 Java 定义的 CASE_INSENSITIVE_ORDER 一样）。

```
public static void sort(Object[] a, Comparator c)
{
   int N = a.length;
   for (int i = 1; i < N; i++)
      for (int j = i; j > 0 && less(Comparator, a[j], a[j-1]); j--)
         exch(a, j, j-1);
}

private static boolean less(Comparator c, Object v, Object w)
{  return c.compare(v, w) < 0;  }

private static void exch(Object[] a, int i, int j)
{  Object t = a[i]; a[i] = a[j]; a[j] = t; }
```

339 使用了Comparator的插入排序

2.5.1.7 使用比较器实现优先队列

比较器的灵活性也可以用在优先队列上。我们可以按照以下步骤来扩展算法 2.6 的标准实现来支持比较器：

- ❑ 导入 java.util.Comparator;
- ❑ 为 MaxPQ 添加一个实例变量 comparator 以及一个构造函数，该构造函数接受一个比较器作为参数并用它将 comparator 初始化；
- ❑ 在 less() 中检查 comparator 属性是否为 null（如果不是的话就用它进行比较）。

实现代码如下：

```
import java.util.Comparator;

public class Transaction
{
   ...
   private final String who;
   private final Date when;
   private final double amount;
   ...
   public static class WhoOrder implements Comparator<Transaction>
   {
      public int compare(Transaction v, Transaction w)
      {  return v.who.compareTo(w.who);  }
   }

   public static class WhenOrder implements Comparator<Transaction>
   {
      public int compare(Transaction v, Transaction w)
      {  return v.when.compareTo(w.when);  }
   }

   public static class HowMuchOrder implements Comparator<Transaction>
   {
      public int compare(Transaction v, Transaction w)
      {
         if (v.amount < w.amount) return -1;
         if (v.amount > w.amount) return +1;
         return 0;
      }
   }
}
```

使用了Comparator的插入排序

例如，修改后可以使用 Transaction 的多种字段构造不同的优先队列，分别按照时间、地点、账号排序。如果你在 MinPQ 中去掉了 Key extends Comparable<Key> 这句话，甚至可以支持尚未定义过比较方法的键。 340

2.5.1.8 稳定性

如果一个排序算法能够保留数组中重复元素的相对位置则可以被称为是稳定的。这个性质在许多情况下很重要。例如，考虑一个需要处理大量含有地理位置和时间戳的事件的互联网商业应用程序。首先，我们在事件发生时将它们挨个存储在一个数组中，这样在数组中它们已经是按照时间顺序排好了的。现在假设在进一步处理前将按照地理位置切分。一种简单的方法是将数组按照位置排序。如果排序算法不是稳定的，排序后的每个城市的交易可能不会再是按照时间顺序排列的了。很多情况下，不熟悉排序稳定性的程序员在第一次遇见这种情形时会惊讶于不稳定的排序算法似乎把数据弄得一团糟。在本章中，我们学习过的一部分算法是稳定的（插入排序和归并排序），但很多不是（选择排序、希尔排序、快速排序和堆排序）。有很多办法能够将任意排序算法变成稳定的（请见练习 2.5.18），但一般只有在稳定性是必要的情况下稳定的排序算法才有优势。人们很容易觉得算法具有稳定性是理所当然的，但事实上没有任何实际应用中常见的方法不是用了大量额外的时间和空间才做到了这一点（研究人员开发了这样的算法，但应用程序员发现它们太复杂了，无法使用）。

从另一个键上排序的稳定性如图 2.5.1 所示。

341 图 2.5.1 从另一个键上排序的稳定性

2.5.2 我应该使用哪种排序算法

在本章中我们学习了许多种排序算法，这个问题就变得很自然了。排序算法的好坏很大程度上取决于它的应用场景和具体实现，但我们也学习了一些通用的算法，它们能在很多情况下达到和最佳算法接近的性能。

表 2.5.1 总结了在本章中我们学习过的排序算法的各种重要性质。除了希尔排序（它的复杂度只是一个近似）、插入排序（它的复杂度取决于输入元素的排列情况）和快速排序的两个版本（它们的复杂度和概率有关，取决于输入元素的分布情况）之外，将这些运行时间的增长数量级乘以适当的常数就能够大致估计出其运行时间。这里的常数有时和算法有关（比如堆排序的比较次数是归并排序的两倍，且两者访问数组的次数都比快速排序多得多），但主要取决于算法的实现、Java 编译器以及你的计算机，这些因素决定了需要执行的机器指令的数量以及每条指令所需的执行时间。最重要的是，因为这些都是常数，你能通过较小的 N 得到的实验数据和我们的标准双倍测试来推测较大的 N 所需的运行时间。

表 2.5.1 各种排序算法的性能特点

算 法	是否稳定	是否为原地排序	将 N 个元素排序的复杂度		备 注
			时间复杂度	空间复杂度	
选择排序	否	是	N^2	1	
插入排序	是	是	介于 N 和 N^2 之间	1	取决于输入元素的排列情况
希尔排序	否	是	$N\log N$? $N^{6/5}$?	1	
快速排序	否	是	$N\log N$	$\lg N$	运行效率由概率提供保证
三向快速排序	否	是	介于 N 和 $N\log N$ 之间	$\lg N$	运行效率由概率保证，同时也取决于输入元素的分布情况
归并排序	是	否	$N\log N$	N	
342 堆排序	否	是	$N\log N$	1	

性质 T。快速排序是最快的通用排序算法。

例证。自从数十年前快速排序发明以来，它在无数计算机系统中的无数实现已经证明了这一点。总的来说，快速排序之所以最快是因为它的内循环中的指令很少（而且它还能利用缓存，因为它总是顺序地访问数据），所以它的运行时间的增长数量级为 $\sim cN\lg N$，而这里的 c 比其他线性对数级别的排序算法的相应常数都要小。在使用三向切分之后，快速排序对于实际应用中可能出现的某些分布的输入变成线性级别的了，而其他的排序算法则仍然需要线性对数时间。

因此，在大多数实际情况中，快速排序是最佳选择。当然，面对多种排序方法和各式计算机及系统，这么一句干巴巴的话很难让人信服。例如，我们已经见过一个明显的例外：如果稳定性很重要而空间又不是问题，归并排序可能是最好的。我们会在第 5 章中见到更多例外。有了 SortCompare 这样的工具，再加上一点时间和努力，你能够更仔细地比较这些算法的性能并实现我们讨论过的各种改进方案，详见本节最后的若干练习。也许证明性质 T 的最好方式正如这里所说，在运行时间至关重要的任何排序应用中认真地考虑使用快速排序。

2.5.2.1 将原始类型数据排序

一些性能优先的应用的重点可能是将数字排序，因此更合理的做法是跳过引用直接将原始数据类型的数据排序。例如，想想将一个 double 类型的数组和一个 Double 类型的数组排序的差别。对于前者我们可以直接交换这些数并将数组排序；而对于后者，我们交换的是存储了这些数字的 Double 对象的引用。如果我们只是在将一大组数排序的话，跳过引用可以为我们节省存储所有引用所需的空间和通过引用来访问数字的成本，更不用说那些调用 compareTo() 和 less() 方法的开销了。把 Comparable 接口替换为原始数据类型名，重定义 less() 方法或者干脆将调用 less() 的地方替换为 a[i] < a[j] 这样的代码，我们就能得到可以将原始数据类型的数据更快地排序的各种算法（请见练习 2.1.26）。

2.5.2.2 Java 系统库的排序算法

为了演示表 2.5.1 所示的数据，这里我们考虑 Java 系统库中的主要排序方法 java.util. 343
Arrays.sort()。根据不同的参数类型，它实际上代表了一系列排序方法：

- 每种原始数据类型都有一个不同的排序方法；
- 一个适用于所有实现了 Comparable 接口的数据类型的排序方法；
- 一个适用于实现了比较器 Comparator 的数据类型的排序方法。

Java 的系统程序员选择对原始数据类型使用（三向切分的）快速排序，对引用类型使用归并排序。这些选择实际上也暗示着用速度和空间（对于原始数据类型）来换取稳定性（对于引用类型），如刚才讨论的那样。

我们讨论过的这些算法和思想是包括 Java 的许多现代系统的核心组成部分。当为实际应用开发 Java 程序时，你会发现 Java 的 Arrays.sort() 实现（可能再加上你自己实现的 compareTo() 或者 compare()）已经基本够用了，因为它使用的三向快速排序和归并排序都是经典。

在本书中我们一般都会使用我们自己的 Quick.sort() 或者 Merge.sort()（在稳定性比空间更重要时）。你也可以使用 Arrays.sort()，或者在特殊的情况下使用其他排序算法。

2.5.3 问题的归约

使用排序算法来解决其他问题的思想是算法设计领域的基本技巧——归约的一个例子。因为归约十分重要，我们会在第 6 章详细讨论它，同时研究几个具体实例。*归约*指的是为解决某个问题而发明的算法正好可以用来解决另一种问题。应用程序员对于归约的概念已经很熟悉了（无论是否明确地知道这一点）——每次你在使用解决问题 B 的方法来解决问题 A 时，你都是在将 A 归约为 B。实际上，实现算法的一个目标就是使算法的适用性尽可能广泛，使得问题的归约更简单。作为例子，我们先看看几个简单的排序问题。很多这种问题都以算法测验的形式出现，而解决它们的第一想法往往是平方级别的暴力破解。但很多情况下如果先将数据排序，那么解决剩下的问题就只需要线性级别的时间了，这样归约后的运行时间的增长数量级就由平方级别降低到了线性对数级别。

2.5.3.1 找出重复元素：

在一个 Comparable 对象的数组中是否存在重复元素？有多少重复元素？哪个值出现得最频繁？对于小数组，用平方级别的算法将所有元素互相比较一遍就足以解答这些问题。但这么做对于
344 大数组行不通。但有了排序，你就能在线性对数的时间内回答这些问题：首先将数组排序，然后遍历有序的数组，记录连续出现的重复元素即可。例如，下面就是一段统计数组中不重复的元素个数的代码。只要稍稍修改这段代码你就能回答上面的问题，还可以打印所有不同元素的值、所有重复元素的值，等等，即使数组很大也无妨。

```
Quick.sort(a);
int count = 1; // 假设a.length > 0.
for (int i = 1; i < a.length; i++)
   if (a[i].compareTo(a[i-1]) != 0)
      count++;
```

统计a[]中不重复元素的个数

2.5.3.2 排名

一组*排列*（或是*排名*）就是一组 N 个整数的数组，其中 0 到 N–1 的每个数都只出现一次。两个排列之间的 Kendall tau *距离*就是在两组数列中顺序不同的数对的数目。例如，0 3 1 6 2 5 4 和 1 0 3 6 4 2 5 之间的 Kendall tau *距离*是 4，因为 0-1、3-1、2-4、5-4 这 4 对数字在两组排列中的相对顺序不同，但其他数字的相对顺序都是相同的。这种统计方法的应用十分广泛。在社会学中它被用于研究社会选择和投票理论，在分子生物学中被用于使用基因表达图谱比较基因，在网络中被用于搜索引擎结果的排名，等等。某个排列和标准排列（即每个元素都在正确位置上的排列）的 Kendall tau *距离*就是其中逆序数对的数量。根据插入排序设计一个平方级别的算法来计算它并不困难（请回想 2.1 节中的命题 C）。高效地计算 Kendall tau 距离可以留给已经熟悉那些经典的排序算法的程序员（或者学生）作为一个有趣的练习（请见练习 2.5.19）。

2.5.3.3 优先队列

在 2.4 节中我们已经见过两个被归约为优先队列操作的问题的例子。一个是 2.4.2.1 节中的 TopM，它能够找到输入流中 M 个最大的元素；另一个是 2.4.4.7 节中的 Multiway，它能够将 M 个输入流归并为一个有序的输出流。这两个问题都可以轻易用长度为 M 的优先队列解决。

2.5.3.4 中位数与顺序统计

一个和排序有关但又不需要完全排序的重要应用就是找出一组元素的*中位数*（中间值，它不大于一半的元素又不小于另一半元素）。查找中位数在统计学计算和许多数据处理的应用程序中都很常见。它是一种特殊的*选择*：找到一组数中的第 k 小的元素（如下页代码所示）。“选择”在处理实验数据和其他数据中应用广泛，使用中位数和其他*顺序统计*来切分一个数组也很常见。一般，我
345 们只需要处理一个很大的数组中的一小部分，在这种情况下，一个程序可以选择，比如将前 10% 的元素完全排序即可。2.4 节中我们的 TopM 用优先队列为无界限输入解决了这个问题。除了 TopM，另一种选择是直接将数组中的元素排序。在调用 Quick.sort(a) 之后，数组中的 k 个最小的元素就是数组的前 k 个元素，其中 k 小于数组长度。但这种方法需要调用排序，所以运行时间的增长数

量级是线性对数的。

```
public static Comparable
select(Comparable[] a, int k)
{
   StdRandom.shuffle(a);
   int lo = 0, hi = a.length - 1;
   while (hi > lo)
   {
      int j = partition(a, lo, hi);
      if      (j == k)  return a[k];
      else if (j > k)   hi = j - 1;
      else if (j < k)   lo = j + 1;
   }
   return a[k];
}
```

找到一组数中的第k小元素

还有更好的办法吗？当k很小或者很大时找出数组中的k个最小值都很简单，但当k和数组大小成一定比例时这个任务就变得比较困难了，比如找到中位数（k=N/2）。让人惊讶的是其实上面的 select() 方法能够在线性时间内解决这个问题（这个实现需要在用例中进行类型转换；去掉这个限制的代码请见本书的网站）。为了完成这个任务，select() 用两个变量 hi 和 lo 来限制含有要选择的k元素的子数组，并用快速排序的切分法来缩小子数组的范围。请回想 partition() 方法，它会将数组的 a[lo] 至 a[hi] 重新排列并返回一个整数 j 使得 a[lo..j-1] 小于等于 a[j] 且 a[j+1..hi] 大于等于 a[j]。那么，如果 k = j，问题就解决了。如果 k < j，我们就需要切分左子数组（令 hi = j-1）；如果 k > j，我们则需要切分右子数组（令 lo = j+1）。这个循环保证了数组中 lo 左边的元素都小于等于 a[lo..hi]，而 hi 右边的元素都大于等于 a[lo..hi]。我们不断地切分直到子数组中只含有第k个元素，此时 a[k] 含有最小的（k+1）个元素，a[0] 到 a[k-1] 都小于等于 a[k]，而 a[k+1] 及其后的元素都大于等于 a[k]。至于为何这个算法是线性级别的，是因为假设每次都正好将数组二分，那么比较的总次数为（N+N/2+N/4+N/8···），直到找到第k的元素，这个和显然小于 2N。和快速排序一样，这里也需要一点数学知识来得到比较的上界，它比快速排序略高。这个算法和快速排序的另一个共同点是这段分析依赖于使用随机的切分元素，因此它的性能保证也来自于概率。 346

用快速排序的切分来查找中位数的可视轨迹如图 2.5.2 所示。

命题 U。平均来说，基于切分的选择算法的运行时间是线性级别的。

证明。该命题的分析和快速排序的命题 K 的证明类似，但要复杂得多。结论就是算法的平均比较次数为 $\sim 2N+2k\ln(N/k)+2(N-k)\ln(N/(N-k))$，这对于所有合法的$k$值都是线性的。例如，这个公式说明找到中位数 ($k=N/2$) 平均需要 $\sim(2+2\ln 2)N$ 次比较。注意，最坏的情况下算法的运行时间仍然是平方级别的，但与快速排序一样，将数组乱序化可以有效防止这种情况出现。

设计一个能够保证在最坏情况下也只需要线性比较次数的算法是计算复杂性领域的一个经典问题，但到目前为止仍然没有一个能够实用的算法。 347

2.5.4 排序应用一览

排序的直接应用极为普遍和广泛，无法一一列举。你可以将歌曲按照曲名或是歌手排序，将邮件按照时间或是发件人排序（或者来电按照时间或来电者排序），将照片按照日期排序。大学会将学生的账户按照姓名或是 ID 排序。信用卡公司会将上百万甚至上亿的交易按照日期或是金额排序。科学家会将实验数据按照时间或其他标准排序来精确地模拟现实世界，从粒子或者天体的运动，到物质的结构，到社会中的人际关系。实际上，很难找到和排序无关的任何计算性应用！为了更好地说明这一点，我们在这一小节中举几个比应用归约更加复杂的例子，其中几个我们会在本书的其他章节更加详细地研究。

2.5.4.1 商业计算

世界已经被信息的海洋所淹没。政府组织、金融机构和商业公司都依赖排序来管理大量的信息。无论这些信息是按照名字或者数字排序的账号、按照日期或者金额排序的交易、按照邮编或者地址排序的邮件、按照名称或者日期排序的文件等，处理这些数据必然需要排序算法。一般这些信息都会存储在大型的数据库里，能够按照多个键排序以提高搜索效率。一个普遍使用的有效方法是先收集新的信息并添加到数据库，将其按感兴趣的键排序，然后将每个键的排序结果归并到已存在的数据库中。从计算机发明的早期开始，我们学习过的这些方法就已经被用来构建庞大的基础数据，处理它们的方法则是所有这些商业活动的基石。今天，我们能够按部就班地处理上百万甚至上亿大小的数组——没有线性对数级别的排序算法也就没法将它们排序，进一步处理这些数据也会极端困难，甚至是不可能的。

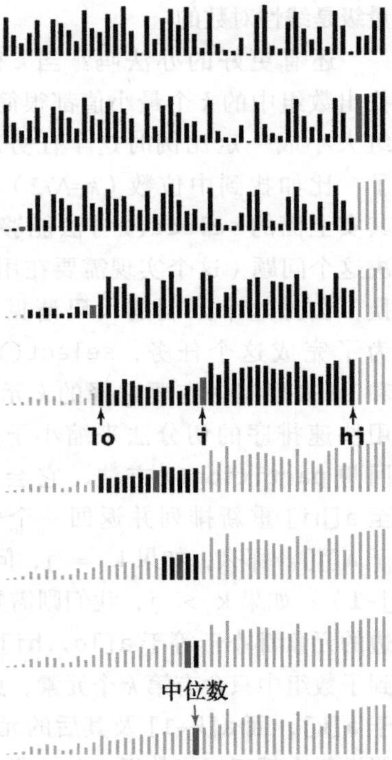

图 2.5.2 用切分找出中位数（另见彩插）

2.5.4.2 信息搜索

有序的信息确保我们可以用经典的*二分查找法*（见第 1 章）来进行高效的搜索。你会看到许多其他种类的查询也可以用相同的方式完成。有多少元素小于给定的元素？有哪些在给定的范围之内？在第 3 章中我们不但会解答这些问题，还会具体学习排序算法和二分查找的各种扩展，使得我们能够用删除和插入的混合操作解答这些问
348 题，并保证所有操作的对数级别的性能。

2.5.4.3 运筹学

*运筹学*指的是研究数学模型并将其应用于问题解决和决策的领域。在本书中我们会看到若干运筹学和算法研究的关系的例子。这里我们先来看排序算法在运筹学的经典问题——*调度*中的应用。假设我们需要完成 N 个任务，第 j 个任务需要耗时 t_j 秒。我们需要在完成所有任务的同时尽量确保客户满意，将每个任务的平均完成时间最小化。按照*最短优先*的原则，只要我们将任务按照处理时间升序排列就可以达到目标。因此我们可以将任务按照耗时排序，或是将它们插入到一个最小优先队列中。如果加上其他各种限制，我们可以得到不同的调度问题，这在工业界的应用中很常见，也被很好地研究过。另一个例子是*负载均衡*问题。假设我们有 M 个相同的处理器以及 N 个任务，我们的目标是用尽可能短的时间在这些处理器上完成所有的任务。这个问题是 NP- 困难的（请见第 6 章），因此我们实际上不可能算出一种最优的方案。但一种较优调度方法是*最大优先*。我们将任务按照耗时降序排列，将每个任务依次分配给当前可用的处理器。要实现这种算法，我们先要逆序排列这些任务，然后为 M 个处理器维护一个优先队列，每个元素的优先级就是对应的处理器上运行的任务的耗时之和。每一步中，我们都删去优先级最低的那个处理器，将下一个任务分配给这个处理器，然后再将它重新插入优先队列。

2.5.4.4 事件驱动模拟

很多科学上的应用都涉及模拟，用大量计算来将现实世界的某个方面建模以期能够更好地理解它。在计算机发明之前，科学家们除了构建数学模型之外别无选择，而现在计算机模型很好地补充

了这些数学模型。逼真地模拟现实世界是很有挑战的，而使用正确的算法使得我们能够在有限的时间内完成这些模拟，而不是无奈地接受不精确的实验结果或是无尽地等待计算的完成。我们会在第 6 章中展示能够说明这一点的一个具体例子。

2.5.4.5 数值计算

在科学计算中，精确度非常重要（我们距离真正的答案有多远），特别是当我们在计算机中使用的只是真正的实数的近似值——浮点数来进行上百万次计算的时候。一些数值计算算法使用优先队列和排序来控制计算中的精确度。例如，在求曲线下区域的面积时，数值积分的一个方法就是使用一个优先队列存储一组小间隔中每段的近似精确度。积分的过程就是删去精确度最低的间隔并将其分为两半（这样两半都能变得更加精确），然后将两半都重新加入优先队列。如此这般，直到达到预期的精确程度。 349

2.5.4.6 组合搜索

人工智能领域一个解决“疑难杂症”的经典范式就是定义一组状态、由一组状态演化到另一组状态可能的步骤以及每个步骤的优先级，然后定义一个*起始状态*和*目标状态*（也就是问题的解决办法）。著名的 A* 算法的解决办法就是将起始状态放入优先队列中，然后重复下面的方法直到到达目的地：删去优先级最高的状态，然后将能够从该状态在一步之内达到的所有状态全部加入优先队列（除了刚刚删去的那个状态之外）。和事件驱动模拟一样，这个过程简直就是为优先队列量身定做的。它将问题的解决转化为了定义一个适当的优先级函数问题。例子请见练习 2.5.32。

除了这些直接应用之外（我们只说了很小的一部分而已），排序和优先队列在算法设计领域也是很重要的抽象概念，因此本书会经常用到它们。下面我们举了一些本书后续内容中的应用作为例子，它们都依赖于本章中的排序算法和优先队列数据类型的高效实现。

- **Prim 算法和 Dijkstra 算法**

它们都是第 4 章中的经典算法。第 4 章的主题是图的处理算法，图是由*结点*和连接两个结点的*边*组成的一种重要的基础模型。图算法的基石就是*图的搜索*，也就是一个结点一个结点地查找，优先队列在其中扮演了重要的角色。 350

- **Kruskal 算法**

这是图中的加权图的另一个经典算法，其中边的处理顺序取决于它的权重。算法的运行时间是由排序所需的时间决定的。

- **霍夫曼压缩**

这是一个经典的*数据压缩*算法。它处理的数据中的每个元素都有一个小整数作为权重，而处理的过程就是将权重最小的两个元素归并成一个新元素，并将其权重相加得到新元素的权重。使用优先队列可以立即实现这个算法。其他几种数据压缩算法也是基于排序的。

- **字符串处理**

字符串处理算法在现代密码学和基因组学中起着关键性的作用。它们也常常依赖于排序算法（一般都会使用第 5 章中所讨论的特殊的字符串排序算法）。例如，在第 6 章中我们在学习找出给定字符串中的*最长重复子字符串*算法时会先将字符串的后缀排序。 351

答疑

问 Java 的系统库中有优先队列这种数据类型吗？ 352

答 有，请见 `java.util.PriorityQueue`。

练习

2.5.1 在下面这段 String 类型的 compareTo() 方法的实现中，第三行对提高运行效率有何帮助？

```
public int compareTo(String that)
{
   if (this == that) return 0;  // 这一行
   int n = Math.min(this.length(), that.length());
   for (int i = 0; i < n; i++)
   {
      if     (this.charAt(i) < that.charAt(i)) return -1;

      else if (this.charAt(i) > that.charAt(i)) return +1;
   }
   return this.length() - that.length();
}
```

2.5.2 编写一段程序，从标准输入读入一列单词并打印出其中所有由两个单词组成的组合词。例如，如果输入的单词为 after、thought 和 afterthought，那么 afterthought 就是一个组合词。

2.5.3 找出下面这段账户余额 Balance 类的实现代码的错误。为什么 compareTo() 方法对 Comparable 接口的实现有缺陷？

```
public class Balance implements Comparable<Balance>
{
   ...
   private double amount;
   public int compareTo(Balance that)
   {
      if (this.amount < that.amount - 0.005) return
-1;
      if (this.amount > that.amount + 0.005) return
+1;
      return 0;
   }
   ...
}
```

说明如何修正这个问题。

2.5.4 实现一个方法 String[] dedup(String[] a)，返回一个有序的 a[]，并删去其中的重复元素。

2.5.5 说明为何选择排序是不稳定的。

2.5.6 用递归实现 select()。

2.5.7 用 select() 找出 N 个元素中的最小值平均大约需要多少次比较？

2.5.8 编写一段程序 Frequency，从标准输入读取一列字符串并按照字符串出现频率由高到低的顺序打印出每个字符串及其出现次数。

2.5.9 为将右侧所示的数据排序编写一个新的数据类型。

2.5.10 创建一个数据类型 Version 来表示软件的版本，例如 115.1.1、115.10.1、115.10.2。为它实现 Comparable 接口，其中 115.1.1 的版本低于 115.10.1。

输入DJIA每天的成交量

```
 1-Oct-28     3500000
 2-Oct-28     3850000
 3-Oct-28     4060000
 4-Oct-28     4330000
 5-Oct-28     4360000
 ...
30-Dec-99   554680000
31-Dec-99   374049984
 3-Jan-00   931800000
 4-Jan-00  1009000000
 5-Jan-00  1085500032
 ...
```

输出

```
19-Aug-40 130000
26-Aug-40 160000
24-Jul-40 200000
10-Aug-42 210000
23-Jun-42 210000
...
23-Jul-02 2441019904
17-Jul-02 2566500096
15-Jul-02 2574799872
19-Jul-02 2654099968
24-Jul-02 2775559936
```

2.5.11 描述排序结果的一种方法是创建一个保存 0 到 `a.length-1` 的排列 `p[]`，使得 `p[i]` 的值为 `a[i]` 元素的最终位置。用这种方法描述插入排序、选择排序、希尔排序、归并排序、快速排序和堆排序对一个含有 7 个相同元素的数组的排序结果。 353~354

提高题

2.5.12 **调度**。编写一段程序 SPT.java，从标准输入中读取任务的名称和所需的运行时间，用 2.5.4.3 节所述的最短处理时间优先的原则打印出一份调度计划，使得任务完成的平均时间最小。

2.5.13 **负载均衡**。编写一段程序 LPT.java，接受一个整数 M 作为命令行参数，从标准输入中读取任务的名称和所需的运行时间，用 2.5.4.3 节所述的最长处理时间优先原则打印出一份调度计划，将所有任务分配给 M 个处理器并使得所有任务完成所需的总时间最少。

2.5.14 **逆域名排序**。为域名编写一个数据类型 `Domain` 并为它实现一个 `compareTo()` 方法，使之能够按照逆向的域名排序。例如，域名 cs.princeton.edu 的逆是 edu.princeton.cs。这在网络日志处理时很有用。**提示**：使用 `s.split("\\.")` 将域名用点分为若干部分。编写一个 `Domain` 的用例，从标准输入读取域名并将它们按照逆域名有序地打印出来。

2.5.15 **垃圾邮件大战**。在非法垃圾邮件之战的伊始，你有一大串来自各个域名（也就是电子邮件地址中 @ 符号后面的部分）的电子邮件地址。为了更好地伪造回信地址，你应该总是从相同的域中向目标用户发送邮件。例如，从 wayne@cs.princeton.edu 向 rs@cs.princeton.edu 发送垃圾邮件就很不错。你会如何处理这份电子邮件列表来高效地完成这个任务呢？

2.5.16 **公正的选举**。为了避免对名字排在字母表靠后的候选人的偏见，加州在 2003 年的州长选举中将所有候选人按照以下字母顺序排列：

```
R W Q O J M V A H B S G Z X N T C I E K U P D Y F L
```

创建一个遵守这种顺序的数据类型并编写一个用例 California，在它的静态方法 `main()` 中将字符串按照这种方式排序。假设所有字符串全部都是大写的。

2.5.17 **检测稳定性**。扩展练习 2.1.16 中的 `check()` 方法，对指定数组调用 `sort()`，如果排序结果是稳定的则返回 `true`，否则返回 `false`。不要假设 `sort()` 只会使用 `exch()` 移动数据。 355

2.5.18 **强制稳定**。编写一段能够将任意排序方法变得稳定的封装代码，创建一种新的数据类型作为键，将键的原始索引保存在其中，并在调用 `sort()` 之后再恢复原始的键。

2.5.19 **Kendall tau 距离**。编写一段程序 KendallTau.java，在线性对数时间内计算两组排列之间的 Kendall tau 距离。

2.5.20 **空闲时间**。假设有一台计算机能够并行处理 N 个任务。编写一段程序并给定一系列任务的起始时间和结束时间，找出这台机器最长的空闲时间和最长的繁忙时间。

2.5.21 **多维排序**。编写一个 `Vector` 数据类型并将 d 维整型向量排序。排序方法是先按照一维数字排序，一维数字相同的向量则按照二维数字排序，再相同的向量则按照三维数字排序，如此这般。

2.5.22 **股票交易**。投资者对一只股票的买卖交易都发布在电子交易市场中。他们会指定最高买入价和最低卖出价，以及在该价位买卖的笔数。编写一段程序，用优先队列来匹配买家和卖家并用模拟数据进行测试。可以使用两个优先队列，一个用于买家一个用于卖家，当一方的报价能够和另一方的一份或多份报价匹配时就进行交易。

2.5.23 **选择的取样**：实验使用取样来改进 `select()` 函数的想法。**提示**：使用中位数可能并不总是有效。

2.5.24 稳定的优先队列。实现一个稳定的优先队列（将重复的元素按照它们被插入的顺序返回）

2.5.25 平面上的点。为表 1.2.3 的 Point2D 类型编写三个静态的比较器，一个按照 x 坐标比较，一个按照 y 坐标比较，一个按照点到原点的距离进行比较。编写两个非静态的比较器，一个按照两点到第三点的距离比较，一个按照两点相对于第三点的幅角比较。

356 2.5.26 简单多边形。给定平面上的 N 个点，用它们画出一个多边形。提示：找到 y 坐标最小的点 p，在有多个最小 y 坐标的点时取 x 坐标最小者，然后将其他点按照以 p 为原点的幅角大小的顺序依次连接起来。

2.5.27 平行数组的排序。在将平行数组排序时，可以将索引排序并返回一个 index[] 数组。为 Insertion 添加一个 indirectSort() 方法，接受一个 Comparable 的对象数组 a[] 作为参数，但它不会将 a[] 中的元素重新排列，而是返回一个整形数组 index[] 使得 a[index[0]] 到 a[index[N-1]] 正好是升序的。

2.5.28 按文件名排序。编写一个 FileSorter 程序，从命令行接受一个目录名并打印出按照文件名排序后的所有文件。提示：使用 File 数据类型。

2.5.29 按大小和最后修改日期将文件排序。为 File 数据类型编写比较器，使之能够将文件按照大小、文件名或最后修改日期将文件升序或者降序排列。在程序 LS 中使用这些比较器，它接受一个命令行参数并根据指定的顺序列出目录的内容。例如，"-t" 指按照时间戳排序。支持多个选项以消除排序位次相同者，同时必须确保排序的稳定性。

357 2.5.30 Boerner 定理。真假判断：如果你先将一个矩阵的每一列排序，再将矩阵的每一行排序，所有的列仍然是有序的。证明你的结论。

实验题

2.5.31 重复元素。编写一段程序，接受命令行参数 M、N 和 T，然后使用正文中的代码进行 T 遍实验：生成 N 个 0 到 M–1 间的 int 值并计算重复值的个数。令 T=10，N=10^3、10^4、10^5 和 10^6 以及 M=N/2、N 和 2N。根据概率论，重复值的个数应该约为 $(1-e^{-\alpha})$，其中 $\alpha=N/M$。打印一张表格来确认你的实验验证了这个公式。

2.5.32 8 字谜题。8 字谜题是 S. Loyd 于 19 世纪 70 年代发明的一个游戏。游戏需要一个三乘三的九宫格，其中八格中填上了 1 到 8 这 8 个数字，一格空着。你的目标就是将所有的格子排序。可以将一个格子向上下或者左右移动（但不能是对角线方向）到空白的格子中。编写一个程序用 A* 算法解决这个问题。先用到达九宫格的当前位置所需的步数加上错位的格子数量作为优先级函数（注意，步数至少大于等于错位的格子数）。尝试用其他函数代替错位的格子数量，比如每个格子距离它的正确位置的曼哈顿距离，或是这些距离的平方之和。

2.5.33 随机交易。开发一个接受参数 N 的生成器，根据你能想到的任意假设条件生成 N 个随机的 Transaction 对象（请见练习 2.1.21 和练习 2.1.22）。对于 N=10^3、10^4、10^5 和 10^6，比较用希尔排序、
358 归并排序、快速排序和堆排序将 N 个交易排序的性能。

第3章 查 找

现代计算机和网络使我们能够访问海量的信息。高效检索这些信息的能力是处理它们的重要前提。本章描述的都是数十年来在广泛应用中经过实践检验的经典查找算法。没有这些算法，现代信息世界的基础计算设施都无从谈起。

我们会使用符号表这个词来描述一张抽象的表格，我们会将信息（值）存储在其中，然后按照指定的键来搜索并获取这些信息。键和值的具体意义取决于不同的应用。符号表中可能会保存很多键和很多信息，因此实现一张高效的符号表也是一项很有挑战性的任务。

符号表有时被称为字典，类似于那本将单词的释义按照字母顺序排列起来的历史悠久的参考书。在英语字典里，键就是单词，值就是单词对应的定义、发音和词源。符号表有时又叫做索引，即书本最后将术语按照字母顺序列出以方便查找的那部分。在一本书的索引中，键就是术语，而值就是书中该术语出现的所有页码。

在说明了基本的 API 和两种重要的实现之后，我们会学习用三种经典的数据类型来实现高效的符号表：二叉查找树、红黑树和散列表。在总结中我们会看到它们的若干扩展和应用，它们的实现都有赖于我们在本章中将会学到的高效算法。 359~361

3.1 符号表

符号表最主要的目的就是将一个键和一个值联系起来。用例能够将一个键值对插入符号表并希望在之后能够从符号表的所有键值对中按照键直接找到相对应的值。本章会讲解多种构造这样的数据结构的方法，它们不光能够高效地插入和查找，还可以进行其他几种方便的操作。要实现符号表，我们首先要定义其背后的数据结构，并指明创建并操作这种数据结构以实现插入、查找等操作所需的算法。

查找在大多数应用程序中都至关重要，许多编程环境也因此将符号表实现为高级的抽象数据结构，包括 Java——我们会在 3.5 节中讨论 Java 的符号表实现。表 3.1.1 给出的例子是在一些典型的应用场景中可能出现的键和值。我们马上会看到一些参考性的用例，3.5 节的目的就是向你展示如何在程序中有效地使用符号表。本书中我们还会在其他算法中使用符号表。

定义。符号表是一种存储键值对的数据结构，支持两种操作：插入（put），即将一组新的键值对存入表中；查找（get），即根据给定的键得到相应的值。

表 3.1.1　典型的符号表应用

应　用	查找的目的	键	值
字典	找出单词的释义	单词	释义
图书索引	找出相关的页码	术语	一串页码
文件共享	找到歌曲的下载地址	歌曲名	计算机 ID
账户管理	处理交易	账户号码	交易详情
网络搜索	找出相关网页	关键字	网页名称
编译器	找出符号的类型和值	变量名	类型和值

362

3.1.1 API

符号表是一种典型的*抽象数据类型*（请见第 1 章）：它代表着一组定义清晰的值以及相应的操作，使得我们能够将类型的实现和使用区分开来。和以前一样，我们要用应用程序编程接口（API）来精确地定义这些操作（如表 3.1.2 所示），为数据类型的实现和用例提供一份“契约”。

表 3.1.2　一种简单的泛型符号表 API

public class **ST<Key, Value>**	
ST()	创建一张符号表
void put(Key key, Value val)	将键值对存入表中（若值为空则将键 key 从表中删除）
Value get(Key key)	获取键 key 对应的值（若键 key 不存在则返回 null）
void delete(Key key)	从表中删去键 key（及其对应的值）
boolean contains(Key key)	键 key 在表中是否有对应的值
boolean isEmpty()	表是否为空
int size()	表中的键值对数量
Iterable<Key> keys()	表中的所有键的集合

在查看用例代码之前，为了保证代码的一致、简洁和实用，我们要先说明具体实现中的几个设计决策。

3.1.1.1 泛型

和排序一样，在设计方法时我们没有指定处理对象的类型，而是使用了泛型。对于符号表，我们通过明确地指定查找时键和值的类型来区分它们的不同角色，而不是像 2.4 节的优先队列那样将键和元素本身混为一谈。在考虑了这份基本的 API 后（例如，这里没有说明键的有序性），我们会用 Comparable 的对象来扩展典型的用例，这也会为数据类型带来许多新的方法。

3.1.1.2 重复的键

我们的所有实现都遵循以下规则：

- 每个键只对应着一个值（表中不允许存在重复的键）；
- 当用例代码向表中存入的键值对和表中已有的键（及关联的值）冲突时，新的值会替代旧的值。

这些规则定义了*关联数组的抽象形式*。你可以将符号表想象成一个数组，键即索引，值即数组的元素。在一个一般的数组中，键就是整型的索引，我们用它来快速访问数组的内容；在一个关联数组（符号表）中，键可以是任意类型，但我们仍然可以用它来快速访问数组的内容。一些编程语言（非 Java）直接支持程序员使用 st[key] 来代替 st.get(key)，st[key]=val 来代替 st.put(key, val)，其中 key（键）和 val（值）都可以是任意类型的对象。 363

3.1.1.3 空（null）键

键不能为空。和 Java 中的许多其他机制一样，使用空键会产生一个运行时异常（请见本节答疑的第三条）。

3.1.1.4 空（null）值

我们还规定不允许有空值。这个规定的直接原因是在我们的 API 定义中，当键不存在时 get() 方法会返回空，这也意味着任何不在表中的键关联的值都是空。这个规定产生了两个（我们所期望的）结果：第一，我们可以用 get() 方法是否返回空来测试给定的键是否存在于符号表中；第二，我们可以将空值作为 put() 方法的第二个参数存入表中来实现删除，也就是 3.1.1.5 节的主要内容。

3.1.1.5 删除操作

在符号表中，删除的实现可以有两种方法：*延时删除*，也就是将键对应的值置为空，然后在某个时候删去所有值为空的键；或是*即时删除*，也就是立刻从表中删除指定的键。刚才已经说过，put(key, null) 是 delete(key) 的一种简单的（延时型）实现。而实现（即时型）delete() 就是为了替代这种默认的方案。在我们的符号表实现中不会使用默认的方案，而在本书的网站上 put() 实现的开头有这样一句防御性代码：

```
if (val == null) { delete(key); return; }
```

这保证了符号表中任何键的值都不为空。为了节省版面我们没有在本书中附上这段代码（我们也不会在调用 put() 时使用 null）。

3.1.1.6 便捷方法

为了用例代码的清晰，我们在 API 中加入了 contains() 和 isEmpty() 方法，它们的实现如表 3.1.3 所示，只需要一行。

表 3.1.3 默认实现

方法	默认实现
void delete(Key key)	put(key, null);
boolean contains(key key)	return get(key) != null;
boolean isEmpty()	return size() == 0;

为节省篇幅，我们不想重复这些代码，但我们约定它们存在于所有符号表 API 的实现中，用例
364 程序可以自由使用它们。

3.1.1.7 迭代

为了方便用例处理表中的所有键值，我们有时会在 API 的第一行加上 implements Iterable<Key> 这句话，强制所有实现都必须包含 iterator() 方法来返回一个实现了 hasNext() 和 next() 方法的迭代器，如 1.3 节的栈和队列所述。但是对于符号表我们采用了一个更简单的方法。我们定义了 keys() 方法来返回一个 Iterable<Key> 对象以方便用例遍历所有的键。这么做是为了和以后的有序符号表的所有方法保持一致，使得用例可以遍历表的键集的一个指定的部分。

3.1.1.8 键的等价性

要确定一个给定的键是否存在于符号表中，首先要确立对象等价性的概念。我们在 1.2.5.8 节深入讨论过这一点。在 Java 中，按照约定所有的对象都继承了一个 equals() 方法，Java 也为它的标准数据类型例如 Integer、Double 和 String 以及一些更加复杂的类型，如 File 和 URL，实现了 equals() 方法——当使用这些数据类型时你可以直接使用内置的实现。例如，如果 x 和 y 都是 String 类型，当且仅当 x 和 y 的长度相同且每个位置上的字母都相同时，x.equals(y) 返回 true。而自定义的键则需要如 1.2 节所述重写 equals() 方法。你可以参考我们为 Date 类型（请见 1.2.5.8 节）实现的 equals() 方法为你自己的数据类型实现 equals() 方法。和 2.4.4.5 节中讨论
365 的优先队列一样，最好使用不可变的数据类型作为键，否则表的一致性是无法保证的。

3.1.2 有序符号表

典型的应用程序中，键都是 Comparable 的对象，因此可以使用 a.compareTo(b) 来比较 a 和 b 两个键。许多符号表的实现都利用了 Comparable 接口带来的键的有序性来更好地实现 put() 和 get() 方法。更重要的是在这些实现中，我们可以认为符号表都会保持键的有序并大大扩展它的 API，根据键的相对位置定义更多实用的操作。例如，假设键是时间，你可能会对最早的或是最晚的键或是给定时间段内的所有键等感兴趣。在大多数情况下用实现 put() 和 get() 方法背后的数据结构都不难实现这些操作。于是，对于 Comparable 的键，在本章中我们实现了表 3.1.4 中的 API。

表 3.1.4　一种有序的泛型符号表的 API

public class	ST<Key extends Comparable<key>, Value>	
	ST()	创建一张有序符号表
void	put(Key key, Value val)	将键值对存入表中（若值为空则将键 key 从表中删除）
Value	get(Key key)	获取键 key 对应的值（若键 key 不存在则返回空）
void	delete(Key key)	从表中删去键 key（及其对应的值）
boolean	contains(Key key)	键 key 是否存在于表中
boolean	isEmpty()	表是否为空
int	size()	表中的键值对数量
Key	min()	最小的键
Key	max()	最大的键
Key	floor(Key key)	小于等于 key 的最大键
Key	ceiling(Key key)	大于等于 key 的最小键
int	rank(Key key)	小于 key 的键的数量
Key	select(int k)	排名为 k 的键

（续）

public class **ST**<Key extends Comparable<key>, Value>		
void	deleteMin()	删除最小的键
void	deleteMax()	删除最大的键
int	size(Key lo, Key hi)	[lo..hi] 之间键的数量
Iterable<Key>	keys(Key lo, Key hi)	[lo..hi] 之间的所有键，已排序
Iterable<Key>	keys()	表中的所有键的集合，已排序

366

只要你见到类的声明中含有泛型变量 Key extends Comparable<Key>，那就说明这段程序是在实现这份 API，其中的代码依赖于 Comparable 的键并且实现了更加丰富的操作。上面所有这些操作一起为用例定义了一个*有序符号表*。

3.1.2.1 最大键和最小键

对于一组有序的键，最自然的反应就是查询其中的最大键和最小键。我们在 2.4 节讨论优先队列时已经遇到过这些操作。在有序符号表中，我们也有方法删除最大键和最小键（以及它们所关联的值）。有了这些，符号表就具有了类似于 2.4 节中 IndexMinPQ() 的能力。主要的区别在于优先队列中可以存在重复的键但符号表中不行，而且有序符号表支持的操作更多。

3.1.2.2 向下取整和向上取整

对于给定的键，*向下取整*（floor）操作（找出小于等于该键的最大键）和*向上取整*（ceiling）操作（找出大于等于该键的最小键）有时是很有用的。这两个术语来自于实数的取整函数（对一个实数 x 向下取整即为小于等于 x 的最大整数，向上取整则为大于等于 x 的最小整数）。

3.1.2.3 排名和选择

检验一个新的键是否插入合适位置的基本操作是*排名*（rank，找出小于指定键的键的数量）和*选择*（select，找出排名为 k 的键）。要测试一下你是否完全理解了它们的作用，请确认对于 0 到 size()-1 的所有 i 都有 i==rank(select(i))，且所有的键都满足 key==select(rank(key))。2.5 节中我们在学习排序时已经遇到过对这两种操作的需求了。对于符号表，我们的挑战是在实现插入、删除和查找的同时快速实现这两种操作。

有序符号表的操作示例如表 3.1.5 所示。

表 3.1.5 有序符号表的操作示例

	键	值
min() →	**09:00:00**	Chicago
	09:00:03	Phoenix
get(09:00:13) →	09:00:13	**Houston**
	09:00:59	Chicago
	09:01:10	Houston
floor(09:05:00) →	**09:03:13**	Chicago
	09:10:11	Seattle
select(7) →	**09:10:25**	Seattle
	09:14:25	Phoenix
keys(09:15:00, 09:25:00) →	**09:19:32**	Chicago
	09:19:46	Chicago
	09:21:05	Chicago
	09:22:43	Seattle
	09:22:54	Seattle
	09:25:52	Chicago
ceiling(09:30:00) →	**09:35:21**	Chicago
	09:36:14	Seattle
max() →	**09:37:44**	Phoenix

size(09:15:00, 09:25:00) = 5
rank(09:10:25) = 7

367

3.1.2.4 范围查找

给定范围内（在两个给定的键之间）有多少键？是哪些？在很多应用中能够回答这些问题并接受两个参数的 size() 和 keys() 方法都很有用，特别是在大型数据库中。能够处理这类查询是有序符号表在实践中被广泛应用的重要原因之一。

3.1.2.5 例外情况

当一个方法需要返回一个键但表中却没有合适的键可以返回时，我们约定抛出一个异常（另一种合理的方法是在这种情况下返回空）。例如，在符号表为空时，min()、max()、deleteMin()、deleteMax()、floor() 和 ceiling() 都会抛出异常，当 k<0 或 k>=size() 时 select(k) 也会抛出异常。

3.1.2.6 便捷方法

在基础 API 中我们已经见过了 contains() 和 isEmpty() 方法，为了用例的清晰我们又在 API 中添加了一些冗余的方法。为了节约版面，除非特别声明，我们约定所有有序符号表 API 的实现都含有如表 3.1.6 所示的方法。

表 3.1.6 有序符号表中冗余有序性方法的默认实现

方 法	默认的实现
void deleteMin()	delete(min());
void deleteMax()	delete(max());

int size(Key lo, Key hi)	if (hi.compareTo(lo) < 0)
	   return 0;
	else if (contains(hi))
	   return rank(hi) - rank(lo) + 1;
	else
	   return rank(hi) - rank(lo);

Iterable<Key> keys()	return keys(min(), max());

3.1.2.7 （再谈）键的等价性

Java 的一条最佳实践就是维护所有 Comparable 类型中 compareTo() 方法和 equals() 方法的一致性。也就是说，任何一种 Comparable 类型的两个值 a 和 b 都要保证 (a.compareTo(b)==0) 和 a.equals(b) 的返回值相同。为了避免任何潜在的二义性，我们不会在有序符号表的实现中使用 equals() 方法。作为替代，我们只会使用 compareTo() 方法来比较两个键，即我们用布尔表达式 a.compareTo(b)==0 来表示"a 和 b 相等吗？"。一般来说，这样的比较都代表着在符号表中
368 的一次成功查找（找到了 b）。和排序算法一样，Java 为许多经常作为键的数据类型提供了标准的 compareTo() 方法，为你自定义的数据类型实现一个 compareTo() 方法也不困难（参见 2.5 节）。

3.1.2.8 成本模型

无论我们是使用 equals() 方法（对于符号表的键不是 Comparable 对象而言）还是 compareTo() 方法（对于符号表的键是 Comparable 对象而言），我们使用比较一词来表示将一个符号表条目和一个被查找的键进行比较操作。在大多数的符号表实现中，这个操作都出现在内循环。在少数的例外中，我们则会统计数组的访问次数。

查找的成本模型。在学习符号表的实现时，我们会统计比较的次数（等价性测试或是键的相互比较）。在内循环不进行比较（极少）的情况下，我们会统计数组的访问次数。

符号表实现的重点在于其中使用的数据结构和 get()、put() 方法。在下文中我们不会总是给出其他方法的实现，因为将它们作为练习能够更好地检验你对实现背后的数据结构的理解程度。为了区别不同的实现，我们在特定的符号表实现的类名前加上了描述性前缀。在用例代码中，除非我们想使用一个特定的实现，我们都会使用 ST 表示一个符号表实现。在本章和其他章节中，经过学习和讨论过大量符号表的使用和实现后你会慢慢地理解这些 API 的设计初衷。同时我们也会在答疑
369 和练习中讨论算法设计时的更多选择。

3.1.3 用例举例

虽然我们会在 3.5 节中详细说明符号表的更多应用，在学习它的实现之前我们还是应该先看看如何使用它。相应地我们这里考察两个用例：一个用来跟踪算法在小规模输入下的行为测试用例，和一个用来寻找更高效的实现的性能测试用例。

3.1.3.1 行为测试用例

为了在小规模的输入下跟踪算法的行为，我们用以下测试用例测试我们对符号表的所有实现。这段代码会从标准输入接受多个字符串，构造一张符号表来将 `i` 和第 `i` 个字符串相关联，然后打印符号表。在本书中我们假设所有的字符串都只有一个字母。一般我们会使用 `"S E A R C H E X A M P L E"`。按照我们的约定，用例会将键 `S` 和 `0`，键 `R` 和 `3` 关联起来，等等。但 `E` 的值是 `12`（而非 `1` 或者 `6`），`A` 的值为 `8`（而非 `2`），因为我们的关联型数组意味着每个键的值取决于最近一次 `put()` 方法的调用。对于符号表的简单实现（无序），用例的输出中键的顺序是不确定的（这和具体实现有关）；对于有序符号表，用例应该将键按顺序打印出来。这是一种*索引*用例，它是我们将在 3.5 节中讨论的一种重要的符号表应用的一个特殊情况。

测试用例的实现代码如下所示。测试用例的键、值及输出如图 3.1.1 所示。

```
public static void main(String[] args)
{
   ST<String, Integer> st;
   st = new ST<String, Integer>();

   for (int i = 0; !StdIn.isEmpty(); i++)
   {
      String key = StdIn.readString();
      st.put(key, i);
   }

   for (String s : st.keys())
      StdOut.println(s + " " + st.get(s));
}
```

简单的符号表测试用例

键	S	E	A	R	C	H	E	X	A	M	P	L	E
值	0	1	2	3	4	5	6	7	8	9	10	11	12

简单符号表的（一种可能的）输出	有序符号表的输出
L 11	A 8
P 10	C 4
M 9	E 12
X 7	H 5
H 5	L 11
C 4	M 9
R 3	P 10
A 8	R 3
E 12	S 0
S 0	X 7

图 3.1.1 测试用例的键、值和输出 370

3.1.3.2 性能测试用例

`FrequencyCounter` 用例会从标准输入中得到的一列字符串并记录每个（长度至少达到指定的阈值）字符串的出现次数，然后遍历所有键并找出出现频率最高的键。这是一种*字典*，我们会在 3.5 节中更加详细地讨论这种应用。这个用例回答了一个简单的问题：哪个（不小于指定长度的）单词在一段文字中出现的频率最高？在本章中，我们会用这个用例以及三段文字来进行性能测试：狄更斯的《双城记》中的前五行（tinyTale.txt），《双城记》全书（tale.txt），以及一个知名的叫做 Leipzig Corpora Collection 的数据库（leipzig1M.txt），内容为一百万条随机从网络上抽取的句子。例如，这是 tinyTale.txt 的内容：

```
% more tinyTale.txt
it was the best of times it was the worst of times
it was the age of wisdom it was the age of foolishness
it was the epoch of belief it was the epoch of incredulity
it was the season of light it was the season of darkness
it was the spring of hope it was the winter of despair
```

小型测试输入

这段文字共有 60 个单词，去掉重复的单词还剩 20 个，其中 4 个出现了 10 次（频率最高）。对于这段文字，FrequencyCounter 可能会打印出 it、was、the 或者 of 中的某一个单词（具体会打印出哪一个取决于符号表的具体实现），以及它出现的频率 10。表 3.1.7 总结了大型测试输入流的性质。

表 3.1.7 大型测试输入流的性质

	tinyTale.txt		tale.txt		leipzig1M.txt	
	单词数	不同的单词数	单词数	不同的单词数	单词数	不同的单词数
所有单词	60	20	135 635	10 679	21 191 455	534 580
长度大于等于 8 的单词	3	3	14 350	5 131	4 239 597	299 593
371 长度大于等于 10 的单词	2	2	4 582	2 260	1 610 829	165 555

FrequencyCounter 用例实现过程如下所示。

符号表的用例

```
public class FrequencyCounter
{
   public static void main(String[] args)
   {
      int minlen = Integer.parseInt(args[0]);   // 最小键长
      ST<String, Integer> st = new ST<String, Integer>();
      while (!StdIn.isEmpty())
      {  // 构造符号表并统计频率
         String word = StdIn.readString();
         if (word.length() < minlen) continue;  // 忽略较短的单词
         if (!st.contains(word)) st.put(word, 1);
         else                    st.put(word, st.get(word) + 1);
      }
      // 找出出现频率最高的单词
      String max = " ";
```

```
    st.put(max, 0);
    for (String word : st.keys())
        if (st.get(word) > st.get(max))
            max = word;
    StdOut.println(max + " " + st.get(max));
  }
}
```

这个符号表的用例统计了标准输入中各个单词的出现频率，然后将频率最高的单词打印出来。命令行参数指定了表中的键的最短长度。

```
% java FrequencyCounter 1 < tinyTale.txt
it 10

% java FrequencyCounter 8 < tale.txt
business 122

% java FrequencyCounter 10 < leipzig1M.txt
government 24763
```

372

研究符号表处理大型文本的性能要考虑两个方面的因素：首先，每个单词都会被作为键进行搜索，因此处理性能和输入文本的单词总量必然有关；其次，输入的每个单词都会被存入符号表（输入中不重复单词的总数也就是所有键都被插入以后符号表的大小），因此输入流中不同的单词的总数也是相关的。我们需要这两个量来估计 FrequencyCounter 的运行时间（作为开始，请见练习 3.1.6）。我们会在学习了一些算法之后再回头说明一些细节，但你应该对类似这样的符号表应用的需求有一个大致的印象。例如，用 FrequencyCounter 分析 leipzig1M.txt 中长度不小于 8 的单词意味着，在一个含有数十万键值对的符号表中进行上百万次的查找，而互联网中的一台服务器可能需要在含有上百万个键值对的表中处理上亿的交易。

这个用例和所有这些例子都提出了一个简单的问题：我们的实现能够在一张用多次 get() 和 put() 方法构造出的巨型符号表中进行大量的 get() 操作吗？如果我们的查找操作不多，那么任意实现都能够满足需要。但没有一个高效的符号表作为基础是无法使用 FrequencyCounter 这样的程序来处理大型问题的。FrequencyCounter 是一种极为常见的应用的代表，它的这些特性也是许多其他符号表应用的共性：

- 混合使用查找和插入的操作；
- 大量的不同键；
- 查找操作比插入操作多得多；
- 虽然不可预测，但查找和插入操作的使用模式并非随机。

我们的目标就是实现一种符号表来满足这些能够解决典型的实际问题的用例的需要。

下面，我们将会学习两种初级的符号表实现并通过 FrequencyCounter 分别评估它们的性能。在之后的几节中，你会学习一些经典的实现，即使对于庞大的输入和符号表它们的性能仍然非常优秀。 373

3.1.4 无序链表中的顺序查找

符号表中使用的数据结构的一个简单选择是链表，每个结点存储一个键值对，如算法 3.1 中的代码所示。get() 的实现即为遍历链表，用 equals() 方法比较需被查找的键和每个结点中的键。如果匹配成功我们就返回相应的值，否则我们返回 null。put() 的实现也是遍历链表，用 equals() 方法比较需被查找的键和每个结点中的键。如果匹配成功我们就用第二个参数指定的值更新和该键相关联的值，否则我们就用给定的键值对创建一个新的结点并将其插入到链表的开头。这种方法也被称为*顺序查找*：在查找中我们一个一个地顺序遍历符号表中的所有键并使用 equals() 方法来寻找与被查找的键匹配的键。

算法 3.1（SequentialSearchST）用链表实现了符号表的基本 API，我们在第 1 章中的基础数据结构中学习过它。这里我们将 size()、keys() 和即时型的 delete() 方法留做练习。这些练习能够巩固并加深你对链表和符号表的基本 API 的理解。

这种基于链表的实现能够用于和我们的用例类似的、需要大型符号表的应用吗？我们已经说过，分析符号表算法比分析排序算法更困难，因为不同的用例所进行的操作序列各不相同。对于 FrequencyCounter，最常见的情形是虽然查找和插入的使用模式是不可预测的，但它们的使用肯定不是随机的。因此我们主要研究最坏情况下的性能。为了方便，我们使用**命中**表示一次成功的查找，**未命中**表示一次失败的查找。使用基于链表的符号表的索引用例的轨迹如图 3.1.2 所示。

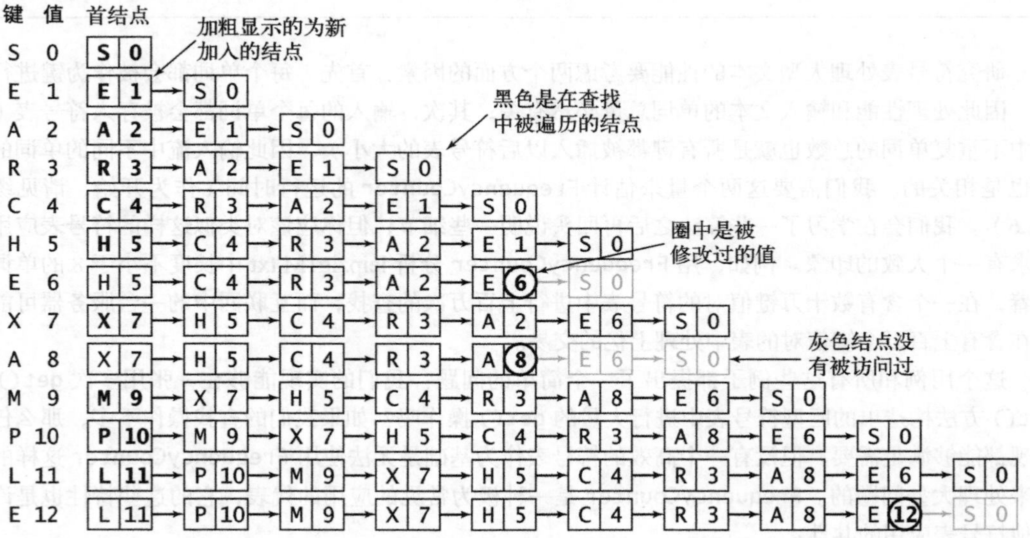

374 图 3.1.2 使用基于链表的符号表的索引用例的轨迹（另见彩插）

算法 3.1 顺序查找（基于无序链表）

```
public class SequentialSearchST<Key, Value>
{
   private Node first;          // 链表首结点
   private class Node
   {  // 链表结点的定义
      Key key;
      Value val;
```

```
        Node next;
        public Node(Key key, Value val, Node next)
        {
            this.key  = key;
            this.val  = val;
            this.next = next;
        }
    }
    public Value get(Key key)
    {  // 查找给定的键，返回相关联的值
        for (Node x = first; x != null; x = x.next)
            if (key.equals(x.key))
                return x.val;       // 命中
        return null;                // 未名中
    }
    public void put(Key key, Value val)
    { // 查找给定的键，找到则更新其值，否则在表中新建结点
        for (Node x = first; x != null; x = x.next)
            if (key.equals(x.key))
            {  x.val = val; return;  }        // 命中，更新
        first = new Node(key, val, first); // 未命中，新建结点
    }
}
```

符号表的实现使用了一个私有内部 Node 类来在链表中保存键和值。get() 的实现会顺序地搜索链表查找给定的键（找到则返回相关联的值）。put() 的实现也会顺序地搜索链表查找给定的键，如果找到则更新相关联的值，否则它会用给定的键值对创建一个新的结点并将其插入到链表的开头。size()、keys() 和即时型的 delete() 方法的实现留做练习。 375

命题 A。在含有 N 对键值的基于（无序）链表的符号表中，未命中的查找和插入操作都需要 N 次比较。命中的查找在最坏情况下需要 N 次比较。特别地，向一个空表中插入 N 个不同的键需要 $\sim N^2/2$ 次比较。

证明。在表中查找一个不存在的键时，我们会将表中的每个键和给定的键比较。因为不允许出现重复的键，每次插入操作之前我们都需要这样查找一遍。

推论。向一个空表中插入 N 个不同的键需要 $\sim N^2/2$ 次比较。

查找一个已经存在的键并不需要线性级别的时间。一种度量方法是查找表中的每个键，并将总时间除以 N。在查找表中的每个键的可能性都相同的情况下时，这个结果就是一次查找平均所需的比较数。我们将它称为随机命中。尽管符号表用例的查找模式不太可能是随机的，这个模型也总能适应得很好。我们很容易就可以得到随机命中所需的平均比较次数为 $\sim N/2$：算法 3.1 中的 get() 方法查找第一个键需要 1 次比较，查找第二个键需要 2 次比较，如此这般，平均比较次数为 $(1+2+\cdots+N)/N=(N+1)/2\sim N/2$。

这些分析完全证明了基于链表的实现以及顺序查找是非常低效的，无法满足 FrequencyCounter 处理庞大输入问题的需求。比较的总次数和查找次数与插入次数的乘积成正比。对于《双城记》这个数字大于 10^9，而对于 Leipzig Corpora 数据库这个数字大于 10^{14}。

按照惯例，为了验证分析结果我们需要进行一些实验。这里我们用 FrequencyCounter 以及命令行参数 8 来分析 tale.txt。这将需要 14 350 次 put()（已经说过，输入中的每个单词都需要一次 put() 操作来更新它的出现频率，contains() 方法的调用是可以避免的，这里忽略了它的成本）。符号表将包含 5131 个键，也就是说大约三分之一的操作都将表增大了，其余操作为查找。为了将性能可视化我们使用了 VisualAccumulator（请见表 1.2.14）将每次 put() 操作转换为两个点：对于第 i 次 put() 操作，我们会在横坐标为 i，纵坐标为该次操作所进行的比较次数的位置画一个灰点，以及横坐标为 i，纵坐标为前 i 次 put() 操作累计所需的平均比较次数的位置画一个黑点，如图 3.1.3 所示。和所有科学实验数据一样，这其中包含了很多信息供我们研究（这张图含有 14 350 个灰点和 14 350 个黑点）。这里，我们的主要兴趣在于这张表证实了我们关于 put() 平均需要访问半条链表的猜想。虽然实际的数据比一半稍少，但对这个事实（以及图表曲线的形状）最好的解释应该是应用的特性，而非算法（请见练习 3.1.36）。

尽管某个具体用例的性能特点可能是复杂的，但只要使用我们准备的文本或者随机有序输入以及我们在第 1 章中介绍的 DoublingTest 程序，我们还是能够轻松估计出 FrequencyCounter 的性能并测试验证的。我们将这些测试留给练习和接下来将要学习的更加复杂的实现。如果你并不觉得我们需要更快的实现，请一定完成这些练习！（或者用 FrequencyCounter 调用 SequentialSearchST 来处理 leipzig1M.txt！）

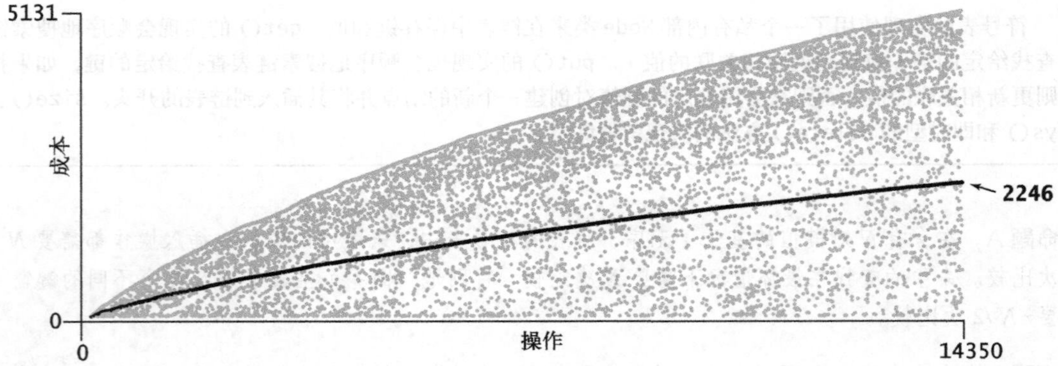

376~377

图 3.1.3 使用 SequentialSearchST，运行 java FrequencyCounter 8 < tale.txt 的成本

3.1.5 有序数组中的二分查找

下面我们要学习有序符号表 API 的完整实现。它使用的数据结构是一对平行的数组，一个存储

键一个存储值。算法 3.2（BinarySearchST）可以保证数组中 Comparable 类型的键有序，然后使用数组的索引来高效地实现 get() 和其他操作。

这份实现的核心是 rank() 方法，它返回表中小于给定键的键的数量。对于 get() 方法，只要给定的键存在于表中，rank() 方法就能够精确地告诉我们在哪里能够找到它（如果找不到，那它肯定就不在表中了）。

对于 put() 方法，只要给定的键存在于表中，rank() 方法就能够精确地告诉我们到哪里去更新它的值，以及当键不在表中时将键存储到表的何处。我们将所有更大的键向后移动一格来腾出位置（从后向前移动）并将给定的键值对分别插入到各自数组中的合适位置。结合我们测试用例的轨迹来研究 BinarySearchST 也是学习这种数据结构的好方法。

这段代码为键和值使用了两个数组（另一种方式请见练习 3.1.12）。和我们在第 1 章中对泛型的栈和队列的实现一样，这段代码也需要创建一个 Key 类型的 Comparable 对象的数组和一个 Value 类型的 Object 对象的数组，并在构造函数中将它们转化回 Key[] 和 Value[]。和以前一样，我们可以动态调整数组，使得用例无需担心数组大小（请注意，你会发现这种方法对于大数组实在是太慢了）。

使用基于有序数组的符号表实现的索引用例的轨迹如表 3.1.8 所示。

表 3.1.8 使用基于有序数组的符号表实现的索引用例的轨迹

		keys[]											vals[]									
键	值	0	1	2	3	4	5	6	7	8	9	N	0	1	2	3	4	5	6	7	8	9
S	0	**S**										1	**0**									
E	1	**E**	S									2	**1**	0								
A	2	**A**	E	S								3	**2**	1	0							
R	3	A	E	**R**	S							4	2	1	**3**	0						
C	4	A	**C**	E	R	S						5	2	**4**	1	3	0					
H	5	A	C	E	**H**	R	S					6	2	4	1	**5**	3	0				
E	6	A	C	E	H	R	S					6	2	4	(6)	5	3	0				
X	7	A	C	E	H	R	S	**X**				7	2	4	6	5	3	0	**7**			
A	8	A	C	E	H	R	S	X				7	(8)	4	6	5	3	0	7			
M	9	A	C	E	H	**M**	R	S	X			8	8	4	6	5	**9**	3	0	7		
P	10	A	C	E	H	M	**P**	R	S	X		9	8	4	6	5	9	**10**	3	0	7	
L	11	A	C	E	H	**L**	M	P	R	S	X	10	8	4	6	5	**11**	9	10	3	0	7
E	12	A	C	E	H	L	M	P	R	S	X	10	8	4	(12)	5	11	9	10	3	0	7
		A	C	E	H	L	M	P	R	S	X		8	4	12	5	11	9	10	3	0	7

黑色加粗的是被插入的元素

灰色的是没有被移动过的元素

黑色的是向右移动过的元素

圈中的是修改过的值

378

算法 3.2 二分查找（基于有序数组）

```
public class BinarySearchST<Key extends Comparable<Key>, Value>
{
   private Key[] keys;
   private Value[] vals;
   private int N;
   public BinarySearchST(int capacity)
   {  // 调整数组大小的标准代码请见算法1.1
      keys = (Key[]) new Comparable[capacity];
      vals = (Value[]) new Object[capacity];
```

```
    }
    public int size()
    {  return N;  }
    public Value get(Key key)
    {
       if (isEmpty()) return null;
       int i = rank(key);
       if (i < N && keys[i].compareTo(key) == 0) return vals[i];
       else                                      return null;
    }
    public int rank(Key key)
    // 请见算法3.2（续1）
    public void put(Key key, Value val)
    {  // 查找键，找到则更新值，否则创建新的元素
       int i = rank(key);
       if (i < N && keys[i].compareTo(key) == 0)
       {  vals[i] = val; return;  }
       for (int j = N; j > i; j--)
       {  keys[j] = keys[j-1]; vals[j] = vals[j-1];  }
       keys[i] = key; vals[i] = val;
       N++;
    }

    public void delete(Key key)
    // 该方法的实现请见练习3.1.16

}
```

这段符号表的实现用两个数组来保存键和值。和 1.3 节中基于数组的栈一样，put() 方法会在插入新元素前将所有较大的键向后移动一格。这里省略了调整数组大小部分的代码。

379

3.1.5.1 二分查找

我们使用有序数组存储键的原因是，第 1 章中作为例子出现的经典二分查找法能够根据数组的索引大大减少每次查找所需的比较次数。我们会使用有序索引数组来标识被查找的键可能存在的子数组的大小范围。在查找时，我们先将被查找的键和子数组的中间键比较。如果被查找的键小于中间键，我们就在左子数组中继续查找，如果大于我们就在右子数组中继续查找，否则中间键就是我们要找的键。算法 3.2（续 1）中实现 rank() 方法的代码使用了刚才讨论的二分查找法。这个实现值得我们仔细研究。作为开始，我们来看看这段等价的递归代码。

```
public int rank(Key key, int lo, int hi)
{
   if (hi < lo) return lo;
   int mid = lo + (hi - lo) / 2;
   int cmp = key.compareTo(keys[mid]);
   if      (cmp < 0)
      return rank(key, lo, mid-1);
   else if (cmp > 0)
      return rank(key, mid+1, hi);
   else return mid;
}
```

递归的二分查找

调用这里的 rank(key, 0, N-1) 所进行的比较和调用算法 3.2（续 1）的实现所进行的比较完全相同。但如 1.1 节中讨论的，这个版本更好地暴露了算法的结构。递归的 rank() 保留了以下性质：

- 如果表中存在该键，rank() 应该返回该键的位置，也就是表中小于它的键的数量；

❑ 如果表中不存在该键，rank() 还是应该返回表中小于它的键的数量。

好好想想算法 3.2（续 1）中非递归的 rank() 为什么能够做到这些（你可以证明两个版本的等价性，或者直接证明非递归版本中的循环在结束时 lo 的值正好等于表中小于被查找的键的键的数量），所有程序员都能从这些思考中有所收获。（提示：lo 的初始值为 0，且永远不会变小）

算法 3.2（续 1） 基于有序数组的二分查找（迭代）

```
public int rank(Key key)
{
   int lo = 0, hi = N-1;
   while (lo <= hi)
   {
      int mid = lo + (hi - lo) / 2;
      int cmp = key.compareTo(keys[mid]);
      if      (cmp < 0) hi = mid - 1;
      else if (cmp > 0) lo = mid + 1;
      else return mid;

   }
   return lo;
}
```

该方法实现了正文所述的经典算法来计算小于给定键的键的数量。它首先将 key 和中间键比较，如果相等则返回其索引；如果小于中间键则在左半部分查找；大于则在右半部分查找。

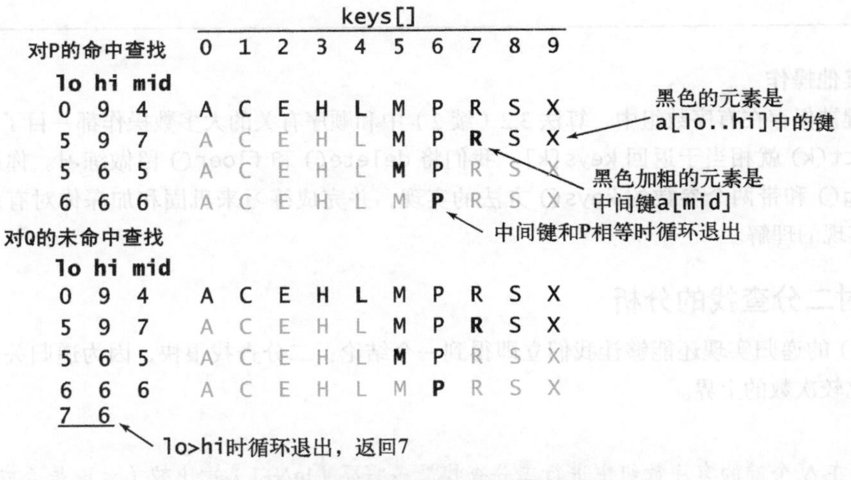

在有序数组中使用二分法查找排名的轨迹

算法 3.2（续 2）基于二分查找的有序符号表的其他操作

```
public Key min()
{  return keys[0];  }

public Key max()
{  return keys[N-1];  }

public Key select(int k)
{  return keys[k];  }
```

```
public Key ceiling(Key key)
{
   int i = rank(key);
   return keys[i];
}

public Key floor(Key key)
// 请见练习3.1.17

public Key delete(Key key)
// 请见练习3.1.16

public Iterable<Key> keys(Key lo, Key hi)
{
   Queue<Key> q = new Queue<Key>();
   for (int i = rank(lo); i < rank(hi); i++)
      q.enqueue(keys[i]);
   if (contains(hi))
      q.enqueue(keys[rank(hi)]);
   return q;
}
```

这些方法，以及练习 3.1.16 和练习 3.1.17，组成了我们对使用二分查找的有序符号表的完整实现。min()、max() 和 select() 方法都很简单，只需按照给定的位置从数组中返回相应的值即可。rank() 方法实现了二分查找，是其他方法的基石。floor() 和 delete() 方法虽然也不难，但稍微复杂一些，在此留做练习。

3.1.5.2 其他操作

因为键被保存在有序数组中，算法 3.2（续 2）中和顺序有关的大多数操作都一目了然。例如，调用 select(k) 就相当于返回 keys[k]。我们将 delete() 和 floor() 留做练习。你应该研究一
380~382 下 ceiling() 和带两个参数的 keys() 方法的实现，并完成练习来巩固和加深你对有序符号表的 API 及其实现的理解。

3.1.6 对二分查找的分析

rank() 的递归实现还能够让我们立即得到一个结论：二分查找很快，因为递归关系可以说明算法所需比较次数的上界。

命题 B。在 N 个键的有序数组中进行二分查找最多需要（$\lg N+1$）次比较（无论是否成功）。

证明。这里的分析和对归并排序的分析（第 2 章的命题 F）类似（但相对简单）。令 $C(N)$ 为在大小为 N 的符号表中查找一个键所需进行的比较次数。显然我们有 $C(0)=0$，$C(1)=1$，且对于 $N>0$ 我们可以写出一个和递归方法直接对应的归纳关系式：

$$C(N) \leqslant C(\lfloor N/2 \rfloor)+1$$

无论查找会在中间元素的左侧还是右侧继续，子数组的大小都不会超过 $\lfloor N/2 \rfloor$，我们需要一次比较来检查中间元素和被查找的键是否相等，并决定继续查找左侧还是右侧的子数组。当 N 为 2 的幂减 1 时（$N=2^n-1$），这种递推很容易。首先，因为 $\lfloor N/2 \rfloor=2^{n-1}-1$，所以我们有：

$$C(2^n-1) \leqslant C(2^{n-1}-1)+1$$

用这个公式代换不等式右边的第一项可得：

$$C(2^n-1) \leqslant C(2^{n-2}-1)+1+1$$

将上面这一步重复 k–2 次可得：

$$C(2^n-1) \leqslant C(2^0)+n$$

最后的结果即：

$$C(N)=C(2^n) \leqslant n+1<\lg N+1$$

对于一般的 N，确切的结论更加复杂，但不难通过以上论证推广得到（请见练习 3.1.20）。二分查找所需时间必然在对数范围之内。

刚才给出的实现中，ceiling() 只是调用了一次 rank()，而接受两个参数的默认 size() 方法调用了两次 rank()，因此这份证明也保证了这些操作（包括 floor()）所需的时间最多是对数级别的（min()、max() 和 select() 操作所需的时间都是常数级别的）。 383

表 3.1.9 BinarySearchST 的操作的成本

方 法	运行所需时间的增长数量级
put()	N
get()	$\log N$
delete()	N
contains()	$\log N$
size()	1
min()	1
max()	1
floor()	$\log N$
ceiling()	$\log N$
rank()	$\log N$
select()	1
deleteMin()	N
deleteMax()	1

尽管能够保证查找所需的时间是对数级别的，BinarySearchST 仍然无法支持我们用类似 FrequencyCounter 的程序来处理大型问题，因为 put() 方法还是太慢了。二分查找减少了比较的次数但无法减少运行所需时间，因为它无法改变以下事实：在键是随机排列的情况下，构造一个基于有序数组的符号表所需要访问数组的次数是数组长度的平方级别（在实际情况下键的排列虽然不是随机的，但仍然很好地符合这个模型）。BinarySearchST 的操作的成本如表 3.1.9 所示。

命题 B（续）。向大小为 N 的有序数组中插入一个新的元素在最坏情况下需要访问 ~ $2N$ 次数组，因此向一个空符号表中插入 N 个元素在最坏情况下需要访问 ~ N^2 次数组。

证明。同命题 A。

对于含有 10^4 个不同键的《双城记》，构建符号表需要访问数组约 10^8 次；而对于含有 10^6 个不同键的 Leipzig 项目则需要访问数组 10^{11} 次。虽然现代计算机可勉强实现，但这样的成本还是过高了。

回头看看 FrequencyCounter 在参数为 8 时 put() 操作的性能，我们可以看到平均情况下的比较次数（包括访问数组的次数）从 SequentialSearchST 的 2246 次降低到了 BinarySearchST 的 484 次（如图 3.1.4 所示）。这比我们在分析中预测的还要更好，额外的部分可能能够再次通过应用的性质得到解释（请见练习 3.1.36）。这次改进令人印象深刻，但你会看到，我们还能做得更好。

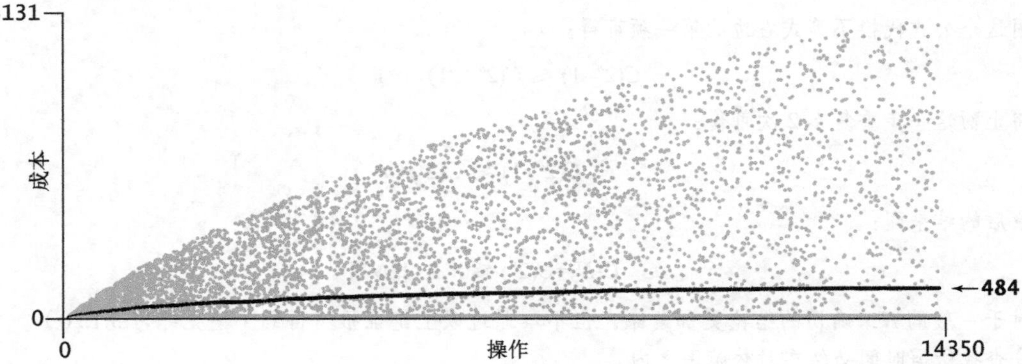

384 图 3.1.4 使用 BinarySearchST，运行 java FrequencyCounter 8 < tale.txt 的成本

3.1.7 预览

一般情况下二分查找都比顺序查找快得多，它也是众多实际应用程序的最佳选择。对于一个静态表（不允许插入）来说，将其在初始化时就排序是值得的，如第 1 章中的二分查找所示（请见表 1.2.15）。即使查找前所有的键值对已知（这在应用程序中是一种常见的情况），为 BinarySearchST 添加一个能够初始化并将符号表排序的构造函数也是有意义的（请见练习 3.1.12）。当然，二分查找也不适合很多应用。例如，它无法处理 Leipzig Corpora 数据库，因为查找和插入操作是混合进行的，而且符号表也太大了。如我们所强调的那样，现代应用需要同时能够支持高效的查找和插入两种操作的符号表实现。也就是说，我们需要在构造庞大的符号表的同时能够任意插入（也许还有删除）键值对，同时也要能够完成查找操作。

表 3.1.10 给出了本节中介绍的符号表的初级实现的性能特点。表中给出的是总成本中的最高级项（对于二分查找是数组的访问次数，对于其他则是比较次数），即运行时间的增长数量级。

表 3.1.10 简单的符号表实现的成本总结

算法（数据结构）	最坏情况下的成本（N 次插入后）		平均情况下的成本（N 次随机插入后）		是否高效地支持有序性相关的操作
	查找	插入	查找	插入	
顺序查找（无序链表）	N	N	$N/2$	N	否
二分查找（有序数组）	$\lg N$	$2N$	$\lg N$	N	是

核心的问题在于我们能否找到能够同时保证查找和插入操作都是对数级别的算法和数据结构。答案是令人兴奋的“可以”！这个答案也正是本章的重点所在。和第 2 章讨论的高效排序算法一样，能够高效地查找和插入的符号表是算法领域对世界最重要的贡献之一，也是我们今天能够享受的丰富计算性基础设施的开发基础。

我们如何能够实现这个目标呢？要支持高效的插入操作，我们似乎需要一种链式结构。但单链接的链表是无法使用二分查找法的，因为二分查找的高效来自于能够快速通过索引取得任何子数组
385 的中间元素（但得到一条链表的中间元素的唯一方法只能是沿链表遍历）。为了将二分查找的效率和链表的灵活性结合起来，我们需要更加复杂的数据结构。能够同时拥有两者的就是二叉查找树，它也是我们下面两节的主题。我们会将散列表留到 3.4 节中讨论。

在本章中我们会学习 6 种符号表的实现，这里我们先给出一个简单的预览。表 3.1.11 包含一系列数据结构以及它们适用和不适用于某个应用场景的原因，按照我们学习它们的先后顺序排列。

表 3.1.11 符号表的各种实现的优缺点

使用的数据结构	实 现	优 点	缺 点
链表（顺序查找）	SequentialSearchST	适用于小型问题	对于大型符号表很慢
有序数组（二分查找）	BinarySearchST	最优的查找效率和空间需求，能够进行有序性相关的操作	插入操作很慢
二叉查找树	BST	实现简单，能够进行有序性相关的操作	没有性能上界的保证 链接需要额外的空间
平衡二叉查找树	RedBlackBST	最优的查找和插入效率，能够进行有序性相关的操作	链接需要额外的空间
散列表	SeparateChainHashST LinearProbingHashST	能够快速地查找和插入常见类型的数据	需要计算每种类型的数据的散列 无法进行有序性相关的操作 链接和空结点需要额外的空间

在学习中我们会仔细了解每种算法和实现的各种性质，这里的简单特性是为了帮助你在学习它们的同时能够从全局的高度来理解它们。一句话，我们有若干种高效的符号表实现，它们能够并且已经被应用于无数程序之中了。 386

答疑

问 为什么符号表不像 2.4 节中优先队列那样使用一个 Comparable 的 Item 类型，而是对于键和值使用不同的数据类型？

答 这的确是一种可行的办法。这两者代表了将键和值关联起来的两种不同方式——我们可以构造一种将键包含在其中的数据结构来隐式关联键值或是显式地将键和值区分开来。对于符号表，我们选择突出关联数组的抽象形式。同时也请注意，符号表的用例在查找时只会指定一个键，而非一个键值对。

问 为什么要用 equals()？为什么不一直使用 compareTo()？

答 并不是所有的数据产生的键值对都能够进行比较，尽管有时候将它们保存在符号表可以。举一个比较极端的例子，你可能会用一幅照片或者一首歌作为键，但没法比较它们，只能知道它们是否相等（也要花点儿工夫）。

问 为什么键的值不能为空（null）？

答 因为我们会用 Key 调用 compareTo() 或者 equals() 方法，因此我们假设它是一个 Object。但是当 a 为 null 时 a.compareTo(b) 会抛出一个空指针异常。如果能消除这种可能性，用例的代码能够更简单。

问 为什么不和排序一样使用一个类似于 less() 的方法？

答 在符号表中等价性比较特殊，因此我们还需要一个方法来测试等价性。为了避免增加本质上功能相同的方法，我们使用了 Java 内置的 equals() 和 compareTo()。

问 在 BinarySearchST 中的类型转换之前，为什么不将 keys[] 和 vals[] 一样声明为 Object[]（而是 Comparable[]）？

答　问得好。如果你这么做，你会得到一个 ClassCastException，因为键只能是 Comparable 的（以保证 keys[] 中的元素都有 compareTo() 方法）。因此将 keys[] 声明为 Comparable[] 是必需的。
387 深入程序语言的设计细节来解释这里的原因可能会有些跑题。在本书所有使用泛型的 Comparable 对象和数组的代码中我们都会照此办理。

问　如果我们需要将多个值关联到同一个键怎么办？例如，如果我们在应用程序中用 Date 日期作为键，那不会需要处理重复的键吗？

答　可能会，也可能不会。例如，两列火车不可能同时在同一条轨道上到达同一个车站（但它们可以在不同的铁轨上同时到站）。处理这种情形有两个办法：用其他信息来消除重复或者使用 Queue 类型来存储所有有相同键的值。我们会在 3.5 节中详细讨论符号表的应用。

问　3.1.7 节中将表预排序的想法看起来是个好主意，为什么把它留作一道练习（请见练习 3.1.12）？

答　的确，在某些应用中它确实是最佳的选择。但在一个希望实现快速查找的数据结构中为了“图方便”而加入一个低效的插入方法会变成一个性能陷阱，因为一个普通用例可能会在一张很大的表中混合使用查找和插入操作却发现运行所需的时间是平方级别的。这种陷阱太常见了，因此当你使用他人开发的软件，尤其是接口繁多时，你应该加倍小心。当对象含有大量“便捷”方法而导致到处都是性能陷阱，而用例却可能认为所有的方法都同样高效时，这个问题就非常严重了。Java 的
388 ArrayList 类就是这样的一个例子（请见练习 3.5.27）。

练习

3.1.1　编写一段程序，创建一张符号表并建立字母成绩和数值分数的对应关系，如下表所示。从标准输入读取一系列字母成绩，计算并打印 GPA（字母成绩对应的分数的平均值）。

A+	A	A–	B+	B	B–	C+	C	C–	D	F
4.33	4.00	3.67	3.33	3.00	2.67	2.33	2.00	1.67	1.00	0.00

3.1.2　开发一个符号表的实现 ArrayST，使用（无序）数组来实现我们的基本 API。

3.1.3　开发一个符号表的实现 OrderedSequentialSearchST，使用有序链表来实现我们的有序符号表 API。

3.1.4　开发抽象数据类型 Time 和 Event 来处理表 3.1.5 中的例子中的数据。

3.1.5　实现 SequentialSearchST 中的 size()、delete() 和 keys() 方法。

3.1.6　用输入中的单词总数 W 和不同单词总数 D 的函数给出 FrequencyCounter 调用的 put() 和 get() 方法的次数。

3.1.7　对于 N=10、10^2、10^3、10^4、10^5 和 10^6，在 N 个小于 1000 的随机非负整数中 FrequencyCounter 平均能够找到多少个不同的键？

3.1.8　在《双城记》中，使用频率最高的长度大于等于 10 的单词是什么？

3.1.9　在 FrequencyCounter 中添加追踪 put() 方法的最后一次调用的代码。打印出最后插入的那个单词以及在此之前总共从输入中处理了多少个单词。用你的程序处理 tale.txt 中长度分别大于等于 1、8 和 10 的单词。

3.1.10　给出用 SequentialSearchST 将键 E A S Y Q U E S T I O N 插入一个空符号表的过程的轨迹。一共进行了多少次比较？

3.1.11　给出用 BinarySearchST 将键 E A S Y Q U E S T I O N 插入一个空符号表的过程的轨迹。一

共进行了多少次比较？

3.1.12 修改 BinarySearchST，用一个 Item 对象的数组而非两个平行数组来保存键和值。添加一个构造函数，接受一个 Item 的数组为参数并将其归并排序。 389

3.1.13 对于一个会随机混合进行 10^3 次 put() 和 10^6 次 get() 操作的应用程序，你会使用本节中的哪种符号表的实现？说明理由。

3.1.14 对于一个会随机混合进行 10^6 次 put() 和 10^3 次 get() 操作的应用程序，你会使用本节中的哪种符号表的实现？说明理由。

3.1.15 假设在一个 BinarySearchST 的用例程序中，查找操作的次数是插入操作的 1000 倍。当分别进行 10^3、10^6 和 10^9 次查找时，请估计插入操作在总耗时中的比例。

3.1.16 为 BinarySearchST 实现 delete() 方法。

3.1.17 为 BinarySearchST 实现 floor() 方法。

3.1.18 证明 BinarySearchST 中 rank() 方法的实现的正确性。

3.1.19 修改 FrequencyCounter，打印出现频率最高的所有单词，而非其中之一。*提示*：请用 Queue。

3.1.20 补全命题 B 的证明（证明 N 的一般情况）。*提示*：先证明 $C(N)$ 的单调性，即对于所有的 N>0，$C(N) \leqslant C(N+1)$ 390

提高题

3.1.21 *内存使用*。基于 1.4 节中的假设，对于 N 对键值比较 BinarySearchST 和 SequentialSearchST 的内存使用情况。不需要记录键值本身占用的内存，只统计它们的引用。对于 BinarySearchST，假设数组大小可以动态调整，数组中被占用的空间比例为 25% ～ 100%。

3.1.22 *自组织查找*。自组织查找指的是一种能够将数组元素重新排序使得被访问频率较高的元素更容易被找到的查找算法。请修改你为练习 3.1.2 给出的答案，在每次查找命中时：将被找到的键值对移动到数组的开头，将所有中间的键值对向右移动一格。这个启发式的过程被称为*前移编码*。

3.1.23 *二分查找的分析*。请证明对于大小为 N 的符号表，一次二分查找所需的最大比较次数正好是 N 的二进制表示的位数，因为右移一位的操作会将二进制的 N 变为二进制的 $[N/2]$。

3.1.24 *插值法查找*。假设符号表的键支持算术操作（例如，它们可能是 Double 或者 Interger 类型的值）。编写一个二分查找来模拟查字典的行为，例如当单词的首字母在字母表的开头时我们也会在字典的前半部分进行查找。具体来说，设 k_{lo} 为符号表的第一个键，k_{hi} 为符号表的最后一个键，当要查找 k_x 时，先和 $\lfloor (k_x-k_{lo})/(k_{hi}-k_{lo}) \rfloor$ 进行比较，而非取中间元素。用 SearchCompare①调用 FrequencyCounter 来比较你的实现和 BinarySearchST 的性能。

3.1.25 *缓存*。因为默认的 contains() 的实现中调用了 get()，所以 FrequencyCounter 的内循环会将同一个键查找两三遍：

```
if (!st.contains(word)) st.put(word, 1);
else                    st.put(word, st.get(word) + 1);
```

为了能够提高这样的用例代码的效率，我们可以用一种叫*缓存*的技术手段，即将访问最频繁的键的位置保存在一个变量中。修改 SequentialSearchST 和 BinarySearchST 来实现这个点子。 391

① SearchCompare应该是一个类似于SortCompare的类，但实际上正文中并没有任何关于这个SearchCompare类的内容。——译者注

3.1.26 基于字典的频率统计。修改 FrequencyCounter，接受一个字典文件作为参数，统计标准输入中出现在字典中的单词的频率，并将单词和频率打印为两张表格，一张按照频率高低排序，一张按照字典顺序排序。

3.1.27 小符号表。假设一段 BinarySearchST 的用例插入了 N 个不同的键并会进行 S 次查找。当构造表的成本和所有查找的总成本相同时，给出 S 的增长数量级。

3.1.28 有序的插入。修改 BinarySearchST，使得插入一个比当前所有键都大的键只需要常数时间（这样在构造符号表时有序地使用 put() 插入键值对就只需要线性时间了）

3.1.29 测试用例。编写一段测试代码 TestBinarySearch.java 用来测试正文中 min()、max()、floor()、ceiling()、select()、rank()、deleteMin()、deleteMax() 和 keys() 的实现。可以参考 3.1.3.1 节的索引用例，添加代码使其在适当的情况下接受更多的命令行参数。

3.1.30 验证。向 BinarySearchST 中加入断言（assert）语句，在每次插入和删除数据后检查算法的有效性和数据结构的完整性。例如，对于每个索引必有 i==rank(select(i)) 且数组应该总是有
392 序的。

实验题

3.1.31 性能测试。编写一段性能测试程序，先用 put() 构造一张符号表，再用 get() 进行访问，使得表中的每个键平均被命中 10 次，且有大致相同次数的未命中访问。键为长度从 2 到 50 不等的随机字符串。重复这样的测试若干遍，记录每遍的运行时间，打印平均运行时间或将它们绘制成图。

3.1.32 练习。编写一段练习程序，用困难或者极端的但在实际应用中可能出现的情况来测试我们的有序符号表 API。一些简单的例子包括有序的键列、逆序的键列、所有键全部相同或者只含有两种不同的值。

3.1.33 自组织查找。编写一段程序调用自组织查找的实现（请见练习 3.1.22），用 put() 构造一个大小为 N 的符号表，然后根据预先定义好的概率分布进行 $10N$ 次命中查找。对于 $N=10^3$、10^4、10^5 和 10^6，用这段程序比较你在练习 3.1.22 中的实现和 BinarySearchST 的运行时间，在预定义的概率分布中查找命中第 i 小的键的概率为 $1/2^i$。

3.1.34 Zipf 法则。用命中第 i 小的键的概率为 $1/(iH_N)$ 的分布重新完成上一道练习，其中 H_N 为调和级数（请见表 1.4.6）。这种分布被称为 Zipf 法则。比较前移编码和上一道练习中的在特定分布下的最优安排，该安排将所有键按升序排列（即按照它们的期望频率的降序排列）。

3.1.35 性能验证 I。用各种不同的 N 运行双倍测试，取《双城记》的前 N 个单词，验证 FrequencyCounter 在使用 SequentialSearchST 时所需的运行时间是 N 的平方级别的猜想。

3.1.36 性能验证 II。解释 FrequencyCounter 在使用 BinarySearchST 时比使用 SequentialSearchST 时的性能提高程度好于预期的原因。

3.1.37 put/get 的比例。当 FrequencyCounter 使用 BinarySearchST 在 100 万个长度为 M 个二进
393 位的随机整数中统计每个值的出现频率时，根据经验判断 BinarySearchST 中 put() 操作和 get() 操作的耗时比，其中 M=10、20 和 30。再统计 tale.txt 并评估耗时比，并比较两次的结果。

3.1.38 均摊成本图。修改 FrequencyCounter、SequentialSearchST 和 BinarySearchST，统计计算中每次 put() 操作的成本并生成类似本节所示的图。

3.1.39 实际耗时。修改 FrequencyCounter，用 Stopwatch 和 StdDraw 绘图，其中 x 轴为 get() 和 put() 的调用次数之和，y 轴为总运行时间，每次调用时就根据已运行时间画一个点。分别用 SequentialSearchST 和 BinarySearchST 处理《双城记》并讨论运行的结果。注意：曲线中突然的跳跃可能是缓存导致的，这已经超出了这个问题的讨论范围。

3.1.40 二分查找的临界点。找出使用二分查找比顺序查找要快 10 000 倍和 1000 倍的 N 值。分析并预测 N 的大小并通过实验验证它。

3.1.41 插值查找的临界点。找出使用插值查找比二分查找要快 1 倍、2 倍和 10 倍的 N 值，其中假设所有键为随机的 32 二进位整数（请见练习 3.1.24）。分析并预测 N 的大小并通过实验验证它。 394

3.2 二叉查找树

在本节中我们将学习一种能够将链表插入的灵活性和有序数组查找的高效性结合起来的符号表实现。具体来说，就是使用每个结点含有两个链接（链表中每个结点只含有一个链接）的二叉查找树来高效地实现符号表，这也是计算机科学中最重要的算法之一。

首先，我们需要定义一些术语。我们所使用的数据结构由*结点*组成，结点包含的*链接*可以为空（null）或者指向其他结点。在*二叉树*中，每个结点只能有一个父结点（只有一个例外，也就是*根结点*，它没有父结点），而且每个结点都只有*左右*两个链接，分别指向自己的*左子结点*和*右子结点*（如图3.2.1所示）。尽管链接指向的是结点，但我们可以将每个链接看做指向了另一棵二叉树，而这棵树的根结点就是被指向的结点。因此我们可以将二叉树定义为一个空链接，或者是一个有左右两个链接的结点，每个链接都指向一棵（独立的）*子二叉树*。在*二叉查找树*中，每个结点还包含了一个键和一个值，键之间也有顺序之分以支持高效的查找。

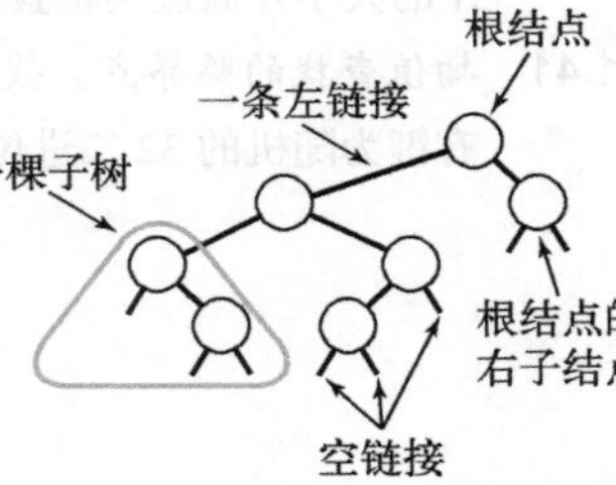

图3.2.1 详解二叉树

定义。一棵二叉查找树（BST）是一棵二叉树，其中每个结点都含有一个Comparable的键（以及相关联的值）且每个结点的键都大于其左子树中的任意结点的键而小于右子树的任意结点的键。

我们在画出二叉查找树时会将键写在结点上。我们使用“A是E的左子结点”的说法用键指代结点。我们用连接结点的线表示链接，并将键对应的值写在结点旁边（若值不确定则省略）。除了空结点只表示为向下的一条线段以外，每个结点的链接都指向它下方的结点。和以前一样，我们在例子中只会使用索引测试用例生成的单个字母作为键，如图3.2.2所示。

395~396

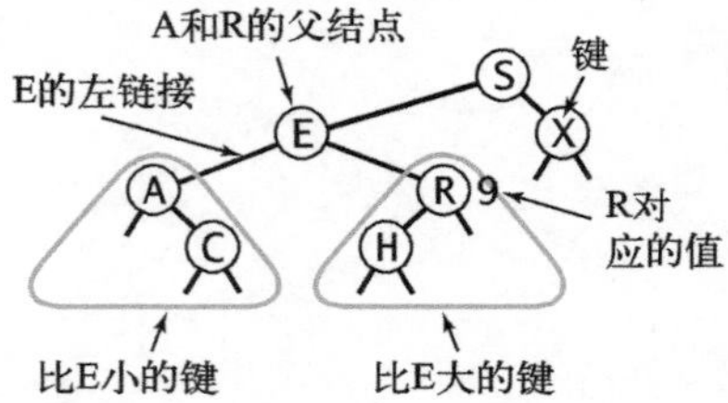

图3.2.2 详解二叉查找树

3.2.1 基本实现

算法3.3定义了二叉查找树（BST）的数据结构，我们会在本节中用它实现有序符号表的API。首先我们要研究一下这个经典的数据类型，以及与它的特点紧密相关的get()（查找）和put()（插入）方法的实现。

3.2.1.1 数据表示

和链表一样，我们嵌套定义了一个私有类来表示二叉查找树上的一个结点。每个结点都含有一个键、一个值、一条左链接、一条右链接和一个结点计数器（有需要时我们会在图中将结点计数器的值写在结点上方）。左链接指向一棵由小于该结点的所有键组成的二叉查找树，右链接指向一棵由大于该结点的所有键组成的二叉查找树。变量N给出了以该结点为根的子树的结点总数。你将会看到，它简化了许多有序符号表的操作的实现。算法3.3中实现的私有方法size()会将空链接的值当作0，这样我们就能保证以下公式对于二叉树中的任意结点x总是成立。

```
size(x) = size(x.left) + size(x.right) + 1
```

一棵二叉查找树代表了一组键（及其相应的值）的集合，而同一个集合可以用多棵不同的二叉查找树表示（如图 3.2.3 所示）。如果我们将一棵二叉查找树的所有键投影到一条直线上，保证一个结点的左子树中的键出现在它的左边，右子树中的键出现在它的右边，那么我们一定可以得到一条有序的键列。我们会利用二叉查找树的这种天生的灵活性，用多棵二叉查找树表示同一组有序的键来实现构建和使用二叉查找树的高效算法。

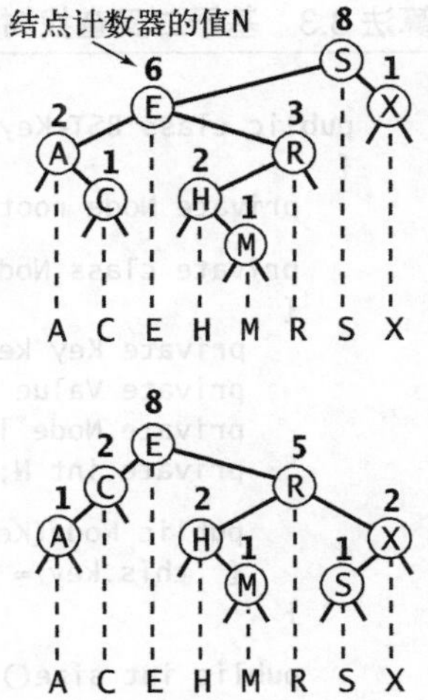

图 3.2.3 两棵能够表示同一组键的二叉查找树

3.2.1.2 查找

一般来说，在符号表中查找一个键可能得到两种结果。如果含有该键的结点存在于表中，我们的查找就命中了，然后返回相应的值。否则查找未命中（并返回 null）。根据数据表示的递归结构我们马上就能得到，在二叉查找树中查找一个键的递归算法：如果树是空的，则查找未命中；如果被查找的键和根结点的键相等，查找命中，否则我们就（递归地）在适当的子树中继续查找。如果被查找的键较小就选择左子树，较大则选择右子树。算法 3.3（续 1）中递归的 get() 方法完全实现了这段算法。它的第一个参数是一个结点（子树的根结点），第二个参数是被查找的键。代码会保证只有该结点所表示的子树才会含有和被查找的键相等的结点。和二分查找中每次迭代之后查找的区间就会减半一样，在二叉查找树中，随着我们不断向下查找，当前结点所表示的子树的大小也在减小（理想情况下是减半，但至少会有一个结点）。当找到一个含有被查找的键的结点（命中）或者当前子树变为空（未命中）时这个过程才会结束。从根结点开始，在每个结点中查找的进程都会递归地在它的一个子结点上展开，因此一次查找也就定义了树的一条路径。对于命中的查找，路径在含有被查找的键的结点处结束。对于未命中的查找，路径的终点是一个空链接，如图 3.2.4 所示。

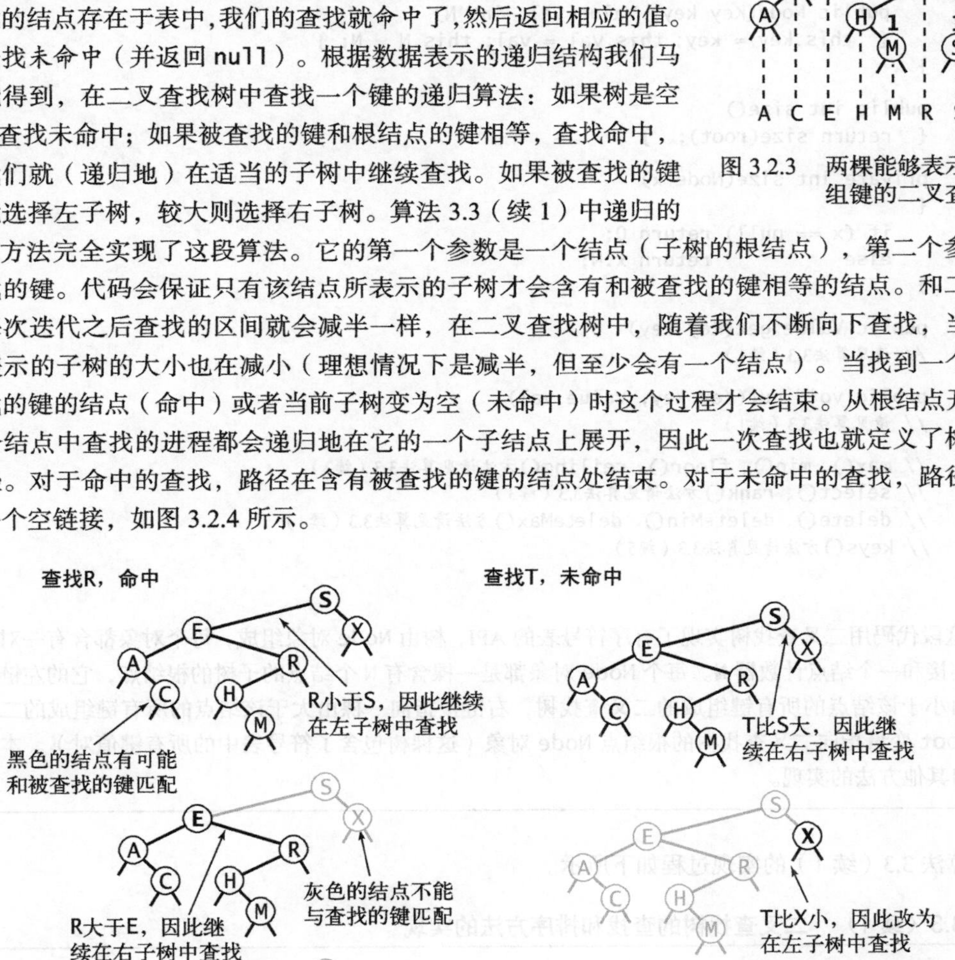

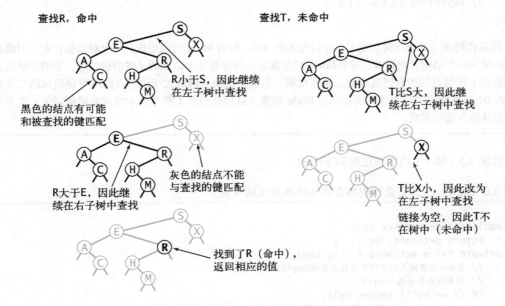

图 3.2.4 二叉查找树中的查找命中（左）和未命中（右）

算法 3.3 基于二叉查找树的符号表

```
public class BST<Key extends Comparable<Key>, Value>
{
   private Node root;                  // 二叉查找树的根结点
   private class Node
   {
      private Key key;                 // 键
      private Value val;               // 值
      private Node left, right;        // 指向子树的链接
      private int N;                   // 以该结点为根的子树中的结点总数

      public Node(Key key, Value val, int N)
      {  this.key = key; this.val = val; this.N = N; }
   }

   public int size()
   {  return size(root);  }

   private int size(Node x)
   {
      if (x == null) return 0;
      else           return x.N;
   }

   public Value get(Key key)
   // 请见算法3.3（续1）

   public void put(Key key, Value val)
   // 请见算法3.3（续1）

   // max()、min()、floor()、ceiling()方法请见算法3.3（续2）
   // select()、rank()方法请见算法3.3（续3）
   // delete()、deleteMin()、deleteMax()方法请见算法3.3（续4）
   // keys()方法请见算法3.3（续5）

}
```

这段代码用二叉查找树实现了有序符号表的API，树由Node对象组成，每个对象都含有一对键值、两条链接和一个结点计数器N。每个Node对象都是一棵含有N个结点的子树的根结点，它的左链接指向一棵由小于该结点的所有键组成的二叉查找树，右链接指向一棵由大于该结点的所有键组成的二叉查找树。root变量指向二叉查找树的根结点Node对象（这棵树包含了符号表中的所有键值对）。本节会陆续给出其他方法的实现。

算法 3.3（续 1）的实现过程如下所示。

算法 3.3（续 1） 二叉查找树的查找和排序方法的实现

```
public Value get(Key key)
{  return get(root, key);  }
private Value get(Node x, Key key)
{  // 在以x为根结点的子树中查找并返回key所对应的值；
   // 如果找不到则返回null
   if (x == null) return null;
   int cmp = key.compareTo(x.key);
```

```
    if      (cmp < 0) return get(x.left, key);
    else if (cmp > 0) return get(x.right, key);
    else return x.val;
}
public void put(Key key, Value val)
{ // 查找key，找到则更新它的值，否则为它创建一个新的结点
    root = put(root, key, val);
}
private Node put(Node x, Key key, Value val)
{
    // 如果key存在于以x为根结点的子树中则更新它的值；
    // 否则将以key和val为键值对的新结点插入到该子树中
    if (x == null) return new Node(key, val, 1);
    int cmp = key.compareTo(x.key);
    if      (cmp < 0) x.left  = put(x.left,  key, val);
    else if (cmp > 0) x.right = put(x.right, key, val);
    else x.val = val;
    x.N = size(x.left) + size(x.right) + 1;
    return x;
}
```

这段代码实现了有序符号表API中的put()和get()方法，它们的递归实现也是本章稍后将会讨论的其他几种实现的模板。每个方法的实现既可以看做是实用的代码，也可以看做是之前讨论的递推猜想的证明。

3.2.1.3 插入

算法3.3（续1）中的查找代码几乎和二分查找的一样简单，这种简洁性是二叉查找树的重要特性之一。而二叉查找树的另一个更重要的特性就是插入的实现难度和查找差不多。当查找一个不存在于树中的结点并结束于一条空链接时，我们需要做的就是将链接指向一个含有被查找的键的新结点（详见图3.2.5）。算法3.3（续1）中递归的put()方法的实现逻辑和递归查找很相似：如果树是空的，就返回一个含有该键值对的新结点；如果被查找的键小于根结点的键，我们会继续在左子树中插入该键，否则在右子树中插入该键。

397
~
400

3.2.1.4 递归

这些递归实现值得我们花点儿时间去理解其中的运行细节。可以将递归调用前的代码想象成沿着树向下走：它会将给定的键和每个结点的键相比较并根据结果向左或者向右移动到下一个结点。然后可以将递归调用后的代码想象成沿着树向上爬。对于get()方法，这对应着一系列的返回指令（return），但是对于put()方法，这意味着重置搜索路径上每个父结点指向子结点的链接，并增加路径上每个结点中的计数器的值。在一棵简单的二叉查找树中，唯一的新链接就是在最底层指向新结点的链接，重置更上层的链接

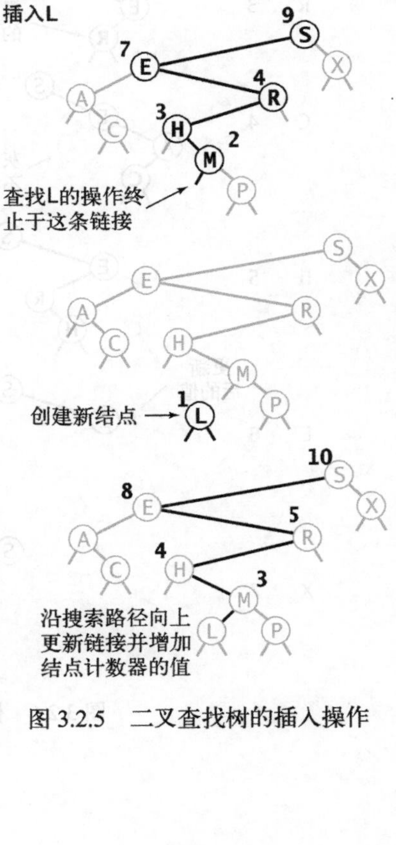

图3.2.5 二叉查找树的插入操作

可以通过比较语句来避免。同样，我们只需要将路径上每个结点中的计数器的值加 1，但我们使用了更加通用的代码，使之等于结点的所有子结点的计数器之和加 1。在本节和下一节中，我们会学习一些更加高级但原理相同的算法，但它们在搜索路径上需要改变的链接更多，也需要适应性更强的代码来更新结点计数器。基本的二叉查找树的实现常常是非递归的（请见练习 3.2.13）——我们在实现中使用了递归，一来是为了便于读者理解代码的工作方式，二来也是为学习更加复杂的算法做准备。

图 3.2.6 是对我们的标准索引用例轨迹的一份详细的研究，它向你展示了二叉树是如何生长的。新结点会连接到树底层的空链接上，树的其他部分则不会改变。例如，第一个被插入的键就是根结点，第二个被插入的键是根结点的两个子结点之一，以此类推。因为每个结点都含有两个链接，树会逐渐长大而不是萎缩。不仅如此，因为只有查找或者插入路径上的结点才会被访问，所以随着树的增长，
401 被访问的结点数量占树的总结点数的比例也会不断的降低。

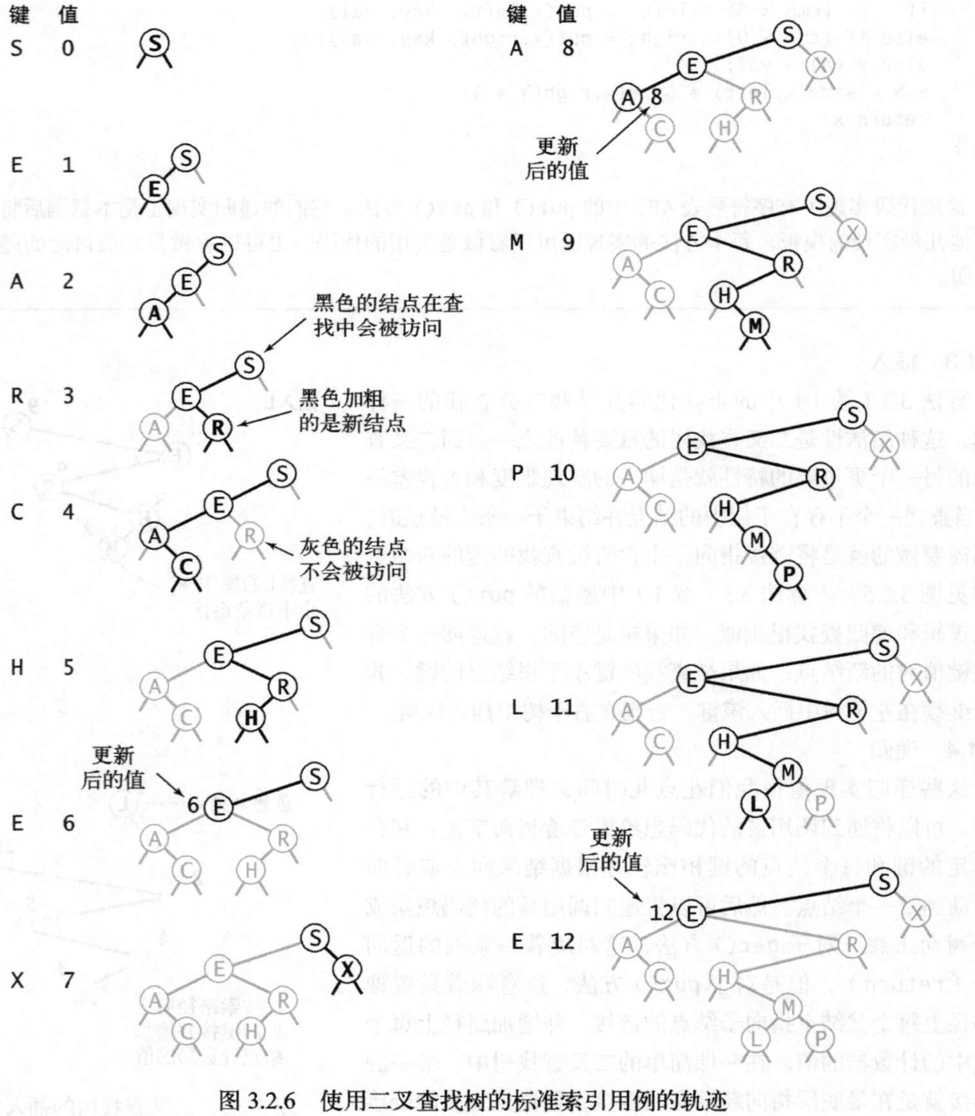

402 图 3.2.6 使用二叉查找树的标准索引用例的轨迹

3.2.2　分析

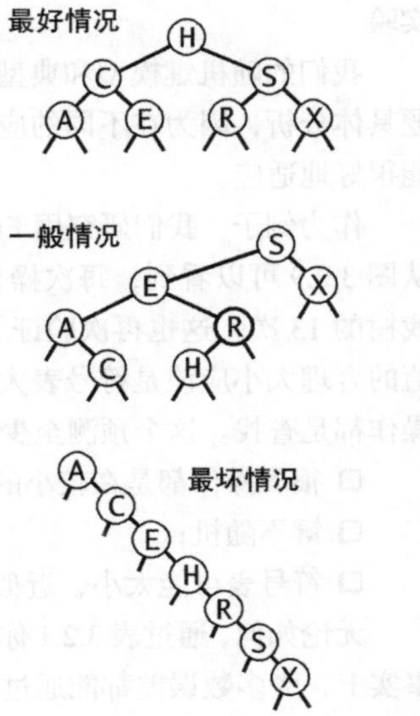

图 3.2.7　二叉查找树的可能形状

使用二叉查找树的算法的运行时间取决于树的形状，而树的形状又取决于键被插入的先后顺序。在最好的情况下，一棵含有 N 个结点的树是完全平衡的，每条空链接和根结点的距离都为 $\sim \lg N$。在最坏的情况下，搜索路径上可能有 N 个结点。如图 3.2.7 所示。但在一般情况下树的形状和最好情况更接近。

对于很多应用来说，图 3.2.8 所示的简单模型都是适用的：我们假设键的分布是（均匀）随机的，或者说它们的插入顺序是随机的。对这个模型的分析而言，二叉查找树和快速排序几乎就是“双胞胎”。树的根结点就是快速排序中的第一个切分元素（左侧的键都比它小，右侧的键都比它大），而这对于所有的子树同样适用，这和快速排序中对子数组的递归排序完全对应。这使我们能够分析得到二叉查找树的一些性质。

命题 C。在由 N 个随机键构造的二叉查找树中，查找命中平均所需的比较次数为 $\sim 2\ln N$（约 $1.39\lg N$）。

证明。一次结束于给定结点的命中查找所需的比较次数为查找路径的深度加 1。如果将树中的所有结点的深度加起来，我们就能够得到一棵树的内部路径长度。因此，在二叉查找树中的平均比较次数即为平均内部路径长度加 1。我们可以使用 2.3 节的命题 K 的证明得到它：令 C_N 为由 N 个随机排序的不同键构造得到的二叉查找树的内部路径长度，则查找命中的平均成本为 $(1+C_N/N)$。我们有 $C_0=C_1=0$，且对于 $N>1$ 我们可以根据二叉查找树的递归结构直接得到一个归纳关系式：

$$C_N=N-1+(C_0+C_{N-1})/N+(C_1+C_{N-2})/N+\cdots+(C_{N-1}+C_0)/N$$

其中 $N-1$ 这一项表示根结点使得树中的所有 $N-1$ 个非根结点的路径上都加了 1。表达式的其他项代表了所有子树，它们的计算方法和大小为 N 的二叉查找树的方法相同。整理表达式后我们会发现，这个归纳公式和我们在 2.3 节中为快速排序得到的公式几乎完全相同，因此我们同样可以得到 $C_N \sim 2N\ln N$。

命题 D。在由 N 个随机键构造的二叉查找树中插入操作和查找未命中平均所需的比较次数为 $\sim 2\ln N$（约 $1.39\lg N$）。

证明。插入操作和查找未命中平均比查找命中需要一次额外的比较。这一点由归纳法不难得到（请见练习 3.2.16）。 403

命题 C 说明在二叉查找树中查找随机键的成本比二分查找高约 39%。命题 D 说明这些额外的成本是值得的，因为插入一个新键的成本是对数级别的——这是基于二分查找的有序数组所不具备的灵活性，因为它的插入操作所需访问数组的次数是线性级别的。和快速排序一样，比较次数的标准差很小，因此 N 越大这个公式越准确。

实验

我们的随机键模型和典型的符号表使用情况是否相符？按照惯例，这个问题的答案需要具体问题具体分析，因为在不同的应用场景中性能的差别可能很大。幸好，对于大多数用例，这个模型都能很好地适应。

作为例子，我们研究用 FrequencyCounter 处理长度大于等于 8 的单词时 put() 操作的成本。从图 3.2.9 可以看到，每次操作的平均成本从 BinarySearchST 的 484 次数组访问降低到了二叉查找树的 13 次，这也再次验证了理论模型所预测的对数级别的性能。根据命题 C 和命题 D，这个数值的合理大小应该是符号表大小的自然对数的两倍左右，因为对于一个几乎充满的符号表，大多数操作都是查找。这个预测至少有以下不准确性：

- ❑ 很多操作都是在较小的符号表中进行的；
- ❑ 键不随机；
- ❑ 符号表可能太小，近似值 $2\ln N$ 不准确。

无论如何，通过表 3.2.1 你都能看到，对于 FrequencyCounter 这个预测的误差只有若干次比较。

404 事实上，大多数误差都能通过对近似值的数学表达式的改进得到解释（请见练习 3.2.35）。

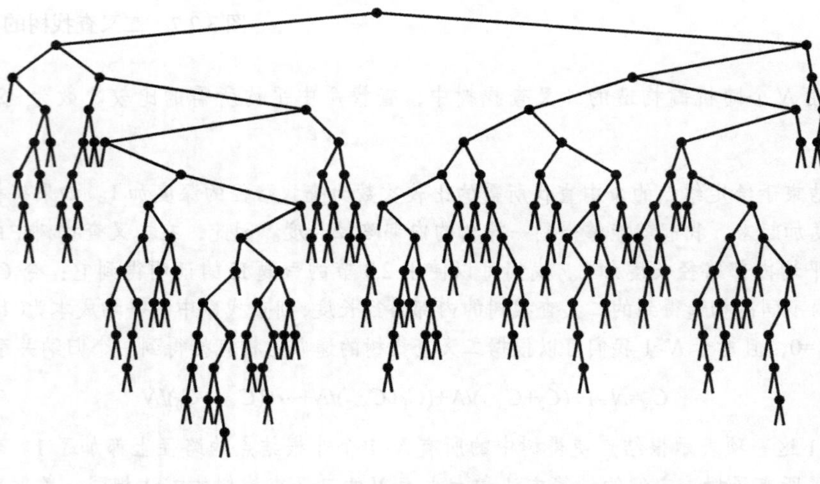

图 3.2.8 一棵典型的二叉查找树，由 256 个随机键组成

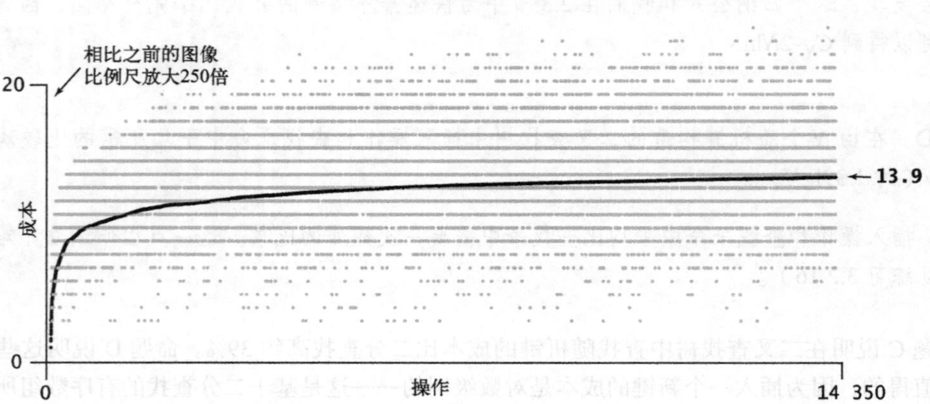

图 3.2.9 使用二叉查找树，运行 java FrequencyCounter 8 < tale.txt 的成本

表 3.2.1 使用二叉查找树的 FrequencyCounter 的每次 put() 操作平均所需的比较次数

	tale.txt				leipzig1M.txt			
	单词数	不同单词数	比较次数		单词数	不同单词数	比较次数	
			模型预测	实际次数			模型预测	实际次数
所有单词	135 635	10 679	18.6	17.5	21 191 455	534 580	23.4	22.1
长度大于等于 8 的单词	14 350	5 131	17.6	13.9	4 239 597	299 593	22.7	21.4
长度大于等于 10 的单词	4 582	2 260	15.4	13.1	1 610 829	165 555	20.5	19.3

405

3.2.3 有序性相关的方法与删除操作

二叉查找树得以广泛应用的一个重要原因就是它能够保持键的有序性，因此它可以作为实现有序符号表 API（请见 3.1.2 节）中的众多方法的基础。这使得符号表的用例不仅能够通过键还能通过键的相对顺序来访问键值对。下面，我们要研究有序符号表 API 中各个方法的实现。

3.2.3.1 最大键和最小键

如果根结点的左链接为空，那么一棵二叉查找树中最小的键就是根结点；如果左链接非空，那么树中的最小键就是左子树中的最小键。这不仅描述了算法 3.3（续 2）中 min() 方法的递归实现，同时也递推地证明了它能够在二叉查找树中找到最小的键。简单的循环也能等价实现这段描述，但为了保持一致性我们使用了递归。我们可以让递归调用返回键 Key 而非结点对象 Node，但我们后面还会用到这方法来找出含有最小键的结点。找出最大键的方法也是类似的，只是变为查找右子树而已。

3.2.3.2 向上取整和向下取整

如果给定的键 key 小于二叉查找树的根结点的键，那么小于等于 key 的最大键 floor(key) 一定在根结点的左子树中；如果给定的键 key 大于二叉查找树的根结点，那么只有当根结点右子树中存在小于等于 key 的结点时，小于等于 key 的最大键才会出现在右子树中，否则根结点就是小于等于 key 的最大键。这段描述说明了 floor() 方法的递归实现，同时也递推地证明了它能够计算出预期的结果。将“左”变为“右”（同时将小于变为大于）就能够得到 ceiling() 的算法。向下取整函数的计算如图 3.2.10 所示。

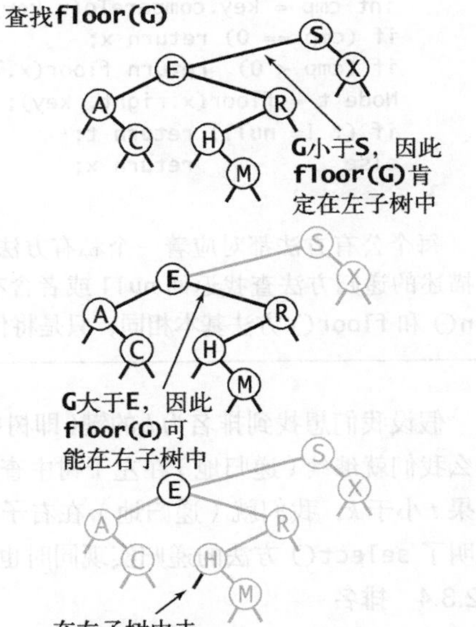
查找floor(G)
S
E
X
A
R
C
H
M
G小于S，因此
floor(G)肯定在左子树中
G大于E，因此
floor(G)可能在右子树中
在左子树中未能找到floor(G)
最终结果

图 3.2.10 计算 floor() 函数

3.2.3.3 选择操作

二叉查找树中的选择操作和 2.5 节中我们学习过的基于切分的数组选择操作类似。我们在二叉查找树的每个结点中维护的子树结点计数器变量 N 就是用来支持此操作的。 406

算法 3.3（续 2）　二叉查找树中 max()、min()、floor()、ceiling() 方法的实现

```
public Key min()
{
   return min(root).key;
}
private Node min(Node x)
{
   if (x.left == null) return x;
   return min(x.left);
}
public Key floor(Key key)
{
   Node x = floor(root, key);
   if (x == null) return null;
   return x.key;
}
private Node floor(Node x, Key key)
{
   if (x == null) return null;
   int cmp = key.compareTo(x.key);
   if (cmp == 0) return x;
   if (cmp < 0)  return floor(x.left, key);
   Node t = floor(x.right, key);
   if (t != null) return t;
   else           return x;
}
```

每个公有方法都对应着一个私有方法，它接受一个额外的链接作为参数指向某个结点，通过正文中描述的递归方法查找返回 null 或者含有指定 Key 的结点 Node。max() 和 ceiling() 的实现分别与
407 min() 和 floor() 方法基本相同，只是将代码中的 left 和 right（以及＞和＜）调换而已。

假设我们想找到排名为 k 的键（即树中正好有 k 个小于它的键）。如果左子树中的结点数 t 大于 k，那么我们就继续（递归地）在左子树中查找排名为 k 的键；如果 t 等于 k，我们就返回根结点中的键；如果 t 小于 k，我们就（递归地）在右子树中查找排名为（$k-t-1$）的键。和刚才一样，这段描述既说明了 select() 方法的递归实现同时也证明了它的正确性，此过程如图 3.2.11 所示。

3.2.3.4　排名

rank() 是 select() 的逆方法，它会返回给定键的排名。它的实现和 select() 类似：如果给定的键和根结点的键相等，我们返回左子树中的结点总数 t；如果给定的键小于根结点，我们会返回该键在左子树中的排名（递归计算）；如果给定的键大于根结点，我们会返回 $t+1$（根结点）加上它在右子树中的排名（递归计算）。

二叉查找树中选择和排名操作的实现如算法 3.3（续 3）所示。

算法 3.3（续 3）　二叉查找树中 select() 和 rank() 方法的实现

```
public Key select(int k)
{
   return select(root, k).key;
}
private Node select(Node x, int k)
```

```
{ // 返回排名为k的结点
   if (x == null) return null;
   int t = size(x.left);
   if      (t > k) return select(x.left,  k);
   else if (t < k) return select(x.right, k-t-1);
   else            return x;
}
public int rank(Key key)
{  return rank(key, root);  }
private int rank(Key key, Node x)
{  // 返回以x为根结点的子树中小于x.key的键的数量
   if (x == null) return 0;
   int cmp = key.compareTo(x.key);
   if      (cmp < 0) return rank(key, x.left);
   else if (cmp > 0) return 1 + size(x.left) + rank(key, x.right);
   else              return size(x.left);
}
```

这段代码使用了和我们已经在本章中学习过的其他实现中一样的递归模式实现了 select() 和 rank() 方法。它依赖于本节开始处给出的 size() 方法来统计每个结点以下的子结点总数。

3.2.3.5 删除最大键和删除最小键

二叉查找树中最难实现的方法就是 delete() 方法，即从符号表中删除一个键值对。作为热身运动，我们先考虑 deleteMin() 方法（删除最小键所对应的键值对），如图 3.2.12 所示。和 put() 一样，我们的递归方法接受一个指向结点的链接，并返回一个指向结点的链接。这样我们就能够方便地改变树的结构，将返回的链接赋给作为参数的链接。对于 deleteMin()，我们要不断深入根结点的左子树中直至遇见一个空链接，然后将指向该结点的链接指向该结点的右子树（只需要在递归调用中返回它的右链接即可）。此时已经没有任何链接指向要被删除的结点，因此它会被垃圾收集器清理掉。我们给出的标准递归代码在删除结点后会正确地设置它的父结点的链接并更新它到根结点的路径上的所有结点的计数器的值。deleteMax() 方法的实现和 deleteMin() 完全类似。

3.2.3.6 删除操作

我们可以用类似的方式删除任意只有一个子结点（或者没有子结点）的结点，但应该怎样删除一个拥有两个子结点的结点呢？删除之后我们要处理两棵子树，但被删除结点的父结点只有一条空出来的链接。T. Hibbard 在 1962 年提出了解决这个难题的第一个方法，在删除结点 x 后用它的后继结点填

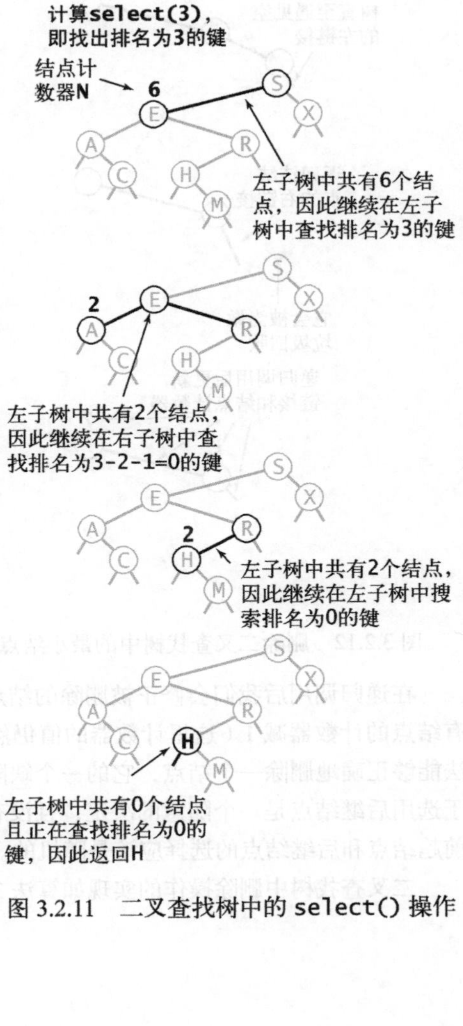

计算select(3)，
即找出排名为3的键
结点计
数器N
6
S
E
X
A
R
C
H
M
左子树中共有6个结点，因此继续在左子树中查找排名为3的键
2
左子树中共有2个结点，因此继续在右子树中查找排名为3-2-1=0的键
左子树中共有2个结点，因此继续在左子树中搜索排名为0的键
左子树中共有0个结点且正在查找排名为0的键，因此返回H

图 3.2.11 二叉查找树中的 select() 操作

补它的位置。因为 x 有一个右子结点，因此它的后继结点就是其右子树中的最小结点。这样的替换仍然能够保证树的有序性，因为 x.key 和它的后继结点的键之间不存在其他的键。我们能够用 4 个简单的步骤完成将 x 替换为它的后继结点的任务（具体过程如图 3.2.13 所示）：

- ❑ 将指向即将被删除的结点的链接保存为 t；
- ❑ 将 x 指向它的后继结点 min(t.right)；
- ❑ 将 x 的右链接（原本指向一棵所有结点都大于 x.key 的二叉查找树）指向 deleteMin(t.right)，也就是在删除后所有结点仍然都大于 x.key 的子二叉查找树；
- ❑ 将 x 的左链接（本为空）设为 t.left（其下所有的键都小于被删除的结点和它的后继结点）。

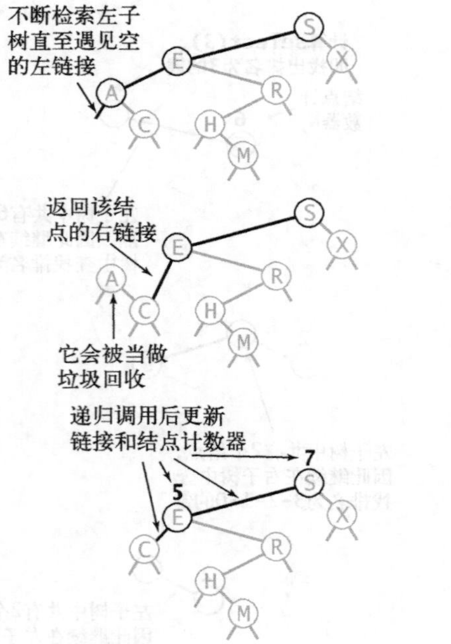

图 3.2.12 删除二叉查找树中的最小结点

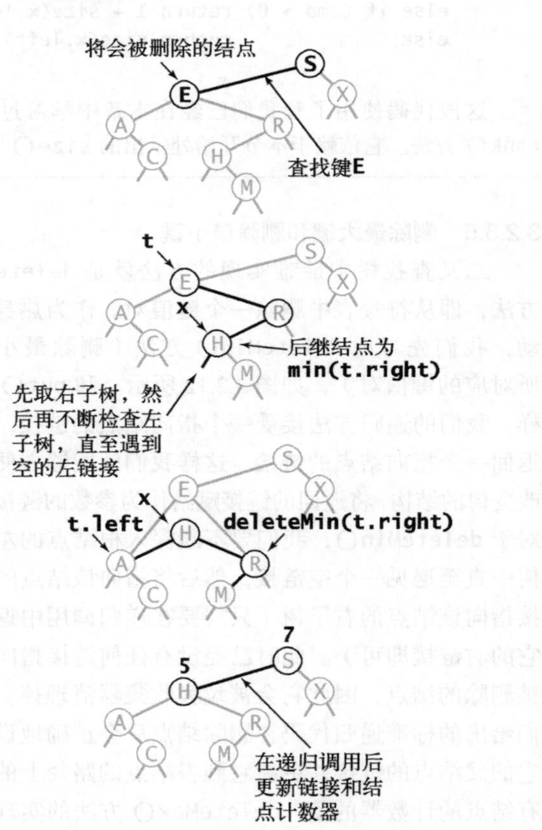

图 3.2.13 二叉查找树中的删除操作

在递归调用后我们会修正被删除的结点的父结点的链接，并将由此结点到根结点的路径上的所有结点的计数器减 1（这里计数器的值仍然会被设为其所有子树中的结点总数加一）。尽管这种方法能够正确地删除一个结点，它的一个缺陷是可能会在某些实际应用中产生性能问题。这个问题在于选用后继结点是一个随意的决定，且没有考虑树的对称性。可以使用它的前趋结点吗？实际上，
408~410 前趋结点和后继结点的选择应该是随机的。详细讨论请见练习 3.2.42。

二叉查找树中删除操作的实现如算法 3.3（续 4）所示。

算法 3.3（续 4）　二叉查找树的 delete() 方法的实现

```
public void deleteMin()
{
   root = deleteMin(root);
}

private Node deleteMin(Node x)
{
   if (x.left == null) return x.right;
   x.left = deleteMin(x.left);
   x.N = size(x.left) + size(x.right) + 1;
   return x;
}

public void delete(Key key)
{  root = delete(root, key);  }

private Node delete(Node x, Key key)
{
   if (x == null) return null;
   int cmp = key.compareTo(x.key);
   if      (cmp < 0) x.left  = delete(x.left,  key);
   else if (cmp > 0) x.right = delete(x.right, key);
   else
   {
      if (x.right == null) return x.left;
      if (x.left == null) return x.right;
      Node t = x;
      x = min(t.right);  // 请见算法3.3（续2）
      x.right = deleteMin(t.right);
      x.left = t.left;
   }
   x.N = size(x.left) + size(x.right) + 1;
   return x;
}
```

如前文所述，这段代码实现了 Hibbard 的二叉查找树中对结点的即时删除。delete() 方法的代码很简洁，但不简单。也许理解它的最好办法就是读懂正文中的讲解，试着自己实现它并对比自己的代码和这段代码。一般情况下这段代码的效率不错，但对于大规模的应用来说可能会有一点问题（请见练习 3.2.42）。deleteMax() 的实现和 deleteMin() 类似，只需左右互换即可。 411

3.2.3.7　范围查找

要实现能够返回给定范围内键的 keys() 方法，我们首先需要一个遍历二叉查找树的基本方法，叫做中序遍历。要说明这个方法，我们先看看如何能够将二叉查找树中的所有键按照顺序打印出来。要做到这一点，我们应该先打印出根结点的左子树中的所有键（根据二叉查找树的定义它们应该都小于根结点的键），然后打印出根结点的键，最后打印出根结点的右子树中的所有键（根据二叉查找树的定义它们应该都大于根结点的键），如右侧的代码所示。

```
private void print(Node x)
{
   if (x == null) return;
   print(x.left);
   StdOut.println(x.key);
   print(x.right);
}
```

按顺序打印二叉查找树中的所有键

和以前一样，刚才的描述也递推地证明了这段代码能够顺序打印树中的所有键。为了实现接受两个参数并能够将给定范围内的键返回给用例的 keys() 方法，我们可以修改一下这段代码，将所有落在给定范围以内的键加入一个队列 Queue 并跳过那些不可能含有所查找键的子树。和 BinarySearchST 一样，用例不需要知道我们使用 Queue 来收集符合条件的键。我们使用什么数据结构来实现 Iterable<Key> 并不重要，用例只要能够使用 Java 的 foreach 语句遍历返回的所有键就可以了。

二叉查找树的范围查找操作的实现如算法 3.3（续 5）所示。

算法 3.3（续 5）　二叉查找树的范围查找操作

```
public Iterable<Key> keys()
{  return keys(min(), max());  }

public Iterable<Key> keys(Key lo, Key hi)
{
    Queue<Key> queue = new Queue<Key>();
    keys(root, queue, lo, hi);
    return queue;
}

private void keys(Node x, Queue<Key> queue, Key lo, Key hi)
{
   if (x == null) return;
   int cmplo = lo.compareTo(x.key);
   int cmphi = hi.compareTo(x.key);
   if (cmplo < 0) keys(x.left, queue, lo, hi);
   if (cmplo <= 0 && cmphi >= 0) queue.enqueue(x.key);
   if (cmphi > 0) keys(x.right, queue, lo, hi);
}
```

为了确保以给定结点为根的子树中所有在指定范围之内的键加入队列，我们会（递归地）查找根结点的左子树，然后查找根结点，然后（递归地）查找根结点的右子树。

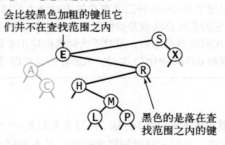

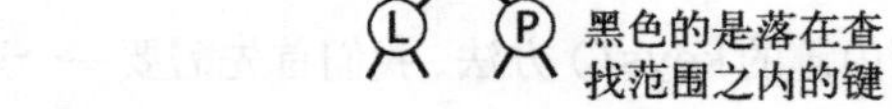

在[F..T]之间进行查找
会比较黑色加粗的键但它们并不在查找范围之内

二叉查找树的范围查找

3.2.3.8 性能分析

黑色的是落在查找范围之内的键

二叉查找树中和有序性相关的操作的效率如何？要研究这个问题，我们首先要知道树的高度（即树中任意结点的最大深度）。给定一棵树，树的高度决定了所有操作在最坏情况下的性能（范围查找除外，因为它的额外成本和返回的键的数量成正比）。

命题 E。 在一棵二叉查找树中，所有操作在最坏情况下所需的时间都和树的高度成正比。

证明。 树的所有操作都沿着树的一条或两条路径行进。根据定义，路径的长度不可能大于树的高度。

我们估计树的高度（即最坏情况下的成本）将会大于我们在 3.2.2 节中定义的平均内部路径长度（这个平均值已经包含了所有较短的路径），但会高多少呢？也许在你看来这个问题和命题 C 和命题 D 解答的问题类似，但它的解答其实要困难得多，完全超出了本书的范畴。1979 年，J. Robson 证明了随机键构造的二叉查找树的平均高度为树中结点数的对数级别，随后 L. Devroye 证明了对于足够大的 N，这个值趋近于 $2.99\lg N$。因此，如果我们的应用中的插入操作能够适用于这 412~413
个随机模型，我们距离实现一个支持对数级别的所有操作的符号表的目标就已经不远了。我们可以认为随机构造的树中的所有路径长度都小于 $3\lg N$，但如果构造树的键不是随机的怎么办？在下一节中你会看到在实际应用中这个问题其实没有意义，因为还有*平衡二叉查找树*，它能保证无论键的插入顺序如何，树的高度都将是总键数的对数。

总的来说，二叉查找树的实现并不困难，且当树的构造和随机模型近似时在各种实际应用场景中它都能进行快速地查找和插入。对于我们的例子（以及其他许多实际应用场景）来说，二叉查找树将不可能完成的任务变为可能。另外，许多程序员都偏爱基于二叉查找树的符号表的原因是它还支持高效的 `rank()`、`select()`、`delete()` 以及范围查找等操作。但同时，正如我们所强调过的，在某些场景中二叉查找树在最坏情况下的恶劣性能仍然是不可接受的。二叉查找树的基本实现的良好性能依赖于其中的键的分布足够随机以消除长路径。对于快速排序，我们可以先将数组打乱；而对于符号表的 API，我们无能为力，因为符号表的用例控制着各种操作的先后顺序。但最坏情况在实际应用也有可能出现——用例将所有键按照顺序或者逆序插入符号表就会增加这种情况出现的概率，而在没有明确的警告来避免这种行为时有些用例肯定会尝试这么做。这就是我们寻找更好的算法和数据结构的主要原因，这些算法和数据结构我们会在下一节学习。

本书中简单的符号表实现的成本列在表 3.2.2 中。

表 3.2.2　简单的符号表实现的成本总结

算法（数据结构）	最坏情况下的运行时间的增长数量级（N 次插入之后）		平均情况下的运行时间的增长数量级（N 次插入随机键之后）		是否支持有序性相关的操作
	查找	插入	查找命中	插入	
顺序查询（无序链表）	N	N	$N/2$	N	否
二分查找（有序数组）	$\lg N$	N	$\lg N$	$N/2$	是
二叉树查找（二叉查找树）	N	N	$1.39\lg N$	$1.39\lg N$	是	414

答疑

问 我见过二叉查找树，但它的实现没有使用递归。这两种方式各有哪些优缺点？

答 一般来说，递归的实现更容易验证其正确性，而非递归的实现效率更高。在练习 3.2.13 中你需要用另一种方法实现 `get()`，你可能会注意到性能上的改进。如果树不是平衡的，函数调用的栈的深度可能会成为递归实现的一个问题。我们使用递归的一个主要原因是使读者能够轻松过渡到下一节中的平衡二叉查找树，而且递归版本显然更易于实现和调试。

问 维护 Node 对象中的结点计数器似乎需要很多代码，这有必要吗？为什么不只用一个变量来保存整棵树中的结点总数来实现用例中的 size() 方法？

答 rank() 和 select() 方法需要知道每个结点所代表的子树中的结点总数。如果你不需要实现这些操作，可以去掉这个变量以简化代码（请见练习 3.2.12）。要保证所有结点中的计数器的正确性的确很容易出错，但这个值在调试中同样有用。你也可以用递归的方法实现用例中的 size() 函数，但这样统计所有结点的运行时间可能是线性的。这十分危险，因为如果不知道这么一个简单的操作会如
415 此耗时，用例的性能可能会变得很差。

练习

3.2.1 将E A S Y Q U E S T I O N作为键按顺序插入一棵初始为空的二叉查找树中（方便起见设第 i 个键对应的值为 i），画出生成的二叉查找树。构造这棵树需要多少次比较？

3.2.2 将A X C S E R H作为键按顺序插入将会构造出一棵最坏情况下的二叉查找树结构，最下方的结点的两个链接全部为空，其他结点都含有一个空链接。用这些键给出构造最坏情况下的树的其他 5 种排列。

3.2.3 给出A X C S E R H的 5 种能够构造出最优二叉查找树的排列。

3.2.4 假设某棵二叉查找树的所有键均为 1 至 10 的整数，而我们要查找 5。那么以下哪个不可能是键的检查序列？

a. 10, 9, 8, 7, 6, 5

b. 4, 10, 8, 7, 5, 3

c. 1, 10, 2, 9, 3, 8, 4, 7, 6, 5

d. 2, 7, 3, 8, 4, 5

e. 1, 2, 10, 4, 8, 5

3.2.5 假设已知某棵二叉查找树中的每个结点的查找频率，且我们可以以任意顺序用它们构造一棵树。我们是应该按照查找频率的顺序由高到低或是由低到高将它们插入，还是用其他某种顺序？证明你的结论。

3.2.6 为二叉查找树添加一个方法 height() 来计算树的高度。实现两种方案：一种使用递归（用时为线性级别，所需空间和树高成正比），一种模仿 size() 在每个结点中添加一个变量（所需空间为线性级别，查询耗时为常数）。

3.2.7 为二叉查找树添加一个方法 avgCompares() 来计算一棵给定的树中的一次随机命中查找平均所需的比较次数（即树的内部路径长度除以树的大小再加 1）。实现两种方案：一种使用递归（用时为线性级别，所需空间和树高成正比），一种模仿 size() 在每个结点中添加一个变量（所需空间为线性级别，查询耗时为常数）。

3.2.8 编写一个静态方法 optCompares()，接受一个整型参数 N 并计算一棵最优（完美平衡的）二叉查
416 找树中的一次随机查找命中平均所需的比较次数，如果树中的链接数量为 2 的幂，那么所有的空链接都应该在同一层，否则则分布在最底部的两层中。

3.2.9 对于 N=2、3、4、5 和 6，画出用 N 个键可能构造出的所有不同形状的二叉查找树。

3.2.10 编写一个测试用例 TestBST.java 来测试正文中 min()、max()、floor()、ceiling()、 select()、rank()、delete()、deleteMin()、deleteMax() 和 keys() 方法的实现。可以参考 3.1.3.1 节的标准索引用例，使它接受其他合适的命令行参数。

3.2.11 高度为 N 且含有 N 个结点的二叉树能有多少种形状？使用 N 个不同的键能有多少种不同的方式构造一棵高度为 N 的二叉查找树？（参考练习 3.2.2）

3.2.12 实现一种二叉查找树，舍弃 rank() 和 select() 方法并且不在 Node 对象中使用计数器。

3.2.13 为二叉查找树实现非递归的 put() 和 get() 方法。

部分解答，以下是 get() 方法的实现：

```
public Value get(Key key)
{
   Node x = root;
   while (x != null)
   {
      int cmp = key.compareTo(x.key);
      if (cmp == 0) return x.val;
      else if (cmp < 0) x = x.left;
      else if (cmp > 0) x = x.right;
   }
   return null;
}
```

put() 的实现更复杂一些，因为它需要保存一个指向底层结点的链接，以便使之成为新结点的父结点。你还需要额外遍历一遍查找路径来更新所有的结点计数器以保证结点插入的正确性。因为在性能优先的实现中查找的次数比插入多得多，有必要使用这段 get() 代码，而相应的 put() 实现则无关紧要。 417

3.2.14 实现非递归的 min()、max()、floor()、ceiling()、rank() 和 select() 方法。

3.2.15 对于右下方的二叉查找树，给出计算下列方法的过程中结点的访问序列。

a. floor("Q")

b. select(5)

c. ceiling("Q")

d. rank("J")

e. size("D", "T")

f. keys("D", "T")

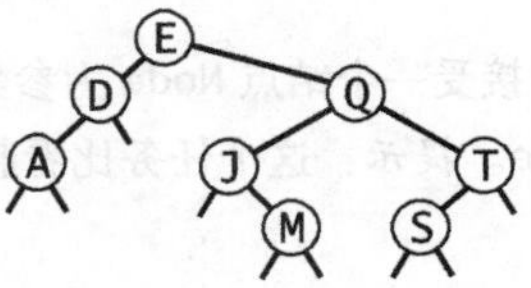

3.2.16 设一棵树的外部路径长度为从根结点到空链接的所有路径上的结点总数。证明对于大小为 N 的任意二叉树，其外部路径长度和内部路径长度之差为 $2N$（可以参考命题 C）

3.2.17 从练习 3.2.1 构造的二叉查找树中将所有键按照插入顺序逐个删除并画出每次删除所得到的树。

3.2.18 从练习 3.2.1 构造的二叉查找树中将所有键按照字母顺序逐个删除并画出每次删除所得到的树。

3.2.19 从练习 3.2.1 构造的二叉查找树中逐次删除树的根结点并画出每次删除所得到的树。

3.2.20 请证明：对于含有 N 个结点的二叉查找树，接受两个参数的 size() 方法所需的运行时间最多为树高的倍数加上查找范围内的键的数量。

3.2.21 为二叉查找树添加一个 randomKey() 方法来在和树高成正比的时间内从符号表中随机返回一个键。

3.2.22 请证明：若一棵二叉查找树中的一个结点有两个子结点，那么它的后继结点不会有左子结点，前趋结点不会有右子结点。

3.2.23 delete() 方法符合交换律吗？（先删除 x 后删除 y 和先删除 y 后删除 x 能够得到相同的结果吗？）

418 3.2.24 请证明：使用基于比较的算法构造一棵二叉查找树所需的最小比较次数为 $\lg(N!) \sim N\lg N$。

提高题

3.2.25 *完美平衡*。编写一段程序，用一组键构造一棵和二分查找等价的二叉查找树。也就是说，在这棵树中查找任意键所产生的比较序列和在这组键中使用二分查找所产生的比较序列完全相同。

3.2.26 *准确的概率*。计算用 N 个随机的互不相同的键构造出练习 3.2.9 中的每一棵树的概率。

3.2.27 *内存使用*。基于 1.4 节的假设，对于 N 对键值比较二叉查找树和 BinarySearchST 以及 SequentialSearchST 的内存使用情况。不需要记录键值本身占用的内存，只统计它们的引用。用图精确描述一棵以 String 为键、Integer 为值的二叉查找树（比如 FrequencyCounter 构造的那种）的内存使用情况，然后估计 FrequencyCounter 在使用二叉查找树处理《双城记》时树的内存使用情况（精确到字节）。

3.2.28 *缓存*。修改二叉查找树的实现，将最近访问的结点 Node 保存在一个变量中，这样 get() 或 put() 再次访问同一个键时就只需要常数时间了（参考练习 3.1.25）。

3.2.29 *二叉树检查*。编写一个递归的方法 isBinaryTree()，接受一个结点 Node 为参数。如果以该结点为根的子树中的结点总数和计数器的值 N 相符则返回 true，否则返回 false。*注意*：这项检查也能保证数据结构中不存在环，因此这的确是一棵二叉树！

3.2.30 *有序性检查*。编写一个递归的方法 isOrdered()，接受一个结点 Node 和 min、max 两个键作为参数。如果以该结点为根的子树中的所有结点都在 min 和 max 之间，min 和 max 的确分别是树中的最小和最大的结点且二叉查找树的有序性对树中的所有键都成立，返回 true，否则返回 false。

3.2.31 *等值键检查*。编写一个方法 hasNoDuplicates()，接受一个结点 Node 为参数。如果以该结点为根的二叉查找树中不含有等值的键则返回 true，否则返回 false。假设树已经通过了前几道练习的检查。

3.2.32 *验证*。编写一个方法 isBST()，接受一个结点 Node 为参数。若该结点是一个二叉查找树的根结点则返回 true，否则返回 false。*提示*：这个任务比看起来要困难，它和你调用前三题中各个方法的顺序有关。

419

解答：

```
private boolean isBST()
{
    if (!isBinaryTree(root)) return false;
    if (!isOrdered(root, min(), max())) return false;
    if (!hasNoDuplicates(root)) return false;
    return true;
}
```

3.2.33 *选择/排名检查*。编写一个方法，对于 0 到 size()-1 之间的所有 i，检查 i 和 rank(select(i)) 是否相等，并检查二叉查找树中的的任意键 key 和 select(rank(key)) 是否相等。

3.2.34 *线性符号表*。你的目标是实现一个扩展的符号表 ThreadedST，支持以下两个运行时间为常数的操作：

```
Key next(Key key)，key 的下一个键（若 key 为最大键则返回空）
Key prev(Key key)，key 的上一个键（若 key 为最小键则返回空）
```

要做到这一点需要在结点中增加 pred 和 succ 两个变量来保存结点的前趋和后继结点，并相应修改 put()、deleteMin()、deleteMax() 和 delete() 方法来维护这两个变量。

3.2.35 *改进的分析*。为了更好地解释正文表格中的试验结果请改进它的数学模型。证明随着 N 的增大，在一棵随机构造的二叉查找树中，一次命中查找所需的平均比较次数会趋近于 $2\ln N+2\gamma-3\approx 1.39\lg N-1.85$，其中 $\gamma=0.57721\cdots$，即欧拉常数。*提示*：参考 2.3 节中对快速排序的分析，$1/x$ 的积分趋近于 $\ln N+\gamma$。

3.2.36 *迭代器*。能否实现一个非递归版本的 keys() 方法，其使用的额外空间和树的高度成正比（和查找范围内的键的多少无关）？

3.2.37 *按层遍历*。编写一个方法 printLevel()，接受一个结点 Node 作为参数，按照层级顺序打印以该结点为根的子树（即按每个结点到根结点的距离的顺序，同一层的结点应该按从左至右的顺序）。*提示*：使用队列 Queue。

3.2.38 *绘图*。为二叉查找树添加一个方法 draw()，按照正文中的样式将树绘制出来。*提示*：在结点中用变量保存坐标并用递归的方法设置这些变量。 420~421

实验题

3.2.39 *平均情况*。用经验数据评估在一棵由 N 个随机结点构造的二叉查找树中，一次命中的查找和未命中的查找平均所需的比较次数的平均差和标准差，其中 $N=10^4$、10^5 和 10^6，重复实验 100 遍。将你的实验结果和练习 3.2.35 给出的计算平均比较次数的公式进行对比。

3.2.40 *树的高度*。用经验数据评估一棵由 N 个随机结点构造的二叉查找树的平均高度，其中 $N=10^4$、10^5 和 10^6，重复实验 100 遍。将你的试验结果和正文中给出的估计值 $2.99\lg N$ 进行对比。

3.2.41 *数组表示*。开发一个二叉查找树的实现，用三个数组表示一棵树（预先分配为构造函数中所指定的最大长度）：一个数组用来保存键，一个数组用来保存左链接的索引，一个数组用来保存右链接的索引。比较你的程序和标准实现的性能。

3.2.42 *Hibbard 删除方法的性能问题*。编写一个程序，从命令行接受一个参数 N 并构造一棵由 N 个随机键生成的二叉查找树，然后进入一个循环。在循环中它先删除一个随机键（delete(select(StdRandom.uniform(N)))），然后再插入一个随机键，如此循环 N^2 次。循环结束后，计算并打印树的内部平均路径长度（内部路径长度除以 N 再加 1）。对于 $N=10^2$、10^3 和 10^4，运行你的程序来验证一个有些违反直觉的假设：这个过程会增加树的平均路径长度，增加的长度和 N 的平方根成正比。使用能够随机选择前趋或后继结点的 delete() 方法重复这个实验。

3.2.43 *put()/get() 方法的比例*。用经验数据评估当使用 FrequencyCounter 来统计 100 万个随机整数中每个数的出现频率时，二叉查找树中 put() 方法和 get() 方法所消耗的时间的比例。

3.2.44 *绘制成本图*。改造二叉查找树的实现来绘制本节所示的那种能够显示计算中每次 put() 操作成本的图。

3.2.45 *实际耗时*。改造 FrequencyCounter，使用 Stopwatch 和 StdDraw 绘图，其中 x 轴表示 get() 和 put() 调用的总数，y 轴为总运行时间，每次调用之后即在当前运行时间处绘制一个点。使用 SequentialSearchST 和你的程序处理《双城记》，再用 BinarySearchST 处理一遍，最后用二叉查找树处理一遍，然后讨论运行的结果。*注意*：曲线中突然的跳跃可能是*缓存*导致的，这已经超出了这个问题的讨论范围（请见练习 3.1.39）。 422

3.2.46 二叉查找树的临界点。使用随机 `double` 值作为键，分别找出使得二叉查找树的符号表比二分查找要快 10、100 倍和 1000 倍的 N 值。分析并预测 N 的大小并通过实验验证它。

3.2.47 平均查找耗时。用实验研究和计算在一棵由 N 个随机结点构造的二叉查找树中到达任意结点的平均路径长度（内部路径长度除以 N 再加 1）的平均差和标准差，对于 100 到 10 000 之间的每个 N 重复实验 1000 遍。将结果绘制成和图 3.2.14 相似的一张 Tufte 图，并画上函数 $1.39\lg N-1.85$ 的曲线（请见练习 3.2.35 和练习 3.2.39）。

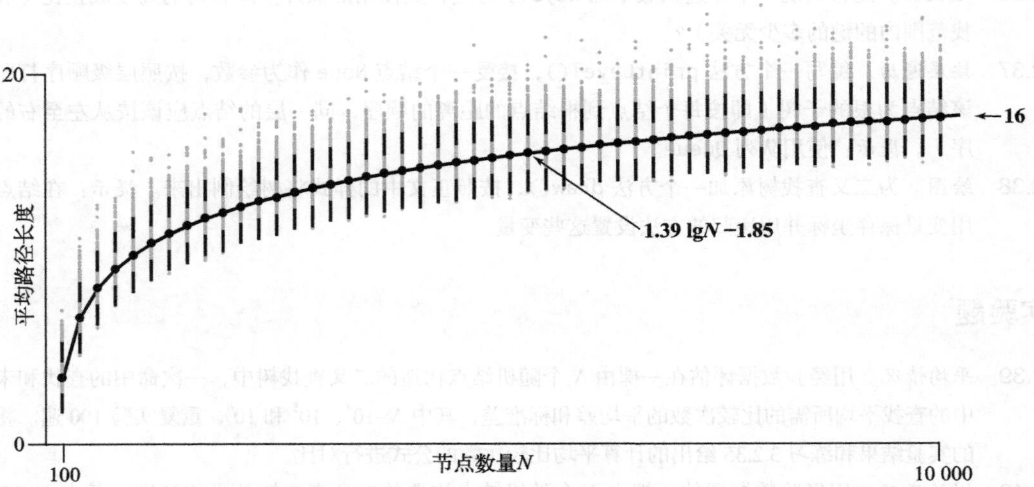

423 图 3.2.14 一棵随机构造的二叉查找树中由根到达任意结点的平均路径长度（另见彩插）

3.3 平衡查找树

我们在前面几节中学习过的算法已经能够很好地用于许多应用程序中，但它们在最坏情况下的性能还是很糟糕。在本节中我们会介绍一种二分查找树并能保证无论如何构造它，它的运行时间都是对数级别的。理想情况下我们希望能够保持二分查找树的平衡性。在一棵含有 N 个结点的树中，我们希望树高为 $\sim\lg N$，这样我们就能保证所有查找都能在 $\sim\lg N$ 次比较内结束，就和二分查找一样（请见命题 B）。不幸的是，在动态插入中保证树的完美平衡的代价太高了。在本节中，我们稍稍放松完美平衡的要求并将学习一种能够保证符号表 API 中所有操作（范围查找除外）均能够在对数时间内完成的数据结构。

3.3.1 2-3 查找树

为了保证查找树的平衡性，我们需要一些灵活性，因此在这里我们允许树中的一个结点保存多个键。确切地说，我们将一棵标准的二叉查找树中的结点称为 *2- 结点*（含有一个键和两条链接），而现在我们引入 *3- 结点*，它含有两个键和三条链接。2- 结点和 3- 结点中的每条链接都对应着其中保存的键所分割产生的一个区间。

定义。一棵 2-3 查找树或为一棵空树，或由以下结点组成：

- 2- 结点，含有一个键（及其对应的值）和两条链接，左链接指向的 2-3 树中的键都小于该结点，右链接指向的 2-3 树中的键都大于该结点。
- 3- 结点，含有两个键（及其对应的值）和三条链接，左链接指向的 2-3 树中的键都小于该结点，中链接指向的 2-3 树中的键都位于该结点的两个键之间，右链接指向的 2-3 树中的键都大于该结点。

和以前一样，我们将指向一棵空树的链接称为**空链接**。2-3 查找树如图 3.3.1 所示。

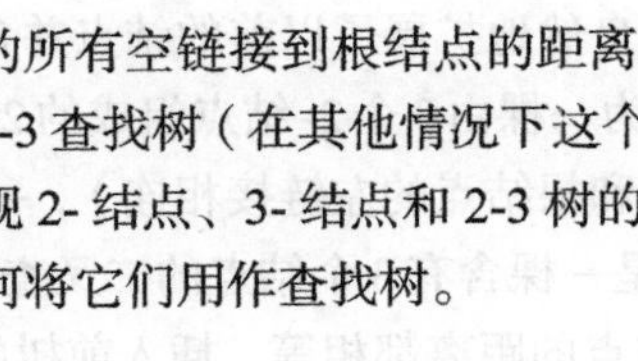

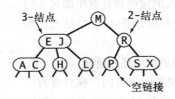

图 3.3.1 2-3 查找树示意图

一棵完美平衡的 2-3 查找树中的所有空链接到根结点的距离都应该是相同的。简洁起见，这里我们用 2-3 树指代一棵完美平衡的 2-3 查找树（在其他情况下这个词应该表示一种更一般的结构）。424
稍后我们将会学习定义并高效地实现 2- 结点、3- 结点和 2-3 树的基本操作。现在先假设我们已经能够自如地操作它们并来看看应该如何将它们用作查找树。

3.3.1.1 查找

将二叉查找树的查找算法一般化我们就能够直接得到 2-3 树的查找算法。要判断一个键是否在树中，我们先将它和根结点中的键比较。如果它和其中任意一个相等，查找命中；否则我们就根据比较的结果找到指向相应区间的链接，并在其指向的子树中递归地继续查找。如果这是个空链接，查找未命中。具体查找过程如图 3.3.2 所示。

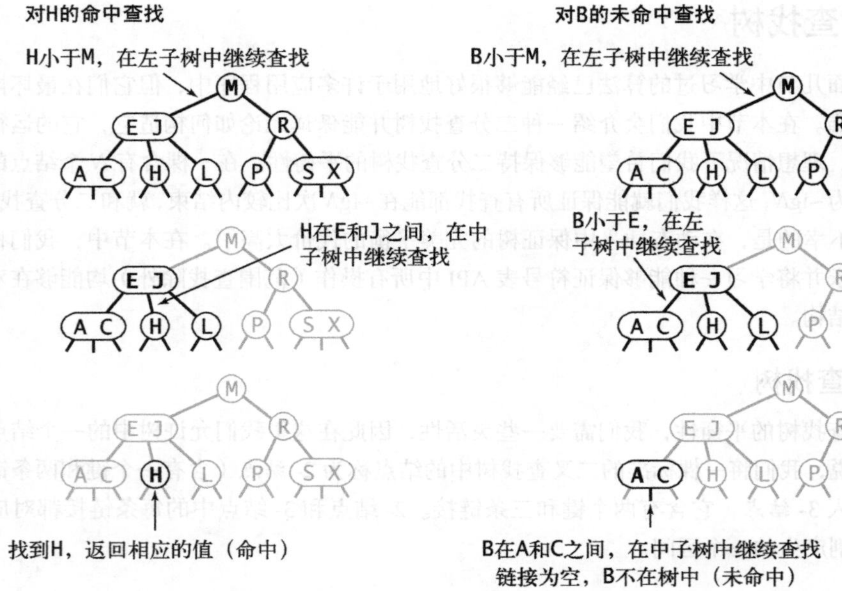
对H的命中查找
H小于M，在左子树中继续查找
H在E和J之间，在中子树中继续查找
找到H，返回相应的值（命中）
对B的未命中查找
B小于M，在左子树中继续查找
B小于E，在左子树中继续查找
B在A和C之间，在中子树中继续查找
链接为空，B不在树中（未命中）

图 3.3.2 2-3 树中的查找命中（左）和未命中（右）

3.3.1.2 向 2- 结点中插入新键

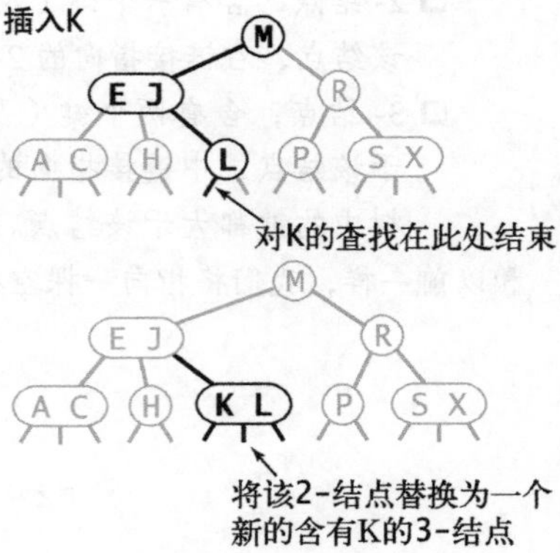
插入K
对K的查找在此处结束
将该2-结点替换为一个
新的含有K的3-结点

图 3.3.3 向 2- 结点中插入新的键

要在 2-3 树中插入一个新结点，我们可以和二叉查找树一样先进行一次未命中的查找，然后把新结点挂在树的底部。但这样的话树无法保持完美平衡性。我们使用 2-3 树的主要原因就在于它能够在插入后继续保持平衡。如果未命中的查找结束于一个 2- 结点，事情就好办了：我们只要把这个 2- 结点替换为一个 3- 结点，将要插入的键保存在其中即可（如图 3.3.3 所示）。如果未命中的查找结束于一个 3- 结点，事

425 情就要麻烦一些。

3.3.1.3 向一棵只含有一个 3- 结点的树中插入新键

在考虑一般情况之前，先假设我们需要向一棵只含有一个 3- 结点的树中插入一个新键。这棵树中有两个键，所以在它唯一的结点中已经没有可插入新键的空间了。为了将新键插入，我们先临时将新键存入该结点中，使之成为一个 *4- 结点*。它很自然地扩展了以前的结点并含有 3 个键和 4 条链接。创建一个 4- 结点很方便，因为很容易将它转换为一棵由 3 个 2- 结点组成的 2-3 树，其中一个结点（根）含有中键，一个结点含有 3 个键中的最小者（和根结点的左链接相连），一个结点含有 3 个键中的最大者（和根结点的右链接相连）。这棵树既是一棵含有 3 个结点的二叉查找树，同时也是一棵完美平衡的 2-3 树，因为其中所有的空链接到根结点的距离都相等。插入前树的高度为 0，插入后树的高度为 1。这个例子很简单但却值得学习，它说明了 2-3 树是如何生长的，如图 3.3.4 所示。

3.3.1.4 向一个父结点为 2- 结点的 3- 结点中插入新键

作为第二轮热身，假设未命中的查找结束于一个 3- 结点，而它的父结点是一个 2- 结点。在这种情况下我们需要*在维持树的完美平衡的前提下为新键腾出空间*。我们先像刚才一样构造一个临时

的 4- 结点并将其分解，但此时我们不会为中键创建一个新结点，而是将其移动至原来的父结点中。你可以将这次转换看成将指向原 3- 结点的一条链接替换为新父结点中的原中键左右两边的两条链接，并分别指向两个新的 2- 结点。根据我们的假设，父结点中是有空间的：父结点是一个 2- 结点（一个键两条链接），插入之后变为了一个 3- 结点（两个键 3 条链接）。另外，这次转换也并不影响（完美平衡的）2-3 树的主要性质。树仍然是有序的，因为中键被移动到父结点中去了；树仍然是完美平衡的，插入后所有的空链接到根结点的距离仍然相同。请确认你完全理解了这次转换——它是 2-3 树的动态变化的核心，其过程如图 3.3.5 所示。

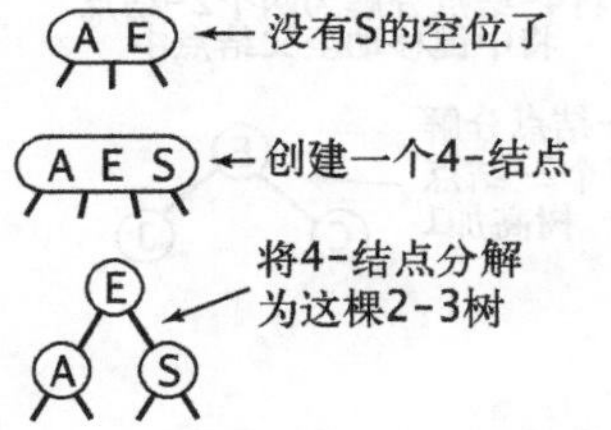

图 3.3.4　向一棵只含有一个 3- 结点的树中插入新键

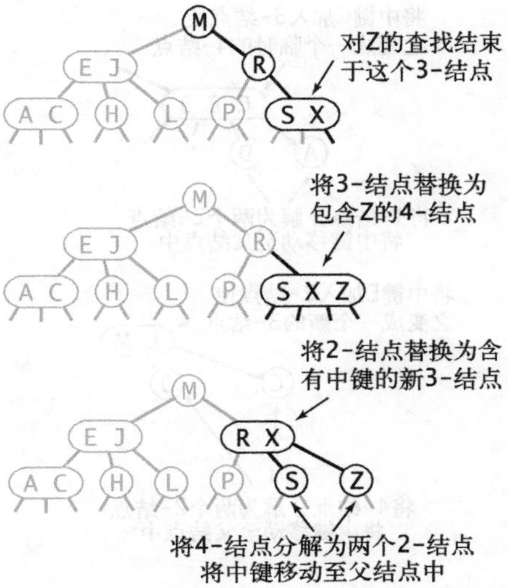

图 3.3.5　向一个父结点为 2- 结点的 3- 结点中插入新键

426

3.3.1.5　向一个父结点为 3- 结点的 3- 结点中插入新键

现在假设未命中的查找结束于一个父结点为 3- 结点的结点。我们再次和刚才一样构造一个临时的 4- 结点并分解它，然后将它的中键插入它的父结点中。但父结点也是一个 3- 结点，因此我们再用这个中键构造一个新的临时 4- 结点，然后在这个结点上进行相同的变换，即分解这个父结点并将它的中键插入到它的父结点中去。推广到一般情况，我们就这样一直向上不断分解临时的 4- 结点并将中键插入更高层的父结点，直至遇到一个 2- 结点并将它替换为一个不需要继续分解的 3- 结点，或者是到达 3- 结点的根。该过程如图 3.3.6 所示。

3.3.1.6　分解根结点

如果从插入结点到根结点的路径上全都是 3- 结点，我们的根结点最终变成一个临时的 4- 结点。此时我们可以按照向一棵只有一个 3- 结点的树中插入新键的方法处理这个问题。我们将临时的 4- 结点分解为 3 个 2- 结点，使得树高加 1，如图 3.3.7 所示。请注意，这次最后的变换仍然保持了树的完美平衡性，因为它变换的是根结点。

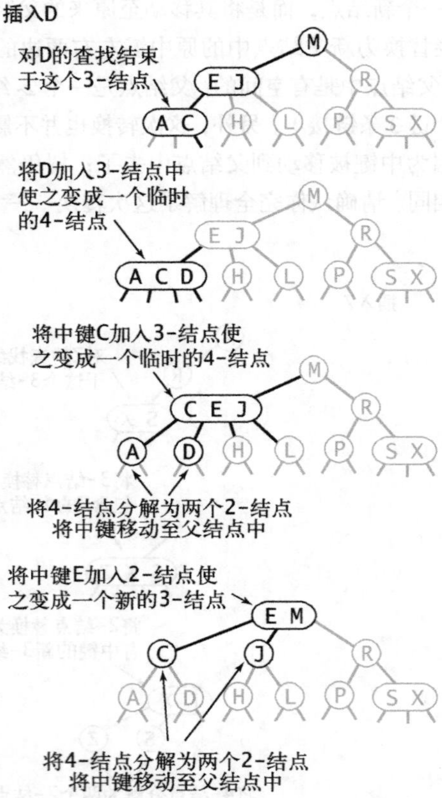

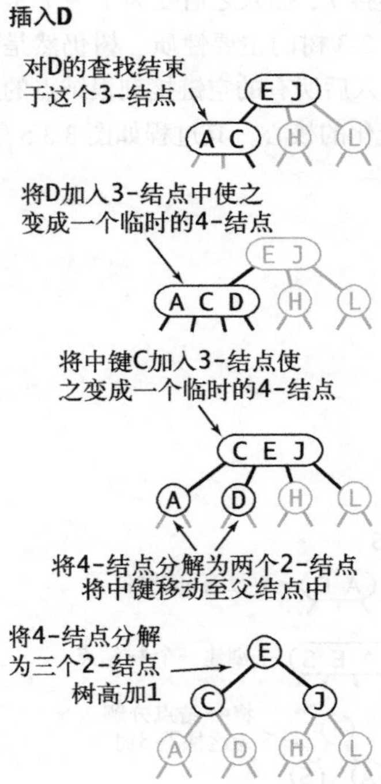

427 图 3.3.6 向一个父结点为 3- 结点的 3- 结点中插入新键

图 3.3.7 分解根结点

3.3.1.7 局部变换

将一个 4- 结点分解为一棵 2-3 树可能有 6 种情况，都总结在了图 3.3.8 中。这个 4- 结点可能是根结点，可能是一个 2- 结点的左子结点或者右子结点，也可能是一个 3- 结点的左子结点、中子结点或者右子结点。2-3 树插入算法的根本在于这些变换都是*局部的*：除了相关的结点和链接之外不必修改或者检查树的其他部分。每次变换中，变更的链接数量不会超过一个很小的常数。需要特别指出的是，不光是在树的底部，树中的*任何地方*只要符合相应的模式，变换都可以进行。每个变换都会将 4- 结点中的一个键送入它的父结点中，并重构相应的链接而不必涉及树的其他部分。

3.3.1.8 全局性质

这些局部变换不会影响树的*全局*有序性和平衡性：任意空链接到根结点的路径长度都是相等的。作为参考，图 3.3.9 所示的是当一个 4- 结点是一个 3- 结点的中子结点时的完整变换情况。如果在变换之前根结点到所有空链接的路径长度为 h，那么变换之后该长度仍然为 h。所有的变换都具有这个性质，即使是将一个 4- 结点分解为两个 2- 结点并将其父结点由 2- 结点变为 3- 结点，或是由 3- 结点变为一个临时的 4- 结点时也是如此。当根结点被分解为 3 个 2- 结点时，所有空链接到根结点的路径长度才会加 1。如果你还没有完全理解，请完成练习 3.3.7。它要求你为其他的 5 种情况画出图 3.3.8 的扩展图来证明这一点。理解所有局部变换都不会影响整棵树的有序性和平衡性是理解这个算法的关键。

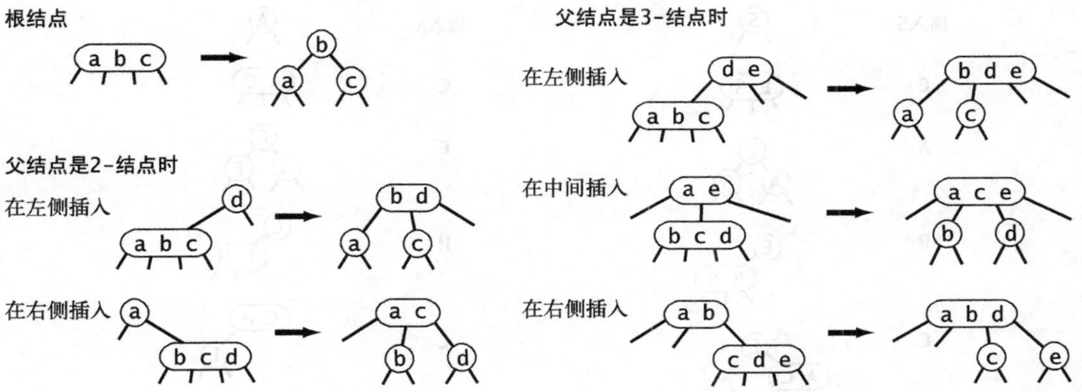

图 3.3.8 在一棵 2-3 树中分解一个 4- 结点的情况汇总

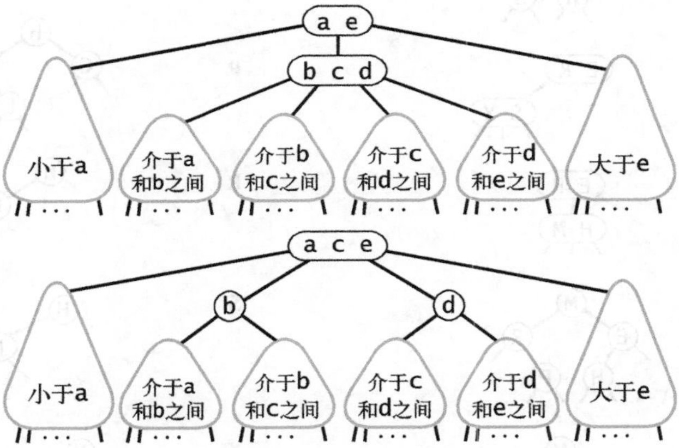

图 3.3.9 4- 结点的分解是一次局部变换，不会影响树的有序性和平衡性 428

和标准的二叉查找树由上向下生长不同，2-3 树的生长是由下向上的。如果你花点时间仔细研究一下图 3.3.10，就能很好地理解 2-3 树的构造方式。它给出了我们的标准索引测试用例中产生的一系列 2-3 树，以及一系列由同一组键按照升序依次插入到树中时所产生的所有 2-3 树。还记得在二叉查找树中，按照升序插入 10 个键会得到高度为 9 的一棵最差查找树吗？如果使用 2-3 树，树的高度是 2。

以上的文字已经足够为我们定义一个使用 2-3 树作为数据结构的符号表的实现了。2-3 树的分析和二叉查找树的分析大不相同，因为我们主要感兴趣的是最坏情况下的性能，而非一般情况（这种情况下我们会用随机键模型分析预期的性能）。在符号表的实现中，一般我们无法控制用例会按照什么顺序向表中插入键，因此对最坏情况的分析是唯一能够提供性能保证的办法。

命题 F。在一棵大小为 N 的 2-3 树中，查找和插入操作访问的结点必然不超过 $\lg N$ 个。

证明。一棵含有 N 个结点的 2-3 树的高度在 $\lfloor \log_3 N \rfloor = \lfloor (\lg N)/(\lg 3) \rfloor$（如果树中全是 3- 结点）和 $\lfloor \lg N \rfloor$（如果树中全是 2-结点）之间（请见练习 3.3.4）。

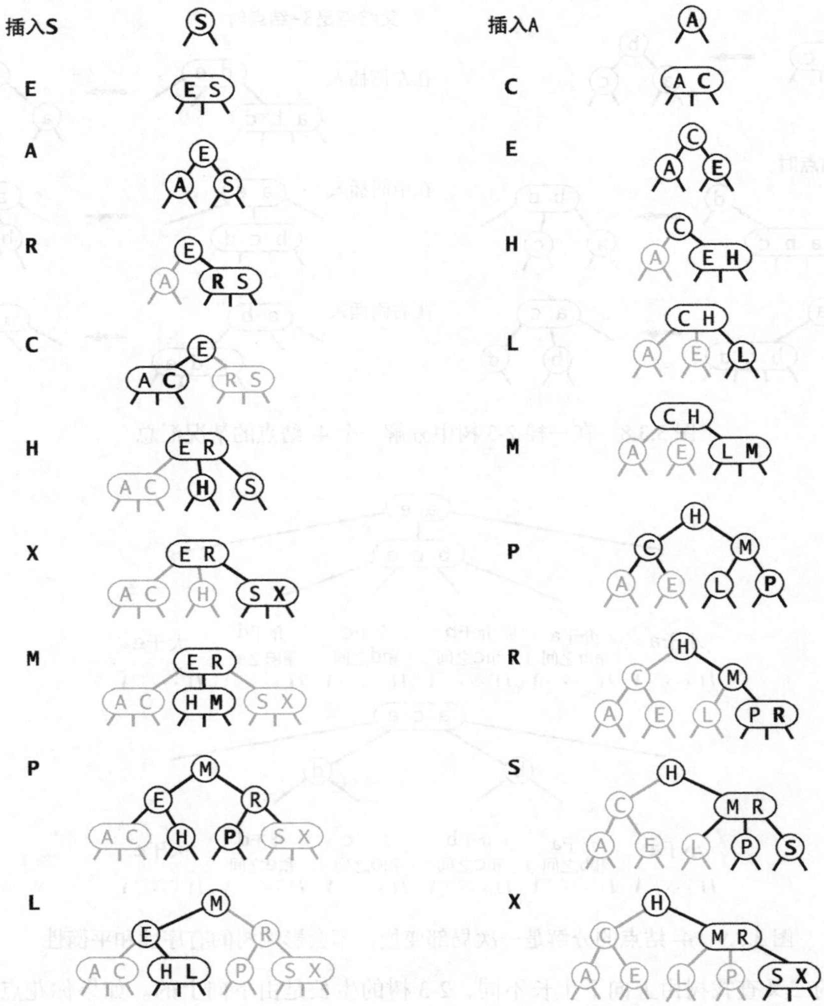

图 3.3.10 2-3 树的构造轨迹

因此我们可以确定 2-3 树在最坏情况下仍有较好的性能。每个操作中处理每个结点的时间都不会超过一个很小的常数，且这两个操作都只会访问一条路径上的结点，所以任何查找或者插入的成本都肯定不会超过对数级别。通过对比图 3.3.11 中的 2-3 树和图 3.2.8 中由相同的键构造的二叉查找树，你也可以看到，完美平衡的 2-3 树要平展得多。例如，含有 10 亿个结点的一棵 2-3 树的高度仅在 19 到 30之间。我们最多只需要访问30个结点就能够在10亿个键中进行任意查找和插入操作，这是相当惊人的。

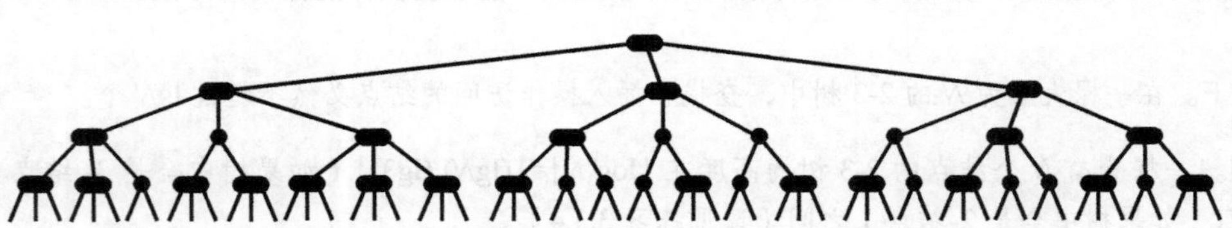

图 3.3.11 由随机键构造的一棵典型的 2-3 树

但是，我们和真正的实现还有一段距离。尽管我们可以用不同的数据类型表示 2- 结点和 3- 结点并写出变换所需的代码，但用这种直白的表示方法实现大多数的操作并不方便，因为需要处理的情况实在太多。我们需要维护两种不同类型的结点，将被查找的键和结点中的每个键进行比较，将链接和其他信息从一种结点复制到另一种结点，将结点从一种数据类型转换到另一种数据类型，等等。实现这些不仅需要大量的代码，而且它们所产生的额外开销可能会使算法比标准的二叉查找树更慢。平衡一棵树的初衷是为了消除最坏情况，但我们希望这种保障所需的代码能够越少越好。幸运的是你将看到，我们只需要一点点代价就能用一种统一的方式完成所有变换。 429~431

3.3.2 红黑二叉查找树

上文所述的 2-3 树的插入算法并不难理解，现在我们会看到它也不难实现。我们要学习一种名为*红黑二叉查找树*的简单数据结构来表达并实现它。最后的代码量并不大，但理解这些代码是如何工作的以及为什么能够工作却需要一番仔细的探究。

3.3.2.1 替换 3- 结点

红黑二叉查找树背后的基本思想是用标准的二叉查找树（完全由 2- 结点构成）和一些额外的信息（替换 3 - 结点）来表示 2-3 树。我们将树中的链接分为两种类型：*红链接*将两个 2- 结点连接起来构成一个 3- 结点，*黑链接*则是 2-3 树中的普通链接。确切地说，我们将 3- 结点表示为由一条*左斜*的红色链接（两个 2- 结点其中之一是另一个的左子结点）相连的两个 2- 结点，如图 3.3.12 所示。这种表示法的一个优点是，我们*无需修改*就可以直接使用标准二叉查找树的 get() 方法。对于任意的 2-3 树，只要对结点进行转换，我们都可以立即派生出一棵对应的二叉查找树。我们将用这种方式表示 2-3 树的二叉查找树称为*红黑二叉查找树*（以下简称为红黑树）。

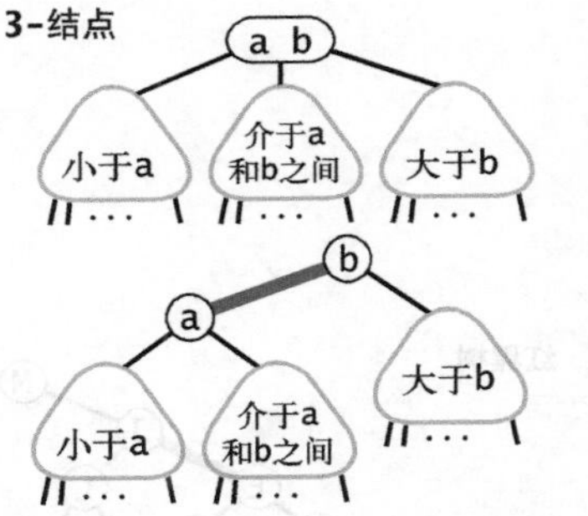

图 3.3.12 由一条红色左链接相连的两个 2- 结点表示一个 3- 结点（另见彩插）

3.3.2.2 一种等价的定义

红黑树的另一种定义是含有红黑链接并满足下列条件的二叉查找树：

- 红链接均为左链接；
- 没有任何一个结点同时和两条红链接相连；
- 该树是*完美黑色平衡*的，即任意空链接到根结点的路径上的黑链接数量相同。

满足这样定义的红黑树和相应的 2-3 树是一一对应的。

3.3.2.3 一一对应

如果我们将一棵红黑树中的红链接画平，那么所有的空链接到根结点的距离都将是相同的（如图 3.3.13 所示）。如果我们将由红链接相连的结点合并，得到的就是一棵 2-3 树。相反，如果将一棵 2-3 树中的 3- 结点画作由红色左链接相连的两个 2- 结点，那么不会存在能够和两条红链接相连的结点，且树必然是完美黑色平衡的，因为黑链接即 2-3 树中的普通链接，根据定义这些链接必然是完美平衡的。无论我们选择用何种方式去定义它们，红黑树都既是二叉查找树，也是 2-3 树，如图 3.3.14 所示。因此，如果我们能够在保持一一对应关系的基础上实现 2-3 树的插入算法，那么我们就能够将两个算法的优点结合起来：二叉查找树中简洁高效的查找方法和 2-3 树中高效的平衡插入算法。

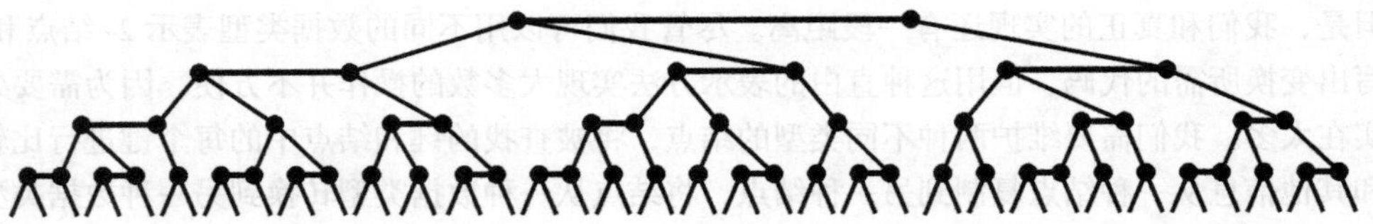

432 图 3.3.13 将红链接画平时，一棵红黑树就是一棵 2-3 树（另见彩插）

3.3.2.4 颜色表示

方便起见，因为每个结点都只会有一条指向自己的链接（从它的父结点指向它），我们将链接的颜色保存在表示结点的 Node 数据类型的布尔变量 color 中。如果指向它的链接是红色的，那么该变量为 true，黑色则为 false。我们约定空链接为黑色。为了代码的清晰我们定义了两个常量 RED 和 BLACK 来设置和测试这个变量。我们使用私有方法 isRed() 来测试一个结点和它的父结点之间的链接的颜色。当我们提到一个结点的颜色时，我们指的是指向该结点的链接的颜色，反之亦然。颜色表示的代码实现如图 3.3.15 所示。

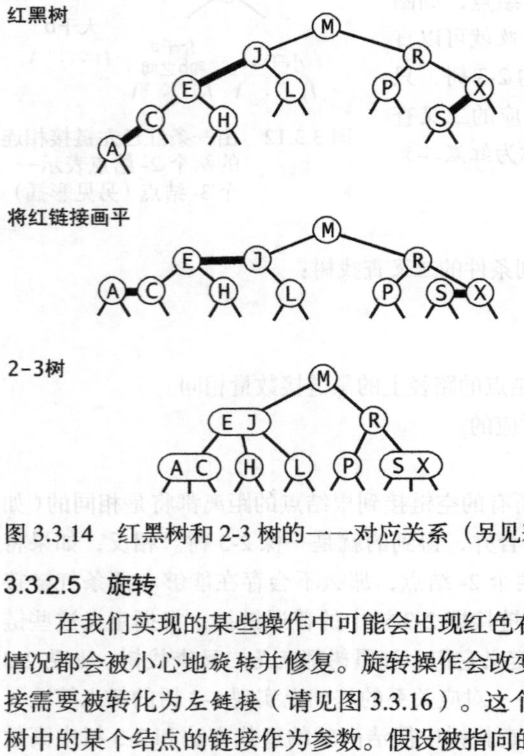

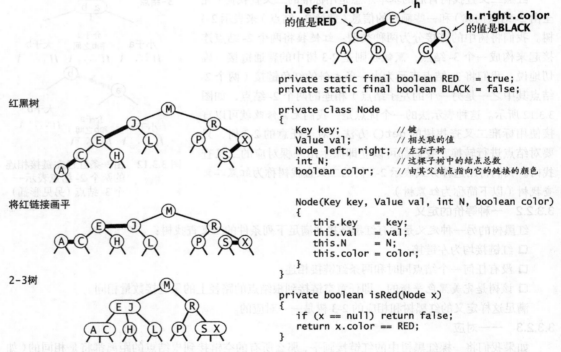

图 3.3.14 红黑树和 2-3 树的一一对应关系（另见彩插）

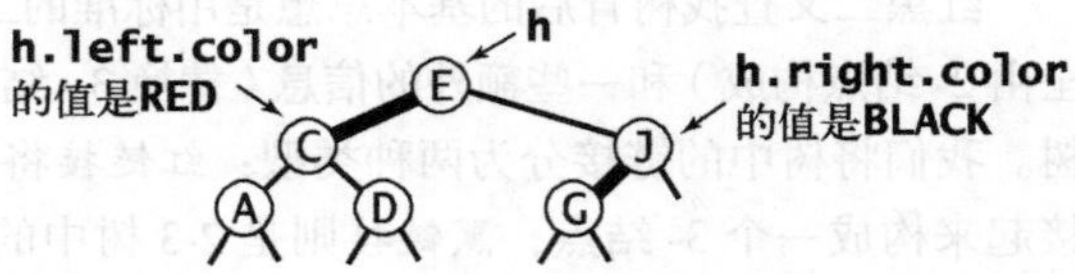


```
private static final boolean RED   = true;
private static final boolean BLACK = false;

private class Node
{
   Key key;              // 键
   Value val;            // 相关联的值
   Node left, right;     // 左右子树
   int N;                // 这棵子树中的结点总数
   boolean color;        // 由其父结点指向它的链接的颜色

   Node(Key key, Value val, int N, boolean color)
   {
      this.key   = key;
      this.val   = val;
      this.N     = N;
      this.color = color;
   }
}

private boolean isRed(Node x)
{
   if (x == null) return false;
   return x.color == RED;
}
```

图 3.3.15 红黑树的结点表示（另见彩插）

3.3.2.5 旋转

在我们实现的某些操作中可能会出现红色右链接或者两条连续的红链接，但在操作完成前这些情况都会被小心地*旋转*并修复。旋转操作会改变红链接的指向。首先，假设我们有一条红色的右链接需要被转化为左链接（请见图 3.3.16）。这个操作叫做*左旋转*，它对应的方法接受一条指向红黑树中的某个结点的链接作为参数。假设被指向的结点的右链接是红色的，这个方法会对树进行必要的调整并返回一个指向包含同一组键的子树且其左链接为红色的根结点的链接。如果你对照图示中
433 调整前后的情况逐行阅读这段代码，你会发现这个操作很容易理解：我们只是将用两个键中的较小

者作为根结点变为将较大者作为根结点。实现将一个红色左链接转换为一个红色右链接的一个*右旋转*的代码完全相同，只需要将 `left` 和 `right` 互换即可（如图 3.3.17 所示）。

3.3.2.6 在旋转后重置父结点的链接

无论左旋转还是右旋转，旋转操作都会返回一条链接。我们总是会用 `rotateRight()` 或 `rotateLeft()` 的返回值重置父结点（或是根结点）中相应的链接。返回的链接可能是左链接也可能是右链接，但是我们总会将它赋予父结点中的链接。这个链接可能是红色也可能是黑色—— `rotateLeft()` 和 `rotateRight()` 都通过将 `x.color` 设为 `h.color` 保留它原来的颜色。这可能会产生两条连续的红链接，但我们的算法会继续用旋转操作修正这种情况。例如，代码 `h = rotateLeft(h);` 将旋转结点 h 的红色右链接，使得 h 指向了旋转后的子树的根结点（组成该子树中的所有键和旋转前相同，只是根结点发生了变化）。这种简洁的代码是我们使用递归实现二叉查找树的各种方法的主要原因。你会看到，它使得旋转操作成为了普通插入操作的一个简单补充。

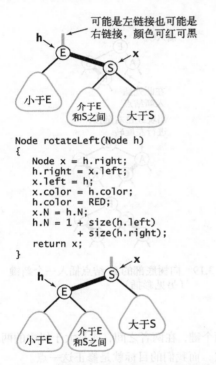

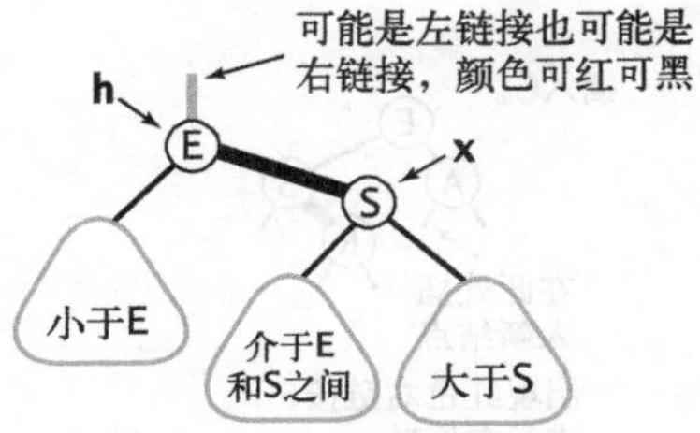


```
Node rotateLeft(Node h)
{
   Node x = h.right;
   h.right = x.left;
   x.left = h;
   x.color = h.color;
   h.color = RED;
   x.N = h.N;
   h.N = 1 + size(h.left)
           + size(h.right);
   return x;
}
```

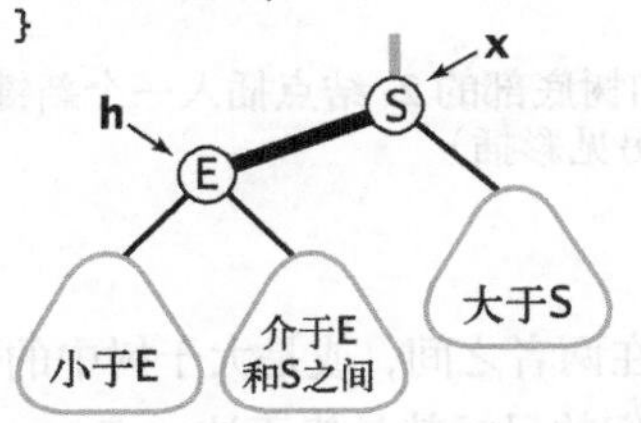

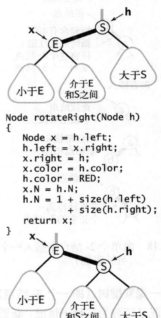

图 3.3.16 左旋转 h 的右链接（另见彩插）

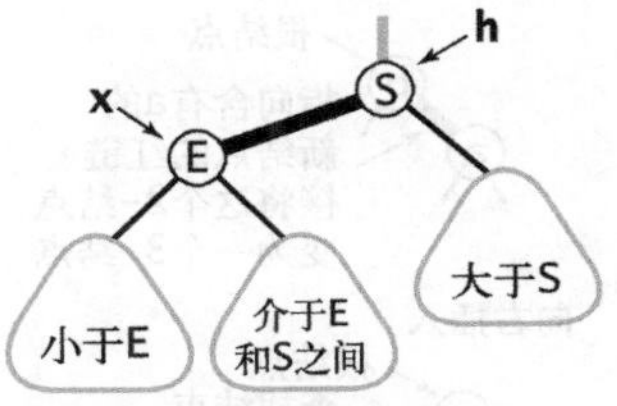


```
Node rotateRight(Node h)
{
   Node x = h.left;
   h.left = x.right;
   x.right = h;
   x.color = h.color;
   h.color = RED;
   x.N = h.N;
   h.N = 1 + size(h.left)
           + size(h.right);
   return x;
}
```

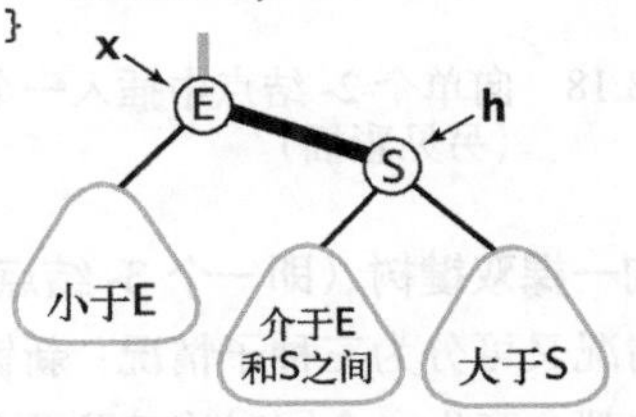

图 3.3.17 右旋转 h 的左链接（另见彩插） 434

在插入新的键时我们可以使用旋转操作帮助我们保证 2-3 树和红黑树之间的一一对应关系，因为旋转操作可以保持红黑树的两个重要性质：*有序性*和*完美平衡性*。也就是说，我们在红黑树中进行旋转时无需为树的有序性或者完美平衡性担心。下面我们来看看应该如何使用旋转操作来保持红黑树的另外两个重要性质（不存在两条连续的红链接和不存在红色的右链接）。我们先用一些简单的情况热热身。

3.3.2.7 向单个 2- 结点中插入新键

一棵只含有一个键的红黑树只含有一个 2- 结点。插入另一个键之后，我们马上就需要将它们旋转。如果新键小于老键，我们只需要新增一个红色的结点即可，新的红黑树和单个 3- 结点完全等价。如果新键大于老键，那么新增的红色结点将会产生一条红色的右链接。我们需要使用 `root = rotateLeft(root);` 来将其旋转为红色左链接并修正根结点的链接，插入操作才算完成。两种情况的结果均为一棵和单个 3- 结点等价的红黑树，其中含有两个键，一条红链接，树的黑链接高度为 1，如图 3.3.18 所示。

3.3.2.8 向树底部的 2- 结点插入新键

用和二叉查找树相同的方式向一棵红黑树中插入一个新键会在树的底部新增一个结点（为了保证有序性），但总是用红链接将新结点和它的父结点相连。如果它的父结点是一个 2- 结点，那么刚才讨论的两种处理方法仍然适用。如果指向新结点的是父结点的左链接，那么父结点就直接成为了一个 3- 结点；如果指向新结点的是父结点的右链接，这就是一个错误的 3- 结点，但一次左旋转就能够修正它，如图 3.3.19 所示。

图 3.3.18 向单个 2- 结点中插入一个新键（另见彩插）

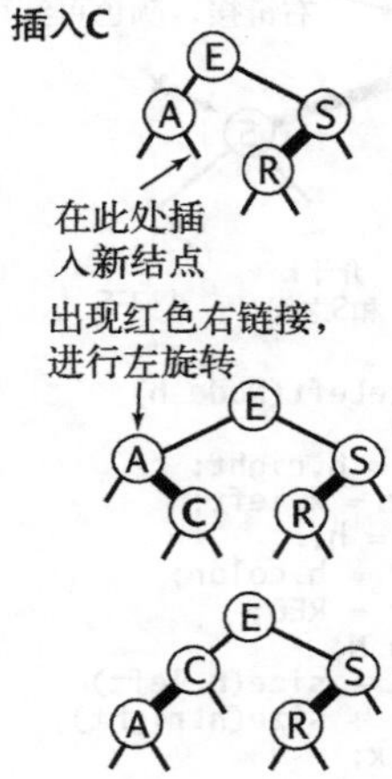

图 3.3.19 向树底部的 2- 结点插入一个新键（另见彩插）

3.3.2.9 向一棵双键树（即一个 3- 结点）中插入新键

这种情况又可分为三种子情况：新键小于树中的两个键，在两者之间，或是大于树中的两个键。每种情况中都会产生一个同时连接到两条红链接的结点，而我们的目标就是修正这一点。

- 三者中最简单的情况是新键大于原树中的两个键，因此它被连接到 3- 结点的右链接。此时树是平衡的，根结点为中间大小的键，它有两条红链接分别和较小和较大的结点相连。如果我们将两条链接的颜色都由红变黑，那么我们就得到了一棵由三个结点组成、高为 2 的平衡树。它正好能够对应一棵 2-3 树，如图 3.3.20（左）。其他两种情况最终也会转化为这种情况。
435
- 如果新键小于原树中的两个键，它会被连接到最左边的空链接，这样就产生了两条连续的红链接，如图 3.3.20（中）。此时我们只需要将上层的红链接右旋转即可得到第一种情况（中值键为根结点并和其他两个结点用红链接相连）。
- 如果新键介于原树中的两个键之间，这又会产生两条连续的红链接，一条红色左链接接一条红色右链接，如图 3.3.20（右）。此时我们只需要将下层的红链接左旋转即可得到第二种情况（两条连续的红色左链接）。

总的来说，我们通过 0 次、1 次和 2 次旋转以及颜色的变化得到了期望的结果。在 2-3 树中，请确认你完全理解了这些转换，它们是红黑树的动态变化的关键。

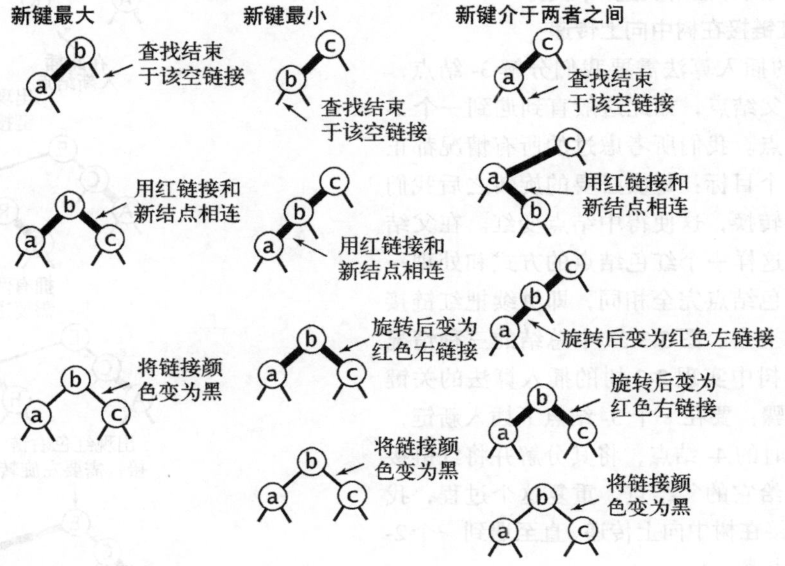

图 3.3.20 向一棵双键树（即一个 3- 结点）中插入一个新键的三种情况（另见彩插）

3.3.2.10 颜色转换

如图 3.3.21 所示，我们专门用一个方法 `flipColors()` 来转换一个结点的两个红色子结点的颜色。除了将子结点的颜色由红变黑之外，我们同时还要将父结点的颜色由黑变红。这项操作最重要的性质在于它和旋转操作一样是局部变换，不会影响整棵树的黑色平衡性。根据这一点，我们马上能够在下面完整地实现红黑树。

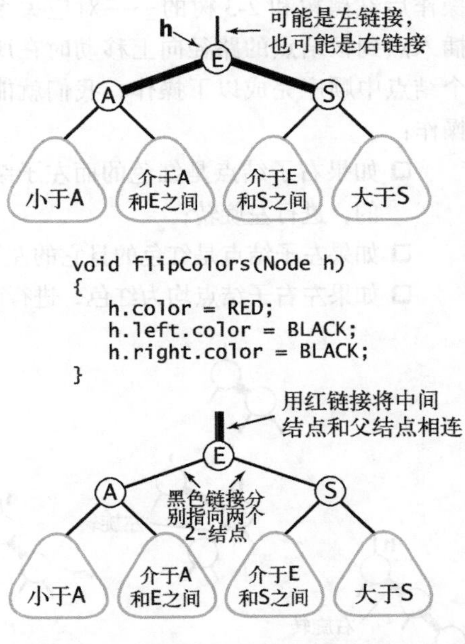


```
void flipColors(Node h)
{
   h.color = RED;
   h.left.color = BLACK;
   h.right.color = BLACK;
}
```

图 3.3.21 通过转换链接的颜色来分解 4- 结点（另见彩插）

3.3.2.11 根结点总是黑色

在 3.3.2.9 所述的情况中，颜色转换会使根结点变为红色。这也可能出现在很大的红黑树中。严格地说，红色的根结点说明根结点是一个 3- 结点的一部分，但实际情况并不是这样。因此我们在每次插入后都会将根结点设为黑色。注意，每当根结点由红变黑时树的黑链接高度就会加 1。

3.3.2.12 向树底部的 3- 结点插入新键

现在假设我们需要在树的底部的一个 3- 结点下加入一个新结点。前面讨论过的三种情况都会出现，如图 3.3.22 所示。指向新结点的链接可能是 3- 结点的右链接（此时我们只需要转换颜色即可），或是左链接（此时我们需要进行右旋转然后再转换颜色），或是中链接（此时我们需要先左旋转下层链接然后右旋转上层链接，最后再转换颜色）。颜色转换会使到中结点的链接变红，相当于将它送入了父结点。这意味着在父结点中继续插入一个新键，我们也会继续用相同的办法解决这个问题。

3.3.2.13 将红链接在树中向上传递

2-3 树中的插入算法需要我们分解 3- 结点，将中间键插入父结点，如此这般直到遇到一个 2- 结点或是根结点。我们所考虑过的所有情况都正是为了达成这个目标：每次必要的旋转之后我们都会进行颜色转换，这使得中结点变红。在父结点看来，处理这样一个红色结点的方式和处理一个新插入的红色结点完全相同，即继续把红链接转移到中结点上去。图 3.3.23 中总结的三种情况显示了在红黑树中实现 2-3 树的插入算法的关键操作所需的步骤：要在一个 3- 结点下插入新键，先创建一个临时的 4- 结点，将其分解并将红链接由中间键传递给它的父结点。重复这个过程，我们就能将红链接在树中向上传递，直至遇到一个 2- 结点或者根结点。

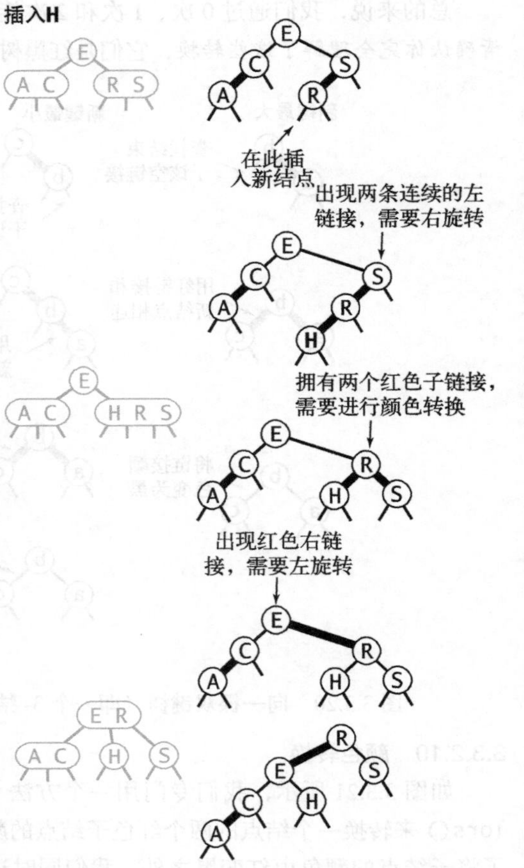
插入H
在此插入新结点
出现两条连续的左链接，需要右旋转
拥有两个红色子链接，需要进行颜色转换
出现红色右链接，需要左旋转

图 3.3.22 向树底部的 3- 结点插入一个新键（另见彩插）

总之，只要谨慎地使用左旋转、右旋转和颜色转换这三种简单的操作，我们就能够保证插入操作后红黑树和 2-3 树的一一对应关系。在沿着插入点到根结点的路径向上移动时在所经过的每个结点中顺序完成以下操作，我们就能完成插入操作：

- ❑ 如果右子结点是红色的而左子结点是黑色的，进行左旋转；
- ❑ 如果左子结点是红色的且它的左子结点也是红色的，进行右旋转；
- ❑ 如果左右子结点均为红色，进行颜色转换。

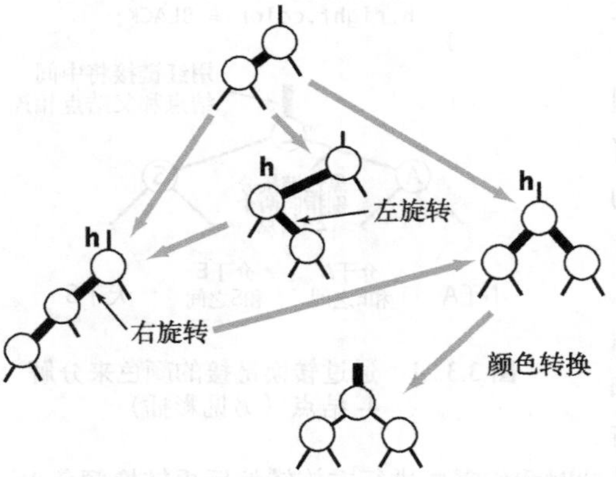
h
左旋转
右旋转
颜色转换

图 3.3.23 红黑树中红链接向上传递（另见彩插）

你应该花点时间确认以上步骤处理了前文描述的所有情况。请注意，第一个操作表示将一个 2- 结点变为一个 3- 结点和插入的新结点与树底部的 3- 结点通过它的中链接相连的两种情况。

3.3.3 实现

因为保持树的平衡性所需的操作是由下向上在每个所经过的结点中进行的，将它们植入我们已有的实现中十分简单：只需要在递归调用之后完成这些操作即可，如算法 3.4 所示。上一段中列出的三种操作都可以通过一个检测两个结点的颜色的 `if` 语句完成。尽管实现所需的代码量很小，但如果没有我们学习过的两种抽象数据结构（2-3 树和红黑树）作为铺垫，这段实现仍然会非常难以理解。在检查了三到五个结点的颜色之后（也许还需要进行一两次旋转以及颜色转换），我们就可以得到一棵近乎完美平衡的二叉查找树。

图 3.3.24 给出了使用我们的标准索引测试用例进行测试的轨迹和用同一组键按照升序构造一棵红黑树的测试轨迹。仅从红黑树的三种标准操作的角度分析这些例子对我们理解问题很有帮助，之前我们也是这样做的。另一个基本练习是检查它们和 2-3 树的一一对应关系（可以对比图 3.3.10 中由同一组键构造的 2-3 树）。在两种情况中你都能通过思考将 P 插入红黑树所需的转换来检验你对算法的理解程度（请见练习 3.3.12）。 436~438

算法 3.4　红黑树的插入算法

```
public class RedBlackBST<Key extends Comparable<Key>, Value>
{
   private Node root;

   private class Node // 含有color变量的Node对象（请见3.3.2.4节）

   private boolean isRed(Node h)    // 请见3.3.2.4节
   private Node rotateLeft(Node h)  // 请见图3.3.16
   private Node rotateRight(Node h) // 请见图3.3.17
   private void flipColors(Node h)  // 请见图3.3.21

   private int size()               // 请见算法3.3

   public void put(Key key, Value val)
   {  // 查找key，找到则更新其值，否则为它新建一个结点
      root = put(root, key, val);
      root.color = BLACK;
   }

   private Node put(Node h, Key key, Value val)
   {
      if (h == null)  // 标准的插入操作，和父结点用红链接相连
         return new Node(key, val, 1, RED);

      int cmp = key.compareTo(h.key);
      if      (cmp < 0) h.left  = put(h.left,  key, val);
      else if (cmp > 0) h.right = put(h.right, key, val);
      else h.val = val;

      if (isRed(h.right) && !isRed(h.left))      h = rotateLeft(h);
      if (isRed(h.left) && isRed(h.left.left)) h = rotateRight(h);
      if (isRed(h.left) && isRed(h.right))     flipColors(h);

      h.N = size(h.left) + size(h.right) + 1;
      return h;
   }
}
```

除了递归调用后的三条 if 语句，红黑树中 put() 的递归实现和二叉查找树中 put() 的实现完全相同。它们在查找路径上保证了红黑树和 2-3 树的一一对应关系，使得树的平衡性接近完美。第一条 if 语句会将任意含有红色右链接的 3- 结点（或临时的 4- 结点）向左旋转；第二条 if 语句会将临时的 4- 结点中两条连续红链接中的上层链接向右旋转；第三条 if 语句会进行颜色转换并将红链接在树中向上传递（详情请见正文）。 439

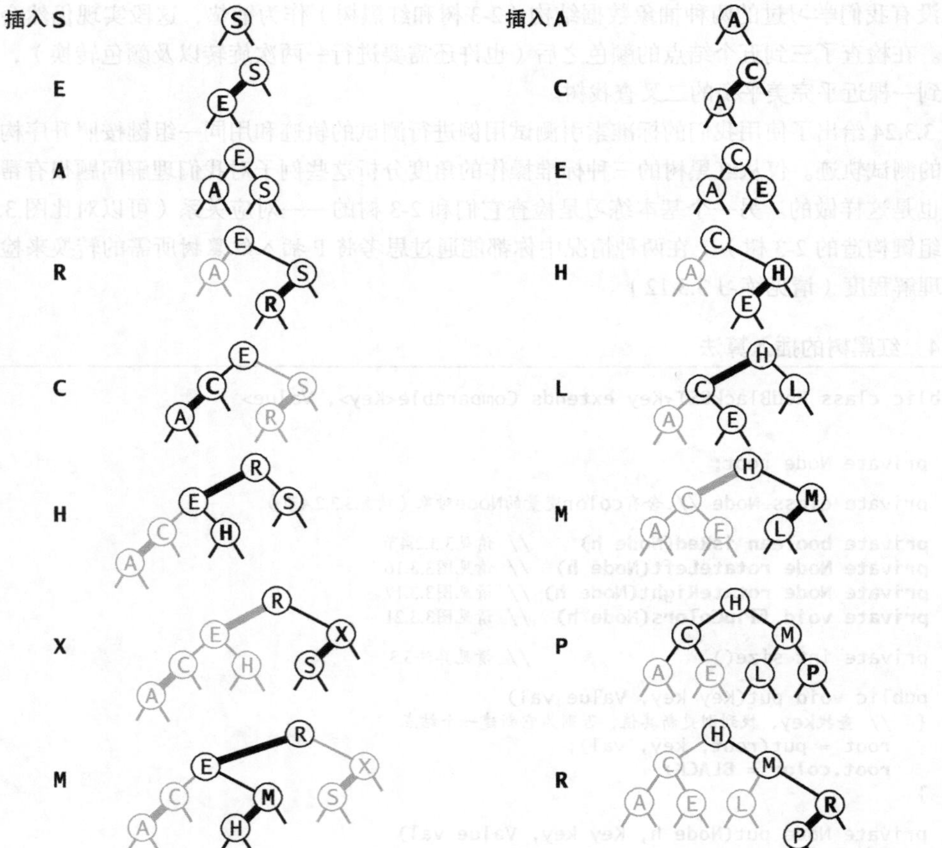

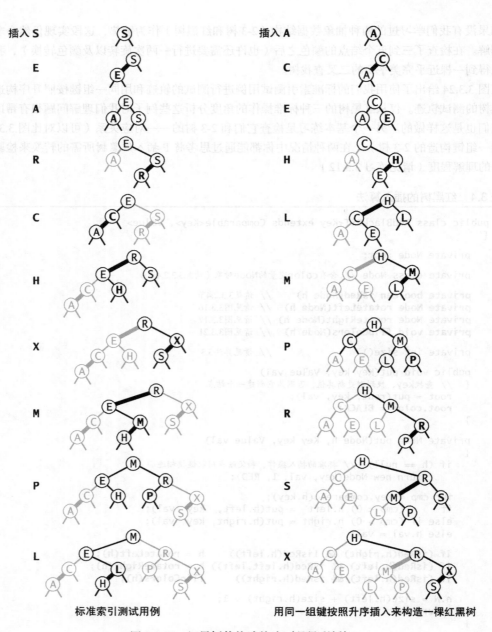

440 图 3.3.24 红黑树的构造轨迹（另见彩插）

3.3.4 删除操作

算法 3.4 中的 put() 方法是本书中最复杂的实现之一，而红黑树的 deleteMin()、deleteMax() 和 delete() 的实现更麻烦，我们将它们的完整实现留做练习，但这里仍然需要学习它们的基本原理。要描述删除算法，首先我们要回到 2-3 树。和插入操作一样，我们也可以定义一系列局部变换来在删除一个结点的同时保持树的完美平衡性。这个过程比插入一个结点更加复杂，因为我们不仅要在（为了删除一个结点而）构造临时 4- 结点时沿着查找路径向下进行变换，还要在分解遗留的 4- 结点时沿着查找路径向上进行变换（同插入操作）。

3.3.4.1 自顶向下的 2-3-4 树

作为第一轮热身，我们先学习一个沿查找路径既能向上也能向下进行变换的稍简单的算法：2-3-4 树的插入算法，2-3-4 树中允许存在我们以前见过的 4- 结点。它的插入算法沿查找路径向下进行变换是为了保证当前结点不是 4- 结点（这样树底才有空间来插入新的键），沿查找路径向上进行变换是为了将之前创建的 4- 结点配平，如图 3.3.25 所示。向下的变换和我们在 2-3 树中分解 4- 结点所进行的变换完全相同。如果根结点是 4- 结点，我们就将它分解成三个 2- 结点，使得树高加 1。在向下查找的过程中，如果遇到一个父结点为 2- 结点的 4- 结点，我们将 4- 结点分解为两个 2- 结点并将中间键传递给它的父结点，使得父结点变为一个 3- 结点；如果遇到一个父结点为 3- 结点的 4- 结点，我们将 4- 结点分解为两个 2- 结点并将中间键传递给它的父结点，使得父结点变为一个 4- 结点；我们不必担心会遇到父结点为 4- 结点的 4- 结点，因为插入算法本身就保证了这种情况不会出现。到达树的底部之后，我们也只会遇到 2- 结点或者 3- 结点，所以我们可以插入新的键。要用红黑树实现这个算法，我们需要：

- ❑ 将 4- 结点表示为由三个 2- 结点组成的一棵平衡的子树，根结点和两个子结点都用红链接相连；
- ❑ 在向下的过程中分解所有 4- 结点并进行颜色转换；
- ❑ 和插入操作一样，在向上的过程中用旋转将 4- 结点配平①。

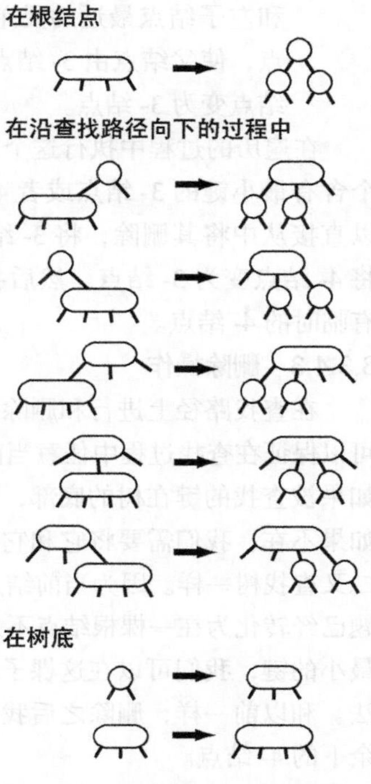

图 3.3.25 自顶向下的 2-3-4 树的插入算法中的变换 441

令人惊讶的是，你只需要移动算法 3.4 的 `put()` 方法中的一行代码就能实现 2-3-4 树中的插入操作：将 `colorFlip()` 语句（及其 `if` 语句）移动到递归调用之前（`null` 测试和比较操作之间）。在多个进程可以同时访问同一棵树的应用中这个算法优于 2-3 树，因为它操作的总是当前结点的一个或两个链接。我们下面要讲的删除算法和它的插入算法类似，而且也适用于 2-3 树。

3.3.4.2 删除最小键

在第二轮热身中我们要学习 2-3 树中删除最小键的操作。我们注意到从树底部的 3- 结点中删除键是很简单的，但 2- 结点则不然。从 2- 结点中删除一个键会留下一个空结点，一般我们会将它替换为一个空链接，但这样会破坏树的完美平衡性。所以我们需要这样做：为了保证我们不会删除一个 2- 结点，我们沿着左链接向下进行变换，确保当前结点不是 2- 结点（可能是 3- 结点，也可能是临时的 4- 结点）。首先，根结点可能有两种情况。如果根是 2- 结点且它的两个子结点都是 2- 结点，我们可以直接将这三个结点变成一个 4- 结点；否则我们需要保证根结点的左子结点不是 2- 结点，如有必要可以从它右侧的兄弟结点"借"一个键来。以上情况如图 3.3.26 所示。在沿着左链接向下的过程中，保证以下情况之一成立：

- ❑ 如果当前结点的左子结点不是 2- 结点，完成；
- ❑ 如果当前结点的左子结点是 2- 结点而它的亲兄弟结点不是 2- 结点，将左子结点的兄弟结点中的一个键移动到左子结点中；

---

① 因为4-结点可以存在，所以可以允许一个结点同时连接到两条链接。——译者注

- 如果当前结点的左子结点和它的亲兄弟结点都是 2- 结点，将左子结点、父结点中的最小键和左子结点最近的兄弟结点合并为一个 4- 结点，使父结点由 3- 结点变为 2- 结点或者由 4- 结点变为 3- 结点。

在遍历的过程中执行这个过程，最后能够得到一个含有最小键的 3- 结点或者 4- 结点，然后我们就可以直接从中将其删除，将 3- 结点变为 2- 结点，或者将 4- 结点变为 3- 结点。然后我们再回头向上分解所有临时的 4- 结点。

3.3.4.3 删除操作

在查找路径上进行和删除最小键相同的变换同样可以保证在查找过程中任意当前结点均不是 2- 结点。如果被查找的键在树的底部，我们可以直接删除它。如果不在，我们需要将它和它的后继结点交换，就和二叉查找树一样。因为当前结点必然不是 2- 结点，问题已经转化为在一棵根结点不是 2- 结点的子树中删除最小的键，我们可以在这棵子树中使用前文所述的算法。和以前一样，删除之后我们需要向上回溯并分解余下的 4- 结点。

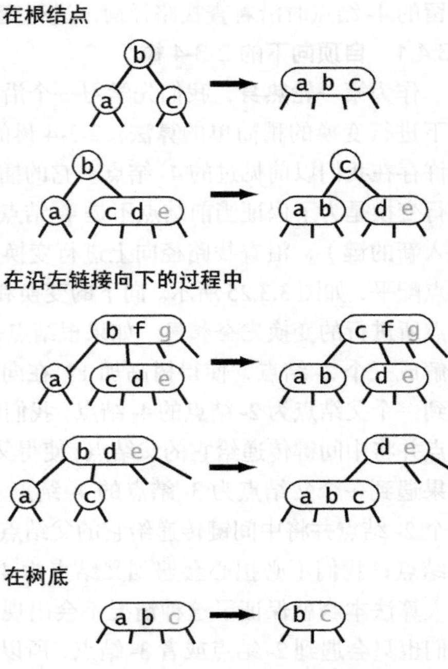

图 3.3.26 删除最小键操作中的变换

本节末尾的练习中有几道是关于这些删除算法的例子和实现的。有兴趣理解或实现删除算法的读者应该掌握这些练习中的细节。对算法研究感兴趣的读者应该认识到这些方法的重要性，因为这
442~443 是我们见过的第一种能够同时实现高效的查找、插入和删除操作的符号表实现。下面我们将会验证这一点。

3.3.5 红黑树的性质

研究红黑树的性质就是要检查对应的 2-3 树并对相应的 2-3 树进行分析的过程。我们的最终结论是所有基于红黑树的符号表实现都能保证操作的运行时间为对数级别（范围查找除外，它所需的额外时间和返回的键的数量成正比）。我们重复并强调这一点是因为它十分重要。

3.3.5.1 性能分析

首先，无论键的插入顺序如何，红黑树都几乎是完美平衡的（请见图 3.3.27）。这从它和 2-3 树的一一对应关系以及 2-3 树的重要性质可以得到。

命题 G。 一棵大小为 N 的红黑树的高度不会超过 $2\lg N$。

简略的证明。 红黑树的最坏情况是它所对应的 2-3 树中构成最左边的路径结点全部都是 3- 结点而其余均为 2- 结点。最左边的路径长度是只包含 2- 结点的路径长度（$\sim\lg N$）的两倍。要按照某种顺序构造一棵平均路径长度为 $2\lg N$ 的最差红黑树虽然可能，但并不容易。如果你喜欢数学，你也许会喜欢在练习 3.3.24 中探究这个问题的答案。

这个上界是比较保守的。使用随机的键序列和典型应用中常见的键序列进行的实验都证明，在一棵大小为 N 的红黑树中一次查找所需的比较次数约为（$1.00\lg N - 0.5$）。另外，在实际情况下你不太可能遇到比这个数字高得多的平均比较次数，如表 3.3.1 所示。

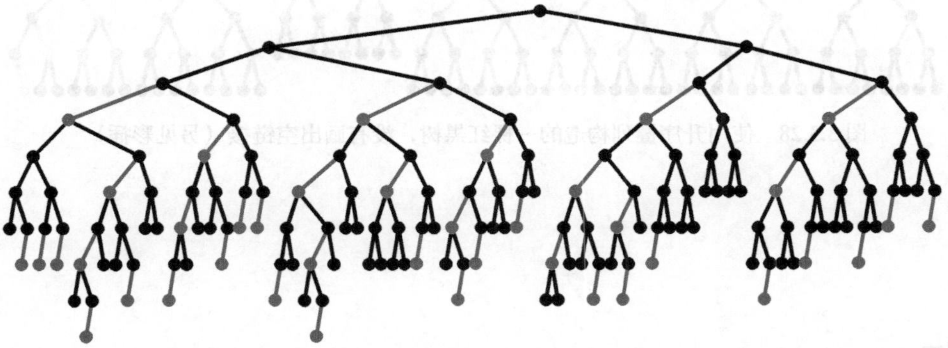

图 3.3.27 使用随机键构造的典型红黑树，没有画出空链接（另见彩插） 444

表 3.3.1 使用 RedBlackBST 的 FrequencyCounter 的每次 put() 操作平均所需的比较次数

	tale.txt				leipzig1M.txt			
	单词数	不同单词数	比较次数		单词数	不同单词数	比较次数	
			模型预测	实际次数			模型预测	实际次数
所有单词	135 635	10 679	13.6	13.5	21 191 455	534 580	19.4	19.1
长度大于等于 8 的单词	14 350	5 131	12.6	12.1	4 239 597	299 593	18.7	18.4
长度大于等于 10 的单词	4 582	2 260	11.4	11.5	1 610 829	165 555	17.5	17.3

命题 H。一棵大小为 N 的红黑树中，根结点到任意结点的平均路径长度为 $\sim 1.00\lg N$。

例证。和典型的二叉查找树（例如图 3.2.8 中所示的树）相比，一棵典型的红黑树的平衡性是很好的，例如图 3.3.27 所示（甚至是图 3.3.28 中由升序键列构造的红黑树）。表 3.3.1 显示的数据表明 FrequencyCounter 在运行中构造的红黑树的路径长度（即查找成本）比初等二叉查找树低 40% 左右，和预期相符。自红黑树的发明以来，无数的实验和实际应用都印证了这种性能改进。

以使用 FrequencyCounter 在处理长度大于等于 8 的单词时 put() 操作的成本为例，我们可以看到平均成本降低得更多（如图 3.3.29 所示）。这又一次验证了理论模型所预测的对数级别的运行时间，只不过这次的惊喜比二叉查找树的小，因为性质 G 已经向我们保证了这一点。节约的总成本低于在查找上节约的 40% 的成本，因为除了比较我们也统计了旋转和颜色变换的次数。

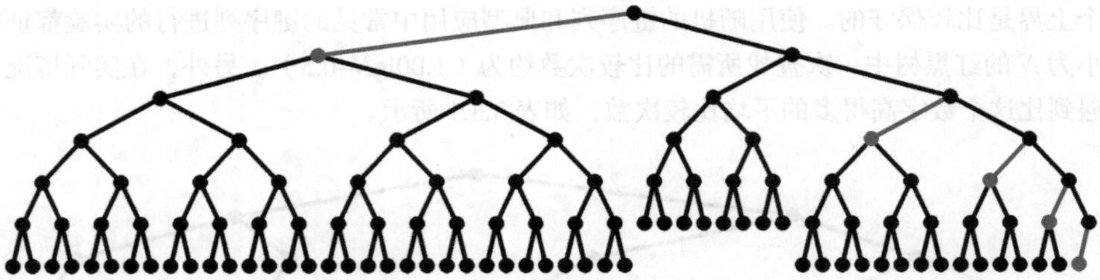

445 图 3.3.28 使用升序键列构造的一棵红黑树，没有画出空链接（另见彩插）

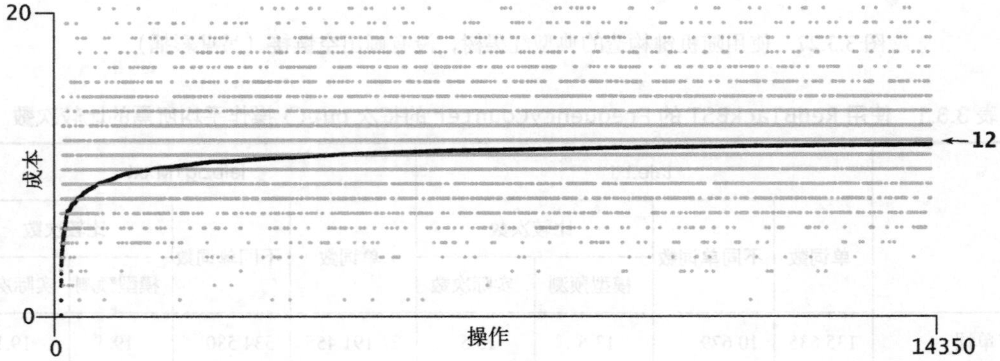

图 3.3.29 使用 RedBlackBST，运行 java FrequencyCounter 8 < tale.txt 的成本

红黑树的 get() 方法不会检查结点的颜色，因此平衡性相关的操作不会产生任何负担；因为树是平衡的，所以查找比二叉查找树更快。每个键只会被插入一次，但却可能被查找无数次，因此最后我们只用了很小的代价（和二分查找不同，我们可以保证插入操作是对数级别的）就取得了和最优情况近似的查找时间（因为树是接近完美平衡的，且查找过程中不会进行任何平衡性的操作）。查找的内循环只会进行一次比较并更新一条链接，非常简短，和二分查找的内循环类似（只有比较和索引运算）。这是我们见到的第一个能够保证对数级别的查找和插入操作的实现，它的内循环更紧凑。它通过了各种应用的考验，包括许多库实现。

3.3.5.2 有序符号表 API

红黑树最吸引人的一点是它的实现中最复杂的代码仅限于 put()（和删除）方法。二叉查找树中的查找最大和最小键、select()、rank()、floor()、ceiling() 和范围查找方法不做任何变动即可继续使用，因为红黑树也是二叉查找树而这些操作也不会涉及结点的颜色。算法 3.4 和这些方法（以及删除方法）一起完整地实现了我们的有序符号表 API。这些方法都能从红黑树近乎完美的平衡性中受益，因为它们最多所需的时间都和树高成正比。因此命题 G 和命题 E 一起保证了所
446 有操作的运行时间是对数级别的。

命题 I。在一棵红黑树中，以下操作在最坏情况下所需的时间是对数级别的：查找（get()）、插入（put()）、查找最小键、查找最大键、floor()、ceiling()、rank()、select()、删除最小键（deleteMin()）、删除最大键（deleteMax()）、删除（delete()）和范围查询（range()）。

证明。我们已经讨论过 put()、get() 和 delete() 方法。对于其他方法，代码可以从 3.2 节中照搬（它们不涉及结点颜色）。命题 G 和命题 E 可以保证算法是对数级别的，所有操作在所经过的结点上只会进行常数次数的操作也说明了这一点。

各种符号表实现的性能总结如表 3.3.2 所示。

表 3.3.2 各种符号表实现的性能总结

算法（数据结构）	最坏情况下的运行时间的增长数量级（*N* 次插入之后）		平均情况下的运行时间的增长数量级（*N* 次随机插入之后）		是否支持有序性相关的操作
	查找	插入	查找	插入	
顺序查询（无序链表）	N	N	$N/2$	N	否
二分查找（有序数组）	$\lg N$	N	$\lg N$	$N/2$	是
二叉树查找（BST）	N	N	$1.39\lg N$	$1.39\lg N$	是
2-3 树查找（红黑树）	$2\lg N$	$2\lg N$	$1.00\lg N$	$1.00\lg N$	是

想想看，这样的保证是一个非凡的成就。在信息世界的汪洋大海中，表的大小可能上千亿，但我们仍能够确保在几十次比较之内就完成这些操作。 447

答疑

问 为什么不允许存在红色右链接和 4- 结点？

答 它们都是可用的，并且已经应用了几十年了。在练习中你会遇到它们。只允许红色左链接的存在能够减少可能出现的情况，因此实现所需的代码会少得多。

问 为什么不在 Node 类型中使用一个 Key 类型的数组来表示 2- 结点、3- 结点和 4- 结点？

答 问得好。这正是我们在 B- 树（请见第 6 章）的实现中使用的方案，它的每个结点中可以保存更多的键。因为 2-3 树中的结点较少，数组所带来的额外开销太高了。

问 在分解一个 4- 结点时，我们有时会在 rotateRight() 中将右结点的颜色设为 RED（红）然后立即在 flipColors() 中将它的颜色变为 BLACK（黑）。这不是浪费时间吗？

答 是的，有时我们还会不必要地反复改变中结点的颜色。从整体来看，多余的几次颜色变换和将所有方法的运行时间的增长数量级从线性级别提升到对数级别不是一个级别的。当然，在有性能要求的应用中，你可以将 rotateRight() 和 flipColors() 的代码在所需要的地方展开来消除那些额外的开销。我们在删除中也会使用这两个方法。在能够保证树的完美平衡的前提下，它们更加容易使用、理解和维护。 448

练习

3.3.1 将键E A S Y Q U T I O N按顺序插入一棵空 2-3 树并画出结果。

3.3.2 将键Y L P M X H C R A E S按顺序插入一棵空 2-3 树并画出结果。

3.3.3 使用什么顺序插入键S E A C H X M能够得到一棵高度为 1 的 2-3 树？

3.3.4 证明含有 N 个键的 2-3 树的高度在 $\sim\lfloor\log_3 N\rfloor$ 即 $0.63\lg N$（树完全由 3- 结点组成）和 $\sim\lfloor\lg N\rfloor$（树完全由 2- 结点组成）之间。

3.3.5 右图显示了 N=1 到 6 之间大小为 N 的所有不同的 2-3 树（无先后次序）。请画出 N=7、8、9 和 10 的大小为 N 的所有不同的 2-3 树。

3.3.6 计算用 N 个随机键构造练习 3.3.5 中每棵 2-3 树的概率。

3.3.7 以图 3.3.9 为例为图 3.3.8 中的其他 5 种情况画出相应的示意图。

3.3.8 画出使用三个 2- 结点和红链接一起表示一个 4- 结点的所有可能方法（不一定只能使用红色左链接）。

3.3.9 下图中哪些是红黑树（粗的链接为红色）？

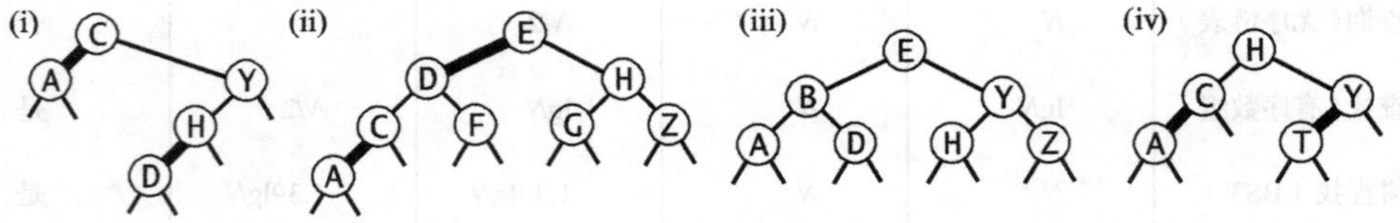

3.3.10 将含有键E A S Y Q U T I O N的结点按顺序插入一棵空红黑树并画出结果。

449 3.3.11 将含有键Y L P M X H C R A E S的结点按顺序插入一棵空红黑树并画出结果。

3.3.12 在我们的标准索引测试用例中插入键P并画出插入的过程中每次变换（颜色转换或是旋转）后的红黑树。

3.3.13 真假判断：如果你按照升序将键顺序插入一棵红黑树中，树的高度是单调递增的。

3.3.14 用字母 A 到 K 按顺序构造一棵红黑树并画出结果，然后大致说明在按照升序插入键来构造一棵红黑树的过程中发生了什么（可以参考正文中的图例）。

3.3.15 在键按照降序插入红黑树的情况下重新回答上面两道练习。

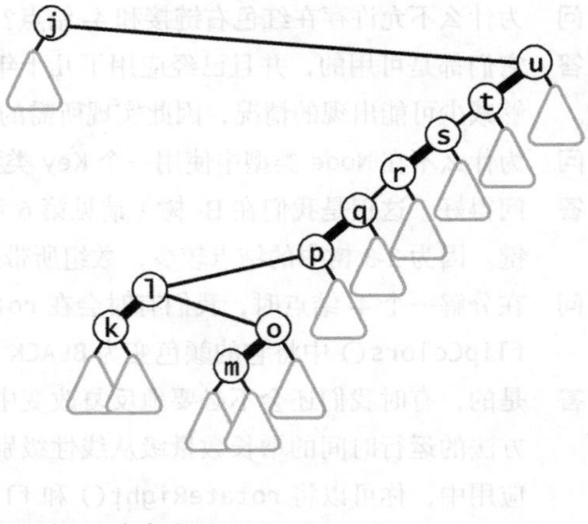

3.3.16 向右图所示的红黑树（黑色加粗部分的链接为红色）中插入n并画出结果（图中只显示了插入时的查找路径，你的解答中只需包含这些结点即可）。

3.3.17 随机生成两棵均含有 16 个结点的红黑树。画出它们（手绘或者代码绘制均可）并将它们和使用同一组键构造的（非平衡的）二叉查找树进行比较。

3.3.18 对于 2 到 10 之间的 N，画出所有大小为 N 的不同红黑树（请参考练习 3.3.5）。

3.3.19 每个结点只需要 1 位来保存结点的颜色即可表示 2- 结点、3- 结点和 4- 结点。使用二叉树，我们在每个结点需要几位信息才能表示 5- 结点、6- 结点、7- 结点和 8- 结点？

3.3.20 计算一棵大小为 N 且完美平衡的二叉查找树的内部路径长度，其中 N 为 2 的幂减 1。

3.3.21 基于你为练习 3.2.10 给出的答案编写一个测试用例 TestRB.java。

3.3.22 找出一组键的序列使得用它顺序构造的二叉查找树比用它顺序构造的红黑树的高度更低，或者证明这样的序列不存在。 450

提高题

3.3.23 **没有平衡性限制的 2-3 树**。使用 2-3 树（不一定平衡）作为数据结构实现符号表的基本 API。树中的 3- 结点中的红链接可以左斜也可以右斜。树底部的 3- 结点和新结点通过黑色链接相连。实验并估计随机构造的这样一棵大小为 N 的树的平均路径长度。

3.3.24 **红黑树的最坏情况**。找出如何构造一棵大小为 N 的最差红黑树，其中从根结点到几乎所有空链接的路径长度均为 $2\lg N$。

3.3.25 **自顶向下的 2-3-4 树**。使用平衡 2-3-4 树作为数据结构实现符号表的基本 API。在树的表示中使用红黑链接并实现正文所述的插入算法，其中在沿查找路径向下的过程中分解 4- 结点并进行颜色转换，在回溯向上的过程中将 4- 结点配平。

3.3.26 **自顶向下一遍完成**。修改你为练习 3.3.25 给出的答案，不使用递归。在沿查找路径向下的过程中分解并平衡 4- 结点（以及 3- 结点），最后在树底插入新键即可。

3.3.27 **允许红色右链接**。修改你为练习 3.3.25 给出的答案，允许红色右链接的存在。

3.3.28 **自底向上的 2-3-4 树**。使用平衡 2-3-4 树作为数据结构实现符号表的基本 API。在树的表示中使用红黑链接并用和算法 3.4 相同的递归方式实现自底向上的插入。你的插入方法应该只需要分解查找路径底部的 4- 结点（如果有的话）。

3.3.29 **最优存储**。修改 `RedBlackBST` 的实现，用下面的技巧实现无需为结点颜色的存储使用额外的空间：要将结点标记为红色，只需交换它的左右链接。要检测一个结点是否是红色，检测它的左子结点是否大于它的右子结点。你需要修改一些比较语句来适应链接的交换。这个技巧将变量的比较变成了键的比较，显然成本会更高，但它说明在需要的情况下这个变量是可以被删掉的。

3.3.30 **缓存**。修改 `RedBlackBST` 的实现，将最近访问的结点 `Node` 保存在一个变量中，这样 `get()` 或 `put()` 在再次访问同一个键时就只需要常数时间了（请参考练习 3.1.25）。 451

3.3.31 **树的绘制**。为 RedBlackBST 添加一个 `draw()` 方法，像正文一样绘制出红黑树。

3.3.32 **AVL 树**。AVL 树是一种二叉查找树，其中任意结点的两棵子树的高度最多相差 1（最早的平衡树算法就是基于使用旋转保持 AVL 树中子树高度的平衡）。证明将其中由高度为偶数的结点指向高度为奇数的结点的链接设为红色就可以得到一棵（完美平衡的）2-3-4 树，其中红色链接可以是右链接。**附加题**：使用 AVL 树作为数据结构实现符号表的 API。一种方法是在每个结点中保存它的高度并在递归调用后使用旋转来根据需要调整这个高度；另一种方法是在树的表示中使用红黑链接并使用类似练习 3.3.39 和练习 3.3.40 的 `moveRedLeft()` 和 `moveRedRight()` 的方法。

3.3.33 **验证**。为 `RedBlackBST` 实现一个 `is23()` 方法来检查是否存在同时和两条红链接相连的结点和红色右链接，以及一个 `isBalanced()` 方法来检查从根结点到所有空链接的路径上的黑链接的数量是否相同。将这两个方法和练习 3.2.32 的 `isBST()` 方法结合起来实现一个 `isRedBlackBST()` 来检查一棵树是否是红黑树。

3.3.34 *所有的 2-3 树。*编写一段代码来生成高度为 2、3 和 4 的所有结构不同的 2-3 树，分别共有 2、7 和 112 种（提示：使用符号表）。

3.3.35 *2-3 树。*编写一段程序 TwoThreeST.java，使用两种结点类型来直接表示和实现 2-3 查找树。

3.3.36 *2-3-4-5-6-7-8 树。*说明平衡的 2-3-4-5-6-7-8 树中的查找和插入算法。

3.3.37 *无记忆性。*请证明红黑树不是没有记忆的。例如，如果你向树中插入一个小于所有键的新键，然后立即删除树的最小键，你可能得到一棵不同的树。

3.3.38 *旋转的基础定理。*请证明，使用一系列左旋转或者右旋转可以将一棵二叉查找树转化为由同一
452 组键生成的其他任意一棵二叉查找树。

3.3.39 *删除最小键。*实现红黑树的 deleteMin() 方法，在沿着树的最左路径向下的过程中实现正文所述的变换，保证当前结点不是 2- 结点。

解答：

```
private Node moveRedLeft(Node h)
{  // 假设结点h为红色，h.left和h.left.left都是黑色，
   // 将h.left或者h.left的子结点之一变红
   flipColors(h);
   if (isRed(h.right.left))
   {
      h.right = rotateRight(h.right);
      h = rotateLeft(h);
   }
   return h;
}
public void deleteMin()
{
   if (!isRed(root.left) && !isRed(root.right))
      root.color = RED;
   root = deleteMin(root);
   if (!isEmpty()) root.color = BLACK;
}
private Node deleteMin(Node h)
{
   if (h.left == null)
      return null;
   if (!isRed(h.left) && !isRed(h.left.left))
      h = moveRedLeft(h);
   h.left = deleteMin(h.left);
   return balance(h);
}
```

其中的 balance() 方法由下一行代码和算法 3.4 的递归 put() 方法中的最后 5 行代码组成：

453
```
if (isRed(h.right)) h = rotateLeft(h);
```

这里的 flipColors() 方法将会补全三条链接的颜色，而不是正文中实现插入操作时实现的 flipColors() 方法。对于删除，我们会将父结点设为 BLACK（黑）而将两个子结点设为 RED（红）。

3.3.40 *删除最大键。*实现红黑树的 deleteMax() 方法。需要注意的是因为红链接都是左链接，所以这里用到的变换和上一道练习中的稍有不同。

解答：

```
private Node moveRedRight(Node h)
{  // 假设结点h为红色，h.right和h.right.left都是黑色，
   // 将h.right或者h.right的子结点之一变红
   flipColors(h)
```

```
      if (isRed(h.left.left))
         h = rotateRight(h);
      return h;
   }
   public void deleteMax()
   {
      if (!isRed(root.left) && !isRed(root.right))
         root.color = RED;
      root = deleteMax(root);
      if (!isEmpty()) root.color = BLACK;
   }
   private Node deleteMax(Node h)
   {
      if (isRed(h.left))
          h = rotateRight(h);
      if (h.right == null)
         return null;
      if (!isRed(h.right) && !isRed(h.right.left))
         h = moveRedRight(h);
      h.right = deleteMax(h.right);
      return balance(h);
   }
```

454

3.3.41 删除操作。将上两题中的方法和二叉查找树的 delete() 方法结合起来，实现红黑树的删除操作。

解答：

```
public void delete(Key key)
{
   if (!isRed(root.left) && !isRed(root.right))
      root.color = RED;
   root = delete(root, key);
   if (!isEmpty()) root.color = BLACK;
}
private Node delete(Node h, Key key)
{
   if (key.compareTo(h.key) < 0)
   {
      if (!isRed(h.left) && !isRed(h.left.left))
         h = moveRedLeft(h);
      h.left =  delete(h.left, key);
   }
   else
   {
      if (isRed(h.left))
         h = rotateRight(h);
      if (key.compareTo(h.key) == 0 && (h.right == null))
         return null;
      if (!isRed(h.right) && !isRed(h.right.left))
         h = moveRedRight(h);
      if (key.compareTo(h.key) == 0)
      {
         h.val = get(h.right, min(h.right).key);
         h.key = min(h.right).key;
         h.right = deleteMin(h.right);
      }
      else h.right = delete(h.right, key);
   }
   return balance(h);
}
```

455

实验题

3.3.42 **统计红色结点。** 编写一段程序，统计给定的红黑树中红色结点所占的比例。对于 $N=10^4$、10^5 和 10^6，用你的程序统计至少 100 棵随机构造的大小为 N 的红黑树并得出一个猜想。

3.3.43 **成本图。** 改造 `RedBlackBST` 的实现来绘制本节中能够显示计算中每次 `put()` 操作的成本的图（请参考练习 3.1.38）。

3.3.44 **平均查找用时。** 用实验研究和计算在一棵由 N 个随机结点构造的红黑树中到达一个随机结点的平均路径长度（内部路径长度除以 N 再加 1）的平均差和标准差，对于 1 到 10 000 之间的每个 N 至少重复实验 1000 遍。将结果绘制成和图 3.3.30 相似的 Tufte 图，并画上函数 $\lg N-0.5$ 的曲线。

3.3.45 **统计旋转。** 改进你为练习 3.3.43 给出的程序，用图像绘制出在构造红黑树的过程中旋转和分解结点的次数并讨论结果。

3.3.46 **红黑树的高度。** 改进你为练习 3.3.43 给出的程序，用图像绘制出所有红黑树的高度并讨论结果。

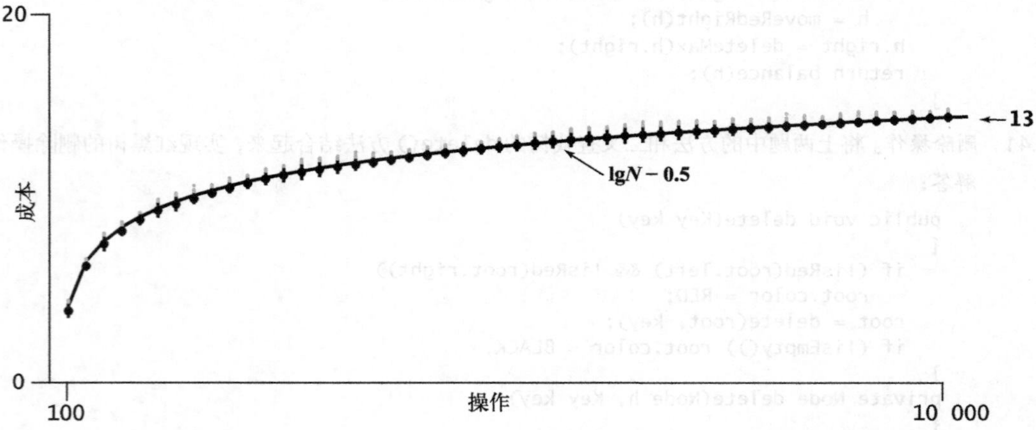

456 图 3.3.30　随机构造的红黑树中到达一个随机结点的平均路径长度（另见彩插）

3.4 散列表

如果所有的键都是小整数，我们可以用一个数组来实现无序的符号表，将键作为数组的索引而数组中键 i 处储存的就是它对应的值。这样我们就可以快速访问任意键的值。在本节中我们将要学习散列表。它是这种简易方法的扩展并能够处理更加复杂的类型的键。我们需要用算术操作将键转化为数组的索引来访问数组中的键值对。

使用散列的查找算法分为两步。第一步是用散列函数将被查找的键转化为数组的一个索引。理想情况下，不同的键都能转化为不同的索引值。当然，这只是理想情况，所以我们需要面对两个或者多个键都会散列到相同的索引值的情况。因此，散列查找的第二步就是一个处理碰撞冲突的过程，如图 3.4.1 所示。在描述了多种散列函数的计算后，我们会学习两种解决碰撞的方法：拉链法和线性探测法。

散列表是算法在时间和空间上作出权衡的经典例子。如果没有内存限制，我们可以直接将键作为（可能是一个超大的）数组的索引，那么所有查找操作只需要访问内存一次即可完成。但这种理想情况不会经常出现，因为当键很多时需要的内存太大。另一方面，如果没有时间限制，我们可以使用无序数组并进行顺序查找，这样就只需要很少的内存。而散列表则使用了适度的空间和时间并在这两个极端之间找到了一种平衡。事实上，我们不必重写代码，只需要调整散列算法的参数就可以在空间和时间之间作出取舍。我们会使用概率论的经典结论来帮助我们选择适当的参数。

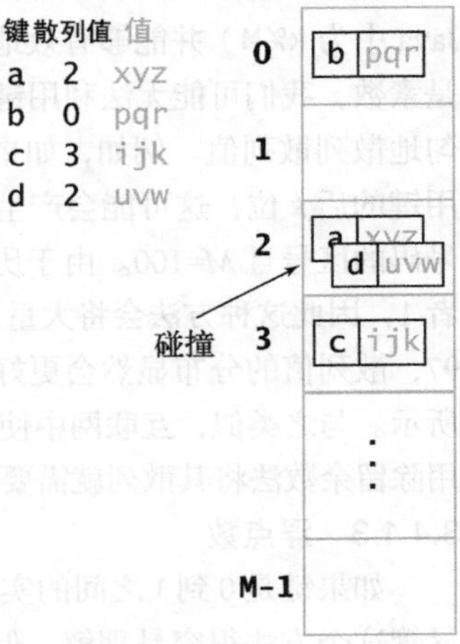

图 3.4.1 散列表的核心问题

概率论是数学分析的重大成果。虽然它不在本书的讨论范围之内，但我们将要学习的散列算法利用了这些知识，这些算法虽然简单但应用广泛。使用散列表，你可以实现在一般应用中拥有（均摊后）常数级别的查找和插入操作的符号表。这使得它在很多情况下成为实现简单符号表的最佳选择。 457~458

3.4.1 散列函数

我们面对的第一个问题就是散列函数的计算，这个过程会将键转化为数组的索引。如果我们有一个能够保存 M 个键值对的数组，那么我们就需要一个能够将任意键转化为该数组范围内的索引（[0, M–1] 范围内的整数）的散列函数。我们要找的散列函数应该易于计算并且能够均匀分布所有的键，即对于任意键，0 到 M–1 之间的每个整数都有相等的可能性与之对应（与键无关）。这个要求似乎有些难以理解，那么要理解散列，就首先要仔细思考如何去实现这样一个函数。

散列函数和键的类型有关。严格地说，对于每种类型的键都我们都需要一个与之对应的散列函数。如果键是一个数，比如社会保险号，我们就可以直接使用这个数；如果键是一个字符串，比如一个人的名字，我们就需要将这个字符串转化为一个数；如果键含有多个部分，比如邮件地址，我们需要用某种方法将这些部分结合起来。对于许多常见类型的键，我们可以利用 Java 提供的默认实现。我们会简略讨论多种数据类型的散列函数。你应该看看它们是如何实现的，因为你也需要为自定义的类型实现散列函数。

3.4.1.1 典型的例子

假设在我们的应用中，键是美国的社会保险号。一个社会保险号含有 9 位数字并被分为三个部分，例如 123-45-6789。第一组数字表示该号码签发的地区（例如，第一组号码为 035 的社会保险号来自罗得岛州，214 则来自马里兰州），另两组数字表示个人身份。社会保险号共有 10 亿（10^9）个，但假设我们的应用程序只需要处理几百个，我们可以使用一个大小 M=1000 的散列表。散列函数的一种实现方法是使用键（社会保险号）中的三个数字。用第三组中的三个数字似乎比用第一组中的三个数字更好（因为我们的客户不太可能完全平均地分布在各个地区），但下面会讲到，更好的方法是用所有 9 个数字得到一个整数，然后再考虑整数的散列函数。

键	散列值 (M=100)	散列值 (M=97)
212	12	18
618	18	36
302	2	11
940	40	67
702	2	23
704	4	25
612	12	30
606	6	24
772	72	93
510	10	25
423	23	35
650	50	68
317	17	26
907	7	34
507	7	22
304	4	13
714	14	35
857	57	81
801	1	25
900	0	27
413	13	25
701	1	22
418	18	30
601	1	19

除留余数法

3.4.1.2 正整数

将整数散列最常用方法是除留余数法。我们选择大小为素数 M 的数组，对于任意正整数 k，计算 k 除以 M 的余数。这个函数的计算非常容易（在 Java 中为 k%M）并能够有效地 将键散布在 0 到 M–1 的范围内。如果 M 不是素数，我们可能无法利用键中包含的所有信息，这可能导致我们无法均匀地散列散列值。例如，如果键是十进制数而 M 为 10^k，那么我们只能利用键的后 k 位，这可能会产生一些问题。举个简单的例子，假设键为电话号码的区号且 M=100。由于历史原因，美国的大部分区号中间位都是 0 或者 1，因此这种方法会将大量的键散列为小于 20 的索引，但如果使用素数 97，散列值的分布显然会更好（一个离 100 更远的素数会更好），如右侧所示。与之类似，互联网中使用的 IP 地址也不是随机的，所以如果我们想用除留余数法将其散列就需要用素数（特别地，这不是 2 的幂）大小的数组。

3.4.1.3 浮点数

如果键是 0 到 1 之间的实数，我们可以将它乘以 M 并四舍五入得到一个 0 至 M–1 之间的索引值。尽管这个方法很容易理解，但它是有缺陷的，因为这种情况下键的高位起的作用更大，最低位对散列的结果没有影响。修正这个问题的办法是将键表示为二进制数然后再使用除留余数法（Java 就是这么做的）。

3.4.1.4 字符串

除留余数法也可以处理较长的键，例如字符串，我们只需将它们当作大整数即可。例如，右侧的代码就能够用除留余数法计算 String S 的散列值：

```
int hash = 0;
for (int i = 0; i < s.length(); i++)
   hash = (R * hash + s.charAt(i)) % M;
```

散列字符串键

Java 的 charAt() 函数能够返回一个 char 值，即一个非负 16 位整数。如果 R 比任何字符的值都大，这种计算相当于将字符串当作一个 N 位的 R 进制值，将它除以 M 并取余。一种叫 Horner 方法的经典算法用 N 次乘法、加法和取余来计算一个字符串的散列值。只要 R 足够小，不造成溢出，那么结果就能够如我们所愿，落在 0 至 M–1 之内。使用一个较小的素数，例如 31，可以保证字符串中的所有字符都能发挥作用。Java 的 String 的默认实现使用了一个类似的方法。

3.4.1.5 组合键

如果键的类型含有多个整型变量，我们可以和 String 类型一样将它们混合起来。例如，假设被查找的键的类型是 Date，其中含有几个整型的域：day（两个数字表示的日），month（两个数字表示的月）和 year（4 个数字表示的年）。我们可以这样计算它的散列值：

```
int hash = (((day * R + month) % M ) * R + year) % M;
```

只要 R 足够小不造成溢出，也可以得到一个 0 至 $M-1$ 之间的散列值。在这种情况下我们可以通过选择一个适当的 M，比如 31，来省去括号内的 %M 计算。和字符串的散列算法一样，这个方法也能处理有任意多整型变量的类型。

表 3.4.1 所有例子中的键的散列值

键	S	E	A	R	C	H	X	M	P	L
散列值 (M = 5)	2	0	0	4	4	4	2	4	3	3
散列值 (M = 16)	6	10	4	14	5	4	15	1	14	6

3.4.1.6 Java 的约定

每种数据类型都需要相应的散列函数，于是 Java 令所有数据类型都继承了一个能够返回一个 32 比特整数的 hashCode() 方法。每一种数据类型的 hashCode() 方法都必须和 equals() 方法一致。也就是说，如果 a.equals(b) 返回 true，那么 a.hashCode() 的返回值必然和 b.hashCode() 的返回值相同。相反，如果两个对象的 hashCode() 方法的返回值不同，那么我们就知道这两个对象是不同的。但如果两个对象的 hashCode() 方法的返回值相同，这两个对象也有可能不同，我们还需要用 equals() 方法进行判断。请注意，这说明如果你要为自定义的数据类型定义散列函数，你需要同时重写 hashCode() 和 equals() 两个方法。默认散列函数会返回对象的内存地址，但这只适用于很少的情况。Java 为很多常用的数据类型重写了 hashCode() 方法（包括 String、Integer、Double、File 和 URL）。

3.4.1.7 将 hashCode() 的返回值转化为一个数组索引

因为我们需要的是数组的索引而不是一个 32 位的整数，我们在实现中会将默认的 hashCode() 方法和除留余数法结合起来产生一个 0 到 $M-1$ 的整数，方法如下：

```
private int hash(Key x)
{  return (x.hashCode() & 0x7fffffff) % M;  }
```

这段代码会将符号位屏蔽（将一个 32 位整数变为一个 31 位非负整数），然后用除留余数法计算它除以 M 的余数。在使用这样的代码时我们一般会将数组的大小 M 取为素数以充分利用原散列值的所有位。注意：为了避免混乱，我们在例子中不会使用这种计算方法而是使用表 3.4.1 所示的散列值作为替代。

3.4.1.8 自定义的 hashCode() 方法

散列表的用例希望 hashCode() 方法能够将键平均地散布为所有可能的 32 位整数。也就是说，对于任意对象 x，你可以调用 x.hashCode() 并认为有均等的机会得到 2^{32} 个不同整数中的任意一个 32 位整数值。Java 中的 String、Integer、Double、File 和 URL 对象的 hashCode() 方法都能实现这一点。而对于自己定义的数据类型，你必须试着自己实现这一点。3.4.1.5 节中的 Date 例子展示了一种可行的方案：用实例变量的整数值和除留余数法得到散列值。在 Java 中，所有的数据类型都继承了 hashCode() 方法，因此还有一个更

```
public class Transaction
{
   ...
   private final String who;
   private final Date when;
   private final double amount;

   public int hashCode()
   {
      int hash = 17;
      hash = 31 * hash + who.hashCode();
      hash = 31 * hash + when.hashCode();
      hash = 31 * hash
          + ((Double) amount).hashCode();
      return hash;
   }
   ...
}
```

自定义类型中hashCode()方法的实现

简单的做法：将对象中的每个变量的 hashCode() 返回值转化为 32 位整数并计算得到散列值，如 Transaction 类所示。

对于原始类型的对象，可以将其转化为对应的数据类型然后再调用 hashCode() 方法。和以前一样，系数的具体值（这里是 31）并不是很重要。

3.4.1.9 软缓存

如果散列值的计算很耗时，那么我们或许可以将每个键的散列值缓存起来，即在每个键中使用一个 hash 变量来保存它的 hashCode() 的返回值（请见练习 3.4.25）。第一次调用 hashCode() 方法时，我们需要计算对象的散列值，但之后对 hashCode() 方法的调用会直接返回 hash 变量的值。Java 的 String 对象的 hashCode() 方法就使用了这种方法来减少计算量。

总的来说，要为一个数据类型实现一个优秀的散列方法需要满足三个条件：

- 一致性——等价的键必然产生相等的散列值；
- 高效性——计算简便；
- 均匀性——均匀地散列所有的键。

设计同时满足这三个条件的散列函数是专家们的事。有了各种内置函数，Java 程序员在使用散列时只需要调用 hashCode() 方法即可，我们没有理由不信任它们。

但是，在有性能要求时应该谨慎使用散列，因为糟糕的散列函数经常是性能问题的罪魁祸首：程序可以工作但比预想的慢得多。保证均匀性的最好办法也许就是保证键的每一位都在散列值的计算中起到了相同的作用；实现散列函数最常见的错误也许就是忽略了键的高位。无论散列函数的实现是什么，当性能很重要时你应该测试所使用的所有散列函数。计算散列函数和比较两个键，哪个耗时更多？你的散列函数能够将一组键均匀地散布在 0 到 $M-1$ 之间吗？用简单的实现测试这些问题能够预防未来的悲剧。例如，图 3.4.2 就显示出，对于《双城记》我们的 hash() 方法在使用了 Java 的 String 类型的 hashCode() 方法后能够得到一个合理的分布。

459 ~ 462

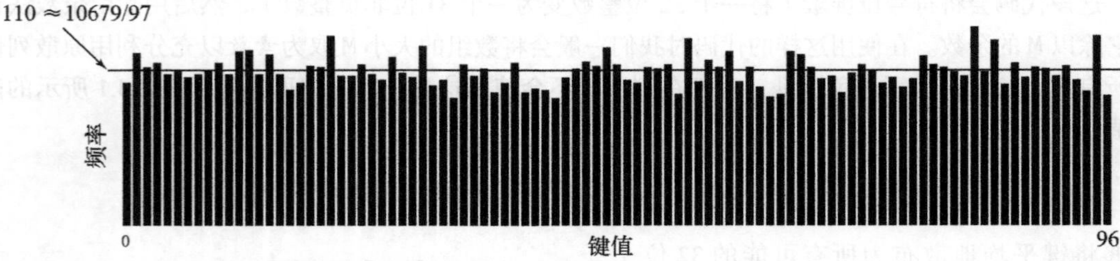

图 3.4.2 《双城记》中每个单词的散列值的出现频率（10 679 个键，即单词，M=97）（另见彩插）

这些讨论的背后是我们在使用散列时作出的一个重要假设。这个假设是一个我们实际上无法达到的理想模型，但它是我们实现散列函数时的指导思想。

假设 J（均匀散列假设）。我们使用的散列函数能够均匀并独立地将所有的键散布于 0 到 $M-1$ 之间。

讨论。我们在实现散列函数时随意指定了很多参数，这显然无法实现一个能够在数学意义上均匀并独立地散布所有键的散列函数。坚深的理论研究告诉我们想要找到一个计算简单但又拥有一致性和均匀性的散列函数是不太可能的。在实际应用中，和使用 Math.random() 生成随机数一样，大多数程序员都会满足于随机数生成器类的散列函数。很少有人会去检验独立性，而这个性质一般都不会满足。

尽管验证这个假设很困难，假设 J 仍然是考察散列函数的重要方式，原因有两点。首先，设计散列函数时尽量避免随意指定参数以防止大量的碰撞，这是我们的重要目标；其次，尽管我们可能无法验证假设本身，它提示我们使用数学分析来预测散列算法的性能并在实验中进行验证。 463

3.4.2 基于拉链法的散列表

一个散列函数能够将键转化为数组索引。散列算法的第二步是*碰撞处理*，也就是处理两个或多个键的散列值相同的情况。一种直接的办法是将大小为 M 的数组中的每个元素指向一条链表，链表中的每个结点都存储了散列值为该元素的索引的键值对。这种方法被称为**拉链法**，因为发生冲突的元素都被存储在链表中。这个方法的基本思想就是选择足够大的 M，使得所有链表都尽可能短以保证高效的查找。查找分两步：首先根据散列值找到对应的链表，然后沿着链表顺序查找相应的键。

拉链法的一种实现方法是使用原始的链表数据类型（请见练习 3.4.2）来扩展 SequentialSearchST（算法 3.1）。另一种更简单的方法（但效率稍低）是采用一般性的策略，为 M 个元素分别构建*符号表*来保存散列到这里的键，这样也可以重用我们之前的代码。算法 3.5 实现的 SeparateChainingHashST 使用了一个 SequentialSearchST 对象的数组，在 put() 和 get() 的实现中先计算散列函数来选定被查找的 SequantialSearchST 对象，然后使用符号表的 put() 和 get() 方法来完成相应的任务。

因为我们要用 M 条链表保存 N 个键，无论键在各个链表中的分布如何，链表的平均长度肯定是 N/M。例如，假设所有的键都落在了第一条链表上，所有链表的平均长度仍然是 $(N+0+0+\cdots+0)/M=N/M$。拉链法在实际情况中很有用，因为每条链表*确实都大约含有* N/M 个键值对。在一般情况中，我们能够由它验证假设 J 并且可以依赖这种高效的查找和插入实现。

在标准索引用例中使用基于拉链法的散列表如图 3.4.3 所示。

键	散列值	值
S	2	0
E	0	1
A	0	2
R	4	3
C	4	4
H	4	5
E	0	6
X	2	7
A	0	8
M	4	9
P	3	10
L	3	11
E	0	12

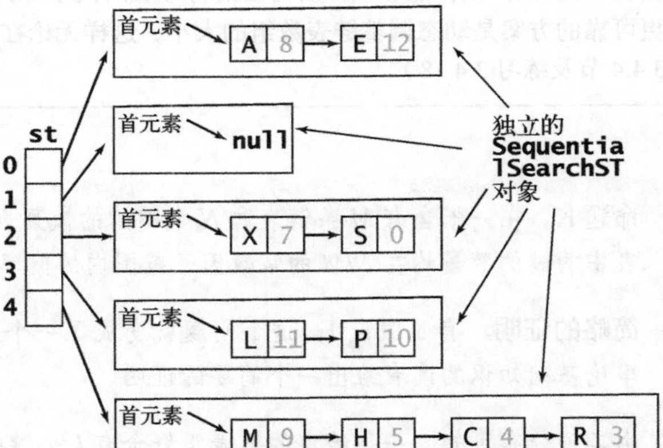

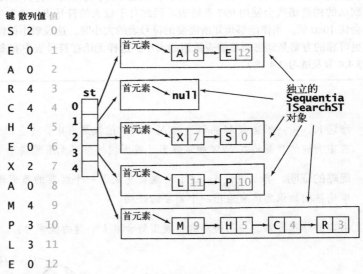

图 3.4.3 标准索引用例使用基于拉链法的散列表 464

算法 3.5 基于拉链法的散列表

```
public class SeparateChainingHashST<Key, Value>
{
   private int N;                              // 键值对总数
   private int M;                              // 散列表的大小
   private SequentialSearchST<Key, Value>[] st;  // 存放链表对象的数组

   public SeparateChainingHashST()
   {  this(997);  }
```

```
public SeparateChainingHashST(int M)
{ // 创建M条链表
   this.M = M;
   st = (SequentialSearchST<Key, Value>[]) new SequentialSearchST[M];
   for (int i = 0; i < M; i++)
      st[i] = new SequentialSearchST();
}
private int hash(Key key)
{  return (key.hashCode() & 0x7fffffff) % M; }

public Value get(Key key)
{  return (Value) st[hash(key)].get(key);  }

public void put(Key key, Value val)
{  st[hash(key)].put(key, val);  }

public Iterable<Key> keys()
// 请见练习3.4.19

}
```

这段简单的符号表实现维护着一条链表的数组，用散列函数来为每个键选择一条链表。简单起见，我们使用了 SequentialSearchST。在创建 st[] 时需要进行类型转换，因为 Java 不允许泛型的数组。默认的构造函数会使用 997 条链表，因此对于较大的符号表，这种实现比 SequentialSearchST 大约会快 1000 倍。当你能够预知所需要的符号表的大小时，这段短小精悍的方案能够得到不错的性能。一种更可靠的方案是动态调整链表数组的大小，这样无论在符号表中有多少键值对都能保证链表较短（请见 3.4.4 节及练习 3.4.18）。465

命题 K。在一张含有 M 条链表和 N 个键的的散列表中，（在假设 J 成立的前提下）任意一条链表中的键的数量均在 N/M 的常数因子范围内的概率无限趋向于 1。

简略的证明。有了假设 J，这个问题就变成了一个经典的概率论问题。在这里我们为有一些概率论基础知识的读者给出一个简要的证明。

由二项分布可知，一条给定的链表正好含有 k 个键的概率为：

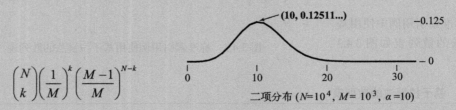

$$\binom{N}{k}\left(\frac{1}{M}\right)^k\left(\frac{M-1}{M}\right)^{N-k}$$

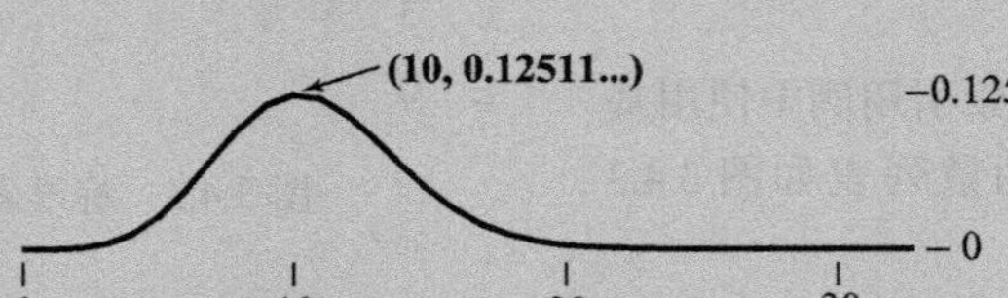

二项分布 ($N=10^4$, $M=10^3$, $\alpha=10$)

因为我们实际上是从 N 个键中取了其中 k 个。这 k 个键被散列到给定的链表的概率均为 $1/M$，而剩下的 $(N-k)$ 个键不被散列到给定的链表中的概率均为 $(1-1/M)$。令 $\alpha=N/M$，这个公式可以写为：

$$\binom{N}{k}\left(\frac{\alpha}{N}\right)^k\left(1-\frac{\alpha}{N}\right)^{N-k}$$

对于较小的 α，经典的泊松分布可以非常近似地表示它：

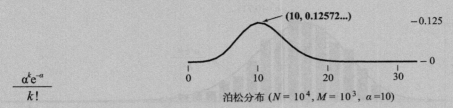

$$\frac{\alpha^k e^{-\alpha}}{k!}$$

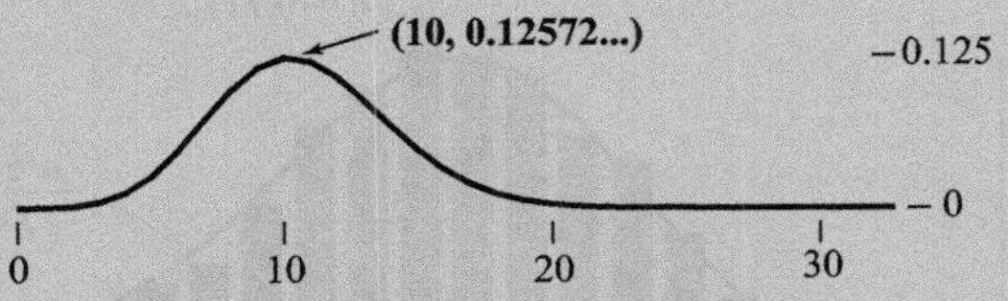

泊松分布 ($N=10^4, M=10^3, \alpha=10$)

由此可得，一条链表中含有超过 $t\alpha$ 个键的概率不会超过 $(e/t)^{\alpha t}e^{-\alpha}$。对于实际应用来说，这个数字非常小。例如，如果平均链表长度为 10，那么一个键的散列值落在一条长度超过 20 的链表的概率不超过 $(10e/2)^2e^{-10} \approx 0.0084$；如果平均链表长度为 20，那么一个键的散列值落在一条长度超过 40 的链表的概率不超过 $(20\,e/2)^2e^{-20} \approx 0.000\,001\,6$。这个结果并不能保证每条链表都很短，但我们可以知道当 α 一定时，最长链表的平均长度的增长速度为 $\log N/\log\log N$。 466

这段数学分析非常有力，但需要注意的是它完全依赖于假设 J。如果散列函数不是均匀和独立的，那么查找和插入的成本就可能和 N 成正比，也就是和顺序查找类似。假设 J 比我们见过的其他和概率有关的算法中相应的假设都有效，但也更加难以验证。在计算散列值时，我们假设每个键都有均等的机会被散列到 M 个索引中的任意一个，无论键有多复杂。我们没法用实验来验证所有可能的数据类型，所以我们会进行更复杂的实验，在实际应用中可能出现的一组键中随机取样进行验证，然后统计结果并分析。好消息是我们在测试中仍然可以使用这个算法来验证假设 J 和由它得出的数学推论。

性质 L。在一张含有 M 条链表和 N 个键的的散列表中，未命中查找和插入操作所需的比较次数为 $\sim N/M$。

例证。在实际应用中，散列表算法的高性能并不需要散列函数完全符合假设 J 意义上的均匀性。自 20 世纪 50 年代以来，无数程序员都见证了命题 K 所预言的性能改进，即使有些散列函数不是均匀的，命题也成立。例如，图 3.4.4 所示的 `FrequencyCounter` 使用的散列表（其中的 `hash()` 方法是基于 Java 的 `String` 类型的 `hashCode()` 方法）中的链表长度和理论模型完全一致。这条性质的例外之一是在许多情况下散列函数未能使用键的所有信息而造成的性能低下。除此之外，大量经验丰富的程序员给出的应用实例令我们确信，在基于拉链法的散列表中使用大小为 M 的数组能够将查找和插入操作的效率提高 M 倍。

3.4.2.1 散列表的大小

在实现基于拉链法的散列表时，我们的目标是选择适当的数组大小 M，既不会因为空链表而浪费大量内存，也不会因为链表太长而在查找上浪费太多时间。而拉链法的一个好处就是这并不是关键性的选择。如果存入的键多于预期，查找所需的时间只会比选择更大的数组稍长；如果少于预期，虽然有些空间浪费但查找会非常快。当内存不是很紧张时，可以选择一个足够大的 M，使得查找需要的时间变为常数；当内存紧张时，选择尽量大的 M 仍然能够将性能提高 M 倍。例如对于 `FrequencyCounter`，从图 3.4.5 可以看出，每次操作所需要的比较次数从使用 `SequentialSearchST` 时的上千次降低到了使用 `SeparateChainingHashST` 时的若干次，正如我 467

们所料。另一种方法是动态调整数组的大小以保持短小的链表（请见练习 3.4.18）。

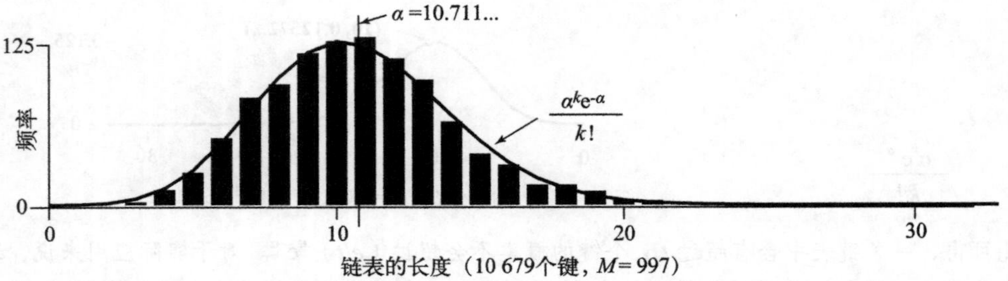

图 3.4.4　使用 SeparateChainingHashST，运行 java FrequencyCounter 8 < tale.txt 时所有链表的长度（另见彩插）

3.4.2.2　删除操作

要删除一个键值对，先用散列值找到含有该键的 SequentialSearchST 对象，然后调用该对象的 delete() 方法（请见练习 3.1.5）。这种重用已有代码的方式比重新实现链表的删除更好。

3.4.2.3　有序性相关的操作

散列最主要的目的在于均匀地将键散布开来，因此在计算散列后键的顺序信息就丢失了。如果你需要快速找到最大或者最小的键，或是查找某个范围内的键，或是实现表 3.1.4 中有序符号表 API 中的其他任何方法，散列表都不是合适的选择，因为这些操作的运行时间都将会是线性的。

基于拉链法的散列表的实现简单。在键的顺序并不重要的应用中，它可能是最快的（也是使用最广泛的）符号表实现。当使用 Java 的内置数据类型作为键，或是在使用含有经过完善测试的 hashCode() 方法的自定义类型作为键时，算法 3.5 能够提供快速而方便的查找和插入操作。下面，我们会介绍另一种解决碰撞冲突的有效方法。

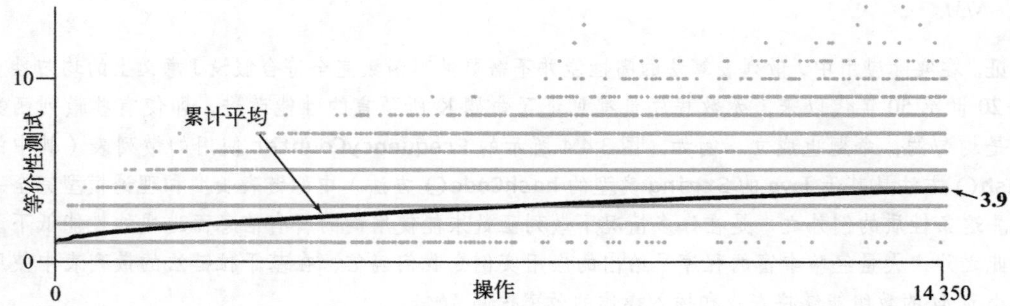

468 图 3.4.5　使用 SeparateChainingHashST，运行 java FrequencyCounter 8 < tale.txt 的成本（M=997）

3.4.3　基于线性探测法的散列表

实现散列表的另一种方式就是用大小为 M 的数组保存 N 个键值对，其中 $M>N$。我们需要依靠数组中的空位解决碰撞冲突。基于这种策略的所有方法被统称为*开放地址*散列表。

开放地址散列表中最简单的方法叫做*线性探测*法：当碰撞发生时（当一个键的散列值已经被另一个不同的键占用），我们直接检查散列表中的下一个位置（将索引值加 1）。这样的线性探测可能会产生三种结果：

- 命中，该位置的键和被查找的键相同；
- 未命中，键为空（该位置没有键）；
- 继续查找，该位置的键和被查找的键不同。

我们用散列函数找到键在数组中的索引，检查其中的键和被查找的键是否相同。如果不同则继续查找（将索引增大，到达数组结尾时折回数组的开头），直到找到该键或者遇到一个空元素，如图 3.4.6 所示。我们习惯将检查一个数组位置是否含有被查找的键的操作称作探测。在这里它可以等价于我们一直使用的比较，不过有些探测实际上是在测试键是否为空。

开放地址类的散列表的核心思想是与其将内存用作链表，不如将它们作为在散列表的空元素。这些空元素可以作为查找结束的标志。在 `LinearProbingHashST` 中可以看到（算法 3.6），使用这种思想来实现符号表的 API 是十分简单的。我们在实现中使用了并行数组，一条保存键，一条保存值，并像前面讨论的那样使用散列函数产生访问数据所需的数组索引。

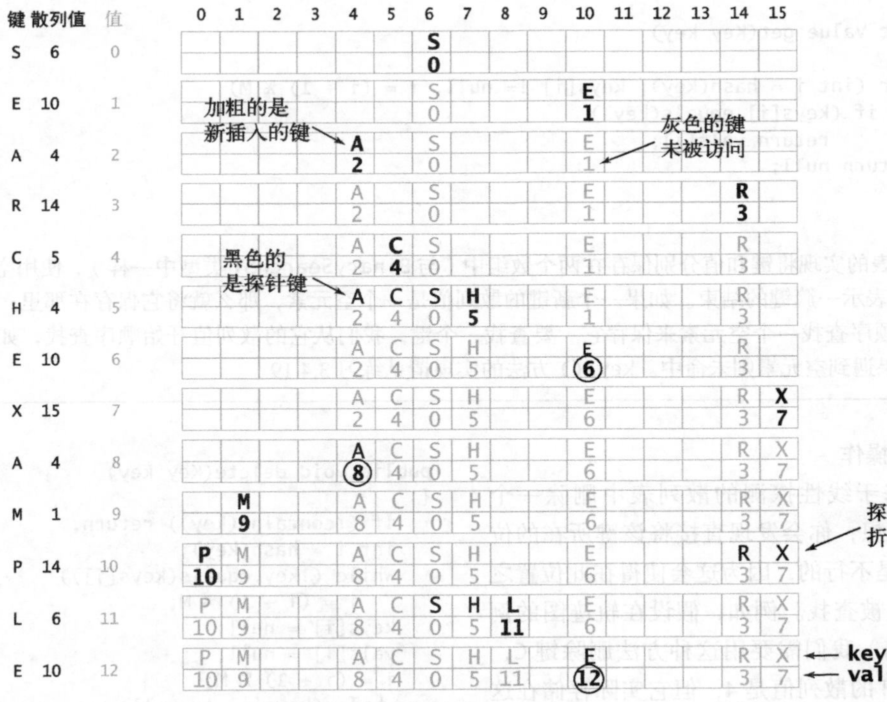

图 3.4.6 标准索引用例使用的基于线性探测的符号表的轨迹（另见彩插） 469

算法 3.6 基于线性探测的符号表

```
public class LinearProbingHashST<Key, Value>
{
   private int N;          // 符号表中键值对的总数
   private int M = 16;     // 线性探测表的大小
   private Key[] keys;     // 键
   private Value[] vals;   // 值
   public LinearProbingHashST()
   {
      keys = (Key[])  new Object[M];
```

```
      vals = (Value[]) new Object[M];
   }
   private int hash(Key key)
   {  return (key.hashCode() & 0x7fffffff) % M; }

   private void resize()          // 请见3.4.4节

   public void put(Key key, Value val)
   {
      if (N >= M/2) resize(2*M);  // 将M加倍（请见正文）

      int i;
      for (i = hash(key); keys[i] != null; i = (i + 1) % M)
         if (keys[i].equals(key)) { vals[i] = val; return; }
      keys[i] = key;
      vals[i] = val;
      N++;
   }

   public Value get(Key key)
   {
      for (int i = hash(key); keys[i] != null; i = (i + 1) % M)
         if (keys[i].equals(key))
            return vals[i];
      return null;
   }
}
```

这段符号表的实现将键和值分别保存在两个数组中（与BinarySearchST类型中一样），使用空（标记为null）来表示一簇键的结束。如果一个新键的散列值是一个空元素，那么就将它保存在那里；如果不是，我们就顺序查找一个空元素来保存它。要查找一个键，我们从它的散列值开始顺序查找，如果找到则命中，如果遇到空元素则未命中。keys() 方法的实现请见练习 3.4.19。 470

3.4.3.1 删除操作

如何从基于线性探测的散列表中删除一个键？仔细想一想，你会发现直接将该键所在的位置设为null是不行的，因为这会使得在此位置之后的元素无法被查找。例如，假设在轨迹图的例子中（图 3.4.6）我们需要用这种方法删除键C，然后查找H。H的散列值是4，但它实际存储在这一簇键的结尾，即7号位置。如果我们将5号位置设为null，get() 方法将无法找到H。因此，我们需要将簇中被删除键的右侧的所有键重新插入散列表。这个过程比想象的要复杂，所以你最好以练习（请见练习 3.4.17）为例跟踪右侧这段代码的运行全过程。

```
public void delete(Key key)
{
   if (!contains(key)) return;
   int i = hash(key);
   while (!key.equals(keys[i]))
      i = (i + 1) % M;
   keys[i] = null;
   vals[i] = null;
   i = (i + 1) % M;
   while (keys[i] != null)
   {
      Key   keyToRedo = keys[i];
      Value valToRedo = vals[i];
      keys[i] = null;
      vals[i] = null;
      N--;
      put(keyToRedo, valToRedo);
      i = (i + 1) % M;
   }
   N--;
   if (N > 0 && N == M/8) resize(M/2);
}
```

基于线性探测的散列表的删除操作

和拉链法一样，开放地址类的散列表的性能也依赖于 $\alpha=N/M$ 的比值，但意义有所不同。我们将 α 称为散列表的*使用率*。对于基于拉链法的散列表，α 是每条链表的长度，因此一般大于1；

对于基于线性探测的散列表，α 是表中已被占用的空间的比例，它是不可能大于 1 的。事实上，在 LinearProbingHashST 中我们不允许 α 达到 1（散列表被占满），因为此时未命中的查找会导致无限循环。为了保证性能，我们会动态调整数组的大小来保证使用率在 1/8 到 1/2 之间。这个策略是基于数学上的分析，我们会在讨论实现的细节之前介绍。 471

3.4.3.2 键簇

线性探测的平均成本取决于元素在插入数组后聚集成的一组连续的条目，也叫做键簇，如图 3.4.7 所示。例如，在示例中插入键 C 会产生一个长度为 3 的键簇（A C S）。这意味着插入 H 需要探测 4 次，因为 H 的散列值为该键簇的第一个位置。显然，短小的键簇才能保证较高的效率。随着插入的键越来越多，这个要求很难满足，较长的键簇会越来越多，如图 3.4.8 所示。另外，因为（基于均匀性假设）数组的每个位置都有相同的可能性被插入一个新键，长键簇更长的可能性比短键簇更大，因为新键的散列值无论落在簇中的任何位置都会使簇的长度加 1（甚至更多，如果这个簇和相邻的簇之间只有一个空元素相隔的话）。下面我们要将键簇的影响量化来预测线性探测法的性能，并使用这些信息在我们的实现中设置适当的参数值。

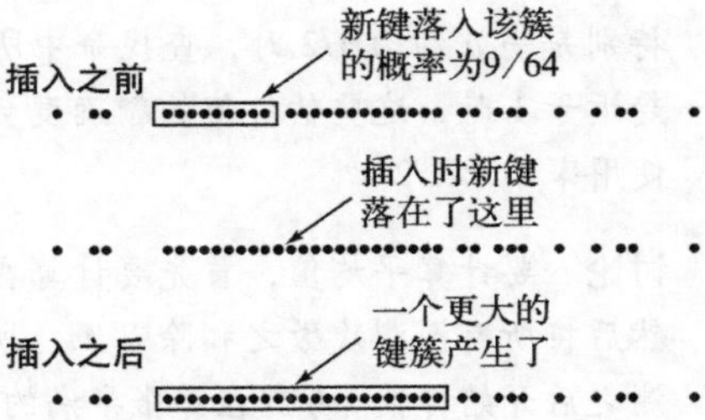

图 3.4.7 线性探测法中的键簇（M=64）

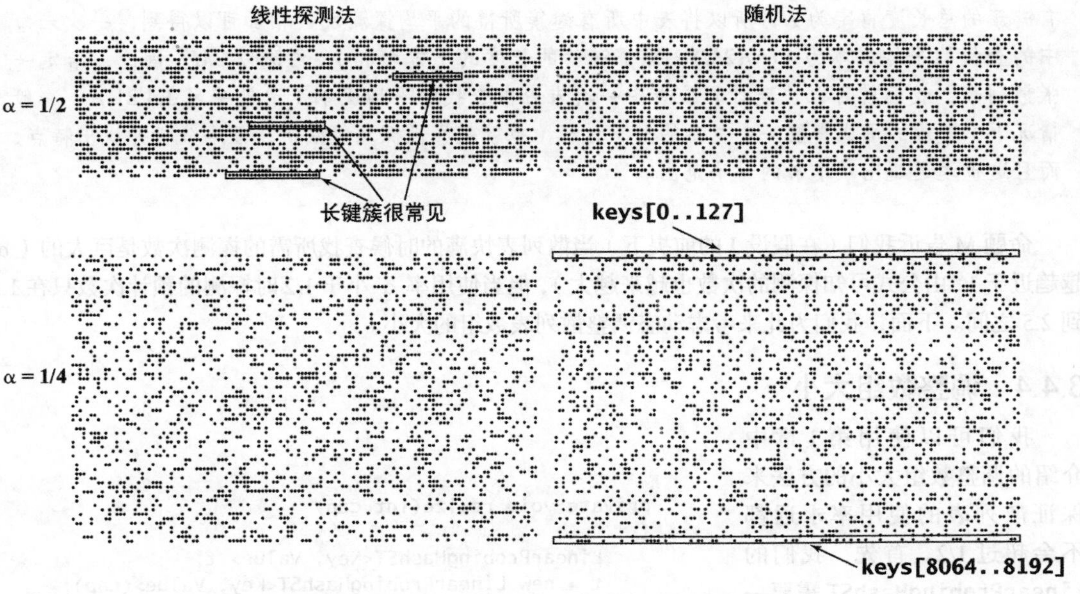

图 3.4.8 数组的使用模式（2048 个键，每行 128 个） 472

3.4.3.3 线性探测法的性能分析

尽管最后的结果的形式相对简单，准确分析线性探测法的性能是非常有难度的。Knuth 在 1962 年作出的以下推导是算法分析史上的一个里程碑。

命题M。在一张大小为 M 并含有 $N=\alpha M$ 个键的基于线性探测的散列表中，基于假设J，命中和未命中的查找所需的探测次数分别为：

$$\sim\frac{1}{2}\left(1+\frac{1}{1-\alpha}\right)\text{和}\sim\frac{1}{2}\left(1+\frac{1}{(1-\alpha)^2}\right)$$

特别是当 α 约为1/2时，查找命中所需要的探测次数约为3/2，未命中所需要的约为5/2。当 α 趋近于1时，这些估计值的精确度会下降，但不需要担心这些情况，因为我们会保证散列表的使用率小于1/2。

讨论。要计算平均值，首先要计算在散列表中每个位置上出现查找未命中所需要的探测次数，然后将所有探测次数之和除以 M。所有查找未命中都至少需要一次探测，因此我们从第一次探测之后开始计数。考虑在一张半满的（$M=2N$）线性探测散列表中可能出现的以下两种极端情况：在最好的情况下，偶数位置的数组元素都是空的，奇数位置的数组元素都是满的；在最坏的情况下，前半张表是空的，后半张表是满的。键簇的平均长度在两种情况下都是 $N/(2N)=1/2$，但未命中的查找所需的平均探测次数在最好情况下为1（所有的查找都至少需要一次探测）加上 $(0+1+0+1+\cdots)/(2N)=1/2$，在最坏情况下为1加上 $(N+(N-1)+\cdots)/(2N)\sim N/4$。将这段证明一般化可得未命中的查找平均所需的比较次数和键簇长度的平方成正比。如果一个键簇的长度为 t，那么 $(t+(t-1)+\cdots+2+1)/M=t(t+1)/(2M)$ 就是在这段键簇中查找未命中所需的平均探测次数。因为所有键簇的总长度肯定为 N，所以将表中所有键簇所得的平均探测次数相加可以得到，一次未命中的查找的平均成本为 $1+N/(2M)+$(每个键簇的长度的平方之和)，再除以 $2M$。因此，给定一张散列表，我们就可以快速计算该表中一次未命中查找的平均成本（请见练习3.4.21）。一般情况下，键簇的形成需要一个复杂的动态过程（也就是线性探测算法），很难分析并找出特点，
473 而且这也远远超出了本书的讨论范围。

命题M告诉我们（在假设J的前提下）当散列表快满的时候查找所需的探测次数是巨大的（α 越趋近于1，由公式可知探测的次数也越来越大），但当使用率 α 小于1/2时探测的预计次数只在1.5到2.5之间。下面，我们为此来考虑动态调整散列表数组的大小。

3.4.4 调整数组大小

我们可以使用第1章中介绍的调整数组大小的方法来保证散列表的使用率永远都不会超过1/2。首先，我们的LinearProbingHashST需要一个新的构造函数，它接受一个固定的容量作为参数（在算法3.6的构造函数中加入一行代码就可以在创建数组之前将M设为给定的值）。然后，我们需要右边给出的resize()方法。

```
private void resize(int cap)
{
    LinearProbingHashST<Key, Value> t;
    t = new LinearProbingHashST<Key, Value>(cap);
    for (int i = 0; i < M; i++)
       if (keys[i] != null)
           t.put(keys[i], vals[i]);
    keys = t.keys;
    vals = t.vals;
    M    = t.M;
}
```

调整线性探测散列表

它会创建一个新的给定大小的 LinearProbingHashST，保存原表中的 keys 和 values 变量，然后将原表中所有的键重新散列并插入到新表中。这使我们可以将数组的长度加倍。put() 方法中的第一条语句会调用 resize() 来保证散列表最多为半满状态。这段代码构造的散列表比原来大一倍，因此 α 的值就会减半。和其他需要调整数组大小的应用场景一样，我们也需要在 delete() 方法的最后加上：

```
if (N > 0 && N <= M/8) resize(M/2);
```

以保证所使用的内存量和表中的键值对数量的比例总在一定范围之内。动态调整数组大小可以为我们保证 α 不大于 1/2。

3.4.4.1 拉链法

我们可以用相同的方法在拉链法中保持较短的链表（平均长度在 2 到 8 之间）：在 resize() 中将 LinearProbingHashST 替换为 SeparateChainingHashST，当 N >= 8*M 时调用 resize(2*M)，并在 delete() 中（在 N >= 0 && N <= 2*M 时）调用 resize(M/2)。对于拉链法，如果你能准确地估计用例所需的散列表的大小 N，调整数组的工作并不是必需的，只需要根据查找耗时和（$1+N/M$）成正比来选取一个适当的 M 即可。而对于线性探测法，调整数组的大小是必需的，因为当用例插入的键值对数量超过预期时它的查找时间不仅会变得非常长，还会在散列表被填满时进入无限循环。 474

3.4.4.2 均摊分析

从理论角度来说，当我们动态调整数组大小时，需要找出均摊成本的上限，因为我们知道使散列表长度加倍的插入操作需要大量的探测。

命题 N。 假设一张散列表能够自己调整数组的大小，初始为空。基于假设 J，执行任意顺序的 t 次查找、插入和删除操作所需的时间和 t 成正比，所使用的内存量总是在表中的键的总数的常数因子范围内。

证明。 对于拉链法和线性探测法，结合命题 K 和命题 M 可知，这个命题只是对我们在第 1 章中第一次讨论过的数组增长的均摊分析的简单重复而已。

如图 3.4.9 和图 3.4.10 所示，在 FrequencyCounter 的例子中，累计平均的曲线很好地显示出散列表中调整数组大小的动态行为。每次数组长度加倍之后，累计平均值都会增加约 1，因为表中的每个键都需要重新计算散列值。然后该值慢慢下降，因为半数左右的键被重新分配到了表中的不同位置。随着表中的键的增加，该值下降的速度也慢慢降低。

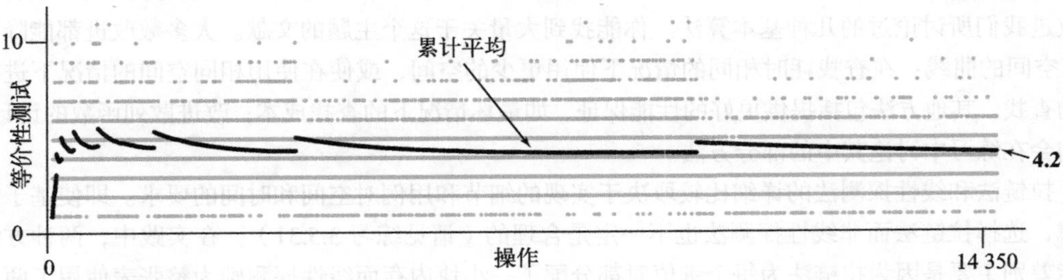

图 3.4.9　使用能够自动调整数组大小的 SeparateChainingHashST，运行 java FrequencyCounter 8< tale.txt 的成本

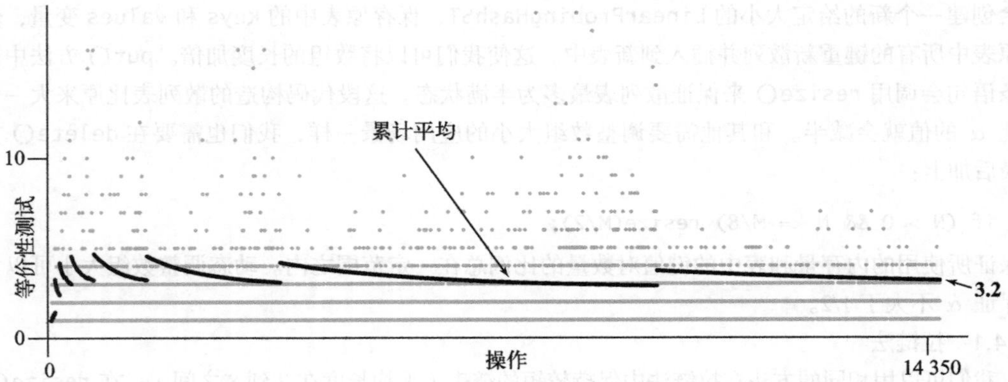

475 图 3.4.10 使用能够自动调整数组大小的 LinearProbingHashST，运行 java FrequencyCounter 8 < tale.txt 的成本

3.4.5 内存使用

我们说过，如果我们希望将散列表的性能调整到最优，理解它的内存使用情况是非常重要的。虽然这种调整是专家们的事儿，但通过估计引用的使用数量来粗略计算所需的内存量仍然是很好的练习。方法如下：除了存储键和值所需的空间之外，我们实现的 SeparateChainingHashST 保存了 M 个 SequentialSearchST 对象和它们的引用。每个 SequentialSearchST 对象需要 16 字节，它的每个引用需要 8 字节。另外还有 N 个 node 对象，每个都需要 24 字节以及 3 个引用（key、value 和 next），比二叉查找树的每个结点还多需要一个引用。在使用动态调整数组大小来保证表的使用率在 1/8 到 1/2 之间的情况下，线性探测使用 $4N$ 到 $16N$ 个引用。可以看出，根据内存用量来选择散列表的实现并不容易。对于原始数据类型，这些计算又有所不同（请见练习 3.4.24）。

符号表的内存使用如表 3.4.2 所示。

表 3.4.2 符号表的内存使用

方 法	N 个元素所需的内存（引用类型）
基于拉链法的散列表	$\sim 48N+32M$
基于线性探测的散列表	在 $\sim 32N$ 和 $\sim 128N$ 之间
476 各种二叉查找树	$\sim 56N$

自计算机发展的伊始，研究人员就研究了（并且现在仍在继续研究）散列表并找到了很多方法来改进我们所讨论过的几种基本算法。你能找到大量关于这个主题的文献。大多数改进都能降低时间 - 空间的曲线：在查找耗时相同的情况下使用更少的空间，或使在使用相同空间的情况下进行更快的查找。其他方法包括提供更好的性能保证，如最坏情况下的查找成本；改进散列函数的设计等。我们会在练习中讨论其中的部分方法。

拉链法和线性探测法的详细比较取决于实现的细节和用例对空间和时间的要求。即使基于性能考虑，选择拉链法而非线性探测法也不一定是合理的（请见练习 3.5.31）。在实践中，两种方法的性能差别主要是因为拉链法为每个键值对都分配了一小块内存而线性探测则为整张表使用了两个很大的数组。对于非常大的散列表，这些做法对内存管理系统的要求也很不相同。在现代系统中，在性能优先的情景下，最好由专家去把握这种平衡。

有了这些假设，期望散列表能够支持和数组大小无关的常数级别的查找和插入操作是可能的。对于任意的符号表实现，这个期望都是理论上的最优性能。但散列表并非包治百病的灵丹妙药，因为：

- ❑ 每种类型的键都需要一个优秀的散列函数；
- ❑ 性能保证来自于散列函数的质量；
- ❑ 散列函数的计算可能复杂而且昂贵；
- ❑ 难以支持有序性相关的符号表操作。

在考察了这些基本问题之后，我们会在 3.5 节的开头将散列表和我们学习过的其他符号表的实现方法进行比较。 477

答疑

问 Java 的 Integer、Double 和 Long 类型的 hashCode() 方法是如何实现的？

答 Integer类型会直接返回该整数的32位值。对于Double和Long类型，Java 会返回值的机器表示的前 32 位和后 32 位异或的结果。这些方法可能不够随机，但它们的确能够将值散列。

问 当能够动态调整数组大小时，散列表的大小总是 2 的幂，这不是个问题吗？这样 hash() 方法就只使用了 hashCode() 返回值的低位。

答 是的，这个问题在默认实现中特别明显。解决这个问题的一种方法是先用一个大于 M 的素数来散列键值对，例如：

```
private int hash(Key x)
{
   int t = x.hashCode() & 0x7fffffff;
   if (lgM < 26) t = t % primes[lgM+5];
   return t % M;
}
```

这段代码假设我们使用了一个变量 $\lg M$，它的值等于 $\lg M$（直接初始化为该值，并在将数组长度加倍或者减半时增大或者减小它），以及一个数组 primes[]，其中含有大于各个 2 的幂的最小素数（请见右表①）。代码中的常数 5 是随意取的一个值——我们希望第一次取余操作（%）能够将所有值散列在小于该素数的范围之内，而第二次取余操作则将其中的 5 个值映射到小于 M 的所有值中。请注意，对于很大的 M 这是没有意义的。

k	δ_k	primes[k] ($2^k-\delta_k$)
5	1	31
6	3	61
7	1	127
8	5	251
9	3	509
10	3	1021
11	9	2039
12	3	4093
13	1	8191
14	3	16381
15	19	32749
16	15	65521
17	1	131071
18	5	262139
19	1	524287
20	3	1048573
21	9	2097143
22	3	4194301
23	15	8388593
24	3	16777213
25	39	33554393
26	5	67108859
27	39	134217689
28	57	268435399
29	3	536870909
30	35	1073741789
31	1	2147483647

将散列表大小设为素数

问 我忘记了，为什么不将 hash(x) 实现为 x.hashCode() % M？

答 散列值必须在0到M–1之间，而在Java中，取余(%)的结果可能是负数。

问 那为什么不将 hash(x) 实现为 Math.abs(x.hashCode()) % M？

答 问得好，不幸的是对于最大的整数 Math.abs() 会返回一个负值。对于许多典型情况，这种溢出不会造成什么问题，但对于散列表这可能使你的程序在几十亿次插入之后崩溃，这很难说。例如，Java 中字符串 "polygenelubricants" 的散列值为 -2^{31}。找出散列值为这个数（以及为 0）的其他字符串已经变成了一种有趣的算法谜题。 478

① 这里似乎和表的内容不相符，表中prime[k]的值是小于2^k的最大素数。——译者注

问 在算法3.5中为什么使用 SequentialSearchST 而非 BinarySearchST 或者 RedBlackBST？

答 一般来说，我们希望散列到每个索引值上的键越少越好，而对于小规模符号表初级实现的性能一般更好。在某些情况下，使用这些复杂的实现也许能够稍稍将性能提高，但最好让专家来进行这种调优。

问 散列表的查找比红黑树更快吗？

答 这取决于键的类型，它决定了 hashCode() 的计算成本是否大于 compareTo() 的比较成本。对于常见的键类型以及 Java 的默认实现，这两者的成本是近似的，因此散列表会比红黑树快得多，因为它所需的操作次数是固定的。但需要注意的是，如果要进行有序性相关的操作，这个问题就没有意义了，因为散列表无法高效地支持这些操作。进一步的讨论请见3.5节。

问 为什么不能让基于线性探测的散列表充满四分之三？

答 没什么特别的原因。你可以选择任意的 α 值并用命题 M 来估计相应的查找成本。对于 α=3/4，查找命中的平均成本为2.5，未命中的为8.5。但如果你允许 α 增长到7/8，查找未命中的平均成本就会达到32.5，这可能已经超出了你的承受能力。随着 α 趋近于1，命题 M 得出的估计值的准确度会
479 下降，但你不应该使散列表的占有率达到那种程度。

练习

3.4.1 将键 E A S Y Q U T I O N 依次插入一张初始为空且含有 M=5 条链表的基于拉链法的散列表中。使用散列函数 11 k % M 将第 k 个字母散列到某个数组索引上。

3.4.2 重新实现 SeparateChainingHashST，直接使用 SequentialSearchST 中链表部分的代码。

3.4.3 修改你为上一道练习给出的实现，为每个键值对添加一个整型变量，将其值设为插入该键值对时散列表中元素的数量。实现一个方法，将该变量的值大于给定整数 k 的键（及其相应的值）全部删除。*注意*：这个额外的功能在为编译器实现符号表时很有用。

3.4.4 使用散列函数 (a * k) % M 将 S E A R C H X M P L 中的第 k 个键散列为一个数组索引。编写一段程序找出 a 和最小的 M，使得该散列函数得到的每个索引都不相同（没有碰撞）。这样的函数也被称为*完美散列函数*。

3.4.5 下面这段 hashCode() 的实现合法吗？

```
public int hashCode()
{ return 17; }
```

如果合法，请描述它的使用效果，否则请解释原因。

3.4.6 假设键为 t 位整数。对于一个使用素数 M 的除留余数法的散列函数，请证明对于键的每一位，都存不同的两个键，它们的散列值只有该位不同。

3.4.7 考虑对于整型的键将除留余数法的散列函数实现为 (a * k) % M，其中 a 为一个任意的固定素数。这样是否足以利用键的所有位使得我们可以使用一个非素数 M 了呢？

3.4.8 对于 N=10、10^2、10^3、10^4、10^5 和 10^6，请估计将 N 个键插入一张 SeparateChainingHashST 的散列表后还剩多少空链表？*提示*：参考练习2.5.31。

480 3.4.9 为 SeparateChainingHashST 实现一个即时的 delete() 方法。

3.4.10 将键 E A S Y Q U T I O N 依次插入一张初始为空且大小为 M=16 的基于线性探测法的散列表中。使用散列函数 11 k % M 将第 K 个字母散列到某个数组索引上。对于 M=10 将本题重新完成一遍。

3.4.11 将键 `E A S Y Q U T I O N` 依次插入一张初始为空大小为 M=4 的基于线性探测法的散列表中，数组只要达到半满即自动将长度加倍。使用散列函数 `11 k % M` 将第 k 个字母散列到某个数组索引上。给出得到的散列表的内容。

3.4.12 设有键 A 到 G，散列值如下所示。将它们按照一定顺序插入到一张初始为空大小为 7 的基于线性探测的散列表中（这里数组的大小不会动态调整）。下面哪个选项是不可能由插入这些键产生的？给出这些键在构造散列表时可能所需的最大和最小探测次数，并给出相应的插入顺序来证明你的答案。

a. E F G A C B D

b. C E B G F D A

c. B D F A C E G

d. C G B A D E F

e. F G B D A C E

f. G E C A D B F

键	A	B	C	D	E	F	G
散列值（M=7）	2	0	0	4	4	4	2

3.4.13 在下面哪些情况中基于线性探测的散列表中的一次随机的命中查找所需的时间是线性的？

a. 所有键均被散列到同一个索引上

b. 所有键均被散列到不同的索引上

c. 所有键均被散列到同一个偶数索引上

d. 所有键均被散列到不同的偶数索引上

3.4.14 对于未命中的查找回答上一道练习的问题，假设被查找的键被散列到表中任意位置的可能性均等。

3.4.15 在最坏情况下，向一张初始为空、基于线性探测法并能够动态调整数组大小的散列表中插入 N 个键需要多少次比较？

3.4.16 假设有一张大小为 10^6 的基于线性探测的散列表已经半满了，被占用的元素随机分布。请估计所有索引值中能够被 100 整除的位置都被占用的概率。 481

3.4.17 使用 3.4.3.1 节的 `delete()` 方法从标准索引测试用例使用的 `LinearProbingHashST` 中删除键 C 并给出结果散列表的内容。

3.4.18 为 `SeparateChainingHashST` 添加一个构造函数，使用例能够指定查找操作可以接受的在链表中进行的平均探测次数。动态调整数组的大小以保证链表的平均长度小于该值，并使用答疑中所述的方法来保证 `hash()` 方法的系数总是素数。

3.4.19 为 `SeparateChainingHashST` 和 `LinearProbingHashST` 实现 `keys()` 方法。

3.4.20 为 `LinearProbingHashST` 添加一个方法来计算一次命中查找的平均成本，假设表中每个键被查找的可能性相同。

3.4.21 为 `LinearProbingHashST` 添加一个方法来计算一次未命中查找的平均成本，假设使用了一个随机的散列函数。请注意：要解决这个问题并不一定要计算所有的散列函数。

3.4.22 为下列数据类型实现 `hashCode()` 方法：`Point2D`、`Interval`、`Interval2D` 和 `Date`。

3.4.23 对于字符串类型的键，考虑 `R = 256` 和 `M = 255` 的除留余数法的散列函数。请证明这是一个糟糕的选择，因为任意排列的字母所得字符串的散列值均相同。

3.4.24 对于 double 类型，分析拉链法、线性探测法和二叉查找树的内存使用情况。将结果整理成类似
482 于表 3.4.2 的表格。

提高题

3.4.25 *散列值的缓存*。修改 3.4.1.8 节的 Transaction 类并维护一个变量 hash，在 hashCode() 方法第一次为一个对象计算散列值后将值保存在 hash 中，这样随后的调用就不必重新计算了。*请注意*：这种方法仅适用于不可变的数据类型。

3.4.26 *线性探测法中的延时删除*。为 LinearProbingHashST 添加一个 delete() 方法，在删除一个键值对时将其值设为 null，并在调用 resize() 方法时将键值对从表中删除。这种方法的主要难点在于决定何时应该调用 resize() 方法。*请注意*：如果后来的 put() 方法为该键指定了一个新的值，你应该用新值将 null 覆盖掉。你的程序在决定扩张或者收缩数组时不但要考虑到数组的空元素，也要考虑到这种*死掉*的元素。

3.4.27 *二次探测*。修改 SeparateChainingHashST，进行二次散列并选择两条链表中的较短者。将键 E A S Y Q U T I O N 依次插入一张初始为空且大小为 M=3 的基于拉链法的散列表中，以 11 k % M 作为第一个散列函数，17 k % M 作为第二个散列函数来将第 k 个字母散列到某个数组索引上。给出插入过程的轨迹以及随机的命中查找和未命中查找在该符号表中所需的平均探测次数。

3.4.28 *二次散列*。修改 LinearProbingHashST，进行二次散列以得到探测起始点。确切地说，是将（所有的）(i + 1) % M 替换为 (i + k) % M，其中 k 是一个非零、和 M 互质且和键相关的整数。*提示*：可以令 M 为素数来满足互质的条件。使用上一道练习中给出的两个散列函数，将键 E A S Y Q U T I O N 依次插入一张初始为空且大小为 M=11 的基于线性探测的散列表中。给出插入过程的轨迹以及随机的命中查找和未命中查找所需的平均探测次数。

3.4.29 *删除操作*。分别为前两题中所述的散列表实现即时的 delete() 方法。

3.4.30 *卡方值*（chi—square statistic）。为 SeparateChainingHashST 添加一个方法来计算散列表的 χ^2。对于大小为 M 并含有 N 个元素的散列表，这个值的定义为：

483

$$\chi^2 = (M/N)((f_0-N/M)^2+(f_1-N/M)^2+\cdots+(f_{M-1}-N/M)^2)$$

其中，f_i 为散列值为 i 的键的数量。这个统计数据是检测我们的散列函数产生的随机值是否满足假设的一种方法。如果满足，对于 $N>cM$，这个值落在 $M-\sqrt{M}$ 和 $M+\sqrt{M}$ 之间的概率为 $1-1/c$。

3.4.31 *Cuckoo 散列函数*。实现一个符号表，在其中维护两张散列表和两个散列函数。一个给定的键只能存在于一张散列表之中。在插入一个新键时，在其中一张散列表中插入该键。如果这张表中该键的位置已经被占用了，就用新键替代老键并将老键插入到另一张散列表中（如果在这张表中该键的位置也被占用了，那么就将这个占用者重新插入第一张散列表，把位置腾给被插入的键），如此循环往复。动态调整数组大小以保持两张表都不到半满。这种实现中查找所需的比较次数在最坏情况下是一个常数，插入操作所需的时间在均摊后也是常数。

3.4.32 *散列攻击*。找出 2^N 个 hashCode() 方法返回值均相同且长度均为 2^N 的字符串。假设 String 类型的 hashCode() 方法的实现如下：

```
public int hashCode()
{
   int hash = 0;
   for (int i = 0; i < length(); i ++)
      hash = (hash * 31) + charAt(i);
   return hash;
}
```

重要提示：Aa 和 BB 的散列值相同。

3.4.33 *糟糕的散列函数*。考虑 Java 的早期版本中 String 类型的 hashCode() 方法的实现，如下所示：

```
public int hashCode()
{
   int hash = 0;
   int skip = Math.max(1, length()/8);
   for (int i = 0; i < length(); i += skip)
      hash = (hash * 37) + charAt(i);
   return hash;
}
```

说明你认为设计者选择这种实现的原因以及为什么它被替换成了上一道练习中的实现。 484

实验题

3.4.34 *散列的成本*。用各种常见的数据类型进行实验以得到 hash() 方法和 compareTo() 方法的耗时比的经验数据。

3.4.35 *卡方检验*。使用你为练习 3.4.30 给出的答案验证常用数据类型的散列函数产生的值是否随机。

3.4.36 *链表长度的范围*。编写一段程序，向一张长度为 $N/100$ 的基于拉链法的散列表中插入 N 个随机的 int 键，找出表中最长和最短的链表的长度，其中 $N=10^3$、10^4、10^5 和 10^6。

3.4.37 *混合使用*。用实验研究在 SeparateChainingHashST 中使用 RedBlackBST 代替 SequentialSearchST 来处理碰撞的性能。这种方案的优点是即使散列函数很糟糕它仍然能够保证对数级别的性能，缺点是需要维护两种不同的符号表实现。实际效果如何呢？

3.4.38 *拉链法的分布*。编写一段程序，向一张大小为 10^5 的基于线性探测法的散列表中插入 10^5 个小于 10^6 的随机非负整数并在每 10^3 次插入后打印出当前探测的总次数。讨论你的结果在何种程度上验证了命题 K。①

3.4.39 *线性探测法的分布*。向一张大小为 N 的基于线性探测法的散列表中插入 $N/2$ 个随机非负整数并根据表中的键簇计算一次未命中查找的平均成本，其中 $N=10^3$、10^4、10^5 和 10^6。讨论你的结果在何种程度上验证了命题 M。

3.4.40 *绘图*。改进 LinearProbingHashST 和 SeparateChainingHashST 的实现，使之绘出和正文中类似的图表。

3.4.41 *二次探测*。用实验研究来评估二次探测法的效果（请见练习 3.4.27）。

3.4.42 *二次散列*。用实验研究来评估二次散列法的效果（请见练习 3.4.28）。

3.4.43 *停车问题*（D. Knuth)。用实验研究来验证一个猜想：向一张大小为 M 的基于线性探测法的散列表中插入 M 个随机键所需的比较次数为 $\sim cM^{3/2}$，其中 $c=\sqrt{\pi/2}$。 485

---

① 这个题目和拉链无关，是原书的bug。——译者注

3.5 应用

在计算机发展的早期，符号表帮助程序员从使用机器语言的数字地址进化到在汇编语言中使用符号名称；在现代应用程序中，符号名称的含义能够通行于跨越全球的计算机网络。快速查找算法曾经并继续在计算机领域中扮演着重要角色。符号表的现代应用包括科学数据的组织，例如在基因组数据中寻找分子标记或模式从而绘制全基因组图谱；网络信息的组织，从搜索在线贸易到数字图书馆；以及互联网基础构架的实现，例如包在网络结点中的路由、共享文件系统和流媒体等。高效的查找算法确保了这些以及无数其他重要的应用程序成为可能。在本节中我们会考察几个有代表性的例子。

- ❑ 能够快速并灵活地从文件中提取由逗号分隔的信息的一个字典程序和一个索引程序。逗号分隔的格式（及类似格式）常用于存储网络信息。
- ❑ 为一组文件构建逆向索引的一个程序。
- ❑ 一个表示稀疏矩阵的数据类型。它用符号表处理的问题规模能够远远大于这种数据类型的标准实现。

在第 6 章中，我们会学习一种适合于数据库或者文件系统的符号表，它能够保存的数据量超过你的想象。

符号表在本书其他章节的算法中也会起到关键的作用。例如，我们会使用符号表来表示图（第 4 章）以及处理字符串（第 5 章）。

在本章中我们已经看到，实现能够快速进行各种操作的符号表是一项很有挑战性的任务。另一方面，我们学习过的实现都经过了仔细研究，应用广泛并且在许多环境中都可用（包括 Java 的标准
486 库）。从现在开始，符号表就将成为你的编程工具箱中的一件重要武器。

3.5.1 我应该使用符号表的哪种实现

表 3.5.1 总结了由本章中多个命题和性质得到的各种符号表算法的性能特点（散列表的最坏情况除外，它的结果来自于研究文献并且也不太可能在实际应用中遇到）。从表中显然可以知道，对于典型的应用程序，应该在散列表和二叉查找树之间进行选择。

相对二叉查找树，散列表的优点在于代码更简单，且查找时间最优（常数级别，只要键的数据类型是标准的或者简单到我们可以为它写出满足（或者近似满足）均匀性假设的高效散列函数即可）。二叉查找树相对于散列表的优点在于抽象结构更简单（不需要设计散列函数），红黑树可以保证最坏情况下的性能且它能够支持的操作更多（如排名、选择、排序和范围查找）。根据经验法则，大多数程序员的第一选择都是散列表，在其他因素更重要时才会选择红黑树。在第 5 章中我们会遇到这个经验法则的例外：当键都是长字符串时，我们可以构造出比红黑树更灵活而又比散列表更高效的数据结构。

表 3.5.1 各种符号表实现的渐进性能的总结

算法（数据结构）	最坏情况下的运行时间的增长数量级（N 次插入之后）		平均情况下的运行时间的增长数量级（N 次随机插入之后）		关键接口	内存使用（字节）
	查找	插入	查找命中	插入		
顺序查询（无序链表）	N	N	$N/2$	N	`equals()`	$48N$
二分查找（有序数组）	$\lg N$	N	$\lg N$	$N/2$	`compareTo()`	$16N$
二叉树查找（二叉查找树）	N	N	$1.39\lg N$	$1.39\lg N$	`compareTo()`	$64N$
2-3 树查找（红黑树）	$2\lg N$	$2\lg N$	$1.00\lg N$	$1.00\lg N$	`compareTo()`	$64N$
拉链法*（链表数组）	$<\lg N$	$<\lg N$	$N/(2M)$	N/M	`equals()` `hashCode()`	$48N+32M$
487 线性探测法*（并行数组）	$c\lg N$	$c\lg N$	<1.5	<2.5	`equals()` `hashCode()`	在 $32N$ 和 $128N$ 之间

* 需要均匀并独立的散列函数。

我们的符号表实现已经可以广泛应用于各种应用程序，但经过简单的修改后这些算法还可以适应并支持其他一些使用广泛的场景，有必要在这里提一下。

3.5.1.1 原始数据类型

假设我们有一张符号表，其中整型的键对应着浮点型的值。如果使用我们的标准实现，键和值会被储存在 `Integer` 和 `Double` 类中，因此我们需要两个额外的引用来访问每个键值对。如果应用程序只会使用几千个键进行几千次查找，那么这些引用可能没什么问题。但如果是对几十亿个键进行几十亿次查找，那么这些引用就会造成巨大的额外开销。使用原始数据类型代替 `Key` 类型可以为每个键值对节省一个引用。当键的值也是原始数据类型时我们又可以节约另外一个引用。图 3.5.1 显示了在拉链法中使用原始数据类型的情况，这种交换也适用于符号表的其他实现。对于性能优先的应用程序，这种改进并不困难并且值得一试（请见练习 3.5.4）。

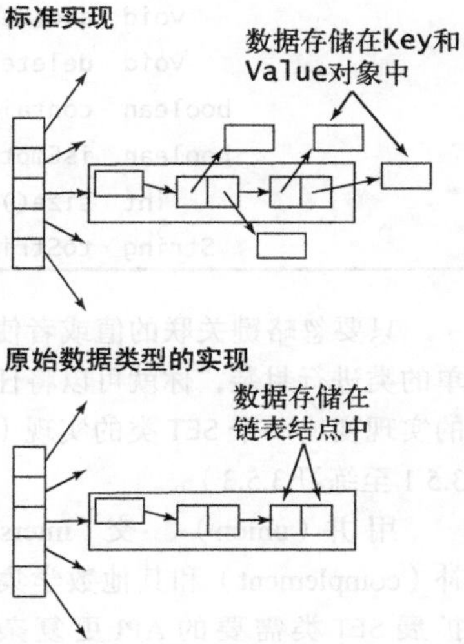
标准实现
数据存储在Key和
Value对象中
原始数据类型的实现
数据存储在
链表结点中
图 3.5.1 拉链法的内存使用情况

3.5.1.2 重复键

符号表的实现有时需要专门考虑重复键的可能性。许多应用都希望能够为同一个键绑定多个值。例如在一个交易处理系统中，多笔交易的客户属性都是相同的。符号表不允许重复键，因此用例只能自己管理重复键。本节稍后我们会遇到一个这样的示例程序。我们可以考虑在实现中允许数据结构保存重复的键值对，并在查找时返回给定的键所对应的任意值之一。我们也可以加入一个方法来返回给定的键对应的所有值。修改我们实现的二叉查找树和散列表来在数据结构中保存重复的键并不困难。修改红黑树可能会稍有挑战（请见练习 3.5.9 和练习 3.5.10）。这种实现在许多文献中都可以找到（包括本书以前的版本）。 488

3.5.1.3 Java 标准库

Java 的 java.util.TreeMap 和 java.util.HashMap 分别是基于红黑树和拉链法的散列表的符号表实现。TreeMap 没有直接支持 `rank()`、`select()` 和我们的有序符号表 API 中的一些其他方法，但它支持一些能够高效实现这些方法的操作。HashMap 和我们的 `LinearProbingHashST` 的实现基本相同——它也会动态调整数组的大小来保持使用率大约不超过 75%。

为了保持前后一致，我们在本书中一般会使用 3.3 节中基于红黑树的符号表或是 3.4 节中基于线性探测法的符号表。为了节省篇幅并保证符号表的用例和具体实现的独立性，我们在调用代码中将使用 `ST` 来代替有序符号表 `RedBlackBST`，用 `HashST` 来代替有序性操作无关紧要且拥有散列函数的 `LinearProbingHashST`。尽管我们知道某些应用可能需要改变或者扩展这些算法和数据结构，我们仍然要这样约定。你应该使用哪种符号表？随便，只要记得测试你的选择是否能够提供所需要的性能就好。

3.5.2 集合的 API

某些符号表的用例不需要处理值，它们只需要能够将键插入表中并检测一个键在表中是否存在。因为我们不允许重复的键，这些操作对应着下面这组 API（表 3.5.2），它们只处理表中所有键的集合，和相应的值无关。

表 3.5.2　集合数据类型的一组基本 API

public class	SET<Key>	
	SET()	创建一个空的集合
void	add(Key key)	将键 key 加入集合
void	delete(Key key)	从集合中删除键 key
boolean	contains(Key key)	键 key 是否在集合之中
boolean	isEmpty()	集合是否为空
int	size()	集合中键的数量
String	toString()	对象的字符串表示

489

只要忽略键关联的值或者使用一个简单的类进行封装，你就可以将任何符号表的实现变成一个 SET 类的实现（请见练习 3.5.1 至练习 3.5.3）。

用并（union）、交（intersection）、补（complement）和其他数学集合的操作扩展 SET 类需要的 API 更复杂（例如，complement 操作需要先定义所有可能的键的集合），使用的算法也更有趣，练习 3.5.17 会讨论它们。

基于符号表 ST，SET 类分有序和无序两个版本。如果键都是 Comparable 的，我们可以为有序的键定义 min()、max()、floor()、ceiling()、deleteMin()、deleteMax()、rank()、select() 以及需要两个参数的 size() 和 get() 方法来构成一组完整的 API。为了遵守我们关于符号表 ST 的约定，我们在用例中用 SET 表示有序的集合，用 HashSET 表示无序的集合。

```
public class DeDup
{
   public static void main(String[] args)
   {
      HashSET<String> set;
      set = new HashSET<String>();
      while (!StdIn.isEmpty())
      {
         String key = StdIn.readString();
         if (!set.contains(key))
         {
            set.add(key);
            StdOut.print(key + " ");
         }
      }
   }
}
```

Dedup 过滤器

为了演示 SET 的使用方法，我们来看一组过滤器（filter）程序。它会从标准输入读取一组字符串并将其中一些写入标准输出。这种程序源自于早期内存很小无法容纳所有数据的计算机系统。它们在今天仍有用武之地，那就是当你的程序需要从网络中获取输入时。在例子中我们使用 tinyTale.txt（请见表 3.1.7）作为输入。为了保证可读性，我们将输入中的换行符保留到了输出中，不过代码并没有这么做。

3.5.2.1　dedup

过滤器例子的原型是一个调用 SET 或者 HashSET 来去掉输入流中的重复项的程序，一般叫做 dedup（如右侧代码所示）。我们会保存一个已知字符串的集合。如果下一个键已经存在于集合中，忽略之；如果不在，将它加入集合并打印它。标准输出中键的顺序和它们在标准输入中的顺序相同，只是去掉了重复项。这个过程需要的空间和输入中不同的键的数量成正比（一般比键的总量要小得多）。

```
% java DeDup < tinyTale.txt
it was the best of times worst
age wisdom foolishness
epoch belief incredulity
season light darkness
spring hope winter despair
```

490

3.5.2.2 白名单和黑名单

过滤器的另一个经典应用是用一个文件中保存的键来判定输入流中的哪些键可以被传递到输出流。这个通用程序有许多天然的应用，最简单的例子就是白名单。其中，文件中的键被定义为好键。用例可以选择将所有不在白名单上的键传递到标准输出并忽略所有白名单上的键（就像第 1 章中我们的第一个程序处理的那个例子一样），也可以选择只将所有在白名单上的键传递到标准输出并忽略所有不在白名单上的键（如右侧这段代码所示，使用 HashSET 实现的 WhiteFilter）。例如，电子邮件程序可能会允许用户通过这样一个过滤器指定朋友的邮件地址并将所有来自其他人的邮件当成垃圾邮件。我们根据指定的列表构造一个 HashSET，然后从标准输入中读取所有键。如果下个键存在于集合之中则打印它，否则就忽略它。黑名单则与之相反，名单上的所有键都被定义为坏键。同样，黑名单过滤器也有两种自然的应用。在电子邮件的例子中，用户可能会指定一些已知的垃圾邮件发送者的地址并要求程序放过所有不是由这些地址发来的邮件。我们可以用 HashSET 实现一个 BlackFilter，过滤条件只需要和 WhiteFilter 相反即可。实际应用中，信用卡公司用黑名单过滤被盗用的信用卡号，因特网路由器用白名单来实现防火墙。它们使用的名单可能非常巨大，输入无限并且响应时间要求非常严格。我们已经学习过的符号表实现能够很好地满足这些需求。

```
public class WhiteFilter
{
   public static void main(String[] args)
   {
      HashSET<String> set;
      set = new HashSET<String>();
      In in = new In(args[0]);
      while (!in.isEmpty())
         set.add(in.readString());
      while (!StdIn.isEmpty())
      {
         String word = StdIn.readString();
         if (set.contains(word))
            StdOut.print(word + " ");
      }
   }
}
```

白名单过滤器

```
% more list.txt
was it the of

% java WhiteFilter list.txt < tinyTale.txt
it was the of it was the of
it was the of it was the of
it was the of it was the of
it was the of it was the of
it was the of it was the of

% java BlackFilter list.txt < tinyTale.txt
best times worst times
age wisdom age foolishness
epoch belief epoch incredulity
season light season darkness
spring hope winter despair
```

491

3.5.3 字典类用例

符号表使用最简单的情况就是用连续的 put() 操作构造一张符号表以备 get() 查询。许多应用程序都将符号表看做一个可以方便地查询并更新其中信息的动态字典。以下列出了这类用例中的一些常见例子。

- **电话黄页**。当符号表中的键是人名而值是电话号码时，这张符号表就成了一个电话本。但和一本纸质印刷的电话黄页的一个重大不同是我们可以向其中添加新的名字或者更新其中的电话号码。我们也可以将电话号码作为键而将人名作为值——如果你从来没这么做过，试着在浏览器的搜索栏中输入你的电话（包括区号）并搜索一下。
- **字典**。将一个单词和它的含义关联起来就得到了“字典”。几个世纪以来人们都会在家里和办公室里放一本纸质的字典以查找单词（键）的定义和拼写（值）。现在，有了优秀的符号表实现，人们在电脑上可以使用内置的拼写检查器并快速查到单词的意义。

- 账户信息。如今股民们都会在网上实时获取股票的价格信息。这些网络服务会关联股票名称（键）和当前价格（值）以及丰富的其他信息。类似的商业应用非常多，比如金融机构会将名字或者账号与账户信息关联，学校会将学生的姓名或者学号与他的成绩关联，等等。
- 基因组学。在现代基因组学中符号的作用非常重要。最简单的例子就是 A、C、T 和 G 这几个字母代表了活体组织中 DNA 的四种核苷酸。另一个比较简单的例子是密码子（核苷酸三联体）和氨基酸的对应关系（TTA 表示亮氨酸，TCT 表示丝氨酸，等等），以及氨基酸序列和蛋白质之间的对应关系。基因组学的研究者每天都需要使用各种符号表来组织这些信息。
- 实验数据。从天体物理学到动物学，现代科学家被各种实验数据包围着。有效的组织和访问这些信息才能理解它们的含义，而符号表正是一个关键的入手点。基于符号表的高级数据结构和算法如今已经成为科学研究的一个重要部分。
- 编译器。符号表最早期的应用之一就是组织程序代码的信息。最初，计算机程序只是一串简单的数字，但程序员们很快发现使用符号来表示操作和内存地址（变量名）要方便得多。将名称和数字关联起来就需要一张符号表。随着程序的增长，符号表操作的性能逐渐变成了程
492 序开发效率的瓶颈，为此而开发的数据结构和算法就是我们在本章中学习的内容。
- 文件系统。我们都在使用符号表定期整理计算机系统中的数据。也许其中最明显的例子就是文件系统了，因为是它将文件名（键）和文件内容的地址（值）关联起来。音乐播放器同样使用文件系统关联了歌曲名（键）和歌曲的位置（值）。
- 互联网 DNS。域名系统（DNS）是互联网信息组织的基础，它可以将人类能够理解的 URL（键，如 www.wikipedia.org）和计算机网络中路由器能够理解的 IP 地址（值，如 208.216.181.15 或是 207.142.131.206）关联起来。这个系统被称为下一代“电话黄页”。有了它，人们就可以使用便于记忆的域名，而机器也可以高效地处理对应的数字。为此，全球互联网的路由器中每秒钟进行的符号表查找次数是个天文数字，所以性能显然非常重要。每年，互联网上都会新增上百万台电脑和其他设备，因此互联网路由器中的符号表也需要能够动态地适应它们。

将以上几个典型应用总结一下，如表 3.5.3 所示。

表 3.5.3 典型的字典类应用

应用领域	键	值
电话黄页	人名	电话号码
字典	单词	定义
账户信息	账号	余额
基因组	密码子	氨基酸
实验数据	数据 / 时间	实验结果
编译器	变量名	内存地址
文件共享	歌曲名	计算机
DNS	网站	IP 地址

尽管已经涉及了许多领域，表 3.5.3 中选取的仍然只是几个有代表性的例子来说明符号表应用的广泛程度。每当使用一个名称来指代某种东西时，都用到了符号表。也许你只是用到了计算机的

文件系统或是互联网，但在某个角落肯定有一张符号表在默默工作。

作为一个具体的例子，我们来看看一个从文件或者网页中提取由逗号分隔的信息（.csv 文件格式）的程序。这种格式存储的列表的信息不需要任何专用的程序就可以读取：数据都是文本，每行中各项均由逗号隔开。在本书的网站上你会找到很多 .csv 文件，都和我们刚才提到过的应用领域相关，包括 amino.csv（密码子和氨基酸的编码关系）、DJIA.csv（道琼斯工业平均指数历史上每天的开盘价、成交量和收盘价）、ip.csv（DNS 数据库中的一部分条目）和 upc.csv（广泛用于识别商品的 Uniform Product Code 条形码），如右侧代码框所示。电子表格等数据处理应用程序都能读写 .csv 文件，我们的例子程序说明你也能够编写 Java 程序来根据需要处理这些数据。

下页的 LookupCSV 根据命令行指定的文件中的数据构建了一组键值对，并会打印出由标准输入读取的键对应的值。命令行参数包括一个文件名和两个整数，分别用来指定键和值所在的位置。

这个例子的目的在于展示符号表的作用和灵活性。哪个网站的 IP 地址是 128.112.136.35？ www.cs.princeton.edu；哪种氨基酸对应着密码子 TCA？丝氨酸；DJIA 在 1929 年 10 月 29 号的价格是多少？ 252.38；哪种商品的条形码是 0002100001086？卡夫芝士粉（Kraft Parmesan）。有了 LookupCSV 和合适的 .csv 文件，可以轻易查到这类问题的答案。

在处理交互性的查询时，性能一般都不是问题（因为你的计算机在你打字的工夫就能检索上百万条信息），所以在使用 LookupCSV 时符号表的高效性并不明显。但是当程序需要进行（大量的）查找时，符号表的性能就很重要了。例如，互联网上的一

```
% more amino.csv
TTT,Phe,F,Phenylalanine
TTC,Phe,F,Phenylalanine
TTA,Leu,L,Leucine
TTG,Leu,L,Leucine
TCT,Ser,S,Serine
TCC,Ser,S,Serine
...
GAA,Gly,G,Glutamic Acid
GAG,Gly,G,Glutamic Acid
GGT,Gly,G,Glycine
GGC,Gly,G,Glycine
GGA,Gly,G,Glycine
GGG,Gly,G,Glycine

% more DJIA.csv
...
20-Oct-87,1738.74,608099968,1841.01
19-Oct-87,2164.16,604300032,1738.74
16-Oct-87,2355.09,338500000,2246.73
15-Oct-87,2412.70,263200000,2355.09
...
30-Oct-29,230.98,10730000,258.47
29-Oct-29,252.38,16410000,230.07
28-Oct-29,295.18,9210000,260.64
25-Oct-29,299.47,5920000,301.22
...

% more ip.csv
...
www.ebay.com,66.135.192.87
www.cs.princeton.edu,128.112.136.35
www.harvard.edu,128.103.60.24
www.google.com,216.239.41.99
www.apple.com,17.112.152.32
www.espn.com,199.181.135.201
...

% more UPC.csv
...
0002058102040,,"1 1/4"" STANDARD STORM DOOR"
0002058102057,,"1 1/4"" STANDARD STORM DOOR"
0002058102125,,"DELUXE STORM DOOR UNIT"
0002082012728,"100/ per box","12 gauge shells"
0002083110812,"Classical CD","'Bits and Pieces'"
002083142882,CD,"Garth Brooks - Ropin' The Wind"
0002094000003,LB,"PATE PARISIEN"
0002098000009,LB,"PATE TRUFFLE COGNAC-M&H 8Z RW"
0002100001086,"16 oz","Kraft Parmesan"
0002100002090,"15 pieces","Wrigley's Gum"
0002100002434,"One pint","Trader Joe's milk"
...
```

典型的含有由逗号分隔的值的文件（.csv）

台路由器每秒钟可能需要查找上百万个 IP 地址。在本书中，我们已经通过 FrequencyCounter 看到了高性能的必要性，在本节中你还会看到其他几个例子。

练习里有几个更加复杂的处理 .csv 文件的测试用例。例如，我们可以将一个字典动态化，允
493~494 许它接受从标准输入中得到的指令来改变一个键的值，或是为它添加范围查找的功能，或者我们可以为同一个文件构造多个字典。

字典的查找

```
public class LookupCSV
{
   public static void main(String[] args)
   {
      In in = new In(args[0]);
      int keyField = Integer.parseInt(args[1]);
      int valField = Integer.parseInt(args[2]);
      ST<String, String> st = new ST<String, String>();
      while (in.hasNextLine())
      {
         String line = in.readLine();
         String[] tokens = line.split(",");
         String key = tokens[keyField];
         String val = tokens[valField];
         st.put(key, val);
      }
      while (!StdIn.isEmpty())
      {
         String query = StdIn.readString();
         if (st.contains(query))
            StdOut.println(st.get(query));
      }
   }
}
```

这段数据驱动的符号表用例会从一个文件中读取键值对并根据标准输入中的键打印出相应的值。其中键和值都是字符串，键和值所在的位置由命令行参数指定。

```
% java LookupCSV ip.csv 1 0
128.112.136.35
www.cs.princeton.edu
```

```
% java LookupCSV amino.csv 0 3
TCC
Serine
```

```
% java LookupCSV DJIA.csv 0 3
29-Oct-29
230.07
```

495

```
% java LookupCSV UPC.csv 0 2
0002100001086
Kraft Parmesan
```

3.5.4 索引类用例

字典的主要特点是每个键都有一个与之关联的值，因此基于关联型抽象数组来为一个键指定一个值的符号表数据类型正合适。每个账号都唯一地表示一个客户，每个条码都唯一地表示一种商品，等等。但一般说来，一个给定的键当然有可能和多个值相关联。例如，在我们的 amino.csv 的例子中，每个密码子都对应着一种氨基酸，但一种氨基酸有可能对应着多个密码子。如下页的aminoI.txt 所示，

文件的每一行都包含一个氨基酸和它对应的多个密码子。

我们使用索引来描述一个键和多个值相关联的符号表，下面是更多的例子。

- 商业交易。公司使用客户账户来跟踪一天内所有交易的一种方法是为当日所有交易建立一个索引，其中键是客户的账号，值是和该账号有关的所有交易。
- 网络搜索。当你输入一个关键字并得到一系列含有这个关键字的网站时，你就是在使用网络搜索引擎创建的索引。每个键（查询）都关联着一个值（一组网页），当然实际情况会更加复杂，因为我们经常会指定多个关键字。
- 电影和演员。本书网站上的 movies.txt 来自于 IMDB（互联网电影数据库）。每一行都含有一部电影的名称（键），随后是在其中出演的演员列表（值），用斜杠分隔，如图 3.5.2 所示。

aminoI.txt

```
Alanine,AAT,AAC,GCT,GCC,GCA,GCG
Arginine,CGT,CGC,CGA,CGG,AGA,AGG
Aspartic Acid,GAT,GAC
Cysteine,TGT,TGC
Glutamic Acid,GAA,GAG
Glutamine,CAA,CAG
Glycine,GGT,GGC,GGA,GGG
Histidine,CAT,CAC
Isoleucine,ATT,ATC,ATA
Leucine,TTA,TTG,CTT,CTC,CTA,CTG
Lysine,AAA,AAG
Methionine,ATG
Phenylalanine,TTT,TTC
Proline,CCT,CCC,CCA,CCG
Serine,TCT,TCA,TCG,AGT,AGC
Stop,TAA,TAG,TGA
Threonine,ACT,ACC,ACA,ACG
Tyrosine,TAT,TAC
Tryptophan,TGG
Valine,GTT,GTC,GTA,GTG
```

","分隔符

键　多个值

一个小型索引文件（20行）

将每个键关联的所有值都放入一个数据结构中（比如一个 Queue）并用它作为值就可以轻松构造一个索引。根据这一点来扩展 LookupCSV 很简单，我们将它留作一道练习（请见练习 3.5.12）。这里我们看一下 LookupIndex，它能够从一个文件，例如 aminoI.txt 或 movies.txt（分隔符不一定和 .csv 文件一样必须是逗号，但需要能够从命令行指定），构造一个索引。构造完成后 LookupIndex 能够接受查询并打印出键对应的所有值。更有意思的是 LookupIndex 也会为每个文件构造一个*反向索引*，也就是将键和值的角色互换。在氨基酸的例子中，它的功能相当于 LookupCSV（找到给定密码子所对应的氨基酸）。在电影和演员的例子中，它使我们能够找到一个演员出演过的所有电影。这项信息隐藏于数据当中，但没有符号表我们就很难获取它。*请仔细研究这个例子*，因为它深刻地揭示了符号表的本质特征。

表 3.5.4 总结了典型的索引类应用的符号表中键值的对应情况。

表 3.5.4　典型的索引类应用

应用领域	键	值	应用领域	键	值
基因组学	氨基酸	一系列密码子	网络搜索	关键字	一系列网页
商业交易	账号	一系列交易	IMDB	电影	一系列演员

movies.txt

```
...
Tin Men (1987)/DeBoy, David/Blumenfeld, Alan/...
Tirez sur le pianiste (1960)/Heymann, Claude/...
Titanic (1997)/Mazin, Stan/...DiCaprio, Leonardo/...
Titus (1999)/Weisskopf, Hermann/Rhys, Matthew/...
To Be or Not to Be (1942)/Verebes, Ernö (I)/...
To Be or Not to Be (1983)/.../Brooks, Mel (I)/...
To Catch a Thief (1955)/París, Manuel/...
To Die For (1995)/Smith, Kurtwood/.../Kidman, Nicole/...
...
```

"/"分隔符

键　多个值

图 3.5.2　一个巨型索引文件（250 000 多行）的一小部分

496
~
497

反向索引

反向索引一般是指用值来查找键的操作，比如我们有大量的数据并且希望知道某个键都在哪些地方出现过。这是另一种符号表的典型用例，它会进行一系列 get() 和 put() 的混合调用。和以前一样，我们将每个键和一个 SET 类型的值关联起来，这个值中包含了该键出现的所有位置。位置信息的性质和用途取决于应用场景：在一本书中，位置可能是书的页码；在一段程序中，位置可能是代码的行号；在基因组中，位置可能是一段基因序列的某个位点，等等。

- 互联网电影数据库（IMDB）。在上文的例子中，输入是将每部电影和它的演员关联起来的一个索引。它的反向索引则会将每个演员和他出演过的所有电影相关联。
- 图书索引。每本教科书都会有一个索引。你能在其中查找到一个术语和它出现过的所有页码。创建优秀的索引当然需要作者的努力来去掉常见和无关的词语，但文档处理系统能够使用符号表将整个过程自动化。一种有趣的特殊情况叫做对照索引（concordance），它会给出每个单词在书中出现的所有位置（请见练习 3.5.20）。
- 编译器。在一个使用了许多符号的庞大程序中，能够知道每个名称的使用位置很有帮助。在以前，一张打印的以追踪各个符号在程序中使用位置的符号表曾经是程序员最重要的工具之一。在现代计算机系统中，符号表是程序员用来管理各种名称的工具软件的基础。
- 文件搜索。现代操作系统都提供了根据关键字搜索文件的功能。对于这个索引，键就是关键字，值则是含有该关键字的所有文件的集合。
- 基因组学。基因组学研究中的一个典型（或许有些过于简化了）情况是科学家希望知道一个给定的核苷酸序列在一个基因或者一组基因中的位置。某些特定序列或者近似序列的存在也许都有重大的意义。这种研究首先就需要一个序列和基因的对照索引，但也需要一些修改，因为基因是无法像句子一样被切分为单词的（请见练习 3.5.15）。

常见反向索引用例的符号表的键值对应情况如表 3.5.5 所示。

表 3.5.5 典型的反向索引

应用领域	键	值
IMDB	演员	一系列电影
图书	术语	一系列页码
编译器	标识符	一系列使用位置
文件搜索	关键字	文件集合
基因组学	基因片段	一系列位置

498

索引（以及反向索引）的查找

```
public class LookupIndex
{
   public static void main(String[] args)
   {
      In in = new In(args[0]);     // （索引数据库）
      String sp = args[1];         // （分隔符）
      ST<String, Queue<String>> st = new ST<String, Queue<String>>();
      ST<String, Queue<String>> ts = new ST<String, Queue<String>>();
      while (in.hasNextLine())
```

```
        {
           String[] a = in.readLine().split(sp);
           String key = a[0];
           for (int i = 1; i < a.length; i++)
           {
              String val = a[i];
              if (!st.contains(key)) st.put(key,
new Queue<String>());
              if (!ts.contains(val)) ts.put(val,
new Queue<String>());
              st.get(key).enqueue(val);
              ts.get(val).enqueue(key);
           }
        }
        while (!StdIn.isEmpty())
        {
           String query = StdIn.readLine();
           if (st.contains(query))
              for (String s : st.get(query))
                 StdOut.println("  " + s);
           if (ts.contains(query))
              for (String s : ts.get(query))
                 StdOut.println("  " + s);
        }
     }
  }
```

```
% java LookupIndex aminoI.txt ","
Serine
  TCT
  TCA
  TCG
  AGT
  AGC
TCG
  Serine

% java LookupIndex movies.txt "/"
Bacon, Kevin
  Mystic River (2003)
  Friday the 13th (1980)
  Flatliners (1990)
  Few Good Men, A (1992)
  ...
Tin Men (1987)
  Blumenfeld, Alan
  DeBoy, David
  ...
```

这段数据驱动的符号表用例会从一个文件中读取键值对并根据标准输入中的键打印出相应的值。其中键为字符串，值为一列字符串，分隔符由命令行参数指定。 499

下面的 FileIndex 从命令行接受多个文件名并使用一张符号表来构造一个反向索引，它能够将任意文件中的任意一个单词和一个出现过这个单词的所有文件的文件名构成的 SET 对象关联起来。在接受标准输入的查询时，输出单词对应的文件列表。这个过程与工具软件在网络上或是在你的计算机上查找信息的过程类似，即根据输入的关键字得到所有该关键字出现过的位置。这类工具的开发者一般会在下面几点上下工夫来改进这个过程：

- 查询形式；
- 被索引的文件或网页的集合；
- 文件或网页在结果中的排列顺序。

例如，你肯定已经习惯了在网络搜索引擎（它们的基础都是将网络上的大部分页面进行索引）的查询中输入多个关键字进行查找，并得到一组按照相关性或者重要性（对于你或是对于广告商而言）由高到低排序的结果。本节最后的练习中讨论了这里的一些改进。我们会在以后学习和网络搜索有关的各种算法，但符号表仍然会是整个过程的核心工具。

和 LookupIndex 一样，你也应该从本书的网站上下载 FileIndex 并用它来为你的电脑上的一些文件或是你感兴趣的一些网站建立索引，从而更好地理解符号表的使用。你将会发现即使是根据巨型文件构造庞大的索引，这个工具的耗时也不多，因为每个 put() 操作和 get() 请求的处理都非常快。确保巨型的动态索引实现即时响应是算法技术的重要胜利之一。 500

文件索引

```
import java.io.File;
public class FileIndex
{
   public static void main(String[] args)
   {
      ST<String, SET<File>> st = new ST<String, SET<File>>();
      for (String filename : args)
      {
         File file = new File(filename);
         In in = new In(file);
         while (!in.isEmpty())
         {
            String word = in.readString();
            if (!st.contains(word)) st.put(word, new SET<File>());
            SET<File> set = st.get(word);
            set.add(file);
         }
      }
      while (!StdIn.isEmpty())
      {
         String query = StdIn.readString();
         if (st.contains(query))
            for (File file : st.get(query))
               StdOut.println(" " + file.getName());
      }
   }
}
```

这段符号表用例能够为一组文件创建索引。我们将每个文件中的每个单词都记录在符号表中并维护一个 SET 对象来保存出现过该单词的文件。In 对象接受的名称也可以是网页，因此这段代码也可以用来为一组网页创建反向索引。

```
% more ex1.txt
it was the best of times

% more ex2.txt
it was the worst of times

% more ex3.txt
it was the age of wisdom

% more ex4.txt
it was the age of foolishness
```

```
% java FileIndex ex*.txt
age
   ex3.txt
   ex4.txt
best
   ex1.txt
was
   ex1.txt
   ex2.txt
   ex3.txt
   ex4.txt
```

501

3.5.5 稀疏向量

下面这个例子展示的是符号表在科学和数学计算领域所起到的重要作用。我们会考察一种重要而常见的计算，它在典型的实际应用中常常是性能的瓶颈，然后我们会演示符号表如何解决这个瓶颈并能够处理规模大得多的问题。实际上，这个计算正是 S. Brin 和 L. Page 发明的 PageRank 算法的核心，这个算法在 2000 年左右造就了 Google（它同时也是一个著名的数学抽象模型，在很多其

$$
\begin{array}{c}\texttt{a[][]}\\ \begin{bmatrix} 0 & .90 & 0 & 0 & 0 \\ 0 & 0 & .36 & .36 & .18 \\ 0 & 0 & 0 & .90 & 0 \\ .90 & 0 & 0 & 0 & 0 \\ .47 & 0 & .47 & 0 & 0 \end{bmatrix}\end{array}
\begin{array}{c}\texttt{x[]}\\ \begin{bmatrix} .05 \\ .04 \\ .36 \\ .37 \\ .19 \end{bmatrix}\end{array}
=
\begin{array}{c}\texttt{b[]}\\ \begin{bmatrix} .036 \\ .297 \\ .333 \\ .045 \\ .1927 \end{bmatrix}\end{array}
$$

图 3.5.3　矩阵和向量的乘法

他场景中都会用到）。

我们要考察的简单计算就是*矩阵和向量的乘法*（如图 3.5.3 所示）：给定一个矩阵和一个向量并计算结果向量，其中第 i 项的值为矩阵的第 i 行和给定的向量的*点乘*。为了简化问题，我们只考虑 N 行 N 列的方阵，向量的大小也为 N。在 Java 中，用代码实现这种操作非常简单，但所需的时间和 N^2 成正比，因为 N 维结果向量中的每一项都需要计算 N 次乘法。因为需要存储整个矩阵，计算所需的空间也和 N^2 成正比。实现代码如下所示。

在实际应用中，N 往往非常巨大。例如，在刚才提到的 Google 的应用中，N 等于互联网中所有网页的总数。在 PageRank 算法发明的时候，这个数字大概在百亿到千亿之间，但之后一直在暴增。因此，N^2 的值应该远远大于 10^{20}。没人能够负担起这么多内存和时间来进行这种计算，所以我们需要更好的算法。

幸好，这里的矩阵常常是*稀疏的*，即其中大多数项都是 0。实际上，在 Google 的应用中，每行中的非零项的数量是一个较小的常数：每个网页中指向其他页面的链接其实都很少（相比互联网中所有网页的总数而言）。因此，我们可以将这个矩阵表示为由稀疏向量组成的一个数组，使用 HashST 的稀疏向量实现如下面的 SparseVector 所示。

```
...
double[][] a = new double[N][N];
double[] x = new double[N];
double[] b = new double[N];
...
// 初始化a[][]和x[]
...
for (int i = 0; i < N; i++)
{
   sum = 0.0;
   for (int j = 0; j < N; j++)
      sum += a[i][j]*x[j];
   b[i] = sum;
}
```

矩阵和向量相乘的标准实现 502

能够完成点乘的稀疏向量

```
public class SparseVector
{
   private HashST<Integer, Double> st;
   public SparseVector()
    {  st = new HashST<Integer, Double>();  }
   public int size()
   {  return st.size();  }
   public void put(int i, double x)
    {  st.put(i, x);  }
   public double get(int i)
   {
      if (!st.contains(i)) return 0.0;
      else return st.get(i);
   }
   public double dot(double[] that)
   {
       double sum = 0.0;
       for (int i : st.keys())
           sum += that[i]*this.get(i);
        return sum;
   }
}
```

这个符号表的用例实现了稀疏向量的主要功能并高效完成了点乘操作。我们将一个向量中的每一项
503 和另一个向量中对应项相乘并将所有结果相加，所需的乘法操作数量等于稀疏向量中的非零项的数目。

稀疏矩阵的表示如图 3.5.4 所示。

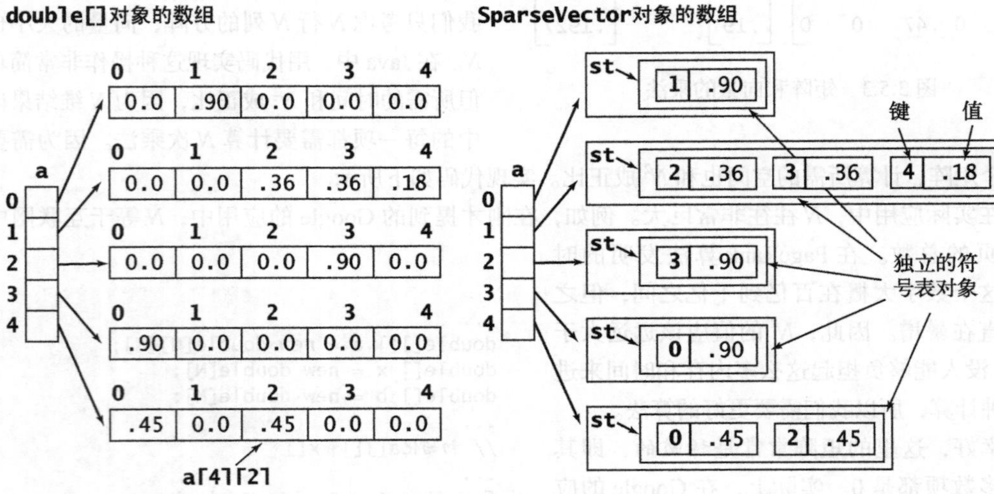

图 3.5.4 稀疏矩阵的表示

这里我们不再使用 a[i][j] 来访问矩阵中第 i 行第 j 列的元素，而是使用 a[i].put(j, val) 来表示矩阵中的值并使用 a[i].get(j) 来获取它。从下面这段代码可以看到，用这种方式实现的矩阵和向量的乘法比数组表示法的实现更简单（也能更清晰地描述乘法的过程）。更重要的是，它所需的时间仅和 N 加上矩阵中的非零元素的数量成正比。

虽然对于较小或是不那么稀疏的矩阵，使用符号表的代价可能会非常高昂，但你应该理解它对于巨型稀疏矩阵的意义。为了更好地说明这一点，设想一个超大的应用（就像 Brin 和 Page 面对的问题一样），N 可能超过 100 亿或者 1000 亿而平均每行中的非零元素小于 10。对于这种应用，使用符号表能够将矩阵和向量乘法的速度提升 10 亿倍甚至更多。这种应用虽然简单但非常重要，不愿意挖掘其中省时省力的潜力的程序员解决实际问题能力的潜力也必然是有限的，能够将运行速度提升几十亿倍的程序员勇于面对看似无法解决的问题。

构造 Google 所使用的矩阵是一种图的应用（当然也是符号表的一种应用），尽管是一个巨型的稀疏矩阵。有了这个矩阵，PageRank 算法的计算就变成了简单的矩阵和向量之间的乘法运算，不断用结果向量取代计算所使用的向量，重复这个迭代过程直到收敛（这一点是由概率论的基础定理所保证的）。因此，使用一个类似于 SparseVector 的类能够将这种应用程序所需的空间和时间改进几百或者几千亿倍，甚至更多。

在许多科学计算中类似的改进都是可能的，因此稀疏向量和矩阵的应用十分广泛，并且一般都会被集成到科学计算专用的库中。在处理庞大的向量或矩阵的时候，你最好用一些简单的性能测试来保证不会错过类似的改进机会。另外，大多数编程语言都拥有处理原始数据类型数组的能力，因此像例子中那样用数组来保存密集的向量也许能提供更好的性能。对于这些应用，有必要深入了解它们的运行瓶颈从而选择合适的数据类型实现。

符号表之所以是算法技术为现代计算机基础设施建设的一大重要贡献，是因为在很多实际应用中它都能够节省大量的运行成本，使得各个领域内许多原来完全无法想象的问题的解决成为可能。科学或是工程领域能够将运行效率提升一千亿倍的发明极少——我们已经在几个例子中看到，符号表做到了，并且这些改进的影响非常深远。但我们学习过的数据结构和算法的演化并没有结束：它们才出现了几十年，我们也并没有完全了解它们的性质。鉴于它们的重要性，符号表的各种实现仍然是全球学者的研究热点。随着它的应用范围不断扩展，我们会在更多领域看到它的新发展。

```
...
SparseVector[] a;
a = new SparseVector[N];
double[] x = new double[N];
double[] b = new double[N];
...
// 初始化 a[] 和 x[]
...
for (int i = 0; i < N; i++)
   b[i] = a[i].dot(x);
```

稀疏矩阵和向量的乘法

504~505

答疑

问 SET 能够包含 null 吗？

答 不行。和符号表一样，键必须是非空的对象。

问 SET 可以是 null 吗？

答 不行。一个 SET 集合可以是空的（不包含任何对象），但不能为 null。和 Java 的其他数据类型一样，一个 SET 类型的变量的值可以是 null，但这仅仅意味着它没有指向任何 SET 对象。对 SET 使用 new 的结果必然是一个非空的对象。

问 如果能够将所有数据都存储在内存中，那就没有必要使用过滤器了，对吗？

答 是的。过滤器最大的用处在于处理输入数据量未知的情况。在其他情况下，它可能会是一种有用的思维方式，但也不是万能的。

问 我在一张电子表格中保存了一些数据。我需要开发一个类似于 LookupCSV 的程序查找这些数据吗？

答 你的电子表格程序应该能够将它们导出为 .csv 的文件，这样你就可以直接使用 LookupCSV 了。

问 FileIndex 程序有什么用？操作系统不能解决这个问题吗？

答 如果操作系统能够满足你的需求，当然应该直接使用它的解决方案。和我们的许多例子程序一样，FileIndex 也是为了向你展示这些应用程序的基本原理并为你提供其他的可能性。

问 为什么 SparseVector 的 dot() 方法不接受一个 SparseVector 对象作为参数并返回一个 SparseVector 对象？

答 这也是一个不错的设计，它所需的代码比我们的设计稍稍复杂一些，因此也是一道不错的编程练习（请见练习 3.5.16）。对于普通矩阵的处理，我们也许还应该再增加一个 SparseMatrix 数据类型。 506

练习

3.5.1 分别使用 ST 和 HashST 来实现 SET 和 HashSET（为键关联虚拟值并忽略它们）。

3.5.2 删除 SequentialSearchST 中和值相关的所有代码来实现 SequentialSearchSET。

3.5.3 删除 BinarySearchST 中和值相关的所有代码来实现 BinarySearchSET。

3.5.4 分别为 int 和 double 两种原始数据类型的键实现 HashSTint 类和 HashSTdouble 类（将 LinearProbingHashST 中的泛型改为原始数据类型）。

3.5.5 分别为 int 和 double 两种原始数据类型的键实现 STint 类和 STdouble 类（将 RedBlackBST 中的泛型改为原始数据类型）。用经过修改的 SparseVector 作为用例测试你的答案。

3.5.6 分别为 int 和 double 两种原始数据类型的键实现 HashSETint 类和 HashSETdouble 类（删去你为练习 3.5.4 给出的答案中所有关于值的代码）。

3.5.7 分别为 int 和 double 两种原始数据类型的键实现 SETint 类和 SETdouble 类（删去你为练习 3.5.5 给出的答案中所有关于值的代码）。

3.5.8 修改 LinearProbingHashST，允许在表中保存重复的键。对于 get() 方法，返回给定键所关联的任意值；对于 delete() 方法，删除表中所有和给定键相等的键值对。

3.5.9 修改二叉查找树 BST，允许在树中保存重复的键。对于 get() 方法，返回给定键所关联的任意值；对于 delete() 方法，删除树中所有和给定键相等的结点。

3.5.10 修改红黑树 RedBlackBST，允许在树中保存重复的键。对于 get() 方法，返回给定键所关联的
507 任意值；对于 delete() 方法，删除树中所有和给定键相等的结点。

3.5.11 开发一个和 SET 相似的类 MultiSET，允许出现相等的键，也就是实现了数学上的多重集合。

3.5.12 修改 LookupCSV，将每个键和输入中与该键对应的所有值相关联（而非和关联型抽象数组的一样，仅关联最近出现的那个值）。

3.5.13 修改 LookupCSV 为 RangeLookupCSV，从标准输入接受两个键并打印出 .csv 文件中所有在该范围之内的键值对。

3.5.14 编写并测试方法 invert()，它接受参数 ST<String, Bag<String>> 并返回给定符号表的反向索引（一个相同类型的符号表）。

3.5.15 编写一个程序，从标准输入接受一个字符串并从命令行参数获得一个整数 *k* 作为参数，在标准输出中有序打印出在字符串中找到的 *k* 元文法（*k*-gram），以及每个 *k*-gram 在字符串中的位置。

3.5.16 为 SparseVector 添加一个 sum() 方法，接受一个 SparseVector 对象作为参数并将两者相加的结果返回为一个 SparseVector 对象。请注意：你需要使用 delete() 方法来处理向量中的一
508 项变为 0 的情况（请特别注意精度）。

提高题

3.5.17 数学集合。你的目标是实现表 3.5.6 中 MathSET 的 API 来处理（可变的）数学集合。

表 3.5.6 一种简单的集合数据类型的 API

Public class	**MathSET<Key>**	
	MathSET(Key[] universe)	创建一个集合
void	add(Key key)	将 key 加入集合
MathSET<Key>	complement()	所有在 Universe 中并且不在该集合中的键的集合
void	union(MathSET<Key> a)	将 a 中所有不在该集合中的键加入该集合（并集）
void	intersection(MathSET<Key> a)	将该集合中所有不在 a 中的键删除（交集）
void	delete(Key key)	将 key 从集合中删去
boolean	contains(Key key)	集合中是否存在键 key
boolean	isEmpty()	集合是否为空
int	size()	集合中键的总数

请使用符号表来实现它。附加题：使用 boolean 类型的数组来表示集合。

3.5.18 多重集合。请参考练习 3.5.2、练习 3.5.3 以及前面的练习，为无序和有序的多重集合（可以含有相同的键的集合）给出 MultiHashSET 和 MultiSET 的 API，并分别用 SeparateChainingMultiSET 和 BinarySearchMultiSET 实现它们。

3.5.19 符号表中的等值键。（有序的和无序的）MultiST 的 API 分别和表 3.1.2 以及表 3.1.4 中定义的符号表 API 相同，只是允许存在等值的键。因此，get() 方法的行为是返回给定键所关联的任意值。另外，我们还需要添加一个新方法来返回和给定键关联的所有值：

```
Iterable<Value> getAll(Key key)
```

根据我们的 SeparateChainingHashST 和 BinarySearchST 的代码来实现 SeparateChaining-MultiST 和 BinarySearchMultiST 的 API。 509

3.5.20 对照索引。编写一个 ST 的用例 Concordance，为从标准输入得到的字符串构建对照索引并打印出来（请见 320 页“图书索引”段落中“对照索引”的定义）。

3.5.21 反向对照索引。编写一个程序 InvertedConcordance，从标准输入接受一个对照索引并在标准输出中打印出原始的字符串。注意：这个计算和著名的“死海卷轴”故事有关。最早发现原始石板的团队仅公开了用一种不为人知的方式生成的对照索引。一段时间之后其他研究者才找到了如何将这种索引还原的方法，并最终将石板上的全文公之于众。

3.5.22 完全索引的 CSV 文件。编写一个 ST 的用例 FullLookupCSV，构造一个 ST 对象的数组（每列一个），以及一个允许使用者指定键和值的列的测试用例。

3.5.23 稀疏矩阵。为稀疏二维矩阵设计一组 API 并将它实现，支持矩阵的加法和乘法操作。包含分别能够指定行和列向量的构造函数。

3.5.24 不重叠的区间查找。给定对象的一组互不重叠的区间，编写一个函数接受一个对象作为参数并判断它是否存在于其中任何一个区间之内。例如，如果对象是整数而区间为 1643–2033，5532–7643，8999–10332，5666653–5669321，那么查询 9122 的结果为第三个区间，而 8122 的结果是不在任何区间。

3.5.25 登记员的日程安排。东北部某著名大学的注册主任最近作出的安排中有一位老师需要在同一时间为两个不同的班级授课。请用一种方法来检查类似的冲突，帮助这位主任不要再犯同样的错误。简单起见，假设每节课的时间为 50 分钟，分别从 9:00、10:00、11:00、1:00、2:00 和 3:00 开始。

3.5.26 LRU 缓存。创建一个支持以下操作的数据结构：访问和删除。访问操作会将不存在于数据结构中的元素插入。删除操作会删除并返回最近最少访问的元素。提示：将元素按照访问的先后顺序保存在一条双向链表之中，并保存指向开头和结尾元素的指针。将元素和元素在链表中的位置分别作为键和相应的值保存在一张符号表中。当你访问一个元素时，将它从链表中删除并重新插入链表的头部。当你删除一个元素时，将它从链表的尾部和符号表中删除。 510

3.5.27 列表。实现表 3.5.7 中的 API：

表 3.5.7 列表数据类型的 API

Public class List<Item> implements Iterable<Item>	
List()	创建一个列表
void addFront(Item item)	将 item 添加到列表的头部
void addBack(Item item)	将 item 添加到列表的尾部
Item deleteFront()	删除列表头部的元素
Item deleteBack()	删除列表尾部的元素

（续）

Public class List<Item> implements Iterable<Item>	
void delete(Item item)	从列表中删除 item
void add(int i, Item item)	将 item 添加为列表的第 i 个元素
Item delete(int i)	从列表中删除第 i 个元素
boolean contains(Item item)	列表中是否存在元素 item
boolean isEmpty()	列表是否为空
int size()	列表中元素的总数

提示：使用两个符号表，一个用来快速定位列表中的第 i 个元素，另一个用来快速根据元素查找。（Java 的 java.util.List 包含类似的方法，但它的实现的操作并不都是高效的。）

3.5.28 uniQueue。创建一个类似于队列的数据类型，但每个元素只能插入队列一次。用一个符号表来记录所有已经被插入的元素并忽略所有将它们重新插入的请求。 511

3.5.29 支持随机访问的符号表。创建一个数据结构，能够向其中插入键值对，查找一个键并返回相应的值以及删除并返回一个随机的键。提示：将一个符号表和一个随机队列结合起来实现该数据结构。 512

实验题

3.5.30 重复元素（续）。使用3.5.2.1节的 dedup 过滤器重新完成练习 2.5.31。比较两种解决方法的运行时间。然后使用 dedup 运行试验，其中 $N=10^7$、10^8 和 10^9。使用随机的 long 值重新完成试验并讨论结果。

3.5.31 拼写检查。将本书网站上的 dictionary.txt 文件作为命令行参数，用 3.5.2.2 节的 BlackFilter 程序打印出从标准输入接受的文本文件中所有拼写错误的单词。在这个测试中分别使用 RedBlackBST、SeparateChainingHashST 和 LinearProbingHashST 处理 WarAndPeace.txt（本书网站提供）并讨论结果。

3.5.32 字典。在一个性能优先的场景中研究类似于 LookupCSV 用例的性能。请设计一个查询生成器来代替标准输入并用大量的输入和查询来测试用例的性能。

3.5.33 索引。在一个性能优先的场景中研究类似于 LookupIndex 用例的性能。请设计一个查询生成器来代替标准输入并用大量的输入和查询来测试用例的性能。

3.5.34 稀疏向量。用实验来比较使用稀疏矩阵和使用标准数组实现矩阵向量乘法的性能。

3.5.35 原始数据类型。对于 LinearProbingHashST 和 RedBlackBST，评估使用原始数据类型来表示 Integer 和 Double 值的情况。如果在一张巨型的符号表中进行大量的查找，这么做能节省多少空间和时间？ 513

第4章 图

在许多计算机应用中，由相连的结点所表示的模型起到了关键的作用。这些结点之间的连接很自然地会让人们产生一连串的疑问：沿着这些连接能否从一个结点到达另一个结点？有多少个结点和指定的结点相连？两个结点之间最短的连接是哪一条？

要描述这些问题，我们要使用一种抽象的数学对象，叫做图。本章中，我们会详细研究图的基本性质，为学习各种算法并回答这种类型的疑问作好准备。这些算法是解决许多重要的实际问题的基础，没有优秀的算法，这些问题的解决无法想象。

图论作为数学领域中的一个重要分支已经有数百年的历史了。人们发现了图的许多重要而实用的性质，发明了许多重要的算法，其中许多困难问题的研究仍然十分活跃。本章中，我们会介绍一系列基础的图算法，它们在各种应用中都十分重要。

和我们已经研究过的许多其他问题域一样，关于图的算法研究相对来说才开始不久。尽管有些基础的算法在几个世纪前就已发现了，但大多数有趣的结论都是近几十年才被发现。得益于我们已经学习过的那些算法，即使是由最简单的图论算法得到的程序也是很有用的，而那些我们将要学习的复杂算法则都是已知的最优美和最有意思的算法的一部分。 514~515

为了展示图论应用的广泛领域，在探索这片富饶之地之前，我们先来看以下几个示例。

地图。正在计划旅行的人也许想知道“从普罗维登斯到普林斯顿的最短路线”。对最短路径上经历过交通堵塞的旅行者可能会问：“从普罗维登斯到普林斯顿的哪条路线最快？”要回答这些问题，我们都要处理有关结点（十字路口）之间多条连接（公路）的信息。

网页信息。当我们在浏览网页时，页面上都会包含其他网页的引用（链接）。通过单击链接，我们可以从一个页面跳到另一个页面。整个互联网就是一张图，结点是网页，连接就是超链接。图算法是帮助我们在网络上定位信息的搜索引擎的关键组件。

电路。在一块电路板上，晶体管、电阻、电容等各种元件是精密连接在一起的。我们使用计算机来控制制造电路板的机器并检查电路板的功能是否正常。我们既要检查短路这类简单问题，也要检查这幅电路图中的导线在蚀刻到芯片上时是否会出现交叉等复杂问题。第一类问题的答案仅取决于连接（导线）的属性，而第二个问题则会涉及导线、各种元件以及芯片的物理特性等详细信息。

任务调度。商品的生产过程包含了许多工序以及一些限制条件，这些条件会决定某些任务的先后次序。如何安排才能在满足限制条件的情况下用最少的时间完成这些生产工序呢？

商业交易。零售商和金融机构都会跟踪市场中的买卖信息。在这种情形下，一条连接可以表示现金和商品在买方和卖方之间的转移。在此情况下，理解图的连接结构原理可能有助于增强人们对市场的理解。

配对。学生可以申请加入各种机构，例如社交俱乐部、大学或是医学院等。这里结点就对应学生和机构，而连接则对应递交的申请。我们希望找到申请者与他们感兴趣的空位之间配对的方法。

计算机网络。计算机网络是由能够发送、转发和接收各种消息的站点互相连接组成的。我们感
516 兴趣的是这种互联结构的性质，因为我们希望网络中的线路和交换设备能够高效率地处理网络流量。

软件。编译器会使用图来表示大型软件系统中各个模块之间的关系。图中的结点即构成整个系统的各种类和模块，连接则为类的方法之间的可能调用关系（静态分析），或是系统运行时的实际调用关系（动态分析）。我们需要分析这幅图来决定如何以最优的方式为程序分配资源。

社交网络。当你在使用社交网站时，会和你的朋友之间建立起明确的关系。这里，结点对应人而连接则联系着你和你的朋友或是关注者。分析这些社交网络的性质是当前图算法的一个重要应用。对它感兴趣的不止是社交网络的公司，还包括政治、外交、娱乐、教育、市场等许多其他机构（参见表 4.0.1）。

表 4.0.1 图的典型应用

应　用	结　点	连　接
地图	十字路口	公路
网络内容	网页	超链接
电路	元器件	导线
任务调度	任务	限制条件
商业交易	客户	交易
配对	学生	申请
计算机网络	网站	物理连接
软件	方法	调用关系
社交网络	人	友谊关系

这些示例展示了图作为一种抽象模型的应用范围以及我们在处理图时可能会遇到的各种计算问题。人们研究过的关于图的问题数以千计，但它们大多数都能用一些简单的图模型解决——本章我们将会学习几个最重要的模型。在实际应用中，处理庞大的数据是很常见的，因此解决方法是否可行完全取决于算法的效率。

在本章中，我们会依次学习 4 种最重要的图模型：*无向图*（简单连接）、*有向图*（连接有方向
517 性）、*加权图*（连接带有权值）和*加权有向图*（连接既有方向性又带有权值）。

4.1 无向图

在我们首先要学习的这种图模型中，*边*（edge）仅仅是两个*顶点*（vertex）之间的连接。为了和其他图模型相区别，我们将它称为*无向图*。这是一种最简单的图模型，我们先来看一下它的定义。

> **定义**。图是由一组顶点和一组能够将两个顶点相连的边组成的。

就定义而言，顶点叫什么名字并不重要，但我们需要一个方法来指代这些顶点。一般使用0至V–1来表示一张含有V个顶点的图中的各个顶点。这样约定是为了方便使用数组的索引来编写能够高效访问各个顶点中信息的代码。用一张符号表来为顶点的名字和0到V–1的整数值建立一一对应的关系并不困难（请见4.1.7节），因此直接使用数组索引作为结点的名称更方便且不失一般性(也不会损失什么效率)。我们用v-w的记法来表示连接v和w的边，w-v是这条边的另一种表示方法。

在绘制一幅图时，用圆圈表示顶点，用连接两个顶点的线段表示边，这样就能直观地看出图的结构。但这种直觉有时也可能会误导我们，因为图的定义和绘出的图像是无关的。例如，图4.1.1中的两组图表示的是同一幅图，因为图的构成只有（无序的）顶点和边（顶点对）。

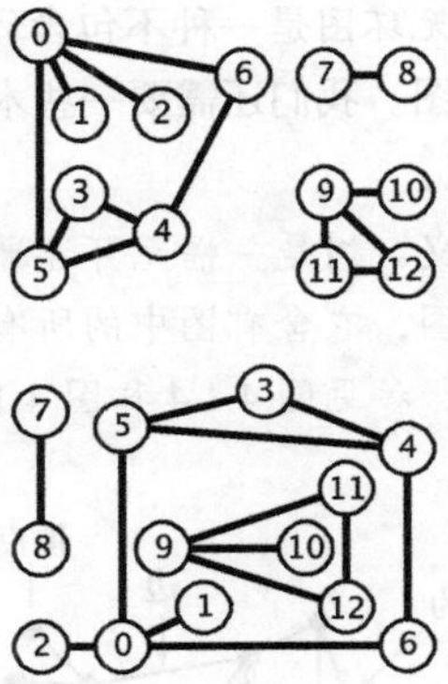

图4.1.1 同一幅图的两种表示

特殊的图。我们的定义允许出现两种简单而特殊的情况，参见图4.1.2：

- 自环，即一条连接一个顶点和其自身的边；
- 连接同一对顶点的两条边称为*平行边*。

数学家常常将含有平行边的图称为*多重图*，而将没有平行边或自环的图称为*简单图*。一般来说，实现允许出现自环和平行边（因为它们会在实际应用中出现），但我们不会将它们作为示例。因此，我们用两个顶点就可以指代一条边了。 518

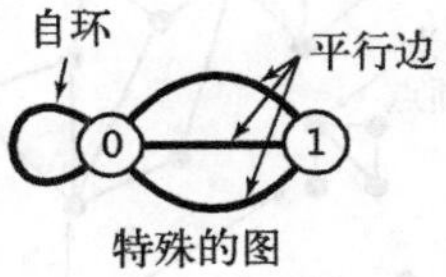

图4.1.2 特殊的图

4.1.1 术语表

和图有关的术语非常多，其中大多数定义都很简单，我们在这里集中介绍。

当两个顶点通过一条边相连时，我们称这两个顶点是*相邻的*，并称这条边*依附于*这两个顶点。某个顶点的*度数*即为依附于它的边的总数。*子图*是由一幅图的所有边的一个子集（以及它们所依附的所有顶点）组成的图。许多计算问题都需要识别各种类型的子图，特别是由能够顺序连接一系列顶点的边所组成的子图。

> **定义**。在图中，*路径*是由边顺序连接的一系列顶点。*简单路径*是一条没有重复顶点的路径。*环*是一条至少含有一条边且起点和终点相同的路径。*简单环*是一条（除了起点和终点必须相同之外）不含有重复顶点和边的环。路径或者环的*长度*为其中所包含的边数。

大多数情况下，我们研究的都是简单环和简单路径并会省略掉简单二字。当允许重复的顶点时，我们指的都是一般的路径和环。当两个顶点之间存在一条连接双方的路径时，我们称一个顶点和另一个顶点是连通的。我们用类似 u-v-w-x 的记法来表示 u 到 x 的一条路径，用 u-v-w-x-u 表示从 u 到 v 到 w 到 x 再回到 u 的一条环。我们会学习几种查找路径和环的算法。另外，路径和环也会帮我们从整体上考虑一幅图的性质，参见图 4.1.3。

定义。 如果从任意一个顶点都存在一条路径到达另一个任意顶点，我们称这幅图是**连通图**。一幅**非连通的图**由若干连通的部分组成，它们都是其极大连通子图。

直观上来说，如果顶点是物理存在的对象，例如绳节或是念珠，而边也是物理存在的对象，例如绳子或是电线，那么将任意顶点提起，连通图都将是一个整体，而非连通图则会变成两个或多个部分。一般来说，要处理一张图就需要一个个地处理它的连通分量（子图）。

无环图是一种不包含环的图。我们将要学习的几个算法就是要找出一幅图中满足一定条件的无环子图。我们还需要一些术语来表示这些结构。

定义。 **树**是一幅无环连通图。互不相连的树组成的集合称为**森林**。连通图的**生成树**是它的一幅子图，它含有图中的所有顶点且是一棵树。图的**生成树森林**是它的所有连通子图的生成树的集合，参见图 4.1.4 和图 4.1.5。

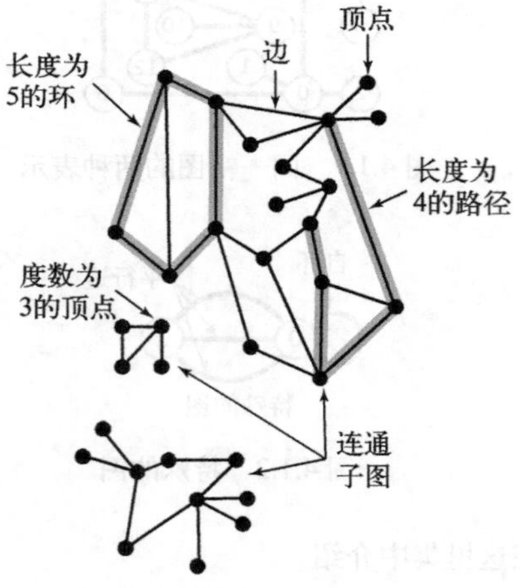

图 4.1.3　图的详解

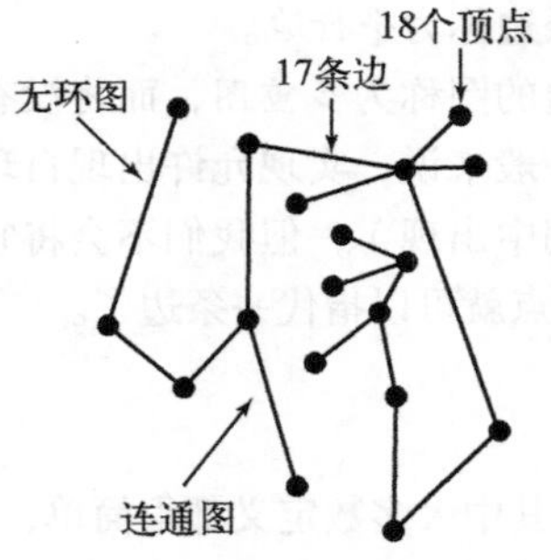

图 4.1.4　一棵树

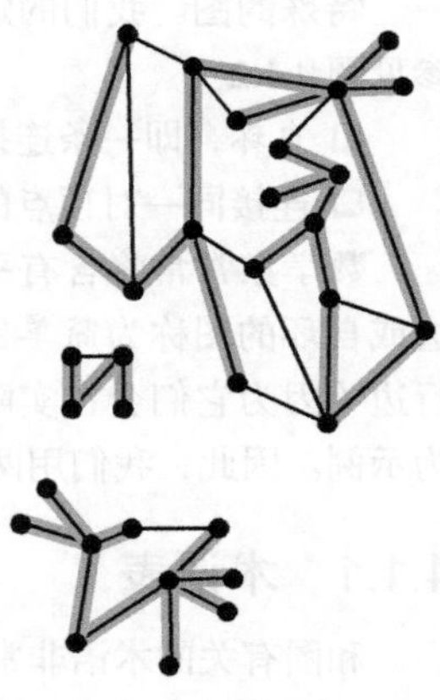
图 4.1.5　生成树森林

树的定义非常通用，稍做改动就可以变成用来描述程序行为的（函数调用层次）模型和数据结构（二叉查找树、2-3 树等）。树的数学性质很直观并且已被系统地研究过，因此我们就不给出它们的证明了。例如，当且仅当一幅含有 V 个结点的图 G 满足下列 5 个条件之一时，它就是一棵树：

- ❑ G 有 $V-1$ 条边且不含有环；
- ❑ G 有 $V-1$ 条边且是连通的；
- ❑ G 是连通的，但删除任意一条边都会使它不再连通；
- ❑ G 是无环图，但添加任意一条边都会产生一条环；
- ❑ G 中的任意一对顶点之间仅存在一条简单路径。

我们会学习几种寻找生成树和森林的算法，以上这些性质在分析和实现这些算法的过程中扮演着重要的角色。

图的密度是指已经连接的顶点对占所有可能被连接的顶点对的比例。在稀疏图中，被连接的顶点对很少；而在稠密图中，只有少部分顶点对之间没有边连接。一般来说，如果一幅图中不同的边的数量在顶点总数 V 的一个小的常数倍以内，那么我们就认为这幅图是稀疏的，否则则是稠密的，参见图 4.1.6。这条经验规律虽然会留下一片灰色地带（比如当边的数量为 ~ $cV^{3/2}$ 时），但实际应用中稀疏图和稠密图之间的区别是十分明显的。我们将会遇到的应用使用的几乎都是稀疏图。

二分图是一种能够将所有结点分为两部分的图，其中图的每条边所连接的两个顶点都分别属于不同的部分。图 4.1.7 即为一幅二分图的示例，其中红色的结点是一个集合，黑色的结点是另一个集合。二分图会出现在许多场景中，我们会在本节的最后详细研究其中的一个场景。

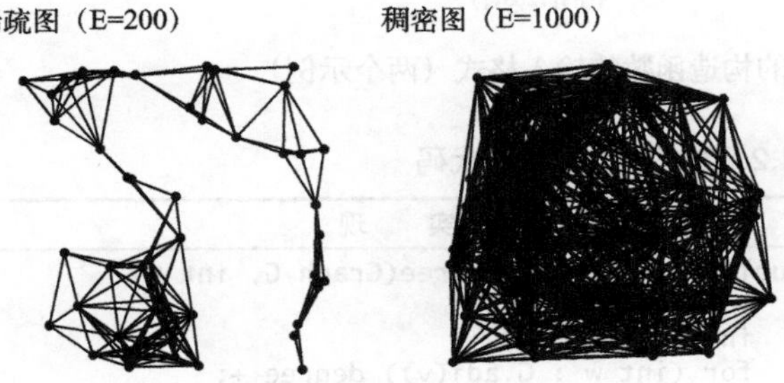

图 4.1.6 两幅图 (V=50)

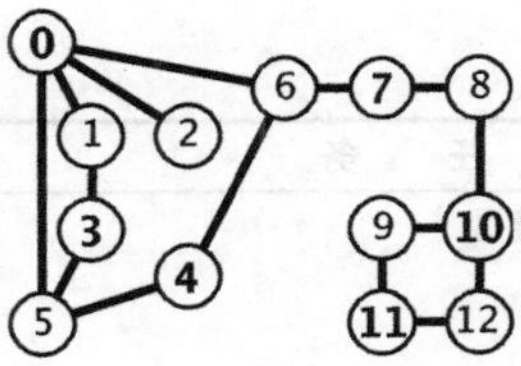

图 4.1.7 二分图（另见彩插）

现在，我们已经做好了学习图处理算法的准备。我们首先会研究一种表示图的数据类型的 API 及其实现，然后会学习一些查找图和鉴别连通分量的经典算法。最后，我们会考虑真实世界中的一些图的应用，它们的顶点的名字可能不是整数并且会含有数目庞大的顶点和边。 519~521

4.1.2 表示无向图的数据类型

要开发处理图问题的各种算法，我们首先来看一份定义了图的基本操作的 API，参见表 4.1.1。有了它我们才能完成从简单的基本操作到解决复杂问题的各种任务。

表 4.1.1 无向图的 API

public class	**Graph**	
	Graph(int V)	创建一个含有 V 个顶点但不含有边的图
	Graph(In in)	从标准输入流 in 读入一幅图
int	V()	顶点数
int	E()	边数
void	addEdge(int v, int w)	向图中添加一条边 v-w
Iterable<Integer>	adj(int v)	和 v 相邻的所有顶点
String	toString()	对象的字符串表示

这份 API 含有两个构造函数，有两个方法用来分别返回图中的顶点数和边数，有一个方法用来添加一条边，toString() 方法和 adj() 方法用来允许用例遍历给定顶点的所有相邻顶点（遍历顺序不确定）。值得注意的是，本节将学习的所有算法都基于 adj() 方法所抽象的基本操作。

第二个构造函数接受的输入由 $2E+2$ 个整数组成：首先是 V，然后是 E，再然后是 E 对 0 到 V-1 之间的整数，每个整数对都表示一条边。例如，我们使用了由图 4.1.8 中的 tinyG.txt 和 mediumG.txt 所描述的两个示例。

调用 Graph 的几段用例代码请见表 4.1.2。

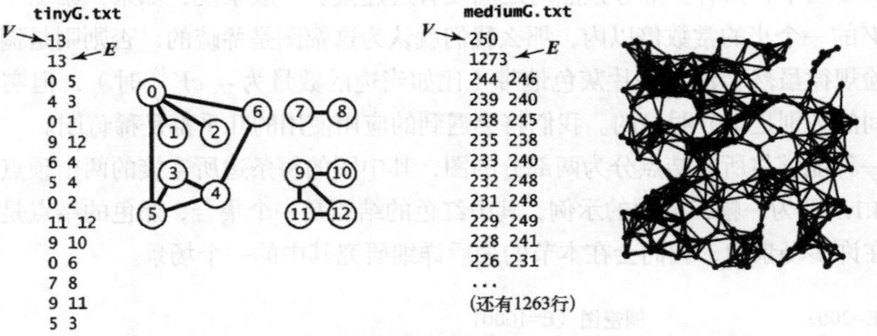

522

图 4.1.8 Graph 的构造函数的输入格式（两个示例）

表 4.1.2 最常用的图处理代码

任务	实现

计算 v 的度数	`public static int degree(Graph G, int v)`
	`{`
	`   int degree = 0;`
	`   for (int w : G.adj(v)) degree++;`
	`   return degree;`
	`}`

计算所有顶点的最大度数	`public static int maxDegree(Graph G)`
	`{`
	`   int max = 0;`
	`   for (int v = 0; v < G.V(); v++)`
	`      if (degree(G, v) > max)`
	`         max = degree(G, v);`
	`   return max;`
	`}`

计算所有顶点的平均度数	`public static double avgDegree(Graph G)` `{ return 2.0 * G.E() / G.V(); }`

计算自环的个数	`public static int numberOfSelfLoops(Graph G)`
	`{`
	`   int count = 0;`
	`   for (int v = 0; v < G.V(); v++)`
	`      for (int w : G.adj(v))`
	`         if (v == w) count++;`
	`   return count/2;  // 每条边都被记过两次`
	`}`

图的邻接表的字符串表示（Graph 的实例方法）	`public String toString()`
	`{`
	`   String s = V + " vertices, " + E + " edges\n";`
	`   for (int v = 0; v < V; v++)`
	`   {`
	`      s += v + ": ";`
	`      for (int w : this.adj(v))`
	`         s += w + " ";`
	`      s += "\n";`
	`   }`
	`   return s;`
	`}`

523

4.1.2.1 图的几种表示方法

我们要面对的下一个图处理问题就是用哪种方式（数据结构）来表示图并实现这份 API，这包含以下两个要求：

❑ 它必须为可能在应用中碰到的各种类型的图预留出足够的空间；

❑ Graph 的实例方法的实现一定要快——它们是开发处理图的各种用例的基础。

这些要求比较模糊，但它们仍然能够帮助我们在三种图的表示方法中进行选择。

❑ **邻接矩阵**。我们可以使用一个 V 乘 V 的布尔矩阵。当顶点 v 和顶点 w 之间有相连接的边时，定义 v 行 w 列的元素值为 true，否则为 false。这种表示方法不符合第一个条件——含有上百万个顶点的图是很常见的，V^2 个布尔值所需的空间是不能满足的。

❑ **边的数组**。我们可以使用一个 Edge 类，它含有两个 int 实例变量。这种表示方法很简洁但不满足第二个条件——要实现 adj() 需要检查图中的所有边。

❑ **邻接表数组**。我们可以使用一个以顶点为索引的列表数组，其中的每个元素都是和该顶点相邻的顶点列表，参见图 4.1.9。这种数据结构能够同时满足典型应用所需的以上两个条件，我们会在本章中一直使用它。

除了这些性能目标之外，经过缜密的检查，我们还发现了另一些在某些应用中可能会很重要的东西。例如，允许存在平行边相当于排除了邻接矩阵，因为邻接矩阵无法表示它们。 524

4.1.2.2 邻接表的数据结构

非稠密图的标准表示称为**邻接表**的数据结构，它将每个顶点的所有相邻顶点都保存在该顶点对应的元素所指向的一张链表中。我们使用这个数组就是为了快速访问给定顶点的邻接顶点列表。这里使用 1.3 节中的 Bag 抽象数据类型来实现这个链表，这样我们就可以在常数时间内添加新的边或遍历任意顶点的所有相邻顶点。后面框注"Graph数据类型"中的 Graph 类的实现就是基于这种方法，而图 4.1.9 中所示的正是用这种方法处理 tinyG.txt 所得到的数据结构。要添加一条连接 v 与 w 的边，我们将 w 添加到 v 的邻接表中并把 v 添加到 w 的邻接表中。因此，在这个数据结构中每条边都会出现两次。这种 Graph 的实现的性能有如下特点：

❑ 使用的空间和 $V+E$ 成正比；

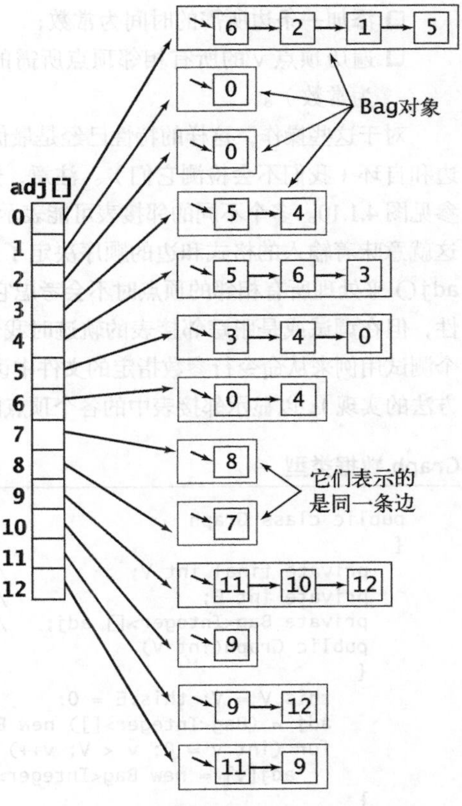

图 4.1.9 邻接表数组示意（无向图）

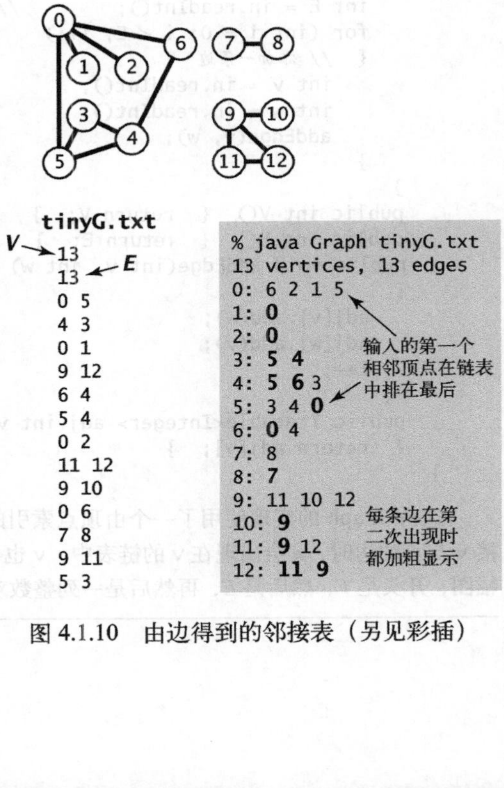

图 4.1.10 由边得到的邻接表（另见彩插）

- ❑ 添加一条边所需的时间为常数；
- ❑ 遍历顶点 v 的所有相邻顶点所需的时间和 v 的度数成正比（处理每个相邻顶点所需的时间为常数）。

对于这些操作，这样的特性已经是最优的了，这已经可以满足图处理应用的需要，而且支持平行边和自环（我们不会检测它们）。注意，边的插入顺序决定了 Graph 的邻接表中顶点的出现顺序，参见图 4.1.10。多个不同的邻接表可能表示着同一幅图。当使用构造函数从标准输入中读入一幅图时，这就意味着输入的格式和边的顺序决定了 Graph 的邻接表数组中顶点的出现顺序。因为算法在使用 adj() 来处理所有相邻的顶点时不会考虑它们在邻接表中的出现顺序，这种差异不会影响算法的正确性，但在调试或是跟踪邻接表的轨迹时我们还是需要注意这一点。为了简化操作，假设 Graph 有一个测试用例来从命令行参数指定的文件中读取一幅图并将它打印出来（参见表 4.1.2 中的 toString() 方法的实现），以显示邻接表中的各个顶点的出现顺序，这也是算法处理它们的顺序（请见练习 4.1.7）。 525

Graph 数据类型

```
public class Graph
{
   private final int V;            // 顶点数目
   private int E;                  // 边的数目
   private Bag<Integer>[] adj;     // 邻接表
   public Graph(int V)
   {
      this.V = V; this.E = 0;
      adj = (Bag<Integer>[]) new Bag[V];          // 创建邻接表
      for (int v = 0; v < V; v++)                 // 将所有链表初始化为空
         adj[v] = new Bag<Integer>();
   }
   public Graph(In in)
   {
      this(in.readInt());              // 读取V并将图初始化
      int E = in.readInt();            // 读取E
      for (int i = 0; i < E; i++)
      {  // 添加一条边
         int v = in.readInt();            // 读取一个顶点
         int w = in.readInt();            // 读取另一个顶点
         addEdge(v, w);                   // 添加一条连接它们的边
      }
   }
   public int V()  {  return V;  }
   public int E()  {  return E;  }
   public void addEdge(int v, int w)
   {
      adj[v].add(w);                             // 将w添加到v的链表中
      adj[w].add(v);                             // 将v添加到w的链表中
      E++;
   }
   public Iterable<Integer> adj(int v)
   {  return adj[v];  }
}
```

这份 Graph 的实现使用了一个由顶点索引的整型链表数组。每条边都会出现两次，即当存在一条连接 v 与 w 的边时，w 会出现在 v 的链表中，v 也会出现在 w 的链表中。第二个构造函数从输入流中读取一幅图，开头是 V，然后是 E，再然后是一列整数对，大小在 0 到 $V-1$ 之间。toString() 方法请见表 4.1.2。 526

在实际应用中还有一些操作可能是很有用的，例如：

- 添加一个顶点；
- 删除一个顶点。

实现这些操作的一种方法是扩展之前的API，使用符号表（ST）来代替由顶点索引构成的数组（这样修改之后就不需要约定顶点名必须是整数了）。我们可能还需要：

- 删除一条边；
- 检查图是否含有边 v-w。

要实现这些方法（不允许存在平行边），我们可能需要使用 SET 代替 Bag 来实现邻接表。我们称这种方法为*邻接集*。本书中不会使用这些数据结构，因为：

- 用例代码不需要添加顶点、删除顶点和边或是检查一条边是否存在；
- 当用例代码需要进行上述操作时，由于频率很低或者相关的邻接链表很短，因此可以直接使用穷举法遍历链表来实现；
- 使用 SET 和 ST 会令算法的实现变得更加复杂，分散了读者对算法本身的注意力；
- 在某些情况下，它们会使性能损失 $\log V$。

使我们的算法适应其他设计（例如，不允许出现平行边或是自环）并避免不必要的性能损失并不困难。表 4.1.3 总结了之前提到过的所有其他实现方法的性能特点。常见的应用场景都需要处理庞大的稀疏图，因此我们会一直使用邻接表。

表 4.1.3　典型 Graph 实现的性能复杂度

数据结构	所需空间	添加一条边 v-w	检查 w 和 v 是否相邻	遍历 v 的所有相邻顶点
边的列表	E	1	E	E
邻接矩阵	V^2	1	1	V
邻接表	$E+V$	1	*degree*(v)	*degree*(v)
邻接集	$E+V$	$\log V$	$\log V$	$\log V$+*degree*(v)

527

4.1.2.3 图的处理算法的设计模式

因为我们会讨论大量关于图处理的算法，所以设计的首要目标是将图的表示和实现分离开来。为此，我们会为每个任务创建一个相应的类，用例可以创建相应的对象来完成任务。类的构造函数一般会在预处理中构造各种数据结构，以有效地响应用例的请求。典型的用例程序会构造一幅图，将图传递给实现了某个算法的类（作为构造函数的参数），然后调用用例的方法来获取图的各种性质。作为热身，我们先来看看这份 API，参见表 4.1.4。

表 4.1.4　图处理算法的 API（热身）

`public class`	`Search`	
	`Search(Graph G, int s)`	找到和起点 s 连通的所有顶点
`boolean`	`marked(int v)`	v 和 s 是连通的吗
`int`	`count()`	与 s 连通的顶点总数

我们用*起点*（source）区分作为参数传递给构造函数的顶点与图中的其他顶点。在这份 API 中，构造函数的任务是找到图中与起点连通的其他顶点。用例可以调用 marked() 方法和 count() 方

法来了解图的性质。方法名 marked() 指的是这种基本算法使用的一种实现方式，本章中会一直使用到这种算法：在图中从起点开始沿着路径到达其他顶点并标记每个路过的顶点。后面框注中的图处理用例 TestSearch 接受由命令行得到的一个输入流的名称和起始结点的编号，从输入流中读取一幅图（使用 Graph 的第二个构造函数），用这幅图和给定的起始结点创建一个 Search 对象，然后用 marked() 打印出图中和起点连通的所有顶点。它也调用了 count() 并打印了图是否是连通

528 的（当且仅当搜索能够标记图中的所有顶点时图才是连通的）。

```
public class TestSearch
{
   public static void main(String[] args)
   {
      Graph G = new Graph(new In(args[0]));
      int s = Integer.parseInt(args[1]);
      Search search = new Search(G, s);

      for (int v = 0; v < G.V(); v++)
         if (search.marked(v))
            StdOut.print(v + " ");
      StdOut.println();

      if (search.count() != G.V())
         StdOut.print("NOT ");
      StdOut.println("connected");
   }
}
```

图处理的用例（热身）

```
% java TestSearch tinyG.txt 0
0 1 2 3 4 5 6
NOT connected

% java TestSearch tinyG.txt 9
9 10 11 12
NOT connected
```

tinyG.txt

```
V→ 13
   13 ←E
   0 5
   4 3
   0 1
   9 12
   6 4
   5 4
   0 2
   11 12
   9 10
   0 6
   7 8
   9 11
   5 3
```

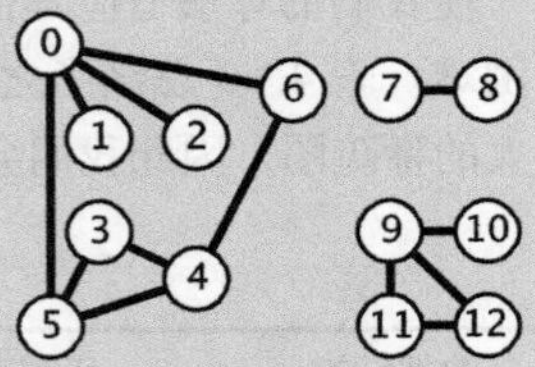

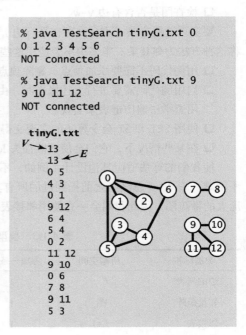

我们已经见过 Search API 的一种实现：第 1 章中的 union-find 算法。它的构造函数会创建一个 UF 对象，对图中的每一条边进行一次 union() 操作并调用 connected(s,v) 来实现 marked(v) 方法。实现 count() 方法需要一个加权的 UF 实现并扩展它的 API，以便使用 count() 方法返回 sz[find(v)]（请见练习 4.1.8）。这种实现简单而高效，但下面我们要学习的实现还可以更进一步。它基于的是深度优先搜索（DFS）的。这是一种重要的递归方法，它会沿着图的边寻找和起点连通的所有顶点。深度优先搜索是本章中将学习的好几种关于图的算法的基础。

4.1.3 深度优先搜索

我们常常通过系统地检查每一个顶点和每一条边来获取图的各种性质。要得到图的一些简单性质（比如，计算所有顶点的度数）很容易，只要检查每一条边即可（任意顺序）。但图的许多其他性质和路径有关，因此一种很自然的想法是沿着图的边从一个顶点移动到另一个顶点。尽管存在各种各样的处理策略，但后面将要学习的几乎所有与图有关的算法都使用了这个简单的抽象模型，其中最

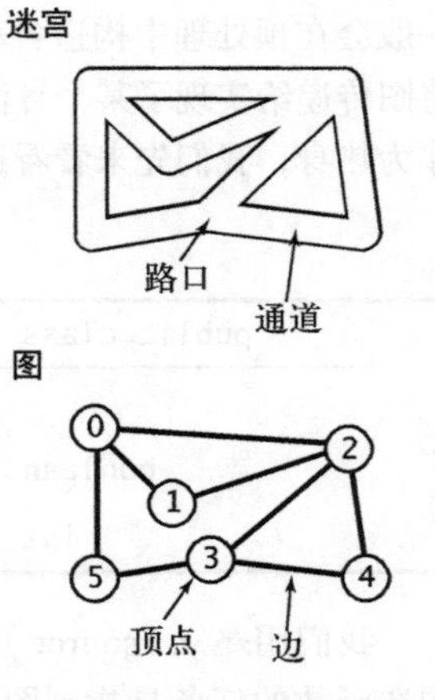

图 4.1.11 等价的迷宫模型

简单的就是下面介绍的这种经典的方法。

4.1.3.1 走迷宫

思考图的搜索过程的一种有益的方法是，考虑另一个和它等价但历史悠久而又特别的问题——在一个由各种通道和路口组成的迷宫中找到出路。有些迷宫的规则很简单，但大多数迷宫则需要很复杂的策略才行。用迷宫代替图、通道代替边、路口代替顶点仅仅只是一些文字游戏，但就目前来说，这么做可以帮助我们直观地认识问题，参见图 4.1.11。探索迷宫而不迷路的一种古老办法（至少可以追溯到忒修斯和米诺陶的传说）叫做 Tremaux 搜索，参见图 4.1.12。要探索迷宫中的所有通道，我们需要：

- ❑ 选择一条没有标记过的通道，在你走过的路上铺一条绳子；
- ❑ 标记所有你第一次路过的路口和通道；
- ❑ 当来到一个标记过的路口时（用绳子）回退到上个路口；
- ❑ 当回退到的路口已没有可走的通道时继续回退。

绳子可以保证你总能找到一条出路，标记则能保证你不会两次经过同一条通道或者同一个路口。要知道是否完全探索了整个迷宫需要的证明更复杂，只有用图搜索才能够更好地处理问题。Tremaux 搜索很直接，但它与完全搜索一张图仍然稍有不同，因此我们接下来看看图的搜索方法。

图 4.1.12 Tremaux 搜索（另见彩插）

```
public class DepthFirstSearch
{
   private boolean[] marked;
   private int count;

   public DepthFirstSearch(Graph G, int s)
   {
      marked = new boolean[G.V()];
      dfs(G, s);
   }

   private void dfs(Graph G, int v)
   {
      marked[v] = true;
      count++;
      for (int w : G.adj(v))
         if (!marked[w]) dfs(G, w);
   }

   public boolean marked(int w)
   {  return marked[w];  }

   public int count()
   {  return count;  }

}
```

深度优先搜索

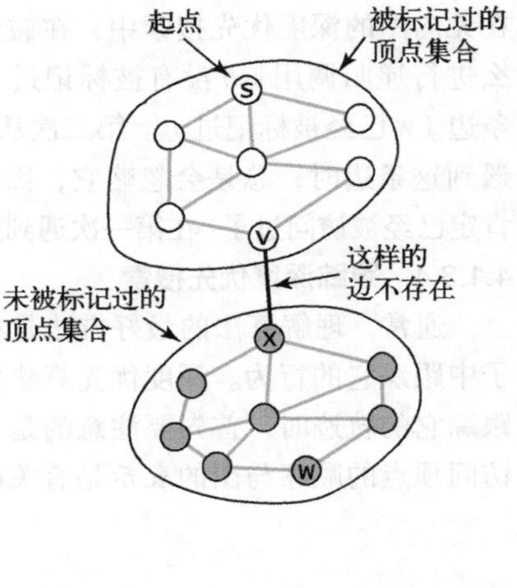

4.1.3.2　热身

搜索连通图的经典递归算法（遍历所有的顶点和边）和 Tremaux 搜索类似，但描述起来更简单。要搜索一幅图，只需用一个递归方法来遍历所有顶点。在访问其中一个顶点时：

- 将它标记为已访问；
- 递归地访问它的所有没有被标记过的邻居顶点。

这种方法称为*深度优先搜索*（DFS）。`Search` API 的一种实现使用了这种方法，如深度优先搜索框注所示。它使用一个 `boolean` 数组来记录和起点连通的所有顶点。递归方法会标记给定的顶点并调用自己来访问该顶点的相邻顶点列表中所有没有被标记过的顶点。如果图是连通的，每个邻接链表中的元素都会被检查到。

> **命题 A。** 深度优先搜索标记与起点连通的所有顶点所需的时间和顶点的度数之和成正比。
>
> **证明。** 首先，我们要证明这个算法能够标记与起点 s 连通的所有顶点（且不会标记其他顶点）。因为算法仅通过边来寻找顶点，所以每个被标记过的顶点都与 s 连通。现在，假设某个没有被标记过的顶点 w 与 s 连通。因为 s 本身是被标记过的，由 s 到 w 的任意一条路径中至少有一条边连接的两个顶点分别是被标记过的和没有被标记过的，例如 v-x。根据算法，在标记了 v 之后必然会发现 x，因此这样的边是不存在的。前后矛盾。每个顶点都只会被访问一次保证了时间上限（检查标记的耗时和度数成正比）。

529~531

4.1.3.3　单向通道

代码中方法的调用和返回机制对应迷宫中绳子的作用：当已经处理过依附于一个顶点的所有边时（搜索了路口连接的所有通道），我们就只能"返回"（return，两者的意义相同）。为了更好地与迷宫的 Tremaux 搜索对应起来，我们可以想象一座完全由单向通道构造的迷宫（每个方向都有一个通道）。和在迷宫中会经过一条通道两次（方向不同）一样，在图中我们也会路过每条边*两次*（在它的两个端点各一次）。在 Tremaux 搜索中，要么是第一次访问一条边，要么是沿着它从一个被标记过的顶点退回。在无向图的深度优先搜索中，在碰到边 v-w 时，要么进行递归调用（w 没有被标记过），要么跳过这条边（w 已经被标记过）。第二次从另一个方向 w-v 遇到这条边时，总是会忽略它，因为它的另一端 v 肯定已经被访问过了（在第一次遇到这条边的时候）。

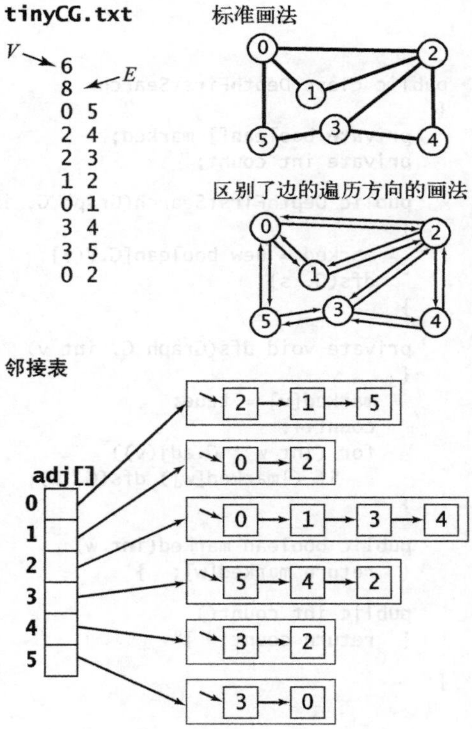

图 4.1.13　一幅连通的无向图

4.1.3.4　跟踪深度优先搜索

通常，理解算法的最好方法是在一个简单的例子中跟踪它的行为。深度优先算法尤其是这样。在跟踪它的轨迹时，首先要注意的是，算法遍历边和访问顶点的顺序与图的*表示*是有关的，而不只是与图的结构或是算法有关。因为深度优先搜索只会访问和起点连通的顶点，所以使用图 4.1.13 所示的一幅小型连通图为例。在示例中，顶点 2 是顶点 0 之后第一个被访问的顶点，因为它正好是 0 的邻接表的第一个元素。要注意的第二点是，如前文所述，深度优先搜索中每条边都会被访问两次，且在第二次时总会发现这个顶点已经被标记过。这意味着深度优先搜索的轨迹可能会比你想象的长一倍！示例图仅含有 8 条边，但需要追踪算法在邻接表的 16 个元素上的操作。

4.1.3.5 深度优先搜索的详细轨迹

图 4.1.14 显示的是示例中每个顶点被标记后算法使用的数据结构，起点为顶点 0。查找开始于构造函数调用递归的 dfs() 来标记和访问顶点 0，后续处理如下所述。

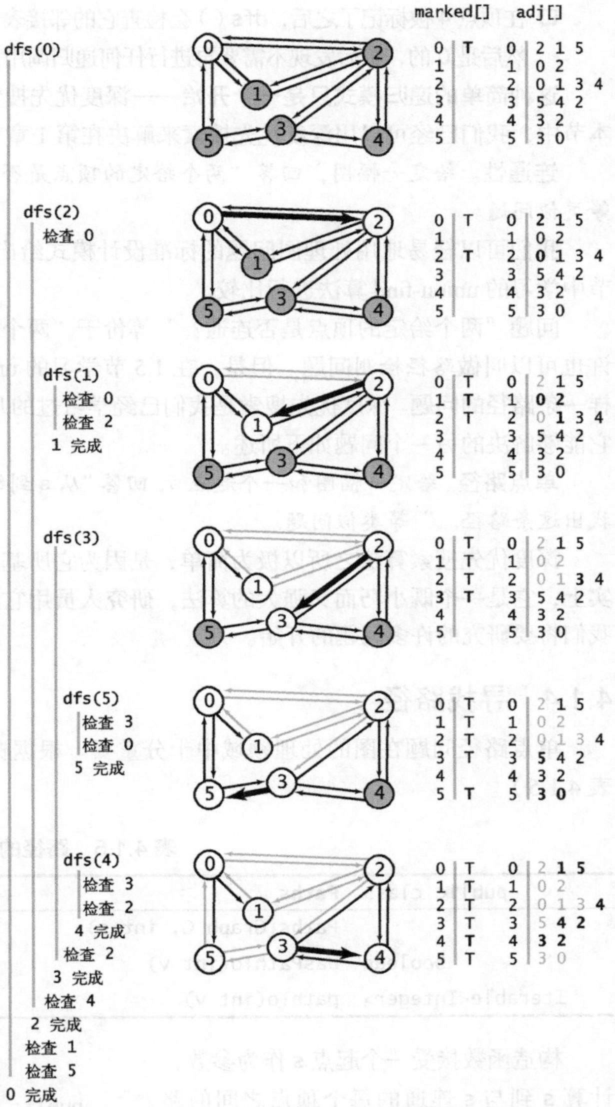

图 4.1.14 使用深度优先搜索的轨迹，寻找所有和顶点 0 连通的顶点（另见彩插）

- ❑ 因为顶点 2 是 0 的邻接表的第一个元素且没有被标记过，dfs() 递归调用自己来标记并访问顶点 2（效果是系统会将顶点 0 和 0 的邻接表的当前位置压入栈中）。
- ❑ 现在，顶点 0 是 2 的邻接表的第一个元素且已经被标记过了，因此 dfs() 跳过了它。接下来，顶点 1 是 2 的邻接表的第二个元素且没有被标记，dfs() 递归调用自己来标记并访问顶点 1。
- ❑ 对顶点 1 的访问和前面有所不同：因为它的邻接表中的所有顶点（0 和 2）都已经被标记过了，因此不需要再进行递归，方法从 dfs(1) 中返回。下一条被检查的边是 2-3（在 2 的邻接表中顶点 1 之后的顶点是 3），因此 dfs() 递归调用自己来标记并访问顶点 3。
- ❑ 顶点 5 是 3 的邻接表的第一个元素且没有被标记，因此 dfs() 递归调用自己来标记并访问顶点 5。
- ❑ 顶点 5 的邻接表中的所有顶点（3 和 0）都已经被标记过了，因此不需要再进行递归。
- ❑ 顶点 4 是 3 的邻接表的下一个元素且没有被标记过，因此 dfs() 递归调用自己来标记并访问顶点 4。这是最后一个需要被标记的顶点。

532~533 ❑ 在顶点 4 被标记了之后，dfs()会检查它的邻接表，然后再检查 3 的邻接表，然后是 2 的邻接表，然后是 0 的，最后发现不需要再进行任何递归调用，因为所有的顶点都已经被标记过了。

这种简单的递归模式只是一个开始——深度优先搜索能够有效处理许多和图有关的任务。例如，本节中，我们已经可以用深度优先搜索来解决在第 1 章首次提到的一个问题。

连通性。给定一幅图，回答“两个给定的顶点是否连通？”或者“图中有多少个连通子图？”等类似问题。

我们可以轻易地用处理图问题的标准设计模式给出这些问题的答案，还要将这些解答与在 1.5 节中学习的 union-find 算法进行比较。

问题“两个给定的顶点是否连通？”等价于“两个给定的顶点之间是否存在一条路径？”，也许也可以叫做路径检测问题。但是，在 1.5 节学习的 union-find 算法的数据结构并不能解决找出这样一条路径的问题。深度优先搜索是我们已经学习过的几种方法中第一个能够解决这个问题的算法。它能够解决的另一个问题如下所述。

单点路径。给定一幅图和一个起点 s，回答“从 s 到给定目的顶点 v 是否存在一条路径？如果有，找出这条路径。”等类似问题。

深度优先搜索算法之所以极为简单，是因为它所基于的概念为人所熟知并且非常容易实现。事实上，它是一个既小巧而又强大的算法，研究人员用它解决了无数困难的问题。上述两个问题只是

534 我们将要研究的许多问题的开始。

4.1.4 寻找路径

单点路径问题在图的处理领域中十分重要。根据标准设计模式，我们将使用如下 API（请见表 4.1.5）。

表 4.1.5 路径的 API

public class	**Paths**	
	Paths(Graph G, int s)	在 G 中找出所有起点为 s 的路径
boolean	hasPathTo(int v)	是否存在从 s 到 v 的路径
Iterable<Integer>	pathTo(int v)	s 到 v 的路径，如果不存在则返回 null

构造函数接受一个起点 s 作为参数，计算 s 到与 s 连通的每个顶点之间的路径。在为起点 s 创建了 Paths 对象后，用例可以调用 pathTo() 实例方法来遍历从 s 到任意和 s 连通的顶点的路径上的所有顶点。现在暂时查找所有路径，以后会实现只查找具有某些属性的路径。

```
public static void main(String[] args)
{
   Graph G = new Graph(new In(args[0]));
   int s = Integer.parseInt(args[1]);
   Paths search = new Paths(G, s);
   for (int v = 0; v < G.V(); v++)
   {
      StdOut.print(s + " to " + v + ": ");
      if (search.hasPathTo(v))
         for (int x : search.pathTo(v))
            if (x == s) StdOut.print(x);
            else StdOut.print("-" + x);
      StdOut.println();
   }
}
```

Paths实现的测试用例

```
% java Paths tinyCG.txt 0
0 to 0: 0
0 to 1: 0-2-1
0 to 2: 0-2
0 to 3: 0-2-3
0 to 4: 0-2-3-4
0 to 5: 0-2-3-5
```

535

上一页右下角框注中的用例从输入流中读取了一个图并从命令行得到一个起点，然后打印出从起点到与它连通的每个顶点之间的一条路径。

4.1.4.1 实现

算法 4.1 基于深度优先搜索实现了 Paths。它扩展了 4.1.3.2 节中的热身代码 DepthFirstSearch，添加了一个实例变量 edgeTo[] 整型数组来起到 Tremaux 搜索中绳子的作用。这个数组可以找到从每个与 s 连通的顶点回到 s 的路径。它会记住每个顶点到起点的路径，而不是记录当前顶点到起点的路径。为了做到这一点，在由边 v-w 第一次访问任意 w 时，将 edgeTo[w] 设为 v 来记住这条路径。换句话说，v-w 是从 s 到 w 的路径上的最后一条已知的边。这样，搜索的结果是一棵以起点为根结点的树，edgeTo[] 是一棵由父链接表示的树。算法 4.1 的代码的右侧是一个小示例。要找出 s 到任意顶点 v 的路径，算法 4.1 实现的 pathTo() 方法用变量 x 遍历整棵树，将 x 设为 edgeTo[x]，就像 1.5 节中的 union-find 算法一样，然后在到达 s 之前，将遇到的所有顶点都压入栈中。将这个栈返回为一个 Iterable 对象帮助用例遍历 s 到 v 的路径。

算法 4.1　使用深度优先搜索查找图中的路径

```
public class DepthFirstPaths
{
   private boolean[] marked; // 这个顶点上调用过dfs()了吗？
   private int[] edgeTo;     // 从起点到一个顶点的已知路径上的最后一个顶点
   private final int s;      // 起点

   public DepthFirstPaths(Graph G, int s)
   {
      marked = new boolean[G.V()];
      edgeTo = new int[G.V()];
      this.s = s;
      dfs(G, s);
   }

   private void dfs(Graph G, int v)
   {
      marked[v] = true;
      for (int w : G.adj(v))
         if (!marked[w])
         {
            edgeTo[w] = v;
            dfs(G, w);
         }
   }

   public boolean hasPathTo(int v)
   {  return marked[v];  }

   public Iterable<Integer> pathTo(int v)
   {
      if (!hasPathTo(v)) return null;
      Stack<Integer> path = new Stack<Integer>();
      for (int x = v; x != s; x = edgeTo[x])
         path.push(x);
      path.push(s);
      return path;
   }
}
```

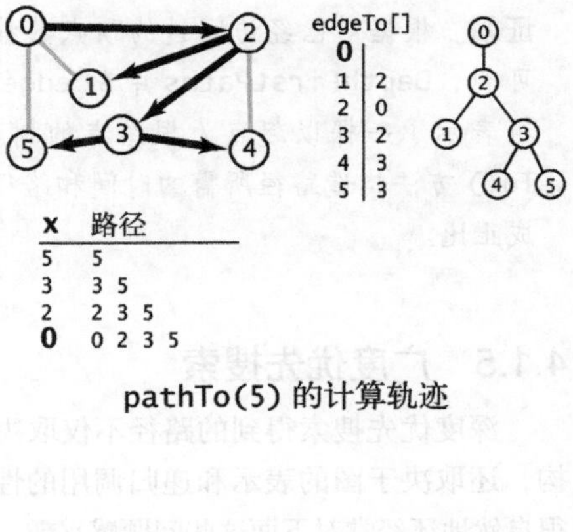

x	路径
5	5
3	3 5
2	2 3 5
0	0 2 3 5

pathTo(5) 的计算轨迹

这段 Graph 的用例使用了深度优先搜索，以找出图中从给定的起点 s 到它连通的所有顶点的路径。

来自 DepthFirstSearch（4.1.3.2 节）的代码均为灰色。为了保存到达每个顶点的已知路径，这段代码使用了一个以顶点编号为索引的数组 edgeTo[]，edgeTo[w]=v 表示 v-w 是第一次访问 w 时经过的边。
536 edgeTo[] 数组是一棵用父链接表示的以 s 为根且含有所有与 s 连通的顶点的树。

4.1.4.2 详细轨迹

图 4.1.15 显示的是示例中每个顶点被标记后 edgeTo[] 的内容，起点为顶点 0。marked[] 和 adj[] 的内容与 4.1.3.5 节中的 DepthFirstSearch 的轨迹相同，递归调用和边检查的详细描述也完全一样，这里不再赘述。深度优先搜索向 edgeTo[] 数组中顺序添加了 0-2、2-1、2-3、3-5 和 3-4。这些边构成了一棵以起点为根结点的树并提供了 pathTo() 方法所需的信息，使得调用者可以按照前文所述的方法找到从 0 到顶点 1、2、3、4、5 的路径。

DepthFirstPaths 与 DepthFirstSearch 的构造函数仅有几条赋值语句不同，因此 4.1.3.2 节中的命题 A 仍然适用。另外，我们还有以下命题。

命题 A（续）。使用深度优先搜索得到从给定起点到任意标记顶点的路径所需的时间与路径的长度成正比。

证明。根据对已经访问过的顶点数量的归纳可得，DepthFirstPaths 中的 edgeTo[] 数组表示了一棵以起点为根结点的树。pathTo() 方法构造路径所需的时间和路径的长度成正比。

537

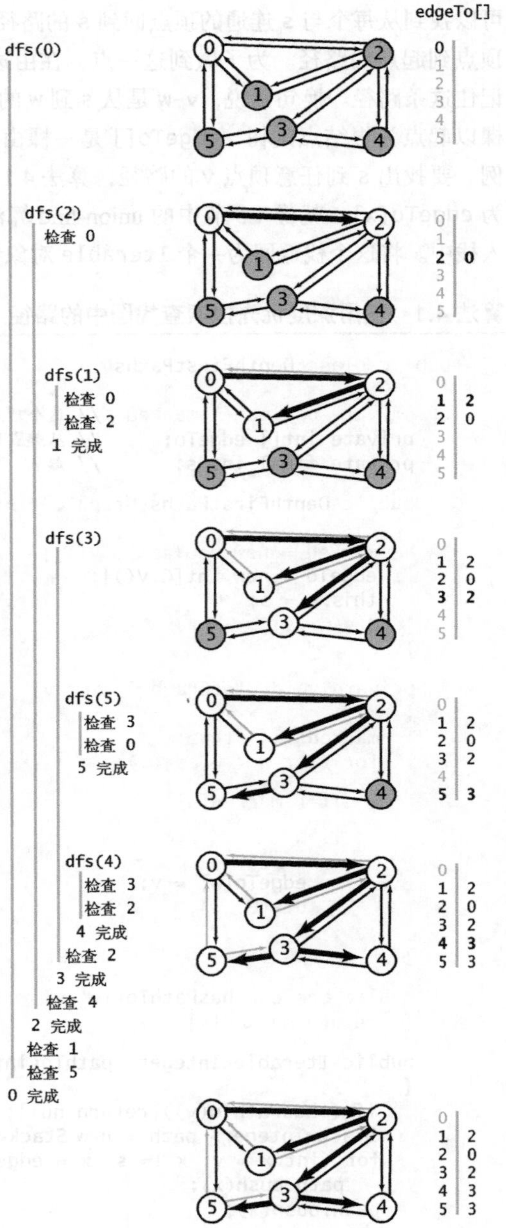

图 4.1.15 使用深度优先搜索的轨迹，寻找所有起点为 0 的路径（另见彩插）

4.1.5 广度优先搜索

深度优先搜索得到的路径不仅取决于图的结构，还取决于图的表示和递归调用的性质。我们很自然地还经常对下面这些问题感兴趣。

单点最短路径。给定一幅图和一个起点 s，回答“从 s 到给定目的顶点 v 是否存在一条路径？如果有，找出其中最短的那条（所含边数最少）。”等类似问题。

解决这个问题的经典方法叫做广度优先搜索（BFS）。它也是许多图算法的基石，因此我们会

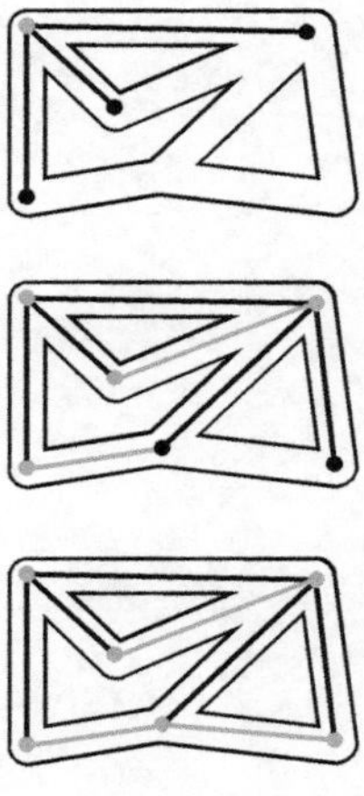

图 4.1.16 广度优先的迷宫搜索

在本节中详细学习。深度优先搜索在这个问题上没有什么作为，因为它遍历整个图的顺序和找出最短路径的目标没有任何关系。相比之下，广度优先搜索正是为了这个目标才出现的。要找到从 s 到 v 的最短路径，从 s 开始，在所有由一条边就可以到达的顶点中寻找 v，如果找不到我们就继续在与 s 距离两条边的所有顶点中查找 v，如此一直进行。深度优先搜索就好像是一个人在走迷宫，广度优先搜索则好像是一组人在一起朝各个方向走这座迷宫，每个人都有自己的绳子。当出现新的叉路时，可以假设一个探索者可以分裂为更多的人来搜索它们，当两个探索者相遇时，会合二为一（并继续使用先到达者的绳子），参见图 4.1.16。

在程序中，在搜索一幅图时遇到有多条边需要遍历的情况时，我们会选择其中一条并将其他通道留到以后再继续搜索。在深度优先搜索中，我们用了一个可以下压的栈（这是由系统管理的，以支持递归搜索方法）。使用 LIFO（后进先出）的规则来描述压栈和走迷宫时先探索相邻的通道类似。从有待搜索的通道中选择最晚遇到过的那条。在广度优先搜索中，我们希望按照与起点的距离的顺序来遍历所有顶点，看起来这种顺序很容易实现：使用（FIFO，先进先出）队列来代替栈（LIFO，后进先出）即可。我们将从有待搜索的通道中选择最早遇到的那条。

实现

算法 4.2 实现了广度优先搜索算法。它使用了一个队列来保存所有已经被标记过但其邻接表还未被检查过的顶点。先将起点加入队列，然后重复以下步骤直到队列为空：

- ❑ 取队列中的下一个顶点 v 并标记它；
- ❑ 将与 v 相邻的所有未被标记过的顶点加入队列。 538

算法 4.2 中的 `bfs()` 方法不是递归的。不像递归中隐式使用的栈，它显式地使用了一个队列。和深度优先搜索一样，它的结果也是一个数组 `edgeTo[]`，也是一棵用父链接表示的根结点为 s 的树。它表示了 s 到每个与 s 连通的顶点的最短路径。用例也可以使用算法 4.1 中为深度优先搜索实现的相同的 `pathTo()` 方法得到这些路径。

图 4.1.17 和图 4.1.18 显示了用广度优先搜索处理样图时，算法使用的数据结构在每次循环的迭代开始时的内容。首先，顶点 0 被加入队列，然后循环开始搜索。

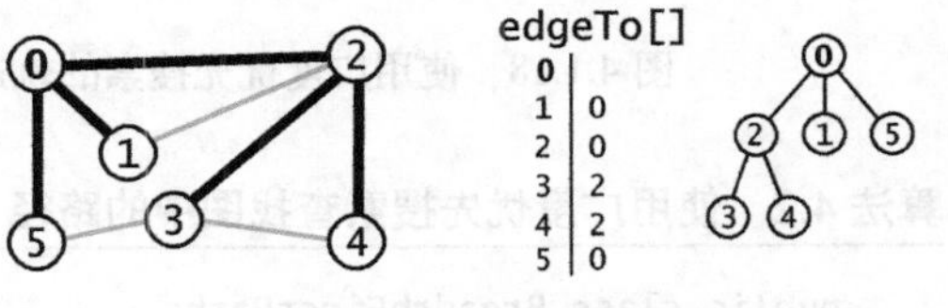

图 4.1.17 使用广度优先搜索寻找所有起点为 0 的路径的结果

- ❑ 从队列中删去顶点 0 并将它的相邻顶点 2、1 和 5 加入队列中，标记它们并分别将它们在 `edgeTo[]` 中的值设为 0。
- ❑ 从队列中删去顶点 2 并检查它的相邻顶点 0 和 1，发现两者都已经被标记。将相邻的顶点 3 和 4 加入队列，标记它们并分别将它们在 `edgeTo[]` 中的值设为 2。
- ❑ 从队列中删去顶点 1 并检查它的相邻顶点 0 和 2，发现它们都已经被标记了。
- ❑ 从队列中删去顶点 5 并检查它的相邻顶点 3 和 0，发现它们都已经被标记了。
- ❑ 从队列中删去顶点 3 并检查它的相邻顶点 5、4 和 2，发现它们都已经被标记了。
- ❑ 从队列中删去顶点 4 并检查它的相邻顶点 3 和 2，发现它们都已经被标记了。

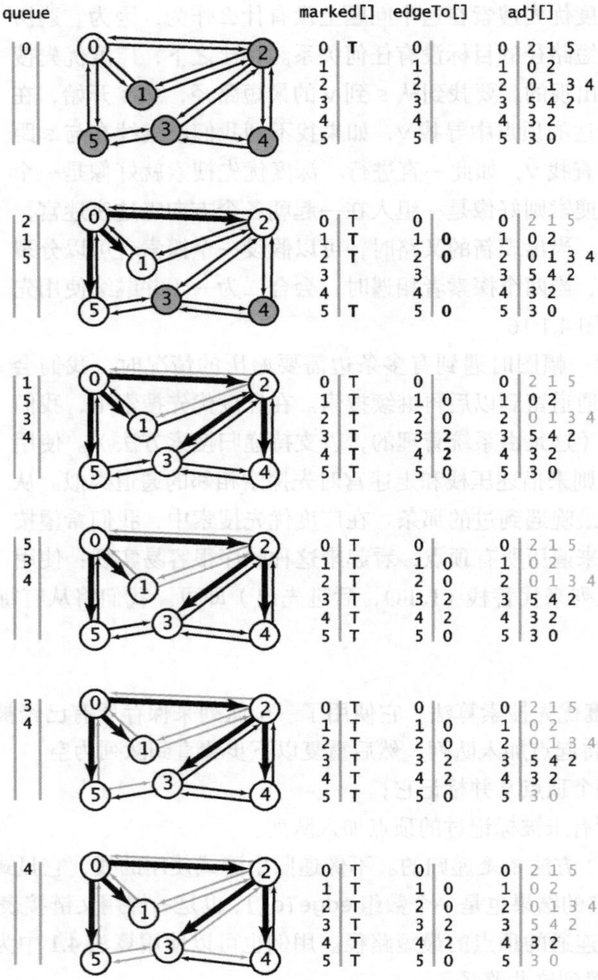

539 图 4.1.18 使用广度优先搜索的轨迹，寻找所有起点为 0 的路径（另见彩插）

算法 4.2 使用广度优先搜索查找图中的路径

```
public class BreadthFirstPaths
{
   private boolean[] marked; // 到达该顶点的最短路径已知吗？
   private int[] edgeTo;     // 到达该顶点的已知路径上的最后一个顶点
   private final int s;      // 起点

   public BreadthFirstPaths(Graph G, int s)
   {
      marked = new boolean[G.V()];
      edgeTo = new int[G.V()];
      this.s = s;
      bfs(G, s);
   }
```

```
    private void bfs(Graph G, int s)
    {
       Queue<Integer> queue = new Queue<Integer>();
       marked[s] = true;             // 标记起点
       queue.enqueue(s);             // 将它加入队列
       while (!queue.isEmpty())
       {
          int v = queue.dequeue(); // 从队列中删去下一顶点
          for (int w : G.adj(v))
             if (!marked[w])        // 对于每个未被标记的相邻顶点
             {
                edgeTo[w] = v;      // 保存最短路径的最后一条边
                marked[w] = true;  // 标记它，因为最短路径已知
                queue.enqueue(w);  // 并将它添加到队列中
             }
       }
    }

    public boolean hasPathTo(int v)
    {  return marked[v];  }

    public Iterable<Integer> pathTo(int v)
    // 和深度优先搜索中的实现相同（请见算法4.1）
}
```

```
% java BreadthFirstPaths tinyCG.txt 0
0 to 0: 0
0 to 1: 0-1
0 to 2: 0-2
0 to 3: 0-2-3
0 to 4: 0-2-4
0 to 5: 0-5
```

这段 Graph 的用例使用了广度优先搜索，以找出图中从构造函数得到的起点 s 到与其他所有顶点的最短路径。bfs() 方法会标记所有与 s 连通的顶点，因此用例可以调用 hasPathTo() 来判定一个顶点与 s 是否连通并使用 pathTo() 得到一条从 s 到 v 的路径，确保没有其他从 s 到 v 的路径所含的边比这条路径更少。 540

对于这个例子来说，edgeTo[] 数组在第二步之后就已经完成了。和深度优先搜索一样，一旦所有的顶点都已经被标记，余下的计算工作就只是在检查连接到各个已被标记的顶点的边而已。

命题 B。对于从 s 可达的任意顶点 v，广度优先搜索都能找到一条从 s 到 v 的最短路径（没有其他从 s 到 v 的路径所含的边比这条路径更少）。

证明。由归纳易得队列总是包含零个或多个到起点的距离为 k 的顶点，之后是零个或多个到起点的距离为 $k+1$ 的顶点，其中 k 为整数，起始值为 0。这意味着顶点是按照它们和 s 的距离的顺序加入或者离开队列的。从顶点 v 加入队列到它离开队列之前，不可能找出到 v 的更短的路径，而在 v 离开队列之后发现的所有能够到达 v 的路径都不可能短于 v 在树中的路径长度。

命题 B（续）。广度优先搜索所需的时间在最坏情况下和 $V+E$ 成正比。

证明。和命题 A 一样（请见 4.1.3.2 节），广度优先搜索标记所有与 s 连通的顶点所需的时间也与它们的度数之和成正比。如果图是连通的，这个和就是所有顶点的度数之和，也就是 $2E$。

注意，我们也可以用广度优先搜索来实现已经用深度优先搜索实现的 Search API，因为它检查所有与起点连通的顶点和边的方法只取决于查找的能力。

我们在本章开头说过，深度优先搜索和广度优先搜索是我们首先学习的几种通用的图搜索的算

法之一。在搜索中我们都会先将起点存入数据结构中，然后重复以下步骤直到数据结构被清空：

- ❑ 取其中的下一个顶点并标记它；
- ❑ 将 v 的所有相邻而又未被标记的顶点加入数据结构。

这两个算法的不同之处仅在于从数据结构中获取下一个顶点的规则（对于广度优先搜索来说是最早加入的顶点，对于深度优先搜索来说是最晚加入的顶点）。这种差异得到了处理图的两种完全不同的视角，尽管无论使用哪种规则，所有与起点连通的顶点和边都会被检查到。

图 4.1.19 和图 4.1.20 显示了深度优先搜索和广度优先搜索处理样图 mediumG.txt 的过程，它们清晰地展示了两种方法中搜索路径的不同。深度优先搜索不断深入图中并在栈中保存了所有分叉的顶点；广度优先搜索则像扇面一般扫描图，用一个队列保存访问过的最前端的顶点。深度优先搜索探索一幅图的方式是寻找离起点更远的顶点，只在碰到死胡同时才访问近处的顶点；广度优先搜索则会首先覆盖起点附近的顶点，只在临近的所有顶点都被访问了之后才向前进。深度优先搜索的路径通常较长而且曲折，广度优先搜索的路径则短而直接。根据应用的不同，所需要的性质也会有所不同（也许路径的性质也会变得无关紧要）。在 4.4 节中，我们会学习 Paths 的 API 的其他实现来寻找有特定属性的路径。

541~542

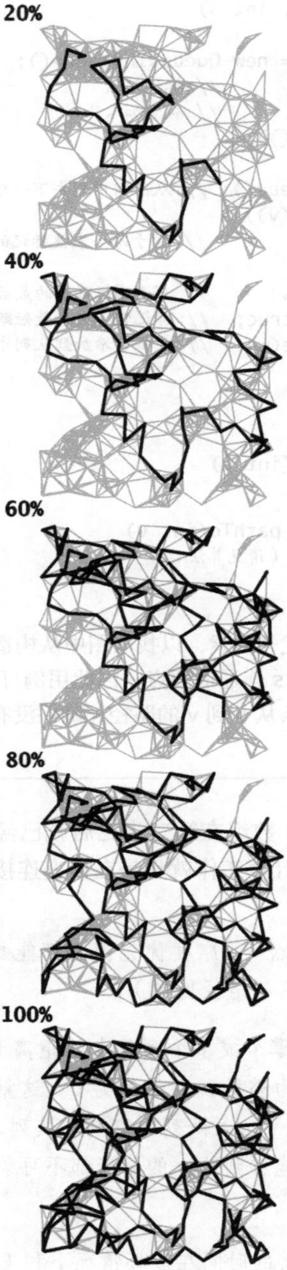

图 4.1.19　使用深度优先搜索查找路径（250 个顶点）

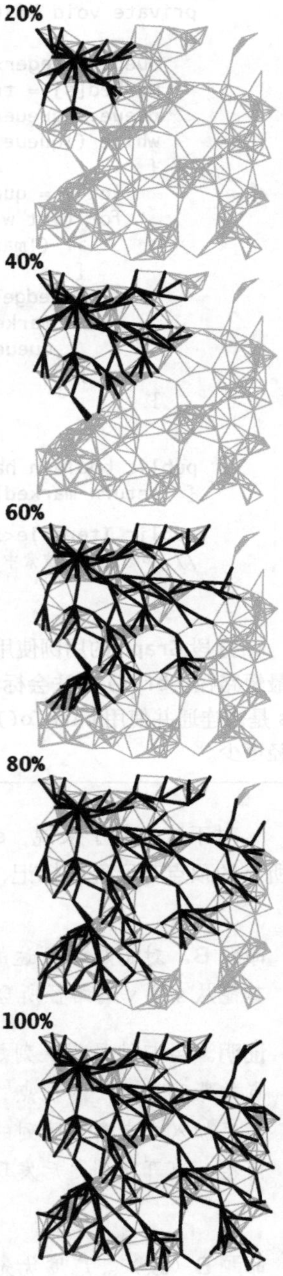

图 4.1.20　使用广度优先搜索查找最短路径（250 个顶点）

4.1.6 连通分量

深度优先搜索的下一个直接应用就是找出一幅图的所有连通分量。回忆 1.5 节中“与……连通”是一种等价关系，它能够将所有顶点切分为等价类（连通分量）。对于这个常见的任务，我们定义如下 API（请见表 4.1.6）。

表 4.1.6 连通分量的 API

public class	**CC**	
	CC(Graph G)	预处理构造函数
boolean	connected(int v, int w)	v 和 w 连通吗
int	count()	连通分量数
int	id(int v)	v 所在的连通分量的标识符（0 ~ count()-1）

用例可以用 id() 方法将连通分量用数组保存，如框注中的用例所示。它能够从标准输入中读取一幅图并打印其中的连通分量数，其后是每个子图中的所有顶点，每行一个子图。为了实现这些，它使用了一个 Bag 对象数组，然后用每个顶点所在的子图的标识符作为数组的索引，以将所有顶点加入相应的 Bag 对象中。当我们希望独立处理每个连通分量时这个用例就是一个模型。

4.1.6.1 实现

CC 的实现（请见算法 4.3）使用了 marked[] 数组来寻找一个顶点作为每个连通分量中深度优先搜索的起点。递归的深度优先搜索第一次调用的参数是顶点 0——它会标记所有与 0 连通的顶点。然后构造函数中的 for 循环会查找每个没有被标记的顶点并递归调用 dfs() 来标记和它相邻的所有顶点。另外，它还使用了一个以顶点作为索引的数组 id[]，将同一个连通分量中的顶点和连通分量的标识符关联起来（int 值）。这个数组使得 connected() 方法的实现变得十分简单，和 1.5 节中的 connected() 方法完全相同（只需检查标识符是否相同）。这里，标识符 0 会被赋予第一个连通分量中的所有顶点，1 会被赋予第二个连通分量中的所有顶点，依此类推。这样所有的标识符都会如 API 中指定的那样在 0 到 count()-1 之间。这个约定使得以子图作为索引的数组成为可能，如右侧框注用例所示。

```
public static void main(String[] args)
{
   Graph G = new Graph(new In(args[0]));
   CC cc = new CC(G);

   int M = cc.count();
   StdOut.println(M + " components");

   Bag<Integer>[] components;
   components = (Bag<Integer>[]) new Bag[M];
   for (int i = 0; i < M; i++)
      components[i] = new Bag<Integer>();
   for (int v = 0; v < G.V(); v++)
      components[cc.id(v)].add(v);
   for (int i = 0; i < M; i++)
   {
      for (int v: components[i])
         StdOut.print(v + " ");
      StdOut.println();
   }
}
```

查找连通分量API的测试用例

543

算法 4.3 使用深度优先搜索找出图中的所有连通分量

```
public class CC
{
   private boolean[] marked;
   private int[] id;
   private int count;
```

```
   public CC(Graph G)
   {
      marked = new boolean[G.V()];
      id = new int[G.V()];
      for (int s = 0; s < G.V(); s++)
         if (!marked[s])
         {
            dfs(G, s);
            count++;
         }
   }

   private void dfs(Graph G, int v)
   {
      marked[v] = true;
      id[v] = count;
      for (int w : G.adj(v))
         if (!marked[w])
            dfs(G, w);
   }

   public boolean connected(int v, int w)
   {  return id[v] == id[w];  }

   public int id(int v)
   {  return id[v];  }

   public int count()
   {  return count;  }
}
```

```
% java Graph tinyG.txt
13 vertices, 13 edges
0: 6 2 1 5
1: 0
2: 0
3: 5 4
4: 5 6 3
5: 3 4 0
6: 0 4
7: 8
8: 7
9: 11 10 12
10: 9
11: 9 12
12: 11 9

% java CC tinyG.txt
3 components
6 5 4 3 2 1 0
8 7
12 11 10 9
```

这段 Graph 的用例使得它的用例可以独立处理一幅图中的每个连通分量。来自 DepthfirstSearch（请见 4.1.3.2 节）的代码均为灰色。这里的实现是基于一个由顶点索引的数组 id[]。如果 v 属于第 i 个连通分量，则 id[v] 的值为 i。构造函数会找出一个未被标记的顶点并调用递归函数 dfs() 来标记并区分出所有和它连通的顶点，如此重复直到所有的顶点都被标记并区分。connected()、count() 和 id()
544 方法的实现非常简单（另见图 4.1.21）。

命题 C。深度优先搜索的预处理使用的时间和空间与 $V+E$ 成正比且可以在常数时间内处理关于图的连通性查询。

证明。由代码可以知道每个邻接表的元素都只会被检查一次，共有 $2E$ 个元素（每条边两个）。实例方法会检查或者返回一个或两个变量。

4.1.6.2 union-find 算法

CC 中基于深度优先搜索来解决图连通性问题的方法与第 1 章中的 union-find 算法相比孰优孰劣？理论上，深度优先搜索比 union-find 算法快，因为它能保证所需的时间是常数而 union-find 算法不行；但在实际应用中，这点差异微不足道。union-find 算法其实更快，因为它不需要完整地构造并表示一幅图。更重要的是，union-find 算法是一种动态算法（我们在任何时候都能用接近常数的时间检查两个顶点是否连通，甚至是在添加一条边的时候），但深度优先搜索则必须要对图进行预处理。因此，我们在完成只需要判断连通性或是需要完成有大量连通性查询和插入操作混合等类似的任务时，更倾向使用 union-find 算法，而深度优先搜索则更适合实现图的抽象数据类型，因为它能更有效地利用已有的数据结构。

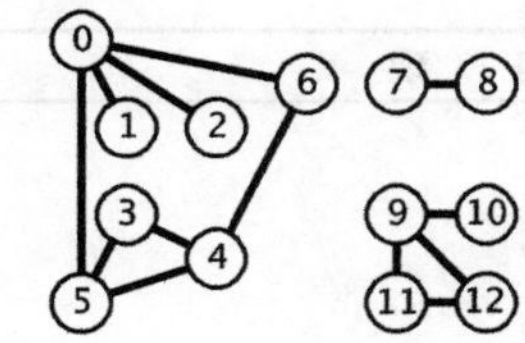


```
                    count          marked[]                               id[]
                           0 1 2 3 4 5 6 7 8     9101112    0 1 2 3 4 5 6 7 8     9101112

dfs(0)                0    T                                0
 dfs(6)               0    T           T                    0           0
  检查 0
  dfs(4)              0    T       T   T                    0       0   0
   dfs(5)             0    T       T T T                    0       0 0 0
    dfs(3)            0    T     T T T T                    0     0 0 0 0
     检查 5
     检查 4
    3 完成
    检查 4
    检查 0
   5 完成
   检查 6
   检查 3
  4 完成
 6 完成
 dfs(2)               0    T   T T T T T                    0   0 0 0 0 0
  检查 0
 2 完成
 dfs(1)               0    T T T T T T T                    0 0 0 0 0 0 0
  检查 0
 1 完成
 检查 5
0 完成
dfs(7)                1    T T T T T T T T                  0 0 0 0 0 0 0 1
 dfs(8)               1    T T T T T T T T T                0 0 0 0 0 0 0 1 1
  检查 7
 8 完成
7 完成
dfs(9)                2    T T T T T T T T T                0 0 0 0 0 0 0 1 1 2
 dfs(11)              2    T T T T T T T T T T     T        0 0 0 0 0 0 0 1 1 2     2
  检查 9
  dfs(12)             2    T T T T T T T T T T     T T      0 0 0 0 0 0 0 1 1 2     2 2
   检查 11
   检查 9
  12 完成
 11 完成
 dfs(10)              2    T T T T T T T T T T   T T T    0 0 0 0 0 0 0 1 1 2   2 2 2
  检查 9
 10 完成
 检查 12
9 完成
```

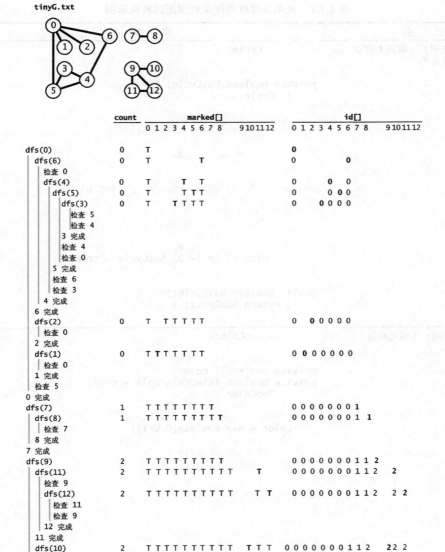

图 4.1.21 使用深度优先搜索寻找所有连通分量的轨迹

我们已经用深度优先搜索解决了几个非常基础的问题。这种方法很简单，递归实现使我们能够进行复杂的运算并为一些图的处理问题给出简洁的解决方法。在表 4.1.7 中，我们为下面两个问题作出了解答。

检测环。给定的图是无环图吗？

双色问题。能够用两种颜色将图的所有顶点着色，使得任意一条边的两个端点的颜色都不相同吗？这个问题也等价于：这是一幅二分图吗？

深度优先搜索和已学习过的其他算法一样，它简洁的代码下隐藏着复杂的计算。因此，研究这些例子、在样图中跟踪算法的轨迹并加以扩展、用算法来解决环和着色的问题都是非常值得的（留作练习）。 545~546

表 4.1.7 使用深度优先搜索处理图的其他示例

<table>
<tr><th>任 务</th><th>实 现</th></tr>
<tr><td>G 是无环图吗？（假设不存在自环或平行边）</td><td><pre><code>public class Cycle
{
    private boolean[] marked;
    private boolean hasCycle;
    public Cycle(Graph G)
    {
        marked = new boolean[G.V()];
        for (int s = 0; s < G.V(); s++)
            if (!marked[s])
                dfs(G, s, s);
    }

    private void dfs(Graph G, int v, int u)
    {
        marked[v] = true;
        for (int w : G.adj(v))
            if (!marked[w])
                dfs(G, w, v);
            else if (w != u) hasCycle = true;
    }

    public boolean hasCycle()
        { return hasCycle; }
}</code></pre></td></tr>
<tr><td>G 是二分图吗？（双色问题）</td><td><pre><code>public class TwoColor
{
    private boolean[] marked;
    private boolean[] color;
    private boolean isTwoColorable = true;
    public TwoColor(Graph G)
    {
        marked = new boolean[G.V()];
        color = new boolean[G.V()];
        for (int s = 0; s < G.V(); s++)
            if (!marked[s])
                dfs(G, s);
    }

    private void dfs(Graph G, int v)
    {
        marked[v] = true;
        for (int w : G.adj(v))
            if (!marked[w])
            {
                color[w] = !color[v];
                dfs(G, w);
            }
            else if (color[w] == color[v]) isTwoColorable = false;
    }

    public boolean isBipartite()
    { return isTwoColorable; }
}</code></pre></td></tr>
</table>

547

4.1.7 符号图

在典型应用中，图都是通过文件或者网页定义的，使用的是字符串而非整数来表示和指代顶点。为了适应这样的应用，我们定义了拥有以下性质的输入格式：

- ❑ 顶点名为字符串；

- ❑ 用指定的分隔符来隔开顶点名（允许顶点名中含有空格）；
- ❑ 每一行都表示一组边的集合，每一条边都连接着这一行的第一个名称表示的顶点和其他名称所表示的顶点；
- ❑ 顶点总数 V 和边的总数 E 都是隐式定义的。

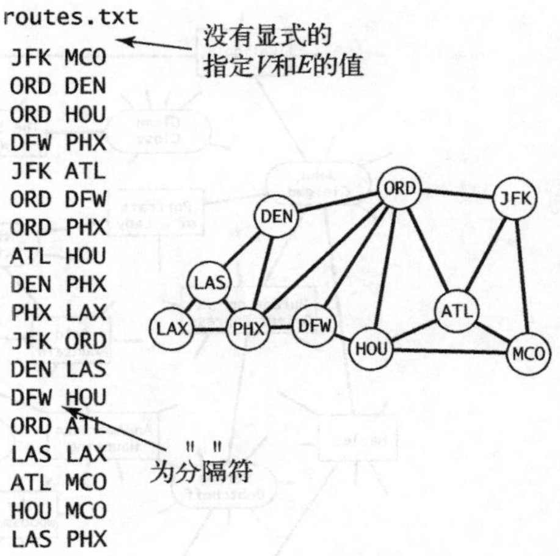

图 4.1.22 符号图示例（边的列表）

图 4.1.22 是一个简单的示例。routes.txt 文件表示的是一个小型运输系统的模型，其中表示每个顶点的是美国机场的代码，连接它们的边则表示顶点之间的航线。文件只是一组边的列表。图 4.1.23 所示的是一个更庞大的例子，取自 movies.txt，即 3.5 节中介绍的*互联网电影数据库*。还记得吗？这个文件的每一行都列出了一个电影名以及出演该部电影的一系列演员。从图的角度来说，我们可以将它看作一幅图的定义，电影和演员都是顶点，而邻接表中的每一条边都将电影和它的表演者联系起来。注意，这是一幅二分图——电影顶点之间或者演员结点之间都没有边相连。

4.1.7.1 API

表 4.1.8 中，API 定义的 Graph 用例可以直接使用已有的图算法来处理这种文件定义的图。

表 4.1.8 用符号作为顶点名的图的 API

public class **SymbolGraph**		
	SymbolGraph(String filename, String delim)	根据 filename 指定的文件构造图，使用 delim 来分隔顶点名
boolean	contains(String key)	key 是一个顶点吗
int	index(String key)	Key 的索引
String	name(int v)	索引 v 的顶点名
Graph	G()	隐藏的 Graph 对象

548

这份 API 定义了一个构造函数来读取并构造图，用 name() 方法和 index() 方法将输入流中的顶点名和图算法使用的顶点索引对应起来。

4.1.7.2 测试用例

下一页框注所示的是符号图的测试用例，它用第一个命令行参数指定的文件（第二个命令行参数指定了分隔符）来构造一幅图并从标准输入接受查询。用户可以输入一个顶点名并得到该顶点的相邻结点的列表。这个用例提供的正好是 3.5 节中研究过的反向索引的功能。以 routes.txt 为例，你可以输入一个机场的代码来查找能从该机场直飞到达的城市，但这些信息并不是直接就能从文件中得到的。对于 movies.txt，你可以输入一个演员的名字来查看数据库中他所出演的影片列表。输入一部电影的名字来得到它的演员列表，这不过是在照搬文件中对应行数据，但输入演员的名字来得到影片的列表则相当于查找反向索引。尽管数据库的构造是为了将电影名连接到演员，二分图模型同时也意味着将演员连接到电影名。二分图的性质自动完成了反向索引。以后我们将会看到，这将成为处理更复杂的和图有关的问题的基础。

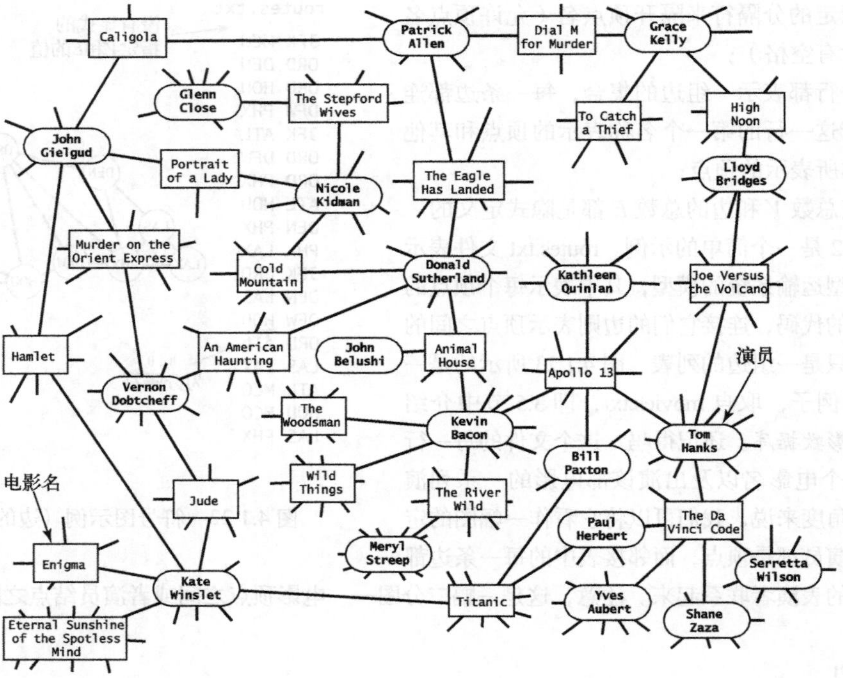

movies.txt ← 没有显式的指定V和E的值

```
...
Tin Men (1987)/DeBoy, David/Blumenfeld, Alan/... /Geppi, Cindy/Hershey, Barbara...
Tirez sur le pianiste (1960)/Heymann, Claude/.../Berger, Nicole (I)...
Titanic (1997)/Mazin, Stan/...DiCaprio, Leonardo/.../Winslet, Kate/...
Titus (1999)/Weisskopf, Hermann/Rhys, Matthew/.../McEwan, Geraldine
To Be or Not to Be (1942)/Verebes, Ernö (I)/.../Lombard, Carole (I)...
To Be or Not to Be (1983)/.../Brooks, Mel (I)/.../Bancroft, Anne/...
To Catch a Thief (1955)/Paris, Manuel/.../Grant, Cary/.../Kelly, Grace/...
To Die For (1995)/Smith, Kurtwood/.../Kidman, Nicole/.../ Tucci, Maria...
...
```

"/"为分隔符

电影名　　演员

图 4.1.23　符号图示例（邻接表）

```
public static void main(String[] args)
{
   String filename = args[0];
   String delim = args[1];
   SymbolGraph sg = new SymbolGraph(filename, delim);

   Graph G = sg.G();

   while (StdIn.hasNextLine())
   {
      String source = StdIn.readLine();
      for (int w : G.adj(sg.index(source)))
         StdOut.println("   " + sg.name(w));
   }
}
```

符号图API的测试用例

```
% java SymbolGraph routes.txt " "
JFK
   ORD
   ATL
   MCO
LAX
   LAS
   PHX
```

```
% java SymbolGraph movies.txt "/"
Tin Men (1987)
   DeBoy, David
   Blumenfeld, Alan
   ...
   Geppi, Cindy
   Hershey, Barbara
   ...
Bacon, Kevin
   Mystic River (2003)
   Friday the 13th (1980)
   Flatliners (1990)
   Few Good Men, A (1992)
   ...
```

549~550

很显然，这种方法适用于我们遇到过的所有图算法：用例可以用 index() 将顶点名转化为索引并在图的处理算法中使用，然后将处理结果用 name() 转化为顶点名以方便在实际应用中使用。

4.1.7.3 实现

SymbolGraph 的完整实现请见下面的框注“符号图的数据类型”。它用到了以下 3 种数据结构，参见图 4.1.24。

- 一个符号表 st，键的类型为 String（顶点名），值的类型为 int（索引）；
- 一个数组 keys[]，用作反向索引，保存每个顶点索引所对应的顶点名；
- 一个 Graph 对象 G，它使用索引来引用图中顶点。

SymbolGraph 会遍历两遍数据来构造以上数据结构，这主要是因为构造 Graph 对象需要顶点总数 V。在典型的实际应用中，在定义图的文件中指明 V 和 E（见本节开头 Graph 的构造函数）可能会有些不便，而有了 SymbolGraph，我们就可以方便地在 routes.txt 或者 movies.txt 中添加或者删除条目而不用担心需要维护边或顶点的总数。

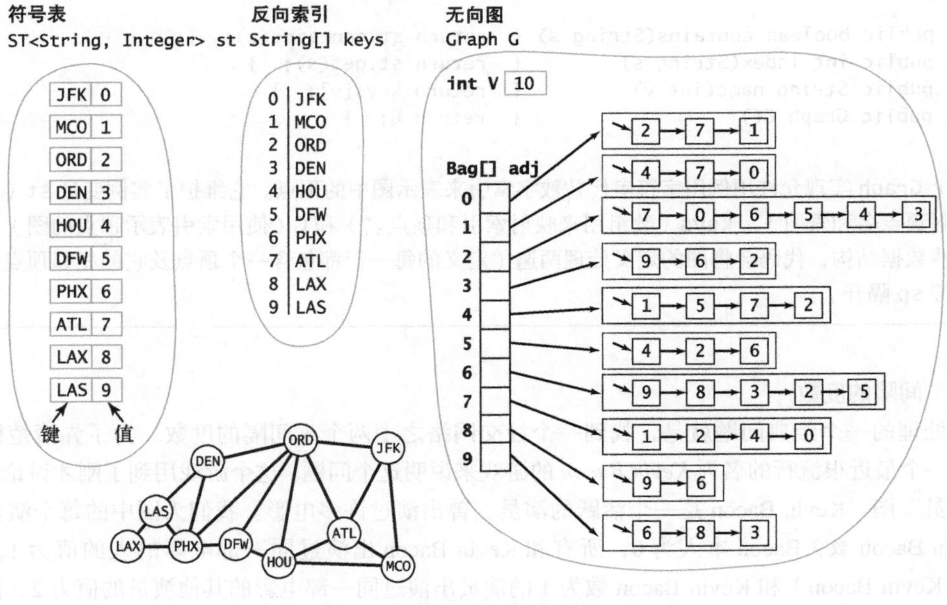

图 4.1.24 符号图中用到的数据结构 551

符号图的数据类型

```
public class SymbolGraph
{
   private ST<String, Integer> st;                  // 符号名 → 索引
   private String[] keys;                           // 索引 → 符号名
   private Graph G;                                 // 图

   public SymbolGraph(String stream, String sp)
   {
      st = new ST<String, Integer>();
      In in = new In(stream);                       // 第一遍
      while (in.hasNextLine())                      // 构造索引
      {
         String[] a = in.readLine().split(sp);      // 读取字符串

         for (int i = 0; i < a.length; i++)         // 为每个不同的字符串关联一个索引
            if (!st.contains(a[i]))
               st.put(a[i], st.size());
      }
      keys = new String[st.size()];                 // 用来获得顶点名的反向索引是一个数组

      for (String name : st.keys())
         keys[st.get(name)] = name;

      G = new Graph(st.size());
      in = new In(stream);                          // 第二遍
      while (in.hasNextLine())                      // 构造图
      {
         String[] a = in.readLine().split(sp);      // 将每一行的第一个顶点和该行的其他顶点相连
         int v = st.get(a[0]);
         for (int i = 1; i < a.length; i++)
            G.addEdge(v, st.get(a[i]));
      }
   }

   public boolean contains(String s) {  return st.contains(s);  }
   public int index(String s)        {  return st.get(s);  }
   public String name(int v)         {  return keys[v];  }
   public Graph G()                  {  return G;  }
}
```

这个 Graph 实现允许用例用字符串代替数字索引来表示图中的顶点。它维护了实例变量 st（符号表用来映射顶点名和索引）、keys（数组用来映射索引和顶点名）和 G（使用索引表示顶点的图）。为了构造这些数据结构，代码会将图的定义处理两遍（定义的每一行都包含一个顶点及它的相邻顶点列表，用分隔符 sp 隔开）。 552

4.1.7.4 间隔的度数

图处理的一个经典问题就是，找到一个社交网络之中两个人间隔的度数。为了弄清楚概念，我们用一个最近很流行的名为 *Kevin Bacon* 的游戏来说明这个问题。这个游戏用到了刚才讨论的“电影 – 演员”图。Kevin Bacon 是一个活跃的演员，曾出演过许多电影。我们为图中的每个演员赋一个 Kevin Bacon 数：Bacon 本人为 0，所有和 Kevin Bacon 出演过同一部电影的人的值为 1，所有（除了 Kevin Bacon）和 Kevin Bacon 数为 1 的演员出演过同一部电影的其他演员的值为 2，依次类推。例如，Meryl Streep 的 Kevin Bacon 数为 1，因为她和 Kevin Bacon 一同出演过 *The River Wild*。

Nicole Kidman 的值为 2，因为她虽然没有和 Kevin Bacon 同台演出过任何电影，但她和 Tom Cruise 一起演过 *Days of Thunder*，而 Tom Cruise 和 Kevin Bacon 一起演过 *A Few Good Men*。给定一个演员的名字，游戏最简单的玩法就是找出一系列的电影和演员来回溯到 Kevin Bacon。例如，有些影迷可能知道 Tom Hanks 和 Lloyd Bridges 一起演过 *Joe Versus the Volcano*，而 Bridges 和 Grace Kelly 一起演过 *High Noon*，Kelly 又和 Patrick Allen 一起演过 *Dial M for Murder*，Allen 和 Donald Sutherland 一起演过 *The Eagle has Landed*，Sutherland 和 Kevin Bacon 一起出演了 *Animal House*。但知道这些也并不足以确定 Tom Hanks 的 Kevin Bacon 数。（他的值实际上应该是 1，因为他和 Kevin Bacon 在 *Apollo 13* 中合作过）。你可以看到 Kevin Bacon 数必须定义为最短电影链的长度，因此如果不用计算机，人们很难知道游戏中到底谁赢了。当然，如后面框注“间隔的度数”中 SymbolGraph 的用例 DegreesOfSeparation 所示，BreadthFirstPaths 才是我们所要的程序，它通过最短路径来找出 movies.txt 中任意演员的 Kevin Bacon 数。这个程序从命令行得到一个起点，从标准输入中接受查询并打印出一条从起点到被查询顶点的最短路径。因为 movies.txt 所构造的是一幅二分图，每条路径上都会交替出现电影和演员的顶点。打出的结果可以证明这样的路径是存在的（但并不能证明它是最短的——你需要向你的朋友证明命题 B 才行）。DegreesOfSeparation 也能够在非二分图中找到最短路径。例如，在 routes.txt 中，它能够用最少的边找到一种从一个机场到达另一个机场的方法。

```
% java DegreesOfSeparation movies.txt "/" "Bacon, Kevin"
Kidman, Nicole
   Bacon, Kevin
   Woodsman,The(2004)
   Grier,David Alan
   Bewitched(2005)
   Kidman, Nicole
Grant, Cary
   Bacon, Kevin
   Planes,Trains Automobiles(1987)
   Martin,Steve(I)
   Dead Men Don't Wear Plaid(1982)
   Grant, Cary
```

你可能会发现用 DegreesOfSeparation 来回答一些关于电影行业的问题很有趣。例如，你不但可以找到演员和演员之间的间隔，还可以找到电影和电影之间的间隔。更重要的是，间隔的概念在其他许多领域也被广泛研究。例如，数学家也会玩这个游戏，但他们的图是用一些论文的作者到 P.Erdös（20 世纪的一位多产的数学家）的距离来定义的。类似地，似乎新泽西州的每个人的 Bruce Springsteen 数都为 2，因为每个人都声称自己认识某个认识 Bruce 的人。要玩 Erdös 的游戏，你需要一个包含所有数学论文的数据库；要玩 Sprintsteen 的游戏还要困难一些。从更严肃的角度来说，间隔度数的理论在计算机网络的设计以及理解各个科学领域中的自然网络中都能起到重要的作用。 553

554

```
% java DegreesOfSeparation movies.txt "/" "Animal House (1978)"
Titanic (1997)
   Animal House (1978)
   Allen, Karen (I)
   Raiders of the Lost Ark (1981)
   Taylor, Rocky (I)
   Titanic (1997)
To Catch a Thief (1955)
   Animal House (1978)
   Vernon, John (I)
   Topaz (1969)
   Hitchcock, Alfred (I)
   To Catch a Thief (1955)
```

间隔的度数

```
public class DegreesOfSeparation
{
   public static void main(String[] args)
   {
      SymbolGraph sg = new SymbolGraph(args[0], args[1]);

      Graph G = sg.G();

      String source = args[2];
      if (!sg.contains(source))
      {  StdOut.println(source + "not in database."); return;  }

      int s = sg.index(source);
      BreadthFirstPaths bfs = new BreadthFirstPaths(G, s);

      while (!StdIn.isEmpty())
      {
         String sink = StdIn.readLine();
         if (sg.contains(sink))
         {
            int t = sg.index(sink);
            if (bfs.hasPathTo(t))
               for (int v : bfs.pathTo(t))
                  StdOut.println("   " + sg.name(v));
            else StdOut.println("Not connected");
         }
         else StdOut.println("Not in database.");
      }
   }
}
```

```
% java
DegreesOfSeparation
routes.txt " " JFK
LAS
   JFK
   ORD
   PHX
   LAS
DFW
   JFK
   ORD
   DFW
```

这段代码使用了 SymbolGraph 和 BreadthFirstPaths 来查找图中的最短路径。对于 movies.txt，可
555 以用它来玩 Kevin Bacon 游戏。

4.1.8 总结

在本节中，我们介绍了几个基本的概念，本章的其余部分会继续扩展并研究：

- ❑ 图的术语；
- ❑ 一种图的表示方法，能够处理大型而稀疏的图；
- ❑ 和图处理相关的类的设计模式，其实现算法通过在相关的类的构造函数中对图进行预处理、构造所需的数据结构来高效支持用例对图的查询；

- ❑ 深度优先搜索和广度优先搜索；
- ❑ 支持使用符号作为图的顶点名的类。

表 4.1.9 总结了我们已经学习过的所有图算法的实现。这些算法非常适合作为图处理的入门学习。随后学习更加复杂类型的图以及处理更加困难的问题时，我们还会用到这些代码的变种。在考虑了边的方向以及权重之后，同样的问题会变得困难得多，但同样的算法仍然奏效并将成为解决更加复杂问题的起点。

表 4.1.9　本节中得到解决的无向图处理问题

问　题	解决方法	参　阅
单点连通性	DepthFirstSearch	4.1.3.2 节
单点路径	DepthFirstPaths	算法 4.1
单点最短路径	BreadthFirstPaths	算法 4.2
连通性	CC	算法 4.3
检测环	Cycle	表 4.1.7
双色问题（图的二分性）	TwoColor	表 4.1.7

556

答疑

问　为什么不把所有的算法都实现在 Graph.java 中？

答　可以这么做，可以向基本的 Graph 抽象数据类型的定义中添加查询方法（以及它们需要的私有变量和方法等）。尽管这种方式可以用到一些我们所使用的数据结构的优点，它还是有一些严重的缺陷，因为图处理的成本比 1.3 节中遇到那些基本数据结构要高得多。这些缺点主要有：

- ❑ 在图处理中，需要实现的操作还有很多，我们无法在一份 API 中全部精确地定义它们；
- ❑ 简单任务的 API 和复杂任务所使用的 API 是相同的；
- ❑ 一个方法将可以访问另外一个方法专用的变量，这有悖我们需要遵守的封装原则。

这种情况并不罕见：这种 API 被称为宽接口（请见 1.2.5.2 节）。本章包含如此众多的图算法，将导致这种 API 变得非常宽。

问　SymbolGraph 真需要将图的定义遍历两遍吗？

答　不，你也可以将用时变为原来的 lg$V$ 倍并直接用 ST 而非 Bag 来实现 adj()。我们的另一本书 *An Introduction to Programming in Java: An Interdisciplinary Approach* 中含有使用这种方法的一个实现。 557

练习

4.1.1　一幅含有 V 个顶点且不含有平行边的图中至多含有多少条边？一幅含有 V 个顶点的连通图中至少含有多少条边？

4.1.2　按照正文中示意图的样式（请见图 4.1.9）画出 Graph 的构造函数在处理图 4.1.25 的 tinyGex2.txt 时构造的邻接表。

4.1.3　为 Graph 添加一个复制构造函数，它接受一幅图 G 然后创建并初始化这幅图的一个副本。G 的用例对它作出的任何改动都不应该影响到它的副本。

4.1.4　为 Graph 添加一个方法 hasEdge()，它接受两个整型参数 v 和 w。如果图含有边 v-w，方法返回 true，否则返回 false。

4.1.5 修改 Graph，不允许存在平行边和自环。

4.1.6 有一张含有四个顶点的图，其中的边为 0-1、1-2、2-3 和 3-0。给出一种邻接表数组，无论以任何顺序调用 addEdge() 来添加这些边都无法创建它。

4.1.7 为 Graph 编写一个测试用例，用命令行参数指定名字的输入流中接受一幅图，然后用 toString() 方法将其打印出来。

4.1.8 按照正文中的要求，用 union-find 算法实现 4.1.2.3 中搜索的 API。

4.1.9 使用 dfs(0) 处理由 Graph 的构造函数从 tinyGex2.txt（请见练习 4.1.2）得到的图并按照 4.1.3.5 节的图 4.1.14 的样式给出详细的轨迹。同时，画出 edgeTo[] 所表示的树。

4.1.10 证明在任意一幅连通图中都存在一个顶点，删去它（以及和它相连的所有边）不会影响到图的连通性，编写一个深度优先搜索的方法找出这样一个顶点。提示：留心那些相邻顶点全部都被标记过的顶点。

4.1.11 使用算法 4.2 中的 bfs(G,0) 处理由 Graph 的构造函数从 tinyGex2.txt（请见练习 4.1.2）得到的图并画出 edgeTo[] 所表示的树。

4.1.12 如果 v 和 w 都不是根结点，能够由广度优先搜索得到的树中计算它们之间的距离吗？

4.1.13 为 BreadthFirstPaths 的 API 添加并实现一个方法 distTo()，返回从起点到给定的顶点的最短路径的长度，它所需的时间应该为常数。

4.1.14 如果用栈代替队列来实现广度优先搜索，我们还能得到最短路径吗？

4.1.15 修改 Graph 的输入流构造函数，允许从标准输入读入图的邻接表（方法类似于 SymbolGraph），如图 4.1.26 的 tinyGadj.txt 所示。在顶点和边的总数之后，每一行由一个顶点和它的所有相邻顶点组成。

tinyGex2.txt

```
V→12
  16 ←E
  8 4
  2 3
  1 11
  0 6
  3 6
  10 3
  7 11
  7 8
  11 8
  2 0
  6 2
  5 2
  5 10
  5 0
  8 1
  4 1
```

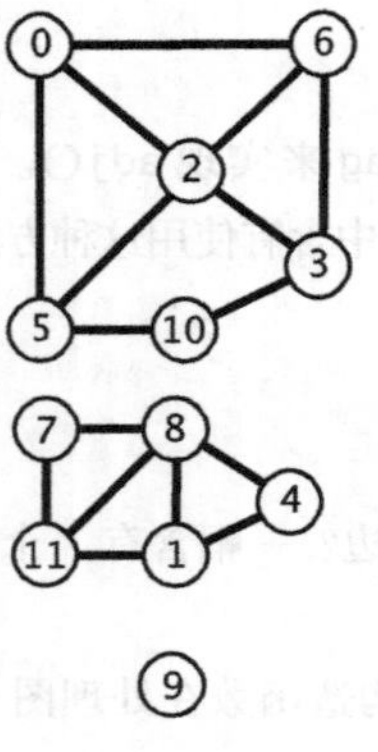

图 4.1.25

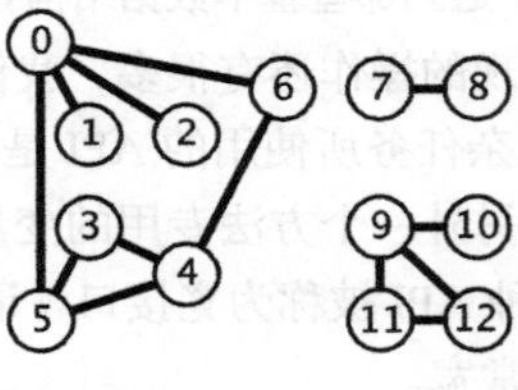

tinyGadj.txt

```
V→13
  13 ←E
  0 1 2 5 6
  3 4 5
  4 5 6
  7 8
  9 10 11 12
  11 12
```

内容和"边列表"相同，只是顺序不同

```
% java Graph tinyGadj.txt
13 vertices, 13 edges
0: 6 5 2 1
1: 0
2: 0
3: 5 4
4: 6 5 3
5: 4 3 0
6: 4 0
7: 8
8: 7
9: 12 11 10
10: 9
11: 12 9
12: 11 9
```

列表顺序和输入相反

每条边在第二次出现的时候会加粗显示

图 4.1.26

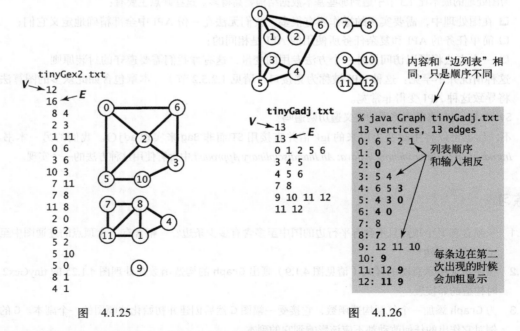

4.1.16 顶点 v 的离心率是它和离它最远的顶点的最短距离。图的直径即所有顶点的最大离心率，半径为所有顶点的最小离心率，中点为离心率和半径相等的顶点。实现以下 API，如表 4.1.10 所示。

表 4.1.10

	public class	GraphProperties	
		GraphProperties(Graph G)	构造函数（如果 G 不是连通的，抛出异常）
	int	eccentricity(int v)	v 的离心率
	int	diameter()	G 的直径
	int	radius()	G 的半径
	int	center()	G 的某个中点

4.1.17 图的周长为图中最短环的长度。如果是无环图，则它的周长为无穷大。为 GraphProperties 添加一个方法 girth()，返回图的周长。提示：在每个顶点都进行广度优先搜索。含有 s 的最小环为 s 到某个顶点 v 的最短路径加上从 v 返回到 s 的边。 558~559

4.1.18 使用 CC 找出由 Graph 的输入流构造函数从 tinyGex2.txt（请见练习 4.1.2）得到的图中的所有连通分量并按照图 4.1.21 的样式给出详细的轨迹。

4.1.19 使用 Cycle 在由 Graph 的输入流构造函数从 tinyGex2.txt（请见练习 4.1.2）得到的图中找到的一个环并按照本节示意图的样式给出详细的轨迹。在最坏情况下，Cycle 构造函数的运行时间的增长数量级是多少？

4.1.20 使用 TwoColor 给出由 Graph 的构造函数从 tinyGex2.txt（请见练习 4.1.2）得到的图的一个着色方案并按照本节示意图的样式给出详细的轨迹。在最坏情况下，TwoColor 构造函数的运行时间的增长数量级是多少？

4.1.21 用 SymbolGraph 和 movie.txt 找到今年获得奥斯卡奖提名的演员的 Kevin Bacon 数。

4.1.22 编写一段程序 BaconHistogram，打印一幅 Kevin Bacon 数的柱状图，显示 movies.txt 中 Kevin Bacon 数为 0、1、2、3……的演员分别有多少。将值为无穷大的人（不与 Kevin Bacon 连通）归为一类。

4.1.23 计算由 movies.txt 得到的图的连通分量的数量和包含的顶点数小于 10 的连通分量的数量。计算最大的连通分量的离心率、直径、半径和中点。Kevin Bacon 在最大的连通分量之中吗？

4.1.24 修改 DegreesOfSeparation，从命令行接受一个整型参数 y，忽略上映年数超过 y 的电影。

4.1.25 编写一个类似于 DegreesOfSeparation 的 SymbolGraph 用例，使用深度优先搜索代替广度优先搜索来查找两个演员之间的路径，输出类似右侧框注所示的数据。

```
% java DegreesOfSeparationDFS movies.txt
Source: Bacon, Kevin
Query:  Kidman, Nicole
   Bacon, Kevin
   Mystic River (2003)
   O' Hara, Jenny
   Matchstick Men (2003)
   Grant, Beth
  ... [123 movies] (!)
   Law, Jude
   Sky Captain... (2004)
   Jolie, Angelina
   Playing by Heart (1998)
   Anderson, Gillian (I)
   Cock and Bull Story, A (2005)
   Henderson, Shirley (I)
   24 Hour Party People (2002)
   Eccleston, Christopher
   Gone in Sixty Seconds (2000)
   Balahoutis, Alexandra
   Days of Thunder (1990)
   Kidman, Nicole
```

4.1.26 使用 1.4 节中的内存使用模型评估用 Graph 表示一幅含有 V 个顶点和 E 条边的图所需的内存。

4.1.27 如果重命名一幅图中的顶点就能够使之变得和另一幅图完全相同，这两幅图就是同构的。画出含有 2、3、4、5 个顶点的所有非同构的图。 560~561

4.1.28 修改 Cycle，允许图含有自环和平行边。

提高题

4.1.29 欧拉环和汉密尔顿环。考虑以下 4 组边定义的图：

```
0-1 0-2 0-3 1-3 1-4 2-5 2-9 3-6 4-7 4-8 5-8 5-9 6-7 6-9 7-8
0-1 0-2 0-3 1-3 0-3 2-5 5-6 3-6 4-7 4-8 5-8 5-9 6-7 6-9 8-8
0-1 1-2 1-3 0-3 0-4 2-5 2-9 3-6 4-7 4-8 5-8 5-9 6-7 6-9 7-8
4-1 7-9 6-2 7-3 5-0 0-2 0-8 1-6 3-9 6-3 2-8 1-5 9-8 4-5 4-7
```

哪几幅图含有欧拉环（恰好包含了所有的边且没有重复的环）？哪几幅图含有汉密尔顿环（恰好包含了所有的顶点且没有重复的环）？

4.1.30 图的枚举。含有 V 个顶点和 E 条边（不含平行边）的不同的无向图共有多少种？

4.1.31 检测平行边。设计一个线性时间的算法来统计图中的平行边的总数。

4.1.32 奇环。证明一幅图能够用两种颜色着色（二分图）当且仅当它不含有长度为奇数的环。

4.1.33 符号图。实现一个 SymbolGraph（不一定必须使用 Graph），只需要遍历一遍图的定义数据。由于需要查找符号表，实现中图的各种操作时耗可能会变为原来的 $\log V$ 倍。

4.1.34 双向连通性。如果任意一对顶点都能由两条不同（没有重叠的边或顶点）的路径连通则图就是双向连通的。在一幅连通图中，如果一个顶点（以及和它相连的边）被删掉后图不再连通，该顶点就被称为关节点。证明没有关节点的图是双向连通的。提示：给定任意一对顶点 s 和 t 和一条连接两点的路径，由于路径上没有任何顶点为关节点，构造另一条不同的路径连接 s 和 t。

4.1.35 边的连通性。在一幅连通图中，如果一条边被删除后图会被分为两个独立的连通分量，这条边就被称为桥。没有桥的图称为边连通图。开发一种基于深度优先搜索算法的数据类型，判断一个图是否是边连通图。

4.1.36 欧几里得图。为平面上的图设计并实现一份叫做 EuclideanGraph 的 API，其中图所有顶点均有坐标。实现一个 show() 方法，用 StdDraw 将图绘出。

562 ~ 563 **4.1.37** 图像处理。在一幅图像中将所有相邻的、颜色相同的点相连就可以得到一幅图，为这种隐式定义的图实现填充（flood fill）操作。

实验题

4.1.38 随机图。编写一个程序 ErdosRenyiGraph，从命令行接受整数 V 和 E，随机生成 E 对 0 到 V–1 之间的整数来构造一幅图。注意：生成器可能会产生自环和平行边。

4.1.39 随机简单图。编写一个程序 RandomSimpleGraph，从命令行接受整数 V 和 E，用均等的几率生成含有 V 个顶点和 E 条边的所有可能的简单图。

4.1.40 随机稀疏图。编写一个程序 RandomSparseGraph，根据精心选择的一组 V 和 E 的值生成随机的稀疏图，以便用它对由 Erdös-Renyi 模型得到的图进行有意义的经验性测试。

4.1.41 随机欧几里得图。编写一个 EuclideanGraph 的用例（请见练习 4.1.36）RandomEuclideanGraph，用随机在平面上生成 V 个点的方式生成随机图，然后将每个点和在以该点为中心半径为 d 的圆内的其他点相连。注意：如果 d 大于阈值 $\sqrt{\lg V/\pi V}$，那么得到的图几乎必然是连通的，否则得到的图几乎必然是不连通的。

4.1.42 随机网格图。编写一个 EuclideanGraph 的用例 RandomGridGraph，将 $\sqrt{V}$ 乘 $\sqrt{V}$ 的网格中的所有顶点和它们的相邻顶点相连（参考练习 1.5.18）。修改代码为图额外添加 R 条随机的边。对于较大的 R，缩小网格使得总边数保持在 V 个左右。添加一个选项，使得出现一条从顶点 s 到顶点 v 的边的概率与 s 到 t 的欧几里得距离成反比。

4.1.43 真实世界中的图。从网上找出一幅巨型加权图——可以是一张标记了距离的地图，或者是标明了费用的电话连接，或是航班价目表。编写一段程序 RandomRealGraph，从这幅图中随机选取 V 个顶点，然后再从这些顶点构成的子图中随机选取 E 条边来构造一幅图。

4.1.44 随机区间图。考虑数轴上的 V 个区间的集合。这样的一个集合定义了一幅区间图，图中的每个顶点都对应一个区间，而边则对应两个区间的交集（大小不限）。编写一段程序，随机生成大小均为 d 的 V 个区间，然后构造相应的区间图。提示：使用二分查找树。 564

4.1.45 随机运输图。定义运输系统的一种方法是定义一个顶点链的集合，每条顶点链都表示一条连接了多个顶点的路径。例如，链 0-9-3-2 定义了边 0-9、9-3 和 3-2。编写一个 EuclideanGraph 的用例 RandomTransportation，从一个输入文件中构造一幅图，文件的每行均为一条链，使用符号名。编辑一份合适的输入使得程序能够从中构造一幅和巴黎地铁系统相对应的图。

测试所有的算法并研究所有图模型的所有参数是不现实的。请为下面的每一道题都编写一段程序来处理从输入得到的任意图。这段程序可以调用上面的任意生成器并对相应的图模型进行实验。可以根据上次实验的结果自己作出判断来选择不同实验。陈述结果以及由此得出的任何结论。

4.1.46 深度优先搜索中的路径长度。对于各种图的模型，运行实验并根据经验判断 DepthFirstPaths 在两个随机选定的顶点之间找到一条路径的概率并计算找到的路径的平均长度。

4.1.47 广度优先搜索中的路径长度。对于各种图的模型，运行实验并根据经验判断 BreadthFirstPaths 在两个随机选定的顶点之间找到一条路径的概率并计算找到的路径的平均长度。

4.1.48 连通分量。运行实验随机生成大量的图并画出柱状图，根据经验判断各种类型的随机图中连通分量的数量的分布情况。

4.1.49 双色问题。大多数的图都无法用两种颜色着色，深度优先搜索能够很快发现这一点。对于各种图模型，使用经验性的测试来研究 TwoColor 检查的边的数量。 565

4.2 有向图

在有向图中，边是单向的：每条边所连接的两个顶点都是一个有序对，它们的邻接性是单向的（表 4.2.1）。许多应用（比如表示网络、任务调度条件或是电话的图）都是天然的有向图。为实现添加这种单向性的限制很容易也很自然，看起来没什么坏处。但实际上这种组合性的结构对算法有深刻的影响，使得有向图和无向图的处理大有不同。本节中，我们会学习搜索和处理有向图的一些经典算法。

表 4.2.1 实际生活中的典型有向图

应　用	顶　点	边
食物链	物种	捕食关系
互联网连接	网页	超链接
程序	模块	外部引用
手机	电话	呼叫
学术研究	论文	引用
金融	股票	交易
网络	计算机	网络连接

4.2.1 术语

虽然我们为有向图的定义和无向图几乎相同（将使用的部分算法和代码也是），但仍然需要在这里重复一遍。为了说明边的方向性而产生的细小文字差异所代表的结构特性正是本节的重点。

定义。一幅有方向性的图（或有向图）是由一组顶点和一组有方向的边组成的，每条有方向的边都连接着有序的一对顶点。

我们称一条有向边由第一个顶点指出并指向第二个顶点。在一幅有向图中，一个顶点的出度为由该顶点指出的边的总数；一个顶点的入度为指向该顶点的边的总数（请见图 4.2.1）。当上下文的意义明确时，我们在提到有向图中的边时会省略有向二字。一条有向边的第一个顶点称为它的头，第二个顶点则被称为它的尾。将有向边画为由头指向尾的一个箭头。用 v→w 来表示有向图中一条由 v 指向 w 的边。和无向图一样，本节的代码也能处理自环和平行边，但它们不会出现在例子中，
566 在正文中一般也不会提到它们。除了特殊的图，一幅有向图中的两个顶点的关系可能有 4 种：没有边相连；存在从 v 到 w 的边 v→w；存在从 w 到 v 的边 w→v；既存在 v→w 也存在 w→v，即双向的连接。

定义。在一幅有向图中，有向路径由一系列顶点组成，对于其中的每个顶点都存在一条有向边从它指向序列中的下一个顶点。有向环为一条至少含有一条边且起点和终点相同的有向路径。简单有向环是一条（除了起点和终点必须相同之外）不含有重复的顶点和边的环。路径或者环的长度即为其中所包含的边数。

和无向图一样，我们假设有向路径都是简单的，除非我们明确指出了某个重复了的顶点（像有向环的定义中那样）或是指明是一般性的有向路径。当存在从 v 到 w 的有向路径时，称顶点 w 能够

由顶点 v 达到。我们约定，每个顶点都能够达到它自己。除了这种情况之外，在有向图中由 v 能够到达 w 并不意味着由 w 也能到达 v。这个不同虽然很明显但非常重要，后面将会看到这一点。

要理解本节中的算法，你就必须要理解有向图中的可达性和无向图中的连通性的区别。理解这种区别可能比你想象得更困难。例如，尽管你可能一眼就能看出一小幅无向图中的两个顶点之间是否连通，但是在一小幅有向图中快速找出一条有向路径就不那么容易了，比如图 4.2.2 所示的例子。处理有向图就如同在一座只有单行道的城市中穿梭，而且这些单行道的方向是杂乱无章的。在这种情况下，想从一处到达另一处会是一件很麻烦的事。但与直觉相反，我们用来表示有向图的标准数据结构甚至比无向图的表示更加简单！

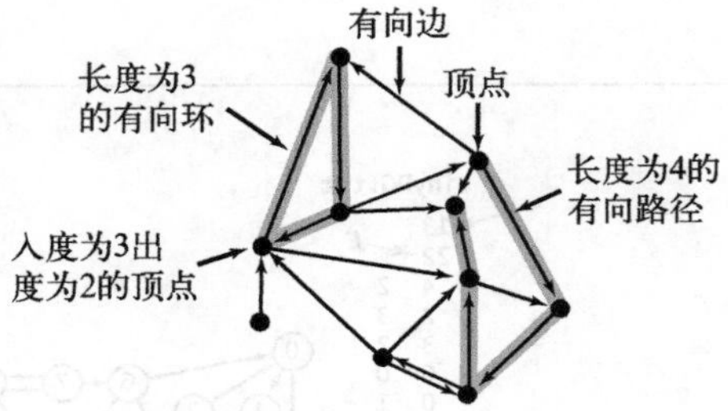

图 4.2.1 有向图详解

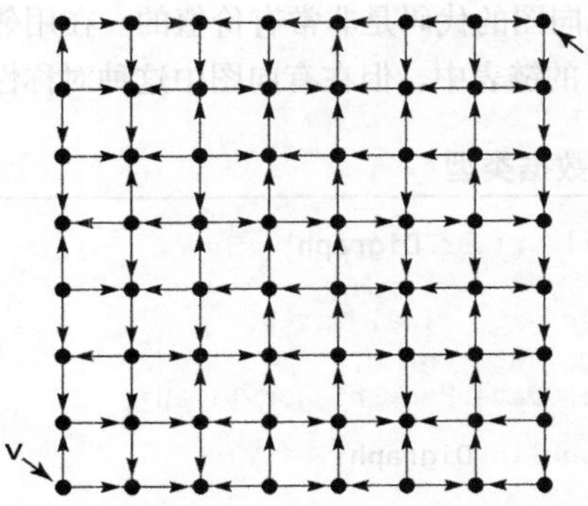

图 4.2.2 在这幅有向图中，从 v 能够到达 w 吗 567

4.2.2 有向图的数据类型

以下这份 API 以及下一页中的 Digraph 类和 Graph 类本质上是相同的（请见 4.1.2.2 节框注“Graph 数据类型”）。

表 4.2.2 有向图的 API

public class	Digraph	
	Digraph(int V)	创建一幅含有 V 个顶点但没有边的有向图
	Digraph(In in)	从输入流 in 中读取一幅有向图
int	V()	顶点总数
int	E()	边的总数
void	addEdge(int v, int w)	向有向图中添加一条边 v→w
Iterable<Integer>	adj(int v)	由 v 指出的边所连接的所有顶点
Digraph	reverse()	该图的反向图
String	toString()	对象的字符串表示

4.2.2.1 有向图的表示

我们使用邻接表来表示有向图，其中边 v→w 表示为顶点 v 所对应的邻接链表中包含一个 w 顶点。这种表示方法和无向图几乎相同而且更明晰，因为每条边都只会出现一次，如后面框注“有向图（diagraph）的数据类型”所示。

4.2.2.2 输入格式

由输入流读取有向图的构造函数的代码与 Graph 类中相应构造函数的代码完全相同——因为两者的输入格式是一样的，但所有的边都是有向边。在边列表的格式中，一对顶点 v 和 w 表示边 v→w。

4.2.2.3 有向图取反

Digraph 的 API 中还添加了一个方法 reverse()。它返回该有向图的一个副本，但将其中所有边的方向反转。在处理有向图时这个方法有时很有用，因为这样用例就可以找出“指向”每个顶点的所有边，而 adj() 给出的是由每个顶点指出的边所连接的所有顶点。

4.2.2.4 顶点的符号名

在有向图中，允许用例使用符号作为顶点名也更加简单。要实现与 SymbolGraph 类似的 SymbolDigraph 类，只需要将其中的 Graph 字样都替换成 Digraph 即可。

花一点时间对比一下后面框注中的代码和示意图与 4.1.2.1 节及 4.1.2.2 节的框注“Graph 数据类型”中无向图的代码是非常有价值的。在用邻接表表示无向图时，如果 v 在 w 的链表中，那么 w 必
568 然也在 v 的链表中。但在有向图中这种对称性是不存在的。这个区别在有向图的处理中影响深远。

Digraph 数据类型

```
public class Digraph
{
   private final int V;
   private int E;
   private Bag<Integer>[] adj;

   public Digraph(int V)
   {
      this.V = V;
      this.E = 0;
      adj = (Bag<Integer>[]) new Bag[V];
      for (int v = 0; v < V; v++)
         adj[v] = new Bag<Integer>();
   }

   public int V()  {  return V;  }
   public int E()  {  return E;  }

   public void addEdge(int v, int w)
   {
      adj[v].add(w);
      E++;
   }

   public Iterable<Integer> adj(int v)
   {  return adj[v];  }

   public Digraph reverse()
   {
      Digraph R = new Digraph(V);
      for (int v = 0; v < V; v++)
         for (int w : adj(v))
            R.addEdge(w, v);
      return R;
   }
}
```

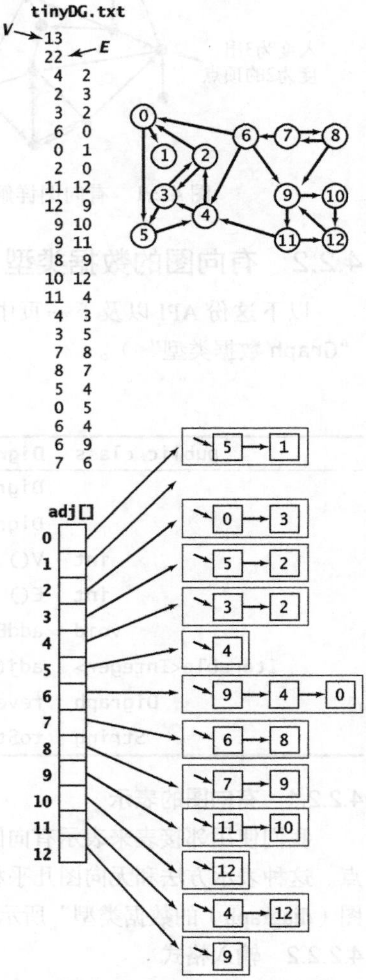

Digraph 数据类型与 Graph 数据类型（请见 4.1.2.2 框注“Graph 数据类型”）基本相同，区别是 addEdge() 只调用了一次 add()，而且它还有一个 reverse() 方法来返回图的反向图。因为两者的代码非常相似，所以省略了 toString() 方法（请见
569 表 4.1.2）和从输入流中读取图的构造函数。

有向图的输入格式和邻接表的表示

4.2.3 有向图中的可达性

在无向图中介绍的第一个算法就是 4.1.3.2 节中的 DepthFirstSearch，它解决了单点连通性的问题，使得用例可以判定其他顶点和给定的起点是否连通。使用完全相同的代码，将其中的 Graph 替换为 Digraph，也可以解决一个有向图中的类似问题。

单点可达性。给定一幅有向图和一个起点 s，回答“是否存在一条从 s 到达给定顶点 v 的有向路径？”等类似问题。

算法 4.4 中的 DirectedDFS 类将 DepthFirstSearch 稍加润色并实现了以下 API。

表 4.2.3 有向图的可达性 API

public class	**DirectedDFS**	
	DirectedDFS(Digraph G, int s)	在 G 中找到从 s 可达的所有顶点
	DirectedDFS(Digraph G, Iterable<Integer> sources)	在 G 中找到从 sources 中的所有顶点可达的所有顶点
boolean	marked(int v)	v 是可达的吗

在添加了一个接受多个顶点的构造函数之后，这份 API 使得用例能够解决一个更加一般的问题。

多点可达性。给定一幅有向图和顶点的集合，回答“是否存在一条从集合中的任意顶点到达给定顶点 v 的有向路径？”等类似问题。

我们在 5.4 节中解决经典的字符串处理问题时会再次遇到这个问题。

DirectedDFS 使用了解决图处理的标准范例和标准的深度优先搜索来解决这些问题。它对每个起点调用递归方法 dfs()，以标记遇到的任意顶点。

命题 D。在有向图中，深度优先搜索标记由一个集合的顶点可达的所有顶点所需的时间与被标记的所有顶点的出度之和成正比。

证明。同 4.1.3.2 节的命题 A。

图 4.2.3 显示了这个算法在处理示例有向图时的操作轨迹。这份轨迹比相应的无向图算法的 570
轨迹稍稍简单些，因为深度优先搜索本质上是一种适用于处理有向图的算法，每条边都只会被表示一次。研究这些轨迹有助于巩固你对有向图中深度优先搜索的理解。

算法 4.4 有向图的可达性

```
public class DirectedDFS
{
   private boolean[] marked;

   public DirectedDFS(Digraph G, int s)
   {
      marked = new boolean[G.V()];
      dfs(G, s);
   }

   public DirectedDFS(Digraph G, Iterable<Integer> sources)
   {
```

```
      marked = new boolean[G.V()];
      for (int s : sources)
         if (!marked[s]) dfs(G, s);
   }

   private void dfs(Digraph G, int v)
   {
      marked[v] = true;
      for (int w : G.adj(v))
         if (!marked[w]) dfs(G, w);
   }

   public boolean marked(int v)
   {  return marked[v];  }

   public static void main(String[] args)
   {
      Digraph G = new Digraph(new In(args[0]));

      Bag<Integer> sources = new Bag<Integer>();
      for (int i = 1; i < args.length; i++)
         sources.add(Integer.parseInt(args[i]));

      DirectedDFS reachable = new DirectedDFS(G, sources);

      for (int v = 0; v < G.V(); v++)
         if (reachable.marked(v)) StdOut.print(v + " ");
      StdOut.println();
   }
}
```

```
% java DirectedDFS tinyDG.txt 1
1

% java DirectedDFS tinyDG.txt 2
0 1 2 3 4 5

% java DirectedDFS tinyDG.txt 1 2 6
0 1 2 3 4 5 6 9 10 11 12
```

571 这份深度优先搜索的实现使得用例能够判断从给定的一个或者一组顶点能到达哪些其他顶点。

4.2.3.1 标记–清除的垃圾收集

多点可达性的一个重要的实际应用是在典型的内存管理系统中，包括许多 Java 的实现。在一幅有向图中，一个顶点表示一个对象，一条边则表示一个对象对另一个对象的引用。这个模型很好地表现了运行中的 Java 程序的内存使用状况。在程序执行的任何时候都有某些对象是可以被直接访问的，而不能通过这些对象访问到的所有对象都应该被回收以便释放内存（请见图 4.2.4）。标记–清除的垃圾回收策略会为每个对象保留一个位做垃圾收集之用。它会周期性地运行一个类似于 DirectedDFS 的有向图可达性算法来标记所有可以被访问到的对象，然后清理所有对象，回收没有被标记的对象，以腾出内存供新的对象使用。

4.2.3.2 有向图的寻路

DepthFirstPaths（4.1.4.1 节算法 4.1）和 BreadthFirstPaths（4.1.5 节算法 4.2）也都是有向图处理中的重要算法。和刚才一样，同样的 API 和代码（仅将 Graph 替换为 Digraph）也能够高效地解决以下问题。

单点有向路径。给定一幅有向图和一个起点 s，回答“从 s 到给定目的顶点 v 是否存在一条有向路径？如果有，找出这条路径。”等类似问题。

单点最短有向路径。给定一幅有向图和一个起点 s，回答“从 s 到给定目的顶点 v 是否存在一条有向路径？如果有，找出其中最短的那条（所含边数最少）。”等类似问题。

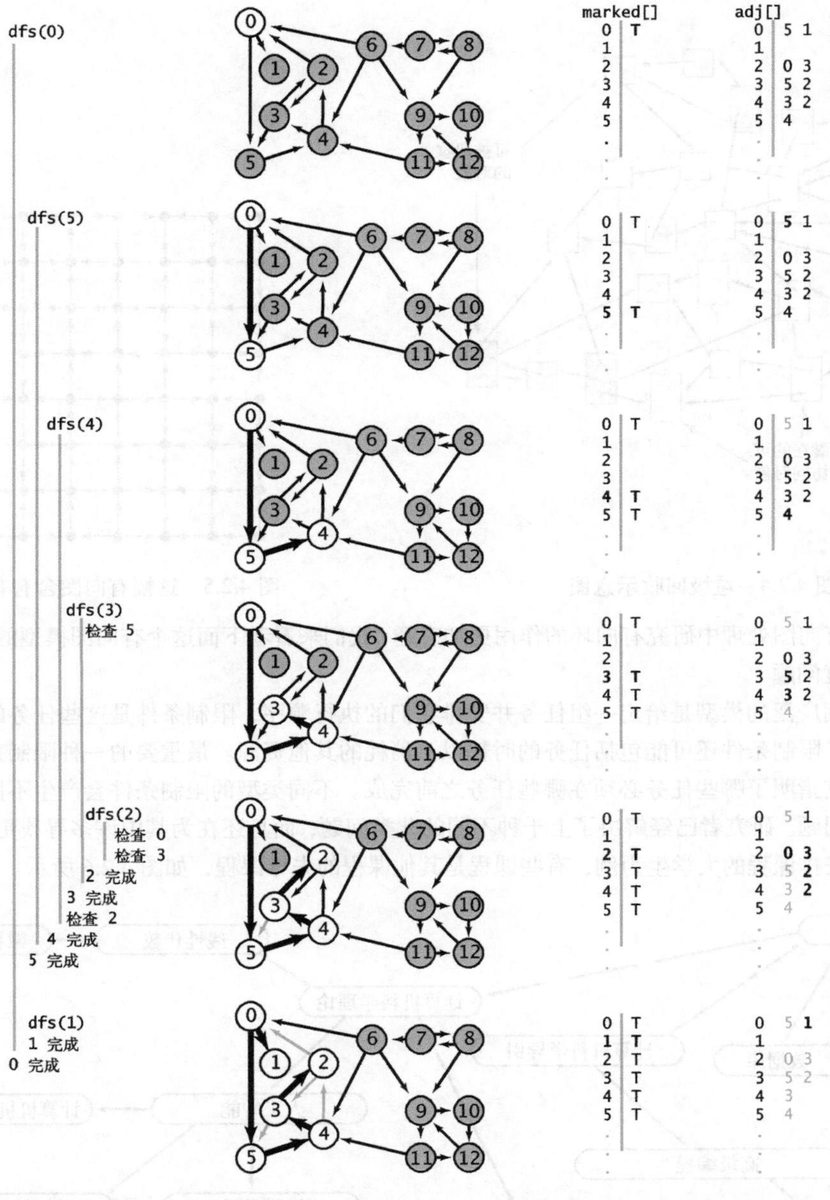

图 4.2.3 使用深度优先搜索在一幅有向图中寻找能够从顶点 0 到达的所有顶点的轨迹

在本书的网站上以及本节最后的练习中，我们将以上问题的答案分别命名为 DepthFirstDirectedPaths 和 BreadthFirstDirectedPaths。 572~573

4.2.4 环和有向无环图

在和有向图相关的实际应用中，有向环特别的重要。没有计算机的帮助，在一幅普通的有向图中找出有向环可能会很困难。从原则上来说，一幅有向图可能含有大量的环；在实际应用中，我们一般只会重点关注其中一小部分，或者只想知道它们是否存在（请见图 4.2.5）。

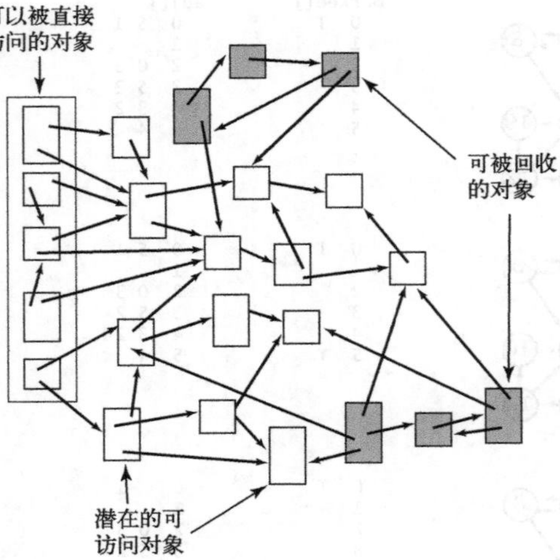

图 4.2.4 垃圾回收示意图

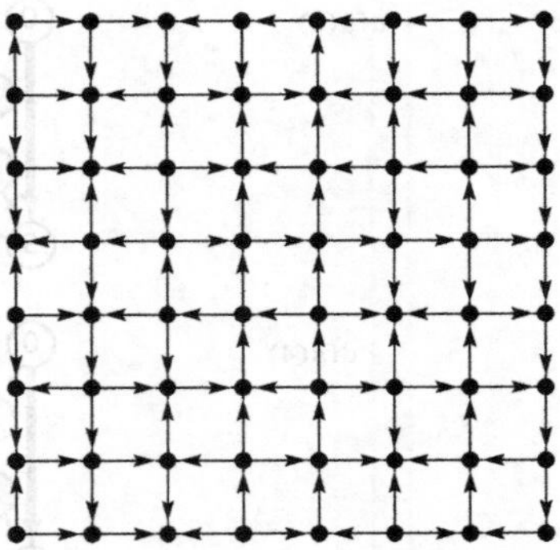

图 4.2.5 这幅有向图含有有向环吗

为了在有向图处理中研究有向环的作用更加有趣，我们来看看下面这个有向图模型的原型应用。

4.2.4.1 调度问题

一种应用广泛的模型是给定一组任务并安排它们的执行顺序，限制条件是这些任务的执行方法和起始时间。限制条件还可能包括任务的时耗以及消耗的其他资源。最重要的一种限制条件叫做**优先级限制**，它指明了哪些任务必须在哪些任务之前完成。不同类型的限制条件会产生不同类型不同难度的调度问题。研究者已经解决了上千种不同的此类问题，而且还在为其中许多寻找更好的算法。以一个正在安排课程的大学生为例，有些课程是其他课程的先导课程，如图 4.2.6 所示。

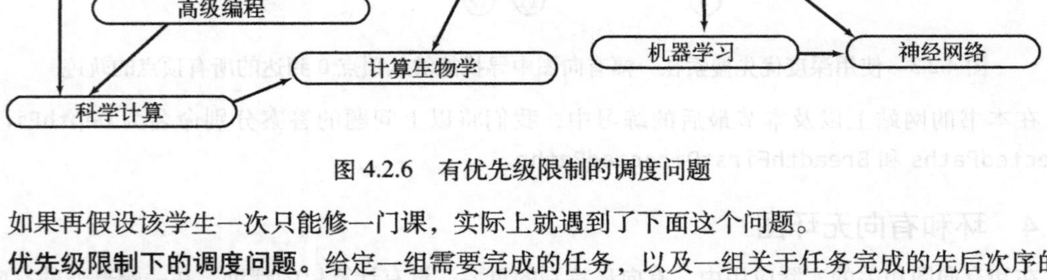

574

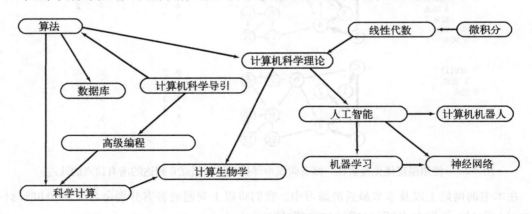

图 4.2.6 有优先级限制的调度问题

如果再假设该学生一次只能修一门课，实际上就遇到了下面这个问题。

优先级限制下的调度问题。给定一组需要完成的任务，以及一组关于任务完成的先后次序的优先级限制。在满足限制条件的前提下应该如何安排并完成所有任务？

对于任意一个这样的问题，我们都可以马上画出一张有向图，其中顶点对应任务，有向边对应优先级顺序。为了简化问题，我们以使用整数为顶点编号的标准模型来表示这个示例，如图 4.2.7 所示。

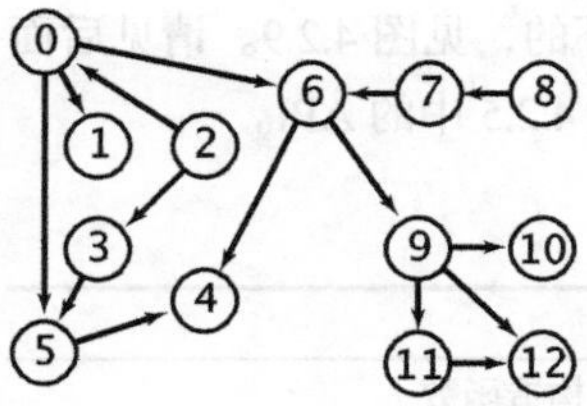

图 4.2.7 标准有向图模型

在有向图中，优先级限制下的调度问题等价于下面这个基本的问题。

拓扑排序。给定一幅有向图，将所有的顶点排序，使得所有的有向边均从排在前面的元素指向排在后面的元素（或者说明无法做到这一点）。

图 4.2.8 为示例的拓扑排序。所有的边都是向下的，所以它清晰地表示了这幅有向图模型所代表的有优先级限制的调度问题的一个解决方法：按照这个顺序，该同学可以在满足先导课程限制的条件下修完所有课程。这个应用是很典型的——表 4.2.4 列举了其他一些有代表性的应用。

表 4.2.4 拓扑排序的典型应用

应 用	顶 点	边
任务调度	任务	优先级限制
课程安排	课程	先导课程限制
继承	Java 类	`extends` 关系
电子表格	单元格（cell）	公式
符号链接	文件名	链接

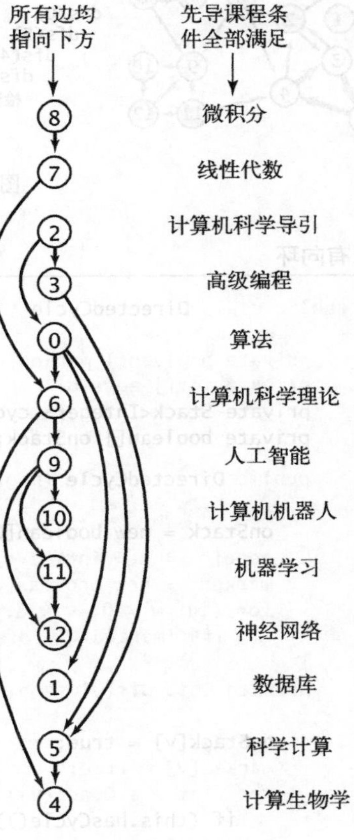

图 4.2.8 拓扑排序

4.2.4.2 有向图中的环

如果任务 x 必须在任务 y 之前完成，而任务 y 必须在任务 z 之前完成，但任务 z 又必须在任务 x 之前完成，那肯定是有人搞错了，因为这三个限制条件是不可能被同时满足的。一般来说，如果一个有优先级限制的问题中存在有向环，那么这个问题肯定是无解的。要检查这种错误，需要解决下面这个问题。

有向环检测。给定的有向图中包含有向环吗？如果有，按照路径的方向从某个顶点并返回自己来找到环上的所有顶点。

一幅有向图中含有的环的数量可能是图的大小的指数级别（请见练习 4.2.11），因此我们只需要找出一个环即可，而不是所有环。在任务调度和其他许多实际问题中不允许出现有向环，因此不含有环的有向图就变得很特殊。

定义。有向无环图（DAG）就是一幅不含有向环的有向图。

因此，解决有向环检测的问题可以回答下面这个问题：一幅有向图是有向无环图吗？基于深度优先搜索来解决这个问题并不困难，因为由系统维护的递归调用的栈表示的正是“当前”正在遍历的有向路径（就好像用 Tremaux 方法探索迷宫时的那条绳子一样）。一旦我们找到了一条有向边 `v`→`w` 且 `w` 已经存在于栈中，就找到了一个环，因为栈表示的是一条由 `w` 到 `v` 的有向路径，而 `v`→`w` 正好补全了这个环。同时，如果没有找到这样的边，那就意味着这幅有向图是无环的，见图 4.2.9。请见后面框注“寻找有向环”，该框注中的 DirectedCycle 基于这个思想实现了表 4.2.5 中的 API。

表 4.2.5 有向环的 API

public class	**DirectedCycle**	
	DirectedCycle(Digraph G)	寻找有向环的构造函数
boolean	hasCycle()	G 是否含有有向环
Iterable<Integer>	cycle()	有向环中的所有顶点（如果存在的话）

575~576

图 4.2.9 在一幅有向图中寻找环

寻找有向环

```
public class DirectedCycle
{
   private boolean[] marked;
   private int[] edgeTo;
   private Stack<Integer> cycle;      // 有向环中的所有顶点（如果存在）
   private boolean[] onStack;         // 递归调用的栈上的所有顶点
   public DirectedCycle (Digraph G)
   {
      onStack = new boolean[G.V()];
      edgeTo  = new int[G.V()];
      marked  = new boolean[G.V()];
      for (int v = 0; v < G.V(); v++)
         if (!marked[v]) dfs(G, v);
   }
   private void dfs(Digraph G, int v)
   {
      onStack[v] = true;
      marked[v] = true;
      for (int w : G.adj(v))
         if (this.hasCycle()) return;
         else if (!marked[w])
         {  edgeTo[w] = v; dfs(G, w);  }
         else if (onStack[w])
         {
            cycle = new Stack<Integer>();
            for (int x = v; x != w; x = edgeTo[x])
               cycle.push(x);

            cycle.push(w);
            cycle.push(v);
         }
      onStack[v] = false;
   }
```

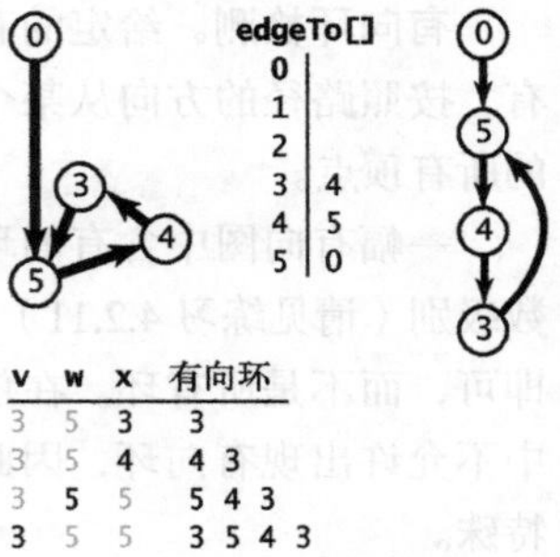

有向环检测的轨迹

```
    public boolean hasCycle()
    {  return cycle != null;  }

    public Iterable<Integer> cycle()
    {  return cycle;  }
}
```

该类为标准的递归 dfs() 方法添加了一个布尔类型的数组 onStack[] 来保存递归调用期间栈上的所有顶点。当它找到一条边 v → w 且 w 在栈中时，它就找到了一个有向环。环上的所有顶点可以通过 edgeTo[] 中的链接得到。 577

在执行 dfs(G,v) 时，查找的是一条由起点到 v 的有向路径。要保存这条路径，DirectedCycle 维护了一个由顶点索引的数组 onStack[]，以标记递归调用的栈上的所有顶点（在调用 dfs(G,v) 时将 onStack[v] 设为 true，在调用结束时将其设为 false）。DirectedCycle 同时也使用了一个 edgeTo[] 数组，在找到有向环时返回环中的所有顶点，方法和 DepthFirstPaths（请见算法 4.1）以及 BreadthFirstPaths（请见算法 4.2）相同。

4.2.4.3 顶点的深度优先次序与拓扑排序

优先级限制下的调度问题等价于计算有向无环图中的所有顶点的拓扑顺序，因此有表 4.2.6 所示的 API。

表 4.2.6 拓扑排序的 API

public class	Topological	
	Topological(Digraph G)	拓扑排序的构造函数
boolean	isDAG()	G 是有向无环图吗
Iterable<Integer>	order()	拓扑有序的所有顶点

命题 E。当且仅当一幅有向图是无环图时它才能进行拓扑排序。

证明。如果一幅有向图含有一个环，它就不可能是拓扑有序的。与此相反，我们将要学习的算法能够计算任意有向无环图的拓扑顺序。

值得注意的是，实际上我们已经见过一种拓扑排序的算法：只要添加一行代码，标准深度优先搜索程序就能完成这项任务！要做到这一点，我们先来看看后面框注“有向图中基于深度优先搜索的顶点排序”的 DepthFirstOrder 类。它的基本思想是深度优先搜索正好只会访问每个顶点一次。如果将 dfs() 的参数顶点保存在一个数据结构中，遍历这个数据结构实际上就能访问图中的所有顶点，遍历的顺序取决于这个数据结构的性质以及是在递归调用之前还是之后进行保存。在典型的应用中，人们感兴趣的是顶点的以下 3 种排列顺序。

- ❑ 前序：在递归调用之前将顶点加入队列。
- ❑ 后序：在递归调用之后将顶点加入队列。
- ❑ 逆后序：在递归调用之后将顶点压入栈。

图 4.2.10 所示的是用 DepthFirstOrder 处理示例有向无环图所产生的轨迹。它的实现简单，支持在图的高级处理算法中十分有用的 pre()、post() 和 reversePost() 方法。例如，Topological 类中的 order() 方法就调用了 reversePost() 方法。 578

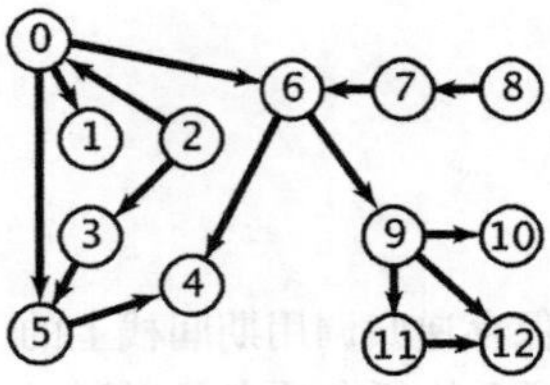

前序就是dfs()的调用顺序　　后序就是顶点遍历完成的顺序

	pre（队列）	post（队列）	reversePost（栈）
dfs(0)	0		
dfs(5)	0 5		
dfs(4)	0 5 4		
4 完成		4	4
5 完成		4 5	5 4
dfs(1)	0 5 4 1		
1 完成		4 5 1	1 5 4
dfs(6)	0 5 4 1 6		
dfs(9)	0 5 4 1 6 9		
dfs(11)	0 5 4 1 6 9 11		
dfs(12)	0 5 4 1 6 9 11 12		
12 完成		4 5 1 12	12 1 5 4
11 完成		4 5 1 12 11	11 12 1 5 4
dfs(10)	0 5 4 1 6 9 11 12 10		
10 完成		4 5 1 12 11 10	10 11 12 1 5 4
检查 12			
9 完成		4 5 1 12 11 10 9	9 10 11 12 1 5 4
检查 4			
6 完成		4 5 1 12 11 10 9 6	6 9 10 11 12 1 5 4
0 完成		4 5 1 12 11 10 9 6 0	0 6 9 10 11 12 1 5 4
检查 1			
dfs(2)	0 5 4 1 6 9 11 12 10 2		
检查 0			
dfs(3)	0 5 4 1 6 9 11 12 10 2 3		
检查 5			
3 完成		4 5 1 12 11 10 9 6 0 3	3 0 6 9 10 11 12 1 5 4
2 完成		4 5 1 12 11 10 9 6 0 3 2	2 3 0 6 9 10 11 12 1 5 4
检查 3			
检查 4			
检查 5			
检查 6			
dfs(7)	0 5 4 1 6 9 11 12 10 2 3 7		
检查 6			
7 完成		4 5 1 12 11 10 9 6 0 3 2 7	7 2 3 0 6 9 10 11 12 1 5 4
dfs(8)	0 5 4 1 6 9 11 12 10 2 3 7 8		
检查 7			
8 完成		4 5 1 12 11 10 9 6 0 3 2 7 8	8 7 2 3 0 6 9 10 11 12 1 5 4
检查 9			
检查 10			
检查 11			
检查 12			

逆后序

579　图 4.2.10　计算有向图中顶点的深度优先次序（前序、后序和逆后序）

有向图中基于深度优先搜索的顶点排序

```
public class DepthFirstOrder
{
   private boolean[] marked;
   private Queue<Integer> pre;          // 所有顶点的前序排列
   private Queue<Integer> post;         // 所有顶点的后序排列
   private Stack<Integer> reversePost;  // 所有顶点的逆后序排列
```

```
   public DepthFirstOrder(Digraph G)
   {
      pre          = new Queue<Integer>();
      post         = new Queue<Integer>();
      reversePost  = new Stack<Integer>();
      marked  = new boolean[G.V()];

      for (int v = 0; v < G.V(); v++)

         if (!marked[v]) dfs(G, v);

   }

   private void dfs(Digraph G, int v)
   {
      pre.enqueue(v);

      marked[v] = true;
      for (int w : G.adj(v))
         if (!marked[w])
            dfs(G, w);

      post.enqueue(v);
      reversePost.push(v);
   }

   public Iterable<Integer> pre()
   {  return pre;  }
   public Iterable<Integer> post()
   {  return post;  }
   public Iterable<Integer> reversePost()
   {  return reversePost;  }

}
```

该类允许用例用各种顺序遍历深度优先搜索经过的所有顶点。这在高级的有向图处理算法中非常有用，因为搜索的递归性使得我们能够证明这段计算的许多性质（例如命题 F）。 580

算法 4.5 拓扑排序

```
public class Topological
{
   private Iterable<Integer> order;          // 顶点的拓扑顺序

   public Topological(Digraph G)
   {
      DirectedCycle cyclefinder = new DirectedCycle(G);
      if (!cyclefinder.hasCycle())

      {
         DepthFirstOrder dfs = new DepthFirstOrder(G);

         order = dfs.reversePost();
      }
   }

   public Iterable<Integer> order()
   {  return order;  }
   public boolean isDAG()
   {  return order != null;  }
```

```
    public static void main(String[] args)
    {
        String filename = args[0];
        String separator = args[1];
        SymbolDigraph sg = new SymbolDigraph(filename, separator);

        Topological top = new Topological(sg.G());

        for (int v : top.order())
            StdOut.println(sg.name(v));
    }

}
```

这段代码使用了 DepthFirstOrder 类和 DirectedCycle 类来返回一幅有向无环图的拓扑排序。其中的测试代码解决了一幅 SymbolDigraph 中有优先级限制的调度问题。在给定的有向图包含环时，order() 方法会返回 null，否则会返回一个能够给出拓扑有序的所有顶点的迭代器。这里省略了关于 SymbolDigraph 的代码，因为它和 SymbolGraph（请见第 356 页）的代码几乎完全相同，只需把所有的
581 Graph 替换为 Digraph 即可。

命题 F。一幅有向无环图的拓扑顺序即为所有顶点的逆后序排列。

证明。对于任意边 v→w，在调用 dfs(v) 时，下面三种情况必有其一成立（请见图 4.2.11）。

- dfs(w) 已经被调用过且已经返回了（w 已经被标记）。
- dfs(w) 还没有被调用（w 还未被标记），因此 v→w 会直接或间接调用并返回 dfs(w)，且 dfs(w) 会在 dfs(v) 返回前返回。
- dfs(w) 已经被调用但还未返回。证明的关键在于，在有向无环图中这种情况是不可能出现的，这是由于递归调用链意味着存在从 w 到 v 的路径，但存在 v→w 则表示存在一个环。

在两种可能的情况中，dfs(w) 都会在 dfs(v) 之前完成，因此在后序排列中 w 排在 v 之前而在逆后序中 w 排在 v 之后。因此任意一条边 v→w 都如我们所愿地从排名较前顶点指向排名较后的顶点。

```
% more jobs.txt
Algorithms/Theoretical CS/Databases/Scientific Computing
Introduction to CS/Advanced Programming/Algorithms
Advanced Programming/Scientific Computing
Scientific Computing/Computational Biology
Theoretical CS/Computational Biology/Artificial Intelligence
Linear Algebra/Theoretical CS
Calculus/Linear Algebra
Artificial Intelligence/Neural Networks/Robotics/Machine Learning
Machine Learning/Neural Networks
```

582

```
% java Topological jobs.txt "/"
Calculus
Linear Algebra
Introduction to CS
Advanced Programming
Algorithms
Theoretical CS
Artificial Intelligence
Robotics
Machine Learning
Neural Networks
Databases
Scientific Computing
Computational Biology
```

Topological 类（请见算法 4.5）的实现使用了深度优先搜索来对有向无环图进行拓扑排序。图 4.2.11 为排序的轨迹。

命题 G。使用深度优先搜索对有向无环图进行拓扑排序所需的时间和 $V+E$ 成正比。

证明。由代码可知，第一遍深度优先搜索保证了不存在有向环，第二遍深度优先搜索产生了顶点的逆后序排列。两次搜索都访问了所有的顶点和所有的边，因此它所需的时间和 $V+E$ 成正比。

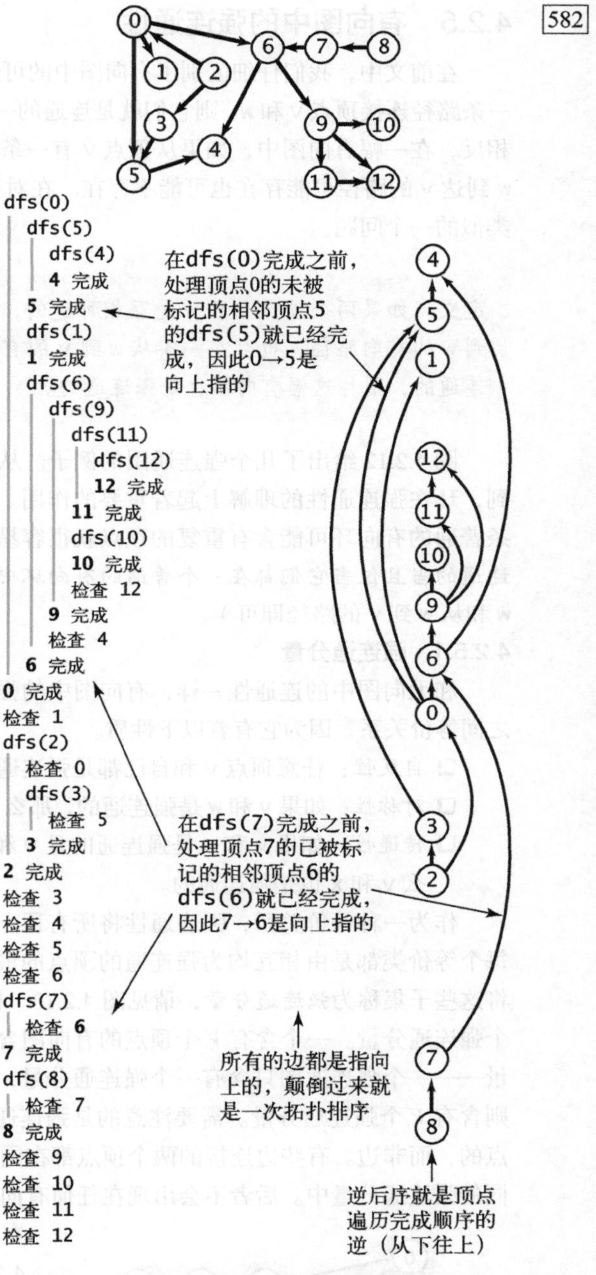

图 4.2.11 有向无环图的逆后序是拓扑排序

尽管算法很简单，但是它被忽略了很多年，比它更流行的是一种使用队列储存顶点的更加直观的算法。（请见练习 4.2.30）

在实际应用中，拓扑排序和有向环的检测总会一起出现，因为有向环的检测是排序的前提。例如，在一个任务调度应用中，无论计划如何安排，其背后的有向图中包含的环意味着存在一个必须被纠正的严重错误。因此，解决任务调度类应用通常需要以下 3 步：

- 指明任务和优先级条件；
- 不断检测并去除有向图中的所有环，以确保存在可行方案的；
- 使用拓扑排序解决调度问题。

类似地，调度方案的任何变动之后都需要再次检查是否存在环（使用 DirectedCycle 类），然后再计算新的调度安排（使用 Topological 类）。 582~583

382 4.2.5 有向图中的强连通性

在前文中，我们仔细区别了有向图中的可达性和无向图中的连通性。在一幅无向图中，如果有一条路径连接顶点 v 和 w，则它们就是连通的——既可以由这条路径从 w 到达 v，也可以从 v 到达 w。相反，在一幅有向图中，如果从顶点 v 有一条有向路径到达 w，则顶点 w 是从顶点 v 可达的，但从 w 到达 v 的路径可能存在也可能不存在。在对有向图的研究中，我们也会考虑与无向图中的连通性类似的一个问题。

定义。如果两个顶点 v 和 w 是互相可达的，则称它们为**强连通的**。也就是说，既存在一条从 v 到 w 的有向路径，也存在一条从 w 到 v 的有向路径。如果一幅有向图中的任意两个顶点都是强连通的，则称这幅有向图也是**强连通的**。

图 4.2.12 给出了几个强连通图的例子。从这些例子中你可以看到，环在强连通性的理解上起着重要的作用。事实上，回忆一下一条普通的有向环可能含有重复的顶点就很容易知道，两个顶点是强连通的当且仅当它们都在一个普通的有向环中（证明：画出从 v 到 w 和从 w 到 v 的路径即可）。

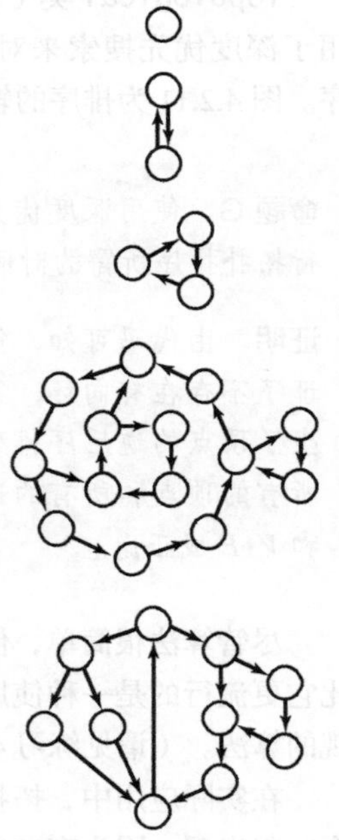

图 4.2.12 强连通的有向图

4.2.5.1 强连通分量

和无向图中的连通性一样，有向图中的强连通性也是一种顶点之间等价关系，因为它有着以下性质。

- 自反性：任意顶点 v 和自己都是强连通的。
- 对称性：如果 v 和 w 是强连通的，那么 w 和 v 也是强连通的。
- 传递性：如果 v 和 w 是强连通的且 w 和 x 也是强连通的，那么 v 和 x 也是强连通的。

作为一种等价关系，强连通性将所有顶点分为了一些等价类，每个等价类都是由相互均为强连通的顶点的最大子集组成的。我们将这些子集称为**强连通分量**，请见图 4.2.13。样图 tinyDG.txt 含有 5 个强连通分量。一个含有 V 个顶点的有向图含有 1 ~ V 个强连通分量——一个强连通图只含有一个强连通分量，而一个有向无环图中则含有 V 个强连通分量。需要注意的是强连通分量的定义是基于顶点的，而非边。有些边连接的两个顶点都在同一个强连通分量中，而有些边连接的两个顶点则在不同的强连通分量中。后者不会出现在任何有向环之中。与识别连通分量在无向图中的重要性一样，在有向图的处理中识别强连通分量也是非常重要的。

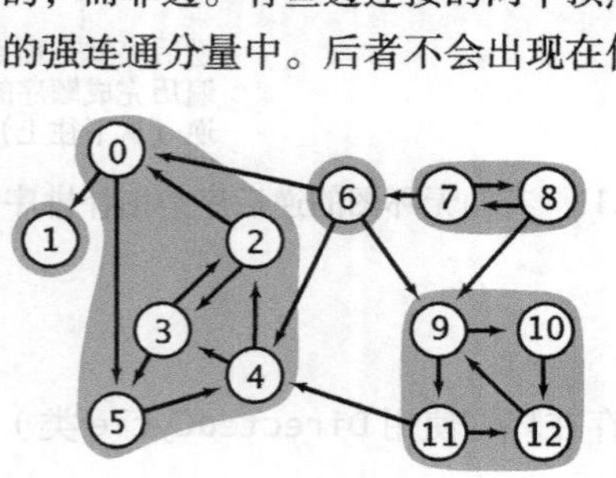

图 4.2.13 一幅有向图和它的强连通分量

4.2.5.2 应用举例

在理解有向图的结构时，强连通性是一种非常重要的抽象，它突出了相互关联的几组顶点（强连通分量）。例如，强连通分量能够帮助教科书的作者决定哪些话题应该被归为一类，或帮助程序员组织程序的模块（请见表 4.2.7）。图 4.2.14 是一个生态学的例子。这幅有向图描绘的是各种生物之间的食物链模型，其中顶点表示物种，而从一个顶点指向另一个顶点的一条边则表示指向顶点的物种对指出顶点的物种的捕食关系。这些有向图（其中物种和捕食关系都是经过仔细选择和研究的）的科学研究有效地帮助了生态学家解决生态系统中的一些基本问题。这种有向图中的强连通分量能够帮助生态学家理解食物链中能量的流动。图 4.2.17 所示的是一张表示网络内容的有向图，其中顶点表示网页，而边表示从一个页面指向另一个页面的超链接。在这样一幅有向图中，强连通分量能够帮助网络工程师将网络中数量庞大的网页分为多个大小可以接受的部分分别进行处理。练习和本书的网站会涉及这些应用和其他例子的更多性质。

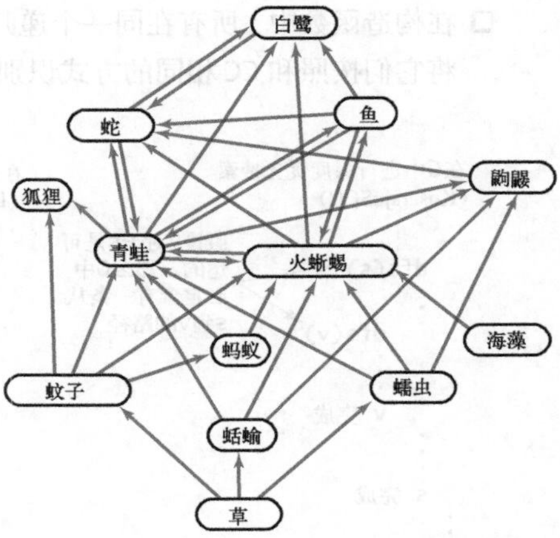

图 4.2.14 一幅表示食物链的有向图的一小部分

表 4.2.7 强连通分量的典型应用

应　用	顶　点	边
网络	网页	超链接
教科书	话题	引用
软件	模块	调用
食物链	物种	捕食关系

584 ~ 585

因此，在有向图中我们也需要表 4.2.8 所列的这份和 CC（请见表 4.1.6）类似的 API。

表 4.2.8 强连通分量的 API

public class	**SCC**	
	`SCC(Digraph G)`	预处理构造函数
`boolean`	`stronglyConnected(int v, int w)`	v 和 w 是强连通的吗
`int`	`count()`	图中的强连通分量的总数
`int`	`id(int v)`	v 所在的强连通分量的标识符（在 0 至 count()-1 之间）

设计一种平方级别的算法来计算强连通分量（请见练习 4.2.23）并不困难，但（和以前一样）对于处理在实际应用中经常遇到的像刚才示例所示的大型有向图来说，平方级别的时间和空间需求是不可接受的。

4.2.5.3 Kosaraju 算法

我们在 CC（请见算法 4.3）中看到过，计算无向图中的连通分量只是深度优先搜索的一个简单应用。那么在有向图中应该如何高效地计算强连通分量呢？令人惊讶的是，算法 4.6 中的 KosarajuCC 的实现只为 CC 添加了几行代码就做到了这一点，它将会完成以下任务（请见图 4.2.15）。

- 在给定的一幅有向图 G 中，使用 DepthFirstOrder 来计算它的反向图 G^R 的逆后序排列。
- 在 G 中进行标准的深度优先搜索，但是要按照刚才计算得到的顺序而非标准的顺序来访问所有未被标记的顶点。

- 在构造函数中，所有在同一个递归 dfs() 调用中被访问到的顶点都在同一个强连通分量中，将它们按照和 CC 相同的方式识别出来。

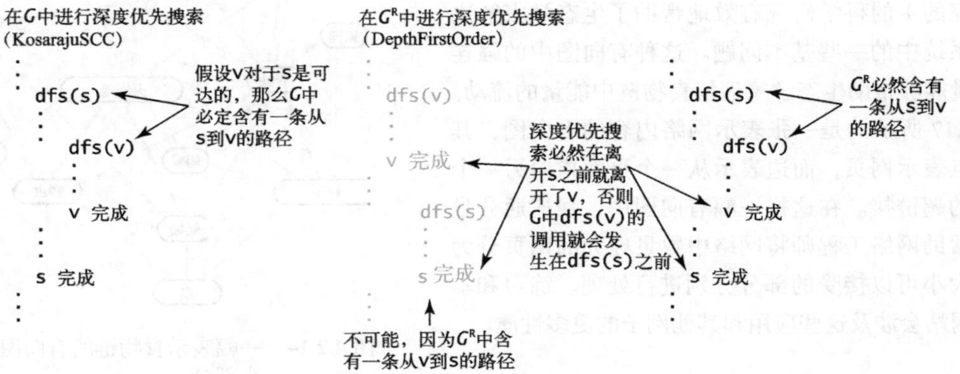

586

图 4.2.15 Kosaraju 算法的正确性证明

算法 4.6 计算强连通分量的 Kosaraju 算法

```
public class KosarajuSCC
{
   private boolean[] marked;   // 已访问过的顶点
   private int[] id;           // 强连通分量的标识符
   private int count;          // 强连通分量的数量

   public KosarajuSCC(Digraph G)
   {
      marked = new boolean[G.V()];
      id = new int[G.V()];
      DepthFirstOrder order = new DepthFirstOrder(G.reverse());
      for (int s : order.reversePost())
         if (!marked[s])
         {  dfs(G, s); count++;  }
   }

   private void dfs(Digraph G, int v)
   {
      marked[v] = true;
      id[v] = count;
      for (int w : G.adj(v))
         if (!marked[w])
            dfs(G, w);
   }

   public boolean stronglyConnected(int v, int w)
   {  return id[v] == id[w];  }

   public int id(int v)
   {  return id[v];  }

   public int count()
```

```
% java KosarajuSCC tinyDG.txt
5 components
1
5 4 3 2 0
12 11 10 9
6
8 7
```

```
    { return count; }
}
```

突出显示的代码是这份实现和 CC（请见算法 4.3）仅有的不同之处（还需要将 4.1.6.1 节中用到的 main() 函数中的 Graph 替换为 Digraph，CC 替换为 KosarajuSCC）。为了找到所有强连通分量，它会在反向图中进行深度优先搜索来将顶点排序（搜索顺序的逆后序），在给定有向图中用这个顺序再进行一次深度优先搜索。 587

Kosaraju 算法是一个典型示例，这个方法容易实现但难以理解。尽管它有些神秘，但如果你能一步一步地理解下面这个命题的证明并参考图 4.2.15，那你一定可以理解这个算法的正确性。

命题 H。使用深度优先搜索查找给定有向图 G 的反向图 G^R，根据由此得到的所有顶点的逆后序再次用深度优先搜索处理有向图 G（Kosaraju 算法），其构造函数中的每一次递归调用所标记的顶点都在同一个强连通分量之中。

证明。首先要用反证法证明“每个和 s 强连通的顶点 v 都会在构造函数调用的 dfs(G,s) 中被访问到”。假设有一个和 s 强连通的顶点 v 不会在构造函数调用的 dfs(G,s) 中被访问到。因为存在从 s 到 v 的路径，所以 v 肯定在之前就已经被标记过了。但是，因为也存在从 v 到 s 的路径，在 dfs(G,v) 调用中 s 肯定会被标记，因此构造函数应该是不会调用 dfs(G,s) 的。矛盾。

其次，要证明“构造函数调用的 dfs(G,s) 所到达的任意顶点 v 都必然是和 s 强连通的”。设 v 为 dfs(G,s) 到达的某个顶点。那么，G 中必然存在一条从 s 到 v 的路径，因此只需要证明 G 中还存在一条从 v 到 s 的路径即可。这也等价于 G^R 中存在一条从 s 到 v 的路径，因此只需要证明在 G^R 中存在一条从 s 到 v 的路径即可。

证明的核心在于，按照逆后序进行的深度优先搜索意味着，在 G^R 中进行的深度优先搜索中，dfs(G,v) 必然在 dfs(G,s) 之前就已经结束了，这样 dfs(G,v) 的调用就只会出现两种情况：

- 调用在 dfs(G,s) 的调用之前（并且也在 dfs(G,s) 的调用之前结束）；
- 调用在 dfs(G,s) 的调用之后（并且也在 dfs(G,s) 的结束之前结束）。

第一种情况是不可能出现的，因为在 G^R 中存在一条从 v 到 s 的路径；而第二种情况则说明 G^R 中存在一条从 s 到 v 的路径。证毕。

图 4.2.16 所示为 Kosaraju 算法处理 tinyDG.txt 时的轨迹。在每次 dfs() 调用轨迹的右侧都是有向图的一种画法，顶点按照搜索结束的顺序排列。因此，从下往上来看左侧这幅有向图的反向图得到的就是所有顶点的逆后序，也就是在原始的有向图中进行深度优先搜索时所有未被标记的顶点被检查的顺序。你可以从图中看到，在第二遍深度优先搜索中，首先调用的是 dfs(1)（标记顶点 1），然后调用的是 dfs(0)（标记顶点 0、5、4、3 和 2），然后检查了顶点 2、4、5 和 3，再调用 dfs(11)（标记顶点 11、12、9 和 10），在检查了 9、12 和 10 之后调用 dfs(6)（标记顶点 6），最后调用 dfs(7) 标记了顶点 7 和 8。 588

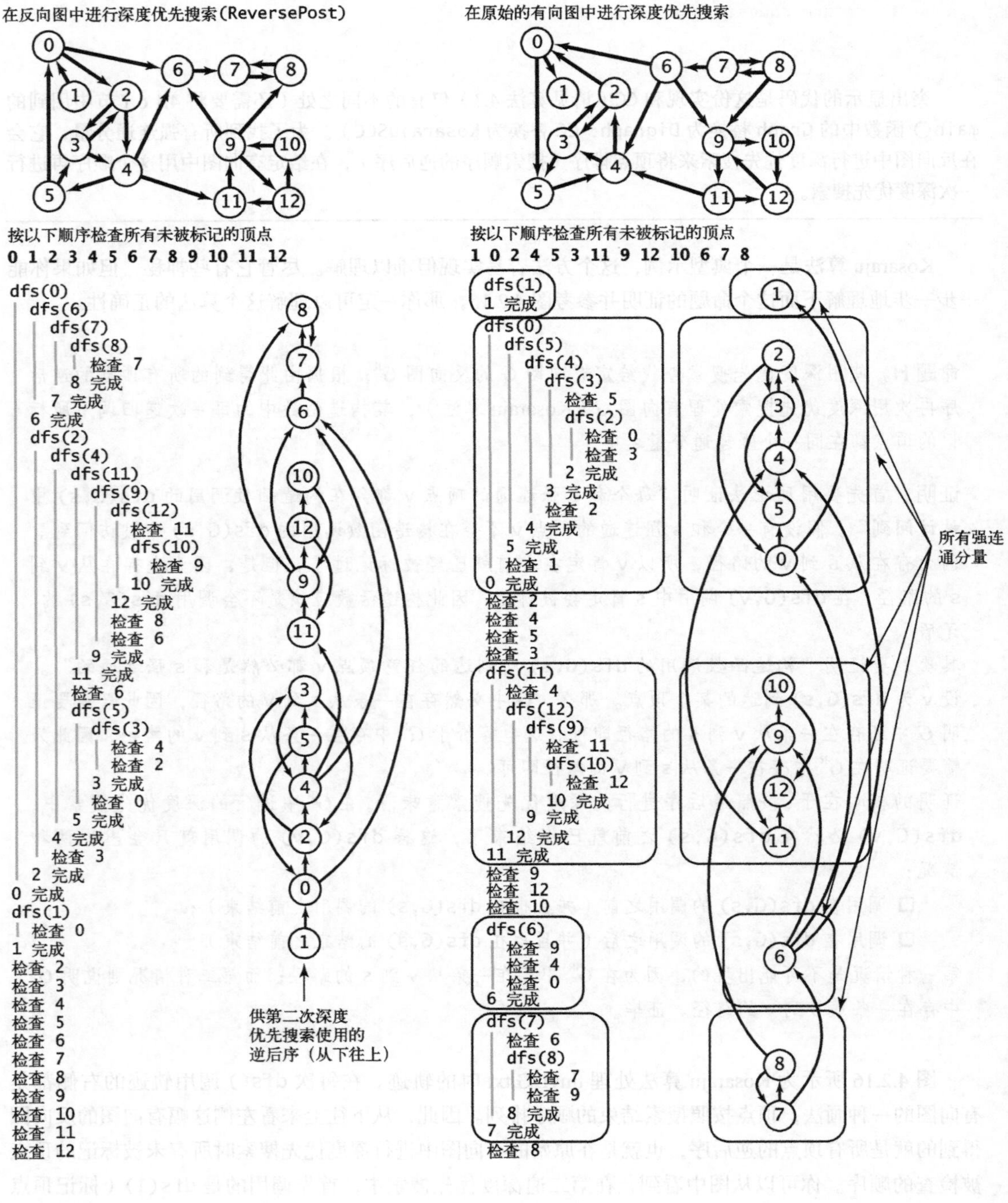

589 图 4.2.16 在有向图中寻找强连通分量的 Kosaraju 算法

图 4.2.17 中所示的是一个更大的示例，也是 Web 的有向图模型的一个非常小的部分。

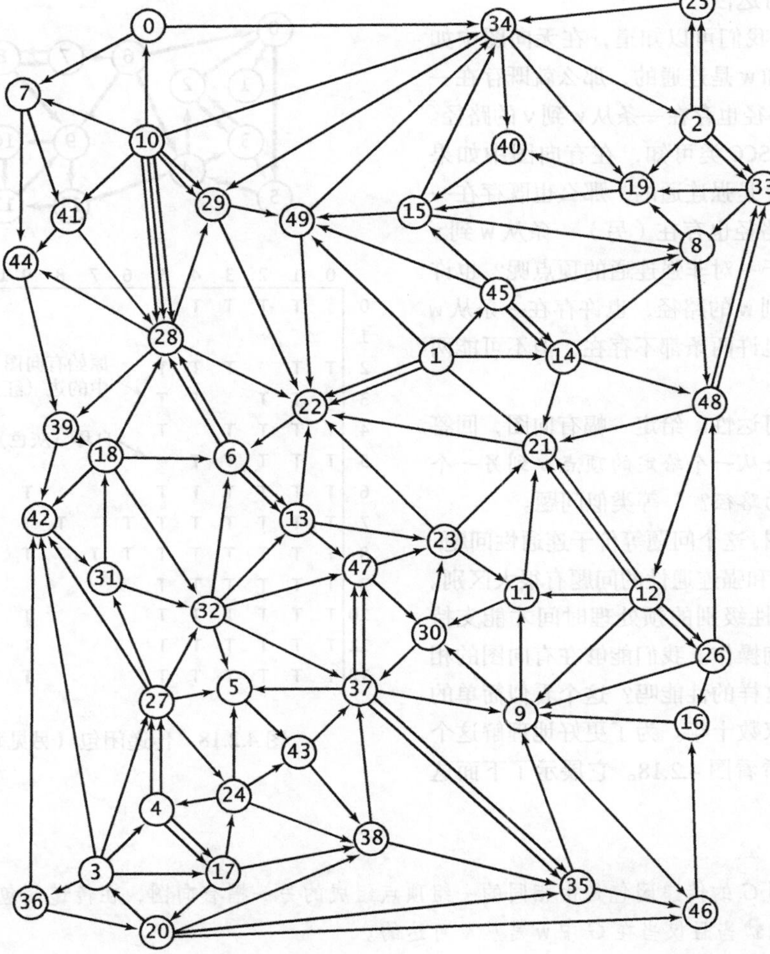

图 4.2.17 这幅有向图中含有多少个强连通分量

我们在第 1 章已经介绍过 Kosaraju 算法并在 4.1 节中再次使用该算法解决了无向图的连通性问题。Kosaraju 算法也解决了有向图中的类似问题。

强连通性。给定一幅有向图，回答“给定的两个顶点是强连通的吗？这幅有向图中含有多少个强连通分量？”等类似问题。

我们能否用和无向图相同的效率解决有向图的连通性问题？这个问题已经被研究了很长时间了（R.E.Tarjan 在 20 世纪 70 年代末解决了这个问题）。这样一个简单的解决方法实在令人惊讶。

命题 I。Kosaraju 算法的预处理所需的时间和空间与 $V+E$ 成正比且支持常数时间的有向图强连通性的查询。

证明。该算法会处理有向图的反向图并进行两次深度优先搜索。这 3 步所需的时间都与 $V+E$ 成正比。反向复制一幅有向图所需的空间与 $V+E$ 成正比。

4.2.5.4 再谈可达性

根据CC类我们可以知道，在无向图中如果两个顶点v和w是连通的，那么就既存在一条从v到w的路径也存在一条从w到v的路径。根据KosarajuSCC类可知，在有向图中如果两个顶点v和w是强连通的，那么也既存在一条从v到w的路径也存在（另）一条从w到v的路径。但对于一对非强连通的顶点呢？也许存在一条从v到w的路径，也许存在一条从w到v的路径，也许两条都不存在，但不可能两条都存在。

顶点对的可达性。给定一幅有向图，回答“是否存在一条从一个给定的顶点v到另一个给定的顶点w的路径？”等类似问题。

对于无向图，这个问题等价于连通性问题；对于有向图，它和强连通性的问题有很大区别。CC实现需要线性级别的预处理时间才能支持常数时间的查询操作。我们能够在有向图的相应实现中达到这样的性能吗？这个看似简单的问题困扰了专家数十年。为了更好地理解这个问题，我们来看看图4.2.18。它展示了下面这个基本的概念。

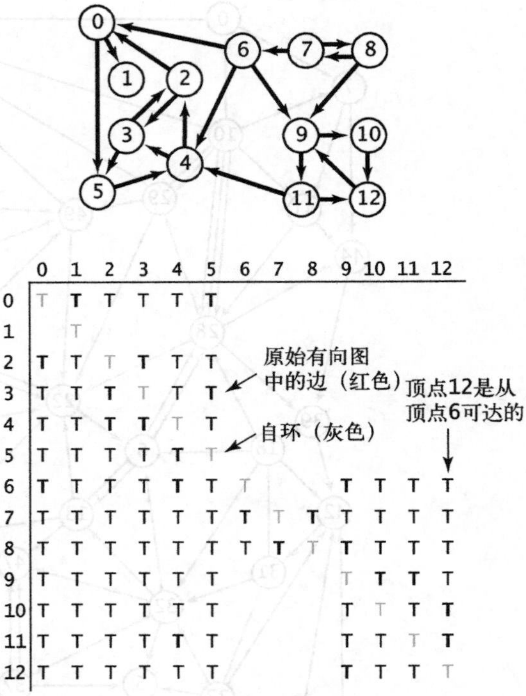

图4.2.18 传递闭包（另见彩插）

> **定义**。有向图G的传递闭包是由相同的一组顶点组成的另一幅有向图，在传递闭包中存在一条从v指向w的边当且仅当在G中w是从v可达的。

根据约定，每个顶点对于自己都是可达的，因此传递闭包会含有V个自环。示例有向图只有22条有向边，但它的传递闭包含有可能的169条有向边中的102条。一般来说，一幅有向图的传递闭包中所含的边都比原图中多得多，一幅稀疏图的传递闭包却是一幅稠密图也是很常见的。例如，含有V个顶点和V条边的有向环的传递闭包是一幅含有V^2条边的有向完全图。因为传递闭包一般都很稠密，我们通常都将它们表示为一个布尔值矩阵，其中v行w列的值为true当且仅当w是从v可达的。与其明确计算一幅有向图的传递闭包，不如使用深度优先搜索来实现表4.2.9中的API。

表4.2.9 顶点对可达性的API

public class	**TransitiveClosure**	
	TransitiveClosure(Digraph G)	预处理的构造函数
boolean	reachable(int v, int w)	w是从v可达的吗

下页框注中的代码使用DirectedDFS（请见算法4.4）简单明了地实现了它。无论对于稀疏还是稠密的图，它都是理想解决方案，但它不适用于在实际应用中可能遇到的大型有向图，因为

```
public class TransitiveClosure
{
   private DirectedDFS[] all;
   TransitiveClosure(Digraph G)
   {
      all = new DirectedDFS[G.V()];
      for (int v = 0; v < G.V(); v++)
         all[v] = new DirectedDFS(G, v);
   }

   boolean reachable(int v, int w)
   {  return all[v].marked(w);  }

}
```

顶点对的可达性

构造函数所需的空间和 V^2 成正比，所需的时间和 $V(V+E)$ 成正比：共有 V 个 DirectedDFS 对象，每个所需的空间都与 V 成正比（它们都含有大小为 V 的 marked[] 数组并会检查 E 条边来计算标记）。本质上，TransitiveClosure 通过计算 G 的传递闭包来支持常数时间的查询——传递闭包矩阵中的第 v 行就是 TransitiveClosure 类中的 DirectedDFS[] 数组的第 v 个元素的 marked[] 数组。我们能够大幅度减少预处理所需的时间和空间同时又保证常数时间的查询吗？用远小于平方级别的空间支持常数级别的查询的一般解决方案仍然是一个有待解决的研究问题，并且有重要的实际意义：例如，除非这个问题得到解决，对于像代表互联网这样的巨型有向图，否则无法有效解决其中的顶点对可达性问题。 590~593

4.2.6 总结

在本节中，我们介绍了有向边和有向图并强调了有向图处理算法和无向图处理中相应算法的关系，涵盖了以下几个方面：

- 有向图的术语；
- 有向图的表示和算法在本质上和无向图是相同的，但部分有向图问题更加复杂；
- 有向环、有向无环图、拓扑排序和优先级限制下的调度问题；
- 有向图的可达性、路径和强连通性。

表 4.2.10 总结了我们已经学过的各种有向图算法的实现（只有一个算法不基于深度优先搜索）。这些问题的描述都很简单，但它们的解决方法有的仅仅简单改造了无向图中的相应问题的处理算法，有的却非常巧妙。这些算法是 4.4 节更加复杂的算法的基础，在 4.4 节我们将学习加权有向图。

表 4.2.10 本节中得到解决的有向图处理问题

问　题	解决方法	参　阅
单点和多点的可达性	DirectedDFS	算法 4.4
单点有向路径	DepthFirstDirectedPaths	4.2.3.2
单点最短有向路径	BreadthFirstDirectedPaths	4.2.3.2
有向环检测	DirectedCycle	4.2.4.2 框注“寻找有向环”
深度优先的顶点排序	DepthFirstOrder	4.2.4.2 框注“有向图中基于深度优先搜索的顶点排序”
优先级限制下的调度问题	Topological	算法 4.5
拓扑排序	Topological	算法 4.5
强连通性	KosarajuSCC	算法 4.6
顶点对的可达性	TransitiveClosure	4.2.5.4 节

594

答疑

问 自环是一个环吗？

595 **答** 是的，但没有自环的顶点对于自己也是可达的。

练习

4.2.1 一幅含有 V 个顶点且没有平行边的有向图中最多可能含有多少条边？一幅含有 V 个顶点且没有孤立顶点的有向图中最少需要多少条边？

4.2.2 按照正文中示意图的样式（请见图 4.1.9）画出 Digraph 的构造函数在处理图 4.2.19 的 tinyDGex2.txt 时构造的邻接表。

4.2.3 为 Digraph 添加一个构造函数，它接受一幅有向图 G 然后创建并初始化这幅图的一个副本。G 的用例的对它作出的任何改动都不应该影响到它的副本。

4.2.4 为 Digraph 添加一个方法 hasEdge()，它接受两个整型参数 v 和 w。如果图含有边 v→w，方法返回 true，否则返回 false。

4.2.5 修改 Digraph，不允许存在平行边和自环。

4.2.6 为 Digraph 编写一个测试用例。

4.2.7 顶点的入度为指向该顶点的边的总数。顶点的出度为由该顶点指出的边的总数。从出度为 0 的顶点是不可能达到任何顶点的，这种顶点叫做终点；入度为 0 的顶点是不可能从任何顶点到达的，所以叫做起点。一幅允许出现自环且每个顶点的出度均为 1 的有向图叫做映射（从 0 到 $V-1$ 之间的整数到它们自身的函数）。编写一段程序 Degrees.java，实现下面的 API，如表 4.2.11 所示。

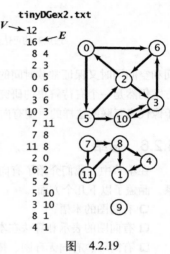

tinyDGex2.txt

```
V→ 12
   16 ←E
    8 4
    2 3
    0 5
    0 6
    3 6
   10 3
    7 11
    7 8
   11 8
    2 0
    6 2
    5 2
    5 10
    3 10
    8 1
    4 1
```

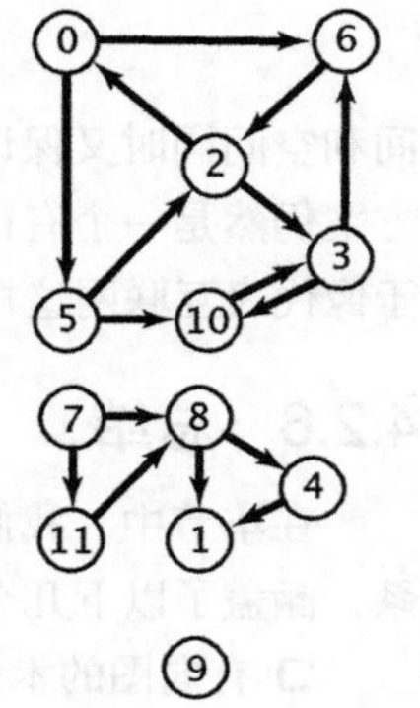

图 4.2.19

表 4.2.11

public class	**Degrees**	
	Degrees(Digraph G)	构造函数
int	indegree(int v)	v 的入度
int	outdegree(int v)	v 的出度
Iterable<Integer>	sources()	所有起点的集合
Iterable<Integer>	sinks()	所有终点的集合
boolean	isMap()	G 是一幅映射吗

596

4.2.8 画出所有含有 2、3、4 和 5 个顶点的非同构有向无环图。（参考练习 4.1.28）

4.2.9 编写一个方法，检查一幅有向无环图的顶点的给定排列是否就是该图顶点的拓扑排序。

4.2.10 给定一幅有向无环图，是否存在一种无法用基于深度优先搜索算法得到的顶点的拓扑排序？顶点的相邻关系不限。证明你的结论。

4.2.11 描述一组稀疏有向图，其含有的有向环的个数随着顶点增加而呈指数级增长。

4.2.12 一幅含有 V 个顶点和 V-1 条边且为一条简单路径的有向图的传递闭包中含有多少条边？

4.2.13 给出这幅含有 10 个顶点和以下边的有向图的传递闭包：

3→7 1→4 7→8 0→5 5→2 3→8 2→9 0→6 4→9 2→6 6→4

4.2.14 证明 G 和 G^R 中的强连通分量是相同的。

4.2.15 一幅有向无环图的强连通分量是哪些？

4.2.16 用 Kosaraju 算法处理一幅有向无环图的结果是什么？

4.2.17 真假判断：一幅有向图的反向图的顶点的逆后序排列和该有向图的顶点的后序排列相同。

4.2.18 使用 1.4 节中的内存使用模型评估含有 V 个顶点和 E 条边的 Digraph 的内存使用情况。 597

提高题

4.2.19 *拓扑排序与广度优先搜索*。解释为何如下算法无法得到一组拓扑排序：运行广度优先搜索并按照所有顶点和起点的距离标记它们。

4.2.20 *有向欧拉环*。欧拉环是一条每条边恰好出现一次的有向环。编写一个程序 Euler 来找出有向图中的欧拉环或者说明它不存在。*提示*：当且仅当有向图 G 是连通的且每个顶点的出度和入度相同时 G 含有一条有向欧拉环。

4.2.21 *有向无环图中的 LCA*。给定一幅有向无环图和两个顶点 v 和 w，找出 v 和 w 的 LCA（Lowest Common Ancestor，最近共同祖先）。LCA 的计算在实现编程语言的多重继承、分析家谱数据（找出家族中近亲繁衍的程度）和其他一些应用中很有用。*提示*：将有向无环图中的顶点 v 的高度定义为从根结点到 v 的最长路径。在所有 v 和 w 的共同祖先中，高度最大者就是 v 和 w 的最近共同祖先。

4.2.22 *最短先导路径*。给定一幅有向无环图和两个顶点 v 和 w，找出 v 和 w 之间的*最短先导路径*。设 v 和 w 的一个共同的祖先顶点为 x，先导路径为 v 到 x 的最短路径和 w 到 x 的最短路径。v 和 w 之间的最短先导路径是所有先导路径中的最短者。*热身*：构造一幅有向无环图，使得最短先导路径到达的祖先顶点 x 不是 v 和 w 的最近共同祖先。*提示*：进行两次广度优先搜索，一次从 v 开始，一次从 w 开始。

4.2.23 *强连通分量*。设计一种线性时间的算法来计算给定顶点 v 所在的强连通分量。在这个算法的基础上设计一种平方时间的算法来计算有向图的所有强连通分量。

4.2.24 *有向无环图中的汉密尔顿路径*。设计一种线性时间的算法来判定给定的有向无环图中是否存在一条能够正好只访问每个顶点一次的有向路径。

答案：计算给定图的拓扑排序并顺序检查拓扑排序中每一对相邻的顶点之间是否存在一条边。

4.2.25 *唯一的拓扑排序*。设计一个算法来判定一幅有向图的拓扑排序是否是唯一的。*提示*：当且仅当拓扑排序中每一对相邻的顶点之间都存在一条有向边（即有向图含有一条汉密尔顿路径）时它的拓扑排序才是唯一的。如果一幅有向图的拓扑排序不唯一，另一种拓扑排序可以由交换拓扑排序中的某一对相邻的顶点得到。 598

4.2.26 *2- 可满足性*。给定一个由 M 个子句和 N 个变量的组成的以合取范式形式给出的布尔逻辑命题，每个子句都正好含有两个变量，找到一组使布尔表达式为真的变量赋值（如果存在）。*提示*：构造一幅含有 $2N$ 个顶点的*蕴涵有向图*（implication graph）（每个变量和它的反都各有一个顶点）。对于每个子句 x+y，添加一条从 y' 到 x 的边和一条从 x' 到 y 的边。要满足子句 x+y，必有（i）

如果 y 是假那么 x 为真，或者（ii）如果 x 是假那么 y 为真。说明：当且仅当没有任何顶点 x 和它的反 x'存在于同一个强连通分量中时这个表达式才能被满足。另外，核心有向无环图（每个强连通分量都是一个顶点）的拓扑排序也能够产生一组可以满足该表达式的变量赋值。

4.2.27 有向图的枚举。证明所有不同的含有 V 个顶点且不含平行边的有向图的总数为 2^{V^2} 个。（含有 V 个顶点和 E 条边的不同有向图有多少个？）假设宇宙中每个电子在一纳秒内能够检查一幅有向图，宇宙中的电子总数不超过 10^{80} 个，宇宙的寿命小于 10^{20} 年。对于所有含有 20 个顶点的不同有向图，计算机最多能够检查它们的百分之几？

4.2.28 有向无环图的枚举。给出一个公式，计算含有 V 个顶点和 E 条边的所有有向无环图的数量。

4.2.29 算术表达式。编写一个类来计算由有向无环图表示的算术表达式。使用一个由顶点索引的数组来保存每个顶点所对应的值。假设叶子结点中的值是常数。描述一组算术表达式，使得它所对应的表达式树（expression tree）的大小是相应的有向无环图的大小的指数级别。（因此程序处理有向无环图所需的时间将和处理表达式树所需的时间的对数成正比。）

4.2.30 基于队列的拓扑排序。实现一种拓扑排序，使用由顶点索引的数组来保存每个顶点的入度。遍历一遍所有边并使用练习 4.2.7 给出的 Degrees 类来初始化数组以及一条含有所有起点的队列。然后，重复以下操作直到起点队列为空：

- 从队列中删去一个起点并将其标记；
599 - 遍历由被删除顶点指出的所有边，将所有被指向的顶点的入度减一；
- 如果顶点的入度变为 0，将它插入起点队列。

4.2.31 有向欧几里得图。修改你为 4.1.36 给出的解答，为平面图设计一份 API 名为 Euclidean-
600 Digraph，这样你就能够处理用图形表示的图了。

实验题

4.2.32 随机有向图。编写一个程序 ErdosRenyiDigraph，从命令行接受整数 V 和 E，随机生成 E 对 0 到 $V-1$ 之间的整数来构造一幅有向图。注意：生成器可能会产生自环和平行边。

4.2.33 随机简单有向图。编写一个程序 RandomSimpleDigraph，从命令行接受整数 V 和 E，用均等的几率生成含有 V 个顶点和 E 条边的所有可能的简单有向图。

4.2.34 随机稀疏有向图。将你为练习 4.1.40 给出的解答修改为 RandomSparseDigraph，根据精心选择的一组 V 和 E 的值生成随机的稀疏有向图，使得我们可以用它进行有意义的经验性测试。

4.2.35 随机欧几里得图。将你为练习 4.1.41 给出的解答修改为 EuclideanDigraph 的用例 RandomEuclidean-Digraph，随机指定每条边的方向。

4.2.36 随机网格图。将你为练习 4.1.42 给出的解答修改为 EuclideanDigraph 的用例 RandomGridDigraph，随机指定每条边的方向。

4.2.37 真实世界中的有向图。从互联网上找出一幅巨型有向图——可以是某个在线商业系统的交易图，或是由网页和链接得到的有向图。编写一段程序 RandomRealDigraph，从这些顶点构成的子图中随机选取 V 个顶点，然后再从这些顶点构成的子图中随机选取 E 条有向边来构造一幅图。

4.2.38 真实世界中的有向无环图。从互联网上找出一幅巨型有向无环图——可以是大型软件系统中的类依赖关系，或是大型文件系统中的目录结构。编写一段程序 RandomRealDAG，从这幅有向无
601 环图中随机选取 V 个顶点，然后再从这些顶点构成的子图中随机选取 E 条有向边来构造一幅图。

测试所有的算法并研究所有图模型的所有参数是不现实的。请为下面的每一道题都编写一

段程序来处理从输入得到的任意图。这段程序可以调用上面的任意生成器并对相应的图模型进行实验。你可以根据上次实验的结果自己作出判断来选择不同实验。陈述结果以及由此得出的任何结论。

4.2.39 可达性。对于各种有向图的模型，运行实验并根据经验判断从一个随机选定的顶点可以到达的顶点数量的平均值。

4.2.40 深度优先搜索中的路径长度。对于各种有向图的模型，运行实验并根据经验判断 DepthFirstDirectedPaths 在两个随机选定的顶点之间找到一条路径的概率并计算找到的路径的平均长度。

4.2.41 广度优先搜索中的路径长度。对于各种有向图的模型，运行实验并根据经验判断 BreadthFirstDirectedPaths 在两个随机选定的顶点之间找到一条路径的概率并计算找到的路径的平均长度。

4.2.42 强连通分量。运行实验随机生成大量有向图并画出柱状图，根据经验判断各种类型的随机有向图中强连通分量的数量的分布情况。 602

4.3 最小生成树

加权图是一种为每条边关联一个权值或是成本的图模型。这种图能够自然地表示许多应用。在一幅航空图中，边表示航线，权值则可以表示距离或是费用。在一幅电路图中，边表示导线，权值则可能表示导线的长度即成本，或是信号通过这条线路所需的时间。在这些情形中，最令人感兴趣的自然是将成本最小化。在本节中，我们将学习加权无向图模型并用算法回答下面这个问题。

最小生成树。给定一幅加权无向图，找到它的一棵最小生成树。

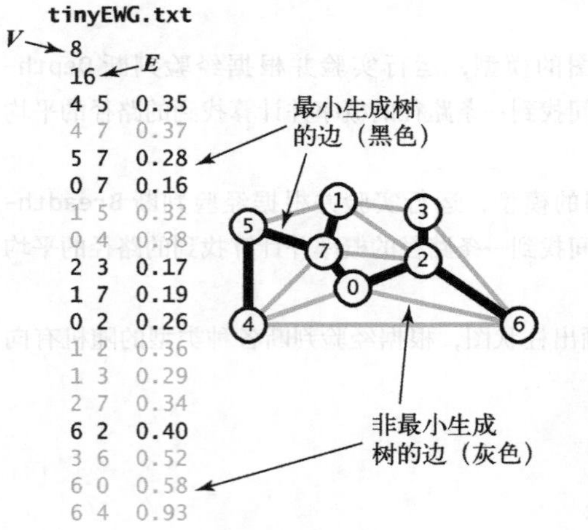

图 4.3.1 一幅加权无向图和它的最小生成树

> **定义**。图的生成树是它的一棵含有其所有顶点的无环连通子图。一幅加权图的**最小生成树**（MST）是它的一棵权值（树中所有边的权值之和）最小的生成树。（请见图 4.3.1）。

在本节中，我们会学习计算最小生成树的两种经典算法：Prim 算法和 Kruskal 算法。这些算法理解容易，实现简单。它们是本书中最古老和最知名的算法之一，但它们也根据现代数据结构得到了改进。因为最小生成树的重要应用领域太多，对解决这个问题的算法的研究至少从 20 世纪 20 年代在设计电力分配网络时就开始了。现在，最小生成树算法在设计各种类型的网络（通信、电子、水利、计算机、公路、铁路、航空等）以及自然界中的生物、化学和物理网络等各个领域的研究中都起到了重要的作用，请见表 4.3.1。

表 4.3.1 最小生成树的典型应用

应用领域	顶　点	边
电路	元器件	导线
航空	机场	航线
电力分配	电站	输电线
图像分析	面部容貌	相似关系

603~604

一些约定

在计算最小生成树的过程中可能会出现各种特殊情况。虽然它们大多数都很容易处理，但为了行文的流畅，我们约定如下。

- □ *只考虑连通图*。我们对生成树的定义意味着最小生成树只可能存在于连通图中，请见图 4.3.2a。从另一个角度来说，请回想 4.1 节所述的树的基本性质，我们要找的就是一个由 $V-1$ 条边组成的集合，它们既连通了图中的所有顶点而权值之和又最小。如果一幅图是非连通的，我们只能使用这个算法来计算它的所有连通分量的最小生成树，合并在一起称其为*最小生成森林*（请见练习 4.3.22）。
- □ *边的权重不一定表示距离*。有时你对几何学的直觉能够帮助你理解算法，因此在示例中，顶点都表示是平面上的点，而权重都表示是两点之间的距离，比如图 4.3.1。但需要注意的是，权重也可能表示时间、费用或是其他完全不同的变量，而且也完全不一定会和距离成正比，请见图 4.3.2b。

- 边的权重可能是 0 或者负数。如果边的权重都是正的，将最小生成树定义为连接所有顶点且总权重最小的子图就足够了，这样的一幅子图必然是一棵生成树。定义中的生成树条件说明图也可以含有权重为 0 或是负数的边，请见图 4.3.2c。
- 所有边的权重都各不相同。如果不同边的权重可以相同，最小生成树就不一定唯一了（请见练习 4.3.2）。存在多棵最小生成树的可能性会使部分算法的证明变得更加复杂，因此我们在表示中排除了这种可能性。事实上这个假设并没有限制算法的适用范围，因为不做修改它们也能处理存在等值权重的情况，请见图 4.3.2d 。

总之，在学习最小生成树相关算法的过程中我们假设任务的目标是在一幅加权（但权值各不相同的）连通无向图中找到它的最小生成树。

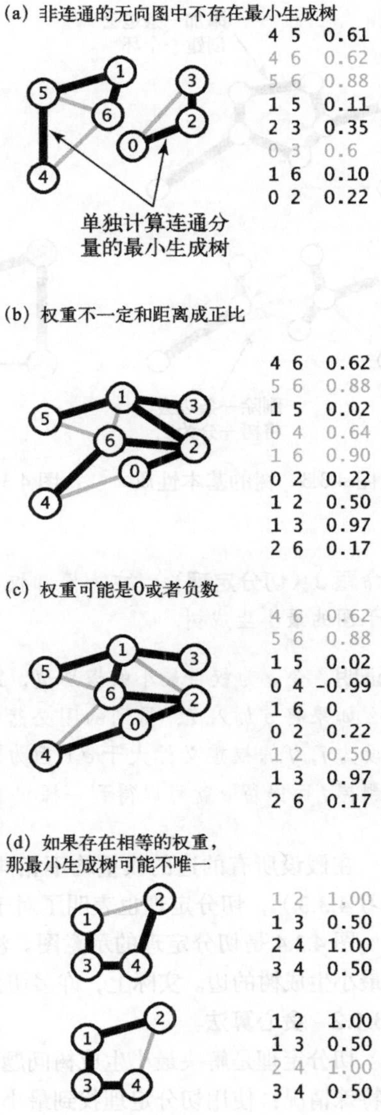

图 4.3.2 计算最小生成树时可能遇到的各种特殊情况

4.3.1 原理

首先，我们回顾一下 4.1 节中给出的树的两个最重要的性质，另见图 4.3.3：

- 用一条边连接树中的任意两个顶点都会产生一个新的环；
- 从树中删去一条边将会得到两棵独立的树。

这两条性质是证明最小生成树的另一条基本性质的基础，而由这条基本性质就能够得到本节中的最小生成树算法。

4.3.1.1 切分定理

我们称之为*切分定理*的这条性质将会把加权图中的所有顶点分为两个集合、检查横跨两个集合的所有边并识别哪条边应属于图的最小生成树。

> **定义**。图的一种**切分**是将图的所有顶点分为两个非空且不重叠的两个集合。**横切边**是一条连接两个属于不同集合的顶点的边。

通常，我们通过指定一个顶点集并隐式地认为它的补集为另一个顶点集来指定一个切分。这样，一条横切边就是连接该集合的一个顶点和不在该集合中的另一个顶点的一条边。如图 4.3.4 所示，我们将切分中一个集合的顶点都画为了灰色，另一个集合的顶点则为白色。

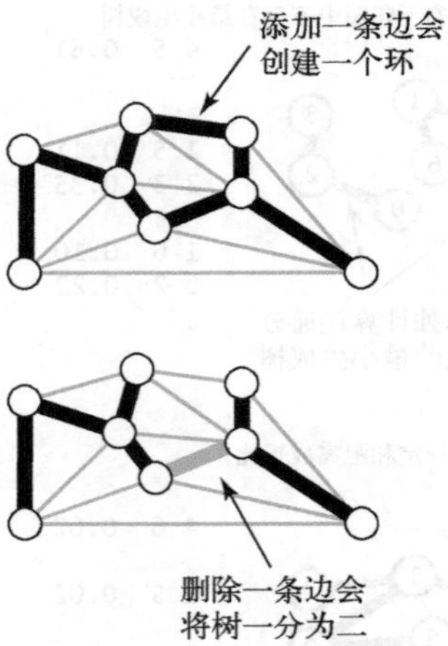

添加一条边会
创建一个环
删除一条边会
将树一分为二

图 4.3.3 树的基本性质

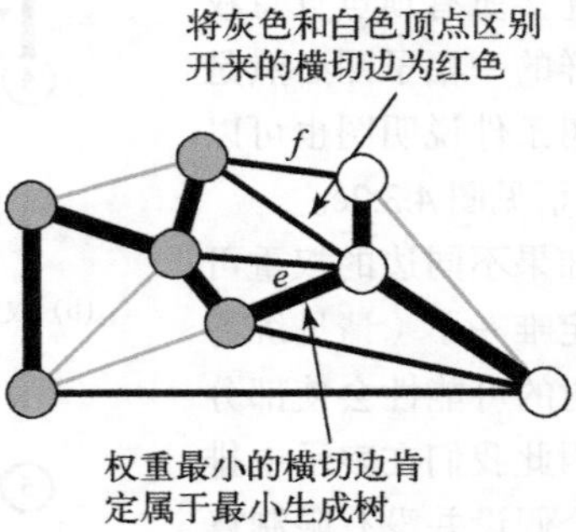

将灰色和白色顶点区别
开来的横切边为红色
f
e
权重最小的横切边肯
定属于最小生成树

图 4.3.4 切分定理（另见彩插）

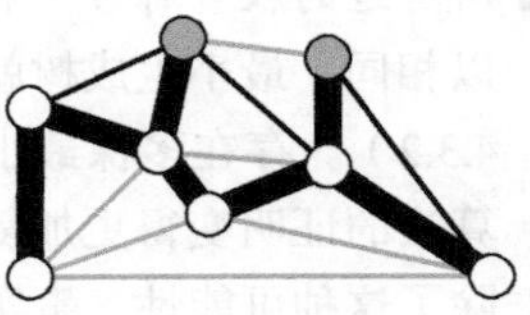

图 4.3.5 产生了两条属于最小生成树的横切边的一种切分

命题 J（切分定理）。在一幅加权图中，给定任意的切分，它的横切边中的权重最小者必然属于图的最小生成树。

证明。令 e 为权重最小的横切边，T 为图的最小生成树。我们采用反证法：假设 T 不包含 e。那么如果将 e 加入 T，得到的图必然含有一条经过 e 的环，且这个环至少含有另一条横切边——设为 f，f 的权重必然大于 e（因为 e 的权重是最小的且图中所有边的权重均不同）。那么我们删掉 f 而保留 e 就可以得到一棵权重更小的生成树。这和我们的假设 T 矛盾。

在假设所有的边的权重均不相同的前提下，每幅连通图都只有一棵唯一的最小生成树（请见练习 4.3.3），切分定理也表明了对于每一种切分，权重最小的横切边必然属于最小生成树。

图 4.3.4 是切分定理的示意图。注意，权重最小的横切边并不一定是所有横切边中唯一属于图的最小生成树的边。实际上，许多切分都会产生若干条属于最小生成树的横切边，如图 4.3.5 所示。

4.3.1.2 贪心算法

切分定理是解决最小生成树问题的所有算法的基础。更确切的说，这些算法都是一种贪心算法的特殊情况：使用切分定理找到最小生成树的一条边，不断重复直到找到最小生成树的所有边。这些算法相互之间的不同之处在于保存切分和判定权重最小的横切边的方式，但它们都是以下性质的特殊情况。

命题 K（最小生成树的贪心算法）。下面这种方法会将含有 V 个顶点的任意加权连通图中属于最小生成树的边标记为黑色：初始状态下所有边均为灰色，找到一种切分，它产生的横切边均不为黑色。将它权重最小的横切边标记为黑色。反复，直到标记了 $V-1$ 条黑色边为止。

证明。为了简单，我们假设所有边的权重均不相同，尽管没有这个假设该命题同样成立（请见练习 4.3.5）。根据切分定理，所有被标记为黑色的边均属于最小生成树。如果黑色边的数量小于 $V-1$，必然还存在不会产生黑色横切边的切分（因为我们假设图是连通的）。只要找到了 $V-1$ 条黑色的边，这些边所组成的就是一棵最小生成树。

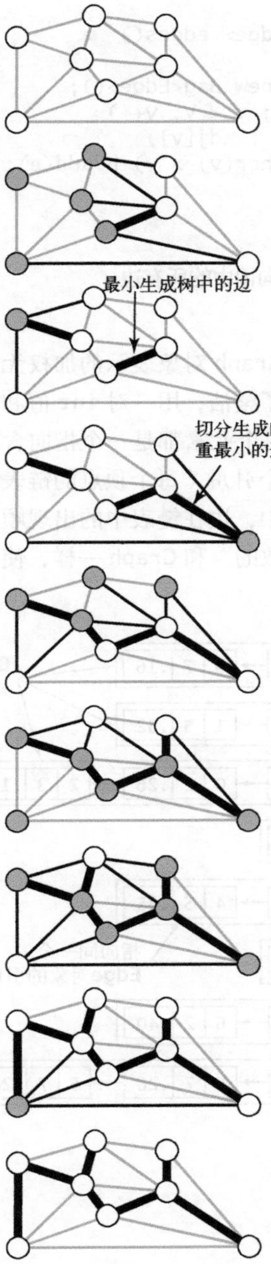

图 4.3.6 贪心最小生成树算法（另见彩插）

图 4.3.6 所示的是这个贪心算法运行的典型轨迹。每一幅图表现的都是一次切分，其中算法识别了一条权重最小的横切边（红色加粗）并将它加入最小生成树之中。

4.3.2 加权无向图的数据类型

加权无向图应该如何表示？也许最简单的方法就是扩展 4.1 节中对无向图的表示方法：在邻接矩阵的表示中，可以用边的权重代替布尔值来作为矩阵的元素；在邻接表的表示中，可以在链表的结点中增加一个权重域。（和以前一样，我们把重点放在稀疏图上，将邻接矩阵的表示方法留作练习。）这种经典的方法很有吸引力，但我们会使用另外一种并不太复杂的表示方式。它需要一个更加通用的 API 来处理 Edge 对象，能够使程序适用于更加常见的场景，请见表 4.3.2。

表 4.3.2 加权边的 API

public class **Edge** implements Comparable<Edge>		
	Edge(int v, int w, double weight)	用于初始化的构造函数
double	weight()	边的权重
int	either()	边两端的顶点之一
int	other(int v)	另一个顶点
int	compareTo(Edge that)	将这条边与 that 比较
String	toString()	对象的字符串表示

访问边的端点的 either() 和 other() 方法乍一看会有些奇怪——在看到调用它们的代码时就会清楚了为什么会有这样的需要了。Edge 的实现请见框注“带权重的边的数据类型”，它是 EdgeWeightedGraph 的 API 的基础。加权无向图的实现很自然地使用了 Edge 对象，请见表 4.3.3。

表 4.3.3 加权无向图的 API

public class **EdgeWeightedGraph**		
	EdgeWeightedGraph(int V)	创建一幅含有 V 个顶点的空图
	EdgeWeightedGraph(In in)	从输入流中读取图
int	V()	图的顶点数
int	E()	图的边数
void	addEdge(Edge e)	向图中添加一条边 e
Iterable<Edge>	adj(int v)	和 v 相关联的所有边
Iterable<Edge>	edges()	图的所有边
String	toString()	对象的字符串表示

605 ~ 608

这份 API 和 Graph 的 API（请见表 4.1.1）非常相似。两者的两个重要的不同之处在于本节 API 的基础是 Edge 且添加了一个 edges() 方法（请见框注“返回加权无向图中的所有边”）来遍历图的所有边（忽略自环）。后面框注“加权无向图的数据类型”中 EdgeWeightedGraph 的实现的其他部分与 4.1 节的无向图的实现基本相同，只是在邻接表中用 Edge 对象替代了 Graph 中的整数来作为链表的结点。

```
public Iterable<Edge> edges()
{
   Bag<Edge> b = new Bag<Edge>();
   for (int v = 0; v < V; v++)
      for (Edge e : adj[v])
         if (e.other(v) > v) b.add(e);
   return b;
}
```

返回加权无向图中的所有边

图 4.3.7 显示的是在处理样例文件 tinyEWG.txt 时用 EdgeWeightedGraph 对象表示的加权无向图。它按照 1.3 节中的标准实现显示了链表中每个 Bag 对象的内容。为了整洁，用一对 int 值和一个 double 值表示每个 Edge 对象。实际的数据结构是一个链表，其中每个元素都是一个指向含有这些值的对象的指针。需要特别注意的是，虽然每个 Edge 对象都有两个引用（每个顶点的链表中都有一个），但图中的每条边所对应的 Edge 对象只有一个。在示意图中，边在链表中的出现顺序和处理它们的顺序是相反的，这是由于标准链表实现和栈的相似性所导致的。和 Graph 一样，使用 Bag 对象可以保证用例的代码和链表中对象的顺序是无关的。

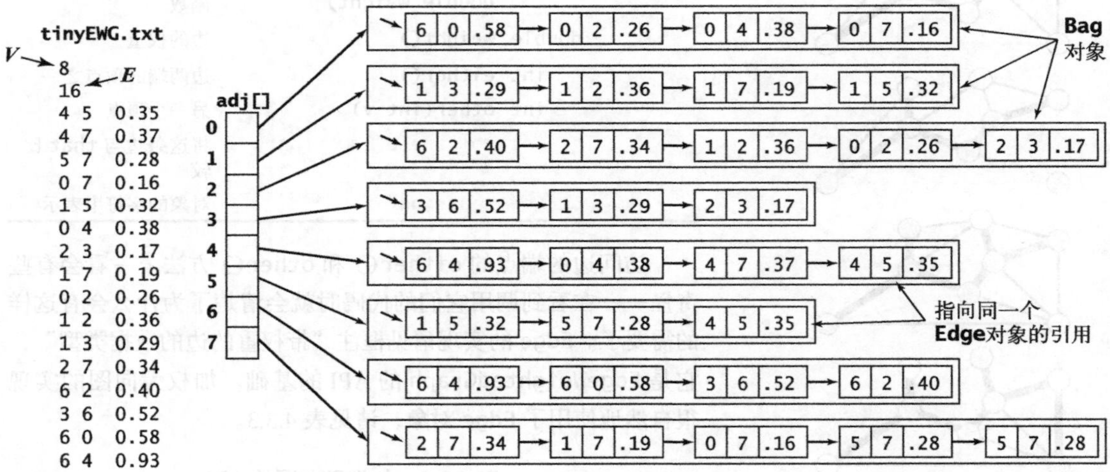

609

图 4.3.7 加权无向图的表示

带权重的边的数据类型

```
public class Edge implements Comparable<Edge>
{
   private final int v;                    // 顶点之一
   private final int w;                    // 另一个顶点
   private final double weight;            // 边的权重

   public Edge(int v, int w, double weight)
   {
      this.v = v;
```

```
        this.w = w;
        this.weight = weight;
    }

    public double weight()
    {  return weight;  }

    public int either()
    {  return v;  }

    public int other(int vertex)
    {
        if      (vertex == v) return w;
        else if (vertex == w) return v;
        else throw new RuntimeException("Inconsistent edge");
    }

    public int compareTo(Edge that)
    {
        if      (this.weight() < that.weight()) return -1;
        else if (this.weight() > that.weight()) return +1;
        else                                    return  0;
    }

    public String toString()
    {  return String.format("%d-%d %.2f", v, w, weight);  }
}
```

该数据结构提供了 either() 和 other() 两个方法。在已知一个顶点 v 时，用例可以使用 other(v) 来得到边的另一个顶点。当两个顶点都是未知的时候，用例可以使用惯用代码 v=e.either()，w=e.other(v)；来访问一个 Edge 对象 e 的两个顶点。 610

加权无向图的数据类型

```
public class EdgeWeightedGraph
{
    private final int V;              // 顶点总数
    private int E;                    // 边的总数
    private Bag<Edge>[] adj;          // 邻接表

    public EdgeWeightedGraph(int V)
    {
        this.V = V;
        this.E = 0;
        adj = (Bag<Edge>[]) new Bag[V];
        for (int v = 0; v < V; v++)
            adj[v] = new Bag<Edge>();
    }

    public EdgeWeightedGraph(In in)
    // 见练习4.3.9

    public int V() {  return V;  }
    public int E() {  return E;  }

    public void addEdge(Edge e)
    {
        int v = e.either(), w = e.other(v);
```

```
        adj[v].add(e);
        adj[w].add(e);
        E++;
     }

    public Iterable<Edge> adj(int v)
    {  return adj[v];  }

    public Iterable<Edge> edges()
    // 请见4.3.2节框注“返回加权无向图中的所有边”

}
```

该实现使用了一个由顶点索引的邻接表。与 Graph（请见 4.1.2.2 节框注“Graph 数据类型”）一样，每条边都会出现两次：如果一条边连接了顶点 v 和 w，那么它既会出现在 v 的链表中也会出现在 w 的链表中。edges() 方法将所有边放在一个 Bag 对象中（请见 4.3.2 节框注“返回加权无向图中的所有边”）。toString() 方法的实现留作练习。

611

4.3.2.1 用权重来比较边

API 说明 Edge 类必须实现 Comparable 接口并包含一个 compareTo() 方法。一幅加权无向图中的边的自然次序就是按权重排序，相应的 compareTo() 方法的实现也就很简单了。

4.3.2.2 平行边

和无环图的实现一样，这里也允许存在平行边。我们也可以用更复杂的方式实现 EdgeWeightedGraph 类来消除平行边，比如只保留平行的边中的权重最小者。

4.3.2.3 自环

允许存在自环。尽管自环可能的确存在于输入或是数据结构之中，但是 EdgeWeightedGraph 中 edges() 的实现并没有统计它们。这对最小生成树算法没有影响，因为最小生成树肯定不会含有自环。如果在应用中自环很重要，那你或许需要根据应用场景修改代码。

你会看到，有了 Edge 对象之后用例的代码就可以变得更加干净整洁。这也有个小小的代价：每个邻接表的结点都是一个指向 Edge 对象的引用，它们含有一些冗余的信息（v 的邻接链表中的每个结点都会用一个变量保存 v）。使用对象也会带来一些开销。虽然每条边的 Edge 对象都只有一个，但邻接表中还是会含有两个指向同一 Edge 对象的引用。另一种广泛使用的方案是与 Graph 一样，用两个结点对象来表示一条边，每个结点对象都会保存顶点的信息和边的权重。这种方法也是有代价的——需要两个结点，每条边的权重都会被保存两遍。

612

4.3.3 最小生成树的 API 和测试用例

按照惯例，在 API 中会定义一个接受加权无向图为参数的构造函数并且支持能够为用例返回图的最小生成树和其权重的方法。那么我们应该如何表示最小生成树呢？由于图 G 的最小生成树是 G 的一幅子图并且同时也是一棵树，因此我们有很多选择，最主要的几种表示方法为：

- 一组边的列表；
- 一幅加权无向图；
- 一个以顶点为索引且含有父结点链接的数组。

在为各种应用选择这些表示方法时，我们希望尽量给予最小生成树的实现以最大的灵活性，因此我们采用了表 4.3.4 所示的 API。

表 4.3.4 最小生成树的 API

public class **MST**		
	MST(EdgeWeightedGraph G)	构造函数
Iterable<Edge>	edges()	最小生成树的所有边
double	weight()	最小生成树的权重

4.3.3.1 测试用例

和以前一样，我们会创建样图并开发一个测试用例来测试最小生成树的实现。右侧框注就是一个示例。它从输入流中读取图的所有边并构造一幅加权无向图，然后计算该图的最小生成树并打印树的所有边和权重之和。

```
public static void main(String[] args)
{
   In in = new In(args[0]);
   EdgeWeightedGraph G;
   G = new EdgeWeightedGraph(in);

   MST mst = new MST(G);
   for (Edge e : mst.edges())
      StdOut.println(e);
   StdOut.println(mst.weight());
}
```

最小生成树的测试用例

613

4.3.3.2 测试数据

你可以在本书的网站上找到 tinyEWG.txt 文件，它定义了我们用来展示最小生成树算法的轨迹样图（请见图 4.3.1）。在网站上你还能找到 mediumEWG.txt，它定义了一幅含有 250 个顶点的加权无向图，如图 4.3.8 所示。它也是一幅欧几里得图的示例，它的顶点都是平面上的点，边为连接它们的线段且权重为两点之间的欧几里得距离。这样的图有助于我们理解最小生成树算法的行为，同时也是我们提到过的许多典型实际问题的模型，例如公路地图和电路图。在本书的网站上你还能找到一幅较大的样图 largeEWG.txt，它是一幅含有一百万个顶点的欧几里得图。我们的目标就是在合理的时间范围内通过计算得到这种规模的图的最小生成树。

```
% more tinyEWG.txt
8 16
4 5 .35
4 7 .37
5 7 .28
0 7 .16
1 5 .32
0 4 .38
2 3 .17
1 7 .19
0 2 .26
1 2 .36
1 3 .29
2 7 .34
6 2 .40
3 6 .52
6 0 .58
6 4 .93

% java MST tinyEWG.txt
0-7 0.16
1-7 0.19
0-2 0.26
2-3 0.17
5-7 0.28
4-5 0.35
6-2 0.40
1.81
```

```
% more mediumEWG.txt
250 1273
244 246 0.11712
239 240 0.10616
238 245 0.06142
235 238 0.07048
233 240 0.07634
232 248 0.10223
231 248 0.10699
229 249 0.10098
228 241 0.01473
226 231 0.07638
... [还有1263条边]

% java MST mediumEWG.txt
  0 225 0.02383
 49 225 0.03314
 44  49 0.02107
 44 204 0.01774
 49  97 0.03121
202 204 0.04207
176 202 0.04299
176 191 0.02089
 68 176 0.04396
 58  68 0.04795
... [还有239条边]
10.46351
```

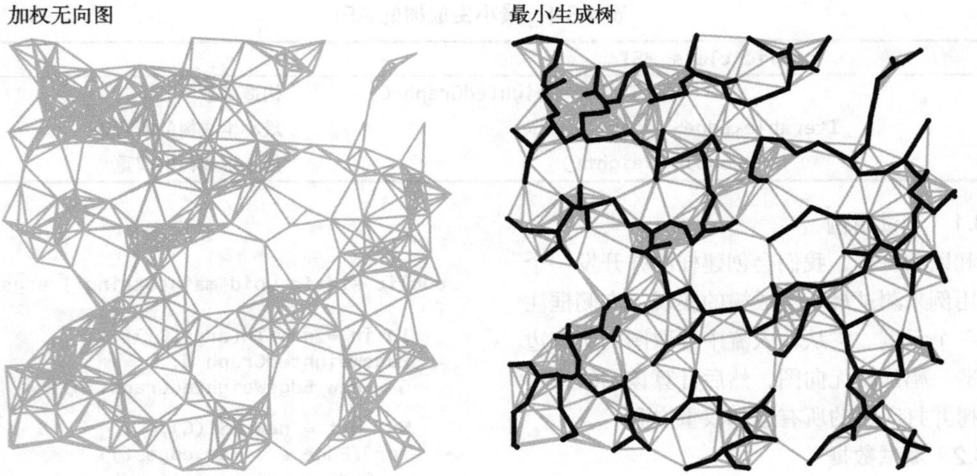

614~615 图 4.3.8 一幅含有 250 个顶点的无向加权欧几里得图（共含有 1273 条边）和它的最小生成树

4.3.4 Prim 算法

我们要学习的第一种计算最小生成树的方法叫做 Prim 算法，它的每一步都会为一棵生长中的树添加一条边。一开始这棵树只有一个顶点，然后会向它添加 V–1 条边，每次总是将下一条连接树中的顶点与不在树中的顶点且权重最小的边（黑色表示）加入树中（即由树中的顶点所定义的切分中的一条横切边），如图 4.3.9 所示。

命题 L。Prim 算法能够得到任意加权连通图的最小生成树。

证明。由命题 K 可知，这棵不断生长的树定义了一个切分且不存在黑色的横切边。该算法会选取权重最小的横切边并根据贪心算法不断将它们标记为黑色。

以上我们对 Prim 算法的简单描述没有回答一个关键的问题：如何才能（有效地）找到最小权重的横切边呢？人们提出了很多方法——在用一种特别简单的方法解决这个问题之后我们会讨论其中的一部分方法。

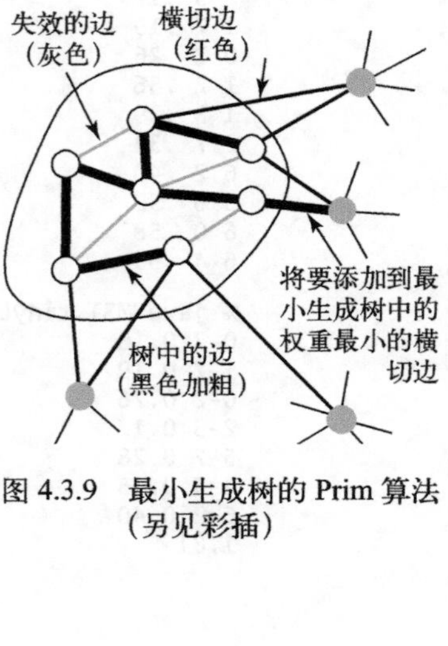

图 4.3.9 最小生成树的 Prim 算法（另见彩插）

4.3.4.1 数据结构

实现 Prim 算法需要用到一些简单常见的数据结构。具体来说，我们会用以下方法表示树中的顶点、边和横切边。

- 顶点。使用一个由顶点索引的布尔数组 marked[]，如果顶点 v 在树中，那么 marked[v] 的值为 true。
- 边。选择以下两种数据结构之一：一条队列 mst 来保存最小生成树中的边，或者一个由顶点索引的 Edge 对象的数组 edgeTo[]，其中 edgeTo[v] 为将 v 连接到树中的 Edge 对象。

❑ 横切边：使用一条优先队列 MinPQ<Edge> 来根据权重比较所有边（请见 4.3.2 节框注“带权重的边的数据类型”）。

有了这些数据结构我们就可以回答“哪条边的权重最小？”这个基本的问题了。

4.3.4.2 维护横切边的集合

每当我们向树中添加了一条边之后，也向树中添加了一个顶点。要维护一个包含所有横切边的集合，就要将连接这个顶点和其他所有不在树中的顶点的边加入优先队列（用 marked[] 来识别这样的边）。但还有一点：连接新加入树中的顶点与其他已经在树中顶点的所有边都*失效*了。（这样的边都已经不是横切边了，因为它的两个顶点都在树中。）Prim 算法的*即时*实现可以将这样的边从优先队列中删掉，但我们先来学习这个算法的一种*延时*实现，将这些边先留在优先队列中，等到要删除它们的时候再检查边的有效性。

图 4.3.10 是处理样图 tinyEWG.txt 的轨迹。每一张图片都是算法访问过一个顶点之后（被添加到树中，邻接链表中的边也已经被处理完成）图和优先队列的状态。优先队列的内容被按照顺序显示在一侧，新加入的边的旁边标有星号。算法构造最小生成树的过程如下所述。

- ❑ 将顶点 0 添加到最小生成树之中，将它的邻接链表中的所有边添加到优先队列之中。
- ❑ 将顶点 7 和边 0-7 添加到最小生成树之中，将顶点的邻接链表中的所有边添加到优先队列之中。
- ❑ 将顶点 1 和边 1-7 添加到最小生成树之中，将顶点的邻接链表中的所有边添加到优先队列之中。
- ❑ 将顶点 2 和边 0-2 添加到最小生成树之中，将边 2-3 和 6-2 添加到优先队列之中。边 2-7 和 1-2 失效。
- ❑ 将顶点 3 和边 2-3 添加到最小生成树之中，将边 3-6 添加到优先队列之中。边 1-3 失效。
- ❑ 将顶点 5 和边 5-7 添加到最小生成树之中，将边 4-5 添加到优先队列之中。边 1-5 失效。

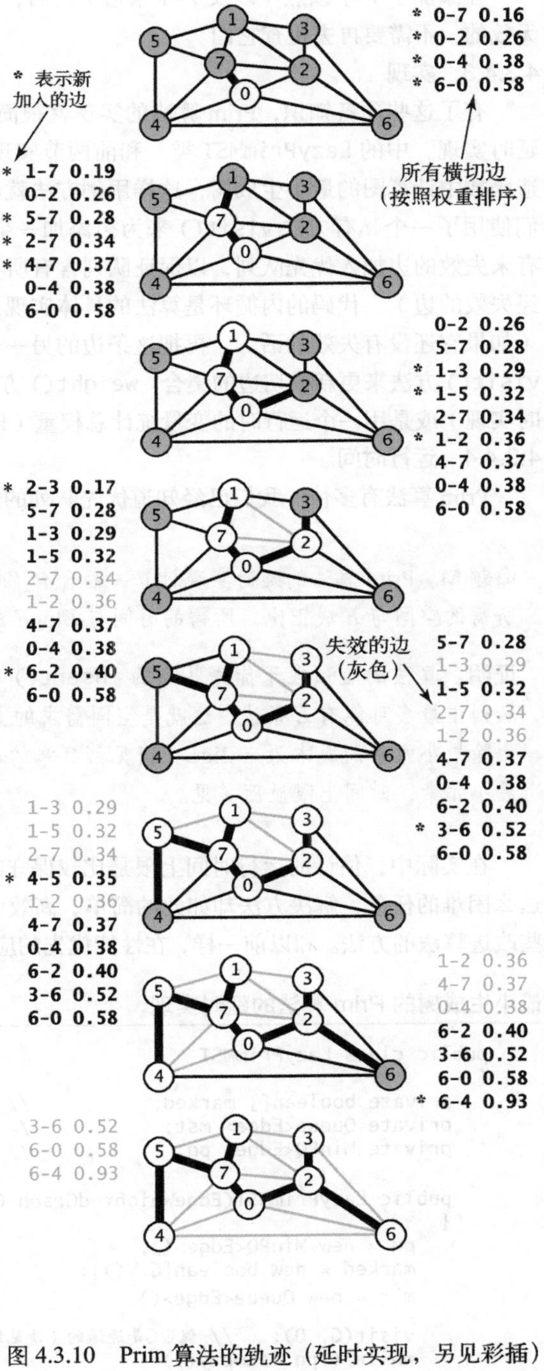

图 4.3.10 Prim 算法的轨迹（延时实现，另见彩插）

- 从优先队列中删除失效的边 1-3、1-5 和 2-7。
- 将顶点 4 和边 4-5 添加到最小生成树之中，将边 6-4 添加到优先队列之中。边 4-7 和 0-4 失效。
- 616~617 从优先队列中删除失效的边 1-2、4-7 和 0-4。
- 将顶点 6 和边 6-2 添加到最小生成树之中，和顶点 6 相关联的其他边均失效。

在添加了 V 个顶点（以及 V–1 条边）之后，最小生成树就完成了。优先队列中的余下的边都是无效的，不需要再去检查它们。

4.3.4.3 实现

有了这些预备知识，Prim 算法的实现就很简单了，请见后面框注“最小生成树的 Prim 算法的延时实现”中的 LazyPrimMST 类。和前两节实现深度优先搜索和广度优先搜索一样，实现会在构造函数中计算图的最小生成树，这样用例方法就可以用查询类方法获得最小生成树的各种属性。我们使用了一个私有方法 visit() 来为树添加一个顶点、将它标记为“已访问”并将与它关联的所有未失效的边加入优先队列，以保证队列含有所有连接树顶点和非树顶点的边（也可能含有一些已经失效的边）。代码的内循环是算法的具体实现：我们从优先队列中取出一条边并将它添加到树中（如果它还没有失效的话），再把这条边的另一个顶点也添加到树中，然后用新顶点作为参数调用 visit() 方法来更新横切边的集合。weight() 方法可以遍历树的所有边并得到它们的权重之和（延时实现）或是用一个运行时的变量统计总权重（即时实现），这一点留作练习 4.3.31。

4.3.4.4 运行时间

Prim 算法有多快？我们已经知道优先队列的性质，所以要回答这个问题并不困难。

命题 M。Prim 算法的延时实现计算一幅含有 V 个顶点和 E 条边的连通加权无向图的最小生成树所需的空间与 E 成正比，所需的时间与 $E\log E$ 成正比（最坏情况）。

证明。算法的瓶颈在于优先队列的 insert() 和 delMin() 方法中比较边的权重的次数。优先队列中最多可能有 E 条边，这就是空间需求的上限。在最坏情况下，一次插入的成本为 $\sim \lg E$，删除最小元素的成本为 $\sim 2\lg E$（请见第 2 章的命题 Q）。因为最多只能插入 E 条边，删除 E 次最小元素，时间上限显而易见。

在实际中，估计的运行时间上限是比较保守的，因为一般情况下优先队列中的边都远小于 E。这么困难的任务，解决方法却如此的简单、高效而实用，实在令人佩服。下面，我们会简要讨论一些改进算法的方法。和以前一样，在性能优先的应用场景中仔细评估这些改进的工作应该留给专家。618

最小生成树的 Prim 算法的延时实现

```
public class LazyPrimMST
{
   private boolean[] marked;          // 最小生成树的顶点
   private Queue<Edge> mst;           // 最小生成树的边
   private MinPQ<Edge> pq;            // 横切边（包括失效的边）

   public LazyPrimMST(EdgeWeightedGraph G)
   {
      pq = new MinPQ<Edge>();
      marked = new boolean[G.V()];
      mst = new Queue<Edge>();

      visit(G, 0);    // 假设G是连通的（请见练习4.3.22）
      while (!pq.isEmpty())
```

```
      {
         Edge e = pq.delMin();                              // 从pq中得到权重最小的边

         int v = e.either(), w = e.other(v);
         if (marked[v] && marked[w]) continue;   // 跳过失效的边
         mst.enqueue(e);                                     // 将边添加到树中
         if (!marked[v]) visit(G, v);                   // 将顶点（v或w）添加到树中
         if (!marked[w]) visit(G, w);
      }
   }

   private void visit(EdgeWeightedGraph G, int v)
   {  // 标记顶点v并将所有连接v和未被标记顶点的边加入pq
      marked[v] = true;
      for (Edge e : G.adj(v))
         if (!marked[e.other(v)]) pq.insert(e);
   }

   public Iterable<Edge> edges()
   {  return mst;  }

   public double weight()    // 请见练习4.3.31

}
```

Prim 算法的这种实现使用了一条优先队列来保存所有的横切边、一个由顶点索引的数组来标记树的顶点以及一条队列来保存最小生成树的边。这种延时实现会在优先队列中保留失效的边。 619

4.3.5 Prim 算法的即时实现

要改进 LazyPrimMST，可以尝试从优先队列中删除失效的边，这样优先队列就只含有树顶点和非树顶点之间的横切边，但其实还可以删除更多的边。关键在于，我们感兴趣的只是连接树顶点和非树顶点中权重最小的边。当我们将顶点 v 添加到树中时，对于每个非树顶点 w 产生的变化只可能使得 w 到最小生成树的距离更近了，如图 4.3.11 所示。简而言之，我们不需要在优先队列中保存所有从 w 到树顶点的边——而只需要保存其中权重最小的那条，在将 v 添加到树中后检查是否需要更新这条权重最小的边（因为 v-w 的权重可能更小）。我们只需遍历 v 的邻接链表就可以完成这个任务。换句话说，我们只会在优先队列中保存每个非树顶点 w 的一条边：将它与树中的顶点连接起来的权重最小的那条边。将 w 和树的顶点连接起来的其他权重较大的边迟早都会失效，所以没必要在优先队列中保存它们。

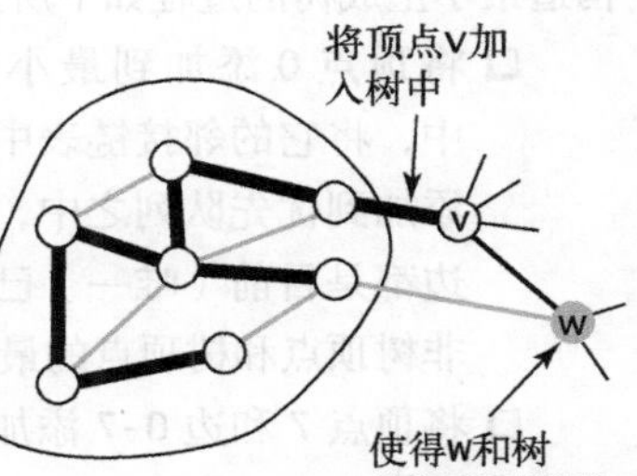

图 4.3.11 Prim 算法的即时实现

PrimMST 类（请见算法 4.7）使用了 2.4 节中介绍的索引优先队列实现的 Prim 算法。它将 LazyPrimMST 中的 marked[] 和 mst[] 替换为两个顶点索引的数组 edgeTo[] 和 distTo[]，它们具有如下性质。

- 如果顶点 v 不在树中但至少含有一条边和树相连，那么 edgeTo[v] 是将 v 和树连接的最短边，distTo[v] 为这条边的权重。
- 所有这类顶点 v 都保存在一条索引优先队列中，索引 v 关联的值是 edgeTo[v] 的边的权重。

这些性质的关键在于优先队列中的最小键即是权重最小的横切边的权重，而和它相关联的顶点 v 就是下一个将被添加到树中的顶点。marked[] 数组已经没有必要了，因为判断条件 !marked[w] 等价于 distTo[w] 是无穷的（且 edgeTo[w] 为 null）。要维护这些数据结构，

PrimMST 会从优先队列中取出一个顶点 v 并检查它的邻接链表中的每条边 v-w。如果 w 已经被标记过，那么这条边就已经失效了；如果 w 不在优先队列中或者 v-w 的权重小于目前已知的最小值 edgeTo[w]，代码会更新数组，将 v-w 作为将 w 和树连接的最佳选择。

图 4.3.12 所示的是 PrimMST 在处理样图 tinyEWG.txt 过程中的轨迹。将每个顶点加入最小生成树之后，edgeTo[] 和 distTo[] 的内容显示在右侧，不同的颜色显示了最小生成树中的顶点（索引为黑色）、非最小生成树的顶点（索引为灰色）、最小生成树的边（黑色）和优先队列中的索引值对（红色）。在示意图中，将每个非最小生成树顶点连接到树的最短边为红色。该算法向最小生成树中添加的边的顺序和延时版本相同，不同之处在于优先队列的操作。它构造最小生成树的过程如下所述。

- ❑ 将顶点 0 添加到最小生成树之中，将它的邻接链表中的所有边添加到优先队列之中，因为这些边都是目前（唯一）已知的连接非树顶点和树顶点的最短边。
- ❑ 将顶点 7 和边 0-7 添加到最小生成树之中，将边 1-7 和 5-7 添加到优先队列之中。将连接顶点 4 与树的最小边由 0-4 替换为 4-7，2-7 不会影响到优先队列，因为它们的权重不大于 0-2 的权重。
- ❑ 将顶点 1 和边 1-7 添加到最小生成树之中，将边 1-3 添加到优先队列之中。
- ❑ 将顶点 2 和边 0-2 添加到最小生成树之中，将连接顶点 6 与树的最小边由 0-6 替换为 6-2，将连接顶点 3 与树的最小边由 1-3 替换为 2-3。
- ❑ 将顶点 3 和边 2-3 添加到最小生成树之中。
- ❑ 将顶点 5 和边 5-7 添加到最小生成树之中，将连接顶点 4 与树的最小边由 4-7 替换为 4-5。
- ❑ 将顶点 4 和边 4-5 添加到最小生成树之中。

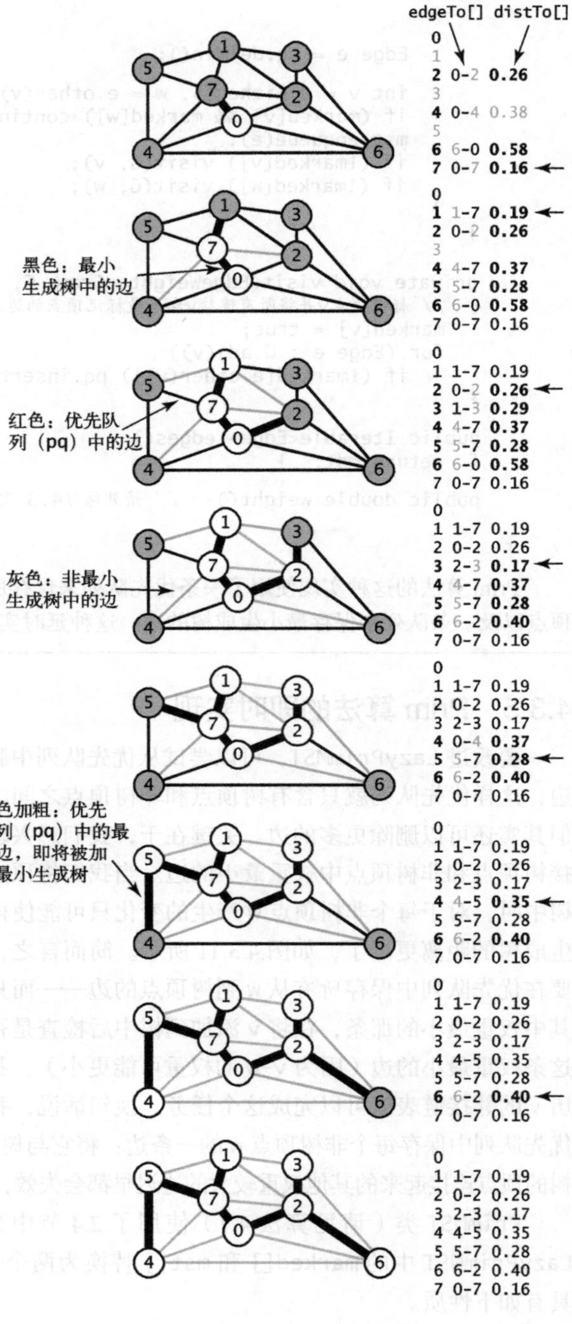

4.3.12 Prim 算法的轨迹图（即时版本，另见彩插）

□ 将顶点 6 和边 6-2 添加到最小生成树之中。

添加了 V–1 条边之后，最小生成树完成且优先队列为空。 620~621

算法 4.7 最小生成树的 Prim 算法（即时版本）

```
public class PrimMST
{
   private Edge[] edgeTo;              // 距离树最近的边
   private double[] distTo;            // distTo[w]=edgeTo[w].weight()
   private boolean[] marked;           // 如果v在树中则为true
   private IndexMinPQ<Double> pq;  // 有效的横切边

   public PrimMST(EdgeWeightedGraph G)
   {
      edgeTo = new Edge[G.V()];
      distTo = new double[G.V()];
      marked = new boolean[G.V()];
      for (int v = 0; v < G.V(); v++)
         distTo[v] = Double.POSITIVE_INFINITY;
      pq = new IndexMinPQ<Double>(G.V());

      distTo[0] = 0.0;
      pq.insert(0, 0.0);                    // 用顶点0和权重0初始化pq
      while (!pq.isEmpty())
         visit(G, pq.delMin());          // 将最近的顶点添加到树中
   }

   private void visit(EdgeWeightedGraph G, int v)
   {  // 将顶点v添加到树中，更新数据
      marked[v] = true;
      for (Edge e : G.adj(v))
      {
         int w = e.other(v);

         if (marked[w]) continue;        // v-w失效
         if (e.weight() < distTo[w])
         {  // 连接w和树的最佳边Edge变为e
            edgeTo[w] = e;

            distTo[w] = e.weight();
            if (pq.contains(w)) pq.change(w, distTo[w]);
            else                pq.insert(w, distTo[w]);
         }
      }
   }

   public Iterable<Edge> edges()      // 请见练习4.3.21
   public double weight()             // 请见练习4.3.31
}
```

这份 Prim 算法的实现将所有有效的横切边保存在了一条索引优先队列中。 622

该算法的证明与命题 M 的证明本质上相同，Prim 算法的即时版本可以找到一幅连通的加权无向图的最小生成树，所需时间和 $E\log V$ 成正比，空间和 V 成正比（请见命题 N）。对于实际应用中经常出现的巨型稀疏图，两者在时间上限上没有什么区别（因为对于稀疏图来说是 $\lg E \sim \lg V$），

但空间上限变为了原来的一个常数因子（但很显著）。在性能优先的应用场景中，更加深入的分析和实验最好还是留给专家吧，因为相关的因素有很多，例如 MinPQ 和 IndexMinPQ 的实现、图的表示方法、应用场景所使用的图模型等。按照惯例，我们需要仔细研究这些改进，因为只有当这种常数因子的性能改进非常必要时，它所带来的代码复杂性才是值得的。在复杂的现代系统中有时这样做甚至会得不偿失。

命题 N。 Prim 算法的即时实现计算一幅含有 V 个顶点和 E 条边的连通加权无向图的最小生成树所需的空间和 V 成正比，所需的时间和 $E\log V$ 成正比（最坏情况）。

证明。 因为优先队列中的顶点数最多为 V，且使用了三条由顶点索引的数组，所以所需空间的上限和 V 成正比。算法会进行 V 次插入操作，V 次删除最小元素的操作和（在最坏情况下）E 次改变优先级的操作。已知在基于堆实现的索引优先队列中所有这些操作的增长数量级为 $\log V$ [请见第 2 章命题 Q（续）]，所以将所有这些加起来可知算法所需时间和 $E\log V$ 成正比。

图 4.3.13 展示了 Prim 算法是如何处理含有 250 个顶点的欧几里得图 mediumEWG.txt 的。这是一个很有意思的动态过程（请见练习 4.3.27）。大多数情况下，树的生长都是通过连接一个和新加入的顶点相邻的顶点。当新加入的顶点周围没有非树顶点时，树的生长又会从另一部分开始。

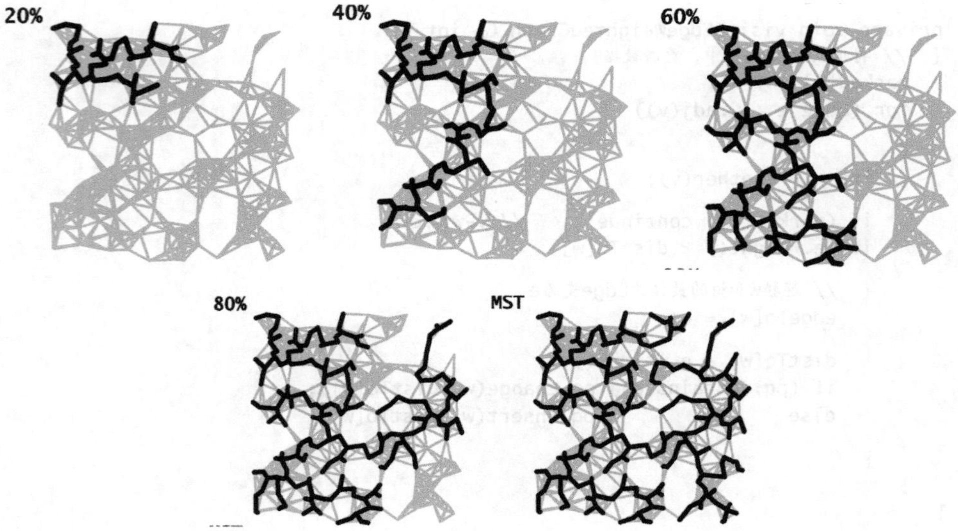

623 图 4.3.13 Prim 算法（250 个顶点）

4.3.6 Kruskal 算法

我们要仔细学习的第二种最小生成树算法的主要思想是按照边的权重顺序（从小到大）处理它们，将边加入最小生成树中（图中的黑色边），加入的边不会与已经加入的边构成环，直到树中含有 V–1 条边为止。这些黑色的边逐渐由一片森林合并为一棵树，也就是图的最小生成树。这种计算方法被称为 Kruskal 算法。

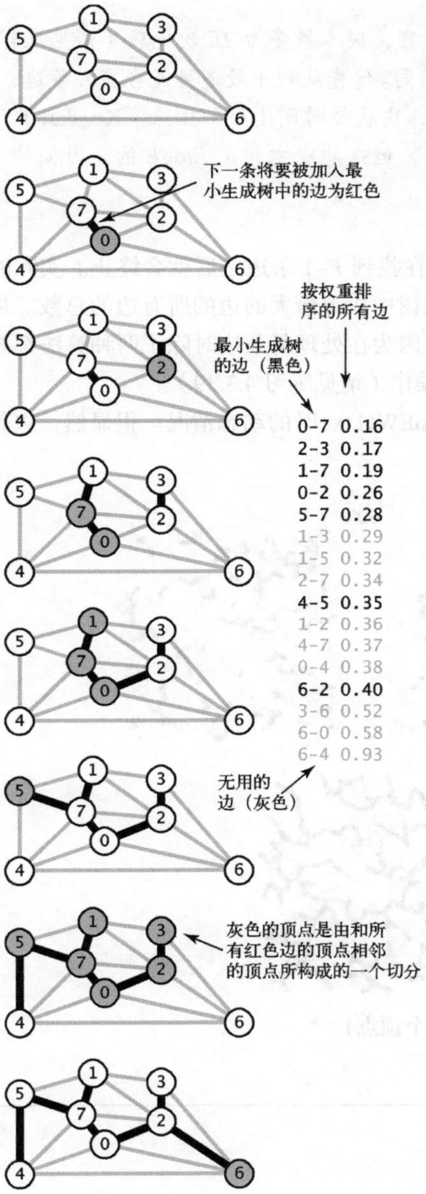

图 4.3.14 Kruskal 算法的轨迹（另见彩插）

命题 O。Kruskal 算法能够计算任意加权连通图的最小生成树。

证明。由命题 K 可知，如果下一条将被加入最小生成树中的边不会和已有的黑色边构成环，那么它就跨越了由所有和树顶点相邻的顶点组成的集合以及它们的补集所构成的一个切分。因为加入的这条边不会形成环、它是目前已知的唯一一条横切边且是按照权重顺序选择的边，所以它必然是权重最小的横切边。因此，该算法能够连续选择权重最小的横切边，和贪心算法一致。

Prim算法是一条边一条边地来构造最小生成树，每一步都为一棵树添加一条边。Kruskal 算法构造最小生成树的时候也是一条边一条边地构造，但不同的是它寻找的边会连接一片森林中的两棵树。我们从一片由 V 棵单顶点的树构成的森林开始并不断将两棵树合并（用可以找到的最短边）直到只剩下一棵树，它就是最小生成树。

图 4.3.14 显示的是 Kruskal 算法处理 tinyEWG.txt 时的每一个步骤。首先，权重最小的条边都被加入到了最小生成树中，之后算法判断出 `1-3`、`1-5` 和 `2-7` 已经失效并将 `4-5` 加入最小生成树。最后 `1-2`、`4-7` 和 `0-4` 失效，`6-2` 被加入最小生成树。

有了本书中我们已经学习过的许多工具，Kruskal 算法的实现并不困难：我们将会使用一条优先队列（请见 2.4 节）来将边按照权重排序，用一个 union-find 数据结构（请见 1.5 节）来识别会形成环的边，以及一条队列（请见 1.3 节）来保存最小生成树的所有边。算法 4.8 实现了以上设想。注意，使用队列来保存最小生成树的所有边意味着用例在遍历时将会按照权重的升序得到这些边。`weight()` 方法需要遍历所有边来取得权重之和（或是使用一个变量动态统计权重之和），它的实现留作练习（请见练习 4.3.31）。

分析 Kruskal 算法所需的运行时间很简单，因为我们已经知道它的操作所需的时间。

命题 N（续）。Kruskal 算法的计算一幅含有 V 个顶点和 E 条边的连通加权无向图的最小生成树所需的空间和 E 成正比，所需的时间和 $E\log E$ 成正比（最坏情况）。

证明。算法的实现在构造函数中使用所有边初始化优先队列，成本最多为 $2E$ 次比较（请见 2.4 节）。优先队列构造完成后，其余的部分和 Prim 算法完全相同。优先队列中最多可能含有 E 条边，即所需空间的上限。每次操作的成本最多为 $2\lg E$ 次比较，这就是时间上限的由来。Kruskal 算法最多还会进行 E 次 `connected()` 和 V 次 `union()` 操作，但这些成本相比 $E\log E$ 的总时间的增长数量级可以忽略不计（请见 1.5 节）。

与 Prim 算法一样，这个估计是比较保守的，因为算法在找到 $V-1$ 条边之后就会终止。实际的成本应该与 $E+E_0\log E$ 成正比，其中 E_0 是权重小于最小生成树中权重最大的边的所有边的总数。尽
624~625 管拥有这个优势，Kruskal 算法一般还是比 Prim 算法要慢，因为在处理每条边时除了两种算法都要完成的优先队列操作之外，它还需要进行一次 `connect()` 操作（请见练习 4.3.39）。

图 4.3.15 所示为 Kruskal 算法在处理较大的样图 mediumEWG.txt 时的动态情况。很显然，边是按照权重顺序被添加到森林中的。

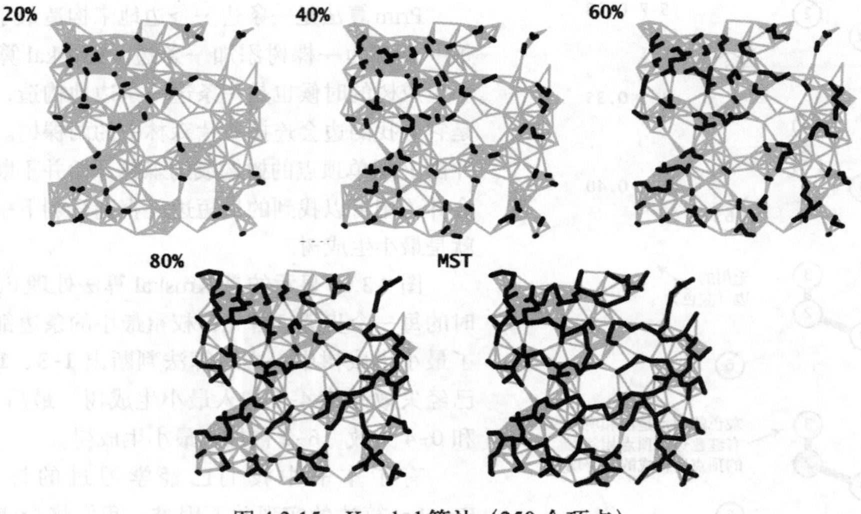

626 图 4.3.15 Kruskal 算法（250 个顶点）

算法 4.8 最小生成树的 Kruskal 算法

```
public class KruskalMST
{
   private Queue<Edge> mst;
   public KruskalMST(EdgeWeightedGraph G)
   {
      mst = new Queue<Edge>();
      MinPQ<Edge> pq = new MinPQ<Edge>();
      for(Edge e:G.edges())pq.insert(e);
      UF uf = new UF(G.V());
      while (!pq.isEmpty() && mst.size() < G.V()-1)
      {
         Edge e = pq.delMin();                  // 从pq得到权重最小的边和它的顶点
         int v = e.either(), w = e.other(v);
         if (uf.connected(v, w)) continue;     // 忽略失效的边
```

```
            uf.union(v, w);                          // 合并分量
            mst.enqueue(e);                          // 将边添加到最小生成树中
        }
    }

    public Iterable<Edge> edges()
    {  return mst;  }

    public double weight()              // 请见练习4.3.31

}
```

这份 Kruskal 算法的实现使用了一条队列来保存最小生成树中的所有边、一条优先队列来保存还未被检查的边和一个 union-find 的数据结构来判断无效的边。最小生成树的所有边会按照权重的升序返回给用例。weight() 方法的实现留作练习。

```
% java KruskalMST tinyEWG.txt
0-7 0.16
2-3 0.17
1-7 0.19
0-2 0.26
5-7 0.28
4-5 0.35
6-2 0.40
1.81
```

627

4.3.7 展望

最小生成树问题是本书中的被研究的最多的几个问题之一。解决这个问题的基本方法在现代数据结构和算法性能分析手段的发明之前就已经问世了。在当时，计算一幅含有上千条边的图的最小生成树还是一项令人望而生畏的任务。我们学习的最小生成树算法和这些老式方法的不同之处主要在于运用了现代的数据结构来完成一些基本的操作，这（再加上现代的计算能力）使得我们可以计算含有上百万甚至数十亿条边的图的最小生成树。

4.3.7.1 历史资料

计算稠密图的最小生成树算法（请见练习 4.3.29）最早是由 R.Prim 在 1961 年发明的，随后 E.W.Dijkstra 也独自发明了它。尽管 Dijkstra 的描述更为通用，但这个算法通常被称为 Prim 算法。其实算法的基本思想是 V.Jarnik 在 1939 年发明的，所以一些人也将这种方法称为 Jarnik 算法并认为 Prim 的（或是 Dijkstra）的贡献在于为稠密图找到了高效的实现算法。在 20 世纪 70 年代优先队列发明之后，它直接被应用在了寻找稀疏图中的最小生成树上。计算稀疏图中的最小生成树所需的时间和 $E\log E$ 成正比很快广为人知且并没有将此归功于任何一位研究者。在 1984 年，M.L.Fredman 和 R.E.Tarjan 发明了数据结构斐波纳契堆，将 Prim 算法所需的运行时间在理论上改进到了 $E+V\log V$。J.Kruskal 在 1956 年就发表了他的算法，但同样，相关的抽象数据结构在很多年中都没有被仔细研究。有趣的是，Kruskal 的论文中提到了 Prim 算法的一个变种，而 O.Boruvka 在 1926 年（！）的论文中就已经提到了这两种不同的方法。Boruvka 的论文要解决的是一个电力分配的问题并介绍了另外一种用现代数据结构可以轻易实现的方法（请见练习 4.3.43 和练习 4.3.44）。M.Sollin 在 1961 年重新发现了这个方法。该方法随后引起了其他人的注意并成为实现较好的渐进性能的最小生成树算法和并行最小生成树算法的基础。各种最小生成树算法的特点请见表 4.3.5。

表 4.3.5 各种最小生成树算法的性能特点

算法	V 个顶点 E 条边，最坏情况下的增长数量级	
	空间	时间
延时的 Prim 算法	E	$E\log E$
即时的 Prim 算法	V	$E\log V$
Kruskal	E	$E\log E$
Fredman-Tarjan	V	$E+V\log V$
Chazelle	V	非常接近但还没有达到 E
628 理想情况	V	E?

4.3.7.2 线性的最小生成树算法？

一方面，目前还没有理论能够证明，不存在能在线性时间内得到任意图的最小生成树的算法。另一方面，发明能够在线性时间内计算稀疏图的最小生成树的算法仍然没有进展。自从 20 世纪 70 年代将 union-find 数据结构应用于 Kruskal 算法以及将优先队列应用于 Prim 算法之后，更好的实现这些抽象数据结构就成了许多研究者的主要目标。许多研究者都将寻找高效的优先队列的实现作为找到稀疏图的高效的最小生成树算法的关键，而其他一些人则研究了 Boruvka 算法的一些变种并将它们作为近似于线性级别的稀疏图的最小生成树算法的基础。这些研究仍然有希望最终为我们带来一个实用的线性最小生成树算法，它们甚至已经显示了一个线性时间的随机化算法的存在性。研究者距离线性时间的目标已经很近了：B.Chazelle 在 1997 年发表了一个算法，它在实际应用中和线性时间的算法的差距已经小到了无法区别的程度（尽管可以证明它并不是线性的），但它非常复杂以至于无法实用。尽管此类研究得到的算法大都十分复杂，其中一些的简化版也许可以进入实际应用。同时，在大多数应用场景中，我们都可以使用已经学过的基本方法在线性时间内得到图的最小生成树，只是对于一些稀疏图所需的时间要乘以 $\log V$。

总的来说，我们可以认为在实际应用中最小生成树问题已经被“解决”了。对于大多数的图来说，找到它的最小生成树的成本只比遍历图的所有边稍高一点。除了极为稀疏的图，这一点都能成立，但即使是在这种情况下，使用最好的算法所能得到的性能提升也不过是一个很小的常数因子，可能最多 10 倍。人们已经在许多图的模型中证明了这些结论，而很多实践者则已经使用 Prim 算法
629 和 Kruskal 算法计算大型图中的最小生成树数十年之久了。

答疑

问 Prim 和 Kruskal 算法能够处理有向图吗？

630 答 不行，不可能。那是一个更加困难的有向图处理问题，叫做最小树形图问题。

练习

4.3.1 证明可以将图中的所有边的权重都加上一个正常数或是都乘以一个正常数，图的最小生成树不会受到影响。

4.3.2 画出图 4.3.16 中的所有最小生成树（所有边的权重均相等）。

4.3.3 证明当图中所有边的权重均不相同时图的最小生成树是唯一的。

4.3.4 证明或给出反例：仅当加权无向图中所有边的权重均不相同时图的最小生成树是唯一的。

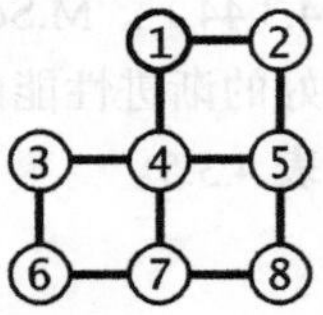

图 4.3.16

4.3.5 证明即使存在权重相同的边贪心算法仍然有效。

4.3.6 从 tinyEWG.txt 中（请见图 4.3.1）删去顶点 7 并给出加权图的最小生成树。

4.3.7 如何得到一幅加权图的最大生成树？

4.3.8 证明环的性质：任取一幅加权图中的一个环（边的权重各不相同），环中权重最大的边必然不属于图的最小生成树。

4.3.9 根据 Graph 中的构造函数（请见 4.1.2.2 框注“Graph 数据类型”）为 EdgeWeightedGraph 实现一个相应构造函数，从输入流中读取一幅图。

4.3.10 为稠密图实现 EdgeWeightedGraph，使用邻接矩阵（存储权重的二维数组），不允许存在平行边。

4.3.11 使用 1.4 节中的内存使用模型评估用 EdgeWeightedGraph 表示一幅含有 V 个顶点和 E 条边的图所需的内存。

4.3.12 假设加权图中的所有边的权重都不相同，其中权重最小的边一定属于图的最小生成树吗？权重最大的边可能属于图的最小生成树吗？任意环中的权重最小边都属于图的最小生成树吗？证明你的每个回答或者给出相应的反例。

4.3.13 给出一个反例证明以下策略不一定能够找到图的最小生成树：首先以任意顶点作为图的最小生成树，然后向树中添加 V–1 条边，每次总是添加依附于最近加入最小生成树的顶点的所有边中的权重最小者。 631

4.3.14 给定一幅加权图 G 以及它的最小生成树。从 G 中删去一条边且 G 仍然是连通的，如何在与 E 成正比的时间内找到新图的最小生成树。

4.3.15 给定一幅加权图 G 以及它的最小生成树。向 G 中添加一条边 e，如何在与 V 成正比的时间内找到新图的最小生成树。

4.3.16 给定一幅加权图 G 以及它的最小生成树。向 G 中添加一条边 e，编写一段程序找到 e 的权重在什么范围之内才会被加入最小生成树。

4.3.17 为 EdgeWeightedGraph 类实现 toString() 方法。

4.3.18 给出使用延时 Prim 算法、即时 Prim 算法和 Kruskal 算法在计算练习 4.3.6 中的图的最小生成树过程中的轨迹。

4.3.19 假设你使用的优先队列的实现会维护一条有序链表。在最坏情况下，用 Prim 算法和 Kruskal 算法处理一幅含有 V 个顶点和 E 条边的加权图的时间增长数量级是多少？这种方法适用于什么情况？证明你的结论。

4.3.20 真假判断：在 Kruskal 算法的执行过程中，最小生成树中的每个顶点到它的子树中的某个顶点的距离比到非子树中的任意顶点都近。证明你的结论。

4.3.21 为 PrimMST 类（请见算法 4.7）实现 edges() 方法。

解答：

```
public Iterable<Edge> edges()
{
   Bag<Edge> mst = new Bag<Edge>();
   for (int v = 1; v < edgeTo.length; v++)
      mst.add(edgeTo[v]);
   return mst;
}
```

632

提高题

4.3.22 最小生成森林。开发新版本的 Prim 算法和 Kruskal 算法来计算一幅加权图的最小生成森林，图不一定是连通的。使用 4.1 节中连通分量的 API 并找到每个连通分量的最小生成树。

4.3.23 Vyssotsky 算法。开发一种不断使用环的性质（请见练习 4.3.8）来计算最小生成树的算法：每次将一条边添加到假设的最小生成树中，如果形成了一个环则删去环中权重最大的边。注意：这个算法不如我们学过的几种方法引人注意，因为很难找到一种数据结构能够有效支持“删除环中权重最大的边”的操作。

4.3.24 逆向删除算法。实现以下计算最小生成树的算法：开始时图含有原图的所有边，然后按照权重大小的降序排列遍历所有的边。对于每条边，如果删除它图仍然是连通的，那就删掉它。证明这种方法可以得到图的最小生成树。实现中加权边的比较次数增长的数量级是多少？

4.3.25 最坏情况生成器。开发一个加权图生成器，图中含有 V 个顶点和 E 条边，使得延时的 Prim 算法所需的运行时间是非线性的。对于即时的 Prim 算法回答相同的问题。

4.3.26 关键边。关键边指的是图的最小生成树中的某一条边，如果删除它，新图的最小生成树的总权重将会大于原最小生成树的总权重。找到在 $E\log E$ 时间内找出图的关键边的算法。注意：这个问题中边的权重并不一定各不相同（否则最小生成树中的所有边都是关键边）。

4.3.27 动画。编写一段程序将最小生成树算法用动画表现出来。用程序处理 mediumEWG.txt 来产生类似于图 4.3.12 和图 4.3.14 的示意图。

4.3.28 空间最优的数据结构。实现另一个版本的延时 Prim 算法，在 EdgeWeightedGraph 和 MinPQ 中使用低级数据结构代替 Bag 和 Edge 来节省空间。根据 1.4 节中的内存使用模型用一个 V 和 E 的

633 函数评估节省的内存总量（参考练习 4.3.11）。

4.3.29 稠密图。实现另一个版本的 Prim 算法，即时（但不使用优先队列）且能够在 V^2 次加权边比较之内得到最小生成树。

4.3.30 欧几里得加权图。修改你为练习 4.1.36 给出的解答，为平面图创建一份 API——EuclideanEdgeWeightedGraph，这样你就能够处理用图形表示的图了。

4.3.31 最小生成树的权重。为 LazyPrimMST、PrimMST 和 KruskalMST 实现 weight() 方法，使用延时策略，只在被调用时才遍历最小生成树的所有边来计算总权重。然后用即时策略再次实现这个方法，在计算最小生成树的过程中维护一个动态的总权重。

4.3.32 指定的集合。给定一幅连通的加权图 G 和一个边的集合 S（不含环），给出一种算法得到含有 S 中的所有边的最小加权生成树。

4.3.33 验证。编写一个使用最小生成树算法以及 EdgeWeightedGraph 类的方法 check()，使用以下根据命题 J 得到的最优切分条件来验证给定的一组边就是一棵最小生成树：如果给定的一组边是一棵生成树，且删除树中的任意边得到的切分中权重最小的横切边正是被删除的那条边，则这组

634 边就是图的最小生成树。你的方法的运行时间的增长数量级是多少？

实验题

4.3.34 随机稀疏加权图。基于你为练习 4.1.40 给出的解答编写一个随机稀疏加权图生成器。在赋予边的权重时，定义一个随机加权图的抽象数据结构并给出两种实现：一种按均匀分布生成权重，另一种按高斯分布生成权重。编写用例程序，用两种权重分布和一组精心挑选过的 V 和 E 的值

生成随机的稀疏加权图，使得我们可以用它对权重的各种分布进行有意义的经验性测试。

4.3.35 随机欧几里得加权图。修改你为练习 4.1.41 给出的解答，将每条边的权重设为顶点之间的距离。

4.3.36 随机网格加权图。修改你为练习 4.1.42 给出的解答，将每条边的权重设为 0 到 1 之间的随机值。

4.3.37 真实世界中的加权图。从网上找出一幅巨型加权无向图——可以是标注了距离的地图，或是标明了资费的电话黄页，或是航线的价目表。编写一段程序 `RandomRealEdgeWeightedGraph`，从这幅巨型加权无向图中随机选取 V 个顶点，然后再从这些顶点构成的子图中随机选取 E 条边来构造一幅图。

测试所有的算法并研究所有图的模型的所有参数是不现实的。请为下面的每一道题都编写一段程序来处理从输入得到的任意图。这段程序可以调用上面的任意生成器并对相应的图模型进行实验。你可以根据上次实验的结果自己作出判断来选择不同实验。陈述结果以及由此得出的任何结论。

4.3.38 延时的代价。对于各种图的模型，运行实验并根据经验比较 Prim 算法的延时版本和即时版本的性能差异。

4.3.39 对比 Prim 算法与 Kruskal 算法。运行实验并根据经验比较 Prim 算法的延时版本和即时版本与 Kruskal 算法的性能差异。

4.3.40 减少开销。运行实验并根据经验判断练习 4.3.28 中在 `EdgeWeightedGraph` 类中使用原始数据类型代替 `Edge` 所带来的效果。 635

4.3.41 最小生成树中的最长边。运行实验并根据经验分析最小生成树中最长边的长度以及图中不长于该边的边的总数。

4.3.42 切分。根据快速排序的切分思想（而非使用优先队列）实现一种新方法，检查 Kruskal 算法中的当前边是否属于最小生成树。

4.3.43 Boruvka 算法。实现 Boruvka 算法：和 Kruskal 算法类似，只是分阶段地向一组森林中逐渐添加边来构造一棵最小生成树。在每个阶段中，找出所有连接两棵不同的树的权重最小的边，并将它们全部加入最小生成树。为了避免出现环，假设所有边的权重均不相同。提示：维护一个由顶点索引的数组来辨别连接每棵树和它最近的邻居的边。记得用上 union-find 数据结构。

4.3.44 改进的 Boruvka 算法。给出 Boruvka 算法的另一种实现，用双向环形链表表示最小生成树的子树，使得子树可以被合并或改名，每个阶段所需的时间与 E 成正比（这样就不需要 union-find 数据结构了）。

4.3.45 外部最小生成树。如果一幅图非常大，内存最多只能存储 V 条边，如何计算它的最小生成树？

4.3.46 Johnson 算法。使用一个 d 向堆实现优先队列（请见练习 2.4.41）。对于各种图的模型，找到 d 的最优值。 636

4.4 最短路径

也许最直观的图处理问题就是你常常需要使用某种地图软件或者导航系统来获取从一个地方到达另一个地方的路径。我们立即可以得到与之对应的图模型：顶点对应交叉路口，边对应公路，边的权重对应经过该路段的成本，可以是时间或者距离。如果有单行线，那就意味着还需要考虑加权有向图。在这个模型中，问题很容易就可以被归纳为：

找到从一个顶点到达另一个顶点的成本最小的路径。

除了这类问题的直接应用，最短路径模型还适用于一系列其他问题（请见表 4.4.1），其中有一些看起来似乎和图的处理毫无关系。举个例子，我们会在本节的最后考虑金融学领域的套汇问题。

表 4.4.1　最短路径的典型应用

应　用	顶　点	边
地图	交叉路口	公路
网络	路由器	网络连接
任务调度	任务	优先级限制
套汇	货币	汇率

我们采用了一个一般性的模型，即*加权有向图*（它是 4.2 节和 4.3 节的模型的结合）。在 4.2 节中我们希望知道从一个顶点是否可以到达另一个顶点。在本节中，我们会把权重考虑进来，就像在 4.3 节中研究的加权无向图那样。在加权有向图中，每条有向路径都有一个与之关联的*路径权重*，它是路径中的所有边的权重之和。这种重要的度量方式使得我们能够将这个问题归纳为"找到从一个顶点到达另一个顶点的权重最小的有向路径"，也就是本节的主题。图 4.4.1 就是一个示例。

定义。在一幅加权有向图中，从顶点 s 到顶点 t 的*最短路径*是所有从 s 到 t 的路径中的权重最小者。

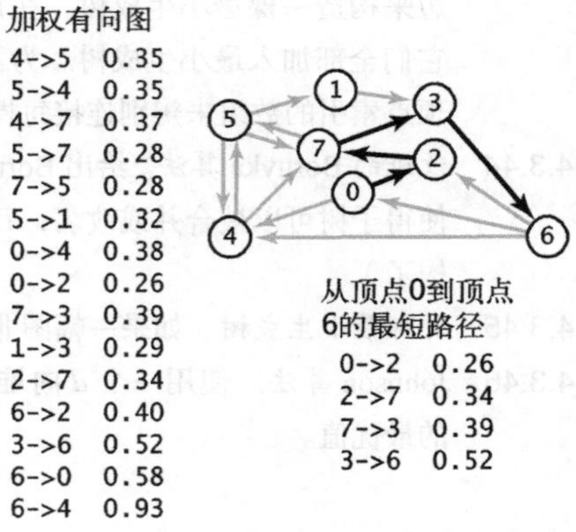

图 4.4.1　一幅加权有向图和其中的一条最短路径

本节中，我们将会学习解决下面这个问题的经典算法。

单点最短路径。给定一幅加权有向图和一个起点 s，回答"从 s 到给定的目的顶点 v 是否存在一条有向路径？如果有，找出最短（总权重最小）的那条路径。"等类似问题。

我们计划在本节中讨论下列问题：

- 加权有向图的 API 和实现以及单点最短路径的 API；
- 解决边的权重非负的最短路径问题的经典 Dijkstra 算法；
- 在无环加权有向图中解决该问题的一种快速算法，边的权重甚至可以是负值；
- 适用于一般情况的经典 Bellman-Ford 算法，其中图可以含有环，边的权重也可以是负值。

我们还需要算法来找出负权重的环，以及不含有这种环的加权有向图中的最短路径。在学习了这些算法之后，我们还会考虑它们的应用。

4.4.1 最短路径的性质

最短路径问题的基本定义是很简单的，但这种简洁也隐藏了一些在学习相关的算法和数据结构之前需要解决的问题。

- **路径是有向的。**最短路径需要考虑到各条边的方向。
- **权重不一定等价于距离。**几何上的直觉可以帮助你理解算法，因此示例中的顶点都在平面上且权重为顶点之间的欧几里得距离，例如图 4.4.1 所示的那幅有向图。但权重也可以表示时间、花费或是某种完全无关的东西，也不一定会和距离的远近成正比。我们使用了双关性的术语来强调这一点，指的是权重或是成本最短的路径。
- **并不是所有顶点都是可达的。**如果 t 并不是从 s 可达的，那么就不存在任何路径，也就不存在 s 到 t 的最短路径。为了简化问题，我们的样图都是强连通的（每个顶点从另外任意一个顶点都是可达的）。
- **负权重会使问题更复杂。**我们暂时假设边的权重都是正的（或零）。负权重所带来的意外效应是本节最后部分的重点。
- **最短路径一般都是简单的。**我们的算法会忽略构成环的零权重边，因此找到的最短路径都不会含有环。
- **最短路径不一定是唯一的。**从一个顶点到达另一个顶点的权重最小的路径可能有多条，我们只要找到其中一条即可。
- **可能存在平行边和自环：**平行边中的权重最小者才会被选中，最短路径也不可能包含自环（除非自环的权重为零，但我们会忽略它）。在正文中，为了避免歧义我们隐式地假设平行边不存在，用 v→w 来表示从 v 到 w 的边，本节的代码处理它们并没有困难。

最短路径树

我们的重点是**单点最短路径问题**，其中给出了起点 s，计算的结果是一棵**最短路径树**（SPT），它包含了顶点 s 到所有可达的顶点的最短路径。如图 4.4.2 所示。

> **定义。**给定一幅加权有向图和一个顶点 s，以 s 为起点的一棵最短路径树是图的一幅子图，它包含 s 和从 s 可达的所有顶点。这棵有向树的根结点为 s，树的每条路径都是有向图中的一条最短路径。

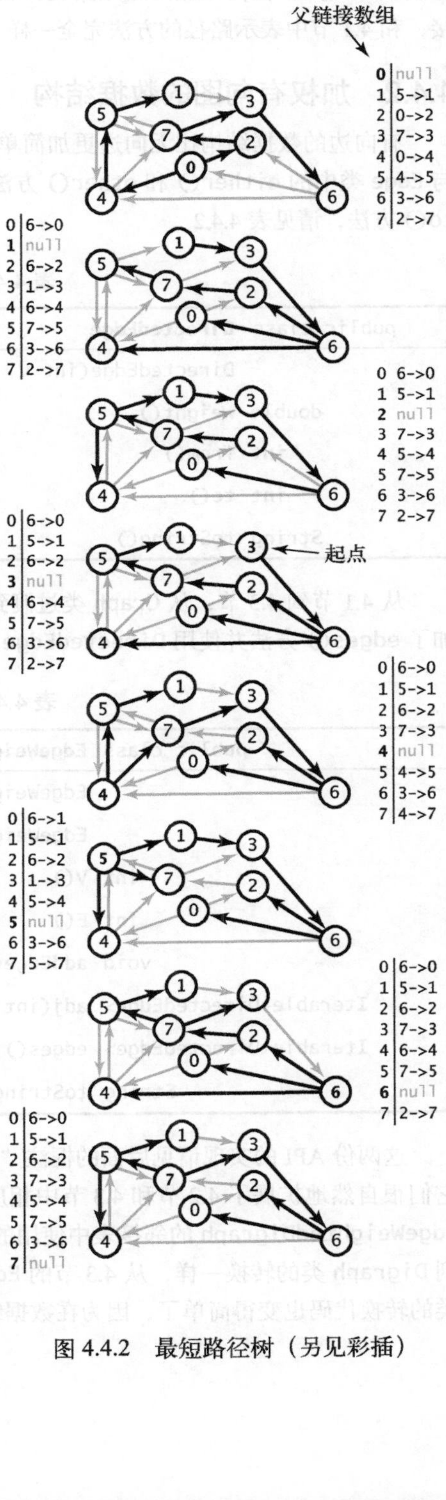

图 4.4.2 最短路径树（另见彩插）

这样一棵树是一定存在的：一般来说，从 s 到一个顶点有可能存在两条长度相等的路径。如果出现这种情况，可以删除其中一条路径的最后一条边。如此这般，直到从起点到每个顶点都只有一条路径相连（即一棵树，请见图 4.4.3）。通过构造这棵最短路径树，可以为用例提供从 s 到图中任何顶点的最短路径，表示方法为一组指向父结点的链接，和 4.1 节中表示路径的方法完全一样。

图 4.4.3 一棵含有 250 个顶点的最短路径树

637
~
640

4.4.2 加权有向图的数据结构

有向边的数据结构比无向边更加简单，因为有向边只有一个方向。与 Edge 类中的 either() 和 other() 方法不同，这里定义了 from() 和 to() 方法，请见表 4.4.2。

表 4.4.2 加权有向边的 API

public class	**DirectedEdge**	
	DirectedEdge(int v, int w, double weight)	
double	weight()	边的权重
int	from()	指出这条边的顶点
int	to()	这条边指向的顶点
String	toString()	对象的字符串表示

从 4.1 节到 4.3 节，从 Graph 类过渡到了 EdgeWeightedGraph 类。与以前一样，我们在这里添加了 edges() 方法并使用 DirectedEdge 类代替了整型变量，请见表 4.4.3。

表 4.4.3 加权有向图的 API

public class	**EdgeWeightedDigraph**	
	EdgeWeightedDigraph(int V)	含有 V 个顶点的空有向图
	EdgeWeightedDigraph(In in)	从输入流中读取图的构造函数
int	V()	顶点总数
int	E()	边的总数
void	addEdge(DirectedEdge e)	将 e 添加到该有向图中
Iterable<DirectedEdge>	adj(int v)	从 v 指出的边
Iterable<DirectedEdge>	edges()	该有向图中的所有边
String	toString()	对象的字符串表示

这两份 API 的实现请见后面的框注“加权有向边的数据类型”和“加权有向图的数据类型”。它们很自然地扩展了 4.2 节和 4.3 节中相应的类的实现。Digraph 类中的邻接表使用的是整数，在 EdgeWeightedDigraph 的邻接表中使用的是 DirectedEdge 对象。与从 4.1 节到 4.2 节中 Graph 类到 Digraph 类的转换一样，从 4.3 节的 EdgeWeightedGraph 类到本节中的 EdgeWeightedDigraph 类的转换代码也变得简单了，因为在数据结构中每条边只会出现一次。

641

加权有向边的数据类型

```
public class DirectedEdge
{
   private final int v;                          // 边的起点
   private final int w;                          // 边的终点
   private final double weight;                  // 边的权重

   public DirectedEdge(int v, int w, double weight)
   {
      this.v = v;
      this.w = w;
      this.weight = weight;
   }

   public double weight()
   {  return weight;  }

   public int from()

   {  return v;  }

   public int to()
   {  return w;  }

   public String toString()
   {  return String.format("%d->%d %.2f", v, w, weight);  }

}
```

DirectedEdge 类的实现比 4.3 节中无向边的数据类型 Edge 类（请见 4.3.2 节框注“带权重的边的数据类型”）更简单，因为边的两个端点是有区别的。用例可以使用惯用代码 int v=e.from(), w=e.to(); 来访问 DirectedEdge 的两个端点。 642

加权有向图的数据类型

```
public class EdgeWeightedDigraph
{
   private final int V;                       // 顶点总数
   private int E;                             // 边的总数
   private Bag<DirectedEdge>[] adj;           // 邻接表

   public EdgeWeightedDigraph(int V)
   {
      this.V = V;
      this.E = 0;
      adj = (Bag<DirectedEdge>[]) new Bag[V];
      for (int v = 0; v < V; v++)
         adj[v] = new Bag<DirectedEdge>();
   }

   public EdgeWeightedDigraph(In in)
   // 请见练习4.4.2

   public int V() {  return V;  }
   public int E() {  return E;  }
   public void addEdge(DirectedEdge e)
   {
      adj[e.from()].add(e);
      E++;
   }

   public Iterable<DirectedEdge> adj(int v)
```

```
    { return adj[v]; }

    public Iterable<DirectedEdge> edges()
    {
        Bag<DirectedEdge> bag = new Bag<DirectedEdge>();
        for (int v = 0; v < V; v++)
            for (DirectedEdge e : adj[v])
                bag.add(e);
        return bag;
    }

}
```

EdgeWeightedDigraph 类的实现混合了 EdgeWeightedGraph 类和 Digraph 类。它维护了一个由顶点索引的 Bag 对象的数组，Bag 对象的内容为 DirectedEdge 对象。与 Digraph 类一样，每条边在邻接表中只会出现一次：如果一条边从 v 指向 w，那么它只会出现在 v 的邻接链表中。这个类可以处理自环和平行边。toString() 方法的实现留作练习 4.4.2。

643

图 4.4.4 所示的是用 EdgeWeightedDigraph 表示左侧的加权有向图时所构造的数据结构，在构造的过程中边被按照顺序一条一条地加入图中。与以前一样，我们使用了 Bag 类来表示邻接表并在图中按照标准方式将它们表示为链表。与 4.2 节中普通的有向图一样，每条边在数据结构中都只出现了一次。

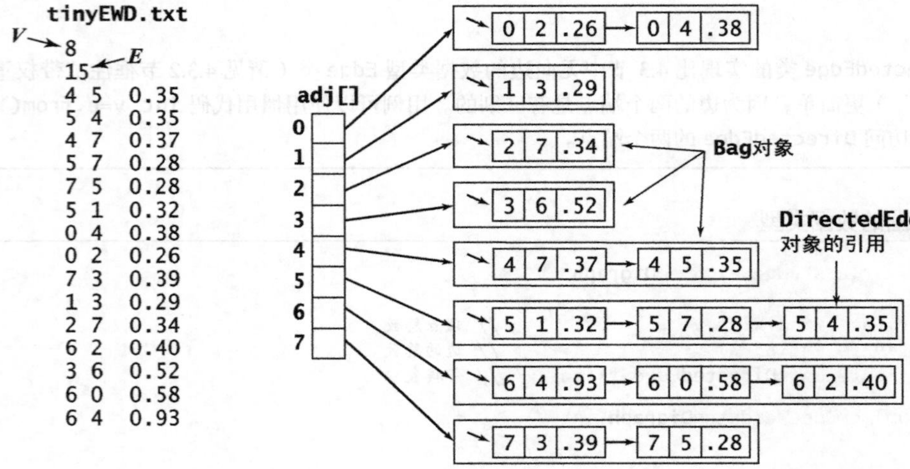

图 4.4.4 加权有向图的表示

4.4.2.1 最短路径的 API

对于最短路径的 API，我们的设计思路与 4.1 节中的 DepthFirstPaths 和 BreadthFirstPaths 的 API 是一样的。算法将会实现表 4.4.4 所示的 API 来为用例提供图中的最短路径和其长度。

表 4.4.4 最短路径的 API

public class	SP	
	SP(EdgeWeightedDigraph G, int s)	构造函数
double	distTo(int v)	从顶点 s 到 v 的距离，如果不存在则路径为无穷大
boolean	hasPathTo(int v)	是否存在从顶点 s 到 v 的路径
Iterable<DirectedEdge>	pathTo(int v)	从顶点 s 到 v 的路径，如果不存在则为 null

构造函数会创建最短路径树并计算最短路径的长度，其他查询方法则会使用这些数据结构为用例提供路径的长度以及路径的 Iterable 对象。

4.4.2.2 测试用例

右侧框注是一个简单测试用例。它接受一个输入流和一个起点作为命令行参数，从输入流中读取加权有向图，根据起点来计算有向图的最短路径树并打印从起点到其他所有顶点的最短路径。我们约定，所有的最短路径实现都使用该测试用例进行测试。图 4.4.4 中的 tinyEWD.txt 文件定义了一幅较小的示例有向图中所有的边和权重，会用来显示最短路径算法的详细轨迹。它的文件格式与最小生成树算法中使用的样图相同：首先是顶点总数 V 和边的总数 E，随后是 E 行数据，每一行为两个顶点的索引和一个权重。在本书的网站上，你可以找到一些定义了更大的加权有向图的文件，包括 mediumEWG.txt。它定义了一幅含有 250 个顶点的加权有向图，如图 4.4.3 所示。在这幅图的图像中，每一行数据都表示方向相反的两条边，因此这个文件所含有的边数是在学习最小生成树时所使用的 mediumEWG.txt 的 2 倍。在最短路径树的图像中，每一行都表示一条从顶点指出的有向边。

```
public static void main(String[] args)
{
   EdgeWeightedDigraph G;
   G = new EdgeWeightedDigraph(new In(args[0]));
   int s = Integer.parseInt(args[1]);
   SP sp = new SP(G, s);

   for (int t = 0; t < G.V(); t++)
   {
      StdOut.print(s + " to " + t);
      StdOut.printf(" (%4.2f): ", sp.distTo(t));
      if (sp.hasPathTo(t))
         for (DirectedEdge e : sp.pathTo(t))
            StdOut.print(e + "   ");
      StdOut.println();
   }
}

% java SP tinyEWD.txt 0
0 to 0 (0.00):
0 to 1 (1.05): 0->4 0.38  4->5 0.35  5->1 0.32
0 to 2 (0.26): 0->2 0.26
0 to 3 (0.99): 0->2 0.26  2->7 0.34  7->3 0.39
0 to 4 (0.38): 0->4 0.38
0 to 5 (0.73): 0->4 0.38  4->5 0.35
0 to 6 (1.51): 0->2 0.26  2->7 0.34  7->3 0.39  3->6
0.52
0 to 7 (0.60): 0->2 0.26  2->7 0.34
```

644~645

最短路径的测试用例

4.4.2.3 最短路径的数据结构

表示最短路径所需的数据结构很简单，如图 4.4.5 所示。

- ❑ *最短路径树中的边*。和深度优先搜索、广度优先搜索和 Prim 算法一样，使用一个由顶点索引的 DirectedEdge 对象的父链接数组 edgeTo[]，其中 edgeTo[v] 的值为树中连接 v 和它的父结点的边（也是从 s 到 v 的最短路径上的最后一条边）。
- ❑ *到达起点的距离*。我们需要一个由顶点索引的数组 distTo[]，其中 distTo[v] 为从 s 到 v 的已知最短路径的长度。

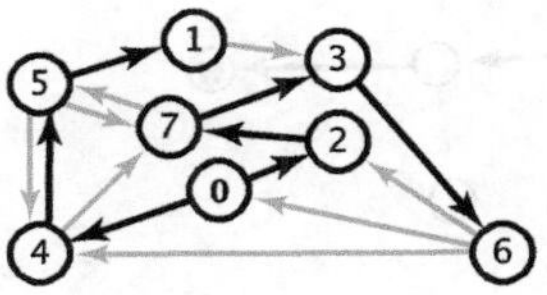

	edgeTo[]	distTo[]
0	null	0
1	5->1 0.32	1.05
2	0->2 0.26	0.26
3	7->3 0.37	0.97
4	0->4 0.38	0.38
5	4->5 0.35	0.73
6	3->6 0.52	1.49
7	2->7 0.34	0.60

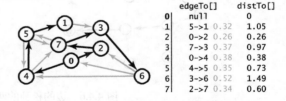

图 4.4.5 最短路径的数据结构

我们约定，edgeTo[s] 的值为 null，distTo[s] 的值为 0。同时还约定，从起点到不可达的顶点的距离均为 Double.POSITIVE_INFINITY。和以前一样，我们会实现使用这些数据结构的数据类型并支持用例调用方法来查询最短路径和它们的长度。

4.4.2.4 边的松弛

我们的最短路径 API 的实现都基于一个被称为*松弛*（relaxation）的简单操作。一开始我们只知道图的边和它们的权重，distTo[]中只有起点所对应的元素的值为0，其余元素的值均被初始化为Double.POSITIVE_INFINITY。随着算法的执行，它将起点到其他顶点的最短路径信息存入了edgeTo[]和distTo[]数组中。在遇到新的边时，通过更新这些信息就可以得到新的最短路径。特别是，我们在其中会用到边的松弛技术，定义如下：*放松*边v→w意味着检查从s到w的最短路径是否是先从s到v，然后再由v到w。如果是，则根据这个情况更新数据结构的内容。上边框注中的代码实现了这个操作。由v到达w的最短路径是distTo[v]与e.weight()之和——如果这个值不小于distTo[w]，称这条边*失效*了并将它忽略；
646 如果这个值更小，就更新数据。

```
private void relax(DirectedEdge e)
{
   int v = e.from(), w = e.to();
   if (distTo[w] > distTo[v] + e.weight())
   {
      distTo[w] = distTo[v] + e.weight();
      edgeTo[w] = e;
   }
}
```

边的松弛

图4.4.6显示的是边的放松操作之后可能出现的两种情况。一种情况是边失效（左边的例子），不更新任何数据；另一种情况是v→w就是到达w的最短路径（右边的例子），这将会更新edgeTo[w]和distTo[w]（这可能会使另一些边失效，但也可能产生一些新的有效边）。*松弛*这个术语来自于用一根橡皮筋沿着连接两个顶点的路径紧紧展开的比喻：放松一条边就类似于将橡皮筋转移到一条更短的路径上，从而缓解了橡皮筋的压力。如果relax()改变了和边e相关的顶点的distTo[e.to()]和edgeTo[e.to()]的值，就称e的放松是*成功的*。

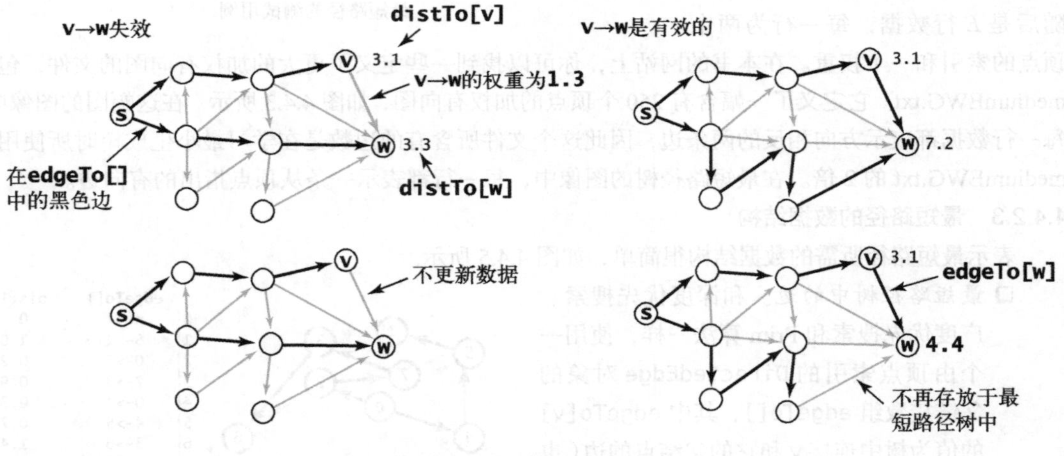

图4.4.6　边的松弛的两种情况（另见彩插）

647 #### 4.4.2.5　顶点的松弛

实际上，实现会放松从一个给定顶点指出的所有边，如下页框注中（被重载的）relax()的实现所示。注意，从任意distTo[v]为有限值的顶点v指向任意distT[]为无穷的顶点的边都是有效的。如果v被放松，那么这些有效边都会被添加到edgeTo[]中。某条从起点指出的边将会是第一条被加入edgeTo[]中的边。算法会谨慎选择顶点，使得每次顶点松弛操作都能得出到达某个顶点的更短的路径，最后逐渐找出到达每个顶点的最短路径。如图4.4.7所示。

```
private void relax(EdgeWeightedDigraph G, int v)
{
   for (DirectedEdge e : G.adj(v))
   {
      int w = e.to();
      if (distTo[w] > distTo[v] + e.weight())
      {
         distTo[w] = distTo[v] + e.weight();
         edgeTo[w] = e;
      }
   }
}
```

顶点的松弛

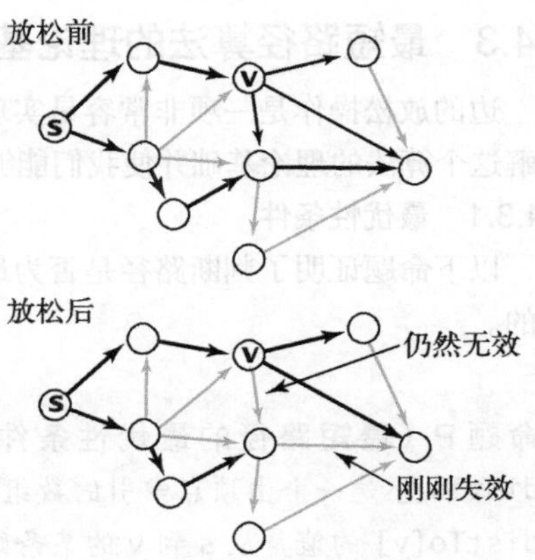

图 4.4.7 顶点的松弛 648

4.4.2.6 为用例准备的查询方法

与 4.1 节（以及练习 4.1.13）中实现路径查找的 API 相似，edgeTo[] 和 distTo[] 数组直接支持 pathTo()、hasPathTo() 和 distTo() 查询方法，如下方框注所示。默认所有最短路径的实现都包含这段代码。前面已经提到过，只有在 v 是从 s 可达的情况下，distTo[v] 才是有意义的，还已经约定，对于从 s 不可达的顶点，distTo() 方法都应该返回无穷大。在实现这个约定时，将 distTo[] 中的所有元素都初始化为 Double.POSITIVE_INFINITY，distTo[s] 则为 0。最短路径算法会将从起点可达的顶点 v 的 distTo[v] 设为一个有限值，这样就不必再用 marked[] 数组来在图的搜索中标记可达的顶点，而是通过检测 distTo[v] 是否为 Double.POSITIVE_INFINITY 来实现 hasPathTo(v)。对于 pathTo() 方法，我们约定如果 v 不是从起点可达的则返回 null，如果 v 等于起点则返回一条不含任何边的路径。对于可达的顶点，我们会遍历最短路径树并返回栈上的所有边，这和 DepthFirstPaths 以及 BreadthFirstPaths 的做法完全一样。图 4.4.8 显示了在示例中路径 0→2→7→3→6 是如何被找到的。

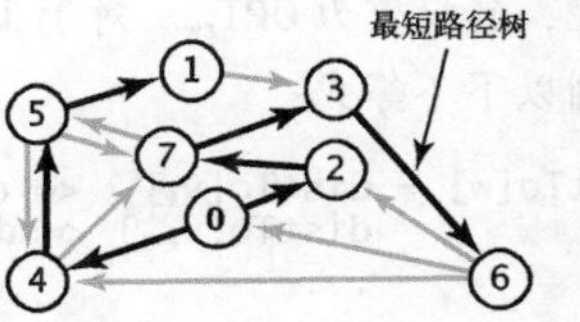

v	edgeTo[]
0	*null*
1	5->1
2	0->2
3	7->3
4	0->4
5	4->5
6	3->6
7	2->7

pathTo(6)

e	路径
3->6	
7->3	3->6
2->7	7->3 3->6
0->2	2->7 7->3 3->6
null	0->2 2->7 7->3 3->6

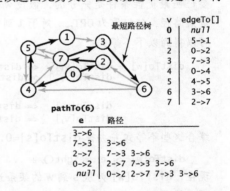

图 4.4.8 pathTo() 方法的计算轨迹

```
public double distTo(int v)
{  return distTo[v];  }

public boolean hasPathTo(int v)
{  return distTo[v] < Double.POSITIVE_INFINITY;  }

public Iterable<DirectedEdge> pathTo(int v)
{
   if (!hasPathTo(v)) return null;
   Stack<DirectedEdge> path = new Stack<DirectedEdge>();
   for (DirectedEdge e = edgeTo[v]; e != null; e = edgeTo[e.from()])
      path.push(e);
   return path;
}
```

最短路径API中的查询方法 649

4.4.3 最短路径算法的理论基础

边的放松操作是一项非常容易实现的重要操作，它是实现最短路径算法的基础。同时，它也是理解这个算法的理论基础并使我们能够完整地证明算法的正确性。

4.4.3.1 最优性条件

以下命题证明了判断路径是否为最短路径的全局条件与在放松一条边时所检测的局部条件是等价的。

命题 P（最短路径的最优性条件）。令 G 为一幅加权有向图，顶点 s 是 G 中的起点，distTo[] 是一个由顶点索引的数组，保存的是 G 中路径的长度。对于从 s 可达的所有顶点 v，distTo[v] 的值是从 s 到 v 的某条路径的长度，对于从 s 不可达的所有顶点 v，该值为无穷大。当且仅当对于从 v 到 w 的任意一条边 e，这些值都满足 distTo[w]<=distTo[v]+e.weight() 时（换句话说，不存在有效边时），它们是最短路径的长度。

证明。假设 distTo[w] 是从 s 到 w 的最短路径。如果对于某条从 v 到 w 的边 e 有 distTo[w]>distTo[v]+e.weight()，那么从 s 到 w（经过 v）且经过 e 的路径的长度必然小于 distTo[w]，矛盾。因此最优性条件是必要的。

要证明最优性条件是充分的，假设 w 是从 s 可达的且 $s=v_0 \rightarrow v_1 \rightarrow v_2 ... \rightarrow v_k=w$ 是从 s 到 w 的最短路径，其权重为 OPT_{sw}。对于 1 到 k 之间的 i，令 e_i 表示 v_{i-1} 到 v_i 的边。根据最优性条件，可以得到以下不等式：

$$
\begin{aligned}
\texttt{distTo}[w] = \texttt{distTo}[v_k] &<= \texttt{distTo}[v_{k-1}] + e_k\texttt{.weight()} \\
\texttt{distTo}[v_{k-1}] &<= \texttt{distTo}[v_{k-2}] + e_{k-1}\texttt{.weight()} \\
&\ldots \\
\texttt{distTo}[v_2] &<= \texttt{distTo}[v_1] + e_2\texttt{.weight()} \\
\texttt{distTo}[v_1] &<= \texttt{distTo}[s] + e_1\texttt{.weight()}
\end{aligned}
$$

综合这些不等式并去掉 distTo[s]=0.0，得到：

$$\texttt{distTo}[w] <= e_1\texttt{.weight()} + \ldots + e_k\texttt{.weight()} = OPT_{SW}.$$

现在，distTo[w] 为从 s 到 w 的某条边的长度，因此它不可能比最短路径更短。所以我们有以下不等式：

$$OPT_{SW} <= \texttt{distTo}[w] <= OPT_{SW}$$

650 且等号必然成立。

4.4.3.2 验证

命题 P 的一个重要的实际应用是最短路径的验证。无论一种算法会如何计算 distTo[]，都只需要遍历图中的所有边一遍并检查最优性条件是否满足就能够知道该数组中的值是否是最短路径的长度。最短路径的算法可能会很复杂，因此能够快速验证计算的结果就变得很重要。为此，我们在本书的网站上的实现中包含了一个 check() 方法。该方法还会检查 edgeTo[] 指明的路径并验证它与 distTo[] 是否一致。

4.4.3.3 通用算法

由最优性条件马上可以得到一个能够涵盖已经学习过的所有最短路径算法的通用算法。现在，我们暂时只研究非负权重的情况。

命题 Q（通用最短路径算法）。将 distTo[s] 初始化为 0，其他 distTo[] 元素初始化为无穷大，继续如下操作：

放松 G 中的任意边，直到不存在有效边为止。

对于任意从 s 可达的顶点 w，在进行这些操作之后，distTo[w] 的值即为从 s 到 w 的最短路径的长度（且 edgeTo[w] 的值即为该路径上的最后一条边）。

证明。放松边 v→w 必然会将 distTo[w] 的值设为从 s 到 w 的某条路径的长度（且将 edgeTo[w] 设为该路径上的最后一条边）。对于从 s 可达的任意顶点 w，只要 distTo[w] 仍然是无穷大，到达 w 的最短路径上的某条边肯定仍然是有效的，因此算法的操作会不断继续，直到由 s 可达的每个顶点的 distTo[] 值均变为到达该顶点的某条路径的长度。对于已经找到最短路径的任意顶点 v，在算法的计算过程中 distTo[v] 的值都是从 s 到 v 的某条（简单）路径的长度且必然是单调递减的。因此，它递减的次数必然是有限的（每切换一条 s 到 v 简单路径就递减一次）。当不存在有效边的时候，命题 P 就成立了。

将最优性条件和通用算法放在一起学习的关键原因是，通用算法并没有指定边的放松顺序。因此，要证明这些算法都能通过计算得到最短路径，只需证明它们都会放松所有的边直到所有边都失效即可。 651

4.4.4 Dijkstra 算法

在 4.3 节中，我们讨论了寻找加权无向图中的最小生成树的 Prim 算法：构造最小生成树的每一步都向这棵树中添加一条新的边。Dijkstra 算法采用了类似的方法来计算最短路径树。首先将 distTo[s] 初始化为 0，distTo[] 中的其他元素初始化为正无穷。然后将 distTo[] 最小的非树顶点放松并加入树中，如此这般，直到所有的顶点都在树中或者所有的非树顶点的 distTo[] 值均为无穷大。

命题 R。Dijkstra 算法能够解决边权重非负的加权有向图的单起点最短路径问题。

证明。如果 v 是从起点可达的，那么所有 v→w 的边都只会被放松一次。当 v 被放松时，必有 distTo[w]<=distTo[v]+e.weight()。该不等式在算法结束前都会成立，因此 distTo[w] 只会变小（放松操作只会减小 distTo[] 的值）而 distTo[v] 则不会改变（因为边的权重非负且在每一步中算法都会选择 distTo[] 最小的顶点，之后的放松操作不可能使任何 distTo[] 的值小于 distTo[v]）。因此，在所有从 s 可达的顶点均被添加到树中之后，最短路径的最优性条件成立，即命题 P 成立。

4.4.4.1 数据结构

要实现 Dijkstra 算法，除了 distTo[] 和 edgeTo[] 数组之外还需要一条索引优先队列 pq，以保存需要被放松的顶点并确认下一个被放松的顶点。我们知道 IndexMinPQ 可以将索引和键（优先级）关联起来并且可以删除并返回优先级最低的索引。在这里，只要将顶点 v 和 distTo[v] 关联起来就立即可以得到 Dijkstra 算法的实现。另外，稍加推导也可以知道，edgeTo[] 中的元素所对应的可达顶点构成了一棵最短路径树。

4.4.4.2 换一个角度看问题

根据算法的证明，我们可以从另一个角度来理解它，如图 4.4.9 所示，已知树结点所对应的 distTo[] 值均为最短路径的长度。对于优先队列中的任意顶点 w，distTo[w] 是从 s 到 w 的最短路径的长度，该路径上的中间顶点在树中且路径结束于横切边 edgeTo[w]。优先级最小的顶点的 distTo[] 值就是最短路径的权重，它不会小于已经被放松过的任意顶点的最短路径的权重，也不会大于还未被放松过的任意顶点的最短路径的权重。这个顶点就是下一个要被放松的顶点。所有从 s 可达的顶点都会按照最短路径的权重顺序被放松。

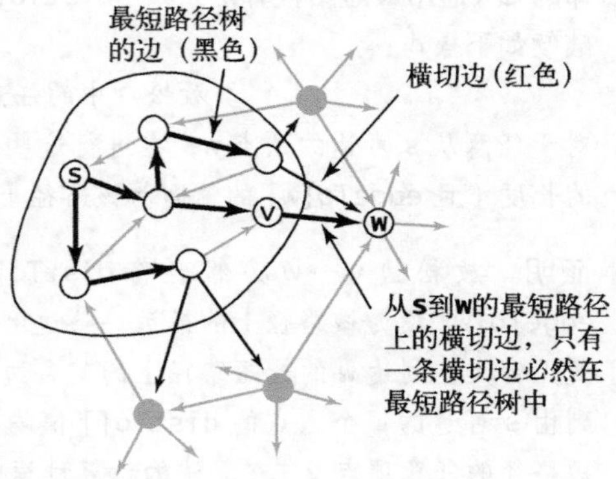

图 4.4.9 Dijkstra 的最短路径算法（另见彩插）

图 4.4.10 是算法处理样图 tinyEWD.txt 时的轨迹。在这个例子中，算法构造最短路径树的过程如下所述。

- ❑ 将顶点 0 添加到树中，将顶点 2 和 4 加入优先队列。
- ❑ 从优先队列中删除顶点 2，将 0→2 添加到树中，将顶点 7 加入优先队列。
- ❑ 从优先队列中删除顶点 4，将 0→4 添加到树中，将顶点 5 加入优先队列，边 4→7 失效。
- ❑ 从优先队列中删除顶点 7，将 2→7 添加到树中，将顶点 3 加入优先队列，边 7→5 失效。
- ❑ 从优先队列中删除顶点 5，将 4→5 添加到树中，将顶点 1 加入优先队列，边 5→7 失效。
- ❑ 从优先队列中删除顶点 3，将 7→3 添加到树中，将顶点 6 加入优先队列。
- ❑ 从优先队列中删除顶点 1，将 5→1 添加到树中，边 1→3 失效。
- ❑ 从优先队列中删除顶点 6，将 3→6 添加到树中。

算法按照顶点到起点的最短路径的长度的增序将它们添加到最短路径树中，如图 4.4.10 右侧的红色箭头所示。

Dijkstra 算法的实现 DijkstraSP（算法 4.9）只是用代码复述了算法的描述，还在 relax() 方法中添加了一行语句来处理以下两种情况：要么边的 to() 得到的顶点还不在优先队列中，此时需要使用 insert() 方法将它加入到优先队列中；要么它已经在优先队列中且优先级需要被降低，此时可以用 change() 方法实现。

命题 R（续）。在一幅含有 V 个顶点和 E 条边的加权有向图中，使用 Dijkstra 算法计算根结点为给定起点的最短路径树所需的空间与 V 成正比，时间与 $E\log V$ 成正比（最坏情况下）。

证明。同 Prim 算法的证明（请见命题 N）

如前所述，思考 Dijkstra 算法的另一种方式就是将它和 4.3 节的 Prim 算法（算法 4.7）相比较。两种算法都会用添加边的方式构造一棵树：Prim 算法每次添加的都是离树最近的非树顶点，Dijkstra 算法每次添加的都是离起点最近的非树顶点。它们都不需要 marked[] 数组，因为条件 !marked[w] 等价于条件 distTo[w] 为无穷大。换句话说，将算法 4.9 中的有向图换成无向图并忽略 relax() 方法中 distTo[v] 部分的代码，就会得到算法 4.7，也就是 Prim 算法的即时版本（！）。同样，根据 LazyPrimMST（4.3.4 节框注“最小生成树的 Prim 算法的延时实现”）实现 Dijkstra 算法的延时版本也并不困难。

4.4.4.3 变种

我们只需对 Dijkstra 算法的实现稍作适当的修改就能够解决这个问题的其他版本，例如，加权无向图中的单点最短路径。给定一幅加权无向图和一个起点 s，回答“是否存在一条从 s 到给定的顶点 v 的路径？如果有，找出最短（总权重最小）的那条路径。”等类似问题。

如果将无向图看作有向图，这个问题的答案就很简单了。也就是说，对于给定的加权无向图，创建一幅由相同顶点构成的加权有向图，且对于无向图中的每条边，相应地创建两条（方向不同）有向边。有向图中的路径和无向图中的路径存在着一一对应的关系，路径的权重也是相同的——最短路径的问题是等价的。

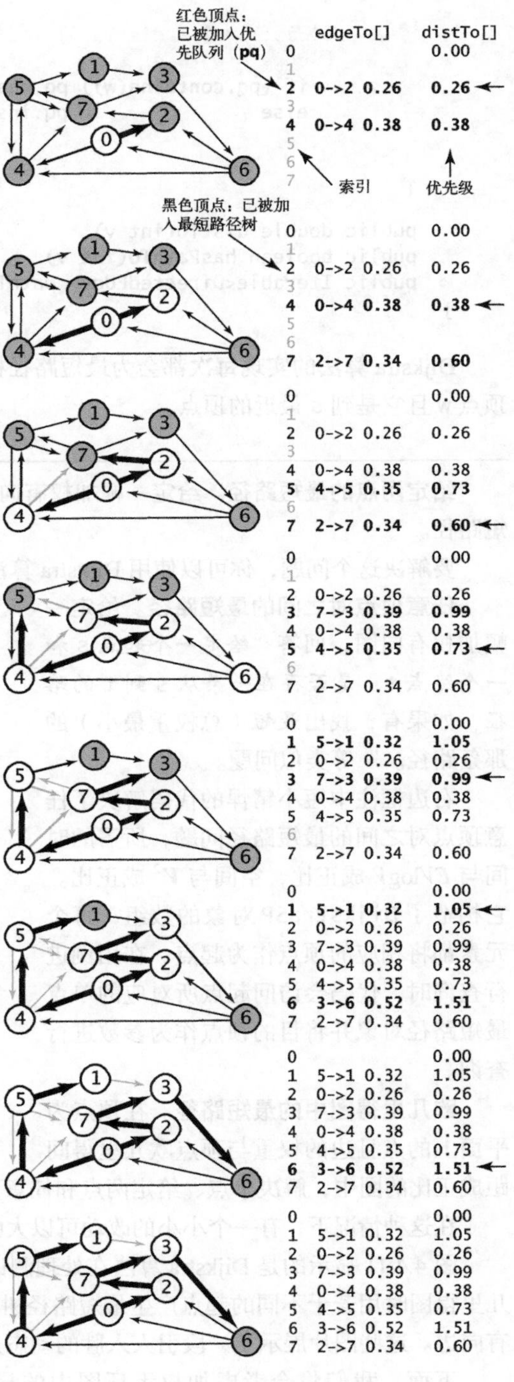

图 4.4.10 Dijkstra 算法的轨迹（另见彩插）

652~654

算法 4.9 最短路径的 Dijkstra 算法

```
public class DijkstraSP
{
   private DirectedEdge[] edgeTo;
   private double[] distTo;
   private IndexMinPQ<Double> pq;

   public DijkstraSP(EdgeWeightedDigraph G, int s)
   {
      edgeTo = new DirectedEdge[G.V()];
      distTo = new double[G.V()];
      pq = new IndexMinPQ<Double>(G.V());

      for (int v = 0; v < G.V(); v++)
         distTo[v] = Double.POSITIVE_INFINITY;
      distTo[s] = 0.0;

      pq.insert(s, 0.0);
      while (!pq.isEmpty())
         relax(G, pq.delMin())
   }

   private void relax(EdgeWeightedDigraph G, int v)
   {
      for(DirectedEdge e : G.adj(v))
      {
         int w = e.to();
         if (distTo[w] > distTo[v] + e.weight())
```

```
            {
               distTo[w] = distTo[v] + e.weight();
               edgeTo[w] = e;
               if (pq.contains(w)) pq.change(w, distTo[w]);
               else                pq.insert(w, distTo[w]);
            }
         }
      }

   public double distTo(int v)                      // 最短路径树实现中的标准查询算法
   public boolean hasPathTo(int v)                  // （请见4.4.2.6节框注“最短路径
   public Iterable<DirectedEdge> pathTo(int v)  // API中的查询方法）
}
```

655

Dijkstra 算法的实现每次都会为最短路径树添加一条边，该边由一个树中的顶点指向一个非树顶点 w 且它是到 s 最近的顶点。

给定两点的最短路径。给定一幅加权有向图以及一个起点 s 和一个终点 t，找到从 s 到 t 的最短路径。

要解决这个问题，你可以使用 Dijkstra 算法并在从优先队列中取到 t 之后终止搜索。

任意顶点对之间的最短路径。给定一幅加权有向图，回答“给定一个起点 s 和一个终点 t，是否存在一条从 s 到 t 的路径？如果有，找出最短（总权重最小）的那条路径。”等类似问题。

右边框注中短小精悍的代码解决了任意顶点对之间的最短路径问题，所需的时间与 $EV\log V$ 成正比，空间与 V^2 成正比。它构造了 DijkstraSP 对象的数组，每个元素都将相应的顶点作为起点。在用例进行查询时，代码会访问起点所对应的单点最短路径对象并将目的顶点作为参数进行查询。

```
public class DijkstraAllPairsSP
{
   private DijkstraSP[] all;

   DijkstraAllPairsSP(EdgeWeightedDigraph G)
   {
      all = new DijkstraSP[G.V()]
      for (int v = 0; v < G.V(); v++)
         all[v] = new DijkstraSP(G, v);
   }

   Iterable<DirectedEdge> path(int s, int t)
   {  return all[s].pathTo(t);  }

   double dist(int s, int t)
   {  return all[s].distTo(t);  }
}
```

任意顶点对之间的最短路径

欧几里得图中的最短路径。在顶点为平面上的点且边的权重与顶点欧几里得间距成正比的图中，解决单点、给定两点和任意顶点对之间的最短路径问题。

在这种情况下，有一个小小的改动可以大幅提高 Dijkstra 算法的运行速度（请见练习 4.4.27）。

图 4.4.11 显示的是 Dijkstra 算法在处理测试文件 mediumEWD.txt（请见 4.4.2.2 节）所定义的欧几里得图时用若干不同的起点产生最短路径树的过程。和之前一样，这幅图中的线段都表示双向的有向边。这些图片展示了一段引人入胜的动态过程。

下面，我们将会考虑加权无环图中的最短路径算法并且将在线性时间内解决该问题（比 Dijkstra 算法要快）。然后是负权重的加权有向图中的最短路径问题，Dijkstra 算法不适用于这种情况。

656

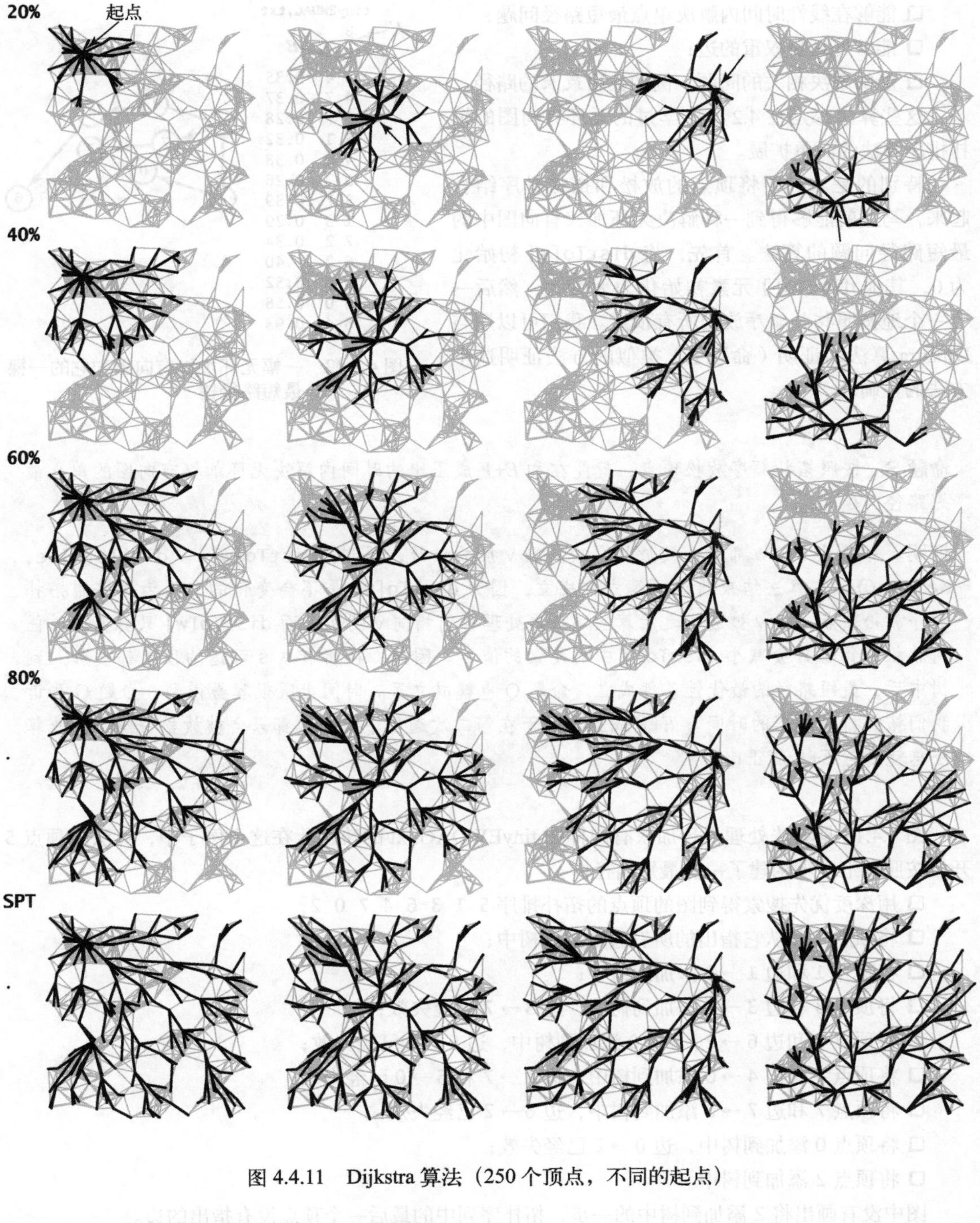

图 4.4.11 Dijkstra 算法（250 个顶点，不同的起点） 657

4.4.5 无环加权有向图中的最短路径算法

许多应用中的加权有向图都是不含有有向环的。我们现在来学习一种比 Dijkstra 算法更快、更简单的在无环加权有向图中找出最短路径的算法，如图 4.4.12 所示。它的特点是：

- ❑ 能够在线性时间内解决单点最短路径问题；
- ❑ 能够处理负权重的边；
- ❑ 能够解决相关的问题，例如找出最长的路径。

这些算法都是在 4.2 节中学过的无环有向图的拓扑排序算法的简单扩展。

特别的是，只要将顶点的放松和拓扑排序结合起来，马上就能够得到一种解决无环加权有向图中的最短路径问题的算法。首先，将 distTo[s] 初始化为 0，其他 distTo[] 元素初始化为无穷大，然后一个一个地按照拓扑顺序放松所有顶点。我们可以用与 Dijkstra 算法的证明（命题 R）类似的方法证明这个方法的正确性。

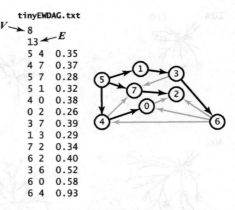

```
tinyEWDAG.txt
V→ 8
   13 ←E
   5 4  0.35
   4 7  0.37
   5 7  0.28
   5 1  0.32
   4 0  0.38
   0 2  0.26
   3 7  0.39
   1 3  0.29
   7 2  0.34
   6 2  0.40
   3 6  0.52
   6 0  0.58
   6 4  0.93
```

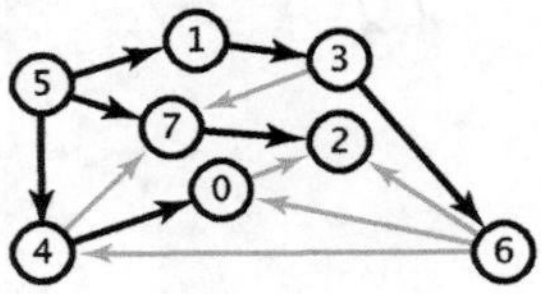

图 4.4.12　一幅无环加权有向图和它的一棵最短路径树

命题 S。按照拓扑顺序放松顶点，就能在和 $E+V$ 成正比的时间内解决无环加权有向图的单点最短路径问题。

证明。每条边 v→w 都只会被放松一次。当 v 被放松时，得到：distTo[w]<= distTo[v]+e.weight()。在算法结束前该不等式都成立，因为 distTo[v] 是不会变化的（因为是按照拓扑顺序放松顶点，在 v 被放松之后算法不会再处理任何指向 v 的边）而 distTo[w] 只会变小（任何放松操作都只会减小 distTo[] 中的元素的值）。因此，在所有从 s 可达的顶点都被加入到树中后，最短路径的最优性条件成立，命题 Q 也就成立了。时间上限很容易得到：命题 G 告诉我们拓扑排序所需的时间与 $E+V$ 成正比，而在第二次遍历中每条边都只会被放松一次，因此算
658 法总耗时与 $E+V$ 成正比。

图 4.4.13 是算法处理无环加权有向样图 tinyEWDAG.txt 的轨迹。在这个例子中，算法由顶点 5 开始按照以下步骤构建了一棵最短路径树：

- ❑ 用深度优先搜索得到图的顶点的拓扑排序 5 1 3 6 4 7 0 2；
- ❑ 将顶点 5 和从它指出的所有边添加到树中；
- ❑ 将顶点 1 和边 1→3 添加到树中；
- ❑ 将顶点 3 和边 3→6 添加到树中，边 3→7 已经失效；
- ❑ 将顶点 6 和边 6→2、6→0 添加到树中，边 6→4 已经失效；
- ❑ 将顶点 4 和边 4→0 添加到树中，边 4→7 和 6→0 已经失效；
- ❑ 将顶点 7 和边 7→2 添加到树中，边 6→2 已经失效；
- ❑ 将顶点 0 添加到树中，边 0→2 已经失效；
- ❑ 将顶点 2 添加到树中。

图中没有画出将 2 添加到树中的一步，拓扑序列中的最后一个顶点没有指出的边。

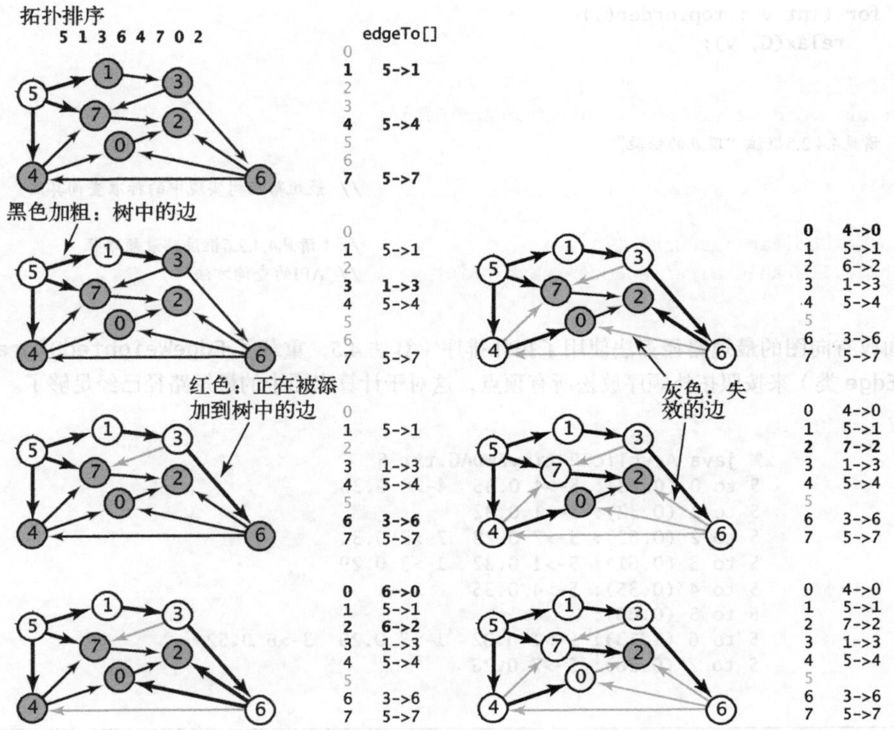

图 4.4.13　寻找无环加权有向图中的最短路径的算法轨迹（另见彩插）

算法 4.10 在实现中直接使用了已学习过的许多代码。它假设 Topological 类使用本节中介绍的 EdgeWeightedDigraph 类和 DirectedEdge 类的 API（请见练习 4.4.12）重载了拓扑排序的方法。注意，该实现中不需要布尔数组 marked[]：因为是按照拓扑顺序处理无环有向图中的顶点，所以不可能再次遇到已经被放松过的顶点。算法 4.10 的效率几乎已经没有提高的空间了：在拓扑排序后，构造函数会扫描整幅图并将每条边放松一次。在已知加权图是无环的情况下，它是找出最短路径的最好方法。 659

算法 4.10　无环加权有向图的最短路径算法

```
public class AcyclicSP
{
   private DirectedEdge[] edgeTo;
   private double[] distTo;

   public AcyclicSP(EdgeWeightedDigraph G, int s)
   {
      edgeTo = new DirectedEdge[G.V()];
      distTo = new double[G.V()];

      for (int v = 0; v < G.V(); v++)
         distTo[v] = Double.POSITIVE_INFINITY;
      distTo[s] = 0.0;

      Topological top = new Topological(G);
```

```
        for (int v : top.order())
            relax(G, v);
    }

    private void relax(EdgeWeightedDigraph G, int v)
    // 请见4.4.2.5框注“顶点的松驰”

    public double distTo(int v)                         // 最短路径树实现中的标准查询算法

    public boolean hasPathTo(int v)                     //（请见4.4.2.6框注“最短路径
    public Iterable<DirectedEdge> pathTo(int v)         // API的查询方法”）
}
```

无环加权有向图的最短路径算法使用了拓扑排序（算法4.5，重载了 EdgeWeightedDigraph 类和 DirectedEdge 类）来按照拓扑顺序放松所有顶点，这对于计算出图中的最短路径已经足够了。

```
% java AcyclicSP tinyEWDAG.txt 5
5 to 0 (0.73): 5->4 0.35   4->0 0.38
5 to 1 (0.32): 5->1 0.32
5 to 2 (0.62): 5->7 0.28   7->2 0.34
5 to 3 (0.61): 5->1 0.32   1->3 0.29
5 to 4 (0.35): 5->4 0.35
5 to 5 (0.00):
5 to 6 (1.13): 5->1 0.32   1->3 0.29   3->6 0.52
5 to 7 (0.28): 5->7 0.28
```

660

命题S很重要，因为它的“无环”能够极大地简化问题的论断。对于最短路径问题，基于拓扑排序的方法比Dijkstra算法快的倍数与Dijkstra算法中所有优先队列操作的总成本成正比。另外，命题S的证明和边的权重是否非负无关，因此无环加权有向图不会受到任何限制。下面用这个特点解决边的负权重问题。我们会考虑使用这个最短路径模型来解决另外两个问题，其中之一乍一看甚至和图的处理似乎没有任何关系。

4.4.5.1 最长路径

考虑在无环加权有向图中寻找最长路径的问题，边的权重可正可负。

无环加权有向图中的单点最长路径。给定一幅无环加权有向图（边的权重可能为负）和一个起点s，回答“*是否存在一条从s到给定的顶点v的路径？*如果有，找出最长（总权重最大）的那条路径。”等类似问题。

我们刚刚学习过的算法能够快速地解决这个问题。

> **命题T。**解决无环加权有向图中的最长路径问题所需的时间与 $E+V$ 成正比。
>
> **证明。**给定一个最长路径问题，复制原始无环加权有向图得到一个副本并将副本中的所有边的权重取相反数。这样，副本中的最短路径即为原图中的最长路径。要将最短路径问题的答案转换为最长路径问题的答案，只需将方案中的权重变为正值即可。根据命题S立即可以得到算法所需的时间。

根据这种转换实现 AcyclicLP 类来寻找一幅无环加权有向图中的最长路径就十分简单了。实现该类的一个更简单的方法是修改 AcyclicSP，将 distTo[] 的初始值变为 Double.NEGATIVE_INFINITY 并改变 relax() 方法中的不等式的方向。无论使用哪种方法，都能得到无环加权有向图中的最长路径问题的一种高效的解决方案。和它形成鲜明对比的是，在一般的加权有向图（边的权重可能为负）中寻找最长简单路径的已知最好算法在最坏情况下所需的时间是指数级别的（请见第 6 章）！出现环的可能性似乎使这个问题的难度以指数级别增长。

图 4.4.14 是算法在无环加权有向样图 tinyEWDAG.txt 中寻找最长路径的轨迹，你可以将它与图 4.4.13 相比较。在这个例子中，算法由顶点 5 按照以下步骤构建了一棵最长路径树：

- 用深度优先搜索得到图的顶点的拓扑排序 5 1 3 6 4 7 0 2；
- 将顶点 5 和从它指出的所有边添加到树中；
- 将顶点 1 和边 1→3 添加到树中；
- 将顶点 3 和边 3→6、3→7 添加到树中，边 5→7 已经失效；
- 将顶点 6 和边 6→2、6→4 和 6→0 添加到树中，边 5→4 已经失效；
- 将顶点 4 和边 4→0、4→7 添加到树中，边 6→0 和 3→7 已经失效；
- 将顶点 7 和边 7→2 添加到树中，边 6→2 已经失效；
- 将顶点 0 添加到树中，边 0→2 已经失效；
- 将顶点 2 添加到树中（未画出）。

最长路径算法处理顶点的顺序和最短路径算法一样，但产生的结果却完全不同。

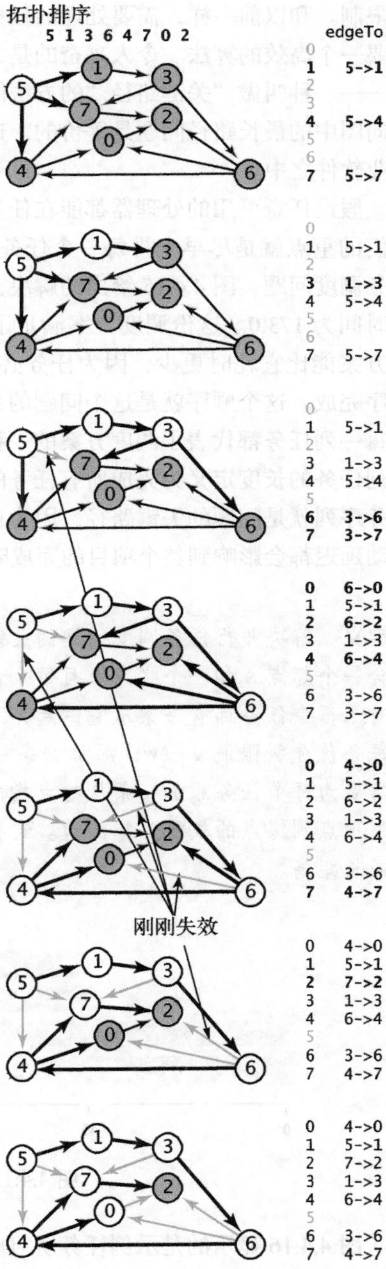

图 4.4.14 无环图中的最长路径算法（另见彩插）

4.4.5.2 并行任务调度

作为算法应用的示例，我们再次考虑在 4.2 节中出现过的任务调度类的问题。这次需要解决以下调度问题（楷体部分为与 4.2.4.1 节的问题描述的不同之处）。

优先级限制下的并行任务调度。给定一组需要完成的任务和每个任务所需的时间，以及一组关于任务完成的先后次序的优先级限制。在满足限制条件的前提下应该如何在若干相同的处理器上（数量不限）安排任务并在最短的时间内完成所有任务？

4.2 节的模型默认只有单个处理器：将任务按照拓扑顺序排序，完成任务的总耗时就是所有任务所需要的总时间。现在假设有足够多的处理器并能够同时处理任意多的任务，受到的只有优先级

661
~
662

的限制。和以前一样，需要处理的任务可能上百万甚至上亿，因此需要一个高效的算法。令人兴奋的是，正好存在一种线性时间的算法——一种叫做“关键路径“的方法能够证明这个问题与无环加权有向图中的最长路径问题是等价的。这个方法已成功应用于无数的工业软件之中。

表 4.4.5 一个任务调度问题

任务	时耗	必须在以下任务之前完成
0	41.0	1 7 9
1	51.0	2
2	50.0	
3	36.0	
4	38.0	
5	45.0	
6	21.0	3 8
7	32.0	3 8
8	32.0	2
9	29.0	4 6

假设任意可用的处理器都能在任务所需的时间内完成它，那么我们的重点就是尽早安排每一个任务。例如，表 4.4.5 给出了一个任务调度问题，图 4.4.15 给出的解决方案显示了这个问题所需的最短时间为 173.0。这份调度方案满足了所有限制条件，没有其他调度方案能比它耗时更少，因为任务必须按照 0→9→6→8→2 的顺序完成。这个顺序就是这个问题的关键路径。由优先级限制指定的每一列任务都代表了调度方案的一种可能的时间下限。如果将系列任务的长度定义为完成所有任务的最早可能时间，那么最长的任务序列就是问题的关键路径，因为在这份任务序列中任何任务的启动延迟都会影响到整个项目的完成时间。

定义。解决并行任务调度问题的关键路径方法的步骤如下：创建一幅无环加权有向图，其中包含一个起点 s 和一个终点 t 且每个任务都对应着两个顶点（一个起始顶点和一个结束顶点）。对于每个任务都有一条从它的起始顶点指向结束顶点的边，边的权重为任务所需的时间。对于每条优先级限制 v→w，添加一条从 v 的结束顶点指向 w 的起始顶点的权重为零的边。我们还需要为每个任务添加一条从起点指向该任务的起始顶点的权重为零的边以及一条从该任务的结束顶点到终点的权重为零的边。这样，每个任务预计的开始时间即为从起点到它的起始顶点的最长距离。

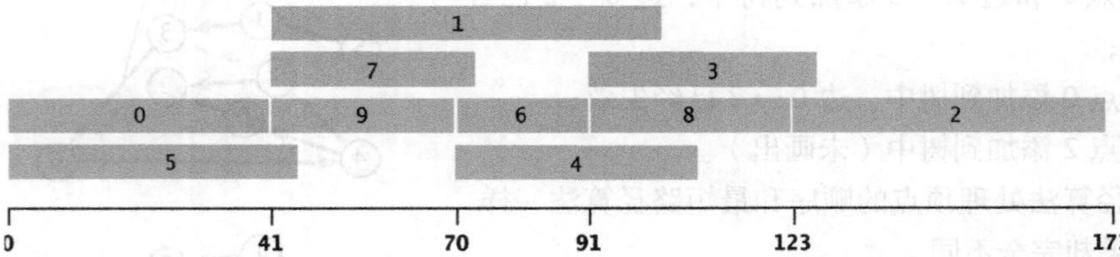

图 4.4.15 并行任务调度问题的解决方案

图 4.4.16 显示的是示例任务所对应的图，图 4.4.17 则显示的是最长路径的答案。如定义所述，在图中每个任务都对应着三条边（从起点到起始顶点、从结束顶点到终点的权重为零的边，以及一条从起始顶点到结束顶点的边），每个优先级限制条件都对应着一条边。后面框注“优先级限制下的并行任务调度问题的关键路径方法”中的 CPM 类简洁明了地实现了关键路径方法。它能够将任意任务调度问题转化为无环加权有向图中的一个最长路径问题，用 AcyclicLP 解决它并打印出每个任务的开始时间以及调度方案的结束时间。

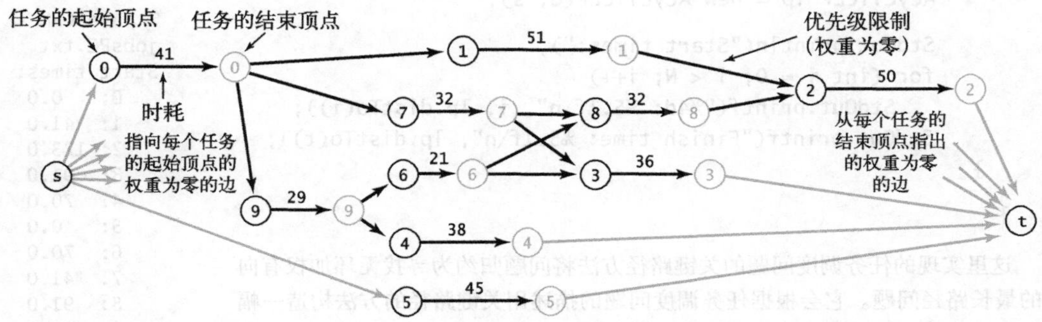

图 4.4.16 任务调度问题的无环加权有向图表示

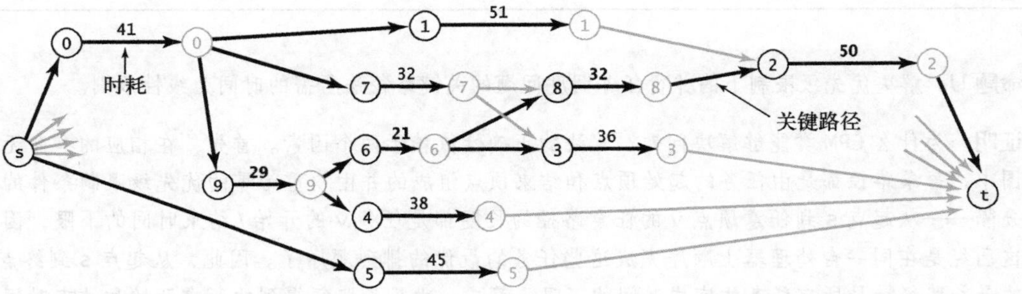

图 4.4.17 任务调度示例问题的最长路径解决方案

663
~
664

优先级限制下的并行任务调度问题的关键路径方法

```
public class CPM
{
   public static void main(String[] args)
   {
      int N = StdIn.readInt(); StdIn.readLine();
      EdgeWeightedDigraph G;
      G = new EdgeWeightedDigraph(2*N+2);
      int s = 2*N, t = 2*N+1;
      for (int i = 0; i < N; i++)
      {
         String[] a = StdIn.readLine().split("\\s+");
         double duration = Double.parseDouble(a[0]);
         G.addEdge(new DirectedEdge(i, i+N, duration));
         G.addEdge(new DirectedEdge(s, i, 0.0));
         G.addEdge(new DirectedEdge(i+N, t, 0.0));
         for (int j = 1; j < a.length; j++)
         {
            int successor = Integer.parseInt(a[j]);
            G.addEdge(new DirectedEdge(i+N, successor, 0.0));
         }
      }
```

```
% more jobsPC.
txt
10
41.0  1 7 9
51.0  2
50.0
36.0
38.0
45.0
21.0  3 8
32.0  3 8
32.0  2
29.0  4 6
```

```
        AcyclicLP lp = new AcyclicLP(G, s);
        StdOut.println("Start times:");
        for (int i = 0; i < N; i++)
            StdOut.printf("%4d: %5.1f\n", i, lp.distTo(i));
        StdOut.printf("Finish time: %5.1f\n", lp.distTo(t));
    }
}
```

```
% java CPM < jobsPC.txt
Start times:
   0:   0.0
   1:  41.0
   2: 123.0
   3:  91.0
   4:  70.0
   5:   0.0
   6:  70.0
   7:  41.0
   8:  91.0
   9:  41.0
Finish time:
173.0
```

这里实现的任务调度问题的关键路径方法将问题归约为寻找无环加权有向图的最长路径问题。它会根据任务调度问题的描述用关键路径的方法构造一幅加权有向图（且必然是无环的），然后使用 AcyclicLP（请见命题 T）找到图中的最长路径树，最后打印出各条最长路径的长度，也就正好是每个任务的开始时间。 665

命题 U。解决优先级限制下的并行任务调度问题的关键路径法所需的时间为线性级别。

证明。为什么 CPM 类能够解决问题？算法的正确性依赖于两个因素。首先，在相应的有向无环图中，每条路径都是由任务的起始顶点和结束顶点组成的并由权重为零的优先级限制条件的边分隔——从起点 s 到任意顶点 v 的任意路径的长度都是任务 v 的开始 / 结束时间的下限，因为这已经是在同一台处理器上顺序完成这些任务的最优的排列顺序了。因此，从起点 s 到终点 t 的最长路径就是所有任务的完成时间的下限。第二，由最长路径得到的所有开始和结束时间都是可行的——每个任务都只能在优先级限制指定的先导任务完成之后开始，因为它的开始时间就是顶点到它的起始顶点的最长路径的长度。因此，从起点 s 到终点 t 的最长路径长度就是所有任务完成时间的上限。由命题 T 很容易得到算法所需的时间是线性的。

4.4.5.3　相对最后期限限制下的并行任务调度

一般的最后期限（deadline）都是相对于第一个任务的开始时间而言的。假设在任务调度问题中加入一种新类型的限制，需要某个任务必须在指定的时间点之前开始，即指定和另一个任务的开始时间的相对时间。这种类型的限制条件在争分夺秒的生产线上以及许多其他应用中都很常见，但它也会使得任务调度问题更难解决。例如，如表 4.4.6 所示，假设要在前面的示例中加入一个限制条件，使 2 号任务必须在 4 号任务启动后的 12 个时间单位之内开始。实际上，在这里最后期限限制的是 4 号任务的开始时间：它的开始时间不能早于 2 号任务开始 12 个时间单位。在示例中，调度表中有足够的空档来满足这个最后期限限制：我们可以令 4 号任务开始于 111 时间，即 2 号任务计划开始时间前的 12 个时间单位处。需要注意的是，如果 4 号任务耗时很长，这个修改可能会延长整个调度计划的完成时间。同理，如果再添加一个最后期限的限制条件，令 2 号任务必须在 7 号任务启动后的 70 个时间单位内开始，还可以将 7 号任务的开始时间调整到 53，这样就不用修改 3 号任务和 8 号任务的计划开始时间。但是如果继续限制 4 号任务必须在零号任务启动后的 80 个时间单位内开始，那么就不存在可行的调度计划了：限制条件 4 号任务必须在 0 号任务启动后的 80 个时间单位内开始以及 2 号任务必须在 4 号任务启动后的 12 个时间单位之内开始，意味着 2 号任务必须在 0 号任务启动后的 93 个时间单位之内开始，但因为存在任务链 0（41 个时间单位）→ 9（29 个时间单位）→ 6（21 个时间单位）→ 8（32 个时间单位）→ 2，2 号任务最早也只能在 0 号任务启动后的 123 个时间单位之内开始。前面添加的限制如表 4.4.7 所示。最后期限的限制越多，调度的可能性也就越多，简单的问题也会变得越困难。

表 4.4.7 向任务调度问题中添加的最后期限限制

任务	相对最后期限	相对于任务
2	12.0	4
2	70.0	7
4	80.0	0

命题 V。相对最后期限限制下的并行任务调度问题是一个加权有向图中的最短路径问题（可能存在环和负权重边）。

证明。与命题 U 一样根据任务调度的描述构造相同的加权有向图，为每条最后期限限制添加一条边：如果任务 v 必须在任务 w 启动后的 d 个时间单位内开始，则添加一条从 v 指向 w 的负权重为 d 的边。将所有边的权重取反即可将该问题转化为一个最短路径问题。如果存在可行的调度方案，证明也就完成了。你将会看到，判断一个调度方案是否可行也是计算的一部分。

这个示例说明了负权重的边在实际应用的模型中也能起到重要的作用。它说明，如果能够有效解决负权重边的最短路径问题，那就能够找到相对最后期限限制下的并行任务调度问题的解决方案。我们已经学习过的算法都无法完成这个任务：Dijkstra 算法只适用于正（或零）权重的边，算法 4.10 要求有向图是无环的。下面我们来看看如何解决含有负权重且不一定是无环的有向图中的最短路径问题（请见图 4.4.18）。

表 4.4.6 相对最后期限限制下的任务调度

原始问题

任务	开始时间
0	0.0
1	41.0
2	123.0
3	91.0
4	70.0
5	0.0
6	70.0
7	41.0
8	91.0
9	41.0

2号任务必须在4号任务启动后的12个时间单位之内开始

任务	开始时间
0	0.0
1	41.0
2	123.0
3	91.0
4	**111.0**
5	0.0
6	70.0
7	41.0
8	91.0
9	41.0

2号任务必须在7号任务启动后的70个时间单位之内开始

任务	开始时间
0	0.0
1	41.0
2	123.0
3	91.0
4	111.0
5	0.0
6	70.0
7	**53.0**
8	91.0
9	41.0

4号任务必须在0号任务启动后的80个时间单位之内开始

调度方案不存在

4.4.6 一般加权有向图中的最短路径问题

刚才讨论过的最后期限限制下的任务调度问题告诉我们负权重的边并不仅仅是一个数学问题。相反，它能够极大地扩展解决最短路径问题的模型的应用范围。接下来，考虑既可能含有环也可能含有负权重的边的加权有向图中的最短路径算法。在开始之前，先来学习一下这种有向图的基本性质以更新我们对最短路径的认识。图 4.4.19 是一个小小的示例，展示的是负权重的边对有向图中的最短路径的影响。也许最明显的改变就是当存在负权重的边时，权重较小的路径含有的边可能会比权重较大的路径更多。在只存在正权重的边时，我们的重点在于寻找近路；但当存在负权重的边时，我们可能会为了经过负权重的边而绕弯。这种效应使得我们要将查找“最短”路径的感觉转变为对算法本质的理解。因此需要抛弃直觉并在一个简单、抽象的层面上考虑这个问题。

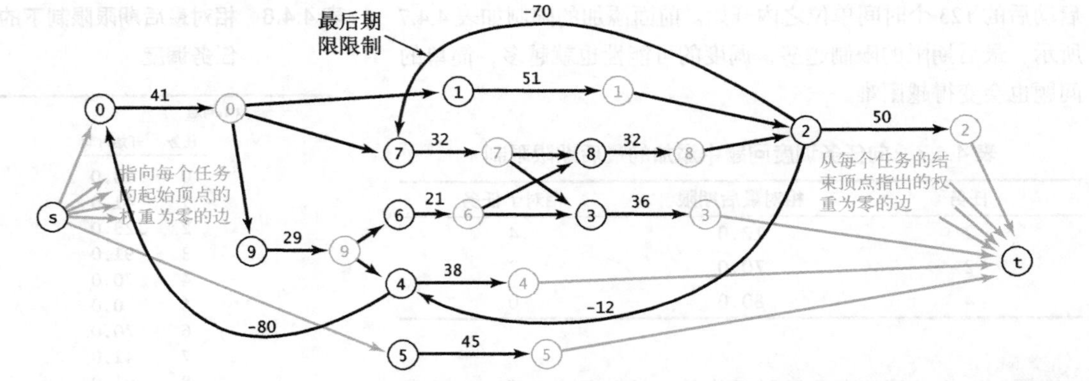

图 4.4.18 相对最后期限限制和优先级限制下的并行任务调度问题的加权有向图表示

4.4.6.1 尝试 I

第一个想法是先找到权重最小（最小的负值）的边，然后将所有边的权重加上这个负值的绝对值，这样原有向图就转变称为了一幅不含有负权重边的有向图。这种天真的做法不会解决任何问题，因为新图中的最短路径和原图中的最短路径毫无关系。路径中的边越多，这种变换产生的危害越大（请见练习 4.4.14）。

4.4.6.2 尝试 II

第二个想法是尝试改造 Dijkstra 算法。这种方法最根本的缺陷在于原算法的基础在于根据距离起点的远近依次检查路径。命题 R 对算法正确性的证明是基于添加一条边会使的路径变得更长的假设。但添加任意负权重的边只会使得路径更短，因此这个假设是不成立的（请见练习 4.4.14）。

666~668

4.4.6.3 负权重的环

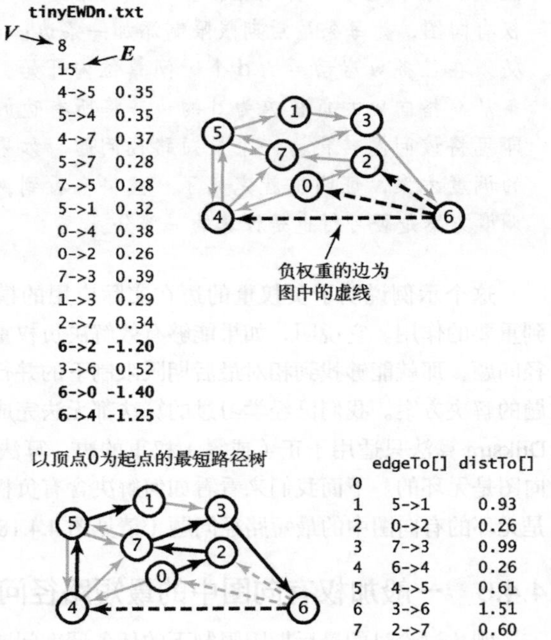

图 4.4.19 含有负权重的边的加权有向图

当我们在研究含有负权重边的有向图时，如果该图中含有一个权重为负的环，那么最短路径的概念就失去意义了。例如图 4.4.20，除了边 5→4 的权重为 -0.66 外，它和第一个示例完全相同。这里，环 4→7→5→4 的权重为：

$$0.37+0.28-0.66=-0.01$$

我们只要围着这个环兜圈子就能得到权重任意短的路径！注意，有向环的所有边的权重并不一定都必须是负的，只要权重之和是负的即可。

定义。 加权有向图中的负权重环是一个总权重（环上的所有边的权重之和）为负的有向环。

现在，假设从 s 到可达的某个顶点 v 的路径上的某个顶点在一个负权重环上。在这种情况下，从 s 到 v 的最短路径是不可能存在的，因为可以用这个负权重环构造权重任意小的路径。换句话说，在负权重环存在的情况下，最短路径问题是没有意义的，如图 4.4.21 所示。

命题 W。 当且仅当加权有向图中至少存在一条从 s 到 v 的有向路径且所有从 s 到 v 的有向路径上的任意顶点都不存在于任何负权重环中时，s 到 v 的最短路径才是存在的。

证明。 请见以上讨论以及练习 4.4.29。

注意，要求最短路径上的任意顶点都不存在于负权重环中意味着最短路径是简单的，而且与正权重边的图一样都能够得到此类顶点的最短路径树。

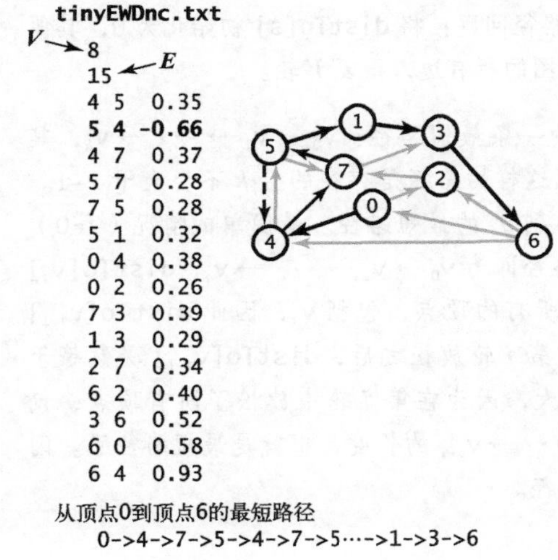

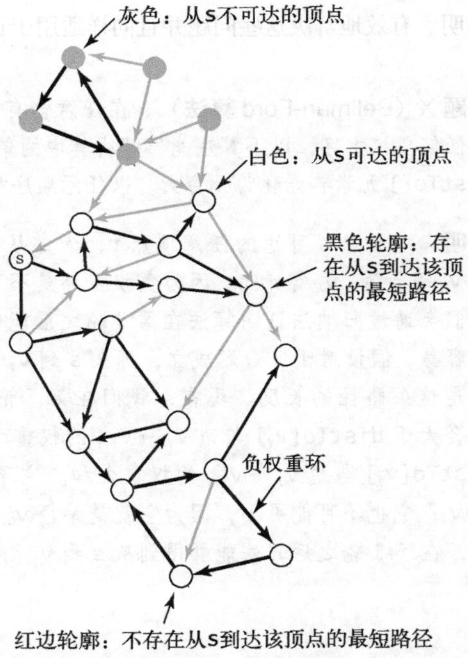

669

图 4.4.20　含有负权重环的加权有向图（另见彩插）图 4.4.21　最短路径问题的各种可能性（另见彩插）

4.4.6.4　尝试 III

无论是否存在负权重环，从 s 到可达的其他顶点的一条最短的简单路径都是存在的。为什么不定义最短路径以方便寻找呢？不幸的是，已知解决这个问题的最好算法在最坏情况下所需的时间是指数级别的（请见第 6 章）。一般来说，我们认为这种问题“太难了”，只会研究它的简单版本。

因此，一个定义明确且可以解决加权有向图最短路径问题的算法要能够：

- 对于从起点不可达的顶点，最短路径为正无穷（+∞）；
- 对于从起点可达但路径上的某个顶点属于一个负权重环的顶点，最短路径为负无穷（-∞）；
- 对于其他所有顶点，计算最短路径的权重（以及最短路径树）。

从本节的开始到现在，我们为最短路径问题加上各种限制，使得我们能够找到解决相应问题的办法。首先，我们不允许负权重边的存在；其次不接受有向环。现在我们放宽所有这些条件并重点解决一般有向图中的以下问题。

负权重环的检测。给定的加权有向图中含有负权重环吗？如果有，找到它。

负权重环不可达时的单点最短路径。给定一幅加权有向图和一个起点 s 且从 s 无法到达任何负权重环，回答"是否存在一条从 s 到给定的顶点 v 的有向路径？如果有，找出最短（总权重最小）的那条路径。"等类似问题。

总结。尽管在含有环的有向图中最短路径是一个没有意义的问题，而且也无法有效解决在这种有向图中高效找出最短简单路径的问题，在实际应用中仍然需要能够识别其中的负权重环。例如，在最后期限限制下的任务调度问题中，负权重环的出现可能相对较少：限制条件和最后期限都是从现实世界中的实际限制得来的，因此负权重环大多可能来自于问题陈述中的错误。找出负权重环，改正相应的错误，找到没有负权重环问题的调度方案才是解决问题的正确方式。在其他情况下，找到负权重环就是计算的目标。下面这个由 R.Bellman 和 L.Ford 在 20 世纪 50 年代末期发明的算法能

670 够简明、有效地解决这些问题并且同样适用于正权重边的有向图。

命题 X（Bellman-Ford 算法）。在任意含有 V 个顶点的加权有向图中给定起点 s，从 s 无法到达任何负权重环，以下算法能够解决其中的单点最短路径问题：将 distTo[s] 初始化为 0，其他 distTo[] 元素初始化为无穷大。以任意顺序放松有向图的所有边，重复 V 轮。

证明。对于从 s 可达的任意顶点 t，考虑从 s 到 t 的一条最短路径：$v_0 \to v_1 \to \cdots \to v_k$，其中 v_0 等于 s，v_k 等于 t。因为负权重环是不可达的，这样的路径是存在的且 k 不会大于 $V-1$。我们会通过归纳法证明算法在第 i 轮之后能够得到 s 到 v_i 的最短路径。最简单的情况（$i=0$）很容易。假设对于 i 命题成立，那么 s 到 v_i 的最短路径即为 $v_0 \to v_1 \to \cdots \to v_i$，distTo[$v_i$] 就是这条路径的长度。现在，我们在第 i 轮中放松所有的顶点，包括 v_i，因此 distTo[v_{i+1}] 不会大于 distTo[v_i] 与边 $v_i \to v_{i+1}$ 的权重之和。在第 i 轮放松之后，distTo[v_{i+1}] 必然等于 distTo[v_i] 与边 $v_i \to v_{i+1}$ 的权重之和。它不可能更大，因为在第 i 轮中放松了所有顶点，包括 v_i；它也不可能更小，因为它就是路径 $v_0 \to v_1 \to \cdots \to v_{i+1}$ 的长度，也就是最短路径了。因此，在 $i+1$ 轮之后算法能够得到从 s 到 v_{i+1} 的最短路径。

命题 W（续）。Bellman-Ford 算法所需的时间和 EV 成正比，空间和 V 成正比。

证明。在每一轮中算法都会放松 E 条边，共重复 V 轮。

这个方法非常通用，因为它没有指定边的放松顺序。下面将注意力集中在一个通用性稍逊的方法上，其中只放松从任意顶点指出的所有边（顺序任意），以下代码说明了这种方法的简洁性：

```
for (int pass = 0; pass < G.V(); pass++)
   for (v = 0; v < G.V(); v++)
      for (DirectedEdge e : G.adj(v))
         relax(e);
```

我们不会仔细研究这个版本，因为它总是会放松 VE 条边且只需稍作修改即可使算法在一般的

671 应用场景中更加高效。

4.4.6.5 基于队列的 Bellman-Ford 算法

其实，根据经验我们很容易知道在任意一轮中许多边的放松都不会成功：只有上一轮中的 distTo[] 值发生变化的顶点指出的边才能够改变其他 distTo[] 元素的值。为了记录这样的顶点，我们使用了一条 FIFO 队列。算法在处理正权重标准样图中进行的操作如图 4.4.22 所示。在示意图 4.4.22 左侧是每一轮中队列中的有效顶点（红色），紧接着是下一轮中的有效顶点（黑色）。首先将起点加入队列，然后按照以下步骤计算最短路径树。

- 放松边 1→3 并将顶点 3 加入队列。
- 放松边 3→6 并将顶点 6 加入队列。
- 放松边 6→4、6→0 和 6→2 并将顶点 4、0 和 2 加入队列。
- 放松边 4→7、4→5 并将顶点 7 和 5 加入队列。放松已经失效的边 0→4 和 0→2。然后再放松边 2→7（并重新为 4→7 着色）。
- 放松边 7→5（并重新为 4→5 着色）但不将顶点 5 加入队列（它已经在队列之中了）。放松已经失效的边 7→3。然后放松已经失效的边 5→1、5→4 和 5→7。此时队列为空。

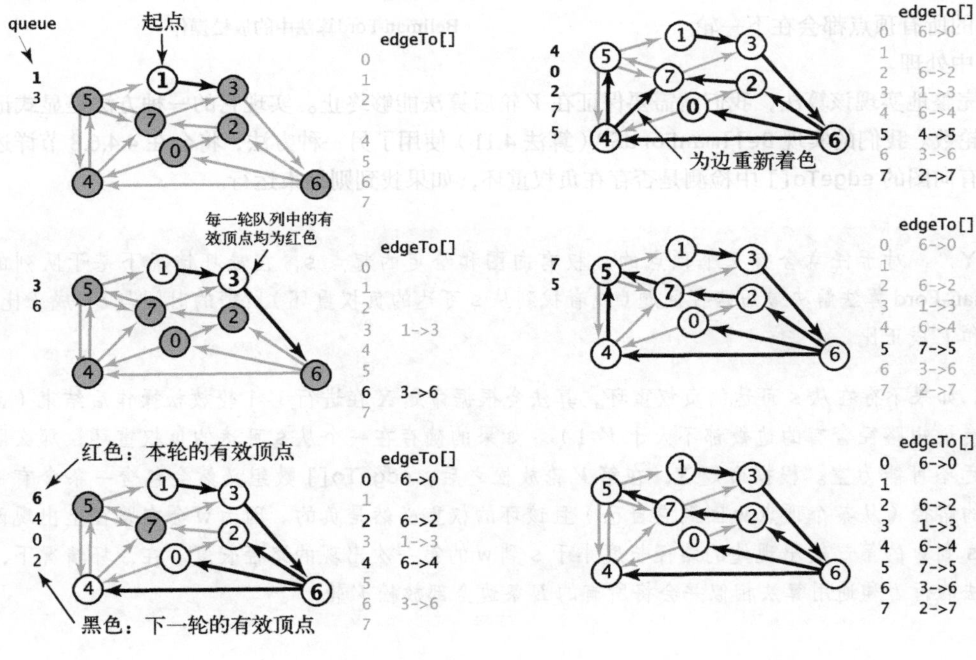

图 4.4.22 Bellman-Ford 算法的轨迹（另见彩插）

4.4.6.6 实现

根据这些描述实现 Bellman-Ford 算法所需的代码非常少，如算法 4.11 所示。它基于以下两种其他的数据结构：

- 一条用来保存即将被放松的顶点的队列 queue；
- 一个由顶点索引的 boolean 数组 onQ[]，用来指示顶点是否已经存在于队列中，以防止将顶点重复插入队列。 672

首先，将起点 s 加入队列中，然后进入一个循环，其中每次都从队列中取出一个顶点并将其放松。要将一个顶点插入队列，需要修改 4.4.2.5 节框注“边的松驰”中 relax() 方法的实现，以便将被成功放松的边所指向的顶点加入队列中，如右边框注“Bellman-Ford 算法中的放松操作”所示。这些数据结构能够保证：

- 队列中不出现重复的顶点；
- 在某一轮中，改变了 edgeTo[] 和 distTo[] 的值的所有顶点都会在下一轮中处理。

```
private void relax(EdgeWeightedDigraph G, int v)
{
   for (DirectedEdge e : G.adj(v))
   {
      int w = e.to();
      if (distTo[w] > distTo[v] + e.weight())
      {
         distTo[w] = distTo[v] + e.weight();
         edgeTo[w] = e;
         if (!onQ[w])
         {
            queue.enqueue(w);
            onQ[w] = true;
         }
      }
      if (cost++ % G.V() == 0)
         findNegativeCycle();
   }
}
```

Bellman-Ford算法中的放松操作

要完整地实现该算法，我们就需要保证在 V 轮后算法能够终止。实现它的一种方法是显式记录放松的轮数。我们的实现 BellmanFordSP（算法 4.11）使用了另一种方法，将会在 4.4.6.8 节详述：它会在有向图的 edgeTo[] 中检测是否存在负权重环，如果找到则结束运行。

命题 Y。 对于任意含有 V 个顶点的加权有向图和给定的起点 s，在最坏情况下基于队列的 Bellman-Ford 算法解决最短路径问题（或者找到从 s 可达的负权重环）所需的时间与 EV 成正比，空间和 V 成正比。

证明。 如果不存在从 s 可达的负权重环，算法会根据命题 X 在进行 $V-1$ 轮放松操作后结束（因为所有最短路径含有的边数都不大于 $V-1$）。如果的确存在一个从 s 可达的负权重环，那么队列永远不可能为空。根据命题 X，在第 V 轮放松之后，edgeTo[] 数组必然会包含一条含有一个环的路径（从某个顶点 w 回到它自己）且该环的权重必然是负的。因为 w 会在路径上出现两次且 s 到 w 的第二次出现处的路径长度小于 s 到 w 的第一次出现的路径长度。在最坏情况下，
673 该算法的行为和通用算法相似并会将所有的 E 条边全部放松 V 轮。

算法 4.11 基于队列的 Bellman-Ford 算法

```
public class BellmanFordSP
{
   private double[] distTo;                  // 从起点到某个顶点的路径长度
   private DirectedEdge[] edgeTo;            // 从起点到某个顶点的最后一条边
   private boolean[] onQ;                    // 该顶点是否存在于队列中
   private Queue<Integer> queue;             // 正在被放松的顶点
   private int cost;                         // relax()的调用次数
   private Iterable<DirectedEdge> cycle;     // edgeTo[]中的是否有负权重环
```

```
public BellmanFordSP(EdgeWeightedDigraph G, int s)
{
   distTo = new double[G.V()];
   edgeTo = new DirectedEdge[G.V()];
   onQ = new boolean[G.V()];
   queue = new Queue<Integer>();
   for (int v = 0; v < G.V(); v++)
      distTo[v] = Double.POSITIVE_INFINITY;
   distTo[s] = 0.0;
   queue.enqueue(s);
   onQ[s] = true;
   while (!queue.isEmpty() && !hasNegativeCycle())
   {
      int v = queue.dequeue();
      onQ[v] = false;
      relax(G, v);
   }
}

private void relax(EdgeWeightedDigraph G,v)
// 4.4.6.6节框注“Bellman-Ford算法的放松操作”

public double distTo(int v)            // 最短路径树实现中的标准查询算法

public boolean hasPathTo(int v)        // 请见4.4.2.6节框注“最短路径
public Iterable<DirectedEdge> pathTo(int v)  //API的查询方法”

private void findNegativeCycle()
public boolean hasNegativeCycle()
public Iterable<Edge> negativeCycle()

// 请见4.4.6.8节框注“Bellman-Ford算法的负权重检测方法”
}
```

Bellman-Ford 算法的实现修改了 relax() 方法，将被成功放松的边指向的所有顶点加入到一条 FIFO 队列中（队列中不出现重复的顶点）并周期性地检查 edgeTo[] 表示的子图中是否存在负权重环（请见正文）。 674

基于队列的 Bellman-Ford 算法能够准确有效地解决最短路径问题并且在实际中被广泛应用，甚至包括正权重的情况。例如，如图 4.4.23 所示，在含有 250 个顶点的样图中，算法进行了 14 轮操作且对于相同的问题比较路径长度的次数少于 Dijkstra 算法。

4.4.6.7 负权重的边

图 4.4.24 显示了 Bellman-Ford 算法在处理含有负权重边的有向图的轨迹。首先将起点加入队列 queue，然后按照以下步骤计算最短路径树。

- 放松边 0→2 和 0→4 并将顶点 2、4 加入队列。
- 放松边 2→7 并将顶点 7 加入队列。放松边 4→5 并将顶点 5 加入队列。然后放松失效的边 4→7。
- 放松失效的边 7→5、5→4 和 5→7。
- 放松边 7→3 和 5→1 并将顶点 3 和 1 加入队列。放松失效的边 5→4 和 5→7。
- 放松边 3→6 并将顶点 6 加入队列。放松失效的边 1→3。
- 放松失效的边 6→0 和 6→2。

- ❑ 放松边 6 → 4 并将顶点 4 加入队列。这条负权重边使得到顶点 4 的路径变短，因此它的边需要被再次放松（它们在第二轮中已经被放松过）。从起点到顶点 5 和 1 的距离已经失效并会在下一轮中修正。
- ❑ 放松边 4 → 5 并将顶点 5 加入队列。放松失效的边 4 → 7。
- ❑ 放松边 5 → 1 并将顶点 1 加入队列。放松失效的边 5 → 4 和 5 → 7。
- ❑ 放松失效的边 1 → 3。队列为空。

在这个例子中，最短路径树就是一条从顶点 0 到顶点 1 的路径。从顶点 4、5 和 1 指出的所有边都被放松了两次。对照这个例子重读命题 X 的证明能够帮助你更好的理解这个算法。

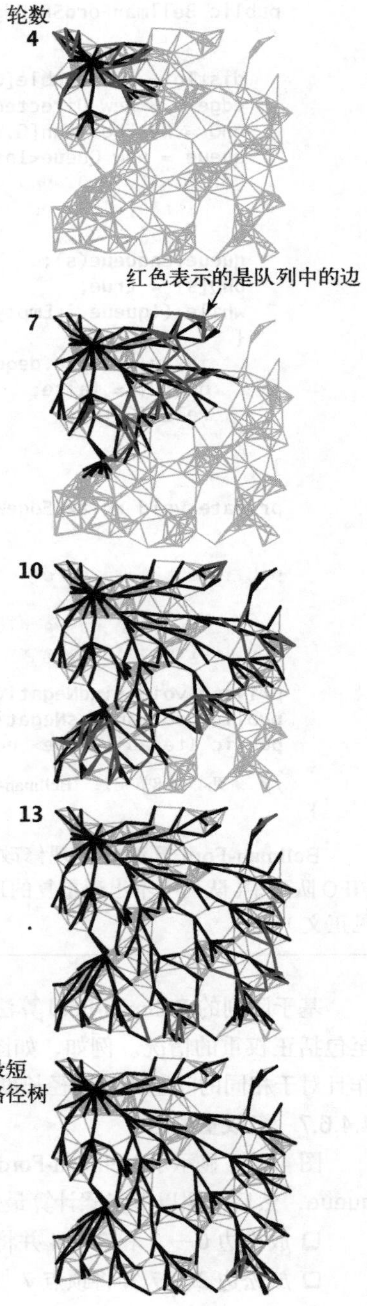

图 4.4.23 Bellman-Ford 算法（250 个顶点）（另见彩插）

4.4.6.8 负权重环的检测

实现 BellmanFordSP 会检测负权重环来避免陷入无限的循环中。我们也可以将这段检测代码独立出来使得用例可以检查并得到负权重环。因此我们为表 4.4.4 中的 API 添加以下方法请见表 4.4.8。

表 4.4.8 为处理负权重环扩展最短路径的 API

boolean hasNegativeCycle()	是否含有负权重环
Iterable<DirectedEdge> negativeCycle()	得到负权重环（如果没有则返回 null）

实现这些方法并不困难，如 442 页的代码所示。在 BellmanFordSP 的构造函数运行之后，命题 Y 说明在将所有边放松 V 轮之后当且仅当队列非空时有向图中才存在从起点可达的负权重环。如果是这样，edgeTo[] 数组所表示的子图中必然含有这个负权重环。因此，要实现 negativeCycle()，会根据 edgeTo[] 中的边构造一幅加权有向图并在该图中检测环。我们会使用并修改 4.2 节中的 DirectedCycle 类来在加权有向图中寻找环（请见练习 4.4.12）。这种检查的成本分为以下几个部分。

- ❑ 添加一个变量 cycle 和一个私有函数 findNegativeCycle()。如果找到负权重环，该方法会将 cycle 的值设为含有环中所有边的一个迭代器（如果没有找到则设为 null）。
- ❑ 每调用 V 次 relax() 方法后即调用 findNegati-veCycle() 方法。

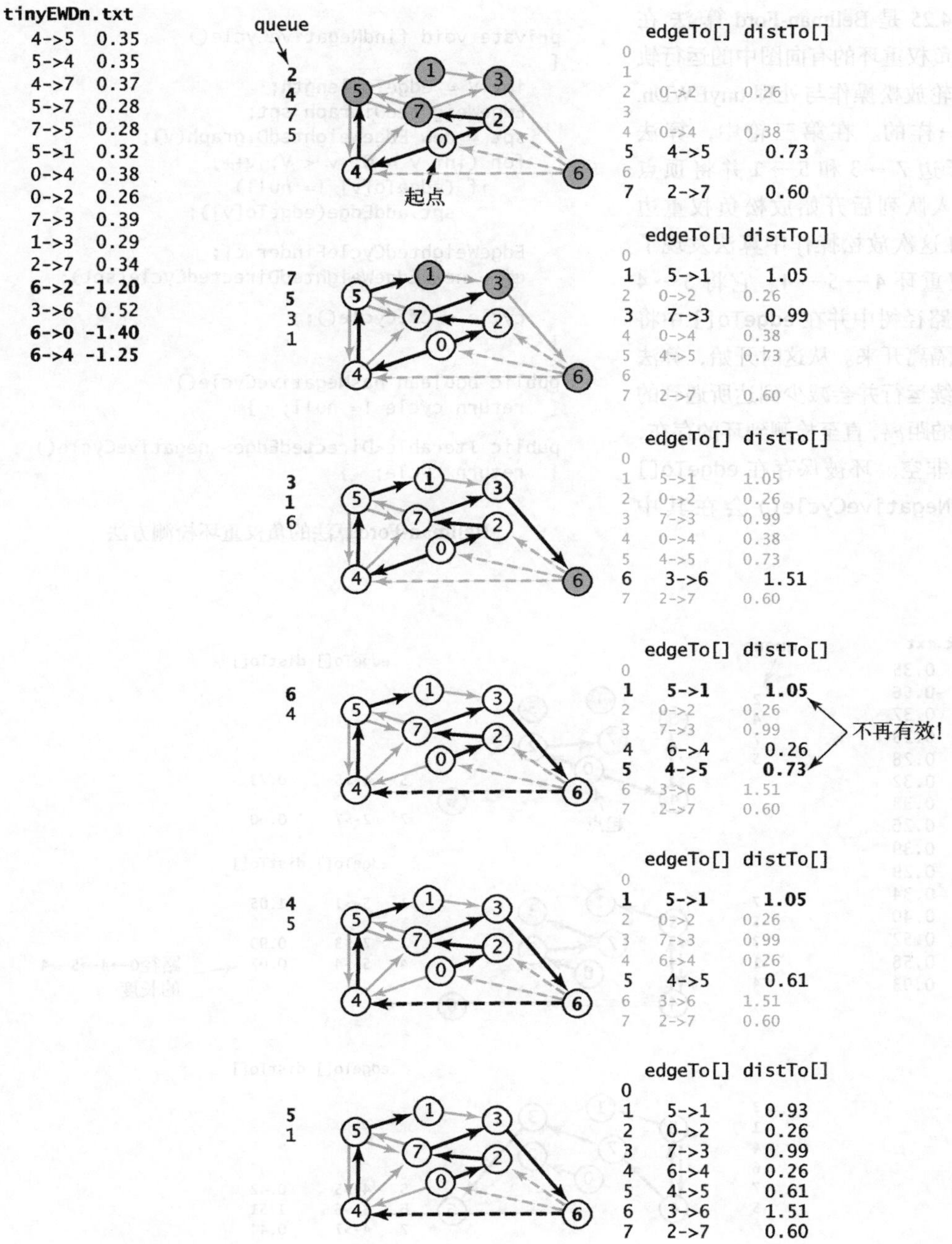

图 4.4.24 Bellman-Ford 算法的轨迹（图中含有负权重边）（另见彩插）

这种方法能够保证构造函数中的循环必然会终止。另外，用例可以调用 hasNegativeCycle() 来判断是否存在从起点可达的负权重环（并用 negativeCycle() 来获取这个环）。要在任意有向图中检测负权重环的存在只需稍作扩展即可（请见练习 4.4.43）。

图 4.4.25 是 Bellman-Ford 算法在一幅含有负权重环的有向图中的运行轨迹。头两轮放松操作与处理 tinyEWDn.txt 时是一样的。在第三轮中，算法在放松了边 7→3 和 5→1 并将顶点 3 和 1 加入队列后开始放松负权重边 5→4。在这次放松操作中算法发现了一个负权重环 4→5→4。它将 5→4 加入最短路径树中并在 edgeTo[] 中将环和起点隔离开来。从这时开始，算法沿着环继续运行并会减少到达所遇到的所有顶点的距离，直至检测到环的存在，此时队列非空。环被保存在 edgeTo[] 中，findNegativeCycle() 会在其中找到它。

```
private void findNegativeCycle()
{
   int V = edgeTo.length;
   EdgeWeightedDigraph spt;
   spt = new EdgeWeightedDigraph(V);
   for (int v = 0; v < V; v++)
      if (edgeTo[v] != null)
         spt.addEdge(edgeTo[v]);

   EdgeWeightedCycleFinder cf;
   cf = new EdgeWeightedDirectedCycle(spt);

   cycle = cf.cycle();
}

public boolean hasNegativeCycle()
{  return cycle != null;  }

public Iterable<DirectedEdge> negativeCycle()
{  return cycle;  }
```

Bellman-Ford算法的负权重环检测方法

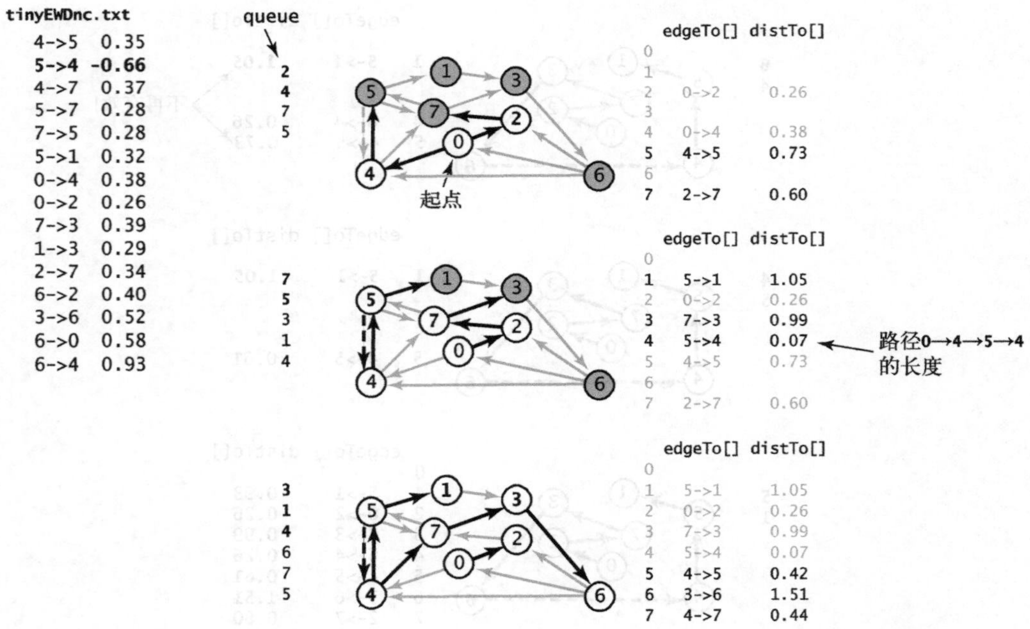

675~678

图 4.4.25 Bellman-Ford 算法的轨迹（含有负权重环的图，另见彩插）

4.4.6.9 套汇

假设有一个基于商品贸易的金融交易市场。以下框注显示的是示例文件 rates.txt 的内容，你可以在任意货币兑换比例的表格中找到类似的内容。文件的第一行是货币的种类数 V，接下来的每一行都对应一种货币，开头是该货币的名称，紧接着是它和其他货币兑换的汇率。简单起见，这个例子中只包含了能够在现代市场中进行交易的数百种货币中的五种：美元（USD）、欧元（EUR）、英镑（GBP）、瑞士法郎（CHF）和加元（CAD）。第 s 行的第 t 个数字表示一个汇率，即购买一个单位的第 s 行的货币需要多少个单位的第 t 行的货币。例如，这张表告诉我们，1000 美元能够购买 741 欧元。这张表格等价于一幅完全的加权有向图，顶点对应着货币，边则对应着汇率。权重为 x 的边 s → t 表示从货币 s 到货币 t 的汇率为 x。这张图中的路径则表示多次兑换。例如，将权重为 y 的边 t → u 和刚才的边结合起来就得到了一条路径 s → t → u，即一个单位的货币 s 可以兑换为 xy 个单位的货币 u。比如，欧元可以兑换得到 1012.206=741*1.366 加元。注意，这比直接用美元兑换的汇率更高。你可能会以为 xy 总是应该等于边 s → u 的权重，但这张表格所表示的金融系统非常复杂，并不总是能够保证这种一致性。因此，找到所有从 s 到 u 的路径中所有边的权重之积最大者就是我们最感兴趣的问题。一种更有趣的情况是，所有边的权重之积小于从终点指向起点的边的权重。在这个示例中，假设边 u → s 的权重为 z 且 xyz>1。那么环 s → t → u → s 就能够用一个单位的货币 s 得到多于一个单位 (xyz) 的货币 s。换句话说，将货币 s 兑换为 t、u 并最后再兑换为 s 就可以得到 100(xyz-1) 的利润。例如，如果将 1012.206 加元重新兑换为美元，可以得到 1012.206*0.995=1007.14497 美元，也就是得到了 7.14497 美元的利润。这看起来似乎不多，但一个外汇交易商可能会用一百万美元并在每分钟都进行一遍这样的交易，也就是说他每分钟的利润将超过 7000 美元，或者说每小时的利润超过 420 000 美元！这就是套汇交易的一个例子，请见图 4.4.26。如果没有外力的限制，比如手续费或是交易金额上限，交易商可以从其中获取无限的利润。即使是在现实世界中的这些限制下，套汇的利润仍然是非常高的。这个问题和最短路径问题有什么关系呢？要回答这个问题非常简单。

```
% more rates.txt
5
USD 1      0.741  0.657  1.061  1.005
EUR 1.349  1      0.888  1.433  1.366
GBP 1.521  1.126  1      1.614  1.538
CHF 0.942  0.698  0.619  1      0.953
CAD 0.995  0.732  0.650  1.049  1
```

命题 Z。套汇问题等价于加权有向图中的负权重环的检测问题。

证明。取每条边权重的自然对数并取反，这样在原始问题中所有边的权重之积的计算就转化为了新图中所有边的权重之和的计算。任意权重之积 $w_1w_2\cdots w_k$ 即对应 $-\ln(w_1)-\ln(w_2)-\cdots-\ln(w_k)$ 之和。转换后边的权重可能为正也可能为负。一条从 v 到 w 的路径表示将货币 v 兑换为货币 w，图中的任意负权重环都是一次套汇的好机会（请见图 4.4.27）。

在这个示例中，货币可以任意兑换，因此有向图是完全的，任意负权重环都是从任意顶点可达的。在一般的商品交易中，有些边可能并不存在，因此需要练习 4.4.43 所述的只有一个参数的构造函数。目前没有已知的寻找最佳套汇机会（图中负权重最小的环）的高效算法（图的规模不需要很大就能使所需的计算量超过计算机的承受能力），但找出任意套汇机会的最快算法仍然是很重要的——在第二快的算法找到任何套汇机会之前，使用这种算法的商人很可能已经可以系统地排除许多不佳的套汇机会了。

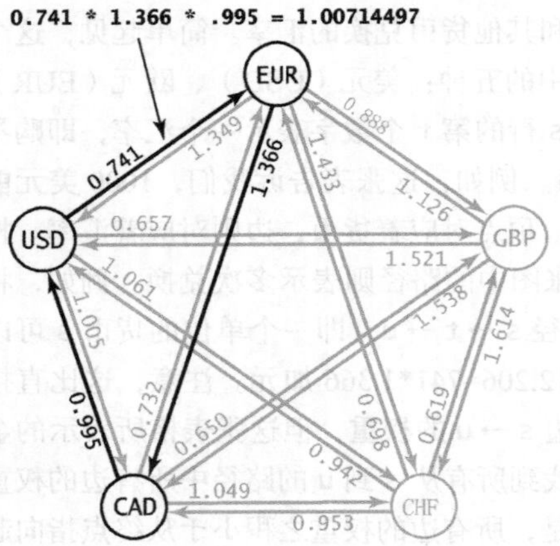

图 4.4.26 一次套汇机会

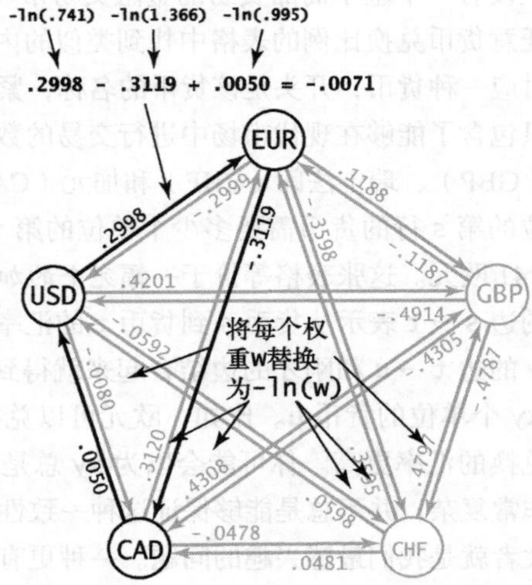

图 4.4.27 一个负权重环就表示了一次套汇的机会

货币兑换中的套汇

```
public class Arbitrage
{
    public static void main(String[] args)
    {
        int V = StdIn.readInt();
        String[] name = new String[V];
        EdgeWeightedDigraph G = new EdgeWeightedDigraph(V);
        for (int v = 0; v < V; v++)
        {
            name[v] = StdIn.readString();
            for (int w = 0; w < V; w++)
            {
                double rate = StdIn.readDouble();
                DirectedEdge e = new DirectedEdge(v, w, -Math.log(rate));
                G.addEdge(e);
            }
        }

        BellmanFordSP spt = new BellmanFordSP(G, 0);
        if (spt.hasNegativeCycle())
        {
            double stake = 1000.0;
            for (DirectedEdge e : spt.negativeCycle())
            {
                StdOut.printf("%10.5f %s", stake, name[e.from()]);

                stake *= Math.exp(-e.weight());
                StdOut.printf("= %10.5f %s\n", stake, name[e.to()]);
            }
        }
        else StdOut.println("No arbitrage opportunity");
    }
}
```

这段代码调用了 BellmanFordSP 类来寻找汇率表中的套汇机会。它首先使用完全有向图表示汇率表，然后用 Bellman-Ford 算法来寻找图中的负权重环。

```
% java Arbitrage < rates.txt
1000.00000 USD =  741.00000 EUR
 741.00000 EUR = 1012.20600 CAD
1012.20600 CAD = 1007.14497 USD
```

命题 Z 的证明即使在没有套汇机会的情况下仍然有用，因为它将货币兑换问题转化为了一个最短路径问题。因为对数函数是单调的（且会对计算的结果取反），当边的权重之和最小时汇率之积正好最大。尽管边的权重可正可负，从 v 到 w 的最短路径仍然是将货币 v 兑换为货币 w 的最好方法。 679~681

4.4.7 展望

表 4.4.9 总结了本节中我们所学习到的各种最短路径算法的重要性质。在这些算法中进行选择的第一个条件是问题所涉及的有向图的基本性质。它含有负权重的边吗？它含有环吗？它含有负权重的环吗？除了这些基本性质之外，加权有向图的特性多种多样，因此在有多个合适的选择时就需要通过实验找出最佳的算法。

表 4.4.9 最短路径算法的性能特点

算　法	局　限	路径长度的比较次数（增长的数量级）		所需空间	优　势
		一般情况	最坏情况		
Dijkstra 算法（即时版本）	边的权重必须为正	$E\log V$	$E\log V$	V	最坏情况下仍有较好的性能
拓扑排序	只适用于无环加权有向图	$E+V$	$E+V$	V	是无环图中的最优算法
Bellman-Ford 算法（基于队列）	不能存在负权重环	$E+V$	VE	V	适用领域广泛

历史资料

自 20 世纪 50 年代以来，最短路径算法就已经被深入地研究并被广泛应用了。计算最短路径的 Dijkstra 算法的历史和计算最小生成树的 Prim 算法的历史背景相似（并且也相关）。Dijkstra 算法既指的是按照顶点距离起点的远近顺序构造最短路径树的算法，也指的是该算法的实现，（它也是最适合用邻接矩阵表示的算法。），因为 Dijkstra 在 1959 年的一篇论文中发表了上述观点（并且证明了这种方法同样也可以用来计算最小生成树）。稀疏图算法的性能改进来自于之后对优先队列实现的改进，不仅仅针对最短路径问题。这其中最重要的是 Dijkstra 算法性能的改进。（例如，使用斐波那契堆后最坏情况下的复杂度可以减少到 $E+V\log V$）。实践证明 Bellman-Ford 算法十分有效并且应用领域广泛，特别是处理一般性的加权有向图。Bellman-Ford 算法计算普通应用的运行时间常常是线性的，在最坏情况下它的运行时间是 VE。最坏情况下的运行时间为线性级别的稀疏图的最短路径算法是一个仍在研究之中的问题。Bellman-Ford 算法最早由 L.Ford 和 R.Bellman 发表于 20 世纪 50 年代。尽管我们已经看到许多其他的图算法性能得到了大幅改进，但是处理含有负权重边（但不含负权重环）的且在最坏情况下性能更好的有向图算法还没有出现。 682~683

答疑

问 为什么要分别为无向图、有向图、加权无向图、加权有向图定义不同的数据类型？

答 这么做是为了使用例代码更清晰，同时也是为了更加简洁和高效地实现没有权重的图。在需要处理各种图的应用或系统中，软件工程中的标准做法就是先定义一种抽象数据结构并根据它衍生出其他抽象数据结构，也就是 4.1 节中学习的无向图 Graph，4.2 节中学习的有向图 Digraph，4.3 节中学习的加权无向图 EdgeWeightedGraph，或是在本节中学习的加权有向图 EdgeWeightedDigraph。

问 如何在（加权）无向图中找到最短路径？

答 对于边的权重均为正的图，Dijkstra 算法可以解决这个问题。只需根据给定的 EdgeWeightedGraph 构造一幅 EdgeWeightedDigraph（无向图中的每条边都对应着有向图中的两条方向不同的边）并执行 Dijkstra 算法即可。如果边的权重可能为负，高效的算法也是存在的，但它们比 Bellman-Ford 算法更复杂。

684

练习

4.4.1 真假判断：将每条边的权重都加上一个常数不会改变单点最短路径问题的答案。

4.4.2 为 EdgeWeightedDigraph 类实现 toString() 方法。

4.4.3 为稠密图实现一种使用邻接矩阵表示法（用二维数组保存边的权重，请参考练习 4.3.10）的 EdgeWeightedDigraph 类。忽略平行边。

4.4.4 在 tinyEWD.txt 中（请见图 4.4.4）删去顶点 7。画出加权有向图中以顶点 0 为起点的最短路径树，并使用父链接数组表示这棵树。将图中所有边的方向反转并回答相同的问题。

4.4.5 在 tinyEWD.txt 中（请见图 4.4.4）改变边 0→2 的方向。画出该加权有向图中以顶点 2 为起点的两棵不同的最短路径树。

4.4.6 给出用即时版本的 Dijkstra 算法计算练习 4.4.5 所定义的图的最短路径树的轨迹。

4.4.7 实现 DijkstraSP 的另一个版本，支持一个方法来返回一幅加权有向图中从 s 到 t 的另一条最短路径。（如果从 s 到 t 的最短路径只有一条则返回 null。）

4.4.8 一幅有向图的直径指的是连接任意两个顶点的所有最短路径中的最大长度。编写一个 DijkstraSP 的用例，找出边的权重非负的给定 EdgeWeightedDigraph 图的直径。

4.4.9 表 4.4.10 来自于一张很早以前出版的公路地图，它显示的是城市之间的最短路径的长度。这张表中有一个错误。改正这个错误并新建一张表来说明最短路径是哪条。

4.4.10 将练习 4.4.4 中定义的有向图中的边看作无向边，即每条边对应加权有向图中的两条方向不同但权重相同的边。为对应的加权有向图回答练习 4.4.6 中的问题。

4.4.11 使用 1.4 节中的内存使用模型评估用 EdgeWeightedDigraph 表示一幅含有 V 个顶点和 E 条边的图所需的内存。

4.4.12 修改 4.2 节中的 DirectedCycle 类和 Topological 类，使之使用本节中的 EdgeWeightedDigraph 类和 DirectedEdge 类的 API 并实现 EdgeWeightedCycleFinder 类和 EdgeWeightedTopological 类。

4.4.13 从 tinyEWD.txt 中（请见图 4.4.4）删去边 5→7，用 Dijkstra 算法计算所得的有向图的最短路径树并按照正文中的样式给出算法的轨迹。

表 4.4.10

	普罗维登斯	威斯特里	新伦敦	诺威治
普罗维登斯	—	53	54	48
威斯特里	53	—	18	101
新伦敦	54	18	—	12
诺威治	48	101	12	—

4.4.14 给出使用 4.4.6.1 节和 4.4.6.2 节的两种尝试处理图 4.4.19 的 tinyEWDn.txt 所得到的路径。

4.4.15 如果从顶点 s 到 v 的路径上存在一个负权重环，调用 Bellman-Ford 算法的 `pathTo(v)` 方法会发生什么？

4.4.16 假设用 `EdgeWeightedGraph` 中的每条边 `Edge` 都替换为两条（两个方向各一条）`DirectedEdge` 的方式将 `EdgeWeightedGraph` 类转化为 `EdgeWeightedDigraph` 类（如答疑中关于 Dijkstra 算法的部分所述）然后再使用 Bellman-Ford 算法处理它。说明为什么这种方法大错特错。

4.4.17 在 Bellman-Ford 算法中如果一个顶点在同一轮中被两次加入队列会发生什么？

解答：算法所需的运行时间将会达到指数级。例如，描述一幅边的权重全部为 -1 的加权有向完全图中 Bellman-Ford 算法的执行情况。

4.4.18 编写一个 CPM 的用例来打印出所有的关键路径。

4.4.19 找出正文中的例子里权重最低的环（即最佳套汇机会）。

4.4.20 从网上或者报纸上找到一张汇率表并用它构造一张套汇表。*注意*：不要使用根据若干数据计算得出的汇率表，它们的精度有限。*附加题*：从汇率市场上赚点外快！

4.4.21 用 Bellman-Ford 算法计算练习 4.4.5 中的加权有向图的最短路径树并按照正文中的样式给出算法的轨迹。 685~687

提高题

4.4.22 *顶点的权重*。证明，要得到顶点也有非负权重的加权有向图中的最短路径（路径的权重为路径上的顶点权重之和），可以通过构造一幅只有边含有权重的加权有向图解决。

4.4.23 *给定两点的最短路径*。设计并实现一份 API，使用 Dijkstra 算法的改进版本解决加权有向图中给定两点的最短路径问题。

4.4.24 *多起点最短路径*。设计并实现一份 API，使用 Dijkstra 算法解决加权有向图中的多起点最短路径问题，其中边的权重均为正：给定一组起点，找到相应的最短路径森林并实现一个方法为用例返回从任意起点到达每个顶点的最短路径。*提示*：添加一个伪顶点和从该顶点指向每个起点的一条权重为零的边，或者在初始化时将所有起点加入优先队列并将它们在 `distTo[]` 中对应的值均设为 0。

4.4.25 *两个顶点集合之间的最短路径*。给定一幅边的权重均为正的有向图和两个没有交集的顶点集 S 和 T，找到从 S 中的任意顶点到达 T 中的任意顶点的最短路径。你的算法在最坏情况下所需的时间应该与 $E\log V$ 成正比。

4.4.26 稠密图中的单点最短路径。实现另一个版本的 Dijkstra 算法，使之能够在与 V^2 成正比的时间内在一幅稠密的加权有向图中计算出给定顶点的最短路径树。请使用邻接矩阵法表示稠密图（请参考练习 4.4.3 和练习 4.3.29）。

4.4.27 欧几里得图中的最短路径。已知图中的顶点均在平面上，修改 API 以提高 Dijkstra 算法的性能。

4.4.28 有向无环图中的最长路径。重新实现 AcyclicLP 类，根据命题 T 解决加权有向无环图中的最长路径问题。

4.4.29 一般最优性。完成命题 W 的证明，说明如果存在从 s 到 v 的有向路径且从 s 到 v 的任意路径上的所有顶点都不在任意负权重环上，那么必然存在一条从 s 到 v 的最短路径（提示：参考命题 P）。

4.4.30 含有负权重环的图中的任意顶点对之间的最短路径。参考 4.4.4.3 节框注“任意顶点对之间的
688 最短路径”所实现的不含负权重环的图中任意顶点对之间的最短路径问题并设计一份 API。使用 Bellman-Ford 算法的一个变种来确定权重数组 pi[]，使得对于任意边 v→w，边的权重加上 pi[v] 和 pi[w] 之差的和非负。然后更新所有边的权重，使得 Dijkstra 算法可以在新图中找出所有的最短路径。

4.4.31 线图中任意顶点对之间的最短路径。给定一幅加权线图（无向连通图，除了两个端点度数为 1 之外所有顶点的度数为 2），给出一个算法在线性时间内对图进行预处理并在常数时间内返回任意两个顶点之间的最短路径。

4.4.32 启发式的父结点检查。修改 Bellman-Ford 算法，仅当顶点 v 在最短路径树中的父结点 edgeTo[v] 目前不在队列中时才访问 v。Cherkassky、Goldberg 和 Radzik 在实践中发现这种启发式的做法十分有帮助。证明这种方法能够正确的计算出最短路径且在最坏情况下的运行时间和 EV 成正比。

4.4.33 网格图中的最短路径。给定一个 $N \times N$ 的正整数矩阵，找到从 (0,0) 到 $(N-1, N-1)$ 的最短路径，路径的长度即为路径中所有正整数之和。在只能向右和向下移动的限制下重新解答这个问题。

4.4.34 单调最短路径。给定一幅加权有向图，找出从 s 到其他每个顶点的单调最短路径。如果一条路径上的所有边的权重是严格单调递增或递减的，那么这条路径就是单调的。这样的路径应该是简单的（不包含重复顶点）。提示：按照权重的升序放松所有边并找到一条最佳路径；然后按照权重的降序放松所有边再找到另一条最佳路径。

4.4.35 双调最短路径。给定一幅有向图，找到从 s 到其他每个顶点的双调最短路径（如果存在）。如果从 s 到 t 的路径上存在一个中间顶点 v 使得从 s 到 v 中的所有边的权重均严格单调递增且从 v 到 t 中的所有边的权重均严格单调递减，那么这就是一条双调路径。这样的路径应该是简单的（不包含重复顶点）。

4.4.36 邻居顶点。编写一个 SP 的用例，找出一幅给定加权有向图中和一个给定顶点的距离在 d 之内的
689 所有顶点。你的算法所需的运行时间应该与由这些顶点和依附于它们的边组成的子图的大小以及 V（用于初始化数据结构）中的较大者成正比。

4.4.37 关键边。给出一个算法来找到给定的加权有向图中的一条边，删去这条边使得给定的两个顶点之间的最短距离的增加值最大。

4.4.38 敏感度。给定一幅加权有向图和一对顶点 s 和 t，编写一个 SP 的用例对该图中的所有边进行敏感度分析：计算一个 $V \times V$ 的布尔矩阵，对于任意的 v 和 w，当 v→ w 为加权有向图中的一条边且增加 v→w 的权重不会增加从 s 到 t 的最短路径的权重时，v 行 w 列的值为 true，否则为 false。

4.4.39 延时 Dijkstra 算法的实现。根据正文实现 Dijkstra 算法的延时版本。

4.4.40 瓶颈最短路径树。请证明一幅无向图中的一棵最小生成树等价于该图中的一棵瓶颈最短路径树：对于任意一对顶点 v 和 w，该树都含有一条连接它们的路径且其中的最长边是所有连接两点的路径中最短的。

4.4.41 双向搜索。基于算法 4.9 的代码为给定两点的最短路径问题实现一个类，但在初始化时将起点和终点都加入优先队列。这么做会使最短路径树从两个顶点同时开始生长，你的主要任务是决定两棵树相遇时应该怎么办。

4.4.42 最坏情况（Dijkstra 算法）。找出含有 V 个顶点和 E 条边的一组图，使得 Dijkstra 算法处理它们所需的运行时间为最坏情况。

4.4.43 负权重环的检测。假设为算法 4.11 加入了一个构造函数，它和已有的构造函数的区别仅在于不需要第二个参数并将 `distTo[]` 中的所有元素初始化为 0。证明，如果用例调用的是这个构造函数，那么当且仅当图中含有一个负权重环时，`hasNegativeCycle()` 才会返回 `true`。（`negativeCycle()` 会返回那个负权重环。）

解答：向原图添加一个新的起点以及从该起点指向所有其他顶点的权重为 0 的边。在一轮放松之后，`distTo[]` 中的所有元素的值均会变为 0，从新起点开始寻找一个负权重环和在原图中寻找负权重环是等价的。

4.4.44 最坏情况（Bellman-Ford 算法）。找出一组图，使得算法 4.11 的运行时间与 VE 成正比。 690

4.4.45 快速 Bellman-Ford 算法。对于边的权重为整数且绝对值不大于某个常数的特殊情况，给出一个解决一般的加权有向图中的单点最短路径问题的算法，其所需的运行时间低于 EV 级别。

4.4.46 动画。编写一段程序将 Dijkstra 算法用动画表现出来。

691

实验题

4.4.47 随机加权有向稀疏图。修改你为练习 4.3.34 给出的解答，随机指定每条边的方向。

4.4.48 随机加权有向欧几里得图。修改你为练习 4.3.35 给出的解答，随机指定每条边的方向。

4.4.49 随机加权有向网格图。修改你为练习 4.3.36 给出的解答，随机指定每条边的方向。

4.4.50 负权重边 I。修改你的随机加权有向图生成器，通过调整比例将边的权重控制在在 x 和 y 之间（x 和 y 都在 -1 和 1 之间）。

4.4.51 负权重边 II。修改你的随机加权有向图生成器，将固定比例（此值由用例指定）的边的权重取反来生成负权重的边。

4.4.52 负权重边 III。编写一段程序，调用你的加权有向图生成器，尽可能为大范围的 V 和 E 值生成多幅加权有向图，保证图中大部分边的权重为负且只有若干个负权重环。

测试所有的算法并研究所有图的模型的所有参数是不现实的。请为下面的每一道题都编写一段程序来处理从输入得到的任意图。这段程序可以调用上面的任意生成器并对相应的图模型进行实验。你可以根据上次实验的结果自己作出判断来选择不同实验。陈述结果以及由此得出的任何结论。 692

4.4.53 预测。请估计你的计算机和程序系统使用 Dijkstra 算法在 10 秒钟之内能够计算出图中所有的最短路径的图的最大规模，其中 $E=10V$，误差在 10 倍以内。

4.4.54 延时的代价。对于各种图的模型，运行实验并根据经验比较 Dijkstra 算法的延时版本和即时版本的性能差异。

4.4.55 Johnson 算法。使用一个 d 向堆实现优先队列。对于各种加权有向图的模型，找到 d 的最优值。

4.4.56 套汇模型。实现一个模型来生成随机的套汇问题。目标是尽量生成与练习 4.4.20 中相似表格。

4.4.57 最后期限限制下的并行任务调度模型。实现一个模型来生成随机的最后期限限制下的并行任务

693 调度问题。目标是尽量生成复杂但可以解决的问题。

第5章 字符串

我们通过交流成串的字符进行沟通，所以无数的重要而熟悉的应用软件都是基于字符串处理的。本章中，我们会考察一些经典算法，解决以下应用领域背后的计算问题。

信息处理。当你根据一个给定的关键字搜索网页时，就是在使用一个字符串处理应用程序。在现代世界中，可以说所有的信息都是用一系列字符串表示的，而对它们进行处理的都是非常重要的字符串处理应用程序。

基因组学。计算生物学家的一项工作就是根据密码子将 DNA 转换为由 4 个碱基（A、C、T 和 G）组成的（非常长的）字符串。近些年来人类构建起来的庞大的基因数据库已经能够描述各种活体器官，因此字符串处理已经成为了现在计算生物学研究的基石。

通信系统。无论你是在发送短信、电子邮件或是下载电子书，都是在将字符串从一个地方传送到另一个地方。以此为目标的字符串处理应用程序是字符串处理算法开发的源动力。

编程系统。程序是由字符串组成的。编译器、解释器等其他能够将程序转换为机器指令的软件都是使用复杂的字符串处理技术的重要应用软件。事实上，所有的书面语言都是由字符串表达的。另外，开发字符串处理算法的另一个动力来源在于形式语言理论，它研究的是对不同类型的字符串集合的描述。

这几个非常有意义的示例说明了字符串处理算法的重要性和应用领域的多样性。

本章的结构如下：在介绍了字符串的基本性质以后，我们会在 5.1 节和 5.2 节中再次遇到第 2 章和第 3 章学过的排序和查找 API。当使用字符串作为键时，能够利用键的特殊性质的算法将比之前学习过的算法更快更灵活。在 5.3 节中，我们会学习*子字符串查找*算法，包括由 Knuth、Morris 和 Pratt 发明的一个著名的算法。在 5.4 节中会介绍*正则表达式*，它是*模式匹配*问题的基础，是一个一般化了的子字符串查找问题，也是搜索工具 grep 的核心。这些经典的算法的基础是两个基本概念，分别叫做*形式语言*和*确定有限状态自动机*。5.5 节主要介绍了一个重要应用：*数据压缩*，即尝试将一个字符串的长度缩短到最小程度。 694 ~ 695

5.0.1 游戏规则

为了简洁高效，我们将使用 Java 的 `String` 类来表示字符串，但我们将有意识地尽量少使用该类的方法以使算法能够适用于其他字符串数据类型以及其他编程语言。我们已经在 1.2 节中详细介绍过各种字符串，这里简要回顾一下它们最主要的性质。

字符。`String` 是由一系列字符组成的。字符的类型是 `char`，可能有 2^{16} 个值。数十年以来，程序员的注意力都局限于 7 位 ASCII 码（请见表 5.5.4）或是 8 位扩展 ASCII 码表示的字符，但许多现代的应用程序都已经需要使用 16 位 Unicode 编码了。

不可变性。`String` 对象是不可变的，因此可以将它们用于赋值语句、作为函数的参数或是返回值，而不用担心它们的值会发生变化。

索引。我们最常完成的操作就是从某个字符串中提取一个特定的字符，即Java的String类的charAt()方法。我们希望charAt()方法能够在常数时间内完成，就好像字符串是保存在一个char[]数组中一样。根据第1章中的讨论，这种期望是非常合理的。

长度。在Java中，String类型的length()方法实现了获取字符串的长度的操作。同样，我们也希望length()方法能够在常数时间内完成，这也是合情合理的，尽管在某些编程环境中实现这一点并不容易。

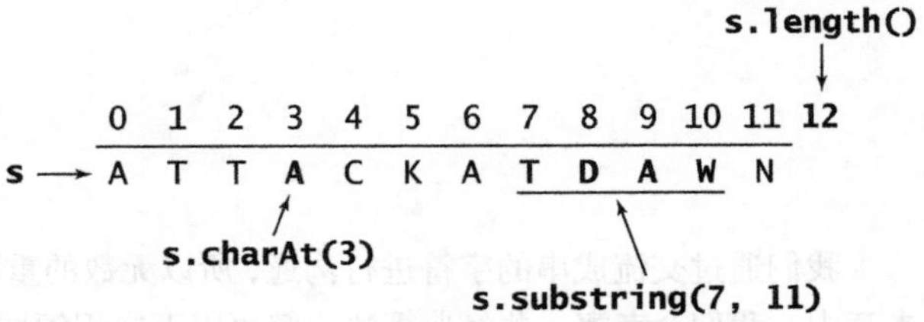

图5.0.1 String类型的基本常数时间操作

子字符串。Java的substring()方法实现了提取特定的子字符串的操作。同样，我们也希望这个方法能够在常数时间内完成，Java的标准实现也做到了这一点。如果你还不熟悉substring()方法和为什么它只需要常数时间，请务必重新阅读1.2节中讨论的Java字符串的标准实现（请见表1.2.7和图1.4.10）。

字符串的连接。在Java中通过将一个字符串追加到另一个字符串的末尾创建一个新字符串的操作是一个内置的操作（使用"+"运算符），所需的时间与结果字符串的长度成正比。例如，我们会避免将字符一个一个地追加到字符串中，因为在Java里这个过程所需的时间将会是平方级别的（为此Java提供了一个StringBuilder类）。

字符数组。Java的String类显然并不是一个原始数据类型。Java的标准实现提供了刚才提到的几个操作以供客户端程序调用。但与之相反，我们将要学习的许多算法都能够处理字符串的低级表示，比如char类型的数组，而且许多字符串的用例程序也更愿意使用这种表示，因为它消耗的空间更小，访问所需的时间更少。在我们将要学习的几个算法中，将字符串从一种表示转换成另一种表示的代价甚至比算法的运行成本更高。如表5.0.1所示，处理这两种表示所用的代码的差别是很小的（substring()方法比较复杂，此处省略），所以无论使用哪种表示方式都不会影响读者对算法的理解。

表5.0.1 在Java中表示字符串的两种方法

操　作	字符数组	Java字符串
声明	`char[] a`	`String s`
根据索引访问字符	`a[i]`	`s.charAt(i)`
获取字符串长度	`a.length`	`s.length()`
表示方法转换	`a=s.toCharArray();`	`s=new String(a);`

理解这些操作的运行效率是理解许多字符串处理算法效率的关键部分。并不是所有编程语言实现的String类都能有这样的性能。例如，提取子字符串和获取字符串长度的操作在C语言中所需的时间就与字符串中的字符数量成正比。修改我们的算法并使之适用于这样的编程语言是完全可以的（实现一个类似Java的String类的抽象数据类型），但这也意味着不同的挑
696~697 战和机遇。

在正文中，我们主要会使用String数据类型。我们会经常调用通过索引访问字符串中的字符操作和获取字符串长度的操作，有时会使用提取子字符串或是连接字符串的操作。我们还会在

本书的网站上提供相应的使用 char 数组的代码。在性能优先的应用场景中，用例在这两种表示方法之间权衡的常常是访问字符的成本（在一般的 Java 实现中，a[i] 很可能比 s.charAt(i) 要快很多）。

5.0.2 字母表

一些应用程序可能会对字符串的字母表作出限制。在这些应用中，可能常常会需要一个 API 如表 5.0.2 所示的 Alphabet 类。

表 5.0.2 字母表的 API

public class **Alphabet**	
Alphabet(String s)	根据 s 中的字符创建一张新的字母表
char toChar(int index)	获取字母表中索引位置的字符
int toIndex(char c)	获取 c 的索引，在 0 到 $R-1$ 之间
boolean contains(char c)	c 在字母表之中吗
int R()	基数（字母表中的字符数量）
int lgR()	表示一个索引所需的比特数
int[] toIndices(String s)	将 s 转换为 R 进制的整数
String toChars(int[] indices)	将 R 进制的整数转换为基于该字母表的字符串

这份 API 定义了一个构造函数，它用一个含有 R 个字符的字符串参数指定了字母表。API 定义了 toChar() 方法和 toIndex() 方法来在字符和 0 到 $R-1$ 之间的整型值进行转换（常数时间）。它还包含了 contains() 方法来检查给定的字符是否存在于字母表中。方法 R() 和 lgR() 用来获取字母表中的字符数以及表示它们所需的比特数。toIndices() 方法和 toChars() 方法能够将由字母表中的字符组成的字符串与 int 数组相互转换。方便起见，下面的表格显示了各种内置的字母表，你可以通过类似 Alphabet.UNICODE16 的方式来访问它们。Alphabet 的实现很简单，我们将它留作练习（请见 5.1.12）。我们会在表 5.0.3 后面的框注“Alphabet 类的典型用例”来展示一个它的用例。

表 5.0.3 标准字母表

名 称	R()	lgR()	字 符 集
BINARY	2	1	01
DNA	4	2	ACTG
OCTAL	8	3	01234567
DECIMAL	10	4	0123456789
HEXADECIMAL	16	4	0123456789ABCDEF
PROTEIN	20	5	ACDEFGHIKLMNPQRSTVWY
LOWERCASE	26	5	abcdefghijklmnopqrstuvwxyz
UPPPERCASE	26	5	ABCDEFGHIJKLMNOPQRSTUVWXYZ
BASE64	64	6	ABCDEFGHIJKLMNOPQRSTUVWXYZabcdefghijklmnopqrstuvwxz0123456789+/
ASCII	128	7	ASCII 字符集
EXTENDED_ASCII	256	8	扩展 ASCII 字符集
UNICODE16	65 536	16	Unicode 字符集

```
public class Count
{
   public static void main(String[] args)
   {
      Alphabet alpha = new Alphabet(args[0]);
      int R = alpha.R();
      int[] count = new int[R];

      String s = StdIn.readAll();
      int N = s.length();
      for (int i = 0; i < N;  i++)
         if (alpha.contains(s.charAt(i)))
            count[alpha.toIndex(s.charAt(i))]++;

      for (int c = 0; c < R; c++)
         StdOut.println(alpha.toChar(c)
                        + " " + count[c]);

   }
}
```

```
% more abra.txt
ABRACADABRA!

% java Count ABCDR < abra.
txt
A 5
B 2
C 1
D 1
R 2
```

Alphabet 类的典型用例

字符索引数组。我们使用 Alphabet 类的一个最重要的原因是字符索引的数组能够提高算法的效率。在这个数组中，用字符作为索引来获取与之相关联的信息。如果要使用 Java 的 String 类，
698~699 那就必须使用一个大小为 65 536 的数组；有了 Alphabet 类，则只需要使用一个字母表大小的数组即可。我们将要学习的一些算法能够产生大量的此类数组。在这种情况下，大小为 65 536 的数组是不可接受的。例如前面框注中的 Count 类，它从命令行接受一个字符串并打印出从标准输入获得的每个字符的出现频率。Count 中用来保存出现频率的 count[] 数组就是一个字符索引数组的示例。你可能会认为数组的计算有些繁琐，但实际上它是 5.1 节介绍的一系列快速排序算法的基础。

数字。你可以从几个标准的 Alphabet 类的示例中看到，我们经常要处理字符串形式的数字。toIndices() 方法能够将任意基于给定的 Alphabet 类的 String 转换为一个 R 进制的数字，用一个元素均在 0 到 R–1 之间的 int[] 数组表示。在某些情况下，一开始就进行这样的转换可以使代码更简洁，因为任意数字都能作为一个字符串索引数组中的索引。例如，如果我们已知输入中仅含有字母表中的字母，那就可以将 Count 中的内循环替换为下面这段更加简洁的代码：

```
int[] a = alpha.toIndices(s);
for (int i = 0; i < N; i++)
   count[a[i]]++;
```

```
% more pi.txt
3141592653
5897932384
6264338327
9502884197
... [π的100 000位]

% java Count 0123456789 < pi.txt
0 9999
1 10137
2 9908
3 10026
4 9971
5 10026
6 10028
7 10025
8 9978
9 9902
```

其中，我们将 R 称为**基数**，即进制数。我们介绍的几种算法也常常被称为“基数”方法，因为它们一次只处理一位数。

尽管使用 Alphabet 这样的数据类型能够为字符串处理算法带来许多好处（特别是对于较小的字母表），但是本书中并没有实现基于通用字母表 Alphabet 类得到的字符串类型，这是因为：

- 大多数程序使用的都是 String 类型；
- 将字符串转化为索引或是由索引得到字符串常常会落入内循环中，这会大幅降低实现的性能；
- 这会使代码更加复杂，也更加难以理解。

700~701 因此我们仍然会使用 String 类，在代码中使用常数 R = 256 并在分析中将 R 作为参数。在适当的时候我们会讨论通用字母表的性能。本书的网站提供了基于 Alphabet 类的各种算法的完整实现。

5.1 字符串排序

对于许多排序应用，决定顺序的键都是字符串。本节中，我们将会考察能够利用字符串的特殊性质将字符串键排序的方法，它们将比第 2 章学过的通用排序方法效率更高。

我们将学习两类完全不同的字符串排序方法。它们都是为程序员服务了几十年的强大方法。

第一类方法会从右到左检查键中的字符。这种方法一般被称为低位优先（Least-Significant-Digit First，LSD）的字符串排序。使用数字（digit）代替字符（character）的原因要追溯到相同方法在各种数字类型中的应用。如果将一个字符串看作一个 256 进制的数字，那么从右向左检查字符串就等价于先检查数字的最低位。这种方法最适合用于键的长度都相同的字符串排序应用。

第二类方法会从左到右检查键中的字符，首先查看的是最高位的字符。这些方法通常称为高位优先（MSD）的字符串排序——本节将会学习两种此类算法。高位优先的字符串排序的吸引人之处在于，它们不一定需要检查所有的输入就能够完成排序。高位优先的字符串排序和快速排序类似，因为它们都会将需要排序的数组切分为独立的部分并递归地用相同的方法处理子数组来完成排序。它们的区别之处在于高位优先的字符串排序算法在切分时仅使用键的第一个字符，而快速排序的比较则会涉及键的全部。要学习的第一种方法会为每个字符创建一个切分，第二种方法则总会产生三个切分，分别对应被搜索键的第一个字符小于、等于或大于切分键的第一个字符的情况。

在分析字符串排序算法时，字母表的大小是一个重要的因素。尽管我们的重点是基于扩展的 ASCII 字符集的字符串（R=256），但也会分析来自较小字母表的字符串（例如基因序列）和来自较大字母表的字符串（例如含有 65 536 个字符的 Unicode 字母表，它是自然语言编码的国际标准）。 702

5.1.1 键索引计数法

作为热身，我们先学习一种适用于小整数键的简单排序方法。这种叫做**键索引计数**的方法本身就很实用，同时也是本节中将要学习的三种字符串排序算法中两种的基础。

老师在统计学生的分数时可能会遇到以下数据处理问题。学生被分为若干组，标号为 1、2、3 等。在某些情况下，我们希望将全班同学按组分类。因为组的编号是较小的整数，使用键索引计数法来排序是很合适的，请见图 5.1.1。为了说明这种方法，假设数组 `a[]` 中的每个元素都保存了一个名字和一个组号，其中组号在 0 到 `R-1` 之间，代码 `a[i].key()` 会返回指定学生的组号。这种方法有 4 个步骤，我们会依次讲解。

5.1.1.1 频率统计

第一步就是使用 `int` 数组 `count[]` 计算每个键出现的频率。对于数组中的每个元素，都使用它的键访问 `count[]` 中的相应元素并将其加 1。如果键为 `r`，则将 `count[r+1]` 加 1。（为什么需要加 1？这么做的原因到下一步你就会明白了。）在图 5.1.2

输入 姓名	组号	排序结果（按组别排序）	
Anderson	2	Harris	1
Brown	3	Martin	1
Davis	3	Moore	1
Garcia	4	Anderson	2
Harris	1	Martinez	2
Jackson	3	Miller	2
Johnson	4	Robinson	2
Jones	3	White	2
Martin	1	Brown	3
Martinez	2	Davis	3
Miller	2	Jackson	3
Moore	1	Jones	3
Robinson	2	Taylor	3
Smith	4	Williams	3
Taylor	3	Garcia	4
Thomas	4	Johnson	4
Thompson	4	Smith	4
White	2	Thomas	4
Williams	3	Thompson	4
Wilson	4	Wilson	4

↑ 键为较小的整数

图 5.1.1 适于使用键索引计数法的典型情况

的例子中，首先将 count[3] 加 1，因为 Anderson 在第二组中，然后会将 count[4] 加 2，因为 Brown 和 Davis 都在第三组中，如此继续。注意，count[0] 的值总是 0，在这个示例中 count[1] 的值也为 0（第零组中没有学生）。

5.1.1.2 将频率转换为索引

接下来，我们会使用 count[] 来计算每个键在排序结果中的起始索引位置。在这个示例中，因为第一组中有 3 个人，第二组中有 5 个人，因此第三组中的同学在排序结果数组中的起始位置为 8。一般来说，任意给定的键的起始索引均为所有较小的键所对应的出现频率之和。对于每个键值 r，小于 r+1 的键的频率之和为小于 r 的键的频率之和加上 count[r]，因此从左向右将 count[] 转化为一张用于排序的索引表是很容易的（请见图 5.1.3）。

```
for (i = 0; i < N; i++)
   count[a[i].key() + 1]++;
```

		count[] 0 (总是0)	1	2	3	4	5
		0	0	0	0	0	0
Anderson	2	0	0	0	1	0	0
Brown	3	0	0	0	1	1	0
Davis	3	0	0	0	1	2	0
Garcia	4	0	0	0	1	2	1
Harris	1	0	0	1	1	2	1
Jackson	3	0	0	1	1	3	1
Johnson	4	0	0	1	1	3	2
Jones	3	0	0	1	1	4	2
Martin	1	0	0	2	1	4	2
Martinez	2	0	0	2	2	4	2
Miller	2	0	0	2	3	4	2
Moore	1	0	0	3	3	4	2
Robinson	2	0	0	3	4	4	2
Smith	4	0	0	3	4	4	3
Taylor	3	0	0	3	4	5	3
Thomas	4	0	0	3	4	5	4
Thompson	4	0	0	3	4	5	5
White	2	0	0	3	5	5	5
Williams	3	0	0	3	5	6	5
Wilson	4	0	0	3	5	6	6

第三组的总人数

图 5.1.2 计算出现频率

```
for (int r = 0; r < R; r++)
   count[r+1] += count[r];
```

总是0

r	count[] 0	1	2	3	4	5
0	0	0	3	5	6	6
1	0	0	3	5	6	6
2	0	0	3	5	6	6
3	0	0	3	8	6	6
4	0	0	3	8	14	6
5	0	0	3	8	14	20
	0	0	3	8	14	20

组号小于3的总人数（第三组在输出中的起始索引）

图 5.1.3 将频率转换为起始索引

5.1.1.3 数据分类

在将 count[] 数组转换为一张索引表之后，将所有元素（学生）移动到一个辅助数组 aux[] 中以进行排序。每个元素在 aux[] 中的位置是由它的键（组别）对应的 count[] 值决定，在移动之后将 count[] 中对应元素的值加 1，以保证 count[r] 总是下一个键为 r 的元素在 aux[] 中的索引位置。这个过程只需遍历一遍数据即可产生排序结果，如图 5.1.4 所示。**注意**：在我们的一个应用中，这种实现方式的稳定性是很关键的——键相同的元素在排序后会被聚集到一起，但相对顺序没有变化，请见图 5.1.5。

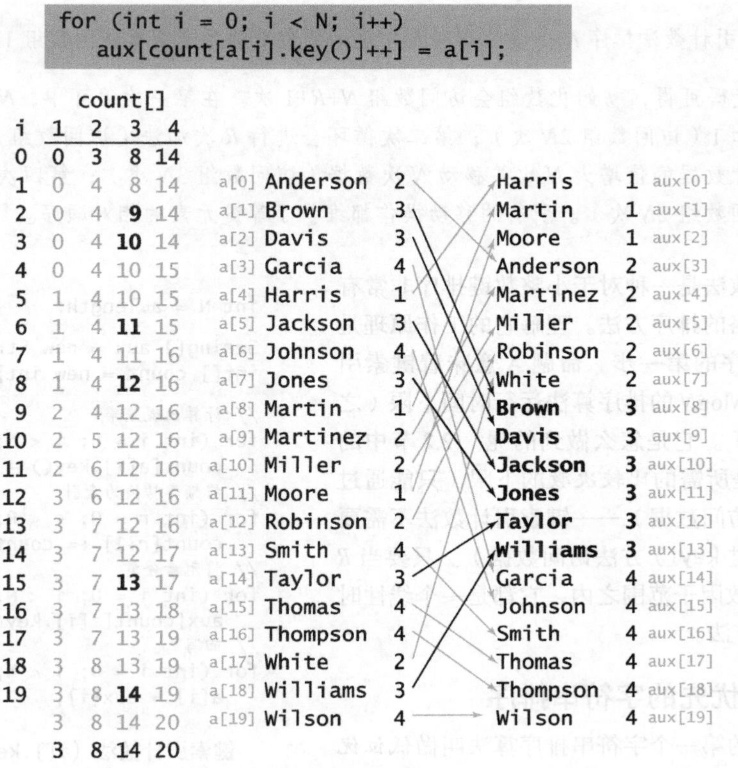

图 5.1.4 将数据分类（键为 3 的条目均突出显示） 703 ~ 704

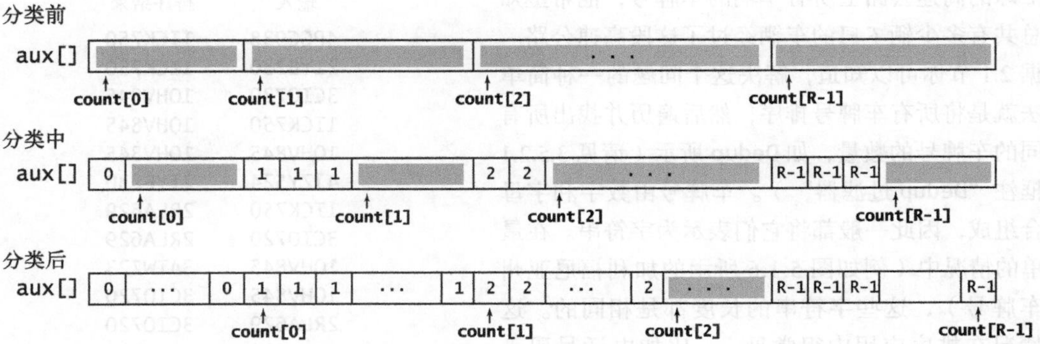

图 5.1.5 键索引计数法（分类阶段）

5.1.1.4 回写

因为我们在将元素移动到辅助数组的过程中完成了排序，所以最后一步就是将排序的结果复制回原数组中。

命题 A。 键索引计数法排序 N 个键为 0 到 R–1 之间的整数的元素需要访问数组 $11N+4R+1$ 次。

证明。 根据代码可得，初始化数组会访问数组 $N+R+1$ 次。在第一次循环中，N 个元素均会使计数器的值加 1（访问数组 $2N$ 次）；第二次循环会进行 R 次加法（访问数组 $2R$ 次）；第三次循环会使计数器的值增大 N 次并移动 N 次数据（访问数组 $3N$ 次）；第四次循环会移动数据 N 次（访问数组 $2N$ 次）。所有的移动操作都维护了等键元素的相对顺序。

键索引计数法是一种对于小整数键排序非常有效却常常被忽略的排序方法。理解它的工作原理是理解字符串排序的第一步。命题 A 意味着键索引计数法突破了 $N\log N$ 的排序算法运行时间下限（之前已经证明过）。它是怎么做到的呢？2.2 节中的命题 I 证明的是所需的比较次数的下限（只能通过 compareTo() 访问数据）——键索引计数法不需要比较（它只通过 key() 方法访问数据）。只要当 R 在 N 的一个常数因子范围之内，它都是一个线性时间级别的排序方法。

```
int N = a.length;

String[] aux = new String[N];
int[] count = new int[R+1];

// 计算出现频率
for (int i = 0; i < N; i++)
   count[a[i].key() + 1]++;
// 将频率转换为索引
for (int r = 0; r < R; r++)
   count[r+1] += count[r];
// 将元素分类
for (int i = 0; i < N; i++)
   aux[count[a[i].key()]++] = a[i];
// 回写
for (int i = 0; i < N; i++)
   a[i] = aux[i];
```

键索引计数法（a[].key() 为 [0,R) 之间的一个整数）

5.1.2 低位优先的字符串排序

我们学习的第一个字符串排序算法叫做低位优先（LSD）的字符串排序。考虑以下应用：假设有一位工程师架设了一个设备来记录给定时间段内某条忙碌的高速公路上所有车辆的车牌号，他希望知道总共有多少辆不同的车辆经过了这段高速公路。根据 2.1 节你可以知道，解决这个问题的一种简单方法就是将所有车牌号排序，然后遍历并找出所有不同的车牌号的数量，如 Dedup 所示（请见 3.5.2.1 节框注“Dedup 过滤器”）。车牌号由数字和字母混合组成，因此一般都将它们表示为字符串。在最简单的情况中（例如图 5.1.6 所示的加利福尼亚州的车牌号），这些字符串的长度都是相同的。这种情况在排序应用中很常见——比如电话号码、银行账号、IP 地址等都是典型的定长字符串。

输入	排序结果
4PGC938	1ICK750
2IYE230	1ICK750
3CIO720	1OHV845
1ICK750	1OHV845
1OHV845	1OHV845
4JZY524	2IYE230
1ICK750	2RLA629
3CIO720	2RLA629
1OHV845	3ATW723
1OHV845	3CIO720
2RLA629	3CIO720
2RLA629	4JZY524
3ATW723	4PGC938

↑ 键的长度均相同

图 5.1.6 适于使用低位优先的字符串排序算法的典型情况

将此类字符串排序可以通过键索引计数法来完成，如算法 5.1（LSD）和其下方的例子所示。如果字符串的长度均为 W，那就从右向左以每个位置的字符作为键，用键索引计数法将字符串排序 W 遍。乍一看你很难相信这种方法能够产生一个有序的数组——事实上，除非键索引计数法是稳定的，否则这种方法是行不通的。在研究以下证明时请记住这一点并参考后面的示例。

命题 B。 低位优先的字符串排序算法能够稳定地将定长字符串排序。

证明。 该命题完全依赖于键索引计数法的实现是稳定的，这种稳定性已经在命题 A 中指出了。在将它们的最后 i 个字符作为键（用稳定的方式）进行排序之后，可以知道，任意两个键在数组中的顺序都是正确的（只考虑这些字符）。要么因为它们的倒数第 i 个字符不同，所以排序方法已经将它们的顺序摆放正确；要么它们的倒数第 i 个字符相同，所以由于排序的稳定性它们仍然有序（由归纳法可知，对于 i-1 这一点仍然正确）。 705~706

算法 5.1　低位优先的字符串排序

```
public class LSD
{
   public static void sort(String[] a, int W)
   {  // 通过前W个字符将a[]排序
      int N = a.length;
      int R = 256;
      String[] aux = new String[N];

      for (int d = W-1; d >= 0; d--)
      { // 根据第d个字符用键索引计数法排序

         int[] count = new int[R+1];          // 计算出现频率
         for (int i = 0; i < N; i++)
             count[a[i].charAt(d) + 1]++;

         for (int r = 0; r < R; r++)          // 将频率转换为索引
            count[r+1] += count[r];

         for (int i = 0; i < N; i++)          // 将元素分类
            aux[count[a[i].charAt(d)]++] = a[i];

         for (int i = 0; i < N; i++)          // 回写
            a[i] = aux[i];
      }
   }
}
```

要将每个元素均为含有 W 个字符的字符串数组 a[] 排序，要进行 W 次键索引计数排序：从右向左，以每个位置的字符为键排序一次。

输入(W=7)	d = 6	d = 5	d = 4	d = 3	d = 2	d = 1	d = 0	输出
4PGC938	2IYE230	3CIO720	2IYE230	2RLA629	1ICK750	3ATW723	1ICK750	1ICK750
2IYE230	3CIO720	3CIO720	4JZY524	2RLA629	1ICK750	3CIO720	1ICK750	1ICK750
3CIO720	1ICK750	3ATW723	2RLA629	4PGC938	4PGC938	3CIO720	1OHV845	1OHV845
1ICK750	1ICK750	4JZY524	2RLA629	2IYE230	1OHV845	1ICK750	1OHV845	1OHV845
1OHV845	3CIO720	2RLA629	3CIO720	1ICK750	1OHV845	1ICK750	1OHV845	1OHV845
4JZY524	3ATW723	2RLA629	3CIO720	1ICK750	1OHV845	2IYE230	2IYE230	2IYE230
1ICK750	4JZY524	2IYE230	3ATW723	3CIO720	3CIO720	4JZY524	2RLA629	2RLA629
3CIO720	1OHV845	4PGC938	1ICK750	3CIO720	3CIO720	1OHV845	2RLA629	2RLA629
1OHV845	1OHV845	1OHV845	1ICK750	1OHV845	2RLA629	1OHV845	3ATW723	3ATW723
1OHV845	1OHV845	1OHV845	1OHV845	1OHV845	2RLA629	1OHV845	3CIO720	3CIO720
2RLA629	4PGC938	1OHV845	1OHV845	1OHV845	3ATW723	4PGC938	3CIO720	3CIO720
2RLA629	2RLA629	1ICK750	1OHV845	3ATW723	2IYE230	2RLA629	4JZY524	4JZY524
3ATW723	2RLA629	1ICK750	4PGC938	4JZY524	4JZY524	2RLA629	4PGC938	4PGC938

707

证明该命题的另一种方法是向前看：如果有两个键，它们中还没有被检查过的字符都是完全相同的，那么键的不同之处就仅限于已经被检查过的字符。因为两个键已经被排序过，所以出于稳定性它们将一直保持有序。另外，如果还没被检查过的部分是不同的，那么已经被检查过的字符对于两者的最终顺序没有意义，之后的某轮处理会根据更高位字符的不同修正这对键的顺序。

老式的卡片打孔排序机使用的就是低位优先的基数排序法。这类机器开发于 20 世纪初期，比用计算机处理商业数据的时代早了数十年。这种机器能够根据卡片上被选定列中孔的模式将一组卡片分别放入 10 个盒子中。如果多个数字被打在这组卡片的多个列上，操作员将所有卡片排序的方法就是先根据最右边的数字排序，然后将所有卡片按照顺序叠好并再次根据倒数第二个数字排序，如此这般直到排序第一个数字为止。将所有已被排序的卡片按顺序再次叠放就是一个稳定的过程，键索引计数法模仿了这个过程。在整个 20 世纪 70 年代，这个版本的低位优先基数排序法不仅在商业领域非常重要，许多严谨的程序员（和学生！）也使用它，因为他们需要将程序保存在打了孔的卡片上（每张卡片上一行）并且会在一组完整表示某个程序的卡片的最后几列打上序号，这样即使卡片散乱之后也能将它们重新按顺序排列。这也是一种将扑克牌排序的简洁方法：将所有牌（按大小）分成 13 堆，按顺序从 13 堆牌中抽取同种花色的扑克牌，最后将 13 堆牌（按花色）变为 4 堆。分牌的过程是稳定的，因此花色中的牌也是有序的，所以按照花色将这 4 堆牌合并即可得到一副已排序的扑克牌，请见图 5.1.7。

在许多字符串排序的应用中（甚至对于某些州的车牌号），键的长度可能互不相同。改进后的低位优先的字符串排序是可以适应这些情况的，但我们将这个任务留作练习，因为下面将学习两种专门处理变长键排序的算法。

从理论上说，低位优先的字符串排序的意义重大，因为它是一种适用于一般应用的线性时间排序算法。无论 N 有多大，它都只遍历 W 次数据。具体描述如下。

图 5.1.7 用低位优先的字符串排序算法将一副扑克牌排序

命题 B（续）。对于基于 R 个字符的字母表的 N 个以长为 W 的字符串为键的元素，低位优先的字符串排序需要访问 $\sim 7WN + 3WR$ 次数组，使用的额外空间与 $N+R$ 成正比。

证明。该方法等价于进行 W 轮键索引计数法，但是 aux[] 只会被初始化一次。根据前面的代码和命题 A 即可得到算法访问数组和使用空间的总数。

对于典型的应用，R 远小于 N，因此命题 B 说明算法的总运行时间与 WN 成正比。N 个长为 W 的字符串的输入总共含有 WN 个字符，因此低位优先的字符串排序的运行时间与输入的规模成正比。

5.1.3 高位优先的字符串排序

要实现一个通用的字符串排序算法（字符串的长度不一定相同），我们应该考虑从左向右遍历所有字符。我们知道，以 a 开头的字符串应该排在以 b 开头的字符串前面，等等。实现这种思想的一个很自然方法就是一种递归算法，被称为高位优先（MSD）的字符串排序，请见图 5.1.8。首先用键索引计数法将所有字符串按照首字母排序，然后（递归地）再将每个首字母所对应的子数组排序（忽略首字母，因为每一类中的所有字符串的首字母都是相同的）。和快速排序一样，高位优先的字符串排序会将数组切分为能够独立排序的子数组来完成排序任务，但它的切分会为每个首字母得到一个子数组，而不是像快速排序中那样产生固定的两个或三个切分，请见图 5.1.9。

♣J	♠K	♠A
♥6	♠J	♠2
♦A	♠9	♠3
♥A	♠5	♠4
♠K	♠2	♠5
♥J	♠A	♠6
♦Q	♠3	♠7
♣6	♠4	♠8
♠J	♠6	♠9
♣A	♠7	♠10
♦9	♠8	♠J
♥9	♠10	♠Q
♦8	♠Q	♠K
♠9	♥6	♥A
♣K	♥A	♥2
♦4	♥J	♥3
♠5	♥9	♥4
♣Q	♥3	♥5
♥3	♥7	♥6
♠2	♥4	♥7
♣10	♥8	♥8
♣9	♥Q	♥9
♥7	♥10	♥10
♣4	♥2	♥J
♥4	♥K	♥Q
♦10	♥5	♥K
♠A	♦A	♦A
♦5	♦Q	♦2
♠3	♦9	♦3
♥8	♦8	♦4
♣2	♦4	♦5
♦K	♦10	♦6
♠4	♦5	♦7
♣7	♦K	♦8
♥Q	♦J	♦9
♦J	♦3	♦10
♠6	♦7	♦J
♣3	♦2	♦Q
♠7	♦6	♦K
♠8	♣J	♣A
♠10	♣6	♣2
♦3	♣A	♣3
♥10	♣K	♣4
♦7	♣Q	♣5
♠Q	♣10	♣6
♥2	♣9	♣7
♦2	♣4	♣8
♣5	♣2	♣9
♥K	♣7	♣10
♥5	♣3	♣J
♦6	♣5	♣Q
♣8	♣8	♣K

图 5.1.8 用高位优先的字符串排序算法将一副扑克牌排序

5.1.3.1 对字符串末尾的约定

在高位优先的字符串排序算法中，要特别注意到达字符串末尾的情况。在排序中，合理的做法是将所有字符都已被检查过的字符串所在的子数组排在所有子数组的前面，这样就不需要递归地将该子数组排序，请见图 5.1.10。为了简化这两步计算，我们使用了一个接受两个参数的私有方法 `charAt()` 来将字符串中字符索引转化为数组索引，当指定的位置超过了字符串的末尾时该方法返回 -1。然后将所有返回值加 1，得到一个非负的 `int` 值并用它作为 `count[]` 的索引。这种转换意味着字符串中的每个字符都可能产生 R+1 种不同的值：0 表示字符串的结尾，1 表示字母表的第一个字符，2 表示字母表的第二个字符，等等。因为键索引计数法本来就需要一个额外的位置，所以使用代码 `int count[] = new int[R+2];` 创建记录统计频率的数组（将所有值设为 0）。708~710 注意：某些编程语言，特别是 C 和 C++，已经约定了字符串结束的表示方法，因此对于这类语言本节的代码需要进行相应的调整。

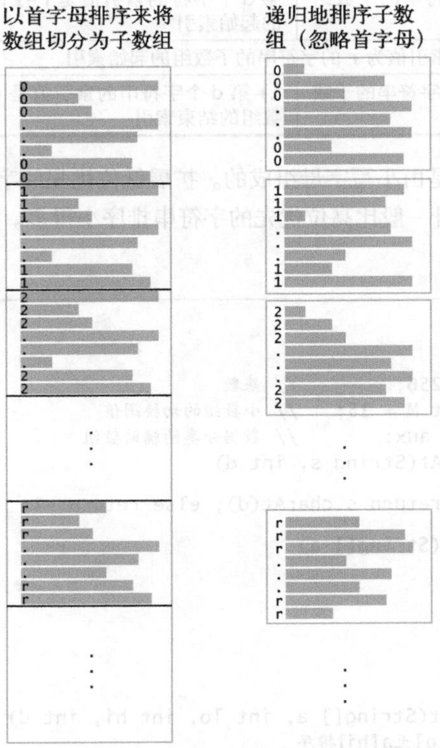
以首字母排序来将数组切分为子数组
递归地排序子数组（忽略首字母）

图 5.1.9 高位优先的字符串排序的示意图

有了这些预备知识，就会知道算法 5.2 实现高位优先的字符串排序算法所需的新代码其实并不多。增加了一个条件语句以在子数组较小时切换至插入排序，（这里使用的是一个特殊版本的插入排序，我们会在稍后考察。）还添加了一个键索引计数法的循环来完成递归调用。从表 5.1.1 可知，count[] 数组中的值（在统计频率、转换为索引并将数据分类之后）正是将每个字符所对应的子数组（递归地）排序时所需要的值。

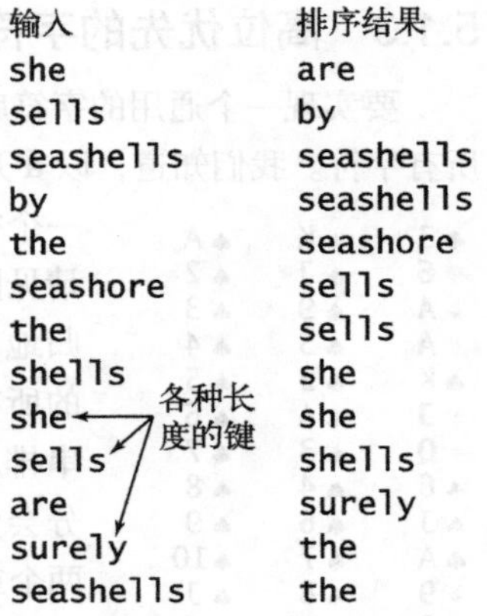

图 5.1.10 适于使用高位优先的字符串排序的典型情况

5.1.3.2 指定的字母表

高位优先的字符串排序的成本与字母表中的字符数量有很大关系。我们可以很容易地修正排序算法，接受一个 Alphabet 对象作为参数，以改进基于较小的字母表的字符串排序程序的性能。完成这一点需要进行如下改动：

- ❑ 在构造函数中用一个 alpha 对象保存字母表；
- ❑ 在构造函数中将 R 设为 alpha.R()；
- ❑ 在 charAt() 方法中将 s.charAt(d) 替换为 alpha.toIndex(s.charAt(d))。

711

表 5.1.1 高位优先的字符串排序中 count[] 数组的意义

第 d 个字符排序的完成阶段	count[r] 的值				
	r=0	r=1	r 在 2 与 R-1 之间	r=R	r=R+1
频率统计	0（未使用）	长度为 d 的字符串数量	第 d 个字符的索引值是 r-2 的字符串的数量		
将频率转化为索引	长度为 d 的字符串的子数组的起始索引	第 d 个字符的索引值是 r-1 的字符串的子数组的起始索引			未使用
数据分类	第 d 个字符的索引值为 r 的字符串的子数组的起始索引			未使用	
	1+ 长度为 d 的字符串的子数组的结束索引	1+ 第 d 个字符串的索引值是 r-1 的字符串的子数组的结束索引			未使用

在本节的示例中，字符串都是由小写字母组成的。扩展低位优先的字符串排序算法以支持这种特性也很简单，但带来的性能提升一般比高位优先的字符串排序小得多。

算法 5.2 高位优先的字符串排序

```
public class MSD
{
   private static int R = 256;          // 基数
   private static final int M = 15;     // 小数组的切换阈值
   private static String[] aux;         // 数据分类的辅助数组
   private static int charAt(String s, int d)

   {  if (d < s.length()) return s.charAt(d); else return -1;  }

   public static void sort(String[] a)
   {
      int N = a.length;
      aux = new String[N];
      sort(a, 0, N-1, 0);
   }

   private static void sort(String[] a, int lo, int hi, int d)
   {  // 以第d个字符为键将a[lo]至a[hi]排序
      if (hi <= lo + M)
      {  Insertion.sort(a, lo, hi, d); return;  }
```

```
        int[] count = new int[R+2];            // 计算频率
        for (int i = lo; i <= hi; i++)
           count[charAt(a[i], d) + 2]++;

        for (int r = 0; r < R+1; r++)          // 将频率转换为索引
           count[r+1] += count[r];

        for (int i = lo; i <= hi; i++)         // 数据分类
           aux[count[charAt(a[i], d) + 1]++] = a[i];

        for (int i = lo; i <= hi; i++)         // 回写
           a[i] = aux[i - lo];

        // 递归的以每个字符为键进行排序
        for (int r = 0; r < R; r++)
           sort(a, lo + count[r], lo + count[r+1] - 1, d+1);

    }

}
```

在将一个字符串数组 a[] 排序时，首先根据它们的首字母用键索引计数法进行排序，然后（递归地）根据子数组中的字符串的首字母将子数组排序。 712

算法 5.2 中的代码的简洁令人刮目相看，它隐藏了一些非常复杂的计算。花些时间深入研究图 5.1.11 所示的算法顶层调用轨迹和图 5.1.12 中递归调用的轨迹以确保你理解了这个算法的精妙之处，这些时间不会白花。在这段轨迹中，小数组的插入排序切换阈值（M）为 0，因此你可以看到完整的排序过程。在这个例子中，字符串来自于 Alphabet.LOWERCASE，其中 R=26。一般的应用使用的大都是 R=256 的 Alphabet.EXTENDED_ASCII，或是 R=65 536 的 Alphabet.UNICODE16。对于较大的字母表，高位优先的排序算法虽然简单但可能会很危险——如果使用不当，它可能会消耗令人无法承受的时间和空间。在仔细研究它的性能特点之前，我们要先讨论三个在任何应用中都必须解决的重要的问题（这些问题曾在第 2 章中讨论过）。

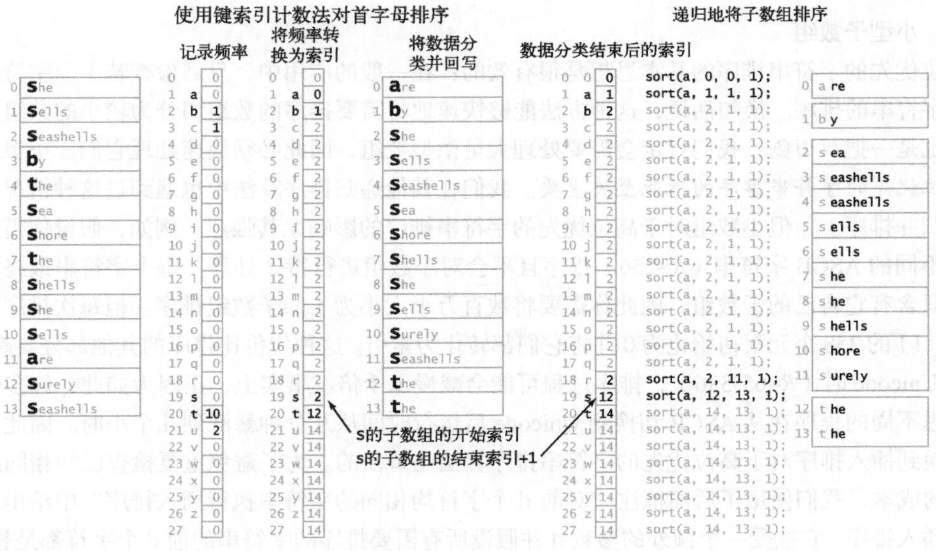

图 5.1.11 高位优先的字符串排序：sort(a, 0, 14, 0) 的顶层轨迹

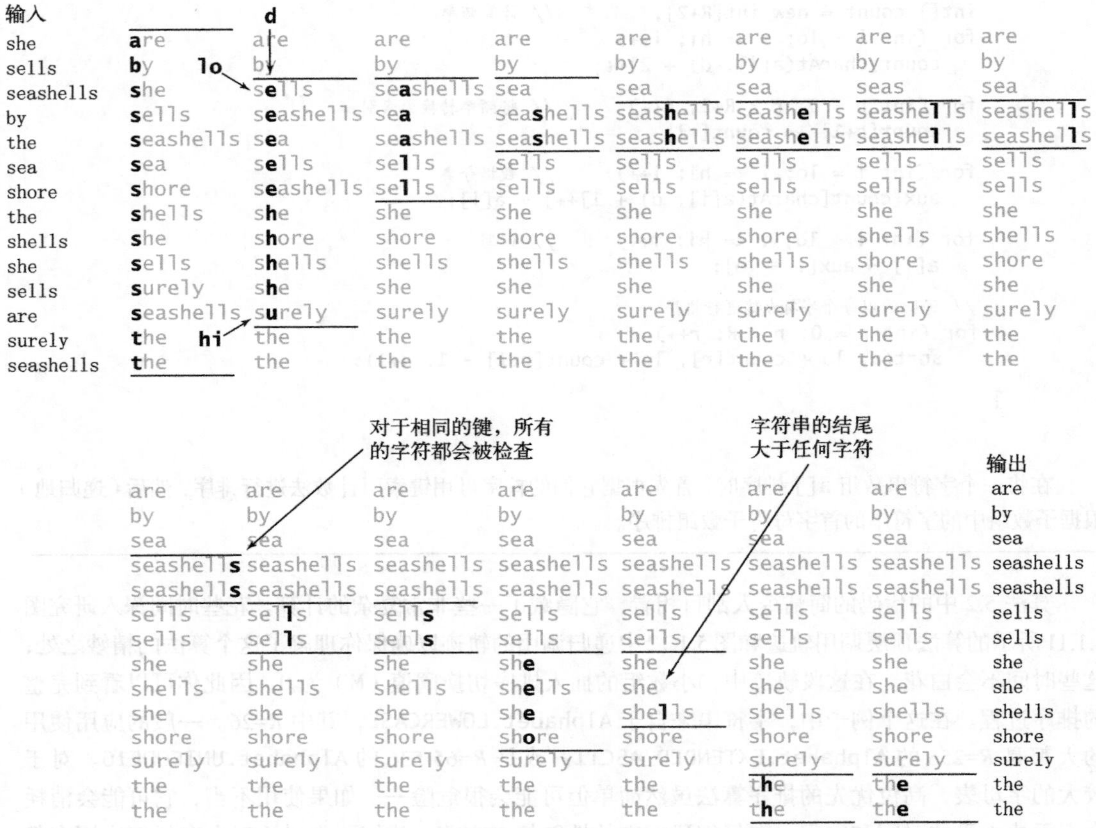

图 5.1.12　高位优先的字符串排序的递归调用轨迹（小数组不会切换到插入排序，大小为0和1的子数组已被省略）

5.1.3.3　小型子数组

高位优先的字符串排序的基本思想是很有效的：在一般的应用中，只需检查若干个字符就能完成所有字符串的排序。换句话说，这种方法能够快速地将需要排序的数组切分为较小的数组。但这种切分也是一把双刃剑：我们肯定会需要处理大量微型数组，因此必须快速处理它们。*小型子数组对于高位优先的字符串排序的性能至关重要*。我们在其他递归排序算法中也遇到过这种情况（快速排序和归并排序），但小数组对于高位优先的字符串排序的影响尤其强烈。例如，假设你需要将数百万个不同的 ASCII 字符串（R=256）排序且不会对小数组进行特殊处理。每个字符串最终都会产生一个只含有它自己的子数组，因此你需要将数百万个大小为1的子数组排序。但每次排序都需要将 `count[]` 的258个元素初始化为0并将它们都转化为索引。这种代价比排序的其他部分要高很多。在使用 Unicode 时（R=65 536），排序过程可能会减慢上千倍。事实上，正因为如此，许多使用排序但考虑不周的程序在从 ASCII 切换到 Unicode 后运行时间从几分钟暴涨到几个小时。因此，将小
713~714 数组切换到插入排序对于高位优先的字符串排序算法是*必须的*。为了避免重复检查已知相同的字符所带来的成本，我们使用了后面框注“对前 d 个字符均相同的字符串执行插入排序”中给出的一个版本的插入排序。它接受一个额外的参数 d 并假设所有需要排序的字符串的前 d 个字符都是相同的。这段代码的效率取决于 `substring()` 方法所需的时间是否为常数。和快速排序以及归并排序一样，

一个较小的转换阈值就能将性能提高很多，但对于高位优先的字符串排序算法它节约的时间是非常可观的。图 5.1.13 显示了一个典型应用中的实验结果。在长度小于等于 10 时将子数组切换到插入排序能够将运行时间降低为原来的十分之一。

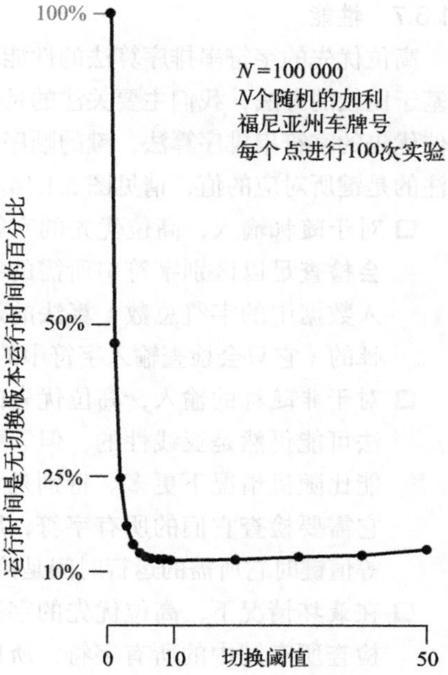

图 5.1.13 高位优先的字符串排序算法 中切换小型子数组的排序方法的实际效果

5.1.3.4 等值键

高位优先的字符串排序中的第二个陷阱是，对于含有大量等值键的子数组的排序会较慢。如果相同的子字符串出现得过多，切换排序方法条件将不会出现，那么递归方法就会检查所有相同键中的每一个字符。另外，键索引计数法无法有效判断字符串中的字符是否全部相同：它不仅需要检查每个字符和移动每个字符串，还需要初始化所有的频率统计并将它们转换为索引等。因此，高位优先的字符串排序的最坏情况就是所有的键均相同。大量含有相同前缀的键也会产生同样的问题，这在一般的应用场景中是很常见的。 715

5.1.3.5 额外空间

为了进行切分，高位优先的算法使用了两个辅助数组：一个用来将数据分类的临时数组（aux[]）和一个用来保存将会被转化为切分索引的统计频率的数组（count[]）。aux[] 的大小为 N 且可以在递归方法 sort() 外创建。如果牺牲稳定性，则可以去掉 aux[] 数组（请见练习 5.1.17），但它并不是高位优先的字符串排序算法在实际应用中所关注的内容。相反，count[] 所需的空间才是主要问题（因为它不能在递归方法 sort() 之外创建），如下文的命题 D 所述。

```
public static void sort(String[] a, int lo, int hi, int d)
{  // 从第d个字符开始对a[lo]到a[hi]排序
   for (int i = lo; i <= hi; i++)
      for (int j = i; j > lo && less(a[j], a[j-1], d); j--)
         exch(a, j, j-1);
}

private static boolean less(String v, String w, int d)
{  return v.substring(d).compareTo(w.substring(d)) < 0;  }
```

对前 d 个字符均相同的字符串执行插入排序

5.1.3.6 随机字符串模型

为了研究高位优先的字符串排序算法的性能，我们使用了一个**随机字符串模型**，其中每个字符串都（独立地）由随机字符组成，长度没有限制。这实际上排除了出现较长的等值键的情况，因为它们出现的几率非常小。高位优先的字符串排序算法在这个模型中的表现和随机定长键模型中的表现类似，也和它在一般的真实数据中的性能类似。我们将会看到，在这三种情况中，高位优先的字符串排序算法通常都只需要检查每个键开头的若干个字符即可。

5.1.3.7 性能

高位优先的字符串排序算法的性能取决于数据。对于基于比较的方法，我们主要关注的是键的顺序；对于高位优先的字符串排序算法，键的顺序并不重要，我们关注的是键所对应的值，请见图 5.1.14。

- ❑ 对于随机输入，高位优先的字符串排序算法只会检查足以区别字符串所需的字符。相对于输入数据中的字符总数，算法的运行时间是亚线性的（它只会检查输入字符中的一小部分）。
- ❑ 对于非随机的输入，高位优先的字符串排序算法可能仍然是亚线性的，但需要检查的字符可能比随机情况下更多。特别是对于相等的键，它需要检查它们的所有字符，所以当存在大量等值键时它所需的运行时间是接近线性的。
- ❑ 在最坏情况下，高位优先的字符串排序算法会检查所有键中的所有字符，所以相对于数据中的所有字符它所需的运行时间是线性的（和低位优先的字符串排序算法相同）。最坏情况下
716 的输入中所有的字符串均相同。

随机字符串（亚线性时间）	非随机字符串且有重复（接近线性时间）	最坏情况（线性时间）
1EIO402	are	1DNB377
1HYL490	by	1DNB377
1ROZ572	sea	1DNB377
2HXE734	seashells	1DNB377
2IYE230	seashells	1DNB377
2XOR846	sells	1DNB377
3CDB573	sells	1DNB377
3CVP720	she	1DNB377
3IGJ319	she	1DNB377
3KNA382	shells	1DNB377
3TAV879	shore	1DNB377
4CQP781	surely	1DNB377
4QGI284	the	1DNB377
4YHV229	the	1DNB377

图 5.1.14 高位优先的字符串排序算法的字符检查情况

某些应用程序所处理的键和随机字符串模型能很好匹配，而有些则含有很多重复的键或是较长的公共前缀，这种情况下排序所需的时间和最坏情况接近。比如，在我们的车牌号处理应用程序中这两种极端情况都可能出现：如果工程师选取一条繁忙的州际公路一小时的数据，那么数据中的重复项会很少，符合随机模型；如果取的是一条乡间小道一个星期的数据，那么数据中肯定会有大量的重复项，算法的性能将会和最坏情况类似。

命题 C。 要将基于大小为 R 的字母表的 N 个字符串排序，高位优先的字符串排序算法平均需要检查 $N\log_R N$ 个字符。

简略证明。 我们希望子数组的大小几乎都是相同的，因此递推关系 $C_N=RC_{N/R}+N$ 可以近似地描述算法的性能并得到命题所述的结果。它也是第 2 章中快速排序性能证明的一般化证明。另一方面，这种描述并不完全准确，因为 N/R 并不一定能够得到整数，子数组的大小相同也仅是平均而言（而且在现实中键的长度是有限的）。这些因素对高位优先的字符串排序算法的影响比对标准快速排序算法的影响小，因此算法运行时间中的最大项就是这个递推关系的答案。这个问题的详细证明是算法分析中的经典例子，最早由 Knuth 完成于 20 世纪 70 年代早期。

作为提示以及对为何该证明已经超出了本书的范围的说明，我在这里提醒大家注意，命题的结论和键的长度是无关的。事实上，随机字符串模型所允许的键长接近无限。两个键之间有任意多的字符相吻合，这个可能性不是零，但这个可能性非常小，在估计性能时可以将其忽略。

由以上讨论可以知道，检查的字符数量并不是高位优先的字符串排序算法性能的全部。我们还需要考虑统计字符的出现频率以及将频率转化为索引所需要的时间和空间。

命题 D。 要将基于大小为 R 的字母表的 N 个字符串排序，高位优先的字符串排序算法访问数组的次数在 $8N+3R$ 到 $\sim 7wN+3wR$ 之间，其中 w 是字符串的平均长度。

证明。 由代码、命题 A 和命题 B 可得，在最好情况下高位优先的排序算法只需遍历数据一轮；而在最坏情况下，它和低位优先的字符串排序算法的性能类似。 717

当 N 较小时，R 是主要因子。尽管对总成本的精确分析是困难而复杂的，但你只需考虑无重复键的情况下所有较小的子数组就可以估计出该成本的实际效果。在不为较小的子数组切换排序方法的情况下，每个键都会产生一个单独的子数组，因此仅为处理这些子数组就需要访问 NR 次数组。如果为小于 M 的数组切换排序方法，将会有 N/M 个大小为 M 的子数组，因此等于是在用 $NM/4$ 次比较换取 NR/M 次数组访问，这说明应该选择与 R 的平方根成正比的 M。

命题 D（续）。 要将基于大小为 R 的字母表的 N 个字符串排序，最坏情况下高位优先的字符串排序算法所需的空间与 R 乘以最长的字符串的长度之积成正比（再加上 N）。

证明。 `count[]` 数组必须在 `sort()` 中创建，因此空间需求的总量与 R 和递归的深度之积成正比（再加上辅助数组的大小 N）。准确地说，递归的深度即最长字符串的长度，也就是两个或多个被排序的字符串的公共前缀的长度。

正如刚才所讨论的，相等的键使得递归的深度和键的长度成正比。由命题 D 马上可以推论出，在用高位优先的字符串排序算法将基于大型字母表的长字符串排序时，它很有可能消耗过多的时间或者空间，特别是在已知可能出现较长的等值键的情况下。例如，如果使用的是 `Alphabet.UNICODE16` 且某些字符串中公共前缀的长度超过 1000 个字符，那么 `MSD.sort()` 将需要为超过 6500 万个计数器元素分配空间！

在将长字符串排序时，令高位优先的字符串排序算法发挥出最大效率的主要挑战在于处理数据中的非随机因素。一般来说，一些键可能存在较长的公共部分，或者部分键的取值范围有限。比如，在处理学生信息的应用程序中，数据的键可能是毕业年份（4 个字节，但只有 4 种可能的值），州名（可能需要 10 个字节，但只有 50 种可能的值），性别（1 个字节，2 种值）以及学生的姓名（和随机字符串最接近，但有可能很长，字母出现频率的分布并不均匀且当该栏长度固定时字符串的末尾会被添加许多空格）。这些限制使得高位优先的字符串排序算法会产生许多空子数组。下面我们将学习一种能够漂亮地解决这个问题的算法。 718

5.1.4 三向字符串快速排序

我们也可以根据高位优先的字符串排序算法改进快速排序，根据键的首字母进行三向切分，仅在中间子数组中的下一个字符（因为键的首字母都与切分字符相等）继续递归排序。这个算法的实现并不困难，请见算法 5.3：我们只是为算法 2.5 中的递归方法添加了一个参数来保存当前的切分字母并令三向切分的代码使用该字符，然后适当修改递归调用，请见图 5.1.15。

尽管排序的方式有所不同，但三向字符串快速排序根据的仍然是键的首字母并使用递归方法将其余部分的键排序。对于字符串的排序，这个方法比普通的快速排序和高位优先的字符串排序更友好。实际上，它就是这两种算法的结合。

三向字符串快速排序只将数组切分为三部分，因此当相应的高位优先的字符串排序产生的非空切分较多时，它需要移动的数据量就会变大，因为它需要进行一系列的三向切分才能取得多向切分的效果。但是，高位优先的字符串排序可能会创建大量（空）子数组，而三向字符串快速排序的切分总是只有三个。因此三向字符串快速排序能够很好处理等值键、有较长公共前缀的键、取值范围
717 较小的键和小数组——所有高位优先的字符串排序算法不擅长的各种情况，请见图 5.1.16。特别重要的一点是，这种切分方法能够适应键的不同部分的不同结构。和快速排序一样，三向字符串快速排序也不需要额外的空间（递归所需的隐式栈除外），这是它相比高位优先的字符串排序的一大优点，后者在统计频率和使用辅助数组时都需要空间。

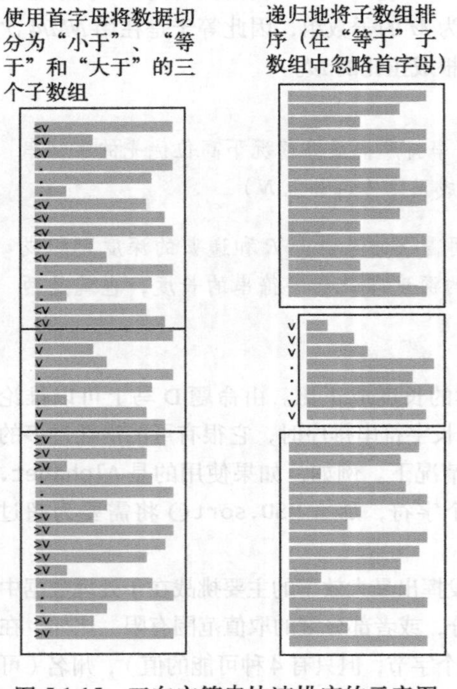
使用首字母将数据切分为“小于”、“等于”和“大于”的三个子数组
递归地将子数组排序（在“等于”子数组中忽略首字母）

图 5.1.15　三向字符串快速排序的示意图

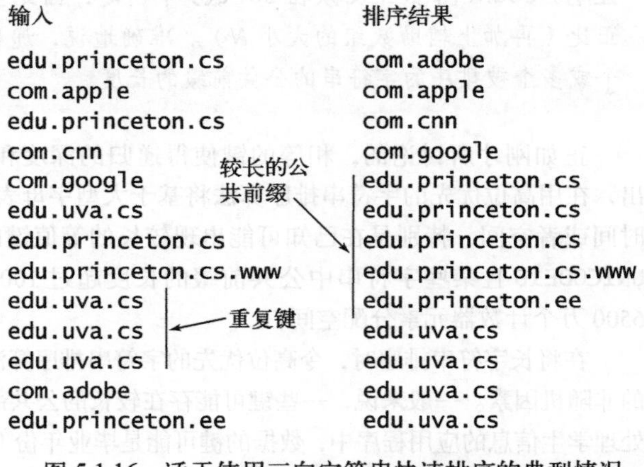
输入
edu.princeton.cs
com.apple
edu.princeton.cs
com.cnn
com.google
edu.uva.cs
edu.princeton.cs
edu.princeton.cs.www
edu.uva.cs
edu.uva.cs
edu.uva.cs
com.adobe
edu.princeton.ee
排序结果
com.adobe
com.apple
com.cnn
com.google
edu.princeton.cs
edu.princeton.cs
edu.princeton.cs
edu.princeton.cs.www
edu.princeton.ee
edu.uva.cs
edu.uva.cs
edu.uva.cs
edu.uva.cs
较长的公共前缀
重复键

图 5.1.16　适于使用三向字符串快速排序的典型情况

图 5.1.17 显示了 Quick3string 在处理样例数据时产生的所有递归调用。每个子数组都正好只
718 用了三个递归调用就完成了排序，只是省略了中间子数组中到达（相等的）字符串的结尾时的递归调用。

和以前一样，在实际应用中下列对算法 5.3 的标准改进都是很值得考虑的。

5.1.4.1　小型子数组

在所有的递归算法中，我们都可以通过对小型子数组进行特殊处理来提高效率。这里使用的是 5.1.3.3 小节的框注中的“对前 d 个字符均相同的字符串执行插入排序”中的插入排序，它能够跳过已知相等的字符。这项修改带来的改进会很明显，尽管它在三向字符串排序的重要性远不如它在高位优先的字符串排序的重要性高。

5.1.4.2　有限的字母表

为了处理特殊的字母表，可以为所有方法添加一个 Alphabet 类型的参数 alpha 并在 charAt() 方法中将 s.charAt(d) 替换为 alpha.toIndex(s.charAt(d))。在这里，这么做并不能得到什么收

益，相反添加这段代码可能会大幅降低算法的运行速度，因为它在内循环之中。

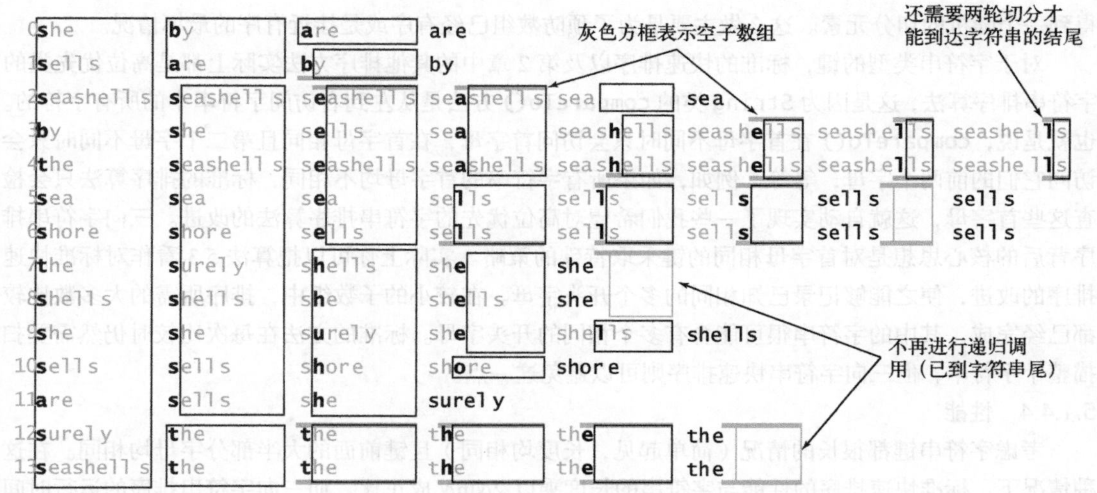

图 5.1.17 三向字符串快速排序的递归调用轨迹（不在子数组较小时切换排序方法）

算法 5.3 三向字符串快速排序

```
public class Quick3string
{
   private static int charAt(String s, int d)
   {  if (d < s.length()) return s.charAt(d); else return -1;  }
   public static void sort(String[] a)
   {  sort(a, 0, a.length - 1, 0);  }
   private static void sort(String[] a, int lo, int hi, int d)
   {
      if (hi <= lo) return;
      int lt = lo, gt = hi;
      int v = charAt(a[lo], d);
      int i = lo + 1;
      while (i <= gt)
      {
         int t = charAt(a[i], d);
         if      (t < v) exch(a, lt++, i++);
         else if (t > v) exch(a, i, gt--);
         else            i++;

      }
      // a[lo..lt-1] < v = a[lt..gt] < a[gt+1..hi]
      sort(a, lo, lt-1, d);
      if (v >= 0) sort(a, lt, gt, d+1);
      sort(a, gt+1, hi, d);
   }
}
```

在将字符串数组 a[] 排序时，根据它们的首字母进行三向切分，然后（递归地）将得到的三个子数组排序：一个含有所有首字母小于切分字符的字符串子数组，一个含有所有首字母等于切分字符的字符串的子数组（排序时忽略它们的首字母），一个含有所有首字母大于切分字符的字符串的子数组。 719~721

5.1.4.3 随机化

和快速排序一样，最好在排序之前将数组打乱或是将第一个元素和一个随机位置的元素交换以得到一个随机的切分元素。这么做主要是为了预防数组已经有序或是接近有序的最坏情况。

对于字符串类型的键，标准的快速排序以及第 2 章中的其他排序方法实际上都是高位优先类的字符串排序算法，这是因为 `String` 类的 `compareTo()` 方法是从左到右访问字符串中的所有字符的。也就是说，`compareTo()` 在首字母不同时只会访问首字母，在首字母相同且第二个字母不同时只会访问它们的前两个字母，等等。例如，如果所有字符串的首字母均不相同，标准的排序算法只会检查这些首字母，这就自动实现了一些我们希望对高位优先的字符串排序算法的改进。三向字符串排序背后的核心思想是对首字母相同的键采取特殊的策略。实际上你可以把算法 5.3 看作对标准快速排序的改进，使之能够记录已知相同的多个开头字母。在较小的子数组中，排序所需的大多数比较都已经完成，其中的字符串很可能含有多个相同的开头字母。标准的方法在每次比较时仍然需要扫描整个字符串，但三向字符串快速排序则可以避免这一点。

5.1.4.4 性能

考虑字符串键都很长的情况（简单起见，长度均相同）且键前面的大半部分字母均相同。在这种情况下，标准快速排序的性能与字符串的长度乘以 $2N\ln N$ 成正比，而三向字符串排序的运行时间则与 N 乘以字符串的长度（需要发现所有的相同开头字母）再加上 $2N\ln N$ 次比较（对剩下的较短部分进行排序）的和成正比。也就是说，三向字符串快速排序所需比较的字符最多比普通的快速排序少 $2\ln N$ 个。实际排序应用中处理的键和这个例子类似的情况也并不少见。 722

命题 E。 要将含有 N 个随机字符串的数组排序，三向字符串快速排序平均需要比较字符 ~ $2N\ln N$ 次。

证明。 我们可以用两种方式来理解这个结论。首先，将这个方法看作在快速排序中用首字母切分并（递归地）调用相同的方法将子数组排序，那么它所需的操作数量和普通的快速排序相同就一点也不奇怪了——但这只是比较单个字符所需的操作，而非比较整个键所需的次数。其次，可以将这个方法看作用快速排序代替了键索引计数法，根据命题 C，我们预计的运行时间为 $N\log_R N$ 与 $2\ln N$ 的积，这是因为快速排序需要 $2R\ln R$ 步来将 R 个字符排序，而对于相同的字符串，高位优先的字符串排序算法只需要 R 步。这里就不给出完整的证明了。

我们曾在 5.1.3.7 节强调过，随机字符串模型是很有用的，但要预测实际情况下算法的性能还需要更仔细的分析。研究者已经对这个算法进行了深入的研究并已经证明在非常一般的假设下，其他算法最多比三向字符串快速排序快常数级别（以比较的字符数量衡量）。它的应用非常广泛，因为三向字符串快速排序的性能并不直接取决于字母表的大小。

5.1.4.5 举例：网站日志

作为三向字符串快速排序鹤立鸡群的一个示例，我们来考察一个现代系统中的典型数据处理任务。假设你架设了一个网站并希望分析它产生的流量。你可以从系统管理员那里得到网站的所有活动，每项活动的信息中都含有发起者的域名。例如，本书网站上的 week.log.txt 文件中包含的就是该网站一个星期中的所有活动。为什么三向字符串快速排序能够有效处理这种文件呢？因为排序结果中许多字符串都有很长的公共前缀，而这种算法不会重复检查它们。 713

5.1.5 字符串排序算法的选择

我们很自然会对这里的字符串排序算法和第 2 章中的通用排序算法的对比感兴趣。表 5.1.2 总结了本节所讨论过的字符串排序算法的重要特征（快速排序、归并排序和三向快速排序的数据来自第2章，以供比较）。

表 5.1.2 各种字符串排序算法的性能特点

算法	是否稳定	原地排序	在将基于大小为 R 的字母表的 N 个字符串排序的过程中调用 charAt() 方法次数的增长数量级（平均长度为 w，最大长度为 W）		优势领域
			运行时间	额外空间	
字符串的插入排序	是	是	N 到 N^2 之间	1	小数组或是已经有序的数组
快速排序	否	是	$N\log^2 N$	$\log N$	通用排序算法，特别适合用于空间不足的情况
归并排序	是	否	$N\log^2 N$	N	稳定的通用排序算法
三向快速排序	否	是	N 到 $N\log N$ 之间	$\log N$	大量重复键
低位优先的字符串排序	是	否	NW	N	较短的定长字符串
高位优先的字符串排序	是	否	N 到 Nw 之间	$N+WR$	随机字符串
三向字符串快速排序	否	是	N 到 Nw 之间	$W+\log N$	通用排序算法，特别适合用于含有较长公共前缀的字符串

和第2章一样，根据具体的算法和数据将这些增长数量级乘以适当的常数就可以估计出程序所需的运行时间。

我们已经看到过许多示例和练习中的许多示例，不同的情况需要用不同的算法和参数来处理。在专家的指导下（现在也许就是你），在特定的场景下算法的性能也许能够得到大幅度提高。 724

答疑

问 Java 系统的排序使用了这些方法来处理 String 对象吗？

答 没有，但 Java 的标准实现中的字符串比较非常快，它使得标准排序的性能与本节中讨论的这些算法不相上下。

问 那么，我只需要使用系统排序来处理 String 类型的键就可以了吗？

答 在 Java 中可能是这样的。当然如果你要处理的字符串非常多或者需要一个极快的算法，就可能需要用 char 数组代替 String 对象并使用基数排序算法。

问 表 5.1.2 中的 $\log^2 N$ 是怎么回事？

答 说明这些算法中的大多数比较都是在含有长度约为 $\log N$ 的公共前缀的字符串之间进行的。最近的一些研究通过详细的数学分析也证明了随机字符串也满足这一性质（参见本书网站）。 725

练习

5.1.1 实现一种排序算法，首先统计不同键的数量，然后使用一个符号表来实现键索引计数法并将数组排序。（这种方法不适用于不同键的数量很大的情况）。

5.1.2 给出使用低位优先的字符串排序算法处理下面这些键的轨迹：no is th ti fo al go pe to co to th ai of th pa。

5.1.3 给出使用高位优先的字符串排序算法处理下面这些键的轨迹：no is th ti fo al go pe to co to th ai of th pa。

5.1.4 给出使用三向字符串快速排序算法处理下面这些键的轨迹：no is th ti fo al go pe to co to th ai of th pa。

5.1.5 给出使用高位优先的字符串排序算法处理下面这些键的轨迹：now is the time for all good people to come to the aid of。

5.1.6 给出使用三向字符串快速排序算法处理下面这些键的轨迹：now is the time for all good people to come to the aid of。

5.1.7 用一个 Queue 对象的数组实现键索引计数法。

5.1.8 对于一个含有 N 个键 a, aa, aaa, aaaa, ... 的文件，给出高位优先的字符串排序和三向字符串快速排序所检查的字符数量。

5.1.9 实现能够处理变长字符串的低位优先的字符串排序算法。

5.1.10 要将 N 个定长字符串排序（长度均为 W），在最坏情况下三向字符串快速排序总共需要检查多

726 少个字符？

提高题

5.1.11 *队列排序*。按照以下方法使用队列实现高位优先的字符串排序：为每个盒子①设置一个队列。在第一次遍历所有元素时，将每个元素根据首字母插入到适当的队列中。然后，将每个子列表排序并合并所有队列得到一个完整的排序结果。注意，在这种方法中 count[] 数组不需要在递归方法内创建。

5.1.12 *字母表*。实现 5.0.2 节给出的 Alphabet 类的 API 并用它实现能够处理任意字母表的低位优先的和高位优先的字符串排序算法。

5.1.13 *混合排序*。利用标准的高位优先的字符串排序的多向切分优势处理大型数组，利用三向字符串快速排序能够避免产生大量空子数组的特点处理小型数组。研究这种想法的可行性。

5.1.14 *数组排序*。编写一个方法，使用三向字符串快速排序处理以整型数组作为键的情况。

5.1.15 *亚线性排序*。编写一个处理 int 值的排序算法，遍历数组两遍，第一遍根据所有键的高 16 位进行低位优先的排序，第二遍进行插入排序。

5.1.16 *链表排序*。编写一个排序算法，接受一条以 String 为键值参数的结点链表并重新按顺序排列所有结点（返回一个指向键值最小的结点的指针）。使用三向字符串快速排序。

5.1.17 *原地键索引计数法*。实现一个仅使用常数级别的额外空间的键索引计数法。证明你的实现是稳

727 定的或者提供一个反例。

实验题

5.1.18 *随机小数键*。编写一个静态方法 randomDecimalKeys，接受整型参数 N 和 W 并返回一个含有 N 个字符串的数组，每个字符串都是一个含有 W 位数的小数。

① 参见老式卡片打孔排序机。——译者注

5.1.19 **随机的加利福尼亚州车牌号**。编写一个静态方法 randomPlatesCA，接受一个整型参数 N 并返回一个含有 N 个字符串的数组，每个字符串都是与本节的示例类似的加利福尼亚州的车牌号。

5.1.20 **随机定长单词**。编写一个静态方法 randomFixedLengthWords，接受整型参数 N 和 W 并返回一个含有 N 个字符串的数组，每个字符串都基于英文字母表且长度为 W。

5.1.21 **随机元素**。写一个静态方法 randomItems，接受整型参数 N 并返回一个含有 N 个字符串的数组，每个字符串的长度均在 15 到 30 之间且由三个部分组成：第一个部分含有 4 个字符，来自于 10 个固定的字符串；第二个部分含有 10 个字符，来自于 50 个固定的字符串；第三个部分含有 1 个字符，来自于 2 个固定的字符串；第四个部分长 15 个字节，值为长度在 4 到 15 之间且向左对齐的随机字符串。

5.1.22 **运行时间**。使用多种键生成器比较高位优先的字符串排序与三向字符串快速排序的运行时间。对于定长的键，在比较中加入低位优先的字符串排序算法。

5.1.23 **数组访问**。使用多种键生成器比较高位优先的字符串排序与三向字符串快速排序的数组访问次数。对于定长的键，在比较中加入低位优先的字符串排序算法。

5.1.24 **被访问的最靠右的字符**。使用多种键生成器比较高位优先的字符串排序与三向字符串快速排序能够访问到的最靠右的字符的位置。 728

5.2 单词查找树

和排序一样，我们也可以利用字符串的性质开发比第 3 章中介绍的通用算法更有效的查找算法，以便用于以字符串作为被查找的键的一般应用程序。

具体来说，本节中所讨论的算法在一般应用场景中（甚至对于巨型的符号表）都能够取得以下性能：

- 查找命中所需的时间与被查找的键的长度成正比；
- 查找未命中只需检查若干个字符。

仔细思考过后你会发现，这样的性能是相当惊人的。它们是算法研究的最高成就之一，也是建成现今能够便捷、快速地访问海量信息所依赖的基础设施的重要因素。更重要的是，我们可以扩展符号表的 API，添加基于字符的用于处理字符串类型的键的操作（但不必为所有 Comparable 类型的键都添加类似操作）。它们在实际应用中非常强大并实用，如表 5.2.1 所示。

表 5.2.1　以字符串为键的符号表的 API

public class	**StringST<Value>**	
	StringST()	创建一个符号表
void	put(String key, Value val)	向表中插入键值对（如果值为 null 则删除键 key）
Value	get(String key)	键 key 所对应的值（如果键不存在则返回 null）
void	delete(String key)	删除键 key（和它的值）
boolean	contains(String key)	表中是否保存着 key 的值
boolean	isEmpty()	符号表是否为空
String	longestPrefixOf(String s)	s 的前缀中最长的键
Iterable<String>	keysWithPrefix(String s)	所有以 s 为前缀的键
Iterable<String>	keysThatMatch(String s)	所有和 s 匹配的键（其中“.”能够匹配任意字符）
729~730 int	size()	键值对的数量
Iterable<String>	keys()	符号表中的所有键

这份 API 与第 3 章中所介绍的符号表 API 有以下不同：

- 将泛型的 Key 的类型换成了具体的类型 String；
- 添加了 3 个方法：longestPrefixOf()、keysWithPrefix() 和 keysThatMatch()。

本节仍然遵守第 3 章中实现符号表时的几个基本约定（不接受重复键或空键，值不能为空）。

从对字符串的排序算法中可以看到，指定字符串的字母表常常是十分重要的。对小型字母表的简单而高效的实现不适用于大型字母表，这是因为后者消耗的空间太多。在这种情况下，应该添加一个构造函数，允许用例指定所使用的字母表。我们会在本节稍后讨论这个构造函数的实现，但目前暂时没有在 API 中列出它，因为要将精力集中在字符串类型的键上。

下面我们用 she sells sea shells by the shore 这几个键作为示例描述以下 3 个新方法。

- longestPrefixOf() 接受一个字符串参数并返回符号表中该字符串的前缀中最长的键。对于以上所有键，longestPrefixOf("shell") 的结果是 she，longestPrefixOf("shellsort") 的结果是 shells。
- keysWithPrefix() 接受一个字符串参数并返回符号表中所有以该字符串作为前缀的键。对于以上所有键，keysWithPrefix("she") 的结果是 she 和 shells，keysWithPrefix ("se") 的结果是 sells 和 sea。

❑ keysThatMatch() 接受一个字符串参数并返回符号表中所有和该字符串匹配的键，其中参数字符串中的点（“.”）可以匹配任何字符。对于以上所有键，keysThatMatch(".he") 的结果是 she 和 the，keysThatMatch("s..") 的结果是 she 和 sea。

在见过这些基本的符号表方法后，我们将详细讨论这些操作的实现和应用。这些特别的操作是字符串类型的键所可能进行的操作中的代表操作，我们将会在练习中讨论其他可能的操作。

为了突出中心思想，本节的重点是 put()、get() 和新增的几个方法；（和第 3 章一样）使用了 contains() 和 isEmpty() 的默认实现，并将 size() 和 delete() 的实现留作练习。因为字符串都是 Comparable 的，所以可以在 API 中包含第 3 章有序符号表 API 中的各种有序性操作（非常值得这样做）。我们将它们的实现（大多都很简单）留作练习并放在了本书的网站上。 731

5.2.1 单词查找树

本节中，我们要学习一种叫做*单词查找树*的数据结构。它由字符串键中的所有字符构造而成，允许使用被查找键中的字符进行查找。它的英文单词 trie 来自于 E.Fredkin 在 1960 年玩的一个文字游戏，因为这个数据结构的作用是*取出*（retrieval）数据，但发音为 try 是为了避免与 tree 相混淆。我们首先会描述单词查找树的基本性质，包括查找和插入算法，然后详细学习它的数据表示方法和 Java 实现。

5.2.1.1 基本性质

和各种查找树一样，单词查找树也是由*链接的结点*所组成的数据结构，这些链接可能为空，也可能指向其他结点。每个结点都只可能有一个指向它的结点，称为它的*父结点*（只有一个结点除外，即*根结点*，没有任何结点指向根结点）。每个结点都含有 R 条链接，其中 R 为字母表的大小。单词查找树一般都含有大量的空链接，因此在绘制一棵单词查找树时一般会忽略空链接。尽管链接指向的是结点，但是也可以看作链接指向的是另一棵单词查找树，它的根结点就是被指向的结点。每条链接都对应着一个字符——因为每条链接都只能指向一个结点，所以可以用链接所对应的字符标记被指向的结点（根结点除外，因为没有链接指向它）。每个结点也含有一个相应的值，可以是空也可以是符号表中的某个键所关联的值。具体来说，我们将每个键所关联的值保存在该键的最后一个字母所对应的结点中。我们应该记住非常重要的一点：**值为空的结点在符号表中没有对应的键，它们的存在是为了简化单词查找树中的查找操作。**一棵单词查找树的例子如图 5.2.1 所示。

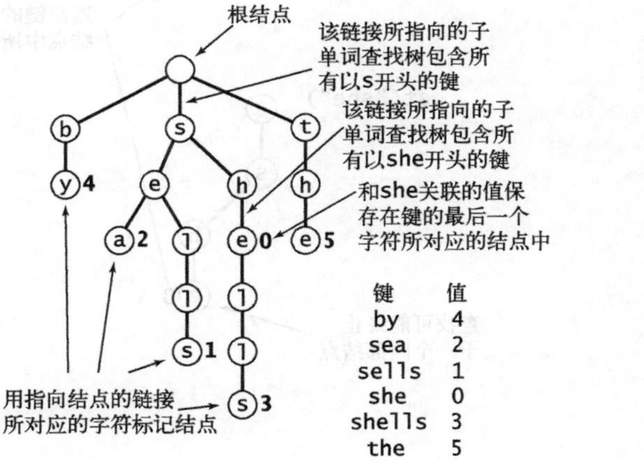

图 5.2.1 单词查找树详解

5.2.1.2 单词查找树中的查找操作

在单词查找树中查找给定字符串键所对应的值是一个很简单的过程，它是以被查找的键中的字符为导向的。单词查找树中的每个结点都包含了下一个可能出现的所有字符的链接。从根结点开始，首先经过的是键的首字母所对应的链接；在下一个结点中沿着第二个字符所对应的链接继续前进； 732

在第二个结点中沿着第三个字符所对应的链接向前，如此这般直到到达键的最后一个字母所指向的结点或是遇到了一条空链接。这时可能会出现以下3种情况（示例请见图5.2.2）。

- 键的尾字符所对应的结点中的值非空（如图5.2.2中查找 shells 和 she 的示例）。这是一次命中的查找——键所对应的值就是键的尾字符所对应的结点中保存的值。
- 键的尾字符所对应的结点中的值为空（如图5.2.2中查找 shell 的示例）。这是一次未命中的查找——符号表中不存在被查找的键。
- 查找结束于一条空链接（如图5.2.2中查找 shore 的示例）。这也是一次未命中的查找。

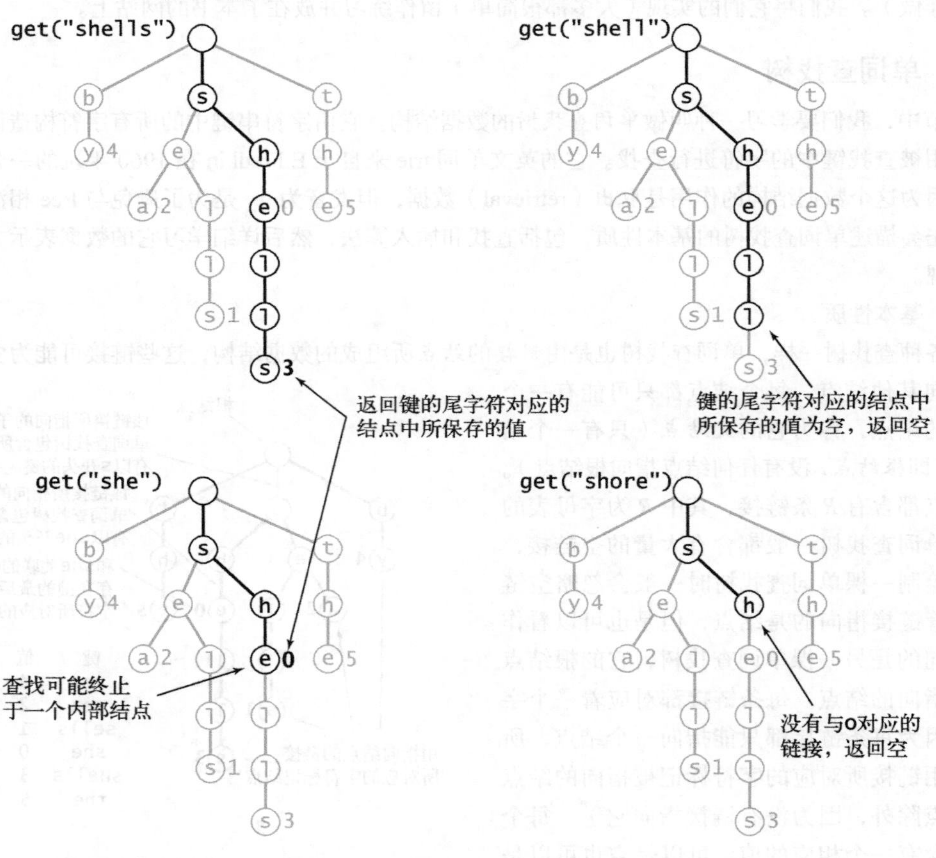

图 5.2.2 单词查找树的查找示例

733 在所有的情况中，执行查找的方式就是在单词查找树中从根结点开始检查某条路径上的所有结点。

5.2.1.3 单词查找树中的插入操作

和二叉查找树一样，在插入之前要进行一次查找：在单词查找树中意味着沿着被查找的键的所有字符到达树中表示尾字符的结点或者一个空链接。此时可能会出现以下两种情况。

- 在到达键的尾字符之前就遇到了一个空链接。在这种情况下，单词查找树中不存在与键的尾字符对应的结点，因此需要为键中还未被检查的每个字符创建一个对应的结点并将键的值保存到最后一个字符的结点中。

❑ 在遇到空链接之前就到达了键的尾字符。在这种情况下，和关联数组一样，将该结点的值设为键所对应的值（无论该值是否为空）。

在所有情况下，对于键中的每个字符，我们或者进行检查，或者在树中创建一个对应的结点。在使用第 3 章中的标准索引用例处理输入 `she sells sea shells by the sea shore` 时所构造的单词查找树如图 5.2.3 所示。

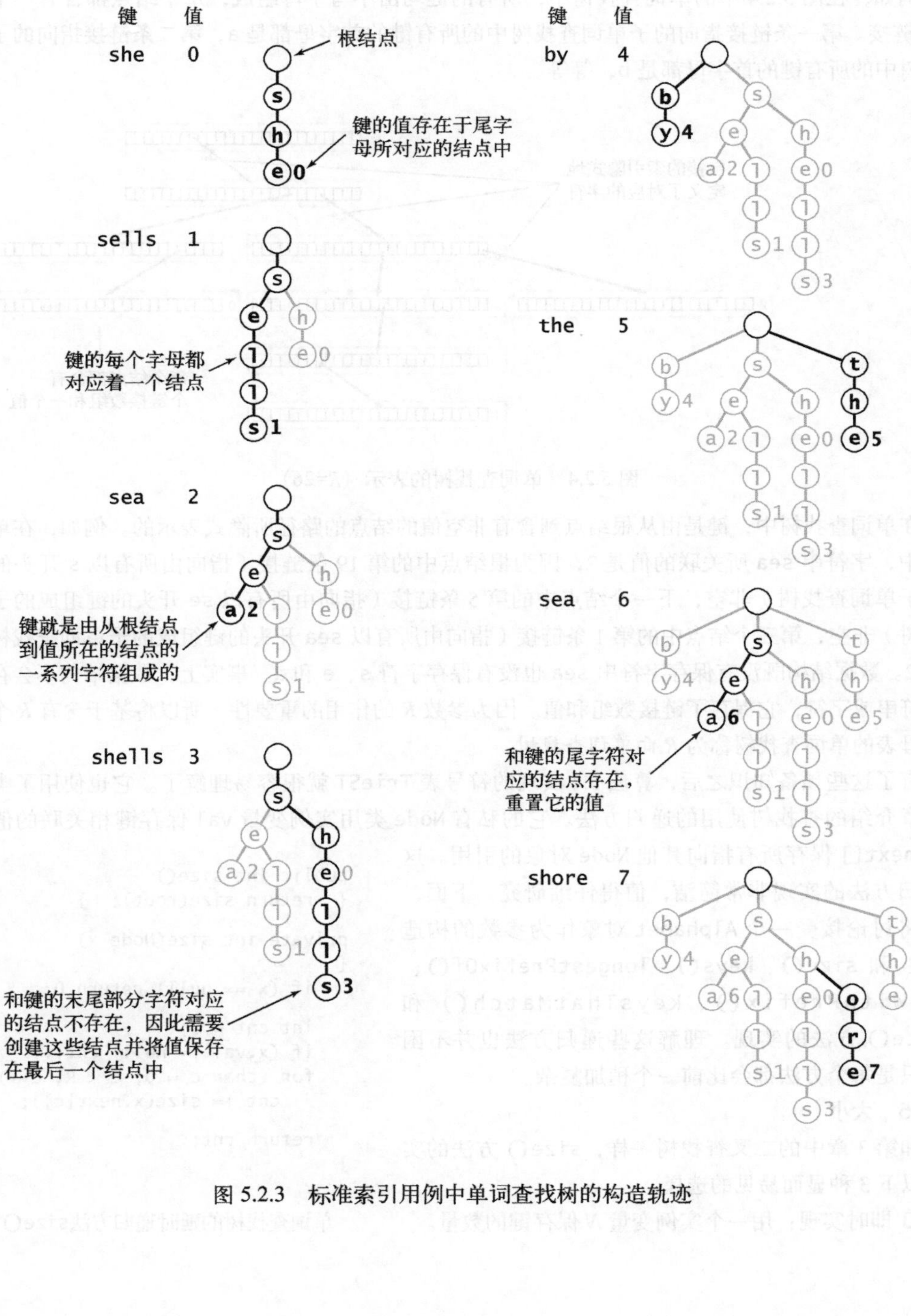

图 5.2.3 标准索引用例中单词查找树的构造轨迹

5.2.1.4 结点的表示

在本节开头提到过，我们为单词查找树所绘出的图像和在程序中构造的数据结构并不完全一致，因为我们没有画出空链接。将空链接考虑进来将会突出单词查找树的以下重要性质：

- ❑ 每个结点都含有 R 个链接，对应着每个可能出现的字符；
- ❑ 字符和键均隐式地保存在数据结构中。

例如，在图 5.2.4 中的单词查找树中，所有的键均由小写字母组成，每个结点都含有一个值和 26 个链接。第一条链接指向的子单词查找树中的所有键的首字母都是 a，第二条链接指向的子单词查找树中的所有键的首字母都是 b，等等。

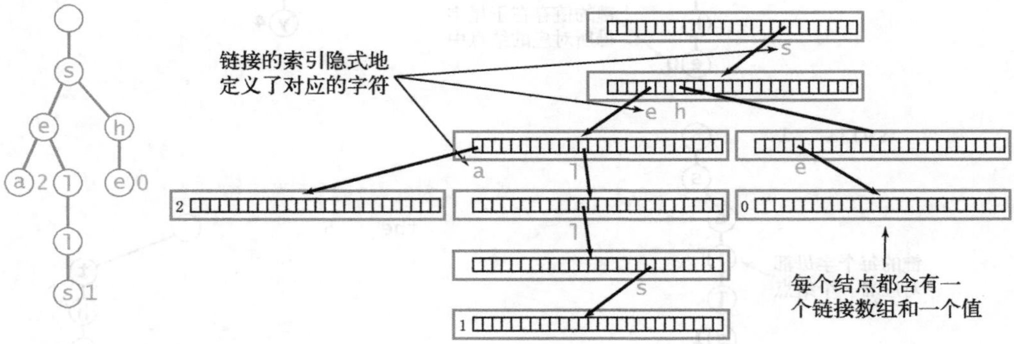
链接的索引隐式地
定义了对应的字符
每个结点都含有一
个链接数组和一个值

734~735 图 5.2.4 单词查找树的表示（R=26）

在单词查找树中，键是由从根结点到含有非空值的结点的路径所隐式表示的。例如，在单词查找树中，字符串 sea 所关联的值是 2，因为根结点中的第 19 条链接（指向由所有以 s 开头的键组成的子单词查找树）非空，下一个结点中的第 5 条链接（指向由所有以 se 开头的键组成的子单词查找树）非空，第三个结点中的第 1 条链接（指向由所有以 sea 开头的键组成的子单词查找树）的值为 2。数据结构既没有保存字符串 sea 也没有保存字符 s、e 和 a。事实上，数据结构不会存储任何字符串或字符，它保存了链接数组和值。因为参数 R 的作用的重要性，所以将基于含有 R 个字符的字母表的单词查找树称为 *R 向单词查找树*。

有了这些预备知识之后，算法 5.4 实现的符号表 TrieST 就很容易理解了。它也使用了类似于第 3 章介绍的查找树使用的递归方法。它的私有 Node 类用实例变量 val 保存键相关联的值并用数组 next[] 保存所有指向其他 Node 对象的引用。这些递归方法的实现非常简洁，值得仔细研究。下面，我们将讨论接受一个 Alphabet 对象作为参数的构造函数和 size()、keys()、longestPrefixOf()、keysWithPrefix()、keysThatMatch() 和 delete() 方法的实现。理解这些递归方法也并不困难，只是每个方法都会比前一个稍加复杂。

```
public int size()
{  return size(root);  }

private int size(Node x)
{
   if (x == null) return 0;

   int cnt = 0;
   if (x.val != null) cnt++;
   for (char c = 0; c < R; c++)
      cnt += size(x.next[c]);

   return cnt;
}
```

单词查找树的延时递归方法size()

5.2.1.5 大小

和第 3 章中的二叉查找树一样，size() 方法的实现有以下 3 种显而易见的选择。

- ❑ 即时实现：用一个实例变量 N 保存键的数量。

- ❑ 更加即时的实现：用结点的实例变量保存子单词查找树中键的数量，在递归的 put() 和 delete() 方法调用之后更新它们。
- ❑ 延时递归实现：如上页框注“单词查找树的延时递归方法 size()”所示。它会遍历单词查找树中的所有结点并记录非空值结点的总数。

和二叉查找树一样，延时实现很有指导意义但是应该尽量避免，因为它会给用例造成性能上的问题。我们会在练习中讨论它的即时实现。 736

算法 5.4　基于单词查找树的符号表

```
public class TrieST<Value>
{
   private static int R = 256; // 基数
   private Node root;           // 单词查找树的根结点

   private static class Node
   {
      private Object val;
      private Node[] next = new Node[R];
   }

   public Value get(String key)
   {
      Node x = get(root, key, 0);
      if (x == null) return null;
      return (Value) x.val;
   }

   private Node get(Node x, String key, int d)
   {  // 返回以x作为根结点的子单词查找树中与key相关联的值
      if (x == null) return null;
      if (d == key.length()) return x;
      char c = key.charAt(d); // 找到第d个字符所对应的子单词查找树
      return get(x.next[c], key, d+1);
   }

   public void put(String key, Value val)
   {  root = put(root, key, val, 0);  }

   private Node put(Node x, String key, Value val, int d)
   {  // 如果key存在于以x为根结点的子单词查找树中则更新与它相关联的值
      if (x == null) x = new Node();
      if (d == key.length()) {  x.val = val; return x; }
      char c = key.charAt(d); // 找到第d个字符所对应的子单词查找树
      x.next[c] = put(x.next[c], key, val, d+1);
      return x;
   }
}
```

这份代码使用 *R* 向单词查找树实现了符号表。我们会在下面的几页中讨论表 5.2.1 中字符串符号表 API 中新增的方法。我们很容易通过修改这段代码来处理特殊字母表中的键（请见 5.2.1.10 节）。因为 Java 不支持泛型数组，所以 Node 中的值的类型必须是 Object，可以在 get() 中将值的类型转换为 Value。 737

5.2.1.6 查找所有键

因为字符和键是被隐式地表示在单词查找树中，所以使用例能够遍历符号表的所有键就变得有些困难。在二叉查找树中，我们将所有字符串键保存在一个队列（Queue）里。但对于单词查找树，不仅要能够在数据结构中找到这些键，还需要显式地表示它们。我们用一个类似于 size() 的私有递归方法 collect() 来完成这个任务，它维护了一个字符串用来保存从根结点出发的路径上的一系列字符。每当我们在 collect() 调用中访问一个结点时，方法的第一个参数就是该结点，第二个参数则是和该结点相关联的字符串（从根结点到该结点的路径上的所有字符）。在访问一个结点时，如果它的值非空，我们就将和它相关联的字符串加入队列之中，然后（递归地）访问它的链接数组所指向的所有可能的字符结点。在每次调用之前，都将链接对应的字符附加到当前键的末尾作为调用的参数键。用这个 collect() 方法为 API 中的 keys() 和 keysWithPrefix() 方法收集符号表中所有的键。要实现 keys() 方法，可以以空字符串作为参数调用 keysWithPrefix() 方法。要实现 keysWithPrefix() 方法，可以先调用 get() 找出给定前缀所对应的单词查找树（如果不存在则返回 null），再使用 collect() 方法完成任务。图 5.2.5 显示了 collect() 方法（或者说 keysWithPrefix("") 调用）在一棵单词查找树中的轨迹，它给出了每次调用 collect() 方法时第二个参数的值和队列的内容。图 5.2.6 显示了 keysWithPrefix("sh") 的运行过程。

```
public Iterable<String> keys()
{  return keysWithPrefix("");  }

public Iterable<String>
keysWithPrefix(String pre)
{
   Queue<String> q = new Queue<String>();
   collect(get(root, pre, 0), pre, q);
   return q;
}

private void collect(Node x, String pre,
                        Queue<String> q)
{
   if (x == null) return;
   if (x.val != null) q.enqueue(pre);
   for (char c = 0; c < R; c++)
      collect(x.next[c], pre + c, q);
}
```

收集一棵单词查找树中的所有键

keysWithPrefix("");

键	q
b	
by	by
s	
se	
sea	by sea
sel	
sell	
sells	by sea sells
sh	
she	by sea sells she
shel	
shell	
shells	by sea sells she shells
sho	
shor	
shore	by sea sells she shells shore
t	
th	
the	by sea sells she shells shore the

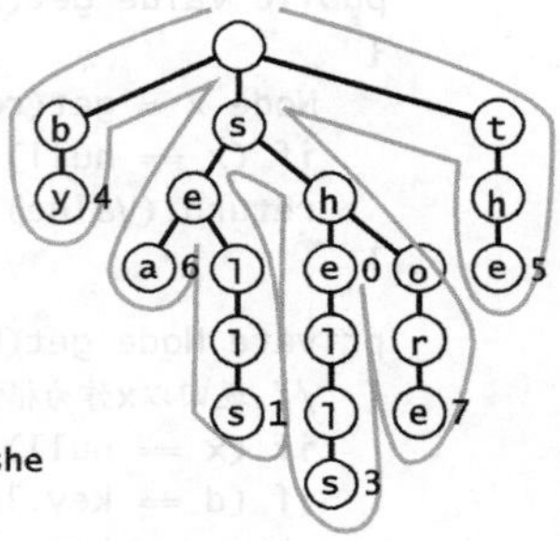

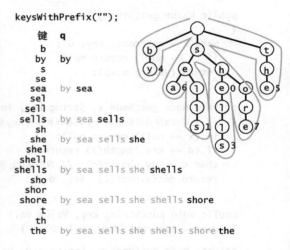

图 5.2.5 收集一棵单词查找树中的所有键的轨迹

keysWithPrefix("sh");

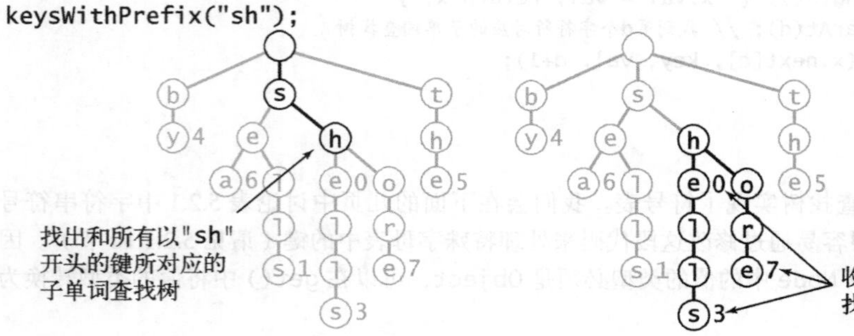

键	q
sh	
she	she
shel	
shell	
shells	she shells
sho	
shor	
shore	she shells shore

738

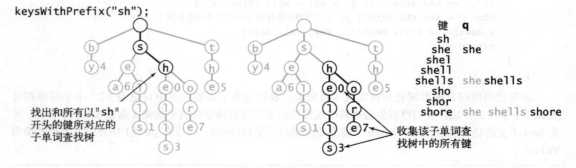

图 5.2.6 单词查找树中的前缀匹配

5.2.1.7 通配符匹配

我们可以用一个类似的过程实现 keysThatMatch()，但需要为 collect() 方法添加一个参数来指定匹配的模式。如果模式中含有通配符，就需要用递归调用处理所有的链接，否则就只需要处理模式中指定字符的链接即可，如下方的框注所示。你还可以注意到，这里不需要考虑长度超过模式字符串的键。

```
public Iterable<String> keysThatMatch(String pat)
{
   Queue<String> q = new Queue<String>();
   collect(root, "", pat, q);
   return q;
}

private void collect(Node x, String pre, String pat, Queue<String> q)
{
   int d = pre.length();
   if (x == null) return;
   if (d == pat.length() && x.val != null) q.enqueue(pre);
   if (d == pat.length()) return;

   char next = pat.charAt(d);
   for (char c = 0; c < R; c++)
      if (next == '.' || next == c)
         collect(x.next[c], pre + c, pat, q);
}
```

单词查找树中的通配符匹配

5.2.1.8 最长前缀

为了找到给定字符串的最长键前缀，就需要使用一个类似于 get() 的递归方法。它会记录查找路径上所找到的最长键的长度（将它作为递归方法的参数在遇到值非空的结点时更新它）。查找会在被查找的字符串结束或是遇到空链接时终止，请见图 5.2.7。

```
public String longestPrefixOf(String s)
{
   int length = search(root, s, 0, 0);
   return s.substring(0, length);
}

private int search(Node x, String s, int d, int length)
{
   if (x == null) return length;
   if (x.val != null) length = d;
   if (d == s.length()) return length;
   char c = s.charAt(d);
   return search(x.next[c], s, d+1, length);
}
```

对给定字符串的最长前缀进行匹配

5.2.1.9 删除操作

从一棵单词查找树中删去一个键值对的第一步是，找到键所对应的结点并将它的值设为空（null）。如果该结点含有一个非空的链接指向某个子结点，那么就不需要再进行其他操作了。如果它的所有链接均为空，那就需要从数据结构中删去这个结点。如果删去它使得它的父结点的所有链接也均为空，就需要继续删除它的父结点，依此类推。如下面框注中的实现所示，根据标准递归流程，这项操作所需的代码极少：在递归删除了某个结点 x 之后，如果该结点的值和所有的链接均为空则返回 null，否则返回 x，请见图 5.2.8。

```
public void delete(String key)
{  root = delete(root, key, 0);  }

private Node delete(Node x, String key, int d)
{
   if (x == null) return null;
   if (d == key.length())
      x.val = null;
   else
   {
      char c = key.charAt(d);
      x.next[c] = delete(x.next[c], key, d+1);
   }

   if (x.val != null) return x;

   for (char c = 0; c < R; c++)
      if (x.next[c] != null) return x;
   return null;
}
```

从单词查找树中删除一个键（和它相关联的值）

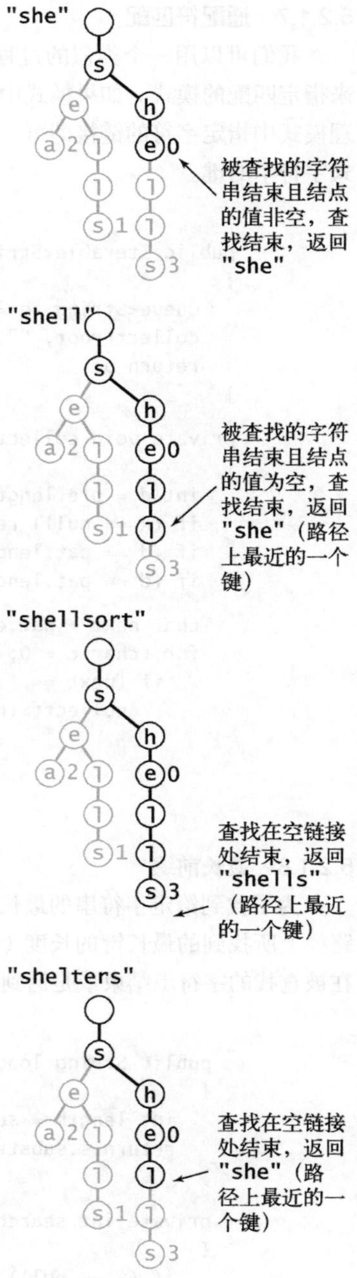

图 5.2.7 longestPrefixOf() 方法的各种可能情况

5.2.1.10 字母表

和以前一样，算法 5.4 处理的是 Java 的 String 类型的键，但将它修改为处理由任意字母表得到的键也很容易。

- 实现一个构造函数，接受一个 Alphabet 对象作为参数，将一个 Alphabet 类型的实例变量设为该参数的值并将实例变量 R 的值设为字母表中字母的个数。
- 在 get() 和 put() 中使用 Alphabet 类的 toIndex() 方法，将字符串中的字符转化为 0 到 R–1 之间的索引值。
- 使用 Alphabet 类的 toChar() 方法，将 0 到 R–1 之间的索引值转化为字符型（char）的值。get() 和 put() 方法不需要进行此操作，但它在 keys()、keysWithPrefix() 和 keysThatMatch() 方法的实现中很重要。

经过这些修改，如果已知所有键仅来自于一个小型的字母表，那可以节省相当大的空间（在每个结点中仅使用 R 条链接），代价是字母和索引相互转化所需要的时间。

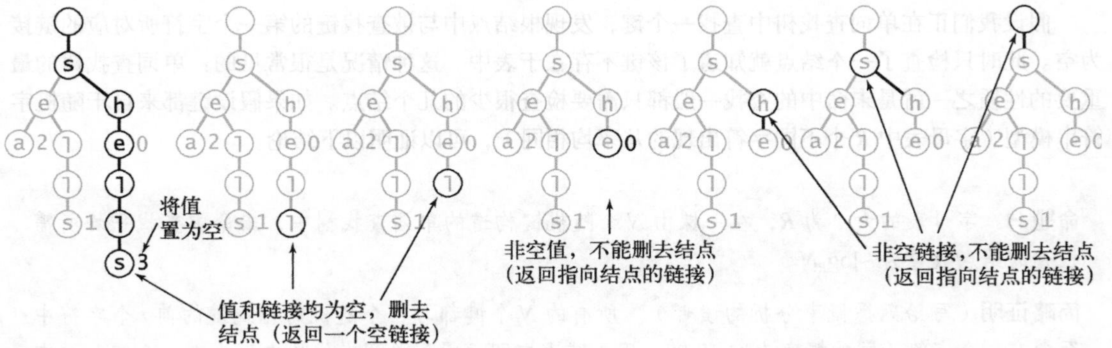

图 5.2.8 从单词查找树中删除一个键（和它相关联的值） 739~741

我们已经考虑过的代码就是字符串符号表 API 的一个简洁而完整的实现，它适用于各种实际应用场景。本节的练习讨论了它的几种变化和扩展。下面我们要讨论单词查找树的基本性质和限制条件。

5.2.2 单词查找树的性质

和以前一样，我们希望知道在一般的应用程序中使用单词查找树所需要的时间和空间。单词查找树已经被分析和研究得很透彻了，它的基本性质也比较容易理解和应用。

命题 F。 单词查找树的链表结构（形状）和键的插入或删除顺序无关：对于任意给定的一组键，其单词查找树都是唯一的。

证明。 由数学归纳法很容易通过子单词查找树证明这个结论。

这个基本的结论是单词查找树的一个特殊性质：我们目前已经学过的所有其他结构的查找树的构造都不仅和键的集合有关，而且还取决于这些键的插入顺序。

5.2.2.1 最坏情况下查找和插入操作的时间界限

在单词查找树中找到给定键的值要花多长时间？对于二叉查找树、散列表和第 3 章中所介绍的其他算法，都需要使用数学分析来回答这个问题。但是对于单词查找树，这个问题很简单。

命题 G。 在单词查找树中查找一个键或是插入一个键时，访问数组的次数最多为键的长度加 1。

证明。 由代码可知，`put()` 和 `get()` 方法的递归实现都带有一个参数 `d`。它的初始值为 0，每次调用时都会加 1，当长度等于键的长度时递归调用停止。

从理论角度来说，命题 G 意味着单词查找树对于命中的查找是最理想的——我们不能奢望查找所需的时间比与被查找的键的长度成正比更好。无论使用的是什么算法和数据结构，在检查完要查找的键中的所有字符之前都是无法判断是否已找到该键。从实际角度来说，这个保证也很重要，因为它和符号表中键的数量无关：当我们在处理类似于车牌号码的 7 个字符的键时，可以知道查找或插入操作最多只需要检查 8 个结点；当我们在处理 20 个字符的数字账号时，最多只需要检查 21 个结点就可以完成查找或插入操作。

5.2.2.2 查找未命中的预期时间界限

假设我们正在单词查找树中查找一个键，发现根结点中与被查找键的第一个字符所对应的链接为空。此时只检查了一个结点就知道了该键不存在于表中。这种情况是很常见的：单词查找树的最重要的性质之一就是未命中的查找一般都只需要检查很少的几个结点。如果假设键都来自于随机字
742 符串模型（字母表中 R 个不同字符出现的几率均相同），可以证明以下结论。

命题 H。 字母表的大小为 R，在一棵由 N 个随机键构造的单词查找树中，未命中查找平均所需检查的结点数量为 $\sim\log_R N$。

简略证明（写给熟悉概率分析的读者）。所有的 N 个键都与一个随机的查找键的前 t 个字符中至少有一个字符不同的概率为 $(1-R^{-t})^N$。用 1 减去它即可得到单词查找树中至少有一个键和被查找键的前 t 个字符都相匹配的概率。也就是说，$1-(1-R^{-t})^N$ 的查找操作至少需要比较 t 个字符的概率。在概率分析中，对于 t=0,1,2…，一个整数随机变量大于 t 的概率之和就是该随机变量的平均值。因此，查找的平均成本为：

$$1-(1-R^{-1})^N+1-(1-R^{-2})^N+\cdots+1-(1-R^{-t})^N+\cdots$$

根据基本的近似公式 $(1-1/x)^x\sim e^{-1}$，查找的平均成本的近似函数为：

$$1-(1-e^{-N/R^1})+1-(1-e^{-N/R^2})+\cdots+(1-e^{-N/R^t})+\cdots$$

当 R^t 远小于 N 时，相对应的约 $\ln_R N$ 项的值非常接近于 1；当 R^t 远大于 N 时，所对应的所有的项的值均极为接近于 0；当 $R^t\approx N$ 时，所对应的项不多且它们的值均在 0 和 1 之间。因此，它的总和约为 $\log_R N$。

从实际角度来说，该命题说明的最重要的一点就是，查找未命中的成本与键的长度无关。例如，它说明在一棵由 100 万个随机键构造出的单词查找树中，未命中的查找也只需要检查 3~4 个结点，无论这些键是含有 7 个数字的车辆牌照还是 20 个数字的账号。虽然在实际应用中真正的随机键是不
743 可能出现的，但该模型能够描述一般应用场景中单词查找树算法对键的处理方式，上述猜想是合理的。事实上，这种行为方式在实际应用中十分常见而且也是单词查找树得到广泛应用的一个重要原因。

5.2.2.3 空间

一棵单词查找树需要多少空间？回答这个问题（了解可用的空间有多少）是有效使用单词查找树的关键。

命题 I。 一棵单词查找树中的链接总数在 RN 到 RNw 之间，其中 w 为键的平均长度。

证明。 在单词查找树中，每个键都有一个对应的结点保存着它关联的值，同时每个结点也含有 R 条链接，因此链接总数至少有 RN 条。如果所有的键的首字母均不相同，那么每个键中的每个字母都有一个对应的结点，因此链接总数应该等于 R 乘以所有键中的字符总数，即 RNw。

表 5.2.2 说明了我们所讨论的一些典型的应用场景所需的空间成本。它说明了单词查找树中的一些经验性的规律。

- ❑ 当所有键均较短时，链接的总数接近于 RN；
- ❑ 当所有键均较长时，链接的总数接近于 RNw；

□ 因此，缩小 R 能够节省大量的空间。

这张表传递出的另一条更加微妙的信息是，在实际应用中采用单词查找树之前了解将要被插入的所有键的性质是非常重要的。

表 5.2.2 典型的单词查找树的空间需求

应　用	典型的键	平均长度 w	字母表大小 R	100 万个键所构造的单词查找树中的链接总数
加利福尼亚州的车牌号	4PGC938	7	256	2 亿 5 千 6 百万
数字账号	02400019992993299111	20	256 10	40 亿 2 亿 5 千 6 百万
URL	www.cs.princeton.edu	28	256	40 亿
文本处理	seashells	11	256	2 亿 5 千 6 百万
基因组数据中的蛋白质	ACTGACTG	8	256 4	2 亿 5 千 6 百万 4 百万

5.2.2.4 单向分支

长键在单词查找树中占用了大量空间的主要原因是，树中的长键通常都有一条长长的“尾巴”，其中每个结点都只含有一条指向下一个结点的链接（因此都含有 R-1 条空链接）。这种情况并不难纠正（请见练习 5.2.11 和图 5.2.9）。单词查找树的内部也可能存在单向的分支。例如，两个长键可能只有最后一个字符不同。解决这种情况要更加困难一些（请见练习 5.2.12）。这些修改能够使得单词查找树的空间消耗比已经讨论过的简单实现缩小许多，但它们对于实际应用场景基本不起作用。下面我们将学习降低单词查找树的空间消耗的另一种方式。

我们的底线是：*不要使用算法 5.4 处理来自于大型字母表的大量长键*。它所构造的单词查找树所需要的空间与 R 和所有键的字符总数之积成正比。但是，如果你能够负担得起这么庞大的空间，单词查找树的性能是无可匹敌的。

```
put("shells", 1);
put("shellfish", 2);
```

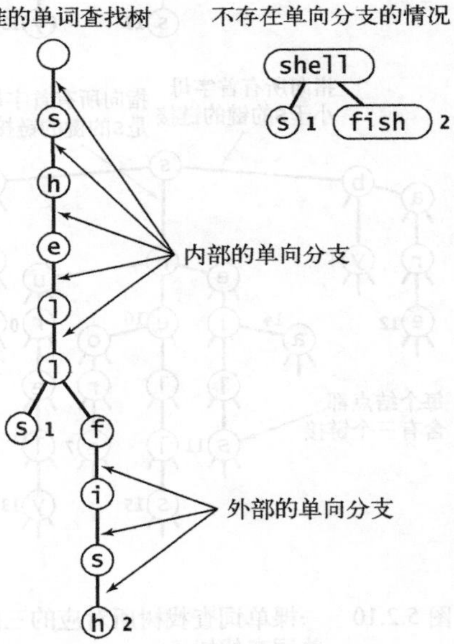

744
~
745

图 5.2.9 消除单词查找树中的单向分支

5.2.3 三向单词查找树

为了避免 R 向单词查找树过度的空间消耗，我们现在来学习另一种数据的表示方法：*三向单词查找树*（TST）。在三向单词查找树中，每个结点都含有一个字符、三条链接和一个值。这三条链接分别对应着当前字母小于、等于和大于结点字母的所有键。在算法 5.4 的 R 向单词查找树中，树的结点含有 R 条链接，每个非空链接的索引隐式地表示了它所对应的字符。在等价的三向单词查找树中，字符是*显式*地保存在结点中的——只有在沿着中间链接前进时才会根据字符找到表中的键，请见图 5.2.10。

查找与插入操作

用三向单词查找树实现符号表 API 中的查找和插入操作很简单。在查找时，我们首先比较键的首字母和根结点的字母。如果键的首字母较小，就选择左链接；如果较大，就选择右链接；如果相等，则选择中链接。然后，递归地使用相同的算法。如果遇到了一个空链接或者当键结束时结点的值为空，那么查找未命中；如果键结束时结点的值非空则查找命中。在插入一个新键时，首先进行查找，然后和在单词查找树一样，在树中补全键末尾的所有结点。算法5.5给出了这些方法的实现细节。

这种实现方式等价于将R向单词查找树中的每个结点实现为以非空链接所对应的字符作为键的二叉查找树。不同的是，算法5.4使用的是由键索引的数组。图5.2.10显示了一棵单词查找树和与它相对应的三向单词查找树。按照第3章中所述的二叉查找树和其他排序算法之间的对应关系来看，我们可以发现三向单词查找树与三向字符串快速排序之间的对应关系与二叉查找树与快速排序以及单词查找树与高位优先的排序之间的对应关系是一样的。图5.1.12和图5.1.17分别显示了高位优先的字符串排序和三向字符串快速排序的递归调用结构，它们与图5.2.10中由同一组键所构造的单词查找树和三向单词查找树正好完全对应。单词查找树中的链接所占用的空间即为高位优先的字符串排序中的计数器所占用的空间。三向分支为两者都提供了一个非常有效的解决方案，请见图5.2.11和图5.2.12。

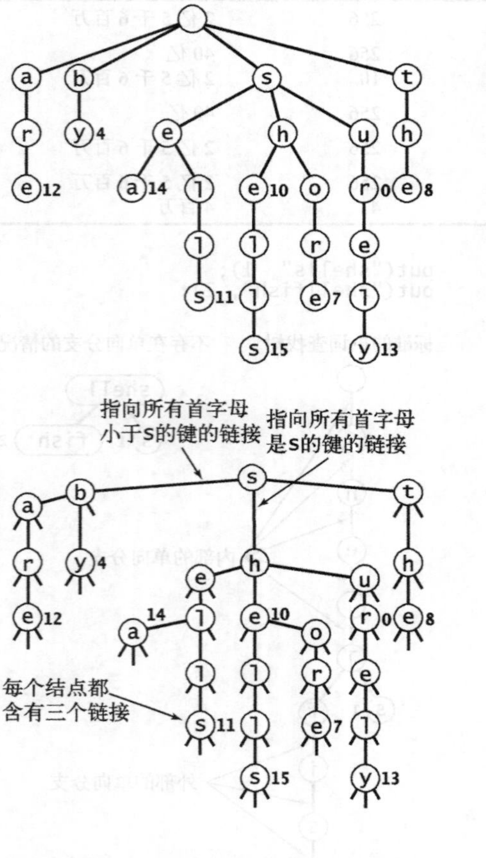

图5.2.10　一棵单词查找树所对应的三向单词查找树

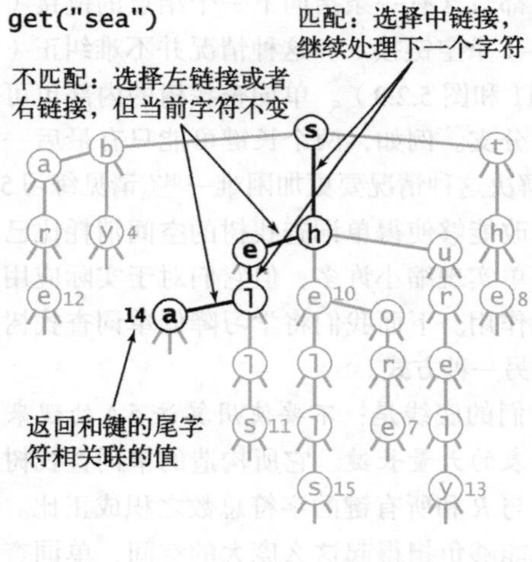

图5.2.11　三向单词查找树中的查找示例

算法5.5　基于三向单词查找树的符号表

```
public class TST<Value>
{
   private Node root;                    // 树的根结点
   private class Node
   {
      char c;                            // 字符
      Node left, mid, right;             // 左中右子三向单词查找树
      Value val;                         // 和字符串相关联的值
   }
```

```
public Value get(String key)  // 和单词查找树相同（请见算法5.4）
private Node get(Node x, String key, int d)
{
   if (x == null) return null;
   char c = key.charAt(d);
   if      (c < x.c) return get(x.left,  key, d);
   else if (c > x.c) return get(x.right, key, d);
   else if (d < key.length() - 1)
                     return get(x.mid,   key, d+1);
   else return x;
}

public void put(String key, Value val)
{  root = put(root, key, val, 0);  }

private Node put(Node x, String key, Value val, int d)
{
   char c = key.charAt(d);
   if (x == null) { x = new Node(); x.c = c; }
   if      (c < x.c) x.left  = put(x.left,  key, val, d);
   else if (c > x.c) x.right = put(x.right, key, val, d);
   else if (d < key.length() - 1)
                     x.mid   = put(x.mid,   key, val, d+1);
   else x.val = val;
   return x;
}
}
```

这段实现使用含有一个 char 类型的值 c 和三条链接的结点构建了三向单词查找树，其中子树的键的首字母分别小于（左子树）、等于（中子树）和大于（右子树）c。

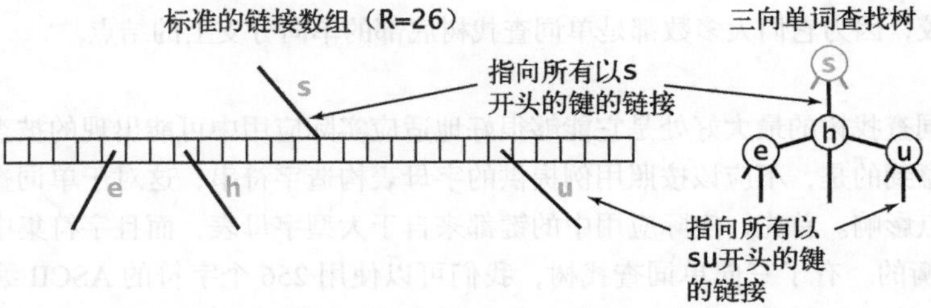

图 5.2.12 单词查找树结点示例

746
~
748

5.2.4 三向单词查找树的性质

三向单词查找树是 R 向单词查找树的紧凑表示，但两种数据结构的性质截然不同。这其中最重要的不同可能在于命题 A 对于三向单词查找树不再成立：和其他所有二叉查找树一样，每个单词查找树结点的二叉查找树表示也取决于键的插入顺序。

5.2.4.1 空间

三向单词查找树最重要的性质就是每个结点只含有三个链接，因此三向单词查找树所需要空间远小于对应的单词查找树。

命题 J。 由 N 个平均长度为 w 的字符串构造的三向单词查找树中的链接总数在 $3N$ 到 $3Nw$ 之间。

证明。 同命题 I。

三向单词查找树实际使用的内存空间一般都低于由每个字符三个链接得到的上界，因为有相同前缀的键会共享树中的高层结点。

5.2.4.2 查找成本

要计算三向单词查找树中查找（和插入）操作的成本，需要将它所对应的单词查找树中的查找成本乘以遍历每个结点的二叉查找树所需的成本。

命题 K。 在一棵由 N 个随机字符串构造的三向单词查找树中，查找未命中平均需要比较字符 $\sim \ln N$ 次。除 $\sim \ln N$ 次外，一次插入或命中的查找会比较一次被查找的键中的每个字符。

证明。 由代码我们马上可以得到插入和查找命中的成本。查找未命中的成本的证明和命题 H 的简略证明相同。假设在查找路径上除了常数个结点（高层的几个）之外的其他所有结点均为由 R 个字符值随机构造的二叉查找树，且树的平均路径长度为 $\ln R$，因此将时间成本 $\log_R N=\ln N/\ln R$ 乘以 $\ln R$。

在最坏情况下，一个结点可能变成一个完全的 R 向结点，不平衡且像一条链表一样展开，因此需要乘以一个系数 R。一般的情况下，在第一层（因为根结点类似于一棵由 R 个不同的值组成的随机二叉查找树）甚至是其下的几层（如果键存在公共的前缀且前缀之后的字符最多可能有 R 种不同的取值）那么进行字符比较的次数将是 $\ln R$ 或者更少，之后对于大多数字符也只需进行几次比较（因为指向大多数单词查找树结点的非空链接的分布十分稀疏）。未命中的查找一般都需要若干次字符
749 比较并结束于单词查找树高层的某个空链接。在命中的查找中，被查找的键中的每个字符都需要并且只需要一次比较，因为它们大多数都是单词查找树底部的单向分支上的结点。

5.2.4.3 字母表

使用三向单词查找树的最大好处是它能够很好地适应实际应用中可能出现的被查找键的不规则性。需要特别注意到的是，不应该按照用例提供的字母表构造字符串，这对于单词查找树很关键。这主要会产生两点影响。首先，实际应用中的键都来自于大型字母表，而且字符集中的各个字符的使用是非常不均衡的。有了三向单词查找树，我们可以使用 256 个字符的 ASCII 编码或者 65 536 个字符的 Unicode 编码，而不必担心 256 向分支或者 65 536 向分支带来的巨大开销，也不必判断哪些才是相关的字符集。非罗马字母表的 Unicode 字符串中可能含有上千种字符——三向单词查找树特别适合于可能含有此类字符的 Java 标准 `String` 类型的键。其次，实际应用程序中的键常常有着类似的结构，这在不同的应用之中可能不同。键的一部分可能只会使用字母，而另一部分可能只会使用数字。在加利福尼亚州的车牌号的例子中，第二、三、四个字符都是大写字母（R=26），而其他字符都是数字（R=10）。在这种键构造的三向单词查找树中，一部分结点会被表示为 10 结点的二叉查找树（键的数字部分），另一部分结点会被表示为 26 结点的二叉查找树（键的字母部分）。这种结构的生成是自动的，无需对键进行特别分析。

5.2.4.4 前缀匹配、查找所有键和通配符匹配

因为三向单词查找树也是单词查找树，前文中单词查找树的 `longestPrefixOf()`、`keys()`、

keysWithPrefix() 和 keysThatMatch() 方法的实现可以很容易移植过来。这个练习能够加深你对单词查找树和三向单词查找树的理解（请见练习 5.2.9）。和查找操作一样，这里也存在空间和时间的交换（使用线性级别的内存空间，但每个字符的比较次数需要乘以 ln*R*）。

5.2.4.5 删除操作

三向单词查找树中的 delete() 方法要更复杂一些。从本质上来说，每个将被删除的字符都属于一棵二叉查找树。在单词查找树中，只需将链接数组中和该字符对应的元素置为空即可删去它的链接。在三向单词查找树中，需要用在二叉查找树中删除结点的方法来删去与该字符对应的结点。

5.2.4.6 混合三向单词查找树

简单改进一下基于三向单词查找树的查找方式：使用一个大型显式的多向根结点。实现它最简单的办法就是维护一张含有 *R* 棵三向单词查找树的表：每一棵都对应着键的首字母的一种可能的值。如果 *R* 不大，那可以使用键的头两个字母（表的大小变为 R^2）。这种方法有效的前提是键的首字母的分布必须均匀。这样得到的混合查找算法和人们在电话黄页中查找姓名的行为很相似。查找的第 750
一步是进行多向判断（“让我们来看看，它的首字母是‘A’”），接下来可能是某种双向判断（“它在‘Andrews’之前，但在‘Aitken’之后”），然后就是一系列字符匹配（“‘Algonquin’，……没有，‘Algorithms’不在列表之中，因为没有以‘Algor’开头的单词！”）。这些程序可能是查找字符串类型的键的最快算法。

5.2.4.7 单向分支

和单词查找树一样，我们也可以通过将键的尾字母变为叶子结点并在内部结点中消除单向分支来提高三向单词查找树的空间利用率。

命题 L。由 *N* 个随机字符串构造的根结点进行了 R^t 向分支且不含有外部单向分支的三向单词查找树中，一次插入或查找操作平均需要进行约 $\ln N - t\ln R$ 次字符比较。

证明。这些粗略的估计也可以由命题 K 的证明得到。假设在查找路径上除了常数个结点（高层的几个）之外的其他所有结点均为由 *R* 个字符值组成的二叉查找树，因此需要将时间成本乘以 ln*R*。

尽管将算法调优至最佳性能是一个非常大的诱惑，我们不应该忘记三向单词查找树最吸引人的特点，那就是不必担心对特定应用场景的依赖，即使是在没有调优的情况下也能提供不错的性能。 751

5.2.5 应该使用字符串符号表的哪种实现

和字符串排序一样，我们自然也想对比一下已经学习过的字符串查找方法和第 3 章中学习的通用方法。表 5.2.3 总结了已讨论过的各种算法的重要性质（二叉查找树、红黑树和散列表的条目来自第 3 章，作为比较之用）。对于特定的应用场景，这些条目有指导意义，但并非绝对的结论，因为在研究符号表实现的过程中发现许多因素（例如键的性质和混合操作的顺序）都会产生影响。

如果空间足够，*R* 向单词查找树的速度是最快的，能够在常数次字符比较内完成查找。对于大型字母表，*R* 向单词查找树所需的空间可能无法满足时，三向单词查找树是最佳的选择，因为它对“字符”比较次数是对数级别的比较，而二叉查找树中键的比较次数是对数级别的。散列表也是很有竞争力的，但如前文所述，它不支持有序性的符号表操作，也不支持扩展的字符类 API 操作，例如前

752 缀或通配符匹配。

表 5.2.3 各种字符串查找算法的性能特点

算法（数据结构）	处理由大小为 *R* 的字母表构造的 *N* 个字符串（平均长度为 *w*）的增长数量级		优 点
	未命中查找检查的字符数量	内存使用	
二叉树查找 (BST)	$c_1(\lg N)^2$	$64N$	适用于随机排列的键
2-3 树查找（红黑树）	$c_2(\lg N)^2$	$64N$	有性能保证
线性探测法（并行数组）	w	$32N$~$128N$	内置类型 缓存散列值
字典树查找（*R* 向单词查找树）	$\log_R N$	$(8R+56)N$~$(8R+56)Nw$	适用于较短的键和较小的字母表
字典树查找（三向单词查找树）	$1.39\lg N$	$64N$~$64Nw$	适用于非随机的键

答疑

问 Java 的系统排序方法使用了本节介绍的方法来查找 String 类型的键吗？

753 答 没有。

练习

5.2.1 将以下键按照顺序插入一棵 *R* 向空单词查找树之中并画出结果（忽略空链接）：`no is th ti fo al go pe to co to th ai of th pa`。

5.2.2 将以下键按照顺序插入一棵空三向单词查找树之中并画出结果（忽略空链接）：`no is th ti fo al go pe to co to th ai of th pa`。

5.2.3 将以下键按照顺序插入一棵 *R* 向空单词查找树之中并画出结果（忽略空链接）：`now is the time for all good people to come to the aid of`。

5.2.4 将以下键按照顺序插入一棵空三向单词查找树之中并画出结果（忽略空链接）：`now is the time for all good people to come to the aid of`。

5.2.5 给出非递归版本的 TrieST 和 TST。

5.2.6 对于 StringSET 数据类型，实现以下 API，如表 5.2.4 所示。

表 5.2.4 字符串集合的数据类型的 API

public class StringSET	
`StringSET()`	创建一个字符串的集合
`void add(String key)`	将 key 添加到集合中
`void delete(String key)`	从集合中删除 key
`boolean contains(String key)`	key 是否存在于集合中
`boolean isEmpty()`	集合是否为空
`int size()`	集合中的键的数量
`String toString()`	对象的字符串表示

754

提高题

5.2.7 三向单词查找树中的空字符串。三向单词查找树（TST）的代码未能正确处理空字符串。说明原因并给出修正方案。

5.2.8 单词查找树的有序性操作。为 TrieST 实现 floor()、ceiling()、rank() 和 select() 方法（来自第 3 章标准有序性符号表的 API）。

5.2.9 三向单词查找树的扩展操作。为三向单词查找树实现 keys() 和本节所介绍的几种扩展操作：longestPrefixOf()、keysWithPrefix() 和 keysThatMatch()。

5.2.10 size() 方法。为 TrieST 和 TST 实现最为即时的 size() 方法（在每个结点中保存子树中的键的总数）。

5.2.11 外部单项分支。为 TrieST 和 TST 添加消除外部单向分支的代码。

5.2.12 内部单项分支。为 TrieST 和 TST 添加消除内部单向分支的代码。

5.2.13 R^2 向分支的根结点的三向单词查找树。如正文所述，为 TST 添加代码，在前两层结点中实现多向分支。

5.2.14 长度为 L 的不同子字符串。编写一个 TST 的用例，从标准输入读取文本并计算其中长度为 L 的不同子字符串的数量。例如，如果输入为 cgcgggcgcg，那么长度为 3 的不同子字符串就有 5 个：cgc、cgg、gcg、ggc 和 ggg。提示：使用字符串方法 substring(i,i+L) 来提取第 i 个子字符串并将它插入到一张符号表中。

5.2.15 不同子字符串。编写一个 TST 的用例，从标准输入读取文本并计算其中任意长度的不同子字符串的数量。后缀树能够高效完成这个任务——请见第 6 章。

5.2.16 文档的相似性。编写一个 TST 的静态方法用例，接受一个 int 值 L 和两个文件名作为命令行参数并计算两份文档的“L- 相似性”：各个频率向量之间的欧几里得距离，其中频率向量为各个长度为 3 的子字符串（trigram）的出现次数除以所有长度为 3 的子字符串的总数。给出一个静态方法 main()，接受一个 int 值 L 作为命令行参数，从标准输入中获取一系列文件名并打印出一个矩阵，以显示所有文档之间的 L- 相似性。 755

5.2.17 拼写检查。编写一个 TST 的用例 SpellChecker，从命令行接受一个英语字典文件作为参数，然后从标准输入读取一个字符串并打印所有不在字典中的单词。请使用字符串集合数据类型。

5.2.18 白名单。编写一个 TST 的用例，解决 1.1 节和 3.5 节中介绍并讨论过的（请见 3.5.2.2 节）白名单问题。

5.2.19 随机电话号码。编写一个 TrieST 的用例（R=10），从命令行接受一个 int 值 N 并打印出 N 个形如 (xxx) xxx-xxxx 的随机电话号码。使用符号表避免出现重复的号码。使用本书网站上的 AreaCodes.txt 来避免打印出不存在的区号。

5.2.20 是否含有前缀。为 StringSET 类（请见练习 5.2.6）添加一个方法 containsPrefix()，接受一个字符串 s 作为输入，如果集合中存在某个以 s 作为前缀的字符串时返回 true。

5.2.21 子字符串匹配。给定一列（短）字符串，你的任务是找到所有含有用户所寻找的字符串 s 的字符串。为此任务设计一份 API 并给出一个 TST 用例来实现这个 API。提示：将每个单词的所有后缀（例如：string, tring, ring, ing, ng, g）插入到 TST 中。

5.2.22 打字的猴子。假设有一只会打字的猴子，它打出每个字母的概率为 p，结束一个单词的概率为 1–26p。编写一个程序，计算产生各种长度的单词的概率分布。其中如果 "abc" 出现了多次，只计算一次。 756

实验题

5.2.23 重复元素（再续）。使用 StringSET（请见练习 5.2.6）代替 HashSET 重新完成练习 3.5.30，比较两种方法的运行时间。然后使用 dedup 为 $N=10^7$、10^8 和 10^9 运行实验，用随机 long 型字符串重复实验并讨论结果。

5.2.24 拼写检查器。使用本书网站上的 dictionary.txt 文件和 3.5.2.2 节中的 BlackFilter 用例重新完成练习 3.5.31 并打印出一个文本文件中所有拼错的单词。用该用例处理 WarAndPeace.txt 文件，比较 TrieST 和 TST 的性能并讨论结果。

5.2.25 字典。重新完成练习 3.5.32：在一个需要高性能的场景中研究一个类似于 LookupCSV 的用例的性能（使用 TrieST 和 TST）。确切地说，设计一个查询生成器来取代从标准输入接受命令，对大量输入和大量查询进行性能测试。

5.2.26 索引。重新完成练习 3.5.33：在一个需要高性能的场景中研究一个类似于 LookupIndex 的用例的性能（使用 TrieST 和 TST）。确切地说，设计一个查询生成器来取代从标准输入接受命令，
757 对大量输入和大量查询进行性能测试。

5.3 子字符串查找

字符串的一种基本操作就是子字符串查找：给定一段长度为 N 的文本和一个长度为 M 的模式（pattern）字符串，在文本中找到一个和该模式相符的子字符串，请见图 5.3.1。解决该问题的大部分算法都可以很容易地扩展为找出文本中所有和该模式相符的子字符串、统计该模式在文本中的出现次数、或者找出上下文（和该模式相符的子字符串周围的文字）的算法。

```
模式 —→ N E E D L E
正文 —→ I N A H A Y S T A C K N E E D L E I N A
                                        ↑
                                       匹配
```

图 5.3.1 子字符串的查找 758

当你在文本编辑器或是浏览器中查找某个单词时，就是在查找子字符串。事实上，该问题的原始动机就是为了支持这种查找操作。字符串查找的另一个经典应用是在截获的通信内容中寻找某种重要的模式。一位军队将领感兴趣的可能是在截获的文本中寻找和“拂晓进攻”类似的字句。一名黑客感兴趣的可能是在内存中查找与“Password:”相关的内容。在今天的世界中，我们经常在互联网的海量信息中查找字符串。

为了更好地理解算法，请记住模式相对于文本是很短的（M 可能等于 100 或者 1000），而文本相对于模式是很长的（N 可能等于 100 万或者 10 亿）。在字符串查找中，一般会对模式进行预处理来支持在文本中的快速查找。

字符串查找是一个很有趣而且也很经典的问题：人们发明了几个截然不同（且令人惊讶的）算法，它们不仅产生了一系列能够实际应用的查找方法，而且也展示了许多重要的算法设计技巧。

5.3.1 历史简介

我们将要学习的几种算法有一段有趣的历史。我们在这里进行总结并帮助大家对它们的地位有一个正确的认识。

子字符串查找有一个简单而使用广泛的暴力算法。虽然它在最坏情况下的运行时间与 MN 成正比，但是在处理许多应用程序中的字符串时（除了一些变态的情况之外），它的实际运行时间一般与 $M+N$ 成正比。另外，它很好地利用了大多数计算机系统中标准的结构特性，因此即使是更加巧妙的算法也很难超越它经过优化后的版本的性能。

在 1970 年，S.Cook 在理论上证明了一个关于某种特定类型的抽象计算机的结论。这个结论暗示了一种在最坏情况下用时也只是与 $M+N$ 成正比的解决子字符串查找问题的算法。D.E.Knuth 和 V.R.Pratt 改进了 Cook 用来证明定理的框架（并非为实际应用所设计）并将它提炼为一个相对简单而实用的算法。这看起来是一个鲜有但令人满意的将理论结果（意外的）立刻转化为实际应用的例子。但实际上，J.H.Morris 在实现一个文本编辑器时，为了解决某个棘手的问题（他希望能够在文本中避免“回退”）也发明了几乎相同的算法。殊途同归的两种方式得到了同一种算法，这说明它是这个问题的一种基础的解决方案。

Knuth、Morris 和 Pratt 直到 1976 年才发表了他们的算法。在这段时间里，R.S.Boyer 和 J.S.Moore（以及 R.W.Gosper 独立地）发明了一种在许多应用程序中都非常快的算法，该算法一般只会检查文本字符串中的一部分字符。许多文本编辑器都使用了这个算法，以显著降低字符串查找的响应时间。

Knuth-Morris-Pratt 算法和 Boyer-Moore 算法都需要对模式字符串进行复杂的预处理，这个过程十分晦涩而且也限制了它们的应用范围。（事实上，有位系统程序员觉得 Morris 算法实在是太难懂了，就干脆用暴力算法代替了。）

在 1980 年，M.O.Rabin 和 R.M.Karp 使用散列开发出了一种与暴力算法几乎一样简单但运行时间与 $M+N$ 成正比的概率极高的算法。另外，它们的算法还可以扩展到二维的模式和文本中，这使得它比其他算法更适用于图像处理。

这段历史说明人们在不断地研究更好的算法。事实上大家都认为，这个经典问题还将会有很大

759 的发展。

5.3.2 暴力子字符串查找算法

子字符串查找的一个最显而易见的方法就是在文本中模式可能出现匹配的任何地方检查匹配是否存在。如左侧框注所示的 search() 方法就是在文本字符串 txt 中查找模式字符串 pat 第一次出现的位置。这段程序使用了一个指针 i 跟踪文本，一个指针 j 跟踪模式。对于每个 i，代码首先将 j 重置为 0 并不断将它增大，直至找到了一个不匹配的字符或是模式结束（j==M）为止，请见图 5.3.2。如果在模式字符串结束之前文本字符串就已经结束了（i==N-M+1），那么就没有找到匹配：模式字符串在文本中不存在。我们约定在不匹配时返回 N 的值。

```
public static int search(String pat, String txt)
{
   int M = pat.length();
   int N = txt.length();
   for (int i = 0; i <= N - M; i++)
   {
      int j;
      for (j = 0; j < M; j++)
         if (txt.charAt(i+j) != pat.charAt(j))
            break;
      if (j == M) return i;  // 找到匹配
   }
   return N;                 // 未找到匹配
}
```

暴力子字符串查找

在典型的字符串处理应用程序中，索引 j 增长的机会很少，因此该算法的运行时间与 N 成正比。绝大多数比较在比较第一个字符时就会产生不匹配。例如，假设你在这一段文字之中查找 pattern 这个模式字符串。在找到模式字符串的第一次匹配之前共有 191 个单词，其中只有 7 个的首字母是 p（且没有以 pa 开头的单词）。因此字符比较的总次数为 191+7，也就是说文本中每个字符平均需要比较 1.036 次。从另一个方面来说，没人能够保证算法总是如此高效。例如，模式字符串可能以一连串的 A 开头。如果是这样且文本也包含含有一大串 A

760 的字符串，那么字符串的查找就可能会很慢。

命题 M。在最坏情况下，暴力子字符串查找算法在长度为 N 的文本中查找长度为 M 的模式需要 $\sim NM$ 次字符比较，请见图 5.3.3。

证明。一种最坏的情况是文本和模式都是一连串的 A 接一个 B。那么，对于 $N-M+1$ 个可能的匹配位置，模式中的所有字符都需要和文本比对，总成本为 $M(N-M+1)$。一般来说 M 远小于 N，因此总成本为 $\sim NM$。

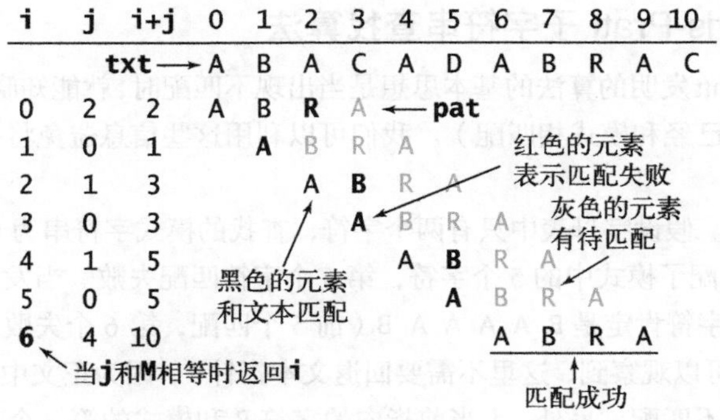

i j i+j 0 1 2 3 4 5 6 7 8 9 10
txt→ A B A C A D A B R A C
0 2 2 A B R A ←pat
1 0 1 A B R A
2 1 3 A B R A
3 0 3 A B R A
4 1 5 A B R A
5 0 5 A B R A
6 4 10 A B R A
红色的元素
表示匹配失败
灰色的元素
有待匹配
黑色的元素
和文本匹配
当j和M相等时返回i
匹配成功

图 5.3.2 暴力子字符串查找（另见彩插）

这种奇怪的字符串不太可能出现在英文文本之中，但在其他应用场景中是完全可能的（例如二进制文本），因此我们需要更好的算法。

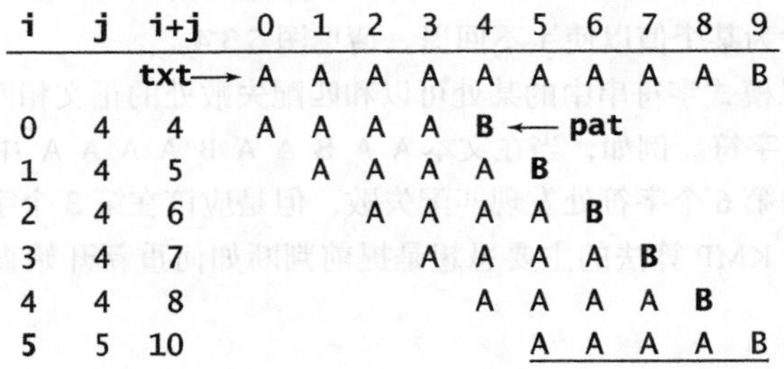

i j i+j 0 1 2 3 4 5 6 7 8 9
txt→ A A A A A A A A A B
0 4 4 A A A A B ←pat
1 4 5 A A A A B
2 4 6 A A A A B
3 4 7 A A A A B
4 4 8 A A A A B
5 5 10 A A A A B

图 5.3.3 暴力子字符串查找（最坏情况）

下方框注所示的该算法的另一种实现是有指导意义的。和以前一样，程序使用了一个指针 i 跟踪文本，一个指针 j 跟踪模式。在 i 和 j 指向的字符相匹配时，代码进行的字符比较和上一个实现相同。请注意，这段代码中的 i 值相当于上一段代码中的 i+j：它指向的是文本中已经匹配过的字符序列的末端（i 以前指向的是这个序列的开头）。如果 i 和 j 指向的字符不匹配了，那么需要回退这两个指针的值：将 j 重新指向模式的开头，将 i 指向本次匹配的开始位置的下一个字符。

```
public static int search(String pat, String txt)
{
   int j, M = pat.length();
   int i, N = txt.length();
   for (i = 0, j = 0; i < N && j < M; i++)
   {
      if (txt.charAt(i) == pat.charAt(j)) j++;
      else { i -= j; j = 0;  }
   }
   if (j == M) return i - M;  // 找到匹配
   else          return N;  // 未找到匹配
}
```

暴力子字符匹配算法的另一种实现（显式回退） 761

5.3.3 Knuth-Morris-Pratt 子字符串查找算法

Knuth、Morris 和 Pratt 发明的算法的基本思想是当出现不匹配时，就能知晓一部分文本的内容（因为在匹配失败之前它们已经和模式相匹配）。我们可以利用这些信息避免将指针回退到所有这些已知的字符之前。

举一个具体的例子。假设字母表中只有两个字符，查找的模式字符串为 B A A A A A A A A A 。现在，假设已经匹配了模式中的 5 个字符，第 6 个字符匹配失败。当发现不匹配的字符时，可以知道文本中的前 6 个字符肯定是 B A A A A B（前 5 个匹配，第 6 个失败），文本指针现在指向的是末尾的字符 B。你可以观察到，这里不需要回退文本指针 i，因为正文中的前 4 个字符都是 A，均与模式的第一个字符不匹配。另外，i 当前指向的字符 B 和模式的第一个字符相匹配，所以可以直接将 i 加 1，以比较文本中的下一个字符和模式中的第二个字符。这说明，对于这个模式，可以将暴力子字符串查找算法实现中的 else 语句替换为 j=1（且并不将 i 加 1）。因为循环中 i 的值并未变化，这种方法最多只会进行 N 次字符比较。这次特殊变化的实际影响仅限于这种特殊情况，但这种想法是值得思考的——Knuth-Morris-Pratt 算法正是这种情况的一般化。令人惊讶的是，在匹配失败时总是能够将 j 设为某个值以使 i 不回退，请见图 5.3.4。

在匹配失败时，如果模式字符串中的某处可以和匹配失败处的正文相匹配，那么就不应该完全跳过所有已经匹配的所有字符。例如，当在文本 A A B A A B A A A A 中查找模式 A A B A A A 时，我们首先会在模式的第 6 个字符处发现匹配失败，但是应该在第 3 个字符处继续查找，否则就会错过已经匹配的部分。KMP 算法的主要思想是提前判断如何重新开始查找，而这种判断只取决于模式本身。

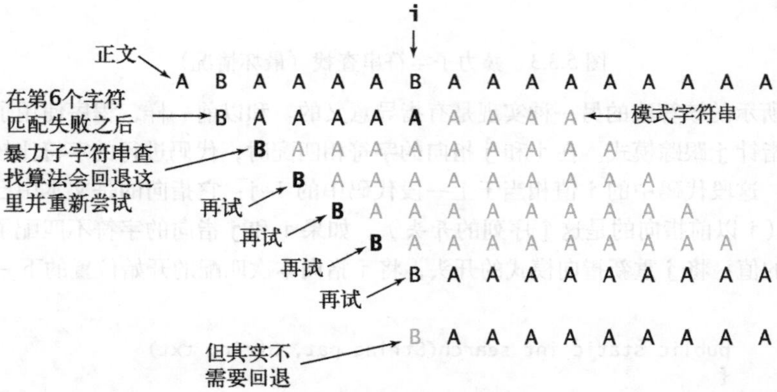

762 图 5.3.4 文本字符串的指针在子字符串查找中的回退

5.3.3.1 模式指针的回退

在 KMP 子字符串查找算法中，不会回退文本指针 i，而是使用一个数组 dfa[][] 来记录匹配失败时模式指针 j 应该回退多远。对于每个字符 c，在比较了 c 和 pat.charAt(j) 之后，dfa[c][j] 表示的是应该和下个文本字符比较的模式字符的位置。在查找中，dfa[txt.charAt(i)][j] 是在比较了 txt.charAt(i) 和 pat.charAt(j) 之后应该和 txt.charAt(i+1) 比较的模式字符位置。在匹配时会继续比较下一个字符，因此 dfa[pat.charAt(j)][j] 总是 j+1。在不匹配时，不仅可以知道 txt.charAt(i) 的字符，也可以知道正文中的前 j-1 个字符，它们就是模式中从索引 1 开始的前 j-1 个字符。对于每个字符 c，你可以将这个过程想象为首先将模式字符串的一个副本覆盖在这 j 个字符之上（模式中的前 j-1 个字符以及字符 c——需要判断的是当这些字符就是 txt.charAt(i-j+1..i) 时应该怎么办），然后从左向右滑动这个副本直到所有重叠的字符都相互匹配（或者没有相匹配的字符）时才停下来。这将指明模式字符串中可能产生匹配的下一个位置。和 txt.charAt(i+1)（dfa[txt.charAt(i)][j]）比较的模式字符的索引正是重叠字符的数量，请见图 5.3.5。

5.3.3.2 KMP 查找算法

只要计算出了 dfa[][] 数组，就得到了后面框注所示的子字符串查找算法：当 i 和 j 所指向的字符匹配失败时（从文本的 i-j+1 处开始检查模式的匹配情况），模式可能匹配的下一个位置应该从 i-dfa[txt.charAt(i)][j] 处开始。按照算法，从该位置开始的 dfa[txt.charAt(i)][j] 个字符和模式的前 dfa[txt.charAt(i)][j] 个字符应该相同，因此无需回退指针 i，只需要将 j 设为 dfa[txt.charAt(i)][j] 并将 i 加 1 即可，这正是当 i 和 j 所指向的字符匹配时的行为。

5.3.3.3 DFA 模拟

说明这个过程的一种较好的方法是使用确定有限状态自动机（DFA）。事实上，由它的名字你也可以看出，dfa[][] 数组定义的正是一个确定有限状态自动机。图 5.3.6 显示确定有限状态自动机是由状态（数字标记的圆圈）和转换（带标签的箭头）组成的。模式中的每个字符都对应着一个状态，每个此类状态能够转换为字母表中的任意字符。对于子字符串查找问题，在我们所考虑的 DFA 中，这些转换中只有一条是匹配转换（从 j 到 j+1，标签为 pat.charAt(j)），其他的都是非匹配转换（指向左侧）。所有状态都和字符的比

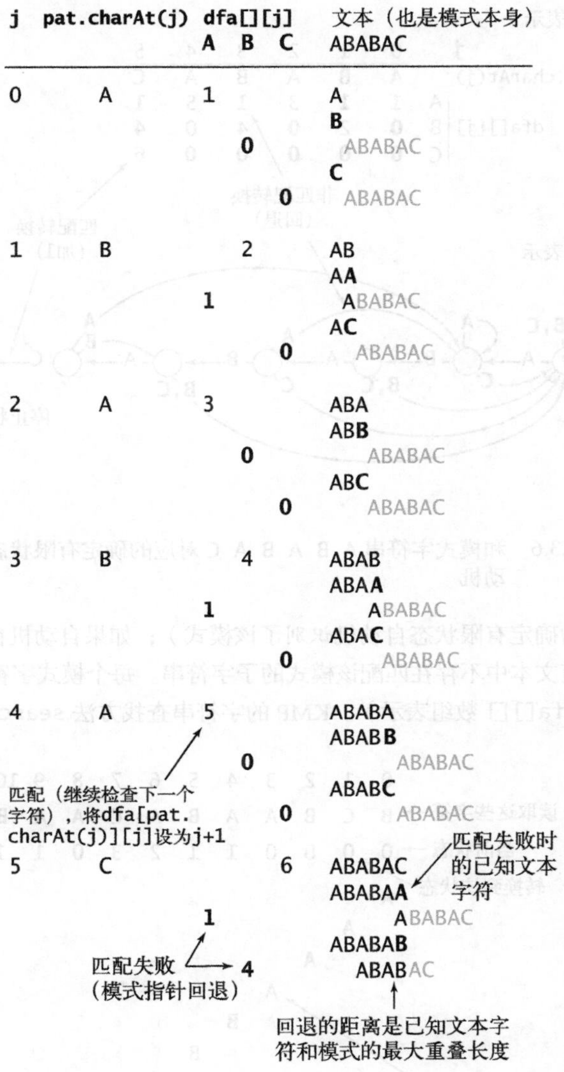

图 5.3.5 KMP 子字符串查找算法在处理 A B A B A C 时模式指针的回退

```
public int search(String txt)
{  // 模拟DFA处理文本txt时的操作
   int i, j, N = txt.length(), M = pat.length();
   for (i = 0, j = 0; i < N && j < M; i++)
      j = dfa[txt.charAt(i)][j];
   if (j == M) return i - M;  // 找到匹配
   else        return N;      // 未找到匹配
}
```

KMP子字符串查找算法（DFA模拟）

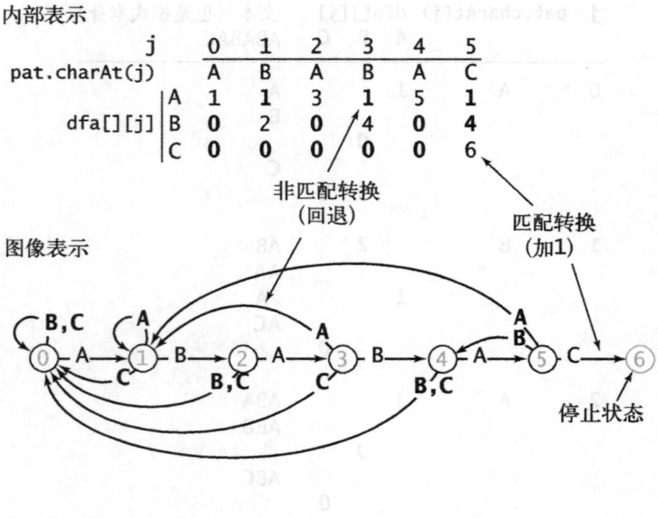

图 5.3.6 和模式字符串 A B A B A C 对应的确定有限状态自动机

较相对应，每个状态都表示一个模式字符串的索引值。当我们在标记为 j 的状态中检查文本中的第 i 个字符时，自动机的行为是这样的："沿着转换 dfa[txt.charAt(i)][j] 前进并继续检查下一个字符（将 i 加 1）。"对于一个匹配的转换，就向右移动一位，因为 dfa[pat.charAt(j)][j] 的值总是 j+1；对于一个非匹配转换，就在向左移动。自动机每次从左向右从文本中读取一个字符并移动到一个新的状态。我们还包含了一个不会进行任何转换的停止状态 M。自动机从状态 0 开始：如果自动机到达了状态 M，那么就在文本中找到了和模式相匹配的一段子字符串（我们称这种情况为确定有限状态自动机识别了该模式）；如果自动机在文本结束时都未能到达状态 M，那么就可以
763~764 知道文本中不存在匹配该模式的子字符串。每个模式字符串都对应着一个自动机（由保存了所有转换的 dfa[][] 数组表示）。KMP 的字符串查找方法 search() 只是一段模拟自动机运行的 Java 程序。

图 5.3.7 KMP 子字符串查找算法处理 A B A B A C 时的轨迹（DFA 模拟）

要体验在 DFA 中的子字符串查找操作，你可以先想象一下它所完成的两件最简单的任务。在查找过程的开始，从文本的开头进行查找，起始状态为 0。它停留在 0 状态并扫描文本，直到找到

一个和模式的首字母相同的字符。这时它移动到下一个状态并开始运行。在这个过程的最后，当它找到一个匹配时，它会不断地匹配模式中的字符与文本，自动机的状态会不断前进直到状态 M。图 5.3.7 所示的轨迹给出了 DFA 运行的一个典型例子。每次匹配成功都会将 DFA 带向下一个状态（等价于增大模式字符串的指针 j）；每次匹配失败都会使 DFA 回到较早前的状态（等价于将模式字符串的指针 j 变为一个较小的值）。正文指针 i 是从左向右前进的，一次一个字符，但索引 j 会在 DFA 的指导下在模式字符串中左右移动。

5.3.3.4 构造 DFA

现在你应该已经明白了 DFA 的原理，接下来解决 KMP 算法的关键问题：如何计算给定模式相对应的 dfa[][] 数组？意外的是，这个问题的答案仍然是 DFA 本身！Knuth、Morris 和 Pratt 发明了这种巧妙（但也相当复杂）的构造方式。当在 pat.charAt(j) 处匹配失败时，希望了解的是，如果回退了文本指针并在右移一位之后重新扫描已知的文本字符，DFA 的状态会是什么？我们其实并不想回退，只是想将 DFA 重置到适当的状态，就好像已经回退过文本指针一样。 765

这里的关键在于需要重新扫描的文本字符正是 pat.charAt(1) 到 pat.charAt(j-1) 之间，忽略了首字母是因为模式需要右移一位，忽略了最后一个字符是因为匹配失败。这些模式中的字符都是已知的，因此对于每个可能匹配失败的位置都可以预先找到重启 DFA 的正确状态。图 5.3.8 显示了示例中的各种可能性。请务必理解这个概念。

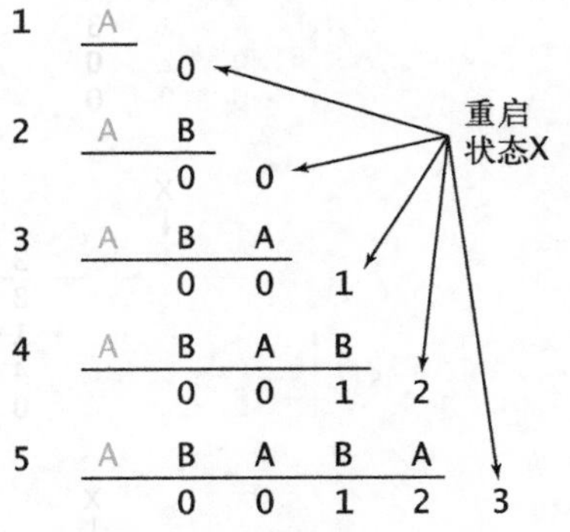

图 5.3.8 计算模式 A B A B A C 的重启状态的 DFA 模拟

DFA 应该如何处理下一个字符？和回退时的处理方式相同，除非在 pat.charAt(j) 处匹配成功，这时 DFA 应该前进到状态 j+1。例如，对于 A B A B A C，要判断在 j=5 时匹配失败后 DFA 应该怎么做。通过 DFA 可以知道完全回退之后算法会扫描 B A B A 并达到状态 3，因此可以将 dfa[][3] 复制到 dfa[][5] 并将 C 所对应的元素的值设为 6，因为 pat.charAt(5) 是 C（匹配）。因为在计算 DFA 的第 j 个状态时只需要知道 DFA 是如何处理前 j–1 个字符的，所以总能从尚不完整的 DFA 中得到所需的信息。

计算中最后一个关键细节是，你可以观察到在处理 dfa[][] 的第 j 列时维护重启位置 X 很容易。因为 X<j，所以可以由已经构造的 DFA 部分来完成这个任务——X 的下一个值是 dfa[pat.charAt(j)][X]。继续上一段中的例子，将 X 的值更新为 dfa['C'][3]=0（但我们不会使用这个值，因为 DFA 的构造已经完成了）。

由以上的讨论可以得到右侧框注这段短小精悍的代码来构造给定模式的 DFA。对于每个 j，它将会：

- ❑ 将 dfa[][X] 复制到 dfa[][j]（对于匹配失败的情况）；
- ❑ 将 dfa[pat.charAt(j)][j] 设为 j+1（对于匹配成功的情况）；
- ❑ 更新 X。

```
dfa[pat.charAt(0)][0] = 1;
for (int X = 0, j = 1; j < M; j++)
{  // 计算dfa[][j]
   for (int c = 0; c < R; c++)
      dfa[c][j] = dfa[c][X];
   dfa[pat.charAt(j)][j] = j+1;

   X = dfa[pat.charAt(j)][X];
}
```

KMP子字符串查找算法中DFA的构造 766

图 5.3.9 显示了这段代码处理样例输入的轨迹。为了确保你能完全理解它，请完成练习 5.3.2 和练习 5.3.3。

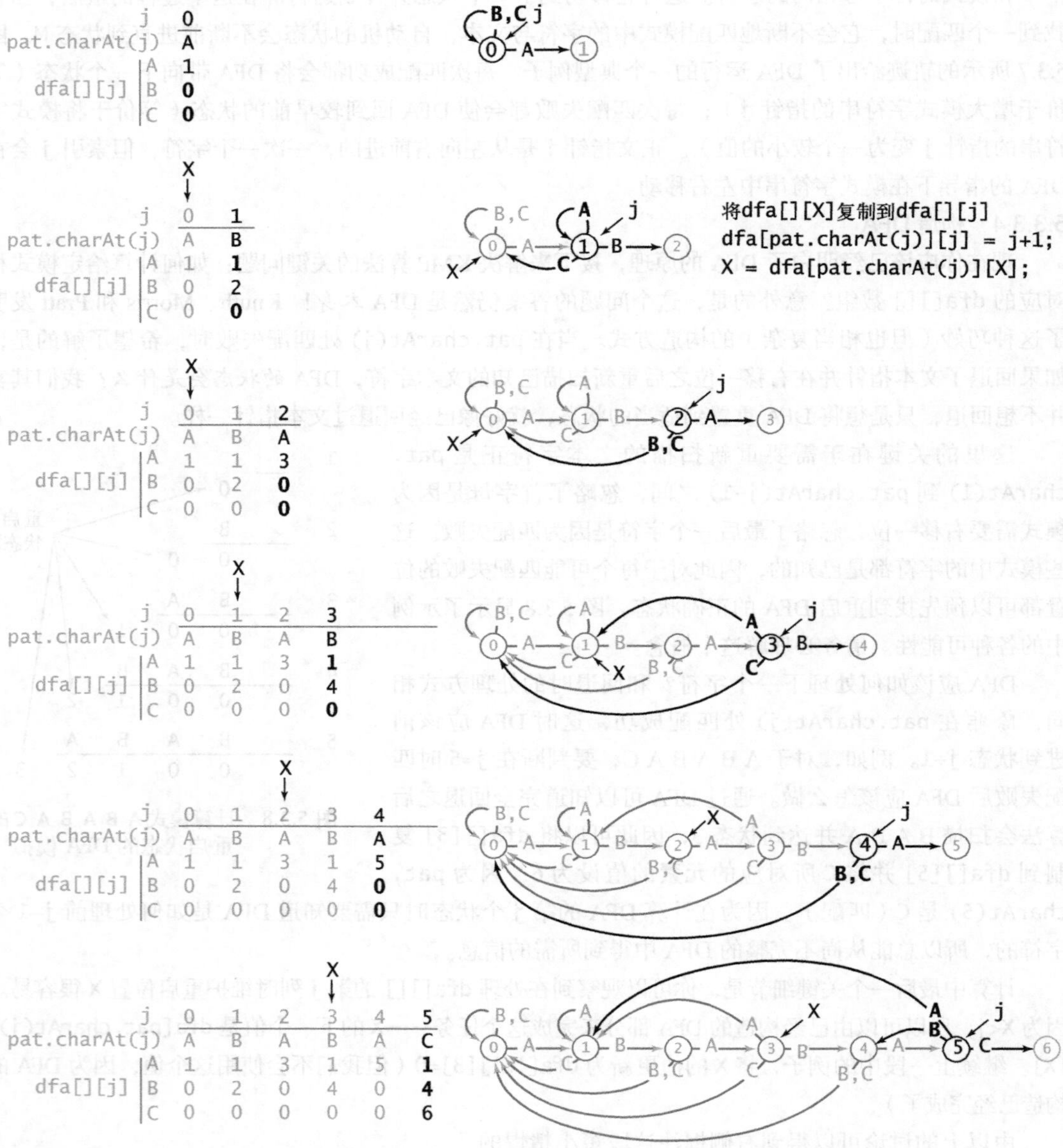

	j	0	
pat.charAt(j)		A	
dfa[][j]	A	1	
	B	0	
	C	0	

将dfa[][X]复制到dfa[][j]
dfa[pat.charAt(j)][j] = j+1;
X = dfa[pat.charAt(j)][X];

	j	0	1
pat.charAt(j)		A	B
dfa[][j]	A	1	1
	B	0	2
	C	0	0

	j	0	1	2
pat.charAt(j)		A	B	A
dfa[][j]	A	1	1	3
	B	0	2	0
	C	0	0	0

	j	0	1	2	3
pat.charAt(j)		A	B	A	B
dfa[][j]	A	1	1	3	1
	B	0	2	0	4
	C	0	0	0	0

	j	0	1	2	3	4
pat.charAt(j)		A	B	A	B	A
dfa[][j]	A	1	1	3	1	5
	B	0	2	0	4	0
	C	0	0	0	0	0

	j	0	1	2	3	4	5
pat.charAt(j)		A	B	A	B	A	C
dfa[][j]	A	1	1	3	1	5	1
	B	0	2	0	4	0	4
	C	0	0	0	0	0	6

图 5.3.9 KMP 子字符串查找算法中模式 A B A B A C 的 DFA 的构造

算法 5.6 Knuth-Morris-Pratt 字符串查找算法

```java
public class KMP
{
    private String pat;
    private int[][] dfa;
    public KMP(String pat)
    {  // 由模式字符串构造DFA
```

```
      this.pat = pat;
      int M = pat.length();
      int R = 256;
      dfa = new int[R][M];
      dfa[pat.charAt(0)][0] = 1;
      for (int X = 0, j = 1; j < M; j++)
      {  // 计算dfa[][j]
         for (int c = 0; c < R; c++)
            dfa[c][j] = dfa[c][X];                    // 复制匹配失败情况下的值
         dfa[pat.charAt(j)][j] = j+1;                 // 设置匹配成功情况下的值
         X = dfa[pat.charAt(j)][X];                   // 更新重启状态
      }
   }
   public int search(String txt)
   {  // 在txt上模拟DFA的运行
      int i, j, N = txt.length(), M = pat.length();
      for (i = 0, j = 0; i < N && j < M; i++)
         j = dfa[txt.charAt(i)][j];
      if (j == M) return i - M;  // 找到匹配（到达模式字符串的结尾）
      else        return N;      // 未找到匹配（到达文本字符串的结尾）
   }
   public static void main(String[] args)
   // 请见下一页的“KMP子字符串查找算法的测试用例”
}
```

该 Knuth-Morris-Pratt 子字符串查找算法的实现的构造函数根据模式字符串构造了一个确定有限状态自动机，使用 search() 方法在给定文本字符串中查找模式字符串。它和暴力子字符串查找算法的功能相同，但带适合查找自我重复性的模式字符串。

```
% java KMP AACAA AABRAACADABRAACAADABRA
text:      AABRAACADABRAACAADABRA
pattern:                 AACAA
```

算法 5.6 实现了表 5.3.1 所示的 API。 768

表 5.3.1　子字符串查找的 API

public class **KMP**	
KMP(String pat)	根据模式字符串 pat 创建一个 DFA
int search(String txt)	在 txt 中找到 pat 的出现位置

你可以在下页框注中看到 KMP 的一个典型的测试用例。KMP 的构造函数会根据模式字符串创建一个 DFA 并用 search() 方法中在给定的文本中查找该模式字符串。

命题 N。 对于长度为 M 的模式字符串和长度为 N 的文本，Knuth-Morris-Pratt 字符串查找算法访问的字符不会超过 $M+N$ 个。

证明。 由代码可以马上得到，在计算 dfa[][] 时，算法会访问模式字符串中的每个字符一次，在 search() 方法中会访问文本中的每个字符（最坏情况下）一次。

我们还需要引入另一个参数，即字母表的大小 R，所以构造 DFA 所需的总时间（和空间）将与 MR 成正比。如果在构造 DFA 时为每个状态设置一个匹配转换和一个非匹配转换（而非指向每个可能出现的字符的多个转换），那么也可以去掉参数 R，但构造过程会更加复杂一些。

```
public static void main(String[] args)
{
   String pat = args[0];
   String txt = args[1];
   KMP kmp = new KMP(pat);
   StdOut.println("text:    " + txt);
   int offset = kmp.search(txt);
   StdOut.print("pattern: ");
   for (int i = 0; i < offset; i++)
      StdOut.print(" ");
   StdOut.println(pat);
}
```

769 KMP子字符串查找算法的测试用例

KMP 算法为最坏情况提供的线性级别运行时间保证是一个重要的理论成果。在实际应用中，它比暴力算法的速度优势并不十分明显，因为极少有应用程序需要在重复性很高的文本中查找重复性很高的模式。但该方法的一个优点是不需要在输入中回退。这使得 KMP 子字符串查找算法更适合在长度不确定的输入流（例如标准输入）中进行查找，需要回退的算法在这种情况下则需要复杂的缓冲机制。但其实当回退很容易时，还可以比 KMP 快得多。下面，我们来学习一种利用回退来获取巨大性能收益的算法。

5.3.4 Boyer-Moore 字符串查找算法

当可以在文本字符串中回退时，如果可以从右向左扫描模式字符串并将它和文本匹配，那么就能得到一种非常快的字符串查找算法。例如，在查找子字符串 B A A B B A A 时，如果匹配了第七个和第六个字符，但在第 5 个字符处匹配失败，那马上就可以将模式向右移动 7 个位置并继续检查文本中的第 14 个字符。这是因为部分匹配找到了 X A A 而 X 不是 B，而这 3 个连续的字符在模式中是唯一的。一般来说，模式的结尾部分也可能出现在文本的其他位置，因此和 Knuth-Morris-Pratt 算法一样，也需要一个记录重启位置的数组。本节不会再次详细介绍它的构造方法，因为它和 Knuth-Morris-Pratt 算法中的实现很相似。这里将讨论 Boyer 和 Moore 给出的另一种从右向左扫描模式字符串的更有效的方法。

和 KMP 子字符串查找算法的实现一样，我们会根据匹配失败时文本和模式中的字符来决定下一步的行动。而预处理步骤的目的在于判断对于文本中可能出现的每一个字符，在匹配失败时算法应该怎么办。将这个想法变为现实就可以得到一种高效实用的子字符串查找算法。

5.3.4.1 启发式的处理不匹配的字符

请看图 5.3.10，它显示了在文本 F I N D I N A H A Y S T A C K N E E D L E 中查找模式 N E E D L E 的过程。因为是从右向左与模式进行匹配，所以首先会比较模式字符串中的 E 和文本中的 N（位置为 5 的字符）。因为 N 也出现在了模式字符串中，所以将模式字符串向右移动 5 个位置，将文本中的字符 N 和模式字符串中（最左侧）的 N 对齐。然后比较模式字符串最右侧的 E 和文本中的 S（位置在第 10 个字符），匹配失败。但因为 S 不包含在模式字符串中，所以可以将模式字符串向右移动 6 个位置。此时模式字符串最右侧的 E 和文本中位置为 16 的 E 相匹配，但我们发现文本的下一个（位置为 15 的）字符为 N，匹配再次失败。于是和第一次一样，将模式字符串再次向右移动 4 个位置。最后，从位置 20 处开始从右向左扫描，发现文本中含有与模式匹配的子字符串。这种方法找到匹配位置仅用了 4 次字符比较（以及 6 次比较来验证匹配）！

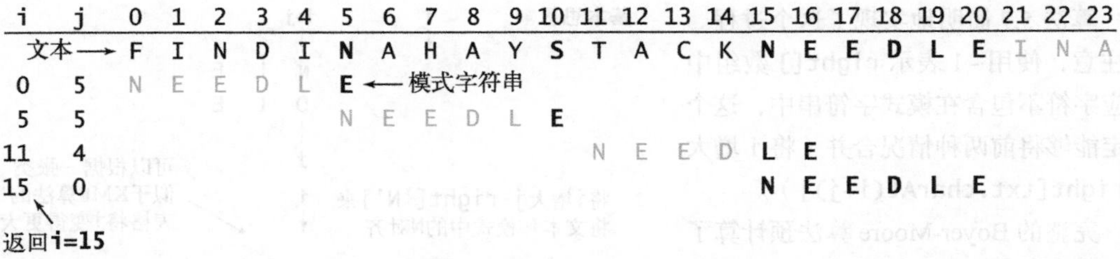

图 5.3.10 从右向左的（Boyer-Moore）子字符串查找中的启发式地处理不匹配的字符 770

5.3.4.2 起点

要实现启发式地处理不匹配的字符，我们使用数组 right[] 记录字母表中的每个字符在模式中出现的最靠右的地方（如果字符在模式中不存在则表示为 –1）。这个值揭示了如果该字符出现在文本中且在查找时造成了一次匹配失败，应该向右跳跃多远。要将 right[] 数组初始化，首先将所有元素的值设为 –1，然后对于 0 到 M–1 的 j，将 right[pat.charAt(j)] 设为 j，如图 5.3.11 对模式 N E E D L E 的处理所示。

c		N 0	E 1	E 2	D 3	L 4	E 5	right[c]
A	-1	-1	-1	-1	-1	-1	-1	-1
B	-1	-1	-1	-1	-1	-1	-1	-1
C	-1	-1	-1	-1	-1	-1	-1	-1
D	-1	-1	-1	-1	**3**	3	3	3
E	-1	-1	**1**	**2**	2	2	**5**	5
...								-1
L	-1	-1	-1	-1	-1	**4**	4	4
M	-1	-1	-1	-1	-1	-1	-1	-1
N	-1	**0**	0	0	0	0	0	0
...								-1

图 5.3.11 Boyer-Moore 算法中的跳跃表的计算

5.3.4.3 子字符串的查找

在计算完 right[] 数组之后，算法 5.7 的实现就很简单了。我们用一个索引 i 在文本中从左向右移动，用另一个索引 j 在模式中从右向左移动。内循环会检查正文和模式字符串在位置 i 是否一致。如果从 M–1 到 0 的所有 j，txt.charAt(i+j) 都和 pat.charAt(j) 相等，那么就找到了一个匹配。否则匹配失败，就会遇到以下三种情况。

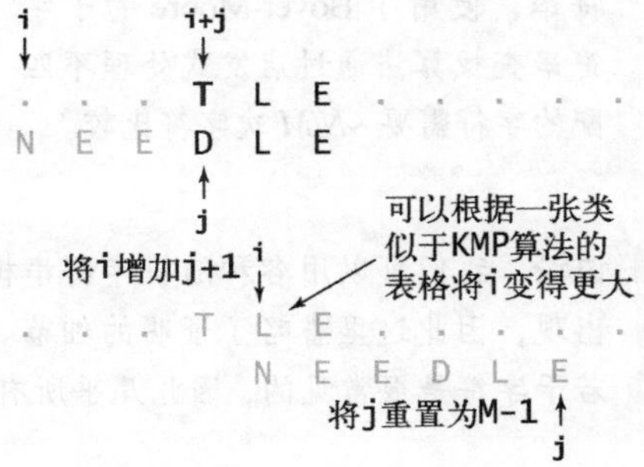

图 5.3.12 启发式地处理不匹配的字符（不匹配的字符不包含在模式字符串中）

- 如果造成匹配失败的字符不包含在模式字符串中，将模式字符串向右移动 j+1 个位置（即将 i 增加 j+1）。小于这个偏移量只可能使该字符与模式中的某个字符重叠。事实上，这次移动也会将模式字符串前面一部分已知的字符和模式结尾的一部分已知字符对齐。通过预先计算一张类似于 KMP 算法的表格，还可以将 i 值变得更大（请见图 5.3.12）。
- 如果造成匹配失败的字符包含在模式字符串中，那就可以使用 right[] 数组来将模式字符串和文本对齐，使得该字符和它在模式字符串中出现的最右位置相匹配。和刚才一样，小于这个偏移量只可能使该字符和模式中的与它无法匹配的字符（比它出现的最右位置更靠右的字符）重叠。我们可以用一张类似于 KMP 算法的表格将 i 变得更大，如图 5.3.13 所示。 771
- 如果这种方式无法增大 i，那就直接将 i 加 1 来保证模式字符串至少向右移动了一个位置。图 5.3.13 下方的例子说明了这种情况。

算法 5.7 简明地实现了这个过程。请注意，使用 –1 表示 `right[]` 数组中相应字符不包含在模式字符串中，这个约定能够将前两种情况合并（将 `i` 增大 `j-right[txt.charAt(i+j)]`）。

完整的 Boyer-Moore 算法预计算了模式字符串与自身的不匹配情况（和 KMP 算法的方式类似①）并为最坏情况提供了线性级别的运行时间保证（而算法 5.7 在最坏情况下的运行时间与 *NM* 成正比——请见练习 5.3.19）。我们在这里省略了算法的计算，因为在一般的应用程序中对不匹配字符的启发式处理已经可以控制算法的性能。

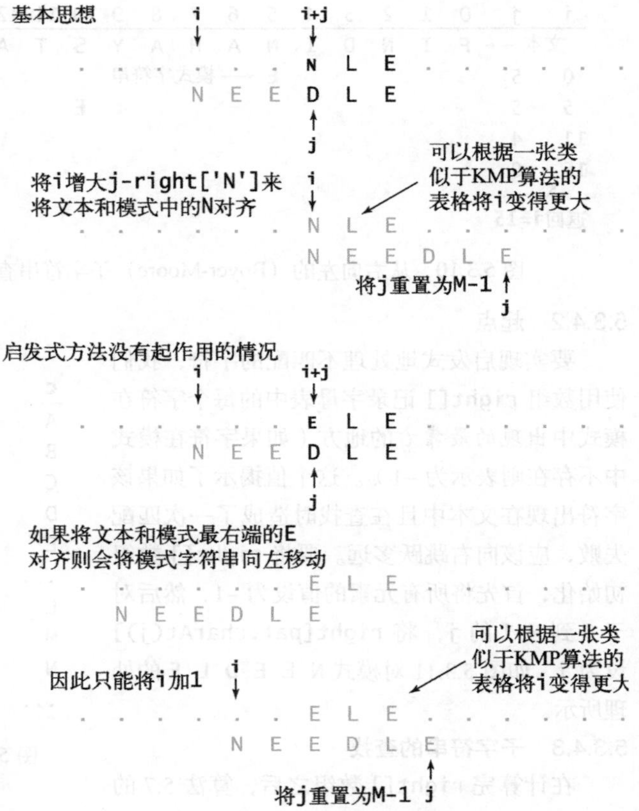

图 5.3.13 启发式的处理不匹配的字符（不匹配的字符包含在模式字符串中）

命题 O。在一般情况下，对于长度为 *N* 的文本和长度为 *M* 的模式字符串，使用了 Boyer-Moore 的子字符串查找算法通过启发式处理不匹配的字符需要 ~*N*/*M* 次字符比较。

讨论。我们可以用各种随机字符串模型证明该结论，但这些模型一般都不太可能在实际情况中出现，因此这里省略了证明的细节。在许多实际应用场景中，模式字符串中仅含有字母表中的若干字符是很常见的，因此几乎所有的比较都会使算法跳过 *M* 个字符，这样就得到了以上结论。

算法 5.7 Boyer-Moore 字符串匹配算法（启发式地处理不匹配的字符）

```
public class BoyerMoore
{
   private int[] right;
   private String pat;
   BoyerMoore(String pat)
   {  // 计算跳跃表
      this.pat = pat;
      int M = pat.length();
      int R = 256;
      right = new int[R];
```

① 即跳跃表。——译者注

```
      for (int c = 0; c < R; c++)
         right[c] = -1;                    // 不包含在模式字符串中的字符的值为-1
      for (int j = 0; j < M; j++)          // 包含在模式字符串中的字符的值为
         right[pat.charAt(j)] = j;         // 它在其中出现的最右位置
   }

   public int search(String txt)
   {  // 在txt中查找模式字符串
      int N = txt.length();
      int M = pat.length();
      int skip;
      for (int i = 0; i <= N-M; i += skip)
      {  // 模式字符串和文本在位置i匹配吗?
         skip = 0;
         for (int j = M-1; j >= 0; j--)
            if (pat.charAt(j) != txt.charAt(i+j))
            {
               skip = j - right[txt.charAt(i+j)];
               if (skip < 1) skip = 1;
               break;
            }
         if (skip == 0) return i;          // 找到匹配
      }
      return N;                            // 未找到匹配
   }

   public static void main(String[] args)  // 请见502页代码框
}
```

这段子字符串查找算法的实现的构造函数根据模式字符串构造了一张每个字符在模式中出现的最右位置的表格。查找算法会从右向左扫描模式字符串，并在匹配失败时通过跳跃将文本中的字符和它在模式字符串中出现的最右位置对齐。 772~773

5.3.5 Rabin-Karp 指纹字符串查找算法

M.O.Rabin 和 R.A.Karp 发明了一种完全不同的基于散列的字符串查找算法。我们需要计算模式字符串的散列函数，然后用相同的散列函数计算文本中所有可能的 M 个字符的子字符串散列值并寻找匹配。如果找到了一个散列值和模式字符串相同的子字符串，那么再继续验证两者是否匹配。这个过程等价于将模式保存在一张散列表中，然后在文本的所有子字符串中进行查找。但不需要为散列表预留任何空间，因为它只会含有一个元素。根据这段描述直接实现的算法将会比暴力子字符串查找算法慢很多（因为计算散列值将会涉及字符串中的每个字符，成本比直接比较这些字符要高得多）。Rabin 和 Karp 发明了一种能够在常数时间内算出 M 个字符的子字符串散列值的方法（需要预处理），这样就得到了在实际应用中的运行时间为线性级别的字符串查找算法。

5.3.5.1 基本思想

长度为 M 的字符串对应着一个 R 进制的 M 位数。为了用一张大小为 Q 的散列表来保存这种类型的键，需要一个能够将 R 进制的 M 位数转化为一个 0 到 Q-1 之间的 int 值散列函数。除留余数法（请见 3.4 节）是一个很好的选择：将该数除以 Q 并取余。在实际应用中会使用一个随机的素数 Q，在不溢出的情况下选择一个尽可能大的值。（因为我们并不会真的需要一张散列表。）理解这个方法最简单的办法就是取一个较小的 Q 和 R=10 的情况，如下所示。要在文本 3 1 4 1 5 9 2 6 5 3 5 8

9 7 9 3 中找到模式 2 6 5 3 5，首先要选择散列表的大小 Q（在这个例子中是 997），则散列值为 26535 % 997 = 613，然后计算文本中所有长度为 5 个数字的子字符串的散列值并寻找匹配。在这个例子中，在找到 613 的匹配之前，得到的散列值分别为 508、201、715、971、442 和 929，请见图 5.3.14。

```
        pat.charAt(j)
 j    0  1  2  3  4
 ----------------------
      2  6  5  3  5  % 997 = 613

                          txt.charAt(i)
 i    0  1  2  3  4  5  6  7  8  9 10 11 12 13 14 15
 ----------------------------------------------------
      3  1  4  1  5  9  2  6  5  3  5  8  9  7  9  3
 0    3  1  4  1  5  % 997 = 508
 1       1  4  1  5  9  % 997 = 201
 2          4  1  5  9  2  % 997 = 715
 3             1  5  9  2  6  % 997 = 971
 4                5  9  2  6  5  % 997 = 442
 5                   9  2  6  5  3  % 997 = 929   匹配
 6 ←— 返回i=6            2  6  5  3  5  % 997 = 613
```

图 5.3.14 Rabin-Karp 字符串查找算法的基本思想

5.3.5.2 计算散列函数

对于 5 位的数值，只需使用 int 值即可完成所有所需的计算。但如果 M 是 100 或者 1000 怎么办？这里使用的是 Horner 方法，
772 773 它和 3.4 节中见过的用于字符串和其他多值类型的键的计算方法非常相似，代码如下面框注所示。这段代码计算了用 char 值数组表示的 R 进制的 M 位数的散列函数，所需时间与 M 成正比。（将 M 作为参数传递给该方法，这样就可以将它同时用于模式字符串和正文。）对于这个数中的每一位数字，将散列值乘以 R，加上这个数字，除以 Q 并取其余数。例如，这样计算示例模式字符串散列值的过程如图 5.3.15 所示。我们也可以用同样的方法计算文本中的子字符串散列值，但这样一来字符串查找算法的成本就将是对文本中的每个字符进行乘法、加法和取余计算的成本之和。在最坏情况下这需要 *NM* 次操作，相对于暴力子字符串查找算法来说并没有任何改进。

```java
private long hash(String key, int M)
{  // 计算key[0..M-1]的散列值
   long h = 0;
   for (int j = 0; j < M; j++)
      h = (R * h + key.charAt(j)) % Q;
   return h;
}
```

Horner方法，用于除留余数法计算散列值

```
        pat.charAt(j)
 i    0  1  2  3  4
 ----------------------
      2  6  5  3  5                R      Q
 0    2  % 997 = 2
 1    2  6  % 997 = (2*10 + 6) % 997 = 26
 2    2  6  5  % 997 = (26*10 + 5) % 997 = 265
 3    2  6  5  3  % 997 = (265*10 + 3) % 997 = 659
 4    2  6  5  3  5  % 997 = (659*10 + 5) % 997 = 613
```

图 5.3.15 使用 Horner 方法计算模式字符串的散列值

5.3.5.3 关键思想

Rabin-Karp 算法的基础是对于所有位置 i，高效计算文本中 i+1 位置的子字符串散列值。这可以由一个简单的数学公式得到。我们用 t_i 表示 txt.charAt(i)，那么文本 txt 中起始于位置 i 的含有 M 个字符的子字符串所对应的数即为：

$$x_i=t_iR^{M-1}+t_{i+1}R^{M-2}+\cdots+t_{i+M-1}R^0$$

假设已知 $h(x_i)=x_i \bmod Q$。将模式字符串右移一位即等价于将 x_i 替换为：

$$x_{i+1}=(x_i-t_iR^{M-1})R+t_{i+M}$$

即将它减去第一个数字的值，乘以 R，再加上最后一个数字的值。现在，关键的一点在于不需要保存这些数的值，而只需要保存它们除以 Q 之后的余数。取余操作的一个基本性质是如果在每次算术操作之后都将结果除以 Q 并取余，这等价于在完成了所有算术操作之后再将最后的结果除以 Q 并取余。曾经在用 Horner 方法（请见 3.4.1.4 节）实现除留余数法时利用过这个性质。这么做的结果就是无论 M 是 5、100 还是 1000，都可以在常数时间内高效地不断向右一格一格地移动。 774~775

5.3.5.4 实现

根据以上讨论可以立即得到算法 5.8 中对该子字符串查找算法的实现。构造函数为模式字符串计算了散列值 patHash 并在变量 RM 中保存了 $R^{M-1} \bmod Q$ 的值。search() 方法开头计算了文本的前 M 个字母的散列值并将它和模式字符串的散列值进行比较。如果未能匹配，它将会在文本中继续前进，用以上讨论的方法计算由位置 i 开始的 M 个字符的散列值，将它保存在 txtHash 变量中并将每个新的散列值和 patHash 进行比较，请见图 5.3.16 和图 5.3.17。（在 txtHash 的计算中，额外加上了一个 Q 来保证所有的数均为正，这样取余操作才能够得到预期的结果。）

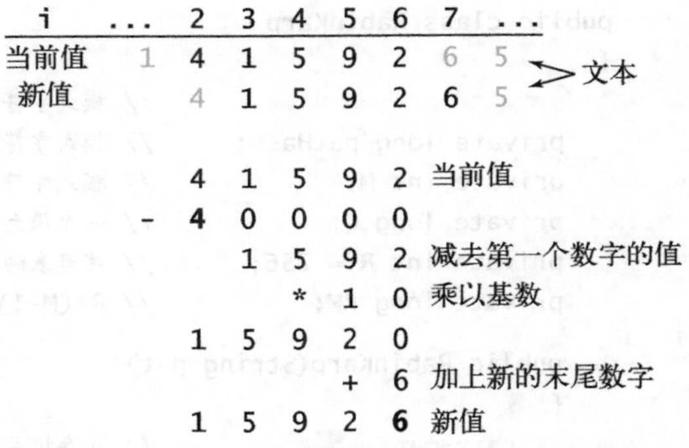

图 5.3.16 Rabin-Karp 字符串查找算法中的关键计算（在文本中右移一位）

5.3.5.5 小技巧：用蒙特卡洛法验证正确性

在文本 txt 中找到散列值与模式字符串相匹配的一个 M 个字符的子字符串之后，你可能会逐个比较它们的字符以确保得到了一个匹配而非相同的散列值。我们不会这么做，因为这需要回退文本指针。作为替代，这里将散列表的“规模”Q 设为任意大的一个值，因为我们并不会真构造一张散列表而只是希望用模式字符串验证是否会产生冲突。我们会取一个大于 10^{20} 的 long 型值，使得一个随机键的散列值与模式字符串冲突的概率小于 10^{-20}。这是一个极小的值。如果它还不够小，你可以将这种方法运行两遍，这样失败的几率将会小于 10^{-40}。这是蒙特卡洛算法一种著名早期应用，它既能够保证运行时间，失败的概率又非常小。检查匹配的其他方法可能很慢（性能有很小的概率相当于暴力算法）但能够确保正确性。这种算法被称为拉斯维加斯算法。

```
 i     0  1  2  3  4  5  6  7  8  9 10 11 12 13 14 15
       3  1  4  1  5  9  2  6  5  3  5  8  9  7  9  3
 0     3  % 997 = 3                       Q
 1     3  1  % 997 = (3*10 + 1) % 997 = 31
 2     3  1  4  % 997 = (31*10 + 4) % 997 = 314
 3     3  1  4  1  % 997 = (314*10 + 1) % 997 = 150
 4     3  1  4  1  5  % 997 = (150*10 + 5) % 997 = 508   RM  R
 5        1  4  1  5  9  % 997 = ((508 + 3*(997 - 30))*10 + 9) % 997 = 201
 6           4  1  5  9  2  % 997 = ((201 + 1*(997 - 30))*10 + 2) % 997 = 715
 7              1  5  9  2  6  % 997 = ((715 + 4*(997 - 30))*10 + 6) % 997 = 971
 8                 5  9  2  6  5  % 997 = ((971 + 1*(997 - 30))*10 + 5) % 997 = 442   匹配
 9                    9  2  6  5  3  % 997 = ((442 + 5*(997 - 30))*10 + 3) % 997 = 929
10 ←— 返回i-M+1=6       2  6  5  3  5  % 997 = ((929 + 9*(997 - 30))*10 + 5) % 997 = 613
```

776 图 5.3.17 Rabin-Karp 子字符串查找算法举例

算法 5.8 Rabin-Karp 指纹字符串查找算法

```
public class RabinKarp
{
   private String pat;          // 模式字符串（仅拉斯维加斯算法需要）
   private long patHash;        // 模式字符串的散列值
   private int M;               // 模式字符串的长度
   private long Q;              // 一个很大的素数
   private int R = 256;         // 字母表的大小
   private long RM;             // R^(M-1) % Q

   public RabinKarp(String pat)
   {
      this.pat = pat;           // 保存模式字符串（仅拉斯维加斯算法需要）
      this.M = pat.length();
      Q = longRandomPrime();                // 请见练习5.3.33
      RM = 1;
      for (int i = 1; i <= M-1; i++)        // 计算R^(M-1) % Q
         RM = (R * RM) % Q;                 //    用于减去第一个数字时的计算
      patHash = hash(pat, M);
   }
   public boolean check(int i)  // 蒙特卡洛算法（请见正文）
   { return true;  }  //     对于拉斯维加斯算法，检查模式与txt(i..i-M+1)的匹配
   private long hash(String key, int M)
   // 请见正文
   private int search(String txt)
   {  // 在文本中查找相等的散列值
      int N = txt.length();
      long txtHash = hash(txt, M);
      if (patHash == txtHash && ckeck(0)) return 0;    // 一开始就匹配成功
      for (int i = M; i < N; i++)
      {  // 减去第一个数字，加上最后一个数字，再次检查匹配
```

```
            txtHash = (txtHash + Q - RM*txt.charAt(i-M) % Q) % Q;
            txtHash = (txtHash*R + txt.charAt(i)) % Q;
            if (patHash == txtHash)
               if (check(i - M + 1)) return i - M + 1; // 找到匹配

         }
         return N;                                   // 未找到匹配
      }
   }
```

该字符串查找算法的基础是散列。它在构造函数中计算了模式字符串的散列值并在文本中查找该散列值的匹配。 777

命题 P。 使用蒙特卡洛算法的 Rabin-Karp 子字符串查找算法的运行时间是线性级别的且出错的概率极小。使用拉斯维加斯算法的 Rabin-Karp 子字符串查找算法能够保证正确性且性能极其接近线性级别。

讨论。 因为我们不需要实际创建一张散列表，使用非常大的 Q 几乎不可能发生散列值冲突。Rabin 和 Karp 证明了只要选择了适当的 Q 值，随机字符串产生散列碰撞的概率为 1/Q。这意味着对于这些变量实际可能出现的值，字符串不匹配时散列值也不会匹配，散列值匹配时字符串才会匹配。理论上来说，文本中的某个子字符串可能会在与模式不匹配的情况下产生散列冲突，但在实际应用中使用该算法寻找匹配是可靠的。

如果你对概率论（或者我们使用的随机字符串模型以及生成随机数字的代码）并不是很有信心，那么可以在 check() 方法中添加检查文本子字符串和模式是否匹配的代码。这将把算法 5.8 变成拉斯维加斯版本（请见练习 5.3.12）。如果你再添加一个方法来检查这段代码是否真正被执行过，随着时间的推移你就会逐渐相信概率论的证明了。

Rabin-Karp 字符串查找算法也称为*指纹字符串查找算法*，因为它只用了极少量信息就表示了（可能非常大的）模式字符串并在文本中寻找它的指纹（散列值）。算法的高效性来自于对指纹的高效计算和比较。 778

5.3.6 总结

表 5.3.2 总结了我们已经讨论过的各种子字符串查找算法。尽管常常出现多个算法都能完成相同的任务的情况，但它们都各有特点：暴力查找算法的实现非常简单且在一般的情况下都工作良好；（Java 的 String 类型的 indexOf() 方法使用的就是暴力子字符串查找算法。）Knuth-Morris-Pratt 算法能够保证线性级别的性能且不需要在正文中回退；Boyer-Moore 算法的性能在一般情况下都是亚线性级别（可能是线性级别的 M 倍）；Rabin-Karp 算法是线性级别。每种算法也各有缺点：暴力查找算法所需的时间可能和 MN 成正比；Knuth-Morris-Pratt 算法和 Boyer-Moore 算法都需要额外的内存空间；Rabin-Karp 算法的内循环很长（若干次算术运算，而其他算法都只需要比较字符）。这些特点都总结在了表 5.3.2 中。

（续）

表 5.3.2 各种字符串查找算法的实现的成本总结

算 法	版 本	操作次数		在文本中回退	正确性	额外的空间需求
		最坏情况	一般情况			
暴力算法	—	MN	$1.1N$	是	是	1
Knuth-Morris-Pratt 算法	完整的 DFA（算法 5.6）	$2N$	$1.1N$	否	是	MR
	仅构造不匹配的状态转换	$3N$	$1.1N$	否	是	M
	完整版本	$3N$	N/M	是	是	R
Boyer-Moore 算法	启发式的查找不匹配的字符（算法 5.7）	MN	N/M	是	是	R
Rabin-Karp 算法*	蒙特卡洛算法（算法 5.8）	$7N$	$7N$	否	是*	1
779	拉斯维加斯算法	$7N$*	$7N$	是	是	1

*概率保证，需要使用均匀和独立的散列函数。

答疑

问 子字符串查找问题看起来并没有什么实际用处，我们真的需要理解这些复杂的算法吗？

答 这个……Boyer-Moore 算法能够将速度提高 M 倍，在实际应用当中还是相当强大的。另外，能够处理流输入（无需回退）的性质也给 KMP 算法和 Rabin-Karp 算法带来了许多应用。除了这些直接的实际应用之外，这些算法也为我们介绍了抽象自动机和随机性在算法设计领域的应用。

问 为什么不能通过将所有字符都转换为二进制数并处理二进制的文本来简化问题呢？

780 答 这种方法并没有什么效果，因为字符的边界处可能产生错误的匹配。

练习

5.3.1 使用算法 5.6 相同的 API，开发一个暴力子字符串查找算法的实现 `Brute`。

5.3.2 在 Knuth-Morris-Pratt 算法中，给出模式 `A A A A A A A A A` 的 `dfa[][]` 数组，按照正文中的样式画出 DFA。

5.3.3 在 Knuth-Morris-Pratt 算法中，给出模式 `A B R A C A D A B R A` 的 `dfa[][]` 数组，按照正文中的样式画出 DFA。

5.3.4 编写一个方法，接受一个字符串 `txt` 和一个整数 `M` 作为参数，返回字符串中 `M` 个连续的空格第一次出现的位置，如果不存在则返回 `txt.length`。估计你的方法在一般的文本中和在最坏情况下所需的字符比较次数。

5.3.5 开发一个暴力子字符串查找算法的实现 `BruteForceRL`，从右向左匹配模式字符串（算法 5.7 的简化版本）。

5.3.6 给出算法 5.7 的构造函数计算模式 `A B R A C A D A B R A` 所得到的 `right[]` 数组。

5.3.7 为暴力子字符串查找算法的实现添加一个 `count()` 方法，统计模式字符串在文本中的出现次数，再添加一个 `searchAll()` 方法来打印出所有出现的位置。

5.3.8 为 KMP 类添加一个 `count()` 方法来统计模式字符串的在文本中的出现次数，再添加一个 `searchAll()` 方法来打印出所有出现的位置。

5.3.9 为 BoyerMoore 类添加一个 count() 方法来统计模式字符串的在文本中的出现次数，再添加一个 searchAll() 方法来打印出所有出现的位置。

5.3.10 为 RabinKarp 类添加一个 count() 方法来统计模式字符串的在文本中的出现次数，再添加一个 searchAll() 方法来打印出所有出现的位置。

5.3.11 为算法 5.7 实现的 Boyer-Moore 算法构造一个最坏情况下的输入（说明它的运行时间不是线性级别的）。

5.3.12 为 RabinKarp 类（算法 5.8）的 check() 方法中添加代码，将它变为使用拉斯维加斯算法的版本（检查给定位置的文本和模式字符串是否匹配）。

5.3.13 在算法 5.7 实现的 Boyer-Moore 算法中，证明当 c 为模式字符串中的最后一个字符时，能够将 right[c] 设为 c 在模式字符串中的倒数第二次出现的位置。 781

5.3.14 使用 char[] 代替 String 来表示文本和模式字符串，给出本节中的各种子字符串查找算法的实现。

5.3.15 设计一个从右向左扫描模式字符串的暴力子字符串查找算法。

5.3.16 按照正文中轨迹的样式显示暴力子字符串查找算法在处理以下模式和文本时的轨迹。

a. 模式：AAAAAAAB 文本：AAAAAAAAAAAAAAAAAAAAAAAAB

b. 模式：ABABABAB 文本：ABABABABAABABABABAAAAAAAA

5.3.17 为以下模式字符串画出 KMP 算法的 DFA。

a. AAAAAAB

b. AACAAAB

c. ABABABAB

d. ABAABAAABAAAB

e. ABAABCABAABCB

5.3.18 假设模式字符串和文本都是由大小为 R（不小于 2）的字母表随机生成的字符串。证明暴力算法预期的字符比较次数为 $(N-M+1)(1-R^{-M})/(1-R^{-1}) \leqslant 2(N-M+1)$。

5.3.19 构造一个使 Boyer-Moore 算法（仅使用对不匹配字符的启发式查找）性能低下的样例输入。

5.3.20 如何修改 Rabin-Karp 算法才能够判定 k 个模式（假设它们的长度全部相同）中的任意子集出现在文本之中？

解答：计算所有 k 个模式字符串的散列值并将散列值保存在一个 StringSET（请见练习 5.2.6）对象中。

5.3.21 如何修改 Rabin-Karp 算法来查找中间字符为“通配符”（能够匹配任意字符的符号）的模式字符串？ 782

5.3.22 如何修改 Rabin-Karp 算法来在 $N \times N$ 的文本中查找一个 $H \times V$ 的模式？

5.3.23 编写一个程序，一次读入字符串中的一个字符并立即判断当前字符串是否为回文。提示：使用 Rabin-Karp 的散列思想。 783

提高题

5.3.24 **找出所有子字符串。**为我们学习过的 4 种字符串查找算法添加一个 findAll() 方法，返回一个 Iterable<Integer> 对象使得用例能够遍历文本中模式字符串出现的所有位置。

5.3.25 **流输入。**为 KMP 类添加一个 search() 方法，接受一个 In 类型的变量作为参数，在不使用其他任何实例变量的条件下在指定的输入流中查找模式字符串。为 RabinKarp 类也添加一个类似的方法。

5.3.26 回环变位。编写一个程序，对于给定的两个字符串，检查它们是否互为对方的回环变位。例如 example 和 ampleex。

5.3.27 串联重复查找。在字符串 s 中，基础字符串 b 的串联重复就是连续将 b 至少重复两遍（无重叠）的一个子字符串。开发并实现一个线性时间的子字符串查找算法，接受给定的字符串 b 和 s，返回 s 中 b 的最长串联重复的起始位置。例如，当 b 为 "abcad" 而 s 为 "abc**abcababcababcaba**bcab" 时，你的程序应该返回 3。

5.3.28 暴力子字符串查找算法中的缓冲区。向你为练习 5.3.1 给出的解答中添加一个 search() 方法，接受一个（In 类型的）输入流作为参数并在给定的输入流查找模式字符串。注意：你需要维护一个至少能够保存输入流的前 M 个字符的缓冲区。面临的挑战是要编写高效的代码为任意输入流初始化、更新和清理缓冲区。

5.3.29 Boyer-Moore 算法中的缓冲区。为算法 5.7 添加一个 search() 方法，接受一个（In 类型的）输入流作为参数并在给定的输入流中查找模式字符串。

5.3.30 二维查找。实现另一个版本的 Rabin-Karp 算法，在二维文本中查找模式，假设模式和文本都是由字符组成的矩形。

5.3.31 随机模式。在一段给定的文本中查找一个长度为 100 的随机模式字符串需要多少次字符比较？

答：一次也不用。以下方法就可以有效的完成这个任务：

```
public boolean search(char[] txt)
{  return false; }
```

因为一个长度为 100 的随机模式字符串出现在任何文本中的概率之低足以让我们认为它是 0。

784 5.3.32 不同的子字符串。使用 Rabin-Karp 算法的思想完成练习 5.2.14。

5.3.33 随机素数。为 RabinKarp 类（算法 5.8）实现 longRandomPrime() 方法。提示：随机的 n 位数字是素数的概率与 $1/n$ 成正比。

5.3.34 直线型代码。①Java 的虚拟机（以及计算机上的汇编语言）支持一种 goto 指令，它使我们能够将查找“嵌入”到机器代码中，如下方的程序所示（这段程序等价于在 KMP 算法中用 KMPdfa 数组模拟模式的 DFA 的运行，但效率要高的多）。为了避免在每次增大 i 时检查是否已经到达文本的结尾，假设文本的最后 M 个字符就是模式字符串本身。在这段代码中 goto 的标签与 dfa[] 数组完全一一对应。编写一个静态方法，接受一个模式作为参数，产生一段类似的直线型代码来查找给定的模式。

```
    int i = -1;
sm: i++;
s0: if (txt[i]) != 'A' goto sm;
s1: if (txt[i]) != 'A' goto s0;
s2: if (txt[i]) != 'B' goto s0;
s3: if (txt[i]) != 'A' goto s2;
s4: if (txt[i]) != 'A' goto s0;
s5: if (txt[i]) != 'A' goto s3;
    return i-8;
```

处理模式字符串A A B A A A 的直线型代码

5.3.35 二进制字符串中的 Boyer-Moore 算法。启发式处理不匹配的字符对于二进制字符串并没有什么作用，因为匹配失败的可能字符只有两种（而且它们都非常可能出现在模式字符串中）。编写一个适用于二进制字符串的子字符串查找类，它应该能够将多个位组合成可以被算法 5.7 处理的“字符”。注意：如果你每次都取 b 位，那么需要一个含有 2^b 个元素的 right[] 数组。b 的值不能太大，以保证 right[] 数组不会太大；也不能太小，以使文本中大多数 b 位字符不太可能出现在模式中——模式中含有 $M-b+1$ 种不同的 b 位字符（从第 1 到第 $M-b+1$ 位的每个位置上各有一个），

① 译法参考《代码大全》，第二版第14章。——译者注

因此 $M-b+1$ 远小于 2^b。例如，如果你选择的 b 使得 2^b 约等于 $\lg(4M)$，那么 right[] 数组中超过四分之三的元素的值都将是 -1。但不要让 b 小于 $M/2$，否则当模式字符串横跨两个 b 位字符时你完全可能会漏掉它。 785

实验题

5.3.36 随机文本。编写一个程序，接受整型参数 M 和 N，生成一个长度为 N 的随机二进制文本字符串，计算该字符串的最后 M 位在整个字符串中的出现次数。注意：不同的 M 值适用的方法可能不同。

5.3.37 随机文本的 KMP 算法。编写一个用例，接受整型参数 M、N 和 T 并运行以下实验 T 遍：随机生成一个长度为 M 的模式字符串和一段长度为 N 的文本，记录使用 KMP 算法在文本中查找该模式时比较字符的次数。修改 KMP 类的实现来记录比较次数并打印出重复 T 次之后的平均比较次数。

5.3.38 随机文本的 Boyer-Moore 算法。对于 Boyer-Moore 算法完成上一道练习。

5.3.39 运行时间。编写一段程序，用本节学习的 4 种算法在《双城记》（tale.txt）中查找以下字符串并记录时间：

```
it is a far far better thing that i do than i have ever done
```

讨论你的结果在何种程度上验证了正文对这几种算法的性能猜想。 786

5.4 正则表达式

在许多应用程序中，我们在查找子字符串时并没有被查找模式的完整信息。文本编辑器的用户可能希望仅指定模式的一部分，或是指定某种能够匹配若干个不同单词的模式，或是指定几种可以任意匹配的不同模式。例如，生物学家可能希望在基因组序列中寻找满足特定条件的基因。本节中，我们将会学习如何高效地完成这种类型的模式匹配。

5.3 节中的算法完全依赖指定完整的模式字符串，因此需要寻找不同的方法。本节将会学习的一些基本工具能够构造一个非常强大的字符串查找程序，它能够在长度为 N 的文本中匹配长度为 M 的复杂模式。在最坏情况下，它所需的时间和 MN 成正比，而在一般的应用程序中还会快得多。

首先，我们需要一种描述模式的方法，即一种严谨的说明上述“部分子字符串的查找问题”的方式。这份说明必须含有一些比 5.3 节中使用的“检查文本字符串的第 i 个字符和模式字符串的第 j 个字符是否匹配”更加强大的原始操作。为此，我们使用*正则表达式*。它能够用自然、简单而强大的 3 种操作组合来描述模式。

程序员使用正则表达式的历史已经有数十年了。随着网络搜索的爆炸性增长，它们的使用变得更加广泛。本节开始会讨论几个应用程序。这不仅是为了让你感受它的用途和功能，也是为了让你对它的基本性质更加熟悉。

和 5.3 节中的 KMP 算法一样，本节也将使用一种能够在文本中查找模式的抽象自动机来描述这 3 种基本的操作。模式匹配算法同样会构造一个这样的自动机并模拟它的运行。当然，这种模式匹配自动机比 KMP 算法的 DFA 更加复杂，但不会超出你的想象。

你将会看到，我们为模式匹配问题给出的解答和计算机科学中最基础的问题有着紧密的联系。例如，我们在程序中用于完成给定模式下的字符串查找任务的算法和 Java 系统中用来将 Java 程序
787~788 转化为计算机上的机器语言的算法很相似。我们还会遇到*非确定性*这个概念。它在人们对高效算法的追求中起到了关键的作用（请见第 6 章）。

5.4.1 使用正则表达式描述模式

我们的重点是模式的描述，它由 3 种基本操作和作为操作数的字符组成。这里，我们用*语言*指代一个字符串的集合（可能是无限的），用*模式*指代一种语言的详细说明。我们将要学习的规则和大家都很熟悉的算术表达式中的规则十分类似。

5.4.1.1 连接操作

第一种基本操作就是 5.3 节中使用过的连接操作。当我们写出 AB 时，就指定了一种语言 {AB}。它含有一个由两个字符组成的字符串，由 A 和 B 连接而成。

5.4.1.2 或操作

第二种基本操作可以在模式中指定多种可能的匹配。如果我们在两种选择之间指定了一个*或*运算符，那么它们都将属于同一种语言。我们用竖线符号“|”表示这个操作。例如，A|B 指定的语言是 {A,B}，A|E|I|O|U 指定的语言是 {A,E,I,O,U}。连接操作的优先级高于或操作，因此 AB|BCD 指定的语言是 {AB,BCD}。

5.4.1.3 闭包操作

第三种基本操作可以将模式的部分重复任意的次数。模式的闭包是由将模式和自身连接任意多次（包括零次）而得到的所有字符串所组成的语言。我们将“*”标记在需要被重复的模式之后，以表示闭包。闭包操作的优先级高于连接操作，因此 AB* 指定的语言由一个 A 和 0 个或多个 B 的字

符串组成，而 A*B 指定的语言由 0 个或多个 A 和一个 B 的字符串组成。空字符串的记号是 ∈，它存在于所有文本字符串之中（包括 A*）。

5.4.1.4 括号

我们使用括号来改变默认的优先级顺序。例如，C(AC|B)D 指定的语言是 {CACD,CBD}，(A|C)((B|C)D) 指定的语言是 {ABD,CBD,ACD,CCD}，(AB)* 指定的语言是由将 AB 连接任意多次得到的所有字符串和空字符串组成的 {∈,AB,ABAB,...}

这些简单的例子已经可以写出虽然复杂但却清晰而完整的描述某种语言的正则表达式了（示例请见表 5.4.1）。某些语言可能可以用其他方式简单表述，但找到这些简单的方法可能会比较困难。例如，表格的最后一行中的正则表达式指定的就是 (A|B)* 的一个只含有偶数个 B 的子集。

表 5.4.1 正则表达式举例

正则表达式	匹配的字符串	不匹配的字符串	
(A|B)(C|D)	AC AD BC BD	其他所有字符串	
A(B|C)*D	AD ABD ACD ABCCBD	BCD ADD ABCBC	
A*|(A*BA*BA*)*	AAA BBAABB BABAAA	ABA BBB BABBAAA	789

正则表达式都是非常简单的形式语言对象，甚至比你在小学里学到的算术表达式更简单。我们将会利用它的简洁性开发小巧而高效的算法来处理它们。首先给出如下正式定义。

定义。一个正则表达式可以是：

- 空字符串 ∈；
- 单个字符；
- 包含在括号中的另一个正则表达式；
- 两个或多个连接起来的正则表达式；
- 由或运算符分隔的两个或多个正则表达式；
- 由闭包运算符标记的一个正则表达式。

这段定义描述了正则表达式的语法，说明了怎样才是一个合法的正则表达式。在本节中对给定正则表达式的非形式化的描述是它的语义。作为复习，我们要继续在形式定义中对它们进行总结。

定义（续）。每个正则表达式表示的都是一个字符串的集合，它们的定义如下所述。

- 空正则表达式表示的字符串的集合为空，含有 0 个元素。
- 一个字符表示的字符串的集合含有一个元素，即该字符本身。
- 一个由括号和包含在其中的正则表达式组成的正则表达式表示的字符串的集合与括号内的正则表达式相同。
- 由两个正则表达式连接起来的正则表达式表示的字符串的集合为这两个正则表达式分别表示的字符串集合的叉乘。（按照正则表达式中指定的顺序，由一个字符串集合中的元素和另一个字符串集合中的元素相连接所能够组合而成的所有字符串。）
- 由或运算符连接的两个正则表达式所表示的字符串的集合为两个正则表达式所分别表示的字符串集合的并集。

- 由一个正则表达式的闭包所表示的字符串的集合由 ∈（空字符串）或将被修饰的正则表达式所表示的字符串集合重复任意次所得到的所有字符串所组成。

一般来说，给定正则表达式所描述的语言可能非常庞大，甚至是无限的。描述一种语言可以有许多种不同的方法，我们必须尝试给出最简洁的模式，就像在不断地尝试写出简洁的程序和实现高
790 效的算法一样。

5.4.2 缩略写法

一般的应用程序都在基本规则的基础上增加了各种额外的规则，以力求简洁地描述实际应用中所需要的语言。从理论角度来看，它们都只是涉及多个操作数的一系列操作的缩略写法；从实际角度来看，它们是对基本操作的实用扩展，以便能够写出小巧的模式。

5.4.2.1 字符集描述符

只用一个或几个字符来直接表示一个字符集时常能够带来方便。点“.”是一个能够表示任意字符的通配符。包含在方括号中的一系列字符表示这些字符中的任意一个。这一系列字符可以由一个范围来表示。如果开头字符为“^”，这个方括号表示的就是任意非该括号内的字符。这些记法都是一系列或操作的简写，请见表 5.4.2。

表 5.4.2 字符集描述符

名称	记法	举例
通配符	.	A.B
指定的集合	包含在 [] 中的字符	[AEIOU]*
范围集合	包含在 [] 中，由“-”分隔	[A-Z] [0-9]
补集	包含在 [] 中，首字母为“^”	[^AEIOU]*

5.4.2.2 闭包的简写

闭包运算符表示将它的操作数复制任意多次。在实际应用中，我们希望能够灵活指定重复的次数，或者是次数的范围。我们用“+”（加号）表示至少复制一次，“?”（问号）表示重复 0 次或 1 次，用写在“{}”（花括号）内的数或者范围来指定重复的次数。和刚才一样，这些记法也是一系列基本的连接、或和闭包操作的简写，请见表 5.4.3。

表 5.4.3 闭包的简写（指定操作数的重复次数）

选项	记法	举例	原始写法	语言中的字符串	不在语言中的字符串
至少重复 1 次	+	(AB)+	(AB)(AB)*	AB ABABAB	∈ BBBAAA
重复 0 或 1 次	?	(AB)?	∈|AB	∈ AB	所有其他字符串
重复指定次数	由 {} 指定次数	(AB){3}	(AB)(AB)(AB)	ABABAB	所有其他字符串
重复指定范围的次数	由 {} 指定范围	(AB){1-2}	(AB)|(AB)(AB)	AB ABAB	所有其他字符串

5.4.2.3 转义序列

某些字符，例如“\”、“.”、“|”、“*”、“(”和“)”，都是用来构造正则表达式的元字符。我们使用以反斜杠开头的转义序列来将元字符和字母表中的字符区别开来。一个转义序列可以是一个“\”加上单个元字符（这就表示这个字符本身）。例如，“\\”表示的就是“\”。其他转义

序列表示了特殊字符和空白字符。例如，"\t" 表示一个制表符，"\n" 表示一个换行符，"\s" 表示任意空白字符。 791

5.4.3 正则表达式的实际应用

实际应用已经证明了正则表达式善于描述与语言有关的内容。因此，正则表达式使用广泛，这方面的研究也比较深入。为了让你能在熟悉正则表达式的同时向你展示一些它的用途，在讨论正则表达式的模式匹配算法之前先给出一些实际应用的例子。正则表达式在计算机科学理论中也起到了重要的作用。在本书中完整说明它的应用范围不切实际，但会在适当的地方提到相关的理论成果。

5.4.3.1 子字符串查找

我们的总体目标是开发一种算法，能够判定给定子字符串是否包含在给定正则表达式所描述的字符串集合之中。如果文本包含在模式所描述的语言之中，就称文本和模式相**匹配**。正则表达式的模式匹配一般化了 5.3 节中的子字符串查找问题。准确地说，要在一段文本 `txt` 中查找一个子字符串 `pat`，就是检查 `txt` 是否存在于模式 "`.*pat.*`" 所描述的语言之中。

5.4.3.2 合法性检查

在使用互联网时，你常常会遇到正则表达式。当你在某个商业网站上输入一个日期或是账号时，输入处理程序会检查输入的格式是否正确。进行这类检查的一种方式是用代码检查所有可能出现的情况：如果你应该输入一个金额（美元），代码就会检查第一个字符是否是 "$"，而且 "$" 之后的字符是否是一组数字，等等。更好的办法是定义一个正则表达式来描述所有合法的输入。之后，检查用户的输入是否合法就完全是模式匹配问题了：输入包含在正则表达式所描述的语言之中吗？随着这种检查的广泛应用，使用正则表达式进行常见检查的库在互联网上已经随处可见，请见表 5.4.4。一般来说，相比一个能够检查所有情况的程序，正则表达式是对所有有效字符串的集合更加准确和精炼的表达。

表 5.4.4 正则表达式的典型应用（简化版本）

应用场景	正则表达式	匹　配
字符串查找	`.*NEEDLE.*`	`A HAYSTACK NEEDLE IN`
电话号码	`\([0-9]{3}\)\ [0-9]{3}-[0-9]{4}`	`(800) 867-5309`
Java 标识符	`[$_A-Za-z][$_A-Za-z0-9]*`	`Pattern_Matcher`
基因组	`gcg(cgg|agg)*ctg`	`gcgaggaggcggcggctg`
电子邮件地址	`[a-z]+@([a-z]+\.)+(edu|com)`	`rs@cs.princeton.edu`

792

5.4.3.3 程序员的工具箱

正则表达式模式匹配的起源是 Unix 的命令 `grep`，它会打印出和给定正则表达式匹配的所有输入行。这个工具是数代程序员的无价之宝，而正则表达式也已经被内置于许多现代编程系统之中，从 awk 和 emacs，到 Perl、Python 和 Javascript。例如，某个目录中含有许多 .java 文件，而你希望知道哪些文件使用了 `StdIn`。这条命令可以很快给出答案：

```
% grep StdIn *.java
```

它会打印出每个文件中与 "`.*StdIn.*`" 匹配的每一行代码。

5.4.3.4 基因组

生物学家也会使用正则表达式来研究重要的科学问题。例如，人类的基因序列的某个区域可以用正则表达式 `gcg(cgg)*ctg` 描述，其中模式 `cgg` 的重复次数在不同的个体之间有很大区别。人们已知某种能够造成智力障碍和其他一些症状的基因疾病和该模式的高重复次数有关。

5.4.3.5 搜索

互联网搜索引擎都支持正则表达式，但可能不是非常完整。一般来说，如果你希望通过“|”指定其他的匹配模式或者通过“*”产生重复，它都能做到。

5.4.3.6 正则表达式的可能性

理论计算机科学的第一堂入门课程就是找出正则表达式所能够指定的语言集合。例如，你可能会感到意外的是，正则表达式能够实现取余操作：例如 `(0 | 1(01*0)*1)*` 描述的所有由 0 和 1 组成的字符串都是 3 的倍数的二进制表示！也就是说，11、110、1001 和 1100 都在这个语言之中，而 10、1011 和 10000 都不在。

5.4.3.7 局限

并不是所有的语言都可以用正则表达式定义。一个令人深思的示例就是不存在能够描述所有合法正则表达式字符串的集合的正则表达式。这个示例的简单版本包括无法使用正则表达式检查括号是否匹配完整以及检查字符串中的 A 和 B 的数量是否一样多。

这些例子都只是冰山一角。正则表达式是计算性基础设施中非常实用的一部分，对于帮助我们理解计算的本质起到了重要的作用。和 KMP 算法一样，下面将要描述的算法也是在探索这个理论
793 过程中的副产品。

5.4.4 非确定有限状态自动机

我们可以将 Knuth-Morris-Pratt 算法看作一台由模式字符串构造的能够扫描文本的有限状态自动机。对于正则表达式，我们要将这个思想推而广之。

KMP 的有限状态自动机会根据文本中的字符改变自身的状态。当且仅当自动机达到停止状态时它才找到了一个匹配。算法本身就是模拟这种自动机，这种自动机的运行很容易模拟的原因是因为它是*确定性的*：每种状态的转换都完全由文本中的字符所决定。

要处理正则表达式，就需要一种更加强大的抽象自动机。因为或操作的存在，自动机无法仅根据一个字符就判断出模式是否出现；事实上，因为闭包的存在，自动机甚至无法知道需要检查多少字符才会出现匹配失败。为了克服这些困难，我们需要*非确定性*的自动机：当面对匹配模式的多种可能时，自动机能够“猜出”正确的转换！你也许会认为这种能力是不可能的，但你会看到，编写一个程序来构造*非确定有限状态自动机*（NFA）并有效模拟它的运行是很简单的。正则表达式模式匹配程序的总体结构和 KMP 算法的总体结构几乎相同：

- ❑ 构造和给定正则表达式相对应的非确定有限状态自动机；
- ❑ 模拟 NFA 在给定文本上的运行轨迹。

Kleene *定理*是理论计算机科学中的一个重要结论，它证明了对于任意正则表达式都存在一个与之对应的非确定有限状态自动机（反之亦然）。我们会学习该定理的证明并演示如何将任意正则表达式转变为一台非确定有限状态自动机，然后模拟 NFA 的运行轨迹来完成模式匹配任务。

在学习如何构造模式匹配的 NFA 之前，先来看一个示例，它说明了 NFA 的性质和操作。请看图 5.4.1，它所显示的 NFA 是用来判断一段文本是否包含在正则表达式 `((A*B|AC)D)` 所描述的语言之中。如这个示例所示，我们所定义的 NFA 有着以下特点。

- ❑ 长度为 M 的正则表达式中的每个字符在所对应的 NFA 中都有且只有一个对应的状态。NFA 的起始状态为 0 并含有一个（虚拟的）接受状态 M。
- ❑ 字母表中的字符所对应的状态都有一条从它指出的边，这条边指向模式中的下一个字符所对

应的状态（图中的黑色的边）。

❑ 元字符“(”、“)”、“|”和“*”所对应的状态至少含有一条指出的边（图中的红色的边），这些边可能指向其他的任意状态。

❑ 有些状态有多条指出的边，但一个状态只能有一条指出的黑色边。

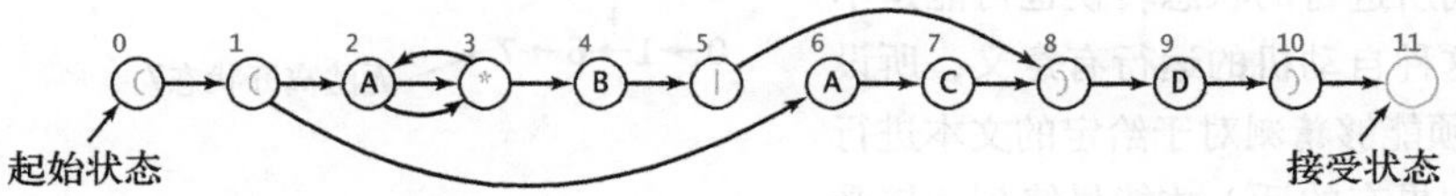

图 5.4.1 模式 ((A*B|AC)D) 所对应的 NFA（另见彩插）

我们约定将所有的模式都包含在括号中，因此 NFA 中的第一个状态对应的是左括号，而最后一个状态对应的是右括号（并能够转换为接受状态）。

和 5.3 节中的 DFA 一样，在 NFA 中也是从状态 0 开始读取文本中的第一个字符。NFA 在状态的转换中有时会从文本中读取字符，从左向右一次一个。但它和 DFA 有着一些基本的不同：

❑ 在图中，字符对应的是结点而不是边；

❑ NFA 只有在读取了文本中的所有字符之后才能识别它，而 DFA 并不一定需要读取文本中的全部内容就能够识别一个模式。

这些不同并不是关键——我们选择的是最适合研究的算法的自动机版本。

现在的重点是检查文本和模式是否匹配——为了达到这个目标，自动机需要读取所有文本并到达它的接受状态。在 NFA 中从一个状态转移到另一个状态的规则也与 DFA 不同——在 NFA 中状态的转换有以下两种方式，请见图 5.4.2。

❑ 如果当前状态和字母表中的一个字符相对应且文本中的当前字符和该字符相匹配，自动机可以扫过文本中的该字符并（由黑色的边）转换到下一个状态。我们将这种转换称为*匹配转换*。

❑ 自动机可以通过红色的边转换到另一个状态而不扫描文本中的任何字符。我们将这种转换称为 *ϵ- 转换*，也就是说它所对应的“匹配”是一个空字符串 ϵ。

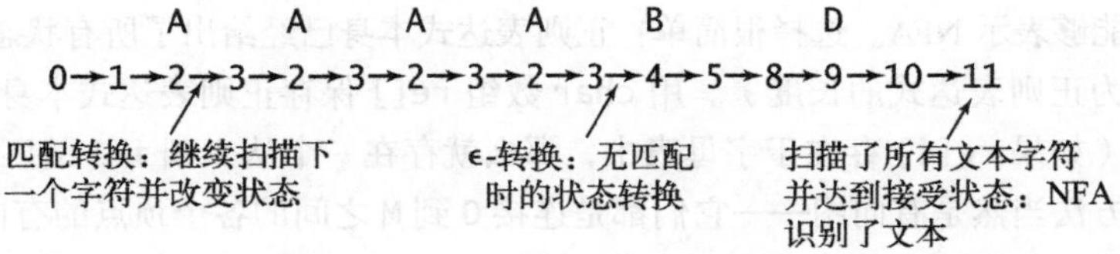

图 5.4.2 找到与 ((A*B|AC)D)NFA 相匹配的模式（另见彩插） 794~795

例如，假设输入为 A A A A B D 并启动正则表达式 ((A*B|AC)D) 所对应的自动机（起始状态为 0）。图 5.4.2 显示的一系列状态转换最终到达了接受状态。这一系列的转换说明输入文本属于正则表达式所描述的字符串的集合——即文本和模式相匹配。按照 NFA 方式，我们称该 NFA *识别*了这段文本。

图 5.4.3 的例子说明了即使对于类似于 A A A A B D 这种 NFA 本应该能够识别的输入文本，也可以找到一个使 NFA 停滞的状态转换序列。例如，如果 NFA 选择在扫描完所有 A 之前就转换到状态 4，它就无法再继续前进了，因为离开状态 4 的唯一办法是匹配 B。这两个例子说明了这种自动机的不确定性。在扫描了一个 A 并到达状态 3 之后，NFA 面临着两个选择：它可以转换到状态 4，或者回到状态 2。这次选择或者会使它最终达到接受状态（如第一个例子所示）或者进入停滞（如第二个例子所示）。NFA 在状态 1 时也需要进行选择（是否由 ϵ- 转换到达状态 2 或者状态 6）。

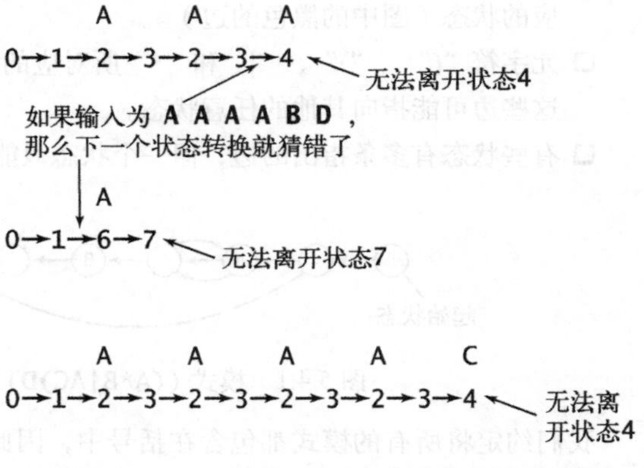

图 5.4.3 使得 ((A*B|AC)D) 的 NFA 进入停滞的状态转换序列

这个例子说明了 NFA 和 DFA 之间的关键区别：因为在 NFA 中离开一个状态的转换可能有多种，因此从这种状态可能进行的转换是不确定的——即使不扫描任何字符，它在不同的时间所进行的状态转换也可能是不同的。要使这种自动机的运行有意义，所设想的 NFA 必须能够猜测对于给定的文本进行哪种转换（如果有的话）才能最终到达接受状态。换句话说，当且仅当一个 NFA 从状态 0 开始从头读取了一段文本中的所有字符，进行了一系列状态转换并最终到达了接受状态时，称该 NFA 识别了一个文本字符串。相反，当且仅当对于一个 NFA 没有任何匹配转换和 ϵ- 转换的序列能够扫描所有文本字符并到达接受状态时，则称该 NFA 无法识别这段文本字符串。

和 DFA 一样，这里列出所有状态的转换即可跟踪 NFA 处理文本字符串的轨迹。任意类似的结束于最终状态的转换序列都能证明某个自动机识别了某个字符串（也可能有其他的证明）。但对于一段给定的文本，应该如何找到这样一个序列呢？对于另一段给定的文本我们应该如何证明不存在
796 这样一个序列呢？这些问题的答案比你想象的要简单，即系统地尝试所有的可能性！

5.4.5 模拟 NFA 的运行

存在能够猜测到达接受状态所需的状态转换自动机的设想就好像能够写出解决任意问题的程序一样：这看起来很荒谬。经过仔细思考，你会发现这个任务从概念上来说并不困难：我们可以检查所有可能的状态转换序列，只要存在能够到达接受状态的序列，我们就会找到它。

5.4.5.1 自动机的表示

首先，需要能够表示 NFA。选择很简单：正则表达式本身已经给出了所有状态名（0 到 M 之间的整数，其中 M 为正则表达式的长度）。用 `char` 数组 `re[]` 保存正则表达式本身，这个数组也表示了匹配的转换（如果 `re[i]` 存在于字母表中，那么就存在一个从 `i` 到 `i+1` 的匹配转换）。ϵ- 转换最自然的表示方法当然是有向图——它们都是连接 0 到 M 之间的各个顶点的有向边（图 5.4.4 中的红色边）。因此，我们用有向图 G 表示所有 ϵ- 转换。在讨论模拟的过程之后将讨论由给定正则表达式构建有向图的任务。对于上面的例子，它的有向图含有以下 9 条边：

$$0\to1\quad 1\to2\quad 1\to6\quad 2\to3\quad 3\to2\quad 3\to4\quad 5\to8\quad 8\to9\quad 10\to11$$

5.4.5.2 NFA 的模拟与可达性

为了模拟 NFA 的运行轨迹，我们会记录自动机在检查当前输入字符时可能遇到的所有状态的集合。这里，关键的计算是我们已经熟悉并在算法 4.4 中解决的多点可达性问题。我们会查找所有从状态 0 通过 ϵ- 转换可达的状态来初始化这个集合。对于集合中的每个状态，检查它是否可能与第一个输入字符相匹配。检查并匹配之后就得到了 NFA 在匹配第一个字符之后可能到达的状态的集合。这里还需要向该集合中加入所有从该集合中的任意状态通过 ϵ- 转换可以到达的其他状态。有了这个匹配了第一个字符之后可能到达的所有状态的集合，ϵ- 转换有向图中的多点可达性问题的答案就

是可能匹配第二个输入字符的状态集合。例如，在示例 NFA 中初始状态集合为 {0,1,2,3,4,6}，如果第一个输入字符为 A，那么 NFA 通过匹配转换可能到达的状态是 {3,7}，然后它可能进行 3 到 2 或 3 到 4 的 ϵ- 转换，因此可能与第二个字符匹配的状态集合为 {2,3,4,7}。重复这个过程直到文本结束可能得到两种结果：

- ❑ 可能到达的状态集合中含有接受状态；
- ❑ 可能到达的状态集合中不含有接受状态。

第一种结果说明存在某种转换序列使 NFA 到达接受状态。第二种结果说明对于该输入 NFA 总是会停滞，导致匹配失败。使用我们已经实现了的 SET 数据类型和用于在有向图中解决多点可达性问题的 DirectedDFS 类，下面的 NFA 模拟代码只是翻译了刚才的描述。你可以用图 5.4.4 检查你对这段代码的理解，它显示了样例输入的完整轨迹。 797

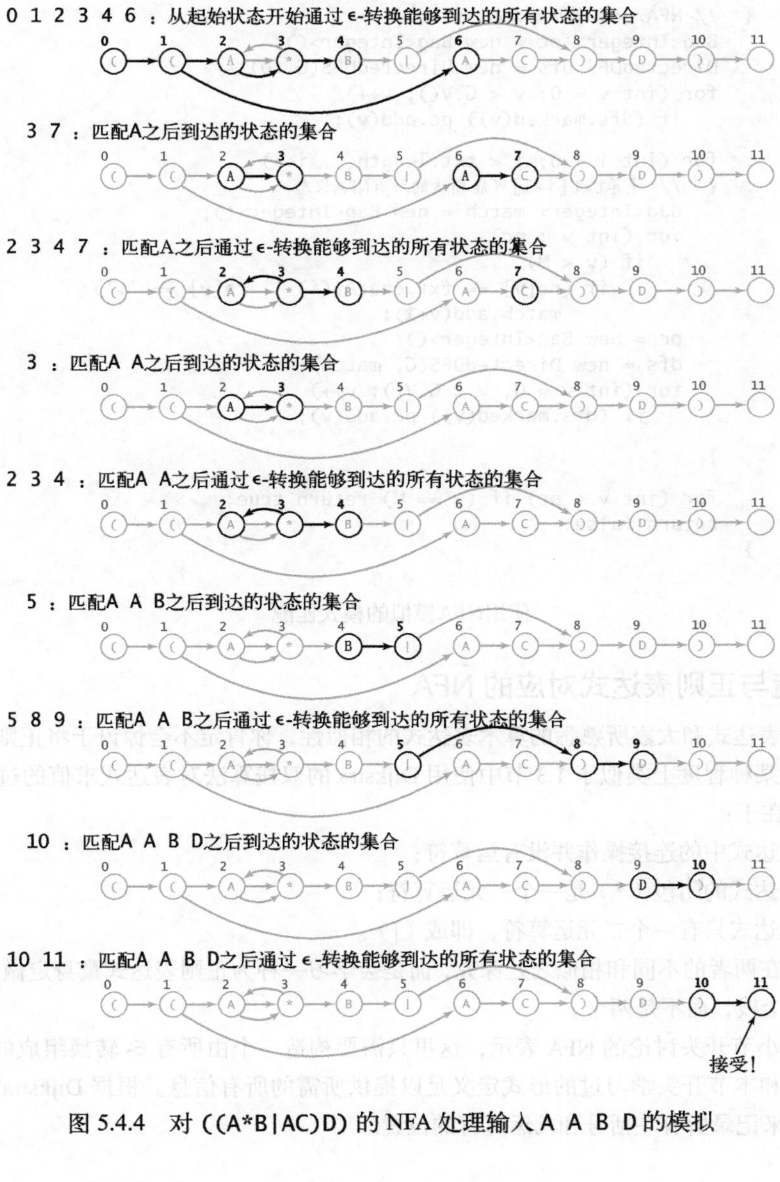

图 5.4.4 对 ((A*B|AC)D) 的 NFA 处理输入 A A B D 的模拟

命题 Q。判定一个长度为 M 的正则表达式所对应的 NFA 能否识别一段长度为 N 的文本所需的时间在最坏情况下和 MN 成正比。

证明。对于长度为 N 的文本中的每个字符，我们都会遍历一个大小不超过 M 的状态集合并在 ϵ- 转换的有向图中进行深度优先搜索。下面即将学习的自动机的构造可以证明该有向图中的边数不会超过 $2M$ 条，因此每次深度优先搜索在最坏情况下的运行时间与 M 成正比。

请仔细思考一下这个不同寻常的结果。它在最坏情况下的成本为文本和模式的长度之积，这个成本和 5.3 节开始时学习的最坏情况下寻找固定子字符串的初级算法的成本竟然是相同的！

```
public boolean recognizes(String txt)
{  // NFA是否能够识别文本txt?
   Bag<Integer> pc = new Bag<Integer>();
   DirectedDFS dfs = new DirectedDFS(G, 0);
   for (int v = 0; v < G.V(); v++)
      if (dfs.marked(v)) pc.add(v);

   for (int i = 0; i < txt.length(); i++)
   {  // 计算txt[i+1]可能到达的所有NFA状态
      Bag<Integer> match = new Bag<Integer>();
      for (int v : pc)
         if (v < M)
            if (re[v] == txt.charAt(i) || re[v] == '.')
               match.add(v+1);
      pc = new Bag<Integer>();
      dfs = new DirectedDFS(G, match);
      for (int v = 0; v < G.V(); v++)
         if (dfs.marked(v)) pc.add(v);

   }

   for (int v : pc) if (v == M) return true;
   return false;
}
```

798~799

使用NFA模拟的模式匹配

5.4.6 构造与正则表达式对应的 NFA

根据正则表达式和大家所熟悉的算术表达式的相似性，你肯定不会惊讶于将正则表达式转化为 NFA 的过程在某种程度上类似于 1.3 节中使用 Dijkstra 的双栈算法对表达式求值的过程。这两个过程的不同之处在于：

- 正则表达式中的连接操作并没有运算符；
- 正则表达式的闭包（*）是一个一元运算符；
- 正则表达式只有一个二元运算符，即或（|）。

我们不会在两者的不同和相似之处深究，而是会学习一种为正则表达式量身定做的实现。例如，这里只需要一个栈，而不是两个。

根据上一小节开头讨论的 NFA 表示，这里只需要构造一个由所有 ϵ- 转换组成的有向图 G。正则表达式本身和本节开头学习过的形式定义足以提供所需的所有信息。根据 Dijkstra 的算法，我们会使用一个栈来记录所有左括号和或运算符的位置。

5.4.6.1 连接操作

对于 NFA，连接操作是最容易实现的了。状态的匹配转换和字母表中的字符的对应关系就是连接操作的实现。

5.4.6.2 括号

我们要将正则表达式字符串中所有左括号的索引压入栈中。每当我们遇到一个右括号，我们最终都会用后文所述的方式将左括号从栈中弹出。和 Dijkstra 算法一样，栈可以很自然地处理嵌套的括号。

5.4.6.3 闭包操作

闭包运算符（*）只可能出现在 (i) 单个字符之后（此时将在该字符和“*”之间添加相互指向的两条 ϵ- 转换），或者是 (ii) 右括号之后，此时将在对应的左括号（即栈顶元素）和“*”之间添加相互指向的两条 ϵ- 转换。

5.4.6.4 “或”表达式

在形如 (A|B) 的正则表达式中，A 和 B 也都是正则表达式。我们的处理方式是添加两条 ϵ- 转换：一条从左括号所对应的状态指向 B 中的第一个字符所对应的状态，另一条从“|”字符所对应的状态指向右括号所对应的状态。将正则表达式字符串中“|”运算符的索引（以及如上文所述的左括号的索引）压入栈中，这样在到达右括号时这些所需信息都会在栈的顶部。这些 ϵ- 转换使得 NFA 能够在这两者之间进行选择。此时并没有像平常一样添加一条从“|”运算符所对应的状态到下一个字符所对应的状态的 ϵ- 转换——NFA 离开“或”运算符的唯一方式就是通过某种状态转换到达右括号所对应的状态。 800

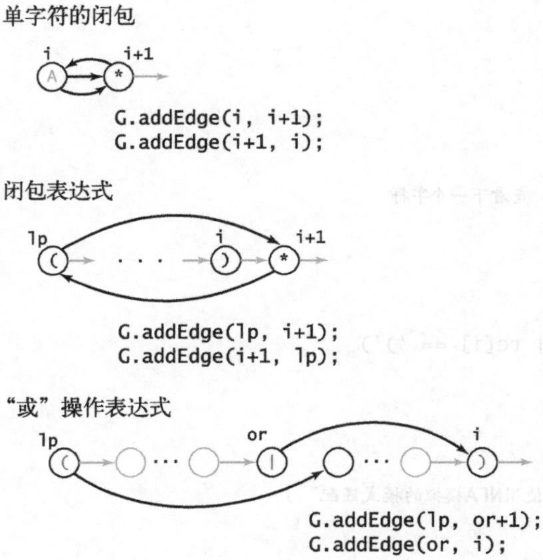

图 5.4.5 NFA 的构造规则

这些简单的规则足以构造任意复杂的正则表达式所对应的 NFA。算法 5.9 实现了这些规则。它的构造函数创建了给定正则表达式所对应的 ϵ- 转换有向图。该算法处理样例的轨迹如图 5.4.7 所示。图 5.4.5、图 5.4.6 和练习中给出了一些其他的例子，我们也希望你自己通过更多的示例加深对这个过程的理解。为了实现的简洁和清晰，我们将一些实现细节（处理元字符、字符集描述符、闭包的缩略写法和多向“或”运算等）留做了练习（请见练习 5.4.16 到练习 5.4.21）。在没有这些扩展的情况，NFA 构造过程所需的代码非常少，是我们所见过的最巧妙的算法之一。

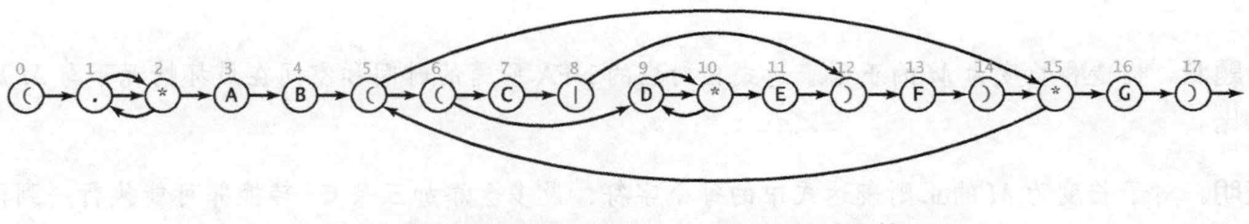

图 5.4.6 模式 (.*AB((C|D*E)F)*G) 所对应的 NFA 801

算法 5.9 正则表达式的模式匹配（grep）

```
public class NFA
{
   private char[] re;              // 匹配转换
   private Digraph G;              // epsilon转换
   private int M;                  // 状态数量
   public NFA(String regexp)
   {  // 根据给定的正则表达式构造NFA
      Stack<Integer> ops = new Stack<Integer>();
      re = regexp.toCharArray();
      M = re.length;
      G = new Digraph(M+1);

      for (int i = 0; i < M; i++)
      {
         int lp = i;
         if (re[i] == '(' || re[i] == '|')
            ops.push(i);
         else if (re[i] == ')')
         {
            int or = ops.pop();
            if (re[or] == '|')
            {
               lp = ops.pop();
               G.addEdge(lp, or+1);
               G.addEdge(or, i);
            }
            else lp = or;
         }
         if (i < M-1 && re[i+1] == '*')  // 查看下一个字符
         {
            G.addEdge(lp, i+1);
            G.addEdge(i+1, lp);
         }
         if (re[i] == '(' || re[i] == '*' || re[i] == ')')
            G.addEdge(i, i+1);
      }
   }
   public boolean recognizes(String txt)
   // NFA是否能够识别文本txt？（请见5.4.5.2节框注“使用NFA模拟的模式匹配”）
}
```

802 该构造函数根据给定的正则表达式构造了对应的 NFA 的 ϵ- 转换有向图。

命题 R。构造和长度为 M 的正则表达式相对应的 NFA 所需的时间和空间在最坏情况下与 M 成正比。

证明。对于长度为 M 的正则表达式中的每个字符，最多会添加三条 ϵ- 转换并可能执行一到两次栈操作。

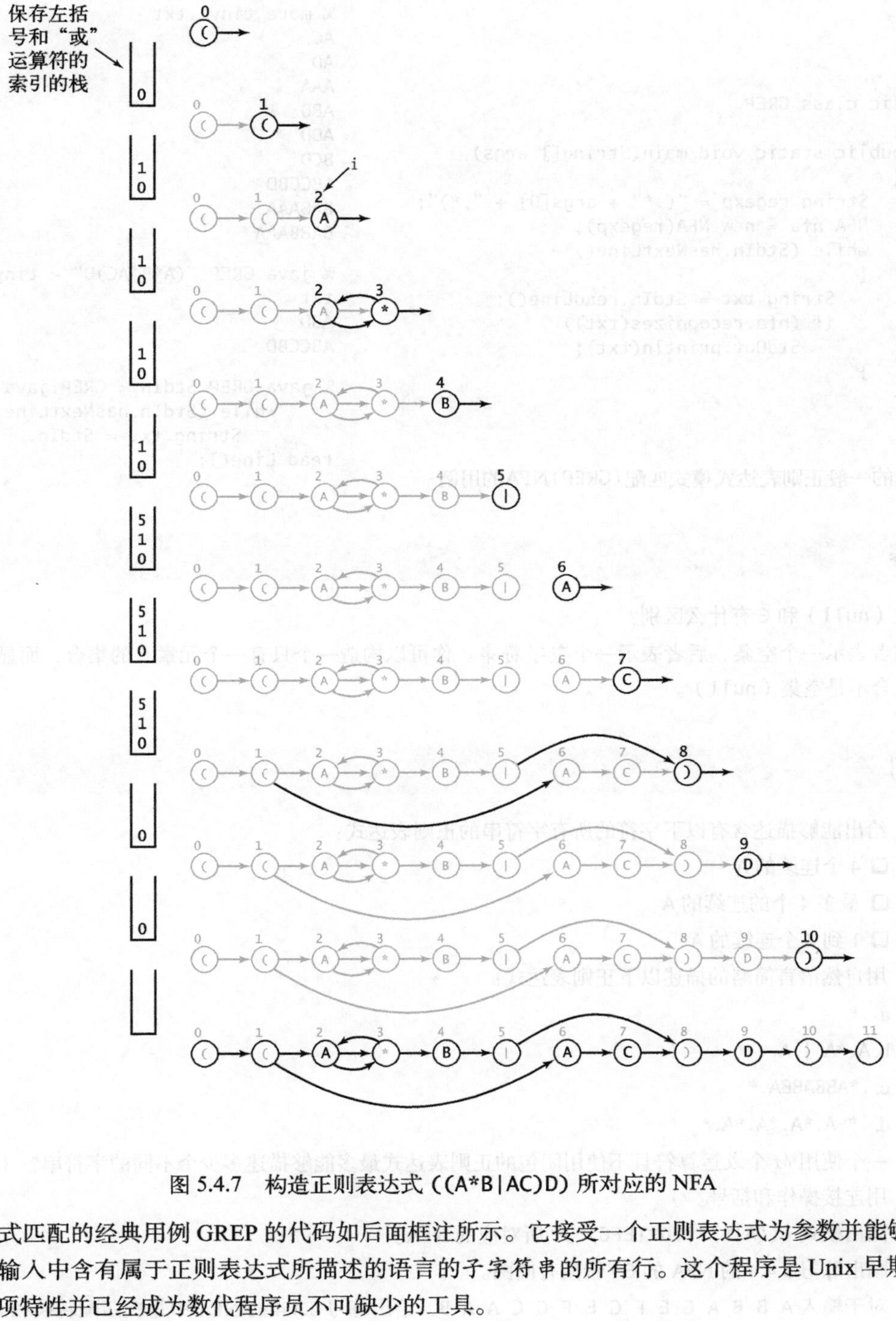

图 5.4.7 构造正则表达式 ((A*B|AC)D) 所对应的 NFA

模式匹配的经典用例 GREP 的代码如后面框注所示。它接受一个正则表达式为参数并能够打印出标准输入中含有属于正则表达式所描述的语言的子字符串的所有行。这个程序是 Unix 早期实现中的一项特性并已经成为数代程序员不可缺少的工具。

```
public class GREP
{
   public static void main(String[] args)
   {
      String regexp = "(.*" + args[0] + ".*)";
      NFA nfa = new NFA(regexp);
      while (StdIn.hasNextLine())
      {
         String txt = StdIn.readLine();
         if (nfa.recognizes(txt))
            StdOut.println(txt);
      }
   }
}
```

803~804 经典的一般正则表达式模式匹配（GREP）NFA的用例

```
% more tinyL.txt
AC
AD
AAA
ABD
ADD
BCD
ABCCBD
BABAAA
BABBAAA

% java GREP "(A*B|AC)D" < tinyL.
txt
ABD
ABCCBD

% java GREP StdIn < GREP.java
    while (StdIn.hasNextLine())
        String txt = StdIn.
read Line();
```

答疑

问 空（null）和 ∈ 有什么区别？

答 前者表示一个空集，后者表示一个空字符串。你可以构造一个只有一个元素 ∈ 的集合，而显然这个
805 集合不是空集（null）。

练习

5.4.1 给出能够描述含有以下字符的所有字符串的正则表达式：

- ❑ 4 个连续的 A
- ❑ 最多 4 个的连续的 A
- ❑ 1 到 4 个连续的 A

5.4.2 用自然语言简略的描述以下正则表达式：

a. .*

b. A.*A | A

c. .*ABBABBA.*

d. .* A.*A.*A.*A.*

5.4.3 一个使用 M 个或运算符且不使用闭包的正则表达式最多能够描述多少个不同的字符串？（可以使用连接操作和括号。）

5.4.4 画出模式 (((A|B)*|CD*|EFG)*)* 所对应的 NFA。

5.4.5 画出练习 5.4.4 的 NFA 的 ∈- 转换有向图。

5.4.6 对于输入 A B B A C E F G E F G C A A B，给出练习 5.4.4 的 NFA 中每次匹配转换和 ∈- 转换之后可达的状态集合。

5.4.7 将 5.4.6.4 节框注"经典的一般正则表达式模式匹配（GREP）NFA 的用例"中的 GREP 修改为 GREPmatch，将模式用括号包裹起来但不在模式两端加上".*"。这样程序就只会打出属于给定

正则表达式所描述的语言的输入行字符串。给出以下命令的结果。

a. `% java GREPmatch "(A|B)(C|D)" < tinyL.txt`

b. `% java GREPmatch "A(B|C)*D" < tinyL.txt`

c. `% java GREPmatch "(A*B|AC)D" < tinyL.txt`

5.4.8 用正则表达式描述以下二进制字符串的集合。

a. 含有至少 3 个连续的 1

b. 含有子字符串 110

c. 含有子字符串 1101100

d. 不含有子字符串 110 806

5.4.9 用一个正则表达式描述至少含有两个 0 但不含有任何连续的 0 的二进制字符串。

5.4.10 用正则表达式描述以下二进制字符串的集合。

a. 至少含有 3 个字符，且第三个字符为 0

b. 字符串中的 0 的个数为 3 的倍数

c. 起止字符相同

d. 长度为奇数

e. 首字母为 0 且长度为奇数，或者首字母为 1 且长度为偶数

f. 长度在 1 到 3 之间

5.4.11 对于以下正则表达式，计算有多少个长度正好为 1000 的二进制字符串和它们匹配。

a. `0(0 | 1)*1`

b. `0*101*`

c. `(1 | 01)*`

5.4.12 为以下应用写出 Java 的正则表达式。

a. 电话号码，例如 (609) 555-1234

b. 社会保险号，例如 123-45-6789

c. 日期，例如 December 31, 1999

d. 形如 a.b.c.d 的 IP 地址，其中每个字符都表示着一个可能是 1 位、2 位或者 3 位的数字，例如 196.26.155.241

e. 车牌号，前 4 个字符为数字，最后 2 个字符为大写字母 807

提高题

5.4.13 *有难度的正则表达式。*使用二值字母表的正则表达式描述以下字符串的集合。

a. 除了 11 和 111 的所有字符串

b. 奇数位数字为 1 的所有字符串

c. 至少含有两个 0 和至多含有一个 1 的所有字符串

d. 不存在连续两个 1 的所有字符串

5.4.14 *二进制数的可整除性。*使用正则表达式描述以下二进制字符串使得其对应的整数能够满足以下条件。

a. 被 2 整除

b. 被 3 整除

c. 被 123 整除

5.4.15 **单层正则表达式**。构造一个 Java 的正则表达式来描述所有二值字母表的合法正则表达式字符串的集合，字符串不含有嵌套的括号。例如，(0.*1)* 和 (1.*0)* 都是这个语言中的字符串，但 (1(0 或者 1)1)* 不是。

5.4.16 **多向"或"运算**。为 NFA 实现多向"或"运算。代码为模式 (.*AB((C|D|E)F)*G) 生成的自动机应该如图 5.4.8 所示。

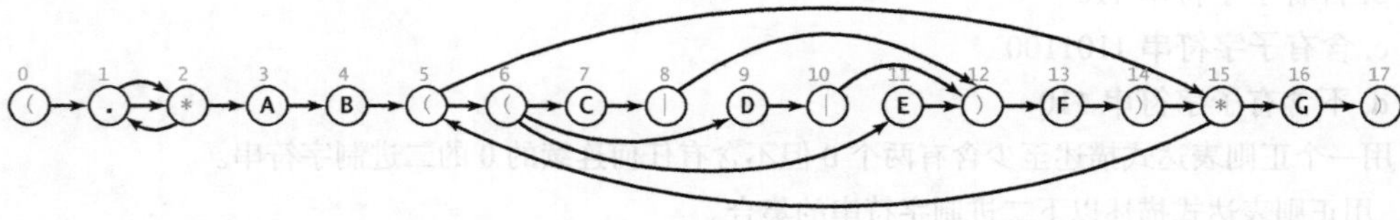

808 图 5.4.8 模式 (.*AB((C|D|E)F)*G) 所对应的 NFA

5.4.17 **通配符**。为 NFA 添加处理通配符的能力。

5.4.18 **至少重复一次**。为 NFA 添加处理闭包的"+"运算符的能力。

5.4.19 **指定重复次数**。为 NFA 添加处理指定重复次数的能力。

5.4.20 **范围描述符**。为 NFA 添加处理指定重复范围的能力。

5.4.21 **补集**。为 NFA 添加处理补集描述符的能力。

5.4.22 **证明**。开发一个新版本的 NFA，使它能够打印一份证明，指出给定字符串包含在 NFA 能够识别

809 的语言之中（即终止于接受状态的一系列状态转换）。

5.5 数据压缩

这个世界充满了数据，而能够有效表达数据的算法在现代计算机基础架构中有着重要的地位。压缩数据的原因主要有两点：节省保存信息所需的空间和节省传输信息所需的时间。尽管科技在发展，但是这两点的重要性并没有发生变化，如今任何需要更大存储空间或是长时间等待下载任务完成的人都会意识到数据压缩的重要性。

当你在处理数字图像、声音、电影和其他各种数据时，就已经在与数据压缩打交道了。我们将会学习的算法之所以能够节省空间，是因为大多数数据文件都有很大的冗余：例如，文本文件中有些字符序列的出现频率远高于其他字符串；用来将图片编码的位图文件中可能有大片的同质区域；保存数字图像、电影、声音等其他类似信号的文件都含有大量重复的模式。

我们将会讨论广泛应用的一种初级的算法和两种高级的算法。这些算法的压缩效果可能有所不同，取决于输入的特征。文本数据一般都能节省 20% ~ 50% 的空间，某些情况下能够达到 50% ~ 90%。你将会看到，任何数据压缩算法的效果都十分依赖于输入的特征。**注意**：本书中，我们在提到性能的时候一般指的都是时间；而对于数据压缩，性能指代的是算法的压缩率，当然也会考虑压缩的用时。

从另一方面来说，现在的数据压缩技术并没有以前那么重要了，因为计算机的存储设备的成本已经大幅度降低，普通用户拥有的存储空间比以前要多得多。但是，现在数据压缩技术也比任何时候都更重要，因为现在存储的数据更多了，因此数据压缩能够节省的空间也就更大了。事实上，随着互联网的出现，数据压缩得到了更加广泛的应用，因为它是减少传输大量数据所需时间的最经济的办法。

数据压缩有着丰富的历史积淀（我们只会作简要的介绍），而它在未来世界中扮演的角色将会更加重要。所有人都能从数据压缩算法的学习中得到益处，因为这些算法都非常经典、优雅、有趣而高效。 810

5.5.1 游戏规则

现代计算机系统中处理的所有类型的数据都有一个共同点：*它们最终都是用二进制表示的*。我们可以将它们都看成一串比特（或者字节）的序列。简单起见，本节中使用*比特流*这个术语表示比特的序列，用*字节流*这个术语表示可以看作固定大小的字节序列的比特序列。比特流或字节流可以是保存在计算机中的文件，也可以是互联网上传输的一条消息。

基础模型

数据压缩的基础模型非常简单（请见图 5.5.1）。它由两个主要的部分组成，两者都是一个能够读写比特流的黑盒子：

- *压缩盒*，能够将一个比特流 B 转化为压缩后的版本 C(B)；
- *展开盒*，能够将 C(B) 转化回 B。

如果使用 |B| 表示比特流中比特的数量的话，我们感兴趣的是将 |C(B)|/|B| 最小化，这个值被称为*压缩率*。

图 5.5.1 数据压缩的基础模型

这种模型叫做无损压缩模型——保证不丢失任何信息，即压缩和展开之后的比特流必须和原始的比特流完全相同。许多种类型的文件都会用到无损压缩，例如数值数据或者可执行的代码。对于某些类型的文件（例如图像、视频和音乐），有损的压缩方法也是可以接受的，此时解码器所产生的输出只是与原输入文件近似。有损压缩算法的评价标准不仅是压缩率，还包括主观的质量感受。在本书中不会讨论有损压缩算法。

5.5.2 读写二进制数据

完整描述计算机上信息的编码方式取决于系统，这超出了本书的讨论范围。但我们可以通过几个基本的假设和两个简单的API来将实现与这些细节隔离开来。BinaryStdIn 和 BinaryStdOut 这两份 API 来自于我们一直在使用的 StdIn 和 StdOut，但它们的作用是读取和写入比特，而 StdIn 和 StdOut 面向的是由 Unicode 编码的字符流。StdOut 上的一个 int 值是一串字符（它的十进制表示）；
811 BinaryStdOut 上的一个 int 值是一串比特（它的二进制表示）。

5.5.2.1 二进制的输入输出

今天，大多数系统的输入输出系统，包括 Java，都是基于8位的字节流，因此我们的 API 也应该读写字节流，以和原始数据类型内部表示的输入输出格式相匹配，将8位的 char 编码为1个字节，16位的 short 编码为2个字节，32位的 int 编码为4个字节，等等。因为比特流是数据压缩的主要抽象层次，这就需要更进一步，允许用例读写单个的比特以及原始类型的数据。我们的目标是尽量减少用例需要进行的类型转换并按照操作系统的要求表示数据。表 5.5.1 中的 API 从标准输入中读取比特流。

表 5.5.1 从标准输入读取比特流的静态方法的 API

public class **BinaryStdIn**	
boolean readBoolean()	读取1位数据并返回一个 boolean 值
char readChar()	读取8位数据并返回一个 char 值
char readChar(int r)	读取 r（1~16）位数据并返回一个 char 值
[适用于 byte（8位）、short（16位）、int（32位）以及 long 和 double（64位）的类似方法]	
boolean isEmpty()	比特流是否为空
void close()	关闭比特流

和 StdIn 明显不同的是，这份抽象 API 的一个关键特性在于标准输入中的数据并不一定是与字节边界对齐的。如果输入流只含有一个字节，用例可以一个比特一个比特地调用8次 readBoolean() 方法读取它。虽然 close() 方法并不十分重要，但为了能够终止输入，用例应该使用 close() 方法表示不会再读取任何数据。和 StdIn 与 StdOut 一样，使用表 5.5.2 中的补充 API 来向标准输出写入比特流。

表 5.5.2 向标准输出中写入比特流的静态方法的 API

public class **BinaryStdOut**	
void write(boolean b)	写入指定的比特
void write(char c)	写入指定的8位字符
void write(char c, int r)	写入指定字符的低 r（1~16）位
[适用于 byte（8位）、short（16位）、int（32位）以及 long 和 double（64位）的类似方法]	
812 void close()	关闭比特流

对于输出，close() 方法就很重要了：用例必须使用 close() 方法保证之前调用 write() 方法处理的所有数据都写入比特流，比特流的最后一个字节必须用 0 补齐以保证和文件系统的兼容性。StdIn 与 StdOut 有 In 与 Out 这两份 API 与之关联，这里也通过 BinaryIn 和 BinaryOut 直接使用二进制编码的文件。

5.5.2.2 举例

以下是一个简单的示例，假设你用一个数据结构将日期表示为 3 个 int 值（月、日、年）。使用 StdOut 将这些值以 12/31/1999 的格式输出需要 10 个字符，也就是 80 位。如果用 BinaryStdOut 直接输出这些值则需要 96 位（每个 int 值 32 位）；如果用 byte 值来表示月和日，用 short 值表示年，输出将只有 32 位。如果使用 BinaryStdOut，可以只用 4 位、5 位和 12 位的 3 个域，输出总共 21 位，请见图 5.5.2（实际上是 24 位，因为文件必须是完整的 8 位字节，因此 close() 方法会在末尾添加三个 0 位。）注意：这是最粗糙的数据压缩方式。

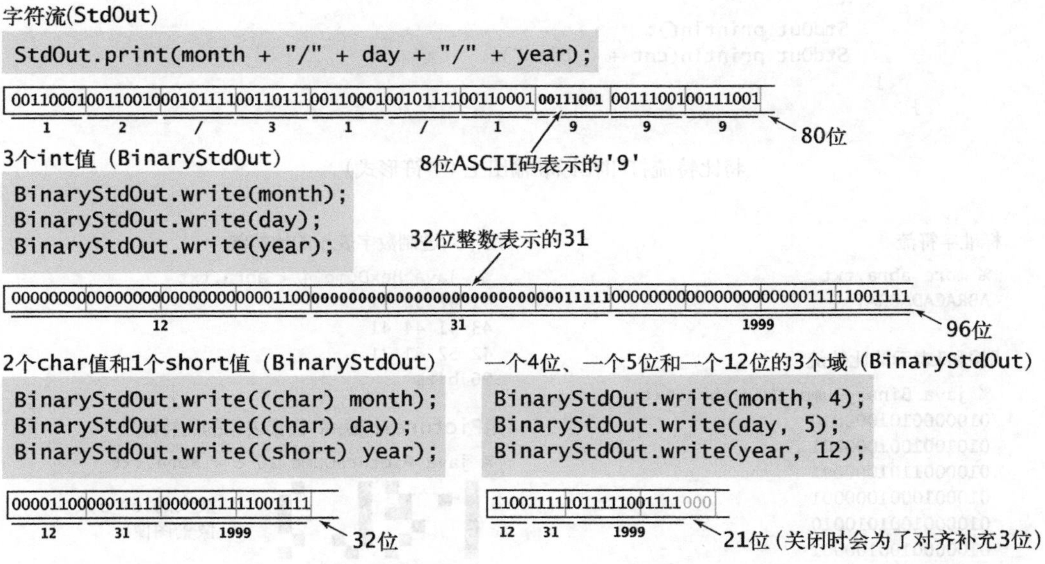

图 5.5.2　向标准输出中写入一个日期的 4 种方法

5.5.2.3 二进制转储

在调试的时候，我们应该如何检查比特流或者字节流的内容呢？早期的程序员面临着这个问题，因为当时寻找 bug 的唯一方式就是检查内存中的每个比特。转储（dump）这个词从计算机的早期一直沿用下来，表示的是比特流的一种可供人类阅读的形式。 813 如果你试图用一个编辑器来打开一个二进制文件，或者用文本方式察看一个二进制文件的内容（或者运行一个使用 BinaryStdOut 的程序），那会看到一团乱码，内容取决于使用的系统。BinaryStdIn 可以避开对系统的依赖性，允许我们编写自己的程序来将比特流转化为标准工具能够处理的内容。例如，下页框注所示的程序 BinaryDump 调用了 BinaryStdIn，将标准输入中的比特按照 0 和 1 的形式打印出来。在处理小规模输入时这个程序是一个很有用的调试工具。类似的工具 HexDump 可以将数据组织成 8 位的字节并将它打印为各表示 4 位的两个十六进制数。用例 PictureDump 可以用 Picture 对象表示比特，其中白色像素表示 0，黑色像素表示 1。你可以从本书的网站上下载 BinaryDump、HexDump 和 PictureDump，请见图 5.3.3。我们一般会用管道和重定向等方式在命令行处理二进制文件，将编码器的输出通过管道传递给 BinaryDump、HexDump 或者 PictureDump，或者将它重定向到一个文件之中。

```
public class BinaryDump
{
   public static void main(String[] args)
   {
      int width = Integer.parseInt(args[0]);
      int cnt;
      for (cnt = 0; !BinaryStdIn.isEmpty(); cnt++)
      {
         if (width == 0) { BinaryStdIn.readBoolean(); continue; }
         if (cnt != 0 && cnt % width == 0)
            StdOut.println();
         if (BinaryStdIn.readBoolean())
               StdOut.print("1");
         else StdOut.print("0");
      }
      StdOut.println();
      StdOut.println(cnt + " bits");
   }
}
```

将比特流打印在标准输出上（字符形式）

标准字符流

```
% more abra.txt
ABRACADABRA!
```

用0和1表示的比特流

```
% java BinaryDump 16 < abra.txt
0100000101000010
0101001001000001
0100001101000001
0100010001000001
0100001001010010
0100000100100001
96 bits
```

用十六进制数字表示的比特流

```
% java HexDump 4 < abra.txt
41 42 52 41
43 41 44 41
42 52 41 21
96 bits
```

用Picture对象中的像素表示的比特流

```
% java PictureDump 16 6 < abra.txt
```

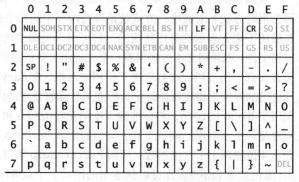

放大的16×6像素图像

```
96 bits
```

814

图 5.5.3 查看比特流的 4 种方法

5.5.2.4 ASCII 编码

当你使用 HexDump 查看一个含有 ASCII 编码的字符的比特流的内容时，最好参考图 5.5.4。对于给定的两个十六进制数字，用第一个数字表示行、第二个数字表示列即可找到它所表示的字符。例如，31 表示“1”，4A 表示“J”，等等。这张表适用于 7 位 ASCII 码，因此第一个十六进制数字必须是小于等于 7 的。以 0 或者 1 开头的数（以及 20 和 7F）对应的都是无法打印出来的控制字符。许多控制

	0	1	2	3	4	5	6	7	8	9	A	B	C	D	E	F
0	NUL	SOH	STX	ETX	EOT	ENQ	ACK	BEL	BS	HT	LF	VT	FF	CR	SO	SI
1	DLE	DC1	DC2	DC3	DC4	NAK	SYN	ETB	CAN	EM	SUB	ESC	FS	GS	RS	US
2	SP	!	"	#	$	%	&	‘	(	)	*	+	,	-	.	/
3	0	1	2	3	4	5	6	7	8	9	:	;	<	=	>	?
4	@	A	B	C	D	E	F	G	H	I	J	K	L	M	N	O
5	P	Q	R	S	T	U	V	W	X	Y	Z	[	\	]	^	_
6	`	a	b	c	d	e	f	g	h	i	j	k	l	m	n	o
7	p	q	r	s	t	u	v	w	x	y	z	{	|	}	~	DEL

图 5.5.4 十六进制编码和 ASCII 字符的转换表

字符都是为了控制打字机时代的物理设备而遗留下来的产物。我们在这张表中突出了一些你可能在转储中已经见过的字符。例如，SP 是空格符，NUL 是空字符，LF 是换行符，CR 是回车。

总之，在处理数据压缩问题时，除了标准输入输出之外还要能够处理二进制编码的数据。BinaryStdIn 和 BinaryStdOut 提供了我们所需要的方法。它们能够在用例中区分为文件存储和数据传输而输出的信息（供其他程序使用）和为打印而输出的信息（供人类阅读）。 815

5.5.3 局限

为了更好地理解数据压缩算法，你需要了解它们的一些局限性。研究人员已经为此打下了完整而重要的理论基础，本节的最后会简要讨论，但现在我们先来探讨几个方便入门的结论。

5.5.3.1 通用数据压缩

在已经学习了许多重要问题的算法之后，你可能会认为我们的目标是通用性的数据压缩算法，即一个能够缩小任意比特流的算法。但与之相反，我们定下的目标更加朴素，因为通用性的数据压缩是不可能存在的，请见图 5.5.5。

命题 S。不存在能够压缩任意比特流的算法。

证明。我们来看两种有见地的证明。第一种采用的是反证法：假设存在一个能够压缩任意比特流的算法，那么也就可以用它压缩它自己的输出以得到一段更短的比特流，循环往复直到比特流的长度为 0！能够将任意比特流的长度压缩为 0 显然是荒谬的，因此存在能够压缩任意比特流的算法的假设也是错误的。

第二种证明方法基于统计：假设有一种算法能够对所有长度为 1000 位的比特流进行无损压缩，那么每一种能够被压缩的比特流都对应着一段较短且不同的比特流。但长度小于 1000 位的比特流一共只有 $1+2+4+\cdots+2^{998}+2^{999}=2^{1000}-1$ 种，而长度为 1000 位的比特流一共有 2^{1000} 种，因此该算法不可能压缩所有长度为 1000 的比特流。如果我们声明更多的条件，那么这段证明会更有说服力。例如，继续假设算法的目标是取得大于 50% 的压缩率，那么显然所有长度为 1000 位的比特流中的压缩成功率将只有 $1/2^{500}$！

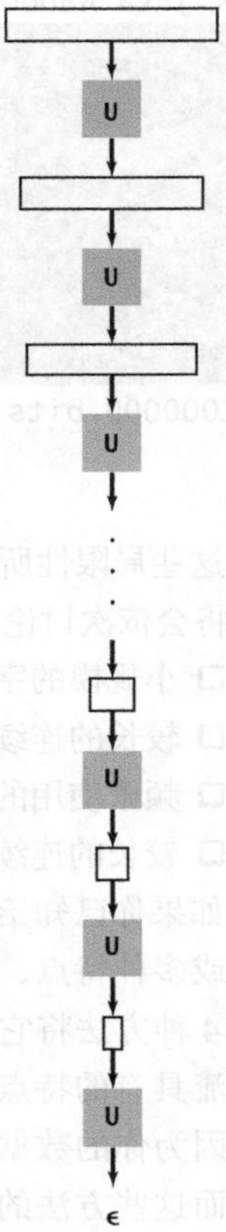

图 5.5.5 是否存在通用数据压缩

换句话说，对于任意数据压缩算法，将长度为 1000 位的随机比特流压缩为一半的概率最多为 $1/2^{500}$。当遇到一种新的无损压缩算法时，我们可以肯定它是无法大幅度压缩随机比特流的。抛弃对压缩随机比特流的幻想是理解数据压缩的起点。虽然我们会经常处理数百万至数十亿比特长度的字符串，但处理过的数据总量只是这种字符串总数的九牛一毛，所以不必为这个理论结果而沮丧。事实上，经常被处理的比特字符串都是非常有规律的，在压缩时可以利用这一点。 816

5.5.3.2 不可判定性

请见图 5.5.6，它是一条上百万位的字符串。这个字符串看起来很随机，所以你不太可能为它找到一个无损压缩算法。但有一种方法只用几千个比特就可以表示这个字符串，因为它是通过右下框注中的程序生成的。（这个程序是伪随机数生成器的一个示例，和 `Java.Math.random()` 方法一样。）通过用 ASCII 文本编写生成程序来进行压缩、通过读取并运行该程序来展开被压缩字符串的压缩算法能够取得 0.3% 的压缩率，这是非常难以超越的。（我们还能够降低这个比例，只要该程序再输出更多比特即可。）压缩这个文件最好的方法就是找出创造这些数据的程序。这个例子并不像它看起来那么深奥：当你在压缩一段视频或是一本通过扫描而数字化的旧书或是互联网上的无数其他类型的文件时，你都在寻找创造这个文件的程序。在意识到我们处理的大部分数据都是由某种程序产生的之后，我们才能发现计算理论中的一些深刻的问题并理解数据压缩所面临的挑战。例如，可以证明最优数据压缩（找到能够产生给定字符串的最短程序）是一个不可判定的问题：我们不但不可能找到能够压缩任意比特流的算法，也不可能找到最佳的压缩算法！

```
% java RandomBits | java PictureDump 2000 500
```

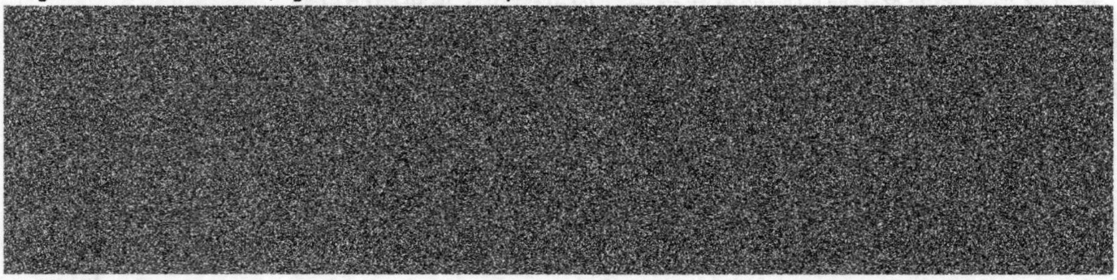

```
1000000 bits
```

图 5.5.6　一个难以压缩的文件：100 万（伪）随机比特

这些局限性所带来的实际影响要求无损压缩算法必须尽量利用被压缩的数据流中的*已知*结构。我们将会依次讨论 4 种方法来处理具备以下结构特点的数据：

- 小规模的字母表；
- 较长的连续相同的位或字符；
- 频繁使用的字符；
- 较长的连续重复的位或字符。

如果你已知给定的比特流中具有以上一种或多种特点，那么就能够通过将要学习的 4 种方法将它压缩；如果不知道给定比特流具有的特点，也可以用它们碰碰运气，因为你的数据结构也许并不是那么明显，而这些方法的适用性很广。你将会看到，每种方法都有多个参数和变种，并且可以为特定的比特流调优以达到最佳的压缩率。第一个和最后一个示例是为了帮助
817~818 你了解数据的结构，接下来我们会学习一个方法来压缩示例数据。

```
public class RandomBits
{
   public static void main(String[] args)
   {
      int x = 11111;
      for (int i = 0; i < 1000000; i++)
      {
         x = x * 314159 + 218281;
         BinaryStdOut.write(x > 0);
      }
      BinaryStdOut.close();
   }
}
```

“被压缩后的”一段上百万比特的数据流

5.5.4　热身运动：基因组

在讨论更加复杂的数据压缩问题之前，我们先来处理一个初级的（但也十分重要的）数据压缩任务。我们在这个例子中会介绍一些约定，它们将适用于本节中的所有实现。

5.5.4.1 基因数据

作为数据压缩的第一个示例，请看下面这个字符串：

ATAGATGCATAGCGCATAGCTAGATGTGCTAGCAT

如果使用标准的 ASCII 编码（每个字符 1 个字节，8 位），这个字符串的比特流长度为 8×35=280 位。这种字符串在现代生物学中非常重要，因为生物学家用字母 A、C、T 和 G 来表示生物体的 DNA 中的四种碱基。基因就是一条碱基的序列。科学家认识到理解基因的性质是理解它们在活体器官中如何作用的关键，包括生命、死亡和疾病。许多生物的基因现在都是已知的，而一些科学家正在编写程序来分析这些序列的结构。

```
public static void compress()
{
   Alphabet DNA = new Alphabet("ACTG");
   String s = BinaryStdIn.readString();
   int N = s.length();
   BinaryStdOut.write(N);
   for (int i = 0; i < N; i++)
   {  // 将字符用双位编码代码表示
      int d = DNA.toIndex(s.charAt(i));
      BinaryStdOut.write(d, DNA.lgR());
   }
   BinaryStdOut.close();
}
```

基因数据的压缩方法

5.5.4.2 双位编码压缩

基因的一个简单性质是，它由 4 种不同的字符组成。这些字符可以用两个比特编码，如右侧的 compress() 方法所示。尽管我们知道输入流是由字符组成的，但是仍然可以使用 BinaryStdIn 来读取这些输入以和标准的数据压缩模型保持一致（从比特流到比特流）。我们在压缩后的文件中记录了被编码的字符数量，这样即使最后一位并没有和字节对齐，解码也能够顺利进行。因为它能够将一个 8 位的字符转换为一个双位编码，且附加 32 位用于记录总长度，上方程序的压缩率会随着压缩字符的增多越来越接近 25%。

```
public static void expand()
{
   Alphabet DNA = new Alphabet("ACTG");
   int w = DNA.lgR();
   int N = BinaryStdIn.readInt();
   for (int i = 0; i < N; i++)
   {    // 读取2比特，写入一个字符
      char c = BinaryStdIn.readChar(w);
      BinaryStdOut.write(DNA.toChar(c));
   }
   BinaryStdOut.close();
}
```

基因数据的展开方法

5.5.4.3 双位编码展开

右边框注中的 expand() 方法能够将这个 compress() 方法产生的比特流展开。和压缩时一样，该方法会按照数据压缩的基础模型读取一个比特流并输出一个比特流。它输出的比特流和原始输入相同。

相同的方法也适用于其他字母表大小固定的字符串，但我们将它的推广留作（简单的）习题（请见练习 5.5.25）。

这些方法和数据压缩的基础模型并不完全一致，因为编码后的比特流中并没有包含将其解码所需的所有信息。由 A、C、T、G 4 个字母组成的字母表只是两个方法之间的约定。这种约定在基因组这种应用中是合理的，因为这些编码会被大量复用。但在其他的场景中，字母表也可能需要包含在被编码的信息中（请见练习 5.5.25）。在比较数据压缩的方法时我们通常都要计入这些成本。

在基因组学的早期，分析一段染色体序列是一个漫长而艰苦的任务，因此已知的序列都相对较短，科学家可以用标准的 ASCII 编码来存储和交换它们。现在，这个实验流程的效率已经大大提高了，已知

的基因组的数量非常多而且都很长（人类的基因组长度超过 10^{10} 比特）。用这些简单的方法就能节省 75% 的空间已经非常可观了。还有继续压缩的余地吗？这是一个非常有趣的问题，因为这是一个科学问题：继续压缩的潜力意味着这些数据中还存在着某种结构，而现代基因组学的重点就是希望从基因数据中发现更多的结构。我们将会学习的一些标准数据压缩方法对于（经过双位编码压缩后的）基因数据并没有什么效果，和处理随机数据类似。

小型测试用例（264位）

```
% more genomeTiny.txt
ATAGATGCATAGCGCATAGCTAGATGTGCTAGC

java BinaryDump 64 < genomeTiny.txt
0100000101010100010000010100011101000001010101000100011101000011
0100000101010100010000010100011101000011010001110100001101000001
0101010001000001010001110100001101010100010000010100011101000001
0101010001000111010101000100011101000011010101000100000101000111
01000011
264 bits

% java Genome - < genomeTiny.txt
?? ←—— 在标准输出上无法看到比特流

% java Genome - < genomeTiny.txt | java BinaryDump 64
0000000000000000000000000010000100100011001011010010001101110100
1000110110001100101110110110001101000000
104 bits

% java Genome - < genomeTiny.txt | java HexDump 8
00 00 00 21 23 2d 23 74
8d 8c bb 63 40
104 bits

% java Genome - < genomeTiny.txt > genomeTiny.2bit
% java Genome + < genomeTiny.2bit
ATAGATGCATAGCGCATAGCTAGATGTGCTAGC

% java Genome - < genomeTiny.txt | java Genome +
ATAGATGCATAGCGCATAGCTAGATGTGCTAGC
```

（压缩–展开循环得到了原始输入）

一个真实的病毒（50 000位）

```
% java PictureDump 512 100 < genomeVirus.txt
```

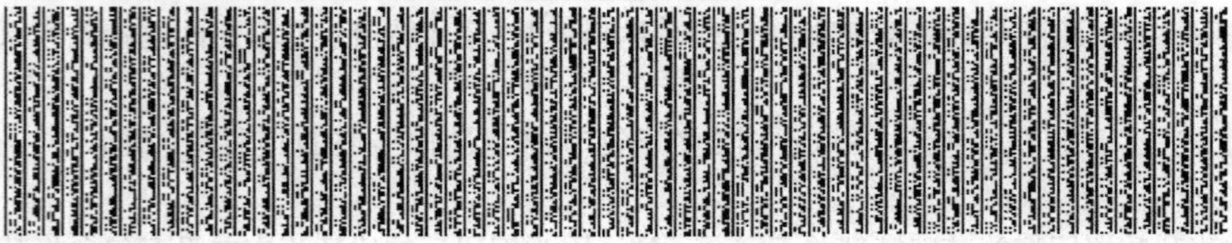

```
50000 bits

% java Genome - < genomeVirus.txt | java PictureDump 512 25
```

```
12536 bits
```

图 5.5.7 使用双位编码压缩和展开基因组序列

我们将 compress() 和 expand() 作为静态方法和一个简单的用例打包在一个相同的类中，如框注代码所示。为了测试你对游戏规则的理解和我们用于数据压缩的基本工具，请研究图 5.5.7 中的各种命令。它们调用了 Genome.compress() 和 Genome.expand() 来处理样本数据（以及输出）。

```
public class Genome
{
   public static void compress()
   // 请见正文

   public static void expand()
   // 请见正文

   public static void main(String[] args)
   {
      if (args[0].equals("-")) compress();
      if (args[0].equals("+")) expand();
   }
}
```

数据压缩方法的打包方式

819~821

5.5.5 游程编码

比特流中最简单的冗余形式就是一长串重复的比特。下面我们学习一种经典的**游程编码**（Run-Length Encoding）来利用这种冗余压缩数据。例如，请看下面这条 40 位长的字符串：

0000000000000001111111000000011111111111

该字符串含有 15 个 0，然后是 7 个 1，然后是 7 个 0，然后是 11 个 1，因此我们可以将该比特字符串编码为 15，7，7，11。所有的比特字符串都是由交替出现的 0 和 1 组成的，因此我们只需要将游程的长度编码即可。在这个例子中，如果用 4 位表示长度并以连续的 0 作为开头，那么就可以得到一个 16 位长的字符串（15=1111，7=0111，7=0111，11=1011）：

1111011101111011

压缩率为 16/40=40%。为了将这里的描述转化成一种有效的数据压缩方法，我们需要解决以下几个问题。

- 应该使用多少比特来记录游程的长度？
- 当某个游程的长度超过了能够记录的最大长度时怎么办？
- 当游程的长度所需的比特数小于记录长度的比特数时怎么办？

我们感兴趣的主要是含有的短游程相对较少的长比特流，因此这些问题的回答是：

- 游程长度应该在 0 到 255 之间，使用 8 位编码；
- 在需要的情况下使用长度为 0 的游程来保证所有游程的长度均小于 256；
- 我们也会将较短的游程编码，虽然这样做有可能使输出变得更长。

这些决定非常容易实现而且对于实际应用中经常出现的几种比特流十分有效。它们不适用于含有大量短游程的输入——只有在游程的长度大于将它们用二进制表示所需的长度时才能节省空间。

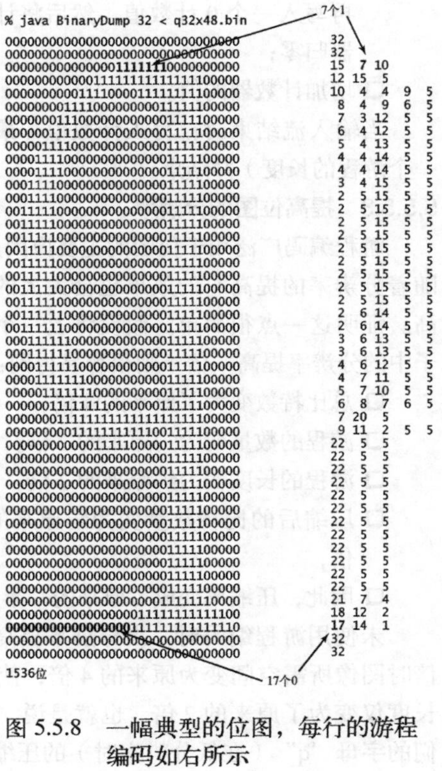

图 5.5.8　一幅典型的位图，每行的游程编码如右所示

5.5.5.1 位图

作为游程编码效果的一个示例，这里探讨位图。它

被广泛用于保存图像和扫描文档。简单起见，我们将二进制位图数据组织为将像素按行排列的比特流。我们可以用 PictureDump 查看位图的内容。用程序将为“截屏”或是“扫描文档”所定义的多种常见的无损图像格式转化为位图十分简单（请见练习 5.5.x）。这里用来展示游程编码的效果的示例来自本书的图像：一个字符“q”（各种分辨率）。我们的重点是一幅 32 × 48 像素的截图的二进制转储，如图 5.5.8 所示，每行的右侧为该行的游程编码。因为每行的开始和结束都是 0，所以每行的游程数量都是奇数。因为一行的结束之后就是另一行的开始，所以比特流中相对应的游程的长度就是每一行的最后一个游程的长度和下一行的第一个游程的长度之和（全部为 0 的行则应该继续相加）。

5.5.5.2 实现

由刚才给出的非正式描述可以立即得到右边框注中的 compress() 和 expand() 方法。和以前一样，expand() 的实现相对简单：读取一个游程的长度，将当前比特按照长度复制并打印，转换当前比特然后继续，直到输入结束。compress() 方法也很简单。对于输入，它进行了以下操作：

- ❑ 读取一个比特；
- ❑ 如果它和上一个比特不同，写入当前的计数值并将计数器归零；
- ❑ 如果它和上一个比特相同且计数器已经到达最大值，则写入计数值，再写入一个 0 计数值，然后将计数器归零；
- ❑ 增加计数器的值。

当输入流结束时，写入计数值（最后一个游程的长度）并结束。

```
public static void expand()
{
   boolean b = false;
   while (!BinaryStdIn.isEmpty())
   {
      char cnt = BinaryStdIn.readChar();
      for (int i = 0; i < cnt; i++)
         BinaryStdOut.write(b);
      b = !b;
   }
   BinaryStdOut.close();
}

public static void compress()
{
   char cnt = 0;
   boolean b, old = false;
   while (!BinaryStdIn.isEmpty())
   {
      b = BinaryStdIn.readBoolean();
      if (b != old)
      {
         BinaryStdOut.write(cnt);
         cnt = 0;
         old = !old;
      }
      else
      {
         if (cnt == 255)
         {
            BinaryStdOut.write(cnt);
            cnt = 0;
            BinaryStdOut.write(cnt);
         }
      }
      cnt++;
   }
   BinaryStdOut.write(cnt);
   BinaryStdOut.close();
}
```

游程编码的压缩和展开方法

5.5.5.3 提高位图的分辨率

游程编码广泛用于位图的主要原因是，随着分辨率的提高它的效果也会大大的提高。证明这一点很简单。假设将上一个例子中的分辨率提高一倍，则很容易得到：

- ❑ 总比特数变为了原来的 4 倍；
- ❑ 游程的数量变为约原来的 2 倍；
- ❑ 游程的长度变为约原来的 2 倍；
- ❑ 压缩后的比特数量变为约原来的 2 倍；
- ❑ 因此，压缩率变成了原来的一半！

未使用游程编码时，当分辨率提高一倍时图像所需空间变为原来的 4 倍；使用了游程编码后，当分辨率提高一倍时压缩后的比特流的长度仅变为了原来的 2 倍。也就是说，随着所需空间的增大，压缩比和分辨率成反比。例如，我们的字母“q”（在低分辨率时）的压缩率为 74%；如果将分辨率提高到 64 × 96，压缩比就下降为

37%。我们从图 5.5.9 中 PictureDump 的输出中可以明显看出这个变化。高分辨率的字符图像所需的空间是低分辨率字符图像的 4 倍（两个维度上的长度均加倍），但压缩后的版本所需的空间仅为原来的 2 倍（只在一个维度上增倍）。如果继续将分辨率提高到 128×192（接近于打印所需的分辨率），压缩比则会下降到 18%（请见练习 5.5.5）。 822~824

小型测试用例（40位）

```
% java BinaryDump 40 < 4runs.bin
0000000000000001111111000000011111111111
40 bits

% java RunLength - < 4runs.bin | java HexDump
0f 07 07 0b
32 bits        压缩比32/40=80%

% java RunLength - < 4runs.bin | java RunLength + | java BinaryDump 40
0000000000000001111111000000011111111111 ←— 压缩-展开得到了原始输入
40 bits
```

ASCII文本（96位）

```
% java RunLength - < abra.txt | java HexDump 24
01 01 05 01 01 01 04 01 02 01 01 01 02 01 02 01 05 01 01 01 04 02 01 01
05 01 01 01 03 01 03 01 05 01 01 01 04 01 02 01 01 01 02 01 02 01 05 01
02 01 04 01
416 bits ←— 压缩比416/96=433% —— 请勿使用游程编码来处理ASCII文本!
```

一幅位图（1536位）

```
% java RunLength - < q32x48.bin > q32x48.bin.rle
% java HexDump 16 < q32x48.bin.rle
4f 07 16 0f 0f 04 04 09 0d 04 09 06 0c 03 0c 05
0b 04 0c 05 0a 04 0d 05 09 04 0e 05 09 04 0e 05
08 04 0f 05 08 04 0f 05 07 05 0f 05 07 05 0f 05
07 05 0f 05 07 05 0f 05 07 05 0f 05 07 05 0f 05
07 05 0f 05 07 05 0f 05 07 06 0e 05 07 06 0e 05
08 06 0d 05 08 06 0d 05 09 06 0c 05 09 07 0b 05
0a 07 0a 05 0b 08 07 06 0c 14 0e 0b 02 05 11 05
05 05 1b 05 1b 05 1b 05 1b 05 1b 05 1b 05 1b 05
1b 05 1b 05 1b 05 1b 05 1a 07 16 0c 13 0e 41
1144 bits ←— 压缩比1144/1536=74%
```

一幅分辨率更高的位图（6144位）

```
% java BinaryDump 0 < q64x96.bin
6144 bits
% java RunLength - < q64x96.bin | java BinaryDump 0
2296 bits ←—   压缩比2296/6144=37%
```

```
% java PictureDump 32 48 < q32x48.bin
```

```
1536 bits
% java PictureDump 32 36 < q32x48.rle.bin
```

```
1144 bits
% java PictureDump 64 96 < q64x96.bin
```

```
6144 bits
% java PictureDump 64 36 < q64x96.bin.rle
```

```
2296 bits
```

图 5.5.9 使用游程编码压缩和展开比特流

游程编码在许多场景中非常有效，但在许多情况下我们希望压缩的比特流并不含有较长的游程（例如典型的英文文档）。下面我们来学习两种适用于多种类型的文件压缩算法。它们的应用非常广泛，在从网络上下载文件时很可能就用到了它们。 825

5.5.6 霍夫曼压缩

我们现在来学习一种能够大幅压缩自然语言文件空间（以及许多其他类型文件）的数据压缩技术。它的主要思想是放弃文本文件的普通保存方式：不再使用7位或8位二进制数表示每一个字符，而是用较少的比特表示出现频率高的字符，用较多的比特表示出现频率低的字符。

为了说明这个概念，先来看一个简单的示例。假设需要将字符串A B R A C A D A B R A !编码。由7位ASCII字符编码我们可以得到比特字符串：

100000110000010101001010100000110000111000001-
10001001000001100000101010010100000010100001.

要将这段比特字符串解码，只需每次读取7位并根据图5.5.4的ASCII编码表将它转换为字符。在这种标准的编码下，只出现了一次的D和出现了5次的A所需的比特数是一样的。霍夫曼压缩的思想是通过用较少的比特表示出现频繁的字符而用较多的比特表示偶尔出现的字符来节省空间，这样字符串所使用的总比特数就会降低。

5.5.6.1 变长前缀码

和每个字符所相关联的编码都是一个比特字符串，就好像有一个以字符为键、比特字符串为值的符号表一样。我们可以试着将最短的比特字符串赋予最常用的字符，将A编码为0、B编码为1、R为00、C为01、D为10、! 为11。这样A B R A C A D A B R A !的编码就是0 1 00 0 01 0 10 0 1 00 0 11。这种表示方法只用了17位，而7位的ASCII编码则用了84位。但这种表示方法并不完整，因为它需要空格来区分字符。如果没有空格，比特字符串就会变成这个样子：

01000010100100011

它也可以被解码为C R R D D C R C B或是其他字符串。但17位加上11个分隔符也比标准的编码要紧凑的多了，没有用于编码的比特字符不会在这条消息中出现。*如果所有字符编码都不会成为其他字符编码的前缀，那么就不需要分隔符了*。下一步我们就要做到这一点。含有这种性质的编码规则叫做*前缀码*。刚才我们给出的编码并不是前缀码，因为A的编码0就是R的编码00的前缀。例如，如果我们将A编码为0、B为1111、C为110、D为100、R为1110、!为101，那么将以下长为30的比特字符串解码的方式就只有A B R A C A D A B R A !一种了：

011111110011001000111111100101

所有的前缀码的解码方式都和它一样，是*唯一的*（不需要任何分隔符），因此前缀码被广泛应用于实际生产之中。注意，像7位ASCII编码这样的定长编码也是前缀码。

5.5.6.2 前缀码的单词查找树

表示前缀码的一种简便方法就是使用单词查找树（请见5.2节）。事实上，任意含有M个空链接的单词查找树都为M个字符定义了一种前缀码方法：我们将空链接替换为指向叶子结点（含有两个空链接的结点）的链接，每个叶子结点都含有一个需要编码的字符。这样，每个字符的编码就是从根结点到该结点的路径表示的比特字符串，其中左链接表示0，右链接表示1。例如，图5.5.10显示了字符串A B R A C A D A B R A !中的字符的两种前缀码方式。上方的例子就是我们刚才提到的编码方式，下方的编码得到的比特字符串为：

11000111101011100110001111101

该字符串只有29位，比上一种少1位。是否存在能够压缩得更多的单词查找树呢？我们如何才能找到压缩率最高的前缀码？实际上，这些问题都有一个优雅的解。有一种算法能够为任意字符串构造一棵能够将比特流最小化的单词查找树。为了公平比较各种编码，还需要计算编码本身所需的空间，因为没有它就无法将字符串解码。你会看到，编码的方式是和字符串相关的。寻找最优前缀码的通用方法是 D.Huffman 在 1952 年发现的（当时他还是个学生！），因此被称为霍夫曼编码。

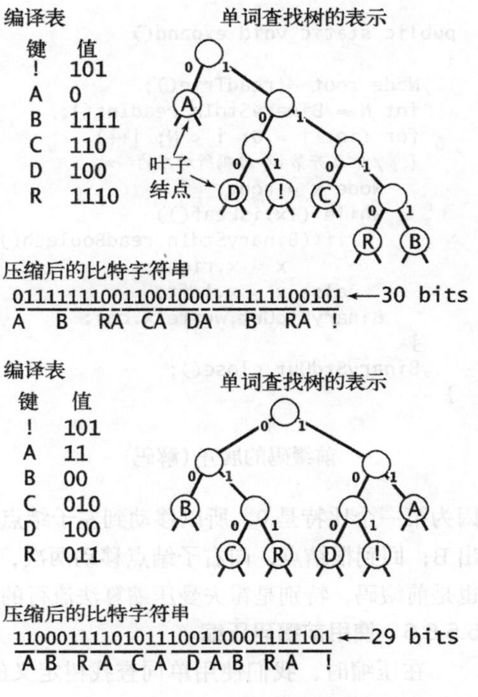

图 5.5.10 两种不同的前缀码

826~827

5.5.6.3 概述

使用前缀码进行数据压缩需要经过 5 个主要步骤。我们将待编码的比特流看作一个字节流并按照以下方式使用前缀码：

- ❑ 构造一棵编码单词查找树；
- ❑ 将该树以字节流的形式写入输出以供展开时使用；
- ❑ 使用该树将字节流编码为比特流。

在展开时需要：

- ❑ 读取单词查找树（保存在比特流的开头）；
- ❑ 使用该树将比特流解码。

为了帮助你更好地理解和领会这个过程，我们将按照难度逐个考察这些步骤。

5.5.6.4 单词查找树的结点

我们首先遇到的是如后面框注所示的 Node 类。它和我们曾经用来构造二叉树和单词查找树的嵌套类相似：每个 Node 对象都含有指向其他 Node 对象的 left 和 right 引用，这定义了单词查找树的结构。每个 Node 对象还包含一个实例变量 freq，构造函数会用到它。另一个实例变量 ch 用于表示叶子结点中需要被编码的字符。

```
private static class Node implements Comparable<Node>
{  // 霍夫曼单词查找树中的结点
   private char ch;   // 内部结点不会使用该变量
   private int freq;  // 展开过程不会使用该变量
   private final Node left, right;

   Node(char ch, int freq, Node left, Node right)
   {
      this.ch    = ch;
      this.freq  = freq;
      this.left  = left;
      this.right = right;
   }

   public boolean isLeaf()
   {  return left == null && right == null;  }

   public int compareTo(Node that)
   {  return this.freq - that.freq;  }
}
```

单词查找树的结点表示

```
public static void expand()
{
   Node root = readTrie();
   int N = BinaryStdIn.readInt();
   for (int i = 0; i < N; i++)
   { // 展开第i个编码所对应的字母
      Node x = root;
      while (!x.isLeaf())
         if (BinaryStdIn.readBoolean())
              x = x.right;
         else x = x.left;
      BinaryStdOut.write(x.ch);
   }
   BinaryStdOut.close();
}
```

前缀码的展开（解码）

5.5.6.5 使用前缀码展开

有了定义前缀码的单词查找树，扩展被编码的比特流就简单了。左边框注中的 expand() 方法实现了这个过程。在从标准输入中使用后文所述的 readTrie() 方法读取了单词查找树之后，用它将比特流的其余部分展开：根据比特流的输入从根结点开始向下移动（读取一个比特，如果为 0 则移动到左子结点，如果为 1 则移动到右子结点）。当遇到叶子结点后，输出该结点的字符并重新回到根结点。如果你仔细研究这个方法在图 5.5.11 中的小型前缀码示例中的表现，就能够理解这个过程。例如，在解码比特流 011111001011... 时，从根结点开始，因为第一个比特是 0，所以移动到左子结点，输出 A；回到根结点，向右子结点移动 3 次，然后输出 B；回到根结点，向右子结点移动两次，左子结点移动 1 次，输出 R；如此往复。展开的简单性
828 也是前缀码，特别是霍夫曼压缩算法流行的原因之一。

5.5.6.6 使用前缀码压缩

在压缩时，我们使用单词查找树定义的编码来构造编译表，如后面框注中的 buildCode() 方法所示。该方法短小而优雅，其巧妙之处值得仔细研究。对于任意单词查找树，它都能产生一张将树中的字符和比特字符串（用由 0 和 1 组成的 String 字符串表示）相对应的编译表。编译表就是一张将每个字符和它的比特字符串相关联的符号表：为了提升效率，我们使用了一个由字符索引的数组 st[] 而非普通的符号表，因为字符的数量并不多。在构造该符号表时，buildCode() 递归遍历整棵树并为每个结点维护了一条从根结点到它的路径所对应的二进制字符串（0 表示左链接，1 表示右链接）。每当到达一个叶子结点时，算法就将结点的编码设为该二进制字符串。编译表建立之后，压缩就很简单了，只需在其中查找输入字符所对应的编码即可。使用后面框注中的编码压缩 A B R A C A D A B R A !，首先写入 0（A 的编码），然后是 111（B 的编码），然后是 110（R 的编码），等等。框注中的这一段代码完成的任务是查找输入的每个字符所对应的编码 String 对象，将 char 数组中字符转化为 0 和 1 的值并写入输出的比特字符串中。

编译表

键	值
!	1010
A	0
B	111
C	1011
D	100
R	110

单词查找树的表示

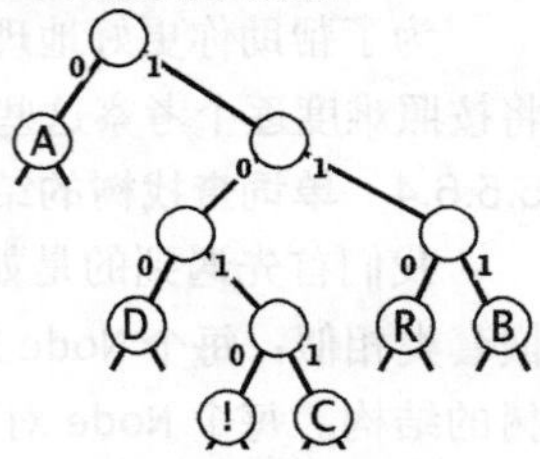

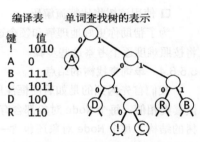

图 5.5.11 一种霍夫曼编码

```
private static String[] buildCode(Node root)
{ // 使用单词查找树构造编译表
   String[] st = new String[R];
   buildCode(st, root, "");
   return st;
}

private static void buildCode(String[] st, Node x, String s)
{ // 使用单词查找树构造编译表（递归）
   if (x.isLeaf())
   { st[x.ch] = s; return; }
   buildCode(st, x.left,  s + '0');
   buildCode(st, x.right, s + '1');
}
```

通过前缀码字典查找树构建编译表

```
for (int i = 0; i < input.length; i++)
{
   String code = st[input[i]];
   for (int j = 0; j < code.length(); j++)
      if (code.charAt(j) == '1')
          BinaryStdOut.write(true);
      else BinaryStdOut.write(false);
}
```

使用编译表的压缩

5.5.6.7 单词查找树的构造

作为描述过程的参考，图 5.5.12 展示了为以下输入构造一棵霍夫曼单词查找树的过程：

```
it was the best of times it was the worst of times
```

我们将需要被编码的字符放在叶子结点中并在每个结点中维护了一个名为 **freq** 的实例变量来表示以它为根结点的子树中的所有字符出现的频率。构造的第一步是创建一片由许多只有一个结点（即叶子结点）的树所组成的森林。每棵树都表示输入流中的一个字符，每个结点中的 **freq** 变量的值都表示了它在输入流中的出现频率。在我们的例子中，输入含有 8 个 t，5 个 e，11 个空格等（特别提示：为了得到这些频率，需要读取整个输入流——霍夫曼编码是一个两轮算法，因为需要再次读取输入流才能压缩它）。接下来自底向上根据频率构造这棵编码的单词查找树。在构造时将它看作一棵结点中含有频率信息的二叉树；在构造后，我们才将它看作一棵用于编码的单词查找树。构造过程如下：首先找到两个频率最小的结点，然后创建一个以二者为子结点的新结点（新结点的频率值为它的两个子结点的频率值之和）。这个操作会将森林中树的数量减一。然后不断重复这个过程，找到森林中的两棵频率最小的树并用相同的方式创建一个新的结点。用优先队列能够轻易实现这个过程，如右下框注的 **buildTrie** 方法所示。（为了说明这个过程，图 5.5.12 中的所有单词查找树是有序的。）随着这个过程的继续，我们构造的单词查找树将越来越大，而森林中的树会越来越少（每一步都会删除两棵树，添加一棵新树）。最终，所有的结点会被合并为一棵单独的单词查找树。这棵树中的叶子结点为所有待编码的字符和它们在输入中出现的频率，每个非叶子结点中的频率值为它的两个子结点之和。频率较低的结点会被安排在树的底层，而高频率的结点则会被安排在根结点附近的地方。根结点的频率值等于输入中的字符数量。因为这是一棵二叉树且字符仅存在于叶子结点中，所以就定义了这些字符的前缀码。使用 **buildCode()** 方法为这个示例构造的编译表（如图 5.5.13 的右侧所示），得到了以下输出：

```
private static Node buildTrie(int[] freq)
{
    // 使用多棵单结点树初始化优先队列
    MinPQ<Node> pq = new MinPQ<Node>();
    for (char c = 0; c < R; c++)
       if (freq[c] > 0)
          pq.insert(new Node(c, freq[c], null, null));

    while (pq.size() > 1)
    {  // 合并两棵频率最小的树
       Node x = pq.delMin();
       Node y = pq.delMin();
       Node parent = new Node('\0', x.freq + y.freq, x, y);
       pq.insert(parent);
    }
    return pq.delMin();
}
```

构造一棵霍夫曼编码单词查找树

```
10111110100101101110001111110010000110101100-
01001110100111100001111101111010000100011011-
11101001011011100011111100100001001000111010-
01001110100111100001111101111010000100101010.
```

这个比特字符串长176位，相比用标准的8位ASCII编码得到的51个字符的408位编码节省了57%（没有计算构造编码的开销，下面马上讨论）。另外，因为它是一个霍夫曼编码，所以不存在其他能够用更少的比特将输入编码的前缀码了。

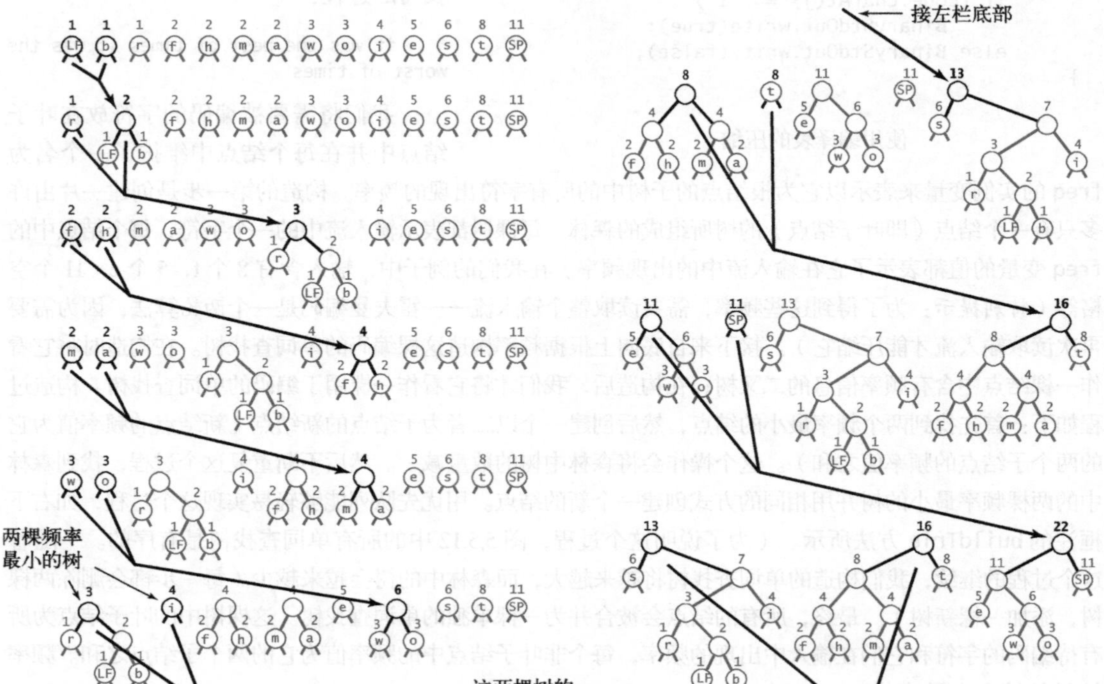

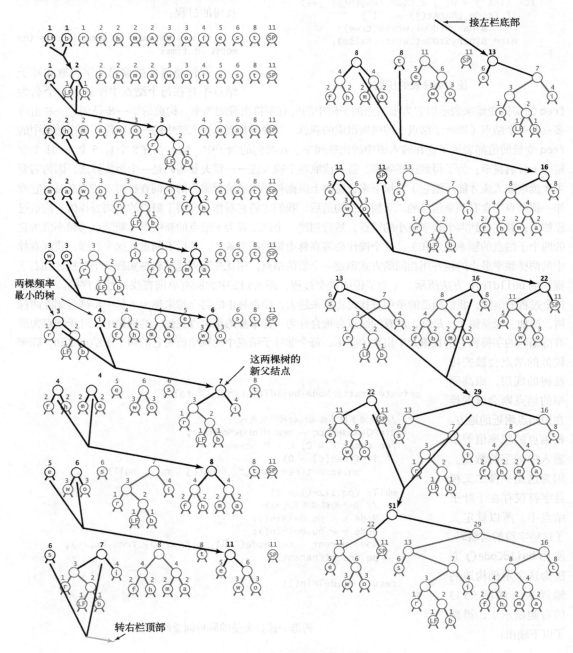

图 5.5.12 构造一棵霍夫曼编码单词查找树

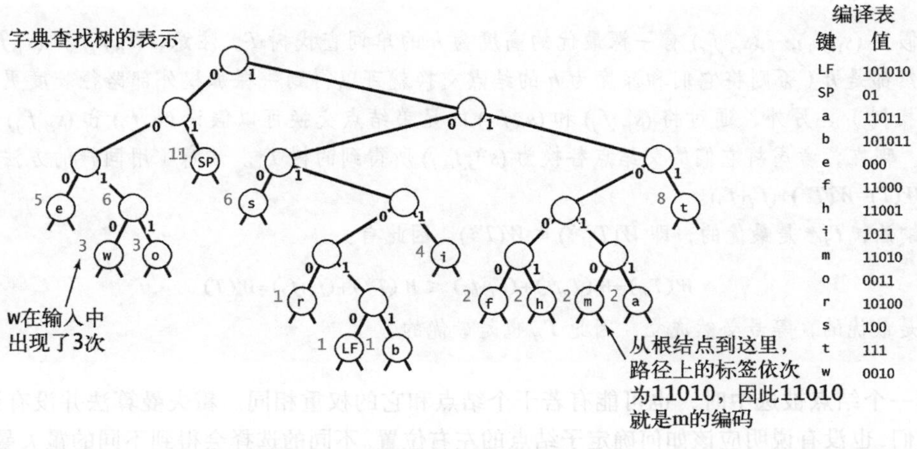

图 5.5.13 字符串“it was the best of times it was the worst of times LF”的霍夫曼编码

5.5.6.8 最优性

我们已经看到，在树中高频率的字符比低频率的字符离根结点更近，因此编码所需的比特更少，所以这种编码的方式更好。但为什么这是一种最优的前缀码呢？要回答这个问题，首先要定义树的加权外部路径长度这个概念，它是所有叶子结点的权重（频率）和深度（请见 1.5.2.5 节）之积的和。 829~832

命题 T。对于任意前缀码，编码后的比特字符串的长度等于相应单词查找树的加权外部路径长度。

证明。每个叶子结点的深度就是将该叶子结点的字符编码所需的比特数。因此，加权外部路径长度就是编码后的比特字符串的长度：它等于所有字符的出现次数和字符的编码长度之积的和。

在示例中，有一个叶子结点的距离为 2（SP，出现频率为 11），三个距离为 3（e、s 和 t，总频率为 19），三个距离为 4（w、o 和 i，总频率为 10），五个距离为 5（r、f、h、m 和 a，总频率为 9），两个距离为 6（LF 和 b，总频率为 2），因此综合为 2×11+3×19+4×10+5×9+6×2=176。这与输出的比特字符串的长度预期相等。

命题 U。给定一个含有 r 个符号的集合和它们的频率，霍夫曼算法所构造的前缀码是最优的。

证明。数学归纳法。假设霍夫曼编码对于任意规模小于 r 的符号集合都是最优的。设 T_H 是用霍夫曼算法计算并编码符号集和相应的频率 $(s_1,f_1),\cdots,(s_r,f_r)$ 所得到的输出，并用 $W(T_H)$ 表示输出的总长度（单词查找树的加权外部路径长度）。假设 (s_i,f_i) 和 (s_j,f_j) 是最先被选中的两个符号，那么算法接下来将计算 (s_i,f_i) 和 (s_j,f_j) 被 (s^*,f_{i+j}) 替代后的 $r-1$ 个符号的集合的编码以输出 $T_H{}^*$，其中 s^* 表示深度为 d 的某个叶子结点中的新符号。可以注意到：

$$W(T_H)=W(T_H{}^*)-d(f_i+f_j)+(d+1)(f_i+f_j)=W(T_H{}^*)+(f_i+f_j)$$

现在，假设 $(s_1,f_1),\cdots,(s_r,f_r)$ 有一棵最优的高度为 h 的单词查找树 T。注意，(s_i,f_i) 和 (s_j,f_j) 的深度必然都是 h（否则将它们和深度为 h 的结点交换就可以得到一棵加权外部路径长度更小的单词查找树）。另外，通过将 (s_j,f_j) 和 (s_i,f_i) 的兄弟结点交换可以假设 (s_i,f_i) 和 (s_j,f_j) 是兄弟结点。现在，考虑将它们的父结点替换为 (s^*,f_{i+j}) 所得到的树 T^*。注意（用同样的方法可以得到）$W(T)=W(T^*)+(f_i+f_j)$。

根据归纳法，$T_H{}^*$ 是最优的，即 $W(T_H{}^*) \le W(T^*)$。因此有：

$$W(T_H)=W(T_H{}^*)+(f_i+f_j) \le W(T^*)+(f_i+f_j)=W(T)$$

833 因为 T 是最优的，等号必然成立，因此 T_H 也是最优的。

每当一个结点被选中时，也可能有若干个结点和它的权重相同。霍夫曼算法并没有说明如何区别它们，也没有说明应该如何确定子结点的左右位置。不同的选择会得到不同的霍夫曼编码，但用它们将信息编码所得到的比特字符串在所有前缀码中都是最优的。

5.5.6.9 写入和读取单词查找树

我们已经强调过，前面讨论过的空间节约并不准确，因为没有单词查找树，被压缩的比特流是无法被解码的。所以，我们必须将输出比特字符串中的单词查找树的成本考虑进来。对于较长的输入，这个成本相对较小。但为了保证数据压缩流程的完整，必须在压缩时将树写入比特流并在展开时读取它。怎样才能将一棵单词查找树编码为比特流并展开它呢？其实，只要基于单词查找树的前序遍历，这两个任务都只需要很简单的递归即可完成。下面框注中的 writeTrie() 方法会按照前序遍历单词查找树：当它访问的是一个内部结点时，它会写入一个比特 0；当它访问的是一个叶子结点时，它会写入一个比特 1，紧接着是该叶子结点中字符的 8 位 ASCII 编码。A B R A C A D A B R A! 的霍夫曼树的比特字符串编码如图 5.5.14 所示。第一位是 0，对应着根结点；下一个遇到是含有 A 的叶子结点，因此下一位为 1，紧接着是 01000001，即“A”的 8 位 ASCII 编码。下两位均为 0，因为遇到的都是两个内部结点，等等。相应的 readTrie() 如框注所示。它从比特字符串中重新构造了单词查找树：首先读取一个比特以得到当前结点的类型，如果是叶子结点（比特为 1）那么就读取字符的编码并创建一个叶子结点；如果是内部结点（比特为 0）那么就创建一个内部结点并（递归地）继续构造它的左右子树。请一定要理解这些方法：它们的简洁性有时是有欺骗性的。

```
private static void
writeTrie(Node x)
{  // 输出单词查找树的比特字符串
   if (x.isLeaf())
   {
      BinaryStdOut.write(true);
      BinaryStdOut.write(x.ch);
      return;
   }
   BinaryStdOut.write(false);
   writeTrie(x.left);
   writeTrie(x.right);
}
```

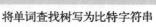

834 将单词查找树写为比特字符串

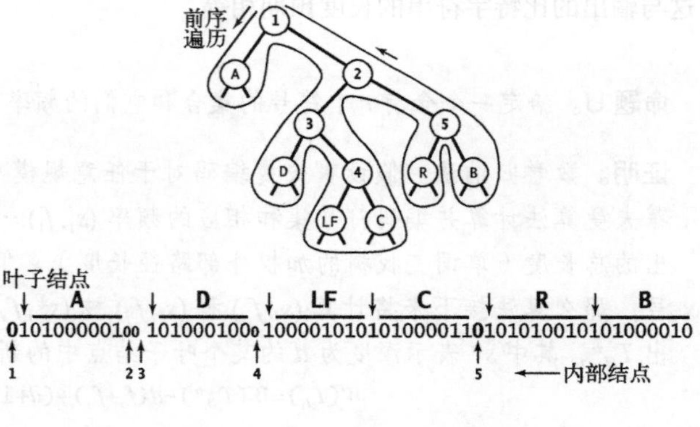

图 5.5.14 使用前序遍历将一棵单词查找树编码为比特流

```
private static Node readTrie()
{
   if (BinaryStdIn.readBoolean())
      return new Node(BinaryStdIn.readChar(), 0, null, null);
   return new Node('\0', 0, readTrie(), readTrie());
}
```

从比特流的前序表示中重建单词查找树

5.5.6.10 霍夫曼压缩的实现

算法 5.10 加上之前讨论过的 buildCode()、buildTrie()、readTrie() 和 writeTrie()（以及一开始展示的 expand() 方法），就是霍夫曼压缩算法的完整实现。为了展开前文对算法的概述，我们将需要压缩的比特流看作 8 位编码的 Char 值流并将它按照如下方法压缩：

- 读取输入；
- 将输入中的每个 char 值的出现频率制成表格；
- 根据频率构造相应的霍夫曼编码树；
- 构造编译表，将输入中的每个 char 值和一个比特字符串相关联；
- 将单词查找树编码为比特字符串并写入输出流；
- 将单词总数编码为比特字符串并写入输出流；
- 使用编译表翻译每个输入字符。

要展开一条编码过的比特流，步骤如下：

- 读取单词查找树（编码在比特流的开头）；
- 读取需要解码的字符数量；
- 使用单词查找树将比特流解码。

霍夫曼压缩算法含有 4 个递归方法处理单词查找树，整个压缩过程需要 7 步，是我们学习的较为复杂的算法之一，请见图 5.5.15。但因为效率高，它也是应用最广泛的算法之一。 835

算法 5.10 霍夫曼压缩

```
public class Huffman
{
   private static int R = 256;  // ASCII字母表
   // Node内部类请见5.5.6.4节框注“单词查找树的结点表示”
   // 其他辅助方法和expand()方法请见正文

   public static void compress()
   {
      // 读取输入
      String s = BinaryStdIn.readString();
      char[] input = s.toCharArray();
      // 统计频率
      int[] freq = new int[R];
      for (int i = 0; i < input.length; i++)
         freq[input[i]]++;
      // 构造霍夫曼编码树
      Node root = buildTrie(freq);
      // （递归地）构造编译表
      String[] st = new String[R];
```

```
        buildCode(st, root, "");

        // （递归地）打印解码用的单词查找树
        writeTrie(root);

        // 打印字符总数
        BinaryStdOut.write(input.length);

        // 使用霍夫曼编码处理输入
        for (int i = 0; i < input.length; i++)
        {
           String code = st[input[i]];
           for (int j = 0; j < code.length(); j++)
           if (code.charAt(j) == "1")
               BinaryStdOut.write(true);
           else BinaryStdOut.write(false);
        }
        BinaryStdOut.close();
    }
}
```

836 这段霍夫曼编码算法的实现构造了一棵清晰的编码单词查找树并使用了前文所述的各种辅助方法。

测试用例（96位）

```
% more abra.txt
ABRACADABRA!

% java Huffman - < abra.txt | java BinaryDump 60
010100000100101000100010000101010100001101010100101010000100
000000000000000000000000000110001111100101101000111110010100
120 bits ←—— 压缩率120/96=125%，原因是字典查找树需要59位，字符总数需要32位
```

正文中的例子（408位）

```
% more tinytinyTale.txt
it was the best of times it was the worst of times

% java Huffman - < tinytinyTale.txt | java BinaryDump 64
0001011001010101110111101101111110010000000101110011001011100 1001
0000101010110001010110100100010110011010110100001011011011011000
0110111010000000000000000000000000000110011101111101001011011100
0111111001000011010110001001110100111100001111101111010000100011
0111110100101101110001111110010000100100011101001001110100111100
00111110111110100001001010100000 0
352 bits ←—— 压缩率352/408=86%，尽管字典查找树占用了137位，字符总数占用了32位

% java Huffman - < tinytinyTale.txt | java Huffman +
it was the best of times it was the worst of times
```

《双城记》的第一章

```
% java PictureDump 512 90 < medTale.txt
```

图 5.5.15　使用霍夫曼编码压缩和展开字节流

```
45056 bits
% java Huffman - < medTale.txt | java PictureDump 512 47
```

```
23912 bits ←— 压缩率23912/45056=53%
```

《双城记》全文

```
% java BinaryDump 0 < tale.txt
5812552位

% java Huffman - < tale.txt > tale.txt.huf
% java BinaryDump 0 < tale.txt.huf
3043928 bits ←— 压缩率3043928/5812552=52%
```

图 5.5.15 使用霍夫曼编码压缩和展开字节流（续） 837

霍夫曼压缩算法流行的一个原因是，不仅对于自然语言文本，它对各种类型的文件都有效果。我们在编写方法的代码时十分小心，以保证它能够正确处理 8 位字符可能表示的任意 8 位值。换句话说，我们可以将它应用于任何字节流。对于我们在本节中讨论过的其他几种类型的文件，图 5.5.16 显示了这些例子，说明了霍夫曼压缩与定长编码以及游程编码相比仍然十分具有竞争力，尽管这些算法是为某些类型的文件专门设计的。理解霍夫曼编码在这些领域的优越性能是十分有帮助的。对于基因组数据，霍夫曼压缩实际上发现了双位编码。因为 4 种字符的出现频率基本相同，因此霍夫曼编码树是平衡的，每个字符分配到的都是一个两位的编码。在游程编码的示例中，00000000 和 11111111 都可能是出现最频繁的字符，因此它们的编码可能只有 2 ~ 3 位，这样就能够大幅度地压缩输入数据。

病毒（50 000位）

```
% java Genome  - < genomeVirus.txt | java PictureDump 512 25
```

```
12536 bits
% java Huffman - < genomeVirus.txt | java PictureDump 512 25
```

```
12576 bits ←— 霍夫曼编码只比自定义的双位编码多使用了40个比特
```

位图（1536位）

```
% java RunLength - < q32x48.bin | java BinaryDump 0
1144 bits

% java Huffman   - < q32x48.bin | java BinaryDump 0
816 bits ←— 霍夫曼压缩算法比自定义算法使用的比特数少29%
```

更高分辨率的位图（6144位）

```
% java RunLength - < q64x96.bin | java BinaryDump 0
2296 bits

% java Huffman   - < q64x96.bin | java BinaryDump 0
2032 bits ←— 对于更高的分辨率，差距缩小到11%
```

图 5.5.16 用霍夫曼编码压缩和展开基因组和位图数据 838

除了霍夫曼压缩算法，另一种值得一提的选择是 20 世纪 70 年代末至 80 年代初由 A.Lempel、J.Ziv 和 T.Welch 发明的一种算法。它的应用也非常广泛，因为它的实现简单，而且也适用于多种类型的文件。

这种算法的基本思想和霍夫曼编码的基本思想相反。霍夫曼算法是为输入中的定长模式产生一张变长的编码编译表，但这种方法是为输入中的变长模式生成一张定长的编码编译表。这种方法的另一种令人惊讶的特性在于，和霍夫曼编码不同，输出中不需要附上这张编译表。

5.5.6.11 LZW 压缩算法

为了说明这种算法的基本思想，先来看一个数据压缩的示例。假设需要读取一列由 7 位 ASCII 编码的字符组成的输入流并将它们写为一条 8 位字节的输出流。（在实际应用中使用的参数值一般都会更大——实现中使用的是 8 位的输入和 12 位的输出。）我们将输入字节称为*字符*，输入的字节序列称为*字符串*，输出字节称为*编码*，尽管这些术语在其他情况下的意义有所不同。LZW 压缩算法的基础是维护一张字符串键和（定长）编码的编译表。在符号表中将 128 个单字符键的值初始化为 8 位编码，即在每个字符的 7 位值前添加一个 0。为了简单明了，用十六进制数字来表示编码的值，这样 ASCII 的 A 的编码即为 41，R 的编码为 52，等等。我们将 80 保留为文件结束的标志并将其余的编码值（81 ~ FF）分配给在输入中遇到的各种子字符串，即从 81 开始不断为新键赋予更大的编码值。为了压缩数据，只要输入还未结束，就会不断进行以下操作：

- ❑ 找出未处理的输入在符号表中最长的前缀字符串 s；
- ❑ 输出 s 的 8 位值（编码）；
- ❑ 继续扫描 s 之后的一个字符 c；
- ❑ 在符号表中将 s+c（连接 s 和 c）的值设为下一个编码值。

在后面的几步中，我们需要继续查看输入中的下一个字符才能构造字典中的下一个条目，因此将这个字符 c 称为前瞻（lookahead）字符。现在，当用尽了编码值（将 FF 赋予了某个字符串）
839 之后暂时只能停止向符号表中添加新的条目——我们会在稍后讨论其他策略。

5.5.6.12 LZW 压缩举例

下表所示的是 LZW 算法压缩样例输入 A B R A C A D A B R A B R A B R A 的详细过程。对于前 7 个字符，匹配的最长前缀仅为 1 个字符，因此输出这些字符所对应的编码，并将编码 81 到 87 和产生的 7 个两个字符的字符串相关联。然后我们发现 AB 匹配了输入的前缀（于是输出 81 并将 ABR 添加到符号表中），然后是 RA（输出 83 并添加 RAB），BR（输出 82 并添加 BRA）和 ABR（输出 88 并添加 ABRA），最后只剩下 A（输出 41，请见图 5.5.17）。

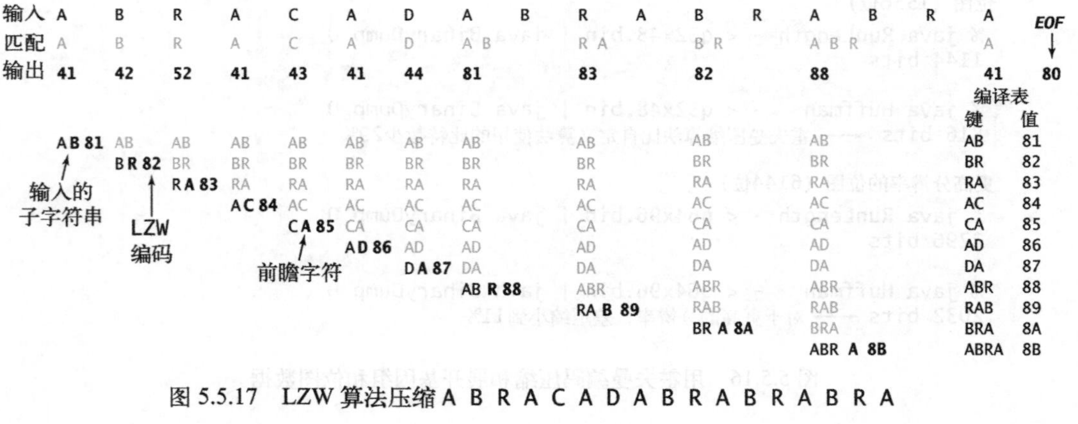

图 5.5.17 LZW 算法压缩 A B R A C A D A B R A B R A B R A

输入为 17 个 7 位的 ASCII 字符，总共 119 位；输出为 13 个 8 位的编码，总共 104 位——压缩比为 87%，即使这只是个很小的例子。

5.5.6.13 LZW 的单词查找树

LZW 压缩算法含有两种符号表操作：

- 找到输入和符号表的所有键的最长前缀匹配；
- 将匹配的键和前瞻字符相连得到一个新键，将新键和下一个编码关联并添加到符号表中。

5.2 节中介绍的单词查找树数据结构完全是为这些操作量身定做的。对于上一个示例，它的单词查找树表示如图 5.5.18 所示。要查找最长前缀匹配，从根结点开始遍历树，按照结点的标签和输入字符匹配；在添加一个新编码时，先创建一个用新编码和前瞻字符标记的结点并将它和查找结束的结点相关联。在实践中，为了节省空间我们使用的是 5.2 节中介绍的三向单词查找树。值得一提的是这里对单词查找树的使用与霍夫曼编码的不同：对于霍夫曼编码，使用单词查找树是因为任意编码都不会是其他编码的前缀；但对于 LZW 算法，使用单词查找树是因为每个由输入字符串得到的键的前缀也都是符号表中的一个键。

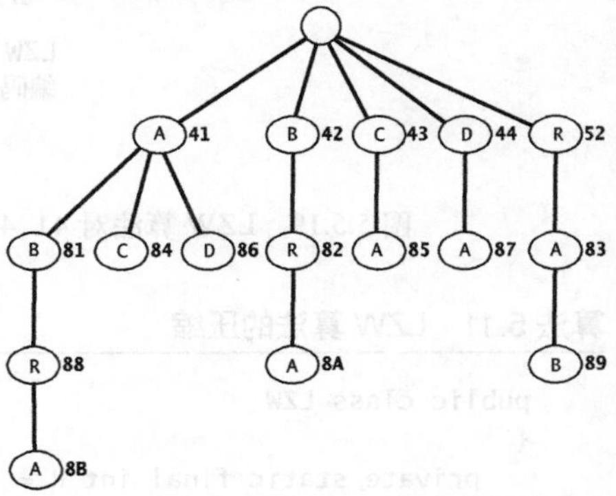

图 5.5.18 LZW 算法的编译表的单词查找树表示

840

5.5.6.14 LZW 压缩的展开

如示例所示，LZW 压缩的展开所需的输入是一系列 8 位编码，而输出则是一个 7 位 ASCII 字符组成的字符串。在展开时，我们会维护一张关联字符串和编码值的符号表（这张表的逆表是压缩时所用的符号表）。在这张表中加入 00 到 7F 和所有单个 ASCII 字符的字符串的关联条目，将第一个未关联的编码值设为 81（80 保留为文件结尾的标记），将保存了当前字符串的变量 `val` 设为含有第一个字符的字符串，在遇到编码 80（文件结束）之前不断进行以下操作：

- 输出当前字符串 `val`；
- 从输入中读取一个编码 `x`；
- 在符号表中将 `s` 设为和 `x` 相关联的值；
- 在符号表中将下一个未分配的编码值设为 `val+c`，其中 `c` 为 `s` 的首字母；
- 将当前字符串 `val` 设为 `s`。

这个过程比压缩更加复杂，原因来自于前瞻字符：需要读取下一个编码来得到和它相关联的字符串的首字母，这使得整个过程不同步。对于前 7 个编码，只需要在符号表中查找并输出相应的字符，然后多读取一个字符并在符号表中添加一个两个字符的字符串的条目。这和之前是相同的。然后读到 81（输出 AB 并向符号表中添加 ABR），然后是 83（输出 RA 并添加 RAB），82（输出 BR 并添加 BRA），88（输出 ABR 并添加 ABRA），然后只剩下 41。最终会遇到文件结束的标记 80（因此输出 A）。这个过程结束后，就已经如期写出了原始的输入，并且构造了一张和压缩时相同的符号表（只是键和值的位置对调了，请见图 5.5.19）。注意，我们也可以使用一个简单的字符串数组来表示符号表，索引为编码。

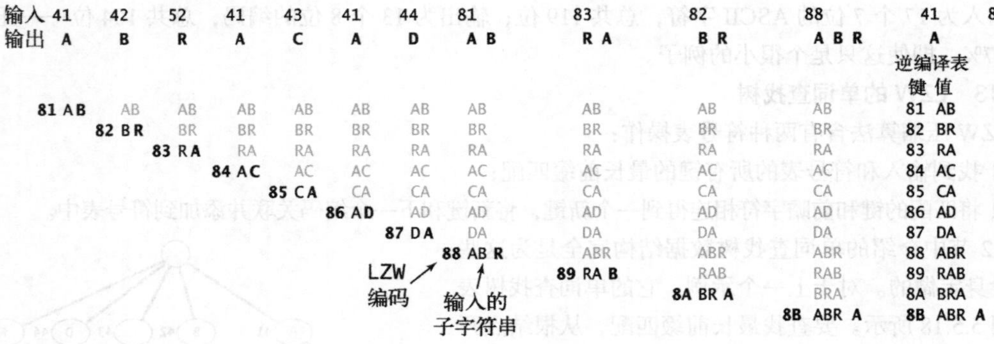

841 图 5.5.19 LZW 算法对 41 42 52 41 43 41 44 81 83 82 88 41 80 的展开

算法 5.11 LZW 算法的压缩

```
public class LZW
{
   private static final int R = 256;          // 输入字符数
   private static final int L = 4096;         // 编码总数=2^12
   private static final int W = 12;           // 编码宽度

   public static void compress()
   {
      String input = BinaryStdIn.readString();
      TST<Integer> st = new TST<Integer>();
      for (int i = 0; i < R; i++)
         st.put("" + (char) i, i);
      int code = R+1;  // R为文件结束(EOF)的编码

      while (input.length() > 0)
      {
         String s = st.longestPrefixOf(input); // 找到匹配的最长前缀
         BinaryStdOut.write(st.get(s), W);      // 打印出s的编码

         int t = s.length();
         if (t < input.length() && code < L)    // 将s加入符号表

            st.put(input.substring(0, t + 1), code++);
         input = input.substring(t);            // 从输入中读取s
      }

      BinaryStdOut.write(R, W);                 // 写入文件结束标记
      BinaryStdOut.close();
   }

   public static void expand()
   // 请见算法5.11（续）
}
```

Lempel-Ziv-Welch 数据压缩算法的这份实现的输入为 8 位的字节流，输出为 12 位编码，适用于任意大小的文件。对于较小的样例输入，它所产生的编码和在正文中所讨论的类似：单字符的编码的开头为 0，其他编码从 100 开始。

```
% more abraLZW.txt
ABRACADABRABRABRA

% java LZW - < abraLZW.txt | java HexDump 20
04 10 42 05 20 41 04 30 41 04 41 01 10 31 02 10 80 41 10 00
160 bits
```

842

5.5.6.15 特殊情况

在刚才描述的过程中，存在这一个小小的问题。常常只有基于以上描述实现了这个过程的同学（以及有经验的程序员！）才能发现它。这个问题就是前瞻过程所得到的字符可能和当前子字符串的开头字符相同，如图 5.5.20 所示。在这个例子中，输入字符串：

ABABABA

如图 5.5.20 上方所示，被压缩得到的输出编码为：

41 42 81 83 80

在展开时，首先会得到编码 41 并输出 A，然后读取 42 得到前瞻字符并将 AB 和 81 插入符号表；输出 42 所对应的 B，读取 81 得到前瞻字符并将 BA 和 82 插入符号表；输出 81 所对应的 AB。到目前为止事情进展得不错。但当我们接下来取得了编码 83 并希望得到前瞻字符时，就被卡住了，因为读取编码所要补全的符号表条目正是 83！幸运的是，检查（只有在读取的编码和需要完成的编码条目相同时才会出现）并修正（此时，前瞻字符必然是当前字符串的首字母，因为它就是下个将被输出的字符）这种情况并不困难。在这个例子中，前瞻字符必然是 A（ABA 的首字母）。因此，下一个被输出的字符串和符号表中 83 的值都是 ABA。

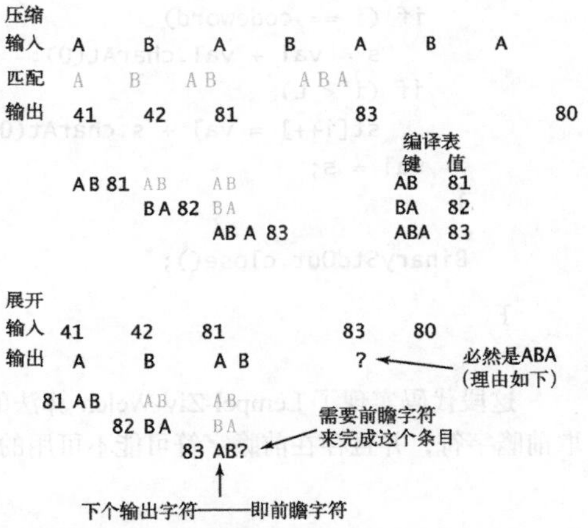

图 5.5.20 LZW 算法的展开：特殊情况

5.5.6.16 实现

经过这些描述之后，实现 LZW 编码就很简单了，如算法 5.11 所示（expand() 方法的实现请见算法 5.11（续））。这段实现接受 8 位字节流作为输入（因此能压缩任意文件，而不仅仅是字符串），并产生 12 位编码的输出流（因此字典会非常大，压缩率也会更好）。这些值指定在（final 修饰的）实例变量 R、L 和 W 中。在 compress() 方法中使用了一棵三向单词查找树（请见 5.2 节） 843
来表示编译表（利用单词查找树来支持高效的 longestPrefixOf() 操作），在 expand() 方法中使用了一个字符串数组来表示逆向编译表。这样，compress() 和 expand() 方法的代码就不完全与正文中的描述一一对应了。这些方法非常高效。对于某些文件，我们还可以通过在编译表满时将其清空并重用全部编码来改进它们。这些改进以及评估它们的性能所需的实验都留作本节最后的练习。

算法 5.11（续） LZW 算法的展开

```
public static void expand()
{
   String[] st = new String[L];

   int i; // 下一个待补全的编码值

   for (i = 0; i < R; i++)                 // 用字符初始化编译表
      st[i] = "" + (char) i;
   st[i++] = " ";  // （未使用）文件结束标记(EOF)的前瞻字符

   int codeword = BinaryStdIn.readInt(W);
   String val = st[codeword];
   while (true)
   {
      BinaryStdOut.write(val);            // 输出当前子字符串
      codeword = BinaryStdIn.readInt(W);
      if (codeword == R) break;
      String s = st[codeword];            // 获取下一个编码
      if (i == codeword)                  // 如果前瞻字符不可用
         s = val + val.charAt(0);         // 根据上一个字符串的首字母得到编码的字符串
      if (i < L)
         st[i++] = val + s.charAt(0); // 为编译表添加新的条目
      val = s;                            // 更新当前编码
   }
   BinaryStdOut.close();

}
```

这段代码实现了 Lempel-Ziv-Welch 算法的展开。展开比压缩更加复杂，因为需要从下一个编码中获取前瞻字符，并且存在前瞻字符可能不可用的复杂情况（请见正文）。

```
% java LZW - < abraLZW.txt | java LZW +
ABRACADABRABRABRA

% more ababLZW.txt
ABABABA

% java LZW - < ababLZW.txt | java LZW +
ABABABA
```

和以前一样，请花一点时间仔细研究程序和图 5.5.21 给出的 LZW 算法压缩的实例。十几年以来，它已经被证明为是一个多用途高效率的压缩算法。

病毒（50 000位）

```
% java Genome - < genomeVirus.txt | java PictureDump 512 25
```

```
12536 bits
% java LZW - < genomeVirus.txt | java PictureDump 512 36
```

```
18232 bits ←— 效果不如双位编码，因为重复数据很少
```

位图（6144位）

```
% java RunLength - < q64x96.bin | java BinaryDump 0
2296 bits

% java LZW - < q64x96.bin | java BinaryDump 0
2824 bits  ←— 效果不如游程编码，因为文件太小
```

《双城计》全文（5 812 552位）

```
% java BinaryDump 0 < tale.txt
5812552 bits

% java Huffman - < tale.txt | java BinaryDump 0
3043928 bits

% java LZW - < tale.txt | java BinaryDump 0
2667952 bits ←— 压缩率2667952/5812552 = 46%（已知最好成绩）
```

图 5.5.21 采用 12 位编码的 LZW 算法对各种文件的压缩和展开 844~845

答疑

问 为什么需要 BinaryStdIn 和 BinaryStdOut？

答 这是在便利性和效率之间作出的一个平衡。StdIn 每次能够处理 8 位数据，而 BinaryStdIn 必须处理每一位数据。大多数应用程序处理的都是字节流，但数据压缩是个例外。

问 为什么需要 close() 方法？

答 有这个要求的是因为标准输出流是一个字节流，因此 BinaryStdOut 需要知道何时将最后一个字节对齐并输出。

问 能够将 StdIn 和 BinaryStdIn 混用吗？

答 最好不要这样。因为它们都和系统以及具体的实现有关，谁也不知道会出现什么情况。我们的实现会抛出一个异常。但从另一方面来说，混用 StdOut 和 BinaryStdOut 没有问题（我们的代码就这么使用的）。

问 为什么在 Huffman 类中 Node 类是静态的？

答 我们将所有数据压缩算法都组织成了静态方法的集合，而没有实现任何数据结构。

问 我能保证数据压缩算法至少不会将比特流变长吗？

答 你可以直接把输入复制到输出，但仍然需要某种标记来说明不需要使用任何标准的数据压缩方法就可以使用它。某些商业数据压缩程序有时会作出这种保证，但实际上这种保证很脆弱并且远远不具备通用性。事实上，大多数数据压缩算法甚至都做不到我们对命题 S 的第一种证明方法的第二步：极少有算法能够进一步压缩其自身产生的比特字符串。 846

练习

5.5.1 请看下表所示的 4 种变长编码。哪些编码是无前缀的？哪些编码的解码方式是唯一的？对于解码方式唯一的编码，请给出 1000000000000 的解码结果。

符号	编码 1	编码 2	编码 3	编码 4
A	0	0	1	1
B	100	1	01	01
C	10	00	001	001
D	11	11	0001	000

5.5.2 给出一个非前缀码但解码方式又是唯一的编码。

答：任意无后缀的编码都是解码方式唯一的编码。

5.5.3 给出一个即非前缀码又非后缀码且解码方式唯一的编码。

答：{0011, 011, 11, 1110}

5.5.4 {01, 1001, 1011, 111, 1110} 和 {01, 1001, 1011, 111, 1110} 的解码方式是唯一的吗？如果不是，找出一条可以用两种方式解码的字符串。

5.5.5 使用 `RunLength` 处理本书网站上的文件 q128x192.bin。被压缩后的文件含有多少比特？

5.5.6 将 N 个符号 `a` 编码需要多少比特（作为 N 的函数）？ N 个序列 `abc` 呢？

5.5.7 给出用游程编码、霍夫曼编码、LZW 编码压缩字符串 `a,aa,aaa,aaaa,...`（含有 N 个 `a` 的字符串）的结果，以 N 的函数表示压缩比。

5.5.8 给出用游程编码、霍夫曼编码、LZW 编码压缩字符串 `ab,abab,ababab,abababab,...`（将 `ab` 重复 N 次得到的字符串）的结果，以 N 的函数表示压缩比。

5.5.9 估计游程编码、霍夫曼编码和 LZW 编码处理长度为 N 的随机 ASCII 字符串（任意位置都有独立均等的几率出现任意字符）的压缩比。

5.5.10 按照正文中的示意图的样式显示使用 Huffman 处理字符串 `it was the age of foolishness`
847 时霍夫曼编码树的构造过程。压缩后的比特流需要多少比特？

5.5.11 如果所有字符均来自一个只有两个字符的字母表，该字符串的霍夫曼编码将会是什么？给出这样的一个长度为 N 的字符串，使得霍夫曼编码得到的结果最长。

5.5.12 假设所有符号出现的概率均为 2 的负若干次方，描述相应的霍夫曼编码。

5.5.13 假设所有符号出现的概率均相等，描述相应的霍夫曼编码。

5.5.14 假设需要编码的所有字符的出现频率均不相同。此时的霍夫曼编码树是唯一的吗？

5.5.15 只需扩展霍夫曼算法即可有效地将双位字符编码（使用四向树①）。这么做的主要优点和缺点是什么？

5.5.16 以下输入经过 LZW 编码后的结果是什么？

a. T O B E O R N O T T O B E

b. Y A B B A D A B B A D A B B A D O O

c. A A A A A A A A A A A A A A A A A A A A A

① 每个结点都含有4条链接。——译者注

5.5.17 总结 LZW 编码中需要特别注意的情况。

解答：每当遇到形如 cScSc 的字符串时都会出现这种情况，其中 c 是一个符号而 S 是一个字符串，字典中已经含有 cS 但没有 cSc。

5.5.18 设 F_k 是第 k 个斐波那契数。假设有一个符号序列，其中第 k 个符号的频率为 F_k。注意，$F_1+F_2+\cdots+F_N=F_{N+2}-1$。给出相应的霍夫曼编码。提示：最长编码的长度为 $N-1$。

5.5.19 证明，对于给定的 N 个符号的集合，至少存在 2^{N-1} 种不同的霍夫曼编码。

5.5.20 给出一种霍夫曼编码，使得输出中的 0 的出现频率比 1 要高得多。

答：如果字符 A 出现了 100 万次而 B 只出现了一次，那么将 A 的编码设为 0，B 的编码设为 1 即可。 848

5.5.21 请证明在任意霍夫曼编码中，最长的两个编码的长度必然是相等的。

5.5.22 请证明霍夫曼编码的以下性质：如果符号 i 的出现频率大于符号 j，那么符号 i 的编码长度将会小于等于符号 j 的编码长度。

5.5.23 如果将用霍夫曼编码得到的字符串看作由 5 位字符组成的字符流并继续用霍夫曼编码处理它，结果将会是什么？

5.5.24 按照正文中示意图的样式显示使用 LZW 编码处理以下字符串时所构造的编码树以及整个压缩和展开的过程。

```
it was the best of times it was the worst of times
```
849

提高题

5.5.25 定长定宽的编码。实现一个使用定长编码的 RLE 类来压缩不同字符较少的 ASCII 字节流，将编码输出为比特流的一部分。在 compress() 方法用一个 alpha 字符串保存输入中所有不同的字母，用它得到一个 Alphabet 对象以供 compress() 方法使用。将 alpha 字符串（8 位编码再加上它的长度）添加到压缩后的比特流的开头。修改 expand() 方法，在展开之前先读取它的字母表。

5.5.26 重建 LZW 字典。修改 LZW 算法，当字典饱和时将其清空。这种方式适合某些应用程序，因为它能更好地适应输入中的字符变化。

5.5.27 较长的重复。估计游程编码、霍夫曼编码和 LZW 编码处理长度为 $2N$ 的一条字符串的压缩率，该字符串由长度为 N 的一条随机 ASCII 字符串（请见练习 5.5.9）重复而成。 850

第6章 背 景

在现代社会中，计算机设备无处不在。在过去的几十年中，我们世界中的电子设备还是一片空白，但现在它们已经成为数十亿人日常必备的工具。今天的手机甚至都比30年前只有少数人才有权使用的超级计算机强大若干个数量级。这些设备高效工作的背后都离不开算法，而其中的一些算法本书中也有所讨论。这是为什么呢？因为*适者生存*。可扩展的（线性的和线性对数级别的）算法是这个过程的核心并证明了高效算法的重要性。20世纪60年代和70年代的一些研究者用这些算法为我们的今天打下了基础。他们知道，可扩展的算法是未来的关键，而过去几十年的发展也证明了这一点。现在，基础设施已经完备，人们已经开始*利用*它们达到各种目的。正如B.Chazelle所说，20世纪是方程的世纪，但21世纪是算法的世纪。

本书中讨论的基础算法只是一个开始。当算法能够成为大学中的一门独立学科时，这一天就快要到来了（也许已经来了）。在商业应用、科学计算、工程、运筹学和其他无数有待人们探索的领域中，高效的算法都能使原来不可能解决的问题得到解决。本书的重点是学习*重要而实用*的算法。在本章中，我们会沿着这条路继续讨论几个示例，它们能够说明已经学过的一些算法在高级实践情景中的作用。（还包括一些学习算法的方法。）为了说明算法的影响范围，我们首先列出算法的几
851~853 个重要的应用领域，然后详细讨论几个有代表性的示例并介绍算法的相关理论来说明应用的深度。不过对于这本大厚书来说，在最后涉及的这两个主题都是介绍性的，并不全面，实际生活中还有许多同样广泛的领域、同样重要的应用场景、同样有影响力的具体问题。

商业应用

互联网的出现加强了算法在*商业应用软件*中的核心地位。人们经常使用的所有应用都得益于我们已经学过的许多经典算法：

- 基础设施（操作系统、数据库、通信）；
- 应用程序（电子邮件、文档处理、数码照片）；
- 出版（书籍、杂志、网络内容）；
- 网络（无线网络、社交网络、互联网）；
- 交易处理（金融、零售、网络搜索）。

本章中将会讨论一个有代表性的示例，即B-树。它是为20世纪60年代的大型机发明的一种复杂的数据结构，但今天它仍然是现代数据库系统的基础结构。此外，还将讨论用于文本索引的后缀数组。

科学计算

自从冯·诺依曼在1950年发明了归并排序之后，算法在科学计算领域逐渐起到了重要的作用。今天的科学家需要处理大量的实验数据。他们在同时使用数学模型和计算模型来理解自然世界，包括：

- 数学计算（多项式、矩阵、微分方程）；
- 数据处理（实验结果和观测资料，特别是基因组学）；
- 计算模型和模拟。

这些任务都可能需要大量复杂的海量数据计算。在科学计算领域，本章中会详细讨论的一个经典示例就是事件驱动模拟问题。它的思想是维护一个复杂的真实世界的模型并根据时间控制模型中发生的变化。这种基础方法有着非常多的应用。此外还将讨论一个基因计算领域的基础数据处理问题。

工程学

现代工程学的基础是技术，而现代技术的基础是计算机。因此，算法能够发挥重要作用的方面包括：

- 数学计算和数据处理；
- 计算机辅助设计和生产； 854
- 基于算法的工程设计（网络、控制系统）；
- 图像和其他医学系统。

工程师和科学家使用的许多工具和方法都是相同的。例如，科学家用计算模型和模拟来理解自然世界；而工程师用计算模型和模拟来设计、建造并控制他们所制造的各种产品。

运筹学

运筹学领域的研究者和实践者开发了各种数学模型并用它们解决了许多问题，包括：

- 任务调度；
- 决策；
- 资源分配。

4.4 节中的最短路径问题就是一个经典的运筹学问题。本章会再次讨论它并介绍最大流量问题。我们会展示规约的重要性并讨论它对于问题解决（problem-solving）的通用模型的影响，特别是对运筹学中核心的线性规划模型的影响。

算法在计算机科学的各个子领域中都有着重要的地位，它的应用领域包括，但绝对不局限于：

- 计算几何；
- 密码学；
- 数据库；
- 编程语言与系统；
- 人工智能。

在所有领域中，说明问题并找到有效算法和数据结构来解决问题都是非常重要的。我们已经学过的部分算法是可以直接使用的。更重要的是，本书的核心内容，也就是设计、实现和分析算法的一般方法在所有这些领域中都已经被成功地验证过。这种效应已经从计算机科学扩散到了许多其他领域，包括体育、音乐、语言学、金融、神经科学，等等。

我们现在已经学习了许多重要且实用的算法，那么理解它们之间的相互关系就变得很必要了。在本章的（也是本书的！）结尾我们会简要介绍计算理论，重点是不可解性（intractability）和 P=NP? 这个问题。它们仍然是理解实践中遇到的各种问题的关键。 855

6.0.1 事件驱动模拟

我们的第一个示例是一个基础的科学应用：按照弹性碰撞的原理模拟粒子系统的运动。科学家通过这个系统可以理解和预测物理系统的性质。这个模型可以模拟气体中分子的运动、化学反应的动态过程、原子扩散、最密堆积问题（sphere packing）、行星的环的稳定性、某些元素的相变、一维自引力体系前向阵面传播技术等许多问题。它可应用的范围从分子运动中的微小亚原子粒子到天体物理学中巨大的星体对象。

讨论这个问题需要一些高中物理知识、一些软件工程的知识和一些算法知识。我们把大部分和物理有关的内容留作练习，而主要关注使用基础的算法工具（基于堆的优先队列），以处理它的一个实际应用，将不可能的计算变为可能。

6.0.1.1 刚性球体模型

首先介绍一个理想模型，它描述的是原子和分子在含有以下性质的容器中的运动：

- ❑ 运动的粒子与墙以及互相之间的碰撞是弹性的；
- ❑ 每个粒子都是一个已知位置、速度、质量和直径的球体；
- ❑ 不存在其他外力。

这个简单的模型在统计力学这个既与宏观现象（例如温度和压力）有关又与微观现象（例如单个原子和分子的运动）有关的学科中十分重要。麦克斯韦和玻尔兹曼使用这个模型得到了由温度的函数表示的相互碰撞的分子的速度分布，爱因斯坦用这个模型解释了花粉颗粒在水中的布朗运动。不存在其他外力的假设意味着粒子在碰撞之前是在做匀速直线运动。我们也可以通过添加其他作用力来扩展这个模型。例如，如果加上摩擦力和自旋，那就可以更加准确地描述一些熟悉的物理运动，例如台球桌上的台球。

6.0.1.2 时间驱动模拟

我们的主要目标是维持这个模型，即希望能够记录所有粒子在任意时间内的位置和速度。为此，需要计算：在给定了时刻 t 时的所有粒子的位置和速度后，再给出 dt 时间之后，即未来的时间点 $t+dt$ 时它们的位置和速度。如果所有粒子互相之间以及和墙的距离都很远，那么计算就很简单了：因为粒子的轨迹是一条直线，所以只需要用粒子的速度就可以更新它的位置。这个问题的挑战在于要考虑碰撞情况。一种解决方法叫做时间驱动模拟（请见图 6.0.1），它基于使用固定长度的 dt。在每次更新时，我们都需要检查所有粒子对，判定它们是否可能相遇，然后还原它们的第一次碰撞。此时，我们将会更新两个粒子的速度以反映出碰撞的结果（计算方法会稍后讨论）。在粒子数量很多时，这种方式的计算量非常大：如果 dt 是以秒计（一般为一秒的若干分之一），它模拟 N 个粒子的系统一秒钟的运动所需的时间与 N^2/dt 成正比。这种成本太昂贵了（比平方级别的算法更高）——在一般的应用中，N 都会非常大而 dt 会非常小。dt 的问题在于如果它太小，计算量就太高，但如果它太大，那就可能错过许多次碰撞，请见图 6.0.2。

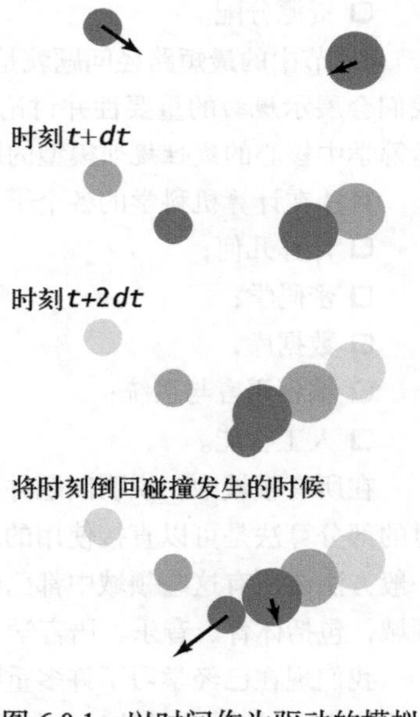

图 6.0.1 以时间作为驱动的模拟

6.0.1.3 事件驱动模拟

另一种方法是仅关注碰撞发生的时间点，重点关注下一次碰撞（因为在此之前由速度计算得到的所有粒子的位置都是有效的）。因此，我们可以使用一个优先队列来记录所有事件。事件是未来的某个时间的一次潜在的碰撞，可能发生在两个粒子之间，也可能发生在粒子和墙之间。和每个事件相关联的优先级就是它发生的时间，因此当从优先队列中删去优先级最低的元素时，就会得到下一次潜在的碰撞。

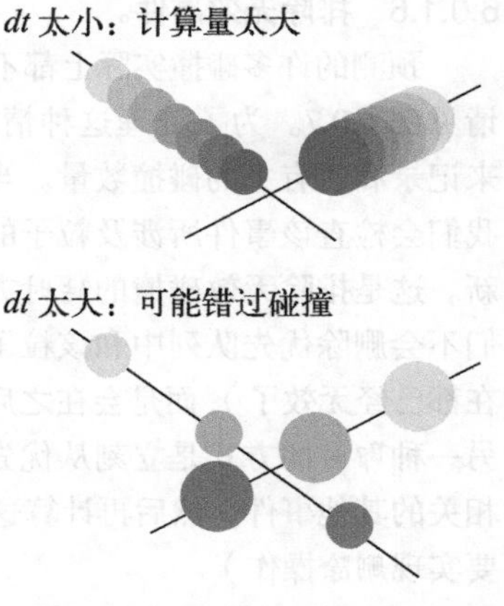

图 6.0.2　驱动模拟的主要问题

6.0.1.4　碰撞预测

我们如何才能识别潜在的碰撞呢？粒子的速度正好提供了这个必要的信息。例如，假设在单位空间中，在时刻 t 有一个半径为 s 速度为 (v_x, v_y) 的粒子位于 (r_x, r_y)。假设墙位于 x=1 处，高度 y 在 0 到 1 之间。我们感兴趣的是运动的横向分量，因此注意力集中在位置的 x 分量 r_x 和速度的 x 分量 v_x 上。如果 v_x 是负数，那么粒子的轨迹不会与墙体相交，但如果 v_x 是正数，那就存在一个粒子和墙的潜在碰撞。将粒子和墙的间距 $(1-s-r_x)$ 除以速度的 x 分量 (v_x)，就可以得到粒子和墙的碰撞时间为 $dt=(1-s-r_x)/v_x$ 个时间单位之后，此时粒子的位置将为 $(1-s, r_y+v_y dt)$，除非它在之前又撞上了其他某个粒子或者墙，请见图 6.0.3。因此，我们就可以向优先队列中插入一个优先级为 $t+dt$ 的条目（以及一些描述该示例和 856~857
墙的碰撞事件的信息）。墙体的碰撞预测计算都是类似的（请见练习 6.1）。两个粒子之间的碰撞也是类似的，但更加复杂一些。不过你会注意到这种计算得到的预测结果通常是不会碰撞（比如粒子正在向墙体的反方向移动，或者两个粒子的运动方向相反）——这种情况下就不需要向优先队列中插入任何东西。为了处理另一种典型情况，也就是预测到的碰撞距现在的时间太远时，就需要一个 `limit` 参数来指定有效的时间段，这样就可以忽略时间晚于 `limit` 发生的所有事件了。

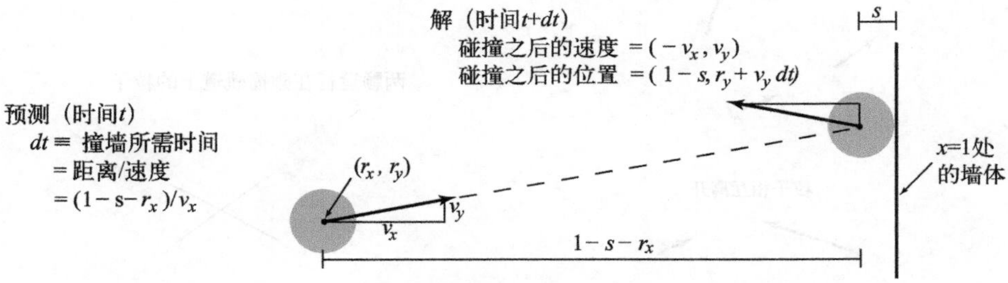

图 6.0.3　预测并解决粒子和墙体的一次碰撞

6.0.1.5　碰撞计算

当发生碰撞时，我们需要使用物理公式来进行计算，以描述一个粒子在和另一个粒子或者墙体发生弹性碰撞时的行为。在示例中，墙体遇到了一面竖墙。如果发生碰撞，粒子的速度将会从 (v_x, v_y) 变为 $(-v_x, v_y)$，请见图 6.0.3。其他墙体的碰撞和它类似。两个粒子的碰撞也是类似的，但要更加复杂一些（请见练习 6.1）。

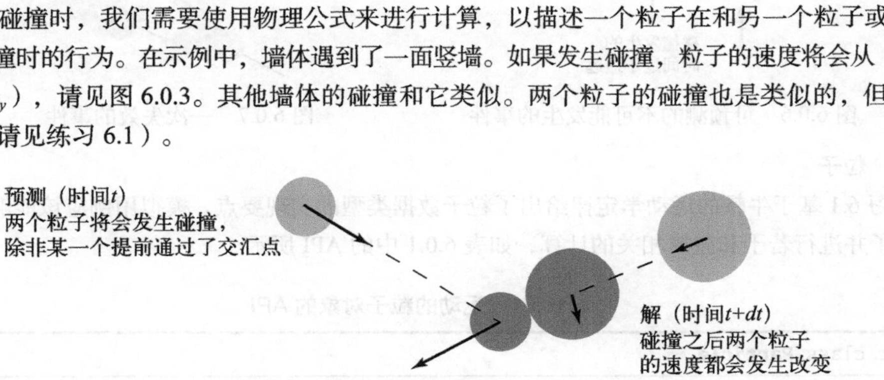

图 6.0.4　预测并计算粒子之间的一次碰撞 858

6.0.1.6 排除无效事件。

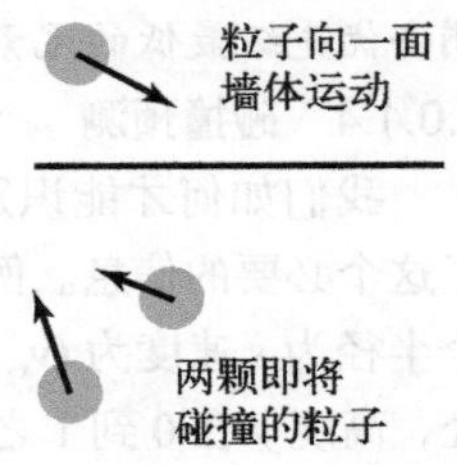

图 6.0.5 可预测的事件

预测的许多碰撞实际上都不会发生，因为它们被其他的碰撞打断了，请见图 6.0.7。为了处理这种情况，我们为每个粒子维护一个实例变量来记录和它有关的碰撞数量。当从优先队列中取出一个事件来处理时，我们会检查该事件所涉及粒子的碰撞计数器在事件被创建后是否已经更新。这是排除无效碰撞的延时方法：当某个粒子参与了一次碰撞时，我们不会删除优先队列中和该粒子有关的其他碰撞（尽管这些碰撞事件现在都已经无效了），而是会在之后遇到它们时直接将其忽略，请见图 6.0.6。另一种即时的方式是立刻从优先队列中删除所有与参与当前事件的粒子相关的其他事件，然后再计算这些粒子的新潜在碰撞事件。这种方式需要的优先队列更加复杂（需要实现删除操作）。

以上讨论了一些预备知识，这些都是对按照物理定律进行弹性碰撞的运动粒子执行事件驱动模拟所必备的。相应的软件架构会将实现封装在 3 个类中：一个 `Particle` 数据类型，封装了所有和粒子有关的计算；一个 `Event` 数据类型来预测事件；一个它们的用例 `CollisionSystem` 类用来完成模拟。模拟的核心是一个含有所有事件的 `MinPQ` 优先队列，按照时间排序。下面看一下 `Particle`、`Event` 和 `CollisionSystem` 的实现。

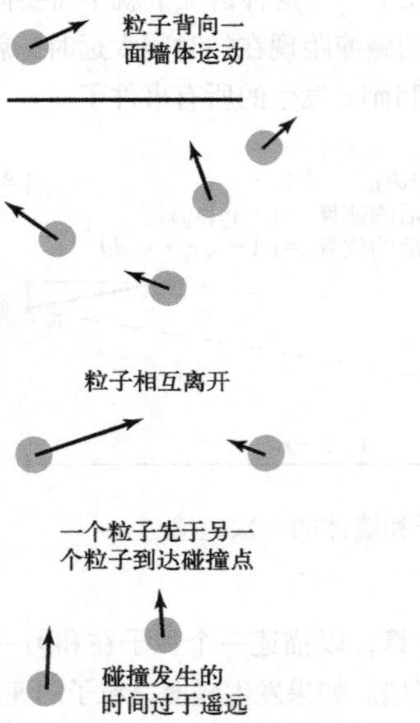

859 图 6.0.6 可预测的不可能发生的事件

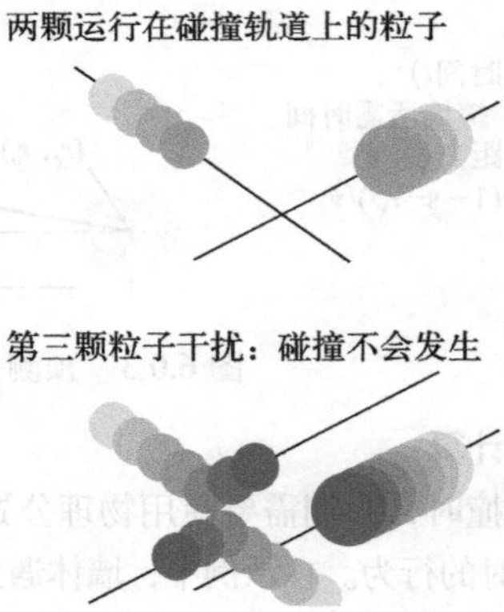

图 6.0.7 一次失效的事件

6.0.1.7 粒子

练习 6.1 基于牛顿的运动学定律给出了粒子数据类型的实现要点。模拟用例应该能够移动粒子、画出粒子并进行若干和碰撞相关的计算，如表 6.0.1 中的 API 所示。

表 6.0.1 运动的粒子对象的 API

public class **Particle**	
Particle()	在单位空间中创造一个新的随机粒子

（续）

public class **Particle**	
Particle(double rx, double ry, double vx, double vy, double s, double mass)	用给定的位置、速度、半径和质量创建一个粒子
void draw()	画出粒子
void move(double dt)	根据时间的流逝 dt 改变粒子的位置
int count()	该粒子所参与的碰撞总数
double **timeToHit(Particle b)**	距离该粒子和粒子 b 碰撞所需的时间
double **timeToHitHorizontalWall()**	距离该粒子和水平的墙体碰撞所需的时间
double **timeToHitVerticalWall()**	距离该粒子和垂直的墙体碰撞所需的时间
double **bounceOff(Particle b)**	碰撞后该粒子的速度
double **bounceOffHorizontalWall()**	碰撞水平墙体后该粒子的速度
double **bounceOffVerticalWall()**	碰撞垂直墙体后该粒子的速度

当粒子不在碰撞轨道上时（这是很常见的），3 个 timeToHit*() 的方法都会返回 Double.POSITIVE_INFINITY。这些方法可以帮助预测给定粒子在未来的所有碰撞，将在 limit 时间内发生的碰撞事件插入优先队列。在处理两颗粒子相撞的事件时，使用 bounceOff() 方法计算两颗粒子在碰撞之后的速度。bounceOff*() 方法用于处理粒子和墙体之间的碰撞事件。

6.0.1.8 事件

我们将应该放入优先队列中的所有对象信息封装在一个私有类之中（各种事件）。实例变量 time 记录的是事件的预计发生时间，实例变量 a 和 b 保存的是和该事件相关的粒子。这里有 3 种不同类型的事件：粒子和垂直墙体碰撞、粒子和水平墙体碰撞、粒子和粒子碰撞。为了平滑动态地显示运动中的粒子，我们添加了第 4 种类型的事件，即重绘事

```
private class Event implements Comparable<Event>
{
   private final double time;
   private final Particle a, b;
   private final int countA, countB;

   public Event(double t, Particle a, Particle b)
   {  // 创造一个发生在时间t且与a和b相关的新事件
      this.time = t;
      this.a    = a;
      this.b    = b;
      if (a != null) countA = a.count(); else countA = -1;
      if (b != null) countB = b.count(); else countB = -1;
   }

   public int compareTo(Event that)
   {
      if      (this.time < that.time) return -1;
      else if (this.time > that.time) return +1;
      else return 0;
   }

   public boolean isValid()
   {
      if (a != null && a.count() != countA) return false;
      if (b != null && b.count() != countB) return false;
      return true;
   }
}
```

粒子模拟的事件类

件。它的作用是将所有粒子在它们的当前位置画出。为了使 Event 的实现能够表示这 4 种类型的事件，允许粒子的值为空（null）：

- ❑ a 和 b 均不为空：粒子与粒子碰撞；
- ❑ a 非空而 b 为空：粒子 a 和垂直墙体的碰撞；
- ❑ a 为空而 b 非空：粒子 b 和水平墙体的碰撞；
- ❑ a 和 b 均为空：重绘事件（画出所有粒子）。

860~861 尽管没有完全遵循面向对象编程的原则，但这些约定能够得到简洁的用例代码。它的实现如上一页右下角的框注所示。

Event 类型实现中的第二个技巧是，它维护了两个实例变量 countA 和 countB，以记录事件创建时每个粒子所参与的碰撞事件数量。如果在将事件从优先队列中取出时该值没有发生变化，那么就可以继续模拟这个事件的发生。但如果在这个事件进入优先队列和离开优先队列的这段时间内任何计数器发生了变化，这个事件就失效了，那就可以忽略它。方法 isValid() 支持用例代码检查这种情况。

6.0.1.9 模拟器代码

有了封装在 Particle 类和 Event 类中的运算，实际模拟所需的代码非常少，如 CollisionSystem 的实现所示（请见框注“基于事件模拟互相碰撞的粒子（框架）”和框注“基于事件模拟互相碰撞的粒子（主循环）”）。大多数运算都封装在右侧框注所示的 predictCollision() 方法中。这个方法会计算与粒子 a 有关的所有潜在碰撞（可能是和另一个粒子，也可能是和一面墙）并将相应的事件加入优先队列中。

```
private void predictCollisions(Particle a, double limit)
{
   if (a == null) return;
   for (int i = 0; i < particles.length; i++)
   {  // 将与particles[i]发生碰撞的事件插入pq中
      double dt = a.timeToHit(particles[i]);
      if (t + dt <= limit)
         pq.insert(new Event(t + dt, a, particles[i]));
   }
   double dtX = a.timeToHitVerticalWall();
   if (t + dtX <= limit)
      pq.insert(new Event(t + dtX, a, null));
   double dtY = a.timeToHitHorizontalWall();
   if (t + dtY <= limit)
      pq.insert(new Event(t + dtY, null, a));
}
```

预测其他粒子的碰撞事件

模拟的核心是框注“基于事件模拟互相碰撞的粒子（主循环）”中的 simulate() 方法。我们会调用 predictCollision() 方法来初始化每个粒子，将所有粒子和墙体以及粒子和粒子之间的潜在碰撞加入优先队列中，然后进入事件驱动模拟的主循环，它的任务包括：

- ❑ 取出即将发生的事件（时间为 *t* 的优先级最小的事件）；
- ❑ 如果事件无效，将它忽略；
- ❑ 按照直线运动轨迹使所有粒子运动到时间 *t*；
- ❑ 更新所有参与碰撞的粒子速度；
- ❑ 使用 predictCollision() 方法来预测参与碰撞的粒子在未来可能发生的碰撞，并向优先队列中插入相应的事件。

这个模拟过程可以作为计算系统中的各种有趣性质的基础，如练习所示。例如，我们所感兴趣的一种基本性质是所有粒子向墙体所施加的压力。计算这种压力的一种方法是记录墙体和粒子碰撞的次数和动量（根据粒子的质量和速度计算这个值很简单），这样就很容易得到它们的总量。温度

862 性质的计算也是类似的。

基于事件模拟互相碰撞的粒子（框架）

```
public class CollisionSystem
{
   private class Event implements Comparable<Event>
   {  /* 请见正文 */  }

   private MinPQ<Event> pq;          // 优先队列
   private double t  = 0.0;          // 模拟时钟
   private Particle[] particles;     // 粒子数组

   public CollisionSystem(Particle[] particles)
   {  this.particles  = particles;  }

   private void predictCollisions(Particle a, double limit)
   {  /* 请见正文 */  }

   public void redraw(double limit, double Hz)
   { // 重绘事件：重新画出所有粒子
     StdDraw.clear();
     for(int i = 0; i < particles.length; i++) particles[i].draw();
     StdDraw.show(20);
     if (t < limit)
        pq.insert(new Event(t + 1.0 / Hz, null, null));
   }

   public void simulate(double limit, double Hz)
   {  /* 请见后面的主循环代码*/  }

   public static void main(String[] args)
   {
      StdDraw.show(0);
      int N = Integer.parseInt(args[0]);
      Particle[] particles = new Particle[N];
      for (int i = 0; i < N; i++)
         particles[i] = new Particle();
      CollisionSystem system = new CollisionSystem(particles);
      system.simulate(10000, 0.5);
   }
}
```

该类使用了优先队列来模拟粒子系统随着时间的运动。测试用例 main() 接受命令行参数 *N*，创造了 *N* 个随机粒子并创建了含有所有粒子的 CollisionSystem，然后调用 simulate() 方法模拟系统的演化。其中的实例变量分别保存了模拟所需的优先队列、当前时间和所有粒子。 863

基于事件模拟互相碰撞的粒子（主循环）

```
public void simulate(double limit, double Hz)
{
   pq = new MinPQ<Event>();
   for (int i = 0; i < particles.length; i++)
      predictCollisions(particles[i], limit);
   pq.insert(new Event(0, null, null));  // 添加重绘事件
   while (!pq.isEmpty())
   {  // 处理一个事件
```

```
        Event event = pq.delMin();
        if (!event.isValid()) continue;
        for (int i = 0; i < particles.length; i++)
           particles[i].move(event.time - t); // 更新粒子的位置
        t = event.time;                       // 和时间
        Particle a = event.a, b = event.b;
        if      (a != null && b != null) a.bounceOff(b);
        else if (a != null && b == null) a.bounceOffVerticalWall();
        else if (a == null && b != null) b.bounceOffHorizontalWall();
        else if (a == null && b == null) redraw(limit, Hz);
        predictCollisions(a, limit);
        predictCollisions(b, limit);
     }
  }
```

该方法是事件驱动模拟的主要部分。首先，我们用所有粒子预测的所有未来碰撞初始化优先队列。然后，主循环从队列中取出一个事件，更新时间和粒子的位置，并在处理碰撞后向队列中加入由此产生的所有新的潜在

864 碰撞。

```
% java CollisonSystem 5
```

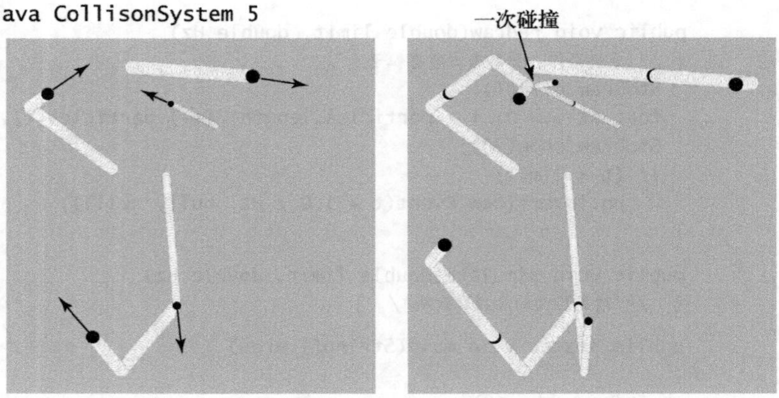

6.0.1.10 性能

如本小节的开头所述，我们对于事件驱动模拟的主要兴趣在于避免时间驱动模拟的内循环所必须的大量计算。

命题 A。 对 N 个能够相互碰撞的粒子系统，基于事件的模拟在初始化时最多需要 N^2 次优先队列操作，在碰撞时最多需要 N 次优先队列操作（且对于每个无效的事件都需要一次额外的操作）。

证明。 请见代码。

如果使用 2.4 节中优先队列的标准实现，我们能够保证优先队列的每次操作都是对数级别的，因此每次碰撞所需的时间是线性对数级别的。这样，才有可能模拟大量的粒子。

事件驱动模拟已经被应用于无数需要对运动中的物理对象建模的其他领域，例如分子学、天体物理学和机器人技术。这些应用可能会用其他实体，或是三维空间，或是其他作用力等许多种方法扩展这个模型。每种扩展都会为计算带来新的挑战。这种事件驱动的方式得到的模拟比其他方法更加健壮、准确和高效，而基于堆的优先队列的效率使不可能完成的计算成为了可能。

模拟在科学和工程的各个领域都是帮助研究者理解自然世界中各种性质的重要工具。它的应用

从制造业、生物学、金融领域到复杂的工程结构，数不胜数。对于它们其中的一大部分应用，基于堆的优先队列数据类型或是高效的排序算法能够使模拟的质量和范围大有改观。 865

6.0.2 B- 树

在第 3 章中我们已经看到，能够快速访问大量数据中的特定元素的算法对于实际应用有着重要意义。例如在巨型数据集中，查找是一项非常重要的操作，该操作在许多计算场景中会消耗掉大部分资源。随着互联网的进步，某项任务访问到的信息可能非常庞大——我们的挑战在于在其中进行有效地查找。在本小节中，我们将介绍一种 3.3 节的平衡树算法的扩展。它支持对保存在磁盘或者网络上的符号表进行外部查找，这些文件可能比我们以前考虑的输入要大的多（以前的输入能够保存在内存中）。现代软件系统正在淡化本地文件和网页之间的区别，这些内容也可能保存在一台远程计算机上，因此我们可以找到的信息实际上近似于无限。令人惊讶的是，我们将要学习的算法只需使用 4 ~ 5 个指向一小块数据的引用即可有效支持在含有数百亿或者更多元素的符号表中进行查找和插入操作。

6.0.2.1　成本模型

数据存储的机制多种多样且在不断发展，因此我们将使用一个能够抓住本质的简单模型。这里用页表示一块连续的数据，用探查表示访问一个页。假设访问一页需要将它的内容读入本地内存，因此之后的访问就可以相对高效。一个页可能是本地计算机上的一个文件，也可能是远程计算机上的一张网页，也可能是服务器上的某个文件的一部分，等等。我们的目标是实现能够仅用极少次数的探查即可找到任意给定键的查找算法。我们不想假设页的具体大小或者一次探查（对于远程设备显然需要通信）所需时间与随后访问块中内容（显然这发生在本地处理器上）所需时间的比例。在一般情况下，这些值的数量级可能是 100、1000 或者 10 000。我们不需要更精确的值，因为在我们感兴趣的范围内，算法对这些值的不同并不非常敏感。

B- 树的成本模型。我们使用页的访问次数（无论读写）作为外部查找算法的成本模型。

6.0.2.2　B- 树

它是对 3.3 节所述的 2-3 树数据结构的扩展。关键的不同在于：我们不会将数据保存在树中，而是会构造一棵由键的副本组成的树，每个副本都关联着一条链接。这种方式能够更加方便地将索引和符号表本身分开，就像一本实体书中的索引一样。和 2-3 树一样，我们限制了每个结点中能够含有的“键-链接”对的上下数量界限：选择一个参数 *M*（一般都是一个偶数）并构造一棵多向树，每个结点最多含有 *M*-1 对键和链接（假设 *M* 足够小，使得每个 *M* 向结点都能够存放在一个页中），最少含有 *M*/2 对键和链接（以提供足够多的分支来保证查找路径较短）。根结点是个例外，它可以含有少于 *M*/2 对键和链接，但也不能少于 2 对。这种树被 Bayer 和 McCreight 在 1970 年命名为 B- 树。他们是最早使用多向平衡树进行外部查找的研究者。有些人也用 B- 树这个术语来描述 Bayer 和 McCreight 发明的算法所构造的数据结构。本节用它泛指所有基于固定页大小的多向平衡查找树的数据结构。我们用 *M* 阶的 B- 树来指定 *M* 的值。在一棵 4 阶 B- 树中，每个结点都含有至少 2 对至多 3 对键 - 链接；在一棵 6 阶 B- 树中（请见图 6.0.8），每个结点都至少含有 3 对至多 5 对键 - 链接（根结点除外，它可以只含有 2 对键与链接），等等。对于较大的 *M* 根结点是个例外的原因，在学习构造算法的细节时你就会明白了。 866

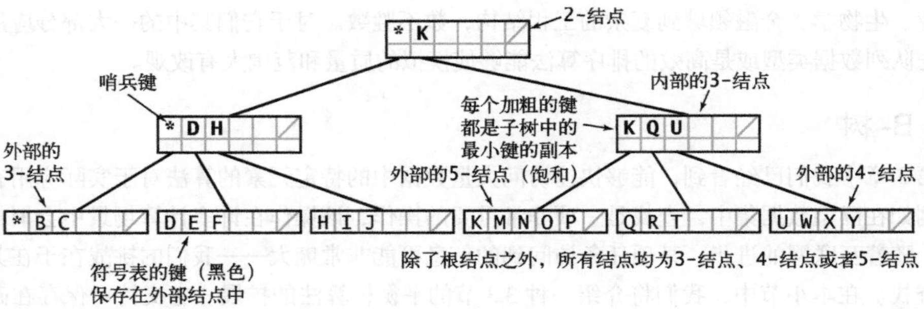

图 6.0.8　详解用一棵 B- 树表示的键集（M=6）

6.0.2.3　约定

为了说明基本的流程，我们先讨论（有序）（集合）SET 的一个实现（只有键没有值）。将它扩展得到一个能够将键和值相关联的符号表实现是一个很好的练习（请见练习 6.16）。我们的目标是为一个巨大的键集实现 add() 和 contains() 方法。使用有序集的原因是我们希望将查找树推广，而这依赖于键的有序性。扩展实现来支持其他有序性操作也是十分有益的练习。外部查找的应用常常会将索引和数据隔离。对于 B- 树，我们通过使用以下两种不同类型的结点做到这一点。

- ❑ 内部结点：含有与页相关联的键的副本。
- ❑ 外部结点：含有指向实际数据的引用。

内部结点中的每个键都与一个结点相关联，以此结点为根的子树中，所有的键都大于等于与此
867 结点关联的键，但小于原内部结点中更大的键（如果存在的话）。为了方便这里使用了一个特殊的哨兵键，它小于其他所有键。一开始 B- 树只含有一个根节点，而根结点在初始化时仅含有该哨兵键。符号表不含有重复键，但我们会（在内部结点中）使用键的多个副本来引导查找。（在示例中，所有键都是单个字母并使用小于所有字母的“*”作为哨兵键。）这些约定能够一定程度上简化代码，并且说明了另一种在内部结点中将所有数据和链接混合的便利（而且是广泛使用的）方式，就像其他查找树一样。

6.0.2.4　查找和插入

B- 树中查找的基础是在可能含有被查找键的唯一子树中进行递归搜索。当且仅当被查找的键包含在集合中时，每次查找便会结束于一个外部结点。在内部结点中遇到被查找的键的副本时就判断查找命中并结束，但总会找到相应的外部结点，因为这么做可以简化将 B- 树扩展为有序符号表的实现（当 M 很大时这种情况很少出现）。举一个具体的例子：假设有一棵 6 阶 B- 树，该树由多个含有 3 对键 - 链接的 3- 结点、含有 4 对键 - 链接的 4- 结点和含有 5 对键 - 链接的 5- 结点以及一个 2- 根结点组成，请见图 6.0.9。在查找时，从根结点开始，根据被查找的键选择当前结点中的适当区间并根据适当的链接从一个结点移动到下一个结点。最终，查找过程会到达树底的一个含有键的页。如果被查找的键在该页中，查找命中并结束；如果不在，则查找未命中。和 2–3 树一样，要在树的底部插入一个新键，可以使用递归代码。如果空间不足，那么可以允许被插入的结点暂时“溢出”（变成一个 6- 结点），并在递归调用后向上不断分裂 6- 结点。如果根结点也变成了 6- 结点，则可以将它分裂成连接了两个 3- 结点的 2- 结点；对于树的其他位置，我们将 6- 结点的父 k- 结点变为连接着两个 3- 结点的 $(k+1)$- 结点。将上文中的 3 替换成 $M/2$，6 替换成 M，即可得到 M 阶 B- 树中的查找和插入操作的方法，请见图 6.0.10。定义如下所示。

定义。一棵 M 阶 B- 树（M 为正偶数）或者仅是一个外部 k- 结点（含有 k 个键和相关信息的树），或者由若干内部 k- 结点（每个结点都含有 k 个键和 k 条链接，链接指向的子树表示了键之间的间隔区域）组成。它的结构性质如下：从根结点到每个外部结点的路径长度均相同（完美平衡）；对于根结点，k 在 2 到 M–1 之间，对于其他结点 k 在 M/2 到 M–1 之间。 868

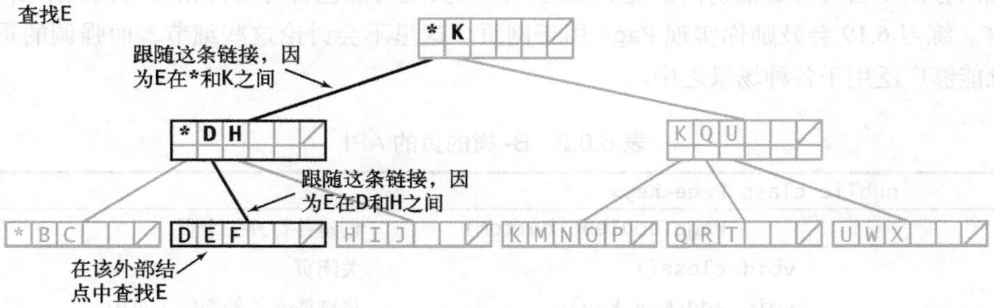

图 6.0.9　在由 B- 树表示的键集中进行查找（M=6）

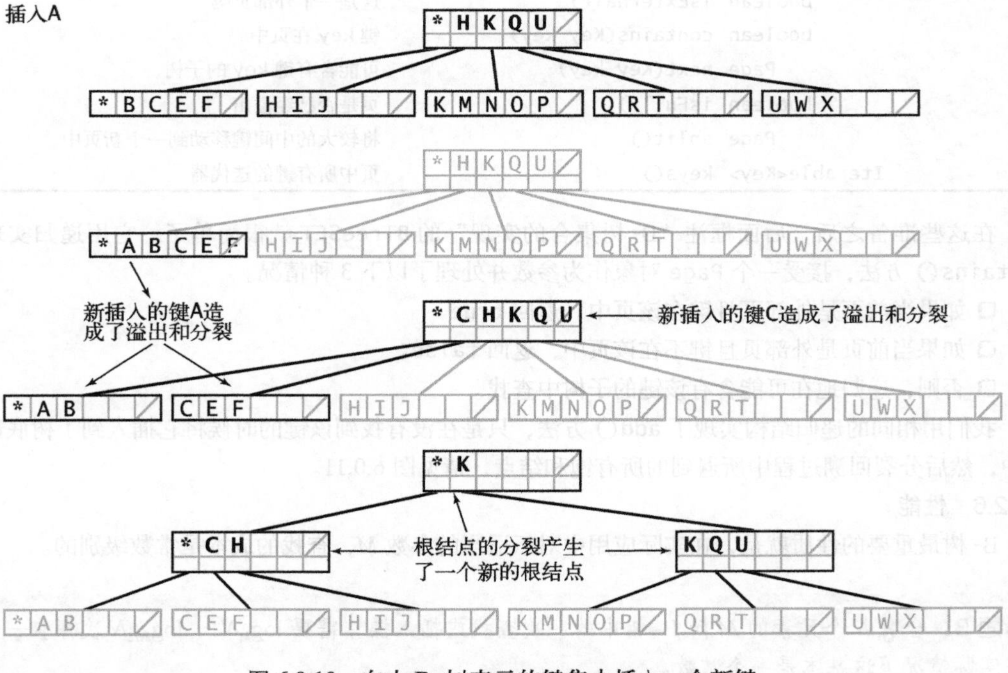

图 6.0.10　向由 B- 树表示的键集中插入一个新键 869

6.0.2.5　数据表示

按照刚才的讨论，我们在选择 B- 树结点的表示方法上有很大的自由度。我们将这些选择封装在一个 Page API 中（请见表 6.0.2）。它可以关联键与指向 Page 对象的链接，支持检测页是否溢出、分裂页并区分内部页和外部页的操作。你可以将 Page 看作一张符号表，但是是保存在外部介质上的（本地或是网络上的文件）。API 中的术语“打开”（open）和“关闭”（close）指的是将外部页读入内存和将内存内容写回外部页（如果需要的话）的过程。内部页的 add() 方法是一个符号表操作，会将给定页和以该页为根结点的子树中的最小键关联起来。外部页的 add() 和 contains() 方法和 SET 中相应的方法类似。在所有实现中，最重要的方法都是 split()。在分裂一张饱和页时，split() 方法会将排序后位置正好大于（或等于）$M/2$ 的键移动到一个新的 Page 对象中，并返回该对象的引用。练习 6.15 讨论了使用 BinarySearchST 对 Page 的一种实现。这种方法将 B- 树实现在了内存中，和其他查找树的实现一样。在某些系统中，这种外部查找的实现可能已经足够了，因为虚拟内存系统会处理磁盘访问。更加贴近实际的实现可能包含与硬件相关的代码来读取和写入页的内容。练习 6.19 会鼓励你实现 Page 用于网页。这里不会讨论这些细节，而强调的重点是 B- 树的概念能够广泛用于各种场景之中。

表 6.0.2　B- 树的页的 API

public class	**Page<Key>**	
	Page(boolean bottom)	创建并打开一个页
void	close()	关闭页
void	add(Key key)	将键插入（外部的）页中
void	add(Page p)	打开 p，向这个（内部）页中插入一个条目并将 p 和 p 中的最小键相关联
boolean	isExternal()	这是一个外部页吗
boolean	contains(Key key)	键 key 在页中吗
Page	next(Key key)	可能含有键 key 的子树
boolean	isFull()	页是否已经溢出
Page	split()	将较大的中间键移动到一个新页中
870 Iterable<Key>	keys()	页中所有键的迭代器

在这些准备之后，后面框注“B- 树集合的实现”的 BTreeSET 就很简单了。它用递归实现了 contains() 方法，接受一个 Page 对象作为参数并处理了以下 3 种情况。

- 如果当前页是外部页且键在该页中，返回 true。
- 如果当前页是外部页且键不在该页中，返回 false。
- 否则，递归地在可能含有该键的子树中查找。

我们用相同的递归结构实现了 add() 方法，只是在没有找到该键的时候将它插入到了树底部的页中，然后分裂回溯过程中所遇到的所有饱和结点，请见图 6.0.11。

6.0.2.6 性能

B- 树最重要的性质就是，在实际应用中对于适当的参数 M，查找的成本是常数级别的。

命题 B。 含有 N 个元素的 M 阶 B- 树中的一次查找或插入操作需要 $\log_M N \sim \log_{M/2} N$ 次探查——在实际情况下这基本是一个常数。

证明。 因为树中的所有内部结点（非根结点也非外部结点的所有结点）的形成都是由含有 M 个键的饱和结点分裂得到的且大小只可能增长（当它的子结点分裂时），所以其中的链接数总是在 $M/2$ 到 $M-1$ 之间。在最好的情况下，这些结点能够形成一棵 $M-1$ 向的完全树，由此马上就可以得到命题中所述的上下界。在最坏情况下，根结点只含有两个链接并分别指向两棵 $M/2$ 向的完全树。将对数的底设为 M 可以得到一个非常小的数——例如，当 M 为 1000 且 N 小于 625 亿时，树的高度小于 4。

在一般情况下，我们可以将根结点保存在内存中，这样可以将探查次数减 1。在磁盘和网络中进行查找时，应该在开始大量查找前显示地完成这一步。在带有缓存的虚拟内存中，应该将根结点放在最快的缓存中，因为它是访问最频繁的结点。

6.0.2.7 空间需求

在实际应用中，我们对 B- 树使用的空间也很感兴趣。由页的构造可知，它们至少都是半满的。在最坏的情况下，B- 树所需的空间是所有键占用的实际空间的两倍再加上链接所需的空间。对于随 871
机键，A.Yao 在 1979 年（使用超出了本书范围的数学方法）证明了结点中平均含有 $M\ln 2$ 个键，因此浪费的空间约占 44%。和其他查找算法一样，这个随机模型也很好地预测了在实际应用中所观察到的键的分布。

算法 6.1 B- 树集合的实现

```
public class BTreeSET<Key extends Comparable<Key>>
{
   private Page root = new Page(true);

   public BTreeSET(Key sentinel)
   {  add(sentinel);  }

   public boolean contains(Key key)
   {  return contains(root, key);  }

   private boolean contains(Page h, Key key)
   {
      if (h.isExternal()) return h.contains(key);
      return contains(h.next(key), key);
   }

   public void add(Key key)
   {
      add (root, key);
      if (root.isFull())
      {
         Page lefthalf = root;
         Page righthalf = root.split();
         root = new Page(false);
         root.add(lefthalf);
         root.add(righthalf);
      }
   }

   public void add(Page h, Key key)
   {
      if (h.isExternal()) {  h.add(key); return;  }

      Page next = h.next(key);
      add(next, key);
      if (next.isFull())
         h.add(next.split());
      next.close();
   }
}
```

如正文所述，这段代码实现了多向平衡查找树（B- 树）。它在查找时使用了 Page 数据类型来将键和可能含有该键的子树相关联，并通过检测键的溢出和分裂结点的方法完成了插入操作，请见图 6.0.11。 872

命题 B 的影响之巨大，值得我们思考。你会猜到某种查找算法只需 4 ~ 5 次访问即可搜索你能够想象的最大文件吗？B- 树的应用十分广泛，就是因为它能够实现这一点。在实践中，主要的挑战是在实现时尽量保证 B- 树中结点所需的空间，但随着大部分设备上的存储空间的增长，这已经不算什么问题了。

基本 B- 树抽象的许多变种都很容易理解。一类变化是尽可能在内部结点中保存更多的页引用以节省时间，这样可以使分支增多并使树更加扁平化。另一类变化是在分裂前将兄弟结点合并以提高存储的使用效率。对算法的变种以及参数的选择应该适应于具体的设备和应用。尽管提高的效率也仅限于常数因子的范围之内，但对于巨型符号表或是大量事物处理需求来说，这样的改进也有着重要的意义，这也是为什么 B- 树如此高效的原因。

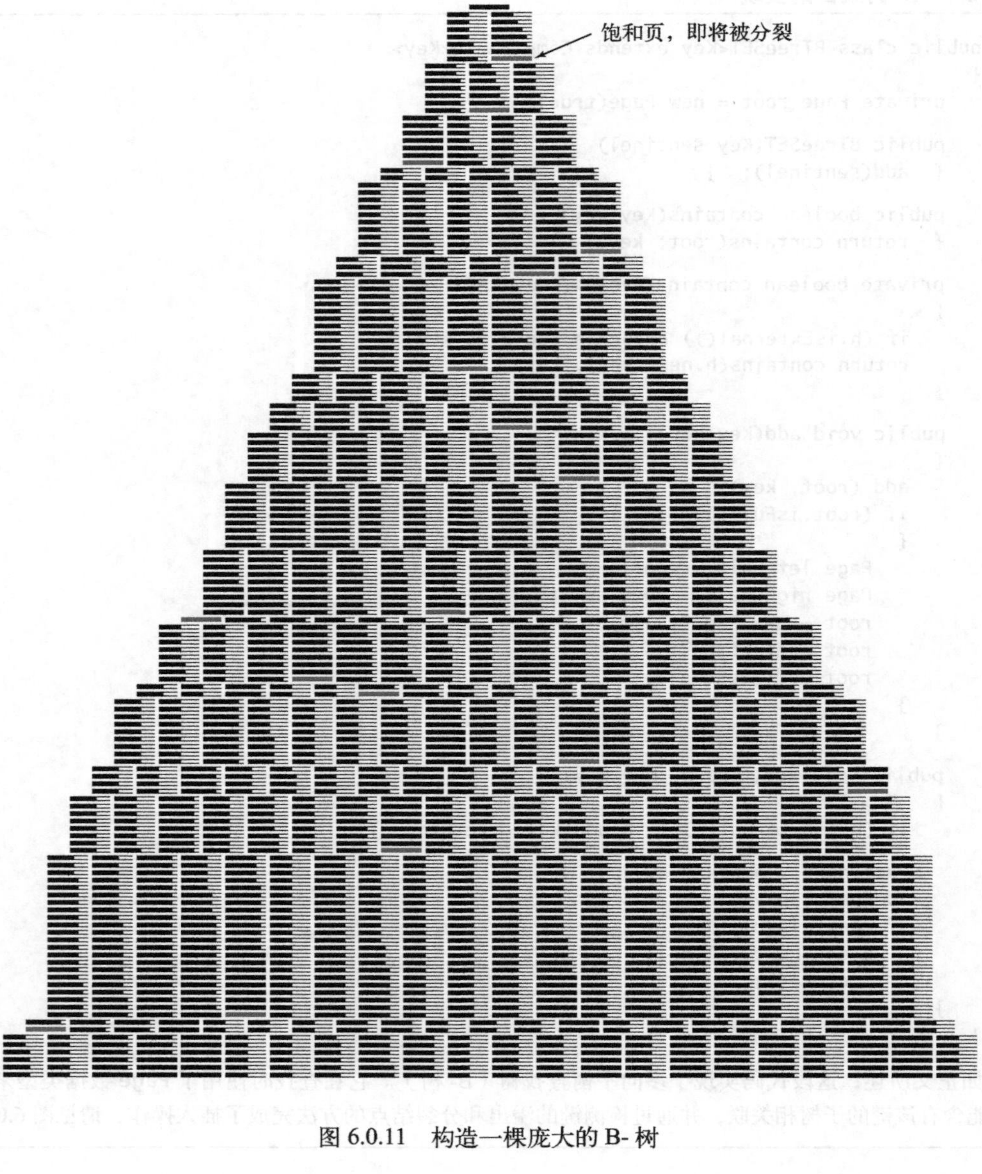

873 ~ 874

图 6.0.11　构造一棵庞大的 B- 树

6.0.3　后缀数组

字符串处理的高效算法在科学计算和商业应用中都有着重要的地位。从搜索互联网文本信息到科学家为了揭开生命的秘密而努力研究的庞大基因数据库，21 世纪中基于字符串的计算机应用在大规模增长。和以前一样，许多经典的算法都十分有效，但人们也发明了一些很好的新算法。下面，我们将介绍能够支持这些算法的一种数据结构和一份 API。首先，我们来看一个典型的（而且是经典的）字符串处理问题。

6.0.3.1　最长重复子字符串

在给定的字符串中，至少出现了两次的最长子字符串是什么？例如，在字符串 "to be or not to be" 中，最长重复子字符串就是 "to be"。你觉得应该怎样解决这个问题呢？你能在长度为数百万个字符的字符串中找出它的最长重复子字符串吗？这个问题的说明很简单，应用也很多，包括数据压缩、密码学和计算机辅助音乐分析等。例如，开发大型软件系统中的一种常见技术叫做代码重构。程序员经常会通过复制粘贴代码从原有的程序生成新的程序。对于开发了很长时间的一大段程序，将不断重复出现的代码转化为函数调用能够使程序更加容易理解和维护。我们可以通过在程序中寻找最长重复子字符串做到这一点。这个问题的另一个应用是计算生物学。在给定的基因中存在大量相同的片段吗？同样，这个问题背后的本质也是找出字符串中的最长重复子字符串。科学家一般更关心细节（事实上，重复子字符串的意义正是科学家所希望理解的），但这个问题显然比寻找简单的最长重复子字符串更难以回答。

6.0.3.2　暴力解法

作为热身，考虑以下这个简单的任务：给定两个字符串，找到它们的最长公共前缀（两者的前缀字符串中的相同且最长者）。例如，acctgttaac 和 accgttaa 的最长公共前缀是 acc。右边框注中的代码是我们解决更加复杂问题的起点：它所需的时间和相匹配的子字符串长度成正比。现在，我们应该如何在给定的字符串中找到最长重复子字符串呢？根据 lcp()，马上可以得到下面这种暴力解法：将字符串中每个起始位置为 i 的子字符串与另一个起始位置为 j 的子字符串相比较，记录匹配的最长子字符串。这段代码不适合处理长字符串，因为它的运行时间至少是字符串长度的平方级别：不同的子字符串对 i 和 j 的数量为 $N(N-1)/2$，因此这种方式调用 lcp() 的次数将会是 $\sim N^2/2$。用这种方法处理含有上百万个字符的碱基对序列将会调用几百亿次 lcp()，显然这是不可行的。

```
private static int lcp(String s, String t)
{
   int N = Math.min(s.length(), t.length());
   for (int i = 0; i < N; i++)
      if (s.charAt(i) != t.charAt(i)) return i;
   return N;
}
```

两个字符串的最长公共前缀　875

6.0.3.3　后缀排序

下面这种巧妙的方法用一种出人意料的方式利用排序算法高效地找出了字符串中的最长重复子字符串：用 Java 的 substring() 方法创建一个由字符串 s 的所有后缀字符串（由字符串的所有位置开始得到的后缀字符串）组成的数组，然后将该数组排序，请见图 6.0.12。算法的关键在于原字符串的每个子字符串都是数组中的某个后缀字符串的前缀。在排序之后，最长重复子字符串会出现在数组中的相邻位置。因此，只需要遍历排序后的数组一遍即可在相邻元素中找到最长的公共前缀。这种方法比暴力方法有效得多。但在实现和分析它之前，我们先介绍后缀排序的另一种应用。

6.0.3.4 定位字符串

当需要在大量文本中寻找某个特定的子字符串时（例如，当你在使用文本编辑器或是在浏览网页时），你就是在进行一次子字符串查找，即 5.3 节中讨论过的问题。对于这个问题，我们假设文本比要查找的字符串庞大得多，并将注意力集中在查找字符串的预处理上，以保证能够在任意给定的文本中高效地找到该子字符串。当在浏览器中输入要查找的关键字时，就是在进行一次字符串键查找，即 5.2 节的主题。搜索引擎必然已经预先计算得到了一张索引表，因为它不可能即时地根据输入的关键字扫描互联网中的所有页面。根据 3.5 节的讨论（请见 3.5.4 节框注“文件索引”的 `FileIndex`），理想情况下最好有一张反向索引符号表将每个被查找的字符串和所有含有它的网页关联起来——在符号表的每个条目中，键即为被查找的字符串，而值则为一组指针，请见图 6.0.13（每个指针都含有能够定位该键在互联网上具体位置所需的信息——这可以是一个网页的 URL 加上键的出现位置的偏移量。）在实际应用中，这样的符号表会非常非常大，因此搜索引擎会使用各种复杂的算法来缩小它的体积。一种方法是将网页按照重要程度排序（可以使用 3.5.5 节讨论的 PageRank 算法）并只选择排序等级较高的网页而非全部网页。另一种减小符号表大小的方法是将多个关键词（以空格分隔）作为预处理得到的索引表的键并和 URL 关联。那么，当你查找一个关键词时，搜索引擎可以通过索引找到含有被查找的键（即关键词）的（相对重要的）网页，并在该页面中使用字符串查找来定位关键词。使用这种方法时，如果文本含有的是“`everything`”而你要找的是“thing”，那可能会找不到。对于某些应用，构造一个能够帮助我们找出文本中的任意子字符串的索引是值得的。这么做可能是为了对一本非常重要的文学作品进行语言学研究，或是为了找出可能成为许多科学家研究对象的某段碱基对序列，或者找出访问量很大的网页。同样，在理想情况下，索引表应该将文本字符串的所有子字符串分别和它们的出现位置关联起来，如图 6.0.14 所示。这种方法的问题显然是子字符串的总数太大，在符号表中为每个子字符串创建一个条目不现实。（一段含有 N 个字符的文本含有 $N(N+1)/2$ 个子字符串。）图 6.0.14 中的符号表需要含有 b、be、bes、best、best o、best of、e、es、est、est o、est of、s、st、st o、st of、t、t o、t of、o、of 和许许多多其他子字符串的条目。这次我们也可以用后缀排序的方法解决这个问题，就像 3.1 节中用二分查找对符号表的第一次实现一样。我们可以将 N 个后缀作为键，以这些键（后缀）创建一个有序的数组并使用二分查找法搜索数组，比较被查找的键和所有后缀，请见图 6.0.15。

输入字符串

```
0 1 2 3 4 5 6 7 8 9 10 11 12 13 14
a a c a a g t t t a c a a g c
```

所有后缀字符串

```
 0 aacaagtttacaagc
 1 acaagtttacaagc
 2 caagtttacaagc
 3 aagtttacaagc
 4 agtttacaagc
 5 gtttacaagc
 6 tttacaagc
 7 ttacaagc
 8 tacaagc
 9 acaagc
10 caagc
11 aagc
12 agc
13 gc
14 c
```

排序后的后缀字符串

```
 0 aacaagtttacaagc
11 aagc
 3 aagtttacaagc
 9 acaagc
 1 acaagtttacaagc
12 agc
 4 agtttacaagc
14 c
10 caagc
 2 caagtttacaagc
13 gc
 5 gtttacaagc
 8 tacaagc
 7 ttacaagc
 6 tttacaagc
```

最长重复子字符串

```
  1           9
a acaag  ttt  acaag  c
```

图 6.0.12 使用后缀排序计算最长重复子字符串

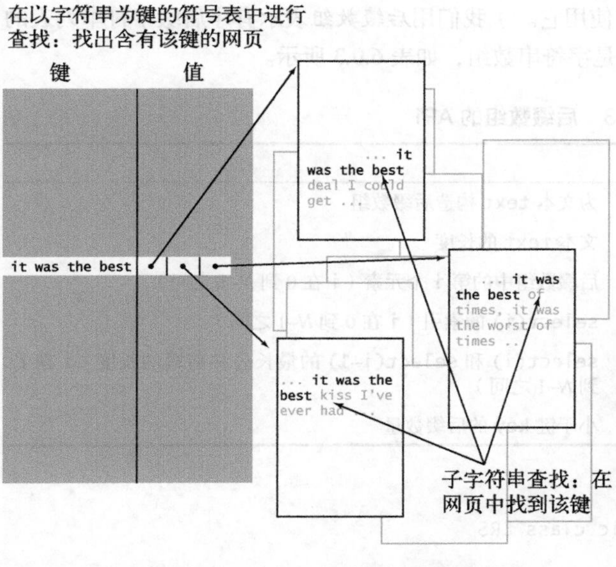

图 6.0.13　理想化的一次典型的网络搜索

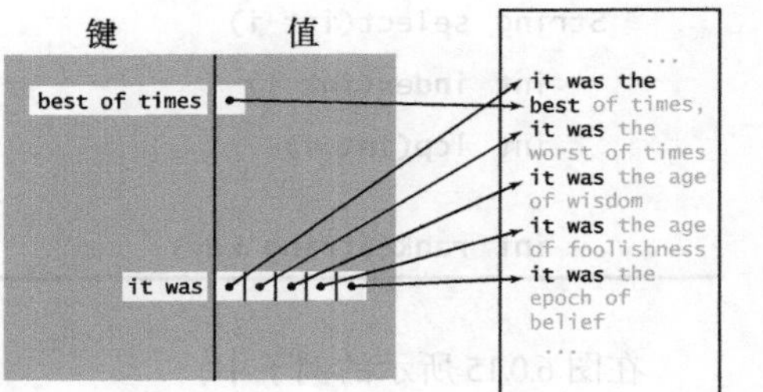

图 6.0.14　理想化的一张文本字符串索引表

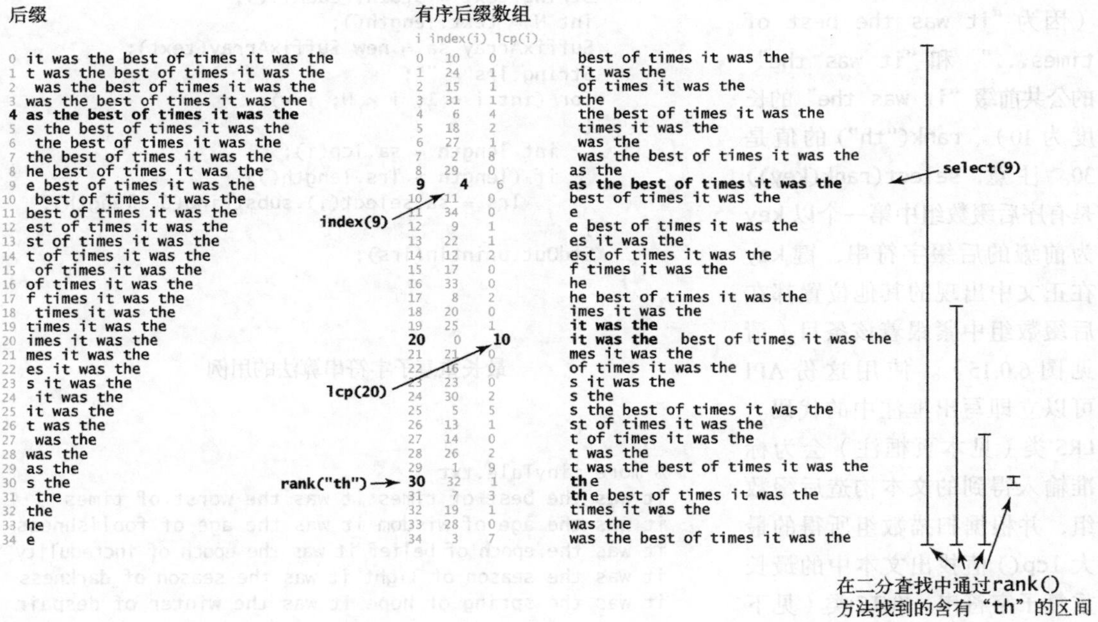

图 6.0.15　后缀数组中的二分查找

876
～
878

6.0.3.5　API 及其用例

为了解决这两个问题，我们给出了以下 API。它含有构造函数、length() 方法，select() 和 index() 方法分别给出了有序后缀数组中给定位置的后缀和它的索引值，lcp() 方法会返回每个后缀和它在数组中的前一个后缀的最长公共前缀，rank() 方法能够给出小于给定键的后缀数量。（自从第 1 章中第一次学习二分查找后就一直在使用它。）我们用后缀数组表示有序后缀字符串列表的这种抽象数据结构，但实际使用的并不一定是字符串数组，如表 6.0.3 所示。

表 6.0.3 后缀数组的 API

public class **SuffixArray**	
SuffixArray(String text)	为文本 text 构造后缀数组
int length()	文本 text 的长度
String select(int i)	后缀数组中的第 i 个元素（i 在 0 到 $N-1$ 之间）
int index(int i)	select(i) 的索引（i 在 0 到 $N-1$ 之间）
int lcp(int i)	select(i) 和 select(i-1) 的最长公共前缀的长度（i 在 1 到 $N-1$ 之间）
int rank(String key)	小于键 key 的后缀数量

在图 6.0.15 所示的例子中，select(9) 的结果是“as the best of times...”、index(9) 的值是 4、lcp(20) 的值是 10（因为“it was the best of times...” 和“it was the”的公共前缀“it was the”的长度为 10）、rank(“th”) 的值是 30。注意，select(rank(key)) 是有序后缀数组中第一个以 key 为前缀的后缀字符串，键 key 在正文中出现的其他位置都在后缀数组中紧跟着该条目（请见图 6.0.15）。使用这份 API 可以立即写出框注中的代码。LRS 类（见本页框注）会为标准输入得到的文本构造后缀数组，并根据扫描数组所得的最大 lcp() 值找出文本中的最长重复子字符串。KWIC 类（见下页框注）会为命令行参数指定的文本构造后缀数组，从标准输入接受查询并打印出被查询的子字符串在文本中的上下文（该字符串的前后若干个字符）。KWIC 这个名字表示的是上下文中的关键词（keyword-in-context）查找，最早出现在 20 世纪 60 年代。这些典型的字符串处理应用代码的简洁和高效令人赞叹。这也说明了精心设计 API 的重要性（以及简单而巧妙的思想的影响力）。

879~880

```
public class LRS
{
   public static void main(String[] args)
   {
      String text = StdIn.readAll();
      int N = text.length();
      SuffixArray sa = new SuffixArray(text);
      String lrs = "";
      for (int i = 1; i < N; i++)
      {
         int length = sa.lcp(i);
         if (length > lrs.length())
            lrs = sa.select(i).substring(0, length);
      }
      StdOut.println(lrs);
   }
}
```

最长重复子字符串算法的用例

```
% more tinyTale.txt
it was the best of times it was the worst of times
it was the age of wisdom it was the age of foolishness
it was the epoch of belief it was the epoch of incredulity
it was the season of light it was the season of darkness
it was the spring of hope it was the winter of despair

% java LRS < tinyTale.txt
st of times it was the
```

```
public class KWIC
{
   public static void main(String[] args)
   {
      In in = new In(args[0]);
      int context = Integer.parseInt(args[1]);

      String text = in.readAll().replaceAll("\\s+", " ");;
      int N = text.length();
      SuffixArray sa = new SuffixArray(text);

      while (StdIn.hasNextLine())
      {
         String q = StdIn.readLine();
         for (int i = sa.rank(q); i < N && sa.select(i).startsWith(q); i++)
         {
            int from = Math.max(0, sa.index(i) - context);
            int to   = Math.min(N-1, from + q.length() + 2*context);
            StdOut.println(text.substring(from, to));
         }
         StdOut.println();
      }
   }
}
```

上下文中的关键词的索引用例

```
% java KWIC tale.txt 15
search
o st giless to search for contraband
her unavailing search for your fathe
le and gone in search of her husband
t provinces in search of impoverishe
 dispersing in search of other carri
n that bed and search the straw hold

better thing
t is a far far better thing that i do than
 some sense of better things else forgotte
was capable of better things mr carton ent
```
881

6.0.3.6 实现

算法 6.2 中的代码简洁明了地实现了 SuffixArray 的 API。它的实例变量包括一个字符串数组和（为了节省代码）一个表示数组长度的的变量 N（既是字符串的长度也是它的后缀字符串数量）。类的构造函数会构造后缀数组并将它排序，因此 select(i) 只需返回 suffixes[i] 即可。index() 的实现也只要一行代码，但稍微复杂一点，因为后缀字符串的长度就说明了它的起始位置。长度为 N 的后缀字符串的起始位置为 0，长度为 N-1 的后缀字符串的起始位置为 1，长度为 N-2 的后缀字符串的起始位置为 2，依此类推。因此 index(i) 的返回值即为 N-suffixes[i].length()。由 6.0.3.2 节中的静态 lcp() 方法可以很容易得到这里的 lcp() 方法的实现，rank() 方法与 3.1.5 节“算法 3.2（续 1）”中基于二分查找的符号表的实现也基本相同。同样，实现的简洁与优雅并不能掩盖这是一种复杂的算法，它解决了如最长重复子字符串这种其他方法无法解决的重要问题。

6.0.3.7 性能

后缀排序算法的效率取决于 Java 的子字符串提取操作使用的内存空间，它是一个常数 —— 每个子字符串都是由标准对象、指向原字符串的指针和它的长度组成的。因此，索引的大小和字符串的长度是线性关系。这让人有些意外，因为所有子字符串中的字符总数为~ $N^2/2$，即字符串长度的平方级别。另外，这种平方级别的性能也会大大影响子字符串数组的排序成本。我们要记住的重要一点是，这种方法对长字符串有效的原因在于 Java 的字符串表示方法：当交换两个字符串时，实际交换的仅仅是对它们的引用，而非字符串本身。虽然当两个字符串有很长的公共前缀时比较它们的成本与它们的长度成正比，但在一般的应用场景下，大多数比较都只需要检查几个字符。如果是这样的话，后缀数组的排序时间就是线性对数的。例如，在许多应用中，随机字符串模型都是合理的。

命题 C。使用三向字符串快速排序，构造长度为 N 的随机字符串的后缀数组，平均所需的空间与 N 成正比，字符比较次数与 ~ $2N\ln N$ 成正比。

讨论。后缀数组的空间需求很明显，但它所需的时间来自于 P.Jaquet 和 W.Szpankowski 的一份艰深而复杂的研究成果。他们证明了将所有后缀排序的成本渐进于将 N 个随机字符串排序的成本（请见 5.1.4.4 节中的命题 E）。
882

算法 6.2 后缀数组（初级实现）

```
public class SuffixArray
{
   private final String[] suffixes;  // 后缀数组
   private final int N;              // 字符串（和数组）的长度

   public SuffixArray(String s)
   {
      N = s.length();
      suffixes = new String[N];
      for (int i = 0; i < N; i++)
         suffixes[i] = s.substring(i);
      Quick3way.sort(suffixes);
   }

   public int length()           { return N; }
   public String select(int i) { return suffixes[i]; }
   public int index(int i)      { return N - suffixes[i].length(); }

   private static int lcp(string s,string t)
   // 请见6.0.3.2节框注“两个字符串的最长公共前缀”
   public int lcp(int i)
   { return lcp(suffixes[i], suffixes[i-1]); }
   public int rank(String key)
   { // 二分查找
      int lo = 0, hi = N - 1;
      while (lo <= hi)
      {
         int mid = lo + (hi - lo) / 2;
         int cmp = key.compareTo(suffixes[mid]);
         if       (cmp < 0) hi = mid - 1;
         else if (cmp > 0) lo = mid + 1;
         else return mid;
```

```
            }
            return lo;
        }
    }
```

SuffixArray API 的实现效率取决于 Java 的 String 类的不可改变性，这种性质使得子字符串实际上都 883
是引用，提取子字符串只需常数时间（请见正文）。

6.0.3.8 改进的实现

SuffixArray 的初级实现在最坏情况下的性能很糟。例如，如果所有的字符都相同，后缀数组的排序会检查每个后缀字符串中的每个字符，所需的时间为*平方级别*。对于我们用作示例的碱基对序列字符串或是自然语言的文本字符串，这可能不是问题，但算法对于含有一大串相同字符的文本可能会很慢。此外，查找最长重复子字符串所需的时间可能会是*子字符串长度的平方级别*，因为重复的子字符串的所有前缀都会被检查（请见图 6.0.16）。对于《双城记》来说这不是问题，因为其中最长的重复子字符串为：

```
"s dropped because it would have
 been a bad thing for me in a
 worldly point of view i"
```

只有 84 个字符。然而，对于经常含有很长的重复部分的碱基对序列来说，这就是一个严重的问题了。如何避免查找重复子字符串时出现的这种平方级别运算呢？幸运的是，P.Weiner 在 1973 年的研究显示我们可以保证在线性时间内解决最长重复子字符串问题。Weiner 算法的基础是构造一棵后缀字符串树（即一棵由所有后缀字符串组成的字典查找树）。如果在每个字符处使用多个链接，后缀树在解决许多实际问题时会消耗非常大的空间，这又推动了后缀数组的发展。在 20 世纪 90 年代，U.Manber 和 E.Myers 演示了一种构造后缀数组的线性对数级别的算法，以及一个同时完成预处理和对后缀数组排序以支持常数时间的 lcp() 方法。之后人们又发明了若干线性时间的后缀排序算法。经过一些改造，Manber-Myers 算法的实现也能够支持两个参数的 lcp() 方法，以在常数时间内找出给定的但不一定是相邻的两个后缀之间的最长公共前缀。这也是对初级实现的一项重大改进。这些结果非常令人惊讶，因为它们所达到的效率远远超出了人们的预期。 884

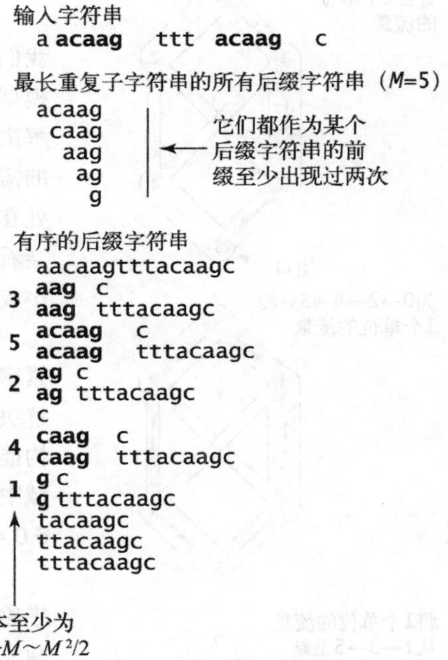

图 6.0.16 查找最长重复子字符串的成本是重复子字符串长度的平方级别

> **命题 D**。使用后缀数组，我们可以在线性时间内解决后缀排序和最长重复子字符串问题。
>
> **证明**。解决这些问题的优美算法已经超出了本书的范畴，但你在本书的网站上可以找到线性时间的 SuffixArray 的构造函数和常数时间的 lcp() 方法的实现。 885

基于这些思想的 SuffixArray 实现足以高效解决许多字符串处理问题，而且用例代码非常简单，如我们的 LRS 和 KWIC 例子所示。

后缀数组是自 20 世纪 60 年代解决 KWIC 索引的单词查找树以来数十年研究积累的成果。我们讨论的很多种算法都是许多研究者在几十年的实践中发明的，这些问题包括将《牛津英语大词典》搬上互联网、第一代搜索引擎以及人类基因组测序，等等。这完全说明了算法的设计和分析的重要性。

6.0.4 网络流算法

下面我们将讨论一种图的模型，它的成功之处不仅在于为我们提供了能够轻松描述解决实际问题的模型，而且使用这些模型我们能得到许多高效的算法来解决问题。我们将要讨论的解决方案说明了两种特定需求之间的矛盾，即具有广泛适用性的需求与能够解决特殊问题的需求。网络流算法研究的迷人之处在于它紧凑优雅的实现几乎能够同时达到这两个目标。你将会看到，我们的实现非常易懂而且能够保证运行时间与网络大小成正比。

网络流问题的经典解决方案和第 4 章中介绍的那些图算法紧密相关。基于已有的工具，我们可以编写非常精炼的程序来解决它们。我们已经在许多问题中看到，良好的算法和数据结构能够大幅减少解决问题所需的时间。人们还在积极研究该领域中更好的算法和数据结构并不断地发明新的方法。

6.0.4.1 物理模型

首先用一个理想化的物理模型来介绍几个直观的概念。请想象一组相互连接大小不一的输油管道，在连接处装有能够控制原油流向的开关，如图 6.0.17 所示。

我们还假设这个输油网只有一个入口（比如一处油田）和一个出口（比如一个大型的炼油厂），所有的输油管最终都会和它们相连。在每个结点处，原油流入量和流出量都会达到的平衡。我们用相同的单位衡量流量和管道的输送能力（例如，加仑每秒）。如果在每个开关处都有流入管道的总流量和流出管道的总流量相等，那么问题就不存在了：只需要将所有输油管充满即可。否则，虽然并不是所有管道都是饱和的，但原油仍然会根据各个关节处的开关设置在网络中流动，并将在关节处满足一个局部平衡条件：流入结点的流量等于流出结点的流量，请见图 6.0.18。

886

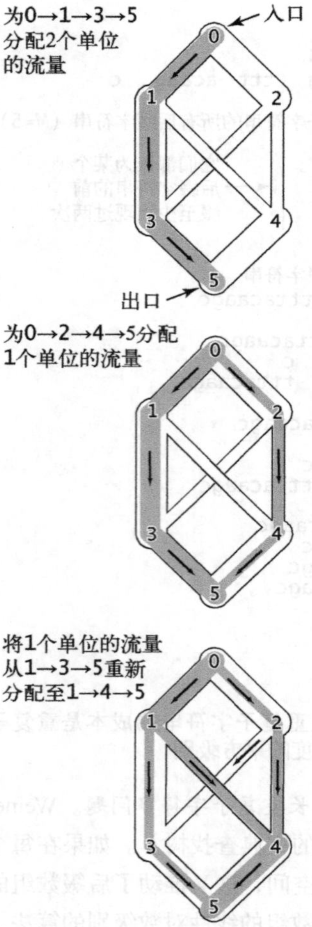
为0→1→3→5
分配2个单位
的流量
入口
出口
为0→2→4→5分配
1个单位的流量
将1个单位的流量
从1→3→5重新
分配至1→4→5
为0→2→3→5分配
1个单位的流量

图 6.0.17 为输油网络分配流量

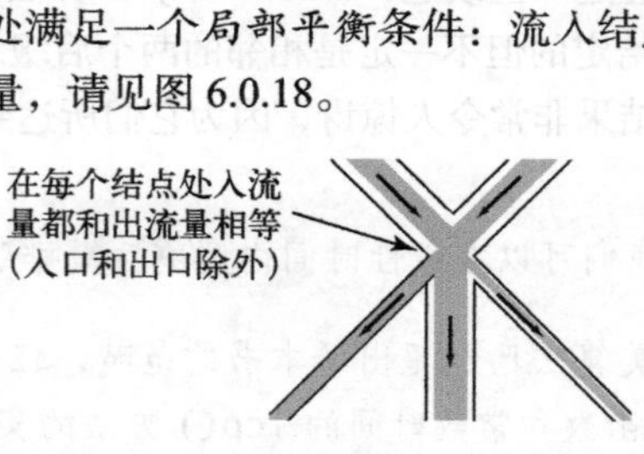
在每个结点处入流
量都和出流量相等
（入口和出口除外）

图 6.0.18 流量网络中的局部平衡

例如，如图 6.0.17 所示，一开始操作员可能会将原油的路径设为 0 → 1 → 3 → 5，这条路线能够输送 2 个单位的流量，然后再打开 0 → 2 → 4 → 5 这条路径上的开关，又可以输送 1 个单位的流量。因为 0 → 1、2 → 4 和 3 → 5 都已经饱和，已经无法直接将更多的原油从 0 输送到 5。但如果调整 1 处的开关将 1 → 4 充满，那么就又可以在 3 → 5 空出足够的空间使得 0 → 2 → 3 → 5 可以再增加 1 个单位的流量。即使是这样一个简单的网络，找到能够使得流量最大化的开关配置也并不容易；而对于更加复杂的网络，我们感兴趣的显然是下面这个问题：怎样配置所有开关才能使从入口到出口的流量最大化？我们可以直接用只含有一个起点和一个终点的加权有向图构造出这个问题的模型。图中的边对应的是输油管道，顶点对应的是配有能够控制原油走向和流量的开关结点，边的权重对应的是管道的容量，请见图 6.0.19。我们假设边是有向的，即原油在每个管道中都只能朝着一个方向流动。每条管道中都流动着一定量的原油，流量小于等于管道的容量，而每个顶点都需要满足流入量和流出量相等。这种抽象的流量网络是一个能够解决问题的实用模型，它能够直接应用于许多场景，而间接适用的则更多。我们有时会用原油流过管道的方式直观地说明一些基本的概念，但这里的讨论同样适用于物流分配的通道等情况。鉴于我们在各种最短路径算法中对"距离"概念的用法，在必要的时候会抛弃图的所有物理意义，因为我们讨论的所有定义、性质和算法所基于的抽象模型并不一定遵守物理定律。事实上，人们对网络流问题的主要兴趣在于许多其他问题都能转化为这个模型，下一个小节中将会详述。

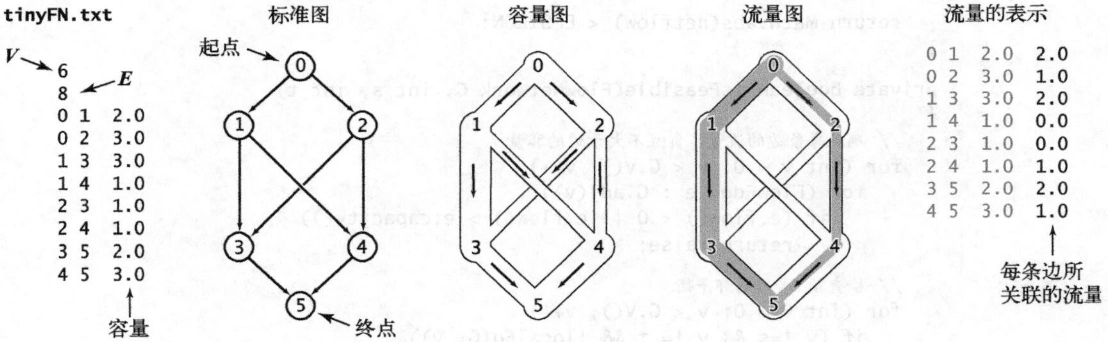

图 6.0.19　网络流问题详解

6.0.4.2　定义

因为它广泛的应用性，我们需要用精确的语言说明刚才介绍的通俗的概念和术语。

定义。一个流量网络是一张边的权重（这里称为容量）为正的加权有向图。一个 *st-* 流量网络有两个已知的顶点，即起点 s 和终点 t。

有时我们会认为某些边的容量是无限的，或者说是没有容量限制的。这表示不会将其中的流量和它的容量进行比较，或者它的容量必然比所有流量都大。我们将流向一个顶点的总流量（所有指向该顶点的边中的流量之和）称为该顶点的流入量，流出一个顶点的总流量（由该顶点指出的所有边中的流量之和）称为该顶点的流出量，而两者之差（流入量减去流出量）则为称为该顶点的净流量。为了简化讨论，我们假设没有从 t 指出的边或是指向 s 的边。

定义。*st*- 流量网络中的 *st*- 流量配置是由一组和每条边相关联的值组成的集合，这个值被称为边的流量。如果所有边的流量均小于边的容量且满足每个顶点的局部平衡（即净流量均为零，s 和 t 除外），那么就称这种流量配置方案是可行的。

我们将终点的流入量称为 *st*- 流量的值。命题 E 将会证明这个值和起点的流出量是相等的。有了这些定义，就能够正式地描述这个基本问题了。

最大 *st*- **流量**。给定一个 *st*- 流量网络，找到一种 *st*- 流量配置，使得从 s 到 t 的流量最大化。

为了简洁，我们将这样的流量配置称为**最大流量**，那么在网络中寻找这种配置的问题就是一个
887~888 **最大流量问题**。在某些应用中，只需要知道最大流量的值即可，但一般情况下人们还是希望知道达到该值的具体流量配置（各条边的流量值）。

```
private boolean localEq(FlowNetwork G, int v)
{  // 检查顶点v的局部平衡
   double EPSILON = 1E-11;
   double netflow = 0.0;
   for (FlowEdge e : G.adj(v))
      if (v == e.from()) netflow -= e.flow();
      else               netflow += e.flow();

   return Math.abs(netflow) < EPSILON;
}

private boolean isFeasible(FlowNetwork G, int s, int t)
{
   // 确认每条边的流量非负且不大于边的容量
   for (int v = 0; v < G.V(); v++)
      for (FlowEdge e : G.adj(v))
         if (e.flow() < 0 || e.flow() > e.capacity())
            return false;

   // 检查顶点v的局部平衡
   for (int v = 0; v < G.V(); v++)
      if (v !=s && v != t && !localEq(G, v))
         return false;

   return true;
}
```

检查流量网络中的一种流量配置是否可行

6.0.4.3 API

表 6.0.4 和表 6.0.5 所示的 FlowEdge 和 FlowNetwork 简单扩展了第 4 章中相应 API。我们将会在 6.0.4.6 节学习 FlowEdge 的一种实现，它的基础是 4.3.2 节中的 Edge 类并添加了一个实例变量来保存边的流量。流量是有方向的，但 FlowEdge 并不是基于 DirectedEdge，因为它还需要解决下面将要描述的一个更加抽象的剩余网络问题。我们需要使每条边都出现在它的两个顶点的邻接表中才能实现剩余网络。剩余网络能够增减流量并检测一条边是否已经饱和（无法再增大流量）或者是否为空（无法再减小流量）。这些抽象是通过 residualCapacity() 和 addResidualFlow() 方法实现的，我们将在之后讨论它们。FlowNetwork 的实现与 4.3.2 节中 EdgeWeightedGraph 的实现基本相同，因此这里将它省略。为了简化文件格式，我们约定起点的编号为 0，终点的编号为 *V*-1，请

见图 6.0.20。有了这些 API 之后最大流量算法的目标就很明确了：构造一个网络，计算所有边中保存流量的实例变量的值并使得网络中的流量最大化。上一页框注所示的是检验一个流量配置方案是否可行的用例代码，一般会将这种检查作为最大流量算法的最后一步。 889

表 6.0.4　流量网络中的边的 API

public class	FlowEdge	
	FlowEdge(int v, int w, double cap)	
int	from()	这条边的起始顶点
int	to()	这条边的目的顶点
int	other(int v)	边的另一个顶点
double	capacity()	边的容量
double	flow()	边中的流量
double	residualCapacityTo(int v)	v 的剩余容量
double	addResidualFlowTo(int v, double delta)	将 v 的流量增加 delta
String	toString()	对象的字符串表示

表 6.0.5　流量网络的 API

public class	FlowNetwork	
	FlowNetwork(int V)	创建一个含有 V 个顶点的空网络
	FlowNetwork(In in)	从输入流中构造流量网络
int	V()	顶点总数
int	E()	边的总数
void	addEdge(FlowEdge e)	向流量网络中添加边 e
Iterable<FlowEdge>	adj(int v)	从 v 指出的边
Iterable<FlowEdge>	edges()	流量网络中的所有边
String	toString()	对象的字符串表示

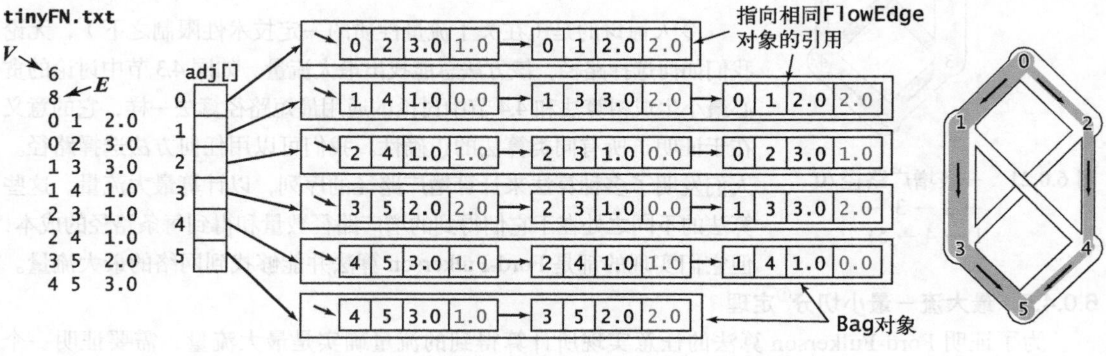

图 6.0.20　流量网络的表示 890

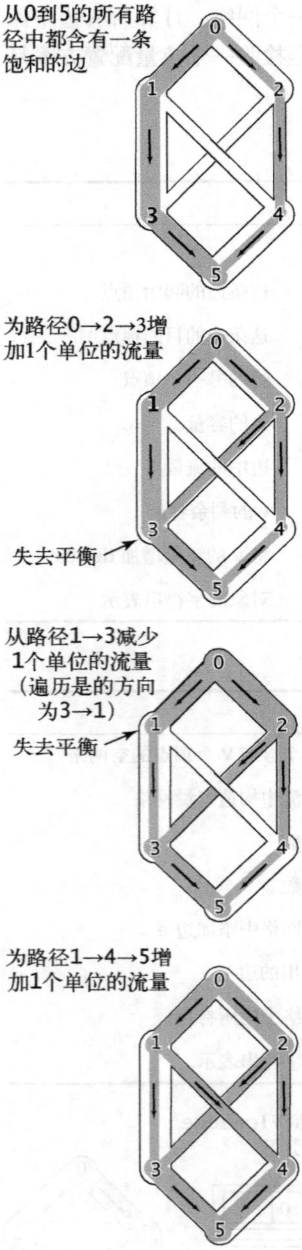

从0到5的所有路径中都含有一条饱和的边
为路径0→2→3增加1个单位的流量
失去平衡
从路径1→3减少1个单位的流量（遍历是的方向为3→1）
失去平衡
为路径1→4→5增加1个单位的流量

图 6.0.21 一条增广路径 (0 → 2 → 3 → 1 → 4 → 5)

6.0.4.4 Ford-Fulkerson 算法

在 1962 年，L.R.Ford 和 D.R.Fulkerson 发明了一种解决最大流量问题的有效方法。它是一种沿着由起点到终点的路径逐步增加流量的通用方法，因此它也是同类算法的基础。在经典文献中它被称为 Ford-Fulkerson 算法，但它也被称为*增广路径算法*。考虑一个 *st*-流量网络中的任意一条从起点到终点的有向路径。假设 x 为该路径上的所有边中未使用容量的最小值。那么只需将所有边的流量增大 x 即可将网络中的总流量至少增大 x。反复这个过程，就得到了第一种计算网络中的流量分配方法：找到另一条路径，增大路径中的流量，如此反复，直到所有从起点到终点的路径上至少有一条边是饱和的。（这样在这条路径上就无法继续增大流量了。）这种方法在某些情况下能够计算出网络中的最大流量，但在有些情况下不行，图 6.0.17 就是这类情况。为了改进算法使之总是能够找到最大流量，就要用另一种更加通用的方式增大网络中的流量，即将依据变为网络所对应的*无向图*中从起点到终点的路径。在这样的路径中，当沿着路径从起点向终点前进时，经过某条边时的方向可能和流量的方向相同，那这条边即为*正向边*；也可能和流量的方向相反，那这条边即为*逆向边*。现在，对于任意非饱和正向边和非空逆向边，我们可以通过增加正向边的流量和降低逆向边的流量来增加网络中的总流量。流量的增量受路径上的所有正向边的未使用容量最小值和所有逆向边的流量的限制。这样的一条路径被称为增广路径，比如图 6.0.21。在新的流量配置中，路径中至少有一条正向边达到了饱和，或是至少有一条逆向边为空。以上所述的过程就是经典的 Ford-Fulkerson 算法（增广路径算法）的基础。我们将它总结如下。

> **Ford-Fulkerson 最大流量算法。** 网络中的初始流量为零，沿着任意从起点到终点（且不含有饱和的正向边或是空逆向边）的增广路径增大流量，直到网络中不存在这样的路径为止。

令人惊讶的是（在关于流量性质的一定技术性限制之下），无论我们如何选择路径，该方法总能找出最大流量。如同 4.3 节中讨论的贪心最小生成树算法和 4.4 节中讨论的通用最短路径算法一样，它的意义在于证明了所有同类算法的正确性。我们可以用任何方法选择路径。人们发明了多种算法来计算增广路径的序列，以计算最大流量。这些算法的不同之处在于它们得到的增广路径数量和得到每条路径的成本，但它们实现的都是 Ford-Fulkerson 算法并能够找到网络的最大流量。

6.0.4.5 最大流 - 最小切分[①]定理

为了证明 Ford-Fulkerson 算法的任意实现所计算得到的流量确实是最大流量，需要证明一个

① 也有时译为“最大流–最小割”。——编者注

叫做最大流－最小切分的关键定理。理解这个定理是理解所有网络流算法中最重要的一步。顾名思义，定理的基础是网络中的流量和切分的关系，因此需要先定义和切分有关的名词。回顾 4.3 节，图的切分是将所有顶点分为两个不相交的集合，而一条横切边则是连接分别存在于两个集合中的两个顶点的一条边。对于流量网络，我们将它们的定义提炼如下。

定义。*st-* 切分是一个将顶点 *s* 和顶点 *t* 分配于不同集合中的切分。

在一个 *st-* 切分中，每条横切边要么是一条由含有 *s* 的集合指向含有 *t* 的集合的 *st-* 边，要么是一条反方向的 *ts-* 边。有时我们将 *st-* 边的集合称为一个切分集。在流量网络中，一个 *st-* 切分的容量为该切分的 *st-* 边的容量之和，*st-* 切分的跨切分流量（flow across）是切分的所有 *st-* 边的流量之和与所有 *ts-* 边的流量之和的差。在网络中删去 *st-* 切分的所有 *st-* 边（即切分集）将会切断所有从 *s* 到 *t* 的路径。而重新添加其中的任意一条边都会得到一条从 *s* 到 *t* 的路径。切分能够抽象许多应用。比如我们的原油流量模型，切分提供了将从入口流向出口的原油完全切断的方法。如果将切分的容量看作这么做的成本，那么切断流量的最有效方法是解决以下问题。

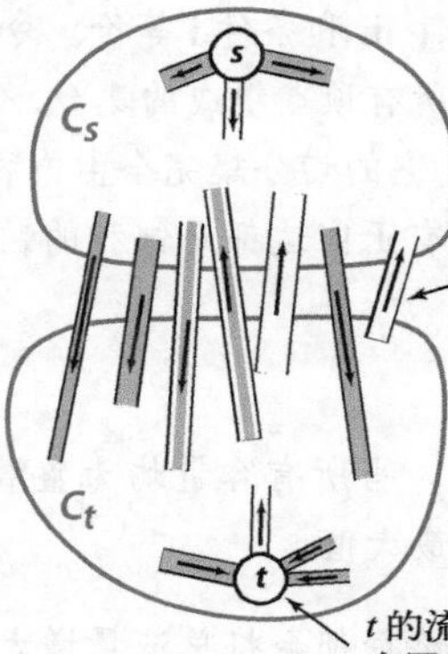

s
C_s
流入量和流出量之差即为跨切分流量
C_t
t
t 的流入量即为整个网络的流量值

最小 *st-* 切分。给定一个 *st-* 网络，找到容量最小的 *st-* 切分。简单起见，我们将这样的切分称为最小切分，而将在网络中找到它的问题称为最小切分问题。

最小切分问题的定义中并没有提到流量，而且这些定义似乎和增广路径算法无关。从表面上来看，计算最小切分（得到一组边）似乎比计算最大流量（为所有的边赋权值）更容易。但实际上，最大流量和最小切分问题是紧密相关的。增广路径算法本身就是证明。流量和切分的以下基本关系即可证明 *st-* 流量网络中的局部平衡即意味着整个网络的全局平衡（推论一），并且可以得到任意 *st-* 流量值的上界（推论二）。

命题 E。对于任意 *st-* 流量网络，每种 *st-* 切分中的跨切分流量都和总流量的值相等。

证明。设 C_s 为含有顶点 *s* 的集合，C_t 为含有顶点 *t* 的集合。对 C_t 使用归纳法：当 C_t 仅含有 *t* 时该命题成立，若将一个顶点由 C_s 移动到 C_t，则该结点处的局部平衡意味着可以一直保持该性质。因此，通过移动顶点可以得到任意 *st-* 切分。

推论。*s* 的流出量等于 *t* 的流入量（即 *st-* 流量网络的值）。

证明。令 *Cs* 为 {*s*} 即可。

推论。*st-* 流量网络的值不可能超过任意 *st-* 切分的容量。 891~893

命题 F（最大流量-最小切分定理）。令 f 为一个 st- 流量网络，以下三种条件是等价的：

i 存在某个 st- 切分，其容量和 f 的流量相等；

ii f 达到了最大流量；

iii f 中已经不存在任何增广路径。

证明。根据命题 E 的推论，我们可以由条件 i 得到条件 ii。因为增广路径的存在意味着存在某个流量更大的网络配置，这与 f 的最大性相冲突，因此由条件 ii 也可以得到条件 iii。

但还需要证明条件 iii 和条件 i 等价。令 C_s 为由 s 通过所有不含有任何饱和正向边或空逆向边的无向路径可达的所有顶点组成的集合，令 C_t 为其余的顶点的集合。t 必然存在于 C_t 中，因此 (C_s,C_t) 为一个 st- 切分。它的切分集完全由饱和正向边和空逆向边组成。该切分的跨切分流量和它的容量相等（因为所有正向边都是饱和的，而所有逆向边都是空的），即等于网络中的总流量（由命题 E 可得）。

推论（完整性）。当所有容量均为整数时，存在一个整数值的最大流量，而 Ford-Fulkerson 算法能够找出这个最大值。

证明。每条增广路径都会将总流量增大某个正整数值（正向边中未使用容量的最小值和逆向边的容量都是正整数）。

即使所有边的容量均为整数，我们也可以设计出能够达到最大流量的非整数配置，但这里不需要考虑这样的配置。从理论角度来说，下面的意见是很重要的：我们已经演示过并且实际情况也需要允许容量和流量可以为实数，但它会导致一些异常情况。例如，已知 Ford-Fulkerson 算法在原则上可能得到无穷多的增广路径以至于无法收敛到某种最大流量的配置。我们讨论的这个版本总是可以收敛的，即使是实数值的容量和流量也不例外。无论我们用什么方法寻找增广路径，无论我们找到了什么样的路径，最后总是能够得到一种不存在任何增广路径的流量配置，即最大流量的配置。

894

6.0.4.6 剩余网络

通用的 Ford-Fulkerson 算法并没有指定寻找增广路径的方法。如何才能找到不含有饱和正向边和空逆向边的路径呢？为此，我们给出如下定义。

定义。给定某个 st- 流量网络和其 st- 流量配置，这种配置下的剩余网络中的顶点和原网络相同。原网络中的每条边都对应着剩余网络中的 1 ~ 2 条边。它的定义如下：对于原网络中的每条从顶点 v 到 w 的边 e，令 f_e 表示它的流量、c_e 表示它的容量。如果 f_e 为正，将边 w→v 加入剩余网络且容量为 f_e；如果 f_e 小于 c_e，将边 v→w 加入剩余网络且容量为 c_e–f_e。

如果从 v 到 w 的边 e 为空（即 f_e 为 0），剩余网络中就只有一条容量为 c_e 的边 v→w 与之对应；如果该边饱和（即 f_e 等于 c_e），剩余网络就只有一条容量为 f_e 的边 w→v 与之对应；如果它既不为空，也不饱和，那么剩余网络中将含有相应容量的 v→w 和 w→v。请见图 6.0.22。

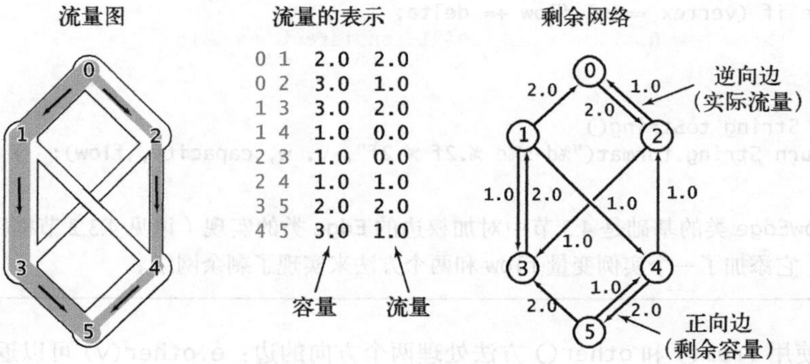

图 6.0.22 网络流问题详解

乍一看，剩余网络有些让人困惑，因为与流量对应的边的方向却和流量本身相反。正向边表示的是剩余的容量（即如果选择从这条边通行所能增长的流量）；逆向边表示了实际流量（即如果选择从这条边通行将会减少的流量）。后面框注中的代码给出了在 FlowEdge 类中实现剩余网络这种抽象所需的方法。通过这些实现，虽然该算法处理的是剩余网络，但它实际上是在检查所有剩余的容量并（通过边的引用）修正流量配置。 895

流量网络中的边（剩余网络）

```
public class FlowEdge
{
   private final int v;                          // 边的起点
   private final int w;                          // 边的终点
   private final double capacity;                // 容量
   private double flow;                          // 流量

   public FlowEdge(int v, int w, double capacity)
   {
      this.v = v;
      this.w = w;
      this.capacity = capacity;
      this.flow = 0.0;
   }

   public int from()                {  return v;          }
   public int to()                  {  return w;          }
   public double capacity()         {  return capacity;   }
   public double flow()             {  return flow;       }

   public int other(int vertex)
   // 同Edge类

   public double residualCapacityTo(int vertex)
   {
      if      (vertex == v) return flow;
      else if (vertex == w) return capacity - flow;

      else throw new RuntimeException("Inconsistent edge");
   }

   public void addResidualFlowTo(int vertex, double delta)
   {
      if      (vertex == v) flow -= delta;
```

```
        else if (vertex == w) flow += delta;
        else throw new RuntimeException("Inconsistent edge");
    }
    public String toString()
    {  return String.format("%d->%d %.2f %.2f", v, w, capacity, flow);  }
}
```

这里的 FlowEdge 类的基础是 4.3 节中对加权边的 Edge 类的实现（请见 4.3.2 节框注“带权重的边
896 的数据类型”），它添加了一个实例变量 flow 和两个方法来实现了剩余网络。

我们可以使用 from() 和 other() 方法处理两个方向的边：e.other(v) 可以返回 e 的两个顶点中和 v 相对的另一个顶点。residualCapacityTo() 和 addRresidualFlowTo() 方法实现了剩余网络。剩余网络使得我们可以通过图中的搜索算法寻找增广路径，这是因为在剩余网络中所有从起点到终点的路径都是原流量网络中的一条增广路径。沿着增广路径增大流量意味着修改剩余网络。例如，至少有一条路径上的边变得饱和或变为空，因此在剩余网络中至少有一条边将会改变方向或者消失。（我们使用的是抽象的剩余网络，因此只会检查正容量，不需要实际插入或删除边。）

```
private boolean hasAugmentingPath(FlowNetwork G, int s, int t)
{
   marked = new boolean[G.V()];  // 标记路径已知的顶点
   edgeTo = new FlowEdge[G.V()]; // 路径上的最后一条边
   Queue<Integer> q = new Queue<Integer>();

   marked[s] = true;             // 标记起点
   q.enqueue(s);                 // 并将它入列
   while (!q.isEmpty())
   {
      int v = q.dequeue();
      for (FlowEdge e : G.adj(v))
      {
         int w = e.other(v);
         if (e.residualCapacityTo(w) > 0 && !marked[w])
         {                       // （在剩余网络中）对于任意一条连接到一个未
                                    被标记的顶点的边
            edgeTo[w] = e;       // 保存路径上的最后一条边
            marked[w] = true;    // 标记w，因为路径现在是已知的了
            q.enqueue(w);        // 将它入列
         }
      }
   }
   return marked[t];
}
```

在剩余网络中通过广度优先搜索寻找增广路径

6.0.4.7 最短增广路径算法

对 Ford-Fulkerson 算法最简单的实现可能就是*最短增广路径算法*了（最短指的是路径长度最小，而非流量或是容量）。J.Edmonds 和 R.Karp 在 1972 年发明了这个算法。这里，增广路径的查找等价于剩余网络中的广度优先搜索（BFS），如 4.1 节所述。你也可以将 hasAugmentingPath() 的实现与广度优先搜索实现的算法 4.2 比较一下。（剩余网络是有向图，因此这实际上是一个

有向图处理算法。）这个方法为完整实现剩余网络的算法 6.3 打下了基础，它非常简洁。为了方便，我们将这个方法称为最短增广路径的最大流量算法。它处理样例数据的详细轨迹如图 6.0.23 所示。 897

算法 6.3　最短增广路径的 Ford-Fulkerson 最大流量算法。

```
public class FordFulkerson
{
   private boolean[] marked;     // 在剩余网络中是否存在从s到v的路径?
   private FlowEdge[] edgeTo;    // 从s到v的最短路径上的最后一条边
   private double value;         // 当前最大流量
   public FordFulkerson(FlowNetwork G, int s, int t)
   {  // 找出从s到t的流量网络G的最大流量配置
      while (hasAugmentingPath(G, s, t))
      {  // 利用所有存在的增广路径
         // 计算当前的瓶颈容量
         double bottle = Double.POSITIVE_INFINITY;
         for (int v = t; v != s; v = edgeTo[v].other(v))
            bottle = Math.min(bottle, edgeTo[v].residualCapacityTo(v));
         // 增大流量
         for (int v = t; v != s; v = edgeTo[v].other(v))
            edgeTo[v].addResidualFlowTo(v, bottle);

         value += bottle;
      }
   }

   public double value()           {  return value;     }
   public boolean inCut(int v)     {  return marked[v];  }

   public static void main(String[] args)
   {
      FlowNetwork G = new FlowNetwork(new In(args[0]));
      int s = 0, t = G.V() - 1;
      FordFulkerson maxflow = new FordFulkerson(G, s, t);

      StdOut.println("Max flow from " + s + " to " + t);
      for (int v = 0; v < G.V(); v++)
         for (FlowEdge e : G.adj(v))
            if ((v == e.from()) && e.flow() > 0)
               StdOut.println("   " + e);
      StdOut.println("Max flow value = " +  maxflow.value());

   }
}
```

这段 Ford-Fulkerson 算法的实现会在剩余网络中寻找最短增广路径，找出路径上的瓶颈容量并增大该路径上的流量，如此往复直至不再存在从起点到终点的增广路径为止。 898

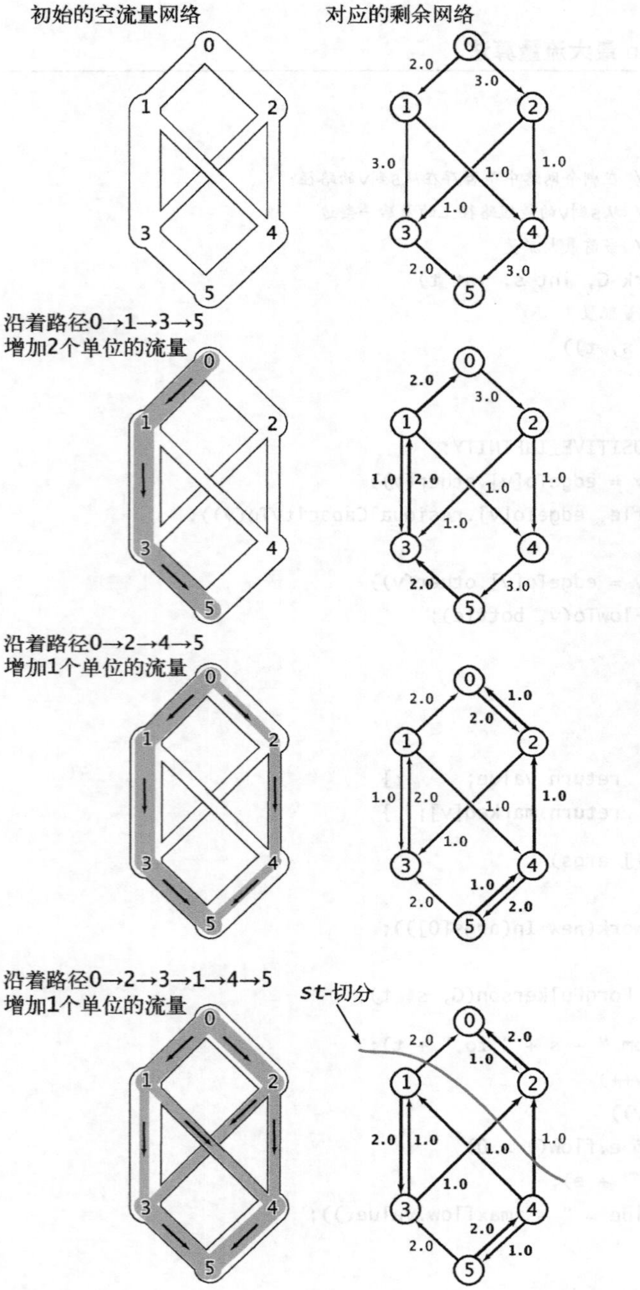


```
% java FordFulkerson tinyFN.txt
Max flow from 0 to 5
   0->2 3.0 2.0
   0->1 2.0 2.0
   1->4 1.0 1.0
   1->3 3.0 1.0
   2->3 1.0 1.0
   2->4 1.0 1.0
   3->5 2.0 2.0
   4->5 3.0 2.0
Max flow value = 4.0
```

899 图 6.0.23 最短增广路径的 FordFulkerson 算法的轨迹

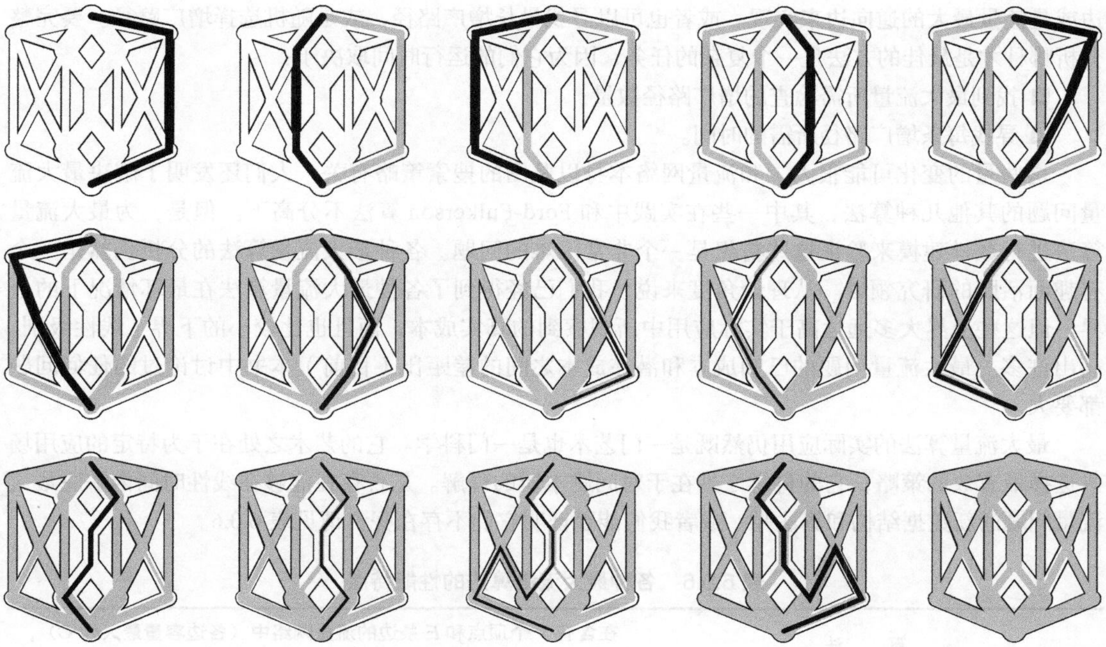

图 6.0.24 一个较大的流量网络中的最短增广路径

6.0.4.8 性能

图 6.0.24 所示的是一个更大的例子。从图中我们可以清晰地看到，增广路径的长度在慢慢变长。这是分析算法性能的第一个要点。

命题 G。 最短增广路径的 Ford-Fulkerson 最大流量算法在处理含有 V 个顶点和 E 条边的流量网络时找到的增广路径最多为 $EV/2$ 条。

简略证明。 每条增广路径中都含有一条关键边——这条边在剩余网络中会被删掉，因为它对应的可能是一条将会被充满的正向边或是将会被抽干的逆向边。每当一条边成为关键边时，通过它的增广路径的长度就会加 2（请见练习 6.39）。因为增广路径的最大长度为 E 且每条边最多可能出现在 $V/2$ 条增广路径上，因此增广路径的总数最多为 $EV/2$。 900

推论。 Ford-Fulkerson 算法的最短增广路径实现所需的时间在最坏情况下为 $VE^2/2$。

证明。 广度优先搜索最多会检查 E 条边。

命题 G 所述的上界是非常保守的。例如，图 6.0.24 中含有 11 个顶点和 20 条边，该上界说明算法使用的增广路径最多为 110 条，但实际上它只用了 14 条。

6.0.4.9 其他实现

Edmonds 和 Karp 发明的另一种 Ford-Fulkerson 算法的实现是优先处理能够将流量增大最多的增广路径。简单起见，我们将这种方法称为最大容量增广路径的最大流量算法。对于这种（以及其他一些）方法，可以通过稍加修改 Dijkstra 的最短路径算法、由优先队列得到剩余容量最大的正向边或是流量最大的逆向边来实现。或者也可以寻找最长增广路径，或是随机选择增广路径。要完整分析哪种才是最佳的方法是一个复杂的任务，因为它们的运行时间取决于：

- 找到最大流量所需检查的增广路径数量；
- 寻找每条增广路径所需的时间。

这些量的变化可能很大，和流量网络本身以及图的搜索策略有关。人们还发明了解决最大流量问题的其他几种算法，其中一些在实践中和 Ford-Fulkerson 算法不分高下。但是，为最大流量算法进行数学建模来验证这些猜想是一个非常困难的问题。各种最大流量算法的分析仍然是一个有趣而活跃的研究领域。从理论角度来说，我们已经得到了各种最大流量算法在最坏情况下的上界，但这些上界大多远远高于实际应用中所观察到的真实成本，而且也比较小的下界（线性级别）高出许多。最大流量问题的已知成本和潜在成本之间的差距比（目前）本书中讨论过的任何问题
901 都要大。

最大流量算法的实际应用仍然既是一门艺术也是一门科学。它的艺术之处在于为特定的应用场景选择最有效的策略；它的科学之处在于对问题本质的理解。是否存在能够在线性时间内解决最大流量问题的新数据结构和算法呢？或者我们能否证明它们不存在呢？请见表 6.0.6。

表 6.0.6 各种最大流量算法的性能特点

算 法	在含有 V 个顶点和 E 条边的流量网络中（各边容量最大为 C），算法的运行时间在最坏情况下的增长数量级
最短增广路径的 Ford-Fulkerson 算法	VE^2
最大容量的 Ford-Fulkerson 算法	$E^2\log C$
预流推进算法（preflow-push）	$EV\log(E/V^2)$
未知算法?	$V+E$?

902

6.0.5 问题归约

本书中，我们一直注重说明某个特定的问题，然后给出解决问题的算法和数据结构。在许多情况下（以下列出了很多），我们发现如果能够将某个问题转化为已经解决的问题的某个形式，那么解决它将会更容易。在研究已经学习过的各种算法与形形色色的各种问题之间的关系之前，我们应该正式定义这个解决问题的过程。

> **定义。**如果能够用解决问题 B 的算法得到一个解决问题 A 的算法，则说问题 A 能够被归约为问题 B。

这个概念在软件开发中显然并不陌生：当你使用一个库方法解决某个问题时，正是在将所需要解决的问题归约为该库方法所解决的问题。本书中，我们一直非正式地将能够归约为给定问题的其他问题称为*应用*。

6.0.5.1 排序问题

我们在第 2 章第一次遇到了问题的归约，当时我们想说明的是高效的排序算法可以用于解决许多看起来与排序无关的其他问题。例如，在许多有趣的问题中，我们研究了以下几个问题。

- *寻找中位数*。给定一组数字的集合，找出中位数。

❑ 不重复的值。在给定的集合中找出所有不同的值。

❑ 最小平均完成时间的调度问题。给定一组任务的集合和它们的时耗，在一个处理器上应该如何安排调度使得它们的平均完成时间最小呢？

命题 H。 以下问题可以被归约为排序问题：

❑ 寻找中位数；

❑ 统计不同的值；

❑ 最小平均完成时间的调度问题。

证明。 请见 2.5.3.4 节和练习 2.5.12。

我们还需要注意归约的成本。例如，我们可以在线性时间内找到一组数的中位数，但是如果归约为排序问题，那就需要线性对数级别的时间。即使是这样，额外的成本或许还是可以接受的，因为我们可以使用已有的排序实现。排序的价值在于以下 3 个方面： 903

❑ 它有其自身的实用性；

❑ 我们的算法能够有效解决排序问题；

❑ 许多问题都能够归约为排序问题。

一般来说，我们将具有这些性质的问题称为*问题解决模型*。和成熟的库一样，设计良好的问题解决模型能够大大扩展我们能够处理的问题域。但是，在过度关注于问题解决模型时容易犯下的一个错误被称为 Maslow 的锤子，这是由 A.Maslow 在 20 世纪 60 年代提出并广为人知的一句话：*如果你有一把锤子，那么什么东西都看起来都像颗钉子*。如果沉迷于若干问题解决模型，我们就可能将它们当作 Maslow 的锤子一样来解决遇到的所有问题，从而妨碍了发现解决问题的更好方法，甚至是新的问题解决模型。尽管本书所讨论的模型都非常重要、实用且应用广泛，但是考虑各种其他可能性仍然是明智的选择。

6.0.5.2 最短路径问题

在4.4节学习最短路径算法时也遇到了问题归约的概念。在许多有趣的问题中，我们研究了以下几个。

❑ *无向图中的单点最短路径问题*。给定一幅加权无向图和起点 s，其中所有权重非负，回答“*是否存在从 s 到给定目的顶点 v 的路径？如果有，找出这样一条最短路径（总权重最小）。*”等类似问题。

❑ *优先级限制下的并行任务调度问题*。给定一组需要完成的任务，以及一组关于任务完成的先后次序的优先级限制。在满足限制条件的前提下应该如何在若干相同的处理器上（数量不限）安排任务并在最短的时间内完成所有任务？

❑ *套汇*。在给定的汇率表中找出一个套汇的机会。

和刚才一样，后两个问题看起来和最短路径问题并没有直接的关系，但最短路径算法能够有效地解决它们。这些示例问题虽然都很重要，但并没有什么代表性。许多非常重要的问题（太多了，无法一一讨论）都能够归约为最短路径问题——这是一个非常有效而重要的问题解决模型。 904

命题 I。 以下问题能够归约为加权图中的最短路径问题：

- ❑ 非负权重的无向图中的单点最短路径问题；
- ❑ 优先级限制下的并行调度问题；
- ❑ 套汇问题；
- ❑ 其他许多问题。

例证。 请见4.4.4.2节命题R、4.4.5.2节框注"优先级限制下的并行任务调度问题的关键路径方法"和4.4.6.9节框注"货币兑换中的套汇"。

6.0.5.3 最大流量问题

最大流量问题在许多情况下同样非常重要。我们可以去掉流量网络中的各种限制并解决相关的流量问题，也可以用它解决其他网络或者图的处理问题，甚至是非网络问题。例如以下问题。

- ❑ **就业安置。** 大学里的就业指导中心会为学生安排公司面试。这些面试的结果是一系列工作机会。假设一次成功的面试表示了学生和公司之间的相互认可且学生将会接受这份职位，那么这样的就业安置数量当然是越多越好。有可能为每一位学生安排一份工作吗？最多可能安排多少份工作？
- ❑ **产品配送。** 假设有一家只生产一种产品的公司，它拥有能够生产产品的工厂，能够暂时储存产品的物流分配中心以及销售商品的零售直营店。公司需要定期将产品通过物流分配中心分发到各地的直营店，而各地的分配通道的配送能力各有不同。有可能使各地仓库的供应量与直营店的销售量相匹配吗？
- ❑ **网络可靠性。** 一种简化的模型可以将一个计算机网络看成是通过交换机连接所有电脑的一组主干网，任意两台电脑都能够通过交换机和主干线相互连接。切断某一对计算机之间的连接最少需要切断多少条主干线？

同样，这些问题各不相关，也看起来不属于流量网络的问题范畴，但它们都可以被归约为最大
905 流量问题。

命题 J。 以下问题可以归约为最大流量问题：

- ❑ 就业安置；
- ❑ 产品配送；
- ❑ 网络可靠性；
- ❑ 其他许多问题。

例证。 这里只证明第一个问题（又叫做**最大二分图匹配问题**），其他的将留作练习。我们可以为给定的就业安置问题构造一个对应的最大流量问题。图中的所有边均由学生指向公司，然后添加一个起点且对于每个学生都有一条从起点指向他的边，添加一个终点且对于每个公司都有一条由公司指向终点的边。图中的每条边的容量都是1，请见图6.0.25。现在，这个网络中的最大流量问题的每个解都是对应的二分图匹配问题的的解（请见命题F的推论）。匹配中的所有

边的两个顶点都正好分别属于学生和公司两个集合且它们在最大流量配置中都会是饱和的。首先，网络流总是会给出一个合法的匹配：因为每个顶点都既有一条流入边（来自于起点）和一条流出边（指向终点）且经过的流量最多为 1，所以每个顶点最多只能出现在一个匹配中。其次，匹配不可能含有更多的边，因为任意类似的匹配都意味着一个比最大流量算法的结果更好的流量配置。

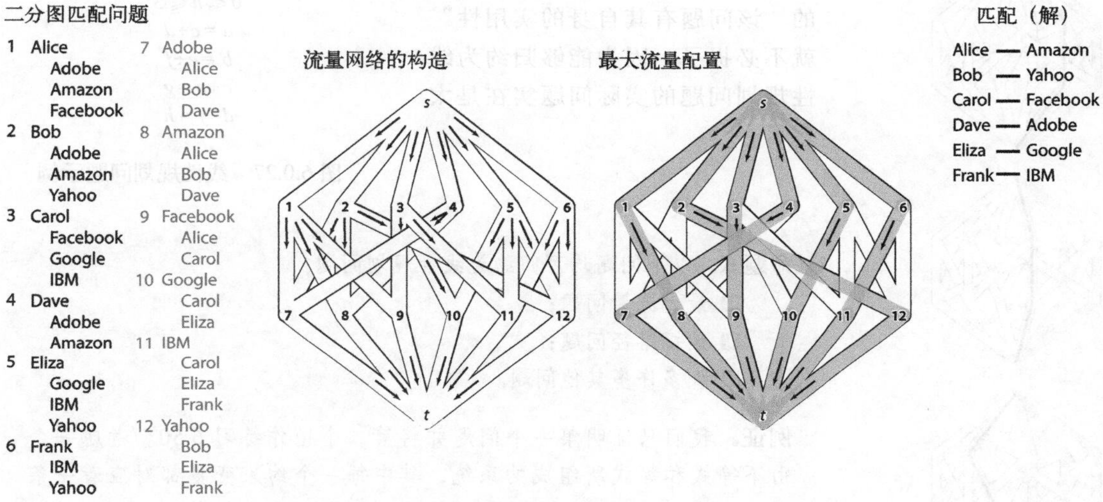

图 6.0.25 将二分图匹配问题归约为网络流问题示例 906

例如，如图 6.0.26 所示，一个增广路径最大流量算法可能会使用路径 s → 1 → 7 → t、s → 2 → 8 → t、s → 3 → 9 → t、s → 5 → 10 → t、s → 6 → 11 → t 和 s → 4 → 7 → 1 → 8 → 2 → 12 → t 计算得到匹配 1-8、2-12、3-9、4-7、5-10 和 6-11。因此，在示例中可以找到一种将所有学生和工作相匹配的方法。每条增广路径都会使一条由起点指出的边和一条指向终点的边充满。我们可以注意到，这些边都不是逆向边，因此最多只存在 V 条增广路径，总运行时间与 VE 成正比。

最短路径和最大流量算法都是重要的问题解决模型，因为它们和排序算法有着相同的性质：

- 它们有其自身的实用性；
- 我们的算法能够有效解决它们；
- 许多问题都能够归约为这些模型。

这段简短的讨论只是为了介绍这个概念。如果你能学习一门有关运筹学的课程，就将会学到许多能够归约为这些模型的其他问题以及更多的问题解决模型。

6.0.5.4 线性规划

运筹学的基础之一是线性规划（Linear Programming，LP），请见图 6.0.27。它的主要思想是将给定的问题归约为以下数学形式。

线性规划。给定一个由 M 个线性不等式组成的集合和含有 N 个决策变量的线性等式，以及一个由该 N 个决策变量组成的线性目标函数，找出能够使目标函数的值最大化的一组变量值，或者证明不存在这样的赋值方案。

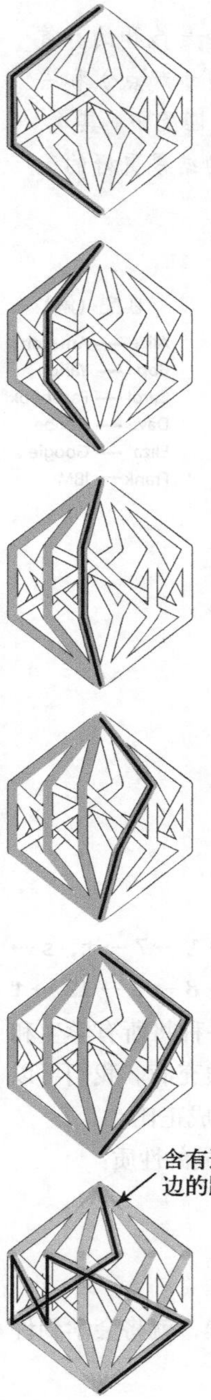

图 6.0.26 二分图匹配中的增广路径

线性规划是一种极为重要的问题解决模型，因为：

- 非常多的重要问题都能够归约为线性规划问题；
- 我们的算法能够有效解决线性规划问题。

在讨论其他问题解决模型时的“该问题有其自身的实用性”就不必提了，因为能够归约为线性规划问题的实际问题实在是太多了。

根据约束条件
使得$f+h$最大化

$$0 \leqslant a \leqslant 2$$
$$0 \leqslant b \leqslant 3$$
$$0 \leqslant c \leqslant 3$$
$$0 \leqslant d \leqslant 1$$
$$0 \leqslant e \leqslant 1$$
$$0 \leqslant f \leqslant 1$$
$$0 \leqslant g \leqslant 2$$
$$0 \leqslant h \leqslant 3$$
$$a = c+d$$
$$b = e+f$$
$$c+e = g$$
$$d+f = h$$

图 6.0.27 线性规划问题示例

命题 K。 以下问题均可归约为线性规划问题：

- 最大流量问题；
- 最短路径问题；
- 许多许多其他问题。

例证。 我们只证明第一个问题并将第二个留作练习 6.50。考虑一个由不等式和等式所组成的系统，其中每一个约束变量都对应着一条边，两个不等式也对应着一条边，每一个等式对应着一个顶点（起点和终点除外）。约束变量的值就是边中的流量，不等式指明了边中的流量必须在 0 和边的容量之间，而等式说明指向每个顶点的所有边中的流量之和必须和从该顶点指出的所有边中的流量之和相等。任意最大流量问题都可以用这种方式归约为一个线性规划问题，而它的解又可以很容易地归约为最大流量问题的解。图 6.0.28 给出了一个具体的示例。

命题 K 中所说的“许多许多其他问题”有三个含义。第一，添加约束条件和扩展线性规划模型非常简单。第二，问题的归约是有传递性的，因此能够归约为最短路径和最大流量问题的所有问题也能够归约为线性规划问题。第三，也是更普遍的一种情况，即各种最优化问题都能够直接构造为线性规划问题。事实上，线性规划这个词的意思就是“将一个最优化问题构造为一个线性规划问题”。这种用法出现在“programming”这个词被用作计算机领域的“编程”之意之前。和非常多的问题都可以归约为线性规划问题同样重要的是，解决线性规划问题的高效算法已经发明了数十年了。其中最著名的是 G. Dantzig 在 20 世纪 40 年代发明的单纯形法（simplex algorithm）。理解单纯形法并不困难（请见本书网站上对它的简单实现）。更近一些的时候，L. G. Khachian 在 1979 年演示了椭球法（ellipsoid algorithm）并推动了 20 世纪 80 年代内点法（interior point methods）的发展。对于人们在现代应用中遇到的各种大型线性规划问题，内点法是对单纯形法的有效补充。现在，解决线性规划问题的程序都已经十分健壮、久经考验、高效并且对于现代公司机构的基本运作起到了关键的作用。它在科学领域甚至应用程序中的运用也在不断扩展。如果线性规划模型能够表示你的问题，那么离问题的解决也就不远了。

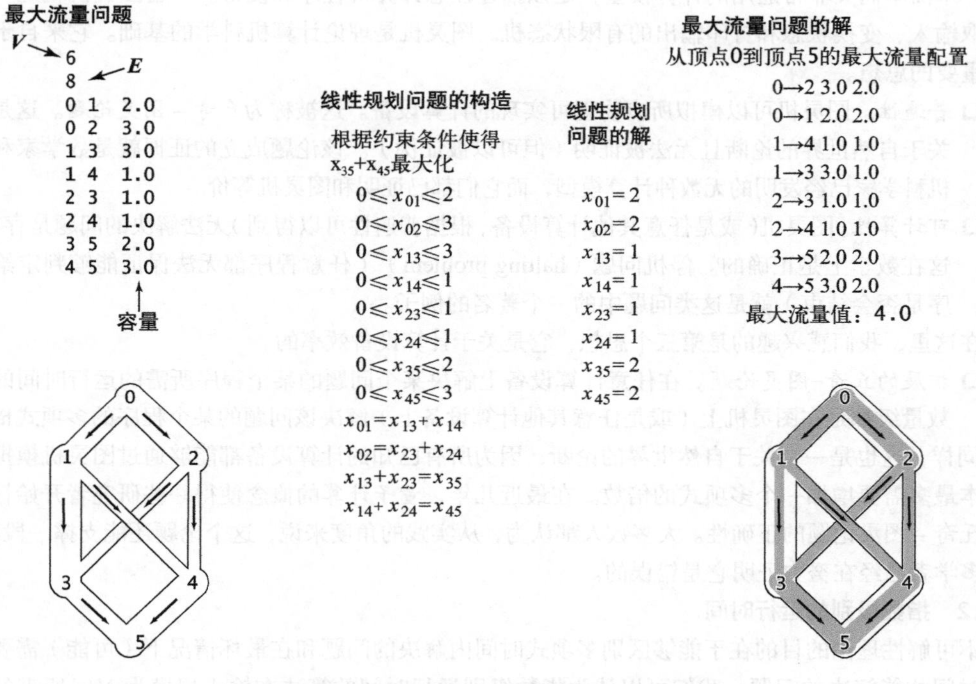

图 6.0.28　将网络流问题归约为线性规划问题

非常现实地说，线性规划是各种问题解决模型的鼻祖，因为非常多的问题都能向它归约。很自然，这一点也使我们不禁思考是否存在比线性规划问题更强大的问题解决模型。还有哪些问题无法归约为线性规划问题？下面就是一个例子。

负载均衡。给定一组任务和完成它们的时间，应该如何在两个相同的处理器上分配任务使得所有任务的总完成时间最短？

我们能够找到一个更加一般的问题解决模型并高效解决它的实例吗？这样的思考得到的结果是*不可解性*，它也将是本书的最后一个话题。 907~909

6.0.6　不可解性

本书中讨论的算法一般都是用来解决实际问题的，因此它们消耗的资源都是有限的。大多数算法的实用性是显而易见的，而且对于许多问题，我们还很幸运地能够在几种不同的算法之间进行选择。但不幸的是，现实生活中还有许多其他问题并没有如此有效的解决方法。更糟糕的是，对于许多类问题，人们甚至不知道是否存在有效解决它们的方法。这种情况让程序员和算法的设计者都极度沮丧，因为他们无法为许多实际问题找到有效的算法。对于理论学者而言，沮丧来自于他们无法证明这些问题到底有多难。在这个领域，人们已经进行了大量的研究，并发展出了一种方法来判断一个新问题从技术的角度来说是否能够归于“难以解决”这个类别。尽管这方面的研究大多数都超出了本书的范畴，但是理解它们的核心思想并不困难。我们将在这里介绍它们，因为当面对一个新问题时，每个程序员都应该了解不存在解决它的高效算法的可能性。

6.0.6.1 准备工作

20世纪最漂亮和有趣的智力发明之一，就是阿兰·图灵在20世纪30年代发明的“图灵机”。它是一个简单而又非常通用的计算模型，足以描述任意计算机程序和设备。一台图灵机就是一台能够读取输入、变换状态和打印输出的有限状态机。图灵机是理论计算机科学的基础。它来自于下面两个重要的思想。

- ❑ *普遍性*。图灵机可以模拟所有物理可实现的计算设备。这被称为*丘奇－图灵论题*。这是一个关于自然世界的论断且无法被证明（但可以被证伪）。该论题成立的证据就是数学家和计算机科学家已经发明的无数种计算模型，而它们都已证明和图灵机等价。
- ❑ *可计算性*。图灵机（或是任意其他计算设备，根据普遍性可以得到）无法解决的问题是存在的。这在数学上是正确的。停机问题（halting problem）（任意程序都无法保证能够判定给定程序是否会结束）就是这类问题中的一个著名的例子。

在这里，我们感兴趣的是第三个思想，它是关于计算设备效率的。

- ❑ *扩展的丘奇-图灵论题*。在任意计算设备上解决某个问题的某个程序所需的运行时间的增长数量级都是在图灵机上（或是任意其他计算设备上）解决该问题的某个程序的多项式倍数。 910

同样，这也是一个关于自然世界的论断，因为所有已知的计算设备都能够通过图灵机模拟，只是成本最多需要增加一个多项式的倍数。在最近几年，*量子计算*的概念使得一些研究者开始怀疑扩展的丘奇－图灵论题的正确性。大多数人都认为，从实践的角度来说，这个论题还能支撑一段时间，但许多学者已经在努力证明它是错误的。

6.0.6.2 指数级别的运行时间

不可解性理论的目的在于能够区别多项式时间内解决的问题和在最坏情况下（可能）需要指数级别时间才能解决的问题。我们可以认为指数级别运行时间的算法在输入规模为N时所需的时间（至少）和2^N成正比，将底数2替换为任意的$\alpha>1$均可。我们一般认为指数时间的算法无法保证在合理的时间内解决规模超过（例如）100的问题，因为无论计算机有多快都没人能够等待一个需要2^{100}步的算法。指数增长级别使得科技进步忽略不计：一台超级计算机可能比一张算盘快一万亿倍，但两者都不可能解决需要2^{100}步才能完成的问题。有时，“简单”问题和“困难”问题之间只有一线之差。例如，4.1节中学习的那个能够解决以下问题的算法。

最短路径长度。在一幅图中从一个给定的顶点s到另一个给定的顶点t之间的最短路径的长度是多少？

但并没有学习解决下面这个问题的算法，但两者看起来本质上似乎是一样的。

最长路径长度。在一幅图中从一个给定的顶点s到另一个给定的顶点t之间的最长路径的长度
911 是多少？

问题的核心在于，据我们目前所知，从难度上来说这些几乎都是最困难的问题。广度优先搜索能够在线性时间内解决第一个问题，但对于第二个问题所有已知算法在最坏情况下均需要*指数级别*的时间。后面框注的代码用一个深度优先搜索的变种解决了这个问题。它和深度优先搜索非常类似，但它检查了图中所有从s到t的简单路径才找到了最长的那一条。

```
public class LongestPath
{
   private boolean[] marked;
   private int max;

   public LongestPath(Graph G, int s, int t)
   {
      marked = new boolean[G.V()];
      dfs(G, s, t, 0);
   }

   private void dfs(Graph G, int v, int t, int i)
   {
      if (v == t && i > max) max = i;
      if (v == t) return;
      marked[v] = true;
      for (int w : G.adj(v))
         if (!marked[w]) dfs(G, w, t, i+1);
      marked[v] = false;
   }

   public int maxLength()
   {  return max;  }
}
```

找出图中的两个顶点之间的最长路径的长度

6.0.6.3 搜索问题

本书中已经介绍过的“高效”算法能够解决的问题与还需要如大海捞针一般在各种可能性中寻找解法的问题之间存在巨大差异，这就需要能够用一种简单的形式模型来研究这两类问题之间的关系。第一步就是要说明我们所研究的这类问题。

定义。如果一个问题有解且验证它的解的正确性所需的时间不会超过输入规模的多项式，则称这种问题为搜索问题。当一个算法给出了一个解或是已证明解不存在时，就称它解决了一个搜索问题。

我们将在后面讨论不可解性问题中 4 个比较有趣的问题。这些问题被为“可满足性”问题。现在，要证明某个问题是一个搜索问题，只需说明你能够快速验证某个完整的解的正确性即可。解决一个搜索问题就好像“在稻草堆里寻找一根针”一样，你唯一的优势只是在看见它的时候能够认得出来。例如，对于后面列出的每个可满足性问题都给定了一组变量赋值，你都能很容易地验证每个等式或不等式都是满足的，但是寻找这样一组变量赋值就完全不同了。我们常用 NP 描述所有搜索问题——我们会在 6.0.6.6 节说明这个名字的由来。

定义。NP 是所有搜索问题的集合。

NP 准确描述了所有科学家、工程师以及应用程序员渴望的能够保证在合理时间范围内解决的所有问题的集合。 912

部分搜索问题。

- 线性等式可满足性。给定一组由 N 个变量表示的 M 个线性等式，找出一组满足所有等式的变量赋值，或者证明这样的赋值不存在。
- 线性不等式可满足性（线性规划问题的搜索形式）。给定一组由 N 个变量表示的 M 个线性不等式，找出一组满足所有不等式的变量赋值，或者证明这样的赋值不存在。
- 0 ~ 1 整数线性不等式可满足性（0 ~ 1 整数线性规划问题的搜索形式）。给定一组由 N 个整数变量表示的 M 个线性不等式，找出一组满足所有不等式的变量 0 或 1 赋值，或者证明这样的赋值不存在。
- 布尔可满足性。给定一组由 N 个布尔变量以及和 / 或运算符表示的 M 个等式，找出一组满足所有等式的变量赋值，或者证明这样的赋值不存在。

6.0.6.4 其他类型的问题

对于构成了不可解性研究的基础的问题集合，搜索问题的概念是多种描述它的方法之一。其他方法包括决定性问题（解是否存在？）以及最优化问题（最优解是什么？）。例如，6.0.6.2 节中的最长路径长度问题就是一个最优化问题而非一个搜索问题。（给定一个解，无法验证它就是最长路径的长度。）这个问题的搜索版本是找到一条能够连接所有顶点的简单路径。（该问题也叫做汉密尔顿路径问题）。这个问题的决定性版本是询问是否存在一条能够连接所有顶点的简单路径。套汇问题、布尔可满足性问题和汉密尔顿路径问题都是搜索问题；询问这些问题是否有解是决定性问题；而最短或最长路径问题、最大流量问题和线性规划问题都是最优化问题。虽然它们在技术上并不等价，但搜索问题、决定性问题和最优化问题一般都能够相互归约（请见练习 6.58 和练习 6.59）且我
913 们的主要结论同时适用于这三种类型的问题。

6.0.6.5 简单的搜索问题

NP 的定义并没有提到寻找解的难度，而只是和解的验证有关。构成不可解性研究的基础的第二类问题的集合被称为 P，它和寻找解的难度有关。在这个模型下，算法的效率是将输入编码所需的比特数量的函数。

定义。P 是能够在多项式时间内解决的所有搜索问题的集合。

这个定义暗示着多项式时间是一个最坏情况下的时间界限。对于在集合 P 中的一个问题，必然存在一个算法能够保证在多项式时间内解决它。注意，我们完全没有指定这是一个怎样的多项式。线性、线性对数、平方、立方级别都是多项式时间，因此这个定义显然囊括了目前已经学习的所有标准算法。运行一个算法所需的时间取决于所使用的计算机，但扩展的丘奇 - 图灵论题让这一点变得无关紧要——它说明任意计算设备上的多项式时间的解都意味着任意其他计算设备上也存在多项式时间的解。排序问题属于 P 是因为（例如）插入排序所需的时间与 N^2 成正比（在这里，线性对数时间的排序算法并无意义），最短路径问题、线性等式可满足性问题以及其他许多问题也是这样。一个能够有效解决某个问题的算法足以证明该问题属于集合 P。换句话说，P 准确描述了所有科学家、工程师以及应用程序员能够保证在合理的时间范围内解决的所有问题的集合，请见表 6.0.7 和表 6.0.8。

6.0.6.6 非确定性

NP 中的 N 表示的是非确定性（nondeterminism）。它的意思是，扩展计算机能力的一种（理论上的）方法是赋予它不确定性：即断言当一个算法面对若干个选项时，它有能力“猜出”正确的选择。

在我们的讨论中，你可以将非确定性的计算机上的一个算法看作是在“猜测”问题的解，然后验证这个解是否成立。在图灵机中，非确定性只是定义为一个给定状态和一个给定输入时的两个不同的后继状态，解则是能够得到期望结果的所有路径。非确定性也许只是一个数学上的幻想，但它也可以是一种很有用的思想。例如，在 5.4 节中，我们将非确定性用作了一种设计算法的工具——正则表达式模式匹配算法的基础就是有效模拟一个非确定性自动状态机。 914

表 6.0.7 集合 NP 中的问题举例

问题	输入	描述	存在多项式时间算法	实例	解
汉密尔顿路径	图 G	找到一条能够访问所有顶点的简单路径	?	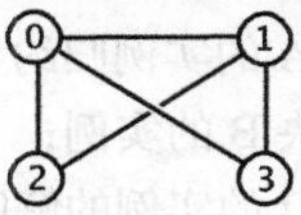	0-2-1-3
分解质因数	整数 x	找到 x 的一个非平凡因子	?	97605257271	8784561
0-1 线性不等式可满足性	由 N 个 0-1 变量组成的 M 个不等式	找出满足所有不等式的变量赋值	?	$x-y \leqslant 1$ $2x-z \leqslant 2$ $x+y \geqslant 2$ $z \geqslant 0$	$x=1$ $y=1$ $z=0$
集合 P 中的所有问题	请见表 6.0.8				

表 6.0.8 集合 P 中的问题举例

问题	输入	描述	存在多项式时间算法	实例	解
最短 st- 路径	图 G 顶点 s、t	找出从 s 到 t 的最短路径	广度优先搜索 (BFS)	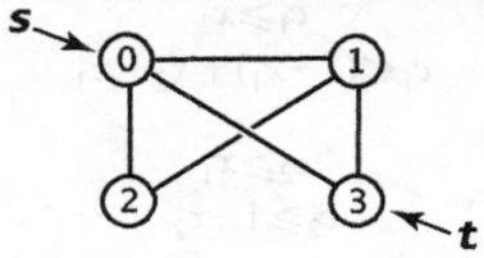	0-3
排序	数组 a	将 a 按升序排列	归并排序	2.8 8.5 4.1 1.3	3 0 2 1
线性等式可满足性	N 个变量 M 个等式	找出满足所有等式的变量赋值	高斯消元法	$x+y=1.5$ $2x-y=0$	$x=0.5$ $y=1$
线性不等式可满足性	N 个变量 M 个不等式	找出满足所有不等式的变量赋值	椭球法	$x-y \leqslant 1.5$ $2x-z \leqslant 0$ $x+y \geqslant 3.5$ $z \geqslant 4.0$	$x=2.0$ $y=1.5$ $z=4.0$

915

6.0.6.7 主要问题

非确定性十分强大，严肃认真地考虑它似乎有点荒唐。为什么要花心思用一种想象中的工具将困难的问题变得看起来简单呢？答案是，虽然非确定性看起来十分强大，但没人能够证明它能够帮助我们解决任何问题！换句话说，还没有人能够找到任何一个问题并证明它属于 NP 而不属于 P（甚至证明存在这样一个问题）。这就留下了一个有待解决的问题：

P=NP 成立吗？

这个问题是由 K.Gödel 在 1950 年写给 J. von Neumann 的一封著名的信中第一次提出的，并且完全难倒了所有数学家和计算机科学家。陈述这个问题的其他方式说明了一些它的基本性质。

- ❑ 是否存在任何难以解决的搜索问题？
- ❑ 如果能构造一种非确定性的计算设备，能够更快地解决某些搜索问题吗？

无法解答这些问题令人们极度懊恼，因为许多重要的实际问题都属于 NP 但却不一定属于 P。（已知的最快确定性算法需要指数级别的时间。）如果能够证明它不属于 P，就可以放弃寻找高效率的算法。既然无法证明，那么就存在发现某种高效算法的可能性。事实上，就我们目前的知识水平而言，NP 中的每个问题都可能存在某种高效的算法，这意味着可能还有许多高效的算法没有被人们发现。但实际上没人相信 P=NP，而且很大一部分人都在努力证明该等式不成立。它仍然是计算机科学领域有待证明的最重要的研究课题。

6.0.6.8 多项式时间问题的相互归约

6.0.5 节通过说明用以下三个步骤可以解决问题 A 的任意实例，证明了问题 A 是可以归约为问题 B 的：

- ❑ 将 A 的实例归约为 B 的实例；
- ❑ 解决 B 的实例；
- ❑ 将 B 的实例的解归约为 A 的实例的解。

只要能够有效完成归约（并解决问题 B），我们就能有效的解决问题 A。在这里，为了效率我们采用了能够想象的最弱的定义：为了解决问题 A 最多需要解决多项式个问题 B 的实例，且问题归约最多只需多项式时间。在这种情况下，我们称 A 能够在多项式时间内归约为 B。在前文中，我们使用问题的归约介绍了各种问题解决模型，使得高效算法所能解决的问题范围大大拓展了。现在，我们要从另一个角度使用问题的归约，即用它来证明一个问题是难以解决的。如果一个问题 A 已知是难以解决的，且 A 在多项式时间内能够归约为问题 B，那么问题 B 必然也是难以解决的。否则，问题 B 的一个多项式时间的解必然也能归约为问题 A 的一个多项式时间内的解。

布尔可满足性问题

$(x_1' \; or \; x_2 \; or \; x_3) \; and$
$(x_1 \; or \; x_2' \; or \; x_3) \; and$
$(x_1' \; or \; x_2' \; or \; x_3') \; and$
$(x_1' \; or \; x_2' \; or \; x_3)$

0-1整数线性不等式可满足性问题的构造

当且仅当第一个子句是可满足时 c_1的值为1

$c_1 \geqslant 1 - x_1$
$c_1 \geqslant x_2$
$c_1 \geqslant x_3$
$c_1 \leqslant (1 - x_1) + x_2 + x_3$

$c_2 \geqslant x_1$
$c_2 \geqslant 1 - x_2$
$c_2 \geqslant x_3$
$c_2 \leqslant x_1 + (1 - x_2) + x_3$

$c_3 \geqslant 1 - x_1$
$c_3 \geqslant 1 - x_2$
$c_3 \geqslant 1 - x_3$
$c_3 \leqslant (1 - x_1) + 1 - x_2 + (1 - x_3)$

$c_4 \geqslant 1 - x_1$
$c_4 \geqslant 1 - x_2$
$c_4 \geqslant x_3$
$c_4 \leqslant (1 - x_1) + (1 - x_2) + x_3$

$s \leqslant c_1$
$s \leqslant c_2$
$s \leqslant c_3$
$s \leqslant c_4$
$s \geqslant c_1 + c_2 + c_3 + c_4 - 3$

当且仅当所有c变量的值均为1时s的值为1

图 6.0.29 将布尔可满足性问题归约为 0-1 整数线性不等式可满足性问题的示例

命题 L。布尔可满足性问题能够在多项式时间内归约为 0-1 整数线性不等式可满足性问题。

证明。对于给定的一个布尔可满足性问题的实例，定义一组不等式，其中每个布尔变量都对应着一个 0-1 变量，每个布尔子句也对应着一个 0-1 变量，如图 6.0.29 所示。若布尔变量的值为真（`true`）则对应的整数变量的值为 1，值为假（`false`）时对应的整数变量的值为 0。这样，我们就能够将 0-1 整数线性不等式可满足性问题的解归约为布尔可满足性问题的解。

推论。如果可满足性问题是难以解决的，那么整数线性规划问题也是难以解决的。

即使我们并没有精确定义难以解决，关于解决这两种问题的难度关系的陈述仍然是有意义的。在这里，“难以解决”的意思是“不包含在集合 P 中”。一般来说，我们用不可解来表示不包含在集合 P 中的问题。以 R.Karp 在 1972 年作出的开创性的工作为起点，一些研究者已经通过这种归约的方式证明了成百上千种各个应用领域的问题都是相关的。此外，这种关系的内涵远比两个单独的问题之间的联系更丰富，下面我们将说明这个概念。

6.0.6.9 NP- 完全性

许多问题都属于NP但可能并不属于P。也就是说，我们可以轻易地验证任意给定的解是否有效，但即使投入了许多努力，也未能开发出一个有效的算法来寻找问题的解。令人惊讶的是，所有这些问题都有一个额外的性质，令人信服地说明了 P≠NP： 916~917

定义。若 NP 中的所有问题都能在多项式时间内归约为搜索问题 A，那么则称问题 A 是 NP- 完全的。

这个定义使得我们可以将“难以解决”的定义升级为“除非 P=NP 否则无解”。如果任意 NP-完全问题能够通过一台有限自动机在多项式时间内解决，那么 *NP* 中的所有问题都将得到解决（即 P=NP）。也就是说，所有研究者对于寻找这些问题的高效算法的失败从整体上来说是证明 P=NP 的失败。NP- 完全问题的意思是，我们不期望能够找到多项式时间的算法。大多数实际的搜索问题都已知是 P 或 NP- 完全问题。

6.0.6.10 Cook-Levin 定理

通过归约，一个问题的 NP- 完全性也意味着另一个问题的 NP- 完全性。但归约在一种情况下是不可用的：如何证明第一个问题是 NP- 完全的？ S.Cook 和 L.Levin 在 20 世纪 70 年代早期分别独立地完成了这项工作。

命题 M（Cook-Levin 定理）。布尔可满足性问题是 NP- 完全的。

极大简化证明。目标是证明如果布尔可满足性问题存在多项式时间的算法，那么 NP 集合中的所有问题都能在多项式时间内解决。非确定型图灵机是可以解决 NP 中的任意问题的，因此证明的第一步是用与布尔可满足性问题中一样的逻辑表达式描述非确定型图灵机的所有特性。这可以将 NP 中的每个问题（它们都可以表示为非确定型图灵机上的一个程序）和可满足性问题的某个实例（该程序的逻辑表达式形式）联系起来。这样，可满足性问题的解本质上等价于模拟图灵机在给定的输入下运行给定的程序，因此它将产生给定问题的某个实例的解。这份证明的其他细节已经远远超出了本书的范畴。幸运的是，我们只需要证明这一个命题即可：使用归约来证明 NP- 完全性要简单的多。

Cook-Levin 定理，再加围绕各种 NP- 完全问题所进行的成千上万次多项式时间内的归约，使我们得到了两种可能性：或者 P=NP，即不存在任何不可解的搜索问题（所有搜索问题都能够在多项式时间内得到解决）；或者 P ≠ NP，即存在不可解的搜索问题（某些搜索问题无法在多项式时间内得到解决），请见图 6.0.30。NP- 完全问题在实际应用中经常出现，因此人们找出解决它们的优秀算法的意愿非常强烈。所有这些问题目前都还未找到有效的算法显然强烈说明了 P ≠ NP，大多数研究者也相信这一点。但从另一方面来说，也没人能够证明这些问题中的任意一个不属于 P，这也同样是反方向的一个有力证据。无论 P=NP 是否成立，目前的实际状态是所有 NP- 完全问题的已知最佳算法在最坏情况下都需要指数级别的时间。

6.0.6.11 问题的分类

要证明一个搜索问题存在于集合 P 中，我们需要展示一个解决它的多项式时间算法，这或许可以通过将它归约为一个已知 P 类问题。要证明 NP 中的一个问题是 NP- 完全的，我们需要证明某个已知的 NP- 完全问题能够在多项式时间内归约为它：也就是说，如果一个新问题的多项式时间的算法能够用于解决 NP- 完全问题，那么它也就能解决 NP 中的所有问题。我们已经用这种方法证明了成千上万的问题都是 NP- 完全问题，就像在命题 L 中对整数线性规划问题进行的转换那样。后面列出了一些有代表性的问题，它包含了 Karp 提出的若干问题，但这只是已知的 NP- 完全问题中极小的一部分。将新问题归入容易解决（属于集合 P）或者难以解决（NP- 完全）的类别可能会出现以下几种情况。

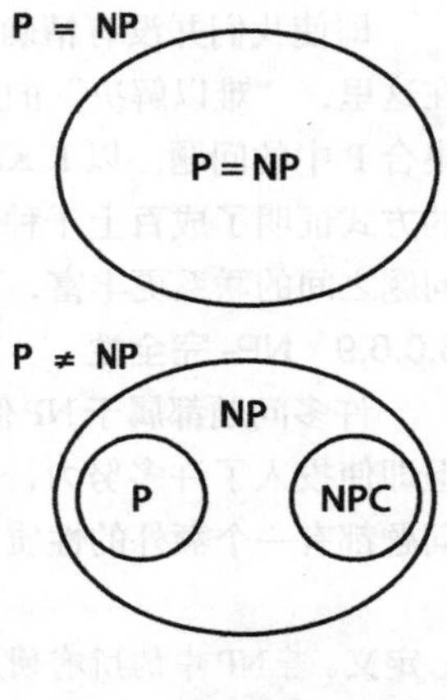

图 6.0.30 问题集的两种可能情况

- ❑ 显而易见。例如，著名的高斯消元法就能够证明线性等式可满足性问题属于集合 P。
- ❑ 需要一些技巧但并不困难。例如，给出一份类似于命题 L 的证明需要一些经验和实践，但理解并不困难。
- ❑ 非常有挑战性。例如，线性规划问题曾经长期分类不明，但 Khachian 的椭球法证明了线性规划问题属于集合 P。
- ❑ 有待解决。例如，图的同构问题（给定两幅图，给出一种能够使得两幅图相同的顶点重命名方案）和分解质因数问题（给定一个整数，找出它的一个非平凡因数）仍然是无解的。

目前这仍然是一块内容丰富、研究活跃的领域，每年都会产生数千篇论文。从后面项目列出的
918～919 最后几个条目可以看出，它涉及了科学界的各个领域。我们在 NP 的定义中包含了科学家、工程师和应用程序员所渴望解决的所有问题——这些问题显然需要分类！

一些著名的 NP- 完全问题。

- ❑ 布尔可满足性。给定一组由 N 个布尔变量表示的 M 个等式，找出一组满足所有等式的变量赋值，或者证明这样的赋值不存在。
- ❑ 整数线性规划。给定一组由 N 个整数变量表示的 M 个线性不等式，找出一组满足所有不等式的变量赋值，或者证明这样的赋值不存在。
- ❑ 负载均衡。给定一组任务和完成它们的时间以及一个时间上限 T，应该如何在两个相同的处理器上分配任务以在时间 T 之内完成所有任务？
- ❑ 顶点覆盖。给定一幅图和一个整数 C，找出一个含有 C 个顶点的集合，保证图中的每条边都至少依附于集合中的一个顶点。
- ❑ 汉密尔顿路径。给定一幅图，找出一条正好只经过每个顶点一次的简单路径，或者证明这种路径不存在。
- ❑ 蛋白质折叠。给定能量级别 M，找出一种蛋白质的某种三维折叠结构，其含有的潜在能量
920 小于 M。
- ❑ 伊辛模型。给定一个三维晶格伊辛模型和一个能量阈值 E，是否存在一个自由能小于 E 的子图？
- ❑ 给定收益的风险投资组合。给定一组风险投资渠道与一个总成本以及一个给定收益。每项投资都有一定的风险值，风险的总阈值为 M。找到一种分配投资的方法使得总风险小于 M。

6.0.6.12 处理 NP- 完全性

在实践中，我们必须为这些各种各样的问题找到某种解决办法，因此人们对解决这些问题非常感兴趣。我们不可能在这一小段文字中说明这个庞大的研究领域，但我们可以简要描述一下人们已经尝试过的各种手段。一种方法是，修改问题并寻找一种“近似”算法来给出接近但并非最佳的解。例如，欧几里得旅行销售员问题（traveling salesman problem），我们很容易找到一个长度小于最优路线的两倍的解。但不幸的是，在寻找更好的近似时，这种方法并不足以绕开 NP- 完全性。第二种方法是，给出一种能够有效解决实际应用中所出现的问题的实例算法，但对于最坏情况下的输入，这种算法仍然是无法找到问题的解。这种方法最著名的例子是解决整数线性规划问题的程序，它们是数十年来解决无数工业应用中的大量最优化问题的主力军。尽管它们有可能需要指数级别的时间，但实际应用中的输入数据也显然不是最坏情况下的输入。第三种方法是，使用一种叫做“回溯法”的技术来避免检查所有可能的解，以期找到尽可能“高效”的指数级别算法。最后，计算机科学的理论并没有提到多项式时间和指数时间之间的一个相当大的空档。存在运行时间与 $N^{\log N}$ 以及 $2^{\sqrt{N}}$ 成正比的算法吗？

NP- 完全性触及了本书中我们所研究过的所有应用领域：NP- 完全问题会出现在初级的编程问题、排序和查找、图处理、字符串处理、科学计算、系统编程、运筹学以及所有能够想到的需要计算的地方。NP- 完全性理论对实际生产最重要的贡献在于它给出了一种方法来鉴别来自于这些广泛领域的一个新问题是“容易”还是“困难”呢。如果有人找到了一种解决新问题的有效方法，那么它显然就没什么难度了。如果找不到，那么要是能够证明该问题是 NP- 完全的，这就说明找到一个高效算法基本上是不可能的。（因此或许应该尝试另一种思路。）本书中已经研究过的所有高效算法说明我们已经学习了自欧几里得以来的多种高效的计算方法，但 NP- 完全性理论也说明事实上人们还有很长的路要走。 921

练习：碰撞模拟

6.1 根据正文完成 predictCollisions() 和 Particle 的实现。决定一对刚性球体进行弹性碰撞后的运动状态需要 3 个公式：(a) 动量守恒，(b) 动能守恒，(c) 碰撞时，相互作用力和碰撞点的切面垂直（假设没有摩擦力和自旋）。更多细节请见本书的网站。

6.2 开发一个版本的 CollisionSystem、Particle 和 Event 类，使之能够处理多个粒子的相互碰撞。在模拟台球比赛的开球时这是非常重要的。（这道习题很难！）

6.3 开发一个三维版本的 CollisionSystem、Particle 和 Event 类。

6.4 尝试将大片区域分割为长方形的小格，并在一种新的事件类型中仅预测某个粒子在某一时刻和相邻的 9 个方格中的所有粒子的碰撞。用这种方法改进 CollisionSystem 的 simulate() 方法的性能。这种方法减少了需要计算的预测碰撞数量，代价是需要监视所有粒子在方格之间的运动。

6.5 在 CollisionSystem 中引入熵的概念并用它验证（信息论中的）经典结论。

6.6 *布朗运动*。1827 年，植物学家罗伯特 · 布朗在用显微镜观察到浸入水中的野生花粉颗粒时，发现它们在进行无规则的运动。这种运动后来被称为布朗运动。人们讨论了这种现象，但没人能够给出令人信服的解释，直到爱因斯坦在 1905 年在数学上说明了这个问题。爱因斯坦的解释是：花粉颗粒的运动是由无数微小的分子和花粉粒子相撞造成的。请用模拟来说明这个现象。

6.7 *温度*。为 Particle 类添加一个 temperature() 方法，返回粒子的质量和速度的平方除以 dk_B 的商之积，其中空间维数 d=2，Boltzmann 常数 k_B=1.3806488 × 10^{-23}。系统的温度是所有粒子的这些量的平均值。为 CollisionSystem 添加一个 temperature() 方法，周期性采集温度数据并绘成图表，
922 检查温度是否恒定。

6.8 Maxwell-Boltzmann。刚性球体模型中的所有粒子的速度分布遵循 Maxwell-Boltzmann 分布（假设系统已经被加热且粒子的质量足以忽略量子力学效应），在二维系统中又被称为 Rayleigh 分布。分布的形状取决于温度。编写一个方法计算粒子速度的直方图并在各种温度下测试它。

6.9 任意形状。分子的移动速度非常快（超过喷气式飞机）但扩散却很慢，因为它们会互相碰撞并因此改变方向。扩展模型，将两个容器用一根管道相连，容器中分别含有两种不同类型的粒子。模拟粒子的运动并以时间的函数测量每个容器中每种类型的粒子的比例。

6.10 回退。在某次模拟结束后，将所有速度变为相反的方向并继续模拟系统中的运动，它应该能够回到最初的状态！测量系统的最终状态和初始状态的差异来估计四舍五入造成的误差。

6.11 压强。为 Particle 类添加一个 pressure() 方法来测量大量粒子和墙体碰撞造成的压强。系统的压强为所有粒子的冲击力之和。为 CollisionSystem 类添加一个 pressure() 方法并编写一个用例验证等式 $pv=nRT$。

6.12 基于索引优先队列的实现。开发一个版本的 CollisionSystem，使用索引优先队列来保证优先队列的长度最多与粒子数量呈线性关系（而非平方级别或者更糟）。

6.13 优先队列的性能。使用优先队列，在多种温度下测试 Pressure 类来定位计算的瓶颈。如果可以，
923 尝试切换到另一种不同的优先队列实现，在高温下获取更好的性能。

练习：B- 树

6.14 假设在一棵三层树中，总共可以在内存中保存 a 条链接。每个页中可以保存 b ~ $2b$ 条指向内部结点的链接和 c ~ $2c$ 条指向外部结点中的链接。在这样一棵树中最多可以含有多少个项（作为 a、b、c 的函数）？

6.15 开发一个 Page 的实现，将 B- 树的结点表示为一个 BinarySearchST 类的对象。

6.16 扩展 BTreeSET 来实现能够关联键和值的 BTreeST 类，并完整支持有序符号表 API，包括 min()、max()、floor()、ceiling()、deleteMin()、deleteMax()、select()、rank() 方法以及接受两个参数的 size() 和 get() 方法。

6.17 编写一个程序，使用 StdDraw 将 B- 树的生长过程可视化，如同正文描述的方式一样。

6.18 在一个有缓存的典型系统中，估计对 B- 树的 S 次随机查找中，每次查找的平均探查次数。缓存可以将 T 个最近访问的页保存在内存中（因此无需探查）。假设 S 远大于 T。

6.19 网络搜索。开发一个 Page 类的实现，为了索引网页，用 B- 树的结点表示网页中的文本。用一个文件表示搜索的关键字。从标准输入接受被索引的网页。为了控制规模，接受命令行参数 m 并将内部结点的数量限制在 10^m 内。（在使用较大的 m 前请联系系统管理员。）使用一个 m 位的数字来表示内部结点。例如，当 m 为 4 时，结点名可以是 BTreeNode0000、BTreeNode0001、BTreeNode0002 等。在页中保存成对的字符串。向 API 中添加一个 close() 操作来排序并写入数据。为了测试实现，尝试在你的学校的网站上搜索你和朋友的名字。

6.20 B*- 树。在 B- 树中启发式地分裂兄弟结点：当某个结点含有 M 个条目并需要分裂时，将它和它的一个兄弟结点合并。如果该兄弟结点只含有 k 个条目且 $k<M-1$，可以重新分配并使得两者都只含有 $(M+k)/2$ 个条目。否则，我们创建一个新结点并使 3 个结点中都只含有 $2M/3$ 个条目。同时，我们允许根结点保存 $4M/3$ 个条目，并在它饱和时将它分裂并创建一个只含有两个条目的新根结

点。找出在含有 N 个元素的 M 阶 B*- 树中每次查找或插入所需的探查数的上下界限。将你的结果和 B- 树的相应上下界（请见命题 B）进行比较。实现 B* 树中的插入操作。 924

6.21 编写一段程序，计算在 N 次随机插入所构造的一棵 M 阶 B- 树中外部页的平均数量。用合理的 M 和 N 值运行你的程序。

6.22 如果你的系统支持虚拟内存，设计并用实验比较 B- 树和二分查找在一张庞大的符号表中的随机查找性能。

6.23 对于你为练习 6.15 给出的保存在内存中的 Page 的实现，用实验确定能够使 B- 树在一张庞大的符号表中的使随机查找操作速度最快的 M 值。特别注意 M 为 100 的倍数的情况。

6.24 运行实验比较保存在内存中的 B- 树（使用练习 6.23 中确定的 M 值）、线性探测散列法和红黑树在一张庞大的符号表中的随机查找用时。 925

练习：后缀数组

6.25 按照图 6.0.15 的样式给出由以下字符串的后缀、后缀的排序、index() 和 lcp() 方法的返回值组成的表格。

a. abacadaba

b. mississippi

c. abcdefghij

d. aaaaaaaaaa

6.26 下面这段代码用于计算字符串的所有后缀，找出其中的问题。

```
suffix = "";
for (int i = s.length() - 1; i >= 0; i--)
{
    suffix = s.charAt(i) + suffix;
    suffixes[i] = suffix;
}
```

答：它需要平方级别的时间和空间。

6.27 有些应用需要对文本进行**回环变位**，这个操作会涉及文本中的所有字符。对于 0 到 N-1 之间的 i，长度为 N 的文本的第 i 次回环变位得到的是它的后 N-i 个字符和前 i 个字符相连所得的字符串。下面这段代码用于计算文本的所有回环变位，找出其中的问题。

```
int N = s.length();
for (int i = 0; i < N; i++)
    rotation[i] = s.substring(i, N) + s.substring(0, i);
```

答：它需要平方级别的时间和空间。

6.28 设计一个线性时间的算法来计算给定文本字符串的所有回环变位。

答：

```
String t = s + s;
int N = s.length();
for (int i = 0; i < N; i++)
    rotation[i] = r.substring(i, i + N);
```

926

6.29 按照 1.4 节中的假设，给出一个长度为 N 的字符串 SuffixArray 对象对内存的使用情况。

6.30 **最长公共子字符串**。编写一个 SuffixArray 的用例 LCS，接受两个文件名作为命令行参数，读取这两个文本文件并在线性时间内找出同时出现在两个文件中的最长子字符串。（在 1970 年，D.Knuth

猜测这是不可能的。）提示：为字符串 s#t 创建后缀数组，其中 s 和 t 是文本字符串，而 # 是一个两者都不包含的字符）。

6.31 *Burrow-Wheeler 变换*。Burrow-Wheeler 变换（BWT）是一种用于数据压缩算法中的变换，包括 bzip2 和高吞吐量的基因组测序等。编写一个 SuffixArray 的用例用以下方法在线性时间内计算 BWT。给定一个长度为 N 的字符串（以一个文件结束符 $ 结尾，它小于其他任意字符）。使用一个 $N \times N$ 的矩阵，其中每一行均为原文的一个不同的回环变位。按照字典顺序将所有行排序。Burrow-Wheeler 变换就是排序后的矩阵中最右侧的列。例如，mississippi$ 的 BWT 是 ipssm$pissii。Burrow-Wheeler *逆变换*（BWI）是 BWT 的逆序。例如，ipssm$pissii 的 BWI 是 mississippi$。编写一个用例，在线性时间内，为某个字符串的 BWT 计算它的 BWI。

6.32 *环形字符串的线性化*。编写一个 SuffixArray 的用例，对于给定的字符串，在线性时间内找出它的字典序列最小的回环变位。这个问题来源于化学数据库中的各种环形分子，每一种分子都表示为一个环形的字符串。人们需要一种标准的表示方法（最小的回环变位）使得用字符串的任意回环变位作为键都能找到该分子。（请见练习 6.27 和练习 6.28。）

6.33 *重复 k 次的最长子字符串*。编写一个 SuffixArray 的用例，对于给定的字符串和一个整数 k，找出其中被至少重复了 k 次的最长子字符串。

6.34 *较长的重复字符串*。编写一个 SuffixArray 的用例，对于给定的字符串和一个整数 L，找出长度至少为 L 的重复子字符串。

6.35 *k-gram 频率统计*。开发并实现一个抽象数据类型，对字符串进行预处理以支持高效回答如下形式的问题："给定的 *k*-gram 出现了多少次？"每次查询在最坏情况下所需的时间应该与 $k\log N$ 成正比，其中 N 为字符串的长度。 927

练习：最大流问题

6.36 在含有 V 个顶点和 E 条边的任意 *st*- 流量网络中，如果所有边的容量都是小于 M 的正整数，可能的最大流量值是多少？为存在和不存在平行边的情况分别给出答案。

6.37 如果原流量网络在删去终点时将变成一棵树，给出一个算法解决这种流量网络中的最大流量问题。

6.38 *真假判断*。如果为真，给出简短的证明；如果为假，给出一个反例。

a. 在任意最大流配置中均不存在所有边的正流均为正的有向环。

b. 存在一种不包含所有边的流量均为正的有向环的最大流配置。

c. 如果所有边的容量均不同，那么最大流量配置是唯一的。

d. 如果所有边的容量是一个等差数列，那么最小切分是唯一的（remains unchanged）。

e. 如果所有边的容量是一个等比数列，那么最小切分是唯一的。

6.39 *完成命题 G 的证明*。说明为何每当一条边成为关键边时，经过它的增广路径的长度必然会加 2。

6.40 在互联网上找出一个大型网络，使用真实数据测试最大流算法。你可以选择交通运输网络（公路、铁路或者航空）、通信网络（电话或者计算机网络）或者物流配送网络。如果边的容量不明，根据一个合理的模型自己添加这些数据。编写一个程序使用我们学过的接口根据你的数据实现流量网络的配置。如有需要，编写一个私有方法清理数据。

6.41 编写一个随机网络生成器来生成稀疏网络，其中边的容量为 0 到 2^{20} 之间的整数。用一个单独的类表示容量并开发两种实现：一种生成均匀分布的容量值，一种根据高斯分布生成容量值。实现一个用例，对于一组精心选择的 V 和 E 值用两种分布方法生成随机网络，这样你就可以使用它们进行各种测试了。 928

6.42 编写一个程序，在平面上随机生成 V 个点。构造流量网络时，对于每个点都将它和距离 d 以内的所有点相互连接，用练习 6.41 中的随机模型设置每条边的容量。

6.43 *简单的归约*。编写 FordFulkerson 的用例，在以下类型的流量网络中寻找最大流配置。

- 管道没有方向。
- 起点和终点的数量不限，也不限制指向起点或是由终点指出的边的数量。
- 容量有下限。
- 顶点有流量限制。

6.44 *产品分发*。假设流量表示城市之间用卡车运送的产品，边 u-v 上的流量表示某一天从 u 市运送到 v 市的产品数量。编写一个用例，为卡车司机打印出每天的订单，告诉他们应该去哪个城市上多少货，然后去哪个城市卸多少货。假设卡车司机的数量无限多且对于任意一个分发点，所有货物全部收到了之后才会开始发货。

6.45 *就业安置*。开发一个 FordFulkerson 的用例，根据命题 J 中的归约解决就业安置问题。使用一张符号表将名字变为数字并用于流量网络中。

6.46 构造一系列的二分图匹配问题，其中任意增广路径算法解决对应的最大流问题所使用的所有增广路径的平均长度与 E 成正比。

6.47 *st- 连通性*。开发一个 FordFulkerson 的用例，对于给定的无向图 G 和顶点 s 和 t，找出在 G 中使 t 和 s 不连通所需切断的最小边数。

6.48 *不同的路径*。开发一个 FordFulkerson 的用例，对于给定的无向图 G 和顶点 s 和 t，找出从 s 到 t 最多有多少条任意边均不相同的路径。 929

练习：问题的归约与不可解性

6.49 找到 37 703 491 的一个非平凡因数。

6.50 证明最短路径问题可以归约为线性规划问题。

6.51 如果 P ≠ NP，是否存在能够在 $N^{\log N}$ 时间内解决某个 NP- 完全问题的算法？解释你的回答。

6.52 假设某人发明了一种保证能够在与 1.1^N 成正比的时间内解决布尔可满足性问题的算法。这说明我们能够在与 1.1^N 成正比的时间内解决其他 NP- 完全问题吗？

6.53 一个能够在与 1.1^N 成正比的时间内解决整数线性规划问题的程序的意义是什么？

6.54 给出一个从顶点覆盖问题向 0-1 整数线性不等式可满足性问题的多项式时间的归约。

6.55 使用无向图中的汉密尔顿路径问题的 NP- 完全性证明在有向图中寻找汉密尔顿路径的问题也是 NP- 完全的。

6.56 假设两个问题都已知是 NP- 完全的，这说明能够在多项式时间内将两者相互归约吗？

6.57 假设问题 X 是 NP- 完全的，X 能够在多项式时间内归约为问题 Y，而且 Y 也能在多项式时间内归约为 X，那么 Y 一定是 NP- 完全的吗？

答：不，因为 Y 不一定属于 NP。

6.58 假设我们有一个能够解决布尔可满足性问题的确定性版本的算法，这说明存在某种变量赋值能够满足所有的布尔表达式。说明如何找到这种赋值方案。

6.59 假设我们有一个能够解决顶点覆盖问题的确定性版本的算法，这说明对于某个给定的大小存在顶点覆盖的方案。说明如何解决最小顶点覆盖问题的最优化版本。

930 6.60 解释为何顶点覆盖问题的最优化版本不一定是一个搜索问题。

答：因为并没有很好的方法来验证给定的节是否是最优的。（尽管我们可以用二分查找在这个问题的搜索版本上找到最优解。）

6.61 假设问题 X 和问题 Y 均为搜索问题，且 X 能够在多项式时间内归约为 Y。我们可以得到以下哪些结论。

a. 如果 Y 是 NP- 完全的，那么 X 也是。

b. 如果 X 是 NP- 完全的，那么 Y 也是。

c. 如果 X 属于 P，那么 Y 也属于 P。

d. 如果 Y 属于 P，那么 X 也属于 P。

6.62 假设 P ≠ NP，我们可以得到以下哪些结论。

a. 如果问题 X 是 NP- 完全的，那么 X 无法在多项式时间内得到解决。

b. 如果问题 X 属于 NP，那么 X 无法在多项式时间内得到解决。

c. 如果问题 X 属于 NP 但并不是 NP- 完全的，那么 X 可以在多项式时间内得到解决。

931 d. 如果问题 X 属于 P，那么 X 就不是 NP- 完全的。

索　引

（索引中的页码为英文原书的页码，与书中边栏的页码一致。）

A

B

C

D

E

F

G

H

I

J

K

L

M

N

O

P

Q

R

S

T

U

V

W

Z